雅砻江流域水风光互补绿色清洁可再生能源示范基地技术研究与深地基础科学进展

雅砻江虚拟研究中心 2021 年度学术年会论文集

祁宁春　主编

下册

黄河水利出版社

·郑州·

图书在版编目（CIP）数据

雅砻江流域水风光互补绿色清洁可再生能源示范基地技术研究与深地基础科学进展：雅砻江虚拟研究中心2021年度学术年会论文集：上、下册/祁宁春主编．—郑州：黄河水利出版社，2021.7

ISBN 978-7-5509-3043-8

Ⅰ.①雅…　Ⅱ.①祁…　Ⅲ.①再生能源-学术会议-文集　Ⅳ.①TK01-53

中国版本图书馆CIP数据核字（2021）第138630号

组稿编辑：母建茹　电话：0371-66025355　E-mail：273261852@qq.com

出　版　社：黄河水利出版社　　　　　　　　　　　网址：www.yrcp.com
　　　　　地址：河南省郑州市顺河路黄委会综合楼14层　邮政编码：450003
发行单位：黄河水利出版社
　　　　　发行部电话：0371-66026940、66020550、66028024、66022620（传真）
　　　　　E-mail：hhslcbs@126.com
承印单位：河南匠心印刷有限公司
开本：787 mm×1 092 mm　1/16
印张：66.75
字数：1530千字　　　　　　　　　　　　　印数：1—1 000
版次：2021年7月第1版　　　　　　　　　印次：2021年7月第1次印刷

定价（上下册）：320.00元

前　言

习近平总书记强调："我们更要大力提升自主创新能力，尽快突破关键核心技术。这是关系我国发展全局的重大问题。"

《中华人民共和国国民经济和社会发展第十四个五年规划和 2035 年远景目标纲要》中明确了国家重大科技基础设施"极深地下极低辐射本底前沿物理实验设施"和"建设雅砻江流域大型清洁能源基地"等工作任务。

2021 年是我国"十四五"规划的开局之年，为贯彻落实国家创新驱动发展战略，总结近年来围绕雅砻江流域开展的重大科技创新成果，助力我国绿色清洁可再生能源行业自主科技创新和核心技术提升，雅砻江虚拟研究中心决定于 2021 年 8 月在四川省成都市召开 2021 年度学术交流年会。本次学术交流年会的主题是"雅砻江流域水风光互补绿色清洁可再生能源示范基地技术研究与深地基础科学进展"。在有关院士、专家、学者大力支持下，经评审，筛选出 140 余篇论文收录在此论文集中正式出版。论文集主要涉及以下几个方面：

（1）近年来各有关成员单位围绕雅砻江流域绿色清洁可再生能源开发开展的科研工作进展及研究成果。

（2）战略规划与企业管理；水风光互补绿色清洁可再生能源开发技术；智能化技术与应用；深地科学研究；水电站建设；电站长期安全经济运行；流域生态环境保护与征地移民。

（3）雅砻江流域绿色清洁可再生能源开发进展、科技创新进展、科技发展规划。

（4）新科学技术问题及研究选题建议。

本次会议由雅砻江流域水电开发有限公司主办，同时得到了国家自然科学基金委员会、四川省发改委、四川省能源局、四川省科学技术厅、四川省水利厅、国家开发投资集团有限公司、四川省投资集团有限责任公司以及雅砻江虚拟研究中心各成员单位、雅砻江联合基金承担单位、雅砻江公司合作研究单位等的大力支持，在此一并表示感谢。随着雅砻江流域水风光互补绿色清洁可再生能源示范基地和中国锦屏地下实验室的建设和运行，未来仍将面临一系列新的科学技术问题，希望得到您一如既往的关注、支持和帮助。

编者

2021 年 7 月于成都

目 录

战略规划与企业管理

水风光互补绿色清洁可再生能源开发技术

智能化技术与应用

深地科学研究

水电站建设

电站长期安全经济运行

流域生态环境保护与征地移民

水电站建设

自主创新助推两河口水电站高质量建设

张鹏,杨明

(雅砻江流域水电开发有限公司,四川 成都 610051)

摘 要 两河口水电站是我国藏区建设规模最大的流域梯级龙头水库电站,拥有世界第三高土石坝、世界水电最大规模枢纽区高边坡群等位居类型项目前列的多项工程特性指标,加上恶劣的气候条件和自然环境,工程建设面临巨大挑战。为高质量推进工程建设,本文回顾公司团结率领各参建单位立足现场实际,深入践行自主创新,研究攻克 300 m 级大坝智能碾压、大坝冬季施工、700 m 级高边坡群施工、超高泄洪流速泄水建筑物抗冲耐磨混凝土、大泄洪功率中硬岩基础旋挖桩群、超高心墙堆石坝监测等关键技术,确保了工程顺利实现第一阶段蓄水目标,并向着发电目标高质量挺近。

关键词 两河口水电站;自主创新;技术攻坚;高质量建设

1 引 言

《中华人民共和国国民经济和社会发展第十四个五年规划和 2035 年远景目标纲要》中明确提出"提升企业技术创新能力。强化企业创新主体地位,促进各类创新要素向企业聚集,形成以企业为主体、市场为导向、产学研用深度融合的技术创新体系。发挥重大工程牵引示范作用,支持行业龙头企业联合高等院校、科研院所和行业上下游企业共建国家产业创新中心,承担国家重大科技项目"。雅砻江流域绿色清洁可再生能源示范基地已纳入国家"十四五"规划,基地建设进入新的历史机遇期,而其面临的管理与技术难题攻关都需要科技创新作为战略支撑。作为公司流域水风光互补开发重点工程的两河口水电站,是我国藏区投资规模最大、四川电力系统少有的具备多年调节性能的大型水库电站。随着国内后续水电开发陆续向藏区高原挺近[1],两河口在中国水电发展历史中必将起到率先示范的作用。为此,公司超前谋划,在可研阶段即开始筹划充分利用两河口世界级工程平台,不断加强科技创新力度,积极探索推进先进管理理念、施工技术及成套装备,以有效攻克工程建设过程中一系列难题,从而确保高质量推进工程建设。

2 两河口水电站概况

两河口水电站作为公司流域中游龙头电站,投产后可极大改善四川电网电源结构,并对下一步推进雅砻江流域水风光互补开发起到重要支撑作用。工程自 2005 年开始筹建,2014 年获得核准,2015 年大江截流,2016 年大坝心墙开始填筑,2020 年大坝累计填筑超过 200 m。历经十几年,于 2020 年 12 月顺利实现电站第一阶段蓄水目标。2021 年,工程正向着发电目标挺进。

3 立足实际,推动自主创新攻坚克难

3.1 推动自主创新的客观条件

两河口水电站位于藏区高海拔寒冷地区,河谷狭窄、岸坡陡峻、高寒缺氧、干燥多风、全年降雨时段集中、昼夜温差大、筑坝条件复杂[2],恶劣的气候条件及自然环境造成人工机械降效明显,施工效率低。同时,工程规模巨大、建设条件复杂、施工难度高,多项关键工程特性指标位居国内外类型项目前列,拥有世界第三高土石坝、世界水电最大规模枢纽区高边坡群、世界综合规模且复杂程度最大的泄水系统洞室群、世界第二高泄洪流速和泄洪水头的泄水建筑物、世界最大规模泄洪消能区防淘抗冲旋挖桩群等。不利的客观环境、超高的建设难度,对推进工程建设构成了巨大挑战,也对加大科研投入、加强自主创新、革新管理理念、研究攻克关键施工技术、丰富施工手段、制定适应性成套设备等提出了必然要求。

为此,公司积极联合各参建单位,充分研究掌握工程建设客观实际,超前谋划、深入研究、谨慎论证、科学试验、果断决策,并充分借助特咨团、雅砻江联合基金等,充分发挥各参建企业自主创新能力,加强组织保障和过程管控,稳扎稳打,逐步逐项成功攻克工程建设难题带来的巨大挑战,持续有力推动着项目进展。

3.2 自主创新成果

经过公司长期积极探索和持续努力攻坚,已在两河口累计投入科研试验经费 18 亿元,共取得 10 余项新材料、20 余项新技术、30 余项新工艺、多项新设备等丰硕成果,并在工程建设中得到了较好的运用。

(1)填补国际 300 m 级超高土石坝智能填筑关键技术空白。

两河口坝高 295 m,坝体填筑方量 4 233 万 m³,综合规模和建设难度位居全世界土石坝工程前列。受高海拔气候条件和现场复杂施工环境的影响,人工降效明显,为克服坝料碾压作业中人为因素的不利影响,提高碾压作业的精准性和效率,保证施工进度和质量,替代人工碾压作业以保证施工人员的健康安全,公司联合天津大学等单位在已采用的"数字大坝"基础上,结合人工智能、无人驾驶等先进技术,建立了大坝填筑智能碾压系统(简称智能碾压系统)。

智能碾压系统主要研究大坝碾压施工过程实时动态智能仿真、大坝碾压机群智能碾压作业管理等,形成一套完整的具有实时监测、后台规划、可视化仿真、无人驾驶、实时监控、自动反馈、及时修正、数据分析等功能的智能大坝系统平台,提出了堆石坝碾压机群无人驾驶技术工业级的成套解决方案,实现无人驾驶碾压机群作业过程的智能管控。

智能碾压系统创造性解决了高精度定位、智能感知、智能控制、精准循迹等世界性难题,实现了智能无人碾压机群规模化、常态化、规范化作业,全面革新了土石坝施工作业及管理模式。

目前,现场共改装投入使用 15 台智能无人碾压机,覆盖心墙料、过渡料、堆石料多种坝料、多种机型。此外,在公司的领导和推动下,天津大学联合碾压机厂家完成 4 台原生集成化无人碾压机研发及功能调试,实现了由设备改装向出厂原装化、集成化的根本性转变,进一步推动了装备升级和坝工技术进步。大坝智能碾压施工如图 1 所示。

图 1　大坝智能碾压施工

（2）首创 300 m 级高海拔寒冷地区超高土石坝冬季施工成套技术。

两河口气候条件恶劣,低温时段历时长,期间出现负温天数比例较高,对土石坝的连续施工和质量管控带来了不利影响。为此,需要探索研究基于两河口特殊复杂环境下的土石坝冬季施工技术。

通过分析工程主要技术特点及难点,研究防渗土料的冬季施工主要思路,应从土料的冻融机制出发,并紧密结合工程区气温、土温特点(日内发生一次冻融循环过程),建立土料的冻结数学模型,研究冻土识别体系,以及相应的防控施工措施,最终建立冬季综合防控技术体系。

通过连续监测,掌握冬季气温土温变化规律,建立土料的冻融监测网络体系、系统研究土料冻融变化机制和规律。建立土体冻融过程、冻结强度和深度预测的精细可视化数学模型,实现各类气象条件下,施工场地土体冻融特征的快速预测。研究确定冻融作用下大坝心墙松铺和压实土料物理力学变化规律和特性,为冬季土料填筑施工原则的确立提供依据。通过不同保温材料的保温性能试验,研究制定了“两膜一布”和“三布两膜”针对不同低温范围的适应性心墙土料保温措施,成功研制了基于装载机的土工膜收放机进行保温材料的机械化收放,提高了工作效率。大坝心墙保温材料收放机作业如图 2 所示。

基于上述成果,现场真正实现了大坝全年不间断高质量连续施工,为整体推进工程进展,顺利按期实施各阶段下闸蓄水及确保实现发电目标提供了进度和质量保障。

（3）深化 700 m 级特高边坡群设计施工技术体系。

两河口枢纽区开挖工程量较大,拥有 5 个 300 m 以上边坡,其中大坝左岸泄洪系统进、出口边坡分布范围顺水流向 2 500 m,垂直高差最大 684 m,总开挖量约 1 300 万 m³,共施工锚索约 11 300 束,为世界水电工程综合规模最大边坡群。具有施工规模大、立体交叉作业多、上下同期施工干扰大、安全施工风险高、层层连环制约工期紧、地形限制施工布置难、高原降效明显、冬季昼夜温差大、有效施工时间短、建设环境复杂等特点。

为确保安全有序推进各工作面进展,为后续大坝等三大主标顺利施工创造良好条件,关键要结合现场实际情况,系统研究边坡群施工总体规划布置,科学制订施工组织方案,

图 2   大坝心墙保温材料收放机作业

合理配置施工资源,创新施工方法。

通过优先开挖泄洪进口对下方溢洪道和 5# 导流洞进口有影响部位,控制爆破方向和下渣路线、设置多层三维立体防护(型钢+竹夹板+钢筋石笼+沙袋)并利用防护设施疏导渣料,有效解决了上下同期施工干扰问题,防范化解了立体交叉施工安全风险;通过爆破试验对比分析,将原方案每级马道(高 25 m)分 3 层爆破优化为 2 层爆破;根据边坡特点,按照"上部狭窄区域纵向多层次,下部宽阔区域横向多工序"原则,合理安排工序衔接及资源配置,确保各工作面流水作业;采用履带式液压钻机代替手风钻及潜孔钻进行边坡光爆孔及锚杆、锚索孔钻进,可提高钻进效率,确保支护跟进开挖,有效保障边坡稳定;针对边坡开口线附近厚覆盖层、强卸荷、弱风化带等不良地质条件制约下锚索成孔困难问题,采用大管径、大壁厚、同心钻超深跟管技术可有效解决。此外,通过采取冬雨季施工措施实现全年不间断施工,克服地形限制创造性地布置施工通道,合理布置临建设施增加设备使用效率等综合措施,均有效保障了项目的顺利推进。

左岸边坡群已全部施工完成,回顾实施过程,通过系统研究总体规划布置及设计施工组织方案,及时掌握现场客观实际并合理采取针对性应对措施,使得工程在面临诸多客观不利条件时,依然能够正常推进,十分不易,在取得了宝贵经验的同时,对在藏区高海拔高寒环境下实施规模以上高边坡群同样具有十分重要的借鉴意义。两河枢纽左岸边坡群如图 3 所示、泄洪进口施工多层立体交叉干扰如图 4 所示。

(4)攻克高海拔超高流速泄洪系统设计施工关键技术。

两河口水电站泄水建筑物全部位于大坝左岸,利用河道左岸微凸地形"裁弯取直",进口均位于雅砻江支流庆大河沟口,从左至右依次布置深孔泄洪洞、放空洞(4# 导流洞)、竖井旋流泄洪洞(下平段与 3# 导流洞全结合)、洞式溢洪道及 5# 导流洞。

泄水建筑物校核洪水洪峰流量 10 400 m³/s,枢纽总泄量约 8 200 m³/s,最大泄洪水头约 250 m,总泄洪功率约 21 000 MW,最大泄水流速 53.76 m/s,工程泄洪具有"泄量大、水

图3　两河口枢纽区左岸边坡群

图4　泄洪进口施工多层立体交叉干扰

头高、泄洪功率高、泄洪流速大"等特点。因此,应尽可能避免其发生空蚀空化破坏,为此将泄水建筑物洞室边墙、底板、泄槽、挑坎等关键部位设计为抗冲耐磨混凝土(总量约31.4万 m^3,占泄水建筑物混凝土总量22%),以确保工程蓄水及电站永久运行安全。

　　为保证抗冲耐磨混凝土施工质量,公司提前策划,于2017年即开始逐步开展原材料研究、配合比优化、工艺性试验(边墙、底板)及仿真性试验(挑坎、溢洪道泄槽)等,并结合 $5^\#$ 导流洞洞身衬砌施工开展生产性试验,以验证并不断总结调整优化原材料、配合比、施工工艺等关键参数。通过试验调整冲洗砂用水量,可有效降低骨料中悬浮碳颗粒含量,解决了其对混凝土拌合物用水量及性能的影响;通过持续多阶段开展 $C_{180}50$ 抗冲耐磨混凝土配合比优化试验,减少了用水量及胶凝材料用量,可有效降低混凝土最高温升及开裂风险,提高了经济效益,同时通过双掺粉煤灰和硅粉可使混凝土和易性得到较大改善;通过开展边墙、底板混凝土工艺性及生产性试验,逐步改进确定施工工艺,为降低开裂风险,将原方案边顶拱通仓浇筑调整为分开浇筑,并研究制定了边墙、顶拱钢模台车整套设备(溢洪道台车长 9 m,其余洞室 12 m),配置混凝土提升料斗和皮带输送系统,按照边墙—顶拱—底板顺序浇筑,并随着大规模施工进展逐步改进钢模台车细节设计,确保了混凝土表面平整度、表观质量、密实度等指标整体满足设计要求;通过溢洪道泄槽仿真试验,研发实施了高陡泄槽抗冲耐磨混凝土施工成套设备,改进了传统滑模系统;针对冬季保温措施的系统研究实施,确保了低温时段混凝土施工质量,并实现全年不间断连续施工。

目前电站已完成第一阶段蓄水,5#导流洞过流期间各项监测指标正常,其余洞室正常推进,进度满足电站各阶段蓄水要求,且施工质量良好,满足设计要求。基于原材料及高寒高海拔等客观不利条件,通过系统开展超高流速掺气减蚀及混凝土温控防裂关键技术措施研究,能够有效保障高质量推进抗冲耐磨混凝土实施,从而确保工程整体安全。洞身边墙混凝土浇筑施工示意和施工现场如图 5、图 6 所示。

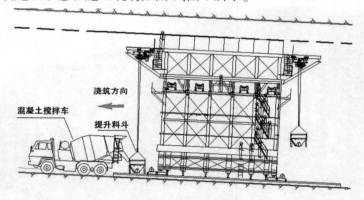

图 5　洞身边墙混凝土浇筑施工示意

(5)研发大泄洪功率下大规模防冲旋挖桩群施工技术。

两河口工程泄洪功率高、泄量大,下游河谷窄、岸坡陡、河道及岸坡抗冲能力较低。为此需在大坝下游泄洪出口消能区河岸及泄洪雾化区边坡实施防护工程,对下游受雾化影响区域和泄洪冲刷区域进行加固,确保电站运行期下游河道安全。下游泄洪消能区河道长约 1.4 km,河岸基岩为 $T_3lh^{2(5)}$ 层粉砂质板岩与绢云母板岩互层,岩体抗压强度为 30~60 MPa,为中硬岩。消能区河岸坡脚防护采用钢筋混凝土防冲旋挖桩,桩径 1 m,间距 0.9 m,轴线错距 0.44 m,深度 5~30 m,共设计 1 872 根,26 750 m,桩基全部咬合,为目前国内规模最大的中硬岩防冲旋挖桩群。

旋挖钻孔灌注桩是一种较先进的桩基施工工艺,在国内的公路、铁路、桥梁和大型建筑的基础桩施工中应用较为广泛。近年来,随着水电工程的发展,越来越多地用于泄洪系统岸坡坡脚防护,但针对水电泄洪系统地质条件复杂、中硬岩层普遍的情况,国内尚无相应的规范标准。同时,本工程主要作业面均在河道河岸,只能在枯期施工,有效施工时间短。为此,要推进技术研发攻坚,探索中硬岩基础上高效高质量高精度旋挖桩群施工

图6 洞身边墙混凝土浇筑施工现场

技术。

通过旋挖钻孔工艺试验,验证并选定 SR360R 等适应性旋挖钻机,探索成孔工艺各环节管控要点。将高 1.5 m 钢护筒埋设于孔口,避免孔口坍塌破坏,根据基岩硬度适当调整钻进速度,达到设计深度后,采用双底板捞砂钻斗进行捞渣清孔;探究不同地层岩性条件下的钻进效率,研究配置适应性钻头,并据此核算高峰期旋挖钻机等核心资源配置数量,固化施工工艺,并在后续大规模施工中逐渐改善增效,形成成套中硬岩大规模防冲旋挖桩群施工关键技术,并会同中铁十八局集团有限公司等有关单位共同编制了《雅砻江流域水电工程泄洪消能区防淘抗冲旋挖钻孔群桩施工企业标准》,对流域泄洪消能区防淘抗冲旋挖钻孔群桩的技术要求和工程质量检验、评定方法予以规定,并为国内类似工程提供借鉴。

在参建各方的共同努力下,左、右岸旋挖桩已全部施工完成,成孔、成桩质量均满足要求,为工程安全度汛及蓄水、运行期间下游河岸稳定奠定了基础。旋挖桩钻进施工如图7所示。

(6)建立 300 m 级超高土石坝适应性全方位安全监测技术体系。

为随时掌握拥有高坝大库的两河口工程性态变化,及时发现异常情况,预防事故发生,有效监测施工安全,公司会同成都院等有关单位系统研究并构建了 300 m 级超高土石坝适应性全方位安全监测技术体系,为工程运行安全提供了有效的技术支撑。

土石坝安全监测技术的发展应用明显滞后于筑坝技术,监测仪器的适应性仍然停留在 100 m 级坝高水平,难以完全适应 300 m 级超高土石坝,导致变形监测仪器存活率普遍偏低。针对上述问题,对大坝重点监测项目开展了针对性冗余监测设计。如心墙布置电磁沉降环、柔性测斜仪、大量程位移计和横梁式沉降仪多种监测手段来监测心墙沉降。改进监测仪器埋设工艺,极大地提高了仪器存活率,两河口水电站监测仪器存活率达到

图7　旋挖桩钻进施工

94.2%,其中大坝监测仪器完好率94.9%,处于同类工程中较高水平。

　　通过开展大坝监测新型仪器、新材料应用研究工作,取得了丰硕的应用研究成果,提升了300 m级超高土石坝监测技术水平。在柔性测斜仪的相关技术参数、高坝适应性和布置方案方面开展了专项研究工作,目前现场柔性测斜仪单根长度达200 m,在国内外尚属首创。

　　创造性地提出了300 m级超高土石坝上游堆石区蓄水后沉降监测技术方案。电站蓄水期及运行期土石坝上游堆石区沉降监测一直是重难点,也是土石坝监测空白区域。深入研究采用"柔性测斜仪+超宽带雷达监测系统"新型监测仪器来监测上游堆石区施工期和蓄水期沉降,同时开展了高精度MEMS光纤压力传感器试验验证。试验成果表明,MEMS光纤压力传感器的精度能够达到厘米级,满足两河口水电站上游堆石区蓄水后沉降监测精度和耐水压要求。

4　总　结

　　创新是引领发展的第一动力。创新始终是推动一个国家、一个民族向前发展的重要力量。在藏区高原建设具有300 m级超高土石坝的大型水库电站在国内尚属首次,无任何经验可以借鉴,为克服客观不利条件,高质量推进工程建设,公司团结率领各参建单位披坚执锐、攻坚克难,深入把握客观实际,研究攻克大坝智能碾压、大坝冬季施工、700 m级高边坡群、超高泄洪流速抗冲耐磨混凝土、大泄洪功率中硬岩旋挖桩群等重点项目关键设计施工技术,研发制定成套施工装备,成功化解了一道道"难题",取得了显著的成果。

　　继往开来,公司将继续充分借鉴两河口成功践行自主创新的经验,在流域后续开发中,切实不断开拓提升公司自主创新能力,高质量推进流域水风光互补绿色清洁可再生能源示范基地建设,为加快建设世界一流绿色清洁可再生能源企业贡献力量。

参 考 文 献

[1] 陈云华,吴世勇,马光文.中国水电发展形势与展望[J].水力发电学报,2013,32(6):3.

[2] 祁宁春.高海拔地区特高土心墙堆石坝智能建设管理体系关键技术研究与实践[C]// 陈云华.大型流域风光水互补清洁能源基地重大技术问题研究与深地基础科学进展——雅砻江虚拟研究中心2018年度学术年会论文集.郑州:黄河水利出版社,2018.

超高心墙堆石坝三维地震反应分析与抗震加固范围研究

杨星,金伟,左雷高,朱先文,王青龙

(中国电建集团成都勘测设计研究院有限公司,四川 成都　610072)

摘　要　我国水能资源主要集中在西部地区,西部地区同时又是我国地震的强震区,位于西部强震区的高土石坝的抗震安全是我国水电开发最突出的问题之一。基于《水电工程水工建筑物抗震设计规范》(NB 35047—2015)的有关规定,采用设定地震场地相关设计反应谱生成的地震动时程,对两河口超高心墙堆石坝进行三维非线性地震反应分析和抗震加固范围研究。研究结果表明:位于 V 形河谷中的两河口超高心墙堆石坝坝体加速度在 4/5 坝高以上、1/3 坝轴线长度范围内的河谷中部放大效应显著,表现出明显的"鞭梢效应"和三维河谷效应。在此基础上,提出了两河口超高心墙堆石坝的抗震加固范围。

关键词　超高心墙堆石坝;场地相关设计反应谱;地震反应分析;抗震加固范围

1　引　言

土石坝具有选材容易、施工方便、造价较低、地基适应性强和抗震性能好等优点,是水利水电工程建设的主要坝型之一[1]。我国水能资源分布丰富的西部地区是我国地震的强震区,发震频率和地震强度都非常高[2]。2008 年 8.0 级四川汶川地震、2010 年 7.1 级青海玉树地震、2013 年 7.0 级四川芦山地震及 2014 年 7.3 级新疆于田地震,都造成了严重灾害[3],尤其是汶川大地震中,坝高 156 m 的紫坪铺面板堆石坝发生了坝顶震陷、面板施工缝错台、面板挤压破坏、下游护坡块石松动乃至滚落等地震破坏,严重影响了水库安全[4-5]。确保西部强震区高土石坝的抗震安全对国民经济和社会发展具有重大意义。

"5·12"汶川大地震后,国家对大型水利水电工程的抗震安全提出了更高的要求,通过对震害调查和分析,深入研究了大坝抗震设计、震害机制、抗震加固措施等方面的经验和教训[6-7],对《水工建筑物抗震设计规范》(DL 5073—2000)[8]进行了修编,发布并实施了《水电工程水工建筑物抗震设计规范》(NB 35047—2015)[9]。针对新规范对标准设计反应谱的修订,张宇等[10]通过对 250 m 高的面板堆石坝进行二维有限元动力计算,对比分析了以新、旧抗震规范标准设计反应谱为目标谱拟合生成的地震波作用下,面板堆石坝的动力响应特性及差异。针对新规范明确规定的对进行专门场地地震安全性评价的抗震设防类别为甲类的工程,其设计反应谱应采用场地相关设计反应谱,李红军等[11]基于设定地震场地相关反应谱和一致概率反应谱生成的地震波,研究了其对建于深厚覆盖层上的长河坝心墙堆石坝动力响应的影响。以上研究主要针对依据新、旧抗震规范输入的地震动作用对坝体动力响应的影响,对新规范输入的地震动作用下超高土石坝的抗震加固范围未进行研究。

　　在建的两河口水电站位于四川省甘孜藏族自治州雅江县境内的雅砻江干流,为雅砻江中、下游的"龙头"水库,拦河大坝为砾石土心墙堆石坝,坝顶高程 2 875.00 m,正常蓄水位高程 2 865.00 m,最大坝高 295 m,为一等大(1)型工程,抗震设防类别为甲类。在大型通用有限元软件 ABAQUS 中引入等效线性模型,根据新规范采用设定地震场地相关设计反应谱生成的地震动时程[12],对两河口超高心墙堆石坝进行三维非线性动力反应分析,在此基础上,提出两河口超高心墙堆石坝的抗震加固范围。

2　计算本构模型

　　目前在堆石料弹塑性本构模型研究方面已取得了较多成果[13-14],但邓肯张模型和等效线性黏弹性模型由于概念明确、参数较少、简单实用,在土石坝静动力计算中应用广泛。因此,静力计算采用邓肯张 E-v 模型[15],动力计算采用等效线性黏弹性模型[16],其中等效线性黏弹性模型的动剪切模量 G_d 和阻尼比 λ 采用如下表达式:

$$G_d = \frac{k_2}{1 + k_1 \bar{\gamma}_d} p_a \left(\frac{\sigma'_m}{p_a} \right)^n \tag{1}$$

$$\lambda = \lambda_{\max} \frac{k_1 \bar{\gamma}_d}{1 + k_1 \bar{\gamma}_d} \tag{2}$$

式中,σ'_m 为平均有效主应力;$\bar{\gamma}_d$ 为归一化的剪应变,可根据地震过程中的最大动剪应变 $\gamma_{d\max}$ 计算,见式(3):

$$\bar{\gamma}_d = 0.65 \gamma_{d\max} \left(\frac{\sigma'_m}{p_a} \right)^{n-1} \tag{3}$$

　　上述各式中,参数 k_1、k_2、n 和 $\lambda_{\max}$ 可由动力试验测定。

3　有限元网格与计算参数

3.1　有限元网格

　　两河口大坝三维有限元模型共划分 34 471 个节点,32 246 个单元,主体网格采用八节点六面体单元,少量采用六节点楔形单元和四节点四面体单元进行过渡,坐标系统为:x 轴正向沿坝轴线指向右岸,y 轴正向沿顺河向指向下游,z 轴正向竖直向上,两河口大坝三维有限元网格见图1。

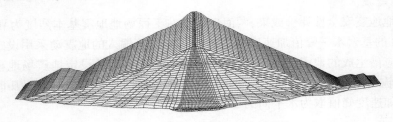

图 1　两河口大坝三维有限元网格

3.2 计算参数

筑坝料静力计算参数和动力计算参数分别见表 1 和表 2[17]。混凝土结构采用线弹性模型,弹性模量为 30 GPa,泊松比为 0.167,容重为 24.0 kN/m³。

表 1 筑坝料静力计算参数

材料	密度 (g/cm³)	线性抗剪强度		邓肯张 $E-v$ 模型参数							
		c (kPa)	φ (°)	φ_0 (°)	$\Delta\varphi$ (°)	K	n	R_f	D	G	F
反滤料 1	2.19	—	—	49.4	7.2	890	0.26	0.77	3.0	0.32	0.074
反滤料 2	2.19	—	—	48.5	6.7	895	0.27	0.79	3.0	0.35	0.102
过渡料	2.23	—	—	50.8	8.4	904	0.28	0.74	6.9	0.28	0.161
堆石料 I 区	2.25	—	—	48.7	5.0	912	0.29	0.73	5.1	0.33	0.182
堆石料 II 区	2.21	—	—	49.2	8.1	853	0.25	0.75	5.5	0.30	0.169
堆石料 III 区	2.23	—	—	46.8	5.3	783	0.27	0.75	4.6	0.32	0.140
掺砾心墙料	2.18	122	21.7	33.3	6.4	385	0.41	0.88	1.1	0.43	0.028
接触黏土	1.98	52	18.1			132	0.25	0.91	3.77	0.39	0.14

表 2 筑坝料动力计算参数

材料	k_1	k_2	n	λ_{max}
反滤料 1	11.60	1 216	0.321	0.23
反滤料 2	16.40	1 486	0.300	0.22
过渡料	15.70	1 997	0.328	0.22
堆石料 I 区	18.80	2 336	0.268	0.19
堆石料 II 区	17.95	2 270	0.273	0.20
堆石料 III 区	17.10	2 205	0.279	0.21
掺砾心墙料	21.35	1 106	0.556	0.25
接触黏土	21.35	450	0.500	0.30

3.3 输入地震波

根据场地地震安全性评价成果,两河口水电站工程场地地震基本烈度为Ⅶ度,100 年超越概率 2% 的基岩水平峰值加速度为 287.8 gal。计算输入的地震动采用设定地震场地相关设计反应谱生成的地震波加速度时程,两河口水电站坝址设定地震场地相关设计反应谱见图 2,输入的顺河向、坝轴向和竖向地震波加速度时程见图 3,地震动历时 35 s[12],计算中竖向加速度峰值取为水平向的 2/3。

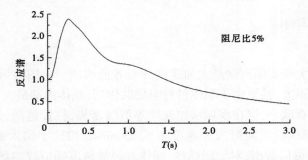

图 2　两河口坝址设定地震场地相关设计反应谱（100 年超越概率 2%）

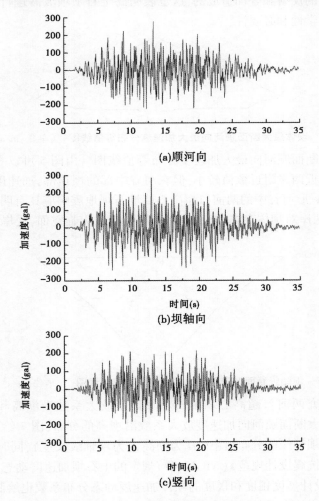

图 3　输入地震波加速度时程

4　大坝三维地震响应

4.1　加速度响应

　　图 4 为坝体最大断面顺河向最大加速度分布等值线图。由图 4 可以看出,坝体顺河向加速度反应总体不大,甚至由于坝体材料阻尼的作用,坝体内部最大加速度响应相对于输入最大加速度略有减小,但在坝顶部加速度等值线密集,位置越高,加速度增加的速率越快,数值越大。坝顶顺河向最大加速度为 6.53 m/s²,相比于输入最大加速度放大了2.27 倍。由图 4 还可以看出,对于同高程,坝体表层加速度响应较内部大,其原因主要是地震波在坝体表层的反射和叠加造成的,这也表明高土石坝坝坡需进行大块石压重护坡或浆砌石护坡的科学性和必要性[18]。

图 4　坝体最大断面顺河向最大加速度分布等值线图　(单位:m/s²)

　　图 5 为坝轴线断面顺河向最大加速度分布等值线图。由图 5 可以看出,坝轴线断面顺河向加速度在靠近两岸附近数值较小,但在河谷中部的坝顶部,加速度等值线密集,数值较大,表明位于 V 形河谷中的两河口超高心墙堆石坝地震响应具有明显的三维河谷效应,这主要是由于两岸对坝体存在约束作用,而河谷部位为临空面,受岸坡约束作用较弱造成的。

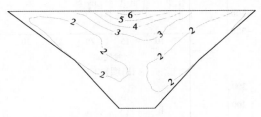

图 5　坝轴线断面顺河向最大加速度分布等值线图　(单位:m/s²)

　　为了进一步研究两河口超高心墙堆石坝加速度放大系数沿坝高和坝轴线的分布,图 6 给出了坝体最大断面顺河向加速度放大系数沿坝高的分布,图 7 给出了顺河向加速度放大系数沿坝顶坝轴线的分布(图中 H 为坝高,l 为坝轴线长度),同时为了与现行《水电工程水工建筑物抗震设计规范》(NB 35047)规定的土石坝加速度动态分布系数进行比较,将规范规定的设计烈度Ⅷ度和Ⅸ度的坝体加速度动态分布系数也绘制于图 6 中。

　　由图 6 的加速度放大系数沿坝高的分布可以看出,在 $4H/5$ 以下计算的加速度放大系数变化不大,但在 $4H/5$ 附近加速度放大系数突然增大,表现出在 $4H/5$ 以上的坝顶部地震响应存在明显的"鞭梢效应",并且计算的加速度放大系数分布规律与规范规定值存在差异,这主要是因为现行抗震规范规定的土石坝坝体加速度动态分布系数是基于坝高150 m 以下的土石坝得出的,而两河口砾石土心墙堆石坝为 300 m 级超高土石坝,坝体受地基刚性约束减弱,坝体自振周期延长,高阶自振周期容易与地震卓越周期遇合,在地震过程中高阶振型参与量增大所致[19]。由图7可以看出,坝轴线顺河向加速度放大系数沿河谷中部基本呈对称分布,在靠近两岸附近放大效应不明显,但在坝顶河谷中部约$l/3$范围内,加速度放大效应显著。

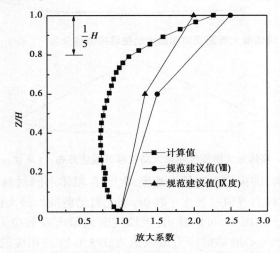

图6 最大断面顺河向加速度放大系数沿坝高分布

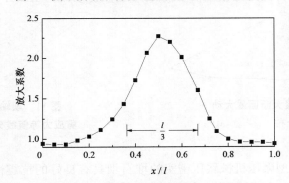

图7 坝轴线顺河向加速度放大系数

4.2 动位移响应

坝体最大断面顺河向和竖向最大动位移等值线分布见图8和图9。从图8和图9可以看出,顺河向和竖向最大动位移均沿坝体高程的增加而增加,在坝体上部等值线密集,增加速率显著,最大值出现在坝顶,顺河向动位移最大值为29.32 cm,竖向动位移最大值为12.7 cm,顺河向动位移值大于竖向动位移值,两河口超高心墙堆石坝动位移响应以顺河向为主。

4.3 动应力响应

地震过程中,坝体各单元的6个应力分量都是变化的,可采用广义剪应力作为动剪应力τ_d来综合反映各单元受到的往复剪切作用。动力计算中,各单元最大动剪应力$\tau_{d\max}$与初始平均有效主应力σ'_m之比称为动剪应力比。坝体顺河向最大断面和坝轴线断面最大动剪应力等值线分布见图10和图11。由图10可以看出,坝壳料中最大动剪应力随着离

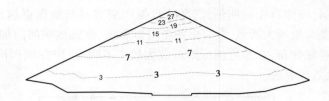

图 8　坝体最大断面顺河向最大动位移等值线分布　（单位：cm）

图 9　坝体最大断面竖向最大动位移等值线分布　（单位：cm）

坝面距离的增加而增大,即由坝面向坝内逐渐增大,在坝体不同材料分区的交接处,由于模量的差异,最大动剪应力等值线发生了转折,坝壳料动剪应力最大值为 442.8 kPa,相应的动剪应力比为 0.38。由图 11 可以看出,坝轴线断面最大动剪应力在心墙中间位置相对较大,在两侧相对较小,心墙动剪应力最大值为 393.0 kPa,相应的动剪应力比为 0.2。坝壳料和心墙料的动剪应力比相对较小,坝体不会发生动力剪切破坏。

图 10　坝体最大断面最大动剪应力等值线分布　（单位：MPa）

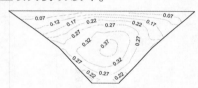

图 11　坝轴线断面最大动剪应力等值线分布　（单位：MPa）

4.4　抗震加固范围

尽管经过现代重型碾压机械碾压密实的堆石坝具有良好的抗震性能,但鉴于地震的不确定性和高土石坝的复杂性,高土石坝的抗震安全是我国西部强震区水利水电工程建设最突出的问题之一[18]。高土石坝实际震害和大型振动台模型试验表明,高土石坝遭遇地震发生破坏时,破坏将首先从坝顶部开始,破坏模式主要表现为坝顶部堆石松动、滚落、坍塌,甚至出现局部浅层滑动,这些局部破坏可能会危及大坝的整体抗震安全[20]。

上述计算结果表明,位于 V 形河谷中的两河口超高心墙堆石坝在 4/5 坝高附近加速度放大效应突然增大,表现出在 4/5 坝高以上的坝顶部存在明显的"鞭梢效应",同时在坝顶河谷中部约 1/3 坝轴线长度范围内,加速度放大效应显著,表现出坝体地震响应具有明显的三维河谷效应。因此,两河口超高心墙堆石坝的抗震加固范围可取为坝顶部 1/5 坝高范围,并应加强河谷中部 1/3 坝轴线长度范围内的抗震设计。

5　结　论

采用设定地震场地相关设计反应谱生成的地震动时程,对两河口超高心墙堆石坝进

行三维非线性地震反应分析,主要得出以下结论:

(1)位于 V 形河谷中的两河口超高心墙堆石坝在 4/5 坝高附近加速度放大效应突然增大,表现出在 4/5 坝高以上的坝顶部存在明显的"鞭梢效应",同时在坝顶河谷中部约 1/3 坝轴线长度范围内,加速度放大效应显著,表现出坝体地震响应具有明显的三维河谷效应。

(2)顺河向和竖向动位移均沿坝体高程的增加而增大,最大值出现在坝顶,顺河向动位移值大于竖向动位移值,两河口超高心墙堆石坝动位移响应以顺河向为主。坝壳料和心墙料的动剪应力比相对较小,坝体不会发生动力剪切破坏。

(3)两河口超高心墙堆石坝的抗震加固范围可取为坝顶部 1/5 坝高范围,并应加强河谷中部 1/3 坝轴线长度范围内的抗震设计。

参 考 文 献

[1] 杨星,刘汉龙,余挺,等. 高土石坝震害与抗震措施评述[J],防灾减灾工程学报,2009,29(5):583-590.

[2] 陈厚群. 重视高坝大库的抗震安全——纪念唐山大地震 30 周年[J]. 中国水利水电科学研究院学报, 2006, 4(3): 161-169.

[3] 孔宪京,邹德高,刘京茂. 高土石坝抗震安全评价与抗震措施研究进展[J]. 水力发电学报, 2016, 35(7): 1-14.

[4] 陈生水,霍家平,章为民. "5·12 汶川地震对紫坪铺混凝土面板坝的影响及原因分析[J]. 岩土工程学报, 2008, 30(6): 795-801.

[5] LIU P, MENG M Q, XIAO Y, et al. Dynamic properties of polyurethane foam adhesive-reinforced gravels [J]. Science China Technological Sciences, 2021, 64(3): 535-547.

[6] 陈厚群. 水工建筑物抗震设计规范修编的若干问题研究[J]. 水力发电学报, 2011, 30(6): 4-10, 15.

[7] 刘小生,赵剑明,杨玉生,等. 基于汶川地震震害经验的土石坝抗震设计规范修编[J]. 岩土工程学报, 2015, 37(11): 2111-2118.

[8] 水工建筑物抗震设计规范:DL 5073—2000[S].

[9] 水电工程水工建筑物抗震设计规范:NB 35047—2015[S].

[10] 张宇,孔宪京,邹德高. 高面板堆石坝地震响应比较——基于新、旧《水电工程水工建筑物抗震设计规范》[J]. 水力发电学报, 2017, 36(2): 102-111.

[11] 李红军,朱凯斌,赵剑明,等. 基于设定地震场地相关反应谱的高土石坝抗震安全评价[J]. 岩土工程学报, 2019, 41(5): 934-941.

[12] 中国水利水电科学研究院. 四川省两河口水电站坝址区场地相关设计反应谱研究[R]. 北京: 中国水利水电科学研究院, 2017.

[13] XIAO Y, LIU H L. Elastoplastic constitutive model for rockfill materials considering particle breakage [J]. International Journal of Geomechanics, 2017, 17 (1): 04016041.

[14] XIAO Y, MENG M Q, DAOUADJI A, et al. Effects of particle size on crushing and deformation behaviors of rockfill materials[J]. Geoscience Frontiers, 2020, 11(2): 375-388.

[15] DUNCAN J M, CHANG C Y. Non-linear analysis of stress and strain in soils[J]. Journal of the Soil Mechanics and Foundations Division, 1970, 96(5): 1629-1653.

[16] 沈珠江,徐刚. 堆石料的动力变形特性[J]. 水利水运科学研究, 1996(2):143-150.

[17] 河海大学岩土工程科学研究所. 两河口土石坝工程筑坝料动力特性试验研究[R]. 南京:河海大学岩土工程科学研究所, 2008.

[18] 杨星,余挺,王晓东,等. 高土石坝地震响应特性振动台模型试验与数值模拟[J]. 防灾减灾工程学报, 2017, 37(3):380-387,427.

[19] 邹德高,周扬,孔宪京,等. 高土石坝加速度响应的三维有限元研究[J]. 岩土力学, 2011(S1):656-661.

[20] 杨星,刘汉龙,余挺,等. 高土石坝复合加筋抗震加固技术开发与应用[J]. 水利水电科技进展, 2016,36(6):69-74.

两河口水电站库岸稳定性及防控措施研究

吴章雷,王勇,李秋凡

(中国电建集团成都勘测设计研究院有限公司,四川 成都 610000)

摘 要 水库蓄水后,库岸边坡的稳定性是工程建设中的关键技术问题,尤其是高坝大库。本文以在建的两河口水电站为依托,对水库库区开展了深入的研究工作。针对库岸稳定性这一关键技术问题,从库区勘查手段及方法上进行创新,利用空—天—地一体化新技术,获取库区不良地质体的多源信息,通过多源信息数据融合,分析倾倒体的变形破裂特征及内、外动力过程,归纳总结变形体破坏类型,对其稳定性进行分析研究。在研究倾倒变形体发育分布、变形破坏类型、稳定性及影响对象的基础上,对倾倒变形体的防控措施进行研究,提出了分级治理、区别对待的治理原则及可实施的防控方案。

关键词 两河口水电站;库岸稳定性;变形破坏模式;防控措施

1 引 言

四川甘孜州雅砻江干流上的两河口水电站,为典型的高坝大库型水电工程,挡水建筑物为砾石土心墙防渗堆石坝,坝高295 m。水库区由雅砻江主库、鲜水河、庆大河支库组成,库周长约464 km,正常蓄水位2 865 m,对应库容约107.67 亿 m³。

库区地貌为高山峡谷,谷坡陡峻,库岸以岩质边坡为主,出露三叠系(T_3)浅变质砂岩、板岩,岩层倾角以陡倾角为主。库区卸荷、风化、滑坡、泥石流、崩塌体、变形体等不良物理地质现象发育,尤其以倾倒变形体最为发育。从规划到施工阶段库区地质调查统计表明,库区发育滑坡、堆积体、变形体共计80 余处,其中滑坡21 处,占总数的26.3%;堆积体18 处,占总数的22.5%;变形体41 处,占总数的51.3%,见图1。

两河口水电站库区还建有道路、隧洞及桥梁等专项设施较多,库区桥梁共计65 座,具有高度高、跨度大、施工难度大的特点,总长约11.09 km,其中大桥、特大桥29 座,最长桥长约0.5 km;库区隧洞共计53 处,隧洞成洞条件差,施工困难,总长约44.38 km,其中中—长隧洞33 处,最长隧洞近3.0 km。

近20 年来,随着一大批高坝大库水电站的投产运行,水库库岸均出现了不同程度、不同规模的变形破坏现象,对枢纽建筑物、专项设施及人民群众的生命财产造成不同程度的影响,这些实际发生的案例已经超出了工程师们对库岸变形破坏的认识和预测。两河口水电站库区规模大、地质条件复杂、不良物理地质现象发育,库区专项设施较多,水库蓄水后,库水位高约265 m,水库消落深度达80 m。因此,水库蓄水后库岸稳定性如何?岸坡会产生什么样变形破坏?失稳后会产生什么样的影响?如何防范和治理等一系列问题,是水库蓄水后工程建设各方高度关注的问题,也是亟待解决的关键技术问题。

为了研究水库库岸稳定性这一关键工程技术问题和难题,我院对两河口水电站库区

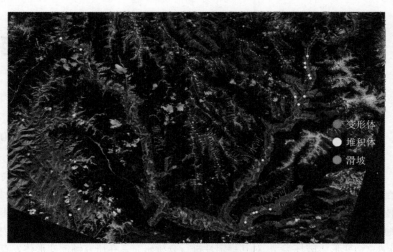

图1　两河口水电站库区不良地质体分布示意图

开展了大量的勘探、试验、分析评价和研究工作。本文以两河口水电站工程为依托,历经几年持续不断的工作,对库岸的稳定及防控处理措施进行分析研究,取得了一些初步研究成果,并不断地完善水库库岸稳定性的分析和评价工作,目的是对两河口水电站蓄水后库岸的稳定性进行全面会诊、把脉,分析水库蓄水后存在失稳风险的岸坡,针对蓄水及蓄水过程中可能出现的问题,提前进行干预和处置,确保水库蓄水后库区发生地质灾害的风险可控,降低或避免库区人民群众生命和财产的损失,确保两河口水电站安全运行。

2　库区勘查工作思路

　　两河口水电站库区山高坡陡、支沟发育、库岸线长、地质条件复杂、交通不便,如何高效开展地表地质调查工作,排查和识别库区发育的不良物理地质现象,不遗漏规模较大的滑坡、崩塌、堆积体等不良地质体,是水库库区地质调查工作中首先需要研究解决的问题。

　　针对两河口水电站库区特殊的地形地质和交通条件,参考同行业地表地质调查工作情况、借鉴其他大型水库地表地质调查经验,两河口水电站库区地质调查工作采用高精度光学遥感、无人机航拍、GIM数字化填图系统等先进的技术手段,对库区开展地表地质调查和不良地质体排查工作,实现了库区地表地质调查和不良地质体排查工作由高到低、由远到近、由粗到细的勘查目标,形成了天—空—地一体化的地表地质调查体系,见图2。

卫星　　　　　　无人机　　　　　　GIS　　　　　地质建模

图2　天—空—地一体化调查体系

首先,利用高精度光学遥感卫星获取的卫星图片对库区地表地质条件进行"普查",

通过高空俯视拍摄的卫片,解译库区的地质信息,如地形地貌,地质构造,大型的滑坡、崩塌体及堆积体。通过卫片对地质信息解译,对库区的基本地质条件形成初步认识,对不良地质体进行初步排查,对可能产生的工程地质问题进行初步分析。

其次,利用大型固定翼无人机对库区进行航拍,对库区地质调查开展"初查"工作。由于无人机航拍图像清晰度高,地表地质条件及不良地质体现象较清晰。通过无人机航拍后的地形地貌、岸坡结构、发育的不良地质体等清晰可见,基本上可以明确库区主要的滑坡、崩塌体及堆积体的发育部位及规模大小。

最后,通过卫片、航片解译,确定库区发育的滑坡、崩塌体及堆积体,以及对库区岸坡结构的解译,确定可能出现倾倒变形体的库段。在地形图上圈定好上述不良地质体后,现场开展"核查"工作,对上述解译的地质信息进行现场核实,一是对卫片、航片上解译的不良地质体现场校验,并进一步明确不良地质体的边界条件;二是补充可能遗漏的不良地质体。

通过上述普查、初查、核查工作后,库区地表地质调查和不良地质体的排查工作基本完成,库区滑坡、堆积体、倾倒变形体等不良地质体发育的位置、平面规模、边界条件基本明确。对不良地质体在剖面上的发育情况,包括深度、变形破坏特点等进行进一步分析研究,还需开展勘探、试验工作,进行"详查"。

由于库区不良地质体发育呈现出点多面广的特点,对每一处不良地质体进行勘探试验工作是不现实的,需对不良地质体进行梳理和筛选,抓住重要的不良地质体开展勘探、试验工作。结合库区不良地质体发育的位置、规模、性状、影响对象及危害程度,建立库区主要不良地质体的确认依据和原则:①近坝库岸段,离枢纽区较近;②影响居民及乡镇的库段;③对大坝填筑进度有影响的土料运输道路;④影响桥梁或隧道库段;⑤自身规模较大的倾倒变形体库段。

按上述对主要不良地质体的确认原则,对两河口库区磨古村倾倒变形体、托达西隧道下游倾倒变形体、索依倾倒变形体等16处重点库段的不良地质体开展了勘探、试验工作,进行了详查工作。

在详查工作中,两河口库区监测工作在常规手段上增加了三维激光扫描,对库区岸坡变形的捕捉,三维激光扫描技术利用非接触式的方法对变形体边坡进行三维点云数据采集,实现滑坡体的实景化复制,从点对点监测跨越到了面与面监测,能更有效地监测变形体整体变形趋势,为变形体安全监测和治理提供更有效的数据支持,成果表明,初期蓄水期间近坝库岸边坡总体变形较小(4 cm 以内)。

在常规地质勘探收资的基础上,还对库区勘探平硐采取了三维实景重建技术,可以对重点变形体、滑坡剖面分带、控制性结构面等关键地质信息进行保存分析,以期望实现后期专家远程"会诊"代替现场平硐踏勘。

在两河口水电站库区地质测绘工作中,参考国内外地表地质调查方法及手段,同时借鉴国内水库地质工作的经验,借助目前最先进的技术手段。结合两河口水电站库区的实际情况,形成了库区首先利用了高精度光学遥感的"普查"、无人机航拍的初查、GIM 数字化填图系统的核查和重点部位勘探、试验、监测、三维实景重建等多元数据融合的详查工作,共同组成天—空—地一体化的"四查"体系,形成了两河口水电站库区地质勘查工作特有的工作方法和思路。

3 库区岸坡变形破坏模式研究

根据变形库岸地表地质调查,结合平硐、钻孔等勘探揭示的变形破坏迹象,在进行详细的地质编录基础上,对两河口水电站库区岸坡的变形破坏特征进行分析研究。主要研究的对象是倾倒变形体,对变形破坏的规律进行梳理和总结,其目的是通过变形破坏迹象,归纳总结库区岸坡内在的变形规律。经梳理分析,库区倾倒变形体主要有以下三种变形破坏类型。

3.1 第一种类型——以拉裂、架空为主,局部折断

根据水库内变形体库岸的调查、统计分析,该类型的倾倒变形体破坏模式从地形、岩性、地质构造上要具备以下条件:首先,河谷岸坡结构为纵—斜向谷,岩层与河谷交角从 0°～45°为主,这是倾倒变形体发育的前提条件,地形表现为中陡坡度,一般为 40°～60°,岩性以层状或似层状的坚硬岩为主,层厚为 10～40 cm,薄层状或互层状。节理裂隙走向为顺坡向的,倾坡外,中陡倾角裂隙较发育。距坝较近的鲜水河右岸托达西隧道出口下游倾倒变形体、左岸磨古倾倒变形体 I 区、雅砻江亚中村倾倒变形体属于典型的这种变形破坏模式,见图 3。

托达西隧道出口下游倾倒变形体,距大坝约 4.8 km,分布后缘高程约 2 925 m,位于库区复建道路以上,前缘高程约 2 660 m,位于正常蓄水位以下,顺河长约 290 m,分布面积约 12 万 m²,水平平均厚度 60～80 m,方量约 570 万 m³。地形坡度,勘探揭示岩性以变质粉砂岩为主,岩层产状近 EW/S∠30～40°,可见明显拉张、架空、松动现象(见图 4)。

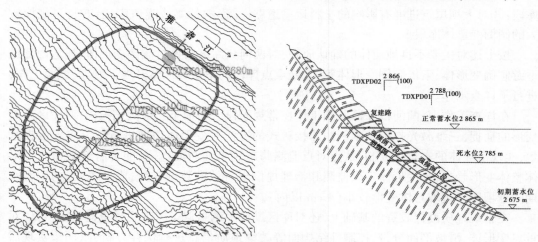

图 3 托达西倾倒变形体平、剖面图

对斜坡的分析研究表明,斜坡的变形破坏分为三个阶段,第一阶段为"表生改造",驱动边坡变形的驱动力是卸荷回弹;第二个阶段是边坡的"时效变形",驱动力为重力;第三个阶段是失稳破坏阶段,是重力持续作用的结果,即边坡形成统一的贯通面,沿该面产生滑动破坏。边坡从第一阶段发展到第二阶段的必要条件是边坡发育不利的地质结构。中层状或似层状的纵—斜结构的岸坡完成表生改造后,由于坡体发育不利的地质结构,为斜

图4 TDXPD01平硐强倾倒上段拉裂、架空、松动现象

坡的持续变形提供条件,在重力作用下,层状岩体发生倾倒,变形拉裂,斜坡进入时效变形破坏阶段。这就是该类倾倒变形体形成的力学机制。由于砂岩强度较高,变形破坏以脆性破坏为主,变形量很小的情况下就会产生破坏。因此,以砂岩组成的倾倒变形体在重力作用下,宏观变形主要表现为倾倒、拉裂及架空,局部沿结构面折断或拉断岩体,但该类变形的折断面不明显,局部发育,断续分布,这种模式的变形破坏不会形成统一的折断面,这是由岩性决定了其发展。这也表明这类变形破坏岩体整体松弛、松动,但不会整体高速失稳破坏滑动,以局部塌滑为主。

3.2 第二种类型——形成连续折断面

地表调查及勘探揭示表明,变形体的该类变形破坏模式最明显的特点是倾倒后形成连续折断面,如库区的磨古2区倾倒变形体及革落水沟倾倒变形体。

磨古倾倒变形体位于鲜水河左岸,距大坝约3 km。变形体分布高程EL.2 650~3 200 m,顺河宽约1 500 m。倾倒变形体分布面积约113万 m^2,总方量约3 300万 m^3。磨古倾倒变形体完成平硐400 m/4硐、钻孔700 m/7孔。根据倾倒变形破坏特征,从上游到下游分为1、2、3区(见图5)。

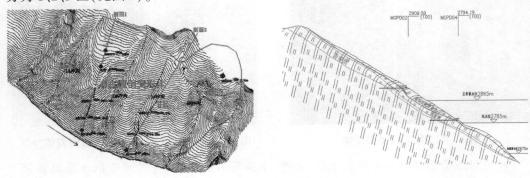

图5 磨古村倾倒变形体平、剖面图

2区由表及里分为倾倒折断带、强倾倒变形岩体、弱倾倒变形岩体及正常岩体。折断带岩体变形破坏特征为岩体强烈拉张破裂、松弛强烈,裂缝充填块碎石、角砾、岩屑及褐黄色泥,岩体原有结构遭受破坏,见明显倾倒折断面;强倾倒变形岩体变形破坏特征为岩层

之间张裂变形,局部可见垂直层面发育的层内楔形张拉裂缝,岩体仍保留原岩结构,但有碎块状岩块产生;弱倾倒变形岩体岩层产状近 N60°~80°W/NE∠50°~70°,见拉裂现象。

MGPD02 平洞揭露,0~25 m 为折断带,其中 20~25 m 段岩层产状近水平,岩体强烈拉张破裂、松弛强烈,裂缝充填块碎石、角砾、岩屑,岩体原有结构遭受破坏(见图6),25 m 处为近 EW/S∠60°折断面,折断面起伏、宽 40~60 cm,主要组成物质为碎块、角砾、碎粉,未见次生泥,碎块以次棱—棱状为主,结构较紧密(见图7),外部岩体沿折断面向下有蠕滑迹象。折断带平面面积约 35 万 m²,水平平均厚度 15 m,总方量约 550 万 m³。强倾倒变形体水平深度 55 m,该段岩体岩性以变质粉砂岩为主,岩层产状 N60°~80°W/NE∠20°~30°(见图8);55 m 见 EW/S∠35°~40°中倾坡外断层,有正错迹象,三壁未完全贯通,宽 10~15 cm,主要组成物质为碎粒、碎块,结构较松散,上盘层面倾角 20°~25°,下盘层面倾角 40°~45°,为强倾倒底界(见图9)。55~70 m 为弱倾倒岩体。

图 6　MGPD02 折断带岩体

图 7　MGPD02 中 0+25 m 折断带

图 8　MGPD02 强倾倒岩体

图 9　MGPD02 中 0+55 m 强弱倾倒岩体分界

通过对该类型变形体发育的地貌、岩性、构造等方面的分析,发现变形体除具备第一种类型的地形地质条件外,变形体的岩性主要由板岩组成,岩性强度不大,变形以塑性为主。从勘探平硐揭示,板岩倾倒变形后,变形较大,但破裂的程度不大,倾倒后形成连续的折断面,折断面主要追踪顺坡向的中倾坡外的结构面发育。由此可见,岩体倾倒变形后,受岩性和构造的影响,一是表现为倾倒拉裂,即第一种破坏类型。当岩性以板岩为主,中倾坡外的结构面较发育,具备上述条件,岩体倾倒后形成连续的折断面,也就是说,从第一

种破坏类型发展到第二种破坏类型是要具备一定的地质条件的。革落水沟倾倒变形体
PD04、PD01 倾倒变形体揭示,除主折断面外,还发育次一级折断面。

3.3 第三种类型——滑动

第三种类型倾倒变形体,岩体倾倒折断后,形成贯通的折断面,在重力持续作用下,产生滑动,形成滑坡,如库区发育的索依村上游倾倒变形体Ⅱ区、革落水沟倾倒变形体Ⅱ区。

索依村上游倾倒变形体位于雅砻江左岸,距大坝约 11.2 km,分布高程 3 050~2 770 m,顺河长 550 m,分布面积约 18 万 m²。勘探完成钻孔 100 m/1 孔、平硐 240 m/2 硐。依据地表地质测绘及勘探揭示,并结合变形体变形破坏特征,从上游至下游分为Ⅰ区、Ⅱ区,Ⅰ区为倾倒变形体,Ⅱ区为倾倒变形后形成的滑坡。变形体根据勘探揭示Ⅱ区倾倒变形滑移深度 112 m,方量约 2 000 万 m³,变形体内有库区复建道路穿越,复建路高程 2 891 m。索依村倾倒变形体平、剖面见图 10。

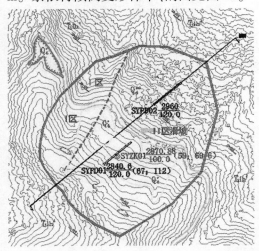 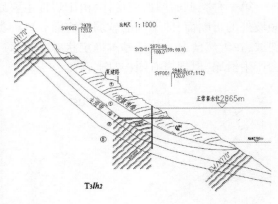

图 10 索依村倾倒变形体平、剖面图

钻孔及平硐揭示该倾倒变形体岩性主要为粉砂质板岩,板理面发育,Ⅱ区自上而下大致划分为滑坡体、强倾倒变形带和正常岩带,滑坡体钻孔 59 m 处见滑带(见图 11),平硐 112 m 处见滑坡底滑面(见图 12),67 m 处见次级滑带(见图 13)。钻孔 0~59 m,平硐(高程 2 840 m)0~67 m 段岩体,其表现的变形破坏特征为岩体强烈拉张破裂、松弛强烈,裂缝充填块碎石、角砾、岩屑及褐黄色泥,岩体原有结构遭受破坏,局部岩体仍保持原始岩体结构特征,岩层倾角平缓,以 5°~10°为主;强倾倒变形带钻孔分布深度范围为 59~69.6 m,平硐为 67~112 m,其中 112 m 处既为强倾倒变形岩体底界同时又为滑坡的底面,可见倾向坡外的折断底面,破碎带倾角约 30°,宽度为 5~10 cm,折断带内可见次生泥充填。强倾倒带岩体特征总体表现为:岩层倾角集中在 10°~30°,原层面结构仍较完整保留。

分析认为Ⅱ区倾倒变形体表浅部已沿后缘近竖直向强烈拉张裂缝产生向下位移,继而演变发展成为滑坡。

该类型倾倒变形体的变形特征是在岩体倾倒折断,形成连续断面,在重力持续作用下,折断面贯通,当下滑力大于抗滑力,发生失稳破坏,形成滑坡。因此,第三种破坏类型在地形地貌上具有圈椅状的特点,后缘滑动陡壁明显,地形坡度较缓,可见人工改造形成

图 11　钻孔揭示滑带　　　　　图 12　平硐揭示底滑面　　　　　图 13　平硐揭示次级滑带

的台地。滑体物质组成以块碎石土为主,局部可见未完全解体的层状岩体,岩层近水平,有时还可见反倾层状岩体。滑带由细粒的黄色次生泥组成,且有一定宽度,阻水效果明显,滑带外地下水活动受降雨影响明显,雨季地下水发育,冬季干燥,滑带以内地下水活跃,以渗滴水为主。

4　稳定性分析评价

第一种类型的倾倒变形体,由于岩性主要以砂岩为主,岩石强度较高,没有形成连续倾坡外的折断面,即不利的软弱结构面。这种类型的倾倒变形体经过自然改造后形成的斜坡,在天然情况下处于基本稳定状态。蓄水后岸坡在水动力作用下,以变形为主,局部会产生滑塌,但规模有限(见图 14)。

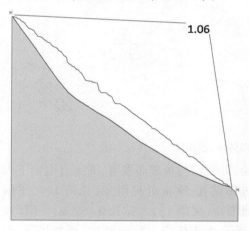

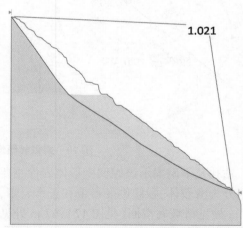

图 14　托达西倾倒变形体蓄水前、后稳定性计算

第二种类型的倾倒变形体发育连续的软弱结构面,坡体的稳定性主要受不利结构面控制,该类倾倒变形体在天然情况下基本稳定。蓄水后,软弱结构面在库水作用下,结构面的性状将会被劣化,抗剪强度降低,有产生整体失稳的可能,破坏性较大(见图 15)。

第三种类型的倾倒变形体由于已经发生了解体破坏,物质组成以块碎石为主,地形较缓,坡体不具备较大势能,天然状况下,这种破坏类型的岸坡稳定性较好,处于基本稳定—稳定状态。蓄水后,在水动力作用下,坡体稳定性变差,岸坡以后退式逐步解体破坏为主(见图 16)。

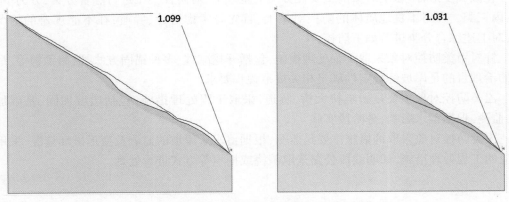

图 15 磨古村倾倒变形体 Ⅱ 区蓄水前、后稳定性计算

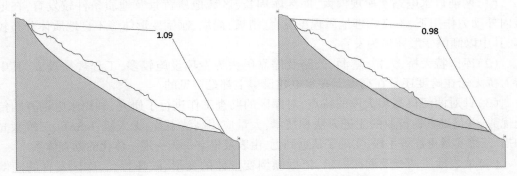

图 16 索依村倾倒变形体 Ⅱ 区蓄水前、后稳定性计算

5 防控措施研究

两河口水电站库区库周长,不良地质体发育,进行全面的同等深度的治理显然是不合适的,也是不经济的。针对库区倾倒变形体发育的位置、规模、性状及稳定情况,并结合影响对象,对倾倒变形体的防控措施采取分级治理、区别对待的原则开展研究工作。

按照倾倒变形体的规模、分布部位、破坏类型、稳定性等因素,对倾倒变形体进行分类,分为以下三类。

第一类分布在库首,距坝较近,规模较大,变形破坏类型属第二种类型,稳定性较差,如磨古倾倒变形体。

第二类分布在库首,或库首支沟内,距坝较近,规模较大,变形破坏类型属第一种类型或第三种类型,稳定性较差,如拖达西倾倒变形体、索依村上游倾倒变形体。

第三类分布在库中或库尾,规模较大,变形破坏类型为第一、二、三种类型,如亚中倾倒变形体、瓜里倾倒变形体等。

工程区坝址部位构筑物有挡水大坝、引水发电系统及泄水系统;库区主要分布有居民、专项设施(公路、桥梁、隧洞)等。根据库、坝区构筑物及居民分布情况,库岸失稳可能影响对象,对坝、库区构筑物的重要性进行分类,把对大坝及居民的影响归为最重要的影响对象,其次是大桥、隧洞,再次是公路。

在倾倒变形体、影响对象的重要性分类的基础上,对防控类型进行综合分类,分为甲、乙、丙三类。在对不良地质体的防控对策上,首先是考虑避让、躲避,在不能规避的情况下,对上述综合分类进行如下防控:

针对甲类防控对象采取工程处理措施,包括开挖减载、多种锚固方法、监测预警等,最终的治理目的是岸坡的稳定性满足相关规范规程要求。

乙类防控对象主要是影响特大桥、隧道,采取工程处理措施,包括边坡加固、基础加固,监测,根据蓄水影响,分阶段实施。

丙类防控对象采取的措施主要是监测,根据蓄水后岸坡的监测及变形破坏情况,采用相应的工程处理措施,如明线段公路采取洞绕或挖填等方式进行处理。

6　结　论

(1)两河口水电站水库规模大,库区库周长,区域地质背景及地质条件较发育,在地质内外动力作用下,不良物理地质现象发育,滑坡、崩塌、倾倒变形体等不良地质体分布较多,其中以倾倒变形体最为发育。

(2)库区特大桥、大桥、隧洞、公路及停靠码头等专项设施较多,工程规模较大,其中特大桥无论在跨度还是在高度上在水电建设史上都是罕见的。

(3)针对两河口高坝大库的特点,对库区的勘查工作进行了研究,利用水电勘查的传统优势,并借助其他行业的先进方法和技术,大量应用高清卫片、无人机、InSAR、三维激光扫描、三维实景重建等手段,实现了从远到近、由表及里空—天—地一体化的勘查体系。

(4)地表地质调查及勘探揭示,依据倾倒变形体的变形、破坏特征,库区发育的倾倒变形体归纳为拉裂为主局部折断、连续折断面及滑动三种破坏类型。倾倒变形体天然和蓄水的稳定性与其变形破坏类型相关,拉裂为主局部折断的倾倒变形体蓄水后以变形为主,具备连续折断面的倾倒变形体蓄水后有整体失稳的可能,已经滑动了的变形体,蓄水后滑体破坏失稳以后退式分级解体为主。

(5)对库区不良地质体的防控措施进行研究,提出了分级治理、区别对待的治理思路,无法采取避让的不良地质体,依据分级进行治理和防控,并提出了具体的防控方法。

参 考 文 献

[1] 地质矿产部编写组. 长江三峡工程库岸稳定性研究[M].北京:地质出版社, 1988.

[2] 张倬元,王士天,等. 工程地质分析原理:工程地质专业用[M]. 北京:地质出版社,1981.

[3] 陈祖煜. 岩质边坡稳定分析:原理·方法·程序[M]. 北京:中国水利水电出版社, 2005.

[4] 王兰生,李天斌,赵其华. 浅生时效构造与人类工程[M]. 北京:地质出版社, 1994.

[5] 黄润秋. 中国西南地壳浅表层动力学过程及其工程环境效应研究[M].成都:四川大学出版社, 2001.

[6] 顾涛. 雅砻江两河口水电站坝肩边坡稳定性研究[D].成都:成都理工大学,2010.

[7] 朱容辰. 雅砻江两河口水电站坝址区边坡卸荷分带与岩体质量分级研究[D].成都:成都理工大学, 2009.

[8] 王国强,陈仁琛. 基于 InSAR 技术的流域库岸地质灾害监测研究[J]. 中国农村水利水电,2020,458(12):212-216.

两河口水电站竖井旋流泄洪洞
一体化设计技术研究

杜震宇,陈军,谢金元,刘跃

(中国电建集团成都勘测设计研究院有限公司,四川 成都 610072)

摘 要 本文采用基于 CATIA+ANSYS Workbench 平台的一体化、参数化的水力学仿真试验+ANSYS Mechanics 结构计算+仿真建造+三维交付的方法,对两河口水电站竖井旋流泄洪洞一体化设计技术进行了初探,解决了传统设计过程中存在的竖井内螺旋式水流水力学指标难测量分析、竖井与上下平段结构表达不够清晰直观和图纸难指导现场施工等问题,实践表明该方法满足三维可视化要求并能有效提升设计效率,在两河口工程中得到了良好的验证和应用。

关键词 竖井旋流;泄洪洞;设计;一体化

1 引 言

竖井旋流内消能工是一种新型消能方式,通常利用前期导流洞改建而成,具有布置灵活、消能率高、地形地质条件适应性强等优点[1-10]。竖井内螺旋式水流水力学指标难测量及分析,上平洞段与涡室岔口、竖井与导流洞交叉口水力学体型难确定和表达清晰,且与前期导流洞结合部位改建施工较为烦琐[11-20]。

两河口水电站为雅砻江中、下游的"龙头"水库,采用坝式开发,最大坝高 295.00 m,校核洪水位 2 870.36 m,电站装机 3 000 MW。工程泄洪系统由洞式溢洪道、深孔泄洪洞、竖井旋流泄洪洞和放空洞组成,均布置左岸。竖井旋流泄洪洞为利用 3# 导流洞改建而成的非常泄洪洞,最大泄量约 1 200 m³/s,具有水头高、泄量大等特点。根据施工进度安排,为实现 2021 年首台机蓄水发电目标,由 3# 导流洞改建竖井旋流泄洪洞的设计及施工周期均较短,且为满足三维可视化要求并提升设计效率,加强竖井旋流泄洪洞设计的规范化、可视化和一体化建设。鉴此,本文基于两河口水电站,对竖井旋流泄洪洞一体化设计技术进行了初探,以期为类似工程提供一定参考。

2 一体化设计方案

2.1 架构

结合竖井旋流泄洪洞设计的内容和特点,定义一体化设计技术是一种能由工程师进行水力学、结构、施工仿真设计,且能有效指导现场施工的一种方法,具有智能化、标准化、

作者简介:杜震宇(1989—),男,硕士,研究方向为水工结构设计。E-mail:duzhenyu2008@foxmail.com。

可视化、体系化和规范化等特点,竖井旋流泄洪洞一体化设计应包含水力学仿真计算模块、结构计算模块、仿真建造反馈模块和三维交付模块(见图1)。

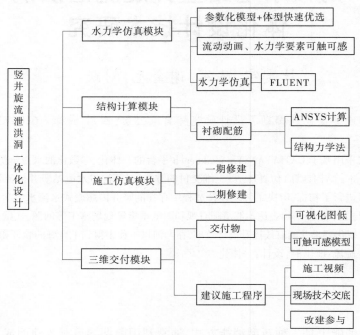

图 1　一体化设计模块图

2.2　方案和平台

　　结合竖井泄洪洞水力学优化、结构设计和施工仿真需求和特点,在查阅文献的基础上,提出了三个方案,即传统方案、独立方案、Workbench 方案,经充分对比分析后,从经济性、效率性、技术性、规范化等方面综合分析,最终采用 Workbench 方案作为一体化设计方案,并充分利用集合在 ANSYS Workbench 平台内的各计算软件,及平台自带的内部信息传导机制。

2.3　流程

　　一体化设计包含水力学仿真计算、结构计算、仿真建造反馈、三维交付四大模块。其中,水力学模块采用一体化的水力学仿真分析,其充分利用 ANSYS Workbench 平台内嵌的 ICEM(网格剖分)、FLUENT(计算)、CFD-POST(后处理),和各软件之间的流场的信息传递;不同体型一次建模—剖分网格(通过参数化实现);数值计算及后处理均较容易掌握。水力学仿真分析流程见图 2。

　　结构设计模块的功能及目标是根据水力学推荐的体型先采用结构力学方法进行简化粗算,后选取结构较为特殊复杂部位利用 ANYS Mechanics 有限元精算,结构设计流程见图 3。

　　施工仿真模块的功能及目标是根据水力学和结构计算成果,在 CATIA 平台中仿真"建造"竖井旋流泄洪洞三维模型,并根据现场实际情况初步明确一期修建边界、二期改建部分及一期与二期的结合问题,使用 CATIA 软件的包络体建模、布尔运算、隐藏与显示等功能,通过显示不同时刻的建造形象面貌,从而实现仿真"建造"竖井旋流泄洪洞过程,

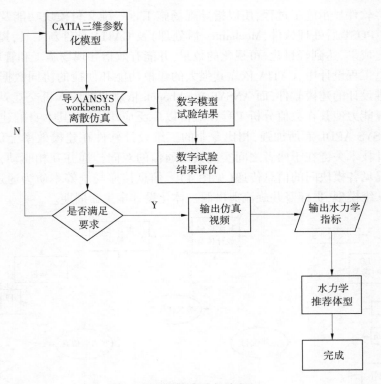

图 2　水力学仿真分析流程

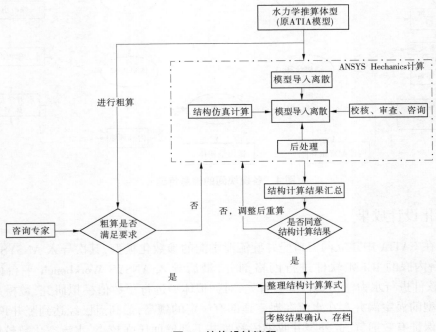

图 3　结构设计流程

并采用录屏软件显示施工过程,用以指导现场施工。三维交付模块功能及目标是采用仿真(CFD – POST 后处理软件、Mechanics 后处理)及 CATIA 软件新工具,提供可视可感的三维数字化成果,达到轻量化、可视化的效果,并能有效指导现场施工和管理。

在水电工程设计中,CATIA 依靠其强大的建模功能和便捷的协同数据管理模式被作为开展三维设计的建模软件,而 ANSYS Workbench 依靠友好的人机交互界面和完善的多物理场计算能力使其在数值分析工程领域得以广泛应用,然而其本身的建模功能虽然较传统的 ANSYS APDL 有所加强,相比专业的三维设计软件在建模效率上仍有很大差距。一体化设计技术关键在于两者之间实现数据通信的双向传递并互相驱动,各模块间的信息传递情况见各模块间的信息传递(见图 4)。信息传递与统筹本质为通过一种参数化、信息化的三维模型,贯穿竖井旋流泄洪洞一体化设计全生命周期。

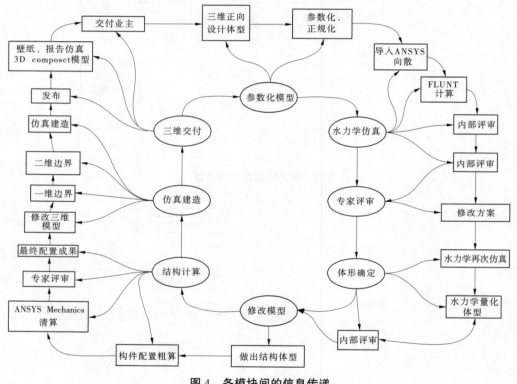

图 4　各模块间的信息传递

3　一体化设计成果

首先在 CATIA 中建立两河口竖井旋流泄洪洞的参数化模型,其次导入 ANSYS Workbench 平台内嵌的 ICEM 软件进行网格剖分,最后导入 ANSYS Workbench 平台内嵌的 FLUENT 软件进行水力学仿真计算。首先,对初拟体型进行了数值模拟研究,数模成果发现初拟体型的涡室涡井存在水流在涡室顶部有一定的壅高,最高点已经达到竖井顶盖,顶部将无法保证有效通气,此外竖井收缩段及竖井下部壁面压强较小,水流空化数较低等问题(见图 5)。

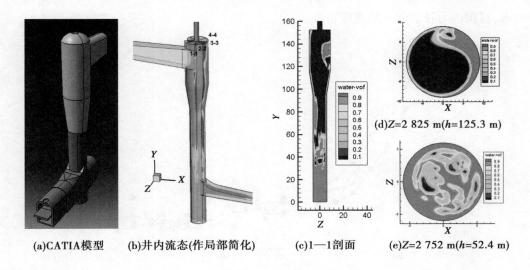

(a)CATIA模型　　(b)井内流态(作局部简化)　　(c)1—1剖面　　(d)Z=2 825 m(h=125.3 m)

(e)Z=2 752 m(h=52.4 m)

图5　初拟体型校核工况下涡室流态

鉴此,对涡室涡井体型进行了多次优化,包括将涡室顶部由原来的 EL. 2 852 m 抬高至 EL. 2 865 m,增加收缩段长度至 30 m,将竖井底板抬高到 2 710 m 高程等。并通过竖井旋流泄洪洞一体化设计技术,在 CATIA 修改中参数化模型得到优化体型,经网格剖分后导入 FLUENT 软件再次进行仿真计算,如此循环得到推荐体型。推荐体型校核工况下涡室流态见图 6,数模成果表明,校核工况下涡室最大瞬时水面高程 2 850. 72 m;环状水跃发生高程大约为 2 767. 5 m,P—h 关系曲线见图 7,竖井壁面水流空化数见表 1(均大于0. 3)。经专家评审,校核工况下,水流流态、壁面压强及空化数等均能满足规范要求。

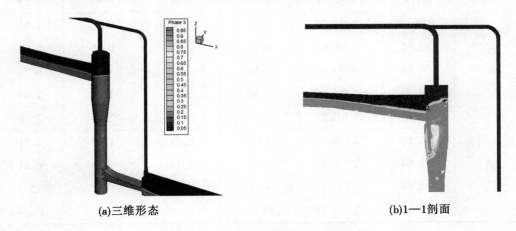

(a)三维形态　　　　　　　　　　　　　　(b)1—1剖面

图6　推荐体型校核工况下涡室流态

在得到两河口竖井旋流泄洪洞推荐水力学体型后,将推荐体型的 CATIA 模型(同一个模型)导入 ANSYS Mechanics 中进行结构计算,图 8 为通过 ANSYS 竖井结构与前期导流洞结构结合段结构内力计算云图,由应力云图可知,衬砌最大拉应力为 0. 06 MPa,最大压应力为−3. 6 MPa,均未超过混凝土抗拉/抗压强度设计值,采用相关配筋后能满足规范要求,衬砌内力及裂缝开展宽度可控。

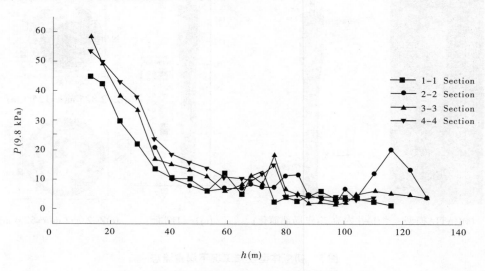

图 7　P—h 关系曲线(h 为竖井高度,m)

表 1　竖井壁面水流空化数表

部位	高度(m)	高程(m)	1—1 剖面	2—2 剖面	3—3 剖面	4—4 剖面
涡室	133.93	2843.93	11.63	11.63	11.63	11.63
	127.84	2 837.84	2.71	2.07	—	1.16
	121.93	2831.93	2.79	2.08	—	1.24
收缩段	109.93	2 819.93	0.6	0.41	0.46	1.05
	82.95	2792.95	0.37	0.49	0.46	0.59
	70.66	2780.66	0.54	0.67	0.5	0.76
	58.81	2 768.81	2.53	2.12	2.06	2.44
	52.81	2 762.81	2.25	2.25	2.99	2.58
涡井	40.66	2 750.66	2.08	2.07	1.89	2.01
	28.84	2 738.84	4.37	6.11	—	6.81
	22.84	2 732.84	9.86	12.16	—	13.4
	10.84	2 720.84	15.12	19.05	—	17.69

　　从便于现场实施的角度,在 CATIA 软件中对竖井旋流泄洪洞三维模型进行了重构,并重新对一期、二期混凝土进行了定义,形成了改建仿真施工的方案,不同时期的一期和二期混凝土施工形象分别图 9 和图 10。

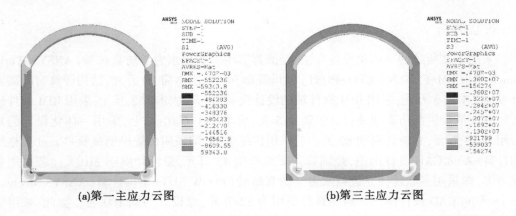

(a)第一主应力云图　　　　　　　　　(b)第三主应力云图

图 8　结构计算成果

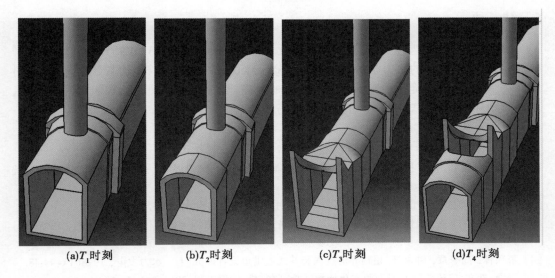

(a)T_1时刻　　　(b)T_2时刻　　　(c)T_3时刻　　　(d)T_4时刻

图 9　不同时刻的一期混凝土施工形象

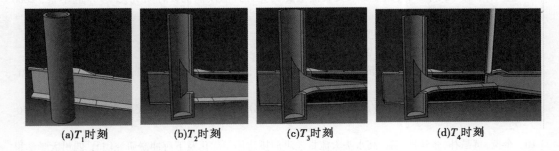

(a)T_1时刻　　　(b)T_2时刻　　　(c)T_3时刻　　　(d)T_4时刻

图 10　不同时刻的二期混凝土施工形象

最后形成并交付的产品包含:①竖井旋流泄洪水力学仿真试验模拟动画(整体及局部);②竖井旋流泄洪洞结构计算算稿;③竖井旋流泄洪洞结构图、钢筋图(含大量三维轴测)等;④竖井旋流泄洪洞施工仿真建造视频;⑤轻量化可随时查看的 3D composer 模型。

4　效益分析

采用本文所述的一体化设计方法,经测算其中参数化水力学仿真试验(ANSYS Workbench 的 ICEM、FLUENT、CFD-POST)时间需要 50 天,成本需 10 万元;结构计算时间需要 15 天,成本需 3 万元;采用 BIM 软件辅助设计仅需 10 天,成本需 2 万元;采用 BIM 软件进行竖井旋流泄洪洞仿真建造设计仅需要 5 天,成本需 1 万元;综上,采用一体化设计的总费用为 13 万元,总设计周期 80 天。若采用传统方案,即采用传统模型试验+Excel 表格结构计算+Auto CAD 设计出图,经测算需要总费用 45 万元,总设计周期 210 天。若采用独立方案,即采用多软件独立进行水力学仿真试验(FLOW 3D)+结构计算(ANSYS Mechanics)+ Auto CAD 设计出图。经测算总费用为 32 万元,总设计周期 160 天。鉴此,采用竖井旋流泄洪洞一体化设计技术,可以大大节约时间并创造良好经济效益。

5　结　语

两河口水电站的竖井旋流泄洪洞一体化设计采用基于 CATIA+ANSYS Workbench 平台的一体化、参数化的水力学仿真试验+ANSYS Mechanics 结构计算+仿真建造+三维交付的方法,其竖井内螺旋式水流水力学指标清晰明确、竖井与上下平段结构表达清晰直观,三维模型和图纸在一定程度上可以指导现场施工。

参 考 文 献

[1] 董兴林,郭军,杨开林,等.高水头大流量泄洪洞内消能工研究进展[J].中国水利水电科学研究院学报,2003(3):185-189.

[2] 邵敬东.漩流式竖井泄洪洞在沙牌工程中的应用[J].水电站设计,2003,19(4):61-64.

[3] 董兴林,高季章,鲁慎悟,等.导流洞改为旋涡式竖井溢洪道综合研究[J].水力发电,1995(3):32-37.

[4] 董兴林,高季章,钟永江.超临界流旋涡竖井式溢洪道设计研究[J].水力发电,1996(1):44-48.

[5] 严维,刘文.旋流式竖井泄洪洞空化特性试验研究[J].价值工程,2013(35):57-58.

[6] 董兴林,郭军,肖白云,等.高水头大泄量旋涡竖井式泄洪洞的设计研究[J].水利学报,2000(11):27-31.

[7] 刘善均,许唯临,王韦.高坝竖井泄洪洞、龙抬头放空洞与导流洞"三洞合一"优化布置研究[J].四川大学学报:工程科学版,2003,35(2):10-14.

[8] 高鹏,杨永全,马耀,等.旋流式竖井涡室结构优化试验研究[J].人民长江,2006,31(11):121-123.

[9] 陈华勇,邓军,胡静,等.竖井旋流泄洪洞洞内流速分布试验研究[J].人民长江,2008,39(12):70-72.

[10] 余挺,贺昌林,张建民,等.高水头大流量泄洪洞挑坎体型优化及下游冲淤研究[J].四川大学学报(工程科学版),2007(7).

[11] 邹俊,邹年华.斜鼻坎、曲面贴角鼻坎、双曲挑坎等几种异型鼻坎挑流消能工的应用研究[J].吉林水利,2012(12).

[12] 黄志澎,杨敬,赵永刚,等.基于 CATIA 的拱坝三维协同设计[J].水电站设计,2011,17(4):9-12.

[13] 陈落根.数字化设计平台中的 CAD 与 CAE 集成技术研究[D].天津:天津大学,2013.

［14］李敏.基于 BIM 技术的可视化水利工程设计仿真[J].水利技术监督,2016(3):13-16.

［15］高乃东,许经宇,陈中竹,等.CATIA 在某水利枢纽导流洞中的建模与应用[J].水利规划与设计,2014(4):55-57.

［16］林映波.水工建筑三维辅助设计[J].水利技术监督,2008(4):38-40.

［17］何婷婷,王福德,钮导导,等.CATIA 在各类水工建筑物设计中的应用研究[J].水利规划与设计,2017(9):120-124.

［18］王进丰,李小帅,傅尤杰.CATIA 软件在水电工程三维协同设计中的应用研究[J].人民长江,2009,40(4):68-70.

［19］房颖.CATIA 软件在水利水电工程中的应用[J].吉林水利,2009(11):41-42.

［20］任浩楠,王晓东.基于 CATIA 和 ANSYS+Workbench 的水工结构 CAD_CAE 一体化系统[J].水利规划与设计,2018(2):92-94.

猴子岩水电站料场高边坡稳定性监测及分析

李鹏,程保根,宋寅

(中国电建集团成都勘测设计研究院有限公司,四川 成都　610072)

摘　要　大型水电工程石料场边坡具有坡高面广、地质条件复杂、开挖稳定问题突出等特点,其抗滑稳定性是水电工程建设可否顺利进行的关键要素之一。采用单一的数值计算方法安全度度量,难以准确确定边坡稳定性,而结合监测方法可真实反映边坡内部力学效应、检验设计的可靠度及加固处理效果。为揭示猴子岩水电站色龙沟料场高边坡的开挖稳定性,对边坡表面变形、多点位移、锚杆应力及锚索荷载等进行监测。通过分析监测数据揭示了色龙沟料场边坡开挖变形现象的产生原因及发展趋势,并就此确定了其稳定性。研究结果表明,色龙沟料场边坡稳定性良好,其监测分析成果可供类似工程借鉴和参考。

关键词　石料场边坡;抗滑稳定性;监测数据分析;猴子岩水电站

1　引　言

地处深山峡谷地区的水电工程岩质高边坡往往具有坡高面广、结构面发育、地质条件复杂、开挖稳定问题突出等特点。一直以来,岩质高边坡稳定与变形问题都是岩石力学界和地质工作者研究的重大课题之一,但至今仍难找到准确合理的评价方法[1-2]。岩质高边坡地质条件的复杂程度决定了准确界定其稳定性的复杂程度,一般而言限于边坡内部复杂的力学作用,边坡岩体、结构面的力学参数及稳定性不仅难以确定,而且受降雨、开挖等影响还在时时变化,因此采用数值计算方法并不能准确确定边坡稳定性。边坡安全监测可真实反映边坡内部力学效应、检验设计的可靠度及加固处理效果,大型工程一般都需要建立完善的监测系统来监测边坡的变形稳定情况,如锦屏大奔沟料场边坡、小湾电站工程边坡、瀑布沟水电站料场边坡等。本文基于猴子岩水电站色龙沟料场高边坡监测成果,拟对该岩质料场边坡的监测数据及稳定性进行分析,以期为类似工程提供一定的借鉴和参考。

2　工程概况

猴子岩水电站位于四川省甘孜藏族自治州康定县境内,工程采用混凝土面板堆石坝,坝顶高程 1 848.5 m,最大坝高 223.5 m,电站库容 7.06 亿 m^3,电站装机容量 1 700 MW。

色龙沟料场位于坝址上游侧,料场两面临空,距坝址约 1 km,开采范围 1 750~1 960 m 高程,地形坡度 40°~50°,主要供应大坝混凝土骨料、反滤料及垫层料。料场岩性为泥盆系薄—中薄层状变质灰岩、白云质灰岩夹绢云钙质石英片岩,岩层产状为 N45°E/NW∠55°。地表基岩大多裸露,局部覆盖坡残积堆积物,推测厚度 3~5 m,局部可达 8~10 m,为剥离层。基岩主要发育有 4 组构造裂隙,L1:N20°E/NW ∠65°;L2:EW/N ∠70°~75°;

L3：N30W/NE∠65°~75°；L4：N15°W/SW∠45°。岩石弱风化状态：低高程（1 700~1 710 m）弱风化上段水平深度一般为2~5 m，中高程（1 800 m）弱风化上段水平深度一般为15~20 m，高高程（1 830~1 850 m）弱风化上段水平深度一般为25~35 m，下游侧紧临色龙沟沟边山体，三面临空，岩体破碎，风化卸荷强烈。边坡岩体物理力学参数及结构面物理力学参数分别见表1、表2，色龙沟料场施工形象面貌见图1。

表1 边坡岩体物理力学参数

类别	密度（g/cm³）	变形模量（GPa）	μ	f'	c'（MPa）	坡比
III₂	2.75	5~8	0.30	0.7~0.8	0.6~0.8	1:0.5
IV	2.70	3~4	0.35	0.5~0.7	0.2~0.5	1:0.75
V	2.50	0.5~2	>0.35	0.3~0.55	0.05~0.2	1:1

表2 边坡岩体结构面物理力学参数

结构面类型		抗剪（断）强度		抗剪强度	
		f'	c'（MPa）	f	c（MPa）
刚性结构面	硬接触	0.5~0.7	0.10~0.15	0.45~0.6	0
软弱结构面	岩块岩屑型	0.45~0.5	0.08~0.10	0.40~0.45	0
	岩屑型	0.40~0.45	0.05~0.08	0.35~0.40	0
	岩屑夹泥型	0.35~0.40	0.03~0.05	0.30~0.35	0

图1 色龙沟料场施工形象面貌

3　边坡监测及成果分析

3.1　监测布置

色龙沟料场边坡最大开挖高度达 220 m,地质条件复杂,为有效掌握边坡开挖、爆破过程中潜在滑动体变形发展趋势,了解锚索、锚杆等支护措施的有效性,在施工中采取多种监测手段对边坡变形稳定性进行监测,主要布置的监测项目如下:

(1)采取表面变形测点监测边坡表面变形情况,以此反映边坡整体宏观变形。从 2014 年 3 月 19 日开始至 2015 年 5 月 9 日,随着料场边坡的开挖,分别在 1 920 m、1 840 m 高程各布置 3 个外观观测墩,构成 3 个纵向观测断面,色龙沟料场边坡表面变形测点分布见图 2。表面测点位置基本覆盖了料场整体开采边界,反映了不同高程的表面变形情况。

图 2　色龙沟料场边坡表面变形测点分布

(2)采用多点位移计监测边坡深层变形情况,以此反映边坡深层滑动趋势。从 2014 年 3 月 10 日开始至 2015 年 1 月 4 日共埋设了 4 套多点位移计,量程为 100 mm。在 K0+095 剖面 1 901.5 m、1 841.5 m 高程布置两套多点位移计,分别是 M_{SL}^4-1、M_{SL}^4-2;在 K0+230 剖面 1 901.5 m、1 841.5 m 高程布置两套多点位移计,分别是 M_{SL}^4-4、M_{SL}^4-5。

(3)采用锚杆应力计监测锚杆应力情况,以此反映浅层支护效果。从 2014 年 3 月 29 日开始至 2015 年 1 月 4 日共埋设了 4 套锚杆应力计。在 K0+095 剖面 1 901.5 m、1 841.5 m 高程布置两套锚杆应力计,分别是 R_{SL}^r-1、R_{SL}^r-2;在 K0+230 剖面 1 901.5 m、1 841.5 m 高程布置两套锚杆应力计,分别是 R_{SL}^r-4、R_{SL}^r-5。

(4)采用锚索测力计监测锚索受力情况,以此评价深层支护效果。至 2014 年 5 月 24 日全部安装完成了 3 套锚索测力计,在 1 901.5 m 高程 K0+095、K0+230 剖面分别布设了 $PR_{SL}-1$、$PR_{SL}-3$;在 1 961 m 高程 K0+255 剖面布设了 $PR_{SLXZ}-3$。

3.2　监测成果分析

3.2.1　边坡表面变形成果分析

各实测点水平合位移和垂直位移与时间的关系曲线见图 3、图 4。变形监测结果表明,水平合位移以朝向临空面变形为主,垂直位移以下沉为主,变形趋势表现为增长—增

长(或稳定)相间,后期逐渐趋于稳定的特点。具体表现如下:

(1)水平合位移累计量为 12.50~36.38 mm,类比同类工程处于可控状态;边坡变形总体趋势趋于平缓,日平均变形速率在 0.086 mm/d 以内(15 年 7 月 6 日至 2015 年 10 月 17 日),位移增长率很小;受现场开挖爆破影响,1 840 m 高程马道测点较 1 920 m 高程马道测点变形更加显著。

(2)垂直位移累计量为-7.90~13.90 mm,类比同类工程处于可控状态;边坡变形总体趋势趋于平缓,日平均变形速率在 0.067 mm/d 以内(2015 年 7 月 6 日至 2015 年 10 月 17 日),位移增长率很小;垂直变形在 2015 年 6~8 月变化比较平稳,9 月出现整体上抬,最大上抬量为 6.80 mm,普遍上抬量为 4.60~5.00 mm,期间水平变形很小,这是由于在开挖爆破过程中,岩体应力释放导致表面松散岩体出现一定的挤压引起的。

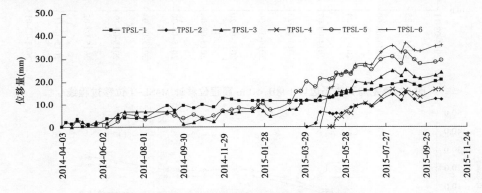

图 3　色龙沟石料场边坡表面变形水平合位移过程线

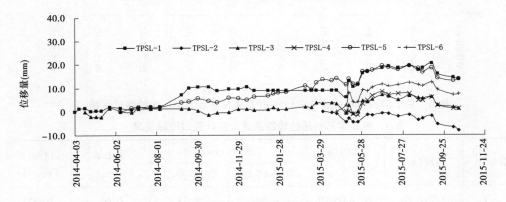

图 4　色龙沟石料场边坡表面变形垂直位移过程线(上抬为负,下沉为正)

3.2.2　边坡深部变形成果分析

各实测点位移过程线见图 5、图 6,限于篇幅仅列出有代表性的位移计 M_{SL}^4-1 与 M_{SL}^4-5 的位移过程线;各实测点孔口位移成果见表 3。由此可见,色龙沟石料场边坡四点式位移计孔口变形都朝向临空面,具体表现如下:

(1)孔口累计位移为 8.27~26.18 mm,日平均变形率在 0.065 mm/d 以内(2015 年 7 月 2 日至 2015 年 10 月 21 日),变形基本趋于稳定。在预裂爆破期间,低高程相对高高程位移增加更显著。

（2）从位移过程线可知,料场边坡深部变形主要集中在 20 m 深度范围内,随着料场的开挖和爆破,边坡变形仍在持续缓慢增长,与表面变形规律较一致,变形主要表现为浅层变形。

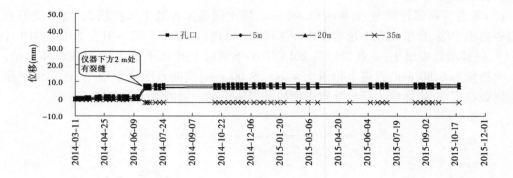

图 5　色龙沟石料场边坡 1 901.50 m 高程位移计 M4SL-1 位移过程线

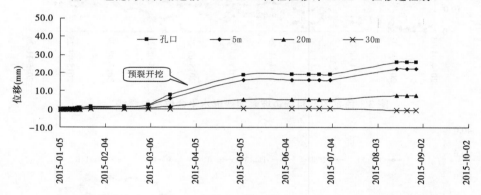

图 6　色龙沟石料场边坡 1 841.50 m 高程位移计 M4SL-5 位移过程线

表 3　色龙沟石料场边坡四点式位移计孔口位移成果

编号	高程（m）	安装日期 （年-月-日）	测值（mm）		变化量 （mm）	位移速率 （mm/d）
			2015-07-02	2015-10-21		
M_{SL}^4-1	1 901.50	2014-03-10	8.52	8.57	0.05	0.000
M_{SL}^4-2	1 841.50	2015-01-04	3.23	8.27	5.04	0.046
M_{SL}^4-4	1 901.50	2014-03-29	10.50	13.84	3.34	0.031
M_{SL}^4-5	1 841.50	2015-01-04	19.08	26.18	7.10	0.065

注：表中变化量为 2015 年 10 月 21 日测值相对 2015 年 7 月 2 日测值的变化量。

3.2.3 边坡浅层支护监测成果分析

各实测点应力过程线见图7、图8,限于篇幅仅列出有代表性的锚杆应力计 R_{SL}^r-1 与 R_{SL}^r-5 的位移过程线;各实锚杆应力计监测成果见表4。由此可见,色龙沟石料场边坡浅层支护应力基本表现为拉应力(拉应力为正值,压应力为负值),浅层支护应力变化特性表现如下:

(1)孔口累计位移为 8.27~26.18 mm,日平均变形率在 0.065 mm/d 以内(2015 年 7 月 2 日至 2015 年 10 月 21 日),变形基本趋于稳定。在预裂爆破期间,低高程相对高高程位移增加更显著。

(2)从位移过程线可知,料场边坡深部变形主要集中在 20 m 深度范围内,随着料场的开挖和爆破,边坡变形仍在持续缓慢增长,与表面变形规律较一致,变形主要表现为浅层变形。

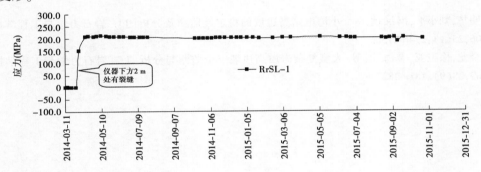

图 7　色龙沟石料场边坡 1 901.50 m 高程锚杆应力计 RrSL-1 应力过程线

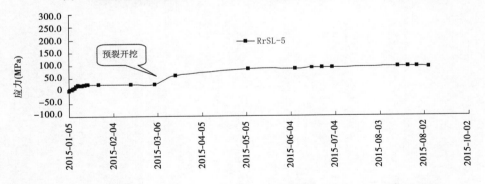

图 8　色龙沟石料场边坡 1 841.50 m 高程锚杆应力计 RrSL-5 应力过程线

4 结 论

采用多种监测方法相结合的手段对猴子岩水电站色龙沟料场边坡稳定性进行监测,可初步得出以下结论:

(1)从监测结果看,色龙沟石料场边坡变形趋于收敛,变形量值均在安全容许范围内,变形主要体现在浅层变形上,边坡处于稳定状态。

(2)边坡预裂爆破对周边变形影响较大,底高程相对高高程位移增加更为显著。

表 4 色龙沟石料场边坡锚杆应力计监测成果

编号	高程(m)	安装日期 (年-月-日)	测值(MPa)		变化量 (MPa)
			2015-07-02	2015-10-21	
R^r_{SL}-1	1 901.50	2014-03-10	201.13	198.87	-2.26
R^r_{SL}-2	1 841.50	2015-01-04	1.25	-0.95	-2.20
R^r_{SL}-4	1 901.50	2014-03-29	14.85	15.02	0.17
R^r_{SL}-5	1 841.50	2015-01-04	88.73	92.44	3.71

注:表中变化量为 2015 年 10 月 21 日测值相对 2015 年 7 月 2 日测值的变化量。

参 考 文 献

[1] 赵明华,刘小平,冯汉斌,等. 小湾电站高边坡的稳定性监测及分析[J]. 岩石力学与工程学报,2006,25(1):2746-2750.

[2] 张金龙,徐卫亚,金海元,等. 大型复杂岩质高边坡安全监测与分析[J]. 岩石力学与工程学报,2009,28(9):1819-1827.

杨房沟水电站 EPC 模式总承包管理创新与实践

徐建军[1], 陈雁高[2]

(1. 中国电建集团华东勘测设计研究院有限公司, 浙江 杭州　311122;
2. 中国水利水电第七工程局有限公司, 四川 成都　610213)

摘　要　在国内水电行业, 大型水电工程建设项目采用工程总承包(EPC)建设管理模式尚未有成功的案例。近年来, 在国家政策层面鼓励和发展工程总承包的大背景下, 随着电力企业一体化改革重组和电力体制改革持续深入, 电力市场竞争日趋激烈, 水电开发面临的压力前所未有, EPC 建设管理模式为新阶段水电开发提供了高质量发展之路。本文介绍了国内首个采用 EPC 建设管理模式的百万千瓦级大型水电工程杨房沟水电站总承包管理创新与实践, 通过采用紧密型联合体模式, 实现设计施工一体化深度融合, 强化技术引领和创新驱动作用, 在工程质量、安全文明施工和物资设备管理中落实标准化先行, 创新性地提出了"自律+他律"管理理念, 在工程建设全过程、全方位实现信息化, 提高工程建设管理水平。杨房沟 EPC模式的成功实践, 可为类似大型水电工程总承包项目提供参考与借鉴。

关键词　管理创新; 一体化; EPC; 水电站

1　引　言

我国于 20 世纪 80 年代开始推广工程总承包。20 世纪 80 年代, 浙江石塘水电站(装机容量 78 MW)主体工程进行了总承包建设试点, 创我国水电行业以设计为龙头实行工程总承包之先河, 后续一些中小型水电工程也陆续采用工程总承包模式进行建设管理, 如柳洪(装机容量 180 MW)、马鹿塘二期(装机容量 300 MW)、大丫口(装机容量 102 MW)等[1]。对于大型水电站, 由于其具有建设周期比较长、涉及专业领域广、技术复杂难度高、地质及安全风险因素多、成本控制难度大等特点, 大都采用传统的设计-招标-建造模式(DBB)进行建设管理, 大型水电工程设计-采购-施工模式(EPC)建设经验积累相对较少。

雅砻江流域水电开发有限公司推动杨房沟水电站成为我国首个采用设计施工总承包模式建设的百万千瓦级大型水电工程[2], 被誉为我国水电行业的"第二次鲁布革冲击"。作为水电建设领域的改革实践先行者, 杨房沟水电站的工程建设管理也必将面临极大挑战。依托杨房沟水电站工程, 通过 5 年来的探索和实践, 摸索出了一套行之有效的总承包管理体系, 为创新大型水电工程 EPC 模式建设管理作出了有益的尝试, 对促进水电行业

作者简介: 徐建军(1972—), 男, 浙江海盐人, 正高级工程师, 主要从事水电站设计和总承包项目管理工作。

健康可持续发展将产生深远影响。

2 项目概况

杨房沟水电站位于四川省凉山州木里县境内，是雅砻江中游河段"一库七级"中的第六级水电站。水库正常蓄水位 2 094 m，死水位 2 088 m，水库总库容 5.12 亿 m³，电站总装机容量 1 500 MW（4×375 MW），多年平均发电量为 68.557 亿 kW·h。工程枢纽由混凝土双曲拱坝、泄洪消能建筑物和引水发电系统等主要建筑物组成。混凝土双曲拱坝坝高 155 m，泄洪消能建筑物由"坝身 4 个表孔、3 个中孔+坝后水垫塘及二道坝"组成；引水发电系统布置在河道左岸，地下厂房采用首部开发方式。工程位于高山峡谷区，具有"工程规模大、高拱坝、高陡边坡（高位危岩体发育）、大规模地下洞室群、工程建筑物布置紧凑、施工交通布置困难"等特点。

杨房沟水电站总承包项目由中国水利水电第七工程局（简称水电七局）和华东勘测设计研究院（简称华东院）组成的联合体承建，由长江水利委员会工程建设监理中心和长江勘测规划设计研究院组成的联合体承担全面、全过程的施工和设计监理。杨房沟水电站总承包项目合同工作范围主要包括施工辅助工程、建筑工程、环境保护工程和水土保持工程、机电设备及安装工程、金属结构设备及安装工程等勘测、设计、采购、施工、试运行、发包人移交总承包人执行的前期项目及合同约定的其他相关工作。总承包合同约定：2016 年 1 月 1 日开工，2021 年 11 月 30 日前首台机组发电，2023 年 6 月 30 日前工程完工，2024 年 12 月 31 日前工程竣工，合同总工期 108 个月。

截至 2020 年 12 月底，大坝、水垫塘及二道坝、引水发电系统开挖支护全部完成，大坝混凝土全线浇筑到坝顶高程 2 102 m；引水发电系统混凝土浇筑全部完成，全面进入机电及金属结构设备安装阶段。工程实体质量稳步提升，安全生产形势平稳、受控，建设进度较 EPC 合同普遍提前，计划 2021 年 7 月首批机组投产发电，12 月底前 4 台机组全部投产发电。

3 项目组织机构和管理模式

3.1 项目组织机构

为优质、高效地建设好杨房沟 EPC 项目，本着强强联合、优势互补的总体原则，水电七局与华东院按 6:4 的比例成立中国水电七局·华东院雅砻江杨房沟水电站设计施工总承包联合体（简称联合体），共同履行合同义务。联合体设如下组织机构：联合体董事会、监事会、总承包项目部（简称总承包部）、安全生产委员会、风险管理委员会、工程技术委员会。联合体组织机构如图 1 所示。

3.2 管理模式

总承包联合体按照紧密联合模式进行运营，采用"统一领导、统一组织、统一规则、统一管理，两级核算"的模式进行管理。总承包部是联合体在项目现场全面履行合同的实施机构，由水电七局和华东院共同派员组建。以总承包部为一级核算单位，最终损益联合各方按股份比例分担或分享；以工区为二级核算单位，实行目标成本管理，签订内部承包协议。

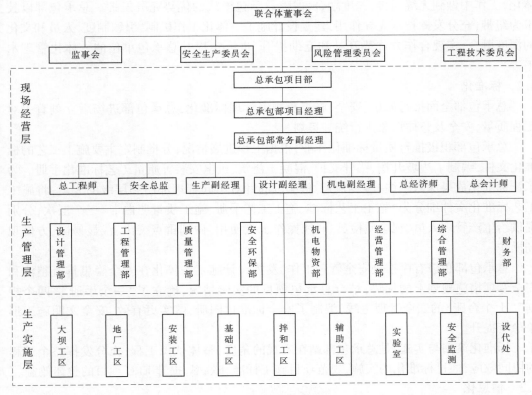

图 1　联合体组织机构

　　总承包部现场组织机构分为现场经营层(领导班子)、生产管理层(职能部门)及生产实施层(作业工区)。总承包部实行董事会领导下的项目经理负责制,项目经理对项目履约实行统一领导,对联合体负责,常务副经理主持总承包部日常工作。职能部门统筹、检查、监督并考核作业工区的安全、质量、进度及经营等状况。各作业工区按内部承包协议,承担相应的设计、施工、采购和检测试验等工作。

4　总承包管理创新

　　总承包部从进场伊始,就确立了"自律、创新、共赢"的项目管理理念,自律是基础,创新是动力,共赢是目标。通过不断创新与实践,摸索建立起符合杨房沟水电站总承包的管理体系,主要包括以下几个方面。

4.1　一体化

　　总承包部实行设计施工一体化管理,通过设计、施工的有效分工、合作和融合,实现设计与施工之间的内部协调,进而实现工程的整体优化,达到提升技术水平、确保工程质量安全、加快进度和控制成本等目的。

　　总承包部由水电七局、华东院双方派员进入总承包部经营层和各个生产管理部门,根据各自专长分担相关管理任务。总承包部在遵循联合体双方现行管理规章制度的基础上,结合工程实际和项目运营特点,制定并执行统一的项目管理制度。通过组织机构的一体化,工作中做到无缝对接,深度融合,保障总承包模式的优势充分发挥。总承包部以技术为纽带,充分发挥技术先导作用,建立设计施工一体化工作机制,引领制度、人员和文化的深度融合,实现合作方优势互补和互助提升,进一步提升总承包单位的一体化管理水平。

4.2　标准化

总承包部全面推行质量、安全、施工及物资管理标准化,总承包部进场后立刻着手对工程质量、安全及整体形象进行统一策划。

总承包部积极推行质量标准化作业,根据工程进展情况,分批制定主要施工工艺的标准化文件,编制了边坡开挖、锚杆支护、混凝土浇筑、机电安装等质量工艺标准化手册。为了让标准化成果深入一线、落实到人,总承包部针对不同管理部门和层级的人员,将施工工艺标准化文件细分为"施工工艺标准、施工工艺手册、施工质量明白卡"三个层次,分别提供给生产管理人员、现场质检员、一线操作工人使用,做到重点突出、浅显易懂,方便现场操作。

总承包部积极有序推进安全管理工作,发挥设计施工一体化在安全隐患排查整治和安全专项措施规划上的优势,结合总承包项目的实际情况,确立了"一个手册""两个规划""七个台账"的安全管理主线,编制了安全标准化图册,落实更有效,安全文明施工形象稳步提升。

标准化策划与实施,是总承包部站在宏观的角度,整体认识工程,充分发挥整个工程的协同效应,通过标准化的实施,规范项目施工标准和效率,提升 EPC 项目的整体效益。

4.3　信息化

杨房沟水电站 EPC 项目开工建设 5 年来,总承包部委托华东院承担了全过程工程数字化技术应用工作,并与工程建设同步设计和实施。

杨房沟总承包部建立了"三维协同设计平台+设计施工 BIM 管理系统+多个移动应用终端"的信息化平台,是国内水电行业首个覆盖全工程、全周期、全要素的智能建造平台,以工程大数据管控为切入口,利用数字化手段和 BIM 技术,对工程建设进度、质量、安全、投资信息进行全面管控。

基于三维协同设计平台,开展全专业三维协同设计,BIM 模型应用精细化至单元工程级,并与施工阶段的进度、质量、投资、安全等信息深度融合,通过数字化移交实现资产数字化。基于设计施工 BIM 管理系统,实现结构化业务流程管理、可视化数据指标管理、多终端工程协同管理。系统设有综合展示、设计管理、质量管理、进度管理、投资管理、安全监测、监控视频、混凝土温控、智能灌浆等 16 大功能模块。实现了"三方四地"的线上设计审查,节省人力 70%;通过土建到机电全专业、全范围的电子化质量验评,累计已完成13 386 个单元工程验收;实现拱坝施工从原材料、拌和、振捣、温控、灌浆等全过程的智能建造。基于移动应用终端,通过综合办公、质量管理、质量验评、安全风险双控等移动应用APP 模块,将项目管理延伸至全体一线作业人员,用数字化手段支撑项目精益履约。

通过工程技术和全过程信息数字化有机融合与应用,杨房沟水电站 EPC 项目管理效率大幅提升,BIM 系统也已推广应用于西藏 DG 水电站、福建永泰抽蓄、海南迈湾水利等项目,经济和社会效益显著。

4.4 自律管理

在杨房沟水电站 EPC 项目投标阶段,联合体就提出了构建工程自律管理体系的设想。经过 1 年多的调研,总承包部基于契约与诚信的初衷,在 2017 年全面构建起总承包部自律管理体系。

总承包部构建的自律管理体系是"管理层的自律+作业班组层的他律"相结合的管理体系。自律是指在没有人现场监督的情况下,通过自己要求自己,变被动为主动,自觉地遵循规则和标准,拿它来约束自己的行为,按标准做好工作。自律管理主要任务是在体系建立、制度设计和行为管理上要求各级管理人员自我约束和自我管理,主动学习落实各项规章制度和技术要求,主动强化业务能力,自觉高标准、严要求地完成各项工作。而对于最基层的作业工人,引入了他律,充分利用制度、检查、监督、考核等外部管理手段,再辅以内部人文关怀,让作业工人主动服从和接受他律管理,不断借助他律的力量来实行自我匡正、自我控制和自我提升,逐步实现他律向自律的转变。

总承包部通过创新性地提出"自律"管理理念并通过建立体系、制度得以实现落地管理,自律管理体系得到了参建各方的认可,诚信逐步建立与回归。

5 总承包管理成效

经过 5 年来杨房沟水电站 EPC 项目建设管理的创新和实践,工程实体质量稳步提升,安全生产形势平稳、受控,建设进度较 EPC 合同普遍提前,EPC 项目管理也得到了监理、业主和行业主管部门的高度认可,成效显著。

5.1 技术管理

总承包部建立了设计与施工技术文件互签制度。所有的设计图纸在印发前均经总承包部生产管理部门和相关实施工区会签,通过内部会签,提出设计方案是否有利于现场质量控制、是否方便组织实施,降低了因设计文件印发后的非现场条件变化引起的修改或返工,提高了设计方案的可实施性。同样,在重大施工组织措施、施工临建布置、施工方案措施等施工文件报监理审查前,也请设计单位进行会签、会审,确保施工措施、施工方案、临建布置在不影响永久建筑物或结构等合同要求的前提下,更为合理经济,有利于工程质量控制,确保安全。

建立动态设计施工一体化工作机制。设计与地质、施工、监测紧密结合,采用"动态设计施工"理念,及时优化开挖、支护参数,指导施工安全、快速进行。

限额设计理念贯穿设计过程。总承包部强化设计施工一体化深度融合,主动思考,积极开展科技创新和设计优化,通过精细化设计、大量分析研究和论证工作,确保在设计方案安全可靠的基础上,做到经济合理,严格控制合同外新增项目和工程量,以达到为承包商创造效益、为工程建设增值的目的。

自进场以来,完成并通过审查的较大级以上设计优化、变更项目 30 余项,如拱坝建基面和体形结构优化、泄洪消能建筑物设计深化、旦波崩坡积体处理方案优化等,相比 EPC 合同节省工程投资超过 10 000 万元。同时,完成施工优化 10 余项,改善了施工条件、降低了施工安全风险、提高了施工效率或确保了施工进度等。工程建设过程中,妥善解决了高陡边坡危岩体治理、左岸拱肩槽上游侧边坡变形处理、金波石料场开采方案调整、发电工期调整涉及的一系列技术问题等。

5.2　进度管理

施工生产进度管理实行三级管理:一级为总承包部生产管理系统,由总承包部工程管理部及机电物资部具体负责执行;二级为工区生产管理系统,由工区工程部具体负责执行;三级为工区作业班组施工管理,由作业班组级实施。总承包项目进度管理可概括为"计划先行、分级纠偏、定期考核、奖优罚劣、自律管理"。

总承包工程管理部负责组织编制各阶段的施工进度计划,包括工程项目总体、年、季、月及周进度计划。进度计划编制采用分级编制管理的原则,下级进度计划须服从,上级进度计划。总承包工程管理部负责整个工程的网络进度计划跟踪调整。当出现进度计划偏差时,启动预警和纠偏措施,根据关键线路进度计划偏差的严重程度,分黄色(偏差 5~7天)、橙色(7~15 天)、红色(15 天以上)三级预警。根据工程建设情况,对关键项目(特别是进度滞后的)组织召开专题会议分析、研究,理顺施工程序、资源配置、节点要求,及时纠偏,确保生产计划有效执行。

通过自律管理体系,对管理人员、作业工区及作业班组定期进行考核,确保关键节点目标的实现。目前,工程进度满足合同要求,各主要部位施工进度较合同节点目标均有提前。

5.3　安全环水保管理

总承包部以"一个手册""两个规划""七个台账"的安全管理主线,严格按安全生产标准化组织实施,有序推进安全管理工作,确保了进场以来现场生产安全,安全文明施工形象稳步提升。

建立了雅砻江流域首个"安全培训体验厅",通过以实景模拟、亲身体验等直观培训方式,让作业人员亲身体验施工现场的各自风险,将安全教育培训日常化,有效地提高管理及作业人员的安全意识。建立了国内水电工程施工首个"地下洞室施工智能安全管理系统",对地下洞室群内作业人员、设备实行定位监控,提升了应急救援能力和安全管理水平。建立了国内水电施工首个安全风险管理系统,采用水电建设工程风险管控平台(APP),打造具有杨房沟总承包特点的安全风险管理体系,杨房沟水电站成为凉山州安全风险管理体系建设首个试点单位。

截至 2020 年 12 月底,总承包部未发生各类安全事故,安全生产形势平稳、受控。项目开工 5 年来,每年均通过电力安全生产标准化一级达标考核。

5.4　质量管理

总承包部建立了完善的质量管理体系,严格自律管理体系,建立起"四体系"(保证体系、责任体系、检查体系、评价体系),运用"四化"(制度化、标准化、表单化、信息化)手段,质量管理体系运行有效,现场实体质量优良。

为提高质量管理水平,分层次对质量管理人员、作业人员组织质量教育培训活动,使教育培训更有针对性;对于每一项施工作业,建立工艺首建制,强化工艺标准化,固化作业流程和工艺标准;每月定期组织现场质量专项巡视检查,开展质量例会,对各工区质量管理效果进行考核评比;同时不定期开展质量技能比武活动,营造"比学赶超"的质量氛围,持续提升工程质量管理水平。全过程跟踪质量管理人员的履职情况,每月对落实"三检制"情况进行"月考核、季评价",质量管理人员月度薪酬与绩效直接与考核结果挂钩;建立奖罚制度,并实时跟踪一线作业人员的作业行为,对表现好的班组授予金牌班组,除每月考核给予奖励外,定期组织观摩与交流,提高排名靠后班组的作业水平。

总承包部建立了国内水电行业第一个质量管理标准示范展厅,全面展示了质量管理体系文件、土建及机电施工工艺质量控制标准和标准工艺展品,为项目现场培训及对标施工提供了专用场所。

截至 2020 年 12 月底,工程累计主体工程评定单元 17 286 个,合格 17 286 个,合格率100%,优良单元 16 789 个,综合优良率 97.1%。工程实体质量得到历次质量监督专家组的高度评价。杨房沟大型地下厂房洞室爆破开挖工程被中国爆破行业协会评为 2019 年度"部级样板工程"。

5.5　采购管理

总承包部负责杨房沟水电站永久机电设备和土建施工主要材料的采购。在机电设备采购安装方面,合同约定杨房沟永久机电设备采购采用联合采购和总包自购两种模式,水轮机、发电机、主变压器等主要机电设备采用业主与承包商联合采购,联合采购设备合同的主体是业主与设备承包商,总承包人根据 EPC 合同进行联合采购设备合同管理。桥机、电梯、电缆等辅助设备采用总承包商自购。截至 2019 年,完成了水轮机及发电机设备招标及合同签订、工厂见证及出厂验收;电气设备设计联络会;主厂房水轮机埋件安装、桥机安装;引水压力钢管、泄洪中孔钢衬采购、制作安装,设备质量和进度满足合同和工程进度要求。在物资采购方面,开展了所有"辅协供"物资及总承包自购大宗物资的采购工作,材料供应满足合同与规范要求。

5.6　成本管理

杨房沟总承包部成本主要支出为总承包部本级管理费用与作业工区内部承包协议结算支出。总承包部本级管理费用在联合体董事会确定的管理费范围内分年度使用,在满足管理需求的情况下尽量节约使用。对于作业工区采取的结算方式分为对外、对内分序进行,业主对总承包部采用季度结点结算,每季度按年度确定的结点目标,提供相应的结点结算签证后办理结算;在与业主结算完成后,按内部承包合同向各工区进行结算支付。

杨房沟水电站地处高山峡谷区,工程地形地质条件复杂、气候多变、交通不便、系统供电时有中断。目前,主要的成本风险大多出现在与自然条件相关的项目上,比如高位危岩体处理、崩坡积体处理、地质缺陷造成实际工程量与投标阶段预估工程量的差异,对总承包部成本管理形成风险。

6　结　语

EPC 模式是工程项目建设管理的发展方向,工程总承包的核心是设计施工一体化,双方优势互补、相互融合,营建各方良好的伙伴关系是项目管理成功的基础。杨房沟水电站采用 EPC 建设管理模式,开创了我国百万千瓦级大型水电项目建设管理的时代先河,是对我国新常态下水电开发理念与方式、传统建设体制和管理模式的重大创新。

杨房沟总承包部通过采用紧密型联合体模式,实现设计施工一体化深度融合,强化技术引领和创新驱动作用,提升了工程技术水平。在工程质量、安全文明施工和物资设备管理中落实标准化先行,创新性地提出了"自律+他律"管理理念。在工程建设全过程、全要素实现信息化,提高工程建设管理水平。杨房沟 EPC 模式的成功实践,可为类似大型水电工程总承包项目提供参考与借鉴。目前,杨房沟水电站 EPC 项目进展顺利,工程安全、质量、进度、投资总体全面受控,EPC 建设管理模式的优势不断显现,杨房沟 EPC 建设管理的创新与实践可为类似大型水电工程总承包项目提供参考与借鉴。

参 考 文 献

［1］蔡绍宽.水电工程 EPC 总承包项目管理的理论与实践[J].天津大学学报,2008,41(9):1091-1095.

［2］陈云华.大型水电工程建设管理模式创新[J].水电与抽水蓄能,2018,4(9):5-10,79.

［3］刘东海,宋洪兰.面向总承包商的水电 EPC 项目成本风险分析[J].管理工程学报,2012,26(4):119-126.

杨房沟水电站泄洪消能设计深化研究

殷亮,徐建军,魏海宁,黄熠辉

(中国电建集团华东勘测设计研究院有限公司,浙江 杭州 311122)

摘 要 杨房沟水电站工程泄洪消能具有"河谷狭窄、岸坡陡峻,流量大、水头高,水垫塘两岸地形不对称且长度受限"等突出特点,泄洪消能建筑物的体型布置、水力学指标控制、岸坡防护设计和下游防冲措施的技术难度大。通过大量的计算分析和模型试验论证工作,对"4表3中"和"3表4中"布置方案进行了深化比选研究,推荐的"4表孔+3中孔"布置方案水力学条件相对较优,超泄能力强,运行调度更加灵活,使得杨房沟水电站工程泄洪安全性得到提高。本工程创新性地提出了一种"楔形体+底板镂空"新型表孔结构型式,可导控表孔下泄水流,适用于本工程,并可为后续窄河谷、高水头、大泄量、坝后消能区受限的水利水电工程提供借鉴和参考。

关键词 泄洪消能;设计深化研究;杨房沟水电站

1 引 言

杨房沟水电站位于四川省凉山州木里县境内的雅砻江中游河段上,为一等大(1)型工程。坝址控制流域面积 8.088 万 km²,多年平均流量 896 m³/s。工程开发任务主要为发电,电站总装机容量 1 500 MW(4×375 MW),多年平均发电量 68.557 亿 kW·h。水库总库容 5.125 亿 m³,正常蓄水位 2 094 m,死水位 2 088 m,调节库容 0.538 5 亿 m³。

杨房沟水电站枢纽建筑物主要由混凝土双曲拱坝、泄洪消能建筑物和引水发电系统等组成。挡水、泄洪建筑物按 500 年一遇洪水设计,相应流量为 9 320 m³/s;5 000 年一遇洪水校核,相应流量为 11 200 m³/s;消能防冲建筑物按 100 年一遇洪水设计,相应流量为 7 930 m³/s。

对于具有大落差、窄河谷、泄洪流量大的高拱坝,坝身泄洪消能多采用表深孔挑跌流水舌空中碰撞+下游水垫塘的泄洪消能方式,如二滩拱坝[1]、小湾拱坝[2]和溪洛渡拱坝[3]等,并在这些工程中得到了成功应用。但也存在一些问题,比如水舌横向扩散与河谷狭窄矛盾、水舌空中碰撞增加泄洪雾化程度等。为解决这些问题,在吸收碰撞泄洪消能优点的基础上,逐渐摸索出无(弱)碰撞泄洪消能技术,即拱坝泄洪孔口采用收缩式消能工,使表孔、中(底)孔出口水舌竖向扩散,纵向拉长,以减小入射水流在水垫塘单位面积上的集中强度,增加消能率,减轻对下游的冲刷[4-6]。无(弱)碰撞泄洪消能技术在锦屏一级拱坝坝

作者简介: 殷亮(1980—),男,正高级工程师,主要从事水利水电工程设计及项目管理工作。

身得到了成功应用[7]。

宽尾墩是我国学者林秉南院士和龚振赢[8-9]在 20 世纪 70 年代首创的一种新型消能工,常用于混凝土坝表孔,以实现射流水股的纵向分散和掺气。但本工程表孔位置高,水头低,出射水流流速相对要小,仅通过在表孔出口设置宽尾墩不能使入水水舌沿纵向扩散,还会引起表孔水面线过高、降低泄流能力等问题。

杨房沟水电站工程泄洪消能具有"河谷狭窄、岸坡陡峻、流量大、水头高、水垫塘两岸地形不对称且长度受限"等特点,尤其是"水垫塘两岸地形不对称且长度受限"问题突出,给泄洪消能建筑物布置、结构设计、水力学指标控制、岸坡防护设计和下游防冲带来了较大的技术难度[10]。为此,本工程泄洪消能建筑物设计原则及要求包括[11]:① 结合水库调节库容小等特点,应采取灵活可靠的泄洪方式,并具有一定的超泄能力;②尽量充分利用混凝土坝和下游水位较高的有利条件,采用坝身泄洪、坝后消能;③坝后消能区以尽量减少对两岸边坡开挖为宜,控制消能区冲击压力,同时避免干砸岸坡;④尽量减轻坝身分层孔口出流空中碰撞,控制泄洪雾化影响范围;⑤应协调好泄洪消能与枢纽建筑物之间的关系,避免对尾水出流造成不利影响。

2　可研及招标阶段泄洪消能建筑物布置

可研阶段,综合考虑坝高、泄流量、坝后消能区地形地质条件、坝身开孔对坝体结构的影响、坝后水位情况等因素,对"3 表+4 中""4 表+5 中""5 表+4 中"方案在水力计算、泄洪孔口布置、工程量及工程可比投资等方面进行了技术经济综合比较分析,推荐采用 3 个表孔(12 m×14 m)+4 个中孔(5.5 m×7 m)。通过 1:60 比尺整体水力学模型试验,对表、中孔"碰撞消能"和"无(弱)碰撞消能"两种型式从泄流能力、水流流态、水垫塘冲击压强和脉动压强、下游河道流态及流速分布、孔口运行方式等进行模型试验研究。

由于"碰撞消能"方案存在水舌冲击水垫塘两岸边墙的情况,塘内水流流态较差,泄洪水舌散裂及激溅区范围大大增加;中孔单独泄洪时,存在顶冲二道坝的情况;二道坝后水面跌落最大达约 11 m,存在二次消能问题。因此,推荐采用表、中孔"无(弱)碰撞消能"。设计洪水位工况下,"碰撞消能"和"无(弱)碰撞消能"两种形式表中孔联合运行泄洪水舌形态见图 1。

(a)碰撞消能形式　　　　　　　　　　　　(b)无(弱)碰撞消能形式

图 1　设计洪水位工况,表、中孔联合运行泄洪水舌形态

3个表孔溢流面采用WES堰，堰顶高程2 080 m。2号表孔中心线为泄洪中心线，表孔堰顶控制线圆弧半径为210 m，1号、3号表孔中心线与泄洪中心线夹角为6.546°。表孔平面呈上游等宽（12 m）、下游收缩（分别收缩到8.7 m和10 m），收缩角分别为5.27°、4.4°和2.94°。表孔出口采用30°俯角出流。

4个中孔分别布置在表孔闸墩下部，孔口对称于泄洪中心线径向布置，2号、3号中孔中心线与泄洪中心线夹角为2.27°，1号、4号中孔中心线与泄洪中心线夹角为9.82°。中孔进出口底高程均为2 029 m，进口尺寸为5.5 m×8 m，出口尺寸为5.5 m×7 m。为避免水舌搭接，将2号、3号中孔中心线分别向两侧岸坡方向偏转1°。中孔出口采用窄缝出流，出口宽度由5.5 m收缩到3.3 m，收缩段长为7 m。

水垫塘采用底部为平底的复式梯形断面，长约199.97 m。水垫塘顶高程2 002 m，底高程1 953 m至1949~1953 m，底宽为75 m至45~67 m不等，两岸边墙坡比为1:0.3，在高程1 988.5 m和1 968 m分别设有3 m宽马道。二道坝采用混凝土重力坝，坝顶高程为1 988.5 m，坝高38.5 m，上游坝坡为1:0.3，下游坝坡为1:0.5。二道坝后设有护坦，长20 m。

校核洪水位工况，表、中孔联合运行水舌形态及水垫塘底板冲击压强分布见图2，底板冲击压强最大值为14.1×9.8 kPa。

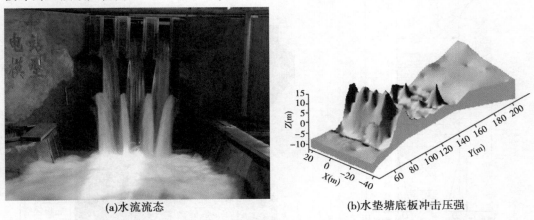

(a)水流流态   (b)水垫塘底板冲击压强

图2　校核洪水位工况，表、中孔联合运行水舌形态及水垫塘底板冲击压强分布

3　施工图阶段泄洪消能深化研究

根据可研阶段水力学模型试验成果及历次咨询评审意见，为进一步改善下游消能条件、提高工程泄洪消能安全性和运行灵活性，通过1:50比尺水工模型，施工图阶段泄洪消能设计深化研究分两阶段开展，第一阶段在可研阶段"3表孔+4中孔"方案的基础上进行深化研究，第二阶段研究工作针对"4表孔+3中孔"方案进行深化研究，综合两阶段成果进行技术经济比选后，提出施工图阶段的泄洪消能建筑物布置推荐方案。

3.1　"3表孔+4中孔"方案深化研究

可研阶段整体水力学模型试验成果表明：表孔水面线均在闸门支铰以下，不会冲击闸门支铰。中孔有压段后沿程水面线升高明显，但均低于闸门支铰和两侧牛腿最低点高程。

实际运行过程中,受波浪等因素的影响,表孔水面线可能会波及大梁底部,可能会对泄流能力及大梁结构产生一定的影响。中孔出口受水面线影响亦较大,不仅影响弧门支铰和大梁的布置,而且影响尾部收缩段的结构。此外,水垫塘底板最大附加时均动水压强(14.10×9.81 kPa)和脉动压强均方根值(10.03×9.81 kPa)相对于杨房沟工程规模而言有些偏大,二道坝后河道主流明显偏于右侧,下游河道流速相对偏大(12.3 m/s)。

因此,第一阶段研究工作,除了对可研阶段模型试验成果进行复核外,拟通过模型试验对局部结构体型进行优化调整,重点解决以下几个问题:①表、中孔出口段水面线偏高;②水垫塘底板最大附加时均动水压强和脉动压强均方根值偏大;③下游河道流速偏大;④泄洪雾化降水影响范围预测。

"3表孔+4中孔"方案设计深化研究主要工作包括以下几方面:①调整表孔宽尾墩收缩比(0.4和0.5),优化表孔尺寸和出口俯角(32°~35°),创新性地提出了楔形体+底板镂空的新型组合体型(见图3);②调整中孔出口窄缝收缩比(0.6和0.8),优化中孔轴线偏转角度(0.75°和1°)和出口角度(-10°~0°);③调整水垫塘体型,增设阻水墩;④优化二道坝挡水断面,适当下移二道坝增加水垫塘长度(15~25 m)。

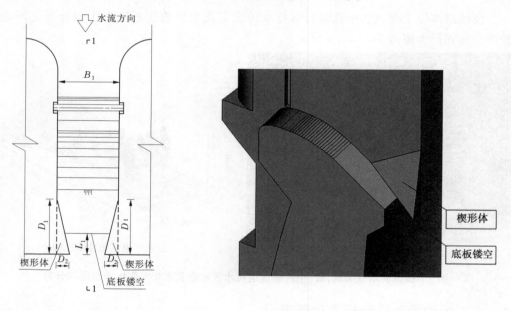

(a)表孔出口下游视图　　　　　　　(b)楔形体三维示意

图3　"楔形体+底板镂空"新型表孔结构体型示意

通过上述设计方案及模型试验研究,"3表孔+4中孔"深化方案布置为:表中孔尺寸与可研及招标阶段保持一致。表孔出口采用35°俯角出流,设有楔形体(水平长11 m、高15.5 m)+底板镂空5 m,出口宽6.09~12 m。2号、3号中孔中心线在控制点后分别向外侧偏转0.75°,中孔出口宽度由5.5 m收缩到4.4 m,收缩段长为7 m,中孔弧门半径由14 m减小为12 m,支铰高程由2 040.5 m相应调整为2 039 m,中孔闸墩下游悬挑长度减小为1.57 m。二道坝沿溢流中心线向下游移动15 m。

校核洪水位工况,表中孔联合运行水舌形态及水垫塘底板冲击压强分布见图4,底板冲击压强最大值为 11.8×9.8 kPa。

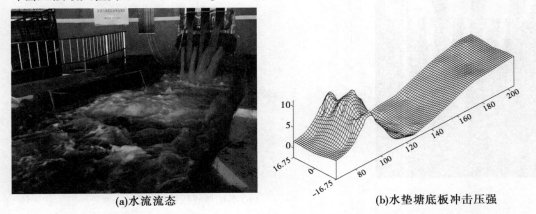

(a)水流流态　　　　　　　　　　　　　　　(b)水垫塘底板冲击压强

图4　校核洪水位工况,表中孔联合运行水舌形态及水垫塘底板冲击压强分布

3.2　"4 表孔+3 中孔"方案深化研究

根据第一阶段深化研究成果,各项主要水力学指标虽然得到了明显改善,但中孔单独泄洪时消能效果仍不理想。结合专家咨询评审意见,为充分利用表孔泄洪消能效果较好的条件,提高常遇洪水的泄洪消能安全性及运行灵活性,第二阶段深化研究工作重点解决以下几个问题:①"4 表孔+3 中孔"方案的泄流能力及消能效果;②优化表孔体型,增加挑距,保证表孔水舌迹线与中孔启闭房、中孔闸墩的安全距离,保证表孔水舌落点与坝趾的安全距离;③优化中孔体型,改善中孔单独泄流时的流态和消能效果,保证中孔水面线与中孔弧门支铰及大梁的安全距离。

"4 表孔+3 中孔"方案设计深化研究主要工作包括以下几方面:①调整表、中孔整体布置(整体向下游平移 1.65 m),尽可能减小坝外悬挑长度;②调整表孔堰顶轨迹线圆弧半径(210 m、190 m、150 m)和出口俯角(32°和35°);③调整 1 号和 4 号表孔末端楔形体体型,研究对称布置的可行性;④调整中孔出口收缩比(0.8 和 1.0),研究不收缩的可行性。

通过上述设计方案及模型试验研究,"4 表孔+3 中孔"方案布置为:表孔尺寸为宽 10 m、高 14 m,中孔尺寸为宽 5.5 m、高 7 m。表孔布置整体向下游平移 1.65 m,中孔进口结构向下游平移 0.95 m。表孔堰顶轨迹线圆弧半径由 210 m 调整为 190 m,相邻表孔中心线夹角由 6.546°调整为 7°。表孔出口俯角由 35°调整为 32°,设有楔形体(水平长 11.48 m、高 15.67 m)+底板镂空 4 m,出口宽 6.09~12 m。相邻中孔中心线夹角为 7°,平面上不进行偏转。1 号、3 号中孔出口俯角 10°、顶部压坡 12°,2 号中孔出口俯角 3°、顶部压坡 7°。中孔出口收缩体型、弧门半径、支铰高程、二道坝位置等与"3 表+4 中"方案一致。

校核洪水位工况,表、中孔联合运行水舌形态及水垫塘底板冲击压强分布见图5,底板冲击压强最大值为 10.47×9.8 kPa。

3.3　泄洪消能布置方案比选

(1)"3 表孔+4 中孔"和"4 表孔+3 中孔"两种泄洪孔口布置方案泄流能力均可以满足设计要求,且略有余度。

（a）水流流态

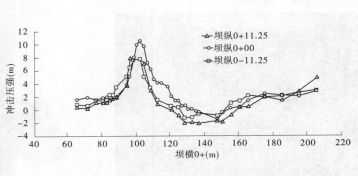

（b）水垫塘底板冲击压强

图 5　校核洪水位工况，表、中孔联合运行水舌形态及水垫塘底板冲击压强分布

（2）校核（$P=0.02\%$）、设计（$P=0.2\%$）、消能防冲（$P=1\%$）洪水工况下，可研阶段"3 表 4 中"布置方案、施工图阶段"3 表 4 中"布置方案和施工图阶段"4 表 3 中"布置方案整体水力学模型试验关于水垫塘底板冲击压强、脉动压强均方根的试验结果对比见表 1。

表 1　不同阶段典型工况下，水垫塘底板压强试验成果对比

典型工况	对比内容	动水压强	冲击压强		脉动压强	
		最大值 （×9.8 kPa）	最大值 （×9.8 kPa）	降低幅度 （%）	均方根 （×9.8 kPa）	降低幅度 （%）
校核洪水 （$P=0.02\%$）	可研阶段 3 表 4 中	64.10	14.10	25.7	10.03	47.3
	施工图阶段 3 表 4 中	60.00	11.80	11.3	5.90	10.3
	施工图阶段 4 表 3 中	60.25	10.47	—	5.29	—
设计洪水 （$P=0.2\%$）	可研阶段 3 表 4 中	56.26	11.46	14.3	8.85	42.1
	施工图阶段 3 表 4 中	54.50	10.00	1.8	4.70	-8.9
	施工图阶段 4 表 3 中	55.93	9.82	—	5.12	—
消能防冲洪水 （$P=1\%$）	可研阶段 3 表 4 中	50.72	8.82	45.6	5.97	40.5
	施工图阶段 3 表 4 中	50.10	4.80	0	4.10	13.4
	施工图阶段 4 表 3 中	50.38	4.80	—	3.55	—

从表1可以看出,施工图阶段"4表3中"布置方案在校核、设计、消能防冲洪水工况下水垫塘底板冲击压强最大值和脉动压强均方根总体比可研阶段"3表4中"、施工图阶段"3表4中"布置方案有所降低,对保证水垫塘安全运行更加有利。

(3)施工图阶段"4表3中"布置方案在校核、设计洪水工况下二道坝下游河道流速比可研阶段"3表4中"布置方案总体上降低,与施工图阶段"3表4中"布置方案基本相当。两种布置方案表、中孔水舌空中形态基本类似,表孔水舌与中孔水舌相互穿插下落,实现了表中孔出流水舌的无碰撞消能。水垫塘内水流流态也基本相似。两种布置方案表、中孔水面线均与弧门支铰保持一定的安全距离,泄洪水舌均不会冲击弧门支铰。相对而言,"4表3中"布置方案中孔水面线的安全余度更大。

(4)施工图阶段"4表3中"方案由于表孔数量多,其超泄能力更强,表孔全开+两台机组发电可以满足宣泄常年洪水($P=20\%$),运行调度更加灵活。两种布置方案对大坝施工影响不大,对施工导流程序和蓄水规划影响很小。两种布置方案工程投资基本相当。

4 结 语

杨房沟水电站工程泄洪消能问题突出,在可研阶段审定的泄洪消能建筑物"3表孔+4中孔"布置的基础上,施工图阶段开展了大量的设计优化和模型试验论证工作,优化了"3表4中"布置、改善了泄洪消能水力学指标,并进一步对"4表3中"和"3表4中"布置方案进行了深化比选研究。推荐的"4表孔+3中孔"布置方案水力学条件相对较优,超泄能力强,运行调度更加灵活,可进一步提供杨房沟水电站工程泄洪安全性。

通过设计深化研究,创新性地提出了一种"楔形体+底板镂空"新型导控表孔水舌的结构,避免了采用宽尾墩收缩引起表孔水面线过高、降低泄流能力的问题,可为后续窄河谷、高水头、大泄量、坝后消能区受限的水利水电工程提供借鉴和参考。

参 考 文 献

[1] 尹大芳,饶宏玲,苏玮.二滩拱坝的泄洪消能设计[J].水电站设计,1998(3):27-31.
[2] 陈捷,周胜,孙双科.小湾水电站坝身泄洪消能布置优化研究[J].水力发电,2001(10):38-41.
[3] 肖白云.溪洛度水电站高拱坝大流量泄洪消能技术研究[J].水力发电,2001(8):69-71.
[4] 李乃稳,许唯临,刘超,等.高拱坝表孔宽尾墩水力特性试验研究[J].水力发电学报,2012,31(2):56-61.
[5] 陈华勇,许唯临,邓军,等.窄缝消能工水力特性的数值模拟与试验研究[J].水利学报,2012,43(4):445-451.
[6] 朱新元.高拱坝表孔宽尾墩-深孔窄缝挑坎联合消能试验研究[D].成都:四川大学,2004.
[7] 王继敏,段绍辉,郑江,等.锦屏一级水电站工程主要技术创新实践[J].人民长江,2017,48(2):1-7,13.
[8] 林秉南,龚振赢,刘树坤.收缩式消能工和宽尾墩[R].1979.
[9] 童显武.高水头泄水建筑收缩式消能工[M].北京:中国农业科技出版社,2000.
[10] 中国电建集团华东勘测设计研究院有限公司.四川省雅砻江杨房沟水电站泄洪消能深化研究设计专题报告[R].杭州,中国电建集团华东勘测设计研究院有限公司,2019.
[11] 徐建军,殷亮.杨房沟水电站枢纽布置设计及主要工程技术[J].人民长江,2018,49(24):49-54.

锦屏二级引水隧洞透水衬砌减压效果计算研究

孙辅庭,陈祥荣,张洋

(中国电建集团华东勘测设计研究院有限公司,浙江 杭州　311122)

摘　要　以锦屏二级引水隧洞引(1)15+200 m 洞段为研究对象,通过三维有限元对衬砌减压孔对高外水压的削减作用进行了计算研究。研究成果表明,系统减压孔能有效削减衬砌外缘的高外水压,且间排距越小,减压效果越明显;围岩中有渗漏通道存在的情况下,通过布置系统减压孔加渗漏通道影响处布置随机减压孔的方式能够显著削减衬砌外缘高外水压。从研究中得到的启示是采用系统减压孔加随机减压孔的排水减压方案是解决锦屏二级引水隧洞因高外水而发生局部混凝土破坏的有效途径。

关键词　锦屏二级;引水隧洞;衬砌;减压孔;渗流;有限元

1　工程概述

　　锦屏二级引水发电工程利用卡拉至江口下游河段约 150 km 长大河湾的天然落差,通过超长引水隧洞截弯取直,获得 310 m 发电水头,电站总装机容量 4 800 MW。锦屏二级工程是国家"西电东送"骨干工程,其中 4 条世界埋深最大、规模最大、综合建设难度最高的引水隧洞群为关键控制性工程。引水隧洞群长距离穿越高山峡谷岩溶地区,沿线水文地质环境复杂,实测最高地下水压力 10.22 MPa 为世界水电工程之最,实测单点突涌水量最高达 7.3 m³/s。如此复杂的环境条件对锦屏二级引水隧洞的建设和长期安全运行而言是巨大的挑战[1]。

　　锦屏二级引水隧洞自运行以来整体情况良好,但位于东部第一出水带的 15+200 m 附近洞段在建设和运行期多次发生局部混凝土破坏现象。2012 年"8·30"暴雨后首次发现该洞段衬砌出现局部破坏,通过现场查勘、分析、研究,认为造成该洞段混凝土局部破坏的原因是高外水压力,因此设计了随机减压孔以排泄洞周水压。然而,引水隧洞投入运行后的多次放空检查期间仍发现同样位置附近存在衬砌局部破坏情况,因此设计采用了衬砌布置系统减压孔加局部破坏区域布置随机减压孔组合的减压排水方式。

　　为了总结和深入研究减压孔在高外水压隧洞衬砌减压排水中的作用,据此支撑和指导工程设计和运行,以锦屏二级引水隧洞引(1)15+200 m 洞段衬砌为研究对象,借助三维有限元计算手段,对衬砌减压孔的减压效果进行了深入分析和研究。

2　研究方法及模型

　　以引(1)15+200 m 洞段为研究对象,建立围岩和隧洞的整体三维有限元模型,通过

作者简介:孙辅庭(1987—),男,博士,高级工程师,主要从事水工结构和岩体结构工程安全方面的工作。E-mail:353936165@qq.com。

三维渗流有限元法计算研究衬砌减压孔的排水减压作用[2-3]。建立的引水隧洞三维有限元模型为完建工况[4]，衬砌、围岩、灌浆圈、减压孔等均采用三维实体模拟，其中减压孔直径为 90 mm，模型沿洞轴线方向尺寸为减压孔排距。图 1 为引(1)15+200m 洞段三维有限元模型，表 1 列出了其有限元计算参数。

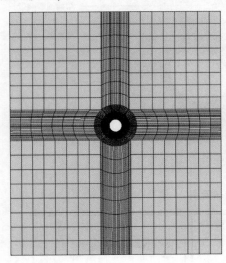 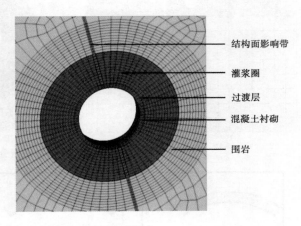

结构面影响带
灌浆圈
过渡层
混凝土衬砌
围岩

图 1   引(1)15+200m 洞段三维有限元模型

表 1   引(1)15+200 m 洞段有限元计算参数

材料	变模（GPa）	泊松比	单轴抗压强度（MPa）	单轴抗拉强度（MPa）	黏聚力（MPa）	内摩擦角（°）	渗透系数（cm/s）
盐塘组大理岩	12.0	0.3	—	—	3.4	31.0	3×10^{-4}
C25 混凝土	28.0	0.17	16.7	1.78	—	—	1×10^{-7}
钢筋	206	0.3	300.0	300.0	—	—	—

注：断层、节理裂隙等结构面认为是强透水层，围岩灌浆后渗透系数降低一个数量级。

本次计算研究考虑引水隧洞达到稳定渗流的最终状态，因此仅给出稳定渗流计算成果。三维渗流有限元计算研究中，以洞顶作用 100m 压力水头作为渗流计算边界条件，即模型顶部施加固定水头边界，左右侧、前后侧及底部均为不透水边界，隧洞内壁及减压孔内壁为潜在逸出边界，逸出面通过迭代计算确定[5]。

3   无渗漏通道情况衬砌渗压研究

首先研究围岩中无渗漏通道存在的情况，洞顶作用 100 m 压力水头时分别计算衬砌在三种减压孔布置情况下的渗压分布（分别为无减压孔，布置 3.0 m×3.0 m 减压孔，布置 2.0 m×2.0 m 减压孔情况）。图 2 和图 3 为衬砌渗压分布的计算结果。

从有限元计算成果看，洞顶作用 100 m 压力水头，无减压孔情况下衬砌外缘渗压呈近似静水压力状态分布，洞顶位置渗压值约 98 m 水头。布置 3.0 m×3.0 m 间排距的系统减压孔后衬砌外缘渗压分布明显变化，在减压孔附近渗压明显较低，离减压孔距离越大，

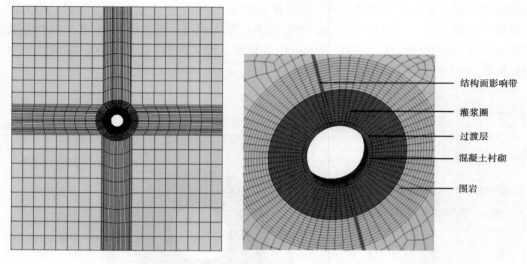

结构面影响带
灌浆圈
过渡层
混凝土衬砌
围岩

图 2　不同减压孔情况下衬砌渗压分布云图　（单位：m）

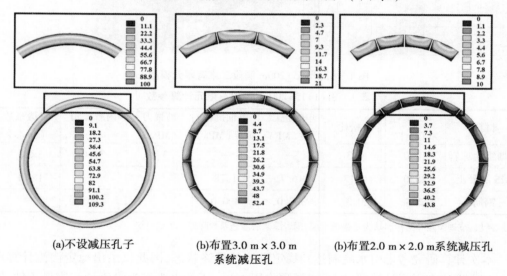

(a)不设减压孔子　　　　　(b)布置3.0 m×3.0 m　　(b)布置2.0 m×2.0 m系统减压孔
　　　　　　　　　　　　　　系统减压孔

图 3　不同减压孔情况下衬砌渗压分布对比　（单位：m）

则渗压相对越高，洞顶附近衬砌外缘渗压极值约为 21 m 水头，其渗压折减系数为 0.21，减压效果非常明显。当减压孔间排距加密至 2.0 m×2.0 m 时，衬砌外缘渗压较 3.0 m×3.0 m 系统减压孔情况进一步削减，洞顶附近衬砌外缘渗压极值进一步削减至约 10 m，渗压折减系数达到 0.1。

综上所述，布置系统减压孔能够显著降低衬砌外缘渗压，且系统减压孔的间排距越小，则渗压削减效果越显著。

4　围岩中存在渗漏通道情况衬砌渗压研究

系统减压孔能够显著削减衬砌外缘渗压，但实际隧洞运行过程中部分区域可能由于地质条件复杂、灌浆处理不到位等影响而仍旧存在通向衬砌的强透水带,即渗流通道,锦屏二级引水隧洞 15+200 m 洞段即出现该种情况。因此,需进一步计算研究存在渗漏通道的情况,图 4 为渗漏通道正好位于系统减压孔之间时的衬砌外缘渗压分布。

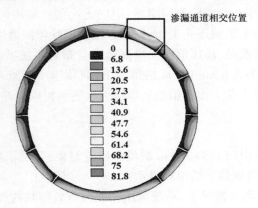

图 4　衬砌渗压分布云图(布置 3.0 m×3.0 m 系统减压孔;有渗漏通道　(单位:m)

从计算成果看,当围岩中隐藏有强渗透性的渗漏通道时,仅仅布置系统减压孔无法有效削减局部位置高外水压力。从图 4 中可知,由于渗漏通道渗透性极强,而系统减压孔又无法保证刚好布置在渗漏与衬砌相交区域,因此减压孔的排泄作用无法有效削减渗漏通道区域衬砌局部渗压。这种情况下,除非将系统减压孔无限加密直至能够保证刚好有减压孔位于渗漏通道区域,否则隐藏的渗漏通道位置高外水压力仍无法彻底解决,但无限加密系统减压孔在工程上又是不实际的。

在锦屏二级引水隧洞 15+200 m 洞段的实际处理中,在隐藏的可能存在渗漏通道区域均布置了随机减压孔以削减局部渗压。图 5 为衬砌未布置减压孔、仅布置随机减压孔及同时布置随机减压孔和系统减压孔时衬砌渗压分布对比。

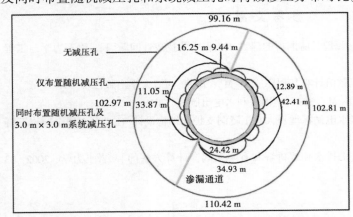
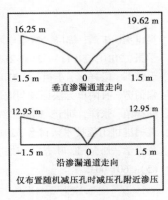

图 5　不同减压孔布置方案衬砌渗外缘压对比(存在渗漏通道)

从计算结果可知,在存在强渗透性渗漏通道的情况下,若未布置减压孔,则渗漏通道内渗压快速上升易导致衬砌外缘形成局部高外水压力,而在渗流达到稳定状态的情况下,衬砌外缘渗压近似于静水压力分布,但外水压力值较无渗漏通道情况略偏大。由前述分析可知,尽管布置了系统减压孔,若渗漏通道刚好位于系统减压孔控制区域中部,则衬砌外仍旧存在高局部外水压力区。若在渗漏通道对应衬砌位置布置随机减压孔,由于减压孔的排泄作用使得渗漏通道与衬砌相交位置渗压几乎为 0,远离减压孔区域渗压明显降低但其值仍较大,随机减压孔的减压作用明显,但仍无法彻底解决衬砌高外水压力问题。若能采用随机减压孔配合系统减压孔工作,则由于强渗透性渗漏通道良好的排水作用,衬砌外缘外水压力得到显著削减,渗压值比无渗漏通道且布置系统减压孔时进一步削减约一半,系统减压孔间排距为 3.0 m×3.0 m 的情况下,洞顶渗压折减系数也能小于 0.1,因此随机减压孔配合系统减压孔工作有望彻底解决引水隧洞衬砌高外水压力问题。

5　结论和启示

以锦屏二级引水隧洞引(1)15+200 m 洞段为研究对象,开展了衬砌减压孔减压效果的三维有限元计算研究,得到如下结论和启示:

(1)渗漏通道全部封堵的情况下,系统减压孔能够有效削减衬砌外缘渗压,衬砌间排距越小,则减压效果越明显,但衬砌减压孔之间仍存在一定量值的渗压。

(2)围岩中存在渗漏通道的情况下,仅布置系统减压孔无法有效排泄渗漏通道影响区域局部渗压,采用渗漏通道处局部布置随机减压孔加衬砌系统减压孔的方案能够有效削减衬砌外缘渗压,从理论上讲,该方案有望彻底解决引水隧洞衬砌高外水压问题。

(3)锦屏二级引水隧洞 15+200m 洞段原就处于出水带,且地质构造复杂,防渗灌浆后仍可能存在渗漏通道。通过上述研究表明,采用系统减压孔加渗漏通道处局部减压孔的方案理论上能够有效削减衬砌外缘渗压,但由于运行期难以准确定位渗漏通道位置,因此隧洞运行过程中仍可能出现隐藏渗漏通道附近局部渗压过高,加之衬砌为薄壁结构,仍可能出现局部渗压过高而导致衬砌整体破坏现象的出现。后期通过随机减压孔的补充,有望完全排泄隐藏渗漏通道处的外水而解决因高外水压力引起的衬砌局部破坏问题。

参 考 文 献

[1] 吴世勇,王鸽. 锦屏二级水电站深埋长隧洞群的建设和工程中的挑战性问题[J]. 岩石力学与工程学报,2010,29(11):2161-2171.

[2] 毛昶熙,段祥宝,李祖贻. 渗流数值计算与程序应用[M]. 南京:河海大学出版社,1999.

[3] 朱伯芳. 有限单元法原理与应用[M].北京:中国水利水电出版社,2018.

[4] 陈祥荣,张洋,刘宁. 锦屏二级水电站深埋长大水工隧洞支护和结构设计[C]//第 2 届全国岩石隧道掘进机工程技术研讨会,2018.

[5] 佘成学,刘先珊,叶查贵. 改进的排水孔解析解和有限元耦合计算方法[J]. 岩土力学,2002,23(5):601-603.

卡拉水电站取消尾水调压室可行性研究

郑海圣,杨飞,李高会,李路明

(中国电建集团华东勘测设计研究院有限公司,浙江 杭州 311122)

摘 要 卡拉水电站地质条件复杂,布置上制约因素较多。原可研设计方案地下厂房三大洞室合理避让不利地质构造,围岩稳定整体可控,但同时存在引水发电系统埋深较大,线路较长,尾水调压室调规模巨大的问题。优化设计阶段中,能否取消尾水调压室是引水发电系统优化的主要目标。经过合理的布置优化,分析复核表明,优化后引水发电系统可以取消尾水调压室,过渡过程计算结果满足调保要求。

关键词 卡拉水电站;尾水调压室;过渡过程;液柱分离;最大真空度

1 工程概况

卡拉水电站位于四川省凉山彝族自治州木里藏族自治县境内,是雅砻江中游两河口—卡拉河段水电开发规划一库七级的第七级水电站,上接杨房沟水电站,下邻锦屏一级水电站。卡拉水电站的开发任务为发电,电站装机容量为 1 020 MW,多年平均发电量 45.238 亿 kW·h,水库正常蓄水位 1 987.0 m,死水位 1 982.0 m,正常蓄水位以下库容 2.378 亿 m³,调节库容 0.365 亿 m³,电站单独运行时为日调节性能,与中游河段两河口水库联合运行发挥多年调节作用。

卡拉水电站枢纽由碾压混凝土重力坝、坝身泄洪建筑物、坝下消力池及引水发电等建筑物组成,综合地形地质、边坡稳定、建筑物布置、施工条件等因素引水发电系统布置在右岸,采用首部开发方式。2015 年 11 月卡拉水电站可行性研究通过审查,审查同意枢纽布置方案,同时提出进一步优化工程设计,合理控制工程造价,提高本电站的市场竞争力和财务可行性的要求。

2 可研阶段引水发电系统布置

卡拉水电站地质条件复杂,可研阶段在选定坝址坝线、开发方式的基础上,对引水发电系统进行左、右岸布置比选研究。综合对地形地质条件、边坡稳定条件、建筑物布置条件、施工条件、工程量及可比投资等诸多因素分析,推荐右岸引水发电系统方案作为可研推荐方案。

右岸地下厂房区域岩性以变质砂岩、砂质板岩、大理岩夹炭质板岩为主,围岩类别以

作者简介:郑海圣(1988—),男,硕士,高级工程师,研究方向为水工结构工程。E-mail:zheng_hs@ eci-di.com。

$Ⅲ_1$ 类为主,厂区发育的 T_3Z^{2-2}、T_3Z^{2-5} 地层及 Ⅱ 级结构面 F_{152}、F_{75}、F_{160}、F_{209}、F_{242} 是影响地下厂房位置选择的主要不利因素。在尽可能规避上述不利地质构造的基础上,采取首部开发方案,厂房通过位置调整避开了 F_{152}、F_{160} 两条 Ⅱ 级结构面,仅尾水调压室受 F_{242} 影响,T_3Z^{2-2}、T_3Z^{2-5} 地层的不利影响受控;枢纽建筑物布置较为紧凑,水流顺畅,水头损失较小;引水发电系统和导流洞在布置上无干扰,如图1~图2所示。

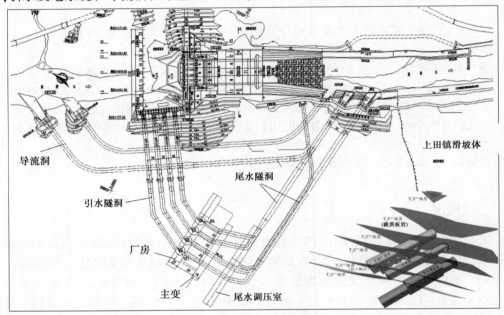

图 1   可研推荐方案——引水发电系统首部开发方案

输水建筑物由进水口、压力管道、尾水调压室、尾水隧洞和尾水出口等建筑物组成,引水系统按单机单洞布置,尾水系统采用一洞两机布置,共两个水力单元。厂房布置上为了避开 F_{152}、F_{160} 的影响,空间上往山体内偏移,轴线方向上朝 NE 向偏转,尾水系统总体偏长,需要布置尾水调压室。受尾水出口布置空间限制,尾水系统采用"两机一室一洞"的布置格局,如图1所示。尾水调压室采用长廊阻抗式,其轴线与主厂房、主变洞平行,与主变洞岩柱厚度 45.0 m,洞室上覆岩体厚度 350~460 m,尾水调压室开挖尺寸为 255.8 m× 25 m×60 m(长×宽×高),调压室边墙衬砌厚度 1.0 m。调压室顶拱高程 1 963.00 m,闸门操作平台高程 1 950.00 m,检修平台高程 1 927.00 m,底板高程 1 903.00 m,阻抗板厚度 3 m。调压室内上游侧设置检修闸门一道,孔口尺寸 12.0 m×17.0 m,检修门槽兼作阻抗孔,阻抗孔尺寸 13.7 m×3 m(长×宽),如图2所示。

3   优化设计阶段取消尾调可行性研究

右岸引水发电系统所处的厂区地质构造发育、布置上制约因素较多,地质条件复杂。F_{152} 断层及 T_3Z^{2-2}(黏土板岩)、T_3Z^{2-5}(碳质板岩)地层是影响右岸地下洞室群布置的主要不利因素。原可研设计方案地下厂房三大洞室经过合理避让后,不利地质构造的影响受控,但引水发电系统布置上相对靠山里,引水线路较长,尾调规模较大。优化设计阶段在

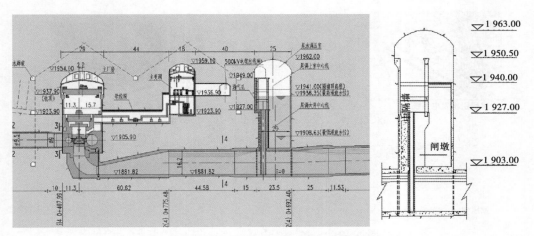

图 2　可研推荐方案——尾水调压室布置型式

满足有效埋深的前提下将发电厂房整体外移并调整轴线方位,尽可能减少不利构造影响的同时有效缩短了引水、尾水系统长度,使减小尾水调压室规模甚至取消尾水调压室成为可能,并对此展开相关研究。

3.1　优化设计后引水系统布置

优化后导流洞从左岸调整至右岸,地下厂房尽量外移并逆时针旋转 65°,调整厂房轴线至 N30°E,副厂房、安装场及机组段"一"字形由山内到山外侧依次布置。调整后主厂房与输水系统主要洞室均避开断层 F152,T3Z2-5 地层及 F152、f160 等控制性断层仅在高度较小安装场段出露,同时有效缩短了引水、尾水系统长度,如图 3 所示。

压力管道由单洞单机斜井布置调整为单洞单机竖井布置,上平段和下平段采用平面交错、空间立体交叉的布置方式,可有效降低最靠山内侧引水系统压力管道长度,实现各压力管道长度均衡,单洞长度从 320~404 m 缩短至 330~387 m。尾水隧洞由两洞一机调整为单洞单机布置,尾水隧洞单洞长度从 550.2~736.6 m 缩短至 171~272 m。

优化设计调整前、后引水发电系统布置见图 3。

3.2　尾水调压室取消可行性分析

引水发电系统优化调整后,尾水隧洞虽然得到有效缩短,但能否合理取消尾水隧洞需要进行必要性判断及水力过渡过程分析验证。

3.2.1　尾水调压室设置必要性初步判别

根据《水电站调压室设计规范》[5,9](NB/T 35021—2014),以尾水管内部产生液柱分离[4]作为设置尾水调压室的前提,其必要性可按下式进行初步判断。

$$\sum L_{wi} > \frac{5T_s}{v_{w0}}\left(8 - \frac{\nabla}{900} - \frac{v_{wj}^2}{2g} - H_s\right)$$

式中, $\sum L_{wi}$ 为压力尾水道的长度(m); T_s 为水轮机导叶关闭时间(s); v_{w0} 为稳定运行时压力尾水道中的流速(m/s); v_{wj} 为水轮机转轮后尾水管入口处的流速(m/s); H_s 为吸出高度(m); ∇ 为机组安装高程(m)。

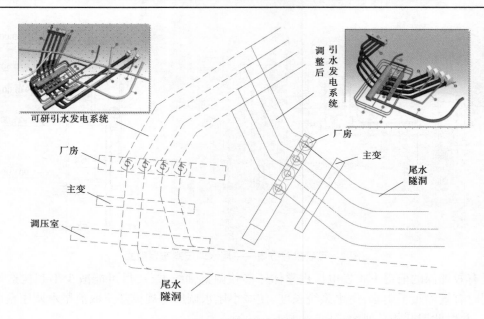

图3　优化设计调整前、后引水发电系统布置

选取最长的4#尾水隧洞进行复核验算,经计算4#尾水隧洞不设尾水调压室的临界长度[6]约为301 m,略低于4#尾水隧洞实际长度272 m,初步判断可不设置尾水调试。

4#尾水隧洞实际长度与规范临界值比较接近,须通过水力过渡过程计算进行进一步分析验证。

3.2.2　水力过渡过程计算分析验证[10]

引水发电系统各由四个水力单元组成,每个水力单元包括1条压力管道、1台混流式机组和1条尾水隧洞,尾水系统是否设置尾水调压室可通过尾水管进口的最大真空度[7-8]进行判断,具体如下:

$$H_v \leqslant 8 - \frac{\nabla}{900}$$

式中,H_v为尾水管进口处最大真空度(水柱)(m);∇为机组安装高程,m。

经计算,卡拉水电电站的尾水管进口处最大真空度为5.88 m。

本次过渡过程计算采用中国电建集团华东勘测设计研究院有限公司 Hysim 软件,选择最长的4#水力单元进行计算分析。数学模型见图4,对应管道参数如表1所示,过渡过程计算工况选择如表2所示。

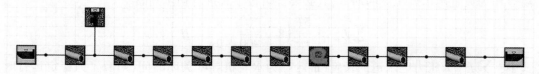

图4　4#水力单元输水系统布置示意

表1 4#水力单元管道参数

名称	洞段	长度（m）	面积（m²）	水力半径（m）	局损系数	糙率	说明
4#引水发电系统	上平段	141.48	107.51	2.90	0.09	0.014	圆形
	竖井段	81.40	107.51	2.93	0.29	0.014	圆形
	下平段	22.00	96.05	2.75	0.14	0.014	圆形
	钢衬段	132.95	72.79	2.41	0.39	0.012	圆形
	蜗壳段	29.25	66.48	2.30	0.000	0.000	圆形
	尾水管段	69.60	91.91	2.70	0.000	0.000	圆形
	尾水主洞	272.01	154.51	3.19	0.08	0.014	城门洞形

表2 过渡过程计算工况选择

工况编号	上游水位（m）	下游水位（m）	负荷变化	水位组合说明及导叶关闭方式	计算目的
SJ1	1 987.00	1 914.08	1台→0	上游正常蓄水位,厂房1台机发电水位,1台机正常运行时甩额定负荷	尾水管进口最小压力,机组蜗壳最大压力
SJ2	1 982.00	1 914.08	1台→0	上游死水位,厂房1台机发电水位,1台机正常运行时甩全部负荷	尾水管进口最小压力,机组蜗壳最大压力
SJ3	1 987.00	1 912.80	半台→0	上游正常蓄水位,厂房半台机发电水位,半台机正常运行时甩负荷	尾水管进口最小压力

经计算,尾水管进口最小压力工况极值汇总见表3,可知极小值发生在SJ3上游正常蓄水位,厂房半台机发电水位,半台机正常运行时甩负荷工况,最小压力为-1.29 m,大于控制值-5.88 m,满足要求,进一步证明尾水系统可不设尾水调压室。

表3 Hysim程序大波动工况计算成果

控制参数	工况			
	SJ1	SJ2	SJ3	控制标准
尾水管进口最小压力(m)	-1.07	-0.38	-1.29	-5.88

综上所述,引水发电系统可不设置尾水调压室。

4 结 论

(1)卡拉水电站引水发电系统布置优化设计后,厂房位置外移并调整轴线,引水系统各洞室有效缩短,使取消尾水调压室,降低工程难度并减少工程投资成为可能。

（2）对取消尾水调压室进行判别分析，尾水隧洞最大长度 272 m 小于设置尾水调压室计算临界长度 301 m，可不设置尾水调压室；过渡过程计算复核分析表明，取消尾水调压室后尾水管进口最小压力为−1.29 m，小于控制值−5.88 m，满足要求。因此，卡拉水电站优化设计方案取消尾水调压室合理可行。

参 考 文 献

[1] 鲍海艳,付亮,杨建东.抽水蓄能水电站尾水调压室设置条件探讨[J].水力发电学报,2014,33(1)：95-101.

[2] 杨建东,詹佳佳,鲍海艳.调压室位置对调保参数的影响[J].水动力学研究与进展 A 辑,2007,22(2)：162-167.

[3] 鲍海艳,杨建东,付亮.尾水调压室位置对尾水管最小压力值的影响[J].水力发电学报,2007,26(6)：77-82.

[4] 黄玉毅,李建刚,刘政,等.长距离输水泵系统液柱分离的联合防护研究[J].中国水利,2014(10)：39-42.

[5] 国家能源局.水电站调压室设计规范：NB/T 35021—2014[S].北京：中国电力出版社,2014.

[6] 鲍海艳,杨建东,李进平,等.基于水电站运行稳定性的调压室设置条件探讨[J].水力发电学报,2011,30(2)：44-48.

[7] 杨建东,汪正春,詹佳佳.上游调压室设置条件的探讨[J].水力发电学报,2008,27(5)：114-117.

[8] 董兴林.水电站调压井稳定断面问题的研究[J].水利学报,1980(6).

[9] 电力工业部华东勘测设计研究院.水电站调压室设计规范：DL/T 5058—1996[S].北京：中国电力出版社,1996.

[10] 魏守平.正交试验方法与最优参数选择[J].水电设备,1984(3).

提高拱坝拱肩槽开挖质量的控制措施

周建平[1]，刘立强[2]，邬俊[1]

（1. 中国电建集团华东勘测设计研究院有限公司，浙江 杭州 311122；
2. 雅砻江流域水电开发有限公司，四川 成都 610051）

摘 要 杨房沟水电站大坝左右岸坝基基岩为花岗闪长岩，拱坝拱肩槽开挖质量标准高、难度大，技术管理人员通过对现场开挖工艺的深入研究和总结，制定了质量提升措施，改变了拱肩槽成型质量，满足了工程施工安全、质量、进度和成本控制等要求。

关键词 拱肩槽；预裂爆破开挖；成型质量；控制措施

1 引 言

坝基开挖质量控制技术一直是水利水电工程建设中一个重要的技术问题，由于花岗闪长岩岩体表层节理裂隙发育，节理裂隙的随机组合，以及在风化、卸荷及地表水径流等综合作用下，局部岩体松弛，爆破后经常出现掉块现象，花岗闪长岩的特性对拱坝拱肩槽开挖质量控制提出了更高要求，需要采取针对性的施工措施，确保拱肩槽开挖质量。

2 工程概况

杨房沟水电站是雅砻江中游河段一库七级开发的第六级，是国内水电行业首个百万千瓦级采用 EPC 总承包建设模式的水电工程。电站两岸边坡较陡，局部岸坡坡度在 60°~70°以上，两岸地形基本对称，呈 V 形河谷，坝址出露地层主要为燕山期花岗闪长岩。杨房沟水电站大坝坝基平面图见图 1。

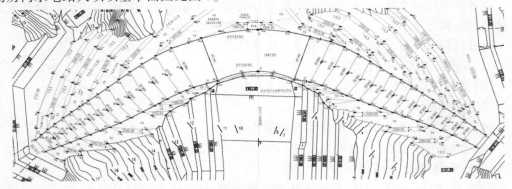

图 1 杨房沟水电站大坝坝基平面图

拱坝拱肩槽边坡分布高程为 EL. 2 101. 85 m~EL. 1 947. 00 m，共分为 15 段不同设计坡度，除 EL. 2 101. 85 m~EL. 2 090. 00 m 和底部 EL. 1960. 00 m~EL. 1 947. 00 m 以外其

余段高差均为 10 m,拱肩槽顶部宽度约为 12 m,底部宽度约为 35 m。坝基底部预留 3 m 保护层,即 EL. 1 950.00 m~EL. 1 947.00 m 采用保护层开挖。

拱坝拱肩槽开挖主要技术指标如下:

①预裂孔平整度:每层边坡轮廓面相邻钻孔保持平行,爆破后岩面的不平整度不应大于 15cm,孔壁表面不得有明显的爆破裂隙。

②预裂爆破孔的残留炮孔率:在开挖轮廓面上,残留炮孔痕迹应均匀分布,残留炮孔痕迹保存率达到 85% 以上;孔壁表面不得有明显的爆破裂隙。

3 前期施工现状调查

拱坝坝基在经生产性试验取得的爆破参数成果下,按 10 m/层下挖,采用先瘦身,后保护层预裂爆破方案。缓冲孔和主爆孔主要采用 JK590 履带式液压潜孔钻机,预裂孔主要采用 QJZ-100B 型潜孔钻机。

预裂孔孔距一般为 70 cm,孔径为 70 mm,药卷采用直径为 ϕ25 mm、ϕ32 mm 的乳化炸药间隔装药,装药密度为 240~260 g/m,单耗 0.25~0.35 kg/m³。

根据生产试验爆破参数,在左、右岸进行 3 个梯段拱肩槽开挖,预裂爆破质量状况为:

①轮廓面上残留炮孔半圆痕迹存在不均匀,孔底间距部分超标。

②相邻两炮孔间岩面的不平整度,部分不满足质量标准要求,除局部地质缺陷,坡面平均超挖值 12 cm,存在成本损失偏大。

③少量残留炮孔壁存在明显的爆破裂隙(>0.5 mm)。

④以 Ⅲ₁ 类岩体为主,半孔率 83.5%。

⑤单元质量评定优良率 78.5%。

从以上数据看出,拱肩槽成型质量不能满足创优目标,需进一步改进。

拱肩槽预裂爆破典型质量问题见图 2。

4 原因分析

通过详细现场查勘,分析了影响拱肩槽预裂爆破质量的原因。拱肩槽预裂爆破典型质量问题鱼刺图见图 3。

通过鱼刺图分析,影响拱肩槽预裂爆破开挖质量共有 6 个原因:

(1)钻孔工艺控制不标准;

(2)钻孔校验频率不足;

(3)样架局部不稳定;

(4)爆破参数未精准结合地质状况调整优化;

(5)个别钻机性能不满足要求;

(6)作业环境差,扬尘大。

同时,通过逐一调查确认,确定了 3 个主要要因:钻孔工艺控制不标准,钻孔校验频率不足,样架局部不稳定。

图 2　拱肩槽预裂爆破典型质量问题

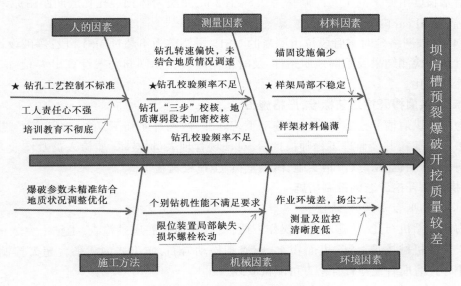

图 3　拱肩槽预裂爆破典型质量问题鱼刺图

5　提高拱肩槽施工质量对策研究及实施

5.1　方案措施及工艺参数的优化调整

仍采用"先瘦身、坝基预留保护区开挖"的施工方法。主要施工工艺参数调整如下：

（1）预留保护区厚度由原来的 15 m 调整为 10 m（1 排缓冲孔、2~3 排主爆孔）进行控制。拱肩槽开挖分区典型示意见图 4。

图 4　拱肩槽开挖分区典型示意图

（2）瘦身炮的爆破规模控制,单次由原来的 7 排爆破孔调整为 5 排进行控制,临近保护区内侧的一排爆破孔的造孔、装药参照光面爆破进行控制。

（3）主要钻爆参数调整:缓冲孔与主爆孔间距由原来的 2.5 m 调整为小于 2 m;预裂孔的堵塞长度由原来的 1.5 m 调整为 0.8~1.2 m;Ⅲ类岩体预裂孔孔底间距由原来的 70 cm 调整为 60 cm 内。

（4）爆破网络延时雷管段位由原来的 MS15 段调整为不超过 MS12 段;爆破设计依据火工材料的检测结果及不同地质条件,及时根据爆破振动回归公式计算出 K 值、α 值,有针对性地优化。

5.2　制定拱肩槽开挖工艺标准,严格施工

为统一拱肩槽开挖施工流程及施工工艺标准,做到有序施工,项目部制定了《拱肩槽施工工艺标准》,并经监理工程师报批后,对现场管理人员、技术、质检人员及作业人员进行室内、室外培训、指导,严格实施,做到全员、全过程覆盖。

5.3　拱肩槽开挖工艺的控制措施

5.3.1　上钻平台的找平、清理

为便于钻机布孔、钻孔及人员操作方便,更有效地开展质量检查,上钻平台 2 m 范围采取人工或机械找平,清除表面积水、虚渣和松动岩石,露出岩面。平台超欠控制在 20 cm 范围内,清理后经检查合格方可测量放线。

5.3.2　测量放样

测量人员主要测放的内容包括拱肩槽开口线高程,预裂孔位置、角度、深度等指标,测量成果经报批后投入现场使用。每一茬炮预裂孔线,测量放样必须逐孔放点,每个孔对应放一个方向点,钻机中心点、孔口开孔点及方向点必须三点成一条直线,并做好放样记录、现场交接点线控制要求。

5.3.3　样架搭设

采取角度尺或罗盘控制样架搭设角度,测量人员进行现场校核,在每个预裂孔孔位外侧 2.0 m 定出 1 个相应孔位方向点,以保证钻机方位控制精度。在钻孔过程中,安排专人

加固、维护,发现不稳定或变形情况,及时停机处理,经处理合格后再恢复施工。坝基预裂孔钢管样架搭设示意见图5。

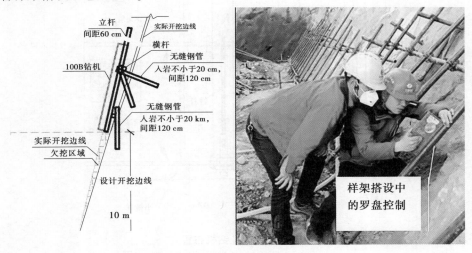

图5　坝基预裂孔钢管样架搭设示意

5.3.4　钻孔

预裂孔主要采用 QZJ-100B 型潜孔钻造孔,采用 φ60 mm 钻杆,成孔孔径为 70 mm;局部不具备条件的经现场质检同意可采用手风钻造孔。

钻孔孔位控制:主爆孔不大于孔间排距5%,预裂爆破和光面爆破孔的开孔偏差小于 5 cm;钻孔孔深允许偏差控制:一般爆破孔宜为 0~+20 cm,预裂和光面爆破孔宜为±5 cm;钻孔角度偏差控制:一般爆破孔不大于2°,预裂和光面爆破孔不大于1°。

钻孔钻速结合实际岩石强度适当调整,一般情况下,Ⅲ1 类岩石钻速为 10 cm/min,偏差岩石及裂隙发育区适当调慢,确保方向、角度准确。预裂孔钻机布置见图6。

5.3.5　装药、堵塞、起爆网络连接、起爆、安检

预裂孔竹片装药,药卷规范绑扎在竹片上,绑扎过程中精确控制药卷间距。起爆网络采用搭接的连接方法,搭接处用胶布缠紧,缠紧段长度不小于 15 cm。预裂孔孔内采用导爆索导爆,孔外采用非电毫秒微差雷管分段延迟爆破。

5.3.6　爆破检测

爆破检测分为爆破质点振动监测、爆破影响深度声波检测。

爆破振动监测,振动速度监测测点数不少于 3 个。在爆破 30 min 前将爆破振动监测仪连接传感器,设置参数开始采集,根据最大单响药量及距离估算质点振动速度,合理设置采集参数。爆破影响深度声波检测,在布置有岩体质量检测孔或爆破松弛测试孔的高程范围内,沿槽坡高程方向按上、下均匀布置 2 个声波检测孔;通常声波检测孔布置在槽坡高程方向,按上、中、下均匀布置 3 个孔。声波检测孔均垂直于基础面,深入基础面深度不小于 5 m。声波检测孔在爆破前施工完成,并进行爆前单孔声波测试,测试后的数据与爆后数据进行对比。拱肩槽声波检测孔典型布置见图7。

5.3.7　爆破质量检查评估

爆破完成后,及时实施"一炮一评估一总结"。由质量部牵头,及时组织钻工、爆破

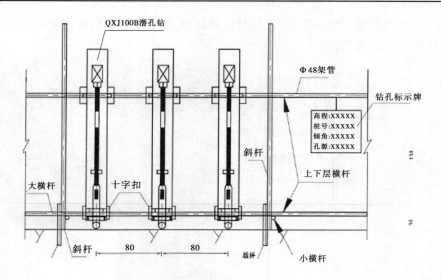

图6　预裂孔钻机布置

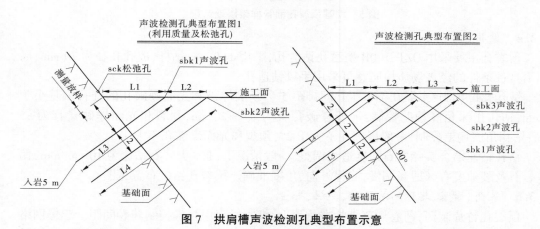

图7　拱肩槽声波检测孔典型布置示意

工、技术员、质检员及相关部门,联合评估、检查、考核、总结。评估爆破质量、检查存在的问题,分析原因及制定改进措施,按制度及单孔实名记录资料,结合爆破质量状况,及时落实个人奖罚。

6　实施效果

通过上述管控措施后,拱肩槽开挖质量得到明显提升,爆破质量优良:主要表现为:①轮廓面上残留炮孔半圆痕迹均匀;②相邻两炮孔间岩面的不平整度,均满足质量标准要求,除局部地质缺陷,坡面平均超挖值8 cm,无欠挖,符合规定;③残留炮孔壁均无明显的爆破裂隙(>0.5 mm),除明显地质缺陷处外,无生裂隙张开、错动及层面抬动现象;④该区段经地质判定为以Ⅲ1类岩体为主,半孔率95%;⑤单元质量评定优良率95%以上。拱肩槽预裂爆破开挖成型效果见图8。

图 8 拱肩槽预裂爆破开挖成型效果

7 结 语

杨房沟水电站拱坝拱肩槽开挖通过采取诸多改进措施,结合现场实际条件不断优化施工工艺,使施工安全更可靠、质量更保障、作业更高效、进度更可控,成本更节约。通过多种措施开展质量管理,全面贯彻"自律、创新、共赢"理念,提高了管理人员及操作工人的质量意识、技能水平,促进了拱肩槽开挖质量持续提升。其实施效果获得了雅砻江公司、国家能源局可再生能源发电工程质量监督站等单位领导和专家的高度评价,对同类工程基于花岗闪长岩的高边坡预裂爆破开挖施工具有重要的借鉴意义。

参 考 文 献

[1] 雅砻江杨房沟水电站设计施工总承包合同文件[R].
[2] 水工建筑物岩石基础开挖工程施工技术规范:DL/T 5389—2007[S].
[3] 水电水利工程边坡施工技术规范:DL/T 5255—2010[S].
[4] 水电水利工程爆破施工技术规范:DL/T 5135—2013[S].
[5] 爆破安全规程:GB 6722—2014[S].
[6] 水电水利工程爆破安全监测规程:DL/T 5333—2005[S].
[7] 水电水利工程环境保护设计规范:DL/T 5402—2007[S].
[8] 水电水利工程物探规程:DL/T 5010—2005[S].
[9] 水利电力部水利水电建设总局. 水利水电工程施工组织设计手册[M].北京:中国水利水电出版社,1990.
[10] 四川省雅砻江杨房沟水电站拱坝基础开挖施工技术要求[R].
[11] 四川省雅砻江杨房沟水电站边坡开挖与支护施工技术要求[R].

超高陡边坡高位危岩勘察及综合防治研究

闫兴田[1]，段伟锋[2]，魏海宁[2]

（1. 华东勘测设计院（福建）有限公司，福建 福州　350000；
2. 中国电建集团华东勘测设计研究院有限公司，浙江 杭州　311122）

摘　要　以杨房沟水电站危岩体为研究对象，为保障边坡施工安全，需对危岩开展治理。采用三维激光扫描技术与现场核查相结合的方法查明杨房沟水电站危岩分布状况、赋存环境和边界条件，基于稳定性评价指标对危岩稳定性进行评价与分级，并最终提出科学合理的防治措施。

关键词　高位危岩勘察；稳定性；分布特征；防治措施

1 引　言

水电工程经过前期预可行性研究、可行性研究、施工图设计等阶段，工程区的地质认识较为深入，对枢纽区可能威胁构筑物的工程边坡治理措施也较为充分，尤其坝肩工程边坡，进水口边坡等安全级别高的边坡，其设计和施工均更加严谨，安全裕度充分。然而，开挖线以外的自然边坡，尤其是超高陡边坡的高位危岩体受隐蔽性强、人难以到达等因素影响，处理不彻底，对水电站施工期和运行期的安全威胁日益凸显。

杨房沟水电站坝址区为高山峡谷地貌，河谷及其支流强烈侵蚀切割，山崖陡峭，形成高差达千余米深切河谷，坝顶以上自然边坡高度最高达 588 m。左岸边坡底部及下部较缓、中上部较陡，山体后缘大多呈陡壁状，总体坡度一般为 45°~70°；坡面冲沟、浅沟较为发育，在横向上呈沟、梁相间的特征，岩体多面临空；右岸边坡坡形较为完整，地形坡度 55°~75°，局部陡崖。边坡出露的地层岩性为花岗闪长岩，岩体以弱风化为主，次块状为主，局部块裂结构，无大规模的断层切割山体，裂隙型小断层发育；受小断层、节理裂隙等因素控制，以浅表层岩体完整性差为主，局部较破碎。边坡整体稳定，但边坡形态、地层岩性及构造形迹不利组合，为危岩的发育提供了条件。危岩的发育，严重影响枢纽区施工及运行安全，所以全面深入地研究枢纽区高边坡危岩体尤为重要。

危岩体稳定性研究是进行危岩防治方案设计的基础[1-3]。高位卸荷岩体通常"隐藏"在人迹罕至的陡坡山体中、上部，节理发育，一旦失稳破坏，对下部的人员和建筑物是毁灭性的灾难[4-5]。这类地质体由于长期以来人迹罕至，隐蔽性强，研究较为薄弱，边界条件难以准确界定。因此，采取多种方法对危岩进行调查研究，评价其稳定性，对于保证边坡工程在施工期间和运行期间的安全，具有重要的意义[6-8]。

2 危岩体勘察方法

超高陡边坡高位危岩体特殊的赋存位置决定了其地质基础工作较为薄弱，由于山高坡陡,勘探资料较少,通常以调查手段为主,对危岩体的边界条件研究不清,将影响其稳定性、危险性等评价,以及治理、管理方案的选择。所以,首先对高位危岩体进行有效的辨识成为重点,在原地质测绘的基础上,采取三维激光扫描技术、三维数码照相技术和无人机倾斜摄影测量技术等方法对危岩的分布进行全范围的搜索,并通过施工便道、搭设专用栈道等近距离调查的方法,对危岩体进行地质测绘及详细编录。

2.1 三维激光扫描技术

高边坡危岩体传统调查难度大、危险性高,三维激光扫描技术的高效率、高精度、远距离非接触测量等优势弥补了传统地质勘察方法的缺点。利用三维激光扫描技术可优化传统地质调查过程,且室内数据处理软件技术成熟,可实现对危岩体的定量分析,例如,危岩体几何尺寸测量,高精度危岩体剖面图,结构面产状、迹长、连通率、间距等测量,危岩体三维坐标精确获取及危岩体边界范围准确界定等。

如枢纽区左岸危岩体发育的贴壁式危岩体 Z1-5(见图1),位于开关站上方陡坡处,发育高程 2 153.5~2 157.0 m,方量约 54 m³,距离河床约 180 m。通过三维激光扫描,对该危岩体进行边界条件解译,分析表明:该危岩体结构为块状~次块状,可见延伸 2~5 m,间距 0.5~1 m;且危岩体与母岩尚未脱离,后缘存在与边坡倾向一致的主控结构面,从解译图上可知其后缘主控结构面的产状为 N60°W SW∠50°,危岩体主要分布于边坡相对稍缓的坡度段,其坡度范围一般为 40°~50°,节理2密集发育,危岩体沿着主控结构面滑移变形、破坏,呈现压剪滑移的力学机制。危岩体 Z1-5 结构面解译见图2。

图1　滑塌式危岩体 Z1-5 照片

图2　危岩体 Z1-5 结构面解译

2.2 三维数码照相技术

三维数码照相技术由软件和硬件两部分组成,硬件包括数码相机、数码相机测控仪、三角架、计算机、罗盘等;软件为澳大利亚 ADAM 公司的 3DMA 系列软件。三维数码照相应用于高陡边坡地质测绘中,有效解决了人无法直接到达现场开展外业工作的矛盾,尤其是西部高山峡谷地形。从危岩体数据利用方面来看,三维数码照相可系统获取危岩体地质结构面的三维出露迹线,同时直接用于等高线的生成、任意一点三维坐标的提取、结构面迹长的测量和结构面信息的提取。

以右岸拱肩槽发育的危岩体 WY19 为例进行分析。危岩体 WY19 位于右岸拱肩槽边坡上游侧,分布高程为 2 008~2 105 m,规模约 50 000 m³,属特大型危岩体,为杨房沟枢纽区最大的危岩体。通过地质素描及三维数码照相技术(典型结构面解译见图 3),揭示该危岩体主要发育顺坡断层 f_{22-1},产状:N80°W NE∠75°,断层 f_{16}:EW N∠45°~50°,宽 20~30 cm,带内为片状岩,呈强风化状,面平直,见擦痕,下盘岩体破碎;卸荷裂隙 L_{13}:N65°WNE∠40°,面起伏粗糙,夹 2~3 cm 岩屑,见铁锰质渲染,地表张开 20~30 cm,延伸长30~40 m。主要发育 2 组不利节理,其中节理 1:N70°W NE∠40°,微张,充填片状岩、岩屑,面起伏粗糙,断续延伸;节理 2:N45°W NE∠75°,微张,面起伏粗糙,充填岩屑,平行发育间距 1.5~2.5 m。通过地质剖面分析,断层 f_{22-1} 和节理 2 形成后缘拉裂面,断层 f_{16}、节理 1 和卸荷裂隙 L_{13} 形成底滑面,在重力和水压力作用下,可能会形成滑移式破坏。通过该数码照相技术更准确地查明了该特大型危岩体边界条件,为后续设计分析和确定支护参数提供准确地地质依据。

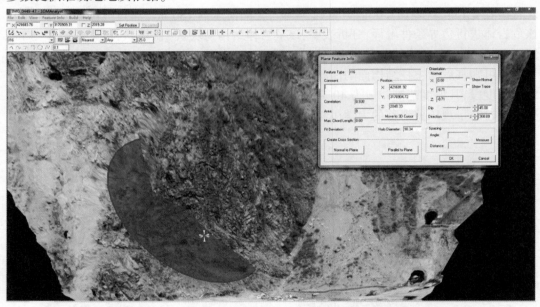

图 3 三维数码照相对危岩体 WY19 中断层 f16 结构面解译

2.3 无人机倾斜摄影测量技术

倾斜摄影测量技术是国际测绘领域近些年发展起来的一项高新技术,它颠覆了以往正射影像只能从垂直角度拍摄的局限,通过在同一飞行平台上搭载多角度相机阵列,从而满足了从侧面纹理的采集需求。无人机倾斜摄影测量就是以无人机为飞行平台、以影像传感器为任务设备的航空遥感影像获取系统,系统包括无人机平台、摄影传感器、地面站和导航系统。通过无人机上搭载的多台传感器从垂直、倾斜等不同角度采集影像,通过对倾斜影像数据处理并整合其他地理信息,输出正射影像、地形图、三维模型等产品。

利用空三处理导出杨房沟水电站枢纽区三维模型,利用模型能够多角度自由平移、旋转、缩放的特点,不仅能够直观全面地了解坝址两岸整体情况,还能进一步细致观察到危岩体(见图 4)。危岩体的结构特征及边界条件、结构面延展情况、裂缝长度等地质信息均能够在模型上清晰体现。

图 4　无人机倾斜摄影生成的枢纽区危岩体三维模型

2.4　地质精细化素描

地质精细化素描是针对人能到达区域进行近距离地质编录,是确定危岩体基本特征最精确的方法。前期勘察阶段,主要借助勘察便道,配合安全绳等工具,对危岩体进行调查、复核、详细编录。工程施工阶段,通过施工便道、搭设专用栈道等对主要危岩体进行近距离地质测绘及详细编录,最大程度地弥补大范围勘察中无人机倾斜测量、三维激光扫描技术易受植被遮挡、节理连通判断不清的制约和影响(见图 5)。

对施工便道或栈道能到达的危岩体均采用现场地质编录方式,对危岩体范围、节理切割情况及产状、控制性结构面力学参数、危岩体稳定性等进行进一步的定性、定量复核,确定最终的位置、类型、变形破坏机制等因素,对每个危岩体的治理措施进一步明确。

图 5　开关站与进水口上方施工便道、搭设专用栈道等通道对主要危岩体进行详细编录

3　危岩体稳定性分析与评价

3.1　危岩体分类及其变形破坏模式

结合杨房沟水电站危岩体特点,首先从宏观上将危岩体划分为单体危岩和群体危岩,单体危岩主要包括危石、危岩体及孤石;当单体危岩发育分布范围较广时,其往往具成带(群)分布特征,这种由多个单体危岩组合而成的危岩带(群体)即为群体危岩,其主要包括危石群、危岩带和孤石群。危岩体分类见表 1。

表 1　危岩体分类

类型		主要特征
单体危岩体	危石	整体切割较为密集,体积小于 1 m³ 的易失稳的岩石块体
	危岩	被多组结构面切割,体积大于 1 m³ 的易失稳的岩石块体
	孤石	与母岩脱离停留在坡表或嵌入覆盖层一定深度,靠与坡面的摩擦力、嵌合力或植被的阻挡保持现状的岩石块体
群体危岩体	危石群	岩体整体切割较为密集,体积较少的易失稳的岩石块体成群发育。一般分布范围较大,岩石块体失稳模式类似,岩块之间具有力学关联性
	危岩带	陡崖或陡坡上受地形地貌和岩性组合控制具有力学关联的多个危岩体成带分布。且一般分布范围较大,可同时具有多种类型的危岩体、危石
	孤石群	由多个相邻近孤石所组成,主要赋存于地形坡度较缓或前缘有植被阻挡处。

根据危岩体规模分类按体积大小分为特大型、大型、中型和小型,见表 2。

表 2　危岩体规模分类

分类名称	小型	中型	大型	特大型
体积 $V(\text{m}^3)$	$V<100$	$100 \leqslant V<1\ 000$	$1\ 000 \leqslant V<10\ 000$	$V \geqslant 10\ 000$

　　危岩体在形成演化过程中,不同阶段也会呈现出与其相对应的结构和形态特征,不同的结构和形态特征便可反映出其可能的变形失稳模式及其稳定性。因此,根据单体危岩体的发育特征(与母岩关系、几何形态特征、边界条件、临空条件)和岩体结构特征进行分类,能更直观地识别工程区的危岩体类型、明确体现该类型危岩体的变形破坏机制,为危岩稳定性评价和防治措施提供可靠依据。按危岩的发育特征和岩体结构特征将其分为贴壁式、倒悬式、砌块式、墩座式、错列式、孤立式等 6 种基本类型。其中,倒悬式按边界条件可分为悬臂式和坠腔式两大亚类。

3.2　危岩体稳定性评价指标的选取

　　长期的研究表明,影响危岩体稳定性的因素众多、类型复杂。总的来说,主要有岩体的控制性结构面完备程度(岩体切割状态)、结构面张开程度、控制性结构面倾角及地形坡度;降雨、人工爆破和地震等是影响危岩体稳定性最主要的外界因素。岩体的控制性结构面完备程度(岩体切割状态)、结构面张开程度、控制性结构面倾角及地形坡度等是危岩体变形失稳的物质基础,降雨、人工爆破和地震等诱发因素为危岩体的变形失稳提供了外动力因素或触发条件。工程地质条件为影响危岩体稳定性的基本条件,与影响因素共同作用影响危岩体的稳定程度。

　　影响危岩体稳定性的因素并不是相互独立的,往往相互作用对危岩体稳定性产生影响;有些因素对危岩体的影响作用显著,起控制作用,有些因素通过与其他因素的相互作用对危岩体稳定性产生显著影响。因此,评价指标的选择应建立在对工程地质条件充分研究的基础上,分析评价指标及其相互作用对危岩体稳定性的影响程度,便于现场判断的评价指标。

3.3 危岩体稳定性分级

通过对危岩稳定性影响因素分析,根据《水电工程危岩体工程地质勘察与防治规程》(NB/T 10137—2019),根据地形坡度、结构面特征及组合、变形破坏程度,结合本工程特点,危岩体稳定性定性分级标准见表3。

表3 危岩体稳定性定性分级标准

稳定性分级	危石或危石群	孤石或孤石群
不稳定	结构面普遍张开且有明显变形,充填岩屑及次生泥,岩体松动,控制性结构面或结构面交线顺坡、倾角小于坡角但大于结构面摩擦角,结构面不利组合完备,整体地形坡度一般大于50°。	整体地形坡度大于40°,植被不发育
稳定性差	结构面张开,无充填或部分充填,控制性结构面或结构面交线顺坡、倾角小于坡角,不利组合较完备,整体地形坡度一般大于40°	整体地形坡度30°~40°,植被不发育或较发育
基本稳定	结构面部分张开或闭合无充填,控制性结构面或结构面交线顺坡、倾角为20°~30°,不利组合较完备或不完备。	整体地形坡度20°~30°
稳定	结构面闭合无充填、无顺坡结构面、不利结构面组合不完备	整体地形坡度小于20°

根据《水电工程危岩体工程地质勘察与防治规程》(NB/T 10137—2019),危岩体稳定性定量分级为不稳定、稳定性差、基本稳定和稳定四种状态(见表4)。

表4 危岩体稳定性分级

稳定性分级	不稳定	稳定性差	基本稳定	稳定
稳定系数(K)	$K<1.00$	$1.00 \leqslant K<1.05$	$1.05 \leqslant K<1.15$	$K \geqslant 1.15$

4 危岩体分布特征及防治措施

4.1 枢纽区危岩体分布特征

通过三微激光扫描技术、三维数码照相技术和无人机测量技术及依靠新增栈道、支护排架等排查危岩体,确定枢纽区工程边坡开挖线外危岩体发育127处,其中左岸发育52处,右岸发育75处。依据危岩体分布区对水工枢纽建筑物的影响,对开挖线外危岩体进行了分区评价,分为拱肩槽左右岸边坡、坝头左右岸边坡、水垫塘左右岸边坡、引水发电系统进出口及地面开关站边坡和围堰边坡。危岩体主要特点如下:

(1)枢纽区两岸坡小断层、节理发育,浅部岩体卸荷作用明显,局部岩体松动,山脊突出或边坡陡峻的局部形成了危岩体、危石群,陡崖地段多有危石分布。

(2)危岩体分布范围广、数量多、陡崖破碎区面积大。上下游分布范围从开关站边坡至尾水出口边坡,长度约950 m,高程分布范围为2 000~2 550 m,高差约550 m,其中坝头边坡分布危岩体39个,水垫塘、雾化区边坡分布危岩体42个,进水口、开关站边坡危岩体分布31个,上述几处重点建筑物部位分布最广,占比约88%。危岩体规模小型~特大型均有分布,方量最小 0.8 m³,最大 50 000 m³,中型~小型危岩体占 84.5%,特大型危岩体 2 处,分别为 Y2-33-1 和 WY19,方量分别为 10 500 m³、50 000 m³。

(3)危岩体失稳模式以坠落式和滑塌式为主,分别占比 33% 和 65.4% 倾倒式较少,仅占比 1.6%。

(4)危岩体稳定性分级以差为主,占比 69.3%,少量不稳定及基本稳定,分别占比 17.3% 和 13.4%。

(5)根据《水电工程危岩体工程地质勘察与防治规程》(NB/T 10137—2019),危岩体危害性等级以 Ⅰ 等为主,占比 80.2%;少量 Ⅲ 等,占比 15%;Ⅳ 等、Ⅱ 等最少,均为 2.4%。

(6)枢纽区地形陡峭,危岩体多分布于坡陡中上部,且分布不集中。导致施工设备、材料运输困难,施工用风、水、电等辅助工程布置难度大,存在陡峭边坡超高排架搭设、精细化爆破控制、高位锚索下索、长大裂隙回填灌浆等一系列技术难题,施工安全风险高。危岩体治理难度大、工程量大,危岩体治理工期普遍较长。

4.2 设计方法

(1)现场设计:设计前移,在施工过程中,借助形成的施工便道对危岩体范围、节理切割情况及产状、控制性结构面力学参数、危岩体稳定性等进行进一步的定性、定量复核,对每块危岩体的治理措施进一步明确。

(2)个性化设计:根据危岩体的位置、类型、变形破坏机制、稳定性评价及危害性分级、对枢纽建筑物及施工安全的影响、治理施工条件等因素,以"分区段、分重点、永临结合、全面有效、安全经济"的总体治理原则为基础,针对各处危岩体分别制定适合其自身条件的个性化治理方案。

(3)动态设计:通过危岩体监测成果分析,评判危岩体治理效果;对于变形或应力监测异常情况,根据超高陡边坡高位危岩体高效辨识系统的成果,对危岩体差异化处理方案,进行动态跟踪和及时调整。

4.3 治理措施

根据危岩体特征,经综合分析,明确治理措施具体方案分类,如表 5 所示。

5 结 论

(1)在地质调查的基础上,进一步集成无人机倾斜摄影、三维激光扫描、三维数码照相及地质精细素描,构建了大范围、远距离、高精度、高清晰的危岩体高效识别系统,实现了危岩复杂发育场景的全面感知。确定枢纽区工程边坡开挖线外危岩体发育 127 处,其中左岸发育 52 处,右岸发育 75 处。

(2)结合杨房沟水电站危岩体特点,将危岩体划分为单体危岩和群体危岩,揭示了贴壁式、倒悬式、砌块式、墩座式、错列式、孤立式等 6 种危岩结构特征及变形破坏模式。在稳定性分析的基础上,结合对工程的影响对危岩体危害性进行划分。总结归纳出危岩体具有分布范围广、数量多、陡崖破碎区面积大,失稳模式以坠落式和滑塌式为主,稳定性级别以差为主,危险性级别为大或中等的特点。

(3)超高陡边坡危岩体治理方案确定需综合考虑危岩体的位置、类型、变形破坏机制、稳定性评价及危害性分级等因素。根据危岩体的稳定性情况、工程影响及边坡条件,提出合适的处理措施方案。提出了全面与重点、被动与主动、深层与浅层、拦截与排导、外部防护与本体加固、监测与排查、防治与维护相结合的差异化防治措施。

表5　危岩体治理措施方案选择

措施类型	危岩体基本特征	处理措施	危岩体数量及占比
Ⅰ类	①直接危害工程施工或运行； ②稳定性差； ③开挖后不会形成次生危岩体	开挖清除	35处（28%）
Ⅱ类	①直接危害工程施工或运行； ②稳定性差； ③开挖后坡面仍存在不利组合块体	开挖清除+锚固	55处（43%）
Ⅲ类	①直接危害工程施工或运行； ②稳定性差，主要为坡面随机掉块问题； ③位于高陡边坡，不具备搭设排架锚固的施工条件； ④陡崖顶部或单薄山脊	清除表层浮渣、碎石松动块体后进行主动网（喷锚支护）	37处（29%）、陡崖危石区
Ⅳ类	坡面随机掉块、滚石、落石、浮渣	被动网、挡渣墙防护	枢纽区工程边坡开口线以上区域系统拦挡

参 考 文 献

[1] 贺凯,殷跃平,冯振,等.重庆南川甑子岩−二垭岩危岩带特征及其稳定性分析[J].中国地质灾害与防治学报,2015,26(1):16-22.

[2] 杨晓杰,韩巧云,陈相相,等.龙开口水电站右岸大型变形岩体稳定性分析[J].岩石力学与工程学报,2012,31(S1):2920-2925.

[3] 胡显明,晏鄂川,杨建国,等.巫溪南门湾危岩体稳定性分区研究[J].工程地质学报,2011,19(3):397-403.

[4] 谢礼明,李少雄,胡坤生.四方井危岩体的稳定性分析研究[J].人民长江,2007(9):112-113,116.

[5] 张晓科,秦四清,李志刚,等.西龙池抽水蓄能电站下水库BW2危岩稳定性分析[J].工程地质学报,2007(2):174-178.

[6] 徐建军,殷亮.杨房沟水电站枢纽布置设计及主要工程技术[J].人民长江,2018,49(24):49-54.

[7] 傅旭东,邹勇,邵中勇.兴山县龙王嘴边坡稳定性分析与加固设计[J].岩土力学,2003(S2):271-274.

[8] 邵国建,卓家寿,章青.岩体稳定性分析与评判准则研究[J].岩石力学与工程学报,2003(5):691-696.

杨房沟水电站溃坝洪水模拟分析

张徐杰,赵建锋,岳青华,富强

(中国电建集团华东勘测设计研究院有限公司,浙江 杭州　311122)

摘　要　开展溃坝洪水分析计算工作,了解溃坝洪水对工程下游沿岸居民、设施的影响,对完善流域应急机制管理,具有十分重要的意义。本文以杨房沟水电站及下游区域为研究对象,采用溃坝及溃坝洪水波动力演算模型(DAMBRK)进行溃坝洪水模拟演算,分析不同溃坝工况对下游的影响。结果表明,溃坝后下游的洪水位与溃决形式有较大关系,在锦屏一级电站水库为正常蓄水位工况下,杨房沟下游雅砻江镇(距杨房沟坝址为 7.9~8.8 km)水位全溃工况比局溃工况高 48.70 m,下游央沟村(距杨房沟坝址为 42.0~42.8 km)水位全溃较局溃高 39.78 m。最不利溃坝工况下,下游 7 个居民点将受影响,应制定溃坝应急转移方案,以应对溃坝突发偶然情况。

关键词　杨房沟水电站;溃坝;DAMBRK 模型

1　引　言

近年来,突发事件应急机制建设正越来越多地受到关注和重视。溃坝,作为水电工程建设、运行过程中不可回避的风险因素,水库大坝安全管理的核心内容,也越来越凸显其重要性。开展溃坝洪水分析计算工作,了解溃坝洪水对工程下游沿岸居民、设施的影响,对完善流域应急机制管理,具有十分重要的意义。目前,已有众多学者对溃坝洪水模拟研究做了大量工作。如王珊[1]运用 GIS 技术从 DEM 数据中快速提取溃坝洪水计算所需信息为溃坝洪水计算提供了支持;王欣[2]等利用 MIKE FLOOD 模型研究了深圳市龙华区民治水库溃坝对下游的影响;沈洋等[3]模拟研究了不同设计洪水组合下的金牛山水库溃坝洪水演进;王伟等[4]研究了 HEC-RAS 软件在溃坝洪水计算中的应用;刘林等[5]回顾和总结了国内外溃坝洪水研究的发展历程、已取得的成果和近些年的进展。

杨房沟水电站为一等工程,工程规模为大(1)型。杨房沟水电站的开发任务为发电。电站总装机容量 1 500 MW,安装 4 台 375 MW 的混流式水轮发电机组,相应的装机满发流量为 1 698.8 m³/s,装机年利用小时数 4 570 h,水轮机运行水头范围为 87~112 m。水库正常蓄水位 2 094 m,相应库容为 4.558 亿 m³,死水位 2 088 m,相应库容为 4.02 亿 m³,调节库容为 0.538 5 亿 m³,具有日调节性能。工程目前已进入蓄水阶段,计划于 2021 年 7 月首批机组发电,2021 年 12 月底全部机组发电,2024 年 12 月底工程竣工。

本文主要以杨房沟水电站及下游区域为研究对象,采用溃坝及溃坝洪水波动力演算

作者简介:张徐杰(1987—),男,博士,高级工程师,主要从事水文与水利规划方面工作。E-mail:zhang_xj6@ hdec. com。

模型(DAMBRK)进行溃坝洪水模拟演算,分析溃坝工况对下游的影响。

2 DAMBRK 模型

DAMBRK 模型是美国国家气象局(NWS)的溃坝洪水预报模型,由弗雷德(Fread)于1988 年开发研制。该模型由两部分组成:一是溃决洪水计算,包括溃决洪水流量过程线及坝址溃坝水位计算;二是溃决洪水在下游的传播与演进模拟。DAMBRK 模型采用了动力波法,使其除能模拟一般洪水外,还能比其他方法更好地模拟溃坝波,并且该法还考虑了溃坝波加速度的影响及河道束窄、坎桥路堤、支流汇入所产生的下游非恒定回水的影响。DAMBRK 溃坝模型能较为准确地模拟土石坝的溃坝过程及后果,对混凝土重力坝、拱坝的模拟,也通过假定的溃口形态的线性变化过程进行较为可靠的溃坝模拟。因此,DAMBRK 对于单级水库和梯级水库群溃坝洪水均具有较强的适用性。

采用 DAMBRK 模型进行溃坝洪水模拟计算主要包含以下三方面内容:

(1)大坝溃口形态的确定:主要包括溃口底宽、溃口顶宽、溃口边坡及溃决历时,确定大坝溃口形态随时间的变化,是进行溃坝洪水模拟计算的关键。

(2)水库下泄流量计算。

(3)溃坝洪水向下游演进。

DAM BRK 模型采用水力学方法(又称动力波法)——圣维南方程组来描述洪水波向下游的传播,其方程形式如下:

连续方程为:

$$\frac{\partial Q}{\partial x} + \frac{\partial A}{\partial t} = q_l \tag{1}$$

运动方程为:

$$\frac{\partial Q}{\partial t} + \frac{\partial}{\partial x}(\beta \frac{Q^2}{A}) + gA \frac{\partial Z}{\partial x} + g \frac{n^2 Q|Q|}{AR^{4/3}} = 0 \tag{2}$$

式中, x 为流程(m); Q 为流量(m³/s); Z 为水位(m); g 为重力加速度; B 为河宽(m); t 为时间(s); q_l 为侧向单位长度注入流量(m²/s); A 为过水断面面积(m²); R 为断面水力半径; β 为动能修正系数; n 为糙率系数。

3 模型应用

3.1 边界条件

本次数学模型模拟范围为雅砻江干流杨房沟电站坝址至锦屏一级坝址约 108 km 河段,以及支流小金河回水范围内 100 km 河段。因模型计算范围内河道断面为天然情况,近年来未发生较大变化,因此模型横断面资料仍采用华东勘测设计研究院有限公司 2006年实测成果。坝址下游横断面选取,原则上尽量使流段中比降、糙率及断面形状是缓变的,在三者中有突变处或有大支流汇入处增设断面。杨房沟溃坝模型水系概化如图 1 所示。模型边界条件为:

(1)模型上边界采用杨房沟坝址入库洪水,区间采用杨房沟—锦屏一级坝址区间相应洪水均布入流,小金河采用断面设计洪水作为区间汇入。

（2）模型终点为锦屏一级坝址,以锦屏一级水库水位—泄流曲线作为模型下边界。

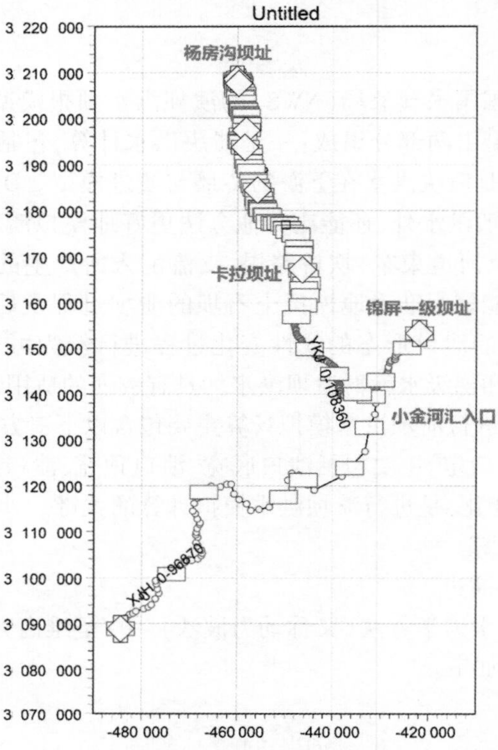

图 1　杨房沟溃坝模型概化

3.2　方案拟订

溃口是大坝失事时形成的缺口。溃口的形态主要与坝型和筑坝材料有关。目前,鉴于实际溃坝机制的不确定性,溃口形态主要通过近似假定来确定。考虑到模型的直观性、通用性和适应性,一般假定溃口底宽从一点开始,在溃决历时内,按线性比率扩大,直至形成最终底宽。溃口形态描述主要由四个参数确定:溃决历时(τ)、溃口底部高程(h_{bm})、溃口边坡(m)、溃口平均宽度(b)。由第一个参数可以确定大坝溃决是瞬溃还是渐溃。由后面三个参数可以确定溃口断面形态为矩形、三角形或梯形及局部溃决或全部溃决。

3.2.1　溃决时间

溃坝的类型根据溃坝过程的时间长短,可分为瞬时溃坝和逐渐溃坝;根据溃坝缺口规模大小,可分为全部溃坝和局部溃坝。对于刚性坝,如重力坝、拱坝、浆砌石坝、支墩坝等,一般是瞬时溃坝而且多出现局部溃坝。对于散粒体坝,如土坝、堆石坝等,受水流冲刷,坝体受到破坏,达到溃决总有一个时间过程,这个过程时间虽短,但不像刚性坝的溃决那样瞬时完成,因此可认为是逐渐溃坝类型。

综上所述,杨房沟水电站大坝可能溃决的原因是发生超过抗震设防标准的地震。杨房沟挡水坝为混凝土双曲拱坝,是刚性坝,认为其溃决方式为瞬溃,溃决历时取为 0.1 h。

3.2.2　溃决形式

结合杨房沟水电站的坝体结构、所在流域的地理特征和洪水特性等条件,主要考虑地震等外力引起的坝体损坏导致的溃决。当发生超标准地震时,泄洪表孔闸墩可能遭到破坏,或全坝溃决。主要模拟方案分为两种。

3.2.2.1 大坝局部溃决方案

泄洪表孔闸墩遭到破坏,溃口底高程 2 080 m,溃口宽度 82.87 m,溃口形式为矩形。

3.2.2.2 大坝全部溃决方案

全坝溃决,混凝土堆积坝下,估计堆积高程 2 000 m 左右,溃口宽度由天然河道控制。2 000 m 高程河道宽度约 161 m,即溃口底宽 161 m。溃口形式为左岸坡度约 50°,右岸坡度约 50°的梯形缺口,溃口顶宽根据过流量按此梯形断面确定。

两种溃决方案溃口形式示意如图 2 所示。

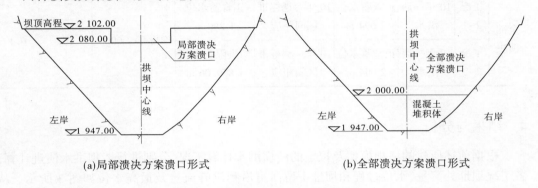

(a)局部溃决方案溃口形式　　　　　　(b)全部溃决方案溃口形式

图 2　杨房沟溃坝两种溃决方案溃口形式示意

3.2.2.3 溃决水位

针对溃坝发生时水库水位,局部溃决和全部溃决时,杨房沟水库初始水位取正常蓄水位 2 094.00 m。

根据中国电建集团成都勘测设计研究院有限公司编制完成的《四川省雅砻江锦屏一级水电站蓄水计划和调度方案(审定本)》,初定锦屏一级防洪高水位为 1 880 m,初步安排锦屏一级在 7 月初至 8 月上旬预留防洪库容 16 亿 m^3,相应的防洪限制水位 1 859.06 m。洪水调度的起调水位为防洪限制水位,当水位升至 1 880 m 后,锦屏一级按照确保大坝安全的调度原则进行防洪调度,此时锦屏一级水电站的洪水调节采用敞泄方式。因此,本次杨房沟大坝溃坝时锦屏一级水库初始水位采用两种工况:①正常蓄水位 1 880 m;②防洪限制水位 1 859.06 m。

3.2.2.4 溃决入流

由于杨房沟水库库容较大,溃坝后形成的溃坝洪水流量巨大,上游及区间来流对溃坝洪水影响甚微,且考虑当发生超标准地震引起溃坝时,上游来水情况具有一定的随机性,本次溃坝洪水计算上游来流及区间来流均采用 10 年一遇洪水。

综上所述,将溃决方式分为瞬时局部溃决和瞬时全溃两大方案。根据溃决时水库水位、溃口底高程的不同,组合出下述工况,见表 1。

表 1　杨房沟大坝溃决组合工况一览

溃决方式	工况编号	上游来流	杨房沟水位	杨房沟—锦屏一级区间来流	锦屏一级	溃口形式	溃口最终底部高程（m）	溃口最终底宽（m）	溃决历时（h）
局部溃决	工况1-1	10年一遇洪水	正常蓄水位2 094 m	10年一遇标准区间相应	正常蓄水位1 880 m	矩形	2 080	82.87	0.1
	工况1-2	10年一遇洪水	正常蓄水位2 094 m	10年一遇标准区间相应	防洪限制水位1 859.06 m				
全部溃决	工况2-1	10年一遇洪水	正常蓄水位2 094 m	10年一遇标准区间相应	正常蓄水位1 880 m	梯形	2 000	161	0.1
	工况2-2	10年一遇洪水	正常蓄水位2 094 m	10年一遇标准区间相应	防洪限制水位1 859.06 m				

4　结果与分析

根据前述所建的溃坝模型及拟定的溃坝洪水计算工况,分别进行溃坝洪水演进计算,各工况坝址处流量、水位过程和坝址下游河道沿程洪峰流量及最高水位如图 3 所示。从结果可以看出,溃坝后下游的洪水位与溃决形式有较大关系,在锦屏一级电站水库为正常蓄水位工况下,下游雅砻江镇(距杨房沟坝址为 7.9~8.8 km)水位全溃工况比局溃工况高 48.70 m,下游央沟村(距杨房沟坝址为 42.0~42.8 km)水位全溃较局溃高 39.78 m,说明全部溃决相比于局部溃决为更不利工况;全溃工况下,锦屏一级电站水库正常蓄水位情况与防洪限制水位情况相比较,杨房沟坝址—卡拉坝址段溃坝洪水位高 0~0.67 m,因杨房沟至锦屏一级河段为比降达 8.3‰的较陡山区性河道,所以锦屏一级水库不同的水位对杨房沟坝址—卡拉坝址段溃坝洪水位的影响较小。

经初步分析,最不利工况下,下游雅砻江镇、雅砻江镇尼波村尼波组、雅砻江镇立尔村甲尔组(甲尔沟沟口)、卡拉乡麻撒村麻撒组、雅砻江镇立尔村甲尔组(八通)、卡拉乡田镇村下田镇组、卡拉乡央沟村央沟组等 7 个居民点将受到溃坝洪水影响,最高洪水位演进至各居民点的时间在 20~60 min。因此,各居民点应制订溃坝应急转移方案,以应对溃坝突发偶然情况。

另外,下游锦屏一级水电站在汛期按要求预留防洪库容 16 亿 m³ 用于拦洪蓄水,其相应限制运行水位为 1 859.06 m,由长江防汛抗旱总指挥部统一调度。如在汛期杨房沟发生溃坝,锦屏一级水电站预留防洪库容远大于杨房沟溃坝洪量,当溃坝发生时,可安全承接溃坝下泄洪量,锦屏一级电站库区影响较小,基本无安全风险。如若在非汛期锦屏一级正常蓄水位情况下杨房沟发生溃坝,经计算,锦屏一级库水位将抬升 4 m 左右,高于锦屏一级校核洪水位。因此,如在非汛期杨房沟发生溃坝,则应第一时间通知锦屏一级电站,利用溃坝洪水演进时间差,锦屏一级提前全开泄洪,腾出库容承接杨房沟溃坝洪量,最大限度地减小洪水威胁。

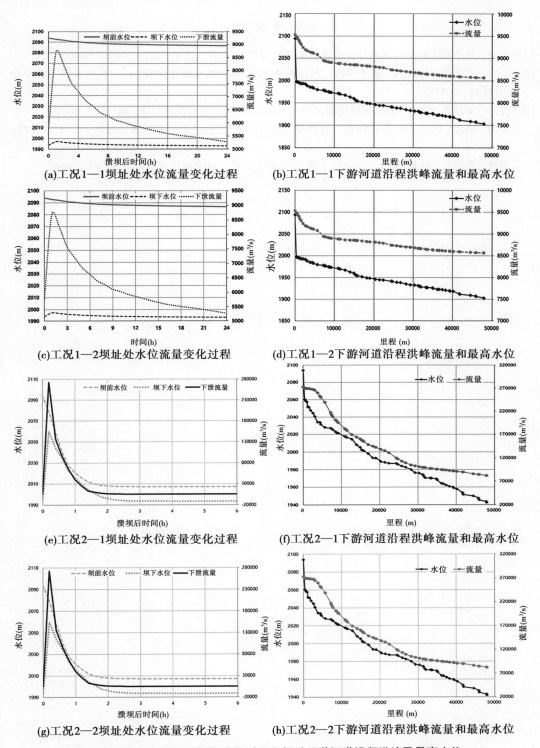

(a)工况1—1坝址处水位流量变化过程

(b)工况1—1下游河道沿程洪峰流量和最高水位

(c)工况1—2坝址处水位流量变化过程

(d)工况1—2下游河道沿程洪峰流量和最高水位

(e)工况2—1坝址处水位流量变化过程

(f)工况2—1下游河道沿程洪峰流量和最高水位

(g)工况2—2坝址处水位流量变化过程

(h)工况2—2下游河道沿程洪峰流量和最高水位

图3 不同工况坝址处流量、水位过程和坝址下游河道沿程洪峰及最高水位

参 考 文 献

［1］王珊. 基于 GIS 的溃坝洪水计算信息快速提取［J］. 中国防汛抗旱，2010,20(2):59-62.

［2］王欣，王玮琦，黄国如. 基于 MIKE FLOOD 的城区溃坝洪水模拟研究［J］. 水利水运工程学报，2017(5):69-75.

［3］沈洋，王佳妮. 基于 MIKE 软件的溃坝洪水数值模拟［J］. 水电能源科学，2012(6):56-58.

［4］王伟，田忠，陈涛. HEC-RAS 软件在溃坝洪水计算中的应用［J］. 四川水力发电，2013, 32(Z1):78-80.

［5］刘林，常福宣，肖长伟，等. 溃坝洪水研究进展［J］. 长江科学院院报，2016,33(6):29-35.

低闸分离式电站进水口流场数值仿真研究

孙洪亮,陈祥荣,蒋磊,孙哲豪

(中国电建集团华东勘测设计研究院有限公司,浙江 杭州 311122)

摘 要 锦屏二级为低闸分离式引水电站,发电进水口前流态复杂,直接影响附近泥沙运动。本文采用流体动力学仿真方法对进水口前流速及其与泥沙淤积形态相关性进行了分析,结果表明:发电水位较低时,进水口上游流速较大,进水口前流速较小,易引起泥沙在进水口前淤积。受侧向取水影响,拦沙坎断面流速不均匀性较差,靠近河道上游流速较大,会导致淤积的泥沙翻过拦沙坎。为避免泥沙在进水口前淤积,可以抬高发电运行水位,避免上游泥沙向下游输移,进而提出了避免泥沙在拦沙坎前淤积的发电运行水位。研究结果可以为锦屏二级电站运行及其他类似工程提供参考。

关键词 引水式电站;进水口流态;流体动力学仿真;泥沙淤积

1 引 言

锦屏二级水电站位于雅砻江干流锦屏大河湾上,其上游为具有年调节能力的锦屏一级水电站,下游为官地电站。该电站采用引水式开发,具有低闸、长引水隧洞和大流量引水等特点,总装机容量8×600 MW,为雅砻江上水头最高、装机规模最大的水电站。拦河闸坝与发电进水口分离布置,拦河闸位于雅砻江大河湾西端的猫猫滩,最大闸高34 m;电站进水口位于闸址上游约2.9 km的景峰桥处,为侧向取水口,进水口底板低于河床底高程,进水口前设置拦沙坎,顶高程为1 635 m,进水口剖面布置如图1所示。

锦屏二级发电进水口轴线方向基本垂直库区河道水流流向,导致进水口前流速分布不均匀,局部流速较大等不良水力现象,由于闸坝与发电进水口分离布置,相距2.9 km,拉沙对进水口河段效果较小,进水口附近泥沙易淤积,另外进水口前拦沙库容较小,进水口前流态直接影响进水口附近泥沙运动规律,有必要对进水口流场特性进行研究。本文采用水动力学数值仿真方法(CFD)对进水口、拦沙坎及库区河道的流速分布规律进行了分析,并与进水口泥沙淤积形态进行了相关性分析,进而分析进水口淤积问题的主要原因,最后对合理运行方式给出了建议,本研究成果可以为锦屏二级电站运行提供指导,为其他类似工程设计和运行提供参考。

2 水动力学数值仿真

2.1 控制方程及计算方法

进水口流场属于三维湍流流动,所以基本方程为连续方程和动量方程(N—S方程)。

作者简介:孙洪亮(1985—),男,博士,高级工程师,研究方向为水力学及河流动力学。E-mail:sun_hl2@ecidi.com。

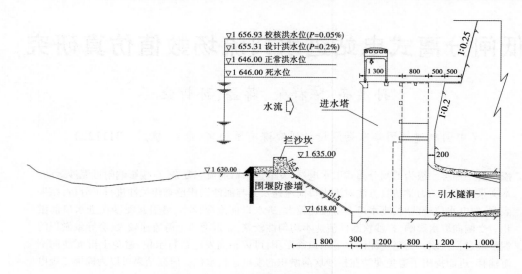

图 1　进水口剖面布置　（单位：m）

为方便计算机模拟，一般采用时均形式的 N—S 方程，又称 Reynolds 方程（简称 RANS）描述[1]，为了使雷诺方程封闭，从而产生各种紊流模型，本计算采用的是比较著名和常用的标准 $k—\varepsilon$ 模型，所以描述湍流运动的基本方程方程组包括：

$$\frac{\partial \rho u_i}{\partial x_i} = 0 \tag{1}$$

$$\frac{\partial}{\partial t}(\rho u_i) + \frac{\partial}{\partial x_j}(\rho u_i u_j) = -\frac{\partial p}{\partial t} + \frac{\partial}{\partial x_j}\left(\mu \frac{\partial u_i}{\partial x_j} - \rho \overline{u_i' u_j'}\right) + S_i \tag{2}$$

$$\frac{\partial(\rho k)}{\partial t} + \frac{\partial(\rho k u_i)}{\partial x_i} = \frac{\partial}{\partial x_j}\left[\left(\mu + \frac{\mu_t}{\sigma_k}\right)\frac{\partial k}{\partial x_j}\right] + C_k - \rho\varepsilon \tag{3}$$

$$\frac{\partial(\rho\varepsilon)}{\partial t} + \frac{\partial(\rho\varepsilon u_i)}{\partial x_i} = \frac{\partial}{\partial x_j}\left[\left(\mu + \frac{\mu_t}{\sigma_\varepsilon}\right)\frac{\partial\varepsilon}{\partial x_j}\right] + C_{1\varepsilon}C_k\frac{\varepsilon}{k} - C_{2\varepsilon}\rho\frac{\varepsilon^2}{k} \tag{4}$$

式中，ρ 为密度；t 为时间；u_i、u_j、x_i、x_j 分别为速度分量与坐标分量；μ 为动力黏性系数；S_i 为质量力；p 为修正压力。

湍流黏性系数[2-3] $\mu_t = \rho C_\mu k^2/\varepsilon$、$C_\mu = 0.09$、$\sigma_k = 1.0$、$\sigma_\varepsilon = 1.33$，$C_{1\varepsilon} = 1.44$，$C_{2\varepsilon} = 1.92$。

方程离散采用有限体积法。离散方程的求解方法采用压力的隐式算子分割（PISO）算法[4]。自由表面追踪采用 VOF[5] 法，由于计算流场为动态的变化过程，选用非稳态计算。

2.2　模型及网格划分

本研究模拟了库区河道长度 657 m，进水口结构及 80 m 长引水隧洞。库区河床采用 2012 年锦屏一级转流期库区清淤后地形。整体计算域模型如图 2 所示。计算域网格采用非结构网格，划分网格时兼顾计算精度和速度分布要求，使用疏密程度不同的网格尺度，库区河道网格最大尺寸为 5.0 m，拦沙坎和闸门槽部位最大尺寸为 0.5 m，进水塔及引水隧洞等部位网格最大尺寸为 2.0 m，整体模型网格单元总数约 106 万，进水口局部网格划分如图 3 所示。

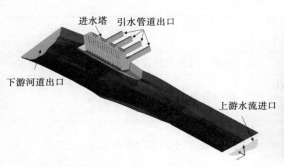

图2　整体计算域模型

图3　进水口局部网格划分

2.3　边界条件

库区河道上游采用速度入口,下游基于 VOF 明渠流模型(open channel)给定控制水位[6],水面以上大气边界为压力进口,引水隧洞出口为速度出口边界。针对固定壁面边界,采用无滑移边界条件,对黏性底层采用标准壁面函数法来处理。

3　仿真结果验证

相同工况:库水位 1 642.0 m,4 洞 8 机运行,CFD 结果与模型试验结果对比如图4和图5所示,可知拦污栅断面流速分布趋势一致,从 1#拦污栅进水口到 16#拦污栅进水口,流速逐渐增大,说明越靠近上游流速不均匀性越差。CFD 和试验流速结果差异较小,最大过栅流速分别为 2.31 m/s 和 2.21 m/s,均出现在 15#拦污栅进水口。由流速变化可发现,单洞对应的四个拦污栅进水口中,两边孔口流速略小,中间两个孔口流速略大,CFD 得到的流速分布符合进水口结构过流特点,中间进口水头损失小,流速相对较大。因此,数值模拟可以准确反应进水口的流态、流速分布等流场特性。

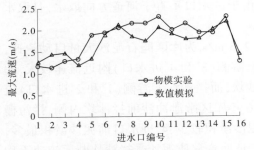

图4　拦污栅断面最大流速对比

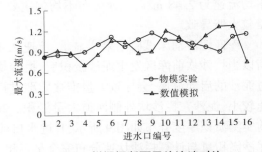

图5　拦污栅断面平均流速对比

4　仿真结果分析

4.1　计算工况

计算工况见表1,为库区来流量与水位运行区间 1 640~1 646 m 的组合,锦屏二级电站满发,引用流量 1 860 m³/s,通过对相同来流量、不同水位下,进水口前和拦沙坎流速进行对比分析,确定电站合理运行水位。

表 1　计算工况

工况	库水位（m）	运行机组	河道流量（m³/s）	说明
1	1 640	4 洞 8 机	2 024	锦屏一级满发流量,锦屏二级最低运行水位
2	1 640	4 洞 8 机	3 000	相同流量,不同水位对比工况
3	1 642	4 洞 8 机	3 000	
4	1 643	4 洞 8 机	4 000	相同流量,不同水位对比工况
5	1 645	4 洞 8 机	4 000	
6	1 644	4 洞 8 机	5 390	锦屏二级最大发电流量,超该流量停止发电,择机冲沙,其中工况 7 为正常蓄水位
7	1 646	4 洞 8 机	5 390	

4.2　流态分析

代表性工况 7:库水位正常蓄水位 1 646 m,流量 5 390 m³/s,各特征断面流速分布如图 6 和图 7 所示。由图可知,进水口前流场的流线分布均匀,来流平顺,无不利漩涡流和死水区。沿库区水流方向,从上游向下游流速逐渐减小,一是因为向下游过流断面逐渐增大,二是因为电站进水口分流作用,导致进水口下游流量减小。正是由于河道流速在进水口前逐渐减小,导致上游水流挟带的泥沙在进水口前淤积。

由流速分布云图可知,进水口上游横断面 5,受进水口分流作用,流速不均匀性较差,靠近进水口一侧流速显著增大,最大流速为 4.58 m/s,平均流速为 2.91 m/s,但局部流速较大,会引起泥沙向进水口运动。

拦沙坎断面(纵断面 a)流速与靠近上游流速越大,其流速分布如图 8 所示,图中桩号 0 点位于拦沙坎下游侧(1#进水口侧)起始端,向上游为正。拦沙坎上最大流速为 4.58 m/s,平均流速为 2.48 m/s,流速分布不均匀主要是由于进水口垂直于河道方向取水,且取水量较大所导致。

库区泥沙动床试验结果[2]显示,流速 2.4~2.6 m/s 为库区卵石泥沙大量启动流速,所以当拦沙坎前库区发生泥沙淤积后,拦沙坎上游侧(3#和 4#进水口)附近流速较大,超过泥沙的启动流速,会导致大量推移质翻过拦沙坎,而拦沙坎下游侧(1#和 2#进水口)流速较小,泥沙在拦沙坎外侧河道大量淤积。2016 年库区敞泄冲沙前拦沙坎内侧、拦污栅前实测淤积厚度分布如图 9 所示,1#进水口前泥沙淤积较少,4#进水口前泥沙淤积最多,泥沙淤积量与计算拦沙坎速分布完全呈正相关,证明推移质泥沙受拦沙坎断面流速不均匀分布影响,翻过拦沙坎主要发生在高流速区。

2016 年 5 月的拦沙坎前泥沙淤积实测地形如图 10 所示,显示 1#和 2#进水口前拦沙坎外侧淤积较严重,几乎达到了拦沙坎顶部高程 1 635 m,说明该河段推移质泥沙翻过拦沙坎量较小或者几乎没有翻过拦沙坎,主要淤积在拦沙坎外侧,而 3#和 4#进水口前拦沙坎外侧淤积量较小,淤积高程基本在 1 630~1 633 m,说明靠近上游侧拦沙坎外侧泥沙大量翻过拦沙坎进入进水口,拦沙坎外侧泥沙淤积与拦沙坎断面流速分布呈明显负相关关系。

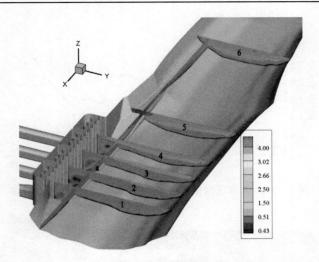

图 6 各横、纵断面流速分布云图

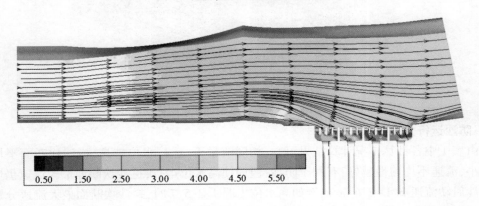

图 7 水平断面 z1642 流速分布

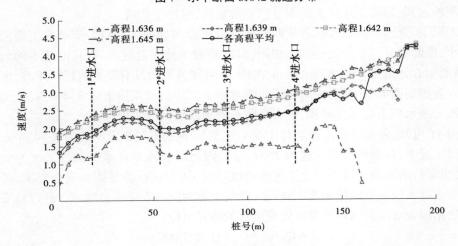

图 8 拦沙坎断面流速分布

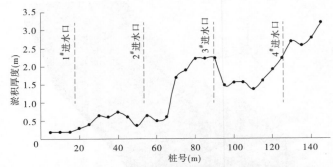

图9　2016年库区敞泄冲沙前拦沙坎内实测淤积厚度分布

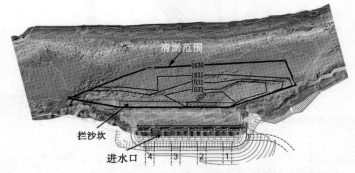

图10　2016年5月拦沙坎前泥沙淤积实测地形

4.3　防沙运行方案分析

由表1中各计算工况计算结果可知,相同流量下,运行水位越高,拦沙坎断面平均流速越小,流速不均匀性越好,有利于防沙,但即使高水位运行,拦沙坎断面最大流速仍远大于泥沙启动流速2.4~2.6 m/s,例如高水位工况1、3、5、7时,拦沙坎断面最大流速分别为3.79 m/s、4.53 m/s、4.71 m/s,4.25 m/s,所以避免泥沙进入进水口的关键在于防止拦沙坎外侧泥沙淤积,即防止库区上游泥沙向下游输移,保持门前清。

各工况下,进水口附近库区各横断面平均流速分布如图11所示,流速由上游向下游逐渐减小,横断面6与5处流速基本相同,但横断面5处靠近进水口,且流速不均匀性较大,而横断面6处距离4#进水口212 m,由图10可知该河段具有较大的拦沙库容,因此以横断面6为控制断面较适宜,控制该断面流速小于泥沙启动流速下限2.4 m/s,从而使得上游来沙在进水口上游河段淤积,可有效防止进水口前泥沙淤积。

由图11可知,各流量高水位运行工况1、3、5下,断面6处最大流速为2.34 m/s,各流量低水位工况下,各断面最小流速为2.57 m/s,因此以各流量高水位运行工况为安全运行工况,当运行水位高于以上安全工况水位运行时,认为运行满足防沙安全要求,各工况来流量与运行水位关系曲线如图12所示,曲线上方为防沙安全运行区域。通过对安全运行工况数据拟合可以得到防沙发电安全运行的临界水位:

$$Z \geqslant \begin{cases} 1\ 642.0 & (Q < 3\ 000) \\ 1\ 573Q^{0.005\ 4} & (3\ 000 \leqslant Q \leqslant 5\ 390) \end{cases} \tag{5}$$

式中,Z为防沙发电安全运行水位(m);Q为河道来流量(m^3/s);

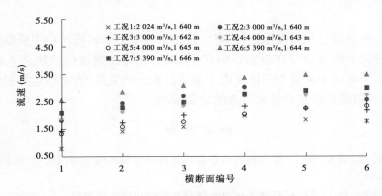

图 11　进水口附近库区各横断面平均流速分布

综合考虑进水口流态要求,上述公式中,当河道来流量小于 3 000 m³/s 时,满发时建议在 1 642.0 m 以上水位运行。当流量大于 5 390 m³/s 时,由安全运行曲线求得安全运行水位为 1 647.7 m,大于正常蓄水位 1 646 m,所以建议当来流量大于 5 390 m³/s 时,锦屏二级水电站进行敞泄排沙,电站停机避沙。

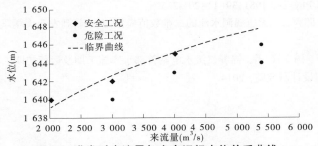

图 12　满发时来流量与安全运行水位关系曲线

由于进水口上游库区泥沙淤积量较大,水库调节库容较小,所以除保证满发运行安全水位,当河道来流量大于 5 390 m³/s 时,建议进行敞泄拉沙,电站停机避沙。偶然情况下或者长期运行后,进水口前难以避免产生淤积,由于进水口与拦河闸分离布置,敞泄拉沙对进水口河段效果不明显,所以进水口前应定期清淤,以保证拦沙坎拦沙作用,建议清淤范围如图 10 所示,拦沙坎顶高程 1 635 m,建议清除沙坎外侧平台高程 1 630 m 以上部分的淤积泥沙。

也证明拦沙坎前淤积高程超过 1 630~1 633 m 时,泥沙可能大量翻过拦沙坎,进入引水隧洞。通过以上分析可知,拦沙坎流速的不均匀分布是锦屏二级进水口推移质泥沙翻过拦沙坎的主要原因之一。

5　结　论

本文采用流态水动力学仿真方法分析了进水口前库区和拦沙坎断面流速场分布,与模型试验结果具有较好的一致性,表明数值仿真方法可以真实反映进水口流态。受进水口分流作用,进水口前库区河道流速从上游向下游逐渐减小,导致泥沙在进水口前淤积。而拦沙坎断面流速分布的不均匀性,导致拦沙坎外侧淤积的泥沙翻过拦沙坎进而引起进水口泥沙问题。

分析表明,可以通过抬高发电运行水位,使进水口上游断面流速小于推移质泥沙启动流速,防止泥沙向下游输移并在进水口前淤积,以解决泥沙翻过拦沙坎进入进水口的问题。另外,提出了库区来流量和防沙发电安全运行水位的关系,为电站运行提供参考。且于建议大流量时敞泄冲沙及对进水口前的定期清淤。

参 考 文 献

[1] 王芳芳, 吴时强, 肖潇, 等. 三维数值模拟在泵站侧向进水前池的应用[J]. 水利水运工程学报, 2014(2):54-59.

[2] 王晓玲, 段琦琦, 佟大, 等. 长距离无压引水隧洞水气两相流数值模拟[J]. 水利学报, 2009, 40(5):596-602.

[3] 张小康, 杨建东. 水头损失的 CFD 计算[J]. 中国农村水利水电, 2009(5):105-107.

[4] 杨开林, 时启燧, 董兴林. 引黄入晋输水工程充水过程的数值模拟及泵站充水泵的选择[J]. 水利学报, 2000(5):76-80.

[5] Hirt C W , Nichols B D . Volume of fluid (VOF) method for the dynamics of free boundaries[J]. Journal of Computational Physics, 1981,39(1):201-225.

[6] 张菊, 王长新, 邱秀云. 无压隧洞水流的二维数值模拟[J]. 新疆农业大学学报, 2006, 29(2):93-95.

[7] 陈祥荣, 刘兴年, 杨立锋, 等. 锦屏二级水电站首部水库施工期及运行初期工程泥沙问题研究[R]. 杭州:华东勘测设计研究院, 2014.

复杂水道系统水力激振预判软件的
研发及应用

吴旭敏,潘益斌,崔伟杰,李高会,杨绍佳

(中国电建集团华东勘测设计研究院有限公司,浙江 杭州 311122)

摘 要 复杂水道系统发生水力共振的原因是水道系统特征频率与扰动源频率相等或接近,扰动频率可由试验测得,水道系统的特征频率需要通过频率域模型计算。本文以复杂水道系统频率域计算数学模型为基础,介绍水力共振软件的开发界面及相关功能,并以某实际工程为案例,利用该软件进行复杂水道系统水力共振的分析,结果表明软件能够较好地水力共振分析的需要。

关键词 水道系统;水力共振;软件开发;工程应用

    水力激振是一种流量变幅较小、压力变幅较大、频率较高的周期性振荡的非恒定流现象,分为自激振荡和水力共振。当振源频率与水道特性频率相同或相近时,会诱发水道系统水力共振[1]。对于水电站、引调水工程输水系统,发生水力共振不但会影响机组的运行效率,而且会对机组、水工建筑物的结构产生不利影响,发生严重破坏事故,危及电站安全[2]。所以,对于大型复杂水道系统的设计,水力共振分析也是同样不可忽略的一部分。

    要分析电站水道系统是否存在发生水力共振的可能性,就有必要研究水道系统的频率特性。通过采用水道系统频率域数学模型,华东勘测设计研究院有限公司开发了复杂水道系统特征频率计算软件,结合振源频率,用于分析水力共振。

1 计算原理及方法

1.1 水道系统频率域数学模型

    对于求解水道系统的特征频率的频率域数值模型建立路线可以理解为:以水道系统非恒定流偏微分方程组为基础,通过拉氏变换,转换为含拉氏算子的常微分方程组并求解[3-4]。

    一维简单管道简化的水击基本方程组可写为:

$$\frac{\partial Q}{\partial x} + \frac{gA}{a^2}\frac{\partial H}{\partial t} = 0 \tag{1}$$

$$\frac{\partial H}{\partial x} + \frac{1}{gA}\frac{\partial Q}{\partial t} + \alpha Q^2 = 0 \tag{2}$$

式中,Q 为流量;H 为测压管水头;g 为重力加速度;A 和 D 分别为计算管段断面面积和直径;a 为管道计算水锤波速,$\alpha = f/(2gDA^2)$;f 为水损系数。

    对式(1)、式(2)进行线性化无量纲处理,并对时间 t 进行拉氏变换,可得到以下方程

组:

$$\frac{\partial q}{\partial x} + \frac{gA}{a^2}\frac{H_0}{Q_0}sh = 0 \tag{3}$$

$$\frac{\partial h}{\partial x} + \frac{Q_0}{gAH_0}(s + k)q = 0 \tag{4}$$

式中,$q = \frac{\Delta Q}{Q_0}$;$h = \frac{\Delta H}{H_0}$;$k = \frac{2\alpha Q_0^2}{H_0}$;$s$ 为拉普拉斯算子。

对上述方程组求解,可写出 h 和 q 的通解表达式:

$$h = c_1 e^{\frac{z}{a}x} + c_2 e^{-\frac{z}{a}x} \tag{5}$$

$$q = \frac{gH_0A}{aQ_0}\frac{s}{z}(c_1 e^{\frac{z}{a}x} - c_2 e^{-\frac{z}{a}x}) \tag{6}$$

式中,$\lambda_1 = \frac{z}{a}$;$\lambda_2 = -\frac{z}{a}$;c_1、c_2 为与边界条件相关的系数。

假设定义某管道元素的边界如图 1 所示。

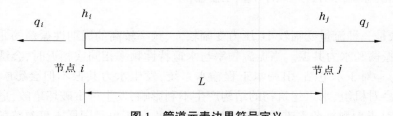

图 1 管道元素边界符号定义

根据图 1 对式(5)和式(6)应用边界条件并整理后得:

$$h_i = h_j \cosh(\frac{z}{a}L) + z_c\frac{Q_0}{H_0}q_j\sinh(\frac{z}{a}L) \tag{7}$$

$$q_i = - q_j\cosh(\frac{z}{a}L) - \frac{H_0}{z_cQ_0}h_j\sinh(\frac{z}{a}L) \tag{8}$$

式中,$z_c = \frac{a}{gA}\frac{z}{s}$。

将式(7)、式(8)整理并写成矩阵形式可得到:

$$\begin{bmatrix} \dfrac{-s}{2\rho z\tanh(\frac{z}{a}L)} & \dfrac{s}{2\rho z\sinh(\frac{z}{a}L)} \\ \dfrac{s}{2\rho z\sinh(\frac{z}{a}L)} & \dfrac{-s}{2\rho z\tanh(\frac{z}{a}L)} \end{bmatrix}\begin{bmatrix} h_i \\ h_j \end{bmatrix} = \begin{bmatrix} q_i \\ q_j \end{bmatrix} \tag{9}$$

式中,$\rho = \frac{aQ_0}{2gAH_0}$。

同理,可以计算出调压室元素的矩阵方程如下:

$$\left[-\frac{A_s H_0}{Q_0} s\right][h_i] = [q_i] \tag{10}$$

式中，A_s 为调压室断面面积。

水库元素的矩阵方程如下：

$$\left[-\frac{1}{\mu}\right][h_j] = [q_j] \tag{11}$$

式中，$\mu = \dfrac{2\beta Q_0^2}{H_0}$；$\beta$ 为局部水头损失系数。

1.2 计算原理

本软件系统采用的基本方法是结构矩阵法[4]，将复杂水道系统中各元素矩阵按节点压力、流量等边界条件写成结构总矩阵的型式，该方法的优点是在编程时更为便捷且模块化更容易实现。结构矩阵法流程如图 2 所示，结构矩阵法可将复杂系统分解为简单元素的矩阵，并建立起表达元素数学模型的全系统矩阵。

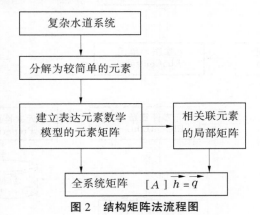

图 2　结构矩阵法流程图

1.3 计算方法

对频率域数学模型进行求解即可得到水道系统的特征频率。频率响应法是经典控制理论中频率域分析方法中的一个重要组成部分，其原理如图 3 所示。

图 3　系统的频率响应原理

由于频率响应法是建立在线性系统分析的理论基础上，所以对水道系统应用频率响应法分析时，需对系统进行必要的线性化处理，而线性化处理的理论依据就是对波动幅值进行小波动假定。

对于水道系统而言，这个输入、输出量一般取水头或压力。设输入激励为流量 $\tilde{Q}$：

$$\tilde{Q} = Q_{\text{in}} \sin(\omega t) \tag{12}$$

输入不同频率的流量变化，通过水道系统会输出不同波动幅值的水头 $\tilde{H}$：

$$H^{\sim} = H_{\text{out}}\sin(\omega t + \phi) \tag{13}$$

输出量幅值的大小与水道系统的布置有关,可反映出水道系统的频率特性。

2 复杂水道系统频率域计算软件开发

2.1 软件开发平台及主要架构

软件采用 Microsoft Visual studio 软件开发系统作为开发的平台,采用 VB. net 编程语言进行软件编制。综合 GDI+图形设备接口、COM Interop 桥接技术、ADO 数据库技术和 OLE Automation 技术来管理计算结果数据、图形输出以及 HTML 文件帮助系统服务于整个软件系统的开发。其特点为:程序编译执行软件后,可以脱离开发环境独立运行。软件架构与华东勘测设计研究院有限公司自主研发水力过渡过程仿真软件 Hysim 相似。软件结构架构如图 4 所示。

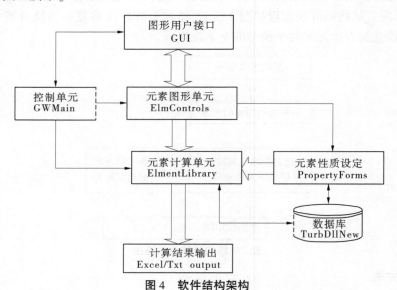

图 4　软件结构架构

软件各模块功能介绍如下:

(1)图形用户接口(GUI)为用户进行系统设计提供便利,使设计方案可以储存、调用、修改。

(2)元素图形单元(ElmConrols)建立了图形元素和实际计算元素之间的接口,它们的关系是一一对应的。

(3)元素计算单元(ElmentLibrary)是仿真计算的核心部分。

(4)元素性质设定(PropertyForms)为用户提供图形接口,用以设置计算元素的初值及边界条件。

(5)数据库(TurbDllNew)为运算元素提供部分数据。

(6)控制单元(GWMain)为主程序,协调各单元,完成仿真计算功能。

(7)计算结果输出(Excel/Txt output)为运算输出部分,既可以 Excel 窗口输出,也可以文本方式输出。

2.2 软件开发界面

软件主界面在布置上采用了与华东勘测设计研究院有限公司开发的水力—机械一体化过渡过程仿真软件 Hysim 类似的布局,其主界面如图 5 所示,界面简法、布局清晰、操作方便。

图 5　软件主界面

软件对输水系统常用的元素进行了开发,主要包括水库、有压管道、调压室等。其中,为了满足模型搭建及计算要求,设置了盲端元素,其主要作用是满足结构矩阵法计算的要求。

2.3 建模元素

在复杂系统频率特性分析中,常有必要对系统的某一个局部进行分析,以判断系统中的多个特征频率的形成。因此,为了达到分拆水道系统分析的目的,在计算元素中增加了盲端元素●。盲端元素并非一个真正的水道元素,而是一个建模辅助元素。

盲端元素只有一个参数,那就是流出盲端流量。如果在该盲端的实际流量是流进,那么流量为负值,如图 6 所示,确保节点流量的连续性。

2.4 计算参数

软件计算采用频率响应法,只有存在一个激励信号时,系统才会有响应,因此激励信号的输入点就是系统中的某个节点。用于水力激振分析的典型节点选法是信号输入点和响应输出点选同一个点。虽然是同一个点,但输入的是流量波动而输出的是压力波动。

在进行隔离机组的管道频率特性分析时,需要根据计算工况给定参考水头和参考流量。

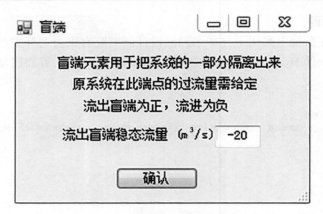

图 6　盲端元素参数对话框

2.5　软件主要功能

本软件通过水电站复杂水道系统可视化建模,计算水道系统频率特性,得到水道系统的特征频率,进行水电站水力激振可能性分析判断。

3　实例应用 A

3.1　工程概况

某水电站装机容量 16 000 MW,输水系统共有 8 个水力单元,其中引水系统为单洞单机布置、尾水系统为一洞两机布置;输水系统由进水口、引水上平段、引水竖井、引水下平段、尾水支管、尾水支管事故闸门井、尾水调压室、尾水隧洞、尾水隧洞检修闸门井及下游出水口组成。

3.2　软件建模

对于水道系统而言,考虑振源来自于机组,所以分别建机组上游水道系统、下游水道系统模型及整体水道系统软件建模,如图 7~图 9 所示。

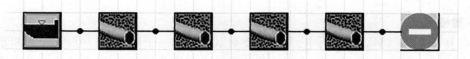

图 7　上游水道系统软件建模

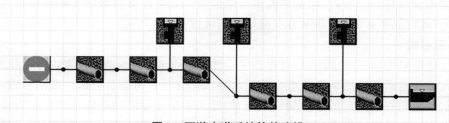

图 8　下游水道系统软件建模

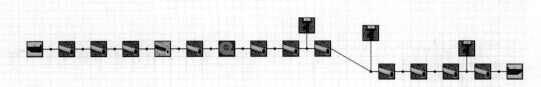

图9　整体水道系统软件建模

3.3　计算结果及分析

3.3.1　计算结果

对分拆的上游水道系统模型、分拆的下游水道系统模型进行计算,分别得到上游水道系统的频率响应特性和下游水道系统的频率相应特性,见图10~图11。

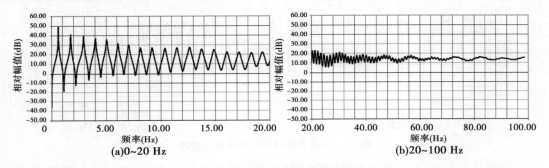

(a)0~20 Hz　　　　　　　　　　(b)20~100 Hz

图10　上游水道系统 h/q 频率响应特性

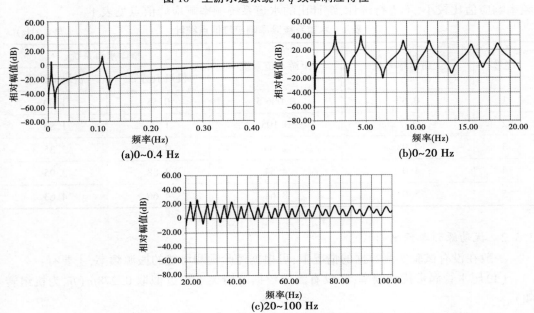

(a)0~0.4 Hz　　　　　　　　　　(b)0~20 Hz

(c)20~100 Hz

图11　下游水道系统 h/q 频率响应特性

对整体水道系统模型进行计算,得到机组上游侧和下游侧频率响应特性,见图 12~图 13。

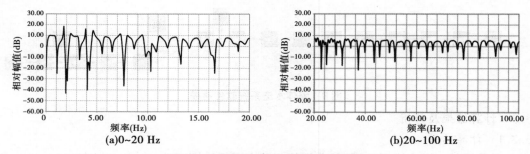

图 12　机组下游侧 h/q 频率响应特性

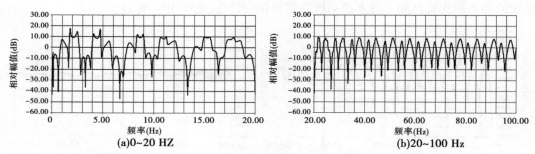

图 13　机组下游侧 h/q 频率响应特性

根据计算结构,对幅值峰值处对应的频率进行统计分析,当频率高于一定数值时,其频率响应值比较小,不进行统计,统计出的水道系统频率响应峰值点见表 1。

表 1　水道系统频率响应峰值点统计　　　　　　　　　　（单位:Hz）

序号	上游水道系统	下游水道系统	整体水道系统	
			机组上游侧	机组下游侧
1	0.62	0.006 5	0.55	1.00
2	1.7	0.105	1.70	1.80
3	2.93	2.06	2.63	2.35
4	4.01	4.54	3.88	3.95
5	5.04	8.64	4.66	4.63

3.3.2　扰动源频率预测

一般在没有试验实测数据的情况下,可根据经验预测可能的振源频率,主要有:

（1）尾水管涡带扰动频率,在没有测试数据的情况下可近似取 $0.278fn$（fn 为机组转频）。

（2）大轴及转子的转频摆振,其约等于机组的转频或倍数。

通过预测电站的可能的振动源频率如表 2 所示。

表 2 振动源频率预测

名称	频率(Hz)
雷根思涡带振荡	0.515
	1.852(基波)
转频摆振	3.704(2 次谐波)
	5.556(3 次谐波)

3.3.3 水力激振可能性分析

由振源频率与水道系统频率响应曲线峰值对比可以看出,转频基波 1.852 Hz 与上游水道 1.75 Hz 特征频率接近,存在发生水力共振的可能性。

4 实例应用 B

4.1 工程概况

某抽水蓄能电站装机 340 MW,引水系统和尾水系统各布置一个调压室。双调压室是否发生水力共振是本工程水力学设计的关键问题之一。

4.2 软件建模

输水系统软件建模见图 14。

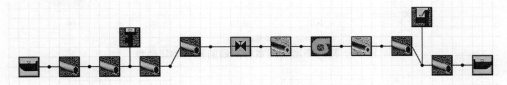

图 14 输水系统软件建模

4.3 计算结果及分析

选取最低水头下,机组最大出力工况,并进行系统频率响应曲线计算,计算结果见图 15。由计算结果可以看出,频率特性曲线上出现两个尖峰,所对应的频率分别为 0.035 1 rad/s、0.044 4 rad/s,对应尖峰高度分别为-7.05 dB、-6.24 dB。

计算在排除下游调压室影响后,其他条件不变情况下的频率响应特性,计算结果见图 16。由计算结果可以看出,上游调压室所对应尖峰频率为 0.035 1 rad/s,对应尖峰高度为-7.51 dB,频率特性曲线上的下游调压室尖峰消失。

计算在排除上游调压室影响后,其他条件不变情况下的频率响应特性,计算结果见图 17。由计算结果可以看出,上游调压室所对应尖峰频率为 0.044 3 rad/s,对应尖峰高度为-6.36 dB,频率特性曲线上的上游调压室尖峰消失。

对比以上计算结果可以看出,上、下游调压室间几乎无影响,排除发生水力共振的可能性。

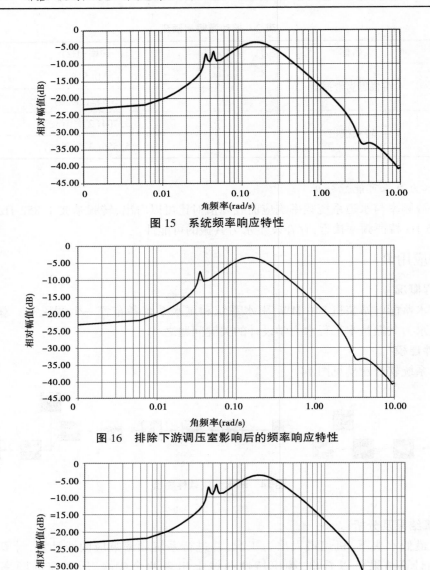

图 15　系统频率响应特性

图 16　排除下游调压室影响后的频率响应特性

图 17　排除上游调压室影响后的频率响应特性

5　结　论

通过建立复杂水道系统的频率域数学模型,基于频率响应法开发出水道系统频率特性的计算分析软件,可得到复杂水道系统的特征频率,以分析水力共振发生的可能性,为工程的水道系统水力共振分析提供了可靠的分析工具,具有推广价值。

参 考 文 献

[1] 索丽生,周建旭,刘德有. 水电站有压输水系统的水力共振[J]. 水利水电科技进展, 1998(4):12-14.

[2] 周建旭,索丽生,郭锐勤. 水电站水力振动实例分析[J]. 水力发电学报, 1998(4):50-55.

[3] Wylie E B, Streeter V L. Fluid Transients[M]. MeGRAW-HILL International Book company, ISBN 0-07-072187-4, 1980.

[4] 侯靖,李高会,李新新,等. 复杂水力系统过渡过程[M]. 北京:中国水力水电出版社,2019.

锦屏地下实验室试验大厅围岩稳定和支护设计研究

陈珺,侯靖,陈祥荣,刘宁

(中国电建集团华东勘测设计研究院有限公司,浙江 杭州　311122)

摘　要　锦屏地下实验室所处工程区埋深大、地应力高、地质环境复杂。为研究实验室基坑扩挖后洞室围岩稳定性,本文采用连续介质分析方法构建基坑开挖前后洞室断面计算模型,从塑性区分布、围岩变形、应力和锚杆受力等角度研究了围岩开挖稳定情况。根据详细的岩石力学计算,调整后的实验室基坑围岩塑性区深度小于锚杆长度,位移相对值满足规范要求,锚杆最大拉应力小于其极限强度,洞室围岩稳定,结构安全。

关键词　岩石力学;围岩稳定;支护;有限元

1　工程概况

锦屏二级水电站引水隧洞工程位于四川省凉山彝族自治州木里、盐源、冕宁三县交界处的雅砻江干流锦屏大河湾上,横穿锦屏山连接雅砻江东西两端。其中,锦屏辅助洞由两条平行的长约17.5 km的单车道隧道(A线、B线)组成,一般埋深为1 500~2 000 m,最大埋深达2 375 m;在锦屏辅助洞北侧,与锦屏辅助洞平行布置的引水隧洞洞群由四条单洞长约16.7 km的水工隧洞组成,最大埋深达到2 525 m。为深入研究和解决锦屏二级深埋长引水隧洞洞群长期运行中的一系列岩石力学问题,我国在锦屏二级水电站引水隧洞及辅助洞洞群中规划布置锦屏地下实验室,该实验室埋深约2 400 m,是目前世界最深的地下实验室[1]。通过利用锦屏地下实验室超深埋的先天有利条件,开展基础物理、高精材料与新学科研究等方面的试验研究工作。

该地下实验室规划布置在锦屏二级水电站A辅助洞桩号AK7+600~8+150 m南侧的辅引1#施工支洞内,由4个错落布置的实验洞组成,形成4洞9室的整体格局。实验洞洞室轴线方向均与锦屏辅助洞平行,轴线方位角N58°W,开挖断面为14 m×14 m的城门洞形,锦屏地下实验室整体平面布置见图1。目前共有9个实验室,其中1#~8#为物理实验室,9#为深部岩石力学实验室。1#~8#实验室各长65 m,城门洞型,隧洞截面均为14 m×14 m。9#实验室长60 m,东西两侧各30 m,实验洞轴线方向与2#实验洞平行,两洞室的净间距为30 m,分别为圆形和城门洞型断面。1#~8#实验室均采用钻爆法施工,分3层开挖,9#实验室为全断面开挖。其中,根据中微子试验需求,需在锦屏地下实验室二期的D2厅

作者简介:陈珺(1992—),男,博士研究生,工程师,研究方向为地下岩石工程。E-mail:chen_j26@hdec.com。

(8#实验室)端部下挖,形成 15.3 m×13 m×3 m 的深槽,满足 14 m×12 m×12 m 的探测器安装。

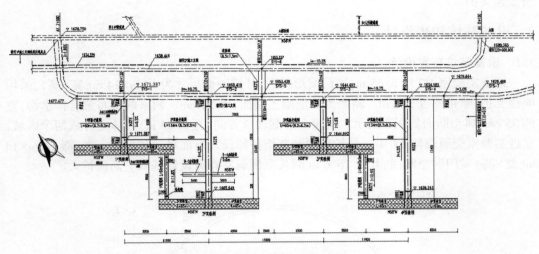

图1　锦屏地下实验室整体平面布置

2　工程地质条件

2.1　基本地质条件

　　锦屏地下实验室二期工程区地层岩性均为白山组(T_{2b})大理岩,该地层主要由灰白色大理岩与结晶灰岩互层、粉红色厚层状大理岩、灰—灰白色致密厚层块状大理岩等组成,以灰白色大理岩为主。工程区位于轴向近南北走向的背斜区,该背斜为近 SN 向(NNE)延展的紧密褶皱,在 4#实验室桩号 0+2 m 处可见该背斜核部出露。1#~3#实验室位于该背斜北西翼,4#~8#实验室位于南东翼。工程区在 2#和 4#实验室间发育 2 条断裂构造,延伸较长,整体上错切背斜构造,最大宽度 1 m 左右,充填碎块岩、岩屑、结构面泥,同产状节理断续平行密集发育。此外,还发育 fw117、fw118、fw120、fw123、fw126、fw133 等多条Ⅲ、Ⅳ级结构面,其宽度一般小于 0.5 m。节理均以 NWW—EW 走向为主,陡倾角,沿面多轻微溶蚀,见擦痕。

　　整个工程区围岩类别上,3#和 4#背斜核部区岩体完整性最差,以Ⅲ类为主,局部可为Ⅳ类,从背斜核部向 NW 和 SE 两翼岩体完整性逐步增大,向Ⅱ类围岩转变。工程区内岩溶总体发育微弱,大部沿 NWW 向—近 EW 向张性构造带、裂隙带发育,受岩层产状、褶皱、断层和裂隙的控制,构造是岩溶发育的主控因素,岩溶形态以溶蚀管道、溶蚀裂隙、小型溶洞及溶孔为主。

　　工程区位于锦屏山中部埋深最大部位,埋深 2 400 m,自重应力接近 70 MPa。根据辅助隧道水压致裂法实测地应力成果,第一最大主应力量值一般为 50～70 MPa,方向 S18°E—S69.8°E,属极高地应力区[2]。洞室围岩破坏以深层构造应力型、中等岩爆破坏为主[3],存在发生强烈—极强岩爆风险。

2.2　工程地质评价

　　综上可知,实验洞室处于极高地应力区,围岩存在不同程度高地应力破坏,开挖过程需及时采取喷锚支护,同时应加强洞顶及洞室交岔口等部位的支护措施。针对 NWW—EW 走向结构面发育的特点,南侧、北侧边墙等易发生构造应力型破坏,需及时支护与适当加强支护。

3 设备基坑初步设计

3.1 设备基坑布置设计

地下实验室 D2 厅长 65 m,城门洞形断面,开挖断面尺寸为 14 m×14 m(宽×高),采用喷锚支护,喷锚厚度 25 cm。路面为素混凝土路面,厚 30 cm。洞室两侧布置有排水沟,宽约 35 cm,典型断面如图 2 所示。实验室沿洞轴线方向(总长 65 m)总体上分成两个区域,靠近实验室交通洞侧 48.4 m 洞长范围洞室维持原设计断面尺寸和型式不变,即 14 m×14 m(宽×高)城门洞型断面;其余 16.6 m 洞长范围洞室在原设计基础上断面扩大。

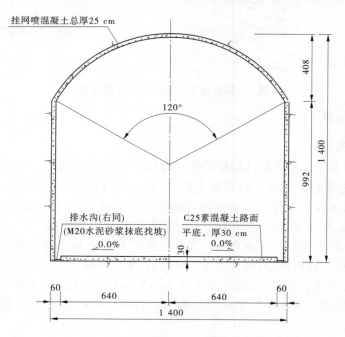

挂网喷混凝土总厚25 cm
120°
408
1 400
992
排水沟(右同)
(M20水泥砂浆抹底找坡)
0.0%
C25素混凝土路面
平底、厚30 cm
0.0%
30
60　640　640　60
1 400

图 2　锦屏地下实验室 D2 厅典型断面

设备基坑布置于 D2 厅端墙附近,底板下挖形成,典型断面为矩形,主要开挖尺寸为 13.2 m×3.5 m×15.4 m(宽×深×长)。设备基坑边墙采用喷锚支护,总厚 20 cm,底板采用钢筋混凝土衬砌,总厚 50 cm,其中包含 5 cm 厚垫层混凝土,设备基坑净断面尺寸为 12.8 m×3.0 m×15.0 m(宽×深×长),设备基坑典型断面如图 3 所示。

3.2 开挖支护与衬砌结构设计方案

实验室洞室基坑开挖前,围岩主要支护措施与参数为:边顶拱初喷 10 cm 厚 CF30 纳米钢纤维混凝土,系统布置涨壳式预应力中空注浆锚杆 Φ32,间排距@ 1.0×1.0 m,$T=150$ kN,$L=6.0$ m,挂网喷射 15 cm 厚 C30 纳米仿钢纤维混凝土,挂网钢筋 Φ6.5@ 15×15 cm。

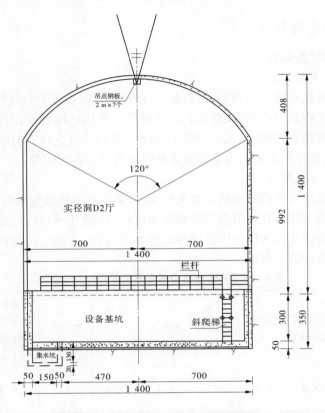

图 3 锦屏地下实验室 D2 厅设备基坑典型断面

实验室洞室断面尺寸调整后,规模略有扩大,由于洞室采用局部二次扩挖扩大断面,为安全起见,宜适当加强洞室支护设计,具体开挖支护和衬砌结构参数如下:

(1)基坑:边墙初喷 10 cm 厚 C30 纳米仿钢纤维混凝土,系统布置涨壳式预应力中空注浆锚杆φ32,间排距@ 1.0×1.0 m,$T = 150$ kN,$L = 6.0$ m;系统挂钢筋网 Φ8@ 15×15 cm;边墙复喷 10 cm 厚 C30 纳米仿钢纤维混凝土。

(2)岩爆发育洞段隧洞开挖后及时喷射 5~20 cm 厚 C30 纳米仿钢纤维混凝土封闭岩面,布置水胀式锚杆 Φ33~36,$L = 3.0~4.5$ m 临时支护。

(3)地下水发育部分布置随机排水孔 Φ50,$L = 1.5$ m,由 Φ50 弹簧软管引接至环向盲沟或排水沟。

(4)洞室断面扩大采用静态爆破或机械二次扩挖方式施工,避免对围岩稳定产生不利影响。

(5)基坑底板和边墙采用钢筋混凝土衬砌,总衬砌厚度 50 cm,其中包含喷混凝土厚度和垫层混凝土厚度。

4　洞室围岩稳定性分析

4.1　计算方法与计算条件

4.1.1　围岩稳定分析方法

深埋环境下开挖导致高应力集中,引起岩体开裂破坏,高应力导致的岩体破裂等非线性破坏问题成为工程建设中的关键问题,这就要求准确描述隧洞开挖过程中围岩的非线性力学行为。针对这一问题,本文采用基于连续介质的分析方法,利用 FLAC3D 软件,通过软件接口,植入基于广义多轴应变能强度准则的大理岩本构模型。

4.1.2　岩体力学参数取值

岩体力学参数主要采用反演的方法来辨识,反演的基本依据包括两点:一是计算所给出的围岩力学响应与现场开挖揭露现象和现场试验观测响应吻合;二是计算所获得的围岩损伤区与现场测试获得的损伤区范围和深度基本吻合。最终,反演获得的白山组 III 类大理岩的力学参数如表 1 所示。

表 1　地下实验室白山组 III 类大理岩的力学参数

岩层	围岩分类	弹性模量 E(GPa)	泊松比 v	初始黏聚力 c_0(MPa)	残余黏聚力 c_r(MPa)	初始摩擦角 ϕ_0(°)	最终摩擦角 ϕ_r(°)	残余黏聚力对应的极限塑性剪应变(%)	残余摩擦角对应的极限塑性剪应变(%)
白山组大理岩	III	18.9	0.23	15.6	7.4	25.8	39	0.45	0.9

4.1.3　地应力条件

结合锦屏引水隧洞工程区地应力测试结果,根据现场揭露出的围岩脆性破坏、岩芯饼化、大变形、声波测试等信息应用地应力间接估计方法对地应力类型、方向、大小进行分析,并就局部地质构造对地应力场的影响进行了分析,根据现场揭露出的现象进行了验证,最终获得的地应力场如表 2 所示。

表 2　地下实验室区域典型计算断面地应力场

物理量	σ_x(MPa)	σ_y(MPa)	σ_z(MPa)	τ_{xy}(MPa)	τ_{yz}(MPa)	τ_{xz}(MPa)
数值	−58.3	−61.02	−66.48	−1.10	10.11	−0.58

4.2　围岩稳定判别标准

对于硬脆性大理岩而言,高应力条件下施工期开挖后高应力集中现象会导致一定深度的围岩不可避免发生破裂损伤,但此时围岩变形非常小,远未达到规范规定的隧洞周边允许位移值,这可以从围岩收敛变形观测结果中得以验证。这种情况下,围岩失稳主要为应力型和应力结构型塌方,围岩的稳定性控制主要在于对围岩破裂损伤发育发展和破裂损伤后围岩稳定性的控制上,锚杆对于破裂围岩的加固效果和控制围岩破裂发育发展上的现实效果是非常好的,是最有效的支护措施,所以支护要求围岩破裂损伤范围一定要在锚杆控制的范围内。因此,基于计算成果的围岩稳定判别标准是计算获得的围岩塑性区深度要小于锚杆的长度。

4.3 围岩稳定性分析

4.3.1 基坑开挖前围岩稳定性分析

采用上述计算方法和计算条件,对 D2 试验厅基坑开挖前围岩的稳定情况进行分析,计算模型依据图 2 构建。根据计算成果,地下实验室 D2 厅设备基坑开挖前,洞室断面塑性区主要分布在两侧边墙,深度大约为 3.2 m,锚杆最大应力为 45.73 MPa。洞室最大位移 40 mm,位于洞室底板部位,其次变形部位主要为顶拱,位移达 34 mm。根据围岩最大主应力云图,围岩应力集中主要分布在洞室两侧拱脚,最大主应力达 95 MPa,计算结果如图 4 所示。

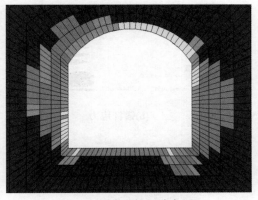

(a)围岩塑性区分布图

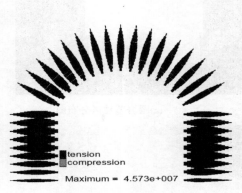

(b)锚杆应力

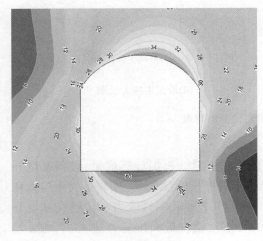

(c)位移云图

(d)最大主应力云图

图 4　基坑开挖前围岩稳定分析结果

4.3.2 基坑开挖后围岩稳定性分析

根据实验室调整后的设计方案,选取图 3 典型断面进行围岩稳定分析,基坑两侧边墙各布置三排锚杆。根据计算成果,地下实验室 D2 厅设备基坑开挖完成后,基坑断面塑性区主要分布在左侧洞室边墙和拱肩,以及洞室基坑两侧边墙等部位,最大深度为 4.5 m,位于基坑右侧边墙,锚杆最大应力为 52.8 MPa。洞室最大位移为 41.2 mm,最大变形位于基坑底板,与基坑开挖变形分布类似。洞室最大主应力达 100 MPa,主要分布在基坑两侧边墙,具体计算结果如图 5 所示。

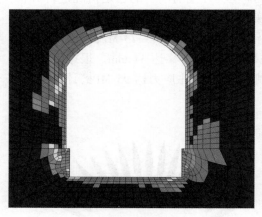

(a)围岩塑性区分布图

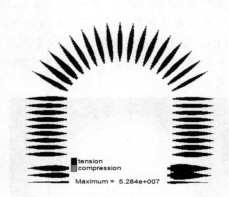

(b)锚杆应力

(c)位移云图

(d)最大主应力云图

图 5　基坑开挖后围岩稳定分析结果

4.3.3　基坑开挖前后围岩稳定性对比分析

表 3 为洞室断面调整前后围岩稳定性计算结果的汇总。根据计算成果,设备基坑开挖后围岩塑性区深度从 3.2 m 增大到 4.5 m,仍小于锚杆长度(6 m)。围岩最大主应力从 95 MPa 增大到 100 MPa,最大变形从 40 mm 增大到 41.2 mm,围岩应力和位移在基坑开挖前后变化较小,围岩位移相对值满足规范要求。此外,锚杆最大拉应力从 45.7 MPa 增大到 52.8 MPa,最大拉应力仍小于其极限强度,即实验室围岩整体稳定,支护结构安全。

表3 地下实验室围岩稳定性计算结果汇总

计算断面	塑性区深度（m）	最大主应力（MPa）	最大变形（mm）	锚杆最大拉应力（MPa）
设备基坑开挖前	3.2	95	40	45.7
设备基坑开挖后	4.5	100	41.2	52.8

5 结 论

（1）根据实验室地质条件的分析和详细的岩石力学计算，调整后的实验室基坑围岩塑性区深度小于锚杆长度，位移相对值满足规范要求，锚杆最大拉应力小于其极限强度，洞室围岩稳定，结构安全。

（2）由于洞室位于深埋高地应力区域，地质条件复杂，发生高应力破坏和岩爆风险较高，建议施工过程中加强岩爆预警，制定相应的岩爆防治和处理预案，加强支护的及时性和系统性，确保施工安全。

参 考 文 献

[1] 冯夏庭,吴世勇,李邵军,等. 中国锦屏地下实验室二期工程安全原位综合监测与分析[J]. 岩石力学与工程学报,2016,35(4):649-657.

[2] 钟山,江权,冯夏庭,等. 锦屏深部地下实验室初始地应力测量实践[J]. 岩土力学,2018,39(1):356-366.

[3] 黄晶柱,冯夏庭,周扬一,等. 深埋硬岩隧洞复杂岩性挤压破碎带塌方过程及机制分析——以锦屏地下实验室为例[J]. 岩石力学与工程学报,2017,36(8):1867-1879.

隐晶质玄武岩破裂变形特征研究

钟大宁，陈祥荣，江亚丽

（中国电建集团华东勘测设计研究院有限公司，浙江 杭州　311122）

摘　要　针对白鹤滩坝址区的隐晶质玄武岩，采用连续非连续的数值分析方法 CDEM 进行细观数值模拟，从应力应变曲线、破坏特征、裂纹演化特征三个方面研究隐晶质玄武岩的破裂变形特征。结果表明，隐晶质玄武岩具有显著的脆性特征，试件在约峰值强度时出现第一条宏观裂缝，之后主裂缝快速形成，沿着主裂缝逐渐萌生许多细小裂纹，最终形成贯穿试件从左上延伸到右下的倾角约 70° 的大裂缝。弹簧总破坏度起点和弹簧总破裂度起点分别对应损伤强度和峰值强度。细观数值模拟能较好地模拟室内试验结果，证明了该连续非连续分析方法的有效性和采取的力学参数的可靠性，为进行下一阶段工程尺度的数值模拟奠定基础。

关键词　硬脆性；隐晶质玄武岩；连续非连续；破裂演化

1　引　言

　　白鹤滩水电站为目前在建的规模最大的电站，而白鹤滩地下厂区为高地应力区，坝址喷发四类玄武岩（隐晶质玄武岩、杏仁状玄武岩、斜斑玄武岩、角砾熔岩），内部隐微裂隙发育，具有弹脆性破坏特征[1]，这决定了白鹤滩水电站正面临着硬脆性围岩破裂变形的关键岩石力学问题[2]。并且厂房施工过程中，已经出现了许多典型的硬岩破坏现象如片帮、破裂、喷层开裂等问题[3-4]，研究硬脆玄武岩的破裂变形特征十分必要。

　　理论分析、室内试验、数值模拟是解决科学问题的三大途径。目前已积累了许多硬脆岩石破裂变形研究的室内试验成果，如张春生等[5]、张传庆等[6]、周辉等[7]基于室内试验对锦屏大理岩的脆—延—塑转换特征进行研究；胡伟等[8]、张传庆等[1]、张春生等[9]基于室内试验及声发射等手段对玄武岩的破裂演化及破坏特征进行研究。

　　除了室内试验，目前对硬脆岩石破裂变形研究的数值模拟成果也有很多。模拟方法主要分为连续介质力学分析方法和非连续介质力学分析方法。最具有代表性的是加拿大地下实验室（URL）的相关工作，早在 1997 年，Martin 就针对硬岩破裂的黏聚力损失和应力路径效应进行了研究[10]；Hajiabdolmajid 等[11-12]提出 CWFS（Cohesion Weakening and Friction Strengthening）模型、Diederichs[13-14]提出基于 Hoek－Brown 本构的 DISL（Damage Initiation and Spalling Limit）模型再现了 V 型破坏区的形成。除此之外，Tang[15]通过开发 RFPA 程序对岩石渐进破坏过程中裂纹的演化规律及相应的地震波进行研究。非连续分

　　作者简介：钟大宁（1991—），女，博士，现为博士后，主要从事岩石力学方面的研究。E-mail：zhong_dn@ hdec. com。

析方面,Fakhimi 等[16]、Potyondy 和 Cundall[17]、丁秀丽等[18]均基于二维或三维 PFC 方法进行硬岩开裂过程的研究。

在实践中,人们不仅仅关心地质体的连续介质力学特性和非连续介质力学特性,往往还需要获得地质体从连续到非连续的时空转变过程。为了解决这一问题,将连续和非连续介质力学分析方法结合起来的有限离散元法逐渐发展起来,以模拟变形体复杂的交互破坏过程[19-21]。目前,该方法已经成功地运用在边坡[22-23]、隧洞等的模拟上[24-25]。除此之外,还有学者将扩展有限元与离散元结合起来进行类似研究[26],其本质也是有限元与离散元的耦合。

总的来说,目前对硬脆岩石破裂变形机制的研究尚处于探索阶段,保障工程安全成为很大的挑战[27]。本文使用耦合了有限元和离散元的连续非连续的数值分析方法 CDEM-Blockdyna,对白鹤滩坝址区的隐晶质玄武岩的破裂变形过程进行数值模拟,并与室内试验成果进行对比分析,验证了该连续非连续数值分析方法的可靠性,增强了对隐晶质玄武岩破裂变形特征的认识,为进行工程尺度的模拟奠定基础,同时为工程中遇到的同类硬岩破裂问题提供参考和借鉴。

2 CDEM 方法简介

CDEM 方法[28]全称为 Continuum Discontinuum Element Method,即连续非连续的力学分析方法。该方法将有限元与离散元进行耦合,在块体内部进行有限元计算,在块体及单元边界进行离散元计算,引入可断裂的一维弹簧(见图 1),通过块体内部及边界的断裂,可以模拟材料在连续及非连续状态下的变形、运动特征,同时可以实现材料从连续到非连续演化的动态过程。本次的计算过程有限元部分采用线弹性模型,离散元部分采用断裂能模型。

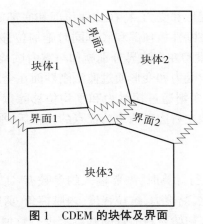

图 1　CDEM 的块体及界面

3 数值计算模型

3.1 数值模型

为了与室内试验结果进行对比分析,数值计算的模型与试件尺寸保持一致为 50 mm×

100 mm(高×宽),如图 2 所示。由于三角形的单元的破裂取向性较四边形好,本次计算中共将该模型划分为 1 520 个三角形单元,平均单元尺寸为 3 mm。

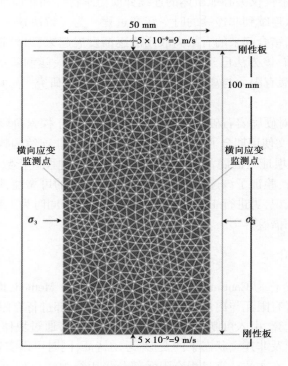

图 2　数值模拟网格模型

为便于统计单元节点变形和受力,特在试件顶部和底部施加刚性板,在二维计算中,刚性板可简化成一条线。在刚性板顶部和底部同时施加位移控制模式的荷载,加载速率 $5×10^{-9}$ m/s。与此同时,在模型左右边界分别施加与室内试验同等大小的围压,以模拟不同围压下试件的变形。轴向受力和变形通过监测刚性面在全局坐标系下的接触力和平均位移得到,相应的应力和应变则通过接触力和平均位移除以相应特征面积、特征长度得到。横向应变通过监测模型左右边界两个特征点的位移后,平均化后除以特征长度得到,如图 2 中标记所示。

3.2　材料参数

采用 BlockDyna 软件进行计算时,需要输入的参数有:①固体单元的基础材料参数,包括密度、变形模量、泊松比、黏聚力、抗拉强度、内摩擦角、剪胀角;②断裂能参数,包括拉伸断裂能和剪切断裂能。在初始材料参数的基础上进行数值模拟,当数值模拟所得结果与室内试验结果一致时,材料参数得以最终确定。数值模拟采用的材料参数见表 1。

表1　数值模拟采用的材料参数

参数指标	取值
密度(kg/m^3)	2 907
变形模量(GPa)	47
泊松比	0.21
黏聚力(MPa)	60
抗拉强度(MPa)	18.5
内摩擦角	39
剪胀角	10
拉伸断裂能(N/m)	50
剪切断裂能(N/m)	500

4　数值模拟结果

基于第3部分建立的数值模型,利用 CDEM 系列软件之 Blockdyna 对隐晶质玄武岩的室内试验进行模拟,本部分主要对数值模拟取得的成果应力应变曲线、破坏特征、裂纹演化规律进行说明。

4.1　应力应变曲线

不同围压条件下,隐晶质玄武岩室内试验与数值模拟的偏应力应变曲线对比如图3所示,实线表示数值模拟结果,虚线表示室内试验结果。由图3可知,数值模拟结果中应力应变曲线几乎不存在压密段,各围压条件下曲线均呈现出较为一致的线性变形段,因为不同围压下计算采用同一个弹性模量。峰值强度和残余强度均随着围压增加而增大。各围压条件下曲线经历峰值后均呈现显著的应力跌落,脆性特征明显。曲线最终均能进入相对平缓阶段,意味着应力变化不显著时仍然有较大变形增长。

4.2　破坏特征

不同围压条件下隐晶质玄武岩的最终破坏形态如图4所示。从图4中可以看出,无围压条件下岩体最终破坏时块体的裂缝开度较大,除呈现一条与上水平面夹角约70°,从左上角延伸到右下角的大裂缝外,也形成了贯穿试件的垂直向裂缝,且边缘块体开裂、剥落。围压为10~50 MPa 时,岩体的主裂缝与无围压时一致,也与上水平面呈70°夹角,并从左上角延伸到右下角。当围压为70 MPa 时,试样形成的裂缝不再从左上延伸到右下,与水平面呈70°夹角,而是裂缝向试样中下部延伸贯穿。且随着围压增大,试块的承载能力不断提高,上顶面和下底面上的受力随之提高,导致上下平面上的细小裂纹数量向多、密趋势发展。

对比图4与图5可知,数值模拟所得的试件破坏形态与室内试验结果基本一致,除单轴压缩外均为斜切试件的倾角约70°的大裂缝,同时伴随着沿主裂缝萌生的细小裂纹。

4.3　裂纹演化规律

以无围压、围压10 MPa、围压30 MPa 为例分析单轴和三轴压缩过程中裂纹萌生、扩

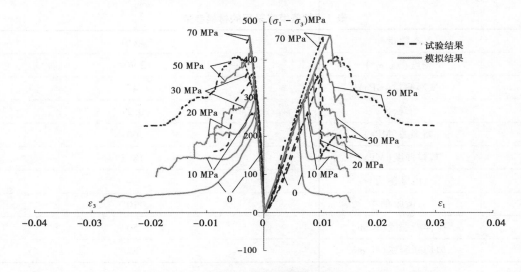

图 3　不同围压条件下试验结果与模拟结果的偏应力应变曲线对比

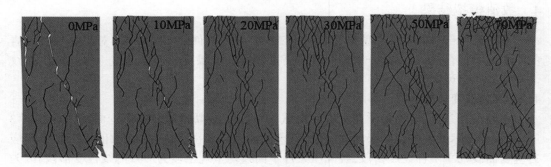

图 4　不同围压下试件最终破坏形态

图 5　试验过程中不同围压下试件最终破坏形态[29]

展、连通的演化规律。每种围压条件下,分别给出偏应力应变曲线的演化规律和对应特征点下裂纹的表现形态及破坏模式,结果分别见图 6~图 8。

在计算过程中同时监测统计两个数据:弹簧总破坏度和弹簧总破裂度。其中,弹簧总破坏度统计的是出现过破坏情况的接触单元占比;弹簧总破裂度统计的是出现破裂且黏聚力及抗拉强度降低为零的接触单元占比。裂纹存在四种破坏模式,0 表示弹性状态,1

表示拉破坏,2 表示剪破坏,3 表示拉剪破坏。

关于特征点的选择,根据 Martin[30] 的思路尽可能找出起裂强度、损伤强度、峰值强度、残余强度对应的裂纹扩展状态。如图 6 所示,单轴压缩条件下,在加压的初始阶段,偏应力应变曲线始终保持线性增长,试件表面无宏观裂纹出现。当应力达到 209 MPa 时,弹簧总破坏度曲线开始增长,意味着试件即将进入不稳定的裂纹扩展阶段。随着应力的继续增加,总破坏度曲线迅速增长,意味着破裂在试件内部迅速发育、扩展,该点可认为是岩石试件的损伤强度,它与峰值强度的比值为 0.82(209 MPa/254 MPa)。当应力达到峰值强度 254 MPa 时,试件内部发育的破裂达到极点,弹簧总破裂度曲线开始增长,试件表面出现第一条宏观裂缝。随后应力迅速跌落,但由于破裂单元的增多,弹簧总破坏度曲线仍在继续增长,直到应力进入残余阶段,总破坏度及总破裂度曲线均趋于平稳。

选取线性阶段中一点标记为 1,弹簧总破坏度曲线起点(损伤强度)标记为 2,弹簧总破裂度曲线起点(峰值强度)标记为 3,脆性跌落过程中一点标记为 4,脆性到平稳过渡过程中一点标记为 5,残余阶段末端(残余强度)标记为 6。由图 6(b)和(c)可知,点 1 时刻,试件处于线弹性阶段,试件表面无宏观裂纹出现。点 2 时刻即损伤强度时,试件虽无宏观裂纹出现,但试件内部出现了零星的应力集中区。点 3 时刻即峰值强度时,试件表面出现一条宏观裂缝,试件内部出现大范围较均匀的应力集中区,沿裂缝处为拉剪破坏。点 4 时刻,试件已经形成了贯穿顶部和底部,从左上延伸到右下且与水平面夹角约 70°的大裂缝,同时试件顶部和底部出现两条垂直向裂纹,沿裂缝处仍以拉剪破坏为主。点 5 时刻,两条垂直向裂纹继续扩展、渐渐连通。点 6 时刻,裂缝保持上一阶段的形态,但裂缝开度增大,垂直向裂纹已完全贯通,边缘块体出现旋转、飞散,沿裂缝处以拉剪破坏为主。

与单轴压缩时类似,围压 10 MPa 时,初始阶段偏应力应变曲线保持线性增长,试件表面无宏观裂纹出现。当偏应力达到 239 MPa 时,弹簧总破坏度曲线开始增长,偏应力达到 288 MPa 时,弹簧总破裂度曲线开始增长,损伤强度与峰值强度比值为 0.84(249 MPa/298 MPa)。随后应力迅速跌落逐渐趋于平缓,弹簧总破坏度曲线与弹簧总破裂度曲线与偏应力应变曲线趋势相反,逐渐增加趋于平缓。由图 7(b)和(c)可知,裂纹演化规律与无围压时大致相同,最终破坏时均形成贯穿顶部和底部,从左上延伸到右下且与水平面夹角约 70°的大裂缝,且沿裂缝主要为拉剪破坏。不同的是,垂直向的裂缝不再贯穿,沿着大裂缝萌生的细小裂纹增多。

围压 30 MPa,偏应力达到 296 MPa 时,弹簧总破坏度曲线开始增长,偏应力达到 357 MPa 时,弹簧总破裂度曲线开始增长,损伤强度与峰值强度比值为 0.84(326 MPa/387 MPa)。随后应力迅速跌落逐渐趋于平缓,但由于细小裂纹的继续萌生,应力不断缓慢跌落。与之相对应地,残余阶段时,弹簧总破坏度曲线与弹簧总破裂度曲线并没有趋于平缓,与偏应力应变曲线基本呈镜像对称状态,不断缓慢增长,且增长速率高于围压 10 MPa 时。由图 8(b)和(c)可知,试件最终破坏时亦形成贯穿顶部和底部,从左上延伸到右下且与水平面夹角约 70°的大裂缝,但试件不再形成垂直向的裂缝,沿着大裂缝萌生的细小裂纹更多、更密。沿裂缝主要为剪切破坏。

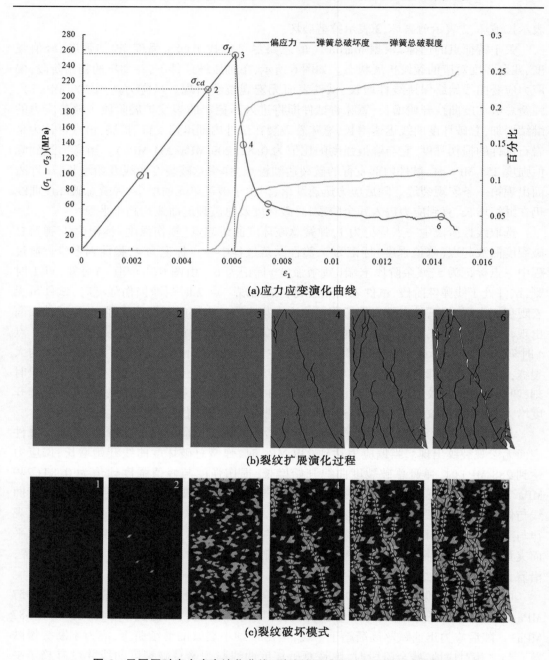

(a)应力应变演化曲线

(b)裂纹扩展演化过程

(c)裂纹破坏模式

图6　无围压时应力应变演化曲线、裂纹扩展演化过程及裂纹破坏模式

5　讨　论

（1）数值模拟中的应力应变曲线没有压密段，峰后脆性跌落显著，而非平滑过渡，这是由于本文中假设三角形单元遵循线弹性本构。

（2）数值模拟中用弹簧总破坏度曲线起点时的应力比作为损伤强度比，该比值约为

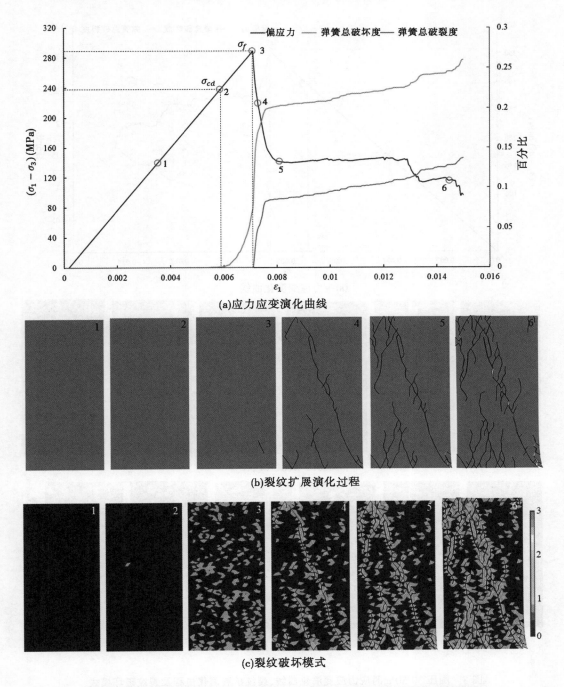

(a)应力应变演化曲线

(b)裂纹扩展演化过程

(c)裂纹破坏模式

图7 围压 10 MPa 时应力应变演化曲线、裂纹扩展演化过程及裂纹破坏模式

0.83,与 Martin 提出的 0.8 基本一致,与室内试验结果所得 0.64~0.99 大致吻合,反映模拟结果的可靠性。

（3）围压 70 MPa 时,裂纹的贯穿性稍差,可能与本文采用统一的材料参数有关。由

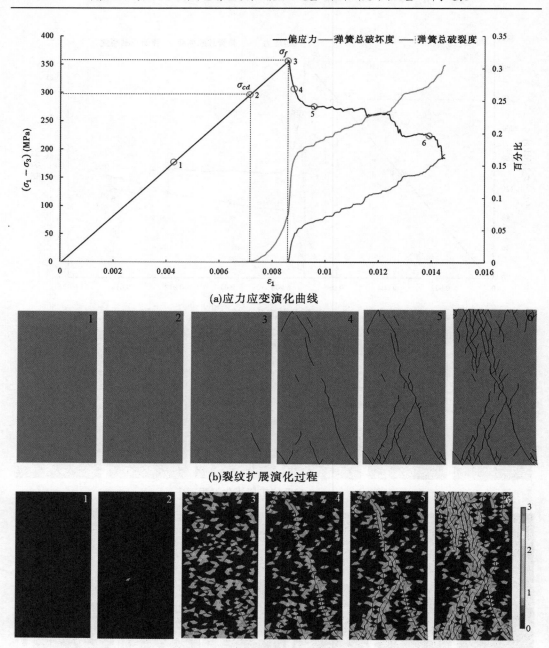

(a)应力应变演化曲线

(b)裂纹扩展演化过程

(c)裂纹破坏模式

图 8　围压 30 MPa 时应力应变演化曲线、裂纹扩展演化过程及裂纹破坏模式

于岩石试件本身具有一定的非均质性,把非均质性引入材料参数可能会解决这个问题。

6　结　论

针对隐晶质玄武岩,采用基于连续非连续理论的数值分析软件 CDEM-Blockdyna 对

单轴和三轴试验进行细观数值模拟,研究隐晶质玄武岩的变形特征及破裂演化规律,有以下结论:

(1)隐晶质玄武岩具有典型的脆性特征,经历峰值强度后,应力急剧跌落。

(2)细观数值模拟中,隐晶质玄武岩的应力应变曲线无明显的压密段,各围压条件下试件的脆性特征显著。弹簧总破坏度曲线起点对应试件损伤强度,弹簧总破裂度曲线起点对应试件峰值强度。试件约在峰值强度时出现第一条宏观裂缝,随着继续加压,主裂缝快速形成,沿着主裂缝逐渐萌生许多细小裂纹,已张开裂缝开度增大,部分块体旋转、飞散。随着围压的增加,裂缝由拉剪破坏过渡为剪切破坏。

(3)通过 CDEM 方法,隐晶质玄武岩的单轴和三轴压缩特性可以展示出来,数值模拟结果与室内试验结果基本一致,证明了该连续非连续分析方法的有效性和本文所采取的力学参数的可靠性。

该研究为作者将细观模拟上升到工程尺度,采用连续非连续方法探索实际工程中硬脆围岩破裂情况及提出相应的围岩支护手段保障围岩稳定奠定了基础。

参 考 文 献

[1] 张传庆, 刘振江, 张春生, 等. 隐晶质玄武岩破裂演化及破坏特征试验研究[J]. 岩土力学, 2019, 40(7): 1-11.

[2] 冯夏庭, 江权, 苏国韶. 高应力下硬岩地下工程的稳定性智能分析与动态优化[J]. 岩石力学与工程学报, 2008, 27(7): 1341-1352.

[3] 朱永生, 朱焕春, 石安池, 等. 基于离散单元法的白鹤滩水电站复杂块体稳定性分析[J]. 岩石力学与工程学报, 2011, 30(10): 2068-2075.

[4] 孟国涛, 樊义林, 江亚丽, 等. 白鹤滩水电站巨型地下洞室群关键岩石力学问题与工程对策研究[J]. 岩石力学与工程学报, 2016, 35(12): 2549-2560.

[5] 张春生, 陈祥荣, 侯靖, 等. 锦屏二级水电站深埋大理岩力学特性研究[J]. 岩石力学与工程学报, 2010, 29(10): 1999-2009.

[6] 张传庆, 冯夏庭, 周辉, 等. 深部试验隧洞围岩脆性破坏及数值模拟[J]. 岩石力学与工程学报, 2010, 29(10): 2063-2068.

[7] 周辉, 杨艳霜, 刘海涛. 岩石强度时效性演化模型[J]. 岩土力学, 2014, 35(6): 1521-1527.

[8] 胡伟, 邬爱清, 陈胜宏, 等. 含隐裂隙柱状节理玄武岩单轴力学特性研究[J]. 岩石力学与工程学报, 2017, 36(8): 1880-1888.

[9] 张春生, 朱永生, 褚卫江, 等. 白鹤滩水电站隐晶质玄武岩力学特性及 Hoek-Brown 本构模型描述[J]. 岩石力学与工程学报, 2019, 38(10): 1964-1978.

[10] Martin C D. Seventeenth Canadian Geotechnical Colloquium: The effect of cohesion loss and stress path on brittle rock strength[J]. Canadian Geotechnical Journal, 1997, 34: 698-725.

[11] Hajiabdolmajid V, Kaiser P K, Martin C D. Modeling brittle failure of rock[J]. International Journal of Rock Mechanics and Mining Sciences, 2002, 39(6): 731-741.

[12] Hajiabdolmajid V, Kaiser P, Martin C D. Mobilised strength components in brittle failure of rock[J]. Geotechnique, 2003, 53(3): 327-336.

[13] Diederichs M S, Kaiser P K, Eberhardt E. Damage initiation and propagation in hard rock during tunnelling and the influence of near-face stress rotation[J]. International Journal of Rock Mechanics and Min-

ing Sciences, 2004, 41(5): 785-812.

[14] Diederichs M S. The 2003 Canadian geotechnical colloquium: mechanistic interpretation and practical application of damage and spalling prediction criteria for deep tunneling[J]. Canadian Geotechanical Journal, 2007, 44(9): 1082-1116.

[15] Tang C N. Numerical simulation of progressive rock failure and associated seismicity[J]. International Journal of Rock Mechanics and Mining Science, 1997, 34(2): 249-261.

[16] Fakhimi A, Carvalho F, Ishida T, et al. Simulation of failure around a circular opening in rock[J]. International Journal of Rock Mechanics and Mining Sciences, 2002, 39(4): 507-515.

[17] Potyondy D O, Cundall P A. A bonded-particle model for rock[J]. International Journal of Rock Mechanics and Mining Sciences, 2004, 41(8): 1329-1364.

[18] 丁秀丽, 吕全纲, 黄书岭, 等. 锦屏一级地下厂房大理岩变形破裂细观演化规律[J]. 岩石力学与工程学报, 2014, 33(11): 2179-2189.

[19] 冯春, 李世海, 姚再兴. 基于连续介质力学的块体单元离散弹簧法研究[J]. 岩石力学与工程学报, 2010, 29(S1): 2690-2704.

[20] Munjiza A. The combined finite-discrete element method[M]. John Wiley & Sons Ltd., Chichester, West Sussex, England, 2004.

[21] Mahabadi O K, Lisjak A, Grasselli G, et al. Y-Geo: a new combined finite-discrete element numerical code for geomechanical applications[J]. International Journal of Geomechanics, 2012, 12: 676-688.

[22] Wang H Z, Bai C H, Feng C, et al. An efficient CDEM-based method to calculate full-scale fragment field of warhead[J]. International Journal of Impact Engineering, 2019, 133: 1-15.

[23] 冯春, 李世海, 王杰. 基于 CDEM 的顺层边坡地震稳定性分析方法研究[J]. 岩土工程学报, 2012, 34(4): 717-724.

[24] Liu Z J, Zhang C Q, Zhang C S, et al. Deformation and failure characteristics and fracture evolution of cryptocrstalline basalt[J]. Journal of Rock Mechanics and Geotechnical Engineering, 2019, 11, 990-1003.

[25] Vazaios I, Vlachopoulos N, Diederichs M S. The mechanical analysis and interpretation of the EDZ formation around deep tunnels within massive rockmasses using a hybrid finite-discrete element approach: the case of the AECL URL testtunnel[J]. Canadian Geotechnical Journal, doi: 10.1139/cgj-2017-0578.

[26] Raisianzadeh J, Mirghasemi A A, Mohammadi S. 2D simulation of breakage of angular particles using combined DEM and XFEM[J]. Powder Technology, 2018, 336: 282-297.

[27] Qian Q H, Lin P. Safety risk management of underground engineering in China: progress, challenges and strategies[J]. Journal of Rock Mechanics and Geotechnical Engineering, 2016, 8(4): 423-442.

[28] Li S H, Wang J G, Liu B S, et al. Analysis of critical excavation depth for a jointed rock slope using a face-to-face discrete element method[J]. Rock Mechanics and Rock Engineering, 2007, 40(4): 331-348.

[29] 常兆荣. 硬脆性玄武岩力学特征及力学参数演化规律研究[D]. 沈阳: 沈阳工业大学, 2019.

[30] Martin C D. The strength of massive Lac du Bonnet granite around underground opening[D]. University of Manitoba, 1993.

硬性结构面对锦屏地下实验室围岩破坏过程的作用机制研究

高要辉,吴旭敏,刘宁

(中国电建集团华东勘测设计研究院有限公司,浙江 杭州 311122)

摘　要　锦屏地下实验室是目前世界上岩石覆盖最深的实验室,其建设过程不可避免面临高地应力和硬性结构面的影响,其中,8#实验室围岩受开挖强卸荷诱导发生多次应力结构型破坏。基于工程岩体破裂过程细胞自动机分析软件,本文对锦屏8#实验室"8·23"强烈岩爆案例的破坏过程和破坏机制进行研究,揭示围岩在中导洞、边墙和下层开挖之后塑性体积应变、岩体破裂程度和局部能量释放率的演化规律。对比数值计算结果和现场案例的破坏范围和深度可以发现,"8·23"强烈岩爆形成两个不同的破坏区域,破坏形态演化可从岩体破裂程度指标的云图演化得到清晰的反映,其中,区域Ⅰ主要是由硬性结构面下盘区域应力、变形和能量集中所致,爆坑边界由硬性结构面限定;区域Ⅱ主要是高应力驱使南侧边墙岩体的变形和能量集中所致,爆坑边界呈弧形耳朵状。通过分析不同破坏区域应力和能量集中演化特征,可推测硬性结构面滑移可能是"8·23"强烈岩爆发生的驱动因素。

关键词　岩爆;高应力;硬性结构面;破坏机制;岩体破裂程度指标

1 引　言

目前,随着岩土工程埋深的不断增加,围岩在高地应力和开挖强扰动的影响下易发生大体积塌方、片帮、岩爆等地质灾害[1-3],而硬性结构面作为地质弱面往往影响甚至控制着此类灾害的发生[4-5]。因此,在开挖诱导的应力调整过程中,硬性结构面岩体的渐进破坏机制是深埋工程安全建设急需解决的关键问题。

全方位立体监测手段的布置往往受到深埋工程断面尺寸的限制,且连续不间断的监测也耗时耗力,工程现场监测设备的耗损也非常大,有时为了安装相关监测设备还需单独开挖辅助洞室,为此,基于有限的工程现场应力、变形和破裂监测数据,选择恰当的研究手段是高效评估深埋工程围岩稳定性的关键环节,数值计算方法正好可以实现此目的,而数值计算过程的关键步骤在于合适的岩体力学模型的选取和恰当的单元网格的划分。

基于工程岩体破裂过程细胞自动机分析软件,本研究通过建立锦屏8#实验室三维实体模型[6],模拟工程分步开挖方式,利用真三轴条件下硬岩弹塑延脆破坏力学模型和含硬性结构面硬岩力学模型分析围岩的变形和破坏特征[7-8],研究硬性结构面在围岩渐进破

作者简介:高要辉(1991—),男,博士研究生,工程师,研究方向为高应力下地下洞室围岩稳定性分析。E-mail:gao-yh@ hdec. com。

坏过程中的影响效应。

2 工程背景

锦屏地下实验室位于锦屏二级水电站交通洞 A 洞南侧,最大埋深约 2 400 m,是目前世界上岩石覆盖最深的实验室,其整体由 4 洞 9 室构成,如图 1(a)所示,1#~8#实验室的长度为 65 m,截面为 14 m × 14 m 的城门洞型,9#实验室东西方向的长度均为 30 m。锦屏地下实验室采用钻爆法施工,支护方式主要为锚杆和喷射混凝土,各实验室利用分布开挖的方式掘进,开挖步序依次是中导洞、边墙和下层,如图 1(b)所示。锦屏 8#实验室整体位于背斜东南翼,岩性相对完整且单一,主要为黑灰色大理岩,结构面不发育。2015 年 8 月 23 日,锦屏 8#实验室在开挖过程中发生了强烈岩爆,且此岩爆为应力结构型破坏,如图 2 所示,"8·23"强烈岩爆形成两个爆坑,其中,区域Ⅰ的破坏主要是受硬性结构面所影响,爆坑深度最大达到 3.268 m,当发生"8·23"强烈岩爆时,区域Ⅰ位置已进行了部分下层开挖,而区域Ⅱ位置的边墙开挖早已完成,并未进行下层开挖。

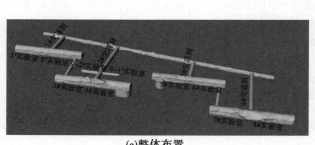

(a)整体布置

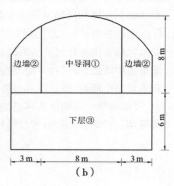

(b)

图 1　锦屏地下实验室整体布置和开挖步序示意

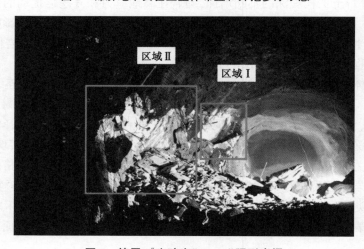

图 2　锦屏 8#实验室"8·23"强烈岩爆

3 数值计算结果

3.1 三维网格建立和力学模型选取

为了使得数值计算的结果更加精确,且计算时间和内存又得到有效控制,本研究对锦屏 8#实验室三维模型的网格单元实行区域划分,在围岩开挖影响区域内的网格尺寸设计较小,深层围岩区域网格尺寸则设计较大,如图 3 所示,模型接近隧道临空面的单元网格尺寸设定为 0.5 m,结构面区域根据现场实测位置在模型里建立并设置成不同类型的材料。本研究数值计算软件采用工程岩体破裂过程细胞自动机分析软件(http://www.casrock.cn/),完整岩石区域采用硬岩三维弹塑延脆破坏力学模型[8],结构面影响区域采用真三轴下含硬性结构面硬岩力学模型[7],表 1 和表 2 分别给出了模型施加的地应力和模型参数量值。

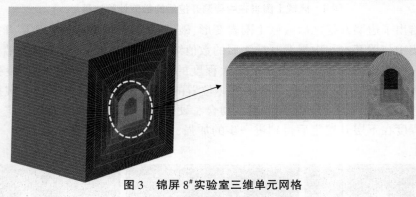

图 3 锦屏 8#实验室三维单元网格

表 1 数值模型施加的地应力条件

物理量	σ_x(MPa)	σ_y(MPa)	σ_z(MPa)	τ_{xy}(MPa)	τ_{yz}(MPa)	τ_{zx}(MPa)
数值	47.86	62.19	54.55	−17.08	0.3	2.52

表 2 数值模型里参数汇总表

项目	密度 (kg/m³)	弹模 (GPa)	泊松比	参数 s/K	参数 t/a	初始黏聚力 (MPa)	残余黏聚力 (MPa)	初始内摩擦角 (°)	残余内摩擦角 (°)	剪胀角 (°)	抗拉强度 (MPa)
完整岩体	2.7	25.3	0.22	0.85	0.80	23	5	20	30	25	1.5
结构面岩体	1.8	18.0	0.35	0.72	20	12	2	6	8	15	1.2

3.2 区域 I 围岩随分步开挖的变形破坏过程

图 4 给出了中导洞开挖之后区域 I 围岩的数值计算结果,计算指标包括塑性体积应变、岩石破裂程度指标(RFD)[9]和局部能量释放率(LEER)[10],其中,模型的右侧为实验室南侧,可以发现,8#实验室开挖之后的应力集中区位于南侧拱肩和北侧边墙及底角位置,使得围岩在北侧边墙和底部有较大的损伤产生。由于区域 I 南侧边墙至拱肩位置分布一条硬性结构面,如图 2 和图 3 所示,使得硬性结构面区域在中导洞开挖之后就产生一

定程度的塑性变形和能量积累,如图4(a)和(c)所示。

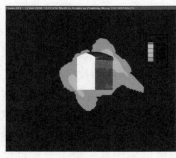 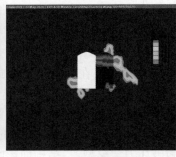 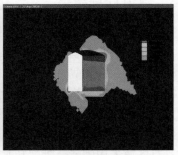

(a)塑性体积应变　　　　　　　(b)岩体破裂程度　　　　　　　(c)局部能量释放率

图4　区域Ⅰ围岩在中导洞开挖后的数值计算结果

　　图5给出了边墙开挖之后区域Ⅰ围岩变形、破坏和能量的计算结果,边墙开挖之后的围岩应力集中位置基本与中导洞开挖之后的数值结果一致,然而,此时南侧边墙处的硬性结构面区域则表现出塑性变形和能量极大程度的集中,且硬性结构面的破裂程度指标(RFD)较大,硬性结构面基本就是南侧破坏位置的边界,硬性结构面下盘区域损伤和破裂严重,这与现场区域Ⅰ的破坏现象基本吻合。硬性结构面下盘区域岩体的应力集中和变形破坏程度在下层开挖之后得到进一步的加强,如图6所示,最终导致了"8·23"强烈岩爆的发生。

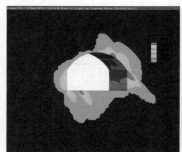 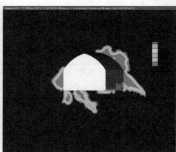 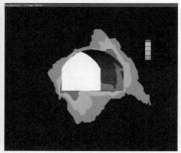

(a)塑性体积应变　　　　　　　(b)岩体破裂程度　　　　　　　(c)局部能量释放率

图5　区域Ⅰ围岩在边墙开挖后的数值计算结果

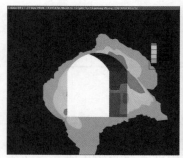 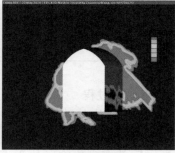 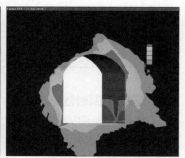

(a)塑性体积应变　　　　　　　(b)岩体破裂程度　　　　　　　(c)局部能量释放率

图6　区域Ⅰ围岩在下层开挖后的数值计算结果

3.3 区域Ⅱ围岩随分步开挖的变形破坏过程

图7给出了中导洞开挖之后区域Ⅱ围岩的数值计算结果,此区域岩体较为完整,没有大型硬性结构面揭露,可以发现,中导洞开挖之后的应力集中区位于南侧拱肩和北侧边墙及底角位置,围岩在南侧边墙没有较大的损伤产生。图8给出了边墙开挖之后区域Ⅱ围岩的数值计算结果,此时的应力集中区域与中导洞开挖之后的数值计算结果基本一致,然而,围岩在南侧边墙区域开始产生塑性变形和损伤,并有一定程度的能量释放,南侧区域的整个破裂区呈弧形耳朵状,此现象与现场区域Ⅱ的破坏现象基本吻合。

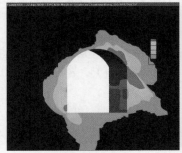 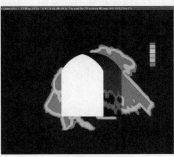 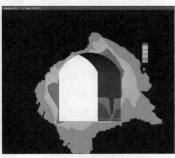

(a)塑性体积应变　　　　　　　　　(b)岩体破裂程度　　　　　　　　　(c)局部能量释放率

图7　区域Ⅱ围岩在中导洞开挖后的数值计算结果

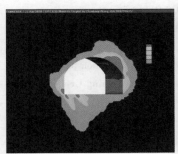 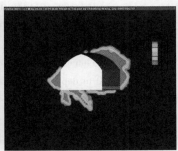 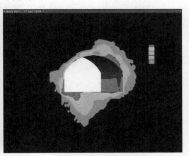

(a)塑性体积应变　　　　　　　　　(b)岩体破裂程度　　　　　　　　　(c)局部能量释放率

图8　区域Ⅱ围岩在边墙开挖后的数值计算结果

4　结　论

基于工程岩体破裂过程细胞自动机分析软件,本研究利用真三轴条件下硬岩弹塑延脆破坏力学模型和含硬性结构面硬岩力学模型对锦屏8#实验室"8.23"强烈岩爆案例进行了详细的分析,计算了不同爆坑区域围岩在中导洞、边墙和下层开挖之后的塑性体积应变、岩体破裂程度和局部能量释放率的演化情况,对比了数值计算结果和现场案例的破坏范围和深度,发现,"8.23"强烈岩爆区域Ⅰ的破坏主要是由于硬性结构面下盘区域应力、变形和能量的集中导致,爆坑边界由硬性结构面限定;而区域Ⅱ的破坏主要是南侧边墙岩体的变形和能量集中所致,爆坑边界呈弧形耳朵状,可从边墙开挖之后岩体破裂程度指标的云图得到清晰的反映。

参 考 文 献

［1］黄晶柱，冯夏庭，周扬一，等. 深埋硬岩隧洞复杂岩性挤压破碎带塌方过程及机制分析——以锦屏地下实验室为例［J］. 岩石力学与工程学报，2017，36(8)：1867-1879.

［2］Feng XT, Xu H, Qiu SL, et al. in situ observation of rock spalling in the deep tunnels of the China Jinping Underground Laboratory (2400 m Depth)［J］. Rock Mechanics and Rock Engineering, 2018, 51 (4)：1193-1213.

［3］许度，冯夏庭，李邵军，等. 基于三维激光扫描的锦屏地下实验室岩体变形破坏特征关键信息提取技术研究［J］. 岩土力学，2017，38(增1)：488-495.

［4］Gao YH, Feng XT, Wang ZF, et al. Strength and failure characteristics of jointed marble under true triaxial compression［J］. Bulletin of Engineering Geology and the Environment, 2020(79)：891-905.

［5］苏方声，潘鹏志，高要辉，等. 含天然硬性结构面大理岩破裂过程与机制研究［J］. 岩石力学与工程学报，2018，37(3)：611-620.

［6］冯夏庭，吴世勇，李邵军，等. 中国锦屏地下实验室二期工程安全原位综合监测与分析［J］. 岩石力学与工程学报，2016，35(4)：649-657.

［7］高要辉. 含钙质胶结硬性结构面大理岩深埋隧道破坏机制的研究［D］. 武汉：中国科学院武汉岩土力学研究所，2020.

［8］Feng XT, Wang ZF, Zhou YY, et al. Modelling three-dimensional stress-dependent failure of hard rocks ［JOL］. Acta Geotechnica, 2021, http://doi.org/10.1007/S11440-020-01110-8.

［9］江权，冯夏庭，李邵军，等. 高应力下大型硬岩地下洞室群稳定性设计优化的裂化—抑制法及其应用［J］. 岩石力学与工程学报，2019，38(6)：1081-1101.

［10］Jiang Q, Feng XT, Xiang TB, et al. Rockburst characteristics and numerical simulation based on a new energy index：a case study of a tunnel at 2,500 m depth［J］. Bulletin of Engineering Geology and the Environment, 2010, 69(3)：381-388.

生态电站水力过渡过程计算分析

崔伟杰,吴旭敏,陈祥荣,李高会

(中国电建集团华东勘测设计研究院有限公司,浙江 杭州 311122)

摘 要 在一些已建水电站中,通过在原电站引水隧洞新建隧洞建造生态电站。当发生水力过渡过程时,原电站机组和生态机组间是否存在相互影响及影响大小需要通过计算论证。本文以某改建生态电站为例,通过水力过渡过程仿真数值计算,并且通过不同新建分岔点分析,说明新建生态电站在原电站调压室上游时,受原电站影响较小,蜗壳最大压力控制工况为生态机组单独运行甩负荷工况。可为类似工程提供参考。

关键词 水力过渡过程;生态电站;蜗壳压力;机组转速

为了保证下游河道所需的生态补给要求,同时水资源能够充分利用,部分已建水电站通过在原有引水隧洞基础上,新增一条引水隧洞,增加生态机组形成生态电站。由于生态电站与原有电站机组共用同一条引水隧洞,在发生水力过渡过程时,生态电站机组和原有电站机组可能产生相互影响,需要通过计算加以论证。

某水电站从引水隧洞首部新建隧洞改建形成生态电站,原电站上游调压室距水库6 094 m,上游调压室至机组压力管道长790 m,新建生态电站隧洞起点距水库523 m,生态电站引水隧洞全长495 m,原电站机组和生态机组参数见表1。本文以该生态机组水电站为例,进行含生态机组水电站的水力过渡过程计算,分析水力过渡过程特点,为类似工程提供参考。

表1 原电站机组和生态机组参数

	原电站机组(1#、2#)	生态机组(3#)
台数	2	1
额定功率(kW)	46 400	2 660
额定水头(m)	188	83
额定流量(m³/s)	28.91	3.76
转动惯量(t·m²)	700	5.4

1 计算方法及模型

1.1 基本方程

描述任意管道中水流运动状态的基本方程为(1)、(2):

$$g\frac{\partial H}{\partial x} + \frac{1}{A}\frac{\partial Q}{\partial t} + \frac{fQ|Q|}{2DA^2} = 0 \tag{1}$$

$$\frac{\partial H}{\partial t} + \frac{a^2}{gA}\frac{\partial Q}{\partial x} = 0 \tag{2}$$

式中，H 为测压管水头；Q 为流量；D 为管道直径；A 为管道面积；t 为时间变量；a 为水锤波速；g 为重力加速度；x 为沿管轴线的距离；f 为达西摩擦损失系数。

对于长度 L 的管道 AB，利用特征线法将偏微分方程（1）和（2）转化成同解的管道水锤计算特征相容方程，如下：

$$C^-:\quad H_A(t) = C_M + R_M Q_A(t) \tag{3}$$

$$C^+:\quad H_B(t) = C_P - R_P Q_B(t) \tag{4}$$

式中，$H_A(t)$、$H_B(t)$ 为瞬态水头；$Q_A(t)$、$Q_B(t)$ 为瞬态流量；$C_M = H_B(t - k\Delta t) - (a/gA)Q_B(t - k\Delta t)$；$R_M = a/gA + R|Q_B(t - k\Delta t)|$；$C_P = H_A(t - k\Delta t) + (a/gA)Q_A(t - k\Delta t)$；$R_P = a/gA + R|Q_A(t - k\Delta t)|$；$\Delta t$ 为计算时间步长；ΔL 为特征线网格管段长度，$\Delta L = a\Delta t$；k 为特征线网格管段数，$k = L/\Delta L$；R 总水头损失系数。

1.2　输水发电系统模型

计算采用中国电建集团华东勘测设计研究院有限公司研发复杂系统水力过渡过程仿真计算软件 Hysim，电站输水发电系统模型见图 1。

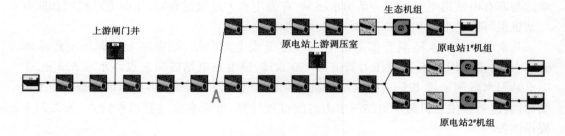

为上库，为下库，为压力管道，为水轮机，分别为上库闸门井、上游调压室。

图 1　电站输水发电系统模型图

2　大波动过渡过程分析

2.1　计算工况

根据工程经验，机组蜗壳最大压力一般发生在最大水头机组同时甩负荷工况[3]，对蜗壳最大压力选取以下工况进行计算。

工况 T1-1：上游校核洪水位 343.00 m，下游原电站尾水位 142.64 m，生态电站尾水位 239.74 m，所有机组均以额定出力正常运行，突甩全部负荷。

工况 T1-2：上游校核洪水位 343.00 m，下游生态电站尾水位 239.74 m，原电站两台机组停机，生态机组以额定出力正常运行，突甩全部负荷。

工况 T1-3：上游校核洪水位 343.00 m，下游原电站尾水位 142.64 m，生态机组停机，原电站零台机组均以额定出力正常运行,突甩全部负荷。

机组转速最大上升率发生在机组最大引用流量工况[4],选取以下工况进行计算。

工况 T2-1:下游原电站尾水位 142.64 m,生态电站尾水位 239.74 m,所有机组均以额定水头、额定流量、额定出力正常运行,突甩全部负荷。

工况 T2-2:下游生态电站尾水位 239.74 m,原电站两台机组停机,生态机组以额定水头、额定流量、额定出力正常运行,突甩全部负荷。

工况 T2-3:下游原电站尾水位 142.64 m,生态机组停机,原电站零台机组均以额定水头、额定流量、额定出力正常运行,突甩全部负荷。

2.2　计算结果及分析

对以上工况计算结果见表 2、表 3。

表 2　机组蜗壳最大压力计算结果统计 　　　　　　　　　　　　（%）

工况	生态机组	原电站机组
T1-1	137.97	254.33
T1-2	139.21	—
T1-3	—	254.46

表 3　机组转速最大上升率计算结果统计 　　　　　　　　　　　　（%）

工况	生态机组	原电站机组
T2-1	54.6	46.6
T2-2	54.7	—
T2-3	—	46.6

由表 2 计算结果可以看出,三台机组同时甩负荷工况(工况 T1-1)并不是蜗壳最大压力的控制工况,生态机组蜗壳最大压力发生在工况 T1-2,原电站机组蜗壳最大压力发生在工况 T1-3,蜗壳压力变化过程线对比见图 2、图 3,机组转速变化过程如图 4、图 5 所示。

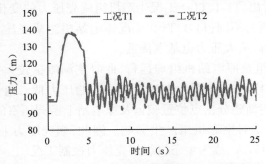

图 2　T1-1、T1-2 工况生态机组蜗壳压力变化过程

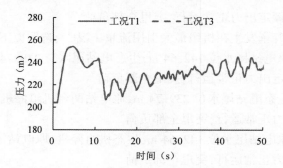

图 3　T1-1、T1-3 工况原电站机组蜗壳压力变化过程

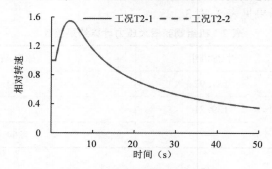

图 4　T2-1、T2-2 工况生态机组转速变化过程

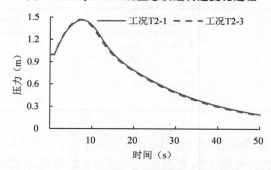

图 5　T2-1、T2-3 工况原电站机组转速变化过程

由图 2、图 3 可以看出，T1-1、T1-2 工况生态机组蜗壳压力的变化过程基本一致，而初始压力不同，导致最大压力不同；T1-1、T1-3 工况原电站机组蜗壳压力的变化过程也基本一致，初始压力基本接近，最大压力也基本接近。

工况 T1-1，生态机组及原电站机组均运行，此时主洞流量较大，导致主洞水损加大，生态机组蜗壳初始压力比 T1-2 工况生态机组蜗壳初始压力低。由于生态机组关闭时间较短，且原电站机组距离新建分岔点位置较远及原电站上游调压室的作用，原电站机组关闭时产生的水锤压力并未对生态机组产生影响。因此，蜗壳压力上升过程也基本相似。由于工况 T1-2 初始压力较大，成为生态机组蜗壳压力控制工况。

对于机组转速最大上升率，由于机组初始流量相差不大，所以相同的导叶关闭规律，机组转速最大上升率相差也不大。

3 不同分岔点位置对生态机组蜗壳最大压力的影响

由于本电站新建生态电站分岔点较靠近水库,新建分岔点下游有压管道长度较长,分岔点位置可能对计算结果存在一点的影响,因此本节针对不同分岔点位置对生态机组蜗壳最大压力的影响进行计算分析。计算采用工况 T1-1 及 T1-2,计算结果见表4及图6~图7。

表4 不同分岔点位置,生态机组蜗壳最大压力计算结果统计

新建生态电站分岔点距上游水库距离(m)	蜗壳最大压力(m)	
	工况 T1-1	工况 T1-2
523	137.97	139.21
1 000	137.19	139.21
2 000	135.67	139.21
5 000	132.19	139.18
6 644 (原电站分岔点)	169.09	143.86

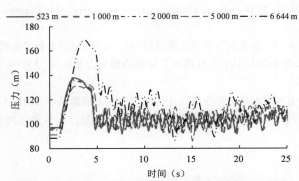

图6 工况 T1-1 生态机组蜗壳压力随时间变化过程

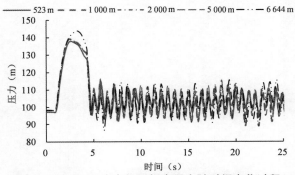

图7 工况 T1-2 生态机组蜗壳压力随时间变化过程

由计算结果可以看出,当分岔点在原电站调压室上游时,生态机组蜗壳最大压力发生的工况均为 T1-2,且生态机组蜗壳最大压力受分岔点的位置影响较小。分析原因,原电站输水发电系统调压室上游隧洞(主洞)较大,新建生态机组流量较小,当生态机组单独运行时,主洞的水头损失较小,不同的分岔点生态机组的初始压力相差不大,流量也相差不大,相同的关闭规律引起的蜗壳最大压力基本一致。而工况 T1-1,所有机组同时运行时,由于分岔点的位置向下游移动,生态机组的初始压力低于生态机组单独运行时的初始压力,根据前述分析,生态机组压力上升率受原电站机组影响较小,所以导致工况 T1-1 蜗壳最大压力低于工况 T1-2。

当分岔点至调压室下游时,生态机组蜗壳压力可能受调压室、与原电站机组等影响,蜗壳压力变化过程较复杂[5]。因此,对于在原电站新增生态机组的水力过渡过程计算,当新建分岔点位于原电站调压室上游时,生态机组的蜗壳压力受原电站机组影响较小,可只计算生态机组单独运行时的水力过渡过程工况。

4 结　论

本文结合工程实例,进行了生态机组水电站水力过渡过程计算,探讨了蜗壳最大压力、机组转速上升的控制工况,可供类似布置生态机组的水力过渡过程计算及分析参考。

参 考 文 献

[1] Wylie E B , Streeter V L, SUO Lisheng. Fluid transients in system[M]. Englewood Cliffs: Prentice Hall Inc,1993.

[2] 侯靖,李高会,李新新,等. 复杂水力系统过渡过程[M]. 北京:中国水利水电出版社,2019.

[3] 赵金,张健,张艳华. 中小型长引水式电站调节保证措施的分析研究[J]. 中国农村水利水电,2012(6):113-116.

[4] 焦洁,张健. 中小型引水式水电站调压阀尺寸优化[J]. 水电能源科学,2012(5):105-107.

[5] 赵修龙,张健,何露,等. 生态机组不同布置形式过渡过程研究[J]. 南水北调与水利科技,2014(5):11-13.

卡拉水电站泄洪消能型式研究

吴伟伟，史彬，陆欣

（中国电建集团华东勘测设计研究院有限公司，浙江 杭州 311122）

摘 要 卡拉水电站水头高、流量大、河谷狭窄、地质条件复杂，泄洪消能设计存在一定的难度。根据工程的特点，初拟"宽尾墩—跌坎消力池"和"大差动"挑流消能两种消能型式进行综合比选，推荐采用"宽尾墩—跌坎消力池"消能型式，并结合水工模型试验，对宽尾墩体型参数、消力池断面型式及尾坎高程等进行了优化和深化研究。

关键词 泄洪消能；宽尾墩；跌坎底流消力池

0 引 言

卡拉水电站位于四川省凉山彝族自治州木里藏族自治县境内的雅砻江干流河段上，是雅砻江干流中游两河口~卡拉河段水电开发规划一库七级的第七级水电站。电站装机容量为 1 020 MW，水库正常蓄水位 1 987.0 m，水库为日调节。挡水建筑物采用碾压混凝土重力坝，最大坝高 123 m。枢纽挡水、泄水建筑物采用 500 年一遇洪水设计，2000 年一遇洪水校核，相应洪水流量分别为 9 410 m³/s 和 10 600 m³/s；消能防冲建筑物为 50 年一遇洪水设计，相应洪峰流量 7 360 m³/s。

电站坝址河谷狭窄，呈基本对称的 V 形峡谷，两岸岸坡陡峻，坡度为 40°~60°，枯水期水深 4.0~7.0 m，河道宽为 55~65 m。坝址基岩主要为砂质板岩、变质砂岩夹、含炭质板岩及变质砂岩，地层呈单斜构造，顺河走向，总体倾斜左岸，右岸为薄层顺向坡，左岸为逆向坡，两岸卸荷较发育、浅表层稳定性较差，坝下 500 m 分布有上田镇滑坡体。卡拉电站泄洪具有"高水头、大流量、窄河谷、调节库容小、泄洪频繁"的特点，泄洪消能设计是本工程的关键技术问题之一。

1 泄洪建筑物布置

卡拉水电站大坝为混凝土重力坝，坝身具备布置泄洪建筑物条件，泄洪建筑物优先考虑坝采用超泄能力强的溢流表孔[1]。同时，考虑库区分布了一江、周家及八通等滑坡体，为预防或减小滑坡体失稳可能带来的不利影响，坝身设置中孔，以便在必要时迅速降低库水位，同时兼作水库放空、导流和拉沙使用。

电站泄洪建筑物由坝身 5 表孔和 2 中孔组成，表、中孔以河床中心线为中轴线对称布置，溢流表孔布置在中间，2 中孔布置在其两侧。表孔为开敞溢流堰，堰顶高程 1 970.0 m，孔口尺寸 11 m×17 m（宽×高），采用 WES 幂曲线；2 中孔均为有压泄水孔型式，由进口段、压力段、明流段组成，进出口底板高程均为 1 930.0 m，孔口尺寸 5.0 m×7.0 m（宽×高）。

2　大坝消能型式比选

2.1　消能型式拟定

卡拉水电站最大单宽泄量 158.2 m³/(s·m)，坝下最深水垫约 50 m，具备挑流消能的水力条件；但左岸坝下坡脚及河床发育绢英岩化板岩，抗冲能力差，左岸坝肩及坝后消能区边坡表层卸荷发育，稳定较差，边坡高高程危岩体发育，挑流消能泄洪雾化可能对边坡稳定产生不利影响，因此初拟采用挑流及底流两种消能型式进行比选。

受引水发电系统布置及近坝下发育上田镇滑坡体制约，本工程消能布置条件相对比较局促。考虑到本工程河床狭窄，为使水舌充分分散，减轻河床冲刷，借鉴龙滩等工程经验，初拟"大差动"挑流消能方案作为挑流消能代表方案。同时，参考百色［坝高 130 m，单宽泄量 156.3 m³/(s·m)］、安康［坝高 128 m，单宽泄量 200.5 m³/(s·m)］等工程经验，采用"宽尾墩—消力池"联合消能，利用宽尾墩形成三元水跃流动，增加消能率，缩短消力池长度[2-6]；参考向家坝、官地等工程缙云，采用跌坎型底流消力池，降低消力池临底流速、保护消力池底板[7-9]。因此，初拟"宽尾墩—跌坎消力池"作为底流消能代表方案。

2.2　比选方案设计

2.2.1　"宽尾墩—跌坎消力池"方案

坝下消力池顺泄洪中心线平直布置，池长 120 m，池末端设尾坎。消力池采用梯形断面，底板高程 1 900.0 m；溢流坝段出口高程 1 905.0 m，跌坎高度 5 m。消力池边墙顶高程 1 931.0 m，采用衡重式，墙后采用石渣回填。消力池尾坎采用重力式结构，上游面坡比 1:0.3，下游面坡比 1:0.7，坎顶高程 1 920.0 m，顶宽 5 m。中孔出口设扭曲式挑流鼻坎，水舌落点位于消力池内。

为避免出池水流淘刷尾坎基础，消力池下游 35 m 范围采用钢筋混凝土板护底。对下游两岸岸坡高程 1 930.0 m 以下进行钢筋混凝土护坡防护，右岸护坡护砌至上田镇滑坡体与滑坡体前缘防护相接。"宽尾墩—跌坎消力池"方案平面布置见图 1。

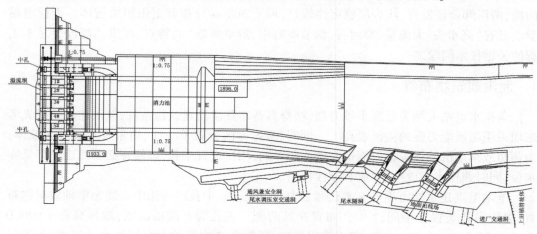

图 1　"宽尾墩—跌坎消力池"方案平面布置图

2.2.2 "大差动"挑流方案(见图2、图3)

2.2.2.1 挑坎结构布置

5个表孔出口采用差动布置,1#、3#及5#孔为低坎、2#、4#孔为高坎、低坎出口较高坎下延12 m,坎顶高程低6 m。1#、3#及5#孔挑流鼻坎坎顶高程为1 931.0 m,反弧半径35 m,挑角30°;2#及4#孔坎顶高程为1 937.0 m,反弧半径60 m,挑角15°。

2.2.2.2 消能区及下游河道防护

根据与水舌溅落点位置关系、防护对象、冲坑影响等将坝下开挖及防护分为5段:第一段为近坝区,该段与大坝相连,防护重点为防止回流淘刷,采用钢筋混凝土板护底护坡。第二段为近坝区—水舌溅落区过渡段,该段非水舌直接溅落,距坝基有一定的距离,对岸坡采用钢筋混凝土板护砌,河床对绢英岩化板岩部位进行混凝土板防护。第三段为水舌溅落区,采用预挖冲坑、护坡不护底,冲坑底高程为1 886.0 m,为增加消能水体,消能区往两岸坡各扩宽10 m。第四段为下游过渡段,主要引导消能后的水流平顺流向下游。底宽渐变至河床宽度,河床由1 886.0 m高程渐变至1 910.0 m高程,护坡、不护底。第五段为下游河道护岸段,防护范围同挑流方案。

2.2.2.3 岸坡雾化防护

为减轻或避免雾化不利影响,大坝下游500 m范围、坝顶以下开挖边坡采用0.5 m厚钢筋混凝土贴坡防护,其他部位采用"清除表层危岩体、挂网喷混凝土加系统锚杆支护"。

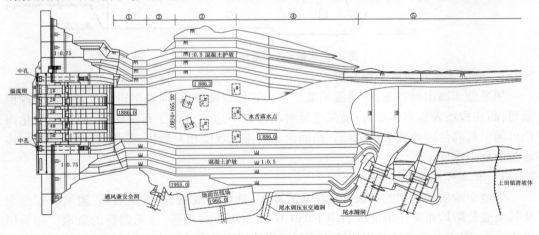

图2 "大差动"挑流方案平面布置

2.3 消能型式比选

2.3.1 泄洪冲刷对岸坡影响分析

对于"大差动"挑流方案,泄洪对河床及岸坡会造成一定的淘刷,特别是消能区左岸坡脚发育的绢英岩化板岩带,泡水软化、抗冲能力差,虽然进行了防护,但防护结构在泄洪冲刷下可能破坏,如淘刷形成空洞,将导致左岸边坡失稳。

底流消能方案下泄水流经消力池消能后再进入河道,出池后水流平顺,对岸坡及河床冲刷较轻,且下游两岸均已护砌,因此就对岸坡冲刷影响而言,底流消能方案更优。

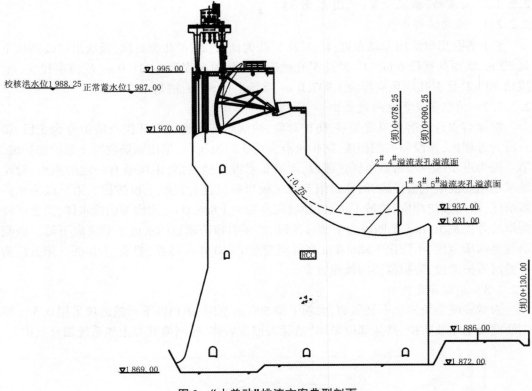

图3 "大差动"挑流方案典型剖面

2.3.2 泄洪雾化对边坡影响分析

坝址处于高山峡谷地区,挑流消能产生的雾化程度较重,而左岸边坡浅表层卸荷倾倒强烈,高高程坡表危岩体发育;虽然已经对坝顶以下边坡进行了系统防护,但挑流雾化雨仍可能引起高位边坡浅表层失稳。而底流消能雾化程度相对较轻,雾化对边坡影响小,边坡防护处理难度小。

2.3.3 泄洪对枢纽运行影响分析

受地形地质条件制约及根据枢纽布置需要,地面出线场、进场交通洞、通风兼安全洞及其交通公路均布置在消能区右岸 1 950.0～1 960.0 m 高程,且无调整的余地。如采用挑流消能,洞室对外交通及出线场安全运行受泄洪影响较大,而底流消能泄洪期间基本不影响发电运行。

2.3.4 施工条件分析

挑流消能方案水舌落点较远,坝下消能区护砌长度约 300 m,且有约 100 m 范围位于下游围堰之外(围堰及导流洞布置受右岸下游上田镇滑坡体控制),需在水下开挖及护坡,施工难度非常大;而底流消能方案消力池长约 120 m,加上池后护底共 150 m,基本在下游围堰之内,施工方便。

2.3.5 经济性比较

底流消能方案消力池开挖、混凝土工程量大,"大差动"挑流方案消能区两岸边坡防护工程量大,总体"大差动"挑流方案可比投资略优。

2.3.6　综合比选

综合上述分析,"宽尾墩—跌坎消力池"方案对坝址地形地质条件适应性更好、泄洪雾化相对较轻、对坝址边坡稳定更有利、建筑物的运行安全性更高,因此选择"宽尾墩—跌坎消力池"方案。

3　水工模型试验深化研究

采用 1∶40 整体模型试验对消能建筑物布置和体型进行深化研究。

3.1　宽尾墩体型(见图 4)研究

宽尾墩初始体型和设置位置主要根据经验初拟,最终需通过模型试验确定。根据一系列优化试验,确定 2#、3# 和 4# 表孔宽尾墩采用对称 Y 体型,出口宽度为 3.6 m,收缩比为

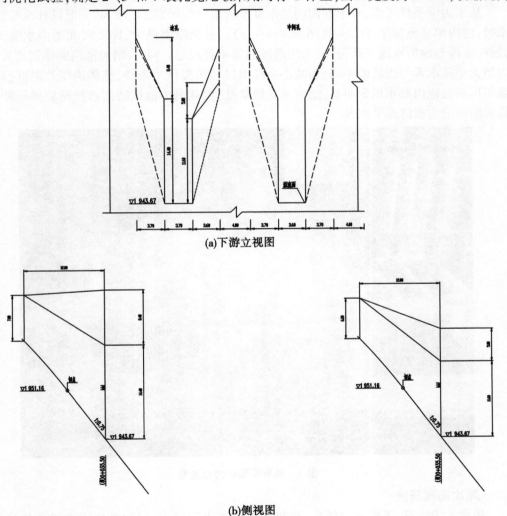

图 4　宽尾墩体型

3.6/11＝0.33；为避免两边表孔(1#、5#表孔)宽尾墩后水冠冲击边墙，两边表孔(1#、5#表孔)宽尾墩采用非对称 Y 体型，出口宽度 3.7 m，收缩比为 3.7/11＝0.34。宽尾墩顺流向长度 12.0 m，起始桩号坝 0+023.50 m，末端桩号坝 0+035.5 m。

　　试验表明，表孔水舌形态良好，水流流态稳定，水舌沿纵向充分拉开、入水区沿纵向比较分散，在消力池中形成剧烈掺气的三元水流流态，大幅度地提高了水流的消能率。

3.2　消力池断面比较

　　消力池断面主要有矩形断面及梯形断面[10]两种，主要根据地形地质条件及水力学条件进行选择。就本工程而言，矩形断面两侧边墙高，墙体断面较大，边墙基础开挖对右岸顺层边坡稳定不利，且消力池段左岸坡脚发育绢英岩化板岩，基础处理有一定难度；贴坡梯形断面采用 1:0.75 坡比，对地形地质条件适应性较好。

　　从水力学条件考虑，梯形断面的过水宽度较矩形断面宽 24.75 m，下泄设计至校核洪水时，池内单宽流量小 34.2~38.6 m³/(s·m)。根据模型试验，梯形断面池内水流流态较好，池内与池后水流平顺衔接，未出现漩涡等不利流态。同时，消力池消能体积增大，可以增大中孔水舌与边墙的距离，为减小中孔出口转角提供了条件，整体消能效果好；而等宽矩形断面池内壅水现象明显，池内流态较紊乱，因此消力池横断面选择贴坡梯形断面。梯形断面消力池流态见图 5。

图 5　梯形断面消力池流态

3.3　尾坎高程研究

　　根据水力计算，下游水位较高，满足底流消能水深要求，尾坎高度主要受检修控制。经测算，电站四台机全开运行情况下尾坎顶高程需达到 1 920.0 m(尾坎高度 20 m)，两台机运行情况下尾坎高程需达到 1 916.5 m。

经试验研究,1 916.50 m 高程尾坎,池内水流流态较好,池内与池后水流平顺衔接,尾坎高程继续抬高,消力池内壅水明显,过尾坎水流出现跌流现象,因此尾坎高程选定为1 916.50 m,高水位工况检修,通过设置临时围堰可满足检修要求。

4 结 论

卡拉水电站枢纽泄洪水头高、流量大、河谷狭窄且地质条件差,通过技术经济比选及体型深化研究,确定了"宽尾墩—跌坎消力池"+中孔挑流消能型式及主要结构参数,下阶段可结合工程施工阶段具体情况,对泄洪建筑物体型开展进一步深化研究,确保工程安全,满足工程运行要求。

参 考 文 献

[1] 国家能源局.混凝土重力坝设计规范:NB/T 35026—2014[S].北京:中国电力出版社,2015.

[2] 童显武.高水头泄水建筑物收缩式消能工[M].北京:中国农业科技出版社,2000.

[3] 重力坝宽尾墩台阶溢流面联合消能工设计导则:Q/CHECC 002—2007[S].

[4] 谢省宗,李世琴.宽尾墩联合消能工在百色水利枢纽的研究和应用[J].红水河,1998,17(2):36-41,47.

[5] 于忠政,刘永川,谢省宗,等.安康水电站泄洪消能新技术的研究与应用[J].水力发电,1990(11):32-36.

[6] 谢省宗,李世琴,李桂芬,等.宽尾墩联合消能工在我国的发展[J].红水河,1995,14(3):3-11.

[7] 张超然,牛志攀.向家坝水电站泄洪消能关键技术研究与实践[J].水利水电技术,2014,45(11):1-9.

[8] 孙双科,柳海涛,夏庆福,等.跌坎型底流消力池的水力特性与优化试验[J].水利学报,2005,36(10):1188-1193.

[9] 王丽杰,杨文俊,陈辉,等.跌坎型底流消能工研究综述[J].人民长江,2013,44(3):59-62.

[10] 吴世勇,姚雷.雅砻江官地水电站大坝泄洪消能型式选择[J].四川水力发电,2009,28(1):78-81,134.

浅谈海外 SCADA 项目管理

——以玻利维亚 SJ 项目为例

程国清,黄晋

(南京南瑞水利水电科技有限公司,江苏 南京　210008)

摘　要　本文首先介绍玻利维亚 SJ 水电站及 SCADA 项目概况,进而从成本管理、进度管理、质量管理、合同管理和沟通协调等方面分析了本项目的特殊性和难点,并针对这些问题提出了针对性的解决办法和确实可行的管理措施,对保障项目管理目标的实现,能够起到积极的作用,具有学习参考借鉴的价值。

关键词　标准化;档案管理;远程维护;动态成本

1　玻利维亚 SJ 水电站工程简介

SJ 水电站项目包括 SJ 1 级水电站和 SJ 2 级水电站,项目位于玻利维亚科恰班巴省 CHAPARE 地区,是 CORANI 水电发展方案的第三级。两个电站水源来自 Santa isabel 和 Málaga 河的水。SJ 1 级水电站的尾水进入容量为 35 000 m³ 的调节水库(Miguelito 水库),从该调节水库底部开挖隧洞,穿过 Paracti 河,通过另一条长度约为 6 692 m 的主输水隧道输送至 SJ 2 级调压井。SJ 1 级水电站总装机容量是 55 MW,SJ 2 级水电站总装机容量是 69 MW,每个水电站装机台数均为两台,水轮机均为 Pelton 立式水轮机。

SCADA(Supervisory Control And Data Acquisition)系统,即数据采集与监视控制系统。SCADA 系统是以计算机为基础的 DCS 与电力自动化监控系统,对现场的运行设备进行监视和控制,最终实现数据采集、设备控制、测量、参数调节及各类信号报警等各项功能,即"四遥"功能,是水电站实现"无人值班"(少人值守)关键的专业,也是智能化水电厂必不可少的建设系统之一,在现今的水电站自动控制系统建设中起了支柱作用。

2　SJ 水电站工程 SCADA 项目特点

玻利维亚 SJ 工程是玻利维亚国家重要的水电站之一,是玻利维亚国家电网主要供电的电源之一,主要为玻利维亚第三大城市科恰班巴供电,玻利维亚 SJ 工程业主为玻利维亚国家电网电力公司,EPC 总包单位为中国电建集团,设计单位为中国电建集团下属的昆明勘测设计院,安装单位为中水五局。这个项目 SCADA 系统存在如下特点:

(1)项目建设周期长,跨度大。国内 SCADA 系统建设短平快,一般建设周期 1.5 年左右。SJ 项目 CADA 系统从初步设计、分包合同签订、详细设计、设备生产、运输、现场安装调试、试运行到最终的移交,前后共计 6 年。

(2)建设标准要求高,使用习惯差异大。本项目 SCADA 系统采用的美国标准和

IEEE 标准,中国 SCADA 系统大多数采用的是中国标准或者 IEC 标准,很少采用美国标准或者澳新标准,并且知之甚少,包括设计理念、结构、功能、设备选型以及规约和协议都不一样,并且要求很高。另外,使用习惯的不同,也给项目的设计和设备的选型带来了很大困难。建设过程中,业主严格采用欧美标准对标我们的产品,并且中国标准没有西班牙语版本,导致他们对中国标准不了解和不认可,最终对设计、实施方案提出质疑,在工程建设过程中,中西方标准发生激烈的碰撞。

(3)设计变更多,质量控制难度大。由于中国参建各方与业主在语言上不通,导致理解差异,从而存在反复的修改和变更。另外,随着业主对中国产品的了解和认识,发现了更优化的方案和思路,也提出了大量的修改。而且 SCADA 系统作为直接面对业主运行人员的系统,外围设备的修改也直接影响到 SCADA 系统的修改。在执行过程中,发现业主令出多门,多个部门和人员对同一个问题提出不同的修改要求,导致来回改动。

(4)合同管理复杂,环节多,合同体量小。本项目合同涉及业务流程的多个控制环节,包括了前期配合 EPC 方方案和报价、业主澄清、技术参数确定、EPC 总包合同签订、EPC 总包与机电总包合同签订、机电总承包与我方合同签订、合同谈判、合同从营销支持部向工程部的技术交底、到合同设备设计采购和生产调试及现场安装调试到最终的移交,由于周期长、跨度大、涉及的单位多、参入的人员不断变化,本项目在实现业务流程各个环节的管理出现了诸多难点,比如由于环节过多,导致有些技术文件找不到、技术交底不到位且部分技术文件与其他专业文件混合在一起、文件版本凌乱、西班牙语版本与翻译件不对应等难题。

(5)项目协调涉及单位多。在本项目 SCADA 合同执行中,由于 SCADA 系统需要监视和控制全场所有的设备,因此不仅需要与业主和总包方沟通,还需要花费大量的时间与其他设备供货商沟通。本项目涉及的单位多达 20 多个,包括了业主、电网调度、EPC 总包方、机电总包方、国内设计院、安装单位、试验单位、主机厂家、BOP 设备厂家等,每个单位提出任何变更都有可能影响到 SCADA,因此如何将各个单位提出的需求快速准确且不遗漏地反映到 SCADA 系统中,需要庞大的工作协调和记录。

(6)项目正式语言为西班牙语。本项目的 EPC 方合同为西班牙语,到达各个分包商后既有西班牙语,也有英语及中文,而我方技术人员大多都不懂西班牙语,而懂西班牙语的不懂技术,导致执行过程中,经常猜想业主的意图,不能准确地把握合同的要求。

(7)SCADA 系统电子产品多,项目成本控制比较难。SCADA 系统大多数是控制类设备,包括计算机、PLC、传感器等,一定程度受到市场元器件价格的影响,并且由于时间跨度大,购买早了,价格贵,购买迟了,无法满足合同进度要求。因此,在合适的时间点购买合适的设备至关重要。另外,由于 SCADA 系统体量小,不能像主机等体量大设备那样,不能投入专人专职,只能根据工程的进度,间歇性地投入人力,并且每次投入的时间短、频次高,大多是多项目并行处理,很难准确计算人力成本。最后,由于项目执行周期长、突发事件多,占用资金时间的长短难以确定。

(8)SCADA 系统专业性强,对项目管理人员综合能力要求高。SCADA 涉及的技术、专业多而广,并且更新速度快,包含计算机技术、软件技术、控制技术、测量技术、通信技术、云大物移智等信息技术、机电设备技术等,特别是信息技术更新快、专业性强,在项目管理的过程中,项目经理及管理人员必须了解这些技术的基本信息,否则无法给出管理和带领团队。

3 SCADA 项目管理策略

3.1 质量管控

在本项目中,质量管控的总体思路是标准化、规范化和国际化。在严格按照公司 ISO 质量控制体系执行同时,另外从设计、采购、生产、集成、现场安装调试和移交等都出台了一系列的标准化和规范化措施,并且严格按照这些规范化措施执行,将经常的、习惯性的和例行的做法标准化、规范化。

3.1.1 设计阶段

采用了国际化的专业制图软件 Eplan 工具进行设计,解决了业主和厂家之间因为绘图习惯不一样而需要大量的解释,并且也防止了部分人为的失误;设备选型都选择满足国际标准的通用设备,不选择特殊设备,不搞私人订制,不选择不满足国际标准的设备;设计标准严格按照欧美标准执行和合同技术要求执行,并且根据公司经过 1 000 多座电站建设积累下来的公司设计规范执行,如果发现合同要求或者业主要求与我公司的设计规范不一致,采用正式解释,得到正式确认后方可执行,否则按照合同要求执行;设计图纸严格按照内部设计、审核和批准进行审核,然后提交给 EPC 方设计院审核,EPC 方设计院审核通过后,再提交给业主审核,业主审核通过的图纸都加盖受控章,后续的采购生产和调试都按照该有受控章的图纸执行,无受控章的图纸为无效图纸,另外每次设计变更只是更换变更的页号的图纸,其他图纸不变。

3.1.2 设备和材料采购阶段

设备和材料技术参数严格按照合同要求执行,性能参数只能大于合同设备参数性能保证值,不能低于其值。采购采用直接向品牌授权的供货商进行采购,供货商必须是我们公司合格供货商库中的供货商,无授权的供货商不得进入合格供货商。

3.1.3 设备生产阶段

所有屏柜的加工都由公司配套的工厂加工,并且机柜的样式采用标准样式。内部配线严格按照标准执行,特别是电气设备导线颜色(交流电 ABCN 三相及直流电和接地)一定要按照工程所在国执行,并且事先同业主进行确认,工作接地和 PE 接地严格分开,等等。

3.1.4 设备厂内集成调试阶段

按照标准化、流程化的流水线进行,每道工序都有对应的作业规范书,严格按照规范书进行。比如,硬件测试组按照硬件测试规范的项目逐个测试,并且记录;画面组严格按照标准画面执行;后台组按照标准测点规范进行组态,按照设联会纪要确定的控制及其他要求进行控制等组态;每种 PLC 都有标准的 PLC 程序,相关的 PLC 流程图都要按照设计院批准的流程图进行修改,并且每一个步骤都必须测试。严格执行三检制度,即自检、互检和专检。最后出厂前需要经过三次验收,专检和 EPC 总包方验收和业主验收。测点命名规范见表 1。

表 1　测点命名规范

Breakdown Level 分级	0	1	2	3	4	上位机设置	
Title 分级名称	按监控系统 LCU 划分（此级在触摸屏测点中省略）	系统/专业名称或编码	被测控设备名称	测点值为 1 时明确的状态描述	信号源的自动化元件编号	0→1 属性状态描述	1→0 属性状态描述
例如	#1 号机组，大坝，厂房，水库，尾水，开关站，#1 变压器，公用	渗漏排水，技术供水，中压气机、保护、调速器	#1 泵，油压装置压力开关、	正常、远方、压力低	PS1　CB101 等设备编号		
例如中文	1#机组	调速器系统	油压装置	低油压（<5.6MPa）	开关 PS	复归	
	G1	GOV	Oil Pressure Unit	Pressure Low（<5.6MPa）	PS1	Reverted	
例如英文	G1 GOV Oil Pressure Unit Pressure Low（PS1<5.6 MPa）					Reverted	
	G1 GOV Guide Vane Full Closed（Switch PS5）					Reverted	
	G1 Turbine Speed >145%Ne（SC-SJ12）					Reverted	
	G1 MT HV Side CB101 Opened					Reverted	
	G1 DISpare 117　备用测点必须标注 DI SOE 等测点类型和序号					Reverted	

3.1.5　现场调试

现场调试工程师严格按照作业指导书和现场调试验收规范书进行调试，保证了每个功能和设备都被测试、不遗漏。

3.2　进度管控

3.2.1　任命项目经理，组建项目团队

该项目签订后 3 天内任命项目经理，按照矩阵形式组建项目团队，明确设计负责人、厂内集成负责人、现场调试负责人，并且落实各个负责人的责任和进度控制目标。

3.2.2　制订确实可行的进度计划

先由各个负责人制订各自进度计划，再制订总的进度计划，各个负责人按照周报形式定期进行进度反馈，项目经理负责进度计划审核和进度计划实施中的检查分析，发现实际进度与计划进度有偏差，且营销工期计划，及时采用 PDCA 方式进行纠偏。对于图纸审查、工程变更和设计变更等影响工程进度的事情，制定了相关管理制度，主要是责任担当

和完成时间限制,谁责任谁承担。

3.2.3 审查进度计划

项目经理审查各个负责人的进度计划,使其在合理的计划内,制订的总进度计划满足合同工期,并且提交给 EPC 总包方审核,审核通过后按照进度计划进行。根据工作内容,分解整个进度计划,在每个进度计划中设置进度计划控制点。进度计划动态控制采用专业的软件进行分析,采用进度绩效指数进行控制。

3.2.4 严格控制合同变更

对各方提出的工程变更和设计变更,项目经理严格审查和评估后再执行。如果是业主、EPC 总包方或者是设计院提出的变更,应加强索赔管理,公正、合情、合理地处理工期索赔。

3.3 成本管控

(1)采用项目经理责任制和考核制度,成本管控的第一责任人就是项目经理,与项目经理绩效直接挂钩,并且建立项目经理成本目标和项目经理成本计划。

(2)制定标准的、具有竞争力的、可量化的用工标准。设计按照设计图纸数量结算工作量;厂内集成调试按照 LCU 的套数、后台设备的数量及功能个数确定用工量;机柜的加工和配线采用以台套包工包料的方式结算;现场调试制定了标准化的调试内容和用工量的对应关系,从而确定总的用工量。

(3)采用动态成本分析标准化管理。根据 SCADA 项目的特点,将成本分为三大类,即直接成本、间接成本和税费,各类再根据各个 SCADA 项目的实际继续分为若干子项,依据企业成本管控定额确定各个子项的目标成本即计划成本,实时将实际成本、实际进度等数据作为实时输入,依据计算机采用标准化软件计算出成本偏差、费用绩效指数、利润率等数据,从而确定成本是否超差,进而指导项目经理准确地发现哪个子项成本超支、触发预警线,有的放矢地管控成本。圣何塞项目动态成本分析见表 2。

(4)严格审查出国服务,多途径远程服务,从而降低出国费用。由于 SCADA 系统专业性强,并且开始调试前,需要相关方具备一定的条件,方可调试;否则就会出现窝工、工作不饱满,因此制定了标准出国前现场服务条件调查表,帮助建设方在要求服务前保证现场条件具备,同时对内制定了出差管理流程,明确本次工作任务、角色,现场反馈机制,与业主及总包方交流规范,从而将建设相关方知晓工作内容、工作流程和工作时长,更好地管控现场出差时长和发现偏差及时调整。

3.4 合同及信息管理

针对 SCADA 项目在整个水电站建设占比小,并且合同设备数量不多,采购量也不是很大,并且涉的信息量和资料也不多,但是执行周期长,涉的单位多、人员流动大等特点。采取了如下管理方法。

(1)为项目建立了全寿命周期档案,记录项目从合同谈判到项目完成的整过过程一切工作,包含合同履约过程、设计图纸审核过程、参建各方及参与人和职责、正式函件往来记录,设备发运及维修和服务人员记录,以及当前注意事项等,从而快速有效地为项目团队提供全景信息和多项目管理切换角色。

表 2　圣何塞项目动态成本分析 （单位:元）

序号	费用类型名称	费用2			合同价	计划成本		计划进度	实际成本				未来成本		
		费用名称	费用额	税金		计划成本	权重		实际进度	实际成本	成本偏差	费用绩效指数	预计完工成本	成本偏差	超支原因
(1)	(2)	(3)	(4)	(5)	(6)	(7)	(7)/SUM(7)='(8)	(9)	(10)	(11)	(7)*(10)-(11)=(12)	(7)*(10)/(11)=(13)	(14)	(7)-(14)=(15)	(16)
1	直接费	—													
1.1	集成硬件成本	—													
1.2	集成软件成本	—													
1.3	制造成本	—													
1.4	调试成本	—													
1.5	外包系统成本	—													
1.6	外包服务成本	—													
1.7	运输费	—													
1.8	会议费	—													
1.9	服务人工成本	—													
1.10	现场制造费		—												
2	间接费	—													
2.1	措施费	—													
2.2	项目部管理费用	—													
2.3	企业管理费用	—													
2.4	财务费用	—													
2.5	营销费用	—													
3	税费	—													
6	合计	—													
7	利润额														
8	利润率														

（2）标准化项目资料信息化存储目录,便于项目团队统一查找和存储。制定了项目

文件资料编号规范,指导项目文件资料的编号,解决了文件难查找和版本混乱;制定了标准化项目文件管理目录,解决文件乱存储无法共享;制定了调试备份管理,指导了工程人员如何备份和备份什么,从而缩短了、准确完成了多次服务的技术交接。项目资料信息化存储目录见图 1。

- A00_Definition&Decision建议书可研0
- B00_Tender&Biding招投标
- C00_MainContract主合同
- CS0_SubContract分包合同
- D00_Meeting&Inspection会议
- E00_Fax&Mail传真邮件
- F00_Design设计
- G00_Purchase&Production&FT采购生产调试
- H00_Delivery&Shipping交货运输
- I00_InvoiceMainContract主合同财务
- IS0_InvoiceSubContract分包合同财务
- K00_Commissioning&Maintainance调试维护
- M00_ProjManagement工程管理
- P00_Planning计划
- S00_Backup备份
- T00_Tech技术
- W00_WorkReport工作报告
- Z00_Other其他

图 1　项目资料信息化存储目录

(3)规范项目实施标准文档,从而指导了项目经理及项目参与者快速而又准确地把握项目执行的关键点。制定了设联会讨论议题规范、纪要编写规范、交流说明规范等。

(4)强化技术交底。如规定了合同下发后,必须进行合同评审,规定了合同评审的参与方和评审的内容,评审中发现的问题,落实到谁、什么时候解决、什么方法解决这些问题,特别是功能架构和系统结构的问题,一定要在设计前解决;规定在第一次设联会召开后必须进行技术交底的合同评审,确定工作内容和分工与质量、成本及进度目标。

(5)严格管控设计变更和变更执行。任何设计变更必须经过项目经理审核,并且需要具体载明变更影响工期的长短、费用的多少、具体的设备和执行部门与人员。另外,变更必须落实到最终的产品上,检查和反馈是必不可少的;尽量避免在现场变更设备结构,如果有设备及结构的变更必须在公司内完成,不能留给国外的工程现场,如果留给国外工程现场处理,花费的人材机的成本将会是国内的几倍或者几十倍,而且解决的质量还不如国内。

(6)合理利用变更与索赔:对于业主或者总包方超出合同的或者未按照合同及时反馈确认导致项目执行的成本或者工期增加的,要及时取得正式的、有效的证据,并且及时向合同甲方提出索赔,明确索赔的责任人是项目经理。

3.5　沟通与协调

（1）技术沟通以对等沟通为主，集中统一正式接口。SCADA 项目涉及的专业性强、技术要求高。因此，各个阶段由各自负责人负责与业主、EPC 等相关方对等沟通，沟通完成之后，负责人以规定的正式方式将沟通结果、沟通方式和时间提交给项目经理部，由项目经理部统一同沟通各方确认，确认后执行。

（2）项目经理部与公司内部沟通遵循本项目管理目标为基础，项目经理既要严格按照公司业务流程执行，接受企业全过程监督、管理与检查，充分利用企业的生产要素的调控体系来服务于项目生产要素的优化配置，同时项目生产要素的动态管理要服从于企业宏观调控。

（3）项目经理部与 EPC 方的沟通以 SCADA 项目的项目部为 EPC 方的项目部的一份子的思维来沟通，是全局与局部的辩证关系，以执行合同为有效的方法。

（4）项目经理部与业主之间沟通，由于语言和文化的差异，要以技术的语言即产品图纸的形式进行沟通，这对项目设计阶段尤为重要。在项目的现场安装调试阶段，与业主进行专业化的讲解和沟通，并进行定期磋商，对于业主提出的合理要求应积极响应，做出调整；而对于不合理要求，要有理有节、用经验劝说业主，以合作为主，为分歧找最大的公约数。

4　总　结

海外 SCADA 项目管理不同于国内的项目管理，首先，资源方面限制很多；其次，各国的政治、经济环境都不相同，外部条件比较复杂；最后，项目的周期较长。这要求 SCADA 行业的公司必须提高管理质量和水平，不断发展技术水平，对项目流程计划、沟通协作、实施等方面都进行严格的把握，要应用 IT 系统辅助进行项目管理。同时，必须认识到良好管理机制的重要性，要形成覆盖项目管理全生命周期的管理制度体系，并以此为基础对项目进行有效监控，从而把控好成本、进度和质量关。通过玻利维亚 SJ 项目，可汲取到一些可取的经验，让项目管理有效发挥作用，让项目平稳实施，最终顺利完成了项目执行。

参 考 文 献

[1] 吴建斌.浅谈中国海外项目管理的做法[J].施工技术,2000(11):28-30.

[2] 鹿永.海外项目管理初探[J].城市建设理论研究(电子版),2013(10).

[3] 刘军宏.海外工程项目管理中需要关注的方面[J].科技视界,2014(24).

BIM 技术在水利水电工程建设中的应用

徐骏

(南瑞集团有限公司(国网电力科学研究院有限公司),江苏·南京 210003)

摘 要 BIM 是一个建设项目物理和功能特性的数字表达,是一个共享的知识资源,是一个分享有关这个设施的信息,是一个为该设施从建设到拆除的全生命周期中的所有决策提供可靠依据的过程;在项目的不同阶段,不同利益相关方通过在 BIM 中插入、提取、更新和修改信息,以支持和反映其各自职责的协同作业。本文简单介绍了 BIM 及 BIM 技术在水利水电工程建设中的应用及其展望。

关键词 BIM;碰撞检测;协同施工

0 引 言

在众多的大型工程项目中,水利水电工程是较为复杂与困难的一类,对于一个需要极高安全性的项目,人们需要不断、反复地对整体工程进行考核与检测,这才能最终建成一个可靠的工程项目。水利水电工程具有地形条件复杂、设计选型独特、涉及专业广等特点,存在图纸信息繁冗、工程枢纽布置复杂、土方量计算不精确等问题。通过 BIM 技术的介入,可完整实现工程仿真信息的数字化孪生,多专业规划设计的碰撞检测,及完成工程的枢纽布置、土方量计算,多专业协同施工等任务。通过 BIM 技术的应用从而为水利水电工程的数字化多角度协同设计施工提供更为科学的数据反馈,为工程验算提供一个准确的指导。

1 BIM 概述

BIM 的全称是 Building information Modeling,即建筑信息模型。BIM 是以三维数字技术为基础,集成了建筑工程项目各种相关信息的工程数据模型,BIM 是对工程项目设施实体与功能特性的数字化表达。一个完善的信息模型,能够连接建筑项目生命期不同阶段的数据、过程和资源,是对工程对象的完整描述,可被建设项目各参与方普遍使用。BIM 具有单一工程数据源,可解决分布式、异构工程数据之间的一致性和全局共享问题,支持建设项目生命期中动态的工程信息创建、管理和共享。建筑信息模型同时是一种应用于设计、建造、管理的数字化方法,这种方法支持建筑工程的集成管理环境,可以使建筑工程在其整个进程中显著提高效率和大量减少风险。

2 BIM 在水利水电工程施工设计中的应用

水利水电工程施工总布置设计过程中任务繁杂,专业跨度广泛,需要多方面协同调度。借助 BIM 可视化、协调性、模拟性、优化性、可出图的特性实现三维设计。根据 BIM

三维模型自动生成各种图形和文档,而且始终与模型逻辑相关,当模型发生变化时,与之关联的图形和文档将自动更新;设计过程中所创建的对象存在着内建的逻辑关联关系,当某个对象发生变化时,与之关联的对象随之变化。实现不同专业设计之间的信息共享。各专业 CAD 系统可从信息模型中获取所需的设计参数和相关信息,不需要重复录入数据,避免数据冗余、歧义和错误。以 BIM 技术为沟通载体,实现各专业之间的协同设计。某个专业设计的对象被修改,其他专业设计中的该对象会随之更新。借助 BIM 设计软件,实现虚拟设计和智能设计。实现设计碰撞检测、能耗分析、成本预测等。

BIM 技术具备强大地形处理功能,可帮助实现工程三维枢纽方案布置及立体施工规划,结合 AIM 快速直观的建模和分析功能,则可轻松、快速帮助布设施工场地规划,有效传递设计意图,并进行多方案比选。通过枢纽布置建模,对枢纽布置、厂房机电等需由水工、机电、金属结构等专业按照相关规定建立基本模型与施工总布置进行联合布置。

在基础开挖设计规划阶段,建立三角网数字地面模型,在坝基开挖中建立开挖设计曲面,可帮助生成准确的施工图和工程量。面向土建结构水工专业进行大坝及厂房三维体型建模,实现坝体参数化设计,协同施工组织实现总体方案布置。面向机电及金属结构专业在土建 BIM 模型的基础上,利用 MEP 和 Architecture 同时进行设计工作,完成各自专业的设计,在三维施工总布置中则可以起到细化应用的目的。面向施工导流方面,对导流建筑物如围堰、导流隧洞及闸阀设施等及相关布置由导截流专业按照规定进行三维建模设计,帮助建立准确的导流设计方案,对项目场景中的多源三维数据进行可视化布置设计,可实现数据关联与信息管理。

在 BIM 设计软件对道路、边坡等设计功能的支撑下,通过装配模型可快速动态生成道路挖填曲面,可准确计算道路工程量,进行概念化直观表达。以数字地面模型为参照,可快速实现渣场、料场三维设计,并准确计算工程量,实现直观表达及智能信息管理。建立场地模型和工厂三维模型,参数化定义造型复杂施工机械设备,实现准确的施工设施部署。施工营地布置主要包含营地场地模型和营地建筑模型,其中营地建筑模型可通过 AutoCAD 进行二维规划,然后导入 BIM 设计软件进行三维信息化和可视化建模,可快速实现施工生产区、生活区等的布置,有效传递设计意图。

施工总布置设计集成是总体设计过程中最为烦琐的阶段,通过 BIM 信息化建模将设计信息与设计文件进行同步关联,可实现整体设计模型的碰撞检查、综合校审、漫游浏览与动画输出。通过 BIM 技术将信息化与可视化进行完美整合,不仅提高了设计效率和设计质量,而且大大减少了不同专业之间协同和交流的成本。在进行施工总布置三维一体信息化设计中,通过 BIM 模型的信息化集成,可实现工程整体模型的全面信息化和可视化,通过漫游功能可从坝体到整个施工区,快速全面了解项目建设的整体和细部面貌,并可输出高清效果展示图片及漫游制作视频文件。

3　BIM 技术在水利水电工程造价中的应用

水利水电工程牵扯面广,投资大,专业性强,建筑结构形式复杂多样,尤其是水库、水电站、泵站、地下管廊工程,水工结构复杂、机电设备多、管线密集,传统的二维图纸设计方法,无法直观地从图纸上展示设计的实际效果,造成各专业之间打架碰撞,导致设计变更、工程量漏记或重计、投资浪费等现象出现。

采用基于 BIM 技术的三维设计和协同设计技术为有效地解决上述问题提供了机遇。通过基于 BIM 技术的设计软件,建立设计、施工、造价人员的协同工作平台,设计人员可以在不改变原来设计习惯的情况下,通过二维方法绘图,自动生成三维建筑模型,并为下游各专业提供含有 BIM 信息的布置条件图,增加专业沟通,实现了工程信息的紧密连接。

由于水利水电工程造价具有大额性、个别性、动态性、层次性、兼容性的特点,BIM 技术在水利建设项目造价管理信息化方面有着传统技术不可比拟的优势:一是大大提高了造价工作的效率和准确性,通过 BIM 技术建立三维模型自动识别各类构件,快速抽调计算工程量,及时捕捉动态变化的结构设计,有效避免漏项和错算,提高清单计价工作的准确性;二是利用 BIM 技术的模型碰撞检查工具优化方案、消除工艺管线冲突,造价工程师可以与设计人员协同工作,从造价控制的角度对工艺和方案进行比选优化,可有效控制设计变更,降低工程投资。

BIM 技术的出现,使工程造价管理与信息技术高度融合,必将引发工程造价的一次革命性变革。目前,国内部分水利水电勘测设计单位已引进三维设计平台,并利用 BIM 技术实现了协同设计,在提高水利工程造价的准确性和及时性方面进行了有益探索,值得借鉴。

4 BIM 技术在水利水电工程中的优势

4.1 设计方优势

当下水利水电设计行业最终交付的设计成果大多为 2D 图纸,因此生产流程的组织与管理均围绕着 2D 图纸的形成来进行。而 BIM 技术具备的 3D 设计能力能够精确表达建筑的几何特征,相对于 2D 绘图,3D 设计不存在几何表达障碍,对任意复杂的建筑造型均能准确表现。尽管 3D 是 BIM 设计的基础,但不是其全部。通过进一步将非几何信息集成到 3D 构件中,如材料特征、物理特征、力学参数、设计属性、价格参数、厂商信息等,使得建筑构件成为智能实体,3D 模型升级为 BIM 模型。BIM 模型可以通过图形运算并考虑专业出图规则自动获得 2D 图纸,并可以提取出其他的文档,如工程量统计表等,还可以将模型用于建筑能耗分析、日照分析、结构分析、照明分析、声学分析、客流物流分析等诸多方面。依托 BIM 软件进行三维建模,可以准确生成坝工程各部分剖面图,减少了传统二维设计中绘制剖面图的工作量,提高了设计工作效率。

同时,BIM 技术可实现联动化设计。传统二维设计时,由于工作人员疏忽,容易导致错误。BIM 建模之后,所有视图、剖面及三维图具备联动功能,一处更改之后,其他自动更新,方便设计修改。

其次,BIM 技术能轻松面对多专业协调。水利水电工程设计中各专业的最新设计成果实时反映在同一 BIM 上,错误碰撞、交叉干扰的问题显而易见。

最后,BIM 技术能实现标准化设计。传统的二维设计对工程设计人员空间想象力的要求很高,但标准不统一。应用 BIM,可以有效避免一些由于工程设计人员空间想象不正确而导致的错误。

4.2 施工方优势

借助 BIM 技术可实现多维施工分析。通过 BIM 系列软件建模,进行三维施工工况演示,与施工进度结合进行四维模拟建设,通过与概预算结合进行五维成本核算分析。对于读图的施工人员,通过三维 BIM,将大大提高读图效率和准确度。BIM 可有效支撑施工管理过程,针对技术探讨和简单协同进行可视化操作,自动计算工程量,有效减少工艺冲突。

4.3 运营方优势

BIM 可有效地集成设计、施工各个环节的信息,减少传统的施工竣工图整理的冗杂过程和避免竣工资料归档的人为错误,提高效率,优化管理。实现以 BIM 模型为中心载体将多源运营信息集成起来。通过 BIM,对资产及空间进行优质、高效的管理,可视化进程与监控系统有机结合,节省人力、物力。建筑运营过程中出现的病险加固和改造,可以直接通过 BIM 分析处理,减少工作量。

5 结束语

水利工程地形地质条件复杂、水工结构多样,而 BIM 具有可视化、多专业协同、高仿真模拟、方便工程优化等特点。BIM 是基于全生命周期管理的数据库,在工程建设管理领域具有强大的优势。结合目前水利工程建设领域应用 BIM 的现状,未来通过政府政策层面的标准化先行、项目参与方层面的协同共享、软件开发企业的技术公关、项目参与企业的软件二次开发嵌入、BIM 从业人员的深入培训等多种有效手段,充分发挥 BIM 在水利工程建设中的应用价值之后,水利工程建设领域的信息化建设必将迈上一个新的台阶。

参 考 文 献

[1] 商大勇. BIM+工程项目管理[M].北京:机械工业出版社,2018.
[2] 陆泽荣. BIM 技术概论[M]. 北京:中国建筑工业出版社,2018.
[3] 罗赤宇. BIM 正向设计方法与实践[M].北京:中国建筑工业出版社,2019.
[4] 中国建筑学会. BIM 应用发展报告[M].北京:中国建筑工业出版,2019.

大宗工程物资的供应分析与决策
辅助信息系统的建设与运用
——以雅砻江水电工程为例

樊垚堤，董志荣，张振东

（雅砻江流域水电开发有限公司，四川 成都　610051）

摘　要　在典型制造商的成本结构中，供应链所涉及的成本占 60%~80%，高效的供应链管理可以使总成本下降10%，相当于节省总销售额的 3%~6%，同时明显提高了客户需求预测和管理水平。在工程建设领域内，工程供应链管理同样也受到了越来越多的关注。一方面，制造业供应链管理中的大量实践表明，实施供应链管理能够给企业带来巨大的利润。另一方面，从工程建设成本核算的实际情况来看，劳动和材料成本占的比重很大。因此，特别是对主材需求规模大、周期长的大型建设项目而言，建立科学有序的物资供应体系，对工程进度保障、质量保证、成本控制及参建各方合同目的的实现都有着重要的作用。雅砻江流域水电站建设为大型工程的大宗物资供应管理提供了广阔的研究平台，为做好雅砻江流域多个大型电站项目的物资管理工作，雅砻江公司结合工程实践开展了长期的工程物资供应链管理研究和探索，在工程物资供应链决策理论、方法及实践应用策略等方面取得了系列成果。特别是建立了以风险管控为核心的供应分析与决策管理模型，开发应用了供应链全过程风险管控的信息化工具，通过实践验证其有效性和实用性，为雅砻江流域中上游水电工程物资供应链管理提供决策支持。

关键词　工程物资；多级库存决策；供应链网络规划；供应链风险管理体系；信息化工具

1　引　言

雅砻江流域水电站大宗工程物资供应链是一个更加复杂的多项目工程供应链网络，物资供应商、中转储备系统、预制品生产系统、标段施工现场作为流域水电开发工程供应链的物理节点，在流域水电开发业主的组织、协调下，建立起网络关系。通过对流域水电开发工程供应链的管理，能够统筹协调不同梯级水电开发工程之间资源，形成全流域物资供应的组织与协调，在正常和应急情形下，充分发挥多梯级同步建设时资源共享、组织协同、互通互联的优势，以实现多项目供应链运行的集成效益。

雅砻江公司对大宗物资供应链的研究大体分为两个阶段。第一阶段，以工程供应链管理这一工程管理与供应链管理的交叉领域为研究对象，全面系统地梳理总结雅砻江流域水电工程物资采购与供应链理念相结合的理论研究成果和实践经验，形成水电工程物资供应链管理的理论基础；进一步扩展和深化理论研究，基于具有一半意义的工程供应链结构，以大中型水电工程为主要工程背景，系统研究工程供应链管理与工程物流调度的理论与方法。

第二阶段，在上阶段研究成果的基础上，以供应链全过程风险管控为研究对象，以加强研究成果的应用性为目标，从工程物资供应链多级库存决策、工程物资供应链网络规划、供应链风险管理体系及物资采购调价决策四个方面开展研究工作，形成较为完整的应用性研究成果；独立开发出各个研究板块可实际操作的信息化工具，并以风险管理、多级库存、网络规划仿真三个工程物资供应链全过程风险管控相互关联的研究成果和信息化工具为基础，开发了工程物资供应分析与决策辅助系统。

2　工程物资供应链管理研究简述

交叉学科带来创新，雅砻江流域水电工程物资管理经验与供应链管理理念相结合产生了对工程物资供应链管理的研究。首先，基于供应链管理理论与方法，充分结合雅砻江流域水电开发工程建设的实践背景，以工程、工程项目、工程管理、供应链、供应链管理、工程供应链和工程物资供应链等基本概念的推导实现交叉专业的融合，以业务模型为主线、决策方法为关键节点、实践案例为辅证，从工程物资供应链从无到有的战略策划、设计与构建直至构建后的运作组织管理等时间维度分别展开供应链管理理论方法研究，建立相应的管理模型，提出相应的决策方法，这其中，工程物资供应链运作管理又可以进一步细分为工程物资供应链运作业务模型、需求计划与承包商管理、采购计划与供应商管理、中转运输与中转储备系统运行管理、工程物资供应链多级库存控制、工程物资供应链风险管理等，应从全局综合视角工程物资供应链中独特的技术与质量管理的模型与方法、信息管理手段。

其次，基于供应链管理理论与方法，建立雅砻江水电站工程供应链的层次模型，解析水电工程供应链结构及供应链管理的关键内容。从工程供应链规划的关键决策问题出发，提出了工程物资供应模式综合决策方法、供应链网络优化模型、物资供应商选择决策方法、工程供应链规划仿真模型及决策分析方法；从工程供应链日常运行的系统性决策视角，开发工程供应链多级协同运作决策框架，在工程供应链多级计划基本原理的基础上，针对工程供应链总计划、基于供应链总计划的工程物资采购量分配决策、工程供应链分项计划、基于工程物资需求计划和供应链分项交付计划的中转储备系统散装物资储存能力分配决策及工程供应链多级协同运作仿真等分别提出了相应的方法；根据雅砻江物资转运工作实际情况，结合我国大中型水电工程供应链中的典型铁路中转储备系统的运作模式，建立了铁路中转物流调度优化模型，开发了物流调度优化方法；站在工程供应链整体风险控制的视角，阐述了风险管理的内涵、风险管理中风险识别、风险评价、风险应对决策等关键环节的原理和方法等。

雅砻江流域电站物资供应链理论研究为建设以风险管控为核心的工程物资供应分析与决策辅助信息系统的开发应用打下了基础。

3　供应链风险管理体系研究

雅砻江流域水电工程物资供应链风险管理体系从风险识别、风险评价、风险应对规划、风险控制四个方面构建，旨在将一般情况下水电工程物资供应所涉及的所有风险管理内容结构化、规范化。

3.1　设计方案与技术路线

风险识别是整个风险管理工作的基础,通过因果分析图法对水电工程物资供应中涉及的风险事件及风险因素进行全面梳理,并梳理总结为风险因素表来更直观地表达风险因素与风险事件之间的相互关系。风险识别因素(以水泥为例)见图1。

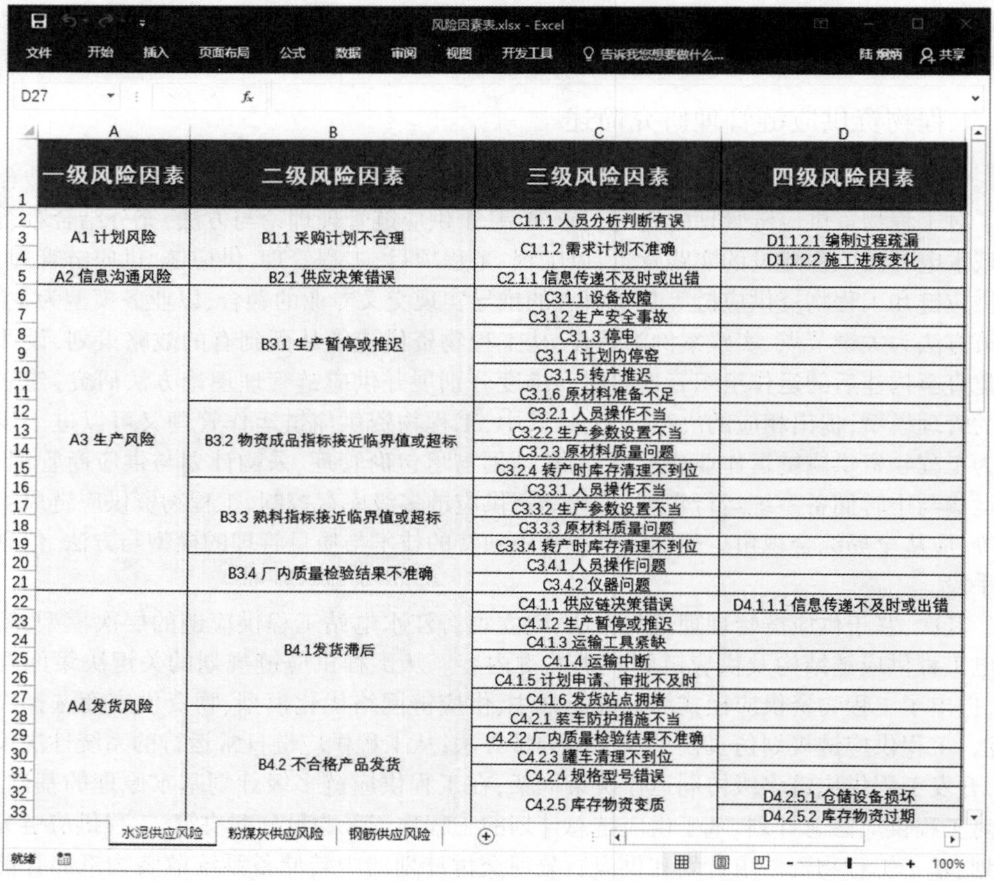

一级风险因素	二级风险因素	三级风险因素	四级风险因素
A1 计划风险	B1.1 采购计划不合理	C1.1.1 人员分析判断有误	
		C1.1.2 需求计划不准确	D1.1.2.1 编制过程疏漏
			D1.1.2.2 施工进度变化
A2 信息沟通风险	B2.1 供应决策错误	C2.1.1 信息传递不及时或出错	
A3 生产风险	B3.1 生产暂停或推迟	C3.1.1 设备故障	
		C3.1.2 生产安全事故	
		C3.1.3 停电	
		C3.1.4 计划内停窑	
		C3.1.5 转产推迟	
		C3.1.6 原材料准备不足	
	B3.2 物资成品指标接近临界值或超标	C3.2.1 人员操作不当	
		C3.2.2 生产参数设置不当	
		C3.2.3 原材料质量问题	
		C3.2.4 转产时库存清理不到位	
	B3.3 熟料指标接近临界值或超标	C3.3.1 人员操作不当	
		C3.3.2 生产参数设置不当	
		C3.3.3 原材料质量问题	
		C3.3.4 转产时库存清理不到位	
	B3.4 厂内质量检验结果不准确	C3.4.1 人员操作问题	
		C3.4.2 仪器问题	
A4 发货风险	B4.1发货滞后	C4.1.1 供应链决策错误	D4.1.1.1 信息传递不及时或出错
		C4.1.2 生产暂停或推迟	
		C4.1.3 运输工具紧缺	
		C4.1.4 运输中断	
		C4.1.5 计划申请、审批不及时	
		C4.1.6 发货站点拥堵	
	B4.2 不合格产品发货	C4.2.1 装车防护措施不当	
		C4.2.2 厂内质量检验结果不准确	
		C4.2.3 罐车清理不到位	
		C4.2.4 规格型号错误	
		C4.2.5 库存物资变质	D4.2.5.1 仓储设备损坏
			D4.2.5.2 库存物资过期

图1　风险识别因素(以水泥为例)

3.2　供应风险管理体系研究成果

风险评价是对风险事件与风险因素进行评价分析,选择通过模糊评价法(缺少历史数据支持)与故障树分析法(有历史数据)两种方法来进行风险评价。风险评价的结果应用于风险应对规划和风险控制。

风险应对规划是对风险事件、风险因素相关的应对措施的全面整理,针对雅砻江流域水电工程物资供应链中涉及的每一个风险因素及风险事件制定应对措施,并进行合理性评价及综合评价。风险应对规划的结果是风险控制的基础。

风险控制是整个风险管理工作的核心,包括风险监测、风险预警及风险控制成本效益分析。对于风险监测,应从风险事件、风险因素、应对措施等角度对监测内容进行完整梳理,确定相应的监测项目、监测方式、监测频率等监测细节。

风险预警是根据监测结果预警风险事件的方案和具体监测项目的各个警戒线及相应的紧急应对措施。对于风险控制成本效益分析,从风险应对措施成本效益分析、风险监测成本效益分析和风险应对决策三个角度分别阐述了相关的方法框架及应用示例,以保障风险控制的效益。水泥相关的监测项目警戒线见图 2。

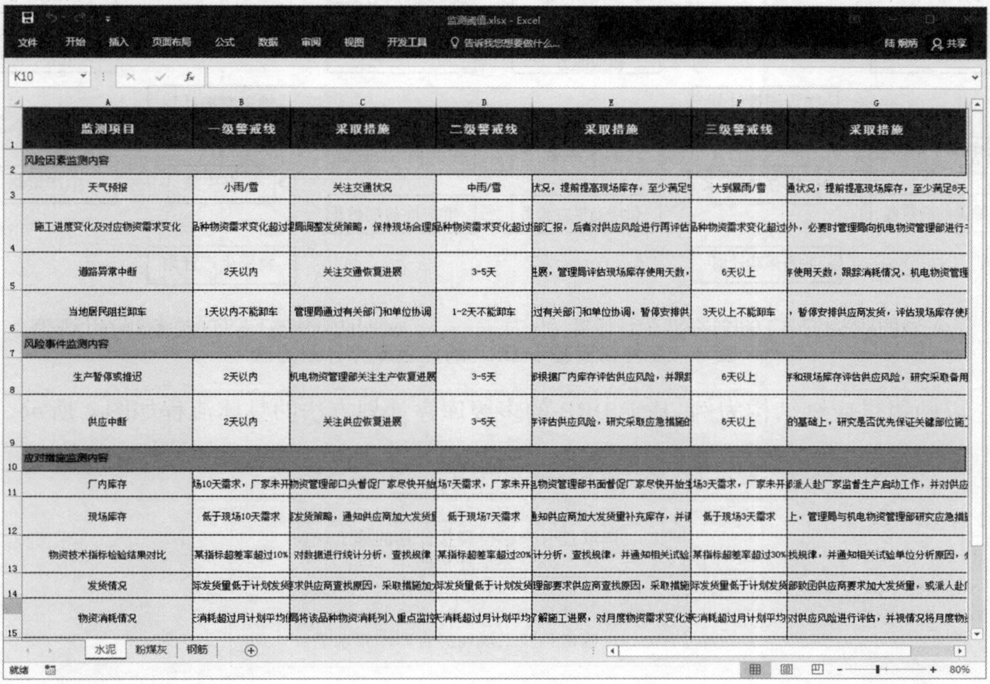

监测项目	一级警戒线	采取措施	二级警戒线	采取措施	三级警戒线	采取措施
风险因素监测内容						
天气预报	小雨/雪	关注交通状况	中雨/雪	状况,提前提高现场库存,至少满足	大到暴雨/雪	通状况,提前提高现场库存,至少满足8天
施工进度变化及对应物资需求变化	品种物资需求变化超过	局调整发货策略,保持现场合理	品种物资需求变化超过	部汇报,后者对供应风险进行再评估	品种物资需求变化超过	外,必要时管理局向机电物资管理部进行
道路异常中断	2天以内	关注交通恢复进展	3-5天	进展,管理局评估现场库存使用天数,	6天以上	存使用天数,跟踪消耗情况,机电物资管理
当地居民阻拦卸车	1天以内不能卸车	管理局通过有关部门和单位协调	1-2天不能卸车	过有关部门和单位协调,暂停安排供	3天以上不能卸车	,暂停安排供应商发货,评估现场库存使
风险事件监测内容						
生产暂停或推迟	2天以内	机电物资管理部关注生产恢复进展	3-5天	部根据厂内库存评估供应风险,并跟	6天以上	存和现场库存评估供应风险,研究采取备用
供应中断	2天以内	关注供应恢复进展	3-5天	存评估供应风险,研究采取应急措施的	6天以上	的基础上,研究是否优先保证关键部位施
应对措施监测内容						
厂内库存	场10天需求,厂家未开	物资管理部口头督促厂家尽快开始	场7天需求,厂家未开	电物资管理部书面督促厂家尽快开始生	场3天需求,厂家未开	部派人赴厂家监督生产启动工作,并对供应
现场库存	低于现场10天需求	发货策略,通知供应商加大发货量	低于现场7天需求	通知供应商加大发货量补充库存,并	低于现场3天需求	上,管理局与机电物资管理部研究应急措
物资技术指标检验结果对比	某指标超差率超过10%	对数据进行统计分析,查找规律	某指标超差率超过20%	计分析,查找规律,并通知相关试验	某指标超差率超过30%	找规律,并通知相关试验单位分析原因,
发货情况	际发货量低于计划发货	求供应商查找原因,采取措施加	际发货量低于计划发货	理部要求供应商查找原因,采取措施	际发货量低于计划发货	部致函供应商要求加大发货量,或派人赴
物资消耗情况	天消耗超过月计划平均	局将该品种物资消耗列入重点监控	天消耗超过月计划平均	了解施工进展,对月度物资需求变化	天消耗超过月计划平均	对供应风险进行评估,并视情况将月度物

图 2 水泥相关的监测项目警戒线

4 工程物资供应链多级库存决策研究

基于分销资源计划原理和雅砻江不同电站工程物资供应链的不同结构,对应有两种工程物资供应链多级库存计划方法:三级供应链结构中需要制定面向施工现场的调拨计划和面向供应商的采购计划;两级供应链结构中需要制定面向施工现场的调拨计划和面向供应商的生产计划。

施工现场的物资需求计划是工程供应链多级库存计划的基础。适用于施工现场日需求量的预测方法有基于月计划量的移动平均法、同期预测法和月计划量的日平均法,其中,后两种方法的预测效果较好。在多级库存重要参数配置时加入风险的考虑,可以让多级库存计划更加灵活地应对工程供应链上的物资需求保障风险。提前期的设置可作为风险的事前预防措施;批量策略的确定可根据节点的实际特点调整;借助工程物资供应链库存仿真工具,合理库存水平和库存警戒线可以实现动态调整,前者是风险的事前预防措施,后者是风险的事中应急措施。

4.1 设计方案与技术路线

4.1.1 基于分销资源计划的多级库存计划方法

对于工程物资供应链,所设计的基于 DRP(分销资源计划)的多级库存计划方法是对某一种工程物资制订一个计划期内的多级库存计划。其应用于两种供应链结构下的原理如图3所示。

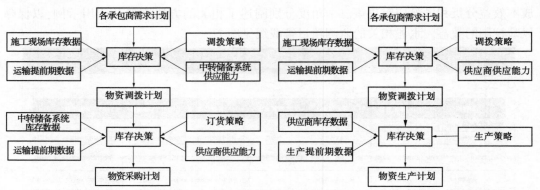

(a)三级供应链结构下基于DRP的多级库存计划原理　　**(b)两级供应链结构下基于DRP的多级库存计划原理**

图3　某种物资基于 DRP 的多级库存计划方法

以两级供应链结构为例,基于 DRP 的多级库存计划方法的具体流程如图 4 所示。

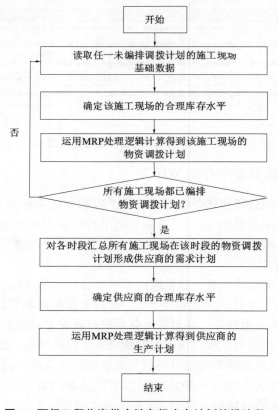

图4　两级工程物资供应链多级库存计划编排流程

根据雅砻江流域电站工程物资供应链管理实践,以两河口水电站建设的实际情况为例,其水泥供应存在两级供应链结构,即施工现场的水泥需求直接由水泥供应商满足,因此该工程物资供应链多级库存计划发生在各施工现场和水泥供应商之间。

施工现场的基础数据作为工程物资供应链多级库存计划的输入,在 DRP 原理下逐步输出面向施工现场的调拨计划和面向供应商的生产计划。

4.1.2　基于风险的多级库存参数配置方法

在根据水电工程施工规律,施工现场在一年中的施工情况可分为三个时期:正常施工期(3~5 月、9~11 月)、汛期(6~8 月)和冬季(12 月至 1、2 月)。考虑到同一时期中的月份具有相似的施工特点,因此同期预测法的基本思想是,将历史数据按这三个时期分类,求各时期下的每日需求比例平均值,再乘以计划月的月计划量,得到计划月的每日需求量预测值。

4.1.3　基于仿真的合理库存水平设置方法

以确定施工现场某项物资的合理库存水平为例,仿真分析法的技术路线分为三步:设置若干合理库存水平,并制订对应的调拨计划;在不同仿真环境下,对不同合理库存水平下制订的调拨计划进行仿真;以爆仓、断货、库存低于 7 日需求总量,库存低于 14 日需求总量为指标,统计仿真结果,评价并选择满意的合理库存水平,据此最终确定调拨计划。

4.2　基于风险管控的工程物资多级库存研究成果

从多级库存计划的一般方法出发,结合雅砻江流域梯级水电开发工程的实际背景,介绍工程物资供应链多级库存计划方法;为使多级库存计划更加灵活有效,讨论了施工现场物资日需求量的预测方法和基于风险的多级库存重要参数的配置方法;开发了多级库存的信息化工具并以此为基础开发了工程物资供应分析决策系统的多级库存板块。多级库存分析——风险参数设置、多级库存分析——风险管控下的多级库存分析结果如图 5、图 6 所示。

图 5　多级库存分析——风险参数设置

图 6　多级库存分析——风险管控下的多级库存分析结果

5 基于风险的工程物资供应链网络规划研究

雅砻江流域工程物资供应链管理以雅砻江流域梯级水电开发工程为背景,从供应链网络规划在水电开发项目中的实际应用限制为出发点,分析出当前供应链网络规划方法中缺少对风险因素的考虑,进而提出更具有实际运作价值的基于风险的供应链网络规划体系。

在网络规划体系中明确将强化供应链风险考虑、关注供应商供货能力满足状、关注供应商配额分配三点为供应链网络规划的核心因素。

在供应链网络规划的风险考虑中,提出在供应链风险管理体系基础上充分考虑供应链网络规划因素与目标综合制定的体系标准,仅选取与供应链网络规划中考核指标相关的风险因素,从中抽离出直接与供需关系相关的风险事件作为新风险体系的组成,提取出供/需波动风险、合作伙伴风险、运输风险三种类别的主要风险,同时在风险因素之上建立各自的风险评价指标,并根据风险因素的特性选择不同的风险评估方法。

5.1 设计方案与技术路线

二级的供应链仿真结构设计技术路线是,在仿真开始时输入各种物资在每个电站未来五年的需求量、工厂停产概率、运输延时等概率,仿真开始运行时每个每天电站将消耗一定量的物资,其符合随机函数为三角分布 $triangular[0.5 * (site.AnnualDemand/365), (site.AnnualDemand/365), 2 * (site.AnnualDemand/365)]$,其中 $site.AnnualDemand$ 是电站 $site$ 每年的需求量,在仿真运行过程中每天对电站和供应商的库存进行检查,若电站的库存量小于安全库存 s 则向供应商发出订货请求,如果供应商仍然有库存并且能够满足订单则发货给电站,经过 $triangular(0.8 * timeMean\_transport, timeMean\_transport, 1.5 * timeMean\_transport)$ 时间运输到现场。如果供应商的库存只能满足部分需求,则其会将满足的部分发送给现场,并立即进行生产,在生产完成之后将货物发给电站。值得注意的是,即便供应商的库存能够满足电站的订单也有一定的概率($Rate\_DotShip$)不发货给电站,并且在运输时候也存在一定的概率($Rate\_TransportDelay\_road$)使得运输时间延长 $triangular(0.1 * timeMean\_Delay, timeMean\_Delay, 3 * timeMean\_Delay)$ 时间,其中 $timeMean\_Delay$ 是平均延长时间。同时,即便在库存不足时,工程还存在一定的概率($Rate\_StopProduce$)不生产。

三级供应链的仿真逻辑主体与二级供应链相似,各个环节均有各自的库存,且均遵循 (t, R, S) 的补货策略,不同之处在于三级供应链中电站的物资供应直接由中转储备系统供货,当中转储备系统的库存量小于安全库存时则向上游供应商订货,供应商按照二级供应链中的供应逻辑供货给中转储备系统。并且在模型运行时,供应商每天都会给中转储备系统发送一定批量的货物,在中转储备系统有紧急订单的时候,也会发送货物或者开始生产。

5.2 基于风险管控的工程物资供应链网络仿真研究成果

基于供应链全过程风险管控供应链网络规划和仿真研究,在供应链风险管理体系基础上充分考虑供应链网络规划因素与目标综合制定的体系标准,选取与供应链网络规划中考核指标相关的风险因素,从中抽离出直接与供需关系相关的风险事件作为新风险体系的组成,提取出供/需波动风险、合作伙伴风险、运输风险三种类别的主要风险,同时在风险因素之上建立各自的风险评价指标,并根据风险因素的特性选择不同的风险评估方法,见图7~图9。

图7 供应分析决策系统网络仿真部分——输入风险参数值

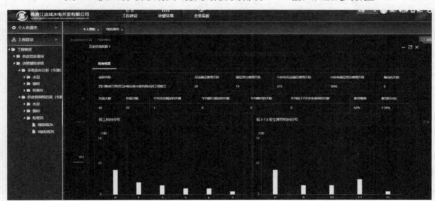

图8 供应分析决策系统网络仿真部分——仿真结果:供应风险概率

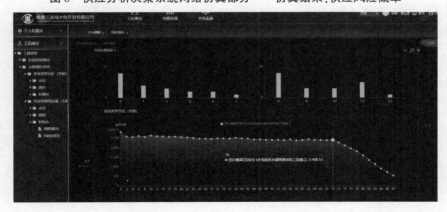

图9 供应分析决策系统网络仿真部分——仿真结果:转运站库存变化曲线

6　结　论

　　风险管理是任何组织运行决策和个人行动决策中的重要内容,常见于项目管理与企业管理决策中。供应链作为一类新型的上下游企业共同协作参与市场竞争的组织模式,链上的企业或组织环环相扣、彼此影响,一旦某一环节出现问题,就会影响整个供应链的正常运转,因此风险管理对工程物资供应链的运行至关重要。

　　本文对供应风险的创新研究与应用分两个层面,首先是针对工程物资供应链全过程的风险管控研究。从风险识别、风险评价、风险应对规划、风险控制四个大方面,其中风险控制又细分为风险监测、风险预警及风险控制成本效益分析。以电站工程物资供应链风险管理为对象,进行了全面系统风险管控理论研究。

　　在理论研究的基础上,结合供应链网络仿真和多级库存管理的研究成果,将供应风险指标量化为多级库存优化设置和网络仿真的参数设置,开发了一种综合考虑供应风险因素的、多级库存条件下的工程物资供应链运行风险仿真算法,对实际的供应风险进行模拟运算,以支持供应风险决策。并进一步对信息化工具进行二次开发,形成了拥有软件著作权的工程物资供应链分析决策系统,以直观的可视化结果展示工程物资供应链风险管控情况,为决策提供科学的辅助依据。信息系统成功应用于两河口水电站工程、杨房沟水电站工程等雅砻江流域水电站工程建设管理,经济和社会效益显著,具有较好的推广应用和再研发价值。

参 考 文 献

[1] CSCM 联合研究组. 水电开发工程物资供应链管理理论与实践——以雅砻江流域梯级水电开发工程为例[M]. 郑州:黄河水利出版社,2014

[2] CSCM 联合研究组. 工程供应链管理与物流调度[M]. 郑州:黄河水利出版社,2016.

[3] 钟卫华,刘振元,陈曦,等.流域水电开发工程物资供应链集成管理模型[C]//2015 年国际工程科技发展战略高端论坛论文集,2015.

[4] 孔妍,刘振元,陈曦,等.水电开发工程铁路中转储备系统的运行优化[J]. 系统工程学报,2015,30(2).

[5] 李乐仁瀚,刘振元,陈曦,等.水电开发工程中转储备系统运行仿真模型研究[C]//2014 年中国系统工程学会学术年会文集,2014.

大型地下洞室塑性松动区围岩变形破坏特征及测试估算方法研究

刘健,李啸啸,柳存喜

(雅砻江流域水电开发有限公司,四川 成都　610051)

摘　要　塑性松动区的形成与扩展是地下工程围岩稳定的热点问题。结合弹塑性理论与工程物探、监测资料探讨了大型地下洞室塑性区围岩的应力状态、变形破坏特征,并提出基于多点位移计监测成果的塑性松动区估算方法。研究成果表明,多点变位计沿孔深的分布主要累积于塑性区,可应用孔深—位移曲线估算围岩塑性松动区界限点的深度及位移量,估算成果与弹塑性理论计算成果基本一致。研究具有一定的参考价值。

关键词　地下洞室;弹塑性理论;围岩变形;多点变位计

1　引　言

中国水力资源富集于西南地区,近年来,以金沙江、雅砻江、大渡河及澜沧江四大水电基地为代表大力开发水电清洁能源,已建代表工程如锦屏、小湾、向家坝、溪洛渡、大岗山、猴子岩等,在建工程如白鹤滩、两河口、乌东德等大型水电站,这些巨型工程的规模和设计施工难度均为空前的。因地制宜,深埋地下厂房是西南地区各大巨型水电站防范采用的一种引水发电解决方案。作为历史地质构造运动的产物,西南地区高山峡谷在富集水资源的同时,亦形成了极为复杂的地质条件。因此,水电地下厂房常赋存于岩性不均、高地应力、地质构造发育的深埋山体里,安全稳定问题突出。

洞室开挖后,围岩应力将经历重分布过程,距临空面一定范围内的围岩可能会进入塑性状态,其中一部分围岩随着塑性变形的发展而导致围岩产生松动圈。此间,由于爆破施工引起的强烈振动也可促使围岩塑性松动区的产生与扩展。围岩塑性区是地下工程中普遍存在的物理力学状态,它对地下工程的安全稳定至关重要。早在 1907 年太沙基(Karl Terzaghi)就观测到了开挖后围岩的松动致使冒落拱现象的出现,并据此提出支护自重荷载的概念[1]。L. Z. Wojno 等根据围岩松动圈的深度和巷道侧帮膨胀量将围岩分为正常与严重条件(软岩)两类[2]。A. K. Dube 等提出用图示法估算松动圈的半径[3]。E. I. Shemyakin 提出"不连续区的概念",并建立经验公式研究松动圈与洞室埋深、岩石强度、地应力及洞室跨度的关系[4]。邓建辉等提出将松动区视作一种弹模和强度较低的等效连续介质进行研究[5]。近年来,随着理论研究的深入及物探、监测技术的不断发展,塑

作者简介:刘健(1993—),男,硕士,研究方向为水工安全监测及结构诊断技术。E-mail:liujian_iwhr@ 126. com。

性区及松动圈理论在地下空间的开发与利用领域已得到了广泛的认可和应用。

本文运用弹塑性理论结合工程实例研究地下工程应力状态、围岩变形破坏特征。基于围岩变形监测资料提出应用图示法解析估算塑性松动区深度,并应用弹塑性理论验算。研究成果对于地下工程围岩变形监测资料分析具有借鉴意义。

2 塑性区围岩的变形破坏特征

2.1 塑性区围岩的应力状态概述

弹塑性理论认为地下工程开挖与爆破其本质是原岩应力释放与平衡的结果,当围岩局部区域的应力超过了岩体的强度,则围岩进入塑性或破坏状态。研究塑性松动区的应力状态对于围岩稳定性分析及支护设计具有重要价值,著名的卡柯(Kaster)公式[式(1)]以及修正的芬纳(Fenner)公式[式(2)]即是利用实测塑性区深度推求支护对围岩的反力 p_i。

$$p_i = - c\tan\varphi + c\tan\varphi \left(\frac{r_0}{R}\right)^{N_\varphi - 1} + \frac{\gamma r_0}{N_\varphi - 2}\left[1 - \left(\frac{r_0}{R}\right)^{N_\varphi - 2}\right] \tag{1}$$

$$p_i = - c\cot\varphi + \left[(c\cot\varphi + p_0)(1 - \sin\varphi)\right]\left(\frac{r_0}{R}\right)^{N_\varphi - 1} \tag{2}$$

式中,R 为塑性区半径;c 为黏聚力;φ 为内摩擦角,N_φ 为塑性系数;r_0 为洞室半径;γ 为岩石容重。

如图 1 所示为圆形均值围岩洞室开挖后的理论应力状态分布图。图 1 中,1~2 为塑性松动区,1 为松动区,2 为塑性区;2~3 为承载区;3~4 为弹性区,4 为原岩应力区。由图 1 可见,当围岩进入塑性状态时,切向应力 σ_θ 的最大值从洞室周边转移到弹、塑性区的交界处。随着往岩体内部延伸,围岩应力逐渐恢复到原岩应力状态。由于塑性变形的产生,切向应力从弹、塑性区交界处向洞室周边逐渐降低。对于松动圈 1 区(塑性区内圈)而言,其应力低于原岩初始应力,裂隙扩展,体积增加,临空面及内部岩体均出现不同程度的损伤。而塑性区外圈则是应力高于初始应力的区域,它与弹性区 3 区合称为承载区,二者协同作用共同承担由于开挖、爆破引起的围岩应力增加。

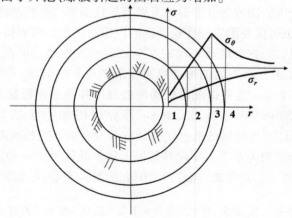

图 1　围岩开挖后弹、塑性区应力分布状态

2.2　塑性区围岩的变形特征

　　大型地下厂房开挖难度大,施工持续周期长,围岩稳定是伴随始终的热点问题。因此,选择合理的监测仪器及布置设计对洞室围岩变形的发展规律、分布概况进行监测,进而达到反馈调整施工进度、设计方案的目的是当前行业内的共识。常用的围岩变形监测仪器有围岩变形收敛计、多点位移计、滑动测微计等。

　　国内众多大型地下洞室围岩变形监测资料显示,多点位移计变形监测值沿孔深分布呈现广泛的分异现象,S. Hibino;将此类大型地下洞室围岩位移分为两部分,即应变位移与裂隙位移,而其中的裂隙位移即发生在塑性松动区内。选取锦屏一级、白鹤滩水电站地下厂房围岩变形典型监测点时序过程线如图 2(a)、(b)所示,可见,围岩变形随开挖进度呈"台阶状"变化,开挖结束或掌子面远离测点位置时,位移变化迅速趋稳,时效特征不明显。但不同深度测点位移量由表及里逐渐衰减,孔口位移量主要累积于孔内 1 个或数个区段。此外,预埋式的多点位移计监测成果显示塑性区的围岩变形产生在测点毗邻部位岩体开挖时产生,且可能随下挖的进行继续扩展。与孔口总位移量相比,塑性松动区位移占比较大,如表 1 所示统计白鹤滩左岸地厂下游侧拱塑性松动区围岩变形情况,结果显示裂隙位移占比为 59.31%~76.17%,与文献中研究成果基本一致。

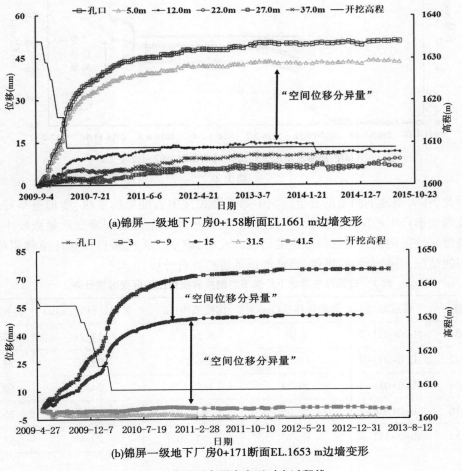

(a)锦屏一级地下厂房0+158断面EL1661 m边墙变形

(b)锦屏一级地下厂房0+171断面EL.1653 m边墙变形

图 2　典型测点围岩变形时序过程线

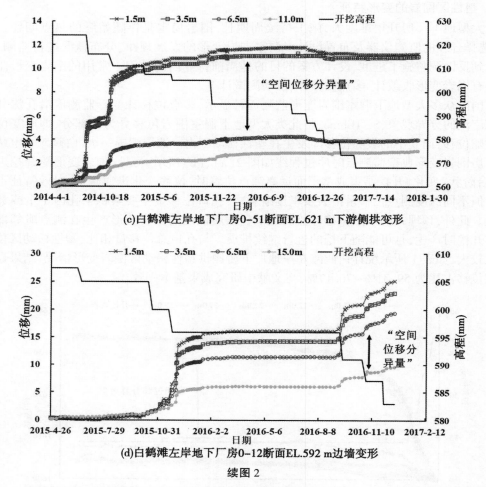

(c)白鹤滩左岸地下厂房0-51断面EL.621 m下游侧拱变形

(d)白鹤滩左岸地下厂房0-12断面EL.592 m边墙变形

续图2

因此,在大型地下洞室的安全监测中除需要关注围岩变形的量级、变形速率外,还应重点监测变形产生的深度、区段。工程实践中,常出现某个位置围岩变形量级较小,但相近部位破坏特征明显或变形收敛慢的情况。此时,应重点关注多点位移计位移累积沿孔深分布的情况,并结合钻孔摄像、声波测试等资料综合分析。

表1 白鹤滩左岸地下厂房下游侧拱肩塑性松动区变形统计表

断面桩号	测点编号	裂隙位移量(mm)	深度范围(m)	累积位移量(mm)	占比(%)
0-051	Mzc0-051-2	7.05	3.5~6.5	11.21	62.89
0-012	Mzc0-012-2	17.51	6.5~11.0	23.62	74.13
0+018	Mzc0+018-3	20.79	3.5~6.5	34.35	60.52
0+076	Mzc0+076-2	25.06	>11.0	32.9	76.17
0+152	Mzc0+152-3	18.38	>11.0	29.48	62.35

续表1

断面桩号	测点编号	裂隙位移量(mm)	深度范围(m)	累积位移量(mm)	占比(%)
0+228	Mzc0+228-3	11.12	3.5~6.5	18.75	59.31
0+279	Mzc0+279-2	12.29	1.5~6.5	17.99	68.32

2.3 塑性区围岩破坏特征

大型地下洞室开挖将致使围岩沿洞周径向卸荷,而切向应力随之增加。在应力释放、偏转、平衡的过程中,塑性松动区围岩破坏与初始应力状态、工程地质条件、施工进度、洞室结构等相关,因此其破坏形式多样、机制复杂。根据控制围岩破坏的决定性因素的不同,可将松动围岩的破坏划分为三个类型,即应力控制型破坏、结构面控制型破坏及应力—结构面复合控制型破坏[11]。

其中,应力控制型围岩破坏主要受高地应力水平影响,主要包括岩爆、片帮、破裂破坏等。而结构面控制型围岩破坏的决定性因素则主要是地质结构面的切割作用影响,在围岩中存在不稳定块体或半定位块体边界。对于应力—结构面复合控制型破坏则表征围岩同时受到地质结构面切割及不利地应力状态影响,且二者的影响程度都较为重要,缺一不可。

借鉴现有研究成果和工程实践资料[12-15],可将松动圈围岩变形破坏模型按发生条件及最终破坏型式分类如图3所示。

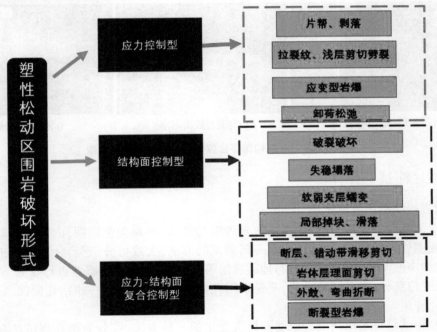

图3 大型地下洞室围岩典型破坏模式

典型破坏模式如图4~图6所示。

| (a)顶拱片帮 | (b)边墙板状剥落 | (c)应变型岩爆 |

图4 应力控制型围岩破坏典型现象

| (a)侧拱围岩沿层内错动带塌 | (b)边墙岩体软弱夹层蠕变挤出 | (c)半定位块体塌落 |

图5 结构面控制型围岩破坏典型现象

| (a)地质构造滑移剪切 | (b)围岩鼓出塌落 | (c)断裂型岩爆 |

图6 应力—结构面复合控制型围岩破坏典型现象

3 塑性区测试与计算

3.1 围岩松动圈声波测试法

如2.1部分中所述,塑性松动区包含内圈与外圈,外圈为塑性圈,内圈为松动圈。针对松动圈围岩的损伤劣化,工程上有专门测试的方法,大致可分三类:一是应用工程物探的方法,如声波测试、声发射测试与地震波法等;二是采用位移传感器进行监测,如多点变位计、光纤位移计、滑动测微计等;三是采用孔内图像识别的办法,如钻孔摄像、定期拍摄岩芯照片等。

声波测试是有效检测围岩松动圈深度变化的一种方法,可分为单孔测试法和双孔测试法。声波波速随岩体介质裂隙扩展、密度减小而降低,随应力增大、密度增加而增大。因此,声波波速高表明岩体完整性好,波速低则说明围岩体中存有裂缝或破坏现象。

日本学者池田和彦等根据室内试验应用式(3)计算松动圈深度:

$$R = 0.015(D + h)\left(6.0 - V\frac{V}{\overline{V}}\right)^2 \tag{3}$$

式中,V、$\overline{V}$ 分别为围岩及试件的波速;R 为松动圈半径;D、h 分别为洞室跨度和高度。规范推荐使用爆破施工前后的波速变化率 η 来界定松动圈临界深度,如式(4)所示:

$$\eta = (C_0 - C_1)/C_0 \tag{4}$$

式中,C_0、C_1 分别为爆破前后同一测孔内的波速。

此外,若只在爆后观测,可用观测部位附近原始状态围岩的波速作为爆前波速。

3.2 基于变形监测的塑性区估算法

受超大型地下洞室规模、施工周期、测孔碎裂塌陷等条件限制,现场复杂施工环境下声波测试频次不能满足对松动圈连续监测分析的要求。因此,声波测试需要结合长期监测手段(如多点变位计)进行联合分析。

多点变位计监测数据中具有丰富的反馈信息可挖掘,通常可绘制时间—位移曲线、桩号—位移曲线、孔深—位移曲线、时间—变形速率柱状图、断面位移分布图等,从时间、空间的角度分析变形监测成果。

利用时间—位移曲线及桩号—位移曲线掌握地下洞室围岩变形随时间的演化规律和空间分布特征是两种较为常规的分析手段。

此外,根据孔深—位移曲线结合岩芯照片、钻孔摄像或地质资料可以更为直观具体地分析围岩变形产生的诱导因素并解释其发展原因。如图7(a)和图7(b)分别为白鹤滩左岸地下厂房 K0-12 断面下游侧拱肩(EL.616.9 m)与 K0+181 断面下游边墙(EL.579.9 m)围岩孔深—位移曲线,由图7可以看出,孔深—位移曲线较为平缓(或前后呈平行趋势)的区域,岩芯一般较为坚硬完整,围岩质量良好,而在曲线陡降段则往往对应着岩芯破碎段或地质构造控制段。

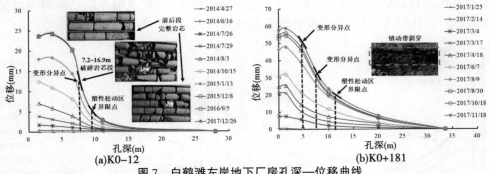

图7 白鹤滩左岸地下厂房孔深—位移曲线

于拱圈而言,弹塑性理论认为在塑性松动区边缘围岩径向应力 $\sigma_{r,B}$、切向应力 $\sigma_{\theta,B}$ 和位移 u_B 应既满足塑性条件又满足弹性条件,如图8所示。

塑性条件为:

$$\frac{\sigma_{r,B} + c\cot\varphi}{\sigma_{\theta,B} + c\cot\varphi} = \frac{1}{N_\varphi} \tag{5}$$

弹性条件为:

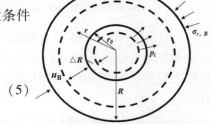

图8 拱圈塑性区边缘位移计算示意

$$\sigma_{r,B} = p_0\left(1 - \frac{r_0^2}{R^2}\right) \tag{6}$$

$$\sigma_{\theta,B} = p_0\left(1 + \frac{r_0^2}{R^2}\right) \tag{7}$$

式中,p_0 为初始地应力,其余字母同式(1)与式(2)。由此三式消去 $\sigma_{\theta,B}$,可得弹塑性圈交界位置径向应力 $\sigma_{r,B}$ 的求解式:

$$\sigma_{r,B} = -c\cot\varphi + (c\cot\varphi + p_0)(1 - \sin\varphi) \tag{8}$$

而对于塑性松动区交界处位移 u_B,则可用弹性力学的方法求得,即式(9):

$$u_B = \frac{1+\mu}{E}(p_0 - \sigma_{r,B})R \tag{9}$$

将式(8)代入,可推得:

$$\frac{u_B}{R} = \frac{1+\mu}{E}\sin\varphi(p_0 + c\cot\varphi) \tag{10}$$

由该式可以看出,弹塑性区界限点位移 u_B 与半径 R 的比例是由围岩质量及初始应力状态决定的。邹红英等根据多点变位计监测结果,提出用"主、次级松动点""松动扩展比"等概念对塑性松动区范围进行估算,具有一定的工程指导意义。但该法需利用多点变位计时间—位移曲线取 6 个特殊时间点,并令孔深—位移曲线上密集处为空间不动点,不完全符合围岩变形发展的一般规律,适用性并不广。

如图9、图10所示,定义围岩变形"分异点"为孔深—位移曲线中各陡降段中斜率最大的点或折点,并令其中孔深最大的分异点为"塑性松动区界限点"。在分异点前,单位长度孔深内围岩变形量呈递增趋势,而在分异点后则有所趋缓。"分异点"对应"张开位移"发育部位。自最后一级分异点后,围岩变形开始趋于收敛,说明界限点后的围岩受施工扰动较小,岩体较为完整,变形沿孔深分布较为均匀。

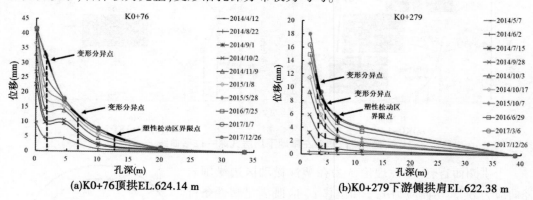

(a)K0+76顶拱EL.624.14 m   (b)K0+279下游侧拱肩EL.622.38 m

图9　白鹤滩左岸地下厂房典型测点孔深—位移曲线

对于洞壁位移 ΔR 而言,其位移应包含着围岩的弹塑性位移 $\Delta R'$ 以及裂隙位移 $\Delta R''$。若略去裂隙扩展张裂带来的体积变化,认为塑性松动区内变形前后岩石的体积相等,则有:

$$\pi(R^2 - r_0^2) = \pi\{(R - u_B)^2 - (r_0 - \Delta R)^2\} \tag{11}$$

略去式中位移变形 ΔR 及 u_B 的高阶项,可得:

$$\frac{r_0}{R} = \frac{u_B}{\Delta R} \tag{12}$$

对于边墙而言,可将式(12)修改为式(13),式中 D 为洞跨,L 为塑性区界面点至洞轴线的距离:

$$\frac{D}{2L} = \frac{\mu_B}{\Delta R} \tag{13}$$

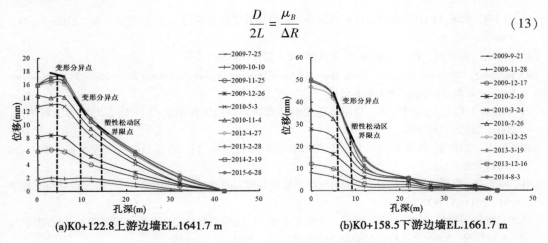

(a)K0+122.8上游边墙EL.1641.7 m　　　　(b)K0+158.5下游边墙EL.1661.7 m

图10　锦屏一级地下厂房典型测点孔深—位移曲线

上述 4 个测点塑性松动区界限点对应的深度分别为 12.3 m、6.9 m 及 13.2 m、9.8 m,该结果与两工程相近部位声波测试的松弛深度相比,塑性区深度约为松动圈深度的 2~3 倍,与弹塑性理论成果基本一致[14、18]。

4　结　论

本文基于工程施工、物探、监测资料,结合弹塑性理论对大型地下洞室塑性区的变形破坏特征进行探讨。得到以下主要认识:

(1)围岩变形不同深度测点位移量由表及里逐渐衰减,围岩变形量主要累积于塑性松动区。因此,在大型地下洞室的安全监测中除需要关注围岩变形的量级、变形速率外,还应重点监测变形产生的深度、区段。

(2)根据多点变位计孔深—位移曲线,可定义变形分异点、塑性松动区界限点运用图示法估算围岩塑性区发展的深度与位移量。

(3)塑性区界限点位移 u_B 与半径 R 的比例是由围岩质量及初始应力状态决定的,略去裂隙扩展张裂带来的体积变化可得到洞径(洞跨)、塑性区深度、洞壁位移、塑性位移的比例关系式,可应用于工程实践。

参 考 文 献

[1] 周希圣. 国外围岩松动圈支护理论研究概况[J]. 建井技术, 1994(4):67-71.

[2] 孙有为, 薄景山, 孙超. 地下洞室松动圈的研究方法与现状[J]. 防灾科技学院学报, 2009, 11(2):13-17.

［3］中国科协学会学术部. 深部岩石工程围岩分区破裂化效应［M］. 北京:中国科学技术出版社, 2008.

［4］钱七虎, 李树忱. 深部岩体工程围岩分区破裂化现象研究综述［J］. 岩石力学与工程学报, 2008 (6):1278-1284.

［5］邓建辉, 李焯芬, 葛修润. 岩石边坡松动区与位移反分析［J］. 岩石力学与工程学报, 2001, 20 (2):171-174.

［6］周小平, 周敏, 钱七虎. 深部岩体损伤对分区破裂化效应的影响［J］. 固体力学学报, 2012(3):242-250.

［7］谢和平, 陈忠辉. 岩石力学［M］. 北京:科学出版社, 2004.

［8］Hibino S, Motojima M. 22 - Rock Mass Behavior During Large-scale Cavern Excavation［J］. Excavation Support & Monitoring, 1993:631-651.

［9］邓建辉, 王浩, 姜清辉, 等. 利用滑动变形计监测岩石边坡松动区［J］. 岩石力学与工程学报, 2002, 21(2):180-184.

［10］彭琦, 王俤剀, 邓建辉, 等. 地下厂房围岩变形特征分析［J］. 岩石力学与工程学报, 2007, 26 (12):2583-2587.

［11］向天兵, 冯夏庭, 江权, 等. 大型洞室群围岩破坏模式的动态识别与调控［J］. 岩石力学与工程学报, 2011(5):871-883.

［12］李仲奎, 周钟, 汤雪峰, 等. 锦屏一级水电站地下厂房洞室群稳定性分析与思考［J］. 岩石力学与工程学报, 2009, 28(11):2167-2175.

［13］王俤剀, 蔡德文, 董瑜斐, 等. 猴子岩水电站地下厂房围岩变形特征分析与控制［J］. 人民长江, 2014(8):66-69.

［14］中国电建集团华东勘测设计研究院有限公司. 金沙江白鹤滩水电站地下厂房顶拱开挖支护总结及后续边墙开挖支护措施汇报材料［R］. 杭州:中国水电顾问集团华东勘测设计研究院, 2015.

［15］王继敏. 锦屏二级水电站深埋引水隧洞群岩爆综合防治技术研究与实践［M］. 北京:中国水利水电出版社, 2019.

［16］中华人民共和国国家发展和改革委员会发布. 水工建筑物岩石基础开挖工程施工技术规范:DL/T 5389—2007［S］. 北京:中国电力出版社, 2009.

［17］邹红英, 肖明. 地下洞室开挖松动圈评估方法研究［J］. 岩石力学与工程学报, 2010, 29(3):513-519.

［18］中国电建集团成都勘测设计研究院有限公司. 雅砻江锦屏一级水电站枢纽工程竣工安全鉴定第一册　第五分册　物探检测自检报告［R］. 成都:中国电建集团成都勘测设计研究院有限公司, 2015.

基于围岩变形监测与有限差分数值试验的 VDP 曲线公式研究

刘健,冯永祥

(雅砻江流域水电开发有限公司,四川 成都　610051)

摘　要　大型地下洞室围岩变形的分布演化规律具有明显的空间效应。工程实践经验表明,对于岩性完整或含硬性结构面的围岩,其变形的时效特征弱,可分为对开挖响应的阶跃上升阶段和开挖断面远离后的渐进收敛阶段。基于 FLAC^{3D} 数值试验手段,探究了不同施工条件下大型地下洞室开挖卸荷与围岩变形之间的定量关系,得到了卸荷强度衰减函数 $\lambda(x)$ 和 VDP 垂直向变形曲线公式。通过工程监测数据与 VDP 拟合曲线的对比验证,表明二者相关性较强,该公式可用于定量分析分层下挖与围岩变形增量间的关系。研究结论具有参考意义。

关键词　地下工程;围岩变形;空间效应;非线性回归

1　引　言

中国的水力资源富集于西南地区。近年来,以金沙江、雅砻江、大渡河及澜沧江四大水电基地为代表,西南地区高山峡谷间大力开发水电清洁能源,已建成代表工程如向家坝、溪洛渡、糯扎渡、小湾、锦屏Ⅰ级、大岗山、猴子岩等,在建工程如白鹤滩、乌东德、杨房沟、两河口等大型水电站,这些巨型工程的规模及设计施工难度均是空前的。在地下厂房施工过程中,围岩稳定性的分析对象随开挖而变化。应力释放引起的卸荷效应、分层开挖而逐级引起的围岩应力重分布及不同时段围岩的工程性质、边界条件变化等因素最终导致围岩变形响应机制十分复杂。具有空间效应是围岩变形响应的一个主要特征,国内外众多学者通过围岩纵向变形曲线(longitudinal deformation profile,简称 LDP)研究了开挖过程中隧道洞壁围岩变形沿洞轴线的空间响应特征。Panet 等[1]通过三维有限元的方法给出了弹性条件下 LDP 曲线的拟合公式并进行了改进,Vlachopoulos 等[2]以塑性区深度为对象切入研究了弹塑性围岩的 LDP 拟合公式,吴顺川等[3]基于数值试验得到了考虑围岩质量及应力水平条件的影响的 LDP 曲线函数,崔岚等[4]根据位移特征 GRC 曲线与 LDP 曲线耦合研究,求解虚拟支撑力反馈支护设计。在施工进度与围岩变形的相关性的研究方面,国内锦屏Ⅰ级[5]、向家坝[6]、溪洛渡[7]、官地[8]、猴子岩[9]、瀑布沟[10]等已建工程实践均表明下挖深度与围岩变形增长存在明显的正相关关系。

作者简介:刘健(1993—),男,硕士,研究方向为水工安全监测及结构诊断技术。E-mail:liujian_iwhr@126.com。

　　现今关于围岩变形的空间效应及其与施工进度之间相关性的研究成果,在工程实践反馈施工、指导设计的应用中发挥了重要作用。但仍然存有以下几点亟待改进的地方:首先,当前已有 LDP 曲线研究多以圆形浅埋隧道为对象研究洞轴线方向上的空间效应,对于呈阶梯状下挖的水电工程大型深埋地下洞室不具有迁徙指导意义,当前亦未见有垂直向围岩变形空间效应的研究成果见诸报端;其次,已有研究虽对施工进度与围岩变形的正相关关系有明确的定性阐释,但对于正相关关系中的非线性缺乏定量研究;最后,由于大型地下洞室围岩变形存在时效特征(流变效应)与空间效应叠合,工程实际中综合表现为时空效应,而现有关于空间效应的应用研究均未对时空效应的分离予以重视。

　　针对现有研究的不足,本文在定性研究大型地下工程围岩变形的演化规律的基础上,定义单位开挖深度的围岩位移增量为卸荷响应强度,并采用 FLAC^{3D} 数值试验及非线性回归计算手段得到了卸荷强度衰减函数。基于上述分析成果推得垂直向围岩变形曲线公式,本文称其为 VDP(vertical deformation profile) 曲线公式。最后,利用工程监测数据进行拟合验证,并对公式中的参数物理意义进行了阐释。研究成果对于大型地下洞室安全监测数据分析及动态施工调整具有借鉴参考意义。

2　围岩变形监测成果

2.1　大型地下洞室施工方案

　　较之浅埋交通隧道,大型深埋地下洞室具有断面尺寸规模大、地应力高、地质条件复杂等特点。这些制约因素决定了大型地下洞室轮廓无法全断面开挖一次成型,因此水电工程领域修建的大型地下厂房无一例外地都选择了分层开挖的方案进行施工。表 1 统计了西南地区具有代表性电站的尺寸、埋深、地应力水平(σ_1)及其开挖分层层数。可以看出,西南地区水电工程大型地下厂房高度多为 65.38 ~ 89.80 m,开挖分层层数一般在 8 ~ 12 层,具体分层高度根据现场施工环境、地质揭露条件、变形响应等因素存有差异。

　　以向家坝和白鹤滩水电站地下厂房为例,如图 1 所示,典型的开挖方式为顶拱采取先中导洞后两侧分序分块扩挖的办法进行施工。顶拱开挖成型后,边墙及基坑开挖采取逐层下挖并交叉支护的方法,其间在岩锚梁浇筑期间,地下厂房进入开挖间歇与上部支护补强阶段。

表 1　西南地区代表性水电工程地下厂房统计(部分)

电站名称	地下厂房尺寸 [跨度×高×长(m×m×m)]	垂直 埋深(m)	最大主应力 水平(MPa)	分层 层数
锦屏一级	28.90(25.60)×68.80×276.99	160 ~ 420	21.7 ~ 35.7	11
锦屏二级	28.30(25.80)×72.20×352.40	231 ~ 327	10.1 ~ 22.9	8
溪洛渡	31.90(28.40)×75.10 ×307.21	340 ~ 480	16.0 ~ 18.0	10
猴子岩	29.20(25.80)×68.70×219.50	400 ~ 660	21.5 ~ 36.4	9
大岗山	30.80(27.30)×74.60×226.58	390 ~ 520	11.4 ~ 19.3	10
官地	31.10(29.00)× 78.00 × 243.44	154 ~ 427	20.0 ~ 35.7	11

续表1

电站名称	地下厂房尺寸 [跨度×高×长(m×m×m)]	垂直 埋深(m)	最大主应力 水平(MPa)	分层 层数
小湾	30.6(25.00)×79.38×298.40	380~480	16.4~26.7	10
白鹤滩	34.00(31.00)×88.70×438.00	260~330	19.0~23.0	10
乌东德	30.50(32.50)×89.80×333.00	220~380	7.0~13.5	11
二滩	30.70(25.50)×65.38×280.29	250~350	17.2~38.4	12
向家坝	33.00(31.00)×85.50×245.00	105~225	8.2~12.2	9
糯扎渡	31.00(29.00)×77.77×418.00	180~220	6.5~10.9	10
双江口	28.30(25.30)×67.32×214.70	321~498	16.0~37.0	10
杨房沟	30.00(27.00)×75.57×228.50	200~330	12.6~13.0	9
长河坝	30.80(27.30)×73.35×228.80	285~480	16.0~32.0	10
两河口	28.40(25.40)×66.80×275.90	400~450	21.6~30.4	9

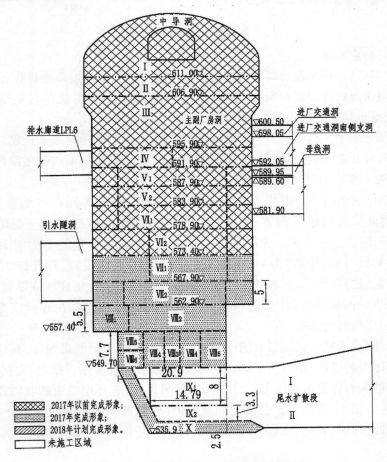

图1 白鹤滩左岸地下厂房分层开挖示意

2.2　围岩变形监测方案

大型地下洞室进行围岩变形监测的主要作用之一即是对回答围岩稳定与否的问题提供数据支持。另外,通过监测手段对施工进度、支护力度等工程设计问题提供反馈。

围岩变形主要监测手段包括内空收敛法、多点变位法及滑动测微法。其中,多点变位计是目前大型地下洞室围岩变形监测最广泛采用的技术手段,传感器类型多为振弦式或差动电阻式。如图 2 所示,其工作原理是在测孔内埋设锚头(以最深锚头为假定不动点,预埋式将传感器的基座视为假定不动点),并沿孔内不同深度布设测点,以实现监测孔内不同深度部位的轴向位移。

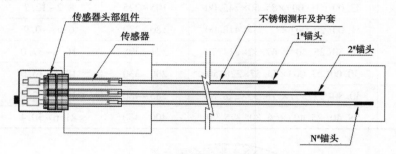

图 2　多点变位计安装埋设结构

2.3　围岩变形响应规律

洞室开挖完成后,顶拱及边墙围岩变形一般主要呈向临空面发展的趋势,但受主应力方位、地质结构面产状等因素影响,其变形型式及变形发展方向可能存有差异。因此,围岩变形监测成果与其变形型式、监测设计预判变形方向有关。

如图 3 所示,多个工程实例表明大型地下厂房围岩变形与开挖施工进度均存有良好的相关性。即:对开挖响应的阶跃上升阶段和开挖断面远离后的渐进收敛阶段。各孔深围岩变形"步调一致",由里及表,逐渐累积。

此外,从空间分布上看,围岩变形测点可能因测点深度不同存在明显分异现象。S. Hibino[11]将此类大型地下洞室围岩位移分为两部分,即应变位移与裂隙位移。如图 3(g)中所示,距临空面 1.5 m 深度与 3.5 m 深度的测点位移变化过程"步调一致",该范围内围岩位移以"应变位移"为主。通过钻孔取芯照片可以发现,距孔口 5.4 ~ 7.2 m 深度范围内岩芯较为破碎,呈碎屑状。在此区域前后,岩芯主要呈柱状或厚饼状。因此,3.5~6.5 m 深度的围岩变形以"裂隙位移"为主,说明该部位围岩在卸荷应力调整过程中,产生块体岩层内的裂隙扩展。

值得注意的是,受软弱夹层影响的围岩体,由于地质结构面的柔塑性,其应变能的释放是一个逐渐缓慢的过程,相应的变形时效特征明显,如图 4 所示。反之,完整、较完整或含硬性结构面的围岩体变形表现出的时效特征不明显,且随开挖结束的收敛速度快。因此,其流变分量占比小,多小于 5%,较之卸荷变形(包括卸荷回弹及应力重分布变形)可忽略不计。因此,完整、较完整或含硬性结构面的围岩是作为探究围岩变形空间效应的优良素材。

总体而言,根据上述围岩变形的"台阶状"时间—位移曲线,总结得到围岩变形垂直

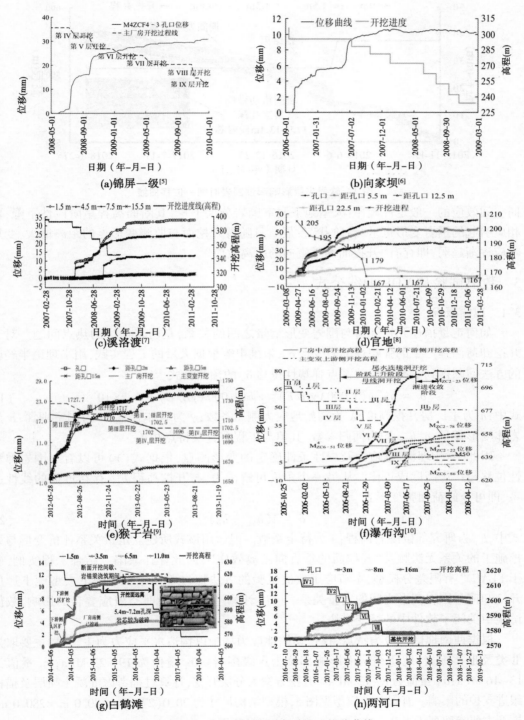

图 3 典型工程围岩变形测点时间—位移曲线

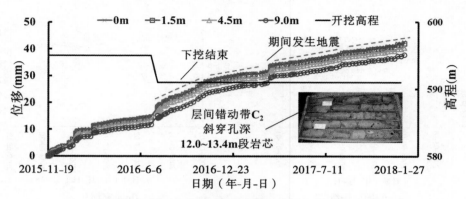

图4　软弱夹层影响部位围岩时间—位移曲线

向空间效应的一般定性规律:大型地下洞室围岩分层下挖,其断面高程呈阶段性下降,而相应引起的围岩变形也呈"台阶状"发展。且随着开挖面与监测变形点的距离增大,变形响应逐渐趋弱,即存有"开挖面的垂直向的距离效应"。

3　数值试验及 VDP 曲线公式

3.1　建模概况

如何定量描述开挖卸荷与围岩变形增量之间的关系,是历来探讨的热点问题。对于开挖卸荷回弹产生的弹塑性围岩变形 δ_e,朱维申等根据大量的工程实践,用半理论半经验的方法回归得到了高边墙关键点弹塑性位移 δ_e 的预测公式[12]:

$$\delta_e = \eta h \left[a (1\,000 \lambda \gamma H/E)^2 + b (1\,000 \lambda \gamma H/E) + c \right] \times 10^{-3} \tag{1}$$

式中,h 为主厂房开挖高度;λ 为初始地应力侧压系数;γ 为岩体容重;H 为洞室埋深;E 为岩体变形模量;a、b、c 均为回归参数,其值与工程布置及特点相关。

因此,对于埋深、地应力及岩性条件确定的变形测点,根据式(1)可以看出围岩弹塑性位移与厂房高度成正比。从另一个角度可解读为,与开挖高程 h_{EL} 存在近似的线性关系,即可令卸荷回弹变形 δ'_e 为:

$$\delta'_e = A(h_{EL} - h_0) \tag{2}$$

式中,h_0 为研究部位围岩高程;A 为待定系数。但运用该式所建立定量关系评价变形与开挖施工的关系无法顾及"开挖面的垂直向距离效应",因此存在缺陷。结合工程实例,基于 FLAC³ᴰ 有限差分模型,本节应用数值试验的方法探讨不同施工条件下大型地下厂房开挖卸荷与围岩变形之间的定量关系。(注:计算过程为避免时空效应叠合的影响,数值试验中关闭了软件中的蠕变模块)

根据西南地区地应力特点,模拟初始地应力场中以构造水平应力为主,岩性主要取为Ⅱ类及Ⅲ类围岩,地质结构面影响部位为Ⅳ级围岩。σ_1 量值为 19~23 MPa;σ_2 量值为 13~16 MPa;σ_3 量值为 8~12 MPa。开挖方案为分层开挖,计算过程考虑混凝土喷层及锚杆跟进支护的影响。有限差分模型见图5,模型结构尺寸为 30.0(27.0)m×80.0 m ×280.0 m,模型主要参数列于表2。

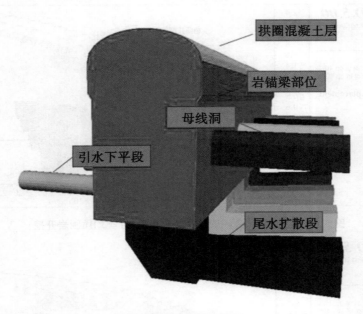

拱圈混凝土层

岩锚梁部位

母线洞

引水下平段

尾水扩散段

图 5 洞室模型示意图

表 2 围岩及混凝土喷层物理力学参数

围岩质量/ 本构	体积模量 （GPa）	剪切模量 （GPa）	f	c （MPa）	抗拉强度 （MPa）	节理 倾角	节理 f
Ⅱ 类/mohr	16.6	12.5	1.48	2.51	3.51	—	—
Ⅲ类/ub （含缓倾裂隙）	12.3	7.4	1.11	1..86	1.22	20°	0.7
Ⅲ类/ub （含陡倾裂隙）	12.3	7.4	1.11	1.86	0.86	70°	0.7
混凝土喷层/elas	25.0	11.5	—	—	—	—	—

注：mohr 为摩尔库仑模型，elas 为各向同性弹性模型，ub 为多节理模型。

3.2 数值试验结果分析

如图 6～图 11 所示为不同条件下开挖形成的位移场及典型监测点时步—位移计算过程线。数值模拟显示，洞室逐层下挖，围岩变形呈"台阶状"递增的规律与实际工程中监测结果一致。以 Ⅱ 类均质围岩中开挖为例，直接约束监测点部位的围岩开挖引起的位移增量最大，占总位移量的 12%～16%。此后相同的开挖高度引起的位移增量随开挖高程的降低而逐渐递减。岩锚梁及其下部边墙围岩较之拱圈及岩锚梁上部边墙的卸荷效应强烈，位移量较大，与现场监测成果一致。不同地质条件及支护力度下开挖掘进，围岩变形卸荷响应规律基本相同，但在变形量的大小上存在差异。

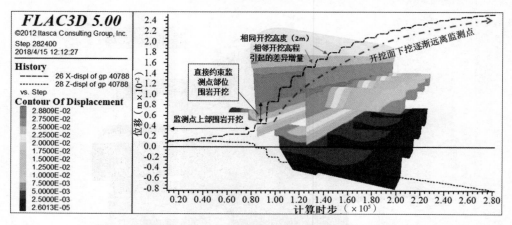

图 6　典型监测点时步-位移计算过程线(Ⅱ 类均质围岩开挖)

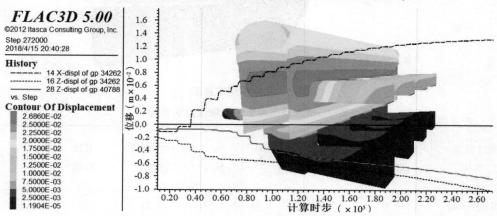

图 7　典型监测点时步—位移计算过程线(均质围岩开挖—跟进支护)

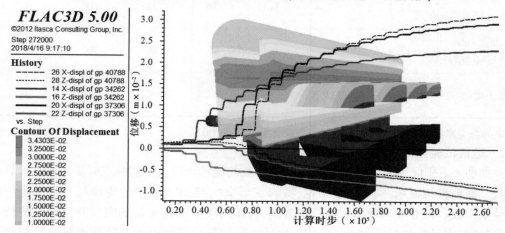

图 8　典型监测点时步—位移计算过程线(含缓倾角优势裂隙围岩—跟进支护)

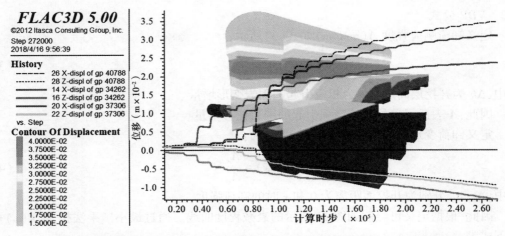

图 9 典型监测点时步—位移计算过程线(含陡倾角优势裂隙围岩—跟进支护)

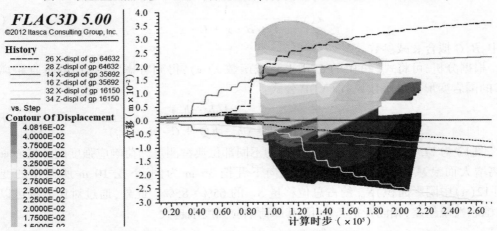

图 10 典型监测点时步—位移计算过程线(含软弱地质结构面围岩—跟进支护)

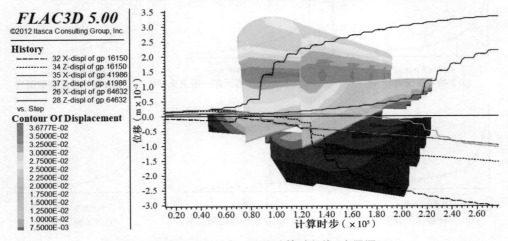

图 11 典型监测点时步—位移计算过程线(交叉洞口)

3.3 VDP 公式

定义卸荷响应强度 Λ(mm/m)如式(3)所示:

$$\Lambda = \frac{\Delta\delta}{\Delta h} \tag{3}$$

式中, Δh 为开挖层高度, $\Delta\delta$ 为相应引起的围岩变形增量。

因此, Λ 表征了单位开挖高程引起的围岩位移增量。

定义卸荷变形响应衰减程度函数 $\lambda(x)$ 为:

$$\lambda(x) = \frac{\Lambda_x}{\Lambda_0} \tag{4}$$

式中, Λ_0、Λ_x 分别为开挖面距离为 0 和 x 时的卸荷强度。

因此,根据定义可绘制如图 13 所示的衰减程度曲线。通过最小二乘法拟合, $\lambda(x)$ 可用下式表示:

$$\lambda(x) = \frac{1}{1 + B \cdot x + C \cdot x^2} \tag{5}$$

式中, B、C 拟合衰减参数。

根据分析,可将式(2)中的 δ'_e 乘上衰减函数 $\lambda(x)$,得到考虑"开挖面的垂直距离效应"的围岩变形分量函数 δ_e,即 VDP 公式:

$$\delta_e = \delta'_e \cdot \lambda(x) = \frac{A(h - h_0)}{1 + B \cdot (h - h_0) + C \cdot (h - h_0)^2} \tag{6}$$

图 12 为 FLAC^{3D} 有限差分模型输出的不同部位典型测点卸荷响应强度随开挖面垂直距离增大而衰减的曲线。以典型测点向下开挖 36 m 为例,下挖 10 m 所累积的变形(图 12(a)中阴影面积)S_{10} 约占总位移量 S_{36} 的 65%~85%。此外,通过对比分析可以看出,围岩性质越差,相同开挖条件下,其卸荷响应强度也越大。

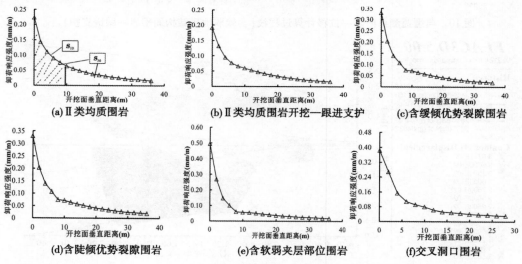

图 12　不同部位开挖面垂直距离—卸荷响应强度曲线

卸荷变形相应衰减函数 $\lambda(x)$ 曲线如图 13 所示。

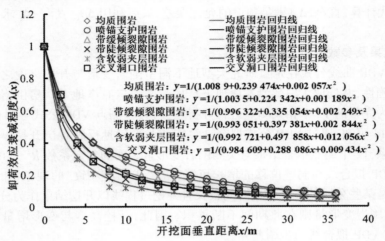

图 13　卸荷变形响应衰减函数 $\lambda(x)$ 曲线

4　公式的验证与参数分析

4.1　计算方法

VDP 曲线公式中含有非线性因子,因此使用 Marquardt 方法进行求解。令残差目标函数 Q 为:

$$Q(\beta) = \sum_i \{y_i - g(X,\beta)\}^2 \qquad (7)$$

式中, X 为监测值向量矩阵; β 为参数求解向量, g 为关于 β 的非线性函数。

模型参数求解过程即为求 β 使目标函数 Q 最小。

令 $\beta_i = \beta_i^{(0)} + \Delta_i (i=1,2\cdots,m)$ 。将 $g(X,\beta)$ 在 $\beta^{(0)}$ 点展开成 Taylor 级数,并略去高阶项的有:

$$g(x_k,\beta) = g(x_k,\beta^{(0)}) + \sum \frac{\partial g_{k0}}{\partial b_i}\Delta_i \qquad (8)$$

因此,令:

$$Q = \sum \left\{ y_k - \left(g(x_k,\beta^{(0)}) + \sum \frac{\partial g_{k0}}{\partial b_i}\Delta_i \right) \right\}^2 \qquad (9)$$

为使 Q 在最小二乘意义下达到最小,对 Δ_i 取偏导数,并令其为 0,有:

$$\sum_j k_{ij}\Delta_j = k_{ij} \qquad (10)$$

$$k_{ij} = \sum \frac{\partial g_{k0}}{\partial \beta_i} \cdot \frac{\partial g_{k0}}{\partial \beta_j} \qquad (11)$$

$$k_{iy} = \sum \frac{\partial g_{k0}}{\partial \beta_i} \cdot (y_k - g_{k0}) \qquad (12)$$

当近似值 $\beta_i^{(0)}$ 与观测值给定后,根据式(8)、式(10)可确定方程(9)的系数矩阵及等

式右边各项,并解出 Δ_i,当 $|\Delta_i|$ 值精度无法满足要求时,即使用当前 β_i 代替原来的近似值 $\beta_i^{(0)}$ 进行迭代计算,直至 $|\Delta_i|$ 满足预设的允许误差,最后利用 $\Delta\beta_i = \beta_i^{(0)} + \Delta_i$ 求出 β,即得未知参数。

4.2 计算成果及参数分析

为检验 VDP 曲线公式在定量研究大型地下洞室围岩变形与开挖进度之间的相关性分析中的正确性,共选取了白鹤滩左岸地下厂房与两河口右岸地下厂房围岩变形与开挖信息记录较为完整的 12 个相关测点进行分析验证,典型测点 VDP 公式导出曲线如图 14 所示。由图 14 可知,通过 VDP 公式拟合计算能较为准确地反映各层开挖厚度与位移增量之间的关系,12 个测点拟合结果与实测围岩变形量之间的判定系数 R^2 为 0.89~0.98。

此外,VDP 拟合线与洞壁位移的增长可能存在"步调不一致"的现象,如图 14(d)所示。其原因是某些分层的下挖持续时间较长且开挖过程线以开挖结束作为分层高度下降的时间点,而围岩变形量则在此期间不断累积。因此,开挖高度与变形增量间存在时间差,进而造成 VDP 拟合线的步调差异。

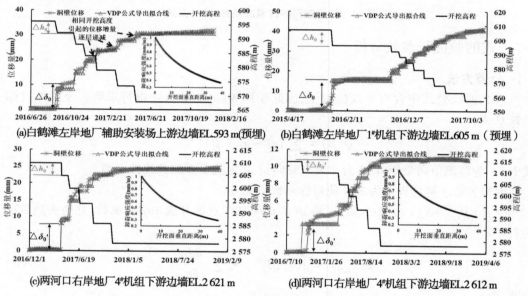

图 14　VDP 公式计算成果与实际工程变形曲线验证

进一步研究 VDP 拟合公式系数可知式(6)中的 A 具有明确的物理意义,即 $A = \Lambda_0$,即开挖面距离为 0 时的卸荷变形强度。实际计算中,可将直接约束监测点部位围岩开挖引起的变形增量 $\Delta\delta_0$ 除以开挖层高度 Δh_0 得到。

因此,对于预埋传感器监测围岩变形的情况直接应用式(6)进行计算分析。而对于先开挖后埋设的仪器的情况,由于无法通过监测成果及拟合系数反算 Λ_0,则式(6)不再适用。根据卸荷强度的衰减规律,可考虑应用式(13)的 VDP 公式对非预埋变形测点的垂直空间效应进行分析。

$$\delta_e = \frac{A'(h - h_0)}{1 + B \cdot (h - h_0) + C \cdot (h - h_0)^2} - D \tag{13}$$

式中，$A' = \Delta\delta_0'/\Delta h_0'$，如图 14（c）及图 14（d）中所示。而参数 D 则为根据 VDP 衰减规律反算的由于埋设滞后丢失的围岩位移，据此可推算两河口右岸地下厂房 4# 机组下游边墙（EL. 2621 m）由于滞后 2.5 m 下挖深度丢失围岩变形量为 5.68 mm，而两河口右岸地下厂房 4# 机组下游边墙（EL. 2612 m）由于滞后 6.5 m 下挖深度丢失围岩变形量为 6.53 mm。

5 结 论

针对大型地下洞室分层下挖与围岩变形发展间的关系，结合地质、监测、施工资料，对围岩的变形演化规律、空间分布特征及其破坏机制进行了探讨，得到以下主要认识：

（1）工程监测及数值试验成果均表明，大型地下洞室断面分层下挖，相应引起的围岩变形也呈"台阶状"增加。且随开挖面距离增大，变形响应逐渐趋弱。FLAC^{3D} 分析成果表明，在相同开挖条件下，围岩性质越差，其卸荷响应越强烈，但总体衰减规律一致。通过回归拟合得到了不同地质条件、支护力度下的卸荷强度衰减函数 $\lambda(x)$。

（2）数值试验表明，直接约束监测点部位的围岩开挖引起的位移增量最大，为总位移量的 12%～16%。以典型测点向下开挖 36 m 为例，下挖 10 m 累积的变形占总位移量的 65%～85%。

（3）通过直接约束部位围岩的开挖厚度与变形监测量的增长计算得到初始的卸荷响应强度 Λ_0，结合衰减程度函数 $\lambda(x)$ 及下挖深度，即可得到某一开挖高程的卸荷响应强度 Λ，进而得到了可评价不同下挖深度位移增量的 VDP 公式。

（4）对于变形传感器非预埋的情况，可通过 VDP 公式合理地估算由于埋设滞后丢失的变形量。

参 考 文 献

[1] PANET M. The calculation of tunnels by the method convergence confinement[M]. Paris：Press of the National School of Bridges and Roads，1995.

[2] VLACHOPOULOS N，DIEDERICHS M S. Improved longitudinal displacement profiles for convergence confinement analysis of deep tunnels[J]. Rock Mechanics and Rock Engineering，2009，42（2）：131-146.

[3] 吴顺川，耿晓杰，高永涛，等. 基于广义 Hoek-Brown 准则的隧道纵向变形曲线研究[J]. 岩土力学，2015，36（4）：946-952.

[4] 崔岚，郑俊杰，苗晨曦，等. 隧道纵向变形曲线与围岩特征曲线耦合分析[J]. 岩土工程学报，2014，36（4）：707-715.

[5] 魏进兵，邓建辉，王俤剀，等. 锦屏一级水电站地下厂房围岩变形与破坏特征分析[J]. 岩石力学与工程学报，2010，29（6）：1198-1205.

[6] 袁培进，孙建会，刘志珍，等. 向家坝水电站地下主厂房围岩稳定监测分析[J]. 岩石力学与工程学报，2010，29（6）：1140-1148.

[7] 李金河，伍文锋，李建川. 溪洛渡水电站超大型地下厂房洞室群岩体工程控制与监测[J]. 岩石力学与工程学报，2013，32（1）：8-14.

[8] 张勇，肖平西，丁秀丽，等. 高地应力条件下地下厂房洞室群围岩的变形破坏特征及对策研究[J]. 岩石力学与工程学报，2012，31（2）：228-244.

[9] 王俤剀，蔡德文，董瑜斐，等. 猴子岩水电站地下厂房围岩变形特征分析与控制[J]. 人民长江，2014(8)：66-69.

[10] 黄秋香，邓建辉，苏鹏云，等. 瀑布沟水电站地下厂房洞室群施工期围岩位移特征分析[J]. 岩石力学与工程学报，2011(S1)：3032-3042.

[11] Hibino S, Motojima M. 22-Rock Mass Behavior During Large-scale Cavern Excavation[J]. Excavation Support & Monitoring, 1993：631-651.

[12] 朱维申，孙爱花，王文涛，等. 大型洞室群高边墙位移预测和围岩稳定性判别方法[J]. 岩石力学与工程学报，2007，26(10)：1729-1736.

基于 InSAR 技术的两河口库岸边坡历史变形特征研究

邓韶辉

（雅砻江流域水电开发有限公司，四川 成都 610051）

摘　要　水库蓄水过程中库岸边坡受库水作用，岩土体强度降低，可能发生滑坡及塌岸。两河口水电站蓄水后形成三大库区，库岸线长达 200 km，具有"范围大、库段长、消落深度大、地质条件复杂、不良地质体数量多、潜在不稳定库岸规模大"等特点。常规库岸监测技术因成本较大不能实现库区范围全覆盖监测。本文以两河口库区为例，采用合成孔径雷达干涉测量（InSAR）技术对两河口库岸边坡历史变形进行研究，研究结果表明，InSAR 技术可精准识别库岸变形，与传统地质勘察和监测成果相互验证，填补了人工地质勘察不能覆盖区域的空白，具有监测范围广、密度大、精度高等优点。

关键词　水库蓄水；库岸稳定；InSAR 技术；变形监测

1　引　言

两河水电站库区回水范围长，受河曲影响倾倒变形体及覆盖层等广泛分布，库区地质条件复杂。随着两河口水电站蓄水，库区岸坡将发生再造，可能出现滑坡、塌岸[1]。两河口水电大坝坝高 295 m，坝顶高程 2 875 m，正常蓄水位为 2 865 m，死水位为 2 785 m，消落深度达 90 m。电站蓄水后将形成雅砻江、鲜水河和庆大河三大库区，回水距离超过 200 km。库岸边坡面临"范围大、库段长、消落深度大、地质条件复杂、不良地质体数量多、潜在不稳定库岸规模大"等特点和难点。若采用如 GNSS、棱镜、位移计等常规观测技术，则成本将大大增加，且不能对库区进行全覆盖监测。因此，采用新型监测手段对库区监测是迫切需要解决的问题。

合成孔径雷达干涉测量（Interferometric Synthetic Aperture Radar, 简称 inSAR）技术作为近些年发展起来的高新技术，因其具备全天候、全天时以及穿云透雾的技术特点，已被广泛应用到城市地表沉降监测，以及滑坡冻土等地质灾害监测[2]。两河口库区虽然地质地形复杂，自然环境恶劣，但是仍有极为丰富的雷达观测存档数据。部分雷达观测数据虽然需要付费获取，相对于实地野外排查，可很大程度上降低库岸边坡监测成本。与传统的 GNSS、光学遥感、地球物探等监测手段相比，InSAR 具有监测范围广、密度大、精度高等优点，并且不受天气条件的限制，成为区域地表变形监测和滑坡识别最有效的技术手

作者简介：邓韶辉（1987—），男，博士，工程师，主要从事水利水电技术管理。E-mail：dengshaohui@sdic.com.cn。

段[3-4]，可对蠕滑型滑坡进行早期识别，同时监测滑坡运动的时空分布规律[5]。

2 工程概况

两河口库区河谷属典型的侵蚀谷，河谷形态大多呈明显的 V 形峡谷地貌，间夹相对宽谷，宽谷段可见多级阶地，山顶高程为 3 900~4 800 m。库区雅砻江干流总体南东流向，鲜水河支流总体近南北流向，庆大河支流总体呈南西流向。

库区出露地层较简单，以三叠系浅变质砂板岩为特征。雅砻江主库出露的地层为两河口组和雅江组，其中两河口组库段出露长约 80 km，占库长 72%，雅江组库段出露长约 30 km，占库长 28%。鲜水河支库以新都桥组为主，其次为侏倭组、如年各组、杂谷脑组与杂尕山组。新都桥组出露占库长 68.4%，其岩性以灰、深灰色碳质绢云板岩、绢云石英千枚岩、粉砂质板岩为主，夹变质细粒长石石英砂岩、岩屑石英砂岩，岩性稳定。庆大河支库主要为新都桥组二段（T3xd2），占庆大河支库库长约 74.8%，其次为新都桥组三段（T3xd3）和两河口组（T3lh1），总体以互层状砂板岩为主。

库区构造断裂构造不发育，主要构造格局为弧顶向南的雅江弧形褶皱构造带，即雅江弧。自北向南，库区内主要弧形褶皱有拉日马背斜、下瓦拉向斜、瓦多背斜、拿乌顶向斜、扎西多向斜、老乌背斜、达哇背斜、瓦支向斜、西雅背斜、巴隆巴向斜、嘎德哈孜背斜、扎拖向斜、4336 向斜、卧龙寺背斜、江托亚向斜、雅江兵站向斜、一二五道班背斜、依洛堆背斜、红龙乡向斜、科拉沟向斜、朗勒万向斜、策地拉陀背斜、黑经寺背斜、曲果龙巴向斜、力外隆巴背斜、力万奥背斜、翁株纳赤向斜、那交背斜、度古向斜、度古南背斜、叠热向斜、秀得向斜、罗柯次克背斜等。除上述弧形褶皱外，南北向褶皱也较发育，如俄若背斜、哈德—忠古向斜。库区断裂主要有北西向的多尔金措—古龙断层（8）、义达柯断层（10）、康都断层（28）和热公断层（18），断裂规模较小，属早更新世活动断裂。两河口工程库区为弱震环境，地震基本烈度Ⅶ度。

库区物理地质现象不甚发育，库岸岩体风化较弱，但倾倒变形、卸荷崩塌作用相对较强。沿河两岸断续分布倒石堆，主要表现为点多面广、堆积体方量较小的特点。库区内滑坡不发育，库区有滑坡 21 处，规模较大的主要有三家寨滑坡、索依村滑坡、瓜里滑坡、普巴绒滑坡、扑姑滑坡、勒德滑坡、甲西滑坡、德让沟滑坡、尤那西右岸支沟滑坡、尤那西左岸滑坡、呷依滑坡等，体积大于 100 万 m³，滑坡的分布位置和发育程度明显地受地貌、岩性、地质构造和河谷结构等因素的影响，有较强的规律性，主要位于纵向河谷段。统计调查库区共发育泥石流沟 86 条，其中雅砻江干流 52 条，鲜水河库区 34 条。现代活动性的泥石流沟共 21 条。库区泥石流活动具有退化的特征，泥石流的现代活动性不强、规模较小，一般为中小型泥石流。

3 InSAR 技术原理

合成孔径雷达干涉测量 InSAR 是新近发展起来的空间对地观测技术，是传统的 SAR 遥感技术与射电天文干涉技术相结合的产物。它利用雷达向目标区域发射微波，然后接收目标反射的回波，得到同一目标区域成像的 SAR 复图像对，若复图像对之间存在相干条件，SAR 复图像对共轭相乘可以得到干涉图，根据干涉图的相位值，得出两次成像中微波的路程差,从而计算出目标地区的地形、地貌及表面的微小变化,可用于数字高程模型建立、地壳形变探测等。

图 1 是 SAR 卫星对地面点 P 的合成孔径雷达成像原理示意,由于雷达波为电磁波,可假设波束为连续的正弦波,则可表达为:

$$S(t) = Ae^{j2\pi ft} \qquad (1)$$

式中,f 为雷达波的频率;A 为雷达波的幅度。

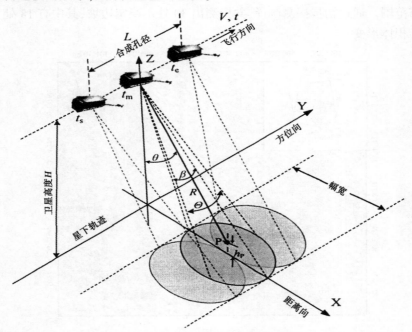

图 1　合成孔径雷达成像原理

当 SAR 卫星位于 t_s 位置时,雷达波发射到地面点 P,而当 SAR 卫星位于 t_s 点时,地面点 P 处于雷达波的中心位置,这时 SAR 卫星与 P 点的距离为 R,当 SAR 卫星运动到 t_e 位置时,雷达波从地面点 P 反射。由式(1)可知,当 SAR 卫星位于 t_s 位置时,收到来自地面点 P 反射的信号为:

$$S_R(t) = KAe^{j\left[2\pi f\left(t-\frac{2R}{c}\right)+\varphi\right]} \qquad (2)$$

式中,R 为地面点 P 与雷达天线的距离,即斜距;K 为与地面点 P 的后向散射系数相关的参数;C 为光速,$2R/C$ 是接收的回波信号与发出的雷达信号之间的时间延迟;φ 为由于地面点 P 的本身地物的后向散射特性引起的相位变化信息。

雷达回波信号经处理后,去除载频信息,可表示为:

$$\hat{S}_R(t) = KAe^{j\varphi}e^{-j2\pi f\frac{2R}{c}} = KAe^{j\left(\varphi-2\pi f\frac{2R}{c}\right)} \qquad (3)$$

由式(3)可知,雷达回波的相位信息 ϕ 可由两部分表示:

$$\phi = \varphi - j2\pi f\frac{2R}{c} = -\frac{4\pi}{\lambda} + \varphi \qquad (4)$$

式中,$2R$ 为雷达波从发出到收到经过的斜距之和,即斜距的两倍;λ 为载波波束的波长。

4　监测结果

Sentinel-1 升、降轨的形变监测结果包括形变速率结果及时序形变信息,图2~图4展示了两河口水库沿线 5 km 缓冲区内的各影像集(Sentinel-1 升、降轨/ALOS-2)的 LOS 向年平均形变速率结果,其中黑色方框为标示的形变区域。对于 Sentinel-1 时序 InSAR 分析方法提取的结果,可以基于形变速率的大小来识别可疑的滑坡区域,并给出相应的量级与空间分布范围。通过初步探测解译,共探测出 30 处不稳定边坡,其中有 18 处为施工形成的人工堆积体形变。

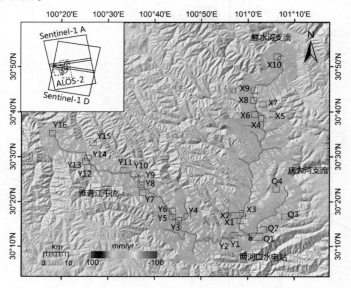

图 2　Sentinel-1 升轨影像集 LOS 向年平均形变速率

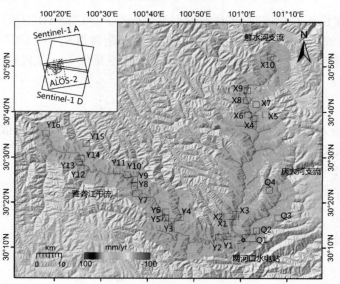

图 3　Sentinel-1 降轨影像集 LOS 向年平均形变速率图

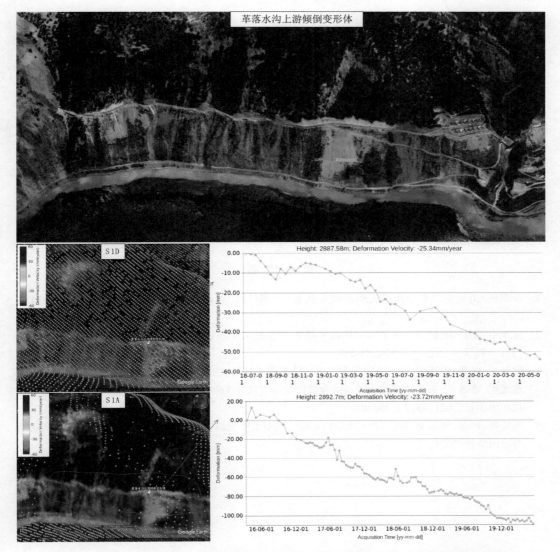

图 4　升、降轨影像革落水沟上游倾倒变形体 LOS 形变速率图、时序形变及无人机影像

　　以革落水沟上游倾倒变形体为例,地质勘探到此处为倾倒变形体,InSAR 结果显示该区域山体目前无整体变形趋势。通过对 2016 年至 2020 年雷达观测存档数据进行计算分析,该变形体 EL.2 892.7 m 处年变形速度为 23.72 mm;EL.2 887.58 m 处年变形速率为 25.34 mm,且变形原因是道路弃渣引起,道路沿线存在堆土边坡的下滑形变。

　　总体来看,InSAR 技术可对库区岸坡进行全方位变形监测,对于野外调查的地质边坡,可判断在观测期间是否活动,坡体表面是否有形变。同时,可以识别到野外调查未能识别到的滑坡或倾倒变形,对于传统地质勘探是有益补充。另外,根据变形成果,可进一步指导优化库岸边坡监测措施及工程措施。

5 结　论

（1）利用 InSAR 技术可对库岸边坡稳定性开展全覆盖历史变形特征，精准识别库岸变形，具有监测范围广、密度大、精度高等优点。

（2）根据干涉影像对两河口库岸边坡在天然状态下的分布位置、地形地貌、库岸变形速率和趋势进行辨识分析，蓄水前观测期间发现库岸边坡整体稳定，与现有的地勘成果（特别是已发现的潜在不稳定库岸段）比对综合分析，复核了现阶段排查的潜在不稳定库岸位置、范围、规模和历史变形特征。

（3）InSAR 技术可对库区岸坡进行全方位变形监测，对于野外调查的地质边坡，可判断在观测期间是否活动，坡体表面是否有形变。同时，可以识别到野外调查未能识别的滑坡或倾倒变形，对于传统地质勘探是有益补充。另外，根据变形成果，可进一步指导优化库岸边坡监测措施及工程措施。

参 考 文 献

［1］黄润秋. 20 世纪以来中国的大型滑坡及其发生机制［J］. 岩石力学与工程学报，2007，26（3）：433-454.

［2］张永双，刘筱怡，姚鑫. 基于 InSAR 技术的古滑坡复活早期识别方法研究——以大渡河流域为例［J］. 水利学报，2020，51（5）：545-555.

［3］廖明生，张路，史绪国，等. 滑坡变形雷达遥感监测方法与实践［M］. 北京：科学出版社，2017.

［4］杨成生，董继红，朱赛楠，等. 金沙江结合带巴塘段滑坡群 InSAR 探测识别与形变特征［J］. 地球科学与环境学报，2021，43（2）：398-408.

［5］郭延辉，杨溢，杨志全，等. 国产 GB-InSAR 在特大型水库滑坡变形监测中的应用［J］. 中国地质灾害与防治学报，2021，32（2）：66-72.

花岗岩机制砂对砂浆流变性及耐久性影响

何丰前[1]，余佳殷[2]，王凯[3]

（1.雅砻江流域水电开发有限公司，四川 成都　610068；2.重庆交通大学省部共建山区桥梁及隧道工程国家重点实验室，重庆　400074；3.中铁十八局集团有限公司，天津　300000）

摘　要　研究了花岗岩机制砂特性对水泥砂浆流变性能、工作性及硬化后的力学性能的影响。通过改变机制砂体积分数、细度模数、石粉含量，测试不同配比下砂浆的流变特性、工作性及硬化后的砂浆抗压抗折强度。结果表明，机制砂砂浆屈服剪切应力与工作性之间线性关系良好，当机制砂体积分数为 0.38~0.40、细度模数为 3.0、石粉含量在 6% 时，机制砂砂浆具有较小的屈服剪切应力和稳定的塑性黏度，能够保证砂浆具有良好的流动性能和抗离析能力。硬化后砂浆抗压抗折强度在相应机制砂参数下同样较好。

关键词　花岗岩机制砂；砂浆；流变特性；力学性能

0　引　言

机制砂[1]是经除土处理，由机械破碎、筛分、整形制成的粒径小于 4.75 mm 且颗粒形状和级配调整后满足要求的人造砂，具有颗粒形状不规则、棱角丰富、表面粗糙，级配组成较差，含有不同程度石粉等特点，所以机制砂的品质对不同尺度水泥材料（砂浆、混凝土）拌和物的工作性能及成型后的力学特性均有重要影响。因此，探索机制砂的各种特性已成为机制砂混凝土配合比设计的重要一环。Kim[2]发现相比天然砂，机制砂的砂浆需要更多的水泥净浆才能到达相应的流动标准；且发现细骨料粒形和堆积密度有关。通常机制砂级配不良会导致其粒径呈两级分化现象，这种分化趋势导致机制砂在混凝土配合比设计[3]时混凝土对机制砂级配或细度模数的改变变得敏感。机制砂各粒级之间的圆形度和长径比会有一定的变化趋势和差别，从而导致了各个粒级在砂浆级配中的影响程度不同。有研究表明，0.60 mm 粒级的影响较为重要。Golterman[4]发现连续级配的细骨料可以获得较高的堆积密实度，可以提升砂浆和混凝土的抗压强度。吴明威[5]等发现适量的石粉能够改善砂浆泌水、离析现象，其原因是石粉作为小颗粒惰性掺合料，填充了机制砂混凝土中的空隙，增大了固体表面积与水的接触。盛余飞[6]研究了砂浆孔结构分形特性。表明当石粉含量不大于 11% 时，随石粉含量的增加，砂浆孔隙率、平均孔径等孔结构参数不断减小，孔结构的分形维数不断增大；Westerholm 等[7]利用 Bingham 模型研究了机制砂对砂浆流变性质的影响，结果表明，机制砂的性质（如表观形态和细粉含量）会很大程度影响砂浆的工作性，屈服应力和塑性黏度的规律较为明显。Raman 等[8]的研究发现，花岗岩机制砂（掺量为 10%~40%）对混凝土的坍落度和力学性能产生负面影响，但这种负面影响可通过合适的配合比设计及掺入粉煤灰得到补偿。

本文利用两河口库区大量存在的花岗岩机制砂制备水泥砂浆，研究了花岗岩机制砂特性对水泥砂浆流变性能、工作性及硬化后的力学性能,以期为机制砂泵送混凝土提供配合比设计依据。

1　原材料及砂浆参考配合比

1.1　原材料

水泥选用四川雅安西南水泥有限公司生产的 P.O 42.5 普通硅酸盐水泥,表观密度为353 m²/kg,表观密度 3 100 kg/m³。水泥主要化学及物理参数如表 1 所示。

表 1　水泥主要化学及物理参数

化学成分(%)					物理参数					
MgO	SO₃	Cl⁻	碱含量	标准稠度用水量(%)	凝结时间(min)		抗压强度(MPa)		抗折强度(MPa)	
					初凝	终凝	3 d	28 d	3 d	28 d
3.70	2.37	0.012	0.53	27.30	165	225	26.2	52.0	5.8	8.2

粉煤灰采用峨眉山宏源资源循环开发有限公司生产的 F 类 I 级粉煤灰,表观密度2 300 kg/m³。粉煤灰主要参数如表 2 所示。

表 2　粉煤灰主要参数

45 μm 方孔筛筛余(%)	烧失量(%)	需水量(%)	三氧化硫(%)	游离氧化钙(%)	28 d 活性指数(%)	安定性(mm)	碱含量(%)
11.7	3.84	94	1.88	0	73	1.0	0.24

砂是中国水利水电第七工程局滩沟骨料加工系统所生产的花岗岩机制砂,根据试验要求筛分配制得到 M1~M5 五个级配。不同级配组成及细度模数如表 3 所示。

表 3　不同级配组成及细度模数

筛孔尺寸(mm)	累计筛余百分率(%)				
	M1	M2	M3	M4	M5
4.75	0	0	0	0	0
2.36	12	14	16	22	28
1.18	28	32	37	44	52
0.6	48	56	63	68	72
0.3	72	78	84	86	88
0.15	100	100	100	100	100
细度模数	2.60	2.80	3.00	3.20	3.40

减水剂采用山西桑穆斯建材化工有限公司生产的 SMS 型聚羧酸缓凝性高性能减水剂,减水率32%,含气量2.8%。

1.2 砂浆参考配合比

以下列机制砂砂浆为例,固定水胶比为 0.33,粉煤灰掺量为 20%,减水剂掺量为1.2%。分别改变砂的体积分数为 0.36、0.38、0.40、0.42、0.44,测试砂浆流变参数变化规律。砂浆设计配合比、砂浆配合比(体积分数)如表4、表5 所示。

表4 砂浆设计配合比

砂(kg/m³)	水泥(kg/m³)	粉煤灰(kg/m³)	水(kg/m³)	减水剂(kg/m³)
1114	702	176	290	10.54

表5 砂浆配合比(体积分数)

编号	体积分数	砂(kg/m³)	水泥(kg/m³)	粉煤灰(kg/m³)	水(kg/m³)	减水剂(kg/m³)
A36	0.36	1 003	750	188	309	11.25
A38	0.38	1 058	726	182	300	10.9
A40	0.40	1 114	702	176	290	10.54
A42	0.42	1 170	679	170	280	10.2
A44	0.44	1 225	655	164	270	9.83

2 试验方法

2.1 砂浆流变性能测试

砂浆流变参数采用 AntonPaar-MCR-102 旋转流变仪进行测试,所用转子为 8 mm 球形转子,测试获取关于剪切速率—剪切应力的流变曲线,剪切速率控制在 $1 \sim 100 \ s^{-1}$,流变仪如图 1 所示。

图1 AntonPaar-MCR-102 流变仪

2.2 硬化砂浆强度

根据《水泥胶砂强度检验方法(ISO 法)》(GB/T 17671—1999),测定不同砂浆配比硬化后砂浆的抗压强度和抗折强度。

3　结果及分析

3.1　机制砂表观形态参数测定

对研究所用花岗岩机制砂的参数进行测试,测试结果如图 2 所示。以图 2(a)为例,长宽比(i)平均值为 1.39,宽高比(j)平均值为 1.56,表观形态系数(k)为 2.95。据图 2 可知,数据点越聚集在坐标轴左下角,说明颗粒长宽比和宽高比越小,表观形态系数越小,即颗粒越规则。横向对比可以发现,随着砂颗粒逐渐减小,表观形态系数逐渐减小,说明即便是同种类型的砂,随着粒径减小,表观形态的差异也会有一定程度的减小,而颗粒趋于规则。

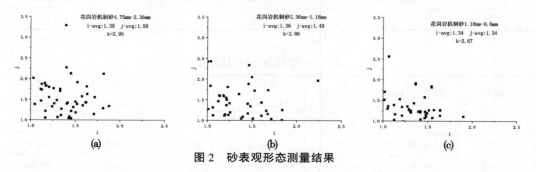

图 2　砂表观形态测量结果

在配合比设计过程中,通常会运用到多个粒径,因此需要根据各个粒径所占的比重进行折算,最终确定配合比设计实际用砂的表观形态系数。结合测试结果的竖向对比显示,在 k 值随着粒径减小而减小。由此可以看出,随着颗粒粒径的逐渐变小,砂的表观形态逐渐趋于一致。

3.2　机制砂体积分数对砂浆流变性能的影响

砂浆被视为由水泥净浆和砂颗粒组成的两相悬浮体系,砂颗粒作为固相悬浮于净浆为液相的空间中,砂的体积分数对砂浆的流变特性有着很大的影响,以砂体积分数为单因素变量,探索机制砂不同体积分数下砂浆流变参数的变化规律。

机制砂体积分数砂浆流变曲线如图 3 所示,流变参数变化规律如图 4 所示。

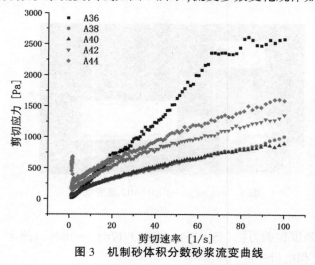

图 3　机制砂体积分数砂浆流变曲线

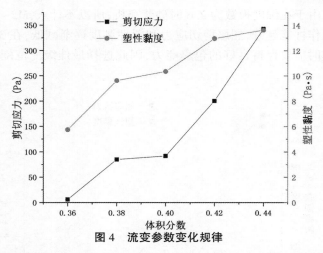

图4 流变参数变化规律

从流变参数变化规律可以看出,随着砂体积分数的增大,砂浆的屈服剪切应力先缓慢增加,体积分数达到 0.40 后急速增加。砂浆的塑性黏度缓慢逐渐增加。主要原因在于砂量增加,会消耗砂浆中更多的水,且包裹砂粒表面的水泥浆体减少,颗粒间的摩擦力增大,因此砂浆的黏度和屈服应力增大,触变性增强,流动度逐渐降低。

因此,砂体积分数在 0.38~0.40 时,砂浆具有较小的初始屈服剪切应力和相对较高的塑性黏度,保障了具有良好流动性的同时抗离析能力同样出色。

3.3 机制砂级配对砂浆流变性能的影响

相同配合比下,砂浆的工作性能会受到机制砂级配的影响,主要来自两个方面:一方面是机制砂的堆积空隙率,另一方面是机制砂的表面积。而表面积又主要由砂颗粒的粗细程度决定,颗粒越大则表面积越小。因此理论上而言,随着机制砂的空隙率减小或者细度模数增大,都能使砂浆的工作性能变好。从表 3 中 M1~M5 参数可以看出,虽然细度模数依次从 2.6 增加到了 3.4,但是其空隙率差别很小,最大差值仅为 1%。可认为 M1~M5 砂的空隙率对砂浆性能的影响很小,影响因素仅来自砂的粗细程度,即变量仅为细度模数。

不同细度模数砂的级配的流变如图 5 所示。

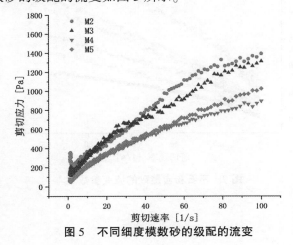

图5 不同细度模数砂的级配的流变

从图6可知,由于在细度模为2.6时砂浆离析,所以不计入,M2~M5细度模数逐渐增加时,砂浆的工作性能越好,屈服剪切应力和塑性黏度逐渐减低,在3.0级配时急剧下降,由于砂浆工作时需要保持良好的包裹能力,因此选择最佳级配范围为3.0~3.2细度模数。

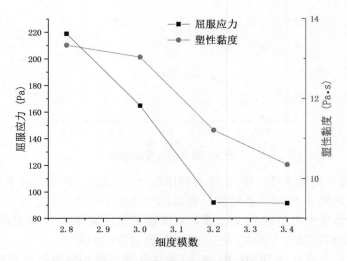

图6　不同细度模数砂浆流变参数变化

3.4　机制砂石粉含量对砂浆流变性能的影响

按照前述相同的方法,保持砂浆配合比其他参数一致,控制机制砂中石粉含量分别为0、3%、6%、9%、12%、15%,进行以石粉含量为变量的单因素变量试验研究。不石粉含量砂的流变参数如图7所示。

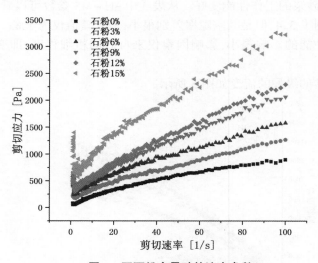

图7　不石粉含量砂的流变参数

从图8可以看出,随着石粉含量增加,砂浆屈服剪切应力缓慢增大。塑性黏度则逐渐增大,在石粉含量为6%时发生突变,增速迅速加快。由图8可以发现,适当的石粉含量可以明显提高砂浆的塑性黏度,改善砂浆工作性能。从选择优良的砂浆工作性出发,可以看出石粉含量在6%时达到一个同斜率增长点,过后塑性黏度急剧增加,砂浆稠度变大,不利于工作性,所以选择最优石粉含量为3%~6%。

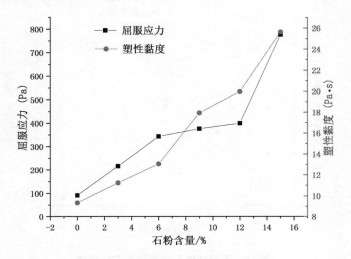

图8　不石粉含量砂的流变参数变化

3.5　机制砂砂浆屈服剪切应力与工作性之间的关系

不同砂体积分数强度变化规律见图9。

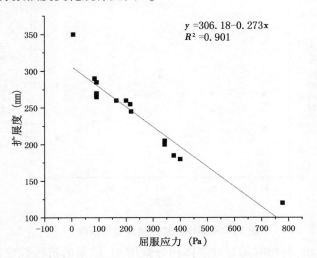

图9　不同砂体积分数强度变化规律

根据砂浆工作性测试结果描绘屈服剪切应力与扩展度之间的关系,从图9中可以发现,数据点线性关系良好,对其进行拟合得到公式为:

$$y = 306.18 - 0.273x \quad (R^2 = 0.901)$$

式中,y 为砂浆扩展度(mm);x 为砂浆屈服应力(Pa);R 为相关系数,为 0.901。

至此,本文建立起了砂浆屈服应力与扩展度的联系。

3.6　硬化后砂浆抗压强度与抗折强度

测试机制砂各个影响因素下抗压强度和抗折强度,结果如图 10~图 12 所示。

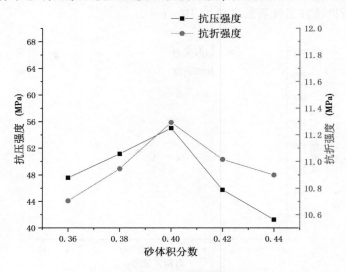

图 10　不同砂体积分数强度变化规律

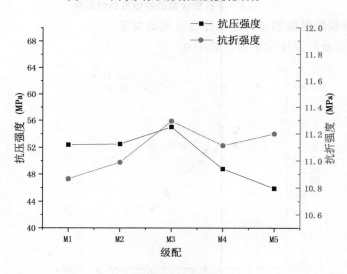

图 11　不同细度模数强度变化规律

由图 10 可以看出,开始时随着砂浆体积分数增加,砂浆的抗压强度逐渐升高达到临界点。此时砂体积分数为 0.40,在体积分数达到 0.40 时抗压强度和抗折强度均达到最大值,此后随着砂体积分数的增大,抗压强度和抗折强度反而逐渐降低。结合砂浆流变参数结果分析,当砂体积分数较小时,塑性黏度较低,容易导致浆体与砂颗粒分离,即砂浆容易出现离析的现象,从而使得砂浆抗压强度较低,但是随着砂体积分数的增加,砂浆离析情况得到改善,因此抗压强度逐渐增加。而当体积分数过大时,浆体的相对含量较少,导致砂颗粒的裹浆不足,砂浆的整体性减弱,因此砂浆抗压强度迅速降低。所以,抗压强度最大值出现在体积分数为 0.40 时,和砂浆最优流变参数对应。

由图 11 可以看出,细度模数对砂浆抗压强度、抗折强度的影响呈先增大后减小的变化规律,级配 M3(细度模数为 3.0)时,砂浆抗压强度、抗折强度达到最大值。

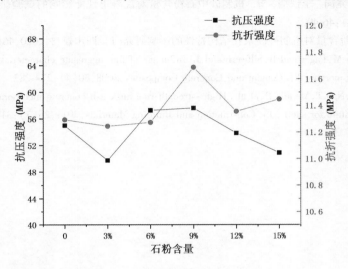

图12　不石粉含量强度变化规律

由图 12 可以看出,石粉含量在 6%~9% 时,抗压强度达到最大,抗折强度随着石粉含量的增加前 6% 时平稳过渡,达到 9% 时突变急剧增加后迅速下降,说明抗折方面最佳石粉含量在 9%,综合石粉对工作性能的影响可以看出最佳的石粉含量在 6% 左右。

4　结　论

(1)砂浆流变参数组分优化表明,水泥砂浆的流变参数相关性高,无论是改变机制砂体积分数、石粉含量,还是调整机制砂的级配组成,水泥砂浆的流变特征都可以用宾汉姆流体模型来表示。

(2)通过对机制砂表观形态的测试表明机制砂随着颗粒粒径逐渐变小,砂的表观形态逐渐趋于一致。

(3)当机制砂体积分数在 0.38~0.40、细度模数在 3.0、石粉含量在 6% 时,机制砂砂浆具有较小的屈服剪切应力和稳定的塑性黏度,能够保证砂浆具有良好的流动性能和抗离析能力。且机制砂砂浆屈服剪切屈服应力和砂浆扩展度之间线性关系良好。

(4)从耐久性方面可以看出,砂体积分数在 0.40、细度模数在 3.0、石粉含量在 6% 时,机制砂砂浆具有较高的抗压强度、抗折强度。

参 考 文 献

[1] 中华人民共和国国家质量监督检验检疫总局,中国国家标准化管理委员会. 建设用砂:GB/T 14684—2011[S]. 北京:中国建筑工业出版社,2012.

［2］Kim H K, Lee H K. Acoustic absorption modeling of porous concrete considering the gradation and shape of aggregates and void ratio［J］. Journal of Sound and Vibration. 2010,329(7):866-879.

［3］普通混凝土配合比设计规程:JGJ 55—2011［S］.

［4］Golgermann P, Johansen V, Palbol L. Packing of Aggregates:An Alternative Tool to Determine The Optimal Aggregate Mix［J］. Materials Journal. 1997, 94(5):435-443.

［5］吴明威，付兆岗，李铁翔，等. 机制砂中石粉含量对混凝土性能影响的试验研究［J］.铁道建筑技术，2000(4):46-49.

［6］盛余飞.石粉含量对机制砂砂浆孔结构特性的影响研究［J］.四川建材,2020,46(5):11-12.

［7］Wester holm M,Lagerblad B,Silfwerbrand J. influence of fine aggregate characteristics on the rheological properties of mortars［J］. Cement and Concrete Composites,2008,30(4):274-282.

［8］Raman S N,Ngo T,Mendis P,et al . High -strength rice husk ash concrete incorporating quarry dust as a partial substitute for sand ［J］. Construction and Building Materials,2011,25(7):3123-3130.

高云母含量花岗闪长岩人工骨料抗冲磨混凝土性能试验研究

魏宝龙，陈磊，郑世伟

（雅砻江流域水电开发有限公司，四川 成都 610051）

摘　要　采用金波石料场开挖料加工成的人工骨料，开展抗冲磨混凝土配合比设计，研究高云母含量花岗闪长岩骨料抗冲磨混凝土的性能。试验结果表明，利用高云母含量花岗闪长岩骨料可以配制出工作性能、力学性能、耐久性能优良且经济合理的 $C_{90}40W8F200$ 抗冲磨混凝土，混凝土的各项性能指标均满足设计和施工要求。

关键词　高云母含量；花岗闪长岩；裹粉；抗冲磨混凝土；性能

1　引　言

杨房沟水电站位于四川省凉山彝族自治州木里县境内的雅砻江中游河段上，是规划中该河段的第 6 级水电站，上距孟底沟水电站 37 km，下距卡拉水电站 33 km。工程的开发任务为发电。水库总库容为 5.125 亿 m^3，电站装机容量为 1 500 MW，多年平均发电量为 68.557 亿 kW·h，保证出力 523.3 MW。枢纽建筑物由挡水建筑物、泄洪消能建筑物及引水发电系统等组成。挡水建筑物为混凝土双曲拱坝，杨房沟水电站双曲拱坝混凝土为常态混凝土，最大坝高 155 m，总库容 5.125 亿 m^3，混凝土总方量 97.7 万 m^3，属 Ⅰ 等大（1）型工程，泄洪消能方式采用"坝身表、中孔泄洪+坝下水垫塘"布置方式，坝身布置有 4 个表孔、3 个中孔，坝后设有水垫塘消能。泄洪建筑物[1]为 1 级，按 500 年一遇洪水设计（相应的洪峰流量为 9 320 m^3/s）、5 000 年一遇洪水校核（相应的洪峰流量 11 200 m^3/s），工程规模和泄洪量均处于中等水平。在推移质、悬移质、空蚀和空化等联合作用下，混凝土表面极容易破坏，根据《杨房沟水电站拱坝、水垫塘及二道坝混凝土施工技术要求》，表孔溢流堰面、水垫塘 A 区和二道坝 A 区采用 C40W8F200 抗冲磨混凝土。由于坝址处于青藏高原东侧边缘地带，属川西高原气候区，主要受高空西风环流和西南季风影响，干、湿季分明，多年平均降水量 722 mm，多年平均气温 16.5 ℃，极端最高气温 40.6 ℃，极端最低气温 -3.6 ℃，气候条件恶劣，高云母含量花岗闪长岩加工的细骨料云母含量较高，粗骨料裹粉严重，容易产生早起塑性裂缝和温度裂缝[2-5]，必须采取综合措施提高抗冲磨混凝土施工质量。本文主要研究高云母含量花岗闪长岩人工骨料抗冲磨混凝土性能。

2　原材料

结合华东勘测设计研究院有限公司雅砻江杨房沟水电站高云母含量花岗闪长岩骨料混凝土配合比设计与性能研究成果及类似工程经验，杨房沟水电站最终确定了"中热水泥+Ⅰ级粉煤灰+聚羧酸减水剂"的抗冲磨混凝土配合比设计方案。针对拱坝混凝土配比设计的技术要求,本文还对原材料的部分指标提出了特殊要求。

2.1 水泥

水泥采用"隆冠"P·MH42.5水泥,水泥除需满足《中热硅酸盐水泥、低热硅酸盐水泥》(GB/T 200—2017)的要求外,还应满足杨房沟水电站以下技术要求:①比表面积≤330 m²/kg,合格率≥85%,且最大值不超过340 m²/kg。②水泥28 d抗压强度≥45.5 MPa且≤52.5 MPa,合格率≥85%。③3 d水化热≤241 kJ/kg,7 d水化热≤283 kJ/kg。④中热硅酸盐水泥中的MgO含量≥3.5%且≤5.0%。现场水泥质量复验结果表明,水泥28 d抗压强度55.6 MPa,180 d抗压强度69.9 MPa,水泥品质满足规范及杨房沟水电站拱坝工程相应的技术要求。

2.2 粉煤灰

本文研究采用"凌云"F类Ⅰ级粉煤灰,采用扫描电子显微镜对其进行分析,粉煤灰样颗粒粒径分布较宽,最大粒径约80 μm,小粒径球状颗粒居多。形状极其不规则、发育程度不一、粒径大小不一、多孔炭粒较多,炭粒部分空隙中见不同粒径小球珠。由此可以判定该粉煤灰为原状分选灰(见图1)。粉煤灰效应包括形态效应、活性效应、微集料效应三个方面,混凝土中掺入粉煤灰可以明显改善混凝土的性能[6],而掺入Ⅰ级粉煤灰有利于提高混凝土的综合抗裂能力。本研究采用的粉煤灰品质满足《水工混凝土掺用粉煤灰技术规范》(DL/T 5055—2007)的相关技术要求。

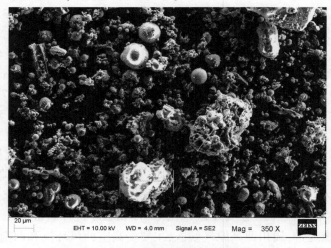

图1 凌云Ⅰ级粉煤灰颗粒形貌电镜扫描照片

2.3 骨料

按照规程[6],检测结果表明细骨料和粗骨料的品质满足规范相关指标要求。采用X射线衍射分析得到的云母含量分别为18.6%和14.2%,采用浮选分离法得到的云母含量分别为13.1%和11.8%。本研究采用的X射线衍射、岩相结合图像分析等微观方法是通过衍射峰值、面积大小换算获得相应的云母含量百分比,尚未列入规范方法[6]。这表明花岗闪长岩细骨料中的云母主要是以游离云母粉的形式存在于石粉中。

根据规程要求[6],粗骨料应质地坚硬、清洁、级配良好,如有裹泥或污染物等应予以清除,如有裹粉应经试验确定允许含量;在施工过程中发现粗骨料裹粉粒径范围较大(见图 2),严格意义上来说,既有裹粉(粒径小于 0.16 mm),也有裹砂(粒径为 0.16~5 mm)。目前还没有粗骨料裹粉(砂)含量的规范试验方法,结合以往工程经验,采用水洗法检测,确定裹粉(砂)含量。以小石裹粉(砂)为例,高线混凝土拌和系统累计检测小石裹粉含量191 组,结果表明小石裹砂(粒径为 0.16~5 mm)含量为 2%~18.3%,平均裹砂含量为7%;小石裹粉(粒径小于 0.16 mm)含量为 0.4%~6.3%,平均裹粉含量为 1.9%。

图 2　粗骨料裹粉照

2.4　外加剂

外加剂采用 PCA-I 缓凝型高性能减水剂和 GYQ-I 引气剂。PCA-I 缓凝型高性能减水剂减水率为 28.7%,外加剂品质满足《水工混凝土外加剂技术规程》(DL/T 5100—2014)的各项要求。

3　骨料裹粉对混凝土性能影响及对策

采用高云母含量花岗闪长岩加工的骨料,细骨料云母含量偏高,粗骨料裹粉严重。高云母含量骨料对抗冲磨混凝土性能的影响,主要是细骨料中高云母含量和粗骨料高裹粉含量对混凝土性能的影响。随着细骨料中云母含量的增加,混凝土和易性降低,水泥用量增加,混凝土强度降低,抗冻性能、抗渗性能降低[2];随着粗骨料裹粉含量的增加,混凝土用水量增加,振捣后表面浮浆层厚度增加,大大降低了混凝土的抗冲磨性能。

根据规范要求[7],粗骨料应质地坚硬、清洁、级配良好;如有裹泥或污染物等应予以清除,如有裹粉应经试验确定允许含量。上铺子沟砂石加工系统生产的花岗闪长岩粗骨料,经皮带或车辆运输到混凝土拌和系统后,发现清洁度较差,粗骨料表面包裹有砂(粒径大于 5 mm 颗粒)和粉(粒径小于 0.16 mm),最大裹砂含量高达 18%,最大裹粉含量高达 6.3%,如不采取措施,有可能严重影响混凝土性能和质量。目前,没有裹砂和裹粉含量试验方法,现场主要采用水洗法进行检测。为保证抗冲磨混凝土质量,混凝土拌和系统增加了二次筛分和冲洗系统,尽最大限度地降低粗骨料裹粉和裹砂含量。

4　抗冲磨混凝土配合比设计

抗冲磨混凝土配合比的设计目标是在适应施工方案，满足混凝土设计技术指标的前提下，优化配合比设计，采用高效减水剂，尽可能降低用水量，从而使表孔溢流堰面等部位抗冲磨混凝土达到高性能大坝混凝土的要求，具有较高的抗裂性、抗冲磨性和良好的工作性[7]。为实现这一目标，采用 PCA-I 缓凝型高性能减水剂+I 级粉煤灰组合方案，混凝土设计龄期从 28 d 调整为 90 d，即设计指标从 C40W8F200 调整为 $C_{90}40W8F200$。经比较分析，采用相同的材料，当设计龄期从 28 d 调整为 90 d，总胶凝材料用量从 379 kg/m³ 降低至 319 kg/m³，降低水泥用量 48 kg/m³，水泥用量与国内类似工程相比，处于较低水平。经测算大约可降低混凝土温度峰值 5 ℃ 左右，有利于减轻混凝土的温控压力，提高抗冲磨混凝土的抗裂性。

抗冲磨混凝土配合比设计依据规程要求进行[8]，主要确定水胶比、粉煤灰掺量、骨料级配和砂率外加剂掺量等参数，在满足设计和施工要求前提下，确定满足混凝土工程质量要求、经济合理的配合比。

4.1　水胶比和粉煤灰掺量

根据规定[9]，对于抗冻等级为 F200 的常态混凝土，其最大水胶比不应超过 0.50；对于抗冻等级为 F100 的常态混凝土，其最大水胶比不应超过 0.55。根据规范[10-11]，抗磨蚀混凝土水胶比应小于 0.40。试配阶段水胶比选择 0.30、0.35、0.40、0.45、0.50。根据试配试验结果，最终确定抗冲磨混凝土水胶比为 0.38，I 级粉煤灰掺量选择 20%。

4.2　骨料级配和砂率

通过粗骨料级配选择试验，二级配混凝土的石子比例为小石∶中石＝50∶50。最优砂率是指在保证混凝土拌和物具有良好和易性时用水量较小、拌和物密度较大所对应的砂率，通过最优砂率试验，在水胶比为 0.38 时，二级配混凝土的最优砂率为 32%。根据抗冲磨混凝土的工艺性能试验结果，最终确定砂率为 31%。

4.3　外加剂掺量及混凝土用水量

经过室内试验和现场试验论证，最终确定 PCA-I 缓凝型高性能减水剂的掺量为0.6%，GYQ-I 引气剂掺量满足混凝土坍落度 50~70 mm 和含气量 4.5%~5.5% 的要求。混凝土单位用水量受原材料品种与性能等因素影响，在满足施工和易性的条件下，尽量采用最小用水量[5]，试验结果表明抗冲磨混凝土用水量为 121 kg/m³，属于国内同类混凝土较低用水量水平。根据室内试验结果，最终确定的二级配 $C_{90}40W8F200$ 抗冲磨混凝土施工配合比如表 1 所示。

表 1　抗冲磨混凝土施工配合比

分区	强度等级	水胶比	混凝土材料用量（kg/m³）						
			水	水泥	粉煤灰	减水剂	引气剂	砂	小石
大坝表孔、水垫塘 A 区、二道坝 A 区	$C_{90}40W10F200$	0.38	121	255	64	1.911	0.191	613	683

5　抗冲磨混凝土性能试验及现场检测结果

按照规程[9]进行抗冲磨混凝土力学性能、变形性能、抗冲磨性能和耐久性能试验等，室内试验结果表明，$C_{90}40W10F200$ 混凝土力学、变形性能、抗冲磨性能和耐久性能指标满足设计和规范要求。现场抽检设计龄期混凝土抗压强度 475 组，劈拉强度 47 组，抗冻性试验 3 组，抗渗试验 3 组，极限拉伸试验 5 组，抗冲磨试验 3 组，混凝土的各项性能指标均满足设计和规范要求。表 2 为 $C_{90}40W10F200$ 抗冲磨混凝土力学性能和变形性能试验结果如表 2 所示。

表 2　$C_{90}40W10F200$ 抗冲磨混凝土力学性能和变形性能试验结果

类别	抗压强度（MPa）			劈拉强度（MPa）	极限拉伸（×10⁻⁶）	抗冻等级	抗渗等级	抗冲磨强度[h/(kg·m⁻²)]
	7 d	28 d	90 d	28 d	90 d	28 d	28 d	90 d
室内试验	33.8	46.2	52.1	3.62	98	≥F200	≥W10	4.6
现场试验	—	37.7	52.3	3.35	120	≥F200	≥W10	4.8

6　结　语

高云母含量花岗闪长岩骨料具有特殊的性能，细骨料云母含量按照不同的测定方法结果有所不同，但试验表明云母主要是以游离云母的形式存在于石粉中；粗骨料裹粉严重必须采取二次筛分和水洗等措施，最大限度地降低裹粉含量，使骨料的各项性能指标达到最优，才能配制出性能优良的抗冲磨混凝土。实践表明，采取综合管理措施，抗冲磨混凝土的力学性能、变形性能、抗冲磨性能和耐久性能等指标均达到设计要求。

参 考 文 献

[1] 于青，王建新，何明建，等.杨房沟水电站泄洪消能设计[J].东北水利水电，2012(1):12-15.

[2] 黄国兴，陈改新，纪国晋，等.水工混凝土技术[M].北京:中国水利水电出版社，2014.

[3] 孙明伦，胡泽清，李仁江，等.溪洛渡电站水垫塘抗冲磨混凝土施工配合比优化[J].人民长江，2012(11):111-113.

[4] 雅砻江杨房沟水电站高云母含量花岗闪长岩骨料混凝土配合比设计与性能研究最终成果报告[R].杭州:中国电建华东勘测设计研究院有限公司，2018.

[5] 周厚贵，孙锐.X404 在三峡泄洪深孔抗冲磨混凝土中的工程试验[J].中国三峡建设，2000(11):28-31.

[6] 水工混凝土砂石骨料试验规程:DL/T 5151—2014[S].

[7] 水工混凝土施工规范:DL/T 5144—2015[S].

[8] 水工混凝土配合比设计规程:DL/T 5144—2015[S].

[9] 水工混凝土试验规程:DL/T 5150—2001[S].

[10] 水工混凝土耐久性技术规范:DL/T 5241—2010[S].

[11] 水工建筑物抗冲磨防空蚀混凝土技术规范:DL/T5207—2005[S].

水电工程高压管道竖井水下检测方法及应用

罗浩[1]，李健[1]，向航[1]，彭望[2]

(1. 雅砻江流域水电开发有限公司，四川 成都　610051；2. 中国电建集团昆明勘测设计研究院有限公司，云南 昆明　650051)

摘　要　ROV 水下潜航器在潜水打捞、深水无人探测等方面有着较为广泛的应用。高压管道竖井段检查是水电站运行安全管理中亟待解决的一大难题，针对锦屏二级水电站高压管道钢衬段竖井检查需求，通过 ROV 水下检查技术对高压管道竖井检查，有效解决了其安全、投资及工期问题。本文阐述了基于 ROV 水下检测技术的高压管道竖井检查方法、实施情况及应用成果，证明采用 ROV 水下检测技术对高压管道竖井段检查是可行的，可为电站运行维护管理提供有力的技术支持，及为类似工程压力管道竖井段检测提供经验借鉴。

关键词　ROV；水下检测；高压管道；侧扫声呐；锦屏二级

1　引　言

　　大型水利水电工程高压管道竖井段检查是水电站运行安全管理中亟待解决的一大难题。某大型水电站采用升降机装置搭载光学设备进行检查，成功地实现对钢筋混凝土衬砌压力管道斜井进行了检查；锦屏一级水电站采用磁力爬行机器人搭载三维激光扫描仪进行压力管道钢衬斜井段检测[1]，实现了对压力管道钢衬斜井段的快速检测，并建立了压力管道健康数据库。但采用该方法对高压管道竖井钢衬段检查，难以有效解决吸力等问题，其检查方法仍存在较大的安全风险。ROV 水下潜航器在潜水打捞、深水无人探测等方面有着较为广泛的应用，采用 ROV 水下无人潜航器，实现了对锦屏二级水电站引水隧洞末端水下检查、南水北调穿黄工程水下检查。采用 ROV 水下无人潜航器对高压管道竖井检测，能有效解决一些共性问题，为水电站运行安全管理提供了新思路。

2　检查工作实施方案

2.1　检测技术与原理

　　水下无人潜航器(Remotely Operated Vehicle，简称 ROV)也叫水下机器人，是能够在水下环境中长时间作业的高科技装备，尤其是在潜水员无法承担的高强度水下作业、潜水员不能到达的深度和危险条件下更显现出其明显的优势[2]。

　　ROV 作为水下作业平台，由于采用了可重组的开放式框架结构、数字传输的计算机

基金项目：国家重点研发计划课题"引水隧洞水下机器人系统集成与示范应用"(2019YFB1310505)。
作者简介：罗浩(1989—)，男，硕士研究生，工程师，研究方向为水电站大坝安全管理。E-mail：luohao@ylhdc. com. cn。

控制方式、电力或液压动力的驱动形式,在其驱动功率和有效载荷允许的情况下,几乎可以覆盖全部水下作业任务,针对不同的水下使命任务,在 ROV 上配置不同的仪器设备、作业工具和取样设备,即可准确、高效地完成各种调查、水下干预作业、勘探、观测与取样等作业任务[3-4]。

SAAB Seaeye Falcon DR 电学检测级水下无人潜航器系统如图 1 所示。

图 1　SAAB Seaeye Falcon DR 电学检测级水下无人潜航器系统

2.2　检测工作布置

根据工程布置情况搭设专用工作平台,水下无人潜航器开始吊放,并进入检查水域开展工作。

水下检查思路主要由水下检查阶段以及数据处理分析阶段组成,详述如下:

(1)水下检查阶段:水下无人潜航器在水下检查过程中,主要使用水下光学高清摄像设备开展检查工作,测线布置以环向测线为主,测线间距大约为 5 m,如发现重要缺陷则开展适当延伸观察,进一步确认隧洞内壁表观缺陷的性质、规模及分布部位等情况。

(2)处理与分析阶段,将水下无人潜航器水下检查实测数据与三维模型进行融合展示,完成混凝土缺陷的类型、规模及分布部位的统计。

2.3　检测工作准备

ROV 设备经长途运输,在项目作业前,需要对 ROV 主机的密封性、通电性能、灯光、机械臂等方面进行检查。另外,需要仔细检查供电线缆是否存在缺口、破裂或其他缺陷等损坏情况[5]。

2.3.1　密封性检查

使用手动真空泵对主机进行真空测试,抽出空气,半小时后观察气压泵的读数是否有变化,如无变化则表明主机内部密封正常,无泄漏,可以正常使用,塞上真空塞。

2.3.2　通电性能检查

按照一定的顺序连接 ROV 设备各个组成部分。将地面控制台放置在引水隧洞进水口顶部平台,依次连接脐带缆、地面控制台、电源线、外置记录与监视设备,打开主电源,测试各部分设备通电是否正常。

2.3.3 操作功能检查

通过地面控制单元对 ROV 主机的摄像头上下移动测试、照明灯测试、罗盘和深度计测试等。

2.3.4 现场试验

水下无人潜航器在正式开展水下检查前,将首先进行现场试验,进一步确认水下能见度,测试与调整水下无人潜航器系统的各项参数,使水下光学摄像设备及水下声呐等设备处于最佳工作状态,为引水隧洞高压管道的检查提供保障。

2.4 检测工作内容

2.4.1 现场工作

根据现场工作环境,水下无人潜航器吊放进入待检查区域,因此水下无人潜航器地面控制单元、设备吊放单元及供电单元均位于水下区域;为水下无人潜航器系统潜器单元提供供电及实施通信的脐带缆沿检查路径布放;待水下无人潜航器潜器单元到达待检测区域后,潜器单元沿计划航线前进开展水下检查工作。

采用水下无人潜航器搭载水下高清光学摄像设备开展隧洞衬砌内壁的环视检查,计划环视检查的间距约 5 m,通过检查该区域有无破损、剥落、露筋、开裂、裂缝、冲蚀等缺陷,内表面附着物情况,混凝土衬砌结构与钢衬接合部位现状,完成钢衬表观完整现状信息的收集与统计。

2.4.2 内业资料分析与统计

以待检查区域三维模型作为基础,联合水下无人潜器成果进行综合分析与展示,对表观缺陷的空间位置、规模、尺寸进行分析与统计。

3 工程应用实例

3.1 工程简介

锦屏二级水电站位于四川省凉山彝族自治州木里、盐源、冕宁三县交界处的雅砻江干流锦屏大河湾上,是雅砻江干流上的重要梯级电站。工程为 i 等大(1)型工程。工程枢纽主要由首部低闸、引水系统、尾部地下厂房等建筑物组成,为一低闸、长隧洞、大容量引水式电站。地下发电厂房位于雅砻江锦屏大河湾东端的大水沟。引水洞线自景峰桥至大水沟,采用"4 洞 8 机"布置,引水隧洞共 4 条。隧洞沿线上覆岩体一般埋深 1 500~2 000 m,最大埋深约为 2 525 m,引水隧洞具有埋深大、洞线长、洞径大的特点,为世界上规模最大的水工隧洞洞室群工程[6]。

高压管道采用竖井式布置,单管单机供水方式,共 8 条高压管道,高压管道的分岔点位于上游调压室底部。高压管道由上平段、上弯段、竖井段、下弯段、下平段组成,自上平渐变段往上游采用钢筋混凝土衬砌结构形式,内径 7.5 m,该部位往下游高压管道全长采取钢板衬砌,内径 6.5 m,下平段钢衬在厂前渐变至 6.05 m 直径,与机组蜗壳延伸段相接[7-8]。

3.2　检测目的及范围

3.2.1　检测目的

本文以锦屏二级水电站 5# 高压管道为例,介绍了竖井段检测方法及其应用检验情况。为了解锦屏二级水电站引水隧洞高压管道竖井段隧洞衬砌表观完整情况,对后续工作安排提供数据支持,拟进行锦屏二级水电站高压管道竖井段隧洞钢衬段检查[9]。

针对探测目的,本次项目拟采用水下无人潜器(ROV)搭载光学摄像设备、水下声学导航定位设备进行水下检测作业。同时,内业资料整理过程中,以锦屏二级水电站引水系统三维模型作为基础,联合水下无人潜器成果进行综合分析与展示,对衬砌表观缺陷的空间位置、规模、尺寸进行分析与统计。

3.2.2　检测范围

本次检测范围为高压管道上平段、上弯段、竖井段、下弯段。

3.3　检测工作实施

3.3.1　3#引水隧洞的上游调压室专用工作平台的布置

水下无人潜航器系统开展高压管道水下检查时,水下无人潜航器系统的潜器单元是经 3# 上游调压室竖井、竖井底部的阻抗孔进入检查水域;水下无人潜航器系统的地面控制单元、吊放回收设备等位于调压室顶部平台,为了进一步规范现场作业,特对现场作业区域按用途的不同进行了划分。

3#引水隧洞上游调压室专用工作区域划分示意图,如图 2 所示。

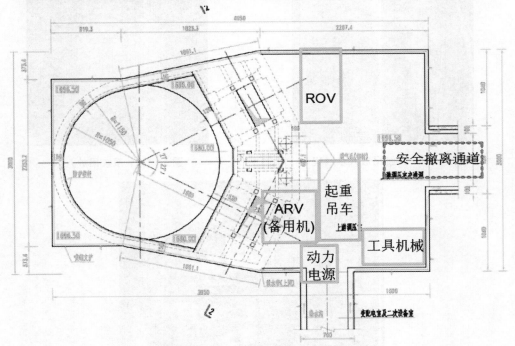

图 2　3#引水隧洞上游调压室专用工作区域划分示意图

3.3.2　3#引水隧洞5#高压管道水下检查现场实施

根据锦屏水电站3#引水隧洞的布置情况及上游调压室现场工作环境,水下无人潜航器系统的潜器单元经上游调压室竖井、阻抗孔进入作业水域;水下无人潜航器系统的地面控制单元、设备吊放回收单元均位于调压室顶部平台的专用工作区域内;为水下无人潜航器系统的潜器单元提供实时及通信的脐带缆沿上游调压室竖井布放。待潜器单元进入作业区域后,则依靠所搭载的光学摄像设备、声学探测设备开展水下检查作业,作业流程如下。

采用水下无人潜航器搭载水下高清光学摄像设备开展隧洞衬砌内壁的环视检查,环视检查测线间距根据水体能见度调整,确保水下检查全覆盖,通过检查高压管道衬砌内壁有无破损、剥落、露筋、开裂、裂缝、冲蚀等缺陷,内表面附着物情况,混凝土衬砌结构与钢衬接合部位现状,完成钢衬表观完整现状信息的收集与统计[10]。

内业资料分析与统计,以锦屏二级水电站三维模型作为基础,联合水下无人潜器成果进行综合分析与展示,对隧洞衬砌表观缺陷的空间位置,规模,尺寸进行分析与统计。

ROV系统吊放入水过程中、ROV系统吊放入水、ROV系统现场作业如图3~图5所示。

图3　ROV系统吊放入水过程中

图4　ROV系统吊放入水

图5　ROV系统现场作业

3.4　成果分析

3.4.1　检查结果

在竖井段未发现影响工程安全运行的缺陷,皆为钢衬表层涂层脱落,位于焊缝位置,其余部位未发现明显缺陷,暂不影响引水隧洞及机组安全运行,经管道声呐检查未发现管道明显变形。

EL. 1 520. 1 m 高程位置钢衬底板表层涂层脱落典型成果如图 6 所示、声呐定位示意如图 7 所示。

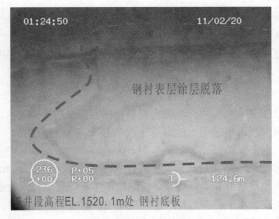

图 6　EL. 1 520. 1 m 高程位置钢衬底板表层涂层脱落典型成果

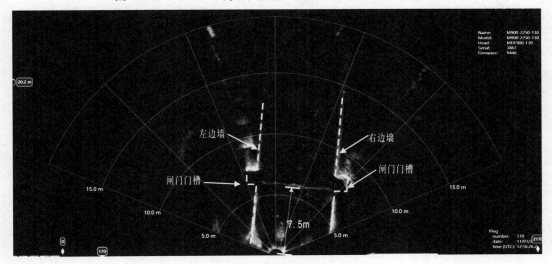

图 7　声呐定位示意

3.4.2　精度评价

水下检查成果精度要由精确地定位来决定,本项目采用图像声呐、水深计等多种方法完成缺陷的准确定位[11]。在进行检查时,通过钢衬焊缝的间距和水下机器人在两个焊缝位置的深度差来进行深度计校准定位,钢衬焊缝间距为 3 m,水下检查深度差为 2. 8 m,误差不超过 0. 2 m,其轴线精度为航行距离的 1‰。

4　结　论

（1）水下检查采用了水下无人潜航器搭载图像声呐及水下高清摄像设备,检查过程中,通过水下二维图像声呐初步框定缺陷位置,再由图像声呐领航着水下无人潜航器到缺陷部位,采用水下高清摄像设备对衬砌进行详细检查。因此,整个检查过程中,对水下缺陷的存在部位、范围及深度等信息已进行多次复核,检查成果客观、可信,有效解决了其安全、投资及工期问题[12]。

（2）该压力管道竖井水下检查项目的成功实施,为电站运行维护管理提供了决策支持,可为类似工程压力管道竖井段检测提供借鉴经验。

（3）后续可以研究采用 ROV 搭载更多类型的设备,对压力管道进行无损检测。

参 考 文 献

[1] 冯艺.大型水电站压力管道钢衬斜井三维激光扫描检测方法及应用[J].大电机技术,2020(7).

[2] 王继敏,来记桃.锦屏二级水电站引水隧洞水下检测技术研究与应用[J].大坝与安全,2021(1):19-24.

[3] 来记桃.大直径长引水隧洞水下全覆盖无人检测技术研究[J].人民长江,2020,51(5):228-232.

[4] 来记桃,李乾德.长大引水隧洞长期运行安全检测技术体系研究[J].水利水电技术,2021(2).

[5] 陈涛,李定林,曾广移,等.水下机器人在水电厂的应用研究[J].科技成果,2019(4).

[6] 陈祥荣,范灵,鞠小明.锦屏二级水电站引水系统水力学问题研究与设计优化[J].大坝与安全,2007(3):1-7,15.

[7] 吴世勇,周济芳,申满斌.锦屏二级水电站复杂超长引水发电系统水力过渡过程复核计算研究[J].水力发电学报,2015,34(1):107-116.

[8] 於志杰.锦屏二级水电站压力钢管安装施工工期研究[J].四川水力发电,2010(2):35-36.

[9] 顾小双,张旭.多波束与侧扫声呐高质量检测海洋深水岸堤工程[J].水利建设与管理,2021,41(1):69-72,76.

[10] 王黎阳.潜水机器人在深孔有压式隧洞环境检测中的应用[J].大坝与安全,2015(3):55-58.

[11] 唐力,肖长安,陈思宇,等.多波束与水下无人潜航器联合检测技术在水工建筑物中的应用[J].大坝与安全,2016(4):52-55.

[12] 何亮,马琨,李端有.多波束联合水下机器人在大坝水下检查中的应用[J].大坝与安全,2019(5):46-51.

山区峡谷高墩连续刚构桥梁突风效应影响研究

何丰前[1],范永辉[2],彭勇军[3]

(1.雅砻江流域水电开发有限公司,四川 成都 610051;2.同济大学,
上海 200092;3.中铁十八局集团有限公司,天津 300222)

摘 要 为研究突风荷载对桥梁结构位移响应的影响,以木绒大桥为例,采用有限元软件 ANSYS 建立桥梁施工阶段最大单悬臂状态的三维有限元模型,研究突风时长、风攻角、风偏角、起始风速和突风峰值的影响,得到的结论主要有:①突风荷载作用的时间越短,则由突风产生的冲击效应而使结构产生的位移振荡越明显;②风攻角越大,桥梁悬臂端的横向位移和竖向位移越大;③风偏角越大,桥梁悬臂端的横向位移越大,纵向位移越小;④桥梁的横向位移和初始风速正相关,且初始风速越大,突风引起的位移振荡越明显;⑤桥梁横向位移的峰值和突风的峰值风速正相关,且峰值风速不影响桥梁位移振荡的幅度和频率。

关键词 突风效应;位移响应;有限元计算;山区峡谷桥梁

1 引 言

风对桥梁结构的破坏形式多种多样,桥梁风毁事件数不胜数,其中比较著名的有美国的塔科马海峡大桥[1]、金祖桥[2]、日本的 Seta River 桥。近年来,随着桥梁设计向轻、柔、长特点发展的趋势日渐明显,桥梁抗风研究已成为设计、施工和运营过程中不可忽视的内容。

随着国家交通网络的逐渐完善,越来越多的桥梁开始在山区峡谷中建设。然而,山区峡谷风具有风速大、突风强烈、风切变频繁等特点[3]。长远来看,对山区峡谷桥梁进行抗风研究能有效提高桥梁施工和运营过程中的安全系数。

突风(平均风速随时间迅速变化)是山区峡谷地带常见的一种大气运动方式,强烈的突风载荷会引起结构的剧烈振荡并造成结构的损坏,不强烈的突风也会给行人或乘客带来不适,因此研究突风对结构的影响就显得十分必要。国内外许多学者在这方面进行了研究,如罗建斌等采用流体分析的方法研究了突风下行驶在高架桥上的高速列车的气动特性[4];刘庆宽等测试了圆柱结构在突风下的气动三分力和振动状态[5];麻越垠等采用响应面法对有限元模型的参数进行优化,提高了突风机构模态分析与模态试验的相关性;需要指出的是,目前关于突风的研究多集中在突风对飞机的设计和振动响应方面,在土木工程尤其是桥梁结构方面,研究较少。笔者以木绒大桥为例,研究突风时长、风攻角、风偏角、起始风速和峰值风速对桥梁施工阶段的位移响应,希望补充这方面的研究内容。

2 工程概况

木绒大桥是位于四川省甘孜州的一座三跨连续刚构桥,全长 589 m,主跨跨径布置为 120 m+220 m+120 m,两个主墩的高度均为 155 m。主梁采用单箱单室箱型截面,梁高为 4.5~14.0 m。木绒大桥立面图如图 1 所示。

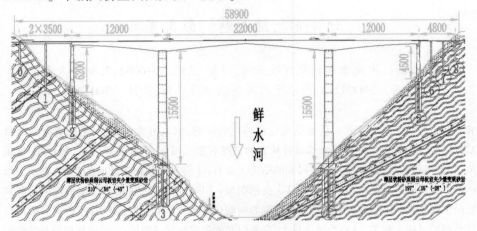

图 1 木绒大桥立面图 (单位:cm)

桥梁周边山区海拔 3 900~4 800 m,鲜水河河道下切强烈,河谷峡窄、呈现典型的 V 形断面,沿河岭谷高差悬殊,相对高差一般在 500~1 500 m,为典型的高山峡谷。受海拔及区域地貌的影响,桥位处风速普遍较高。根据施工监控,桥位处常遇风速可达 20 m/s 左右,且突风频繁。

选取木绒大桥施工阶段最大单悬臂状态进行研究,采用有限元软件 ANSYS 建立桥梁三维模型,如图 2 所示,分别计算桥梁悬臂端在不同突风(见图 3)时长(T_2-T_1)、起始风速(V_0)、风攻角、风偏角和峰值风速(V_1)下的位移响应。

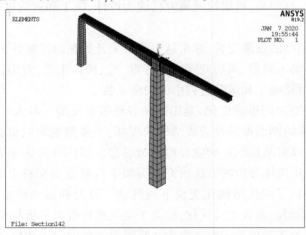

图 2 木绒大桥最大单悬臂状态有限元模型

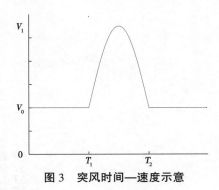

图 3　突风时间—速度示意

2.1　突风峰值风速的确定

根据《公路桥梁抗风设计规范》(JTG/T 3360-01—2018)中关于桥梁设计风速取值的规定，四川甘孜州的 100 年重现期设计基本风速 U_{100} 为 35.1 m/s。桥梁设计基本风速由式(1)确定：

$$U_{S10} = k_c U_{10}\qquad(1)$$

式中，k_c 为基本风速地表类别转换系数，木绒大桥位于四川甘孜州，该地区风参数按照 D 类地表取值，取 $k_c = 0.564$。

木绒大桥的设计基准风速由式(2)确定：

$$U_d = k_f \left(\frac{Z}{10}\right)^{\alpha_0} U_{S10}\qquad(2)$$

式中，k_f 为抗风风险系数，参照规范中对于 $U_{10} > 32.6$ m/s 的情况，取 $k_f = 1.05$；α_0 为地表粗糙度系数，D 类地表取 $\alpha_0 = 0.3$；Z 为木绒大桥的设计风速基准高度，取 $Z = 2/3 \times H = 164$ m，H 为桥面高度到河谷低水位的高度。

木绒大桥施工阶段的设计风速由式(3)确定：

$$U_{sd} = k_{sf} U_d\qquad(3)$$

式中，k_{sf} 为施工风险系数，按照规范，对于施工期大于 3 年的木绒大桥，取 $k_{sf} = 0.92$。

考虑风荷载的冲击效应，等效静阵风风速可按式(4)计算：

$$U_g = G_v U_{sd}\qquad(4)$$

式中，G_v 为等效静阵风系数，根据桥梁最大悬臂状态下已拼装的主梁长度和规范，取 $G_v = 1.46$。

综上，取突风的峰值风速 $V_2 = 65$ m/s。

2.2　突风时长的确定及影响

为研究不同时长的突风荷载对结构位移响应的影响，改变参数 $\Delta T(T_2 - T_1)$ 分别进行计算。结合关于突风参数的实地调研，选取初始风速为 30 m/s，峰值风速为 65 m/s，突风时长分别为 25 s、50 s、75 s、100 s 和 125 s。采用有限元软件 ANSYS 分别进行计算，并提取悬臂端的节点位移，得到不同突风时长下的结构位移时程结果，如图 4 所示。

从图 4 可以看出，在突风荷载未作用在桥梁结构上时，悬臂端发生了约 0.27 m 的横向位移，当不同时长的突风作用在桥梁结构上时，桥梁悬臂端发生的位移峰值均达到 0.5 m 左右，说明突风时长对桥梁结构的位移峰值影响不大。同时，在突风作用在桥梁结构的瞬间，桥梁发生位移振荡，且突风时长越短，这种位移振荡的幅度越大，这是因为突风荷载对桥梁结构产生了冲击效应，这种冲击效应会随着时间的增加而衰减，但不会随着突风过

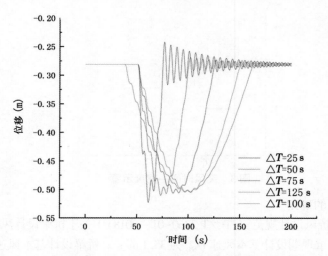

图4　不同突风时长下的结构横向位移时程结果 （单位:m）

程的结束而立即消失。

2.3　攻角与偏角的确定及影响

　　风攻角是指风主流方向与水平角的夹角,风偏角是指风主流方向与桥轴线垂直面的夹角。其中,风攻角的正负规定为:当风俯冲向桥面的时候为负,仰角方向为正;风偏角的正负规定为:当来流方向更靠近悬臂端时为负,来流方向更靠近固定端方向时为正。

　　山区突风的来流方向具有较大的不确定性,为了研究不同来流方向下结构的位移响应,分别选取0°、±1°、±3°、±5°和±7°的风攻角和风偏角进行计算。计算时,初始风速均取30 m/s,峰值风速均取65 m/s,突风时长均为50 s,得到不同风攻角和风偏角下的结构位移时程结果如图5~图8所示。

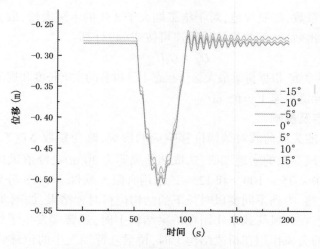

图5　不同风攻角下的结构横向位移时程结果 （单位:m）

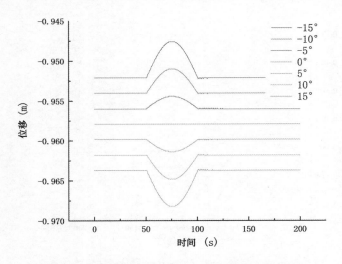

图6　不同风攻角下的结构竖向位移时程结果　（单位:m）

从图5可以看出,在7种不同风攻角下,7条横向位移曲线的变化趋势一致,且峰值差别不大,均在0.49 m左右。同时,桥梁悬臂端的横向位移时程曲线近似重合为4条,这是因为正负攻角下的风荷载在桥梁横向上的分力存在相同的情况,即$F\cos\alpha = F\cos(-\alpha)$,说明桥梁悬臂端横向位移受风攻角余弦值的影响。在图6中,7条竖向位移曲线在0.947~0.967 m范围内表现出对称性,这种对称性来自于$F\sin\alpha = -F\sin(-\alpha)$,同时,横向位移时程曲线和竖向位移时程曲线均出现位移振荡,且前者的振荡幅度更加明显,持续时间更长,这是因为在低攻角范围内,突风荷载在桥梁结构横向上的分力远大于竖向分力,导致突风在横向上的冲击效应更强烈。另外,在突风荷载下,结构产生的横向位移(0.49~0.27 m)远小于结构自重下的竖向位移0.957 m(图6中风攻角等于0°时的位移结果)。

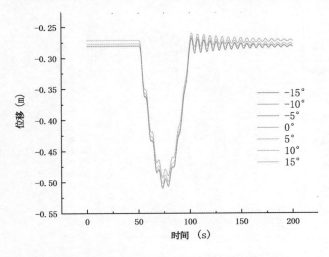

图7　不同风偏角下的结构横向位移时程结果　（单位:m）

不同风偏角下桥梁悬臂端的位移响应同风攻角下的位移结果类似,不同风偏角下桥梁结构横向位移变化趋势一致,且横向位移和风偏角余弦值正相关;桥梁结构竖向位移时

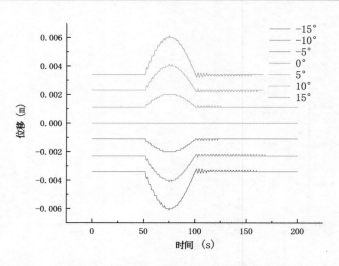

图 8 不同风偏角下的结构纵向位移时程结果 （单位：m）

程曲线表现出对称性,且竖向位移主要受风偏角的正弦值影响。同时,横向位移时程曲线和竖向位移时程曲线也均出现位移振荡,且前者幅度更加明显,持续时间更长,这是因为在低攻角范围内,突风荷载在桥梁结构横向上的分力远大于竖向上的分力,导致突风在横向上的冲击效应更强烈。

2.4 起始风速对结构响应的影响

为研究起始风速(V_0)对结构位移的影响,保持峰值风速 65 m/s 不变、风攻角和风偏角均取 0°,突风时长 $\Delta T(T_2 - T_1)$ 均取 50 s,将起始风速在设计风速的基准上波动±5 m/s 和±10 m/s,即分别采用 15 m/s、20 m/s、25 m/s、30 m/s 和 35 m/s 的风速进行计算,得到结构在不同起始风速下的位移响应,如图 9 所示。

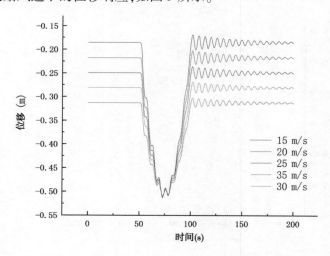

图 9 不同起始风速下桥梁结构横向位移时程结果

从图 9 中可以看出,突风荷载作用在结构之前,桥梁悬臂端的横向位移和初始风速正相关,初始风速越大,横向位移的数值就越大;当突风荷载作用在结构的瞬间,桥梁在冲击作用下发生横向振荡,且初始风速越小,桥梁横向位移的振幅越大,但频率基本相同;不同起始风速下,桥梁悬臂端横向位移的峰值基本相同。

2.5 峰值风速对结构位移响应的影响

为研究峰值风速(V_1)对结构位移的影响,保持起始风速30 m/s不变、风攻角和风偏角均采用0°,突风时长$\Delta T(T_2 - T_1)$均取50 s,将峰值风速在设计风速的基准上波动±5 m/s和10 m/s,即分别采用55 m/s、60 m/s、65 m/s、70 m/s和75 m/s的风速进行计算,得到结构在不同峰值风速下的位移响应,如图10所示。

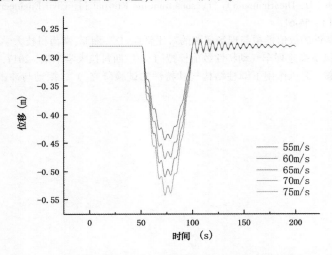

图10 不同峰值风速下桥梁结构横向位移时程结果

从图10中可以看出,桥梁悬臂端横向位移的峰值和突风的峰值风速呈正相关关系,峰值风速越大,悬臂端的横向位移越大。另外,在不同峰值风速的突风荷载作用在桥梁结构以后,由冲击效应产生的桥梁悬臂端横向位移的振幅和频率基本相同,说明突风荷载的峰值不影响其对桥梁结构冲击效应的大小。

3 结 论

为研究突风荷载对桥梁结构位移响应的影响,以木绒大桥为例,采用有限元软件ANSYS建立桥梁施工阶段最大单悬臂状态的三维有限元模型,计算了不同突风时长、风攻角、风偏角、起始风速和突风峰值下的桥梁悬臂端位移结果,得到的结论主要有:

(1)突风荷载作用的时间越短,则因突风产生的冲击效应而使结构产生的位移振荡幅度越明显,这种位移振荡不会随突风过程的结束而立即消失。

(2)风攻角的余弦值会对桥梁的横向位移产生影响,风攻角越大,横向位移越小;风攻角的正弦值对桥梁的竖向位移产生影响,风攻角越大,竖向位移越大;桥梁悬臂端横向和竖向均会出现位移振荡,且前者的振幅更加明显,持续时间更长。

(3)风偏角的余弦值会对桥梁的横向位移产生影响,风偏角越大,横向位移越小;风偏角的正弦值对桥梁的纵向位移产生影响,风偏角越大,纵向位移越大。

(4)桥梁的横向位移和初始风速正相关,且初始风速越大,突风荷载引起的位移振荡越明显,但振荡频率基本相同。

（5）桥梁横向位移的峰值和突风峰值风速正相关,且峰值风速不影响桥梁位移振荡的幅度和频率。

参 考 文 献

［1］项海帆. 现代桥梁抗风理论与实践［M］. 北京:人民交通出版社, 2005.

［2］Xiang Haifan. Theory and practice of wind resistance of modern bridges［M］. Peopleundefineds Communications Press, 2005.

［3］Leech T G, McHugh J D, Dicarlantonio G. Lessons from the Kinzua［J］. Civil Engineering Magazine Archive, 2005, 75(11): 56-61.

［4］于涛. 山区峡谷风特性的数值模拟与现场实测的对比研究［D］. 湘潭:湖南科技大学,2014.

［5］罗建斌, 吴量. 突风下高速列车气动特性数值模拟［J］. 广西科技大学学报, 2017, 28(4):19-24.

［6］刘庆宽, 张峰, 王毅. 突风作用下圆柱结构气动特性的试验研究［J］. 振动与冲击, 2012(2):67-71,80.

充分运用绿色金融 助推上游水电开发

曾建伟

(雅砻江流域水电开发有限公司,四川 成都 610051)

摘 要 2017 年 10 月,习近平在十九大报告中指出,坚持人与自然和谐共生。必须树立和践行绿水青山就是金山银山的理念,坚持节约资源和保护环境的基本国策。2020 年 9 月,国家主席习近平在第七十五届联合国大会一般性辩论上宣布中国将力争实现 2030 年前达到二氧化碳排放峰值、2060 年前实现碳中和的目标。不管从"绿水青山就是金山银行"的理念还是"30·60"目标的提出,都彰显了国家对绿色发展的重视。水电作为绿色清洁能源的一种,对于打造"绿水青山"和减少碳排放都能起到很好的作用。近年来,随着雅砻江流域水电开发向中游转移,上游水电开发也逐步列入公司规划,但项目投资大、经济指标差,成为制约其开发的因素之一。水电开发这种重投资的项目离不开金融资本的支持,融资成本是项目投资成本和运营成本的重要组成部分,要想提升项目经济指标,降低融资成本是其中的一种方式。随着绿色发展理念兴起的绿色债券、绿色基金、绿色保险等绿色金融工具,依托国家对绿色项目的扶持,绿色金融融资成本相对较低,对降低上游水电开发成本起着良好的作用。因此,充分利用好绿色金融工具,有助于降低项目融资成本,推动上游水电开发。

关键词 绿色金融;融资成本;水电开发

1 引 言

随着雅砻江流域"四阶段"开发战略的稳步推进,上游水电开发也逐步进入准备阶段。2011 年雅砻江流域水电开发有限公司已开展上游水电开发前期筹建工作。近年来,因受制于各类客观因素,进度缓慢。同时,上游水电项目还受制于装机小、投资大,上网电价不具备市场竞争条件等主观原因,开发经济性不高。如何有效降低投资成本和运营成本,一直是上游水电项目开发研究的重点和难点,如能解决经济性不高的问题,将大大有利于推动上游水电项目的开发。众所周知,一个电站的开发离不开金融资本的支持,因此融资成本不仅影响投资成本,还影响运营成本,进而影响项目的经济指标。降低融资成本是降低项目投资成本,提升上网电价市场竞争力的方式之一。降低融资成本的方式就是降低融资成本利率,而目前国家推广的绿色基金、绿色债券等绿色金融资本,其利率大大低于现行市场贷款利率,因此充分利用绿色金融资本,将有效降低上游水电的投资成本和运营成本,提高项目经济指标,助推上游水电开发。

2 上游水电规划情况

雅砻江上游水电规划是对雅砻江新龙县和平乡以上河段进行的规划,河段长 790 km,天然落差 1 762 m,其中,尼达以上青海省玉树州境内河段长 166 km,天然落差 494 m,平均比降 3‰,该段不开发;尼达以下四川省甘孜州境内河段长 624 km,天然落差 1 268 m,平均坡降 2‰。

　　根据最新设计成果,雅砻江上游河段采用"1库10级"开发方案,从上而下分别为:温波(6万kW)、木能达(22万kW)、格尼(22万kW)、木罗(16万kW)、仁达(40万kW)、林达(14.4万kW)、乐安(9.9万kW)、新龙(22万kW)、共科(40万kW)、甲西(36万kW)。利用落差637 m,总装机容量228.36万kW。

　　由于最新规划成果没有具体的经济指标数据,本文测算数据主要以原预可研经济指标为基础。上游新龙县境内已有预可研成果的水电站静态投资超过1.5万元/kW,上网电价超过0.5元/(kW·h),远超0.3元/(kW·h)的现行市场平均电价水平。加之当前,国内经济发展对电力增长需求有所降低,但电源装机却持续保持高速增长,电力需求增长与装机增长倒挂,电力出现过剩,市场电价呈下降趋势,上游梯级电站市场竞争形式更加严峻。上游新龙县境内已有预可研成果水电站主要经济指标详见表1。

3　融资成本对项目经济指标的影响分析

　　本次选取建设环境、经济指标、送出条件都相对较好的林达水电站作为实例,在预可研其他指标不变的情况下,通过代入现行市场基准贷款利率及绿色债券利率,建立数据测算模型,计算融资成本和上网电价,并对相关经济指标进行对比分析。

3.1　林达水电站预可研融资成本等指标分析

　　根据预可研报告数据,林达水电站在上网电价(含税)0.614元/(kW·h)、贷款利率5.9%的情况下,建设期总投资304 430.70万元,建设期利息41 621.62万元,建设期利息占总投资的13.67%;运营期总成本659 069.70万元,财务费用(利息支出)170 705.80万元,财务费用占总成本的25.9%。从预可研数据可以看出,融资成本对项目投资和运营成本都具有较大的影响,并进一步影响上网电价定价。降低融资成本,是提升项目经济指标的重要手段之一。

3.2　现行市场基准贷款利率下计算林达水电站上网电价、融资成本指标

　　通过建立数据测算模型,按照现行市场基准贷款利率4.9%,在原预可研数据其他各项指标不变的情况下,经过测算,林达水电站建设期总投资296 943.98万元,建设期利息34 134.93万元,建设期利息占总投资的11.5%;运营期总成本594 020.55万元,财务费用(利息支出)137 170.43万元,财务费用占总成本的23.09%。并通过进一步反算,林达水电站上网电价(含税)0.57元/(kW·h),上网电价降低。

3.3　绿色金融产品贷款利率下计算林达水电站上网电价、融资成本指标

　　假设按照公司最近一期碳中和绿色中期票据发行利率3.5%进行测算,林达水电站建设期总投资286 766.07万元,建设期利息23 957.02万元,建设期利息占总投资的8.35%;运营期总成本542 495.02万元,财务费用(利息支出)95 150.12万元,财务费用占总成本的17.53%。并通过进一步反算,林达水电站上网电价(含税)0.52元/(kW·h),上网电价进一步降低。

　　通过上述测算,当贷款利率从5.90%降低至4.90%时,建设期利息、建设期总投资、财务费用(利息支出)、运营期总成本、上网电价(含税)分别下降17.99%、2.46%、19.65%、9.87%、7.17%(见表2);当贷款利率从5.90%降低至3.50%时,建设期利息、建设期总投资、财务费用(利息支出)、运营期总成本、上网电价(含税)分别下降42.44%、5.8%、44.26%、17.69%、15.31%(见表3)。由此可以看出,贷款利率对项目的各项指标具

表1　上游新龙县已有预可研成果水电站主要经济指标

编号	名称	仁达	林达	乐安	新龙	共科	甲西
第一部分	装机容量（万kW）	45	15.6	10.8	25.8	40	36
	多年平均发电量（亿kW·h，联合运行）	19.93	7.16	4.88	11.73	18.83	16.67
第二部分	资金筹措（万元）						
一	枢纽工程	465 681.16	154 771.32	127 829.15	261 539.07	345 522.57	349 911.88
1	施工辅助工程	176 375.48	31 429.92	26 441.91	58 959.14	118 229.13	112 249.13
2	建筑工程	213 880.76	70 793.73	58 986.45	137 841.10	154 782.52	162 830.23
3	环境保护和水土保持工程	14 184.12	14 454.03	12 910.79	9 716.00	12 861.49	16 750.91
4	机电设备及安装工程	51 374.25	29 192.09	20 502.45	13 374.85	48 630.56	47 850.12
5	金属结构设备及安装工程	9 866.55	8 901.55	8 987.55	41 647.98	11 018.87	10 231.49
二	建设征地和移民安置补偿费用	133 203.00	25 953.14	25 609.28	105 151.08	251 930.21	114 675.41
1	征地和移民补偿费用	21 513.55	4 942.16	2 112.28	19 627.27	22 090.03	10 838.02
2	复建工程费用	111 689.45	21 010.98	23 497.00	85 523.81	229 840.18	103 837.39
三	独立费用	131 146.60	40 109.22	33 516.47	85 268.16	137 258.71	104 226.18
四	基本预备费	89 046.67	25 095.55	21 678.04	57 891.82	102 925.21	70 366.47
	工程静态总投资（一~四合计）	819 077.43	245 929.23	208 632.94	509 850.13	837 636.70	639 179.94
	单位千瓦静态投资（万元/kW）	1.82	1.58	1.93	1.98	2.09	1.78
	单位电能投资[元/(kW·h)]	4.11	3.43	4.28	4.35	4.45	3.83

续表 1

编号	名称	仁达	林达	乐安	新龙	共科	
五	价差预备费	79 008.56	16 723.82	13 759.89	31 790.77	70 063.40	47 769.11
	工程固定资产投资(一~五合计)	898 087.81	262 653.05	222 394.76	541 642.88	907 702.19	686 950.83
六	建设期利息	190 871.08	41 621.62	35 934.29	86 313.50	146 467.28	126 947.47
七	建设资本金占总投资(%)	20	20	20	20	20	20
甲西							
八	借款年利率(%)	6.55	5.9	5.9	6.55	6.55	6.55
九	流动资金	450	156	108	258	400	360
	总投资(一~六合计)	1 089 407.10	304 430.67	258 435.10	628 212.40	1 054 567.40	814 256.50
	单位千瓦总投资(万元/kW)	2.42	1.95	2.39	2.43	2.64	2.26
第三部分	电价[元/(kW·h)]	—	—	—	—	—	—
1	上网电价(不含增值税)	0.739	—	—	0.637	0.655	—
2	上网电价(含增值税)	0.865	0.614	0.725	0.746	0.766	0.682
第四部分	投资回收期(年)	17.5	18	17.8	17.1	18	17.8
第五部分	借款偿还期(年)	28.49	27.7	26.98	26.5	27.61	27.3

有一定的影响,降低贷款利率可以提高项目经济指标。但降低融资成本只是项目指标优化的一部分,其影响有限,尤其是对建设期总投资的影响较小,因此项目指标优化至达到市场竞争条件,还需要深入开展设计优化、其他成本优化等工作。

表2　贷款利率从5.90%下降至4.90%时各项指标变化情况

项目	单位	贷款利率		利率降低指标变化情况	变化率(%)
		5.90%	4.90%		
建设期利息	万元	41 621.62	34 134.93	7 486.69	17.99
建设期总投资	万元	304 430.70	296 943.98	7 486.72	2.46
财务费用	万元	170 705.80	137 170.43	33 535.37	19.65
运营期总成本	万元	659 069.70	594 020.55	65 049.15	9.87
上网电价(含税)	元/(kW·h)	0.614	0.57	0.04	7.17

表3　贷款利率从5.90%下降至3.50%时各项指标变化情况

项目	单位	贷款利率		利率降低指标变化情况	变化率(%)
		5.90%	3.50%		
建设期利息	万元	41 621.62	23 957.02	17 664.60	42.44
建设期总投资	万元	304 430.70	286 766.07	17 664.63	5.80
财务费用	万元	170 705.80	95 150.12	75 555.68	44.26
运营期总成本	万元	659 069.70	542 495.02	116 574.68	17.69
上网电价(含税)	元/(kW·h)	0.614	0.52	0.09	15.31

4　绿色金融市场发展情况

近年来,以习近平同志为核心的党中央高度重视生态文明建设和绿色发展,在"绿水青山就是金山银山"的理念引领下,绿色产业、清洁能源等行业的不断发展,促进了我国绿色金融市场的发展。2015年9月,"建立绿色金融体系"首次在《生态文明体制改革总体方案》中提及。2016年,七部门联合推行的《关于构建绿色金融体系的指导意见》作为世界范围内第一部绿色金融的系统化政策文件,倡导包括绿色基金等绿色投融资的金融创新。经过多年发展,我国的绿色金融在支持绿色经济发展方面已经展示出巨大潜力,国内绿色金融市场规模持续扩大,绿色信贷、绿色债券位居世界前列。2018年6月,中共中央、国务院印发的《关于全面加强生态环境保护 坚决打好污染防治攻坚战的意见》提出"设立国家绿色发展基金"(以下简称绿色基金)。2020年7月15日,国家绿色发展基金股份有限公司在上海市揭牌运营,首期募资规模885亿元,绿色基金由财政部、生态环境部和上海市人民政府三方共同发起设立,国务院授权财政部履行国家出资人职责,财政部委托上海市承担绿色基金管理的具体事宜。绿色基金在首期存续期间主要投向长江经济带沿线上海、江苏、浙江、安徽、江西、湖北、湖南、重庆、四川、贵州、云南等十一省市。截至

2020 年年末,绿色贷款余额 11.95 万亿元,存量规模世界第一;绿色债券存量 8 132 亿元,居世界第二。地方绿色金融改革创新持续推进。截至 2020 年年末,绿色金融改革创新试验区绿色贷款余额 2 368.3 亿元,占全部贷款余额的 15.1%;绿色债券余额 1 350.5 亿元,部分绿色金融改革创新经验已局部推广。

2021 年 2 月 8 日,公司践行习近平总书记在第七十五届联合国大会一般性辩论上的重要讲话精神,积极贯彻落实党中央、国务院"碳达峰目标和碳中和愿景"工作部署,经积极争取,成为全国 6 家首批碳中和债券试点企业,并成功发行碳中和绿色中期票据。2021 年 4 月,公司成功发行碳中和绿色公司债券,成为四川省首单碳中和绿色公司债券。这些绿色金融产品的成功发行运用,即是对公司主体绿色和项目绿色双认证的认可,也进一步降低了项目资金成本。这些绿色金融产品如能运用到上游水电项目开发中,也必将降低上游项目融资成本,提高项目经济指标,助推上游水电开发。

5　结　论

上游水电开发是公司"四阶段开发战略"的重要组成部分,同时上游水电项目沿线还储备有丰富的光伏资源,也将成为后续雅砻江风光水互补清洁能源基地建设的目标之一。公司在绿色金融市场上更是取得了主体绿色和项目绿色双认证,对推动绿色金融在上游项目的运用具有可操作性,紧紧抓住国家对清洁能源项目扶持的大好机遇,不断扩大绿色金融产品在上游项目的运用,不断拓宽绿色金融产品种类,利用绿色金融产品低利率的优势,降低项目资金成本,提升项目经济指标,助推上游水电项目和其他清洁能源项目开发。

参 考 文 献

[1] 陶兰. 绿色金融助力"碳达峰、碳中和"的实现路径[N]. 金融时报,2021-05-10
[2] 安国俊. 碳中和目标下的绿色金融创新路径探讨[J/OL]. 南方金融,2021.

三轴压缩下大理岩损伤及能量演化特征数值分析

王浩然，王志亮，汪书敏，王昊辰

（合肥工业大学土木与水利工程学院，安徽 合肥　230009）

摘　要　针对深部隧洞围岩的力学行为，本文采用颗粒流程序进行三轴压缩模拟，探讨不同围压下大理岩微裂纹萌生扩展、损伤演化以及能量转化之间的内在联系。研究表明，采用平行黏结模型能够较好地反映不同围压下岩样的破坏模式，模拟的峰值强度和弹性模量与试验结果高度吻合，但在描述峰后的应变软化阶段存在不足；压缩过程中岩样内裂纹的扩展可分为初始压密等四个阶段，微裂纹数目及损伤变量与轴向应变之间均满足 Logistic 函数关系；理论与模拟所得能量值随轴向应变的变化趋势相同，两种计算方式的结果在峰前段几乎一致，且模拟过程中各个能量的演化阶段与裂纹扩展过程对应得较好；随围压的增加，最大输入能密度与最大耗散能密度以指数形式增长，而储能密度极限与残余弹性应变能密度呈线性增长。

关键词　大理岩；三轴压缩；能量特征；损伤演化；数值分析

1　引　言

　　岩石从受载到破坏伴随着一个动态的能量转化，许多学者通过力学试验来探究岩石损伤过程中的能量演化规律，并取得丰硕成果。如 Peng 等[1]对常规三轴压缩下煤体破坏过程中的能量耗散与释放进行了试验研究，提出了两个参数（破坏能比和应力降系数）来描述不同围压下煤体的破坏模式。Yang 等[2]对致密储集层砂岩进行三轴压缩试验，运用能量理论和原理分析了控制裂纹扩展的能量机制，提出了表征不同三轴应力下裂纹扩展的能量耗散规律和能量释放规律。Li 等[3]对花岗岩进行不同应力路径下的常规三轴压缩试验，采用扫描电子显微镜（SEM）和能谱仪（EDS）相结合的方法对花岗岩微裂纹的微观差异进行了鉴定，然后进行破坏过程中的能量分析。Fuenkajorn 等[4]认为不同加载速率下的剪胀变形能和破坏变形能与平均法向应力呈线性关系，同时考虑剪胀变形和平均应力应变的应变能准则得到的结果较为保守。Liu 等[5]通过增加能量释放率来改善传统的弹性应力—应变关系，将改进后的应力—应变关系转化为考虑加载损伤和细观损伤力学的三轴应力—应变模型。

　　基于颗粒流程序 PFC（Particle Flow Code），不仅可实时监测岩石在受载过程中微裂

基金项目：国家自然科学基金雅砻江联合基金资助项目（U1965101）。

作者简介：王浩然（1997—），男，硕士研究生。E-mail：whr_frank@163.com。

纹的张开与发展,而且还能够实时监测岩石系统当中各个能量的变化情况[6]。目前,许多学者运用 PFC 对岩石微观破裂损伤机制展开研究。Huang 等[7]采用 PFC[3D] 进行三轴压缩模拟,用模拟结果验证试验结果,研究预制裂隙试件裂纹开展过程,对岩石内部损伤进行详细分析。Yang 等[8,9]首先对预制非平行裂隙的砂岩进行单轴压缩试验,然后采用 PFC[2D] 进行模拟,揭示了单轴压缩下有缺陷红砂岩的裂隙开裂机制。室内试验和数值模拟是研究岩石三维断裂行为的有效手段。

　　以上有关能量的计算,主要通过对应力——应变曲线积分的方式求得,但是曲线的滞后效应必然导致计算结果的误差。并且无论是室内试验还是现场原位试验只能观察到岩石宏观破裂,并不能从细观上观察到微裂纹的萌生、扩展以及贯通,直至试样破坏。目前,采用理论与模拟对比的方式,研究大理岩在三轴压缩下损伤与能量演化规律的相关成果较少。鉴于此,本文拟采用 PFC[3D] 软件对室内试验得到的大理岩宏观参数进行平行黏结模型细观参数标定,对不同围压下三轴压缩试验进行数值模拟,从细观角度讨论微裂纹、损伤及能量之间的相关性,并对比理论与模拟两种方式计算损伤与能量的差异,揭示围压对损伤和能量的影响,力求得出有参考价值的结论。

2　大理岩三轴压缩模拟

2.1　模型构建及参数标定

　　本文基于文献[10]中所开展的大理岩常规三轴压缩试验,采用 PFC[3D] 软件对大理岩力学特性进行数值模拟研究。图 1 为大理岩的三维数值模型,其直径 50 mm、高 100 mm,均匀生成 21 582 个球形颗粒,含有 77 866 个平行黏结和 3 590 个线性黏结,其半径因子采用默认值 1.0,岩石密度取 2 600 kg/m³。采用 PFC 内置的 fish 语言编写程序,对侧向墙体进行自动伺服控制,轴压通过移动上下两个墙体进行位移加载,当轴压达到峰值强度的 0.5 倍时,加载板停止加载。采用 history 命令记录试验过程中墙体位移、轴向应力等宏观数据。

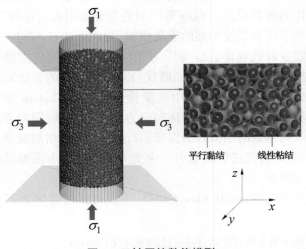

图 1　三轴压缩数值模型

在 PFC 中模拟岩石三轴试验时,需要设置颗粒间的黏结模型来表征岩石粒子与粒子之间的胶结,常用的黏结模型有接触黏结模型和平行黏结模型,平行黏结模型在其黏结时能抵抗扭矩并表现为线弹性,黏结破坏时与线性模型等效,可以承受摩擦力但只能传递力,符合岩石的破裂机制,故本文选用平行黏结模型。岩石的宏观力学行为由细观参数决定,法向、切向刚度比与泊松比线性相关;弹性模量与平行黏结有效模量线性相关;法向、切向黏结力比值控制试样破坏模式[11]。通过上述经验,进行不断试错调试,选取一组与室内试验宏观力学参数吻合度较高的细观参数,具体见表 1。

表 1　大理岩的细观物理参数

最小粒径	最大粒径	有效模量	刚度比	黏结有效模量	黏结刚度比	抗拉强度	黏结强度	摩擦角	摩擦系数
$R_{\min}(\mathrm{mm})$	$R_{\max}(\mathrm{mm})$	$E^*(\mathrm{GPa})$	k^*	$\overline{E}^*(\mathrm{GPa})$	$\overline{k}^*$	$\sigma_c(\mathrm{MPa})$	$\overline{c}(\mathrm{MPa})$	$\overline{\varphi}(°)$	μ
0.9	1.35	60	1.5	48	4.5	60	38.3	30	0.33

2.2　模型构建及参数标定

采用表 1 的细观参数分别进行围压为 10 MPa、20 MPa、30 MPa、40 MPa 和 50 MPa 下的常规三轴压缩模拟,试验与模拟中的岩样在不同围压下破坏模式的对比如图 2 所示。其中,左边为室内试验的破裂面素描图[10],右边为 PFC 颗粒破坏后的 fragment 显示(同种颜色的颗粒表示同种破碎块体),可以看出大理岩在不同围压下均为斜面剪切破坏,模拟与试验结果基本一致。

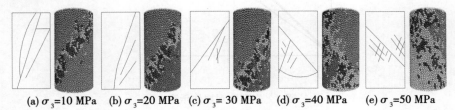

(a) σ_3=10 MPa　(b) σ_3=20 MPa　(c) σ_3=30 MPa　(d) σ_3=40 MPa　(e) σ_3=50 MPa

图 2　试样破坏模式数值与试验结果对比

图 3 给出了模拟的偏应力—应变曲线、特征应力以及试验结果[10],对比可见随着围压的增加,岩石的峰值强度和扩容特征应力(体积应变由正转负时所对应的应力)呈线性增长,岩石从脆性状态过渡到塑性状态,但是由于平行黏结模型并不能很好地模拟出峰后应变软化阶段,岩石的强度下降较快,扩容特征应力模拟值普遍小于试验值。本文采用岩石峰值强度 50% 处的应力和应变计算弹性模量和泊松比,从图 3(c)可知,弹性模量的试验值与模拟值基本一致,均随着围压的增加而逐渐增大;泊松比模拟值随着围压增加而逐渐减小,但是试验值随围压的增大,并未表现出明显的规律,可能的原因是所选同组大理岩的内部缺陷差异较大。

3　大理岩微裂纹破裂损伤演化及能量变化规律

3.1　三轴压缩下宏细观损伤变量计算对比

目前,对于损伤变量的定义方法很多,为了方便计算,此处按弹性模量降低定义宏观

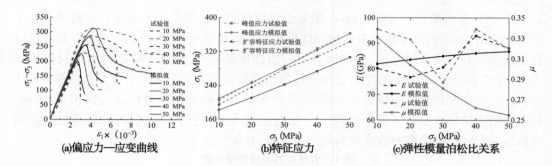

(a)偏应力—应变曲线　　　(b)特征应力　　　(c)弹性模量泊松比关系

图3　数值模拟与试验结果对比

损伤变量：

$$D = 1 - E_{bo}/E_{0.5} \tag{1}$$

式中，E_{bo} 为损伤后岩石的割线模量（b 点在 A、B 之间）；$E_{0.5}$ 为轴向应力达到 0.5 峰值强度时岩样的弹性模量，由于此时微裂纹几乎没有产生，可以近似认为岩石在此之前没有损伤，如图4所示。

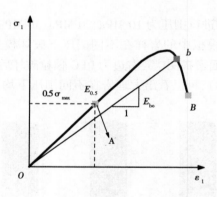

图4　岩石宏观损伤示意

在本模型中，平行黏结发生断裂后会在断裂处形成一个圆盘，此圆盘就代表微裂纹，它不参与力学计算。参考文献[12]中定义细观损伤变量的方式，将颗粒间平行黏结断裂的个数 N（微裂纹数）与颗粒间总的平行黏结数 N_0（本模型共个 77 866 平行黏结）的比值作为细观损伤变量 D'，因为不同围压下采用相同的数值模型，总的平行黏结数 N_0 相同，所以细观损伤变量 D' 能够反应不同围压下岩样的损伤程度，其具体表达式如下：

$$D' = N/N_0 \tag{2}$$

采用上述宏观、细观损伤计算方法，获得的不同围压下损伤变量随轴向应变变化曲线如图5所示。随着轴向应变的增加，岩样的宏观与细观损伤呈相同的 S 形上升趋势，两者的损伤变量在前期差异不大，但是随着围压的增加，细观损伤变量略大于宏观损伤变量。根据损伤的上升趋势，对两种损伤计算方法的结果采用 Logistic 函数进行拟合，损伤变量与轴向应变的函数关系如式（3）所示，曲线的拟合度为 0.994~0.999。

$$D(D') = a + \frac{b}{1 + (\varepsilon_1/c)^d} \tag{3}$$

式中,a、b、c 和 d 为相关系数。

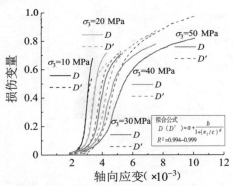

图 5　轴向应变与岩石损伤关系

3.2　微裂纹破裂演化规律

图 6 展示出完整数值试件在常规三轴压缩下的微裂纹数量、每 50 时步微裂纹数和偏应力与轴向应变的关系。根据偏应力—应变曲线,微裂纹演化过程可以分为四个阶段:第一个阶段为初始压密阶段(OA 段),数值试样不断被压缩,有少量声发射事件产生,但是产生的微裂纹数较少;第二个阶段为线弹性阶段(AB 段),该阶段切线模量保持不变,初期的声发射事件较少,但从 B 点附近开始增多,表明微裂纹开始萌生;第三个阶段为塑性变形阶段(BC 段),微裂纹的加速扩展使得数值试样在宏观表现为塑性屈服,岩石出现不可恢复的塑性变形;第四个阶段为峰后破坏阶段(CD 段),微裂纹的扩展速率在 C 点之后继续增大,导致微裂纹逐渐贯通形成宏观裂纹,数值试样破坏程度加大,但该阶段后期的微裂纹扩展速率有所降低。

除此之外,高围压(50 MPa)相较于低围压(10 MPa)在峰后阶段表现出更强的应变软化行为,并且产生的总微裂纹数目比低围压时多,但是微裂纹数曲线的增长速率小于低围压下的增长速率。在数值试件压缩过程中,拉伸裂纹数目大于剪切裂纹数目,微裂纹总数曲线随着轴向应变的增加呈 S 形上升趋势,二者满足 Logistic 函数关系,拟合公式如图 6 所示,拟合度为 0.996~0.999。

3.3　理论与模拟应变能计算对比

在传统的常规三轴压缩试验中,三轴试验机对岩石做功,输入的总能量密度为 U,假设该过程与外界没有热交换,根据热力学第一定律可得:

$$U = U^e + U^d \tag{4}$$

式中,U^d 为耗散能密度理论值;U^e 为可释放的弹性应变能密度理论值。

试件在试验过程中一直处于三轴压缩状态,轴向方向试验机对岩样做正功,产生的能量为 U_1;径向方向试验机为保持静水压力对岩样做正功 U_0,但随着轴向应力的增大,径向变形也随之增大,从而使围压做负功,记为 U_3[13]。所以总能量密度理论值 U 也可以表示为:

$$U = U_1 + U_3 + U_0 \tag{5}$$

保持静水压力所吸收的应变能 U_0 可以根据弹性方程直接得到,但是该值的大小相较

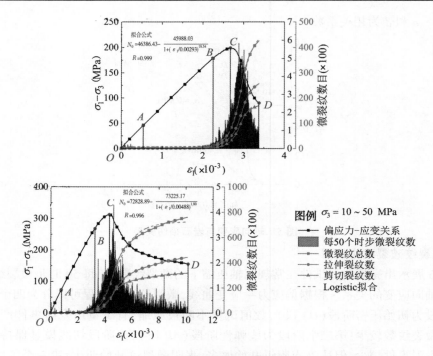

图 6　轴向应变与偏应力、微裂纹数目及声发射的关系

于总能量密度而言较小。

$$U_0 = \frac{3(1 - 2\mu_0)}{2E_0}(\sigma_3^0)^2 \tag{6}$$

式中,μ_0 是初始泊松比;E_0 是初始弹性模量;σ_3^0 为初始围压。

此外,吸收和损失的能量 U_1 和 U_3 可以通过对试验得到的应力—应变曲线进行积分求得,根据积分计算的定义,再将应力—应变曲线所包围的面积划分成为若干微小的梯形面积进行计算。

$$U_1 = \int_0^{\varepsilon_1} \sigma_1 \mathrm{d}\varepsilon_1 = \sum_{i=1}^n \frac{1}{2}(\sigma_1^i + \sigma_1^{i+1})(\varepsilon_1^{i+1} - \varepsilon_1^i) \tag{7}$$

$$U_3 = \int_0^{\varepsilon_3} \sigma_3 \mathrm{d}\varepsilon_3 = \sum_{i=1}^n \frac{1}{2}(\sigma_3^i + \sigma_3^{i+1})(\varepsilon_3^{i+1} - \varepsilon_3^i) \tag{8}$$

式中,σ_1、σ_3 分别为第一、三主应力;ε_1、ε_3 分别为轴向、径向应变;n 为应力—应变曲线中梯形的总数;i 为梯形分裂点。

任意时刻 t 岩样处于三轴压缩状态下弹性应变能密度理论值可由下式求出。

$$U^e = \frac{1}{2E_i}[\sigma_1^2 + 2\sigma_3^2 - 2\mu_i(2\sigma_1\sigma_3 + \sigma_3^2)] \tag{9}$$

式中,E_i 和 μ_i 分别为任意时刻 t 某一点的弹性模量和泊松比。

根据式(4)~式(9)即可得出耗散能密度理论值 U^d,编写相应的计算程序即可得出能量理论值。

在本文所建模型中,外力做功所产生的输入岩样的能量 U 称为边界能密度,包括上下加载板对岩样做正功和侧向加载板对岩样做负功两部分。运用 fish 语言编写相应的代码,可以实时监测三轴压缩过程中各种能量(如阻尼能、动能、应变能等)的变化过程。模拟采用的能量计算公式如下:

$$U = U^{d} + \sum_{N_c} E_k + \sum_{N_{pb}} \overline{E}_k \qquad (10)$$

$$U^{e} = \sum_{N_c} E_k + \sum_{N_{pb}} \overline{E}_k \qquad (11)$$

式中,N_c、N_{pb} 分别为模型中总的颗粒接触数和平行黏结数;E_k 为颗粒应变能密度;$\overline{E}_k$ 为平行黏结应变能密度,其计算过程详见文献[14];U^{e} 为弹性应变能密度模拟值;U^{d} 为耗散能密度模拟值。

根据式(4)~式(11)得出围压为 10 MPa、50 MPa 时,理论与模拟能量随轴向应变变化曲线如图 7 所示。在峰值强度之前,外界输入岩石的能量以应变能的形式储存,以耗散能的形式损失较少,理论计算与数值模拟两种计算方式很接近;峰值强度后,模型中平行黏结键断裂,能量得到释放,微裂纹的扩展和贯通加快,颗粒间接触变为线性接触,围压的存在使颗粒应变能密度突然增加,导致弹性应变能密度模拟值表现出较强的波动性,并且模拟值略大于理论值,且耗散能密度理论值大于模拟值。

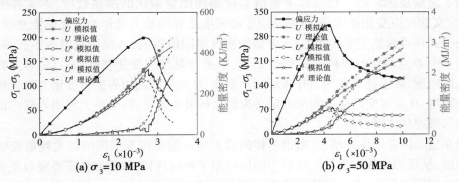

图 7 理论与模拟能量变化曲线

3.4 能量与应力—应变的关系

对比图 6 当中四个阶段的划分,也可以将数值模拟过程中记录的各个能量随轴向应变变化曲线分为四个阶段(输入阶段、累积阶段、耗散阶段和释放阶段),并且图 8 当中的 O、A、B、C 和 D 五个点与图 6 当中相对应。

(1)能量输入阶段(OA 段):加载墙体对数值岩样做功,应变能不断聚集,由于生成颗粒较为均质,在该阶段基本无裂纹产生,边界能全部转化为应变能,基本无耗散能,并且动能和阻尼能也基本没有产生。

(2)能量累积阶段(AB 段):微裂纹开始萌生,但是速率较慢,岩样内部产生的裂纹互相摩擦滑移,阻尼能呈较小速率增加,应变能有较小波动但是总体上呈线性增加,能量不断累积且应变硬化占主导地位。

(3)能量耗散阶段(BC 段):随着岩样内部微裂纹逐渐扩展,声发射事件显著增强,试件表现出宏观屈服,部分能量以裂纹表面能的形式耗散。应变能的增长速率缓慢降低,到

C 点基本减小到零,并且颗粒应变能在 C 点出现较强的波动性。

（4）能量释放阶段（CD 段）：微裂纹扩展贯通为宏观裂纹,裂纹表面能耗散加快,声发射事件先急剧增加再缓慢下降,岩样聚集应变能的能力降低,耗散能占比显著上升,并且颗粒应变能表现出较强的波动性,反映出岩样破裂的程度。颗粒之间被分割成多个块体,颗粒之间的滑移变大,阻尼能的增长速率变大,但是增长的能量密度较少。

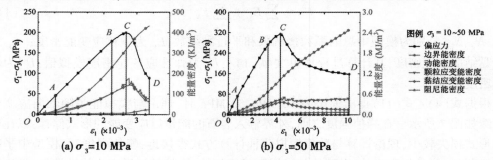

(a) $\sigma_3 = 10$ MPa　　　　(b) $\sigma_3 = 50$ MPa

图 8　能量随偏应力—应变的变化曲线

3.5　围压对能量演化的影响

为了定量描述常规三轴压缩下数值岩样不同能量演化的围压效应,本文参考文献[15],定义颗粒应变能密度、平行黏结应变能密度之和的最大值作为岩样储能密度极限,用来表征岩样可恢复变形的能力,其中储能密度极限值越大,岩样受载时越不容易破坏;定义图 8 中 D 点对应的颗粒应变能密度（E_{kr}）、平行黏结应变能密度（E_{kr}）之和为残余弹性应变能密度,该值越大说明岩样破坏越不彻底;D 点对应的边界能密度定义为岩样最大输入能密度;D 点对应的耗散能密度定义为最大耗散能密度,该值越大说明岩样内部产生的损伤和裂隙块体滑移越大。

图 9 显示随着围压的增大,数值岩样的最大输入能密度与损失的最大耗散能密度大幅度增加,呈现为指数型增长。这因为围压限制了侧向位移,致使岩样需要吸收更多的能量才能达到破坏条件,并且围压越高则用于塑性变形的能量越多。结合图 8、图 10 可以看出,当应力达到峰值强度 C 点时,岩样储能密度极限也达到最大值,并且随着围压的增大,颗粒储能密度极限与平行黏结储能密度极限也不断增大,与围压保持良好的线性关系;残余颗粒与平行黏结应变能密度亦随围压的增大呈线性增长的趋势,而且围压越高则残余弹性应变能密度下降速率越慢,这是由于高围压抑制了岩样内部损伤的产生与破坏块体的滑移。

4　结　论

本文对大理岩进行常规三轴压缩数值模拟,进行平行黏结模型细观参数标定,并对不同围压下大理岩的内部损伤与能量演化进行模拟分析,主要结论如下：

（1）随着围压的增大,细观损伤变量略大于宏观损伤变量,两种损伤变量都随轴向应变呈 S 形上升趋势,微裂纹数目可直观反映细观损伤,并且微裂纹的破裂演化过程可分为初始压密阶段、线弹性阶段、塑性变形阶段和峰后破坏阶段。

（2）能量转化与微裂纹的发展演化表现出很强的相关性,对于某一能量状态,都有特

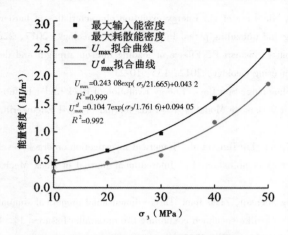

图9　输入能及耗散能密度与围压的关系

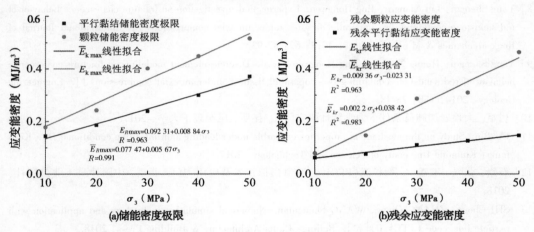

(a)储能密度极限　　　　　　　　　　**(b)残余应变能密度**

图10　应变能密度与围压的关系

定的微裂纹损伤演化与之对应。峰前输入能量以应变能的形式不断累积,耗散的能量较少,理论与模拟结果很接近;峰后应变能以裂纹表面能的形式耗散释放,且理论耗散能大于模拟耗散能。

　　(3)随围压的升高,输入岩样能量以指数形式增长,并且储能密度极限呈线性增长。围压越高则残余弹性应变能密度下降速率愈慢,且应变能释放越不彻底。最大耗散能密度在峰前上升缓慢,在峰后大幅度增加并随围压呈指数增长。

参 考 文 献

[1] Peng Ruidong, Ju Yang, Wang J G, et al. Energy dissipation and release during coal failure under conventional triaxial compression[J]. Rock Mechanics and Rock Engineering, 2015, 48(2): 509-526.

[2] Yang Yongming, Ju Yang, Li Fengxia, et al. The fractal characteristics and energy mechanism of crack propagation in tight reservoir sandstone subjected to triaxial stresses[J]. Journal of Natural Gas Science and Engineering, 2016, 32: 415-422.

［3］ Li Diyuan, Sun Zhi, Xie Tao, et al. Energy evolution characteristics of hard rock during triaxial failure with different loading and unloading paths［J］. Engineering Geology, 2017, 228: 270-281.

［4］ Fuenkajorn K, Sriapai T, Samsri P. Effects of loading rate on strength and deformability of Maha Sarakham salt［J］. Engineering Geology, 2012, 135: 10-23.

［5］ Liu Wenbo, Zhang Shuguang, Sun Boyi. Energy Evolution of Rock under Different Stress Paths and Establishment of A Statistical Damage Model［J］. KSCE Journal of Civil Engineering, 2019, 23(10): 4274-4287.

［6］ Zhang Heng, Lu Caiping, Liu Bin, et al. Numerical investigation on crack development and energy evolution of stressed coal-rock combination［J］. International Journal of Rock Mechanics & Mining Sciences, 2020, 133: 104417.

［7］ Huang Yanhua, Yang Shengqi, Zhao Jian. Three-dimensional numerical simulation on triaxial failure mechanical behavior of rock-like specimen containing two unparallel fissures［J］. Rock Mechanics and Rock Engineering, 2016, 49(12): 4711-4729.

［8］ Yang Shengqi, Liu Xiangru, Jing Hongwen. Experimental investigation on fracture coalescence behavior of red sandstone containing two unparallel fissures under uniaxial compression［J］. International Journal of Rock Mechanics & Mining Sciences, 2013, 63: 82-92.

［9］ Yang Shengqi, Huang Yanhua, Jing Hongwen, et al. Discrete element modeling on fracture coalescence behavior of red sandstone containing two unparallel fissures under uniaxial compression［J］. Engineering Geology, 2014, 178: 28-48.

［10］ 付斌. 大理岩加卸荷条件下力学特性研究［D］. 昆明: 昆明理工大学, 2017.

［11］ FU Bin. Study on the mechanical properties of marble under loading and unloading conditions［D］. Kunming: Kunming University of Science and Technology, 2017.

［12］ 石崇, 张强, 王盛年. 颗粒流(PFC5.0)数值模拟技术及应用［M］. 北京: 中国建筑工业出版社, 2018.

［13］ SHI Chong, ZHANG Qiang, WANG Shengnian. Numerical simulation technology and application with particle flow code (PFC5.0)［M］. Beijing: China Architecture & Building Press, 2018.

［14］ 黄达, 岑夺丰. 单轴静-动相继压缩下单裂隙岩样力学响应及能量耗散机制颗粒流模拟［J］. 岩石力学与工程学报, 2013, 32(9): 1926-1936.

［15］ HUANG Da, CEN Duofeng. Mechanical responses and energy dissipation mechanism of rock specimen with a single fissure under static and dynamic uniaxial compression using particle flow code simulations ［J］. Chinese Journal of Rock Mechanics and Engineering, 2013, 32(9): 1926-1936.

［16］ Huang Da, Li Yanrong. Conversion of strain energy in Triaxial Unloading Tests on Marble［J］. International Journal of Rock Mechanics & Mining Sciences, 2014, 66: 160-168.

［17］ Particle flow code(PFC)［M］. 5.0Version. Minneapolis: Itasca Consulting Group, 2014.

［18］ 张志镇, 高峰. 受载岩石能量演化的围压效应研究［J］. 岩石力学与工程学报, 2015, 34(1):1-11.

［19］ ZHANG Zhizhen, GAO Feng. Confining pressure effect on rock energy［J］. Chinese Journal of Rock Mechanics and Engineering, 2015, 34(1): 1-11.

电站长期安全经济运行

基于 IMC 平台线下系统架构同步功能设计

张德洋,周锡琅

(南瑞集团有限公司(国网电力科学研究院有限公司),江苏 南京　210003)

摘　要　水电厂一体化平台是横跨安全Ⅰ、Ⅱ、Ⅲ区的统一软件平台,由于安全防护需要,在安全Ⅰ、Ⅱ、Ⅲ区之间有不同的物理数据库[1]。有些数据是线上自动同步,有些数据则是线下手动同步,本文阐述了一体化平台 IMC 如何通过数据库和应用软件机制保证平台架构在这些区域内的同步。

关键词　一体化平台;数据库;线下比对同步

0　引　言

水电厂不同安全区的数据同步现有设计采用一次全部覆盖的方式,而平台架构数据涉及权限、用户等基础数据,也包含各个不同专业的业务数据。当需要局部同步某些数据时,以往的一键覆盖方式效率就显得不高。本文设计线下数据同步功能,通过该功能可以对比源物理库和目标物理库的具体表实体,标识出差异数据供用户勾选,从而进行架构数据精准同步。整体功能分为数据库数据提取、XML 文件数据读取、数据至 XML 文件转换、数据逐条比对、数据更新入库 5 个部分。采用 hibernate 的 HQL 技术屏蔽不同数据库厂家的差异性,实现数据结果集的通用存取。XML 的扩展性、结构化数据、灵活性等优点使得它成为描述各种类型的数据技术,二维关系表的数据关系在 XML 的开放式等优点下得到很好的展示。

1　数据库数据提取

数据提取器负责获取数据库信息,解析出需提取的数据字段,然后根据筛选条件提取实体数据。筛选条件通过实体反射自动构建,提取程序根据具体筛选条件生成符合物理数据库表需求的 HQL 查询语句连接源数据库提取数据,数据库数据提取处理流程如图 1 所示。

2　数据转换器

水电厂 1 区和 2 区之间要求安装防火墙,2 区和 3 区之间要求安装隔离装置,因此数据结果集必须以文件的方式进行传输。基于 XML 的数据库交换技术的研究将使得大批量的数据可以自由地在两个物理数据库之间进行迁移。

2.1　XML 文件数据读取

SAX 从根本上解决了 DOM 在解析 XML 文档时产生的占用大量资源的问题。由于其不需要将整个 XML 文档读入内存当中,而是通过流解析的技术,通读整个 XML 文档

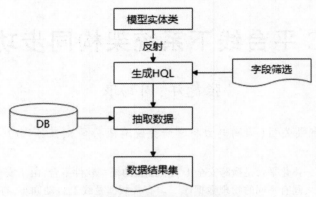

图 1 数据库数据提取处理流程

树,从而节省对系统资源的占用。它在一些需要处理大型 XML 文档及性能要求较高的场合起了十分重要的作用。支持 XPath 查询的 SAX 使得开发人员更加灵活,并且可以完美地模拟数据库查询条件进行数据筛选。必须对 XML 的合法性进行验证。在本地存储本地 XML Schema 文件,对 XML 文档语法格式、数据类型及数据有效值进行合法性验证。验证通过则由解析器将 XML 文档解析成数据结果集。界面呈现数据结果集时,大容积二进制类型数据需要单独处理。鉴于缓存容积有限,UI 以只显示具体二进制文件大小为宜。XML 文件读取如图 2 所示。

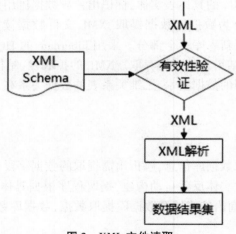

图 2 XML 文件读取

2.2 数据结果导出至 XML 文件

筛选字段根据实体映射类反射得出,提出二进制数据类型,根据不同的数据类型提供不同的输入限制,从而严谨地构建 HQL 查询条件进行数据查询。本文使用 XML 技术封装源数据库端数据,为数据层提供一个标准格式的包装。因为源目物理库结构的一致性,源数据结果集直接导出标准 XML 文档即可,如图 3 所示。但大容量二进制数据类型需要单独处理,XML 文件该类型节点应只存放引用,具体的二进制文件应当另外存放。

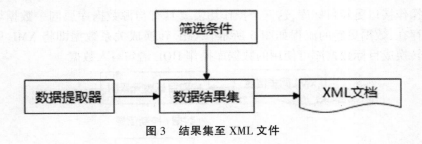

图 3 结果集至 XML 文件

3 数据比对

数据提取器提取的目标物理库数据结果集,与数据转换器从 XML 文件中读取的源数据结果集同时呈现在界面上。如果设置筛选条件,目标数据库的数据结果集通过 HQL 条件查询实现,源 XML 文件通过 XPath 公式进行数据筛选。界面设有比对按钮,用来逐条逐字段比较,对比结束后用颜色标识出差异数据。该过程耗时较长,界面需给出类似进度条之类的友好提示。对比流程和实现效果如图 4 和图 5 所示。

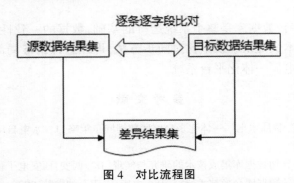

图 4 对比流程图

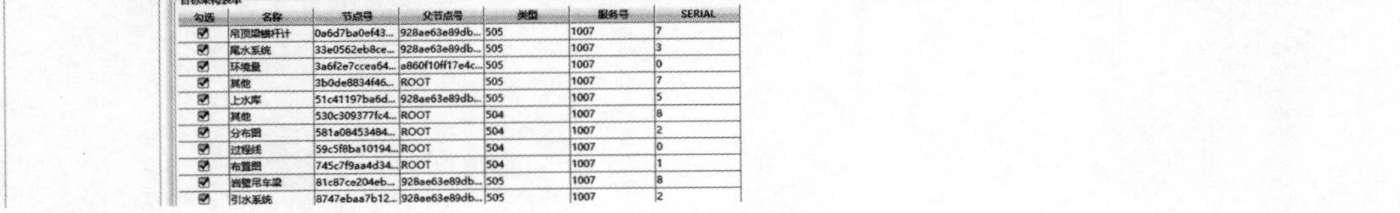

图 5 实现效果图

4 数据更新

数据同步进入最后一个阶段——数据更新,即用差异数据更新目标数据库。勾选出不同标识的差异数据对目标库更新操作由操作。在生成 Insert、Delete 或 Update 语句后,交由数据操作接口更新目标库,这三个操作均需要具有与源数据库属同一数据域的主键或唯一键存在,数据更新的流程如图6所示。XML转换成关系数据即将XML里承载的同步信息转换成目标数据库可使用的数据库操作HQL语句写入数据。

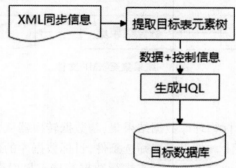

图6　目标数据更新的流程

5　结　语

　　水电厂一体化平台数据库是整个系统运行的基础,数据的一致性和正确性直接影响各类应用的可靠性,本文提供了线下比对同步方法,可以进行精准局部数据同步,从而构建更可靠、高效的水电厂一体化平台系统。

参 考 文 献

[1] 杨宁,蔡杰,舒凯,等.智能水电厂一体化平台跨区数据同步策略[J].水电自动化与大坝监测,2013,37(04):1-3,12.

[2] 常建辉.基于XML异构数据库集成技术的研究与实现[D].西安:西安电子科技大学,2012.

[3] 周红波.基于XML的数据库交换技术研究[D].大庆:大庆石油学院,2006.

基于边缘计算的输电铁塔监测系统

梁佳威

（国网电力科学研究院水利水电分公司,江苏 南京　211106）

摘　要　随着物联网技术、云计算技术的快速发展,输配电网越来越多的状态监测设备接入了云计算平台,并带来了庞大的交互数据计算量。如何提高数据处理的响应速度及缓解云平台的计算负担成了亟待解决的问题。本文讨论了状态监测系统网络架构的发展现状,论述了边缘计算技术及其应用在状态监测系统中的优势,并以输电铁塔监测系统为例展示了边缘计算在状态监测系统中的应用方案。

关键词　边缘计算;物联网;输电铁塔;状态监测

0　引　言

近年来,我国生产力的快速发展极大地增加了各行业对电力消耗的需求。至 2020 年年底,全国 220 kV 及以上输电线路长度达到了 794 118 km;同时,变电容量从 2 528 万 kVA 扩大到 452 810 kVA[1]。伴随着电力需求的持续增长,如何高效地监测电网各个环节及设备的运行状态,将成为关系到电网安全运行和智能化转型的巨大挑战。

随着物联网技术、云计算技术和高速通信技术的逐步发展,电气设备状态监测系统的一些痛点也有了更好的解决方案。首先,大量的状态传感器随着电网的自动化、智能化发展被广泛地部署到电网设备中,用于各种场景下电网数据的采集与监测,然而传感器种类繁多,如何与不同的传感器设备进行交互并采集大规模的异构数据成了一个难点,由此产生了各种通信方式与通信协议。其次,为了应对海量数据的处理和分析,不可避免地要介入计算资源。而部分电网设备位置偏僻,设备之间的间距过大,利用云计算提供的云特性以及弹性计算资源就成了一个重要的发展趋势。最后,在具体工程应用场景下,中央云服务器与传感设备间往往距离较远,由于网络传输、拥塞等时延较高,且网络传输海量数据容易被截获,数据安全问题也很棘手,这就对传输安全有了很高的要求。

本文首先简单介绍了边缘计算技术,讨论了状态监测系统网络架构的发展现状。然后,论述了边缘计算技术及其应用在状态监测系统中的优势。最后,以输电铁塔监测系统为例展示了边缘计算在状态监测系统中的架构及应用方案。

1　边缘计算概述

2008 年,微软亚洲研究院首次提出了边缘计算的概念,但由于网络传输性能及联网设备的限制,在具体应用场景中并不能提供较好的用户体验[2]。

伴随着物联网在各个行业的工程应用中逐步深入,网络边缘终端设备数量急剧增加。物联网技术的快速发展带来了海量的数据,传统的解决方案是将与数据分析相关的计算任务转移到云计算平台上执行。然而，庞大的用户侧数据运算如果完全依赖于云计算平台，会占用大量的网络带宽，导致云计算性能出现瓶颈。此外，越来越多的场景需要高速响应的计算服务，而云计算平台与物理设备的超远距离网络传输使得云计算存在时延和抖动。因此，那些需要将端到端时延控制在几十毫秒内的应用程序直接从云计算平台获得的收益有限。由此，边缘计算得到了越来越多的关注。

2013 年，诺基亚西门子通信技术有限公司和 IBM 公司联合推出了可以在移动基站中运行的计算平台，首次使用移动边缘计算描述边缘服务。2014 年，欧洲电信标准协会成立了工业规范组，开始推动边缘计算的标准化，为边缘计算提供了一个良好的范本，也为对应的生态系统和价值链的产生提供了基础。2016 年，欧洲电信标准协会又提出多接入边缘计算，将边缘计算从电信蜂窝网络进一步延伸至 Wi-Fi 等其他无线接入网络。同年，华为技术有限公司、英特尔公司、ARM 公司等联合成立边缘计算产业联盟[3]。

此时，网络隔离技术、隔离技术、数据平台技术等新型科技的迅速发展为边缘计算的应用提供了重要的支持。通过 5G 技术提供的高速移动网络，边缘计算的时间延迟得到了极大的缓解；Docker 等容器引擎使得硬件内嵌的应用得以相对独立地运行，增强其独立性与健壮性，也更加方便进行移植；ROS 等边缘操作系统的使用为边缘计算的扩展创造了更多的可能性；基于人工智能的各大数据分析平台也提供了更加迅捷、准确、易用的数据处理手段。边缘计算在各类技术的加持下，得到了快速发展，根据英特尔中国在"未来智能边缘计算论坛"上的披露，预计 2025 年全球物联网设备数量将达到 1 000 亿台，其中 70%的数据将在边缘产生和处理[4]。

2　监测系统网络架构状况

用电设备数量的日益增长、用电量的不确定性等因素导致电网的安全性时刻面临着挑战，所以运行、维护与监控高压输电线路的安全运转一直是国家电网至关重要的工作。早期，输电线路及设施的检测与监控主要依赖电网维护人员定期上塔巡检、日间瞭望与测量的方式，这种人工检测的方式面临着很多缺点，如周期长、效率低、需要停电维护、夜间无法运维、不能实时决策等。为此，《电力发展"十三五"规划》中提出：全面提升设备智能化水平；提升重要输电通道环境监测预警智能化水平；推进电网智能化运维工作；积极推动检修工作智能化；实现运检管理和生产指挥智能化[5]。

对于设备及环境的监测，较为传统的手段是通过建立中间站点，通过有线连接的方式将站点的服务器与输电线路中的传感设备进行关联，实现传感数据的传输与处理，如图 1所示。这种方法可以及时地将输电线路的状态数据展示给运维人员，也极大降频了上塔巡检这种较为危险、效率低的运维方式。然而这种方式受制于网线的连接长度，不能适用于输电铁塔这种距离跨度大、数量众多的输电设备。除此以外，铁塔沿线设置过多的站点服务器，尤其对于那些较为偏僻崎岖的地区，会消耗大量的资源。

随着云服务及云计算技术的发展，云计算的模式得到了工业界越来越多的青睐。传感采集装置内置无线连接模块，将采集数据以移动信号、Wi-Fi 等无线连接方式传输给统一的中央云处理器，云处理器再将数据移交给企业服务器做处理，实现对信息的采集与分析，如图 2 所示。

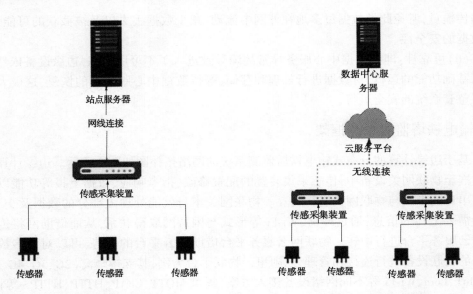

图 1　网线连接模式　　　　图 2　云计算模式

至此,不再需要在沿线建立大量的服务器站点以及有线网路,数据处理统一移到了各个地区的云服务中心,创造了较高的经济效益。这种方式对于无线信号的覆盖,采集装置的配置有了更高的要求。然而,当越来越多的网络边缘采集设备介入,以云计算模型为核心的集中式处理模式将无法高效处理边缘设备产生的庞大数据量,实时性差、网络传输带宽不足、数据中心能耗过大、网络传输不利于数据安全与隐私保护等其他问题也日益显著。

3　边缘计算在监测系统中的应用优势

为了解决集中处理式云计算带来的问题,面向网络边缘设备的边缘计算模型应运而生。边缘计算模型并不是对云计算模型的取代,而是对云计算模型的一种补充和延伸,前者需要后者强大的计算能力、海量存储的支持以及对整体数据的整合与宏观分析,而后者也依赖前者中边缘设备对大量数据的及时处理。边缘计算是对边缘物联网设备产生数据的一种分布式处理模型,对于监测系统而言,可以为传感采集装置提供更便捷、丰富的弹性资源,有以下一些应用优势:

(1)低时延:边缘计算平台采用分布式计算在数据源头处理计算任务,可以有效地缩短响应时间,提高监测系统的响应速度及监测数据的时效性。

(2)便捷性:当运维人员处于具体的边缘设备旁时,可以直接基于边缘设备的计算资源做一些基础操作,而不需要依赖云端服务。

(3)减轻云端负荷:大量数据可以在边缘设备中直接处理,不再全部上传云端,对于部分需要上传的数据,也可以进行本地预处理,这极大地减轻了网络带宽和数据中心的计算压力。

(4)弹性资源分配:基于云中心的指令下发,可以动态地调控具体任务的处理对象,当某个边缘设备被监测到计算资源占用率高时,可以将任务直接上传交由中心或其他边缘设备处理;同理,当数据中心负荷较高,也可以利用边缘设备对任务进行预处理和缓存。

(5)保护数据安全:本地直接对部分数据进行处理,尤其是隐私数据、保密数据,减少数据传输量,避免此类数据过多地在外网中流动,减少数据丢失以及被截获的可能性,保障数据的安全性。

(6)可靠性:即便数据中心服务异常故障导致进入了不可用状态,边缘设备依然能够保障基础功能的运行,对数据进行处理和存储,等待数据中心服务器的恢复,这极大地保障了整套系统的安全运行。

4　输电铁塔监测系统框架

基于边缘计算的分布式输电铁塔监测系统的网络拓扑图如图3所示。边缘计算的服务内嵌至物联网关设备中,传感采集装置的配置修改、指令响应、数据上报等功能以 Lora 或者串口的形式与物联网关进行交互。物联网关本身就能处理大部分的数据及交互,而对于需要上传的信息,通过蜂窝、Wi-Fi 等形式与因特网取得联系,从而借助网将传至物联网云服务平台进行中转。物联网云服务平台借助其云平台的优势,可以对大多数接入网络的物联设备进行连接和管理,以阿里云物联平台为例,其支持蜂窝(2G、3G、4G、5G)、NB-IoT、Lora、Wi-Fi 等不同网络设备接入方案,提供 MQTT、CoAP、HTTP、HTTPS 等协议,来适配各类异构网络管理设备的接入。最后,数据中心服务器再通过因特网以消息监听的方式来监听物联网云服务平台的需求请求,实现与物联网关的各种交互。

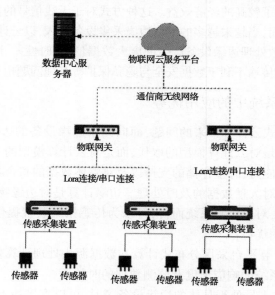

图3　边缘计算模式

在这套网络架构中,物联网关承担着边缘计算的角色,中心计算资源与边缘计算在功能划分上并非是分工隔离的,而是囊括的关系,即中心服务器的功能集合覆盖物联网关的功能集合,这样有利于进行弹性资源的分配以及提供系统的健壮性。通过对中心与边缘计算资源占用率的监测,可以对共用的功能任务进行动态分配处理,充分利用分布式多处理端的优势。对于单个区域的传感采集装置的指令交互及数据处理,尤其是敏感数据、隐私数据及临时数据,基本交由物联网关处理,然而在物联网关故障时,这部分与传感采集装置的交互任务能够通过物联网云平台的物模型跨过物联网关与数据中心服务器交互；同理，在中心服务器宕机时，物联网关能够进行基础的交互及处理功能，并在上传失败时，将这部分需要上传的数据暂存起来，等待中心服务器的恢复。

物联网关作为该套系统中边缘计算的物联设备，内嵌了 Ubuntu 操作系统作为底层系统，通过连接显示器及外设即可成为一台常规电脑。物联网关的软件架构如图 4 所示，共有 5 个主要服务，即网关管理页面服务、子设备管理页面服务、协议转换服务、后端服务、数据库服务。系统主要利用 Docker 容器引擎技术，对各项服务进行容器化处理，保证各个服务的独立性。两个页面服务主要用于本地化的网页交互，通过网线连接其他电脑或者通过 HDMI、VGA 连接线连接显示器，就可以实现对子设备的配置及管理、查看传感数据等功能。协议转换服务用来实现对 HTTP 协议与 Lora 通信协议的交互报文进行解析、封装和转换。数据库服务提供对数据的存储及管理。后端程序的主要功能有对数据的采集与处理、对云端指令的响应、对子设备配置的获取与修改、报警及联动等。硬件层面上，通过蓝牙、Wi-Fi、蜂窝模块等通信手段与云服务取得联络，利用串口、Lora 模块与子设备进行交互。

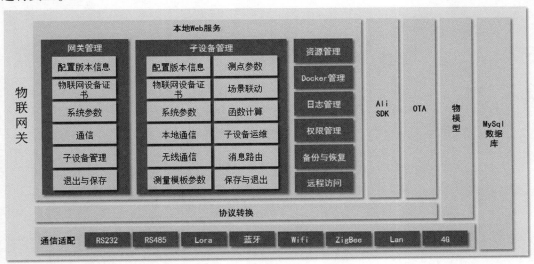

图 4　物联网关软件架构

5　结　语

在泛在电力物联网的建设背景下，综合运用"大云物移智"等信息通信新技术，实时联接电力生产运行和通信各环节的人、机、物，应用并贯通到电网生产运行与维护中，是不可阻挡的发展趋势。

基于边缘计算的输电铁塔监测系统在原有的云计算模型基础上进行补充和拓展，针对时延高、云端负荷重等现状，引入了内嵌操作系统的物联网关作为边缘计算设备，由此提高了系统的响应速度和健壮性，也为监测系统的发展方向提供了更多的可能性。相信在"万物互联"的背景下，越来越多基于边缘计算的监测系统会在工业应用中实现。

参 考 文 献

[1] 中国电力企业联合会. 中国电力行业年度发展报告 2020 [R]. 北京:中国建材工业出版社,2020.

[2] 张聪,樊小毅,刘晓腾,等. 边缘计算使能智慧电网 [J]. 大数据,2019,14(1):64-78.

[3] 李彬,贾滨诚,曹望璋,等. 边缘计算在电力需求响应业务中的应用与展望 [J]. 电网技术,2018,42(1):79-87.

[4] 龚钢军,罗安琴,陈志敏,等. 基于边缘计算的主动配电网信息物理系统 [J]. 电网技术,2018,42(10):3128-3135.

[5] 张卫红,陈小龙,万顺,等. 基于边缘计算的分布式配电故障处理系统 [J]. 供用电,2019,36(9):28-33.

基于 LSTM 和岭回归耦合的流域径流预测

周俊临[1]，战永胜[2]，朱成涛[2]，唐圣钧[2]

（1. 电子科技大学，四川 成都 611731；

2. 雅砻江流域水电开发有限公司，四川 成都 610051）

摘 要 中长期径流预测在水资源优化调度规划中具有非常重要的作用，可以为解决天然来水与人为用水不协调的水资源调度及防洪抗旱的防灾减灾提供水文信息支持。目前传统的径流预测方法，如物理成因分析法、数理统计等方法，虽然取得了一定的预测效果，但由于影响径流预测的部分因素（如风向、蒸发量等气象因素）难以被量化，传统方法难以充分考虑各种影响因素之间的关系且对完整的历史数据和气象资料具有很强的依赖性。本文提出的基于 LSTM 和岭回归耦合模型（LSTM－Ridge），充分考虑各种径流预测影响因素，首先利用 LSTM 模型对径流值进行预测，其次将 LSTM 模型的预测结果作为特征值，使用岭回归模型对其进行参数拟合，最后由岭回归学习器对最终径流值进行预测。在锦屏数据中，2013～2018年汛期月径流预测准确率为 0.87，与单一 LSTM 模型和岭回归模型相比，分别提高了 0.02 和0.03；而在两河口数据中，2013～2018 年汛期月径流预测准确率为 0.80，与单一的岭回归模型相比，提高了 0.05。实验结果表明，本文提出的基于 LSTM 和岭回归耦合方法可有效提高径流预测准确率。

关键词 径流预测；深度学习；机器学习；长短期记忆网络；岭回归

1 引 言

水资源是支撑人类生存和社会经济发展的基础性资源，它是由江河及湖泊中的水、高山积雪、冰川以及地下水组成的。降水、径流和蒸发是决定区域水资源状态的三要素，三者之间的数量变化关系制约着区域水资源数量的多寡和可利用量。合理利用三者之间的定量关系，尤其是径流，对流域水资源的合理开发具有重要的指导作用。

中长期径流预测是指根据早期的流域特性、水文、气象以及历史径流量等要素对未来径流进行科学预测，并且中长期径流预测是水文预报中的重要组成部分，其预测结果被广泛用于环境保护、防洪抗旱、水运管理、水电运行、水资源优化配置等各个领域，为该领域提供水文信息支持[1-3]。

目前，常用的径流预测方法分为三种：物理成因分析法[4-5]、数理统计方法[6]和人工智能方法。物理成因分析法主要关注水文现象的形成过程，即充分考虑大气环流、气象因素及潜在的地表物理环境对径流变化的影响，如：降水、融雪补给、气温、气压、相对湿度、日照时数、太阳辐射及温室气体等因素。然而，该方法大多用于探讨大气环流与水文因素之间的关系，对气象资料的依赖性很强，并且预测时仅考虑单一因素，难以推广。数理统计方法中常采用时间序列方法[6]，包括自回归模型（Auto－Regressive，简称 AR），自回归滑动平均模型（Auto-Regressive Moving Average，简称 ARMA），整合滑动平均自回归模型（Auto-Regressive Integrated Moving Average，简称 ARIMA），其在考察预测因素与预测对象之间的统计规律的基础上，从对预测对象影响较大的多个预测因素中筛选出关键预测因素。尽管数理统计方法通过一些简单的原理避免了大量的计算，但这些方法仍然存在可靠性低、准确率差的缺点，无法充分考虑各种因素，并且该方法同样对完整的历史数据及气象资料具有很强的依赖性。人工智能方法主要由机器学习方法和深度学习方法构成，与物理成因分析法和数理统计方法相比，人工智能方法能充分考虑各种径流影响因素，具有更好的鲁棒性、较强的非线性映射和自学习能力。

早期的人工智能方法主要考虑复杂的非平稳径流时间序列因素，Huang 等[7-8]提出经验模态分解（Empirical Mode Decomposition，简称 EMD）和集成经验模态分解（Ensemble Empirical Mode Decomposition，简称 EEMD），这两种方法已成为非平稳和非线性时间序列分析的新方法；而 Zhang 等[9]提出的耦合模型是由奇异谱分析（singular Spectrum Analysis，简称 SSA）和 ARIMA 组成，通过实验发现，耦合模型比单一模型能获得更高的准确性和可靠性，耦合模型在径流预测中的使用逐渐进入人们的视野。随后，Zhao 等[10]和 Zhang 等[11]同样提出耦合模型，分别为基于 EEMD 和 AR 的耦合模型（EEMD-AR）和基于 EEMD 和 Elman 神经网络（elman neural network，ENN）的耦合模型（EEMD-ENN），这两个模型均利用 EEMD 将非平稳、非线性的原始径流时间序列分解为几个相对稳定的固有模态函数，随后 EEMD-AR 仅对平稳过程建立相应的最优 AR 模型进行预测，并用二次多项式方程预测趋势项，而 EEMD-ENN 使用 ENN 对每个固有模态函数进行预测，将预测结果聚合为原始年径流时间序列的最终预测结果，提高预测精度。Sudheer 等[12]提出支持向量机-量子行为粒子群优化耦合模型（Support Vector Machine-Quantum Behaved Particle Swarm Optimization，简称 SVM-QPSO），该模型能够处理更复杂且更高度非线性的数据。Mu 等[13]使用 LSTM 模型与其他时间序列模型进行对比发现，在处理时间分辨率高、数据点突变、不确定性较高的数据时，LSTM 模型能够得到较高的预测精度；Yuan 等[14]针对长短期记忆神经网络（long Short-Term Memory Network，简称 LSTM）的参数对预测性能的影响，采用蚁狮优化算法（Ant lion Optimizer，简称 ALO）对 LSTM 进行校正，提出混合长短期记忆神经网络和蚁狮优化模型（LSTM-ALO），并研究了该模型月径流预报输入变量的选择问题，有效地提高了模型的鲁棒性。

现有的研究结果表明，人工智能方法能够有效提高径流预测的准确性和模型的鲁棒性。但是在不同区域流域中，由于气候条件、人类活动、土壤质地、植被覆盖、地形地貌等因素不完全相同，目前还没有一种模型或方法适用于所有的径流预测。本文针对其中的部分问题，通过对雅砻江流域锦屏和两河口径流数据进行分析，提出了基于 LSTM 和岭回归耦合的预测模型。模型中，首先利用 LSTM 模型对径流值进行预测，随后将 LSTM 模型的预测结果作为特征值，使用岭回归模型对其进行参数拟合，最后再由岭回归学习器对最终径流值进行预测。

本文的主要贡献包括：

（1）提出一种基于 LSTM 和岭回归耦合的预测模型，能够有效地解决气象因素之间的多重共线性问题，同时能够避免单一 LSTM 的过拟合和欠拟合问题，使得中长期径流预测模型更具实用性。

（2）提出一种径流可预测性评估方法，能够根据径流时间序列特性分析其可预测性的上限。

2　数据预处理

2.1　数据集

本文使用的数据集为雅砻江流域的锦屏和两河口站点的统计数据，包括径流数据和气象数据。其中径流数据的基本情况如表 1 所示，该数据为日径流量数据，本文目的是对月径流值进行预测，因此需要通过对日径流量数据进行计算，获得月径流数据。

表 1　径流数据基本情况

项目	锦屏	两河口
总时间跨度	1959 年 2 月 1 日至今	1952 年 6 月 1 日至今
训练集时间跨度	1959 年 2 月 1 日至 2012 年 12 月 31 日	1952 年 6 月 1 日至 2012 年 12 月 31 日
验证集时间跨度	2013 年 1 月 1 日至 2018 年 12 月 31 日	2013 年 1 月 1 日至 2018 年 12 月 31 日
测试集时间跨度	2019 年 1 月 1 日至 2020 年 12 月 31 日	2019 年 1 月 1 日至 2020 年 12 月 31 日
时间粒度	1 日	1 日
数据来源	雅砻江流域水电开发有限公司	

气象数据实际为日值气象数据，在本文中通过对日值气象数据进行计算，获得月值气象数据。日值气象数据如表 2 所示。

表 2　日值气象数据

数据项	单位	时间跨度	数据质量	数据来源
降水（mm）	0.1			
温度（℃）	0.1			
0 cm 地温（℃）	0.1			
相对湿度（%）	1	以甘孜站点为 例：1951 年 10 月至 2020 年 12 月	部分站点数据缺失	成都信息工 程大学
日照时数（h）	0.1			
蒸发（mm）	0.1			
风向（方位）	16			
风速（m/s）	0.1			

2.2　预处理方法

由于数据来源的多样性，相同数据类型的维度编码、单位都可能存在不一致的地方，需要指定统一的维度编码和计量单位,将不同的数据通过映射或转换形成一致的数据。

2.2.1　异常数据处理

首先对气象异常数据进行处理,气象异常数据处理规则如表 3 所示。

表 3　日值气象异常数据处理规则

相关特征	特征值	含义	处理方法
气压日极值	+20 000	气压极值取自定时值,在原值上加 20 000	原始值−20 000
日最小相对湿度	+300	最小相对湿度取自定时值,在原值上加 300	原始值−300
降水量	32 700	表示降水"微量"	置 0
	32XXX	XXX 为纯雾露霜	原始值−32 000
	31XXX	XXX 为雨和雪的总量	原始值−31 000
	30XXX	XXX 为雪量(仅包括雨夹雪和雪暴)	原始值−30 000
蒸发量	+1 000	蒸发器中注入的水全部蒸发,在注入的水量数据基础上加 1 000	原始值−1 000
0 cm 地温	+10 000	实际温度(零上)超仪器上限刻度,在上限数据基础上加 10 000	原始值−10 000
	−10 000	实际温度(零上)超仪器下限刻度,在下限数据基础上减 10 000	原始值+10 000

2.2.2　归一化

在多元数据分析中,各个特征之间由于计量单位和数量级的差异,在进行主成分分析时,由于特征的量纲不同会使主成分得分系数的可解释性变差,使结果受到量纲大的特征影响,而忽略量纲小的特征。本文归一化技术对数据进行处理,如式(1)所示:

$$x' = \frac{x - Min}{Max - Min} \tag{1}$$

式中,x' 为归一化后的数值;x 为归一化前的数值;Min 为对应属性的最小值;Max 为对应属性的最大值。

2.3　**数据分析**

雅砻江流域地形高差和南北纬度变化大,特殊的地理位置条件造成了流域内复杂的气候条件,北部高原为干冷的大陆性气候,寒冷干燥,而流域中部和南部为干湿明显的亚热带气候,气候垂直变化明显。并且每年 11 月至次年 4 月为流域的干季,日照多、湿度小、温差大;每年 5 月至 10 月,西太平洋副高脊线北移,流域处于副高西源,西南季风盛行,携带大量水汽,使流域内气候湿润,降雨集中,雨量占全年雨量的 90%~95%,雨日占全年雨量的 80%左右,雨季日照少、湿度较大、温差小。

2.3.1　年际变化规律

径流的年际变化规律主要反映了各年年平均流量或月平均流量的变化。径流年际变化规律如表 4 所示。

表4 径流年际变化规律

站点	月份	最小值与平均值的比值	最大值与平均值的比值	最大值与最小值的比值
锦屏	1	0.72	1.33	1.85
	2	0.72	1.30	1.80
	3	0.77	1.26	1.63
	4	0.74	1.55	2.09
	5	0.5	1.47	2.95
	6	0.45	1.83	4.07
	7	0.48	1.78	3.75
	8	0.42	2.13	5.07
	9	0.46	1.79	3.91
	10	0.62	1.59	2.57
	11	0.72	1.4	1.93
	12	0.72	1.34	1.86
	年平均	0.67	1.5	2.22
两河口	1	0.61	1.61	2.63
	2	0.69	1.63	2.36
	3	0.72	1.49	2.06
	4	0.69	1.80	2.59
	5	0.44	1.64	3.69
	6	0.44	1.92	4.39
	7	0.42	2.08	4.98
	8	0.44	2.23	5.11
	9	0.35	1.90	5.42
	10	0.48	1.55	3.23
	11	0.58	1.44	2.46
	12	0.67	1.47	2.20
	年平均	0.66	1.47	2.22

在丰水期,最大值基本上都是最小值的3倍,在枯水期也达到1.5倍左右,可见汛期径流量在年际间变化幅度也较大,预测比较困难。因此,要想准确地预测径流结果,不能简单地建立以年际间径流为基础的时间序列模型,要研究径流在年内的变化情况。

2.3.2 年内变化规律

锦西和两河口的历年各月月平均流量占历年年平均流量的比值如表5所示。

表5 径流年内变化规律

月份	锦屏（%）	两河口（%）
10～11	2.60	2.30
11～12	2.30	2.10
12月至翌年1月	2.40	2.40
1～2	3.10	3.80
2～3	4.90	6.40
3～4	11.30	13.40
4～5	19.10	19.30
5～6	17.20	15.40
6～7	17.20	16.00
7～8	10.90	10.60
8～9	5.60	5.40
9～10	3.40	3.10

由表5可以发现，汛期流量占年径流的主要部分，且汛期流量变化明显。说明汛期径流预测需要使用更为复杂的预测模型，并结合更多相关因素进行分析。

2.3.3 枯期消退规律

径流枯期消退规律如表6所示。其中10～11月、11～12月、12月至翌年1月、1～2月、2～3月径流量之间的相关系数很高，均为0.9左右，说明有很强的相关性，为枯水期月平均流量滚动的预测使用模型复杂度较为简单的回归模型提供了数据理论支持。

表6 径流枯期消退规律

月份	锦屏（相关系数）	两河口（相关系数）
1	0.887	0.917
2	0.907	0.951
3	0.873	0.932
4	0.965	0.955
5	0.935	0.895
6	0.522	0.432
7	0.373	0.428
8	0.331	0.36
9	0.282	0.294
10	0.465	0.489
11	0.545	0.524
12	0.564	0.633

3   LSTM 和岭回归耦合算法

本文通过对雅砻江流域数据进行综合分析,考虑其特殊性及各种环境因素,提出了基于 LSTM 和岭回归耦合模型,如图 1 所示。该模型分为两个模块:LSTM 模块和岭回归模块。其中,LSTM 模块用于预测某月径流值;岭回归模块用于预测最终的某月径流值。具体为:LSTM 模型利用连续的前 n 年某月的径流数据和气象因素数据预测下一年对应月的径流值,随后岭回归模块将 LSTM 模块预测出的径流值作为除气象因素外的新的特征值进行参数拟合,并对最终该月径流值结果进行预测。

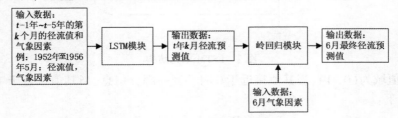

图 1   LSTM 和岭回归耦合模型

3.1   LSTM

深度学习的本质是通过构造具有多个隐藏层和大量训练数据的机器学习模型来学习更多有用的特性,从而最终提高分类或预测的准确性。因此,研究作用因素复杂、难以用成因分析法建立预测模型的河川径流问题,适合使用深度学习的方法建模并预测。在径流预测问题中,预测未来的径流量,不仅与当前的输入数据有关,还与之前一个或多个月的输入数据有关,即前一个或多个输入与下一个输出之间存在一定的关系。神经网络前一个输入和下一个输入之间不存在关联关系,输出是独立的,每一个输出都不会受之前输出的影响。在序列模型研究中,需要一种能够"记忆"序列数据,联系之前的输入数据。循环神经网络(Recurrent Neural Network, 简称 RNN)是一类以序列数据为输入,在序列的演进方向进行递归,且所有节点(循环单元)按链式连接的递归神经网络。循环神经网络的特点是它不仅考虑了前一时刻的输入,而且赋予了网络对前一时刻内容的"记忆"功能。

长短期记忆网络(long Short-Term Memory Network, 简称 LSTM)是一种特殊的 RNN 网络。传统的 RNN 网络在训练过程中存在梯度爆炸的缺点,使得它们无法学习数据中的长期依赖关系,而 LSTM 通过"门"的设计选择长期信息,从而避免长期依赖导致的梯度爆炸问题。

LSTM 单元结构如图 2 所示。

LSTM 单元通常分为 3 个门,每个门由激活层 σ 和点乘操作组成。3 个门分别为遗忘门(forget gate, f_t)、输入门(input gate, I_t)和输出门(output gate, o_t),用于调节通过 LSTM 单元的信息。

3.1.1   遗忘门

遗忘门是控制是否将细胞状态中的某些信息进行遗忘,即结合上一层隐藏层状态值 h_{t-1} 和当前输入 x_t,通过 sigmoid 激活函数,决定舍弃上一层细胞状态 c_{t-1} 中的哪些旧信

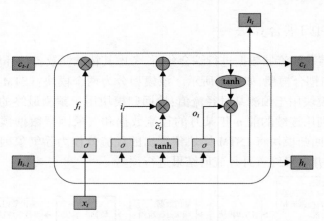

图 2　LSTM 单元结构

息,sigmoid 值域为(0,1),当其值接近于 0 时丢弃一部分信息,当其值接近于 1 时保持信息。定义如下:

$$f_t = \sigma(\boldsymbol{W}_f \cdot [h_{t-1}, x_t] + b_f) \tag{2}$$

式中,$\boldsymbol{W}_f$ 和 b_f 分别为遗忘门的权值矩阵和偏置向量。

3.1.2　输入门

输入门负责处理当前序列位置的输入,判断什么样的新信息可以更新于细胞状态中,即决定在单元信息状态中保存什么信息。分为两个步骤,首先输入门和 tanh 层决定从上一时刻隐藏层状态值 h_{t-1} 和当前输入 x_t 中保存哪些新信息,得到候选值 $\tilde{c}_t$,随后结合遗忘门和输入门进行信息的舍弃和保存,获得当前时刻新的单元信息状态 c_t。定义如下:

$$i_t = \sigma(\boldsymbol{W}_i \cdot [h_{t-1}, x_t] + b_i) \tag{3}$$

$$\tilde{c}_t = \tanh(\boldsymbol{W}_c \cdot [h_{t-1}, x_t] + b_c) \tag{4}$$

$$c_t = f_t \odot c_{t-1} + i_t \odot \tilde{c}_t \tag{5}$$

式中,$\boldsymbol{W}_i$、$\boldsymbol{W}_c$ 和 b_i、b_c 分别为输入门中两个不同激活函数的权值矩阵和偏置向量;$\odot$ 为矩阵乘法。

3.1.3　输出门

输出门负责处理输出信息,即决定最后的输出是什么,该输出信息基于遗忘门和输入门的计算。即结合 tanh 层决定 h_{t-1}、x_t、c_t 中哪些信息输出为本时刻的隐藏层状态 h_t。定义如下:

$$o_t = \sigma(\boldsymbol{W}_o[h_{t-1}, x_t] + b_o) \tag{6}$$

$$h_t = o_t \odot \tanh c_t \tag{7}$$

式中,W_o 和 b_o 分别为输出门的权值矩阵和偏置向量。

3.2　岭回归

回归分析中最常用的最小二乘法是一种无偏估计,回归系数矩阵为 $\beta = (X^T X)^{-1} X^T y$。在最小二乘法中,当 X 不是满秩矩阵时,即特征数比样本数还多,$X^T X$ 的行列式值为 0,逆不存在;当 X 的某些列的线性相关比较大时,则 $X^T X$ 的行列式值接近 0,此时逆矩阵误差会很大。因此,传统的最小二乘法缺乏稳定性与可靠性。

为了解决这个问题,统计学家引入岭回归概念,通过在矩阵 X^TX 加上一个惩罚项 λI 使得矩阵成为非奇异矩阵,进而能对其求逆,定义如下:

$$\beta = (X^TX + \lambda I)^{-1}X^Ty \tag{8}$$

式中,λ 为岭系数;I 为单位矩阵。并且回归问题中一般是用平方损失作为模型的损失函数,而对于岭回归模型来说,损失函数是线性回归的平方损失加上 L2 范数,定义如下:

$$loss = \parallel Y - X\beta \parallel^2 + \lambda \parallel \beta \parallel_2^2 \tag{9}$$

其中,正则化项用的是 L2 范数,n 表示特征数:

$$\parallel \beta \parallel_2 = \sqrt{\sum_{i=1}^{n} \beta_i} \tag{10}$$

岭回归在不抛弃任何一个特征变量的情况下,缩小了回归系数,使得模型具有较强的鲁棒性。但在岭回归中存在超参数 λ 取值的问题,λ 的取值直接影响模型最后的结果。λ 的取值一般遵循一个原则,模型复杂特征多的情况下 λ 取值大,鲁棒性强。在实际使用中可以通过岭迹法画图或者方差扩大因子法选择合适的 λ 值。

3.3 评价指标

结合中长期水文预报相关指标以及生产实际,本文选择以下指标作为雅砻江流域径流预测评价标准。

3.3.1 R^2

R^2(R-square)是回归模型中常见的反映整体模型拟合优度指标,具有无量纲的性质,其值越接近 1,表示模型的拟合效果越好。R^2 定义如下:

$$R^2 = 1 - \frac{\sum_{i=1}^{N}(\hat{y_i} - y_i)^2}{\sum_{i=1}^{N}(y_i - \bar{y_i})^2} \tag{11}$$

式中,y_i 为实际径流量;$\hat{y_i}$ 为模型预测的径流量;$\bar{y_i}$ 为历史径流量均值;N 为数据个数。

3.3.2 准确率

准确率定义为 1 减去相对误差,定义如下:

$$E = \frac{1}{N}\left(\sum_{i=1}^{N} 1 - \frac{|\hat{y_i} - y_i|}{y_i}\right) \tag{12}$$

式中,y_i 为实际径流量;$\hat{y_i}$ 为模型预测的径流量;N 为数据个数。

4 实验与分析

本文主要对雅砻江流域中锦屏和两河口汛期月径流量进行分析预测。本文所有实验均在 CentOS7.6.1810 系统,显卡 GeForce RTX 2080Ti(11 G),PyTorch(1.0.1)深度学习框架下运行。

4.1 模型细节

本文提出的基于 LSTM 和岭回归耦合模型对第 t 年 k 月月径流进行预测,其中 LSTM 模块的输入为第 $t-1$ 年 k 月至 $t-5$ 年 k 月的月径流值和气象因素,岭回归模块的输入为

LSTM 模块预测出的第 t 年 k 月径流值和其对应的气象因素,并且输入数据进行归一化操作。

LSTM 模块采用 2 层 LSTM 网络,并且每层隐藏层单元个数为 100。在训练时,使用 Adam 优化器,学习率为 0.001,损失函数采用 MSE(均方误差),在锦屏数据中,训练次数为 135,在两河口数据中,训练次数为 85。岭回归模块中岭系数 λ 的值为 1。

值得注意的是,本文提出的基于 LSTM 和岭回归耦合模型在训练时是分段进行的,其通过 LSTM 模块训练出表现较好的深度学习模型后,再利用岭回归模型在线性数据趋势预测上的优势,预测结果稳定偏差小的特点,对 LSTM 模型的预测结果进行拟合,得到最后的预测结果。而在测试时,以端到端形式对输入数据通过 LSTM 模块得到中间预测值,将中间预测值输入岭回归模块获得最终的预测结果。

4.2 实验结果与分析

本文按照表 1 中的数据集划分情况,分别对锦屏和两河口 2013～2018 年汛期(4～10月)月径流数据进行预测,并与单一的 LSTM 模型和岭回归模型进行对比。准确性评估如表 7 所示,锦屏和两河口汛期径流预测结果如图 3 和图 4 所示。

表 7　2013～2018 年汛期月径流模型准确性评估

模型名称	锦屏		两河口	
	R^2	准确率	R^2	准确率
岭回归	0.82	0.84	0.65	0.75
LSTM	0.84	0.85	0.65	0.80
LSTM-Ridge	0.84	0.87	0.73	0.80

从表 2 中可以发现,与单一 LSTM 模型和岭回归模型相比,本文提出的 LSTM 和岭回归耦合模型在两个数据集上均取得了最好的结果。通过分析可知,LSTM 模型与岭回归模型相比,前者能更好地处理时序数据,并且能更好地捕获长期依赖关系;岭回归模型对 LSTM 模型中的预测结果进行重新训练,找出气象因素中对预测结果有较大影响的多重共线性特征,剔除不重要的特征,能有效提高模型准确率和运行效率。

5　结论与展望

在本文中,提出了一种基于 LSTM 和岭回归耦合的径流预测算法。该方法通过 LSTM 模型捕获径流时序数据的长期依赖关系,并通过岭回归模型有效地解决气象因素之间的多重共线性关系,通过雅砻江流域数据对模型进行了实验。实验结果表明。本文提出的耦合模型能有效地提高预测准确率。

未来工作展望主要包括以下两个方面:

(1)本文选取的气象因素仍只代表径流变化的部分因素,随着信息记录和观测手段的增加,未来会增加更多影响径流的因素,通过增加数据的丰富程度,提高模型的预

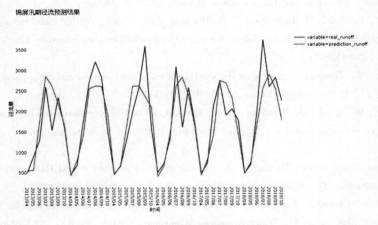

图 3　锦屏汛期径流预测结果

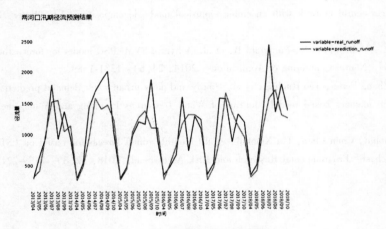

图 4　两河口汛期径流预测结果

测效果。

（2）通过改进 LSTM 模型,直接实现端到端训练,提高单一深度学习模型准确率。

参 考 文 献

[1] Kim YO, Jeong Di, Kim HS. improving water supply outlook in Korea with ensemble streamflow prediction [J]. Water international, 2001, 26(4): 563-568.

[2] Wang Enli, Zhang Yongqiang, Luo Jiangmei, et al. Monthly and seasonal streamflow forecasts using rainfall-runoff modeling and historical weather data[J]. Water Resources Research, 2011, 47(5): 1-13.

[3] Liu Pan, Lin Kairong, Wei Xiaojing. A two-stage method of quantitative flood risk analysis for reservoir real-time operation using ensemble-based hydrologic forecasts[J]. Stochastic Environmental Research and Risk Assessment, 2015, 29(3):803-813.

[4] Abtew W , Trimble P . El Nio-Southern Oscillation Link to South Florida Hydrology and Water Management Applications[J]. Water Resources Management, 2010, 24(15):4255-4271.

[5] Wang Jia, Wang Xu, Lei Xiaohui, et al. Teleconnection analysis of monthly streamflow using ensemble

empirical mode decomposition[J]. Journal of Hydrology, 2020, 582.

[6] Valipour M, Banihabib M, Behbahani S. CoMParison of the ARMA, ARiMA, and the autoregressive artificial neural network models in forecasting the monthly inflow of Dez dam reservoir[J]. Journal of hydrology, 2013, 476: 433-441.

[7] Huang N E, Wu Zhaohua. A review on Hilbert-Huang transform: Method and its applications to geophysical studies[J]. Reviews of geophysics, 2008, 46(2): 1-23.

[8] Huang N E, Wu Manli, Qu Wendong, et al. Applications of Hilbert−Huang transform to non−stationary financial time series analysis[J]. Applied Stochastic Models in Business and industry, 2003, 19(3): 245-268.

[9] Zhang Qiang, Wang Bende, He Bin, et al. singular spectrum analysis and ARIMA hybrid model for annual runoff forecasting[J]. Water Resources Management, 2011, 25(11): 2683-2703.

[10] Zhao Xuehua, Chen Xu. Auto regressive and ensemble empirical mode decomposition hybrid model for annual runoff forecasting[J]. Water Resources Management, 2015, 29(8): 2913-2926.

[11] Zhang Xike, Zhang Qiuwen, Zhang Gui, et al. A hybrid model for annual runoff time series forecasting using elman neural network with ensemble empirical mode decomposition[J]. Water, 2018, 10(4): 416.

[12] Sudheer C, Maheswaran R, Panigrahi B, et al. A hybrid SVM−PSO model for forecasting monthly streamflow[J]. Neural Computing & Applications, 2014, 24(6): 1381-1389.

[13] Mu Li, Zheng Feifei, Tao Ruoling, et al. Hourly and daily urban water demand predictions using a long short−term memory based model. Journal of Water Resources Planning and Management, 2020, 146 (9).

[14] Yuan Xiaohui, Chen Chen, Lei Xiaohui, et al. Monthly runoff forecasting based on LSTM−ALO model [J]. Stochastic Environmental Research and Risk Assessment, 2018, 32(8): 2199-2212.

基于大数据的水轮发电机组运行振动分析

邱志勤

（雅砻江流域水电开发有限公司,四川 成都　610051）

摘　要　对二滩水电站机组的运行振动大数据进行深度挖掘,寻找机组振动稳定性方面的运行规律。提出了使用 R 语言对机组运行大数据进行了挖掘、整理和分析的方法,介绍了基于大数据分析发现机组运行规律和机组运行振动特性的方法,结合分析成果对电站机组的负荷调控和机组检修提出了建设性的建议,有利于提升电厂对水轮机组设备的运行管理水平。

关键词　大数据;运行分析;R 语言;振动特性

1　引　言

水轮发电机组是水电站的关键设备之一,它的稳定运行是水电站安全运行的基础,也直接关系到电网的安全运行,决定着水电厂的经济效益和社会效益。二滩水电站单机容量大、调节性能好、机组运行效率高,是川渝电网的主力电站,承担系统的调频、调峰、调压、断面潮流控制及事故备用的任务,为满足系统的调频、调压和调峰工作需要,电网需要二滩水电站机组频繁变动出力以参与系统调节,这对二滩水电站机组的运行可靠性、调节速率与响应时间等都提出了更高的要求,也必然会加剧机组的机械疲劳和磨损老化。另外,水轮发电机组在运行中,还难免要受到泥沙磨损、气蚀破坏、机械疲劳磨损、绝缘老化降低等影响,客观上需要电站生产运行人员能深入了解机组的运行振动特性,准确掌握机组的运行状态,有效评估设备健康水平,从而科学地进行运行调控和检修决策,避免对机组状态掌握不足而导致的设备事故。

分析评估水轮发电机组运行状态,可以从其运行振动和摆度数据着手,掌握和评估其运行振动水平,及时发现设备潜在缺陷和隐患,实时调整机组运行方式或及时安排机组检修,防范于未然。

2　大数据分析方法的必要性

2.1　常规分析方式的运用

二滩电厂委托华中科技大学在 2003 年对二滩水电站机组振动课题做了专题研究,其研究成果揭示了二滩水电站机组运行的相关特性,对机组的运行状态分析有一定的指导意义。其研究方法为采集机组不同负荷工况下的机组振动分析参量的稳态运行数据,然

基金项目:雅砻江流域水电开发有限公司自主科研项目。

作者简介:邱志勤(1984—),男,硕士研究生,高级工程师,研究方向为水电站生产管理。E-mail:qiuzhiqin@ ylhdc. com. cn。

后在二维平面里将不同的振动分析参量连点成线,绘制机组振动参量随机组负荷的变化趋势曲线,进而分析机组的运行状态[1]。

这种研究方法由于数据具有离散性,仅采集和分析了一部分的机组运行数据,且部分变量的采集数据值还有可能存在漂移偏差,仅能在一定程度上反映机组运行振动趋势,并不能反映机组在不同水头、不同负荷等多个变量下的完整运行特性。为全面分析机组在不同变量环境下的运行振动状态,需要对机组不同时段、不同水头、不同出力条件下的运行数据进行海量的采集,尽最大可能从统计学上消除因明显的机组故障和测量方式方法引起的数据偏差,避免导致的对机组振摆数据分析误判的影响[2]。

2.2　机组稳定性问题凸显和工况变化

二滩水电站机组最大水头 189 m,最小水头 135 m,变幅比 1.37,具有典型水头高、变幅大的特点;由于机组频繁参与电网调峰调频,有功出力大幅变化且调节频繁,导致机组经常性偏离最优工况运行,其稳定性问题相对突出。经统计,仅 2016 年,二滩水电站机组出现振动频繁报警的缺陷就有 32 例,电站自投产以来一共开展过 12 次机组 A 级检修,其检修原因如表 1 所示,主要还在于偏离机组最优运行工况后,导致机组气蚀磨损,设备老化加剧。另外,水轮发电机组进行了多次检修调整和设备改造过后,机组原有的运行特性或可能已发生变化,尤其是机组运行诊断区间或已发生偏移,为进一步掌握机组的运行特性,有效指导电站机组生产运行工作,很有必要对机组的历史运行振动数据进行统计、分析和归纳总结。历年二滩水电站机组 A 修统计如表 1 所示。

表 1　历年二滩水电站机组 A 修统计

机组编号	A 修时间(年-月)	A 修原因
一号机	2001-02	转轮下止漏环开裂、底环止漏环磨损
二号机	1999-12	转轮上止漏环断裂
二号机	2003-03	更换转轮上止漏环、大轴补气系统改造
二号机	2016-10	定子绝缘缺陷,换型改造
三号机	2000-04	底环止漏环大面积脱空,泄水锥脱落
四号机	1999-10	底环止漏环、转轮下止漏环损坏
四号机	2002-02	底环止漏环大面积脱空
四号机	2014-11	上转动止漏环凸出形变,顶盖气蚀严重
五号机	2004-03	底环止漏环大面积脱空
五号机	2015-01	底环径向定位销钉脱出
六号机	2000-09	推力/下导轴承甩油严重
六号机	2013-02	顶盖气蚀严重处理

3　R 语言数据分析平台的运用

3.1　R 语言的介绍

二滩水电站机组振动运行数据庞大,且数据格式不完全一致,需要按一定的规律对振动数据进行筛选或运算,用传统的数据处理方法不仅费时费力,也难以达到预期效果,但借助 R 语言数据分析平台可快速绘制所需的图形。

R 语言是用于统计分析、绘图的语言和操作环境。R 作为统计计算和统计制图的优秀工具,能处理数据的收集、运算、探索、建模、可视化方面的工作;以能创建漂亮优雅的图形而闻名,已经成了统计、预测分析和数据可视化的全球通用语言,也是现今最受欢迎的数据分析和可视化平台之一[3-4],其主要的特性有:

(1)R 可以轻松地从各种类型的数据源导入数据,包括文本文件、数据库管理系统、统计软件,乃至专用的数据库,并将这些数据进行筛选和批量运算。

(2)R 是一个全面的统计研究平台,提供了各式各样的数据分析技术,几乎任何类型的数据分析工作皆可在 R 中完成。

(3)R 拥有顶尖水准的制图功能,可以将复杂数据可视化。

3.2 数据处理和振动趋势拟合

提取二滩水电站计算机监控系统历史数据库中 2015 年 7 月至 2017 年 8 月的各机组运行振动数据,共计 23.2 万余个 CSV 的文本格式文件,数据容量高达 26 GB,约 8 160 万个数据点。将每台机组的水头、功率、机组各部位的振动和摆度数据按时刻点做成一个 R 语言可以输入的文件。将数据文件导入 R 语言平台,并对所有数据进行筛选,剔除掉机组运行明显异常的数据,有效避免对运行特性分析的影响。

二滩水电站共有 6 台混流式水轮发电机组,每台机组的负荷为 0~550 MW,运行水头为 147~186 m,为更详细的分析机组运行振动情况,将机组水头按每两米分为 1 段,共分为 15 段,分别描绘机组水导、上导、下导、上机架、下机架、顶盖等部位在各水头段下的全负荷工况下的运行振动工况图,共绘制图 990 张,其中每 1 台机组 165 张,然后对这些图像进行逐一解析,可总结其运行振动规律。以 1 号、2 号机组为例,绘制典型水头下水导摆度与机组有功功率之间的数据趋势,如图 1、图 2 所示。

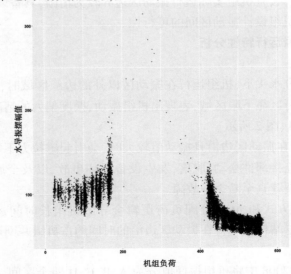

图 1　一号机水导+X 方向摆度与机组有功功率关系图(选取 177 m 水头)

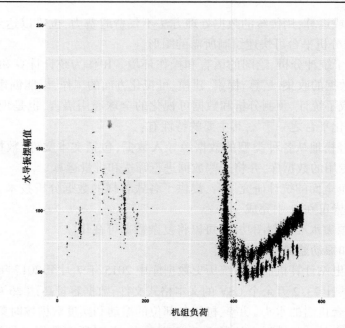

图 2　二号机水导+X 方向摆度与有功功率关系图(选取 151 m 水头)

4　机组运行振动特性分析

借助 R 语言平台,可以将机组运行历史数据绘制成开展设备运行状态分析所需要的数据趋势图,便于电站生产运行人员对机组运行特性进行分析,例如从图 1 中,不难发现 1 号机组水导摆度在设计振动区间外呈现出的运行规律为,在低负荷工况下,水导摆度随有功增加而增加,在大负荷工况下水导摆度随有功增加而减小,在机组设计针对区边缘附近是水导摆度幅值最大,且机组实际运行振动区边界较为清晰,具备以海量实际运行数据为基础,复核并修正机组设计振动区间的可行性。

4.1　机组振动区边缘运行特性分析

4.1.1　运行分析

研究发现,在部分水头下,机组运行在振动区以外的边缘区域时,如小负荷运行区靠上限区域、大负荷运行区靠下限区域,表现出机组振动、摆度偏大的情况,且 6 台机组表现出一致的特点,如图 1、图 2 所示。

机组长时间运行在振动区边沿且振动值较大时,会引起磁拉力不均衡,造成转子磁极匝间短路,引起机组连接部件松动、脱落,发生设备损坏事故,以及金属部件的疲劳,从而出现裂纹,甚至形成裂缝直至断裂等故障。

现有振动区划分方式和 AGC 分配负荷逻辑会导致机组长时间运行在振动区边缘。经数据统计,二滩水电站机组运行在振动区边沿的时间约占机组并网运行时间的 14%。

4.1.2　解决办法

GB/T 11348.5—2008 中将机组振摆值分为 A、B、C、D 四个区间,所有振摆值都在 A 区范围内的机组称为 A 区机组,以此类推。即通过 A、B、C、D 来评价机组的振动状态。

根据此标准将机组运行状态分为 4 个区域分别如下：

A 区：良好，测量值<A；机组运行状态很好，属于精品机组，不需要检修调整，可以长期稳定运行。B 区：合格。A<测量值<B；机组运行状态合格，可以进行检修调整，机组可长期运行。C 区：报警。B<测量值<C；机组运行状态不好，需要进行检修调整，在该状态下机组不可以长期运行。D 区：危险：测量值>C。机组不可以长期运行，必须停机进行检修，在该状态下运行有很大危险。

图 3 给出了在测量平面上机组振动区域评价。

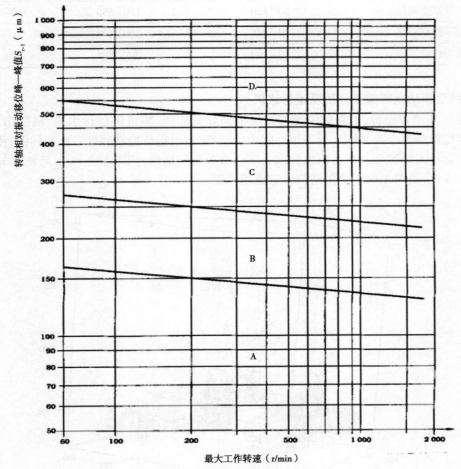

图 3　机组振动区域评价

由图 3 可知，二滩水电站机组振动值在 150 μm 以下为 A 区，属于精品运行区域。为防止机组运行进入 B 区，可以结合大数据分析找出机组运行在 B 区的点，通过对各机组的振动区进行微调，使机组长期运行在 A 区范围内，以优化机组运行工况。

4.2　机组振动异常评估策略

从振动幅值上来看三导轴承摆度幅值呈现如下规律：

(1)在小负荷区和大负荷区运行时，三导轴承的振摆关系为，下导>水导>上导。

（2）在涡带工况区水导的振动值最大，三导轴承的振摆关系，水导>>下导>上导。

（3）振动幅值规律：三导轴承、顶盖、机架的振动幅值随水头增加而增加。

结合对机组各部振动特征量运行数据的总结，归纳出机组在小负荷区、涡带运行区、大负荷区的振动幅值范围如表2所示，可以作为运行监视过程中对机组异常或振动测量元器件是否损坏的判断依据。

表2 稳态运行工况下各部振动幅值

幅值	小负荷区	涡带工况区	大负荷区
三导摆度幅值 μm	50~120	150~550	40~100
顶盖振动幅值 μm	10~60	100~400	10~60
机架振动幅值 μm	50~100	90~200	30~70

4.3 机组振动运转规律分析及运行建议

通过 R 语言平台，可突破传统的二维平面分析局限，将机组运行水头、机组出力、振动摆度幅值等多个变量纳入到三维空间内，绘制出机组运行振动特性三维空间图，便于电厂生产运行人员综合分析各机组各水头下全负荷运行特性，图4、图5 为 1 号机水导和顶盖全水头、全负荷工况下的振动特性三维图示例。

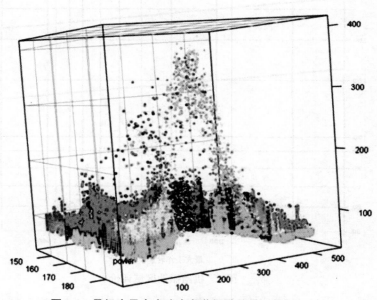

图4 1号机水导全水头全负荷振动特性三维图

通过对不同机组、不同变量下三维运行特性图的分析，可以深度挖掘水轮发电机组的运行规律和运行特性，也能发现一些设备潜在缺陷和隐患，更好地为电厂生产运行提供技术支持。通过对二滩水电站不同机组运行数据分析，发现的有关情况示例如下：

（1）一般情况下，二滩水电站机组在小负荷工况运行时，其振摆值大于大负荷运行工况，二滩水电站机组更适合运行在高负荷区。

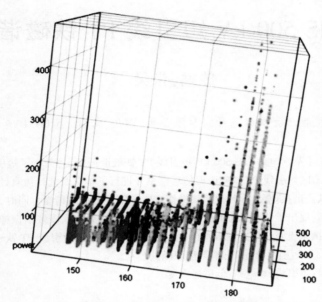

图5 1号机组顶盖全水头全负荷振动特性三维

（2）二滩水电站机组存在两个振动峰值区：第一个在机组的最强涡带振动区 210～280 MW 负荷区间；第二个在机组高水头运行时，370～400 MW 负荷区间。在这两个负荷区间，机组均有点位的振动值或摆度值达到峰值，在手动调整机组负荷跨越振动区时，应尽量避免机组在这两个区间停留较长时间。另外，建议进一步研究监控系统 AGC 负荷分配规则，考虑将此负荷调整逻辑加入监控系统 AGC 程序，研究加快该负荷区域内有功调节速率。

（3）机组在低水头下，运行在 100 MW 负荷情况下，各点位均出现振动值增大的情况，呈现"小负荷振动区"特性。虽然在此运行工况下机组振摆值均在规定范围内，为使机组运行情况更加良好，分配机组负荷时，建议尽量规避此工况。

（4）1 号的上导、下导和水导摆度值均偏大，6 号机下导摆度值偏大，明显大于其他机组，排除传感器缺陷后，需要结合年度检修工作对机组进行检查处理。

5 结 论

水轮发电机组的振动机制比较复杂，直观判断和简单的测试手段很难找到机组振动运行的规律和发现异常运行状态，而运用 R 语言对机组运行振动数据进行分析和挖掘，无疑是一个有效探索机组运行振动规律和发现机组振动隐患的方法。

参 考 文 献

［1］二滩水力发电厂.振动摆度在线检测装置及机组试验报告［R］.华中科技大学，2005.

［2］严耀亮，孙伟.大数据时代基于全工况的机组稳定性分析［J］.水电与抽水蓄能，2017,3（3）:55-61.

［3］Robert i Kabacoff，王小宁，等.R 语言实战［M］.北京：人民邮电出版社，2017.

［4］Brian Dennis，高敬雅，等.R 语言初学指南［M］.北京：人民邮电出版社，2016.

水电站 GIS 500 kV 短引线 PT 铁磁谐振研究

陈鹏，张梁

（雅砻江流域水电开发有限公司，四川 成都　610051）

摘　要　本文介绍了某水电站 GIS 500 kV 短引线 PT 铁磁谐振情况，分析了短引线 PT 停电物理过程，搭建了 GIS 短引线 PT 铁磁谐振仿真模型并进行了单次及统计仿真计算。计算结果不仅再现了原铁磁谐振现象，而且提示该操作方式一定发生铁磁谐振。同时，分析了多种铁磁谐振解决措施，提出了调整操作顺序和低磁通密度 PT 结合二次安装谐振抑制装置解决方案，计算及试验结果表明两种方案均能有效解决该电站 500 kV 短引线 PT 铁磁谐振问题，为水电站 GIS 500 kV 短引线 PT 铁磁谐振治理提供参考。

关键词　铁磁谐振；短引线；水电站；低磁通密度

1　引言

铁磁谐振是非线性电感和电容的一种共振现象，在电力系统中空载变压器、电压互感器等非线性电感和架空线对地杂散电容、断路器均压电容等电容元件构成了铁磁谐振的基本回路，如回路没有足够的阻尼，在某些系统操作或故障因素的暂态激励下，可能产生铁磁谐振。铁磁谐振发生后将产生过电压、过电流，可能导致电气设备绝缘损伤、电压互感器爆炸等严重事故，也可能引起电压保护、安控装置运行异常。本文以某水电站 GIS 500 kV 短引线 PT 为研究对象，研究该类铁磁谐振现象及治理措施。

2　铁磁谐振现象概述

图 1 为该巨型水电站 GIS 开关站接线图，开关站采用 3/2 接线，电压等级为 500 kV，设备为 GIS 设备，机变通过 500 kV 电缆与 GIS 开关站连接，在 500 kV 母线及断路器串相邻断路器间（开关间短引线）装有电磁式电压互感器，如图 1 中 1YH、514YH 所示。由开关站接线图可知，倒闸操作过程中当断路器由运行转热备用（断路器分闸）操作时，将出现 500 kV 短引线 PT 与分闸状态断路器断口电容串联的工况，有可能激发 PT 铁磁谐振。该电站自首台机并网发电以来，经历了调试、试运行、停机、并网及各类检修等多次倒闸工况，开关站整体运行情况良好，2017 年 12 月 24 日前未发生过铁磁谐振现象。

历次操作中电站一直采用 5032 开关热备用状态下断开 5033 开关对 514YH 停电，从未发生过铁磁谐振。2017 年 12 月 24 日运行人员进行 #4 升压变由冷备用转运行操作时，

作者简介：陈鹏（1982—），男，硕士研究生，正高级工程师，研究方向为流域梯级电站生产管理。E-mail：chenpeng@ sdic. com. cn。

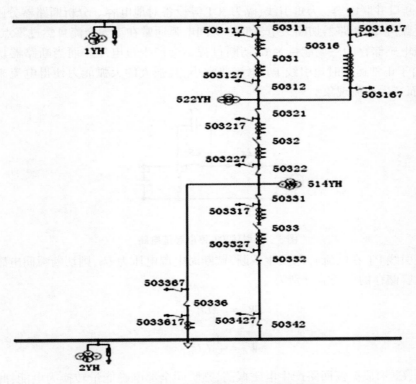

图 1 某巨型水电站 GIS 开关站接线图

采取 5033 开关冷备用、5032 开关由运行转热备用方式操作,拉开 5032 开关时,出现短引线 PT 铁磁谐振现象,谐振期间 PT 电压故障录波如图 2 所示。由图 2 可知,拉开 5032 开关瞬间,进线短引线 PT 514YH 发生了三分频铁磁谐振。谐振导致电站安控装置发生 PT 断线报警并闭锁安控装置,期间虽未造成电气一次、二次设备损坏,但安控闭锁威胁近区特高压直流跨区送电安全,直流被迫降功率运行。

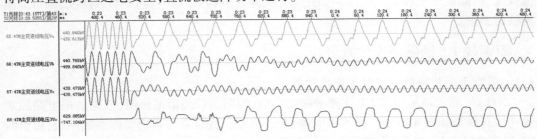

图 2 5033 冷备用时 5032 开关拉开后 PT 电压故障录波

3 短引线 PT 停电操作物理分析

短引线 PT 正常运行时,电路上表现为一个感性负载,短引线 PT 停电操作本质上为开断小的感性电流,可能会产生较高的过电压。为简化分析,假定短引线 PT 三相完全对称,则其单相简化等值电路如图 3 所示。图 3 中,为电源等值电感,为短引线 PT 激磁电感,为开关断口并联电容,为短引线、隔刀、CT 等设备对地电容。分析断路器分闸过程中开关触头电弧可知,断路器切断大电流时触头间电弧通常在工频交流自然过零点熄灭,该情况下激磁电感储存的磁场能量为 0,切断过程不会产生过电压。而当断路器切除短引线 PT 时,由于正常运行时短引线 PT 电流非常小,其强大的灭弧能力使得电流未过零前即熄灭,从而产生截流现象。

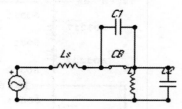

图 3　短引线 PT 停电等值电路

假如短引线 PT 在电流 i_0 时发生截断,截断时电源电压为 U_0,则切断瞬间电感储存的磁场能和电容储存的电场能分别为

$$\left.\begin{array}{l} W_L = \dfrac{1}{2}LI_0^2 \\[2mm] W_C = \dfrac{1}{2}CU_0^2 \end{array}\right\} \tag{1}$$

此后,L、C_2 构成振荡回路产生电磁振荡,某瞬间全部电磁能量转换为电能,此时电容 C_2 产生最大过电压,根据能量守恒原理,该最大电压为

$$U_{\max} = \sqrt{\dfrac{L}{C_2}I_0^2 + U_0^2} \tag{2}$$

由(1)可知,截流瞬间 I_0 越大,短引线 PT 激磁电感越大,则磁场能量越大,电容 C_2 越小则磁场能量换至电场能时电压越高。一般情况下 i_0 不大,但激磁电感 L 和电容 C_2 比值较大,因此能产生较高过电压。如此时开关并联电容 C_1 与电容 C_2 参数匹配,则可能激发铁磁谐振。

4　短引线 PT 铁磁谐振仿真分析

4.1　谐振工况断路器单次分闸仿真计算

500 kV 开关站短引线 PT 铁磁谐振发生后,为明确铁磁谐振机制,依据谐振电路原理建立仿真模型如图 4 所示。图 4 中电源、开关模型参数设置与系统实际参数一致,短引线 PT 励磁支路采用非线性电感和电阻并联等效。

为验证该仿真模型有效性,首先对 2017 年 12 月 24 日 #4 升压变由冷备用转运行倒闸工况进行仿真分析,操作前电站 GIS 第三串 5032 开关带 514YH 运行,5033 开关冷备用、50336 隔刀分闸,设置该工况对应参数后仿真计算结果如图 5 所示。由图 5 可知,5032 开关分闸后 A 相发生铁磁谐振,谐振频率为 1/3 工频即三分频谐振,谐振相电压波形和实际波形相似,与图 2 故障录波数据对比发现,仿真计算瞬时电压正/负峰值分别为 438 kV 和 −372 kV,与录波数据峰值 435 kV 和 −368 kV 相近,B、C 相未产生谐振,开关断开后电

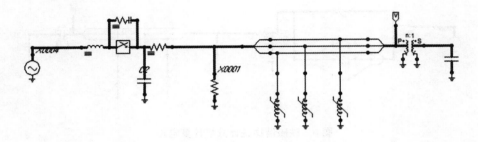

图 4　铁磁谐振电路建模原理图

压快速衰减至稳态值 74 kV，与故障录波数据相同。

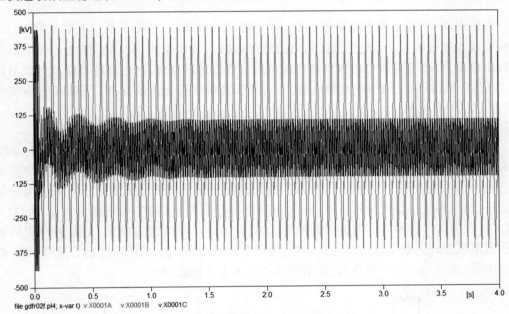

图 5　铁磁谐振故障再现仿真计算结果

4.2　谐振工况断路器分闸统计仿真分析

　　由前述分析可知，断路器不同电角度分闸时截留电磁能量不同，而截留电磁能量将导致不同电磁暂态过程。且断路器分合闸操作时，三相存在一定程度的不同期性，该不同期性使得系统处于瞬间不对称运行状态，进而影响系统暂态过渡过程。为充分掌握铁磁谐振全貌，有必要对断路器随机分闸情况进行统计分析。分析时，利用统计开关模拟 800 次打开断路器操作，断路器动作相角采用均匀分布，三相不一致时间取 2 ms，其计算电路如图 6 所示。

　　统计计算结果表明，在 360 kW·h 电角度均匀分布的 800 次断路器打开操作，A 相峰值电压大于 262 kV 概率为 69.625%，大于额定峰值电压 436.99 kV 的概率为 63.875%；B 相峰值电压大于 262 kV 概率为 66.125%，大于额定峰值电压 436.99 kV 的概率为 62.375%；C 相峰值电压大于 262 kV 概率为 67.125%，大于额定峰值电压 436.99 kV 的概率为 65.125%。三相电压合并分布来看，每次断路器打开后短引线 PT 电压的最大值为

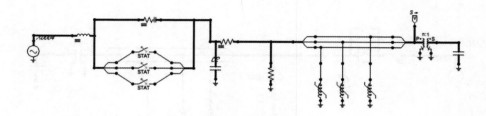

图 6　铁磁谐振统计分析计算电路

415～436.99 kV,说明该操作模式下发生谐振概率为100%。

5　铁磁谐振解决策略分析

由短引线 PT 停电等值电路图可知,PT 的励磁特性曲线,断路器断口并联电容 C_1,以及短引线对地电容 C_2,是铁磁谐振回路的重要参数。为确保短引线 PT 停电过程中不发生铁磁谐振,需改变系统中谐振参数匹配关系。在上述回路元件中,断路器断口并联电容 C_1 为定值,保持不变;短引线对地电容 C_2 可随操作顺序变化而改变;PT 励磁特性曲线可通过更换 PT 而改变。

5.1　改变对地电容 C_2 避免铁磁谐振分析

对于短引线 PT 停电操作,当采用一个开关热备用、拉开另一开关操作方式时,系统从未发生铁磁谐振现象,该方式暂态计算如图 7 所示,计算结果见图 8。由仿真结果可知,该操作方式进行 PT 停电时三相均不发生铁磁谐振。同样对断路器分闸采用统计仿真分析,从三相电压合并分布来看,每次断路器打开后短引线 PT 电压的最大值为 131～174 kV,说明该操作模式下发生谐振概率为 0,且不涉及系统改造费用,是较为理想的避免铁磁谐振方式。基于该仿真计算结果,为避免铁磁谐振,电站随即对《运行规程》和《典型操作票》进行修编并严格执行,此后再次操作未发生铁磁谐振。

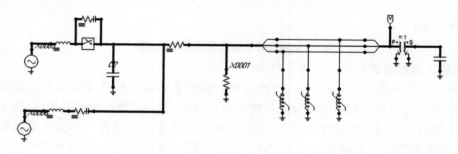

图 7　常规操作方式暂态计算电路

5.2　改变 PT 励磁特性曲线避免铁磁谐振分析

为进一步探索该电站 PT 谐振彻底解决方案,电站协同设计单位进行广泛的调研收资,经分析主要解决措施如下:

(1)取消断路器的并联电容。根据铁磁谐振产生机制,如 GIS 断路器断口间不装设并联电容,振荡回路得不到能量补充,铁磁谐振就不会发生。该方法可以从根本上消除铁

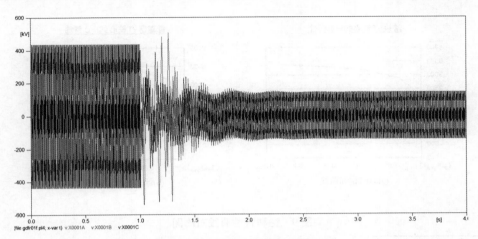

图 8　常规操作方式暂态计算结果

磁谐振,但仅适用于断路器为单断口的 GIS 设备,该电站 GIS 断路器是为双断口,断口间必须装设均压并联电容,且与单断口断路器的尺寸不同,设备布置上已经不具备更换断路器的条件,因此该方案不适用于该电站。

(2)安装谐振抑制装置。谐振抑制装置是由一个饱和电抗器和电阻串联组成,与其中的一个二次绕组并联。在正常运行时装置励磁电流非常小,不会影响测量精度。在谐振状态下装置铁芯急剧饱和,通过电抗器和串联电阻消耗能量,达到消谐的目的。此谐振抑制装置是用铁芯和漆包线组成,没有电子元器件,不会受到温度、湿度、震动等的影响,使用寿命与 PT 相同,运行稳定可靠,是常见的铁磁谐振抑制装置。但值得注意的是,对于有的 GIS 产品结构和布置,仅采用谐振抑制装置不一定能从根本上避免 PT 铁磁谐振。

(3)采用低磁通密度 PT。更换电磁式 PT 产品,采用具有扁平励磁特性的 PT。因铁芯是非线性元件,这种 PT 的额定磁密远离饱和磁密,在过电压下铁芯一般不会饱和,不会产生铁磁谐振。

综上分析,采用低磁通密度 PT 结合二次侧安装谐振抑制装置方案为最优方案,可有效解决该电站 GIS 铁磁谐振问题。经计算,更换后低磁密 PT 比原 PT 匝数多约 1.35 倍,回路铜耗电阻多约 1.62 倍,额定电压下磁通密度由 8 800 高斯降为 6 500 高斯,低磁密 PT 与常规 PT 饱和特性曲线对比如图 9 所示。为验证改造设计方案合理性,对该方案进行了仿真计算,计算模型如图 10 所示。计算结果表明采用低磁密 PT 结合谐振抑制装置后,系统不会发生铁磁谐振。

2019 年电站采用低磁通密度 PT 加二次侧安装谐振抑制装置方案对发生铁磁谐振的 GIS 第三串 514YH 进行了更换。为验证 PT 改造换型后防止铁磁谐振效果,对梳理出来的可能出现的 10 种倒闸方式进行了操作测试,试验结果表明所列 10 种倒闸方式均不会发生铁磁谐振,低磁通密度 PT 加二次侧安装谐振抑制装置方案能有效解决该电站铁磁谐振问题。以原铁磁谐振发生时倒闸操作为例,其试验录波如图 11 所示。由图 11 可知,5032 开关分闸后 PT 电压迅速过渡至稳态感应电压,不会产生铁磁谐振。2020 年运行检验设备运行状况良好,实际多次操作未再发生铁磁谐振现象。

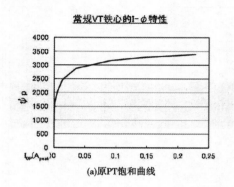 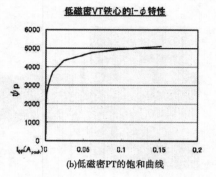

图 9　饱和特性曲线对比图

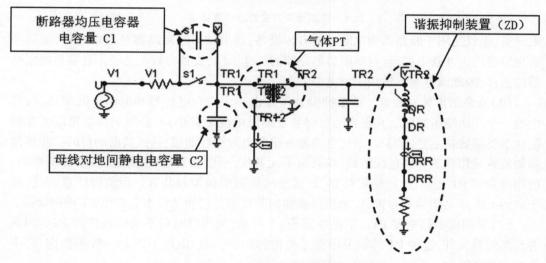

图 10　低密度 PT 加二次谐振抑制装置仿真原理

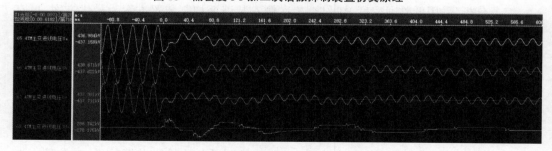

图 11　换型后 5033 冷备用时 5032 开关拉开后 PT 电压录波

6　结　论

本文以某电站 GIS 开关站短引线 PT 铁磁谐振情况为研究对象,应用电磁暂态仿真分析软件搭建了 PT 铁磁谐振仿真模型并进行了仿真计算,仿真结果再现了原铁磁谐振现象,得到了各模式下谐振发生概率。同时为彻底解决该电站铁磁谐振问题,分析了多种铁磁谐振解决措施,提出了改变操作顺序和低磁通密度 PT 结合二次侧安装谐振抑制装置两种解决方案,仿真计算及改造换型试验有效验证了两种方案合理性,可为电站 GIS 500 kV 短引线 PT 铁磁谐振治理提供了参考。

参 考 文 献

[1] 陈琳,刘娟,李爽.GIS 内 PT 铁磁谐振仿真计算与分析[J].高压电压,2019,55(6):242-246.

[2] 王东东,田铭兴,张慧英.电磁式电压互感器励磁特性对铁磁混沌电路的影响分析[J].中国电力,2019,52(5):70-75.

[3] 李云阁.ATP-EMTP 及其在电力系统中的应用[M].北京:中国电力出版社,2016.

[4] 张业.电力系统铁磁谐振过电压研究[M].成都:西南交通大学,2008.

[5] 杨鸣.铁磁谐振过电压非线性特性及其柔性抑制策略研究[M].重庆:重庆大学,2014.

[6] 吴文辉,曹祥麟.电力系统电磁暂态计算与 ATP 应用[M].北京:中国水利水电出版社,2012.

大型水轮发电机定子线棒绝缘垫块气隙对电场分布的影响

汪江昆,徐晖

(雅砻江流域水电开发有限公司,四川 成都　610051)

摘　要　大型水轮发电机组定子线棒运行环境复杂、恶劣,受电、热、化学等因素影响,近年在多个电厂的大型水轮发电机组定子线棒端部均发现了电晕现象,尤其定子线棒端部绝缘垫块处的电晕现象非常突出,长期发展将影响水轮发电机组的安全可靠运行。本文通过软件建立大型水轮发电机定子线棒模型,研究定子线棒绝缘垫块气隙对电场分布的影响,为工程中定子线棒间绝缘垫块施工工艺提供参考。

关键词　大型水轮发电机;定子线棒;绝缘垫块;气隙;电场分布

1　引　言

水轮发电机定子线棒端部电位分布不均,电场分布复杂,是电场的薄弱环节之一,易出现局部放电,长期的局部放电会使得端部的防晕材料发生损蚀、老化和变性。

在发电机的运行中,定子线棒会受到电磁力的影响而发生振动,因此需用绝缘间隔垫块绑扎和固定来减小振动幅度,然而线棒端部绝缘垫块附近易产生气隙,会加剧电场的畸变,从而产生电晕现象[2]。线棒端部绝缘垫块气隙主要有两方面的来源,一方面,由于长期的电磁力作用,定子线棒端部斜边绝缘垫块容易引起松动,从而产生气隙;另一方面,在进行绝缘垫块绑扎的过程中,由于绑扎现场人员和环境等不可控因素也有可能导致气隙的产生。产生的气隙将使得局部电场更为集中,局部放电现象更为严重。

已有研究认为当海拔低于 1 000 m 且环境温度为−15~40 ℃时,线棒表面的最大场强要小于空气的最大放电场强 8.1 kV/cm[1],存在于相邻异相线棒间垫块的气隙的电场很有可能超过这一阈值。并且气隙所处的线棒端部绝缘结构复杂,影响气隙电场畸变程度的因素较多,因此需开展线棒端部绝缘垫块气隙电场分布研究,并为工程中相邻异相线棒间垫块的气隙状况判断提供一定的指导。

2　建立计算模型

2.1　模型

本文通过有限元软件建立大型水轮发电机定子线棒三维模型,研究相邻异相线棒间

作者简介:汪江昆(1986—),男,学士,高级工程师,研究方向为电气一次设备管理。E-mail: wangjiangkun@ ylhdc. com. cn。

垫块气隙位置、高阻防晕层材料电性参数及气隙尺寸对气隙电场畸变的影响。建立含多参数的气隙最大电场与气隙尺寸的三元多项式回归模型,以估计不同气隙尺寸下的最大电场,并通过回归模型计算分析得到不同的安全的气隙尺寸及安全的最大气隙体积。本文根据两河口水电站定子绕组主要参数,建立定子绕组模型。两河口水电站 18 kV 定子绕组结构示意如图 1 所示。

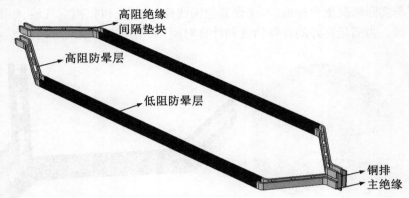

图 1　两河口水电站 18 kV 定子绕组结构示意

2.2　电场控制方程[3]

定子线棒在实际中为工频交流电压,其中的时变电场由时变电荷 $q(t)$ 和时变磁场 $\partial B/\partial t$ 分别产生库仑电场 E_c 和感应电场 E_{ind}。在工频条件下,感应电场远小于库仑电场,如式(1)所示。

$$\nabla \times E = \nabla \times (E_c + E_{ind}) \approx \nabla \times E_c = 0 \tag{1}$$

因此,工频电场属电准静态场[3]的范畴。根据麦克斯韦方程组,在工频(低频)下忽略电磁感应 $\partial B/\partial t$ 的作用,得到式(2)、式(3)的基本方程:

$$\nabla \times H = J + \frac{\partial D}{\partial t} \tag{2}$$

$$\nabla \times E = \frac{\partial B}{\partial t} \approx 0 \tag{3}$$

$$\nabla \cdot B = 0 \tag{4}$$

$$\nabla \cdot D = \rho \tag{5}$$

由此可知,定子线棒在工频条件下还是满足静电场的基本方程,在每一时刻下场和源的关系都类似于静电场。

将式(2)取散度,可得式(6):

$$\nabla \cdot (\nabla \times H) = \nabla \cdot (J + \frac{\partial D}{\partial t}) = 0 \tag{6}$$

将 $J = \sigma E, D = \varepsilon E, E = -\nabla \varphi$ 代入式(6),得式(7):

$$-\nabla \cdot (\sigma \nabla \varphi + \varepsilon \frac{\nabla \partial \varphi}{\partial t}) = 0 \tag{7}$$

将式(7)转换成复数形式,可得:

$$- \nabla(j\omega\varepsilon \nabla\varphi) - \nabla(\sigma \nabla\varphi) = 0 \tag{8}$$

因此,在工频条件下,式中的 $\omega = 100\pi$。根据以上的控制方程结合有限元软件进行求解。

2.3　仿真模型和参数设置

为了与实际情况更为接近,本文设置包围线棒的球体,以模拟空气域,如图2所示,形成封闭区域。为满足良好的计算精度和计算时间,采用用户控制剖分网格。

图2　定子线棒端部仿真计算模型

铜排为良导体,其相对介电常数在仿真中取无穷大,在本文中设置为 10^{10};对于空气电阻率,采用干燥空气的值 10^{15} Ω·m;主绝缘为环氧粉云母。端部的防晕层材料均为具有非线性特性的半导体材料,它的电阻率会随着电场的增加而减小,其表达式如式(9)所示:

$$\rho = \rho_0 \cdot e^{-\beta \cdot E} \tag{9}$$

式中,ρ_0 为固有电阻率(Ω·m);E 为电场强度(kV/cm);β 为非线性系数(cm/kV)。

计算模型其余各介质基本参数如表1所示,其来自于实测数据及各公开发表文献统计得到。由于同相间线棒端部电势分布均匀,气隙对电场的影响较小,本文着重分析异相间线棒绝缘垫块气隙的影响。分析的对象为18 kV线棒,对于异相间的情况,在一侧线棒导体设置 $18 \text{ kV} \times \sqrt{2}/\sqrt{3} = 14.70$(kV)电势,另一侧线棒导体相位差为60°,设置 $9 \text{ kV} \times \sqrt{2}/\sqrt{3} = 7.35 \text{ kV}$ 电势。以上添加的电势均为50 Hz下的相电压幅值。设置低阻防晕层接地,$U = 0$。仿真中各介质材料的基本参数如表1所示。

表1　仿真中各介质材料的基本参数

材料	相对介电常数	固有电阻率 ρ_0(Ω·m)	非线性系数(cm/kV)
铜导体	1×10^{10}	1.667×10^{-8}	—
空气	1	1×10^{15}	—
主绝缘	4	1×10^{14}	—
低阻防晕层	25	1×10^{3}	—
高阻防晕层及高阻绝缘垫块	10	1×10^{10}	0.5

2.4 影响气隙电场分布的因素

2.4.1 高阻防晕层材料电性参数

绝缘垫块气隙模型可以近似简化成如图3所示的等效电路图,与气隙接壤的高阻防晕层的电性参数将对气隙的电位和电场产生影响。由等效电路图可知,与高阻防晕层电导 g_f、等值电容 C_f 相关的电性参数有高阻防晕层初始电阻率 ρ_f、非线性电阻系数 β_f 及其相对介电常数 ε_{rf}。

高阻防晕层材料电性参数在实际中由于运行老化、环境温度等因素会呈现一定的分散性,因此本文还对高阻防晕层材料不同电性参数对气隙电场的影响进行了研究。综合各类文献,将高阻防晕层初始电阻率 ρ_f 设置为 $10^9 \sim 10^{11}\ \Omega \cdot m$,非线性电阻系数设置 β_f 为 $0.25 \sim 1$,相对介电常数 ε_{rf} 设置为 $10 \sim 30$。

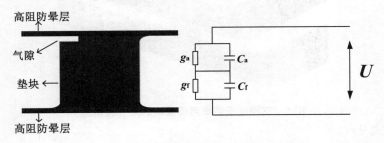

图3   气隙模型等效电路

2.4.2 气隙位置

2.4.2.1 位于某一个绝缘垫块

本文研究的线棒需用三个绝缘间隔垫块进行绑扎固定,分别用1、2、3号进行区分,见图4。

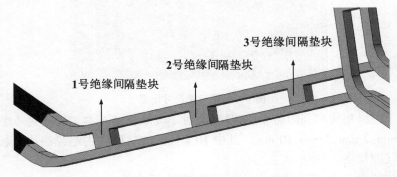

图4   绝缘间隔垫块位置标记

2.4.2.2 位于绝缘间隔垫块的某一侧

本文研究了异相间线棒的情况,对于异相间线棒,气隙位于电位较高一侧或是较低一侧对气隙的电场分布将有影响。为统一位置,本文将气隙位于线棒内侧的位置称为 A相,同时位于第一个垫块上则称为 1 A,将气隙位于线棒外侧的位置线棒称为 Z相,同时位于第一个垫块上则称为 1 Z。如图5所示,并且考虑容易发生松动和产生气隙的位置,本文统一研究气隙出现在外侧边缘。需研究的各种情况如表 2 所示。

表 2　线棒绝缘垫块气隙位于某一侧电势施加情况

气隙位置	铜排导体电位峰值情况（kV）	
	异相间	
A 相线棒内侧	14.7	7.35
Z 相线棒外侧	7.35	14.7

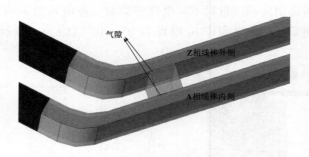

图 5　气隙位于绝缘间隔垫块的某一侧示意

2.4.3　气隙尺寸

本文所研究的气隙假设为条状且具有长宽高的三维模型，如图 6 所示。

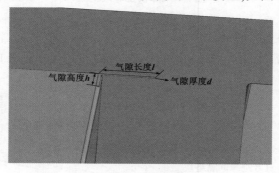

图 6　气隙三维尺寸示意

气隙位于绝缘垫块和高阻防晕层连接处，对于气隙长度 l，本文长度共考虑 5 种情况：无气隙 0、1 mm、2 mm、3 mm、10 mm。其中 10 mm 长的气隙约占绝缘垫块总长的 1/3，为清晰可见的气隙长度。

对于气隙宽度 d，本文一共考虑 4 种气隙厚度：无气隙 0、0.1 mm、0.2 mm、0.3 mm。其中，0.3 mm 的值是参考线棒下线后标准允许的最大槽部气隙厚度。

对于气隙高度 h，本文一共考虑 5 种情况：无气隙 0、1 mm、5 mm、8 mm、10 mm。其中，10 mm 的气隙高度约占绝缘垫块高度的 1/8，为明显可见的气隙高度。

3　高阻防晕层材料不同电性参数对气隙电场的影响

如图 7 所示，为高阻防晕层材料不同电性参数对气隙最大电场的影响。此时将气隙统一设置在 1 Z 位置，并且 Z 相为高电位。由图 7 的结果可知，对于气隙模型，高阻防晕层初始电阻率和非线性电阻系数的影响较小。高阻防晕层相对介电常数的影响较大,随着高阻防晕层相对介电常数的增加,气隙的电场畸变更加严重。

在较高的温度下,高阻防晕层的相对介电常数会变大。因此实际中当工作环境温度较高时将使气隙的最大场强增加,使局部放电更加严重。原因在于较高温度下使得高阻防晕层相对介电常数 ε_{rf} 增加,并由 $D = \varepsilon_a E_a = \varepsilon_{rf} E_{rf}$ 可知,气隙的电场将增加。

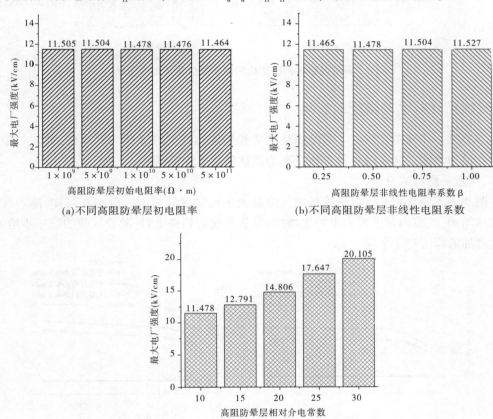

(a)不同高阻防晕层初电阻率

(b)不同高阻防晕层非线性电阻系数

(c)不同高阻防晕层相对介电常数

图7　高阻防晕层材料不同电性参数对气隙最大电场的影响

4　气隙位置对电场畸变的影响

如图8所示,分别为 A 相和 Z 相为高电位时的异相间线棒绝缘垫块不同位置下的最大电场,可知:① 在异相间情况下,较高电位一侧的绝缘垫块气隙将承受较高的电场。② 同一侧的绝缘垫块气隙最大场强较为接近,但在 Z 相为高电位时分别位于两侧的气隙的最大电场差异更大。③ 长、宽、高尺寸为 1 m×0.1 m×1 mm 的气隙在异相间的情况下最大电场此时均高于 8.1 kV/cm,最低的电场强度为 8.598 6 kV/cm,最高的电场强度达到 11.478 kV/cm,位于 1 号绝缘垫块 Z 相外侧。

仿真结果与文献提出的现象一致,在现场真机中检测到异相间垫块气隙容易发生局部放电。

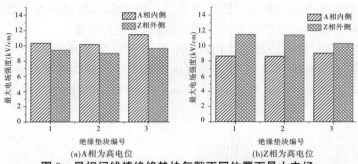

图 8　异相间线棒绝缘垫块气隙不同位置下最大电场

5　气隙尺寸对电场畸变的影响

本节统一将气隙设置在 1 号绝缘垫块 Z 相外侧边缘处且 Z 相为高电位,此时气隙电场畸变最为严峻。防晕层材料参数设置为默认的表 2 中的值。

5.1　气隙长度影响分析

图 9 为不同气隙长度对绝缘垫块气隙最大电场强度的影响。由图 9 可知,随着气隙长度的增加,气隙内部的最大电场也增加,且从曲线的趋势上看,随着气隙的进一步增加,后续增加的程度趋于平缓。

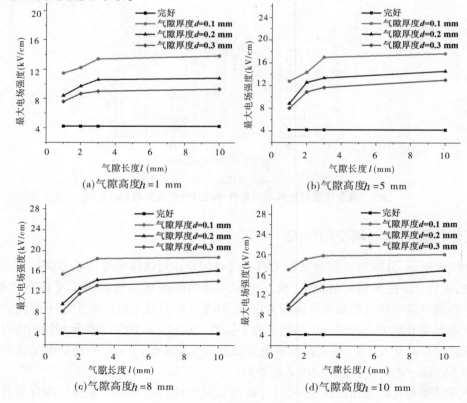

图 9　不同长度下气隙最大电场强度

在四种气隙高度 1 mm、5 mm、8 mm、10 mm 下,气隙长度为 1~3 mm 时,其平均增长斜率分别为 0.238 kV/mm、0.576 kV/mm、0.580 kV/mm、0.587 kV/mm,平均增长率分别为 23.8%、54.9%、52.5%、50.3%,并且在更大的气隙高度下,不同的气隙长度下的平均增长斜率和平均增长率都更为接近。

对于电场的畸变程度,如图 10 所示,随着气隙长度的增加,电场畸变程度愈发严重。以气隙高度为 1 mm 的情况为例:随着气隙长度的增加,相对于完好情况,厚度为 0.1 mm、0.2 mm、0.3 mm 的气隙的最大电场分别畸变了 2.71~3.27 倍、1.98~2.55 倍、1.79~2.19 倍。

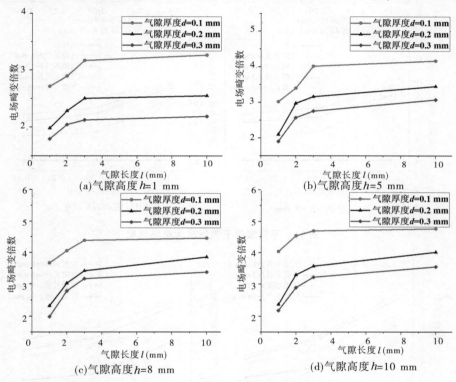

图 10　不同长度下气隙电场畸变程度

5.2　气隙厚度影响分析

图 11 为不同气隙厚度对绝缘垫块气隙最大电场强度的影响。由图 11 可知,在气隙厚度为 0.1~0.3 mm 时,随着气隙厚度的增加,气隙的最大电场逐渐减小,且减小的程度也随着厚度的增加而减弱。

在三种气隙高度 h 为 1 mm、5 mm、10 mm 的情况下,在厚度为 0.1~0.3 mm 时,气隙最大电场平均降低斜率分别为 20.54 kV/mm、22.70 kV/mm、27.67 kV/mm、32.67 kV/mm,平均降低率分别为 32.3%、29.7%、32.2%、34.8%。

对于电场的畸变程度,由图 12 可知,随着气隙厚度的增加,电场畸变程度得到缓和。以气隙高度为 1 mm 的情况为例:随着气隙厚度的增加,相对于完好情况,长度为 1 mm、2 mm、3 mm、10 mm 的气隙的最大电场分别畸变了 2.71~1.79 倍、2.89~2.05 倍、3.17~2.13 倍、3.27~2.19 倍。

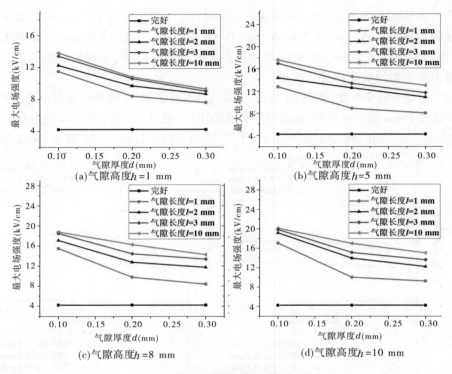

图 11　不同厚度下气隙最大电场强度

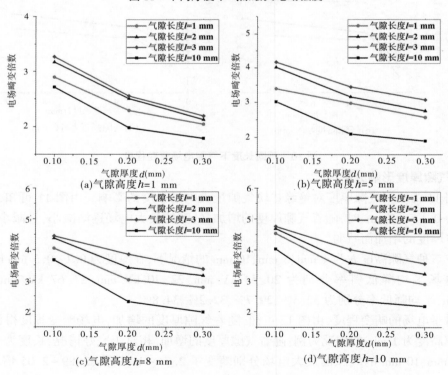

图 12　不同厚度下气隙电场畸变程度

由图 12 可知,在气隙厚度为 0.3 mm、长度为 1 mm 同时高度分别为 1 mm 和 5 mm 的气隙的最大电场小于 8.1 kV/cm。在本文研究的 0.1~0.3 mm 的气隙厚度范围内,气隙最大电场虽然随着气隙厚度的增加而降低,但大多数情况下始终还高于 8.1 kV/cm,使得绝缘垫块边缘的气隙容易发生局部放电,破坏线棒的绝缘结构。

5.3 气隙高度影响分析

图 13 为不同气隙高度对绝缘垫块气隙最大电场强度的影响。由图 13 可知,在气隙高度为 1~10 mm 时,随着气隙高度的增加,气隙的最大电场逐渐增大。同时从曲线的斜率上看,在更长的气隙长度下,随着气隙高度的增加最大电场强度增加的程度开始有所减弱。

在四种气隙长度 l 为 1 mm、2 mm、3 mm、10 mm 的情况下,在气隙高度为 1~10 mm 时,气隙最大电场平均增长斜率分别为 0.326 kV/mm、0.545 kV/mm、0.576 kV/mm、0.675 kV/mm,平均增长率分别为 29.7%、47.2%、47.3%、55.0%,越长的气隙长度,不同的气隙高度下的平均增长斜率和平均增长率都更为接近。

对于电场的畸变程度,图 14 可知,以气隙长度为 1 mm 的情况为例:随着气隙高度的增加,相对于完好情况,厚度为 0.1 mm、0.2 mm、0.3 mm 的气隙的最大电场分别畸变了 2.71~4.03 倍、1.98~2.36 倍、1.79~2.17 倍。

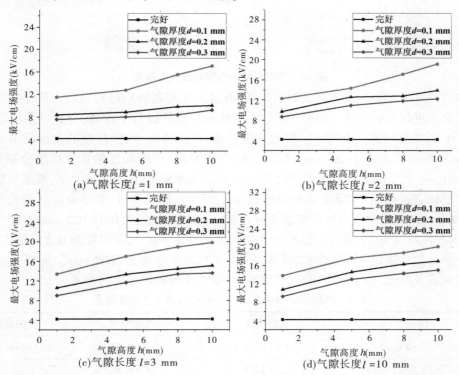

图 13　不同高度下气隙最大电场强度

5.4 气隙尺寸对最大电场影响综合分析

定子线棒绝缘垫块气隙长度 l、宽度 d、高度 h 三者对气隙最大电场强度都有影响。

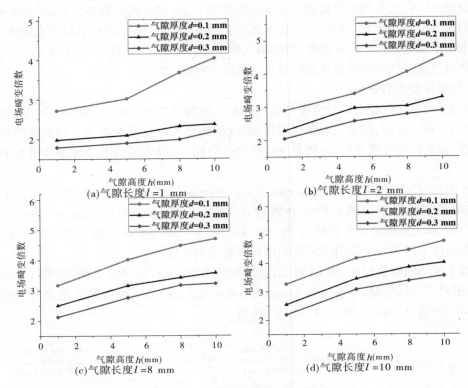

图 14　不同高度下气隙电场畸变程度

为此本文建立了三元三次多项式回归模型,通过正交距离回归得到回归方程。并对多元多项式模型进行回归分析。同时,本文通过 Matlab 软件进行了计算,寻找气隙电场强度小于 8.1 kV/cm 时的气隙尺寸。限定气隙长度、气隙宽度、气隙高度的求解范围分别为 0~20 mm、0~0.5 mm、0~20 mm,气隙长度、气隙厚度、气隙高度的计算精度分别为 0.1 mm、0.01 mm、0.1 mm,共得到 37 252 组有效解。总体来看,在所有情况下,要求气隙场强低于 8.1 kV/cm 时,气隙厚度至少为 0.12 mm;对于气隙长度,计算分析得到最大气隙长度为 10.8 mm,但此时气隙厚度要求至少 0.38 mm,气隙高度为 0.1~0.2 mm;对于气隙高度,最大气隙高度为 17.9 mm,但此时气隙长度为 0.1 mm,气隙厚度为 0.31~0.32 mm。将气隙三维尺寸转化为气隙体积,计算得到最大气隙体积为 5.8608 mm³。最终总结得到的结果如表 3 所示,为工程中出现的气隙尺寸安全评价提供一定的参考。

表 3　气隙场强小于 8.1 kV/cm 的气隙尺寸计算结果

情况	气隙长度	气隙厚度	气隙高度
总体范围(mm)	$0.1 \leqslant l \leqslant 10.8$	$d \geqslant 0.12$	$0.1 \leqslant h \leqslant 17.9$
最大气隙长度(mm)	$l_{max} = 10.8$	$d \geqslant 0.38$	$0.1 \leqslant h \leqslant 0.2$
最大气隙高度(mm)	$l = 0.1$	$0.1 \leqslant d \leqslant 0.2$	$h_{max} = 17.9$
最大气隙体积(mm³)	5.860 8		

6　结　论

本文通过有限元软件建立大型水轮发电机定子线棒三维模型,研究相邻异相线棒间垫块气隙位置、高阻防晕层材料电性参数及气隙尺寸对气隙电场畸变的影响。建立了含多参数的气隙最大电场与气隙尺寸的三元多项式回归模型,以估计不同气隙尺寸下的最大电场,并通过回归模型计算分析得到不同的安全的气隙尺寸及安全的最大气隙体积,为工程中相邻异相线棒间垫块的气隙状况判断提供参考。结论如下:

(1)工程中需着重关注异相间线棒绝缘垫块的气隙状况。对于高阻防晕层材料电性参数,随着高阻防晕层相对介电常数的增加,气隙的电场畸变更严重,而高阻防晕层电阻率和非线性电阻系数对气隙的电场影响较小。

(2)在本文设置的气隙尺寸(长度×宽度×高度)(1~10)mm×(0.1~0.3)mm×(1~10)mm 范围内,气隙中的最大场强可畸变到无气隙情况下的 4.76 倍。

(3)气隙电场的畸变程度与气隙长度 l、气隙高度 h 呈正相关,与气隙厚度 d 呈负相关。在本文研究的 0.1~0.3 mm 的气隙厚度范围内,气隙最大电场虽随着气隙的厚度的增加而降低,但大多数情况下还高于 8.1 kV/cm。

(4)通过三元三次多项式拟合回归得到气隙长度 l、宽度 d、高度 h 三者对气隙最大电场强度的回归模型。对回归模型进行计算,若要求气隙为安全的,总体来看,最小气隙厚度 d 应为 0.12 mm;最大气隙长度 l 为 10.8 mm,此时气隙厚度 d 至少为 0.38 mm,气隙高度 h 为 0.1~0.2 mm;最大气隙高度 h 为 17.9 mm,此时气隙长度 l 为 0.1 mm,气隙厚度 d 为 0.31~0.32 mm。最终计算得到安全的最大气隙体积为 5.860 8 mm^3。

参　考　文　献

[1] 胡海涛.大型水轮发电机定子绝缘电场分布的数值仿真与结构优化[D].哈尔滨:哈尔滨理工大学,2019.

[2] 马志忠.大型水轮发电机定子线棒电晕现象的思考[J].水电站机电技术,2020(7):20-23.

[3] 孟昭敦.电磁场导论[M].北京:中国电力出版社,2008.

加权马尔可夫链模型在水库入库径流状态预测中的应用

邵朋昊，丁金涛，陈平，丁义

（雅砻江流域水电开发有限公司，四川 成都　610051）

摘　要　本文介绍了马尔可夫链的相关概念及加权马尔可夫链模型的建模过程，并根据锦屏一级水库历史入库径流序列，采用均值标准差分级法把入库径流状态划分为丰、偏丰、平、偏枯、枯 5 种状态，以入库径流序列各阶自相关系数为权重，建立加权马尔可夫链模型，对锦屏一级水库 2014～2020 年入库径流状态进行预测。其结果表明，加权马尔可夫链模型对锦屏一级水库入库径流状态预测效果较好，可作为径流中长期状态预测的有效途径。

关键词　加权马尔可夫链模型；入库径流；锦屏一级水库

1　引　言

对水库未来的来水和变化趋势做出准确的预测关系到水库的调度应用。径流过程是一随机过程，存在许多不确定因素，且错综复杂[1]。到目前为止，还难以用物理成因分析确定未来某一时段（如年、季、月等）流域径流量的准确数值。但实际调度运用中，在有些情况下，仅预测出未来某时段径流量的适当变化区间（丰枯状况）即可。

马尔可夫链模型诞生（1906 年）已有 100 年，它在各个基础学科、经济管理学科和工程应用学科中都发挥了重要作用。在水资源科学领域中，有相当多的现象符合马尔可夫性，适合应用马尔可夫链理论来进行预测和分析研究[2]。如贺娟[3]、王永兵[4]等研究了马尔可夫链模型在水库来水预测中的应用，杨国范[5]等利用马尔可夫链对河流水质进行了预测，这些研究都取得了较好的效果。本文采用加权马尔可夫链模型对锦屏一级水库入库径流状态进行预测，预测趋势与实际资料吻合较好。

2　马尔可夫链的定义及建模

2.1　马尔可夫链的定义

马尔可夫链最早由俄国数学家安德雷·马尔可夫提出。若随机过程 $\{X_t, t \in T\}$ 满足条件：

（1）时间集合是非负整数集，记作 $T = \{0,1,2,\cdots\}$；状态集合是离散集，记作 $i = \{0,1,2,\cdots\}$；在任意时刻，随机过程都有且仅有一个状态。

作者简介：邵朋昊（1990—），男，硕士，工程师，研究方向为水文预报及水库调度。E-mail：shaopenghao
@ sdic. com. cn。

（2）对任意正整数 m、k，若有下式成立：

$$P\{X_{m+k}=i_{m+k}|X_0=i_0,X_1=i_1,K,X_m=i_m\}=P\{X_{m+k}=i_{m+k}|X_m=i_m\} \quad (1)$$

则称随机过程 $\{X_t,t\in T\}$ 为马尔可夫链，简称马氏链。式（1）意即 X_t 在时间 $m+k$ 的状态 $X_{m+k}=i_{m+k}$ 的概率只与时刻 m 的状态 $X_m=i_m$ 有关，而与时刻 m 以前的状态无关，这种数学特性即马尔可夫性，也称为马氏性或无后效性。

2.2　状态转移概率矩阵

当式（1）中 $k=1$ 时，称其右端为在时刻的一步转移概率，并计其为：

$$P\{X_{m+1}=i_{m+1}|X_m=i_m\}=P\{X_{m+1}=j|X_m=i\}=p_{ij}(m) \quad (2)$$

由于从状态 i 出发，经过一步转移后，必然到达状态空间 I 中的一个状态且只能到达一个状态，因此，一步转移概率 $p_{ij}(m)$ 应满足下列条件：

$$\begin{cases} 0\leqslant p_{ij}(m)\leqslant 1 & (i,j\in I) \\ \sum_{j\in i}p_{ij}(m)=1 & (i\in I) \end{cases} \quad (3)$$

如果马尔可夫链一步转移概率 $p_{ij}(m)$ 与时刻 m 无关，即无论在何时刻 m，从状态 i 出发，经过一步转移到达状态 j 的概率都相等：

$$P\{X_{m+1}=j|X_m=i\}=p_{ij} \quad (m=0,1,2,\cdots;i,j\in I) \quad (4)$$

则称此马尔可夫链为齐次马氏链（关于时间为齐性）。应用上遇到的马尔可夫链一般不满足"时齐"条件，因此仅讨论一步转移概率。为了用马尔可夫链做预测，需要根据实测资料估算出马尔可夫链的一步转移概率。实际中，随机过程 X_t 及其状态空间 I 一般均为有限集合，假设其长度分别为 l、n，意即实测资料序列长度为 l，状态空间包括 n 个状态，并用 f_{ij} 表示实测资料序列中从状态 i 经过一步转移到达状态 j 的频数，转移步长可以是任意时间单位，则由 f_{ij} 组成的矩阵称为状态转移频数矩阵，将该矩阵第 i 行第 j 列元素除以第 i 行各列的总和所得的值称为状态转移频率，记为 p'_{ij}，即：

$$p'_{ij}=f_{ij}/\sum_{j=1}^{n}f_{ij} \quad (5)$$

由频率与概率之间的关系可知，当 l 充分大时，状态转移频率近似等于状态转移概率，则状态转移概率矩阵可表示为：

$$P'=(p'_{ij}) \quad (i,j\in I) \quad (6)$$

2.3　加权马尔可夫链模型建模过程

由前述可知，得到"状态转移概率矩阵"后，即可根据当前状态，简单预测未来状态。但为充分、合理地利用历史状态信息进行预测，可考虑先分别根据前面若干历史状态对未来状态进行预测，然后根据各历史状态与未来状态相关性的强弱对各转移概率加权求和，从而得到综合了若干历史状态后未来状态的预测成果，这就是加权马尔可夫链模型预测的基本思想。

基于以上思路，加权马尔可夫链模型建模过程如下：

（1）计算序列均值 $\bar{x}$ 及均方差 s，确定序列的分级标准即马尔可夫链的状态空间。

（2）按（1）确定的分级标准，确定序列中各时段对应的状态。

（3）用 χ^2 统计量检验序列是否具有"马氏性"，计算公式如下：

$$\chi^2 = 2 \sum_{i=1}^{n} \sum_{j=1}^{n} f_{ij} \mid \ln(p_{ij}/P_{\cdot j}) \mid \tag{7}$$

式(7)中,$P_{\cdot j}$ 为边际概率,将状态转移频数矩阵的第 j 列之和除以各行各列的频数总和即得边际概率:

$$P_{\cdot j} = \frac{\sum\limits_{i=1}^{n} f_{ij}}{\sum\limits_{i=1}^{n} \sum\limits_{j=1}^{n} f_{ij}} \tag{8}$$

给定置信度 α,查表得 $\chi_\alpha^2[(n-1)^2]$,若 $\chi^2 > \chi_\alpha^2[(n-1)^2]$,则认为该序列具有马氏性。

(4)计算序列各阶自相关系数 r_d,公式如下:

$$r_d = \sum_{t=1}^{l-d} (x_t - \bar{x})(x_{t+d} - \bar{x}) \Big/ \sum_{t=1}^{l} (x_t - \bar{x})^2 \tag{9}$$

对各阶自相关系数归一化,即得各步长马尔可夫链的权重 w_d:

$$w_d = \mid r_d \mid \Big/ \sum_{d=1}^{n} \mid r_d \mid \tag{10}$$

(5)对(2)所得的结果进行统计,可得不同步长的马尔可夫链转移概率矩阵。

(6)分别以前面若干时段的历史状态作为初始状态,结合其相应的转移概率矩阵即可预测出该时段的转移概率 $P_i^{(d)}$。

(7)将同一状态的各预测概率加权和作为该状态的预测概率,即:

$$P_i = \sum_{d=1}^{n} w_d P_i^{(d)} \tag{11}$$

则 $\max\{P_i, i \in i\}$ 所对应的 i 即为预测状态。

3　工程实例

锦屏一级水库是雅砻江干流下游河段的控制性水库工程,总库容 77.6 亿 m^3,调节库容 49.1 亿 m^3,属年调节水库。现有锦屏一级水库 1953~2020 年共 68 年入库径流序列,利用加权马尔可夫链模型对锦屏一级水库 2014~2020 年共 7 年的入库径流状态进行预测。以 2014 年为例,说明加权马尔可夫链模型的具体预测步骤。

3.1　状态分级计算

计算得到锦屏一级水库 1953~2013 年共 61 年入库径流序列均值 $\bar{x} = 1\,227$ m^3/s,均方差 $s = 227$ m^3/s,采用表 1 所示的分级标准,将锦屏一级水库入库径流状态划分为丰、偏丰、平、偏枯、枯 5 种状态,并判断 1953~2013 年各年入库径流状态,见表 2。

表 1　锦屏一级水库入库径流状态分级标准

状态	级别	分级标准	数值区间(m^3/s)
1	丰	$[\bar{x} + s, +\infty]$	$[1\,454, +\infty]$
2	偏丰	$[\bar{x} + 0.5s, \bar{x} + s]$	$[1\,341, 1\,454]$

续表 1

状态	级别	分级标准	数值区间(m³/s)
3	平	$[\bar{x} - 0.5s, \bar{x} + 0.5s]$	$[1\ 114, 1\ 341]$
4	偏枯	$[\bar{x} - s, \bar{x} - 0.5s]$	$[1\ 000, 1\ 114]$
5	枯	$[0, \bar{x} - s]$	$[0, 1\ 000]$

表 2 锦屏一级水库 1953~2013 年入库径流序列及状态

年份	状态	年份	状态	年份	状态	年份	状态
1953	3	1969	4	1985	3	2001	2
1954	1	1970	3	1986	4	2002	4
1955	1	1971	5	1987	2	2003	1
1956	4	1972	5	1988	3	2004	2
1957	2	1973	5	1989	2	2005	1
1958	3	1974	2	1990	1	2006	5
1959	5	1975	5	1991	2	2007	5
1960	2	1976	4	1992	5	2008	3
1961	4	1977	4	1993	1	2009	3
1962	2	1978	3	1994	5	2010	3
1963	3	1979	4	1995	3	2011	5
1964	3	1980	3	1996	3	2012	1
1965	1	1981	3	1997	4	2013	3
1966	2	1982	3	1998	1		
1967	5	1983	5	1999	2		
1968	3	1984	5	2000	1		

3.2 建立状态转移概率矩阵

对表 2 进行统计,即可得到锦屏一级水库年入库径流状态不同步长的一步转移概率矩阵:步长为 1 年的一步转移概率矩阵:

$$\boldsymbol{P}^{(1)} = \begin{bmatrix} 1/10 & 5/10 & 1/10 & 1/10 & 2/10 \\ 3/11 & 0 & 3/11 & 2/11 & 3/11 \\ 2/17 & 1/17 & 6/17 & 4/17 & 4/17 \\ 2/9 & 3/9 & 3/9 & 1/9 & 0 \\ 2/13 & 2/13 & 4/13 & 1/13 & 4/13 \end{bmatrix}$$

步长为 2 年的一步转移概率矩阵:

$$P^{(2)} = \begin{bmatrix} 2/10 & 1/10 & 2/10 & 2/10 & 3/10 \\ 2/11 & 4/11 & 2/11 & 1/11 & 2/11 \\ 5/17 & 3/17 & 4/17 & 1/17 & 4/17 \\ 0 & 2/9 & 5/9 & 1/9 & 1/9 \\ 1/13 & 5/13 & 4/13 & 3/13 & 0 \end{bmatrix}$$

步长为3年的一步转移概率矩阵：

$$P^{(3)} = \begin{bmatrix} 2/9 & 2/9 & 4/9 & 0 & 1/9 \\ 2/11 & 2/11 & 1/11 & 3/11 & 3/11 \\ 2/17 & 3/17 & 4/17 & 2/17 & 6/17 \\ 2/9 & 1/9 & 3/9 & 1/9 & 2/9 \\ 0 & 3/12 & 5/12 & 3/12 & 1/12 \end{bmatrix}$$

步长为4年的一步转移概率矩阵

$$P^{(4)} = \begin{bmatrix} 0 & 1/9 & 2/9 & 3/9 & 3/9 \\ 3/11 & 2/11 & 5/11 & 1/11 & 0 \\ 2/16 & 5/16 & 4/16 & 1/16 & 4/16 \\ 2/9 & 2/9 & 2/9 & 0 & 3/9 \\ 1/12 & 1/12 & 4/12 & 3/12 & 3/12 \end{bmatrix}$$

步长为5年的一步转移概率矩阵

$$P^{(5)} = \begin{bmatrix} 3/9 & 1/9 & 4/9 & 0 & 1/9 \\ 1/11 & 2/11 & 2/11 & 1/11 & 5/11 \\ 3/15 & 2/15 & 5/15 & 2/15 & 3/15 \\ 0 & 3/9 & 2/9 & 2/9 & 2/9 \\ 1/12 & 2/12 & 4/12 & 3/12 & 2/12 \end{bmatrix}$$

3.3 马氏性检验

根据状态转移频数及概率矩阵，对锦屏一级水库1953~2013年入库径流序列进行马氏性检验，计算结果见表3及表4。

表3 边际概率 $P_{\cdot j}$ 计算结果

状态	1	2	3	4	5
$P_{\cdot j}$	0.167	0.183	0.283	0.150	0.217

表4 统计量 $\chi^2 = 2\sum_{i=1}^{n}\sum_{j=1}^{n} f_{ij} |\ln(p_{ij}/P_{\cdot j})|$ 计算结果

状态	$f_{i1}\|\ln(p_{i1}/P_{\cdot1})\|$	$f_{i2}\|\ln(p_{i2}/P_{\cdot2})\|$	$f_{i3}\|\ln(p_{i3}/P_{\cdot3})\|$	$f_{i4}\|\ln(p_{i4}/P_{\cdot4})\|$	$f_{i5}\|\ln(p_{i5}/P_{\cdot5})\|$	合计
1	0.511	5.017	1.041	0.405	0.160	7.134
2	1.477	0.000	0.114	0.385	0.690	2.667
3	0.697	1.137	1.318	1.801	0.330	5.282

续表4

状态	$f_{i1}\left\|\ln(p_{i1}/P_{\cdot1})\right\|$	$f_{i2}\left\|\ln(p_{i2}/P_{\cdot2})\right\|$	$f_{i3}\left\|\ln(p_{i3}/P_{\cdot3})\right\|$	$f_{i4}\left\|\ln(p_{i4}/P_{\cdot4})\right\|$	$f_{i5}\left\|\ln(p_{i5}/P_{\cdot5})\right\|$	合计
4	0.575	1.794	0.488	0.300	0.000	3.157
5	0.160	0.351	0.330	0.668	1.403	2.911
合计	3.420	8.297	3.291	3.559	2.583	21.151

由表 4 可得,χ^2 的值为 $2 \times 21.151 = 42.302$,选取置信度 $\alpha = 0.05$,查表可得 $\chi_\alpha^2[(5-1)^2] = 26.296$,则 $\chi^2 > \chi_\alpha^2[(5-1)^2]$,说明锦屏一级水库 1953~2013 年入库径流序列具有马氏性。

3.4 自相关系数及权重计算

根据式(9)及式(10),计算可得锦屏一级水库 1953~2013 年入库径流序列各阶自相关系数 r_d 及各步长权重 w_d,见表 5。

表 5 各阶自相关系数 r_d 及各步长权重 w_d 计算结果

d	1	2	3	4	5
r_d	0.069	0.150	0.149	-0.042	0.071
w_d	0.143	0.312	0.310	0.086	0.148

3.5 状态预测

依据锦屏一级水库 2009~2013 年入库径流状态及其转移概率矩阵,对 2014 年入库径流状态进行预测,见表 6。

表 6 2014 年入库流量状态预测

初始年	状态	滞时/年	权重	状态					概率来源
				1	2	3	4	5	
2013	3	1	0.143	0.118	0.059	0.353	0.235	0.235	$P^{(1)}$
2012	1	2	0.312	0.200	0.100	0.200	0.200	0.300	$P^{(2)}$
2011	5	3	0.310	0.000	0.250	0.417	0.250	0.083	$P^{(3)}$
2010	3	4	0.086	0.125	0.313	0.250	0.063	0.250	$P^{(4)}$
2009	3	5	0.148	0.200	0.133	0.333	0.133	0.200	$P^{(5)}$
P_i 加权和				0.120	0.164	0.313	0.199	0.204	

由表 6 可知,$\max\{P_i, i \in i\}$ 所对应的 $i = 3$,处于区间 $[1\,114, 1\,341]$,即预测 2014 年入库流量状态为平水年状态,而 2014 年的实际入库流量为 $1\,312\ \mathrm{m^3/s}$,属于平水年状态,因此预测情况与实际情况相吻合。

3.6 准确度评定

按照相同的步骤,利用锦屏一级水库 1953~2014 年入库径流序列,预测 2015 年入库径流状态为平水年状态,而2015年的实测流量为1 218 m³/s,属于平水年状态,因此预测情况与实际情况相吻合。同样的,对锦屏一级水库2016~2020年入库径流状态进行预测,预测情况见表7。

表7 锦屏一级水库2014~2020年入库径流状态预测情况

预测年份	历史序列	预测状态	实际状态	预测评定
2014	1953~2013	平水年/3	平水年/3	√
2015	1953~2014	平水年/3	平水年/3	√
2016	1953~2015	平水年/3	平水年/3	√
2017	1953~2016	平水年/3	平水年/3	√
2018	1953~2017	平水年/3	丰水年/1	×
2019	1953~2018	平水年/3	平水年/3	√
2020	1953~2019	平水年/3	丰水年/1	×

4 结 论

(1)利用马尔可夫链预测的结果为水库入库径流的某一状态,是区间值,而不是具体数值,这在一定程度上是满足实际调度需要的。

(2)加权马尔可夫链模型较普通的马尔可夫链模型,更能充分、合理地利用历史信息,对未来状态进行全面预测。

(3)随着时间推移,资料序列逐年增加,其代表性也逐渐增强,应及时将新的资料数据加入到历史序列中,有利于模型预测精度的提高。

参 考 文 献

[1] 陈崇德,邵春玲. 漳河水库区域水资源利用评价指标的研究应用[J]. 水利水电工程设计,2009,28(3):23-25.
[2] 夏乐天. 马尔可夫链预测方法及其在水文序列中的应用[D]. 南京:河海大学,2005.
[3] 贺娟,王晓松,王彩云. 加权马尔可夫链模型在密云水库入库流量中的应用[J]. 南水北调与水利科技,2015,13(4):618-621.
[4] 王永兵,胡小梅,彭丹芬,等. 马尔可夫链在水库入库径流状态预测中的应用[J]. 水电与新能源,2011(4):18-21.
[5] 杨国范,刘冰,金鑫,等. 加权马尔可夫链在河流水质预测中的应用[J]. 节水灌溉,2008(6):16-18.

等时线在桐子林水电站实时调度中的运用研究

郑钰，朱成涛，唐圣钧，熊世川

（雅砻江流域水电开发有限公司，四川 成都 610051）

摘 要 日调节水库水位运行范围小，需要密切监视水位和调整负荷。为了时刻监测水库水位变化趋势，并帮助调度运行人员把握负荷调整幅度，本文设计了基于边界水位的等时线。采用预报入库水量、边界水位蓄水量，计算预见期内的平均发电能力，生成以起调水位和发电能力为坐标轴的等时线数据表和等时线图。通过等时线的运用，实现水位越限报警、负荷调整查询功能，为指导发电调度工作提供参考。

关键词 水库调度；负荷调整；等时线

0 引 言

等时线是天文学专有名词，是指各地点各种中尺度系统或其他天气现象，出现的起或止时间相同的连线。本文将等时线的原理用于水库调度中，分别以边界水位、目标水位为终止点，计算用同等时间、从不同起始水位出发刚好到达终止点水位所对应的平均负荷，并以桐子林水电站为例，开展运用研究。

桐子林水电站位于四川省攀枝花市盐边县境内的雅砻江干流上，其上游梯级有已建成的二滩水电站及支流安宁河湾滩电站等。电站以发电任务为主，水库正常运行水位 1 012~1 015 m，特殊情况下不低于 1 010 m，总库容 0.912 亿 m³，可调节库容 0.146 亿 m³，水库具有日调节性能。电站安装 4 台 150 MW 轴流转桨发电机，单机额定流量 868.3 m³/s。由于水库调节能力有限，为了避免水位越上限或下限，必须做好实时负荷调度。本文首次将等时线的原理和方法运用于水库实时调度，可以快速、直观地实现趋势监测和调整计算。

1 计算原理

1.1 发电流量

发电水量等于入库水量减去蓄水增量和泄水量。

发电水量：
$$Wf_t = W_t - (V_{t+1} - V_t) - Wd_t \tag{1}$$

发电流量：
$$qf_t = Q_t - (V_{t+1} - V_t)/T - qd_t \tag{2}$$

作者简介：郑钰（1987—），男，工程硕士，高级工程师，研究方向为水库调度、发电运行。E-mail：zhengyu@ ylhdc. com. cn。

式中，Wf_t、W_t、Wd_t 为电站 T 时段发电水量、入库水量和泄水量；V_t、V_{t+1} 为 T 时段开始和结束时的蓄水量；qf_t、Q_t、qd_t 为发电流量、入库流量和泄水流量。

1.2　发电水头

根据出库流量和尾水位流量关系曲线可计算查询尾水位，从而确定发电水头。

尾水位：
$$L_t = f_b(qf_t + qd_t) \tag{3}$$

发电水头：
$$h_t = (Z_t + Z_t + \Delta T)/2 - L_t \tag{4}$$

式中，f_b 为尾水位流量关系曲线；L_t、Z_t、h_t 为发电尾水位、库水位和发电水头。

1.3　开机台数

根据发电流量和对应水头的单机满发流量，计算开机台数，再将发电流量根据开机台数平均分配，获得单机发电流量。

满发流量：
$$Qf_t = f_a(n_t，预，h_t) \tag{5}$$

开机台数：
$$n_t = \min[\text{int}(qf_t/Qf_t) + 1, 4] \tag{6}$$

单机发电流量：
$$qf_{t,0} = qf_t/n_t \tag{7}$$

式中，Qf_t 为单机满发流量，f_a 为机组发电用水曲线；n_t 为开机台数，$\text{int}(\ )$ 表示取整数函数，$qf_{t,0}$ 为单机实际发电流量。

1.4　发电负荷

根据机组发电用水曲线查得单机发电出力，从而获得全厂发电出力和发电量。

单机出力：
$$P_{t,0} = f_a^{-1}(qf_{t,0}, h_t) \tag{8}$$

全厂出力：
$$P_t = n_t \times P_{t,0} \tag{9}$$

式中，$P_{t,0}$ 表示单机出力，f_a^{-1} 表示反查用水曲线。

2　计算实例

设置三类等时线：第一类以下限水位为终止点，第二类以上限水位为终止点，第三类以目标水位为终止点。为预留一定的操作时间，下限水位采用 1 010.5 m，上限水位采用 1 014.5 m，目标水位采用 1 012.5 m。设置起调水位范围 1 010.5 ~ 1 014.5 m，每 0.1 m 为间隔开展计算。设置预见期依次为 1 h、2 h、3 h、4 h、5 h、6 h。

选取 2018 年 1 月 20 日 0 时预报入库流量开展计算，如表 1 所示。

表 1　2018 年 1 月 20 日预报入库流量

时间	0:00	1:00	2:00	3:00	4:00	5:00	6:00
平均流量（m³/s）	570	570	570	570	570	570	720

计算时，增加两个判断：当发电水量计算值小于 0 时，表明无法达到上限水位，对应负荷省略；当开机台数计算值等于 4 时，若单机发电流量大于单机满发流量，表明无法到达下限水位，对应负荷省略。

通过软件设置计算功能，自动计算等时线数据表，并生成等时线图，以供调度运行人员查询参考。

如表 2 为 $t=0$ 时，实时计算获得的数据表，该表涵盖时间信息、负荷信息和水位信息，已知两种信息可确定第三种信息，从而可设置三项查询功能，分别查询时间、负荷和水位。

表2 $t=0$ 时的等时线数据表

起调水位(m)	1 h-LOW (万 kW)	1 h-HIGN (万 kW)	2 h-LOW (万 kW)	2 h-HIGN (万 kW)	3 h-LOW (万 kW)	3 h-HIGN (万 kW)	4 h-LOW (万 kW)	4 h-HIGN (万 kW)	5 h-LOW (万 kW)	5 h-HIGN (万 kW)	6 h-LOW (万 kW)	6 h-HIGN (万 kW)	6 h-MID (万 kW)
1 010.5	13.5		12.5		12		12		11.5		11.5		3
1 010.6	16		13.5		12.5		12.5		12		12		3.5
1 010.7	18		14.5		13.5		13		12.5		12.5		4
1 010.8	20		15		14		13.5		13		13		4.5
1 010.9	22		17		14.5		14		13.5		13		5
1 011.0	24		18		15		14.5		14		13.5		5.5
1 011.1	26		19		16		15		14.5		14		6
1 011.2	28		20		17		15		14.5		14.5		6.5
1 011.3	29		21		18		16		15		14.5		7
1 011.4	31.5		22		19		17		16		15		7.5
1 011.5	33		23		20		17		16		15		8
1 011.6	34.5		24		20		18		17		16		8.5
1 011.7	37.5		25		21		19		17		16		9
1 011.8	39		26		22		19		18		17		9.5
1 011.9	40.5		27		23		20		18		17		10
1 012.0	42		28		23		20		19		18		10.5
1 012.1	43.5		29		24		21		19		18		11
1 012.2	46		30		25		22		20		19		11.5
1 012.3	48		31.5		26		22		20		19		12
1 012.4	50		33		26		23		21		19		12.5

续表 2

起调水位(m)	1 h-LOW (万 kW)	1 h-HIGN (万 kW)	2 h-LOW (万 kW)	2 h-HIGN (万 kW)	3 h-LOW (万 kW)	3 h-HIGN (万 kW)	4 h-LOW (万 kW)	4 h-HIGN (万 kW)	5 h-LOW (万 kW)	5 h-HIGN (万 kW)	6 h-LOW (万 kW)	6 h-HIGN (万 kW)	6 h-MID (万 kW)
1 012.5	50		34.5		27		23		21		20	1	13
1 012.6	52		34.5		28		24		22		20	3	13.5
1 012.7	52		36		28		25		22		21	3.5	13.5
1 012.8	54		37.5		29		25		23		21	4	14
1 012.9			37.5		30		26		23	2	22	4.5	14.5
1 013.0			39		30		26		24	3	22	5	15
1 013.1			39		31.5		27		24	4	22	6	15
1 013.2			40.5		33		27	2	25	4.5	23	6.5	15
1 013.3			42		33		28	3.5	25	5.5	23	7	16
1 013.4			42		34.5		29	4.5	26	6	24	7.5	17
1 013.5			43.5		34.5	2	29	5	26	7	24	8	17
1 013.6			43.5		36	3.5	30	6	27	7.5	25	9	18
1 013.7			46		36	5	31.5	7	27	8.5	25	9.5	18
1 013.8			48	1	37.5	6	31.5	8	28	9	26	10	19
1 013.9			48	4	37.5	7.5	33	9	28	10	26	10.5	19
1 014.0			50	6	39	8.5	33	10	29	10.5	26	11	20
1 014.1			50	8	39	10	33	10.5	29	11	27	11.5	20
1 014.2		6	52	10	40.5	11	34.5	11.5	30	12	27	12	21
1 014.3		10	52	11.5	40.5	12	34.5	12.5	30	12.5	28	13	21
1 014.4		13	54	13	42	13	36	13	31.5	13	28	13.5	22
1 014.5		16	54	15	42	14.5	36	14	31.5	14	29	14	23

如表 2 所示,1 h-LOW 表示 1 h 后水位到达下限的负荷等时线,1 h-HIGH 表示 1 h 后水位到达上限的负荷等时线,以此类推。1 h-MID 表示 1 小时后水位到达在 1 012.5 m 的负荷等时线。在本例中,若当前水位为 1 014 m,欲使水位 4 h 后到达 1 010.5 m 或 1 014.5 m,负荷应调整至 33 万 kW 或 10 kW。

根据表 2,实时绘制等时线图,并将当前的水位和负荷描绘在坐标中,便于直观监测当前情况,如图 1 所示。

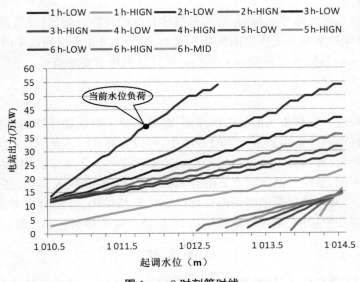

图 1 $t=0$ 时刻等时线

如图 1 所示,当前水位负荷坐标位于 2 h-LOW 至 3 h-LOW 之间,表明 2~3 h 后,水库水位将到达下限。通过实时呈现的等时线图,可以实现监视功能。

3 应用方法

3.1 监视预警

监视预警分为图形监视、数值监视和声音报警三方面内容。

监视预警实时显示的等时线图可以直观地显示当前运行负荷、水位所在的时间区域。

根据实时变动的等时线数据表,可自动查询并显示三个数据,当前距离越限的时间(根据查表插值获取,当超过 6 h,表明安全时间充足,显示">6"即可)、促使 6 h 后水位到达目标水位所需的负荷、1 h 后水位。

设置当预测到 1 h 后运行水位到达上限或下限,系统发出声音预警,提醒调度运行人员。

3.2 负荷实时调整

当预测到 1 h 后水位将越限,根据等时线图或数据表,选取负荷调整目标值。可以直接选择在线监视到的"促使 6 h 后水位到达目标水位所需的负荷"。

3.3 水位预控

当电网调度部门要求,为增加白天发电负荷,需要夜间蓄水,6 h 后水位提升至上限水位时,直接读取 6 h-HIGH 线上当前水位对应负荷,作为调整目标,即可实现调度水位预控目标。

3.4 调峰计算

当电网调度部门要求,当前电网用电负荷轻(或重),请保持最小(或最大)负荷 3 h,直接读取 3 h-HIGH 线(或 3 h-LOW)上当前水位对应负荷,作为调整目标,即可实现调度控制要求。

3.5 定制计算

当改变时段长度或水位目标时,可实现具体目标的计算。例如,设置目标水位为当前水位,则可计算保持水位不变所需的负荷。又如,欲使 2.5 h 水位到达 1 013 m,则可将时段长设置为 2.5 h,目标水位设置为 1 013 m,可计算出所需要的负荷。

4 结 语

水库实时调度一般侧重当前状态的监测,需要调整实时临场计算,对趋势的监测和预控不足。本文将等时线运用到水库实时调度中,可以弥补这一不足,从而增强水库调度的安全性和适用能力,并提高了调度运行人员的决策效率。为了便于试用和探讨,本文直接以非弃水时段为例,忽略了泄水状态下的弃水流量的处理,若投入实用,还需要设置弃水流量计算功能。另外,预报带来的偏差会反映到计算结果中,运用时应考虑一定的裕度。等时线在水库调度中运用,是一种新的创新尝试,值得进一步研究和发展。

参 考 文 献

[1] 何亚坤,艾廷华,禹文豪. 等时线模型支持下的路网可达性分析[J]. 测绘学报,2014,43(11):1190-1196.

[2] 周惠成,王峰,唐国磊,等. 二滩水电站水库径流描述与优化调度模型研究[J]. 水力发电学报,2009,28(1):18-23,40.

[3] 徐伟,高英. 精益化管理在乌江梯级水库群日调节水库中的实施与成效[J]. 红水河,2019,38(2):30-33.

[4] 贺亚山. 贵州乌江梯级水电站日调节水库水位控制策略[J]. 水利水电快报,2015,36(4):67-69,77.

水电机组控制系统 PID 参数与调节系统死区对一次调频性能的影响

邹皓,丁仁山,缪益平,何国春

(雅砻江流域水电开发有限公司,四川 成都 610051)

摘 要 本文根据西南电网异步联网运行后水电机组一次调频性能弱化的具体表现形式,阐述了水电机组控制系统 PID 参数和调节系统死区对一次调频性能的影响,并从水电机组控制系统 PID 参数和调节系统死区的角度探讨了水电机组一次调频性能的优化策略,对于电力行业如何优化水电机组一次调频性能具有一定的参考价值。

关键词 水电机组;PID 参数;调节系统死区;一次调频

0 引 言

渝鄂背靠背柔性直流工程投产后,因同步电网规模和电源结构发生改变,西南电网面临较严重的超低频振荡风险[1]。超低频振荡的根本源头在于水电机组调速系统参数适配性不当和水锤效应。研究表明,为使超低频振荡得到有效抑制,优化西南电网发电机组调速器参数是行之有效的措施之一[2]。

为抑制西南电网异步运行后存在的超低频振荡风险,异步联网前,西南分中心组织完成了 138 台、5 070 万 kW 水电机组(统调占比 68.4%)调速系统改造,调速器由大网功率模式调整为小网开度模式,向家坝左右岸、官地、长河坝、彭水电厂共计 19 台、1 275 万 kW 水电机组(统调占比 17.2%)。西南电网在 2019 年 6 月 19 日正式异步联网运行后,电网稳定性问题由整个系统的功角稳定转变为送端电网的频率稳定,使网内大型水力发电厂一次调频性能不足的问题更加凸显。

因此,对于水电机组一次调频性能提升的研究,从促进网源协调角度来说具有必要性和重要性,在优化机组工况、避免辅助服务考核方面,从某种程度来讲还具有紧迫性。本文主要从水电机组调速系统 PID 参数、一次调频调节系统死区两个方面进行分析优化,旨在提升水电机组一次调频性能,促进电站安全稳定运行,保障电网频率控制稳定。

1 水电机组一次调频性能不足的具体表现

1.1 全网调频性能弱化

低频振荡得到抑制,但由于西南电网系统惯性不足,会在瞬间跌破多个死区,如水电

作者简介:邹皓(1986—),男,高级工程师,从事流域化运营的梯级水电站集控工作。E-mail:zouhao@ylhdc.com.cn。

的死区和直流 FC 的死区。而其中一部分的水电机组一次调频死区改成了 ±0.1 Hz,参与调频机组数量减少,全网一次调频性能弱化,频率恢复速度降低。

1.2 电站一次调频动作频繁,不利机组安全稳定运行

大量机组在频率异常条件下频繁调节,可能导致原动机执行机构故障,加剧机械磨损、疲劳损坏、缩短设备寿命,产生连锁故障,严重时可能引发重大设备事故。异步运行期间,西南电网频率控制在(50±0.06)Hz,日均突破火电机组一次调频死区 1 180 次、水电机组 262 次,频率突破一次调频死区次数比同步联网期间增长 9.6 倍。

1.3 不满足华中"两个细则"考核要求

(1)针对调速器工作在小网开度模式下的水电机组,当一次调频与 AGC/监控系统负荷调整指令同时进行时,机组 LCU 的功率闭环会覆盖一次调频动作量,导致机组贡献电量不足,不满足华中"两个细则"考核要求。

(2)水电机组调速器小网开度模式运行,导叶开度与功率的非线性关系及调速器无法对水位波动进行响应,导致功率实发值与功率给定值出现偏差,一次调频动作期间机组出力调整量较小或基本无变化,难以辅助电网频率快速恢复,难以满足华中"两个细则"考核要求。

(3)小网模式下的调速器 PID 参数设置较大网模式下的 PID 参数大幅减小,导致机组一次调频速率降低,一次调频性能大幅下降,平均电量贡献比不满足华中"两个细则"考核要求。从西南电网 A 水电站 2020 年某月的一次调频动作统计情况分析,电网频率波动<±0.08 Hz,频率波动幅度较小,一次调频动作持续时间大部分在 30 s 左右;频率波动幅度小,一次调频动作量小,动作持续时间短(相对小网-开度模式参数而言),受调速系统参数等影响,一次调频实际动作量减弱,导致一次调频考核不合格。

(4)据统计,异步运行期间,电网频率突破机组一次调频死区后,国分机组均能快速动作响应,平均电量贡献比为 5.84%,无法达到现有"两个细则"一次调频考核标准(电量贡献比>50%),难以辅助电网频率快速恢复。《华中区域并网发电厂辅助服务管理实施细则(2020 版)》和《华中区域发电厂并网运行管理实施细则(2020 版)》于 2020 年 11 月 1 日正式实施,按照川渝水电机组一次调频的考核规则,小扰动下一次调频性能考核不合格的考核电量公式为:

考核电量 $$F_1 = C_{考核} \times \delta_{死区系数} \times (A \times P_N \times N_1)$$

式中,$Q_{合格率} < 60\%$,$C_{考核}$ 取 3;$60\% \leqslant Q_{合格率} < 75\%$,$C_{考核}$ 取 1;$75\% \leqslant Q_{合格率} < 80\%$,$C_{考核}$ 取 0.7;$80\% \leqslant Q_{合格率} < 90\%$,$C_{考核}$ 取 0.4;$90\% \leqslant Q_{合格率} < 100\%$,$C_{考核}$ 取 0 h。若 $\Delta fsq < 0.04$ Hz,$\delta_{死区系数}$ 取 1;若 $\Delta fsq \geqslant 0.04$ Hz,$\delta_{死区系数}$ 取 2。P_N 为机组额定容量(MW),A 为 0.046 h,N_1 为小扰动下的不合格次数。

若以西南电网 A 水电站的额定容量为 550 MW 的机组计算,按高方案计算,单次小扰动下一次调频性能考核不合格的考核电量 $F_1 = 3 \times 2 \times (0.046$ h $\times 550$ MW $\times 1) = 15.18$(万 kW·h)。若出现多次一次调频考核不合格,将导致出现考核电量过大,不利于提高电厂参与电网辅助服务的积极性。若出现同时考核所有参与辅助服务电厂,也并非两个细则"力求符合电网、电厂的实际,鼓励电厂快速、正确地响应指令,为保障电力系统安全、优质、经济运行"的初衷。

2 控制系统 PID 参数对一次调频性能的影响分析

在西南电网异步联网前,A 水电站在大网开度模式下运行,其中,一次调频参数设置为:$K_p = 5, K_i = 8, K_d = 0$,频率死区 $e_f = 0.05$ Hz;异步联网后,A 水电站在小网开度模式下运行,其中,一次调频参数设置为:$K_p = 2.5, K_i = 0.8, K_d = 0$,频率死区 $e_f = 0.05$ Hz。一次调频参数大幅减小,从异步联网运行的实际工况来看,一次调频调节速率明显降低,一次调频性能显著下降。

A 水电站分别在大网开度、大网功率、小网开度、小网功率模式下开展一次调频频率扰动试验,这四种模式下的水轮机组控制系统 PID 参数见表 1,这四种模式下的一次调频阶跃响应见图 1~图 4,试验记录结果见表 2。

表 1　不同模式下水轮机组控制系统 PID 参数

参数	大网开度	大网功率	小网开度	小网功率
比例 P	5	2.5	0.15	0.07
积分 I	8	0.8	0.18	0.01
微分 D	0	0	0	0
频率死区(Hz)	0.05	0.05	0.05	0.05
Bp(%)	4	4	3	3
调频限幅	±0.16 Hz	±0.16 Hz	10%Pn	10%Pn

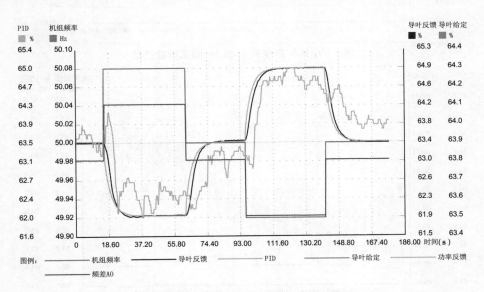

图 1　大网开度模式 0.08 Hz 频率阶跃扰动

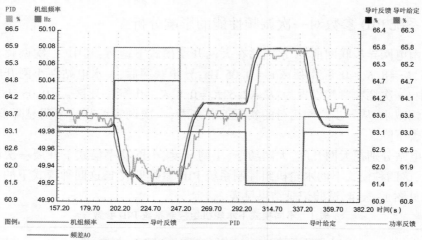

图 2　大网功率模式 0.08 Hz 频率阶跃扰动

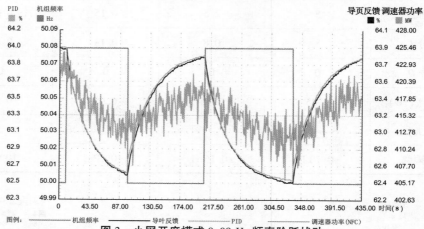

图 3　小网开度模式 0.08 Hz 频率阶跃扰动

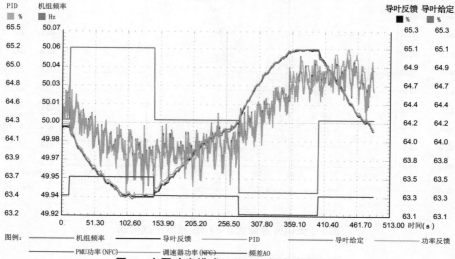

图 4　小网功率模式 0.06 Hz 频率阶跃扰动

表2 不同模式下一次调频频率扰动实测

参数	大网开度		大网功率		小网开度		小网功率	
扰动频率（Hz）	0.08	0.20	0.08	0.20	0.08	0.25	0.06	0.15
扰动前开度（%）	63.4	63.4	63.3	63.3	63.8	63.9	64.2	64.0
扰动后开度（%）	63.5	63.5	64.0	63.9	63.9	63.7	420.5	64.0
扰动前功率（MW）	422.3	420.8	421.6	420.8	420.3	424.9	64.2	424.1
扰动后功率（MW）	420.5	418.7	421.4	420.5	419.2	417.9	417.7	415.6
稳定时间（s）	18	19	22	25	120	115	90	190
平均时间（s）	18.5		23.5		117.5		140	

由表2可知,大网开度、大网功率、小网开度、小网功率模式下的平均稳定时间依次为18.5 s、23.5 s、117.5 s、140 s,异步联网后小网开度模式下响应速度大幅降低,受水力因素影响,稳定时间有一定差异;开度模式下,由于受到机械死区的影响,机组一次调频动作复归后,导叶开度会正常复归至动作前稳定值,功率变化量较小,且功率无法复归至动作前稳定值(变化量不足);功率模式下,扰动前后的功率变化量正常,且功率会正常复归至动作前的稳定值,但是导叶开度较动作前的动作量更大。

3 调节系统死区对一次调频性能的影响分析

3.1 频率死区对调频性能的影响

异步联网前,部分电站进行了调速系统改造,频率死区设置有所区别,主要有 0.04 Hz、0.05 Hz、0.1 Hz。电网频率发生变化时,超过频率死区的部分为一次调频有效频差,因此死区的大小直接影响机组一次调频性能,异步运行后各电站频率死区设置如表3所示。

表3 异步运行后各电站频率死区设置

调管范围	电厂明细	一次调频死区（Hz）	总容量（万kW）	占统调水电装机比例（%）
国调	溪洛渡左岸、锦西	±0.04	2 310	100
	锦东	±0.05		
	向家坝、官地	±0.1		
西南	二滩	±0.05	330	100
四川	宝珠寺等18电站	±0.05	2 105	50.4
	长河坝	±0.1		
重庆	草街等3电站	±0.05	325	67.3
	彭水	±0.1		
总计			5 070	68.4

　　A 水电站死区实测结果:调速器人工动作死区设置为±0.05 Hz,频率上扰至 50.053 Hz 时为导叶的初始动作时刻对应的频率,此刻,调速系统综合固有死区 = 频率偏差(+0.053 Hz)-设定的人工频率死区上限(+0.05 Hz)= +0.003 Hz,见图 5。

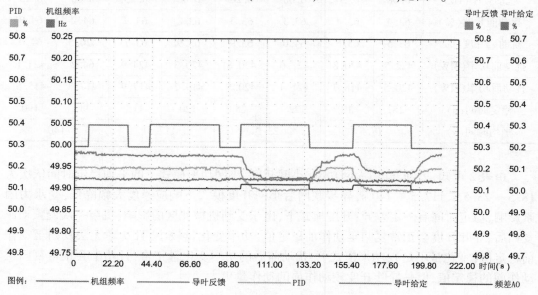

图 5　正死区(0.053 Hz)动作

　　频率下扰至 49.948 Hz 时为导叶的初始动作时刻对应的频率,此刻,调速系统综合固有死区 = 频率偏差(-0.052 Hz)-设定的人工频率死区下限(-0.05 Hz)= -0.002 Hz,见图 6。

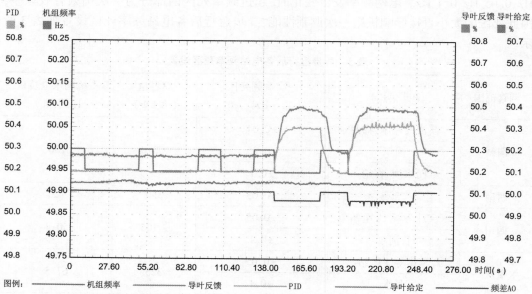

图 6　负死区(-0.052 Hz)动作

相应转速死区 i_x：$i_x = \dfrac{\Delta f}{f_0} \times 100\% \leqslant \dfrac{+0.006\%}{-0.004\%}$。

相应水电机组调速系统一次调频的响应死区为：$\dfrac{+0.053\ \text{Hz}}{-0.052\ \text{Hz}}$。

不同频率死区下仿真计算数据如表 4 所示,仿真计算结果如图 7、图 8 所示。

表 4　不同死区下仿真计算数据　　（%）

频率扰动	死区 0.1 Hz	死区 0.05 Hz	死区 0.04 Hz
0.12 Hz	1	3.5	4
0.08 Hz	0	1.5	2

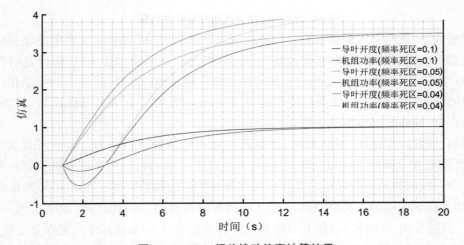

图 7　0.12 Hz 频差扰动仿真计算结果

通过模拟电网频差 0.08 Hz 及 0.12 Hz 下水电机组一次调频动作仿真可知,在 0.12 Hz 频差模拟扰动下,当死区设置为 0.04 Hz 时动作量最大为 4%,当死区设置为 0.1 Hz 时,动作量最小为 1%,差值达 3%,相比之下一次调频动作量减小 75%;在 0.08 Hz 频差模拟扰动下,若死区设置为 0.04 Hz 时动作量最大为 2%,当死区设置为 0.1 Hz 时,动作量最小时为 0,差值达 2%。

频率死区对机组一次调频动作量影响较大,较小的频率死区有助于增加机组一次调频动作量,增加电网调频容量[3];根据电站一次调频动作分析,电网频率主要分布在（50±0.07）Hz 内,电网频率在频率死区附近波动频繁,一次调频动作量较小,在小网开度（调节速率慢）模式下,机组调频能力难以充分发挥,导致机组一次调频动作不合格次数显著增加。

3.2　死区设置回差对调频性能的影响

目前电网频率的运行特点是:在 50 Hz 上下变化次数频繁、变化幅值较小。尤其是当电网频率运行在水电机组一次调频频率死区附近时,水电机组一次调频动作频繁。在小

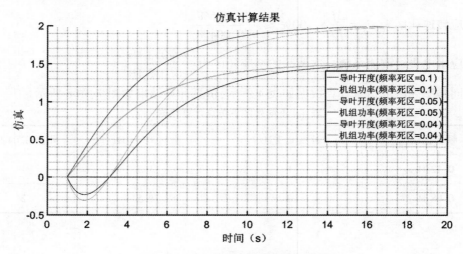

图 8　0.08 Hz 频差扰动仿真计算结果

网开度模式下,机组一次调频未充分调节到理论动作量时,机组频率又发生变化,甚至可能恢复到一次调频频率死区内,导致整个一次调频过程调频动作量不足;若设置回差(如0.05 Hz 动作,0.03 Hz 复归),则可以使电网频率在超过 50.05 Hz 时一次调频动作,待电网频率回到 50.03 Hz 时一次调频动作复归,将有助于削减一次调频动作次数,增添一次调频动作量,补强电网频率稳定性。

　　例如,设置动作死区、复归死区、计算死区等初始条件进行仿真。动作死区为 0.05 Hz(其作用是在电网频率越过动作死区后,水电机组一次调频动作并调整机组导叶开度,同时发出一次调频动作信号作为计算一次调频动作量的初始时刻),复归死区为 0.03 Hz(其作用是在水电机组一次调频动作后且电网频率恢复到复归死区内,水电机组一次调频结束,同时发出一次调频动作复归信号),计算死区为 0.04 Hz(其作用是在水电机组一次调频动作期间用于计算一次调频动作量的有效频差,即一次调频动作量的有效频差 Δf =电网频率−50 Hz−计算死区),则电网频率在超过 50.05 Hz 时水电机组一次调频动作,同时发出一次调频动作信号,此刻,一次调频动作量的有效频差 Δf =电网频率−50 Hz−0.04 Hz = 0.01 Hz,并跟随电网频率变化保持动态变化,当电网频率降低到 50.03 Hz(在复归死区内)时,则水电机组一次调频结束,同时发出一次调频动作复归信号。

　　仿真结果如下:

　　(1)一次调频动作死区 0.05 Hz,复归死区 0.05 Hz,计算死区 0.05 Hz 时的仿真计算结果见图 9、图 10。

　　(2)一次调频动作死区 0.05 Hz,复归死区 0.03 Hz,计算死区 0.05 Hz 时的仿真计算结果见图 11、图 12。

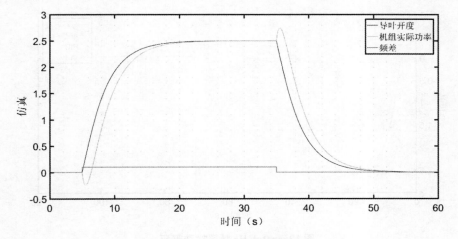

图 9　−0.1 Hz 频率扰动响应

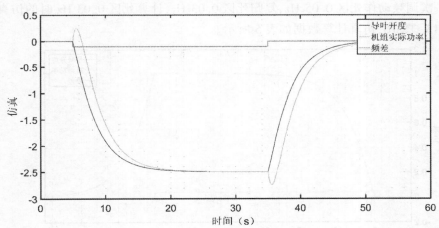

图 10　+0.1 Hz 频率扰动响应

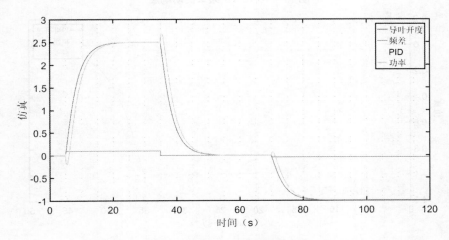

图 11　−0.1 Hz 频率扰动响应

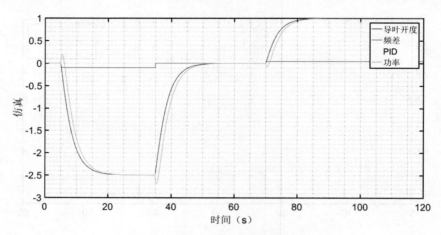

图12　+0.1 Hz 频率扰动响应

（3）一次调频动作死区 0.05 Hz，复归死区 0.03 Hz，计算死区 0.03 Hz 时的仿真计算结果见图 13~图 16，仿真计算数据如表 5 所示。

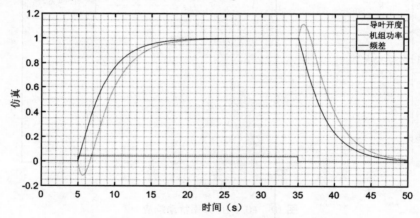

图13　−0.05 Hz 频率扰动响应

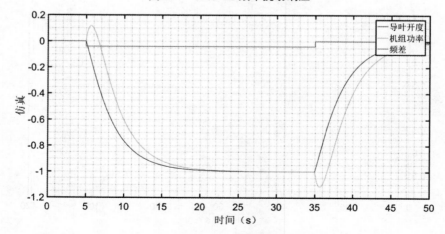

图14　+0.05 Hz 频率扰动响应

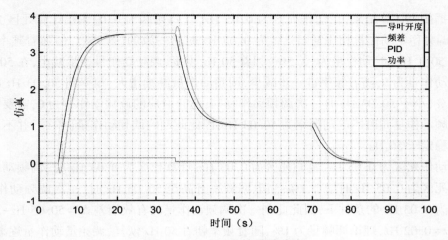

图 15 −0.1 Hz 频率扰动响应

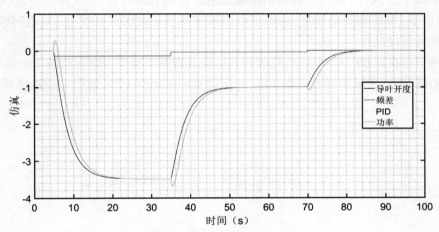

图 16 +0.1 Hz 频率扰动响应

表 5 调频死区设置回差时仿真计算数据

动作死区（Hz）	复归死区（Hz）	计算死区（Hz）	频率扰动（Hz）	动作稳定值（%）	复归稳定值（%）	最大功率差值（%）
0.05	0.05	0.05	+0.1	−2.5	0	−2.5
			−0.1	2.5	0	2.5
0.05	0.03	0.05	+0.1	−2.5	+1	−3.5
			−0.1	2.5	−1	3.5
0.05	0.03	0.03	+0.05	−1	0	−1
			−0.05	1	0	1
			+0.1	−3.5	0	−3.5
			−0.1	3.5	0	3.5

根据仿真计算结果,在动作死区为 0.05 Hz,复归死区为 0.03 Hz,计算死区为 0.05 Hz 时,调频稳定动作量相比复归死区为 0.05 Hz 时是一致的(2.5%),但随着频率(电网频率为 50.1 Hz 时,动作量为-2.5%)朝着 50 Hz 恢复,调频动作量逐步减小,在 50.05 Hz 时调频动作量为 0,随着频率进一步减少,调频动作量继续增大,频率到 50.03 Hz 时动作量为+1%,小于 50.03 Hz 时一次调频动作复归,此时对应的调频动作量为 0,需要注意到一次调频动作复归时的电网频率为 50.03 Hz,因此此刻的调频动作量(+1%)并不利于电网频率稳定于 50 Hz。

在动作死区为 0.05 Hz,复归死区为 0.03 Hz,计算死区为 0.03 Hz 时,调频动作量相比计算死区为 0.05 Hz 时增加 1%;当电网频率升高至 50.05 Hz 时,一次调频动作,在计算死区为 0.03 Hz 的条件下,因此此刻一次调频动作量的有效频差 $\Delta f = 50.05$ Hz-50 Hz-0.03 Hz$=0.02$ Hz,理论调频量为 1%,随着频率朝着 50 Hz 恢复,调频量动作量逐渐减小,电网频率减小至 50.03 Hz 时,调频动作量逐渐减为 0;相对而言,一次调频在 50.03 Hz 时复归,增加了 1% 的调频动作量,有助于电网频率稳定于(50±0.03)Hz,对电网频率的稳定性提升具有促进作用。

电网频率在 0.05 Hz 波动时,死区回差的设置有利于减少一次调频动作次数[4],相同频率波动情况下,死区无回差动作 3 次,死区设置回差动作 1 次,如图 17、图 18 所示。

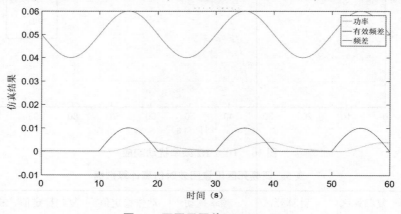

图 17　死区无回差(0.05 Hz)

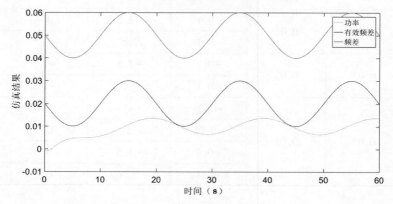

图 18　死区 0.05 Hz(复归死区 0.03 Hz)

由此可见,通过设置不同的调频动作死区、复归死区和计算死区,可以增大一次调频复归频率变化量,增大一次调频动作量,减少了机组无效动作,增加了机组对电网的电量贡献量,使电网频率更稳定于 50 Hz(50.03 Hz 时一次调频动作复归),电网频率短时间内来回多次穿越一次调频死区的情况显著削减,机组一次调频动作频繁度明显降低。

4　水电机组一次调频性能优化策略

4.1　对水电机组一次调频 PID 参数进行优化

西南电网异步联网运行后,由于电网发生了较大的结构性变化,出现了电网频率在一次调频死区上下限频繁来回变化的现象。同时,水电机组小网开度模式下,比例参数 K_p 调整为了大网开度模式下的 1/2 左右,积分参数 K_i 调整为大网开度模式下的 1/10 左右,导致小网开度模式调节速率慢,机组一次调频频繁动作且电量贡献比不足,不利于电网频率快速恢复和机组稳定运行。应结合机组和电网同步仿真计算,在电网安全稳定、不发生振荡的前提下,适当增大调速系统 PID 参数,提高一次调频响应速率。此外,在适当增大调速系统 PID 参数过程中,必须考虑到机组一次调频 PID 参数增大将导致的机组功率反调量及频率与功率相位差的增加,进而出现机组一次调频功率贡献量为负,极端情况下可能会引起电网频率振荡。因此,对一次调频 PID 参数进行优化,必须在动作速率、电量贡献比、功率反调量及频率与功率相位差之间取得平衡,在不激发电网超低频振荡及功率反调较小的稳定参数域内进行优化[5],以期改善调节速率、过渡过程及贡献电量的品质,充分发挥一次调频的作用。

4.2　对水电机组一次调频频率死区进行优化

目前,水电机组一次调频的动作死区、复归死区、计算死区通常设置为相同值。可以将复归死区和计算死区在当前的取值附加一个调整量,适当设置得比动作死区小,有助于增大一次调频复归频率变化量、增大一次调频动作量、减少机组无效动作及增加机组对电网的电量贡献量。同时,还需要特别注意的是,为防止水电机组与火电机组的一次调频动作区间交叉,该调整量的大小取值必须将水电机组与火电机组的一次调频这两者错开设置,且水电机组回差设置值必须大于火电机组死区,确保火电、水电机组的先后有序响应。此外,出于提高一次调频积分电量、满足华中"两个细则"考核要求的考虑,适当减小一次调频计算死区与复归死区,有利于适应华中"两个细则"考核,但应避免成为变相的"增强型一次调频",在动作死区的基础上可考虑调整测频分辨率数量级的大小作为设置取值依据,结合《水轮机调节系统并网运行技术导则》(DL/T 1245—2013)5.1.7 的规定,调整量 0.003~0.006 Hz 可以作为参考。

4.3　对全网水电机组一次调频死区进行不同梯度的优化设置

目前彭水、长河坝、向家坝、官地 4 电站一次调频死区为 0.1 Hz,总装机 12 800 MW,在电网正常频率变化范围内(±0.08 Hz)一次调频不动作,建议统筹考虑对全网机组的死区设置进行优化,如死区设置±0.04 Hz、±0.05 Hz、±0.06 Hz 三个梯度,使全网机组分批次参与一次调频,释放更多机组的一次调频容量,让更多机组参与到频率控制的第二道防线中,可极大地增加电网一次调频容量,降低部分机组一次调频的动作次数。可以根据试验情况和电网实际需要,按照不同梯度优化设置全网水电机组一次调频死区,进一步释放全网水电机组一次调频容量。

4.4 对适用于高水电占比送端型电网水电机组一次调频的技术标准和考核细则进行研究

华中电网"两个细则"在大电网中要求响应速度较快,目前西南电网容量较小,暂无相应适合西南电网的一次调频相关规范,需结合电网稳定分析,制定相应适合西南电网的高水电占比送端型电网水电机组一次调频的技术标准和考核细则,制定时应统筹考虑优化水电机组调速器一次调频死区及 PID 控制参数,提高一次调频的调节速率和动作电量贡献比,充分发挥一次调频的作用,提升电网频率的稳定性。

5　结　语

本文根据西南电网异步联网运行后水电机组一次调频性能弱化的具体表现形式,阐述了水电机组控制系统 PID 参数和调节系统死区对一次调频性能的影响,并从水电机组控制系统 PID 参数和调节系统死区的角度探讨了水电机组一次调频性能的优化策略,对于电力行业如何优化水电机组一次调频性能具有一定的参考价值,供同行参考。

鉴于水电机组一次调频控制系统 PID 参数与调节系统死区的优化策略修改涉及全网频率控制的诸多环节,涉及面广,为确保电网、电站安全稳定运行,兼顾辅助服务考核评价要求,应在确保不激发电网超低频振荡、避免采用"增强型调速器"或者类似"增强型调速器"的前提下开展优化工作,相关优化应进行系统性考虑、充分评估、稳妥推进,特别是全网推广前应开展系统计算、全网仿真并经调度机构认可后方可实施。

参 考 文 献

[1] 卢舟鑫,涂勇,叶青.水电机组一次调频与 AGC 协联控制改造及试验分析[J].水电与抽水蓄能, 2020,6(2):82-86,120.

[2] 张建新,陈刚,周剑,等.采用调速器附加阻尼控制抑制异步后云南电网超低频振荡[J].南方电网技术,2018,12(7):38-43,51.

[3] 陈豪.水力发电机组一次调频积分电量考核指标研究[D].西安:西安理工大学,2018.

[4] 马智慧,李欣然,谭庄熙,等.考虑储能调频死区的一次调频控制方法[J].电工技术学报,2019,34(10):2102-2115.

[5] 史华勃,陈刚,丁理杰,等.兼顾一次调频性能和超低频振荡抑制的水轮机调速器 PID 参数优化[J].电网技术,2019,43(1):221-226.

雅砻江流域梯级电站枯平期发电耗水率
影响因素分析

丁义,蹇德平,何朝晖,丁仁山,唐杰阳

(雅砻江流域水电开发有限公司,四川 成都 610051)

摘 要 在水库实时调度过程中,尽量减少电站发电机组开机台数、提高水库运行水位是降低耗水率的有效手段,但在电站实际运行过程中,仍存在较多难以调整的客观制约因素,同时,对于不同调节性能的水库,各因素的影响程度也有所不同。文中采用 2018~2020 年雅砻江流域梯级电站运行资料,统计、分析梯级电站枯平期发电耗水率影响因素。结果表明,锦官电源组机组利用程度较高,而二滩、桐子林电站机组利用程度偏低,且改善难度较大;日调节水库发电耗水率受库水位变化影响较小,具有调节性能水库发电耗水率与库水位呈明显负相关,但受客观因素影响,人工干预难度较大。

关键词 电站;枯平期;耗水率;分析

1 引 言

水电厂发电耗水率是指单位发电量所消耗的水量,其大小由机组效率和发电水头两个因素决定,机组效率和发电水头高,则耗水率小,反之,则耗水率大。其中,枯平期耗水率常作为考核水电厂经济运行的一项重要指标。

在水库实时调度过程中,尽量减少电站发电机组开机台数、提高水库运行水位是降低耗水率的有效手段,但在电站实际运行过程中,仍存在较多难以调整的客观制约因素,如机组安全稳定运行要求、电网用电负荷需求及断面潮流限制等,同时,对于不同调节性能的水库,各因素的影响程度也有所不同。

现采用 2018~2020 年雅砻江流域梯级电站运行资料,统计、分析梯级电站枯平期发电耗水率影响因素,并提出降低枯平期耗水率等相关建议。

2 发电机组效率影响因素

开机台数是影响发电机组效率的重要影响因素,发电负荷一定的前提下,开机台数越多,则单机组承担的发电负荷越小,机组效率越低,耗水率越大;反之,单机组承担的发电负荷越大,机组效率越高,耗水率越小。

作者简介:丁义(1980—),男,硕士,高级工程师,研究方向为水文预报及水库调度。E-mail:dingyi@ylhdc.com.cn。

　　为保证电网切机容量、满足电网安全稳定运行要求,电网调度对各水电站发电机组开机台数均有明确要求,雅砻江流域各电站运行机组不得少于 2 台;同时开机台数受电站总负荷及发电机组运行振动区影响较大,为保证机组运行安全,调度人员在机组负荷分配过程中,根据电站总负荷及机组振动区范围,合理选择开机台数。上述要求属安全要求,须完全满足,但在实时调度、控制过程中,为满足电网调峰、调频及吸收无功等需求,部分电站存在开机台数过多,发电机组效率偏低,发电耗水率偏大的问题。

　　为分析雅砻江流域梯级电站实际运行过程中开机台数是否合理,现提出机组利用程度概念,即根据每小时全厂平均发电负荷、单机组可调出力计算得出应开机组台数,并与实际开机台数进行比较,计算公式如下:

$$\gamma = \frac{n_{应开}}{n_{实开}}$$

$$n_{应开} = \frac{N_{全厂}}{N_{可调}}$$

式中,γ 为电站机组利用程度指数;$n_{应开}$ 为根据电站全厂平均出力和单机组可调出力计算得出的应开机台数;为满足电网安全运行要求,如果 $n_{应开}$ 小于 2 台,则等于 2 台;$n_{实开}$ 为电站实际开机台数;$N_{全厂}$ 为电站全厂平均出力;$N_{限制}$ 为电站单机组可调出力。

　　根据上述公式,分别计算雅砻江流域梯级电站近 3 年枯平期机组利用程度指数,见表 1。

表 1　雅砻江流域梯级电站近 3 年枯平期机组利用程度指数　　　　　　　　（%）

年份	锦屏一级	锦屏二级	官地	二滩	桐子林
2018	95.2	95.2	98.5	85.9	89.8
2019	95.7	97.0	98.0	84.7	89.3
2020	96.6	96.8	96.8	80.2	89.7
平均值	95.9	96.3	97.8	83.6	89.6

　　从表 1 中可以看出,锦官电源组的机组利用程度指数较高,说明在实时调度、控制过程中,电站根据发电计划负荷及时调整开机台数,在满足发电需求的前提下,充分利用、优化厂内经济运行的手段,降低发电耗水率。

　　二滩电站近 3 年机组利用程度指数逐年降低,经了解得知,二滩电站送出线路中二百线长期处于潮流倒送状态,而且系统电压高,二滩电站所有并网运行机组均处于进相运行状态,需大量吸收系统无功功率,尤其是夜间全厂有功负荷较低时,为配合电网调压需要,至少安排 4 台机组并网,单机组负荷低、运行效率低。

　　桐子林电站近 3 年机组利用程度指数变化较小,基本维持在 89.5% 附近,与桐子林电站在电网运行中所承担的任务密切相关,作为攀西地区调峰、调频主力电站,为保证电网的调峰、调频容量,桐子林电站须保证一定的开机台数为电网调峰调频。

3 发电水头影响因素

枯平期,电站发电尾水由发电流量决定,其变化幅度较小,发电水头主要受库水位影响,对于不同调节性能电站,其影响程度差异较大。雅砻江流域梯级电站性能各有不同,其中锦屏一级水库具有年调节能力,二滩水库具有季调节能力,锦屏二级、官地、桐子林仅为日调节水库。

现采用雅砻江流域梯级电站近 3 年枯平期运行资料,建立各电站库水位与耗水率的相关关系,分析库水位变化对发电耗水率的影响,见图 1~图 5 和表 2。

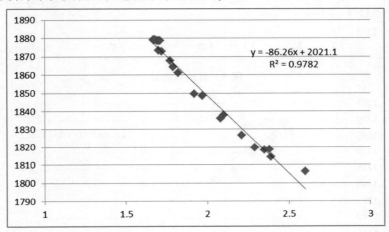

图 1　锦屏一级水电站

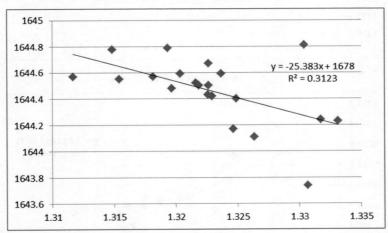

图 2　锦屏二级水电站

表 2　雅砻江流域梯级电站近 3 年枯平期库水位与耗水率相关系数

电站	锦屏一级	锦屏二级	官地	二滩	桐子林
相关系数	0.99	0.56	0.56	0.97	0.82

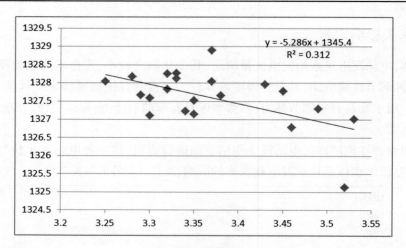

图 3　官地水电站

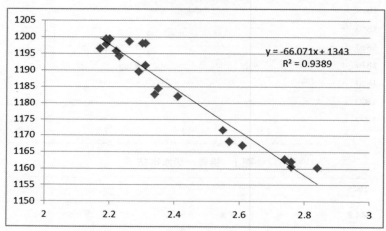

图 4　二滩水电站

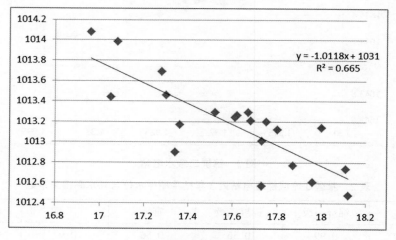

图 5　桐子林水电站

从表 2 可以看出,水库调节能力较好的锦屏一级和二滩电站发电耗水率与库水位相关程度很好,即发电耗水率受库水位变化影响大;而水库调节能力较差的锦屏二级、官地及桐子林电站发电耗水率与库水位相关程度不好,即发电耗水率受库水位变化影响较小,尤其是锦屏二级和官地电站。

对于具有调节能力的锦屏一级和二滩水库,其汛末水位基本维持在正常蓄水位附近,发电耗水率变化不大,而汛前 1~5 月属水库消落期,消落方式不同,耗水率变化明显。现以锦屏一级电站为例,采用 2018~2020 年 1~5 月锦屏一级电站日运行资料进行对比分析,见图 6。

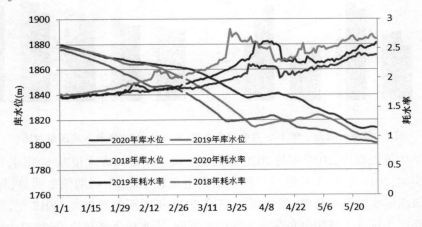

图 6   锦屏一级近 3 年 1~5 月库水位与耗水率对比

从图 6 中可以看出,锦屏一级电站耗水率与库水位呈明显负相关,即随着库水位的不断降低,耗水率逐渐增大,耗水率受水库运行水位影响较大,而库水位在运行过程中受年初库水位、用电负荷需求、线路检修等客观因素影响较大。

3.1   年初库水位影响程度分析

枯期,水库下游水位相对平稳,对于具有调节性能的水库,其库水位可直接代表发电水头。年初库水位高,则水头高,经统计,2018~2020 年各年 1 月 1 日锦屏一级电站运行情况对比见表 3。

表 3   2018~2020 年各年 1 月 1 日锦屏一级电站运行情况对比

年份	库水位	发电量	耗水率
2020 年	1 879.67	2 868	1.68
2019 年	1 878.15	2 916	1.70
较 2020 年	−1.52	48	0.02
2018 年	1 876.01	2 844	1.73
较 2020 年	−3.66	−24	0.05

从表 3 可以看出,在发电量基本相同的情况下,年初库水位高,发电耗水率低,且影响

水库整个消落期。

3.2　用电负荷需求影响程度分析

用电负荷需求受电端气温、社会经济环境、春节假期及线路检修等影响较大,在分析过程中可采用实际发电量进行代替,即发电量大,代表用电负荷需求量大,其原因可能是受电端气温下降、社会经济运行加速等。现统计、对比,2018~2020 年各年 1~5 月发电量情况,见图 7。

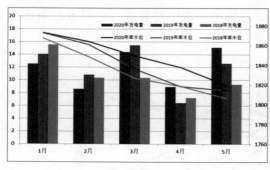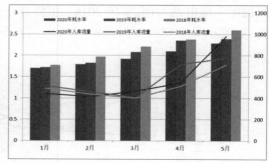

图 7　锦屏一级近 3 年 1~5 月各月发电量、库水位、耗水率及入库流量对比

从图 7 中可以看出,2019 年与 2020 年锦屏一级电站年初库水位基本相同,但受用电负荷需求影响,2019 年 1~3 月锦屏一级电站发电量较 2020 年同期偏多明显,导致 2019 年锦屏一级水库水位消落较快、发电耗水率较 2020 年同期有所增加;2018 年,锦屏一级电站受年初库水位及 1 月用电负荷需求等因素影响,库水位下降较快,导致整个消落期库水位基数偏低,耗水率较 2019 年和 2020 年同期均偏大。同时,库水位的大幅消落加之后续入库流量补充不足,导致 2018 年 5 月库水位接近死水位,可调水量不足,发电量大幅减少。

从上述分析可以得出,锦屏一级电站发电耗水率受年初库水位和用电负荷需求影响较大。年初库水位高,消落期库水位基数整体偏高,有利于降低耗水率;反之,则耗水率增加。用电负荷需求的时段性对电站发电耗水率影响较大,若用电负荷需求集中时段处于消落期初,将会大幅拉低消落期水库运行水位的基数,导致消落期发电耗水率增加;反之,若用电负荷需求集中时段处于消落期末,则消落期水库水位可以保持在相对较高水平,耗水率降低。但在电站实际运行过程中,年初库水位受上一年汛后用电负荷需求影响较大,而用电负荷需求受气温、环境、经济等影响较大。因此,决定具有调节性能水库发电耗水率的年初库水位及用电负荷需求均属客观因素,难以人工干预,且若多方协调将用电负荷需求时段集中于消落期末,则会存在水库无法消落至死水位的风险,与整体发电策略相违背。

4　结论及建议

根据雅砻江流域梯级电站近 3 年枯平期运行资料分析成果,可以得出以下结论及建议:

（1）锦官电源组机组利用程度较高，而二滩、桐子林电站受电网运行要求影响，机组利用程度偏低，结合目前其在电网运行过程中所承担的作用，改善难度较大。

（2）锦屏二级、官地及桐子林电站发电耗水率受库水位变化影响较小，锦屏一级、二滩电站发电耗水率与库水位呈明显负相关，但库水位消落进程受电端气温、社会经济环境、春节假期及线路检修等客观影响较大，人工干预难度较大。

（3）建议与调度联合开展改善攀西地区枯水期运行方式的研究，增设电网设施设备，提高系统运行稳定性和经济性，改善二滩电站进相运行状态和桐子林电站调峰调频幅度，减少开机台数，进一步降低发电耗水率，节约水能资源。

（4）电站发电耗水率受客观因素影响较大，无法做到逐年降低，建议优化调整枯平期耗水率指标考核方式，以设定上限方式进行考核，既满足节能降耗的要求，又能为电网安全稳定运行和社会用电需求提供强有力的支撑。

参 考 文 献

［1］马云勇. 水轮发电机组振动区特性分析［J］. 贵州电力技术，2013，16（10）：61-63.

［2］王孝三. 水电站经济运行研究探讨［J］. 经营与管理，2019，26（12）：226-228.

［3］王爱珍. 基于水电机组标准耗水率考核的实证研究［J］. 红水河，2020，39（6）：8-10，21.

［4］张菁华，张伟. 纵向自我对标管理在中小型水电企业的实践［J］. 经营管理，2020，214（4）：59-63.

北斗/GNSS高精度大坝形变监测处理软件
数据解算性能测验

李小伟，来记桃，李乾德

（雅砻江流域水电开发有限公司大坝中心，四川 成都　610051）

摘　要　目前我国北斗导航卫星系统星座已全面部署完成，北斗系统导航定位服务能力趋向完善，为解决高山峡谷地带高坝大库复杂环境条件下传统GNSS技术应用受限问题提供了基础保障。本文通过某大坝实测数据、美国加州断层监测数据、精密导轨验证、与随机商用软件对比解算等方式，对研制的北斗/GNSS高精度大坝形变监测处理软件的解算性能进行了验证分析，证明了软件能够取得良好的解算精度。本文测试方法对同类型软件性能测试具有借鉴和参考价值。

关键词　GNSS；变形监测；解算软件；性能测试

1　引　言

我国水能资源蕴藏量世界第一，西南地区水能理论蕴藏量占全国总量的2/3。西南地区水电工程，通常坝址区河谷狭窄、两岸山体浑厚，呈现深切 V 形地貌特征，多为高坝大库巨型电站，挡水建筑物多以混凝土拱坝、高土石坝为典型坝型。如锦屏一级拱坝（坝高305 m）、溪洛渡拱坝（坝高285.5 m）、二滩拱坝（坝高240 m）、瀑布沟土石坝（坝高186 m）、官地重力坝（坝高168 m）等巨型水电大坝。高坝大库运行安全管理风险和技术挑战前所未有，形变信息直观反映大坝运行性态，传统常规大地测量方式无法实时在线获取变形信息，难以满足现代化大坝变形监测需求，自动化实时精密感知大坝变形是一个迫在眉睫的课题。

目前，我国北斗导航卫星系统星座已全面部署完成，采用多频多模 GNSS 定位技术，本项目组尝试探索解决深山峡谷 GNSS 监测"可视卫星少，跟踪时间短，周跳严重，误差处理难度高，多路径效益显著"等关键问题，提出了诸多关键技术策略，提升混凝土坝精密工程监测精度，而具体达到的监测精度指标是用户至为关心的关键问题。通常情况下，大坝水平位移监测精度应优于 2 mm，为验证研制的北斗/GNSS 高精度大坝形变监测处理软件数据解算能力，本文较为全面地开展了软件解算性能测试分析工作。

作者简介：李小伟（1991—），男，硕士，工程师，长期从事水电工程安全监测及流域大坝安全管理。E-mail：lixiaowei@ ylhdc. com. cn。

2　测试方法

为验证数据处理软件精度指标性能,本文利用实测数据,测试是否能达到精度需求。测试场景选取四川某大坝、美国加州断裂带,获取历史实测数据解算分析形变监测精度。为进一步测试软件外符合精度,定制了三向精密导轨装置,用以测设已知位移;与某随GNSS 接收机商用软件对比解算,从而综合验证评价研制软件的解算性能。软件解算性能测试方法见表1。

表 1　软件解算性能测试方法

序号	类型	场景	测试内容
1	实测数据分析	大坝	对已有大坝 GNSS 监测数据解算分析
2		加州断裂带	数据解算质量和精度分析
3	对比验证分析	精密导轨测设	人为施加已知位移量,解算探测位移信息
4		随机软件对比	不同长度基线解算精度对比分析

3　测试实施

3.1　实测数据分析

3.1.1　大坝

某大坝地处西南山区高山峡谷地带,坝址区谷坡陡峻,河谷呈不对称 V 形,具有"高水头、大泄量、陡岸坡、窄河谷"的特点,具有西南深山峡谷典型环境特征。坝顶布置了北斗/GNSS 形变监测系统,D101 为布置在电站右岸的基准站,坝顶布置有 8 个监测站,从右岸至左岸编号为 DB01、DB02 至 DB08。基准站距离大坝在 1 km 范围内,其中最长基线为 D101~DB08,长度为 577 m,最短基线为 D101~DB01,长度为 216 m。某大坝北斗/GNSS 形变监测系统布置见图 1。

图 1　某大坝北斗/GNSS 形变监测系统布置

　　采用数据后处理功能是对已有大坝 GNSS 历史原始观测数据进行重新解算分析。选取基准站 D101 和监测站 B01~DB08 在 2016 年 10 月 1 日到 10 月 30 日的实测数据,其间电站上游水库水位在正常蓄水位稳定运行。

　　统计大坝实测数据 24 h 解算精度统计见表 2。由此可见,基于大坝监测 GNSS 超短基线的实际情况,横向和纵向中误差在 1 mm 附近。大坝实测数据 24 h 时段解平面点位精度优于 2 mm,高程精度优于 5 mm,水平位移监测满足要求。

表 2　某大坝实测数据 24 h 解算精度统计

基准站	监测站	基线长度(m)	中误差（RMS）(mm)		
			N(横向)	E(纵向)	U(高程)
D101	DB01	216.57	0.752	0.673	2.843
	DB02	284.82	0.926	0.864	4.278
	DB03	337.44	0.684	0.778	3.064
	DB04	398.63	1.525	1.458	3.724
	DB05	426.79	1.354	1.276	4.845
	DB06	469.05	1.287	0.998	3.866
	DB07	515.16	1.324	1.018	2.802

3.1.2　加州断裂带

　　圣安地列斯断裂带绵延在美国西海岸,大约 1 300 km 长,是太平洋板块和北美板块的分界带,此地区地质活动频繁,为地震高发地区。选取位于美国加州圣安地列斯断裂带上 Parkfield 地区的测区数据进行解算。考虑到测区因地质构造原因处于长期不稳定的状态,本文选用了 2014 年 5 月 1 日至 6 月 30 日相对稳定的两个月的观测数据。所用数据下载自 SOPAC 数据中心网站 24 h 连续观测数据。测站分布示意见图 2。

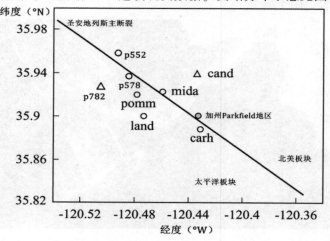

图 2　测站分布示意

统计加州断裂带实测数据解算(24 h)精度统计见表 3。由表 3 可见,随着基线长度的增加,解算精度呈增大趋势。基线长度小于 3 km 时,横向和纵向中误差小于 1.5 mm,平面点位精度优于 2 mm;基线长度为 5 km 时,横向和纵向中误差小于 3 mm,平面点位精度优于 3 mm。总体上,加州断裂带实测数据 24 h 数据解算平面点位精度优于 3 mm,高程精度优于 5 mm。

表 3　加州断裂带实测数据解算(24 h)精度统计

基准站	监测站	基线长度(m)	中误差 *RMS*(mm)		
			N(横向)	E(纵向)	U(高程)
P782	P578	2068	0.992	0.847	2.921
	P552	2721	1.416	1.486	3.254
cand	mida	2981	1.292	1.415	3.378
	pomm	4 578	2.725	2.024	3.605
	land	5 660	2.354	2.491	3.778
	carh	5 662	2.357	2.676	4.326

3.2　对比验证分析

3.2.1　精密导轨测设

在某混凝土重力坝上游 TNgd-3 建立 GNSS 工作基站,选取坝顶左岸靠山侧 TP05 和中间坝段 TP25 两个强制对中观测墩作为监测站,基线平均长度约 450 m。观测墩对中盘安置定制的精密导轨装置[可精密施加位移量,见图 3(a)、(b)、(c)]和 GNSS 接收机,通过人为精确移动导轨,进行变形监测外符合精度测试。

(a)上下游方向滑轨

(b)河床方向滑轨

(c)高程方向滑轨

(d)观测设施

图 3　精密导轨装置及观测设施

测试外业观测时段为 2018 年 1 月 30 日至 2 月 12 日。观测采用自动化全天候观测模式,其间确保设备连续稳定供电,记录天气与周边环境变化情况,并按计划精确移动导轨。表 4 和表 5 分别为左坝段 TP05 和中段坝段 TP25 监测点各分量变形监测成果,其中 $[\Delta X_0, \Delta Y_0, \Delta H_0]$ 为云台移动的已知参考值,$[\Delta X, \Delta Y, \Delta H]$ 为 GNSS 变形监测计算值,$[dx, dy, dh]$ 为计算值与参考值较差。

解算成果表明,变形计算值(24 h 解)与导轨精确移动的位移参考值一致性良好,水平方向较差在 1.9 mm 以内,高程方向较差在 4.6 mm 以内。根据各方向较差计算外符合精度,统计情况见表 6。24 h 时段解变形监测外符合精度水平方向优于 1.0 mm,高程方向优于 2.0 mm,GNSS 监测系统能够较好探测和识别出导轨移动参考值。

表 4　左坝段 TP05 监测点各分量变形监测成果　　　　　　（单位:mm）

日期	参考值			计算值			较差		
(年-月-日)	ΔX_0	ΔY_0	ΔH_0	ΔX	ΔY	ΔH	dx	dy	dh
2018-01-30	-3.0	0	5.0	-3.5	-0.4	5.7	-0.5	-0.4	0.7
2018-01-31	-3.0	0	5.0	-3.8	-0.7	5.4	-0.8	-0.7	0.4
2018-02-01	-1.0	0	2.0	-0.8	0.4	4.7	0.2	0.4	2.7
2018-02-02	-1.0	0	2.0	-0.9	-0.3	3.8	0.1	-0.3	1.8
2018-02-03	-1.0	0	2.0	-1.0	-0.7	4.9	0	-0.7	2.9
2018-02-04	-3.0	0	5.0	-2.5	-0.1	8.7	0.5	-0.1	3.7
2018-02-05	-3.0	0	5.0	-2.0	-0.2	7.5	1.0	-0.2	2.5
2018-02-06	-3.0	0	5.0	-2.2	-0.1	5.6	0.8	-0.1	0.6
2018-02-07	-1.0	0	2.0	-0.2	0.4	5.2	0.8	0.4	3.2
2018-02-08	-1.0	0	2.0	-0.1	0.0	5.6	0.9	0.0	3.6
2018-02-09	1.0	0	-1.0	2.8	-0.1	3.5	1.8	-0.1	4.5
2018-02-10	1.0	0	-1.0	2.9	-0.2	1.2	1.9	-0.2	2.2
2018-02-11	3.0	0	-4.0	4.4	0.0	-1.4	1.4	0.0	2.6
2018-02-12	5.0	0	-7.0	6.0	0.0	-2.4	1.0	0.0	4.6

表 5　中间坝段 TP25 监测点各分量变形监测成果　　　　　　（单位:mm）

日期	参考值			计算值			较差		
(年-月-日)	ΔX_0	ΔY_0	ΔH_0	ΔX	ΔY	ΔH	dx	dy	dh
2018-01-30	-3.0	0	5.0	-3.8	-0.9	6.2	-0.8	-0.9	1.2
2018-01-31	-3.0	0	5.0	-4.1	-0.4	3.6	-1.1	-0.4	-1.4
2018-02-01	-1.0	0	2.0	-1.2	0.0	2.8	-0.2	0	0.8
2018-02-02	-1.0	0	2.0	-1.3	-0.2	1.3	-0.3	-0.2	-0.7
2018-02-03	-1.0	0	2.0	-0.4	-0.9	3.5	0.6	-0.9	1.5
2018-02-04	-3.0	0	5.0	-2.7	-0.5	6.0	0.3	-0.5	1.0

续表 5　　　　　　　　　　　　　　　　　　　　　　　（单位:mm）

日期	参考值			计算值			较差		
（年-月-日）	ΔX_0	ΔY_0	ΔH_0	ΔX	ΔY	ΔH	dx	dy	dh
2018-02-05	-3.0	0	5.0	-1.2	-1.0	7.5	1.8	-1.0	2.5
2018-02-06	-3.0	0	5.0	-1.7	-0.7	6.3	1.3	-0.7	1.3
2018-02-07	-1.0	0	2.0	0.3	-1.3	4.7	1.3	-1.3	2.7
2018-02-08	-1.0	0	2.0	0.6	-0.7	3.8	1.6	-0.7	1.8
2018-02-09	1.0	0	-1.0	1.1	-1.4	1.5	0.1	-1.4	2.5
2018-02-10	1.0	0	-1.0	1.3	-0.6	-1.2	0.3	-0.6	-0.2
2018-02-11	3.0	0	-4.0	2.5	-0.2	-4.0	-0.5	-0.2	0
2018-02-12	5.0	0	-7.0	3.5	-0.3	-6.0	-1.5	-0.3	1.0

表 6　各站点 GNSS 变形监测精度统计　　　　　　（单位:mm）

点位	X	Y	H	平面精度
TP05	0.80	0.30	1.30	0.85
TP25	1.00	0.40	1.20	1.08

3.2.2　随机软件对比

为验证研制的软件的准确性和精度,对其解算数据结果和随接收机商用软件进行了对比,分别选取 216.5 m 和 5.66 km 不同长度基线的数据进行了解算实验。短基线实验数据为 2018 年 2 月 14 日到 2 月 16 日共两天的观测数据,由于数据中断 1 h,实际参与解算的数据有 47 个,基线解算结果为 1 h 时段解,统计解算精度见表 7。长基线实验数据为 2018 年 2 月 17 日到 2 月 20 日共三天,基线解算结果为 24 h 时段解,统计解算精度见表 8。

表 7　短基线解算(1 h)精度对比统计

方向	中误差 RMS(mm)	
	研制软件	随机软件
N(横向)	0.87	1.50
E(纵向)	1.28	2.54
U(高程)	3.29	4.38

表8　长基线解算(24 h)精度对比统计

方向	中误差 RMS(mm)	
	研制软件	随机软件
N(横向)	0.63	1.40
E(纵向)	1.53	1.61
U(高程)	1.89	2.71

在短、长基线情况下,研制软件解算精度均要优于随机软件。短基线1 h时段解水平方向精度优于2 mm,且较随机软件具有更优良的高精度快速解算能力。长基线24 h时段解精度均优于2 mm。

4　结　论

随着我国北斗系统导航定位服务能力的逐渐完善,为解决高山峡谷地带高坝大库复杂环境条件下传统GNSS技术应用受限问题提供了基础保障。本文通过某大坝实测数据、美国加州断层监测数据、精密导轨验证、与随机商用软件对比解算等方式,对研制的北斗/GNSS高精度大坝形变监测处理软件的解算性能进行了验证分析,总体上基线长度6 km内,24 h数据解算平面点位精度优于±3 mm,高程达到±5 mm。在大坝短基线(小于3 km)场景下,水平方向精度优于2 mm,水平位移监测精度能够满足相关规范要求。通过在复杂环境坝址区进行三向精密导轨测设已知位移,充分验证了研制软件具有良好的探测位移信息的能力,1 km内短基线24 h时段解的平面外符合精度优于1 mm,高程方向外符合精度优于2 mm。与随机软件对比,研制软件具有更快速的高精度解算能力,在地震、地灾等应急工况下加密监测具有更高的应用价值。本文测试方法较充分地回应了用户对研制的北斗/GNSS高精度数据处理软件的解算性能疑虑,对北斗/GNSS监测技术在高山峡谷复杂环境大坝高精度监测推广应用上具有促进作用,对同类型软件性能测试有较强的借鉴和参考价值。

参 考 文 献

[1] 杨翼飞,陈香萍. GNSS全自动解算软件研发及精度评估[J].地理空间信息,2019(4):25-28.

[2] 卢翔峰.五款GNSS数据处理软件基线解算结果研究[J].科技创新与生产力,2016(2):50-52.

[3] 李小伟.官地水电站复杂环境北斗/GPS组合定位大坝变形监测精度测试分析[J].大坝与安全,2019(2):55-59.

[4] 何子晨,冯威,朱东伟.圣安地列斯断裂带帕克菲尔德段异常运动及其特征分析[J].四川地震,2019(1):27-30.

[5] Wei Z,Tao Li,Zhi-Tao FU,et al. Design and application of BDS/GPS-based automatic deformation-monitoring system[J]. Journal of Yunnan Minzu University(Natural ences Edition),2018.

[6] Collilieux X, Altamimi Z, Metivier L. Quality assessment of GPS reprocessed solutions (invited)[C]// Agu Fall Meeting. AGU Fall meeting Abstracts, 2009.

［7］陈锡鑫,李小伟.复杂环境下混凝土坝 GNSS 观测数据质量与误差特征分析［J］.中国水力发电工程学会大坝安全专委会 2018 年会, 2018.

［8］闫从军,周瑛,等.北斗/GPS 大坝实时监测与预警系统精度测试研究［J］.勘察科学技术, 2018（2）: 19-22.

［9］吴世勇,杨弘. 雅砻江流域工程安全关键技术与风险管理［J］.大坝与安全, 2018(1):4-10.

［10］李征航,黄劲松. GPS 测量与数据处理［M］.武汉:武汉大学出版社,2005.

［11］李红连,黄丁发,陈宪东.大坝变形监测的研究现状与发展趋势［J］.中国农村水利水电,2006(2): 89-90.

燃料电池集成供电系统的能量管理策略

李在强,石金继,周浩杰

(雅砻江流域水电开发有限公司,四川 成都　610051)

摘　要　针对燃料电池挂网运行时动态响应慢、输出电压随功率增大而快速下降、冷启动困难等缺点,提出一种基于燃料电池功率软特性的能量管理策略,有效解决了燃料电池功率特性软的问题,实现了系统功率的合理优化分配。建立了燃料电池集成供电系统的试验平台,试验结果验证了能量管理策略的有效性。

关键词　燃料电池;集成供电系统;能量管理策略

1　引　言

　　燃料电池是一种有潜力的清洁能源,研发微型化燃料电池供电系统具有重要意义[1-2]。但燃料电池具有输出电压受负载变化影响较大、外特性较软、冷启动困难等缺点[3],因此燃料电池供电系统需合理优化协调控制策略来弥补功率软特性的自身缺陷。

　　燃料电池集成供电系统协调控制策略是由控制目标和系统结构决定的,国内外学者从不同方面针对燃料电池系统协调控制策略开展了研究。文献[4]采用传统的燃料电池直接挂网运行方式,结构和控制简单,但放电电流不能控制;文献[5]提出一种将超级电容或蓄电池接双向变换器后与燃料电池并联输出的方法,可有效防止燃料电池过流情况;文献[6]提出在燃料电池供电系统中将辅助电源与 DC/DC 变换器相接后与直流母线相并联的方法,直流母线电压相对稳定,但动态响应差,功率分配不合理,造成燃料电池输出电流急剧变化,导致燃料电池脱网停机。

　　针对燃料电池功率软特性导致的易脱网问题,本文提出一种燃料电池集成供电系统能量管理策略,对燃料电池、超级电容和蓄电池电源组进行功率分配,有效跟踪直流负载功率变化,加入燃料电池过流阈值保护和斜率增长限制环节,协调能量控制,保证系统稳定工作,并通过了试验验证。

2　燃料电池集成供电系统

　　燃料电池集成供电系统由燃料电池、超级电容、蓄电池和双向 DC/DC 变换器构成,结构如图 1 所示。燃料电池作为供电系统的主电源,正常情况下提供所有能量;超级电容器

作者简介:李在强(1994—),男,硕士研究生,助理工程师,研究方向为新能源供电及其控制。E-mail:lizaiqiang@ sdic. com. cn。

作为集成供电系统的辅助电源,用于抑制负载剧烈变化引起的母线电压波动,提供短时功率缺额,稳定母线电压;蓄电池仅作为备用电源,在燃料电池冷启动和负载长时间过载阶段,提供稳定的功率支撑。燃料电池、超级电容器和蓄电池均需通过 DC/DC 变换器连接到直流母线[7],共同给直流负载供电。

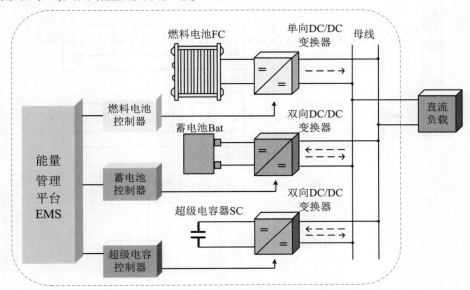

图1　燃料电池集成供电系统的框架结构

燃料电池集成供电系统的负载为额定电压 24 V、额定功率 500 W 的直流电子负载,因此作为系统主要输出电源的燃料电池,其额定功率确定为 500 W。本系统要求蓄电池能以 500 W 的额定功率持续输出 60 min,因此选用容量为 24 Ah、额定电压为 18 V 的锂电池,额定放电功率不低于 500 W。至于超级电容器,根据储能要求和电压变换需要,选择标称额定电压为 48 V、电容值为 6 F 的超级电容器,工作电压为 24~48 V。DC/DC 变换器采用三重化双向 Buck/Boost 变换器,根据 3 个电源的功能要求,各 DC/DC 变换器的控制原理如图 2 所示。

为确保集成供电系统的多目标优化运行,需要一种能量管理策略来协调燃料电池、超级电容器和蓄电池的工作状态,通过功率优化分配确定 3 个电源的控制参考值。

3　供电系统能量管理策略

3.1　燃料电池的功率软特性

在燃料电池冷启动或负载功率需求快速变化的暂态过程中,燃料电池会响应负载需求,快速改变输出电流,但燃料电池输出电压也会不断下降,如图 3 所示。当电压下降到允许的最低阈值 $U_{\lim}$ 时,燃料电池内部电堆将会因发热过度而烧毁停机。

3.2　能量管理策略

针对燃料电池的功率软特性,本文提出一种改进的能量管理策略,如图 4 所示。首先在燃料电池的功率分配通道加入功率限幅环节,防止燃料电池功率超额输出;其次限制燃

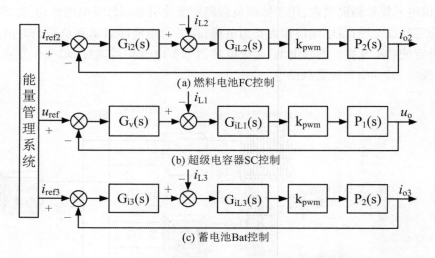

图 2　DC/DC 变换器的控制原理

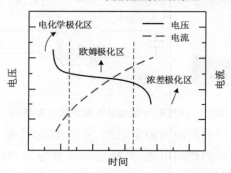

图 3　燃料电池理想极化曲线

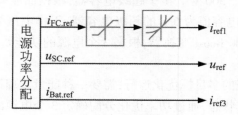

图 4　改进能量管理策略

料电池的功率增速,防止电压在功率上升过程中跌落至其保护阈值 U_{lim} 而停机,此时负载的功率缺额由超级电容器和蓄电池提供,确保系统功率平衡。

　　燃料电池集成供电系统共有 5 种工作模式,如图 5 所示。首先定义相关符号如下:负荷功率为 P_{Load},燃料电池输出功率为 P_{FC},燃料电池额定输出功率为 P_{FCN},超级电容器输出功率为 P_{SC},蓄电池输出功率为 P_{Bat};负载电流为 i_{Load},燃料电池实际输出电流为 i_{FC},燃料电池指令电流为 $i_{\mathrm{FC.ref}}$,蓄电池实际输出电流为 i_{Bat},蓄电池指令电流为 $i_{\mathrm{Bat.ref}}$,超级电容输出端口电压为 U_{SC},超级电容指令电压为 $U_{\mathrm{SC.ref}}$,蓄电池端口电压为 U_{Bat},直流母线电压

额定值为 U_N。

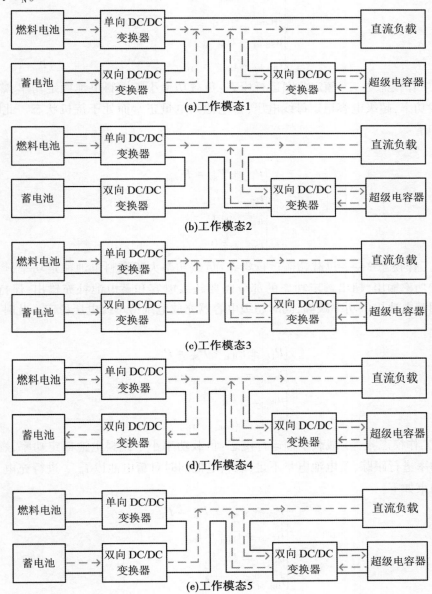

图5 燃料电池集成供电系统的工作模式

（1）工作模式1——燃料电池冷启动模式：燃料电池冷启动缓慢向直流母线释放能量，燃料电池启动阶段，其功率输出非常缓慢，输出功率缓慢增大，蓄电池快速放电，面对负载功率的需求，为直流母线提供能量支撑，超级电容器维持母线电压稳定。此时，各参量约束如下：

$$\begin{cases} P_{FC} + P_{Bat} + P_{SC} = P_{Load} \\ i_{FC.\,ref} = i_{FCN} \\ u_{SC.\,ref} = U_N \\ i_{Bat.\,ref} = i_{Load} - i_{FC} \end{cases} \tag{1}$$

（2）工作模式 2——额定范围运行模式：负载功率小于燃料电池额定功率，燃料电池跟随负载功率，超级电容稳定母线电压，蓄电池因电量正常而处于待机状态。此时，各参量约束如下：

$$\begin{cases} P_{FC} + P_{SC} = P_{Load} \\ i_{FC.\,ref} = i_{Load} \\ u_{SC.\,ref} = U_N \\ i_{Bat.\,ref} = 0 \end{cases} \tag{2}$$

（3）工作模式 3——过载超额运行模式：负载功率大于燃料电池额定功率，燃料电池保持额定功率输出，超出额定功率的部分需要超级电容和蓄电池补充输出，保持功率平衡。投用蓄电池提供功率缺额，同时超级电容器充放电维持母线电压稳定。此时，各参量约束如下：

$$\begin{cases} P_{FC} + P_{Bat} + P_{SC} = P_{Load} \\ i_{FC.\,ref} = i_{FCN} \\ u_{SC.\,ref} = U_N \\ i_{Bat.\,ref} = i_{Load} - i_{FC} \end{cases} \tag{3}$$

（4）工作模式 4——减载小额运行模式：负载功率小于燃料电池额定功率，燃料电池对负载功率进行跟踪，蓄电池电量不足，燃料电池同时对蓄电池以 $i_{Bat.C}$ 进行充电。此时，各参量约束如下：

$$\begin{cases} P_{FC} + P_{Bat} + P_{SC} = P_{Load} \\ i_{FC.\,ref} = i_{Load} + i_{Bat} \\ u_{SC.\,ref} = U_N \\ i_{Bat.\,ref} = i_{Bat.\,C} \end{cases} \tag{4}$$

（5）工作模式 5——燃料电池宕机：燃料电池因故停止工作而退出供电系统，由蓄电池和超级电容器对负载进行短时供电。此时，超级电容器仍作为电压源以稳定母线电压，蓄电池作为电流源为负载提供短时能量支撑。此时，各参量约束如下：

$$\begin{cases} P_{Bat} + P_{SC} = P_{Load} \\ i_{FC.\,ref} = 0 \\ u_{SC.\,ref} = U_N \\ i_{Bat.\,ref} = i_{Load} \end{cases} \tag{5}$$

4　试验结果与分析

　　建立了基于三重化 DC/DC 变换器的燃料电池集成供电系统试验平台,开展了多模态试验,试验系统参数见表 1,试验结果如图 6 所示。

表 1　试验系统参数

参数	数值
燃料电池额定电压 $U_{FC.nom}$(V)	20
蓄电池额定电压 $U_{Bat.nom}$(V)	18
超级电容器额定电压 $U_{SC.nom}$(V)	48
直流母线额定电压 U_{dc}(V)	24
负载额定功率 P_{Load}(W)	500
DC/DC 变换器单重电感 L(mH)	1
DC/DC 变换器端口电容 C(μF)	330

　　图 6(a)为工作模态 1 的电流波形,负载功率为 500 W,燃料电池输出功率缓慢上升,锂电池提供冷启动阶段所需的功率缺额,超级电容以稳定母线电压的形式快速输出功率。启动结束后,燃料电池输出电流 20.83 A,锂电池和超级电容输出电流均为 0,母线电压稳定在 24 V,电压纹波系数为 3.33%。

　　图 6(b)为加载时的功率平衡过程。在系统运行过程中,负载功率从 500 W 加载到 600 W,燃料电池仍保持 20.83 A 额定功率输出;锂电池输出电流 4.17 A,提供过载运行所需的功率缺额;超级电容以稳定母线电压的形式快速平衡暂态功率,稳态输出电流 0,直流母线电压稳定在 24 V。

　　图 6(c)为减载时的功率平衡过程。在系统运行过程中,负载功率从 500 W 减载到 200 W,燃料电池输出功率降到 240 W,锂电池吸收功率盈余,超级电容以稳定母线电压的形式快速吸纳功率。稳态时,燃料电池输出电流 10 A,锂电池输出电流 −1.67 A,超级电容输出电流 0,直流母线电压稳定在 24 V。

　　通过燃料电池供电系统在多种运行工况下的试验可知,集成供电系统在能量管理策略的控制下均可保持系统功率平衡和母线电压稳定,燃料电池均能有效跟随负载功率,动态响应过程平稳快速。

5　结　论

　　针对燃料电池挂网运行时功率特性软、冷启动困难等特点,提出一种集燃料电池、蓄电池和超级电容器于一体的集成供电系统及其能量管理策略,通过同时限制燃料电池输出功率和功率增速的功率管控策略,克服了燃料电池功率软特性的不利影响,提高了系统供电的稳定性和可靠性。通过试验验证了燃料电池集成供电系统能量管理策略的合理有效性。

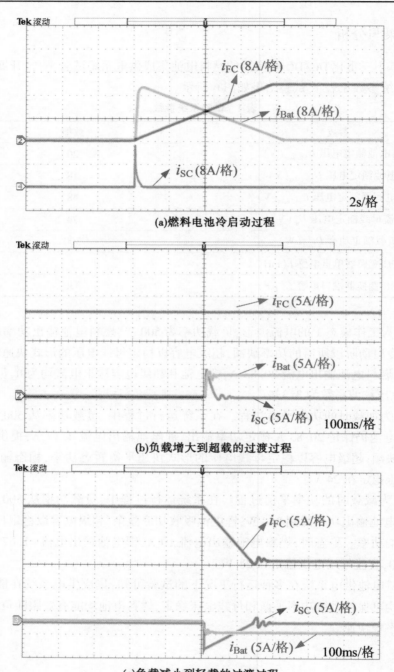

(a)燃料电池冷启动过程

(b)负载增大到超载的过渡过程

(c)负载减小到轻载的过渡过程

图6 燃料电池集成供电系统的试验结果

参 考 文 献

[1] 张国瑞,李奇,韩莹,等.基于运行模式和动态混合度的燃料电池混合动力有轨电车等效氢耗最小化

能量管理方法研究[J].中国电机工程学报,2018,38(23):6905-6914,7124.

[2] Qi Li, Tianhong WANG, Chaohua DAi, et al. Power management strategy based on adaptive droop control for a fuel cell-battery-super capacitor hybrid tramway[J]. IEEE Transactions on Vehicular Technology, 2018, 67(7): 5658-5670.

[3] 陈明帅.燃料电池电动汽车混合动力系统的仿真研究[D].青岛:青岛大学,2018.

[4] Sid M N,Marouani K,Becherif M, et al. Optimal energy management control scheme for fuel cell hybrid vehicle[C]//22nd Mediterranean Conference on Control and Automation, Palermo, 2014: 716-721.

[5] 姜志玲,陈维荣,刘小强,等.燃料电池发电系统的能量管理控制[J].电源技术,2010,34(9):911-914.

[6] 高慧中,王志杰,尹韶平,等.水下燃料电池动力系统能量管理策略仿真[J].水下无人系统学报,2018,26(3):242-246.

[7] 杨晓亮,张志学,江晨,等.复合储能系统直流变换器的协调控制策略研究[J].电力电子技术,2016,50(10):8-10.

GIS 局部放电在线监测系统中基于超高频及超声波法关键技术的研究与实践

刘华锋,王伟博,肖成明

(雅砻江流域水电开发有限公司,四川 攀枝花　617000)

摘　要　GIS(气体绝缘金属封闭开关设备)因其具有结构紧凑、可靠性高、安全性强等各种优点被广泛应用于开关站、升压站等高电压领域。但因为其密闭封装、结构复杂等特点,使得设备内部故障的定位及检修都较为困难,一旦发生故障极有可能增大故障影响范围和延长停电维修时间,进而影响整个电力系统的正常运行。本文介绍了目前普遍采用的超高频法和超声波法监测局放的实际应用案例和已投运设备实现在线监测的可行性研究。

关键词　GIS;局放;超声波法;超高频法;在线监测

1　引　言

据统计,GIS 故障中绝缘故障占比 60% 以上,而导致 GIS 绝缘事故的原因主要有:制造、运输、现场装配等多种原因造成的异物残存、绝缘破坏、设备器件脱落。这些事故的发生在初期均会出现局部放电现象。因此,对 GIS 进行局部放电监测可以发现绝缘的早期故障,并对开展 GIS 设备状态检修具有一定的指导意义。

2　GIS 局放检测方法及其实践

二滩水电站 500 kV GIS 系统包括 6 回进线、5 回出线、15 组断路器间隔。其中,15 组断路器单元为 500 kV 全封闭式 SF$_6$ 组合电器设备,14 组断路器间隔由日本三菱电机株式会社生产,1 组断路器间隔由新东北(沈阳)电气高压开关有限公司生产。在长期以来的 GIS 局放检测中,使用最多的两种检测方法是超高频法和超声波法,两种检测手段各有利弊,而将两者结合相互辅助可准确、高效地判断故障点和排除干扰。

2.1　超高频法(UHF)

通过安置在设备外部的 UHF 传感器,对局部放电时产生的超高频电磁波信号进行检测,由于现场的电晕干扰主要集中在 300 MHz 频段以下,因此 UHF 法能有效地避开现场的电晕等干扰,但不能准确定位。

2.2　超声波法(AE)

通过安置在设备腔体外壁上的超声波传感器或通过接受来自气体介质中传播过来的

作者简介:刘华锋(1996—),男,助理工程师,从事电力设备检修维护工作。

超声信号来测量局部放电信号。此方法不受电气方面的干扰,在现场使用时易受周围环境噪声或设备机械振动的影响,且检测范围较小,但是具有操作简便、定位准确度高的优点。

2.3　检测方法

2.3.1　超高频测试点的选择

局部放电产生的超高频信号只有通过非金属屏蔽处能够泄漏出来,因此测试点必须在非金属屏蔽处进行。对于 GIS 电气设备,可以测试的部位一般有:非金属屏蔽的盆式绝缘子、金属屏蔽的盆式绝缘的浇注口、快速接地部位、GIS 与电缆连接部位等位置。

2.3.2　超声波测试点的选择

对于 GIS 设备来说,超声的测试布点比较灵活,有较多测点可以选择,一般测试点密度选择原则为:

（1）法兰之间最少 1~2 个点。

（2）每个气室至少保证有 1 个测点。

（3）直径超过 1 m 的筒体需要多测几点。

（4）一般以 2 m 左右的距离,测量 1 个点。

超高频法检测局放、超声波法检测局放如图 1、图 2 所示。

图 1　超高频法检测局放

图 2　超声波法检测局放

2.4　故障分析

如果电信号和声信号都存在,则使用超高频法根据盆式绝缘子的位置进行粗略定位,同时使用超声法进行精确定位,如果两者都定位到同一个 GIS 腔体且表现一致,则判断该腔体内部存在放电故障,具有绝缘缺陷,应根据具体情况进行进一步跟踪检测或采取相应措施。

如果只测量到了超高频电磁波信号而没有超声波信号,则应通过改变 UHF 传感器的位置摆放和传感器的方向性及信号的频率分布判断是不是周围设备发生了局部放电或者是否存在另外的干扰源,并对 GIS 设备进行重点跟踪观察。超高频法检测出的局放脉冲信号如图 3 所示。

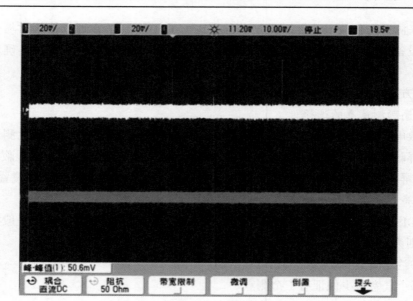

图 3　超高频法检测出的局放脉冲信号

如果超声波法测量到了声信号而超高频法没有测量到电磁波信号，则在使用超声法在超声信号最大的部位进行精确定位。通过具体位置及设备结构进行分析，判断是设备本身的正常振动还是设备的结构导致超高频信号衰减很大，不能通过检测位置测量到，并对设备进行重点跟踪观察。

如果超高频和超声信号都没有反应，则应判断设备完好，没有局部放电现象。

2.5　检测注意事项

传感器的安装，与被测壳体接触良好并保持静止状态，必要时用绑带固定以保持一定的压力。

隔离开关、接地开关和断路器的运动部件容易产生自由颗粒，可以对这些部位进行重点检测，而自由颗粒在气室中有向下运动的趋势，一般把传感器安装在设备壳体的下方。

注意区分电晕干扰与放电信号，以及设备本身正常运行产生的振动对超声波检测带来的影响。

对怀疑有问题存在的设备，应多选取不同部位测量，并与同间隔设备、同类型设备进行对比。

3　GIS 局放在线监测系统

尽管定期开展局放监测能查找出设备内局放现象，但由于局放具有间歇性的特点，且局放的发展趋势对于设备健康评估十分重要，因此采用有效的在线检测手段和分析诊断技术十分必要。

GIS 局放在线监测系统可用于监测和追踪发生在 GIS 设备中的局部放电，及时预报局放的发展趋势和预测相关设备的绝缘劣化程度，防止突发性的电气事故，为设备的状态检修和维护提供有效的数据依据，从而做到早期诊断、早期预报，避免突发性故障的发生，提高 GIS 运行的安全可靠性,确保 GIS 的安全可靠运行。

4　结　论

　　本文对目前 GIS 局放监测中普遍采用的超高频法和超声波法在二滩水电站的实际应用进行了介绍,并分析了当前监测模式的不足及在线监测系统的优势和必要性,为同类型电站设备的监测提供参考。

参 考 文 献

[1] 裴斌斌,张丽,郭灿新,等. 基于超声的局放检测系统[J]. 电工技术,2009(11):43-44.

[2] 邱毓昌. 用超高频法对 GIS 绝缘进行在线监测[J]. 高压电器,1997,33(4):36-40.

[3] 王卫东,赵现平,王达达,等. GIS 局部放电检测方法的分析研究[J]. 高压电器,2012,48(8):13-17.

大型水电站辅控设备综合智能诊断技术研究

苏纬强,李桃

（雅砻江流域水电开发有限公司,四川 攀枝花　617000）

摘　要　本文系统介绍了适用于水电站电力生产数据设备运行状态及故障分析的方法,提供数据编码、数据统计及分析模型,易于数据应用层的分析应用及机器识别。同时,编码后的电力生产数据模型可直接转换为机器语言及逻辑函数,代替人工实现单一数据的统计分析,构建的逻辑算法可将运行数据及故障数据进行组合判断,从而实现更加精准地判断事故类型,解决了现有电力生产数据单一预警的弊端。

关键词　水电站;大数据;数据建模;数据分析

1　引　言

随着计算机技术的发展,微机化技术已运用到工业控制系统中,采集了被控对象的许多运行状态信息,供运维人员监视设备运行状态和进行设备事后分析。受应用层面技术的限制,这些运行状态信息被利用的深度和广度不够,未利用计算机技术自动分析设备运行趋势和故障信息,而是在设备发生事故或故障时,运维人员才提取信息分析,还原事故演变过程,不便于提前采取措施并有针对性地开展处理,影响运维人员事故处理效率及事故处理准确性。

当前国内的智能化水电站建设均是以大数据分析、机器学习为依托,借助既有的专家数据模型库进行分析,实现水电站电力生产数据的分析和应用。但是,针对不同的水电站的机组运行状态及其他客观存在的条件,传统的专家数据模型库不能完全涵盖所有的故障状态,多由行业内与专家经验所得,或仅能在特定情形下适用。本文通过对同类型设备数据的分析、比对,对不同类型设备数据之间的关系分析,形成水电站电力生产特有的数据模型库,从而实现设备设施运行状态的有效监视,并提前获悉设备缺陷及隐患,在设备设施故障及隐患前迅速准确地做出判断。同时,进一步推进电站"无人值班、少人值守"及"状态检修"模式的发展,助力智能化水电站建设的步伐。

2　分析方法的基本原理

2.1　总体介绍

水电站系统涵盖水轮机、发电机、变压器、GIS开关站、调速、励磁、水系统、气系统等重要机电设备,设备运行过程中产生繁杂庞大的电力生产数据,所有数据通过现地传感器、仪表等设备采集并送至计算机监控系统供运行人员监视设备运行状态。根据现有的

作者简介:苏纬强(1992—),男,学士学位,工程师,研究方向为电气工程及其自动化。E-mail:suweiqiang@ sdic. com. cn。

监控系统所采集的生产数据及设备运行特性和典型故障现象,提出数据分析需求,将所有数据分系统进行统一格式的编码,针对编码后的数据开展初步应用分析,建立初步应用分析模型,在初步应用分析的基础上,进一步开展综合应用数据分析,通过纵向应用及系统间数据关联分析,将两者融合、关联,形成综合应用数据分析模型,以实现设备数据的深化应用来反映设备运行状态及故障状态。

数据分析方法基本结构如图1所示。

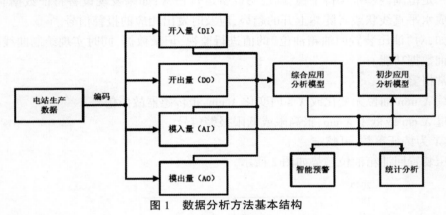

图1 数据分析方法基本结构

2.2 数据编码方式

按照电站各控制系统对全站所有数据进行第一级分类,采用英文字母+数字的方式对电力生产数据进行编码,将各系统所采集的所有数据按照性质分成开入量(DI)、开出量(DO)、模入量(AI)、模出量(AO)四类。在每类中将数据按照顺序排列形成开入量(DI＊)、开出量(DO＊)、模入量(AI＊)、模出量(AO＊)四类数据表(＊为阿拉伯数字,顺序添加)。每条数据有唯一的编码,与现有监控系统的 TA 地址一一对应,对于后续应用分析需要用到的数据而当前系统未采集的数据,提出需求计划。闸门控制系统数据编码举例如表1所示。

表1 闸门控制系统数据编码举例

系统	编码点位	监控 TA 地址	信号描述	特征量参数
进水口闸门控制系统	DI001	ETN. 13LCU. INLET. 1. DO0WN. 20CM	#1 进水口闸门下沉 20 cm	运行状态
	DI002	ETN. 13LCU. INLET. 1. DO0WN. 24CM	#1 进水口闸门下沉 24 cm	运行状态
	DI003	ETN. 13LCU. INLET. 1. BACK_UP. FAI0L	#1 进水口闸门回升失败	运行状态
	DO001	ETN. 13LCU. IO. PE_02. 00_DO0. HW. 00. 1703_USIO66_DO0	打开#1 进水口闸门	运行状态
	DO002	ETN. 13LCU. IO. PE_02. 00_DO0. HW. 01. 1703_USIO66_DO0	关闭#1 进水口闸门	运行状态
	DO003	ETN. 13LCU. INLET. 1. PRESS_OK_CMD	#1 进水口闸门平压确认	运行状态
	AI001	ETN. 13LCU. INLET. 1. OP. MEW	#1 进水口闸门开度	运行状态
	AI002	新增	进水口#1 泵站油箱油温	运行状态
	AI003	新增	进水口#1 泵站油箱油位	运行状态
	AI004	新增	进水口泵站系统压力	运行状态
	AI005	新增	液压缸下腔压力	运行状态

2.3 初步应用分析模型举例

2.3.1 趋势诊断预警功能

对单一运行设备(如 1 台电机、1 台水泵、1 个高压开关)的相关模拟量数据进行监视,随着运行时间的推移,其模拟量数据不断变化,根据其变化趋势线可以对设备进行分析与诊断。根据设备特征数据的趋势线可以判定设备运行的健康状态,如果发现趋势线变化在一定范围内基本保持平稳,则说明设备运行正常;如果发现设备特征数据有跃变、趋势线成水平直线状或者陡然上升的趋势,应及时发出相应的报警信号。

例如,对"油压装置回油箱油位"的值进行监视,记录数据,同时实现绘制曲线以及分时段查询数据功能。

异常报警:

持续 X min 油位无变化或 X s 内变化 X cm,报传感器故障信号。

超过 X cm 或低于 X cm,报高限或低限报警信号。

注:X 为特征参数,可整定。

油压装置回油箱油位趋势如图 2 所示。

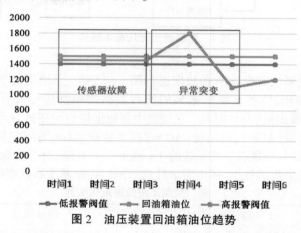

图 2 油压装置回油箱油位趋势

2.3.2 统计分析预警功能

根据设备的启停次数和运行时长,可以实现设备的状态检修。当设备的启停次数和运行小时数超过了设备规定的允许值或可靠运行值时,应对设备进行检修或更换,有些设备配置为双重化,当主设备发生故障时便自动切换到备用设备。为了考验备用设备的可靠性,也要定期对主设备进行切换。对于自动启动的设备(如调速器压油泵等),在一个周期内其启动次数应该基本恒定;如果在某一周期内,其启动次数突然增多或者单次运行时间过长,就应该及时发出报警信号,检修维护人员根据实际情况及时进行处理。

例如,对"油压装置辅助压油泵运行/停止"进行时间统计,统计总运行时间、单次运行时间、上次停止到下次启动时间间隔、油泵启动次数,同时实现绘制曲线及分时段查询数据功能。

异常报警:

当出现油泵单次运行时长超过 X min,发出报警信号。运行间隔时间小于 X min,发出报警信号。注:X 为特征参数,可整定。油压装置辅助压油泵运行时长趋势如图 3

所示。

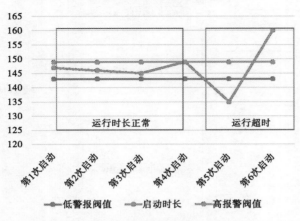

图3　油压装置辅助压油泵运行时长趋势

2.4　综合应用分析模型举例

对不同系统或设备采集的模拟量和开关量异常信号进行组合分析,当所有异常条件均满足时,输出一个综合异常报警信号。此综合异常报警信号不是由单一传感器异常触发的,而是多系统、多传感器组合分析触发的故障模型。

2.4.1　高压油系统综合故障分析模型

当A/B高压油泵出口压力小于X MPa、A/B高压油泵出口流量大于Y m³/s且A/B高压油泵在运行状态,则可以得到一个故障模型:高压油管路破裂、漏油。

当A/B高压油泵出口压力大于X MPa、A/B高压油泵出口流量小于Y m³/s、A/B高压油泵电机绕组温度大于Z ℃且A/B高压油泵在运行状态,则可以得到一个故障模型:高压油管堵塞、泵堵转。其逻辑如图4所示。

注:X、Y、Z为特征参数,可整定。

2.4.2　发电机冷却系统综合故障分析模型

当机组空冷器冷却水压力在X MPa~Y MPa波动、冷却水流量在X~Y m³/s波动、冷却水入口温度在X~Y ℃波动、机组有功功率X min内未变化、空冷器出口温度X min内上升X ℃且风洞环境温度超过X ℃,则可以得到一个故障模型:机组空冷器冷却效果降低。

注:X、Y为特征参数,可整定。

发电机冷却系统综合故障分析模型逻辑如图5所示。

当机组空冷器冷却水压力低于X MPa、流量低于X m³/s,空冷器入口、出口温度,风洞环境温度在X min上升X ℃,则可以得到一个故障模型:机组空冷器冷却水中断。

注:X、Y为特征参数,可整定。

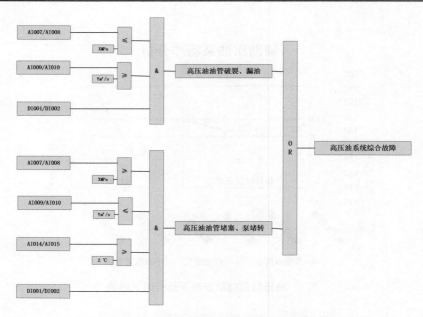

图 4　高压油系统综合故障分析模型逻辑

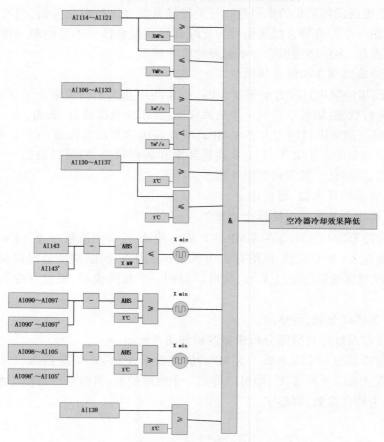

图 5　发电机冷却系统综合故障分析模型逻辑

发电机冷却系统综合故障分析模型逻辑(2)如图 6 所示。

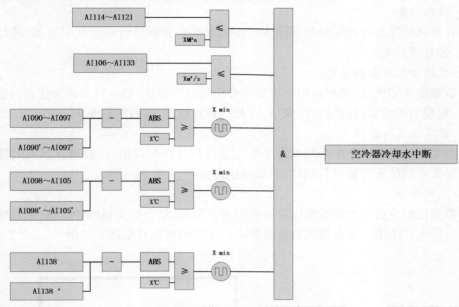

图 6 发电机冷却系统综合故障分析模型逻辑(2)

3 应用平台建设规划

3.1 硬件布置原则

根据规划思路,设备状态数据分析平台至少需配置 3 台服务器,其中 1 台为数据处理分析服务器,用于电力生产数据的采集、存储、分析、处理,2 台为应用服务器,用于将数据处理分析服务器分析后的模型结果进行展示,提供故障报警、报表统计等功能,供运维人员直观查询,1 台交换机用于设备状态数据分析平台与各服务器间的数据传输,1 台防火墙,用于设备状态数据分析平台数据网与监控系统之间的硬件隔离,以保障数据传输及设备的安全。设备状态数据分析平台网络结构拓扑如图 7 所示。

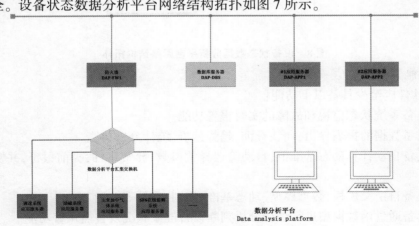

图 7 设备状态数据分析平台网络结构拓扑

3.2 软件布置原则

3.2.1 数据准备

将计算机监控系统的实时数据接入设备状态数据分析平台的分析服务器,进行数据的选取、预处理及变换。

3.2.2 数据分析与数据建模

在数据准备完成后,选择适用于该数据分析的建模算法,结合科研成果建立的数据分析模型,对模型的参数进行适应性调整,以此达到高精度、高效率的要求。

3.2.3 结果生成与分析

电力生产数据析所产生的结果需工作人员进行分析与评估,以便确认其有效性。对于不满足需求的结果需要将其删除,并重新建模。

3.2.4 应用部署

将数据挖掘分析产生的结果以可视化的方式呈现,结合计算机监控系统,用以辅助工作人员进行生产决策。设备状态数据分析平台网络结构拓扑如图 8 所示。

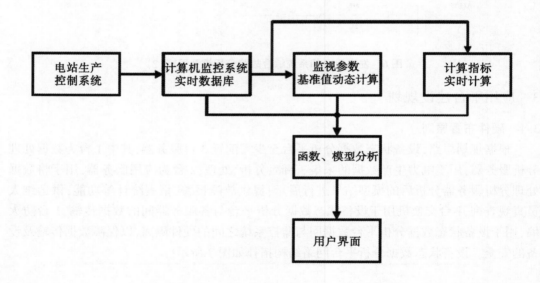

图 8　设备状态数据分析平台网络结构拓扑

3.2.5 功能需求

组态软件应至少具备以下功能:

(1)具备系统状态监视和故障的实时报警功能。

(2)具备数据的报表导出、曲线查询、趋势分析、统计分析功能。

(3)具备自动计算动态基准值,自动筛选异常参数、异常事件,提前报警,并实现闭环管理功能。

(4)具备自定义模板、数据模型、动态基准、规则、函数等功能。

(5)具备通过函数模型进行综合分析判断设备健康状况及智能预警功能。

4 结 语

通过对电站电力生产数据的全面梳理,结合生产实际需求、相互之间关联性、重要性等,提出了电站各系统运行监视需要关注的运行信息,对于当前监控系统没有的数据,提出了系统改造后的数据需求。针对已经梳理的模拟量和开关量数据,通过数据之间关系、影响因素、变化趋势、内在关联等信息,可形成生产数据的初步应用分析模型及综合应用分析模型,从而达到精准定位故障、分析故障根本原因、监测故障劣化趋势。在运维方面,减少了现场人员工作量及工作压力,设备看护工作压力由设备管理人员向后台诊断专家转移,各专业维护人员将有更充足的时间对设备的状态进行深入研究,有助于提前发现设备的重大缺陷及隐患,具有一定的前瞻性,为实现一体化管控平台综合分析应用功能及智能化水电站的建设夯实了基础。

参 考 文 献

[1] 戚思睿,苟吉伟. 基于数据挖掘的电力系统数据分析与决策系统[J]. 电子设计工程,2020,28(6):78-82.

[2] 张启芳,杨洪山. 基于大数据的电力设备故障诊断与预测研究及应用[C]//2017 智能电网新技术发展与应用研讨会论文集,2017.

[3] 姜丹,梁春燕,吴军英,等. 基于大数据分析的电力运行数据异常检测示警方法[J]. 中国测试,2020,46(7):18-23.

[4] 季知祥,邓春宇. 面向电力大数据应用的专业化分析技术研究[J]. 供电,2017,34(6):32-37.

大型水轮发电机定子线圈电晕分布特点研究与应用

张卓,祝杰,袁静

(雅砻江流域水电开发有限公司,四川 成都　61000)

摘　要　随着国家新能源的开发,水电建设剧增,水轮机组容量越来越大,发电机定子线棒电晕现象越来越普遍,严重危害发电机组的稳定运行,通过对某水力发电厂大型水轮发电机的长期维护,收集整理了大型水轮机发电机定子线棒电晕数据,对电晕原因及分布特点进行分析,得出电晕分布与定子线棒结构、电压差、环境等因素的关联性,为水轮发电机定子检修维护及防晕工作提供借鉴。

关键词　水轮发电机;定子线棒;电晕;分布特点

1　引　言

某电厂共装有 6 台单机容量为 550 MW 的混流式水轮发电机组,#1 机由东方电机厂制造,#2 机由哈尔滨电机厂制造,#3～#6 机定转子绕组由加拿大 GE 公司制造,6 台发电机结构、参数相同。发电机定子额定电压 18 kV,额定电流 19 629 A,定子铁芯槽数 486 槽,定子绕组线棒 972 根,定子绕组接线为 3 相 6 支路双层叠绕组,绝缘等级 F 级,绝缘材料主要为环氧云母粉加硅胶防晕层,冷却方式为密闭自循环端部回风径向冷却。机组投入运行后,在历年机组检修中,均发现不同程度的电晕痕迹。

2　电晕情况

通过检修期对电晕进行检查、统计,以电晕情况较为严重的一台机为例进行分析。发电机定子线棒电晕主要分布于线棒槽口(见图 1)、异相汇流环搭接处、挡风圈相邻线棒端面(见图 2),结合紫外成像仪测试试验,验证了电晕部位的放电现象。

图 1　槽口电晕

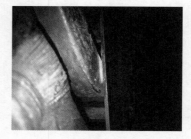

图 2　挡风圈相邻线棒端面电晕

作者简介:张卓(1995—),男,助理工程师,从事电力设备检修维护工作。

槽口电晕较多,一般分布于线棒低阻漆与高阻漆的搭接部位,呈现斑点状或带状白色腐蚀粉末,挡风圈相邻线棒端面电晕呈现块状白色腐蚀粉末,异相汇流环搭接处电晕呈现块状白色腐蚀粉末,严重部位出现腐蚀孔洞,对该机组3年内各部位电晕情况进行统计,如表1所示。

表1 电晕情况统计表

年份	槽口电晕数(个)	挡风圈相邻线棒端面电晕(个)	异相汇流环搭接处电晕(个)
2019	18	1	4
2020	20	1	1
2021	29	0	0

3 电晕分布特点及原因分析

线棒电晕现象是由于发电机定子线棒电场分布不均匀,产生空气游离的电晕放电现象,电晕在空气中出现时产生臭氧及氮氧化合物,当水蒸气与上述氧化物结合后形成对绝缘物具有腐蚀作用的酸类物质,使线棒表面防晕层、主绝缘腐蚀,产生白色粉状物。

3.1 线棒结构及油雾影响因素

定子线棒电晕最多分布于槽口,是由于从线棒出槽拐点开始到线棒端部斜边这一部分的外表面没有接地,就像一极没有连接的电容器,所以在发电机端部出槽口处,因为其既存在电场沿绝缘表面的垂线分量,又存在电场的切线分量,电场分布很不均匀[1]。由于线棒端部体积电容 C 的分布作用,导致电容电流分布也不均匀,越接近槽口,端部电流 I 越大,所以靠近槽口上的电阻压降显然要比远离槽口的电阻上的压降大,所以越靠近槽口,电压降越大,电场强度越高,这里的气隙就越容易发生电晕现象[2]。

槽口电晕在上、下端部分布也不均匀,如表2所示。在长期检修维护中,发现发电机上端部油雾较多,油雾容易聚集于线棒表面,形成污染,油污在局部强电场和高温的双重作用下逐渐被分解,并碳化。碳化导致该部位的电场强度进一步增加,进而引起线棒表面局部区域形成稳定的电晕放电,经过长期的累积在线棒表面形成电晕放电痕迹即白色粉末[3]。

表2 定子线棒上、下端部电晕情况统计

年份	上端部电晕数(个)	下端部电晕数(个)
2019	11	7
2020	17	3
2021	16	13

定子线棒出槽口电场相对集中是端部电晕的根源所在。因此,如果能够使此区域的电场均匀化,那么电晕现象就可以得到有效抑制。而降低定子线棒表面电阻率可以降低线棒出槽口处电场强度。因此,如果防晕材料和结构合理,那么就可以大大减少定子线棒电晕现象。

3.2　电压差影响因素

该水轮发电机组定子绕组结构叠绕组,通过2021年度检修工作中发现的电晕情况,进行电压差计算,对各电晕点进行了电压差的统计,如表3所示。29个发现的电晕均位于异相线棒槽口,电压差≤20%UN的数量为0,占比为0;电压差在(20%~40%)UN电晕数量为9个,占比为31%;电压差在(40%~60%)UN电晕数量为18个,占比为62%;电压在≥60%UN电晕数量为2个,占比为7%。当电压差小于20%UN时,未发现电晕现象,当电压差逐步上升时,电晕现象显著增多。因此,在检修维护工作中,应对压差较高的线棒进行重点检查和防晕处理,能有效避免电晕产生及扩大。

表3　线棒电晕电压差统计

绝缘盒号	电晕位置	电晕数量(个)	电压差(%UN)
1	上端部上层线棒	1	55.6
35	上端部下层线棒	1	48.1
217	上端部下层线棒	2	25.9
353	上端部下层线棒	1	25.9
354	上端部下层线棒	2	25.9
357	上端部下层线棒	1	48.1
358	上端部下层线棒	1	48.1
366	上端部上层线棒	1	74.1
367	上端部上层线棒	1	74.1
378	上端部上层线棒	1	25.9
452	上端部上层线棒	1	48.1
467	上端部下层线棒	1	55.6
468	上端部下层线棒	1	55.6
479	上端部上层线棒	1	59.3
7	下端部下层线棒	1	25.9
9	下端部上层线棒	1	29.7
68	下端部上层线棒	1	55.6
162	下端部下层线棒	1	55.6
323	下端部下层线棒	1	59.3
375	下端部下层线棒	1	48.1
378	下端部下层线棒	2	25.9
387	下端部下层线棒	1	44.4
408	下端部下层线棒	1	44.4
439	下端部下层线棒	1	44.4
476	下端部下层线棒	1	51.9
477	下端部下层线棒	1	51.9

3.3　环境影响因素[4]

（1）海拔。海拔越高,空气越稀薄,则起晕放电电压越低。

（2）湿度。湿度增加,表面电阻率降低,起晕电压下降。因此,根据电厂实际情况,应监测发电机定子湿度,当湿度较高时,可启动加热器进行除湿。

（3）温度。端部高阻防晕层阻值与温度有关。常温下,高阻防晕层阻值高,则温度升高其起晕电压也提高;常温下,高阻防晕层阻值低,则起晕电压随温度升高而下降。

4　结　语

本文通过对厂内水轮发电机定子线棒电晕现象的统计、分析,通过现象分析出定子线棒上、下端部电晕数量差异的原因,总结了线棒结构、电压差及环境因素对电晕现象的影响,提出了防晕的方法,为发电机维护工作中应重点检查的电晕部位和防晕工作提供了参考。

参 考 文 献

[1] 潘慧梅,李泽蓉.高压电机电晕放电及其处理方法[J].攀枝花学院学报,2007,24(3):32-37.

[2] 裴玉龙,仇明.高压电动机电晕产生的原因及处理措施[J].东方电机,2011(1):46-49.

[3] 毛业栋.大型水轮发电机定子线棒电晕处理和分析[J].水电与新能源,2020(5):34.

[4] 白岩年.水轮发电机设计与计算[M].北京:机械工业出版社,1982.

基于设备健康度评估的水电站故障监测技术浅析

席红兵

(雅砻江流域水电开发有限公司,四川 成都　610051)

摘　要　水轮发电机组的故障监测,是水电站日常生产过程中重要的工作内容之一。先进的设备故障监测方法也是水电站智能化建设催生的内在需求。随着大数据分析和人工智能在工业领域应用的飞速发展,大数据分析与发电行业知识经验的融合将成为今后的发展趋势。基于设备健康度评估的故障监测体系,可以利用水电站多年运行积累的海量数据,充分结合人的经验和计算机的计算能力优势,使故障诊断范围广、精度高、反应迅速,将可能出现的设备异常问题扼杀在萌芽状态。

关键词　故障监测;健康度;严重度;超差预警

1　引　言

二滩水力发电厂自投产以来已有20余年,同时伴随着雅砻江水电梯级开发的需要,人员流动带来诸多不确定因素。大量具有丰富经验的运行人员被抽离,前期积累的丰富监盘经验伴随着人员变动迅速流失。考虑到电站后期实现“无人值班(少人值守)”的需要,设备状态监测系统的建立显得尤为必要。

在传统的水电站运行过程中,设备运行的监视手段主要以计算机监控系统为主,通过各个监控系统的上百幅画面监视设备的运行状况。然而,监控画面翻阅工作量大、重要报警信号漏监视、故障报警定值设置单一等不利因素都极大地影响着设备运行状态的监测质量,不利于机组的安全稳定运行。新型的设备故障监测技术,在充分利用电厂运行多年的丰富历史数据库资源的基础上,结合运行经验设置监控规则和手段,可全面且及时地掌握最新的机组状态信息并捕捉到异常情况,帮助运维员第一时间发现运行状态异常,避免发生较大设备故障和人为的漏监视现象。

2　设备健康度模型

设备健康度模型的建立主要是基于当前大数据、云计算等技术的应用,其中大数据技术的运用最为广泛。大数据技术通过对历史数据库的挖掘,同时利用采样建模、大数据算法、多项拟合函数、动态基准值计算等方法达到提前预知、预判来减少设备故障的发生,进而减少故障停机的概率。

当前基于大数据建模技术主要分为物理建模、经验模型建模两大类。物理建模主要是以流体力学(水力学为主)、动力学等学科为理论工具,通过建立并利用物理理论公式进行推导研究；经验模型建模主要利用数据之间的关系进行相似性模拟分析。对于大型水力发电厂而言，发电工艺流程相对复杂，水电厂数据较多，不确定变量众多，工况复杂，参数设值调整复杂。因此，经验模型在实际运用过程中能更好地还原设备的实际运行状态。

设备健康度的经验模型是通过设备运行模式重构来完成的。在设备运行状态监测过程中，影响设备状态的不同因素不会同另一个因素关联起来，而是纯粹基于历史数据库中选定的样本产生估计值，再通过基于样本的数据进行相似性模拟，最终达到清除正常变量，从而显示出设备异常运行状态。例如，影响技术供水泵稳定运行的因素包括水压、电流、振动、温度、密封情况等，在设备健康度模拟评估过程中，以上因素相互独立，共同构成设备稳定的条件。结合历史数据库中导致水泵故障的因素出现的频次、故障后果，确定影响水泵安全运行的主要因素与次要因素，并根据主次要因素确定各因素在健康度评估中所占的权重比例。

设备运行的健康状态以打分的形式直观体现，不同的健康分对应不同的应对策略。如图 1 所示，若设备健康度为 90~100 分，说明该设备运行正常，无需过度监视；若设备健康度为 80~90 分，说明该设备存在一定的安全隐患，需要重点监视及人工干预检查；若设备健康度小于 80 分，说明设备健康状况不佳，需要立即进行检查处理。某智慧运行系统设备健康度监测界面如图 1 所示。

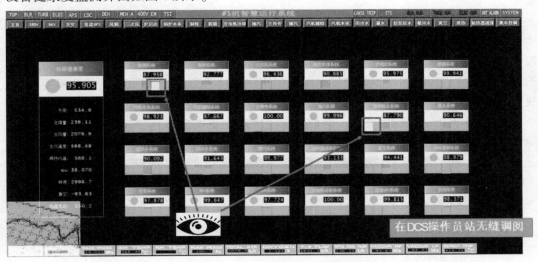

图 1　某智慧运行系统设备健康度监测界面

3　严重度与超差预警

在设备运行中，通过相应监测设备，可以实时采集大量的运行数据。设备异常运行的状态可以用严重度进行评估。严重度指的是设备运行过程中数据异常的严重程度，如果将异常数据进行量化，结合边界条件，通过函数拟定，就可以计算偏离估计值的程度，数据严重度可以有效反映设备是否发生故障以及故障的严重程度，如图 2 所示。

数据严重度是构成设备健康度可量化的基本要素。严重度监测的具体实施方式为将

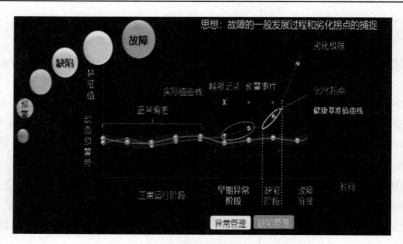

图2　设备故障监测系统阀值设定

一组相关的变量放在一起,将模拟量分组分系统进行计算。例如,运行人员监视某个系统,在某一工况下,一个参数在一定范围内,另一个参数也在相应的范围内,这样一组互相关联的变量可以反映系统设备的运行情况。同时,将一年或多年的历史数据(如水头、工况、温度等模拟量),整合选取其中正常的数据作为机组在健康状态下的各种参数的参考基准。

设备运行在不同工况下,会产生该种工况下的实时数据,基准值与实际值作差从而产生一个差值(阈值),可以由严重度进行表示。在故障监测系统正常读取数据时,把阈值较低的对应变量作为正常变量移除,较高的即为需要显示或报警的异常数据,标记为设备的不正常状态。传统动态预警中仅展示数据实际变化状态,但无法反映偏差的程度,新的故障监测系统,当严重度达到一定程度时,监视系统将作为报警信息立即推送至工作人员,以便工作人员及时检查处理。如数据发生快速性变化,超差较大时,也可直接输出故障信息,或将生成预警诊断单,供工作人员处置参考,严重度监测界面如图3所示。

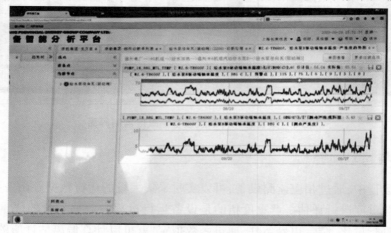

图3　某电厂故障诊断系统设备严重度趋势图

4　应用前景及典型案例

4.1　国内外故障监测发展情况

近年来,随着工业生产智能化水平的逐渐提高,机电设备故障监测能力有了飞跃式发展。国外 GE、西门子等公司都提出了各自的数字化、智能化解决方案,多种数据分析技术应用到电厂的具体业务当中。在电力行业,电网公司和一些大型发电集团也在开展智能电网、智能电站探索实践,引入智能化技术和理念为行业创新发展提供助力。浙江省能源集团有限公司、中国华能集团、江苏利港电力有限公司等单位开展设备故障监测系统研究时间较早,已经建设应用达 10 余年,覆盖多达 100 台主力发电机组,每年创造经济效益数亿元。

目前,国家电网公司、南方电网公司均已提出相关的建设方案,水电、火电、光伏、风电等发电领域也都提出了智能化、智慧化的理念,许多电站还开展了智能化技术应用研究和试点建设工作。电力行业正以全新的视角重新审视传统信息化和工业自动化系统,对其分析、评估、优化、融合,以求实现智能化发展。

4.2　国内同行故障监测系统应用现状

据调查研究,目前已投入应用的企业有江苏利港电力有限公司和神华国华北京燃气热电厂。江苏利港电力有限公司的智能监测系统由艾默生和江苏利港电力有限公司联合开发,神华国华北京燃气热电厂的智能监测系统由上海长庚与国能京燃热电联合开发。2019 年,江苏利港电力有限公司故障监测系统试运行,同年国华北京燃气热电厂故障监测系统正式投入投运。

5　结　论

随着互联网+、智能能源等新技术的不断发展,大数据分析和人工智能在工业领域的应用越来越广泛,智能化的机电设备故障监测系统将成为今后的发展趋势。基于设备健康度评估的水电站故障监测技术在日常运行中具备以下特点:

(1)设备健康状况评估智能化,既能降低运维人员工作强度,又能提高故障监测质量和水平。

(2)通过数据严重度评估实现对各个运行系统异常的预判,减少水电站运行中设备异常和机组非计划停运发生的概率。

(3)提高设备可靠性,从而降低设备运维成本,提高企业的整体效益。

(4)提升运维人员的工作效率,帮助工作人员积累运行经验和提高事故处置水平。

参 考 文 献

[1] 彭宇,刘大同,彭喜元.故障预测与健康管理技术综述[J].电子测量与仪器学报,2010,24(1):1-9.
[2] 刘恩朋,杨占才,靳小波.国外故障预测与健康管理系统开发平台综述[J].测控技术,2014,33(9):1-4.
[3] 王曦钊,刘胜军,王德军,等.智能电站框架研究与工程实践[C]//电力行业信息化年会论文集,2015.
[4] 刘鲁京,苏晖.能源互联网背景下的智能电站建设研究[J].电子测试,2016(23):25-26:
[5] 陈世和.智能电站发展现状及展望[C]//智能化电站技术发展研讨暨电站自动化 2013 年会论文集,2013.

基于安全分区策略下的智能水电站组网模式研究与应用

熊国恩,李桃,李雨通

(雅砻江流域水电开发有限公司,四川 成都　610051)

摘　要　本文主要根据某大型水电站监控系统 IEC_61850 通信升级及机组各相关控制系统智能改造后的运行状况,并结合检修维护经验,分析 IEC_61850 通信规约在水电站的具体应用及其优势,着重从 IEC_61850 通信规约在水电站的设计规划、逐步实现、遇到的问题和解决方法、持续升级等几方面展现 IEC_61850 通信规约的特点,提出一种切实可行、安全可靠的基于 IEC_61850 通信规约的智能水电站的应用思路,供同行参考。

关键词　智能水电站;IEC_61850 通信规约;监控系统;智能改造

1　引　言

　　水电站作为我国能源系统的重要构成部分,其智能化的发展和应用尤为重要。传统水电站的监控系统及机组各相关控制系统间彼此相对独立,使用硬接线信号上送方式居多,1 台机组 LCU 单元接入的模拟量和开关量信号就高达上千个,并且各系统使用的串口通信规约种类繁多,彼此之间通信难度大,通信效率低下[1],更存在因各系统厂商设计的通信硬件不一致,导致某些系统之间无法通信的情况,极大地制约了水电站的自动化水平,增加了检修维护和监控系统的管理难度,不利于水电站的安全稳定运行。

　　近年来,我国重点推动水电工程设计、建造和管理数字化、网络化、智能化,并随着 IEC_61850 通信规约第二版的发布,我国水电站均开启了智能化建设的大潮[2]。本文通过介绍某大型水电站的 IEC_61850 通信实现过程,旨在为智能化水电站的建设和改造提供现实的技术模型和有利的技术保障。

2　IEC_61850 规约针对智能水电站的通信建设

　　智能水电站的目的是通过利用统一的通信标准和软件平台等措施,以通信数字化、信息数字化、集成标准化、业务互动化、运行最优化、决策智能化为基本特征,采用智能电子设备,自动完成采集、测量、控制和保护等功能,基于一体化管控平台、在线分析评估决策、安全防护联动等功能组件,实现生产运行安全可靠、经济高效、友好互动的水电站[3]。IEC_61850 通信规约第二版通过规范设备的信息建模及其功能接口,实现不同设备和不同系统之间的无缝连接,统一了水电站的数据建模标准,规范了智能水电站监视和控制的公用数据类、数据对象和逻辑节点,使系统内部与其他系统设备实现了互操作和信息共享[4]。某大型水电站针对智能化水电站建设,首先新增所有 LCU 单元的硬件接口,并通过升级监控系统软件,使其具备 IEC_61850 通信功能。其次,进行各系统的智能改造,要求改造后的设备均为具备 IEC_61850 通信功能的 IED 设备,最后,进行 LCU 单元与各系统的调试,实现通过网络互相传送信息的功能。

　　根据电力监控系统安全防护要求,水电站网络架构坚持安全分区、网络专用、横向隔离、纵向认证的基本原则,因此网络架构在横向上分为三个区域,即安全 I 区(实时生产控制区)、安全 II 区(非实时生产控制区)、安全 III 区(管理信息大区),纵向上划分为厂站层,单元层和过程层[5-6]。为确保电力生产系统的安全稳定运行,某大型水电站的智能化建设从安全 I 区开始,整个 IEC_61850 通信网络架构设计包含在安全 I 区中,并且通过设计两套设备实现通信冗余功能,LCU 单元网络设计如图 1 所示。

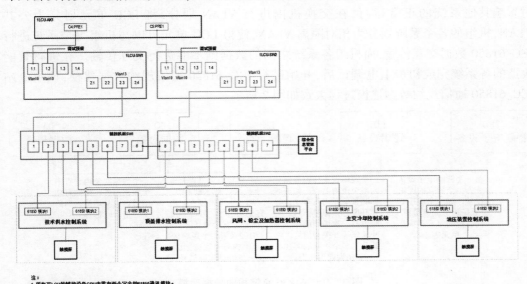

注:
1. 所有至 LCU 的辅控设备 CPU 内需有两个冗余的 61850 通讯模块。
2. SW=Switch,是交换机的缩写。

图 1　LCU 单元网络设计

　　其他 LCU 单元的 IEC_61850 通信网络架构设计思路与图 1 类似。在 LCU 单元侧新增两个交换机,接至 LCU 单元新增的网络硬件接口(C4/C5 CPU),其他网口接至需要通信的设备,并预留调试口,作为调试专用。在设备侧,同样新增两台交换机,且可互相通信,以实现上位机侧一个 CPU 模块可同时与设备侧两个网口模块通信,在本就冗余的网络中实现再次冗余,确保网络畅通,并将其中一个交换机的网口接至综合信息管理平台,在该平台实现数据分析,诊断设备运行状态,为机组状态检修方式提供有力依据,而各系统的对时设置也通过网络 NTP 对时方式与监控系统上位机实现对时。

3　IEC_61850 通信方式的调试和实现

　　LCU 单元与各系统设备之间实现 IEC_61850 通信,两侧均需要配置 IP 地址,IP 地址的规划要充分考虑到网络建设规模、开展业务内容和将来的网络发展方向等。该电站监控系统原来已有一套完整的 IP 地址规划,因此要与之独立,且各个 LCU 单元之间要进行区分,确保每个设备的 IP 唯一。设计时,由监控系统侧统一规划分配,各系统按照分配的

IP 地址进行设置,并将子网掩码后两位开放,扩充规划网段内的 IP 数量,便于以后其他设备扩充。在实际应用中,该电站遇到改造后的某个系统无法实现两套冗余设备在同一网段的问题,设备无法实现互联,因此该 IP 规划则较为特别,无法实现上位机侧一个网口同时与两套设备通信的功能。

在进行 IP 地址整体规划时,单个 LCU 单元,包含该机组的各系统,只规划一个 IP 网段,没有路由,实现 IEC_61850 通信报文在网络中属于二层交换传输,不引入三层路由协议,以此提高通信效率和稳定性,适应 IEC_61850 实时通信数据量大且频繁的特点。另外一个重点是 LCU 单元侧交换机的 VLAN 配置,该配置实现了机组各系统之间的网络隔离。因为机组各系统之间基本没有数据交互的要求,所以为了避免当某个系统网络故障时影响其他系统的正常运行,在交换机内进行 VLAN 划分,将 LCU 单元划分为公共 VLAN,机组的各个系统划分为相对隔离 VLAN,使得 LCU 单元可以与机组每个系统进行 IEC_61850 数据交互传输,而机组各系统之间的数据则不能进行交互传输。在进行智能改造的各系统完成初步上电调试后,开始进行 IEC_61850 通信规约数据建模,该水电站 IEC_61850 通信规约数据建模过程大致如图 2 所示。

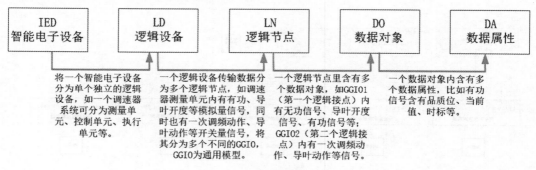

图 2　IEC_61850 通信规约数据建模

从数据建模过程可以看出,使用 IEC_61850 规约进行通信可以传送大量的设备信息数据,以往一个设备受限于厂商设计方式和接线端子数量,只能传输少量信号,而使用 IEC_61850 通信方式后,可以完整地将设备的所有信息与 LCU 单元进行交互。建模完成后,将设备侧提供的 IEC_61850 规约信号点表(CID、ICD 等类型文件[7-8])发送至监控系统上位机侧,上位机导入后,即可实现 LCU 单元与设备的信息交互功能。从这可以明显看出 IEC_61850 通信规约的另一点优势,即信号配置一步完成,以往使用 IEC_104 规约或者 MODBUS 规约等方式进行通信,需要双方约定通信参数,数据提供方整理点表提供给 LCU 单元,双方再各自进行配置,1 个信号配置 1 次,完成后再尝试连接,连接成功后核对信号,过程繁多且易出错,现在使用 IEC_61850 规约进行通信,模型文件一步导入后,既实现了通信参数的配置,也完成了通信信号的配置。在开出量(DO)、开入量(DI)、模出量(AO)和模拟量(AI)四种类型信号中,值得一提是 DO 和 AO 信号的传输配置,通过在监控系统侧设置不同的站号,即每个设备设置一个站号,实现 LCU 单元下发命令至不同的设备,确保 LCU 单元不会误开出。

该水电站在建成基于 IEC_61850 通信规约方式控制设备启动停止的系统后,并未绝对地将硬接线方式控制设备启停功能完全删除,而是做了一点创新,即在上位机设置模式切换按钮,当按下切换按钮,远方控制设备启停的方式切换为 IEC_61850 通信方式,再次按下按钮,则退出 IEC_61850 通信方式控制设备,使用硬接线方式启停设备,以此达到硬接线和 IEC_61850 通信方式并行控制设备的模式,使设备的启停控制更加安全可靠。

4 智能网络平台建设

智能网络平台是以 IEC_61850 通信信号为基础,以平台型智能硬件为载体,按照约定的通信协议和数据交互标准,结合云计算与大数据应用,进行信息采集、处理、分析、应用的智能化终端,具有高速移动、大数据分析和挖掘、智能感应与应用的综合能力,可称为该电站的第二个监控系统,是全国先进的大型水电站智能网络平台系统。

智能网络平台的建设使该电站所有生产设备完全处在实时监测中,且该平台完全按照电力监控系统网络安防各项标准要求设计建设,以完全智能化为核心,将全站生产区域设备的 IEC_61850 通信数据送至智能网络平台,并通过后台服务器进行统计分析,利用不同的关系库时计算各设备运行状态是否良好,为设备的检修方式提供可靠依据,辅助设备控制系统的智能网络平台简易架构设计如图 3 所示,防火墙下端接入设备数据。

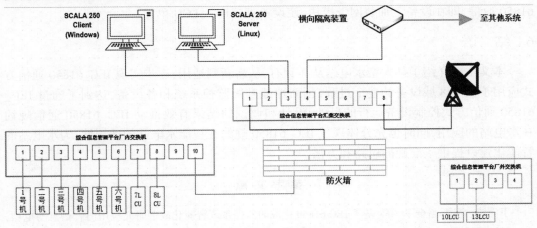

图 3 辅助设备控制系统智能网络平台架构设计

其他系统也有一套独立的智能网络平台架构,分类如调速器系统、励磁系统、厂用电 400 V 系统、厂用电 6 kV 系统、主变色谱等。上述提及,各 LCU 单元是独立的一个 IP 网段,因此智能平台的设计,需要在防火墙内配置路由,使防火墙上侧与下侧不同网段设备可以进行数据交互。智能网络平台充满灵活性和可扩展性,层次结构清晰,能够有效保证各类不同形式设备信息的加入和整合。同时,该平台对数据存取、同步等统一管理和规划,提供可靠的数据服务,屏蔽不同系统间对于数据应用的差别,同时形成不同应用的功能组件以满足各类生产分析需求。该系统最终目标是实现数据的挖掘对比功能,将运行设备的实时数据与已存储的以往历史运行数据进行挖掘对比,发现异常数据时自动报警,提前预警设备可能会发生的故障,达到在设备损坏前知晓设备的剩余寿命,使设备运行人为可控。

5　持续升级基于 IEC_61850 通信规约的设备

目前,该水电站已初步完成 IEC_61850 通信规约在实时生产控制区的实际应用,运行状况良好,较好地替代了硬接线和串口通信传送数据信息的方式,通信数据的安全和速率显著提高,在调试过程中遇到的问题和解决方法也为同行提供较好的参考。但是 IEC_61850 通信规约仍旧存在以下几点问题:①规范本身存在部分通信协议缺失,针对智能水电站的建设,依旧存在模型、数据和适用性等方面问题;②IEC_61850 通信方式使原本复杂的二次回路变成了现场复杂的网络回路,显著减轻了检修维护人员工作量,但如果某个设备软件出现问题,人们是否可以及时有效地解决,值得思考;③目前,IEC_61850 标准应用于水电站还面临着支持该标准的智能电子装置(IED)产品较少、电子装置检测和评估不完善等不足之处。

IEC_61850 规约通信在变电站内已充分应用,很多子系统都有各自的建模标准,而行业尚未发布有关水电站的各个子系统使用 IEC_61850 通信的标准。在之后的 IEC_61850 通信方式升级过程中,该水电站会逐步随着行业相关标准的发布而改变当前使用的通用模型(GGIO)。同时,也会紧跟 IEC_61850 规约在国内的发展趋势,实现设备级 IEC_61850 通信,即在设备上加装网卡模块,使设备直接连入 LCU 单元。

6　结　语

本文主要介绍了某大型水电站从无到有,从崭新到适用,逐步实现 IEC_61850 通信方式应用于生产区域设备的整个过程,创新性地升级监控系统和各设备,达到了通过 IEC_61850 通信方式控制设备运行的目的,设计和调试的结果有效推动 IEC_61850 通信规约在水电站的应用,同时也充分体现了 IEC_61850 规约在智能水电站的适用性,为水电站的智能化建设提供了准确的思路和方法。

参 考 文 献

[1] 丁泽涛,高国,赵金平,等. 基于 IEC 61850 标准的监控系统智能化改造研究应用[J]. 信息与电脑, 2020,1(23):1-3.
[2] 林子阳,张彩虹. 基于 IEC 61850 的智能水电厂实践分析[J]. 电工电气,2019,1(9):1-5.
[3] 田方. 智能水电站设计思路浅析[J]. 西北水电,2020,1(6):1-8.
[4] 芮钧,冯汉夫,徐洁,等. IEC 61850 标准在智能水电厂中的适用性分析[J]. 水电与抽水蓄能,2016, 2(3):92-96.
[5] 高志远,黄海峰,徐昊亮,等. IEC 61850 应用剖析及其发展讨论[J]. 电力系统保护与控制,2018 (1):162-169.
[6] 何吉翔. IEC 61850 规约在智能水电站的应用与配置介绍[J]. 低碳世界,2016(34):43-44.
[7] 徐谦. 基于 IEC 61850 智能断路器 IED 建模与通信接口设计分析[J]. 科技与创新,2018,1(21):1-2.
[8] 闵峥,徐洁,王嘉乐. 基于 IEC 61850 的智能水电厂建模技术[J]. 水电自动化与大坝监测,2011,35 (4):1-5.

基于随机森林算法的高拱坝变形预测研究

刘宗显，刘通，宋明富

（雅砻江流域水电开发有限公司，四川 攀枝花　617000）

摘　要　大坝变形的高精度预测可以及时掌握大坝未来变形趋势，有利于加强大坝安全管理。针对传统模型训练数据集代表性不强、预测模型预测精度不高的问题，本文提出了基于随机森林算法的高拱坝变形预测方法。首先，建立了包含温度因子、水位因子及时变因子的12参数的大坝变形预测因子集。其次，采用滑动平均窗口法对缺失的监测数据进行拟合处理，共获取2 192组数据集。最后，采用随机森林算法对高拱坝变形进行预测，并与多元线性回归方法、BP神经网络算法及支持向量机算法对比，结果显示本文所提出的方法预测精度最高，具有优越性。

关键词　随机森林；大坝变形；预测

1　引　言

自中华人民共和国成立以来，我国水电事业飞速发展，实现了从学习西方到引领世界的历史性跨越[1]。修建大坝形成水库不仅能够保障供水、削减洪峰、贡献能源、促进当地经济发展，而且能够更好地助力实现"碳中和"的目标[2]。截至2021年5月，在国家能源局大坝安全监察中心注册备案的大坝共计615座，其中服役期超过10年（2010年前蓄水）的大坝共计395座，占比为64.22%[3]。随着大坝数量的增多及运行周期的加长，我国将逐渐由高峰期的筑坝阶段转变为常态化的大坝安全管理阶段。

在众多坝型中，具有高次超静定空间壳体结构的高拱坝的安全稳定问题一直是坝工领域的研究重点与热点[4]。受混凝土水化热、上游库水位、气温及服役时效等多种复杂因素的影响，高拱坝变形值是反映服役健康状态的量化参数。因此，在高拱坝运行管理阶段，各管理单位普遍将大坝变形监测作为主要的监测项目。目前，常用于建立大坝变形预测模型的方法主要包括时序回归分析方法、数理统计方法及原型资料分析建模方法三类[5]。以原型监测资料为基础，建立大坝变形高精度预测模型，对大坝未来变形数值进行动态预测并与现场实测值进行对比分析，有利于及时发现坝体异常情况，有助于强化大坝精细化管理水平。大坝变形预测模型能否应用于指导实际工程管理，主要取决于模型的预测精度是否满足现场要求。模型的精度主要由训练数据集的代表性以及预测方法的可靠性决定。

在训练数据集的选择方面，主要取决于选取工程原型监测数据的完整度，通常包含水位、温度及时效三方面因素。在进行混凝土坝变形预测研究时，吴中如院士[6]提出原则上应以混凝土内部温度计实测值为温度因子。在工程监测资料缺失的情况下，刘敬洋等[7]、胡波等[8]、谢怀宇等[9]众多学者以基于三角函数拟合的温度因子为输入参数，对大坝变形进行了预测研究。胡江等[10]指出周期项温度因子难以准确描述坝体内部混凝土温度的非线性、非稳定性变化特征,因此融合实测环境温度和坝体内部温度,构建了大坝变形预测模型,取得了良好的效果。

　　在建模方法中,机器学习技术的诞生和快速发展为大坝变形预测分析提供了新的途径,如基于仿生优化算法扩展的支持向量机模型[11]、随机高斯模型回归算法[12]、增强回归树[12]等机器学习方法被广泛应用于大坝变形预测建模领域,极大地提高了预测精度和效率。然而,由于监测设备的精度、传输路线的通畅性等因素的影响,大坝长周期变形监测数据常具有噪声(如部分监测数据缺失、异常等情况),在噪声数据的影响下,上述方法易陷入过拟合,因此未能有效指导现场监测管理工作。

　　为了有效解决训练数据集代表性不强、预测模型预测精度不高的问题,本文开展基于随机森林算法的高拱坝变形预测研究。首先,以国内某高拱坝为研究载体进行研究。该高拱坝运行 20 余年,大气温度、坝体混凝土温度、库水位信息及变形数据等各类监测资料记录翔实、可靠,积累了大量的宝贵数据,为构建翔实、可靠的数据集提供了数据支撑。其次,基于随机森林算法(Random Forest,简称 RF)对选取的训练数据集进行学习训练,确定算法的各个参数值,利用测试集对模型的精度进行测试分析。最后,通过与目前常用的多元线性回归算法、BP 神经网络算法、支持向量机算法的预测结果进行对比分析,验证本研究的可靠性。

2　高拱坝变形预测模型与方法

2.1　数学模型

　　本文建立的数学模型如式(1)~式(5)所示。式(1)定义了模型的目标函数,高拱坝变形预测模型的目标是基于获取水压变形分量(δ_H)、温度变形分量(δ_T)及时效变形分量(δ_θ)得到拱坝综合变形值(δ)。式(2)定义了模型的方法集(M),包括数据清洗降噪方法(M_a)、变形预测方法(M_p)及模型性能评价方法(M_e)三类。式(3)~式(5)分别定义了水压变形分量、温度变形分量以及时效变形分量的求解方法,其中,综合国内外参考文献研究现状,选取上游水深(H)、水深平方(H^2)、水深三次方(H^3)以及水深四次方(H^4)作为水压变形分量求解的因子集;为了综合实测温度数值及拟合温度数值的优势,本文选取坝体内部混凝土温度实测数值(T_c)、大气环境温度量(T_e)及三角函数拟合的温度值(T_h)三类温度数据作为温度变形分量求解的因子集;以监测日和基准日时间为基础,选取时间分量(θ_1)及时间对数分量(θ_2)作为时效变形分量求解的因子集。

$$\delta = f(\delta_H, \delta_T, \delta_\theta) \tag{1}$$

$$M = M_a \cup M_p \cup M_e \tag{2}$$

$$\delta_H = f_H(H, H^2, H^3, H^4) \tag{3}$$

$$\delta_T = f_T(T_c, T_e, T_h) \tag{4}$$

$$\delta_\theta = f_\theta(\theta_1, \theta_2) \tag{5}$$

2.2　数据清洗降噪方法

　　随着监测仪器长周期的运行,部分监测仪器及传输网络可能存在损坏的风险,因此长时间序列的监测数据往往存在部分数据缺失的情况。在数据挖掘领域,数据缺失会影响模型的训练,往往导致实际运用过程中精度不高及泛化能力差等问题。因此,对原始数据进行清洗降噪,对缺失的数据进行处理的工作必不可少。数据缺失的处理包括直接删除和利用已知数据及插值方法进行插值处理两类方法,前者处理简单,但难以有效反映数据的完备性,在缺失数据占比较大的数据集中,会造成资源浪费及影响建模效果;后者主要利用已知的数据进行拟合求解,常用的方法包括固定值处理法、多元线性回归法、克里金插值法、滑动平均窗口法以及拉格朗日插值法等。考虑到本文选取的研究对象的监测数据具有长周期性及低缺失率性等特点,滑动平均窗口法具有简洁性及计算量小等优势,本文采用滑动平均窗口法对缺失数据进行处理,滑动平均窗口法相关定义及计算公式参见文献[13]。

2.3 变形预测方法

美国科学家 Breiman 于 2001 年提出了随机森林算法,该算法是基于并行式集成学习的 Bagging 方法与随机子空间方法相结合的一种机器学习方法[14]。随机森林算法自提出以来被广泛应用于回归、预测研究中,考虑到其具有精度高、抗噪能力强、训练速度快及泛化能力强等优势,本文基于随机森林算法构建高拱坝变形预测模型。随机森林算法本质上属于集成学习算法的范畴,因此在实现过程中需要构建决策树。在本文中,拟解决的问题为大坝变形回归预测,因此需要建立基于回归决策树的随机森林算法。

随机森林算法模型建立包括模型训练和模型预测两部分,基本原理如图 1 所示。随机森林算法的性能和效率主要取决于随机森林树的数量(Ntree)、叶节点的样本数(Nodesize)和节点分裂的随机特征数(Mtry)3 个参数,其中,Mtry 直接决定算法的预测精度,Ntree 决定算法的随机性。在模型训练阶段,首先,采用 Bootstrap 统计技术从训练数据集中进行有放回的随机抽样,抽取的次数为原始样本的数据量;其次,通过抽取的数据集对参数进行优化分析。模型训练结束后,将预测数据集输入到每棵回归树中,每棵回归树都会得到一个预测值,然后通过计算所有回归树预测值的平均值来获得最终输出结果。

3 结果分析与讨论

3.1 工程概况

某高拱坝位于我国西南地区雅砻江流域,该拱坝是我国 20 世纪建成的最大的水电站,坝顶高程 1 205.00 m,最大坝高 240 m,设置 39 个坝段。为了监测该拱坝水平位移变形情况,自建设之初设计安装了包括正倒垂线、坝顶及坝后观测墩、多点位移计、引张线和伸缩仪等多类监测设施。该拱坝正倒垂线共计设置 20 台,分别布置在#4、#11、#21、#33 和#37 坝段的五个断面,其中在#19 和#23 坝段各布置 1 条 80 m 的倒垂线,#21 坝段同一部位布置不同长度的两条倒垂线。垂线监测系统布置如图 2 所示。

3.2 模型数据样本选择

大量的工程实践表明,水压、温度荷载、泥沙压力、浪压力、地震等荷载均能够致使坝体结构性态发生转变。因此,大坝变形过程是多因素复合影响的结果,在大坝变形预测领域,专家学者常采用水位因子、温度因子、时效因子三项作为影响变形的主要因素,因此本文通过上述三项因子产生的变形分量的和作为坝体变形值,从而构建影响因子与变形结果的数学表达式,其形式如式(6)~式(9)所示:

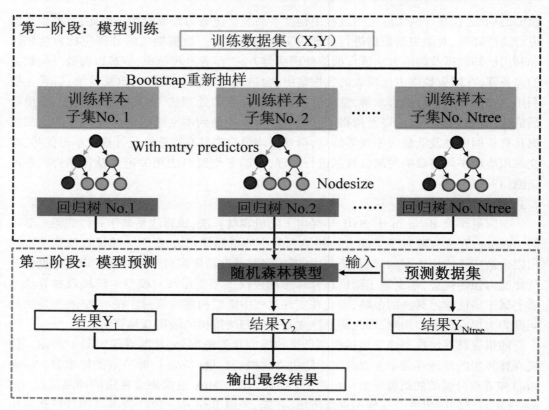

图 1　随机森林算法基本原理

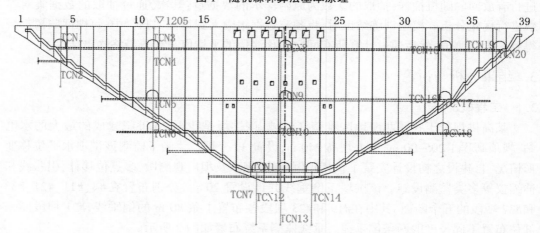

图 2　某高拱坝垂线监测系统布置

$$\delta = \delta_H + \delta_T + \delta_\theta \tag{6}$$

$$\delta_H = a_0 + \sum_{i=1}^{n} a_i H^i \tag{7}$$

$$\delta_T = b_i T_i + b_j T_j + \sum_{i=1}^{2}\left[b_{1i}\left(\sin\frac{2\Pi it}{365} - \sin\frac{2\Pi it_0}{365}\right) + b_{2i}\left(\cos\frac{2\Pi it}{365} - \cos\frac{2\Pi it_0}{365}\right)\right] \tag{8}$$

$$\delta_\theta = c_1\theta + c_2\ln\theta \tag{9}$$

式中，a_0 为常数项；H 为上游水深；n 为坝型系数；T_i 为混凝土内部温度计实测温度；T_j 为环境量实测温度；i 为周期，t 为监测日到基准日的累计监测天数，其中 $\theta = t/100$；a_i、b_i、b_j、b_{1i}、b_{2i}、c_1 和 c_2 均为系数。

由此，可将本文中因子集拟定为 $\left\{ H, H^2, H^3, H^4, \sin\dfrac{2\Pi t}{365} - \sin\dfrac{2\Pi t_0}{365}, \cos\dfrac{2\Pi t}{365} - \cos\dfrac{2\Pi t_0}{365}, \right.$ $\left. \sin\dfrac{4\Pi t}{365} - \sin\dfrac{4\Pi t_0}{365}, \cos\dfrac{4\Pi t}{365} - \cos\dfrac{4\Pi t_0}{365}, T_i, T_j, \theta, \ln\theta \right\}$。综合考虑监测资料的完整度及监测位置的代表性，以 TCN8 垂线监测数据为研究对象，选取 2015 年 1 月 1 日至 2020 年 12 月 31 日的监测数据进行研究。根据大坝安全监测系统数据统计情况，环境量温度、库水位及混凝土内部温度监测信息均存在部分缺失，经统计缺失数据共计 102 条，占比 5%，应用滑动平均窗口法对缺失数据进行处理，共收集数据 2 192 条。

3.3 变形预测结果分析

首先，将数据随机分为训练集和测试集，其中训练集 1 800 组，测试集 392 组；其次，应用训练集对随机森林算法进行训练拟合，确定各个参数最优值；最后，应用测试集对训练好的随机森林算法进行性能测试，预测值和实测值如图 3 所示。

由图 3 可知，预测值和实测值基本保持一致，实测值和预测值相关系数为 0.992 6，预测结果与实测值存在强相关关系。因此，基于随机森林算法的大坝变形预测模型预测精度优良，因此可以应用本文所提的方法进行大坝变形预测。

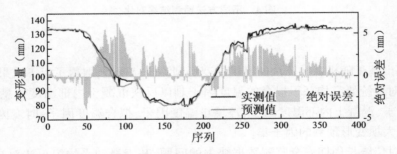

图 3 变形预测结果

3.4 模型性能对比分析讨论

为了验证本文模型在变形预测中具有的优越性，以多元线性回归、BP 神经网络算法及支持向量机算法作为对比算法，分别应用训练集对上述三种方法进行训练，并基于测试集对上述三种方法的预测性能进行测试。四种方法的大坝变形预测计算结果与实测值分析结果如图 4 所示。由图 4 可知，与其他三种方法的预测结果相比，本文的结果与实测值均值最接近、相关系数最高、均方根误差（$RMSE$）、均方误差（MSE）及平均绝对误差（MAE）均最低，可以看出本文所提的方法预测精度最高。因此，与目前常用的回归方法相比，本文所提出的基于随机森林算法的高拱坝变形预测模型具有优越性。

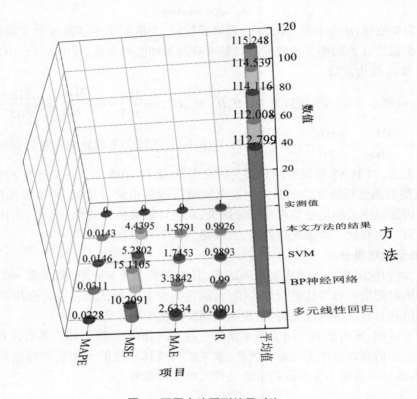

图 4　不同方法预测结果对比

4　结　论

本文提出基于随机森林算法的高拱坝变形预测研究模型,取得了以下成果:

(1)针对传统研究均基于拟合的温度因子难以反映混凝土内部温度信息的不足,选取了水位因子、混凝土内部温度因子、环境量温度因子、拟合温度因子、时变因子共计 12 个参数作为大坝变形预测的因子集。

(2)针对传统长周期安全监测数据缺失的问题,基于滑动平均窗口法对缺失数据进行处理,取得了良好效果。

(3)应用随机森林算法对历史变形监测数据进行学习训练,并与常用的数据挖掘方法对比,验证了随机森林算法在大坝变形预测领域应用的优越性。

参 考 文 献

[1] 张博庭. 中国水电 70 年发展综述——庆祝中华人民共和国成立 70 周年[J]. 水电与抽水蓄能, 2019,5(5):1-6.

[2] 程春田. 碳中和下的水电角色重塑及其关键问题[J/OL].电力系统自动化:1-10. http://kns. cnki. net/kcms/detail/32. 1180. TP. 20210203. 1442. 006. html.

[3] 国家能源局大坝安全监察中心. 大坝概览[EB/OL]. [2021-05-11]. https://www. dam. com. cn/o-verview/dams.

［4］曹延明，井德泉，刘春高. 人工免疫算法优化双支持向量机在拱坝变形预测中的应用［J］. 长江科学院院报，2019,36(12):54-58.

［5］魏博文，彭圣军，徐镇凯，等. 顾及大坝位移残差序列混沌效应的 GA-BP 预测模型［J］. 中国科学：技术科学，2015,45(5):541-546.

［6］吴中如. 水工建筑物安全监控理论及其应用［M］. 北京:高等教育出版社,1990.

［7］刘敬洋，刘何稚，朱凯，等. 基于 PSO-SVM 模型的拱坝坝变形预测研究［J］. 三峡大学学报(自然科学版)，2013,35(1):30-33.

［8］胡波，刘观标，吴中如. 小湾特高拱坝首蓄期坝体变形特性分析及评价［J］. 水利水电科技进展，2015,35(6):68-72.

［9］王晓玲，谢怀宇，王佳俊，等. 基于 Bootstrap 和 ICS-MKELM 算法的大坝变形预测［J］. 水力发电学报，2020,39(3):106-120.

［10］胡江，王春红，马福恒. 特高拱坝运行初期变形预测模型温度因子选取方法［J］. 长江科学院院报，2021,38(1):59-65.

［11］李涧鸣，包腾飞，高瑾瑾，等. 基于小波 EGM-ISFLA-SVR 的大坝变形组合预测模型［J］. 水利水电技术，2018,49(5):57-62.

［12］Kang F, Li J. DIsplacement Model for Concrete Dam Safety Monitoring via Gaussian Process Regression Considering Extreme Air Temperature［J］. Journal of Structural Engineering, 2020,146(1).

［13］许江，陈志奎，张清辰. 基于嵌套滑动窗口的数据流缺失数据填充算法［J］. 西南师范大学学报(自然科学版)，2015,40(11):130-136.

［14］方匡南，吴见彬，朱建平，等. 随机森林方法研究综述［J］. 统计与信息论坛，2011,26(3):32-38.

浅谈水电站运行操作风险分级管控策略

魏举锋，王军，刘彦阳

（雅砻江流域水电开发有限公司，四川 成都　610000）

摘　要　通过对水电站运行操作中的危害因素进行辨识，运用作业条件危险性分析（LEC）和是非判断法对运行操作进行风险评估分级，根据分级结果采取针对性措施进行风险分级管控，实现水电站运行操作风险可控。

关键词　水电站运行操作；风险分级；风险分级管控

1　水电站运行操作风险分级管控策略提出背景

电厂安全操作风险管控失效危害性大。近年我国发供电企业所发生的事故中，90%以上由违章引起，70%以上典型事故归咎于习惯性违章[1]。其中，违反电气五防的恶性误操作给电力企业带来灾难性后果，轻则损坏设备，重则导致人身伤亡或对外停电。

电厂安全操作风险管控难度大。运行操作是电力企业中一项频繁、重要和危险性高的工作，也是风险管控难度较大的一项工作。为有效控制电厂安全操作的风险，操作票、操作监护制和唱票复诵制是保障操作安全的最重要的组织措施。在实际工作中，由于各种原因，保障安全的组织措施很难得到全面落实。

随着我国水电的加速开发，政府部门及电网对水电企业的安全管理都提出了更高的要求。安全、稳定已成为水电站运维管理的长期主题，但水电企业技术人员年龄越来越趋于年轻，经验欠缺，风险防范意识不足，因此加强水电站运行操作风险分级管控，降低操作风险，保证电力生产工作安全有序开展势在必行。

2　水电站运行操作危害因素及后果分析

2.1　水电站运行操作危害因素分析

《生产过程危险和有害因素分类与代码》（GB/T 13861—2009）按可能导致生产过程中危险和有害因素的性质将生产过程危险和有害因素分为四大类：人的因素、物的因素、环境的因素、管理的因素[2]。按照上述分类原则，结合水电站现场工作实际，将水电站运行操作作业活动中的危害因素进行分析，其中：

（1）人的因素中，心理生理性危害因素包括负荷超限、健康状况异常、心理异常、辨识功能缺陷等；行为性危害因素包括违章指挥、违章操作、监护失误等。

（2）物的因素主要包括设备设施缺陷、防护缺陷、电危害、噪声危害、电磁辐射、运动

作者简介：魏举锋（1991—），男，学士学位，助理工程师，研究方向为水电站运行。E-mail：weijufeng@sdic.com.cn。

物危害等。

（3）环境因素主要包括地面湿滑、作业场所狭窄、作业场所杂乱、地面不平、恶劣气候与环境、强迫体位等。

（4）管理的因素主要包括组织机构不健全、规章制度不完善、安全卫生投入不足、健康管理不完善等。

2.2　水电站运行操作危害因素后果分析

根据《企业职工伤亡事故分类标准》（GB 6441—1986）的相关要求，对水电站运行操作危害因素后果进行分析，可能发生的事故类型主要包括车辆伤害、机械伤害、触电、淹溺、火灾、高处坠落、容器爆炸、其他爆炸、中毒和窒息等[3]。

3　风险分析评估分级方法及实施

3.1　作业条件危险性分析（LEC）

作业条件危险性分析（LEC）属于风险半定量分析方法，该方法用与系统风险有关的三种因素指标值的乘积来评价操作危险性大小，该乘积值越大，表示作业条件的危险性越大。这三种因素分别是：事故发生的可能性（用 L 表示）、暴露于危险环境的频繁程度（用 E 表示）以及发生事故产生的后果（对人身、设备、环境）（用 C 表示）[4]。L、E、C 取值参考表 1 和表 2。

表 1　L、E 的取值参考[5]

分数值	L 的取值参考 事故发生的可能性	分数值	E 的取值参考 暴露于危险环境的频繁程度
10	完全可能发生（可以预料）	10	连续暴露
6	相当可能发生	6	每天工作时间内暴露
3	可能发生，但不经常	3	每周一次，或偶然暴露
1	发生的可能性小，属于意外发生	2	每月一次，或偶然暴露
0.5	很不可能发生	1	每年几次暴露
0.2	极不可能发生	0.5	非常罕见的暴露
0.1	实际上不可能发生		

表 2　C 的取值参考[6]

分数值	发生事故产生的后果 （对人身）	发生事故产生的后果（对设备）	发生事故产生的 后果（对环境）
100	大灾难，10 人以上死亡，50 人以上重伤	电力设施损坏，损失达 1 000 万元；或火灾损失达 100 万元	国际性的环境问题，需要干预
40	灾难，2~9 人死亡，10~49 人重伤	电力设施损坏，损失达 300 万元；或火灾损失达 30 万元	地区性的环境问题，需要干预

续表 2

分数值	发生事故产生的后果（对人身）	发生事故产生的后果（对设备）	发生事故产生的后果（对环境）
15	非常严重，1 人死亡，2~9 人重伤	电力设施损坏，损失达 10 万元；或火灾损失达 1 万元	当地的环境影响，需要干预
7	严重，重伤	导致机组停运且直接损失在 1 万元以上	短期生态影响，需要干预
3	重大，致残	导致机组停运	影响较小，短期内可自然恢复
1	引人注目，需要救护的，轻伤	造成设备 A 类异常	有影响，但环境会很快地恢复

3.2 是非判断法

是非判断法属于风险定性分析方法，该方法是根据制定的判据，对危害因素进行对比、衡量并确定危险性大小。当危害因素符合判据之一时，即可直接判定风险值 D_0 的大小；当判定条件均不满足时，D_0 取 0。

3.3 水电站运行操作风险等级判定方式

水电站采用作业条件危险性分析（LEC）和是非判断法对运行操作作业进行风险评估，其评估公式为 $R = \max\{L \times E \times C, D_0\}$。根据 R 值大小，将运行操作风险分级定为重大风险、较大风险、一般风险和低风险四级，分别用颜色红、橙、黄、蓝标识；将评估级别定为 A 级、B 级、C 级、D 级四级。另外，根据水电站现场实际，增加可接受风险，该风险等级暂不列入水电站管控清单，如表 3 所示。

表 3 风险等级判定

风险等级	重大风险	较大风险	一般风险	低风险	可接受风险
颜色	红	橙	黄	蓝	—
评估级别	A 级	B 级	C 级	D 级	—
等级描述	极其危险，不能继续作业	高度危险，需要立即整改	显著危险，需要整改	比较危险，需要注意	稍有危险，或许可以接受
风险值(R)	$R > 320$	$160 < R \leqslant 320$	$70 < R \leqslant 160$	$20 \leqslant R \leqslant 70$	$R < 20$
控制级别	电站、部门、班组、岗位	电站、部门、班组、岗位	部门、班组、岗位	班组、岗位	—

3.4 水电站运行操作风险分级管控策略实施

（1）划分风险点。按区域（场所）建立设备设施台账清单，建立包括操作项目、操作主要步骤、操作地点、操作频率等内容的《作业活动风险点清单》。依据水电站实际运行操作,梳理出重要操作项目 79 项,其中主要操作步骤 268 项,涉及电站 220 kV 系统、技术供水系统、15.75 kV 系统、励磁系统、泄洪系统、调速器油压装置系统、400 V 系统、厂用气系统、10 kV 系统、消防系统等设备区域,如表 4 所示(节选部分)。

表 4 《作业活动风险点清单》

作业活动 (操作)名称	步骤	作业活动(操作)主要内容	岗位/地点	活动频率
机组压力油罐充油升压	(1)	检查各部人员已撤出	运行/发电机层、水轮机层	4 次/a
	(2)	依次开启工作罐供油阀、工作罐辅助油阀、工作罐主操作油阀		
	(3)	恢复压油泵电源		
	(4)	充油至工作罐正常油位		
	(5)	补气并监视工作罐压力		
	(6)	2 MPa、4 MPa、6.3 MPa 时分别全行程开关导叶、桨叶各 1 次,检查各部渗漏情况		
	(7)	投入低油压保护压板		
机组尾水管充水	(1)	检查机组具备尾水管充水条件	运行/发电机层、水轮机层、锥管进人廊道	4 次/a
	(2)	关闭机组尾水排水阀,投入机组制动风闸		
	(3)	手动缓慢开启导叶至 5% 开度		
	(4)	提尾水闸门对尾水管进行充水,检查机组各部无渗漏、顶盖排水泵启停正常		
泄洪闸门开启/关闭	(1)	检查泄洪闸系统相关阀门状态在正常方式,并进行两侧密封淋水	运行/泄洪闸启闭机室	500 次/a
	(2)	输入泄洪闸开度设定值		
	(3)	发泄洪闸闸门操作令		

(2)采用是非判断法和作业条件危险性分析(LEC)对运行操作作业进行风险评估,确定操作项目风险等级,建立包括操作项目、操作主要步骤、危害因素、可能发生的事故类型、风险评估、风险分级等内容的《作业风险评估数据库》,如表 5 所示。

表5 作业风险评估数据库

操作项目	步骤	危害因素	可能发生的事故类型	D	L	E	C	R	评估级别	风险分级
机组压力油罐充油升压	(1)	监护失误	其他伤害	0	3	1	7	21	D	低风险
	(2)	操作错误,监护失误	其他伤害	0	3	1	15	45	D	低风险
	(3)	操作错误,监护失误,电伤害	触电	0	3	1	7	21	D	低风险
	(4)	操作错误,监护失误,信号缺陷	其他伤害	0	3	1	7	21	D	低风险
	(5)	操作错误,监护失误,信号缺陷,噪声	其他伤害	0	3	1	7	21	D	低风险
	(6)	操作错误,监护失误,信号缺陷,运动物伤害	其他伤害,机械伤害	0	3	1	7	21	D	低风险
	(7)	操作错误,监护失误,电伤害	其他伤害	0	3	1	7	21	D	低风险
机组尾水管充水	(1)	监护失误,操作错误	其他伤害	0	3	1	7	21	D	低风险
	(2)	操作错误,监护失误,运动物伤害	机械伤害,触电	0	3	1	15	45	D	低风险
	(3)	操作错误,监护失误	其他伤害,机械伤害	0	3	1	15	45	D	低风险
	(4)	监护失误,操作错误	其他伤害,淹溺	0	3	1	15	45	D	低风险
泄洪闸门开启/关闭	(1)	设备、设施、工具、附件缺陷	高处坠落	0	3	6	3	54	D	低风险
	(2)	操作错误,监护失误	其他伤害	0	3	6	3	54	D	低风险
	(3)	指挥错误,操作错误,监护失误	其他伤害,淹溺	0	3	6	7	126	C	一般风险

(3)确定管控层级及制定风险管控措施。其中,较大风险和重大风险操作实行电站、部门、班组、岗位四级管控;一般风险实行部门、班组、岗位三级管控;低风险实行班组、岗位两级管控;可接受风险不列入管控清单。同时,针对重要操作步骤及风险制定相应管控措施,切实将运行操作风险降至可控、可接受。以"泄洪闸门开启/关闭"操作为例,如表6所示。

表6　作业风险管控措施

操作项目	操作主要步骤	风险分级	管控层级	建议管控措施
泄洪闸门开启/关闭	(1)	低风险	班组级	(1)执行监护唱票复诵制度,不得漏项、跳项操作,做好现场监护,监护人和操作人共同核对设备双重名称。 (2)淋水操作时,不得依靠护栏
	(2)	低风险	班组级	执行监护唱票复诵制度
	(3)	一般风险	部门级	(1)CCS上发后要确保开腔压力正常,闸门流程执行正常。 (2)按规定提前通知保安进行沿江巡逻,及时疏散沿江游玩的群众。 (3)操作泄洪闸前,要按照规定预警。 (4)操作泄洪闸前,开启淋水装置。 (5)按照相关制度要求执行泄洪信息传递工作。 (6)泄洪闸操作过程中关注机组出力的变化,必要时进行人为调整。 (7)执行监护唱票复诵制度,不得漏项、跳项操作,做好现场监护,监护人和操作人共同核对设备双重名称

(4)运用智能防误系统实现运行操作分级审核及评价。依托移动互联网技术构建智能防误系统为无纸化系统,可根据上述风险评估分级结果确定的带有风险等级的操作票录入系统形成标准操作票。实际操作前,由操作票填写人调用标准票及其风险描述、控制措施、风险等级,系统将自动根据风险等级确定审批层级,经过审批的操作票在操作前还需经过分级风险交底后方可操作。以一般风险为例,相关操作票在允许执行前必须经部门、班组、岗位三级审查;操作票执行前,需经过部门、班组的二级安全交底;操作票执行完毕后,须经部门、班组二级合规性评价,评价后操作票才可关闭结束。另外,智能防误系统通过软硬件结合,实现了操作票逻辑校验、标准双重名称自动录入的预先控制;重要设备操作风险自动提示、强制按序操作、智能锁具闭锁、实时远程监管的过程控制;操作数据自动归档、事故追溯、大数据分析等事后控制。通过运行操作风险分级管控及全过程的有效监管,全面提升了运行操作安全管控水平。

4　水电站运行操作风险管控预防策略

人作为作业活动的发起者和参与者,人的不安全行为是事故发生的根本原因,所以水电站运行操作风险分级管控的主要任务就是全面梳理运行操作风险点清单,针对不同级别风险采取差异化、针对性管控措施,及时发现、分析、消除作业过程中人的不安全行为、物的不安全状态及环境危害因素,有效控制危险因素,防止事故发生。具体措施如下:

(1)全面梳理并建立《水电站运行操作风险点清单》,制定针对性分级管控措施及应对措施,严格落实运行操作多级审核评价相关要求,并在班组内广泛宣贯,达到全员熟悉并掌握的程度,切实将运行操作风险降至可控、可接受。

（2）全员认真学习国家法律法规,集团、公司、电厂的相关制度和管理标准,不断强化班组员工安全意识。签订安全生产目标责任书,明确岗位职责,狠抓责任落实,有效推进运行操作风险分级管控相关工作。

（3）加强员工安全教育及技术技能培训。组织员工精读规程,字斟句酌,消除对规程理解上的盲点甚至误区;修编完善图纸、标准操作票、规程等技术资料,加强技术培训,掌握水电站设备运行原理及规律,用员工技术提升来达到控制人的不安全行为,减少操作失误的目的。

（4）信息化、智能化辅助系统的应用。通过开发契合现场实际情况的信息化、智能化辅助系统,将运行操作风险分级及管控措施成果融入系统,用系统确保成果的有效执行和落地,真正做到风险分级、操作过程管控到位。

5　结　语

水电站运行操作对于电站安全稳定运行有着重要意义,通过对水电站运行操作危害因素的分析,采用适合现场实际的风险评估方式,确定操作项目风险等级,制定并落实行之有效的风险管控策略,降低风险至可接受范围内,减少运行操作事故发生,实现水电站安全、稳定、经济运行。

参 考 文 献

[1] 李斌. 集控站微机五防系统应用研究[D]. 保定:华北电力大学,2008.
[2] 中华人民共和国国家质量监督检验检疫总局,中国国家标准化管理委员会. 生产过程危险和有害因素分类与代码:GB/T 13861—2009[S].
[3] 企业职工伤亡事故分类标准:GB 6441—1986[S].
[4] 邵永泽. Y公司××220 kV变电站工程项目安全风险管理研究[D]. 桂林:广西师范大学,2018.
[5] 何璐. J冶炼企业选矿生产过程危险源辨识及控制对策研究[D]. 北京:首都经济贸易大学,2016.
[6] 董云灿. 浅析电力生产危险源的辨识与控制[J]. 电力安全技术,2014,16(7):4-6.

桐子林水电站推力外循环系统
油流量低机理研究

肖宏宇，谢林

（雅砻江流域水电开发有限公司二滩水力发电厂，四川 攀枝花 617000）

摘　要　自桐子林水电站水轮发电机组投产以来，发电机推力外循环冷却系统一直存在管路进气现象，长时间运行或切换支路后，均会发生推力外循环系统管路流量降低，甚至短时间内管路流量中断的现象。为此，对导致这一缺陷产生的原因及改进建议进行了分析及讨论。
关键词　推力外循环系统；管路进气；离心泵

1　概　述

桐子林水电站发电机推力轴承冷却方式为外加泵外循环系统，采用单级单吸式离心泵，每台机组布置有 6 个支路，3 用 3 备。热油通过布置在推力油槽外侧壁的回油管引至外循环冷却系统，经冷却后的冷油从推力瓦座的径向圆孔流入推力轴承内径侧。自桐子林水电站水轮发电机组投产以来，发电机推力外循环冷却系统一直存在管路进气现象，长时间运行或切换支路后，均会发生推力外循环系统管路流量降低甚至短时间内管路流量中断的现象，其中 1 号机组经过 A 修之后出现低流量报警的频率急剧上升，为了将导致这一缺陷产生的原因分析清楚，以提高发电机推力外循环冷却系统的效率，现对推力外循环管路流量降低的缺陷现象、处理过程、可能的影响因素进行分析。

2　流量降低的现象

自投产以来，4 台机组出现推力外循环系统油流量低报警的现象时有发生，该缺陷在检修后机组投运初期较为常见，1、2、3、4 号机组均出现过类似缺陷，投运 2~3 月后 2、3、4 号机组低流量报警现象逐渐消失，唯独 1 号机无法自行消除。1 号机组首轮 A 修结束后于 2020 年 6 月 27 日正式投入运行，自投运开始便频繁出现推力外循环油流量低报警信号，相对 A 修前报警次数急剧上升，30 天内报警高达 3 000 次。现场处理时，手动打开外循环油泵本体上的排气孔及冷却器进油管路上的排气阀，待油泵与管路内空气排尽后流量恢复正常。

3　推力外循环系统结构介绍

如图 1 所示，油泵和冷却器的安装位置与推力油槽并不在同一高程，而是位于油槽下方约 2 m 的地方。油循环路径如下：随着机组旋转，镜板与推力瓦之间摩擦产生的热油被甩入推力油槽热油区，经过冷却器进油管被油泵送入推力外循环冷却器，热油被冷却后沿管路进入推力油槽冷油区,最后通过虹吸进入镜板与推力瓦间,完成一次循环。

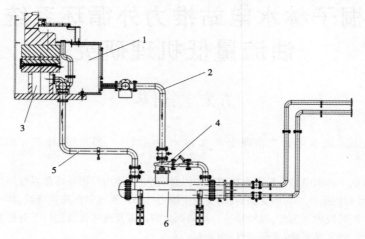

1—推力油槽热油区;2—推力油槽冷油区;3—冷却器进油管;
4—油泵;5—冷却器出油管;6—推力外循环冷却器

图 1　推力外循环系统结构

4　检查处理情况

推力外循环系统频繁出现低流量报警的现象,已经影响了机组的正常稳定运行,并增加了检修维护人员的工作量。为了查找原因,对 1 号机下机架+Y 方向的#2 推力外循环系统油泵进行了分解检查,未发现明显影响管路油流量的异常情况。缺陷出现后,一方面进行缺陷跟踪观察和原因分析,并在控制逻辑与设备本体上寻找优化的空间;另一方面,向东电发函寻求技术支持,具体工作如下。

4.1　取消 A/B 支路定期轮换逻辑

推力外循环系统 A 组支路(1、3、5 支路)与 B 组支路(2、4、6 支路)的主备定期轮换原为 100 天,在机组并网态时达到轮换时间进行 A、B 组支路轮换。对比发现,备用支路因长时间未投入运行,油泵及管路内的透平油处于静止状态,管路及油泵中的热油逐渐冷却至室温后,透平油体积收缩,在油泵内形成部分真空,会从油泵传动轴轴封处吸入空气,在叶轮上方的空腔聚集,当油泵体内存在空气时,由于空气密度很小,旋转后产生的离心力小,因而叶轮中心区所形成的低压不足以吸入液体,导致输送效率变低。2020 年 1 号机 A 修期间对轮换逻辑进行优化,修改为在机组开机过程中,根据 A、B 组支路运行时间长短及可用泵数量多少判别主备,实现轮换目的,避免在并网态时推力外循环系统主备组支路轮换可能因部分支路出现故障而导致切换失败,增加运行风险。同时,为防止机组长时间停机,主备支路均出现上述情况,机组长时间停运后开机前需安排检修人员手动对油泵和管路进行排气。

4.2　加装自动排气管路

冷却器至推力油槽出油段管路设计有泄压管,同时能起到自动排气作用,而推力油槽至冷却器进油段管路仅设置一手动排气阀。机组运行过程中,推力油槽内镜板带动油流高速旋转,形成大量气泡,翻卷的油流裹挟气泡被吸入油泵,含有气泡的透平油被叶轮挤入高压区后急剧凝结或破裂。因气泡的消失产生局部真空,周围的透平油就以极高的速度流向气泡中心,瞬间产生极大的局部冲击力,对叶轮和泵体造成冲击,使其受到损坏,影响输送效率。

2019 年 3 号机 C 修期间,在推力外循环系统#1、#6 支路油泵出口的管路上加装了硬质排气管,将排气管路引入推力油槽上层盖板有机玻璃观察窗内,以尝试消除管路中的气泡。经安装调试,发现油泵出口的管路上未加装排气管前,推力外循环各个支路的流量一直处于波动状态,流量稳定性差,油泵停泵后重新启动的流量也同样不稳定(见图 2)。

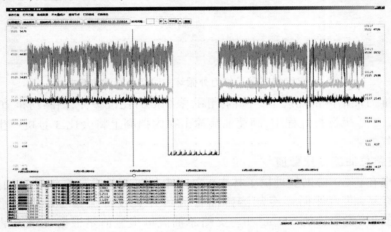

图 2　未加装排气管前推力外循环支路流量曲线

在推力外循环#1、#6 支路油泵出口的管路上加装排气管后,#1、#6 支路的流量一直处于恒定状态(见图 3),即使油泵停泵后重新启动的流量也瞬时达到恒定流量(见图 4)。

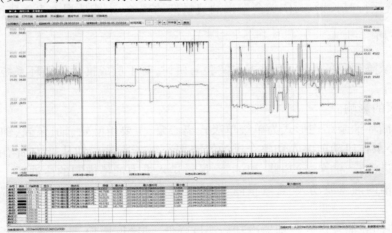

图 3　加装排气管后推力外循环支路流量曲线

3 号机的实验取得良好效果,因此在 2020 年 1 号机 A 修期间也实施了该方案,在#1~#6 支路上均加装了硬质排气管,但检修后投运效果不理想。对比分析,1 号机与 3 号机推力油槽内部结构存在差异,受推力瓦位移造成挡块和拉板螺栓断裂的影响,利用 A 修机

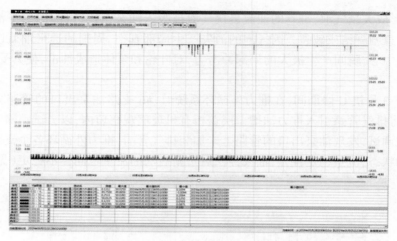

图4　加装排气管后推力外循环支路切换期间流量曲线

会在1号机推力油槽内部加装了一圈内挡圈,限制推力瓦位移,内挡圈均布20个小孔,方便油流循环。1号机运行过程中,高速油流撞击在内挡圈上将会比3号机产生更多气泡,从而影响排气效果。

4.3　整定支路总油流量报警值

根据东电在《关于协助处理桐子林水电站发电机推力外循环系统频发油流量低报警的函》中的答复,推力外循环冷却器排油管流量开关设计流量 30 m³/h,报警值 ≤15 m³/h,支路总油流量报警值<90 m³/h。支路总油流量报警值是根据支路流量报警值×支路数计算得出的(15×6＝90 m³/h),而现场实际运行情况是6条支路编组运行,3用3备,三条支路总油流量报警值应为15×3＝45(m³/h),因此将推力外循环系统支路总油流量报警值按"45 m³/h"重新整定。从结果来看,整定报警值后取得一定成效,报警频率有所降低,但随着运行时长增加,依然会发生油流量低的现象,未能从根本上解决问题。

5　原因分析

通过对缺陷现象的观察,经过多次实验与研讨,对于造成推力外循环系统油流量低的原因分析如下。

5.1　离心泵的影响

推力外循环油泵结构形式为单级单吸式离心泵,主要由叶轮、轴、泵壳、轴封及密封环等组成,离心泵在启动前泵壳和整个进油管路要充满透平油。油从推力油槽外圈的热油区依次经过进油管、油泵、冷却器、出油管,最后送入推力油槽内圈的冷油区。由于机组运行时推力油槽内油流波动大、含气量高,在油流进入离心泵后易产生汽蚀效应,影响输送效率。

同时,热油经油泵送入冷却器冷却后温度降低,油密度增加,体积缩小,会出现局部真空状态,冷却器内压力减小,使得空气从油泵轴封处被吸入,造成气缚现象,导致油流量降低。机组长时间停运也会出现同样的现象。

5.2　推力瓦内挡圈的影响

内挡圈分隔了油槽内部结构,冷油区的油只能通过内挡圈上均布的20个小孔进入热油区,降低了冷热油在油槽内的交换速率;并且内挡圈破坏了运行过程中油的流态,高速油流撞击内挡圈会比未安装内挡圈的机组产生更多气泡。

5.3 其他影响因素

目前,4台机组使用的油流量传感器均为涡轮流量计,当有气泡经过时,气泡破裂会影响涡轮旋转,导致流量显示偏小。但是,1号机与其他3台机组报警次数相差甚大,可见流量计不是造成此缺陷的直接影响因素。

综上所述,自投产以来出现的推力外循环油流量低报警,以及1号机A修之后报警次数陡增的原因已基本清楚:是由于离心泵的结构形式无法避免轴封处有空气进入,以及推力瓦内挡圈对油流阻挡造成的。

6 改进建议

6.1 油泵换型

建议在下一轮检修期,将离心泵更换为螺杆泵。螺杆泵具有机械磨损小,不会发生汽蚀的特点,同时进出油管口液面高度一致,且油泵安装位置离上方推力油槽高度差不足2 m,满足螺杆泵低扬程的需求。

6.2 将油泵调整至冷却器后面

待热油经过冷却器冷却后,油温降低,密度增大,空气从油中析出,冷却器腔体积相对管路较大,可对进油管中含有空气的波动油流进行稳定,经过缓冲后再通过油泵送出,减少对油泵及流量计的影响。

另外,为避免推力瓦位移对机组造成更大影响和伤害,上述两条建议应能有效降低甚至彻底消除油流量低报警的缺陷,因此讨论决定不取消推力瓦内挡圈。

7 结 论

自桐子林水电站投产以来出现的推力外循环系统管路流量降低的缺陷,一直是困扰人们的难题,通过多年来反复研究,收集相关资料,同时学习借鉴其他水电站单位的经验,相信可以彻底解决这一问题。

桐子林水电站轴流转桨式转轮大修
工艺优化研究与应用

杨光东

（雅砻江流域水电开发有限公司，四川 成都　610051）

摘　要　桐子林水电站机组自 2015 年投运以来，运行良好。2018 年、2019 年连续两年机组检修探伤发现 1 号机组桨叶根部出现裂纹，经确认为铸造缺陷。2020 年度机组检修开展了 1 号机组的大修工作，其间更换转轮桨叶。桐子林水电站转轮形式为轴流转桨式，是雅砻江流域现阶段唯一的轴流转桨式机组，其整体结构复杂，组装过程烦琐。首次大修，经验相对欠缺，提前对相关部件的检修工艺及转轮翻身工序进行了优化、细化，减少了一次桨叶拆装工作，节省了成本及工期，转轮翻身风险也得到了很好的控制。本文结合桐子林水电站转轮大修相关情况，对检修期间的工序工艺优化方面进行介绍，旨在归纳总结经验，为后续机组大修提供相关经验。

关键词　桐子林水电站；轴流转桨式转轮；工艺优化

1　引　言

　　桐子林水电站由河床式发电厂房、泄洪闸及挡水坝等建筑组成，是雅砻江流域最末级的一个水电站。电站共装设 4 台单机容量为 150 MW 的轴流转桨式水轮发电机组。桐子林水电站以发电任务为主，水库具有日调节性能，也是雅砻江流域目前唯一一个轴流转桨式水轮发电机组水电站。电站位于四川省攀枝花市盐边县境内，距上游二滩水电站 18 km，距雅砻江与金沙江汇口 15 km，距攀枝花市约 28 km，是雅砻江下游最末一个梯级电站，其上游梯级有二滩水电站、官地水电站、锦屏一级和锦屏二级水电站。

　　桐子林水电站水轮机类型为轴流转桨式，桨叶接力器及相关传动部件是桨叶转动的操作机构与动力装置，通过活塞缸的上下移动，带动耳柄、转臂枢轴等部件实现桨叶角度的调整，以便桨叶与导叶协联配合，使水轮机在不同水头及负荷下的稳定性提高，其输出效率也相对较高。

　　桐子林水电站水轮机相关参数如下：

　　制造厂家：哈尔滨电机厂有限责任公司；转轮型号：ZZA1093-LH-1010；额定出力：170.1 MW；额定水头：23.5 m；额定转速：66.7 r/min；转轮直径：10 100 mm；桨叶数量：5 片；最大操作油压：6.3 MPa；装配总重：约 320 t；转轮高度：6 624.1 mm。

作者简介：杨光东（1982—），男，本科，工程师，主要从事水电站机械设备检修维护技术管理工作。E-mail：yangguangdong@sdic.com.cn。

　　2018 年度、2019 年度连续两年探伤发现 1 号机组水轮机桨叶同一位置裂纹缺陷,于 2020 年度开展了桐子林水电站 1 号机组 A 修。

2　转轮结构

　　桐子林水电站水轮机转轮主要由转轮体、桨叶、接力器装配、转臂枢轴装配、泄水锥及其他附件组成(见图 1)。电站转轮的桨叶操作方式与常规轴流转桨式机组的杆动式结构不同,为比较少见的缸动式结构。桨叶接力器位于转轮体内下部位置,检修时不能按照杆动式常规结构从转轮体正工位的上方拆解,又由于桨叶接力器各部件尺寸较大、质量较大,不便于从转轮体正工位的下方拆解,因此检修时在拆卸完桨叶、泄水锥及附属部件后,需将转轮翻身后,在转轮体反工位从上方拆解桨叶接力器各部件进行检修。

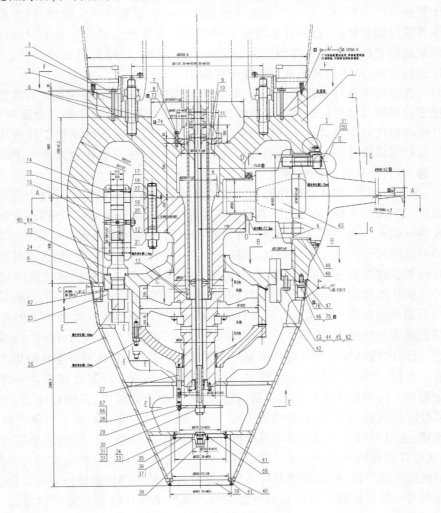

图 1　桐子林转轮结构

　　转轮体最大外径为 Φ4 242 mm,高度为 3 235 mm,采用铸钢(ZG20SiMn)整体铸造,桨叶内缘与转轮体对应范围铺焊不锈钢。桨叶采用 0Cr13Ni5Mo 不锈钢材料精炼铸造,表面型线采用五轴数控加工,单个桨叶采用密封性好、结构简单可靠、检修方便的双向双层K形耐油耐压密封(桨叶密封设计结构可防止转轮体内油外漏和外部水进入,并可在不拆桨叶的情况下更换)。转轮体内接力器采用钢质活塞,活塞采用斯特封密封,并在密封两侧设置导向带,接力器缸体两端设置有铜质导向瓦可确保上下动作的润滑与保护,连同其外缘操作架带动桨叶传动机构动作。泄水锥为钢板焊接结构,与转轮体采用设置有止动块的螺栓连接,通过径向销定位,外部封焊围板以保证表面平滑。转轮在厂内装配好后做静平衡试验,通过转轮体上腔灌铅进行配重,出厂前进行耐压试验、转轮密封泄漏试验和动作试验。转轮和主轴采用定位销套及法兰螺栓联接,销套传递扭矩。

3　桨叶安放角调整工艺优化

由于更换桨叶需按照实际尺寸新配耳柄垫片以调整新桨叶的安放角,因此需在预装桨叶初测各桨叶安放角后,拆卸耳柄调整工具垫片后安装永久垫片。鉴于原设计涉及桨叶安放角测量调整的工序工艺需额外拆解桨叶1次,耗时、风险高且极不经济。因此,针对该工序进行优化,试图找到不进行该额外步骤的方式方法。

针对转轮体内部部件结构进行分析,耳柄垫片为整体圆环结构,更换垫片需将对应桨叶的耳柄螺栓圆螺母完全松退并将耳柄螺栓与桨叶接力器外缘操作架完全脱开分离,将对应桨叶传动部件放下至桨叶全开位置后,从耳柄螺纹段端部取下调整工具垫片并按同样厚度从耳柄螺纹段端部安装永久垫片后,再次将耳柄螺栓与桨叶接力器外缘操作架连接并紧固螺母后,复核桨叶安放角。

其一,正常情况下,桨叶安放角调整需要的分离桨叶耳柄螺栓与桨叶接力器外缘操作架工作在正工位极难实现,必须将所有桨叶在转轮体反工位安装就位后进行,安放角调整合格且安装耳柄永久垫片后,拆除桨叶,将转轮翻身后再安装桨叶及其他部件。其二,耳柄垫片的整体圆环结构决定了其安装、拆卸必须在一定的情况下实施,那么将其更改为可不经由耳柄螺纹段安装、拆除的结构,便可解决这一问题,只需将耳柄螺栓螺纹段与桨叶接力器外缘操作架脱开一定距离便可,耳柄圆螺母也不需完全松退。其三,分析耳柄螺栓与桨叶接力器外缘操作架的连接方式及具体结构,可知耳柄垫片在桨叶接力器外缘操作架的安装位置为凹槽结构(见图2)。只需将耳柄垫片及调整垫片改为分瓣结构即可实现二的设想,同时凹槽结构也为分瓣耳柄垫片提供了周向约束,避免了分瓣耳柄垫片结构松脱的可能。其四,如何在转轮体正工位设法将耳柄螺栓螺纹段与桨叶接力器外缘操作架脱开一定距离。按照预试可行性的思路,在转轮体实际分解阶段,在转轮体正工位,利用焊接在桨叶外缘两侧的吊耳,上部桥机上拉、下部倒链下拉,实际验证了可将桨叶连同转臂枢轴装置、连板、耳柄、接力器及其外缘操作架一同由桨叶全关位置转动至桨叶一半多的开度,此时耳柄相较于桨叶全关位置上移了约200 mm,分瓣垫片拆装空间可方便操作。

后续实际实施阶段,在转轮除桨叶及附属部件外其他各部件检修回装完成后,新更换桨叶对应的耳柄按照原垫片厚度安装分瓣结构的调整垫片后将螺母安装预紧后,将耳柄拉伸器各部件安装在耳柄螺栓上并可靠固定,转轮完成翻身后安装桨叶。测量完成桨叶安放角后,利用耳柄拉伸器松脱耳柄圆螺母至标准耳柄垫片厚度的2~3倍距离,利用上述四的方法将该桨叶转动连同转臂枢轴装置转动,带动连板使耳柄脱开,调整分瓣结构调

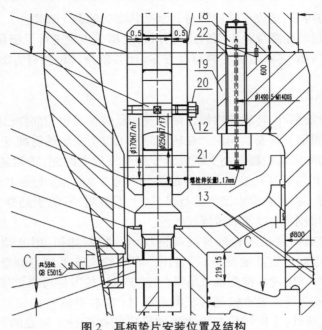

图2　耳柄垫片安装位置及结构

整垫片(也可根据计算结果直接安装合适厚度的永久分瓣垫片)的厚度后落下紧固螺母后复核安放角,如不符合标准按上述方式再次调整直至桨叶安放角合格后拆除耳柄拉伸器,回装其他部件。

4　转轮翻身方案细化

通过前述可知,桐子林水电站转轮检修需进行两次翻身,而转轮翻身涉及工位的利用与统筹、起吊桥机性能与翻身方位的配合、各工序间先后顺序的确定、翻身支架与转轮及翻身支架连接的可靠性、起吊翻身钢丝绳的长短和专用吊具的防滑绳措施。

桐子林水电站装机期间,转轮翻身方案前后经历了三个阶段。方案一,由于转轮翻身吊点设计位置及空间位置受限,转轮翻身方向只能与桥机主钩定滑轮的方向互相垂直(向上下游方向翻身),设计的翻身吊具也为上下游方向,结合桥机起升高度与转轮翻身高度,其两吊点与桥机主钩的夹角和桥机小车行走方向的钢丝绳运行夹角极限位置冲突,无法按常规方式利用桥机的两个小车一同配合对转轮进行翻身。为控制转轮翻身风险,同时避免引起桥机主钩定滑轮的损伤,第一台机组采取桥机的一个小车与一辆汽车吊配合的方案完成转轮翻身。方案二,之后经过参建各方的分析讨论,第二台机组决定将转轮翻身吊点的位置进行改装,将原来上下游方向两个翻身吊点的对称位置改装为左右岸方向,即垂直于桥机小车行走方向,由桥机的一个小车与翻身工位上的翻身支架配合,一同完成转轮翻身。这样避开了桥机对小车行走方向钢丝绳运行夹角的极限要求,在不用辅助起重设备的条件下顺利完成转轮翻身。方案三,鉴于前两次转轮翻身的经验,第三台机组对转轮体反工位转轮上冠侧的转轮翻身吊具进行了改装,在其原设计与翻身支架连接销孔的上下游方向增加了一个辅助吊孔,使其能够在尽可能少的工序且更为安全稳定的条件下完成两次90°翻身之间钢丝绳的位置更换及桥机小车的换钩。同时,为了转轮翻身过程更加安全与可靠,增设了转轮翻身到水平状态时的两个支墩。

本次大修,经过转轮翻身各步骤的比对分析,对相关步骤进行了细化。以下以转轮分解阶段为例介绍目前最终实施的转轮翻身方案(回装阶段转轮翻身方案按逆顺序实施即可)。

4.1　翻身前准备

确保转轮翻身前桨叶、转轮体内操作油管及回复装置等相关部件已拆除,已与泄水锥分离,桨叶接力器固定工具安装到位。在转轮翻身工位上安装转轮翻身支架,将所有螺栓紧固到位。提前同时将转轮翻身高支墩放置于翻身支架上游侧,转轮翻身矮支墩放置于翻身支架下游侧(其与翻身支架中心线的距离分别为 3 500 mm 与 3 470 mm),避免后续单独摆放占用时间。将转轮泄水锥侧翻身吊具(上下游侧)安装于翻身支架上部,并用木方将其固定至上端面水平,以便后续连接转轮。

桥机下游小车主钩悬挂转轮翻身辅助钢丝绳及特制卸扣,用电动葫芦及吊带提升(防止桥机大车行走时挂碰其他设备)后备用。在转轮检修工位与翻身工位之间搭设翻身吊具安装平台,将转轮泄水锥侧翻身吊具(左右岸侧)按方位可靠放置。将转轮吊运至安装平台处,分别安装转轮泄水锥侧转轮翻身吊具(左右岸侧),确保螺栓紧固到位后将转轮吊运至翻身支架处,连接转轮与泄水锥侧已安装在翻身支架处的翻身吊具(上下游侧)。

4.2　转轮第一次 90°翻身

将桥机下游小车的转轮翻身辅助钢丝绳及特制卸扣连接于转轮泄水锥侧转轮翻身吊具(左右岸侧)上。桥机下游小车主钩缓起,同时上游小车主钩缓慢向上游移动(见图 3),两小车配合将转轮由正工位缓慢放倒(因转轮接力器内透平油前期无法彻底排尽,翻身期间需注意在活塞杆端部区域放置油盆以收集活塞杆端部流出的透平油),转轮上冠倒下放置于上游翻身支墩上(提前放置木方),完成转轮第一次 90°翻身。

4.3　转轮第二次 90°翻身

转轮放倒后,将上冠侧翻身吊具的专用销轴由中心安装孔更换至偏心安装孔,并连接钢丝绳。拆除转轮翻身支架与转轮泄水锥侧翻身吊具(上下游侧)的连接销轴。桥机两小车起吊转轮将其平移至下游侧,将上冠侧翻身吊具的中心安装孔与转轮翻身支架可靠连接。桥机下游侧小车主钩缓慢落下,将转轮泄水锥侧圆柱面可靠放置于下游侧转轮翻身支墩上(其间打开转轮接力器排油孔堵头,将转轮接力器内剩余存油排出)。

排油期间,将上冠侧翻身吊具的专用销轴拆除,将桥机上游侧主钩翻身主用钢丝绳连接至转轮泄水锥侧两个转轮翻身吊具(左右岸侧)的卸扣上,并在转轮泄水锥侧转轮翻身吊具(左右岸侧)棱角与钢丝绳接触位置放置管铁皮与胶皮,防止翻身期间钢丝绳受损。桥机上游侧主钩缓起(见图 4),钢丝绳垂直后,缓起同时缓慢向上游侧移动,直至转轮由放倒位置翻身至反工位,完成转轮第二次 90°翻身。拆除上冠侧翻身吊具与转轮翻身支架的销轴,将转轮平移吊运至转轮检修工位,置于转轮检修支架上开始后续分解及检修工作。

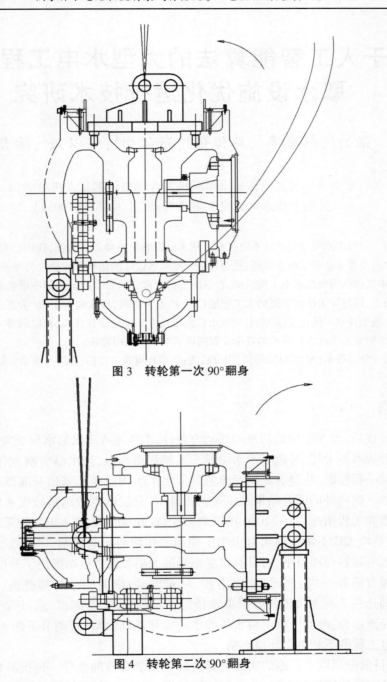

图 3   转轮第一次 90°翻身

图 4   转轮第二次 90°翻身

5   结　语

　　经过本文介绍的桨叶安放角调整优化工艺及转轮翻身细化方案的实施,桐子林 1 号机组大修工作较原计划提前 21 天顺利完成,为电厂及公司的效益保障奠定了坚实的基础,也为后续机组大修提供了可靠经验。

基于人工智能算法的大型水电工程分层取水设施优化运行技术研究

张迪[1]，彭期冬[1]，林俊强[1]，靳甜甜[1]，宋以兴[2]，徐丹[2]

（1. 中国水利水电科学研究院流域水循环模拟与调控国家重点实验室，北京　100038；
2. 雅砻江水电开发有限公司，四川 成都　610051）

摘　要　分层取水设施是减缓水电工程不利水温影响的重要工程措施，我国已有近20座大中型水电工程采取分层取水措施，然而目前分层取水设施的运行管理缺乏科学有效的指导。因此，本文以国内典型水电工程为例，在系统剖析水库分层取水设施运行中面临的实际问题的基础上，以近年来快速发展的人工智能（AI）技术为契机，探索构建了从"方案设计—水温预测—效果评估—优化比选"的分层取水设施运行方案优化设计体系，并以锦屏一级水电站为例，详细展示了此流程涉及的各个步骤的技术细节及应用方法。

关键词　分层取水；AI水温预测；层次分析法；生态环境效益评估；锦屏一级水电站

1　引　言

水库建成后，改变了原始河流的热动力条件，水体进入库区后水深变大，流速减缓，温热季节易形成水温分层，导致下泄水温异于天然河道水温，当水温变幅、水温结构及水温时滞达到某一程度时，将显著影响河流鱼类等水生生物的生长繁殖及灌溉区农作物的正常生理活动。国内外的研究结果及工程实践显示，分层取水设施是减缓水电工程不利水温影响的重要工程措施[1-2]。2000年以来，我国有近20座大型水电工程采取分层取水措施，以减缓高坝大库下泄低温水对水生生物和农作物的不利影响。"十二五"以来，环保部批复的水电站建设项目中，对具有水温影响的大型季调节电站提出了分层取水的要求，代表性工程有锦屏一级、两河口、溪洛渡、乌东德、白鹤滩、光照、糯扎渡、黄登、双江口等[3]。目前这些工程主要依托分层取水措施，开展水库生态调度，通过改变取水口位置和水库的径流过程，改变大坝下游水体的水动力和热动力特性，调节下泄水体的温度，从而减缓水电工程的不利生态环境影响。

然而，目前分层取水设施的实际运行尚缺乏科学有效的指导。传统的数值模拟模型在工程设计阶段的实用性良好，为水温结构的模型、取水设施的设计、取水方案的制订提

基金项目：国家重点研发计划项目（2018YFE0196000）；流域水循环模拟与调控国家重点实验室自主研究课题（SKL2020ZY10）。

作者简介：张迪（1991—），女，博士，博士后，研究方向为生态水力学。E-mail：zhangd_@163.com。

供了科学的指导依据,但是在工程运行阶段,由于这些模型的构建过程复杂,计算耗时巨大,因此难以结合实际来水情况指导分层取水设施的运行管理。此外,目前分层取水运行效果的评价指标相对单一,尚未建立系统的效果评估体系。因此,本文以国内典型水电工程为例,系统剖析水库分层取水设施运行中面临的实际问题,探讨以近年来快速发展的人工智能(AI)技术为契机,构建了水库水温快速预测模型,搭建分层取水设施运行效果评估体系,以期为分层取水设施的优化运行提供科学、系统的指导依据。

2 研究对象

2.1 锦屏一级水电站

本文以目前世界第一高双曲拱坝——锦屏一级水电站为例展开。锦屏一级电站位于我国四川省雅砻江干流河段,是一座发电为主,兼具防洪、拦沙等功能的大型水利枢纽工程。电站装机容量 3 600 MW,多年平均发电量 166.20 亿 kW·h,最大坝高 305 m,为世界第一高双曲拱坝。电站正常蓄水位 1 880 m,死水位 1 800 m,总库容 77.6 亿 m³,调节库容 49.1 亿 m³,年库水交换次数为 5.0,具有年调节能力。库区狭长,主库区回水长度为 59 km,小金河支库回水长度为 90 km,存在明显的水温分层现象。

2.2 叠梁门调度规程

锦屏一级水电站共安装 6 台机组,每台机组进口前缘由栅墩分成 4 个过水栅孔,6 台机组共设 24 个过水栅孔,挡水闸门数量也为 24 扇,每孔最高可加装三层叠梁门,共 72 节门叶。为改善流域内主要鱼类繁殖期的水温条件,锦屏一级水电站于每年 3~6 月启用叠梁门分层取水设施,同时结合水位条件,制订了相应的调度规程。

根据锦屏一级水电站的运行调度规程,叠梁门的运行期为 3~6 月,在此期间,结合水位条件,水电站可采用单层进水口、一层叠梁门、两层叠梁门和三层叠梁门 4 种分层取水方案。详细的水位要求和对应取水高程见表 1。

表 1 叠梁门门顶高程及运行水位要求

取水方式	门顶高程(m)	对应水库最低运行水位(m)
单层进水口	1 779	1 800
一层叠梁门	1 793	1 814
两层叠梁门	1 807	1 828
三层叠梁门	1 814	1 835

方案一,单层进水口方案下,取水口顶高程为 1 779 m。

方案二,一层叠梁门方案要求水库水位高于 1 814 m 时,加装一层叠梁门,水位低于 1 814 m 时,移除叠梁门。

方案三,两层叠梁门方案要求库水位高于 1 828 m 时,启用两层叠梁门;水位为 1 828~1 814 m 时,采用一层门叶挡水;水位低于 1 814 m 时,移走所有叠梁门。

方案四,三层叠梁门方案要求水库水位在 1 835 m 以上时,三层门叶挡水;水库水位为 1 835~1 828 m 时,移走最上层叠梁门,剩余两层门叶挡水;水库水位降为 1 828~1 814

m 时,一层叠梁门挡水;水位低于 1 814 m 时,移走所有叠梁门。

3 分层取水设施运行方案优化设计

基于对分层取水设施运行管理中存在问题的剖析,本文以近年来快速发展的数据科学和大数据技术为契机,探索构建了包括"方案设计—水温预测—效果评估—优化比选"的分层取水设施运行方案优化设计体系。

3.1 方案设计

本文首先通过文献资料收集、实地调研、现场观测等手段,获取锦屏一级水电站叠梁门分层取水设施的运行调度规程、水库实际调度运行数据、流域气象数据、鱼类生态调查数据及水温观测数据等数据资料;结合锦屏一级水电站的调度规程和丰、平、枯 3 种典型年的水位条件,在 3~6 月设计不启用叠梁门、一层叠梁门、两层叠梁门、三层叠梁门多种取水方案。

3.2 水温预测

水温预测是分层取水设施运行方案优化设计的核心。本文提出了以人工智能(AI)算法构建水温快速预测模型的技术框架,AI 水温快速预测模型构建技术框架如图 1 所示。

首先,通过调研初步筛选影响下泄水温的主要因素;在此基础上,收集目标水库的基本信息、水温信息、气象信息、水库调度信息和分层取水设施运行信息等数据资料;研判收集到的数据是否满足 AI 模型训练需求,如果满足则直接进入模型训练和输入因子二次筛选,如果不足以支撑 AI 模型训练,则基于收集到的实测资料,构建数值模型模拟水温分布、预测下泄水温,整理模拟结果数据与边界条件数据,形成 AI 模型训练数据集;基于数据集对 AI 模型进行训练,二次筛选并最终确定模型的输入因子;调整模型结构参数,测试不同类别 AI 模型的性能,建立 AI 水温快速预测模型。

由于锦屏一级水电站的运行期较短,收集到的数据资料有限,不足以支撑 AI 模型训练,因此为满足 AI 模型训练对数据量和场景的需求,充分借鉴国际相关研究经验[4-5],综合考虑流量、气象、入流水温和叠梁门调度方案等因素[6-8],设计了 108 种锦屏一级水电站实际运行过程中可能面临的工况场景,并利用经过锦屏实测数据校正参数的 EFDC 模型,模拟了各类工况组合下的水库水温分布及下泄水温情况;整理形成了包含近 2 万条一一对应的流量、气象、入流水温、叠梁门运行数据、水库水温分布数据和下泄水温数据的数据集。

同时,基于文献调研,选择了 SVR、BP 神经网络、LSTM 3 种有可能实现水温快速预测的 AI 算法,并利用 Python3.5 语言开发可实现上述 3 种 AI 算法的水温预测程序[9-10]。

在此基础上,基于模拟数据集和开发的 AI 水温预测程序,测试不同输入因子下模型的预测精度,最终选定模型输入因子包括主支库入流量、主支库入流水温、出库流量、叠梁门运行层数、取水口深度、气温、太阳辐照度、相对湿度、风速,模型输出为下泄水温。

3.3 效果评估及方案优化比选

基于层次分析法,构建了分层取水设施运行效果评估体系,利用层次分析法建立了包含目标层、准则层、一级指标层和二级指标层 4 层结构的水库分层取水设施运行效果评价

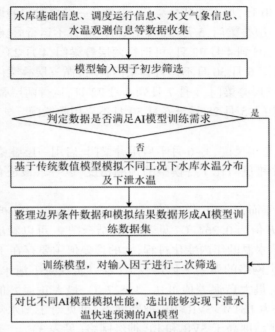

图1　AI水温快速预测模型构建技术框架

体系,如表2所示。

表2　水库分层取水设施运行效果评价指标体系层次结构

目标层	准则层	一级指标	二级指标
水库分层取水设施运行效果	生态环境效益 B1	分层取水设施运行对下泄水温提高度 C1	分层取水设施运行对下泄水温提高度 D1
		下泄水温与历史同期水温接近度 C2	下泄水温与历史同期水温接近度 D2
		下游关键生态目标水温适宜度 C3	长丝裂腹鱼对下泄水温适宜度 D3
			短须裂腹鱼对下泄水温适宜度 D4
			细鳞裂腹鱼对下泄水温适宜度 D5
			鲈鲤对下泄水温适宜度 D6
	社会经济效益 B2	发电效益 C4	发电损失量 D7

4　研究结果分析

4.1　AI模型预测性能分析

　　本文以平水年水文条件,实测入流水文、越西站气象条件下的下泄水温的预测为例,从模型预测精度、计算耗时和预见期三个方面,对比分析了各 AI 模型的性能。

　　根据平水年的水文条件,3~6 月,锦屏一级水电站共有四种取水方案:①单层进水口方案,3月1日至6月30日,均不加装叠梁门;②遵循一层叠梁门的调度方案时,3月1日到5月27日,可采用一层叠梁门,5月28日至6月30日不运行叠梁门;③遵循两层叠梁门的调度方案时,3月1日到4月22日,可运行两层叠梁门,4月23日到5月27日,运行一层叠梁门,5月28日至6月30日不运行叠梁门;④遵循三层叠梁门的调度方案时,3月1日到4月6日,运行三层叠梁门,4月7日到4月22日,运行两层叠梁门,4月23日到5月27日,运行一层叠梁门,5月28日至6月30日不启用叠梁门。

4.1.1　预测精度

因此,本节分别从全年尺度、3~6月不启用叠梁门、启用一层叠梁门、启用两层叠梁门和启用三层叠梁门5个维度对比了各模型的预测精度,以寻求最适合用于下泄水温预测的 AI 算法。

预测结果显示,全年而言,SVR 模型的 MAE 值为 0.395 ℃,BP 神经网络的 MAE 值为2.533 ℃,LSTM 的 MAE 值为 0.264 ℃(见表3)。结合图2,可以看出 SVR、LSTM 两种模型能够较为准确地模拟水温的年内变化过程,大的误差值主要存在于6~8月水温波动较大的时段内,而 BP 神经网络的误差整体均较大,难以实现对下泄水温的准确预测,尤其是3~6月水温上升期,最大负误差值可达−4.527 ℃,最大正误差值可达 2.688 ℃。综上,各模型的精度排行为 LSTM>SVR>BP 神经网络,可见对于丰水年全年尺度的下泄水温预测上,LSTM 的预测精度高于 SVR 和 BP 神经网络(见表3)。

具体到3~6月,不启用叠梁门的情况下,SVR、BP 神经网络、LSTM 模型对3~6月下泄水温预测的 MAE 值分别为 0.306 ℃、1.570 ℃、0.240 ℃,模型精度排行为 LSTM>SVR>BP 神经网络(见表3、图2)。由此可见,LSTM 模型依然保持较高的性能优势,而 BP 神经网络的模拟精度仍旧最低,难以取得令人满意的预测结果。

表3　FCY 工况下不同叠梁门运行方式时各 TGML 模型的预测精度统计

时段-叠梁门运行方式	模型	E_{neg}（℃）	E_{pos}（℃）	MAE（℃）	MRE（%）	$RMSE$（℃）
全年−不启用叠梁门	SVR	−1.591	1.712	0.427	3.33	0.553
	BP	−1.825	1.973	0.530	3.85	0.719
	LSTM	−1.026	1.611	0.228	1.73	0.305
3~6月−不启用叠梁门	SVR	−1.591	1.662	0.489	4.28	0.632
	BP	−1.825	1.973	0.568	4.34	0.805
	LSTM	−1.026	1.611	0.232	1.91	0.336
3~6月−一层叠梁门	SVR	−1.505	1.448	0.405	3.16	0.542
	BP	−1.810	1.588	0.620	4.56	0.803
	LSTM	−1.454	1.338	0.269	2.08	0.407
3~6月−两层叠梁门	SVR	−1.629	1.347	0.450	3.59	0.563
	BP	−1.888	1.639	0.568	4.01	0.783
	LSTM	−1.578	1.341	0.261	2.01	0.402
3~6月−三层叠梁门	SVR	−1.593	1.346	0.428	3.34	0.557
	BP	−1.866	1.701	0.581	4.13	0.784
	LSTM	−1.542	1.491	0.247	1.86	0.404

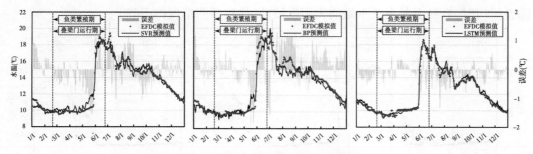

图2 全年尺度各AI模型下泄水温预测结果图

一层叠梁门运行条件下,SVR、BP神经网络、LSTM模型对下泄水温预测的平均绝对误差值分别为0.334 ℃、0.661 ℃、0.209 ℃,模型精度的排行为LSTM>SVR>BP神经网络(见表3)。其中,3月至5月中旬下泄水温的变化不大,模型对下泄水温的预测也更为精准,从5月下旬起,下泄水温快速上升,水温波动较大,模型的预测精度也随之下降(见图3)。

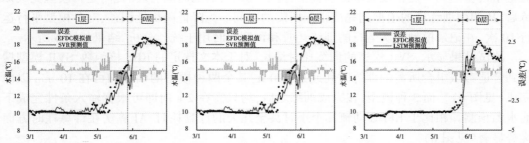

图3 一层叠梁门工况下3~6月各AI模型下泄水温预测结果图

按照两层叠梁门调度方案运行时,SVR、BP神经网络、LSTM模型对下泄水温预测的相对误差值分别为0.334 ℃、0.678 ℃、0.258 ℃,模型精度的排行为LSTM>SVR>BP神经网络(见表3)。除了BP神经网络预测精度较差,难以用于下泄水温预测,其余两种模型能够较好地完成水库下泄水温预测任务(见图4)。

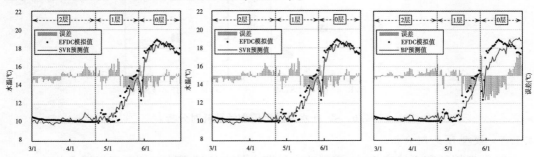

图4 两层叠梁门工况下3~6月各AI模型下泄水温预测结果图

按照三层叠梁门调度方案运行时,SVR、BP神经网络、LSTM模型对下泄水温预测的 *MAE* 值分别为0.294 ℃、0.632 ℃、0.285 ℃,模型精度的排行为LSTM>SVR>BP神经网络(见表3)。同时,由图5可以看出,叠梁门的运行会将下泄水温的升温期提前,操作移除叠梁门时,容易引起下泄水温的大幅度波动,导致预测精度的下降。

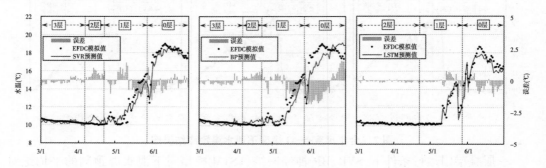

图5 三层叠梁门工况下3~6月各AI模型下泄水温预测结果图

4.1.2 计算耗时分析

从各模型的训练耗时和预测耗时两方面对模型的计算速率进行了对比分析。训练耗时是指模型达到一定精度要求的前提下,完成训练所需的时间;预测耗时是指模型完成训练后,从调用训练后的模型到完成预测所需的时间。为降低随机性误差,对各模型平行运行10次,并记录模型每次运行的训练耗时和预测耗时用于统计分析,结果如图6所示。

测试结果显示,SVR模型的训练耗时最长,对于本文选定的RBF核函数,SVR模型搜索到合适参数组合所需的训练时间超过200 h,其余两种模型的训练均可在10 min以内完成(见图6)。而3种模型,在完成训练之后,均只需在2 s内即可根据输入条件完成下泄水温预测。相比于EFDC动辄几个小时甚至几天的计算耗时,AI算法在计算耗时方面优势显著(见图6)。

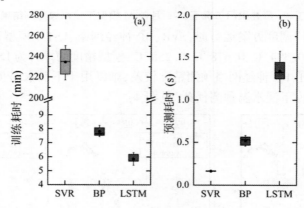

图6 各AI水温预测模型计算耗时分析

4.1.3 模型预见期分析

除模拟精度和不确定性外,模型的预见期也是表征模型性能的重要指标之一。因此,本文以平水年的下泄水温预测为例,分别以前0~30天的关键影响因子数据作为输入因子,以当前时刻的下泄水温作为模型输出,构建并训练模型,之后以 *MAE* 作为评价指标,探究模型的预见期。对于SVR模型,在核函数和相关参数设定相同的前提下,对于同一批数据,模型的预测结果相同,而对于神经网络模型,由于训练方式和初始值的差异,模型的预测结果有所不同,因此为降低随机性误差,对于 BP 和 LSTM 等神经网络模型,均平行运行 10 次,求取平均值用于对比分析。

如图 7 所示为平水年条件下,单层进水口和叠梁门分层取水工况下,3 种机器学习模型的预见期分析,结果显示,不同模型虽在预测精度上存在显著差异,但模型精度随预测时间的变化趋势基本一致,均呈现出随着预见时长的增加,模型的预测精度逐渐降低的趋势。

其中,单层进水口方案下,BP 神经网络和 SVR 模型对 0~12 天、13 天内的下泄水温的预测精度差异不大,模型误差处于上下波动状态,而后,模型的预测误差呈现出逐渐增大的趋势;LSTM 模型对于 0~16 天内的下泄水温预测精度差异较小,17 天后,模型的预测误差随时长的增加,误差逐渐增大,直到 27 天后,模型误差再次趋于平稳[图 7(a)]。

采用叠梁门分层取水时,几种叠梁门调度方案下的模型预测精度随预测时长增加的变化趋势接近。其中,SVR 和 BP 神经网络模型对 0~6 天下泄水温的预测误差呈现出先增大后减小的趋势,7 天之后,模型对下泄水温的预测误差逐渐增大,直至大约 25 天开始,模型精度随预测时间的变化再次趋于稳定;LSTM 模型对于 0~6 天、7 天内的下泄水温预测精度差异较小,而后模型的预测误差随时长的增加,误差逐渐增大,直到 17 天后,模型误差再次趋于平稳[图 7(b)、(c)、(d)]。

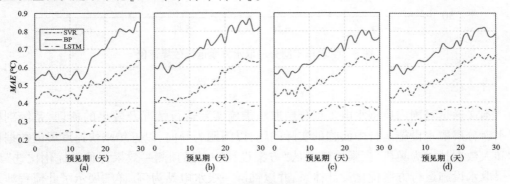

图 7   模型预见期分析

综上所述,SVR、BP 神经网络、LSTM 三种 AI 模型对比而言,LSTM 模型的预测精度最高,预见期最长,同时能够在 2~8 min 内完成模型训练,2 s 内完成对水库下泄水温的预测,整体预测性能最佳,可用于指导分层取水设施的运行管理。

4.2   分层取水设施运行效果评价及优化建议

各 AI 模型预测性能对比结果显示,LSTM 模型的预测性能最佳。因此,本文基于 LSTM 模型的预测结果,评估了不同叠梁门方案的取水效果,评价结果如图 8 所示。

平水年 3 月 1 日至 4 月 6 日,各取水方案的运行效果排序为三层叠梁门≈两层叠梁门>一层叠梁门>不启用叠梁门,因此从生态效益最大化的角度,三层叠梁门和两层叠梁门均可作为取水方案;在此基础上,考虑到发电损失量及加装难度的问题,建议优先选用两层叠梁门的取水方案。

4 月 7~22 日,可执行不启用、一层或两层叠梁门 3 种取水方案,各运行效果排序为两层叠梁门≈一层叠梁门>不启用叠梁门,因此仅从生态效益的角度而言,选择一层叠梁门或两层叠梁门的生态效益差异不大;但考虑到发电损失量的问题,建议选用一层叠梁门。

4月23日至5月27日,剩余一层叠梁门和不启用叠梁门两种调度方案,其中4月23日至5月10日,两种方案下的运行效果差异较小,综合考虑生态效益和发电效益时,可选用不启用叠梁门的调度方案,然而自5月11日起,一层叠梁门方案下的生态效益明显高于不启用叠梁门,而叠梁门的加装耗时耗力,因此从保障生态效益和考虑叠梁门起落难度的角度,建议在4月23日至5月27日整个时段内,执行一层叠梁门的调度方案。

5月28日后,仅剩不启用叠梁门1种调度方案,不再具备可优化空间。

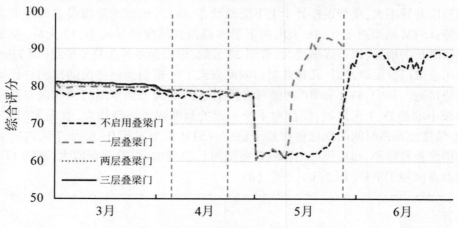

图 8　平水年不同分层取水方案运行效果评价

5　结　论

本文通过对国内典型水电工程分层取水措施实际运行情况及效果的梳理,系统剖析了水库分层取水设施运行中面临的实际问题,以问题为导向,以近年来快速发展的数据科学和大数据技术为契机,探索构建了从"方案设计—水温预测—效果评估—优化比选"的分层取水设施运行方案优化设计体系;并以锦屏一级水电站为例,详细展示了此流程涉及的各个步骤的技术细节及应用方法:

(1)结合锦屏一级水电站的调度规程,针对各时段水位条件,设计不同的分层取水方案。

(2)基于LSTM算法,构建了能够在2~8 min内完成模型训练,2 s内完成预测的水库下泄水温预测模型。

(3)搭建了基于层次分析法的水库分层取水设施运行效果评估体系,结合下泄水温预测结果,评估不同取水方案的效果。

(4)基于评估结果,针对典型年工况提出了锦屏一级水电站分层取水设施的优化运行方案。

参 考 文 献

[1] 张士杰, 刘昌明, 谭红武, 等. 水库低温水的生态影响及工程对策研究[J]. 中国生态农业学报, 2011(6): 1412-1416.

［2］薛联芳，颜剑波．水库水温结构影响因素及与下泄水温的变化关系［J］．环境影响评价，2016a，38（3）：29-31，56．

［3］徐天宝，谢强富，吴松．西南某水电站分层取水措施效果预测［J］．环境影响评价，2016，38（3）：49-52．

［4］Shaw A，Sawyer H，Leboeuf E，et al. Hydropower Optimization Using Artificial Neural Network Surrogate Models of a High-Fidelity Hydrodynamics and Water Quality Model［J］．Water resources research，2017，53（11）：9444-9461．

［5］James S，Zhang Y，Donncha F. A machine learning framework to forecast wave conditions［J］．Coastal Engineering，2018，137：1-10．

［6］代荣霞，李兰，李允鲁．水温综合模型在漫湾水库水温计算中的应用［J］．人民长江，2008（16）：25-26．

［7］杨颜菁，邓云，薛文豪，等．锦屏Ⅰ级水电站主-支库耦合的水温及水动力特性研究［J］．工程科学与技术，2018，50（5）：98-105．

［8］张士杰，彭文启．二滩水库水温结构及其影响因素研究［J］．水利学报，2009（10）：105-109．

［9］Zhang D，Lin J，Peng Q，et al. Modeling and simulating of reservoir operation using the artificial neural network，support vector regression，deep learning algorithm［J］．Journal of Hydrology，2018，565：720-736．

［10］Hipni A，El-Shafie A，Najah A，et al. Daily forecasting of dam water levels：comparing a support vector machine（SVM）model with adaptive neuro fuzzy inference system（ANFIS）［J］．Water Resources Management，2013，27（10），3803-3823．

基于 FastICA 的电力系统低频振荡辨识方法

夏远洋

（雅砻江流域水电开发有限公司，四川 成都　610051）

摘　要　低频振荡（LFO）的在线监测和分析对于电力系统的稳定性和安全性是重要的。本文提出了一种基于盲源分离（BSS）的单通道测量信号 LFO 模态分析方法，该方法由快速独立分量分析（FastICA）算法和希尔伯特变换（HT）技术组成。这是第一次将 BSS 技术应用为该领域的模态分解工具。所提出的基于 FastICA-HT 的主模式识别方法将迭代过程与识别过程组合以确定模型顺序，然后识别主导模式。该方法的性能在数值模拟信号和实际数据记录上进行评估，验证其有效性和准确性。

关键词　盲源分离（BSS）；主导模式；低频振荡（LFO）；快速独立分量分析（FastICA）

1　引　言

低频振荡（LFO），通常为 0.1~2.0 Hz，是可能威胁电力系统稳定性的主要问题之一。一般有两种 LFO 模式：一种是频率在 0.1~0.8Hz 的振荡模式，它通常出现在长距离和重载传输线中[1]；另一种是本振模式，其频率在 0.8~2 Hz，主要发生在安装某一区域的发电机中[2]。一旦发生低频振荡，电力系统的输电能力就会受到限制，输电线路的距离保护可能会错误地跳闸[3]。此外，在一些严重的情况下，发电机之间的异步操作将导致跨越大地理区域的不受控制的电力波动，甚至电网中断或大范围停电[4]。因此，为了电力系统的稳定性和安全性，分析和抑制 LFO 是必不可少的。

如今，电力系统稳定器（PSS）被广泛用于补充功率振荡阻尼，以抑制低频振荡的存在或减轻频率和振幅的变化[5]，其中参数设置依赖于 LFO 的精确模态分析[6]。在过去的几十年中，基于各种数学原理的方法被提出用于 LFO 的模态分析，并且可以分为两类：基于模型的方法和基于测量的方法。前者作为 LFO 的离线模态分析方法，是基于围绕某个平衡点线性化的系统模型的状态空间矩阵的特征值分析[2]。然而，由于操作条件总是在变化，因此难以为实际电力系统建立准确的模型。此外，随着电网规模的增加，所涉及的矩阵计算可能非常复杂。

随着相量测量单元（PMU）和广域监测系统（WAMS）在电网中的广泛应用，基于测量的方法近年来越来越受到 LFO 模态分析的欢迎。最初在文献[7]中提出的基于快速傅立叶变换（FFT）的方法是在文献[8]和[9]中开发的，通过结合滑动窗口和非线性最小二乘优化程序，更准确地评估主模态的模态参数。然而，由于这些方法通过检测所得傅立叶频谱中的共振峰来识别主要模式，因此应预先去除 DC 分量，并且模态分析结果的精度依赖于 FFT 的所选数据窗口和频率分辨率。基于小波变换（WT）的方法[10]通过选择复 Morlet 小波作为母小波函数，可以准确地估计出 LFO 信号中主模的模态参数。尽管如此，文献

[10]需要在频率和时间分辨率方面找到合适的折衷方案,以避免对阻尼比估计产生可能的负面影响。文献[11]中提出的传统 HHT 方法后来得到了改进,通过应用掩蔽技术[12-13]克服了模式混合的缺点,并产生了由 EMD 产生的人工模式。然而,应该适当调整掩蔽技术中的参数以保证准确的分解结果。在基于 HHT 的方法中,可以通过比较不同 IMF 的能量或大小来识别主导模式。文献[14]中提出的 Prony 方法因其在模态分析中的适用性而众所周知,然而,它对噪声敏感且不能检测模态参数的瞬时变化。文献[15]和[16]过度拟合输入信号,通过建立更高阶 Prony 模型来抑制噪声,导致多余的人工模式与主导模式混合。因此,需要一种更可靠和有效的主导 LFO 模式识别方法。

　　由于数学形态学(MM)是处理波形瞬态过程的有效而简单的工具,本文对测量信号应用数学形态学梯度(MMG)运算,以检测 LFO 的起始瞬间。与利用窄带通滤波器从 LFO 信号中提取单频模式的[1]、[17]和[18]不同,本文采用快速独立分量分析(FastICA)算法来完成模态分解任务,不需要信号预处理或模态频率的先验知识。这是第一次将盲源分离(BSS)技术用作该领域中单通道测量信号的模态分解工具。在模态分解后,本文采用希尔伯特变换(HT)技术来跟踪不同模式的瞬时模态参数。不同于需要事先设置模型阶数的方法,例如,ERA[18]或 Prony,提出的基于 FastICA-HT 的主模式识别方法将模型顺序视为变量,并且通过迭代和识别过程确定最优顺序以识别主导模式。

2　理论背景

　　低频振荡 LFO 信号可以被视为指数衰减正弦波的总和,具有以下形式:

$$x(t) = \sum_{k=1}^{M} A_k e^{\sigma_k t} \sin(2\pi f_k t + \theta_k) \tag{1}$$

式中,A_k,σ_k,f_k 和 θ_k 为 $x(t)$ 中第 k 个 LFO 模式的相对幅度、阻尼系数、振荡频率和相移;M 为不同 LFO 模式的数量(模型模型)。

　　对于在电力系统中不同节点处测量的多个 LFO 信号,可以构建测量信号矩阵,$X = [x_1(t), x_2(t), \cdots, x_N(t)]$,其中 N 表示每行一个通道中的测量信号。X 可以看作是调幅信号的线性混合,$S = [s_1(t), s_2(t), \cdots, s_M(t)]$,其中

$$s_k(t) = A_k e^{\sigma_k t} \sin(2\pi f_k t + \theta_k) \tag{2}$$

可以矩阵形式表示为:

$$X = AS \tag{3}$$

式中,A 是尺寸为 $N \times M$ 的混合矩阵,其元素与相对振幅 A_k 相关联。

　　模态分析的目的是从式(3)推断 S 的参数,其中 A 和 S 都是未知的。这是典型的 BSS 问题。BSS 方法通过确定解混矩阵 W 来分离混合信号 X 的集合,然后通过 $Y = WX$ 获得 S 的近似解。

2.1　快速独立分量分析

　　FastICA 算法属于盲源分离的独立成分分析(ICA)算法的一种,是加速收敛的 ICA 算法。与普通 ICA 算法相比,FastICA 算法具有收敛速度快,不需选择步长,对源信号约束条件相对较低,计算简单,所需内存空间小等特点。

　　FastICA 又称为固定点算法,是进行 ICA 处理的一种快速算法。FastICA 是基于非高

斯性的最大化原理,使用固定点迭代理论寻找 $y = W^T x$ 的非高斯性最大值,采用牛顿迭代算法进行迭代,以最大化负熵函数为目标函数:

$$J(y) = \sum_{i=1}^{p} k_i \{ E[G_i(y)] - E[G_i(v)] \}^2 \tag{4}$$

式中,k_i 为一正常数;y 为具有零均值和单位方差的输出变量;v 为一具有零均值及单位方差的高斯随机变量;G 为一非平方非线性函数。经牛顿法求解该目标函数的最优解即得迭代公式为:

$$w_{n+1} = E\{ Xg(w_n^T X) \} - E\{ g'(w_n^T X) \} w_n \tag{5}$$

$$w_{n+1}^* = \frac{w_{n+1}}{\| w_{n+1} \|} \tag{6}$$

其中,g 为 G 的导数;式(6)对 w_{n+1} 的归一化处理,即白化。根据式(5)重复进行迭代,便可逐一分离出 W 的各个分量。

FastICA 算法能在先验知识很少的情况下实现盲源分离,同时算法所得估计信号 Y 中的变量 y 与源信号 S 中的变量 s 对应关系具有随机性。

2.2　Taken 嵌入理论

应该强调的是,FastICA 要求测量信号的数量 N 不应小于 LFO 模式的数量 $M(N \geq M)$。对于仅获得单通道测量信号 $x(t)$ 的情况($N=1$),本文采用 Taken 的嵌入理论[22]构造多通道测量信号矩阵 X:

$$X = [x(t), x(t+d), x(t+2d), \cdots, x(t+(N-1)d)]^T \tag{7}$$

式中,d 为时间延迟。在本文中,N 被设置为 x(t) 中 LFO 模式数量的两倍(N=2M)。基于 FastICA 的基本原理,在分解结果中存在 M 对分离的源信号,对应于式(1)中的 M 个不同模式。

2.3　希尔伯特变换

FastICA 的输出 Y 是源信号矩阵 S 的近似解 Y,$y_i(t)$ 的每一行对应于 $x(t)$ 中的一个模式。$y_i(t)$ 的瞬时幅度和频率可以通过 HT 技术估算如下:

$$H[y_i(t)] = \frac{1}{\pi} \int_{-\square}^{+\square} \frac{y_i(\tau)}{t-\tau} d\tau \tag{8}$$

$$Amp_i(t) = \sqrt{H(y_i(t))^2 + y_i^2(t)} \tag{9}$$

$$f_i(t) = \frac{d(\arctan(H(y_i(t)))/y_i(t))}{2\pi dt} \tag{10}$$

其中,$H()$ 为 HT。平均频率 f_i 可以通过计算 $f_i(t)$ 的平均值来获得。通过应用最小二乘拟合技术来拟合 $\ln[Amp_i(t)]$ 对比使用线性多项式的 t 曲线,获得直线且其斜率被视为平均阻尼系数。注意,为了避免 HT 的边缘效应,仅使用瞬时数据的中心部分 $f_i(t)$ 和 $Amp_i(t)$ 来计算平均模态参数。

2.4　数学形态学梯度

为了在电力系统中有效地实施该方法,其检测 LFO 的起始瞬间的能力是必不可少的。当 LFO 发生时,测量信号的波形将具有瞬态波,其可用于检测 LFO 的发作。为了检测 LFO 在测量信号 $x(t)$ 中产生的瞬态波,采用 MMG 运算来提取 $x(t)$ 的上升沿和下降沿,定义为[23]：

$$G(x(t)) = (x(t) \oplus b) - (x(t) \ominus b) \tag{11}$$

$$(x(t) \oplus b) = \max\{x(t+s)/b(s), t \in D_x, s \in D_b\} \tag{12}$$

$$(x(t) \ominus b) = \min\{x(t-s)/b(s), t \in D_x, s \in D_b\} \tag{13}$$

其中,$\oplus$ 和 $\ominus$ 分别为膨胀和侵蚀作用,$G()$ 为 MMG 操作;b 为结构元素;D_x 和 D_b 分别为 x 和 b 的定义域。

3 基于 FastICA-HT 的低频振荡辨识法

基于 FastICA-HT 的模态分析方法的流程如图 1 所示。模态分析结果是平均频率和阻尼系数,即 Y 中不同的分离源信号 y_i。通常,按照图 1 中的流程,可以完成测量信号的模态分析任务。然而,有两个未解决的问题:LFO 模式的数量(模型顺序)M 是未知的,它决定了测量信号矩阵的第一维,如前所述,应在嘈杂的环境中从 Y 中的分离源信号中识别出显性模式。

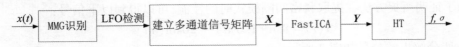

图 1 FastICA-HT 方法流程

建议在所提出的方法中添加迭代过程,其中由 m 表示的未知模型阶数从 2 增加到 $M_{\max}$,并且使用不同的 m 值执行基于 FastICA-HT 的模态分析。在迭代过程之后,提出识别过程以确定最优 m,然后从迭代过程收集的模态分析结果中识别主导 LFO 模式。

根据测试用例的结果发现:①当 m 大于主导模式的实数时,分离的源信号总是包含主导模式;②当最佳地选择 m 时,对应于相同模式的两个分离的源信号的估计模态参数之间的误差最小。

文献[18]表明测量信号中的主导模式的数量通常小于 5。但是,考虑到噪声对模态分解的影响,本文将 $M_{\max}$ 设置为 10。其主要步骤如下所示:

步骤 1(LFO 检测),对测量数据应用 MMG 算子以检测 LFO 的起始瞬间。如果 LFO 确实存在,则转到步骤 2。

步骤 2,设 $m=2$ 并在 L 尺寸窗口内捕获数据。为了从模态分析的实时测量数据中获取足够的信息,本文选择一个 10 s 的数据窗口,即 $L=10$ s。

步骤 3,在数据窗口中对 LFO 数据应用基于 FastICA-HT 的模态分析方法。获得矩阵 $f=[f_1, f_2, \cdots, f_i, \cdots, f_{2m}]^{\mathrm{T}}$ 和 $\sigma = [\sigma_1, \sigma_2, \cdots, \sigma_i, \cdots, \sigma_{2m}]^{\mathrm{T}}$,它们分别包含平均频率和 Y 中分离的源信号 y_i 的阻尼系数。

步骤 4,排除频率不在 0.1~3 Hz 的信号,以消除噪声对主导 LFO 模式识别的影响。

步骤 5,按升序对 f 的非零元素进行排序,并计算相邻元素之间的差异。按相邻差异的升序再次排序 f 的元素。在 σ 中找到相应的组件。对应于相同 LFO 模式的每对分离的源信号具有 f 中的接近频率(f_{j1}, f_{j2})和 σ 中的阻尼系数(σ_{j1}, σ_{j2})。

步骤 6,计算第 j 个模式的平均频率和阻尼系数,m 为 $f_{\mathrm{av}(m-1,j)}$ 和 $\sigma_{\mathrm{av}(m-1,j)}$,计算估计参数 y_{j1} 和 y_{j2} 之间的偏差 $d_{\mathrm{av}(m-1,j)}$。

步骤 7,设 $m=m+1$ 并返回步骤 3 直到 $m>M_{max}$。获得矩阵 f_{av},σ_{av} 和 d_{av}。请注意,在这三个矩阵中,每一行给出了使用特定值获得的所有模式的结果。每列给出了具有不同 m 设置的特定模式的结果。

步骤 8(识别程序),找到 d_{av} 的每列中的最小值及其对应的行号。例如,如果 $d_{av(2,1)}$ 是 d_{av} 的第一列中的最小值,那么第一主导模式的频率和阻尼系数可以在 f_{av} 和 σ_{av} 中获得 $f_{av(2,1)}$ 在 σ_{av}。在这种情况下,m 的最佳值是 3 用于识别第一模式,因为当 $m=3$ 时,y_{11} 和 y_{12} 的估计参数之间的误差最小。类似地,可以获得所有其他主导模式的模态参数,以形成 f_{det} 和 σ_{det},它们分别包含主模的平均频率和阻尼系数。请注意,如果任何 d_{av} 列具有多于 3 个空元素,则与此列对应的模式将不会被识别为主导模式。

按照上述方法的程序,可以从单通道测量信号中识别出主导 LFO 模式。

4　FastICA-HT 方法的性能评估

4.1　两种频率相近模式的分离

为了证明所提方法在提取紧密间隔模式时的性能,可以得到以下信号:

$$x(t) = 8\sin(1.6\pi t) + 20\sin(\pi t) \tag{14}$$

式(14)所分解出的分量如图 2 所示。

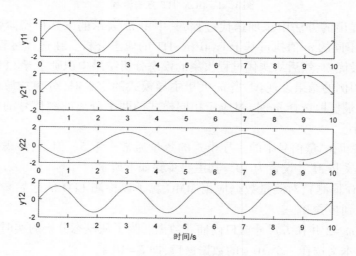

图 2　式(14)所分解出的分量

研究了以下信号,用于证明文献[12]中的 EMD 混频效应。图 2 描述了通过所提出的方法的合成信号的分解结果,其中 y_{11},y_{12} 和 y_{21},y_{22} 分别对应于 0.5 Hz 和 0.8 Hz 频率分量。通过所提出的方法的分解信号的频谱表示 0.5 Hz 和 0.8 Hz 的两个分量,并且每个分解信号是单色的。相反,IMF1 不仅包含式(14)中的两个组分,还包含 0.2 Hz 的人工组分,而 IMF2 仅包含人工组分。毫无疑问,EMD 的混频效应会降低 HT 性能。结果,与 EMD 相比,所提出的方法在不模式混合或产生人工模式的情况下更好地提取紧密间隔模式。从测量的 LFO 信号中准确地提取单色主导模式是重要的,因为通过使用纯主导模态信号作为反馈控制信号,PSS 可以抑制相关模式且对其他模式几乎没有影响[24]。

4.2　非线性非平稳信号的分析

为了评估所提方法在非线性、非平稳信号模态分析中的性能,该方法用于处理合成信号,该信号包含两种模式,可表示为:

$$x(t) = x_1(t) + x_2(t)$$

$$x_1(t) = \begin{cases} 1.0e^{-0.01t}\cos(8t) & (0 \leqslant t \leqslant 2, 6 \leqslant t \leqslant 10) \\ 0 & (2 < t < 6) \end{cases}$$ (15)

$$x_2(t) = \begin{cases} 0 & (0 \leqslant t < 6) \\ 0.6e^{-0.03t}\cos(17t) & (6 \leqslant t \leqslant 10) \end{cases}$$

在不考虑相移的情况下,分离信号的波形与 0~10 s 的原始信号一致。应该注意的是,分离信号的波形在 2 s 和 6 s 处具有瞬态波,因为 $x(t)$ 在那些时刻从稳定阶段波动到另一个稳定阶段。分离信号的模态参数估计结果(1.27 Hz, -0.009 8; 2.70 Hz, -0.028 2)非常接近实际值(1.27 Hz, -0.01; 2.70 Hz, -0.03),证明了所提出的 FastICA-HT 方法的有效性在非线性、非平稳信号的模态分析中。相反,尽管 HHT 可以分解非线性、非平稳信号,但其分解结果会受到模式混合的影响。由于 Prony 使用指数衰减正弦曲线的和来拟合输入信号,它无法从 $x(t)$ 中提取 $x_1(t)$ 和 $x_2(t)$ 并提供不正确的模态参数估计结果(1.30 Hz, -0.18; 2.70 Hz, -0.50)。非平稳信号波形如图 3 所示。

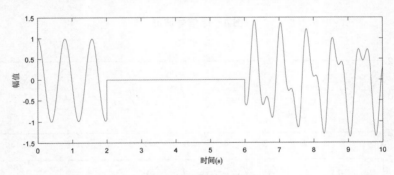

图 3　非平稳信号波形

4.3　噪声稳定性和计算误差

将该方法的噪声鲁棒性和计算负担与 Prony 和 HHT 进行比较。每种方法都将处理来自文献[18]的合成信号,其中包含三种 LFO 模式和随机生成的高斯白噪声:

$$x(t) = e^{-0.01t}\cos(2.54\pi t) + 0.6e^{-0.03t}\cos(5.41\pi t + \pi) + 0.5e^{0.04t}\cos(1.49\pi t + 0.25\pi) + w(t)$$ (16)

采样频率为 40 Hz,合成信号的信噪比(SNR)为 30~100 dB。在每个 SNR 级别执行具有不同随机噪声的 100 次蒙特卡罗模拟。

原信号波形如图 4 所示,经 FastICA 分解出的波形如图 5 所示。

当 SNR 为 100 dB 和 30 dB 时,模态参数估计分散在图 4 和图 5 中。结果发现:当 SNR = 100 dB 时,所提出的方法可以准确识别每次试验中的三种模式,模态参数估计结果包括频率和阻尼系数,非常接近实际值。

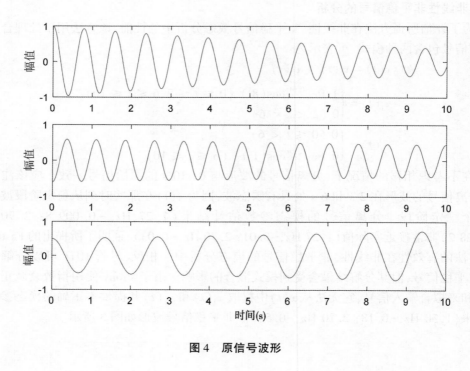

图4 原信号波形

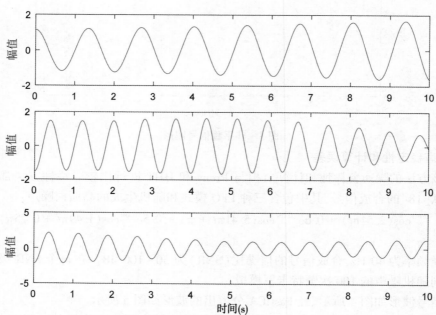

图5 经 FastICA 分解出的波形

可以看出,所提出的方法和 Prony 具有比 HHT 更紧凑的分布,因为 HHT 遭受模式混合。需要强调的是,所提出的方法和 HHT 可以在将合成信号分解成不同模式后跟踪瞬时模态参数。可以发现：在每个 SNR 级别，FastICA-HT 方法的 RL 总是高于 Prony，而前者的 APT 接近后者；虽然 HHT 的 APT 比 FastICA-HT 和 Prony 短 4 倍，但它的 RL 总是低于 50%。因此，所提出的方法对于主导模式的识别具有比 HHT 和 Prony 更好的噪声鲁棒性，并且它应该能够实时地实现。

5 结 论

本文提出了一种基于 BSS 的 LFO 在线监测和模态分析方法。仿真结果表明，基于 FastICA-HT 的模态分析方法能够有效地将单通道测量信号分解为单频信号，并准确估计不同模式的模态参数，为 PSS 的参数设置提供重要信息。此外，通过将迭代与识别程序相结合，FastICA-HT 方法可以在嘈杂环境中识别主导模式，而无需事先了解模型顺序。

FastICA-HT 方法的主要优点是：①所提出的方法在分离紧密间隔模式和分析非线性、非平稳信号方面表现出良好的性能。②与 HHT 和 Prony 相比，该方法具有更好的噪声鲁棒性，可用于识别主导 LFO 模式。③在参数估计精度和计算负担方面，该方法的性能与 Prony 近似，但可以提供模态参数的更多动态信息。因此，所提出的 FastICA-HT 方法是一种新颖有效的工具，能够识别主导 LFO 模式。

参 考 文 献

[1] Thambirajah J, Thornhill N F, Pal B C. A multivariate approach towards interarea oscillation damping estimation under ambient conditions via independent component analysis and random decrement[J]. IEEE Trans. Power Syst. , 2011,26(1):315-322.

[2] Lauria D, Pisani C, On Hilbert transform methods for low frequency oscillations detection[J]. IET Gener. , Transm. Distrib. , 2014,8(6):1061-1074.

[3] Zhu S S,Cui L, Dong X Z. Distance protection that insensitive to power swing[J]. Proc. CSEE, 2014,34 (7):1175-1182.

[4] Andersson G , et al. Causes of the 2003 major grid blackouts in North America and Europe, and recommended means to improve system dynamic performance[J]. IEEE Trans. Power Syst. , 2005,20(4): 1922-1928.

[5] Beza M, Bongiorno M. A modified RLS algorithm for online estimation of low-frequency oscillations in power systems[J]. IEEE Trans. Power Syst. , 2016,31(3):1703-1714.

[6] Cai G,Yang D,Jiao Y , et al. Power system oscillation mode analysis and parameter determination of PSS based on stochastic subspace identification[M]. in Proc. Asia-Pacific Power Energy Eng. Conf. , Wuhan, China, Mar. 2009.

[7] Poon K K P, Lee K C. Analysis of transient stability swings in large interconnected power systems by Fourier transformation[J]. IEEE Trans. Power Syst. 1988,3(4):1573-1581.

[8] Tashman Z, Khalilinia H, Venkatasubramanian V. Multidimensional fourier ringdown analysis for power systems using synchrophasors [J]. IEEE Trans. Power Syst. , 2014,29(2):731-741.

[9] Papadopoulos T A, Chrysochos A I, Kontis E O, et al. Papagiannis. Measurement-based hybrid approach for ringdown analysis of power systems[J]. IEEE Trans. Power Syst. , 2016,31(6):4435-4446.

[10] Rueda J L, Juarez C A,Erlich I. Wavelet-based analysis of power system low-frequency electromechanical oscillations[J]. IEEE Trans. Power Syst. , 2011,26(3):1733-1743.

[11] Huang N E, et al. The empirical mode decomposition and the Hilbert spectrum for nonlinear and non-stationary time series analysis[J]. Proc. : Math. , Phys. Eng. Sci. , 1998,454(1971):903-995.

[12] Laila D S, Messina A R, Pal B C. A refined Hilbert-Huang transform with applications to interarea oscillation monitoring[J]. IEEE Trans. Power Syst. , 2009,24(2):610-620.

[13] Senroy N, Suryanarayanan S, Ribeiro P F. An improved Hilbert-Chuang method for analysis of time-varying waveforms in power quality[J]. IEEE Trans. Power Syst. ,2007,22(4):1843-1850.

[14] Hauer J F,Demeure C J, Scharf L L. Initial results in Prony analysis of power system response signals [J]. IEEE Trans. Power Syst. ,1990,5(1):80-89.

[15] Zhou N,Pierre J W,Trudnowski D. A stepwise regression method for estimating dominant electromechanical modes[J]. IEEE Trans. Power Syst. , 2012,27(2):1051-1059.

[16] Wadduwage D P, Annakkage U D, Narendra K. Identification of dominant low-frequency modes in ringdown oscillations using multiple Prony models[J]. IET Gener. , Transm. Distrib. ,2015,9(15):2206-2214.

[17] Yang D, Rehtanz C, Li Y, et al. A hybrid method and its applications to analyse the lowfrequency oscillations in the interconnected power system[J]. IET Gener. , Transm. Distrib. , 2013,7(7):874-884.

[18] Kamwa I, Pradhan A K, Jos G. Robust detection and analysis of power system oscillations using the Teager−Kaiser energy operator[J]. IEEE Trans. Power Syst. ,2011,26(1):323-333.

[19] Poncelet F, Kerschen G, Golinval J C, etal. Output-only modal analysis using blind source separation techniques[J]. Mech. Syst. Signal Process. , 2007,21(6):2335-2358.

[20] Belouchrani A, Abed-Meraim K, Cardoso J F, et al. A blind source separation technique using second−order statistics[J]. IEEE Trans. Signal Process, 1997,45(2):434-444.

[21] McNeill S, Zimmerman D. A framework for blind modal identification using joint approximate diagonalization[M]. Mech. Syst. Signal Process. , 2008,22(7):1526-1548.

[22] Yap H L, Rozell C J. Stable Takens' embeddings for linear dynamical systems[J]. IEEE Trans. Signal Process. , 2011,59(10):4781-4794.

[23] Wu Q H, Zhang J F, Zhang D J. Ultra-high-speed directional protection of transmission lines using mathematical morphology[J]. IEEE Trans. Power Del. , 2003,18(4):1127-1133.

[24] Zhang J,Chung C Y, Han Y. A novel modal decomposition control and its application to PSS design for damping interarea oscillations in power systems[J]. IEEE Trans. Power Syst. ,2012,27(4):2015-2025.

浅析电力企业班组安全活动
存在的问题及解决对策

杨自聪,刘江红,梅沈锋,梁成刚,王凯

(雅砻江流域水电开发有限公司,四川 成都　610051)

摘　要　安全生产教育是安全生产的重要组成部分,班组安全活动是班组安全生产教育最重要的载体,是电力企业班组安全管理的基础。高质量的班组安全活动对提高员工安全意识、安全技能水平、应急能力和培养良好工作习惯起着非常重要的作用。针对电力企业安全生产的特点,分析班组安全活动中存在的问题,针对性提出提高班组安全活动的解决对策,对电力企业班组安全活动的开展提供一定的借鉴意义。

关键词　电力企业;班组安全活动;问题;对策

1　引　言

电力企业的电力生产劳动环境有明显的特点:①电气设备多;②高温高压设备多;③易燃、易爆和有毒物品多;④高速旋转机械设备多,如发电机、风机、电动机等;⑤特种作业多,如带电作业、高处作业、起重及焊接作业等。这些特点表明电力生产潜在危险性大,工作中稍有疏忽就可能发生安全事故[1]。基于轨迹交叉论的事故预防措施,要求必须防止时空交叉的发生、控制人的不安全行为、控制物的不安全状态。控制人的不安全行为就必须加强员工的安全培训教育[2]。安全班组活动则是班组安全生产教育最重要的载体,规范高效的安全活动对于安全生产意义重大。班组安全活动是电力企业中最日常的一项工作,每个班组都在开展,但是在实际执行中却存在这样或者那样的问题,导致安全活动的效果有待提高。

2　班组安全活动存在的问题

2.1　班组长安全管理能力不足,安全活动质量不高

班组是电力企业最小的生产单位,班组长是班组安全生产的第一责任人,这就要求班组长在管好生产的同时还要管好安全。班组长基本都是从技术岗位中成长起来的,没有经过系统的安全培训,安全管理能力不足,在安全活动上缺乏行之有效的管理办法,导致安全活动质量不高。

2.2　对安全活动的重要性认识不足,流于形式

"讲起来重要,忙起来不要",反映出企业员工在思想上对安全活动的重要意义认识不足[3]。工作中更加侧重于实际的生产工作,认为安全就是不出事,认为安全活动就是一种表面上、形式上的工作,是应付上级检查的需要[4]。思想是行动的先导,有了这样的

认识,在工作现场忙不过来的时候安全活动就成了"签字活动"。安全活动流于形式,应付了事。

2.3　学习内容多而散,学习任务重

一个安全文件经过层层转发,就变成了一大堆的学习文件,其大致内容和文件精神基本一致,这就导致安全活动学习材料过多。加上思想政治、道路交通、消防安全、防洪度汛、森林防火、疫情防控、网络安全等方面的文件,安全学习任务重[5]。此外,安全学习内容不统一,部分安全员在整理安全学习材料时,"宁可枉杀一千,不可放过一个",所有的通知文件都放到安全活动中,安全学习不堪重负。

2.4　学习形式单一,实用性不高

安全活动学习以上级文件通知和会议纪要为主,对电力安全规程、安健环制度、不安全事件的学习不够系统,缺乏事故预想的学习,缺乏工作票和操作票的风险分析。安全活动以学习为主,与工作现场实际联系不紧密,实用性不高。

2.5　班组安全员作用发挥不充分

班组除了班组长外一般会设置班组安全员,班组安全员定期组织开展班组安全活动。班组安全员更多地是在履行安全员的职责与义务,在安全监督检查方面显得不足。原因是班组安全员不是班组的负责人,安全员在工作中并没有实际的管理和考核的权利,不敢大胆地开展安全管理。

2.6　班组安全活动人员不齐全

班组安全活动要求全员参与,但是电力企业运行工作倒班的特殊性,就不能保证全员参与。比如,某电力企业一个运行值守组有四个运行值,如果以值守组为单位开展安全活动就不能保证全员参与,安全活动效果大打折扣。

2.7　安全活动组织不力,效果不明显

安全活动开展的形式基本上就是一张 PPT,班组安全员对照着文件照本宣科。班组安全员在上面念,班组人员在下面听。缺乏对实际工作中的安全技能和安全工器具的实操培训、缺乏安全生产经验的分享与讨论、缺乏对当前安全生产工作中存在的问题进行总结和讨论、缺乏对下一阶段安全工作进行部署安排,安全活动的效果不明显。

2.8　安全活动记录不规范

安全活动的记录内容主要是时间、地点、参加人员、学习文件名称等。没有人员讨论的发言记录、安全生产需要协调的事项、下一步工作安排等。同时,缺乏安全工作计划清单的记录,不方便安全工作的计划开展与问题的整改和落实。

3　解决的对策

3.1　加强班组长安全管理培训,提高安全管理能力

定期组织电力企业内部的班组长安全管理培训,邀请安全管理领域的专家向班组长传授最新的安全管理理论及其实践案例。通过定期采购安全管理类的书籍、订阅安全管理类的杂志,提高班组长的安全管理理论水平。通过培训和教育造就具有创新意识和创新能力的班组长,并引导班组长将安全管理的理论成果运用于实践,不断提高班组安全活动的效果。

3.2　提高认识,加强组织

落实领导定期参加班组安全活动的规章制度,上级领导和各级管理员定期参加班组安全活动,对班组安全活动的开展效果进行监督和指导。以上率下,也有利于提高班组成员对于安全活动的重视程度。同时,优化班组安全活动的内容,联系工作实际、注重实效,让班组员工在安全活动中有所收获,安全知识和技能有所提高。

制定班组安全活动实施细则。建立班组安全活动责任制,明确由班组长组织安全活动,并对安全活动的质量负责,班组安全员负责安全活动的具体实施。

3.3　规范安全学习材料

对安全学习材料进行统一规范,明确安全学习材料为:近期安全生产文件及通知、上级安全生产要求、电力安全工作规程、电厂安健环制度和生产管理制度、应急预案和处置方案、事故预想、近期不安全事件和行业相关事故案例、工作票和操作票的风险分析、安全工器具培训、安全生产技能与经验交流等。

3.4　优化班组安全活动组织与流程

改变班组安全活动开展的单位。为了使每个人都参与安全活动,将安全活动的开展单位由一个运行值守组改为一个运行值。

提前做好组织策划。安全活动开展前,班组安全员准备好安全学习材料,并提前对安全学习材料进行学习,勾画出重点,在安全活动时进行领学。结合工作实际,提炼出需要班组在工作中注意和落实的部分,避免照本宣科,提高安全活动的效率和效果。

结合工作实际开展讨论。每个班组成员根据安全学习材料、近期安全生产的重点注意事项、安全生产技能与经验分享进行发言和讨论。

需要协调的事项汇报和安全问题通报。班组成员就近期工作中遇到的问题,提出需要协调的事项或者意见与建议。班组安全员通报近期发现的安全问题。

安全生产工作的回顾与安排。班组长对之前安全活动提出的落实事项进行回顾与通报,重点对未落实的事项进行督促整改。对班组安全活动进行总结,结合当前的安全要求,提出下一步具体的安全工作安排,把安全工作中的各项要求落地,并取得实效。

3.5　建立班组安全活动的记录

根据班组安全活动的流程建立安全活动记录的模板,除记录班组安全活动的时间、地点、人员、安全学习文件外,还记录人员的发言和讨论情况、需要协调的事项和安全通报、下一步工作安排情况。同时,建立工作计划清单,并将责任落实到人,形成"清单制+责任制",按期完成安全问题的整改与闭环。将安全活动的记录和工作清单上传到云服务器,方便查看。

3.6　建立监督检查与考核机制

部门采用现场随机抽问的方式对安全活动效果进行监督检查,督促员工强化安全学习与安全技能,将班组安全活动的监督检查情况列入班组的考核评价体系。

践行"以考促学"的培训原则,部门将本月安全活动中的重要内容纳入月度考试范围,采取闭卷考试,将月考成绩纳入员工的双月评价,激发员工安全学习的积极性。

4　结　语

广义的本质安全是指通过"人、机、环(境)、管(理)"四个方面的管理,使整个系统安全可靠[2]。如何控制人的不安全行为是安全生产的关键,这就需要加强安全教育的培训,不断提高企业员工的安全意识意愿、安全知识和技能,引导员工从"要我安全"到"我要安全""我能安全"。针对安全活动存在的问题,某电力企业积极探索,建立班组安全活动的规章制度,不断优化班组安全活动的实施流程,强化监督检查,促进班组安全活动取得实效,助力于企业的本质安全提升。

参 考 文 献

[1] 赵秋生. 企业班组长安全读本[M]. 北京:化学工业出版社,2009.
[2] 孙建勋. 电力生产安全知识读本[M]. 北京:中国电力出版社,2015.
[3] 杨金伟. 浅析班组开展安全日活动存在的问题及对策[J]. 科技创新导报,2013(22):151.
[4] 杨龙,付晶晶. 浅析班组安全活动存在问题与应对措施[J]. 安全生产,2019:79-80.
[5] 孙建. 发电企业安全日活动存在的不足及措施[J]. 中国设备工程,2015(11):46-47.

锦屏一级水电站安控装置 PT 断线及操作风险分析

顾挺,肖启露,刘鹏,胡会

(雅砻江流域水电开发有限公司,四川 成都 610051)

摘　要　随着电网容量的不断扩大、安控装置在电力系统中起着越来越重要的作用,安控装置 PT 断线将会引起安控装置闭锁,将直接影响电网安全稳定运行,极端情况下,迭加电网事故可能造成电网解列等重大事件。本文以二滩二百线送电操作期间造成#1、#2 川电东送安控装置闭锁为例,对某水电站安控装置线路投停判据、安控装置 PT 断线逻辑、运行人员安控装置投退操作等 3 个方面进行了深入排查及分析,总结出了安控装置 PT 断线产生的原因,对水电站安控装置事故处置分析具积极的借鉴作用。

关键词　水电站;安控装置;PT 断线;操作风险

1　引　言

2020 年 11 月 20 日,二滩水电站二百线送电操作期间造成#1、#2 川电东送安控装置闭锁,原因为操作期间,二百线线路开关在合环运行,未拉开二百线两个线路开关即退出二百线检修压板,安控装置检测到二百线无电压造成 PT 断线报警,报警后闭锁#1、#2 川电东送安控装置 4 min。回顾水电站安控装置以往误操作、误动作及闭锁案例,可以看出不安全事件主要发生在停送电操作期间,且与运行人员直接相关,存在较大的安全风险。为吸取经验教训,锦屏一级水电站结合自身实际,开展了针对安控操作风险的排查,并与二滩水电站安控装置线路投停判据、安控装置 PT 断线逻辑进行了对比分析。

2　两站安控装置线路投停判据对比分析

锦屏一级水电站安控装置采用双重化配置原则,采用的是南瑞 SCS-500E 型装置,与二滩水电站新改造后的川电东送安控装置同型号,均为南瑞 SCS-500E 型,但两站安控装置对于线路投停的判据完全不同。表 1 是二滩水电站 SCS-500E 型装置元件投运判据,表 2 是锦屏一级水电站 SCS-500E 型装置元件投停判据。

作者简介:顾挺(1986—),本科,工程师,从事水电站运行管理与维护工作。E-mail:guting@ ylhdc. com. cn。

表 1　二滩水电站 SCS-500E 型装置元件投停判据

名称	元件投停判断条件
二百线	退出安控装置内检修压板(开关及线路检修压板未同时投入)时,满足以下任一条件,元件即投运,否则认为元件停运: 1. 至少有两相电流大于等于定值 160 A,且持续 100 ms; 2. 有功功率大于等于 25 MW,且持续 100 ms; 3. 线路两侧至少各有一个开关两相在合闸位置,且持续 100 ms,不更新对侧状态
二揽一、二线	退出安控装置内检修压板(开关及线路检修压板未同时投入)时,满足以下任一条件,元件即投运,否则认为元件停运: 1. 至少有两相电流大于等于定值 175 A,且持续 100 ms; 2. 有功功率大于等于 25 MW,且持续 100 ms; 3. 没有故障发生,电压高于 80% Un,且持续 100 ms; 4. 线路开关至少有一个两相在合闸位置,且持续 100 ms
发变组	退出安控装置内机组检修压板,满足以下任一条件,元件即投运,否则认为停运: 1. 至少有两相电流大于等于定值 60 A,且持续 100 ms; 2. 有功功率大于等于 25 MW,且持续 100 ms

表 2　锦屏一级水电站 SCS-500E 型装置元件投停判据

名称	元件投停判断条件
西锦 Ⅰ、Ⅱ、Ⅲ线	未同时投入边、中开关检修压板,且满足以下任一条件,即认为元件投运,否则认为元件停运(同时投入边、中开关检修压板即认为停运,清除所有异常,不清电气量): 1. 至少有两相电流大于等于定值 Is1(180 A),且持续 100 ms; 2. 有功功率大于等于 Ps3(40 MW),且持续 100 ms; 3. 没有故障发生,且电压高于 ULS(50%Ue = 159 kV),且持续 100 ms
发变组	未同时投入发变组高压侧两个开关检修压板,且满足以下任一条件,即认为元件投运,否则认为元件停运(同时投入发变组高压侧两个开关检修压板即认为停运,清除所有异常,不清电气量): 1. 发变组高压侧至少有两相电流大于等于定值 Is1(120 A),且持续 100 ms; 2. 发变组高压侧有功功率大于等于 Ps3(40 MW),且持续 100 ms

从二滩水电站 SCS-500E 型安控装置投停判断条件可知,二滩水电站线路投运判断条件中采用电气量和开关量(对应线路开关状态)双判据,机组投运判断条件中只采用电气量判据。当二滩水电站安控装置内开关检修压板退出,两个线路开关任一在合闸位置,安控装置将会判断该条线路投运,开关量判据中未采集线路刀闸位置状态,存在线路状态误判的问题。而锦屏一级水电站不存在此类问题,锦屏一级水电站线路投运判断条件中只采用电气量判据,未采用开关量判据,电气量采集线路电流、电压及功率,能较为真实地

反应线路的实际状态,不存在由于线路停运、开关合环运行而导致安控装置开关量判据对线路投停状态的误判。在机组方面,二滩水电站安控装置中机组投停的判据与锦屏一级水电站安控装置对机组投停的判据类似,均采用电气量判据,不存在开关检修压板与开关实际状态不一致而导致机组状态误判的风险。

3　两站安控装置 PT 断线逻辑对比分析

二滩水电站南瑞 SCS-500E 型装置,其线路和机组 PT 断线判断逻辑为"零序电压"和"低电压+元件投运"双判据。锦屏一级水电站 SCS-500E 型装置与二滩水电站相同,也采用的是"零序电压"和"低电压+元件投运"双判据,二滩水电站/锦屏一级水电站 PT 断线逻辑及判断条件如表 3 所示。

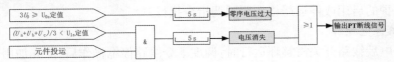

表 3　二滩水电站/锦屏一级水电站 PT 断线逻辑及判断条件

异常名称	异常判断条件	输出信号	闭锁功能
零序电压异常	三相电压的零序电压值≥10%U_n,且持续时间≥5 s	PT 断线	闭锁装置
低电压异常	三相电压平均值<50%U_n,元件投运且持续时间≥5 s	PT 断线	闭锁装置

从两站安控装置 PT 断线逻辑可知:

对于判据 1:当线路停运,线路两侧刀闸均已拉开,线路 A\B\C 三相均已无电压,如线路无外加电源点,线路上不会产生零序电压,不会导致安控装置产生 PT 断线报警。

对于判据 2:当线路停运,线路刀闸拉开,此时线路三相无压,三相电压相量和必然满足<U_{1s}定值判断条件,那么元件投停判据起到关键作用,第 2 部分已分析了二滩水电站线路投停判据中有线路停运、开关在合闸位置(开关量)误判元件投运的风险,在此也会满足判据 2 条件,导致安控输出 PT 断线报警信号。

综上所述,两站安控装置 PT 断线逻辑相同,逻辑策略不存在问题。但二滩水电站安控装置线路投运条件中使用了开关量作为判据,线路投运状态存在误判的风险,导致安控装置输出 PT 断线信号,进而闭锁安控装置。锦屏一级水电站元件投运状态判别不采用开关量,线路停运、开关合环时,即使安控装置内开关检修压板退出,不会误判"元件投运",不会导致 PT 断线而闭锁安控装置。

4　锦屏一级水电站安控运行操作风险分析

锦屏一级水电站运行规程中已对发变组停送电和线路停送电时安控装置内相关检修压板、方式压板进行了明确规定;对主变高压侧 T 区保护投退、线路保护及线路停送电操作、线路开关间短引线保护投退、安控装置投退操作进行了操作顺序排查,操作均已考虑防止安控装置误判、误开出的风险。

4.1　主变高压侧开关 T 区保护投退操作

主变及高压侧开关正常运行时,T 区保护投"差动保护"(三差)。主变检修,高压侧开关合环运行时,拉开开关、停用主变后,加用"短引线保护"压板(转两差),再合上开关。主变恢复运行时,根据调令主变转冷备用,在主变及高压侧开关转运行前,停用"短引线保护"压板(恢复三差)。T 区检修时,停用 T 区保护。

4.2　主变高压侧开关检修压板投退操作

主变高压侧开关检修时,根据调度指令应先拉开开关,后加用该开关检修压板;主变高压侧开关恢复运行时,根据调度指令先停用该开关检修压板,后合上开关。

4.3　线路保护及线路停送电操作

4.3.1　线路保护的启用或停运

线路保护的启用或停运严格按照国调指令执行。

4.3.2　线路停电操作

线路停电后线路开关需解环运行时:调度下令线路停电操作后,应先加用安控装置上相应线路的开关检修压板,再加用相应运行方式压板,进行一次设备操作。停电后线路开关需合环运行时:调度下令线路停电操作后,应先加用安控装置上相应线路的开关检修压板,再加用相应运行方式压板,进行一次设备操作;在开关合环运行后,再停用线路开关检修压板。

4.3.3　线路送电操作

开关合环运行时送电:先加用安控装置上相应线路的开关检修压板,拉开开关,恢复线路热备用,合上开关使线路转运行,然后加用相应运行方式压板,最后停用相应线路开关检修压板。开关在非运行态送电:按照调令将线路及开关恢复热备用,合上开关使线路转运行,加用相应运行方式压板,停用线路开关检修压板。

4.4　线路开关间短引线保护投退

启用开关间短引线保护操作(线路停电开关合环运行时):调度下令拉开开关,将线路转备用,在开关合环之前启用开关间短引线保护,最后合上开关。停用开关间短引线保护操作:调度下令线路由检修转冷备用、开关也运行转备用后,启用线路保护,停用开关间短引线保护,最后将线路转运行。

4.5　安控装置机组相关压板操作

切机机组停机:在调整负荷之前,应将相应切机机组压板退出。切机机组并网:在并网后,将切机机组负荷调整至满足国调稳定运行规定后,方能投入切机压板。机组检修:应停用安控装置屏上相应检修机组的机组允切压板和切机出口压板。

4.6　安控装置通道操作

通道压板应根据调度指令加用或停用,通道两端压板应保持一致,进行通道压板操作时允许两侧通道短时不一致。通道检修时,通道压板应退出。涉及安控系统的光纤通道或光电设备需检修时,与该通道有关的安控装置应停运。

5　结　语

锦屏一级水电站安控装置元件投停判据较为合理,不存在因开关检修压板状态与开关实际位置不一致,而导致元件投停误判的情况。另外,锦屏一级水电站安控装置 PT 断线逻辑也较为合理,同时电站运行规程对相关线路、发变组及安控装置压板进行了明确的投退顺序规定,可以避免安控装置误判 PT 断线事件的发生。另外,主变高压侧 T 区短引线保护投退操作、主变高压侧开关检修压板投退操作、线路保护及线路停送电操作、线路开关间短引线保护投退,以及安控装置通道、机组检修压板操作,均严格按照调度指令及调度规程规定执行,操作顺序也有效避免了安控装置闭锁的发生。

参 考 文 献

[1] 侯飞. 二滩水电站安控装置闭锁说明及预控措施[R]. 攀枝花:二滩水力发电厂,2020.

[2] 旷熊. 锦西电厂安控及解列装置运行规程[R]. 锦电(2020)335 号. 西昌:锦屏水力发电厂,2020.

[3] 李玮. 发电机励磁系统与安全自动装置[M]. 北京:中国电力出版社,2020.

调速器冗余控制方式调整及故障逻辑优化

杨维平

（雅砻江流域水电开发有限公司，四川 成都　610051）

摘　要　某水电站调速器控制系统由原来的交叉冗余控制方式调整为平行冗余方式，由于冗余控制方式的调整，与之相应的故障逻辑及切换逻辑也应调整，本文对调速器故障逻辑进行详细分析，并提出冗余控制方式调整后的故障逻辑优化改进措施。

关键词　调速器；故障逻辑；优化

1　引　言

某水电站安装 6 台单机容量 600 MW 混流式水轮发电机组，总装机容量 3 600 MW。调速器为双微机和双比例阀调速系统，分为电气控制部分和机械液压调节部分[1]。调速器具有频率控制、功率控制、开度控制模式。

图 1 为调速器控制系统整体结构。系统正常运行时，在电气柜内由主用套 PCC 计算导叶给定值，与导叶传感器反馈信号进行比较，将差值转换为电信号输出至液压调节柜内的 MB 综合模块，MB 综合模块将 PCC 电信号与主配反馈电信号叠加，输出给功放板，由功放板控制伺服阀流量及压力源方向，实现电液转换，最终实现控制导叶开度的目的。整个过程存在三个闭环控制：在 PCC 处导叶给定和导叶反馈的闭环控制，在综合模块处 PCC 控制信号与主配反馈的闭环控制，在功放板处伺服阀给定信号和伺服阀反馈信号的闭环控制。

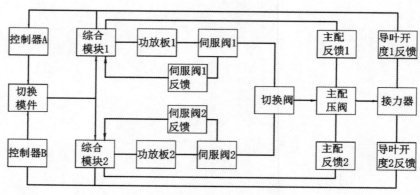

图 1　调速器控制系统整体结构

2　交叉冗余及故障逻辑

改造前，调速器控制系统伺服阀控制方式为交叉冗余控制，即主用套控制器可同时控制两个伺服阀,由伺服切换阀选择主用伺服阀。

调速器故障按冗余切换逻辑分为一般故障和切换故障。调速器控制系统元件故障后仍能保持正常闭环运行的故障为一般故障,此时调速器控制系统不切换备用套。调速器控制系统元件故障如主用传感器发生故障,或其执行机构失灵不受控制系统控制,导致调速器控制系统开环运行的故障,为切换故障。

调速器故障按切换控制方式分为一般故障和严重故障。发生一般故障时,调速器仍可保持自动运行方式;发生严重故障时,调速器控制方式切换为纯手动运行,控制系统不再参与导叶调节。

调速器将切换故障信号和严重故障信号输出至切换控制器,主备套控制器切换信号由切换控制器开出,在不同故障等级条件下,优先选择故障等级低的控制器;在相同故障等级条件下,通过把手选用主用套。主备套控制器切换条件(A套主用切B套)如表1所示。

表1　主备套控制器切换条件(A套主用切B套)

序号	主用套控制器切备用套控制器条件
1	A\B套均有切换故障 &B套非严重故障 & 切换把手至B机主用
2	A\B套均无切换故障 &PCC电源及IP161运行正常 & 切换把手至B机主用
3	A套严重故障,B套非严重故障 &B套PCC电源及IP161运行正常
4	A套切换故障,B套无切换故障 &B套PCC电源及IP161运行正常
5	A套PCC电源及IP161至少有一个运行不正常 &B套PCC电源及IP161运行正常
6	A套PCC调试,B套PCC运行 &B套PCC电源及IP161运行正常
7	A套严重故障,B套PCC运行正常 &B套PCC电源及IP161运行正常
8	A\B套PCC均调试态,切换把手切B机

调速器切换故障包括液压故障、任一频率故障、双套伺服阀故障、导叶采样故障、CP340与IP161通信故障、功率反馈采样故障、功率给定采样故障。

调速器严重故障包括导叶采样故障、双套伺服阀故障、全频率故障、液压故障。

当调速器发生切换故障时,控制系统自动切换为备用套运行,若该故障同时为严重故障,则本套控制系统开出纯手动信号,导叶开度仍由备用套控制系统控制,双套调速器控制系统均严重故障后,调速器切换为纯手动方式运行,同时将严重故障信号上送给监控系统,触发紧急停机流程。下面将介绍部分故障报警的详细逻辑。

导叶采样故障:调速器配有3套导叶反馈传感器,当#1导叶反馈故障且#2、#3导叶有至少一个故障时,报导叶采样故障。

功率给定故障:如果功率给定模拟量发生跳变、越限,或者功率给定偏差故障,则报功率给定故障。

频率故障:在空载和发电态,如果残压频率、齿盘1频率、齿盘2频率任一故障或者频率偏差报警均会触发频率故障。若三套频率全部故障则报全频故障。

残压频率偏差故障:在发电态下,当频率反馈码值均正常时,残压与两路齿盘均偏差大于 0.1 Hz,延时 0.15 s 报警;当 1 路齿盘故障,残压与 2 路齿盘偏差大于 0.1 Hz,延时 0.15 s 报警;当 2 路齿盘故障,残压与 1 路齿盘偏差大于 0.1 Hz,延时 0.15 s 报警。

液压故障:导叶给定与导叶反馈偏差大于 5% 后,延时 5 s,计算导叶向导叶给定方向的移动速率,若导叶动作速率小于 0.5%/s,1 s 后报液压故障。

3　平行冗余及故障逻辑优化

由于原交叉冗余控制方式时,当伺服阀及以下液压部分出现异常,但未正常检测到伺服阀故障时,将只切换控制器,不切换伺服阀。因此,当交叉冗余控制方式存在特殊异常工况时,不能正常切换伺服阀,导致调速器冗余控制功能起不到应有的作用。为确保调速器冗余控制功能可靠,将调速器冗余控制方式调整为平行冗余控制,即主用套控制器只控制#1 伺服阀,备用套控制器只控制#2 伺服阀,在切换主备套控制器时同时切换伺服阀。在调速器冗余控制方式调整后,故障切换逻辑也需要进行相应调整。

伺服阀平行冗余改造后,由于本套控制器只控制一个伺服阀,因此双套伺服阀故障作为切换故障和严重故障已不合适,应改为本套伺服阀发生故障,进行主备套切换,同时本套控制器报严重故障切纯手动控制。

导叶采样故障切换逻辑不完善,根据"三选二"[3]故障报警逻辑,需增加主用套导叶传感器反馈故障作为切换故障的判断条件之一。

在开度模式下,调速器侧功率反馈和功率给定不参与控制,只有在功率模式下功率反馈和功率给定参与功率闭环调节。因此,功率反馈采样故障和功率给定采样故障触发切换故障的条件应限定为在功率模式下运行时进行故障切换。

综上所述,调速器优化后的切换故障包括液压故障、残压频率故障、残压频率偏差故障、本套伺服阀故障、导叶采样故障、主用导叶反馈故障、CP340 与 IP161 通信故障、功率模式下功率反馈采样故障、功率模式下功率给定采样故障。优化后的严重故障包括导叶采样故障、本套伺服阀故障、全频率故障、液压故障。控制器切换逻辑优化前后对比(A 套主用为例)如表 2 所示。

表 2　控制器切换逻辑优化前后对比(A 套主用为例)

故障名称	优化前动作方式	优化后动作方式
任一频率故障	A 套切至 B 套,伺服阀不切换	残压频率时 A 套伺服阀 1 切换为 B 套伺服阀 2,其他频率故障无切换
功率反馈采样故障或功率给定采样故障	由 A 套切至 B 套运行,伺服阀不切换	开度模式无切换功率模式 A 套伺服阀 1 切换为 B 套伺服阀 2
液压故障	由 A 套切至 B 套运行,伺服阀不切换 A 套开出切纯手动命令,A 套开出严重故障信号	A 套伺服阀 1 切换为 B 套伺服阀 2 A 套开出切纯手动命令,A 套开出严重故障信号

续表 2

故障名称	优化前动作方式	优化后动作方式
双套伺服阀故障	切纯手动,并发出调速器严重故障信号,启动监控事故停机流程	切纯手动,并发出调速器严重故障信号,启动监控事故停机流程
导叶采样故障	由 A 套切至 B 套运行,伺服阀不切换	A 套伺服阀 1 切换为 B 套伺服阀 2
全频故障	由 A 套切至 B 套运行,伺服阀不切换	A 套伺服阀 1 切换为 B 套伺服阀 2
导叶偏差故障	无切换	无切换
功率偏差故障	无切换	无切换
残压频率偏差故障	无切换	A 套伺服阀 1 切换为 B 套伺服阀 2
#1 导叶反馈故障	无切换	A 套伺服阀 1 切换为 B 套伺服阀 2

4 结 论

　　水轮机调速器的控制模式和控制思想是一直不断改进的,本文结合现场维护经验,结合调速器冗余控制方式的改变,介绍了调速器故障逻辑的调整优化的思路,有助于调速器的稳定可靠运行,同时希望为其他水电厂提供借鉴。

参 考 文 献

[1] 张强,李士哲.调速器液压随动系统故障冗余设计与实践[J].水电站机电技术,2018,41(7):79-81.

[2] 王歆,张怡,王官宏,等.高比例水电送出系统超低频频率振荡风险及影响因素分析[J].电网技术,2019,43(1):206-212.

[3] 田显斌.三选二冗余测量技术在太平驿电厂调速器上的应用[J].水电厂自动化,2010,31(3):17-19.

某大型水电站调速器负荷波动
分析及应对策略探讨

李士哲,韩冠涛

(雅砻江流域水电开发有限公司,四川 成都　610051)

摘　要　本文结合某大型水电站机组负荷波动,分析调速器控制系统存在的问题,并提出具体解决方法,以提升调速器控制系统工作过程中的可靠性。

关键词　调速器;负荷波动;水头波动

1　引　言

某大型水电站位于四川雅砻江上,以发电为主,兼具蓄能、蓄洪和拦沙作用。是雅砻江中游龙头梯级电站,电站装设 6 台 600 MW 混流式水轮发电机组,总装机容量为 3 600 MW。

该电站水轮机控制系统采用微机型调速系统。其微机调节器部分采用了贝加莱公司的 PCC2005 控制器为核心,机械液压部分则选用了 BOSCH 公司的比例伺服阀作为电液转换单元,GE-5000 作为主配压阀,电源、控制模块、传感器、电液转换等全部采用了双冗余配置,且采用了第三方智能切换模块作为仲裁判断,软件部分则采用了专有的改进型并联 PID 算法。调速器控制系统框图如图 1 所示。

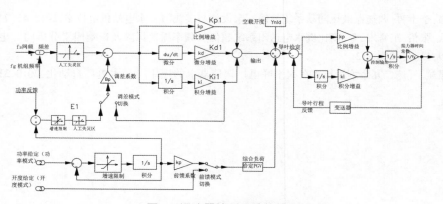

图 1　调速器控制系统框图

作者简介:李士哲(1986—),男,工学学士,从事大型水电站自动化控制设备检修维护工作。E-mail: lishizhe@ ylhdc. com. cn。

2 概述

调速器转入"发电态"后,处在开度模式,调速器的当前调整目标为导叶开度给定。此时的导叶开度给定=空载开度 Ynld+主环 YPID+Pgv。其中,空载开度 Ynld 为预设的定值,其大小和水头自动成一一对应的关系。主环 YPID,为频率主环的计算输出;机组并网后,机频和网频同步,其数值和频率给定(发电下,自动为 50 Hz)的偏差,若频率波动不大,一般在设定的人工失灵区(频率死区)以内,则在死区之后的频差为 0,此时的主环为具有调差 bp 的负反馈闭环环节,所以输出的 YPID 为 0。

导叶给定还有一个重要的变量为 Pgv(脉冲开度给定),该数值来自监控系统的功率调节模块。监控检测自身的功率反馈和功率给定(功率设定)之间的偏差,在监控功率调节(P 调节)投入时,计算该偏差,输出响应的脉冲增加或减少。调速器收到该脉冲后,根据其脉宽(一个脉冲的持续时间)的长短,与之对应形成一个开度累积量,即 Trp。

该过程,对调速器而言是一个脉冲式的积分过程,积分公式为 Pgv = Pgv±Trp。其中,Trp 一般设置为 1%/s ~5%/s。需要指出的是,调速器为了防止脉冲粘连,Trp 的累积只在 2 s 内有效,超过 2 s 后的脉冲失效。在 2 s 内,累积的速度和脉冲时间成正比。举例说明,调速器 Trp 目前一般设置为 2%/s,如果脉冲为 2 s,则 2 s 内累积 4%,0.5 s 累积 1%,3 s 依然是 4%。

由此可见,在开度闭环模式下,如果机组调整功率,调速器此时是监控大功率调节下的一个开度执行环节。只对开度给定负责,不对功率负责。在监控的功率调节下,监控通过脉冲的增加、减少,从而改变调速器的 Pgv、改变调速器的导叶给定。调速器通过导叶副环的 PI 环节,对导叶反馈进行控制,从而改变机组有功。机组有功监控采集后,再次和其功率设定比较,如此形成循环有功调节控制。

该模式下,如果网频波动较大,同时机频也波动较大,当频差超过频率死区后,一次调频动作,这时该频差(减去死区后的部分)送入主环 PID 进行计算,输出 YPID,从而改变导叶给定和导叶开度。当频差在频率死区以内时,一次调频复归,由于调差 bp 的负反馈作用,主环 PID 输出逐渐反算为 0,形成的开度给定偏差消失,恢复到调频动作前的开度给定和开度。

因此,对于调速器控制系统而言,调速器导叶给定受空载开度 Ynld、主环 YPID 和 Pgv 影响较大。同时,由于调速器控制系统导叶反馈完成大闭环,因此导叶反馈大的准确性也会影响到调速器负荷的稳定。

3 调速器负荷异常波动原因分析

3.1 故障现象

7 月 30 日 03:12:57 CCS"#5 机组调速器 A 套水头采样故障""#5 机组调速器 B 套水头采样故障""#5 机组调速器 A 套尾水水位测量故障""#5 机组调速器 B 套尾水水位测量故障""#5 机组有功设定值与实测偏差大于 12 MW 报警""#5 机组调速器及其油压装置可用退出""#5 机组调速器调节器 B 套总故障""#5 机组调速器调节器 B 套功率给定模入故障""#5 机组调速器调节器 A 套功率给定模入故障""#5 机组调速器 A 套总故障"

"#5 机组调速器 A 套功率给定超差故障""#5 机组调速器 B 套功率给定测量故障""#5 机组调速器 B 套功率给定超差故障"。#5 机组调速器有功由 570 MW 升至 625 MW 后下降至 525 MW,最后恢复至正常 570 MW,A 套水头由 229 m 降至 167 m 后升至 208 m 再升至正常 229 m,B 套水头由 229 m 降至 153 m 后升至 212 m 再升至正常 229 m,#5 机组导叶开度由 72.85% 上升至 78.53% 后下降至 66.15%,后恢复正常 72.5%;随后将#5 机组调速器水头切为人工水头,防止再次出现负荷波动。

3.2　数据波形过程分析

03:12:57 调速器 A 套水头由 229 m 变化到 167 m,调速器空载开度随之增大,根据协联曲线,空载开度应增大 5.8%,从而使导叶给定增加,导叶开度由 72.85% 上升至 78.53%,机组有功上升至 625 MW。当机组有功增大至 610 MW 时,监控有功调节自动解除闭锁,将机组有功减至 552.7 MW,并开始回调,此时调速器计算水头恢复至 208 m,调速器空载开度随之减小,导叶给定减小,机组有功进一步减小;在空载开度和监控闭环调节的共同作用下,机组有功减小至 521.6 MW 后逐步稳定在 573.4 MW。调速器开度模式下,有功给定跟随有功反馈,监控测量机组有功最大至 629.6 MW,考虑采样通道偏移因素,有功给定值可能超过 630 MW,满足有功给定越高限报警条件(>630 MW),因此报有功给定故障。有功给定偏差报警条件为 A、B 套偏差大于 30 MW,以 A 套为例,因 B 套功率给定值为通信值,存在延时,加之有功波动变化太快,导致偏差故障报警。

3.3　调速器负荷异常波动原因分析

(1)水位传感器故障。因 4 个水位变送器同时发生变化,可排除水位传感器故障原因。

(2)测压管路堵塞引起。蜗壳进口水位变送器测压管路堵塞将导致水头下降,但不会报尾水水位测量故障报警,尾水水位变送器测压管路堵塞将导致水头上升,也不会报尾水水位测量故障报警,因此可排除测压管路堵塞原因。

(3)供电电源异常。对该变送器进行不带压试验,当供电电源电压降至 7.2 V 左右时,变送器输出由 4 mA 突降至 2.5 mA 左右,且随供电电源电压降低,变送器输出可进一步减少。对该变送器进行带压试验,当供电电源降低至 12 V 左右时,变送器输出值呈锯齿波形,采样水头测量值变小。模拟蜗壳进口水位变送器及尾水水位变送器供电电源同时减小,水头测量值变小(蜗壳进口压力、尾水出口压力均变小),由于尾水水位变送器处于低量程工作区域,存在尾水水位变送器越低限报警可能性。

(4)测量回路并入电阻。电阻并入测量回路,产生分流作用,导致测量值偏低,甚至低于低限,经现场检查,4 个水头测量回路中未发现并入电阻。

(5)采样通道异常。因 A、B 套采样通道分开,两个采样通道同时异常可能性较小。

(6)测量回路干扰。查询水头波动时事件简报,无相关事件,需通过故障录波监视进一步分析该因素。

3.4　调速器负荷异常波动检查情况

(1)对电源回路进行检查,未发现松动、虚接情况。测量电源电压正常,无波动,无交流分量。

(2)对水位传感器电缆进行绝缘检查,无接地及短接现象,使用兆欧表检查电缆芯线两两之间及芯线对地之间绝缘值均为无穷,电缆屏蔽层接地良好。

（3）对水位信号采样回路进行检查，未发现松动、虚接、接地情况，并接电阻接触牢固，测量电阻阻值均为（250±0.5）Ω。

（4）对测压管路进行排气检查，未发现进气现象。

（5）检查双重供电模块过程中发现水位信号采样曲线有轻微震荡，水头降低 1~2 m，已对 B 套双重供电模块进行更换。

（6）检查 0 V 公共端短接片与端子不匹配，在拆解 0 V 短接片过程中发现水头测值有下降现象，水头最大下降值为 21 m，对采样录波进行原因分析：蜗壳进口水位采样大幅跳变（向下），因水头为 30 s 平均值，因此水头呈现下降现象，现已对 0 V 短接处增加短接线。

3.5 调速器负荷异常波动预控措施

（1）优化调速器水头处理程序，当水头发生大变化时，报水头故障并冻结水头值，水头故障时将故障前水头赋给人工水头，并切入人工水头。

（2）优化调速器控制程序，空载开度仅在开机时起作用，不影响并网状态下导叶给定。优化开限协联曲线，导叶开限能有效限制有功波动幅值。

4 结　论

本文针对某大型电站 5 调速器负荷波动现象，分析了导致该现象的原因，并对该问题进行深入分析和检查，进而制定了相应的预控措施，对同类型的电站分析和处理类似情况可起到一定的参考作用。

参 考 文 献

[1] 魏守平. 现代水轮机调节技术[M]. 武汉：华中科技大学出版社，2002.

[2] 吴建荣，王秀梅. 二滩水电站 5 号机组负荷波动原因分析及处理[J]. 四川电力技术，2012，35(1)：22-23，76.

[3] 魏守平，王雅军，罗萍. 数字式电液调速器的功率调节[J]. 水电自动化与大坝监测，2003，27(4)：20-22.

浅谈轴电流保护及几种防范措施比较

李成,蔡显岗,李飞,王哲

(雅砻江流域水电开发有限公司,四川 成都　610051)

摘　要　本文通过分析轴电压、轴电流产生的原因,并结合某些电厂针对轴电流采取的相关措施,指出现阶段各种防范轴电流的措施及优缺点,为现场选取适当的轴电流防范措施提供参考。

关键词　发电机;轴电压;轴电流;轴绝缘监测装置

0　引　言

发电机在运行过程中因自身因素或外界因素形成的轴电流会导致机组产生强烈震动,烧坏轴瓦,严重时构成发电机事故。因此,如何防范轴电流带来的危害,对保证发电机安全稳定运行是极为重要的。

1　轴电压、轴电流产生的原因

轴电压产生主要有以下几个原因:

(1)由外部原因(如生产工艺等)造成的发电机磁路不均衡、定转子间的气隙不对称。

(2)发电机运行过程中,透平油与轴瓦间的摩擦效应而产生静电荷使得转子上形成轴电压。

(3)机组运行中设备异常导致产生轴电压,如转子绕组一点接地引起的情况,发电机发生不对称故障时产生轴电压。

(4)转子大轴磁化、转子剩磁产生轴电压[1]。

(5)发电机内部自动化元器件故障并形成通路产生轴电压。

2　轴电流危害

发电机正常运行情况下,轴承与转轴之间的透平油有绝缘能力,因此在轴电压数值不大的情况下,并不会产生轴电流。但当轴电压数值大于临界值时,轴电压将击穿透平油,并且通过转轴、轴承、基座及其他外部回路而形成短路电路,这个短路电路就是轴电流,同时油膜老化及油膜中金属杂质的存在也会导致轴电流的形成。且因为回路上阻抗小,所以轴电流相当大,导致轴承温度升高,严重时将损坏轴瓦、轴承。

作者简介:李成(1997—),男,学士,研究方向为继电保护。E-mail:714670924@qq.com。

3 几种防范措施比较

依据上文对轴电压及轴电流的成因的剖析,可以从发电机转子本体及轴绝缘监测两方面进行预防或监测。

3.1 发电机转子本体采取的措施

(1)大轴接地限制。采用接地碳刷接地,将大轴对地导通,如图1所示。这种方式的优点是:限制发电机的对地电压,消除发电机的轴电压,同时也消除强磁场中产生的大轴感应电荷。

(2)轴承座、轴承间绝缘阻断。在轴承座和轴承支架处加绝缘层,防止轴电流的形成。当绝缘层安装完成后,使用兆欧表1 000 V来测量各绝缘隔层的绝缘性能,其绝缘值不低于1 MΩ。优点是可有效阻断轴电流回路的形成,避免了损坏轴承与轴瓦。缺点是绝缘层表面脏污会影响绝缘性能,因此在绝缘层的安装中及机组运行过程中要加强检查,按时用酒精清洁,并用干净的布擦拭绝缘层。

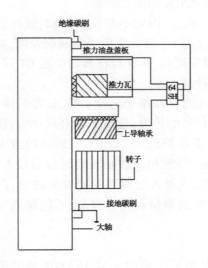

图1 大轴接地示意

(3)对于轴与轴瓦之间的透平油,必须定期检查其绝缘性能,防止出现透平油绝缘降低而出现轴电流。

通过以上方法,可以从轴电压产生的源头来降低事故发生的可能性。但是发电机运行过程中,人们不可能时刻去查看转轴的实际情况,因此需要对轴绝缘状况进行监测。

3.2 轴绝缘监测装置

装设轴绝缘监测装置,用以监测绝缘层绝缘情况,并在绝缘降低时发出报警信号,以防止发电机运行过程中轴电流所引发的发电机事故。

3.2.1 轴电流监测装置

某大型电厂轴电流监测装置使用哈尔滨华新电力电子设备公司制造的BZL-10C。它主要由两部分组成:①轴电流CT负责轴电流采集;②轴电流保护装置主要负责轴电流处理、分析、显示及输出报警或跳闸信号。工作原理为利用轴电流互感器检测出的轴电流基波或三次谐波电流信号,来监测轴承绝缘状态[2]。

优点是可以直观地反映机组轴电流的大小情况,并且在轴电流大于定值报警或跳闸;根据轴电流的大小可以预测轴绝缘的变化趋势。

但在实际运行过程中,由于以下几个原因导致轴电流测量偏大,保护误报警:①轴电流 CT 二次输出抗干扰能力差,轴电流 CT 的安装位置影响轴电流的大小[3]。②轴电流 CT 为安装方便一般采用两瓣式 CT,其拼接处由于人为因素有不同程度的缝隙、拼接不齐或高度不一致,导致轴电流 CT 出现漏磁,出现测量误差。③受上导摆度超标的影响,导致发电机内部磁场不均衡。

3.2.2　光 CT 轴电流监测装置

针对普通轴电流 CT 在实际运行过程中受外部磁场影响,采样存在较大误差,导致保护误报警的问题,基于光 CT 原理的轴电流监测装置应运而生。该轴电流监测装置主要由两部分构成:测量单元和保护装置(PCS-985)。其中,测量单元由柔性光 CT 和采集单元(PCS-220GA)构成,装置组屏如图 2 所示。

优点是:①光 CT 不含铁芯,因此不存在磁饱和、铁磁谐振等问题,抗电磁干扰能力强。②光 CT 将一次传感器制成光缆,能够在狭小空间实现安装。③测量精度高,采样较普通轴电流 CT 误差小,且误差在允许范围内,可靠性高。

但实际运行中发现:①光纤回路稳定性不高,如弯折度、光纤头质量不好,灰尘会影响光信号的传输,导致光纤衰耗变大,误码率偏高,引发装置采样异常甚至保护退出。②CT 安装处的温度变化会影响待测电流的稳定性能。③发电机转轴转动时震动较大,在光纤内部传播过程中产生折射,或进入起偏器的光发生波动,严重时甚至导致光纤损坏,进一步造成测量误差。因此,不能起到反映实际轴电流的效果。

3.2.3　轴电阻监测装置

某电厂轴电流保护装置采用德国 SINEAXV604 型可编程通用变送器检测轴绝缘情况,同样起到达到轴电流的目的,如图 3 所示。该变送器根据测量范围自动注入幅值为 60~380 μA 自调节的恒流信号,通过测量回路电压来计算轴绝缘情况。

图 2　光 CT 轴电流监测装置组屏

当输入变送器轴绝缘值低于其整定值,并满足一定延时后,输出一个接点驱动轴电流监测重动继电器,发出报警信号,从而起到轴电流的保护作用。

优点是:①通过采用双套配置,可以同时实现对内外绝缘层的监测,不论是内绝缘层绝缘降低,还是外绝缘层绝缘降低,都会发报警信号,可靠性较高。②当轴绝缘有轻微破损时,装置也有一定的灵敏性。

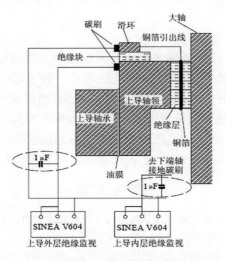

图 3　轴绝缘电阻测量法接线原理图

实际在其他电厂运行过程中发现如下问题：①由于轴领底部有碳刷粉末累积,大轴无法保持所需的电气距离和防污爬电距离导致轴绝缘下降,在机组停机检查时发现滑转子绝缘已经降低为 0,但轴绝缘电阻测量法无法检测出来。②对于运行机组而言,轴电压比较大,串入测量回路后可能会导致装置误报信号。③大轴接地碳刷松动或接触不良也会影响装置的测量精度。

3.2.4　轴电压监测装置

轴电压监测装置多余汽轮机。某厂发电机采用轴电压在线监测装置,如图 4 所示。通过测量发电机汽端、励端轴承内侧电压得到发电机大轴电压,同时在励端测得励端轴瓦对地电压及相应电流值,将测量到电压、电流传送至轴电压监测装置进行处理后,综合判断轴绝缘情况是否良好。

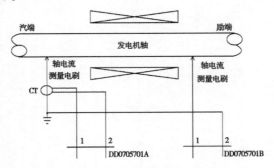

图 4　轴电压测量法接线原理图

采用此种接线方式优点是可以直接得到发电机运行过程中的轴电压,便于分析发电机转轴的运行状况。

但实际运行中存在的问题是：①电磁感应形成的轴电压随机组负荷的变化,轴电压报警定值难以确定。②透平油质量合格且轴瓦绝缘合格时,轴电压高不一定会形成轴电流;而透平油劣化或绝缘存在问题时,轴电压低也可能击穿油膜形成轴电流造成损坏。

4 结 语

针对发电机大轴可能出现的轴电流可以采取以上方法进行预防或监测,也可根据实际情况多种方式相结合,共同实施对轴电流的保护。对于轴电流监测来说,由于轴电流CT 受到的电磁干扰较明显,可在 CT 输出端并联电阻,通过监测电压信号[4],从而提高保护的可靠性;而对于轴绝缘监测来说,可以在测量回路中加入滤波来降低由于磁路不平衡而导致的幅值偏高情况。对于轴电压监测来说,可以在通常的轴电压测量装置上增加对油膜电压的监视,并与轴电压进行对比,进而达到监测轴电流的目的。

参 考 文 献

[1] 周青. 发电机轴电压和轴电流的危害及其防护[J]. 电机技术,2016(5):38-41.

[2] BZL-10C 轴电流保护装置说明书(BZL-10C)[P].

[3] 詹水秋. 官地水力发电厂机组轴电流保护优化探讨[J]. 水电站机电技术,2017,40(7):82-84.

[4] 朱梅生,李志超,卢继平. 水轮发电机轴绝缘监测方法及效果分析[J]. 电力系统保护与控制,2010,38(4):126-129.

水电站圆筒阀纠偏失败分析及处理

高闯,杨维平

(雅砻江流域水电开发有限公司,四川 成都 610051)

摘 要 介绍了某水电站圆筒阀系统组成,圆筒阀在开启或关闭过程中发生自动纠偏失败,接力器上下腔压力异常,通过对圆筒阀工作原理、启泵间隔统计、上下腔压力统计分析及现场试验,从中找出了原因,进行了相应的临时应对措施及后续根本解决方案,解决了圆筒阀自动纠偏失败问题。

关键词 圆筒阀系统;启泵间隔;上下腔压力;自动纠偏;纠偏失败

1 引 言

某水电站安装 6 台单机容量为 600 MW 的混流式水轮发电机,总装机容量为 3 600 MW,多年平均发电量为 166.2 亿 kW·h。

2 系统组成

采用的是东方电机生产的全数字集成式电液同步控制方式圆筒阀,由阀体、导向机构、密封、接力器(或液压缸)、同步控制装置、油压装置、监测系统仪表、自动化元件、盘柜及控制装置、阀门、管道、导线、电缆等组成。

筒形阀的筒体(阀体部分)安装在水轮机的固定导叶和活动导叶之间,根据电站工况需要,控制进入水轮机转轮水流的通断;当机组停机时关闭筒形阀减少导叶漏水量,在不拆卸顶盖时,可以对水轮机部件进行小修;机组紧急故障导水机构拒动时,可以快速截断水流,停止水轮机的转动,保护发电机组。

接力器数量为 6 只,采用直缸接力器,内径 400 mm,行程 1 134 mm,活塞杆内装有测量接力器直线运动的精密位移变送器(绝对型旋转编码器);提升杆的直径为 180 mm,采用高强度不锈钢制造(材料为 0Cr17Ni4Cu4Nb),在提升杆与筒体接触之间增设了一个垫环,便于调整筒体与提升杆的垂直度和降低挤压应力。

3 问题分析

3.1 问题现象

某水电站 2019~2020 年度检修期间,筒阀小开度动作试验时发现 4# 机组筒阀在关闭

作者简介:高闯(1998—),男,本科,工程师,从事大型水电站自动化控制设备检修维护工作。E-mail:gaochuang@ylhdc.com.cn。

过程中 1# 接力器下腔压力为 9.0 MPa,高于系统压力 6.3 MPa,当筒阀停止运行后下腔压力缓慢下降,但压力仍比其余 5 个接力器高,过程中圆筒阀自动纠偏失败,有圆筒阀失步、卡阻报警。

3.2 原因分析

3.2.1 圆筒阀报警及纠偏逻辑

当筒形阀控制系统检测到筒形阀位移偏差量(以算数平均值为基准)大于 2 mm 时,控制系统发出筒形阀接力器行程超差信号(在触摸屏上显示,现地盘柜"失步"指示灯点亮),但不触发总故障报警,控制系统通过通信量发给监控单个接力器的行程超差信号,作为事件显示,此时筒形阀继续正常运动;筒形阀在自动纠偏过程中,当自动纠偏失败,判断筒形阀卡阻后,现地盘柜输出"失步""卡阻""综合故障"报警指示灯亮,同时送监控的综合故障报警、卡阻报警信号;当筒形阀控制系统检测到筒形阀位移偏差量(以算数平均值为基准)大于 3.5 mm 时,控制系统开始纠偏,同时控制系统发出筒形阀接力器开始纠偏信号(在触摸屏上显示事件),但不触发总故障报警,控制系统通过通信量发给监控单个接力器的开始纠偏信号,作为事件显示;若纠偏成功[筒形阀位移偏差量(以算数平均值为基准)小于 2 mm],则筒形阀继续运动,筒形阀接力器开始纠偏信号复归;若筒形阀纠偏失败,则筒形阀停止运动,筒形阀卡阻、综合故障报警信号输出(送触摸屏显示及监控系统)并保持。

3.2.2 数字缸工作原理

步进电机接收计算机发出的数字脉冲信号而转动,该转动带动数字伺服阀运动,并将旋转运动转变为直线运动,该直线运动打开数字阀的阀口,由液压油源驱动操作油缸活塞杆前进或后退。活塞杆带动反馈机构并与数字阀相连,形成耦合,调节阀口以保证操作油缸活塞杆的当量值。

数字化控制方式:在液压油源操作下,控制脉冲量与接力器活塞移动位移量具有严格的对应关系,每一个控制脉冲实际对应接力器活塞移动 10 μm。数字量化缸内,集成有高精度数字液压阀、高精度数字电机、特殊高精度内置式机械位置传感器、液压锁、接力器位移测量装置等。

3.2.3 液压系统原因分析

1# 数字缸出现回油节流现象,经现场试验及分析认为数字缸换位阀存在异常不能满足现场要求,因此对 1# 接力器数字缸进行整体更换,更换后试验发现存在内漏量大现象,经现场多次率定调整和试验,均未彻底解决 1# 接力器内漏量大的问题。

更换后,1# 接力器上下腔压力恢复正常,但在全关时筒阀压力罐压力(6.3 MPa 下降至 6.1 MPa)下降速率变快,检修前约 90 min,检修后约 30 min。通过关闭 1# 接力器供排油阀,压油罐压力下降速率与检修前一致。通过筒阀全开全关率定均无法解决 1# 接力器用油快的问题。同时,筒阀全关不到位造成漏水。

3.2.4 控制系统原因分析

(1)通过更换 1# 液压控制器并重新进行率定,排除液压控制器存在的问题,导致发出的脉冲信号控制接力器行程存在偏差,通过现场检查确认,控制系统硬件正常。

(2)通过单个调整接力器位置并进行全开率定,以便使筒阀各接力器处在最佳位置,通过观察筒阀用油量（通过辅助泵启停间隔确认，见表1）确认此方法无效果。在全关时重复前述调整、率定方法，也无法改善观察筒阀用油量。

（3）在筒阀率定过程中，发现筒阀在中间位置时，将筒阀调平后，再将1#接力器单独上调1 mm时，并在筒阀行程中间区域起落（不运行至全开、全关位置压紧）时，筒阀用油量变低，与检修前一致。

（4）将筒阀行程由1 134 mm改为1 136 mm，在全关时调整各接力器位置后进行率定，率定后筒阀手动方式全开，筒阀用油量与检修前一致，再将筒阀手动方式全关，筒阀用油量较检修前偏大，但相对其他筒阀用油量来看，属于正常范围。

表1　1#~6#机筒阀辅助泵启停间隔时间统计　　　（单位：min）

机组	1#	2#	3#	4#（检修前）	4#（调整筒阀行程并重新率定后）	5#	6#
筒阀全开时	63	76	187	194	180	108	73
筒阀全关时	64	79	126	220	59	85	81

4　结论及处理

4.1　结论及处理意见

通过检查试验，可以确认筒阀控制系统硬件正常，1#接力器数字缸或接力器内漏量大。结合现场试验情况及厂家意见，在各接力器同时退出全关死区的基础上，将1#接力器较其他接力器高1.5 mm（其中筒阀纠偏启动值3.5 mm，纠偏停止值2 mm，卡阻报警值5 mm）。

4.2　解决方案

（1）将1#机筒阀行程由1 134 mm改为1 136 mm，并重新进行率定，经多次试验筒阀动作平稳，未出现纠偏和卡阻报警情况。率定后，筒阀辅助泵启停周期基本恢复正常（见表1）。同时为持续观察筒阀泄漏情况及辅助泵打压能力，临时将辅助泵停泵压力由6.3 MPa改为6.27 MPa，启泵压力由6.10 MPa改为6.07 MPa，运行时间超时报警由120 min改为240 min。在当前状态下，巡检时关注筒阀渗漏和止水情况，必要时将筒阀切至调试态，由自动人员进行小开度操作筒阀，使筒阀压紧和止漏。调整及率定后全开全关时接力器上下腔压力见表2。

表2　4#机筒阀行程调整及率定后全开全关时接力器上下腔压力统计　（单位：MPa）

接力器编号	1#	2#	3#	4#	5#	6#
筒阀全开时接力器上腔	0.1	0	0	0	0	0
筒阀全开时接力器下腔	6.2	6.2	6.3	6.2	6.2	6.2
筒阀全关时接力器上腔	0.1	1.6	2.6	3.2	2.4	1.6
筒阀全关时接力器下腔	2.8	0.5	1.4	1.9	1.7	0.5

续表2　　　　　　　　　　　　　　　　　　　　　　　　　（单位：MPa）

接力器编号	1#	2#	3#	4#	5#	6#
筒阀启落过程接力器上腔	0.9	4.0	2.4	2.8	1.9	4.5
筒阀起落过程接力器下腔	4.0	3.1	4.3	2.9	4.1	3.4

（2）后续具备条件时对1#数字缸进行了更换，更换后多次进行筒阀启落试验，启泵周期、接力器上下腔压力、接力器行程差满足运行条件。

4.3　验证试验

更改参数后多次进行筒阀启落试验，启泵周期、接力器上下腔压力、接力器行程差满足基本运行条件，平时加强巡检，具备条件更换1#数字缸后，再次进行试验，压力、行程、启停时间完全正常。

5　结　论

通过上述处理办法，满足了圆筒阀运行的基本要求，同时对圆筒阀纠偏失败卡阻进行了控制系统及液压系统的分析，根本原因为数字缸内漏导致纠偏失败，不具备更换数字缸条件时，可以通过对控制系统参数的修改来暂时维持圆筒阀系统的基本运行要求，具备条件立即更换数字缸解决内漏引起的筒阀卡阻。

参 考 文 献

[1] 权君宗,谢俊.水轮机筒形阀控制方案的比较[J].东方电机,2005(4):77-82.
[2] 王忠海,吴云波,肖瑞怀.水电厂筒阀的故障原因分析及其处理对策[J].水电站机电技术,2015(1):46-47,50.
[3] 王轩,白刚,周若愚.雅砻江锦屏一级水电站筒形阀安装工艺研究[J].人民长江,2016,47(7):72-76.
[4] 吴次光.筒阀及其应用[J].水力发电学报,1994(3):79-86.
[5] 刘博.水轮机筒阀液压控制系统研究与设计[D].天津:天津大学,2008.
[6] 冯剑涛,李忠学.可编程控制器在筒阀同步控制中的运用[J].水电自动化与大坝监测,2002,26(4):37-40.

水电厂调速器控制系统模拟量信号处理及动作策略优化设计

刘钦,芦伟,王博宇,李阳

(雅砻江流域水电开发有限公司,四川 成都 610051)

摘 要 在西南电厂异步联网的条件下,提高调速器控制系统导叶开度、机组频率、机组功率等信号的采样精度,对于提升调速器控制系统的调节质量、调节品质有着重要意义,也更有利于发电机安全、可靠地运行。本文针对调速器控制系统的模拟量信号采集数据易受干扰、故障判断单一的问题,对信号的采集及处理、故障智能识别、故障动作处置策略提出了一种优化措施。通过对调速器控制系统模拟量信号采集滤波算法的优化,使采集的信号更加平滑,并减少了干扰导致的数据失真。通过断线/越限、跳变检查、三选二判断三种故障识别,有效地识别出了所采集信号不同类型的故障。通过某水电厂的实际运行效果表明,采取此种信号处理方法可使模拟量信号采集平滑,不易受干扰,在信号源故障初期即可快速判断出故障,从而有效地避免了调速器控制信号采样故障对机组的运行影响。

关键词 调速器控制系统;动作策略;模拟量信号;滤波算术处理;故障逻辑

1 引 言

随着西南异步联网运行,水轮发电机组的安全可靠运行对电网的稳定性有至关重要的影响。调速器系统的导叶开度、功率、频率信号作为调节控制的测量源,其运行质量决定了调速器的调节品质和稳定运行。为提高调速器系统的调节品质、运行可靠性,而增加信号的采集处理、故障判断及故障处置策略。

目前,水轮发电机组调速器系统信号处理主要分为三部分:信号的采集滤波处理、信号的故障识别、信号的故障处置策略,部分调速器系统在进行信号处理时缺少信号滤波处理,信号的故障识别设置单一,故障处置不能智能化。

本文以某水电厂的实际运行效果为例,分析了存在的问题,总结提炼了调速器系统控制信号处理及动作策略的方法。

2 调速器控制系统模拟量信号存在问题及原因分析

调速器控制系统用于参与调解的模拟量信号有导叶开度、机组频率、机组功率、机组水头四类信号。导叶开度信号为调速器系统开度模式下测量源,信号采集元件为导叶位

作者简介:刘钦(1989—),工程师,从事大型水电厂自动控制检修维护工作。

移传感器,频率信号为调速器频率模式及一次调频功能的测量源,信号采集元件为齿盘测速探头和 PT 残压测频,功率信号为调速器功率模式的测量源,信号采集元件为功率传感器。机组水头信号为机组水头测量,信号采集元件为压力变送器。

2.1 调速器控制系统模拟量信号处理问题分析

调速器控制系统模拟量信号经自动化元件上送,经模拟量输入模块进行数模转换后直接用于控制运算。此种处理方式存在以下问题及风险:

(1)模拟量信号在调速器系统稳态时仍存在小幅码值采样跳变,如开度存在 0.1% 范围内波动,功率有 0.2 MW 范围内波动等类似问题。此类控制信号的采样跳变会导致调速器在相应模式下更易超过调节死区、调节频繁,降低了调速器稳态时的稳定性能。

(2)模拟量信号采样码值存在瞬时跳变风险。此类问题会使调速器控制系统在相应模式下作出错误的调节判断,开出错误调节指令,使调速器进入短时调节—恢复过程,从而影响电厂/电网的安全稳定运行。

(3)模拟量信号在运行过程中存在采样数据缓慢增大/减小的数据失真风险。此类问题会使调速器控制系统做出错误调节判断,从而使机组出现过负荷、逆功率、跳机等重大运行风险。

调速器控制系统模拟量信号产生上述问题及风险的原因如下:

(1)调速器控制系统模拟量信号受元件采样精度、模拟量输入模块(AI)精度、信号隔离元件精度、元件安装精度及线缆传输影响,导致模拟量信号存在识别死区,信号存在小幅波动。

(2)调速器控制系统模拟量信号自动化元件及线缆受干扰影响,导致模拟量信号存在瞬时采样跳变或波动。如在导叶位移传感器附近使用对讲机、信号电缆接地屏蔽接线不规范、信号电缆附近有动力电缆等。

(3)调速器控制系统模拟量信号自动化元件出现安装问题,导致自动化元件采样数据失真。如齿盘测速探头在运行过程中产生位移使安装间隙过大,从而使测量频率增大;导叶位移传感器紧固螺母出现松动,导叶位移传感器本体出现滑动;水头压力传感器接头出现渗水、漏水现象,使测量水头压力减小。

(4)调速器控制系统模拟量信号自动化元件或信号处理模块受运行时间等其他因素影响,自身出现质量问题。

2.2 调速器控制系统模拟量信号故障判断问题分析

调速器控制系统模拟量信号故障判断逻辑设置单一:调速器系统模拟量信号的故障判断仅设置断线和越限两种报警逻辑。断线和越限检测只能针对信号回路断线或短路类问题进行识别判断,但在实际运行过程中,存在模拟量信号采集失真、干扰跳变等问题,控制系统无法有效进行故障识别,进而使用错误的信号源数据进行调节控制,加剧系统运行的不稳定性。

3 调速器控制系统模拟量信号故障案例介绍

某电厂调速器控制系统因频率测量模块故障,出现机组频率持续减小,机组一次调频动作,机组负荷自动增加的现象。

某电厂调速器控制系统水头传感器出现运行异常,在机组实际水头未发生变化的情况下,出现机组采样水头减小,调速器导叶调节开启,机组功率自行增加的现象。

4 调速器系统信号处理优化策略

调速器系统信号处理主要分为两部分:信号的采集滤波处理,实现信号平滑采集;信号的故障识别,有效识别信号的各类异常,进而采取措施。

4.1 调速器控制系统模拟量信号使用软件滤波算术处理

调速器信号的采集滤波处理采用软件处理算法,采用中位值平均滤波法和递推平均算法两种算法结合处理。滤波算术处理方法程序实现原理如下:

```
FUNCTION_BLOCK ANALOG_FILTER_V11

n := LIMIT(3,n,40 );

FOR i := 1 TO n-1 BY 1 DO
    a[i] := a[i+1];
END_FOR;
a[n] := Input ;

sum_tmp := 0;
min_tmp := a[1] ;
max_tmp := a[1] ;
FOR i := 1 TO n BY 1 DO
    sum_tmp :=  sum_tmp + a[i] ;
    IF min_tmp > a[i] THEN
        min_tmp := a[i] ;
    ELSIF max_tmp < a[i] THEN
        max_tmp := a[i] ;
    END_IF
END_FOR

Output := DINT_TO_INT((sum_tmp -min_tmp -max_tmp)/(n - 2)) ;

END_FUNCTION_BLOCK
```

完成中位值平均滤波法的程序,根据程序运行周期和调速器不同信号的相应需求,合理设置运算周期(n 值)。在 n 个数据周期内,去掉最大值、去掉最小值,再求取平均值,从而实现模拟量信号的中位值平均滤波法。同时因程序的"Input"值随程序运行周期不算刷新复制,在中位值平均滤波法执行过程中,会将最开始采集的数据扔掉,并将最新数据放入数组,从而实现递推平均滤波。

采用模拟量信号滤波算术处理方法,中位值平均滤波法可消除偶然出现的脉冲性干扰所引起的采样值偏差。递推平均滤波法对周期性干扰有良好的抑制作用。经处理后的模拟量信号平滑度高,能够极大地消除调速器系统产生的偏差和瞬间跳变。

4.2 调速器控制系统模拟量信号故障逻辑优化

调速器控制系统模拟量信号的故障判断可分为三级,不同级别针对不同类型的故障进行识别判断:

(1)断线、越限故障判断:通过读取程序码值,设置码值上限、下限报警值或读取 AI 模块故障点位的方法,实现断线和越限判断。以 4~20 mA 模拟量信号为例,下限设置一般为 3.5 mA 电流值,上限设置一般为 20 mA 电流值,此类故障判断可有效识别信号回路断线、短路类故障。程序实现方法如下:

```
            b_alarm_temp := (I_ANALOG_IN < CH_SET_ANALOG.i_low_alarm_set)   OR  (I_ANALOG_IN > CH_SET_ANALOG.i_hight_alarm_set );
//alarm first
    IF  b_alarm_temp THEN
            i_alarm_count:=i_alarm_count+1;
            IF  i_alarm_count>=10 THEN
                b_alarm1 := 1;
                i_alarm_count :=10;
            END_IF;
    ELSE
            b_alarm1 := 0;
            i_alarm_count:=0;
    END_IF;
```

(2)信号跳变故障判断:实时检测信号采样值,若在一定时间内,信号采样码值超过报警设定码值,则判断信号跳变故障。信号跳变故障报警设定值应根据机组的实际运行特性进行设定。如导叶开度信号应基于导叶最快开关机时间进行设定,功率应根据正常负荷调节最快功率变化幅值进行设定。此类故障判断可有效识别模拟量信号突变导致类的故障。程序实现方法如下:

```
    i_in_temp :=DINT_TO_INT( (INT_TO_DINT(I_ANALOG_IN - CH_SET_ANALOG.i_zero_set))*10000/
    (CH_SET_ANALOG.i_full_set - CH_SET_ANALOG.i_zero_set + 1));
IF ((ABS(i_in_temp-i_in_temp_previous))<(INT_TO_DINT(i_alarm_count2)*I_Err_Off)) THEN
            i_in_temp_previous := i_in_temp;
        b_alarm2 := 0;
        i_alarm_count2 := 1;
    ELSE
        i_alarm_count2 := i_alarm_count2 + 1;
        IF ((i_alarm_count2>=5)OR(i_alarm_count2<1)) THEN
            b_alarm2 := 1;
            i_alarm_count2 := 5;
            i_in_temp_previous := i_in_temp;
        END_IF;
    END_IF;
```

(3)信号三选二故障判断:实现导叶开度、功率、频率的不同源信号三选二改造,通过三组不同源信号的比较,判断主用信号与其他两组信号之间的差值是否超过设定值。此类故障判断可有效识别模拟量信号缓慢变化导致的数据偏差故障,是对跳变故障检测无法识别的补充。

5　效果及评估

某电厂已实现调速器控制系统模拟量信号采集的优化处理和三级故障判断,实际运行达到以下效果:

(1)调速器控制系统模拟量信号更加平滑,稳态时模拟量数据波动明显减小和消除,更便于检修维护人员现场的通道率定、通道校验读取等工作。

(2)调速器运行风险极大减小,控制系统能够快速、有效地识别模拟量信号的故障,控制系统能够针对故障采取有效的动作逻辑,从而消除故障对调速器控制系统的影响。

(3)缩减运维人员的故障排查时间,通过三级故障判断,可告知运维人员故障的类型,便于运维人员快速查找故障、消除缺陷。

6 结 语

本文以水电厂调速器控制系统模拟量信号运行中出现的问题为基础,对模拟量信号的采集处理、故障识别存在的问题进行了分析,提出了优化方法,通过调速器控制系统的模拟试验及机组的实际运行验证了本文所提出的方案的正确性,可为水电厂调速器控制系统提供可行的指导和参考。

参 考 文 献

[1]牟明朗,顾元国.浅谈 PLC 模拟量使用中的防干扰技术[J].自动化与仪器仪表,2012(6):153,156.

某大型电厂#3机导水机构接力器开关腔压差高报警分析

贾康，张晶，蔡文超

（雅砻江流域水电开发有限公司，四川 成都 610051）

摘 要 水轮机导水机构受调速器接力器操作控制，在水轮机设计制造时需充分核算导水机构的推拉力，保证机组运行时水轮机导水机构的摩擦力、活动导叶的水力矩总和小于调速器接力器的推拉力。水轮机运行时，由于机组制造、安装及工况的变化导致部分工况下导水机构的受力总和发生改变，原设计的调速器接力器推拉力可能不足以满足机组特定工况运行需求，因此在发生接力器操作导水机构出力不足的情况下提前对水轮机各部件制造、安装、运行等情况进行全面分析检查，尤其对机组运行时水头、负荷、导叶开度、接力器腔体压差等数据及以往机组运行、检修时发现的异常现象充分分析，找到影响的原因，提出针对措施，避免问题重复发生影响机组安装稳定运行。

关键词 水轮机；导水机构；接力器；导叶端面；压差

1 引 言

某大型电厂水轮机装有24个导叶，对机组的过流流量进行调节。导水机构设有2个油压操作的双作用液压直缸接力器，接力器将油压通过推拉杆、控制环、拐臂连杆、拐臂转换为导叶动作的力矩。接力器对称布置在水车室+X方向机坑里衬上专设的接力器支座上，调速器系统额定操作油压6.30 MPa。原接力器活塞直径 $\phi600$ mm，最大推力为1 472 kN，因顶盖充水后变形及导水机构长时间运行后各部摩擦力矩增加等造成接力器操作功不足，2019～2020年度检修工作中完成对#3机组导水机构接力器的改造更换，新接力器活塞直径 $\phi660$ mm，最大推力为1 821 kN。其中#2接力器开关腔安装压力传感器，通过监控程序对开关腔压差进行计算，鉴于行业内无导叶接力器开关腔压差相关测量记录经验，将咨询会对接力器改造后开关腔的压差控制目标5 MPa作为压差报警值，当开关腔压差大于5 MPa时发出报警信号。

2 问题描述

2020年10月21日02:07:07，#3机组报警"#3机组接力器开关腔压差高"，3 s后复归（547 MW 负荷、接力器开度74.18%、压差5 MPa）；16:55:21再次报警，2 s后复归（559 MW 负荷、导叶开度76.70%、压差5 MPa）；达到报警定值5 MPa，压差高报警与报警逻辑

作者简介：贾康（1990—），男，大学本科，工程师，研究方向为水轮发电机组安全稳定运行。E-mail：jiakang@sdic.com.cn。

一致。自动专业人员检查导叶开度测量值均正常跟踪 PID 值,导叶能够正常动作,调速器控制系统工作正常。机械专业人员现场检查#3 机调速器液压系统工作正常,顶盖上导水机构拐臂间无异物卡阻。

自 2020 年 10 月 21 日 02:07 首次接力器开关腔压差报警以来,截至 2020 年 11 月 16 日 20:00,#3 机组接力器共发生 32 次压差报警。

3 原因分析

2020 年 3 月 1~31 日,#3 机组运行时导水机构接力器开关腔最大压差值约为 4.7 MPa,未发现明显增加情况,如图 1 所示。

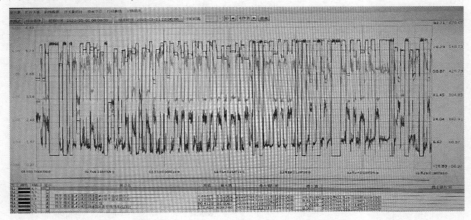

图 1 #3 机组 2020 年 3 月 1~31 日接力器开关腔压力曲线

2020 年 9 月 21 日至 10 月 18 日,#3 机组运行导水机构接力器开关腔最大压差值约为 4.7 MPa,如图 2 所示。与 2020 年 3 月 1~31 日接力器开关腔压差情况类似,可判断 2020 年 10 月 21 日发出的报警信号是突发性因素导致压差变大。统计历次报警压差,最大压差值为 5.15 MPa,报警持续时间≤6 s,最长报警持续时间 10 s,压差报警过程中未出现导叶不动作情况,如图 3 所示。分析 2020 年 10 月 28 日 08:26:02 及 2020 年 10 月 28 日 08:26:26 压差报警持续 10 s、6 s 的情况,在该时间段内频繁进行小开度开导叶及一次调配开导叶动作,造成接力器开关腔压差持续较高,如图 4 所示。

导水机构动作时,接力器开关腔的压差上升,说明接力器操作力矩相应增加。根据导水机构设计原理,导水机构动作时:接力器操作力矩 > 导叶水力矩+导水机构摩擦力矩[1]。

在相同导叶开度下,导叶水力矩仅与运行水头相关[2](蜗壳进口压力与尾水管压力差值)。#3 机组接力器开关腔压差报警时的运行水头与此前运行水头无明显变化,导叶水力矩未出现变化。#3 机组接力器开关腔压差报警的主要原因是导水机构摩擦力矩增大。当导水机构摩擦力矩增大时,导叶动作时接力器操作力矩相应增加,进而导致接力器开关腔压差增大。

造成导水机构摩擦力矩增大的原因有:导叶端面间隙进入异物卡涩或粘连;导叶各部轴颈转动摩擦力增加;顶盖充水变形后控制环径向轴承摩擦力增加;导水机构推拉杆及连

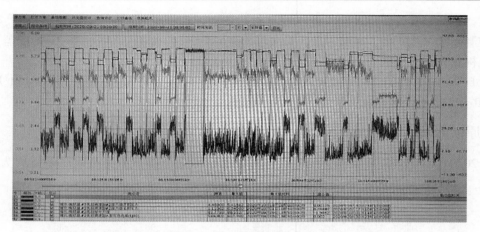

图 2　#3 机组 2020 年 9 月 21 日至 10 月 18 日接力器开关腔压力曲线

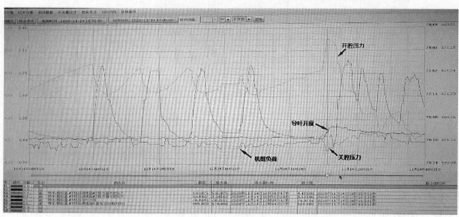

图 3　#3 机组接力器开关腔压差高报警

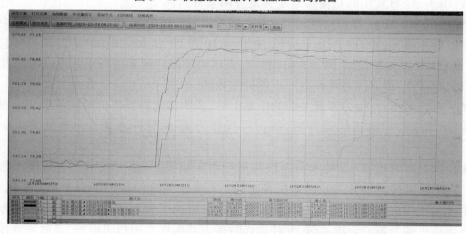

图 4　10 月 28 日 08 时 26 分#3 机组接力器开关腔压差高报警相关曲线

杆轴承摩擦力增加等。

3.1　导叶端面间隙卡涩异物

查询#3 机组历次检修维护过程中导叶端面间隙检查调整情况发现,#3 机组实际导叶端面间隙总体较设计值偏大,如图 5 所示(设计总间隙 0.7~1.0 mm,#3 机组部分导叶总间隙高达 1.4 mm)。且总间隙非常不均匀、部分导叶下端面间隙较大(导叶安装大小头有稍微倾斜,异物从较大端面间隙处进入,容易卡死在较小间隙处)[3]。根据历次检修记录,#3 机组导叶端面间隙特别容易进入异物卡涩,多次检修过程中出现顶盖及底环抗磨板被导叶拉伤甚至"咬死"现象,曾经发生过 2 次#3 机组剪断销剪断的情况(未优化压力钢管排水方式进行无水动作导叶)。

导叶编号	上端面（mm）		下端面（mm）	
	G1	G2	G1	G2
#1	0.55	0.75	0.40	0.55
#2	0.70	0.75	0.45	0.50
#3	0.65	0.55	0.50	0.75
#4	0.55	0.70	0.40	0.70
#5	0.55	0.60	0.40	0.45
#6	0.55	0.75	0.40	0.55
#7	0.60	0.40	0.30	0.50
#8	0.60	0.40	0.40	0.65
#9	0.65	0.70	0.50	0.50
#10	0.70	0.70	0.45	0.55
#11	0.65	0.75	0.40	0.55
#12	0.60	0.60	0.40	0.40
#13	0.55	0.70	0.40	0.45
#14	0.45	0.70	0.40	0.45
#15	0.55	0.80	0.40	0.25
#16	0.45	0.60	0.55	0.45
#17	0.45	0.65	0.40	0.30
#18	0.65	0.70	0.40	0.45
#19	0.50	0.70	0.50	0.40
#20	0.50	0.75	0.40	0.50
#21	0.50	0.75	0.40	0.50
#22	0.60	0.70	0.45	0.60
#23	0.60	0.70	0.40	0.40
#24	0.55	0.60	0.45	0.65

结论:根据《QJD. YLJ-100-2019 锦东电厂水轮机检修规程》导叶端面间隙要求:导叶全开,总间隙为 0.7~1.0 mm,上端 0.4~0.55 mm,下端 0.3~0.45 mm(由于导叶安装及长期运行发生改变等原因,若总间隙超过 1.0 mm 原则上按照下部 4/10 总间隙、上部 6/10 总间隙的原则来调整),经测量,#3 机导叶端面总间隙偏大,部分小于标准值的间隙已调整至合格范围

图 5　#3 机 2019~2020 年度检修导叶端面间隙检查情况

机组正常运行时,导叶会因为水的浮力作用有上抬趋势,查询 2019~2020 年度检修数据发现,#3 机组导叶止推间隙虽在合格范围(0.10~0.25 mm)内,但部分导叶止推间隙偏大,导叶更容易出现上抬现象,如图 6 所示。造成机组运行过程中导叶下端面间隙较大,容易因异物卡涩造成导叶动作摩擦力矩增加,导致接力器开关腔压差变大[4],如图 7 所示。

3.2　导水机构摩擦力矩偏大

对比各台机组导水机构接力器改造前后,导叶在 70%~80%开度调整时,接力器开关腔最大差压值的相关数据,#3 机组导叶接力器改造后开关腔最大压差 4.46 MPa,同比其他机组偏大,如表 1 所示。

备注：标准值10~25 （单位：×0.01mm）								
导叶编号	外圆侧		内圆侧		导叶编号	外圆侧		内圆侧	
	左	右	左	右		左	右	左	右
#1	15	15	15	20	#13	20	15	25	20
#2	10	15	15	20	#14	10	10	20	20
#3	15	15	20	20	#15	15	15	15	15
#4	20	10	10	10	#16	15	15	20	15
#5	15	20	10	10	#17	20	20	15	15
#6	20	20	10	10	#18	20	15	20	15
#7	15	10	20	25	#19	15	20	15	25
#8	15	25	20	20	#20	15	15	15	15
#9	10	15	15	15	#21	15	20	15	15
#10	20	20	20	20	#22	20	15	20	20
#11	10	20	15	20	#23	20	15	15	10
#12	20	15	20	15	#24	15	10	20	10

图6　2019~2020年检修#3机导叶止推间隙数据

图7　导叶下端面与抗磨板卡涩异物示意

表1　各机组改造前后接力器开关腔最大压差值

机组	改造前（MPa）	改造后（MPa）
1#	5.6	4.3
2#	5.1	3.88
3#	5.6	4.46
4#	5.95	4.47
5#	5.84	4.3
6#	5.76	3.88
7#	5.08	3.75
8#	5.33	3.78

3.2.1　导叶轴颈部位摩擦力偏大分析

活动导叶与导叶套筒设计有 3 处自润滑轴承,其中顶盖内布置上轴颈和中轴颈、底环内布置下轴颈。导叶上轴承配合公差为 φ270H8e7,导叶中轴承、下轴承配合公差为 φ300 H8e7,即导叶与轴承配合总间隙为 $^{+0.24}_{+0.11}$ mm,如图 8 所示。根据 2017~2018 年度机组检修机组盘车检查记录,#3 机组底环止漏环与顶盖止漏环偏心达到 0.90 mm,这将导致活动导叶安装后存在倾斜现象,导叶的倾斜受力挤压轴承,造成导叶转动过程中轴承受到较大摩擦力[3],但该摩擦过程属渐变过程,不会出现突然增加现象,因此判断导叶轴颈部位摩擦力变大不是本次报警的主要原因。

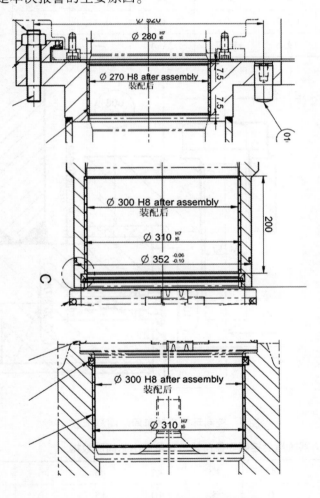

图 8　导叶套筒上、中、下轴承装配

3.2.2　顶盖变形后控制环径向轴承间隙变小、摩擦力增大分析

控制环处的轴承径向设计安装总间隙为 $1^{+0.2}_{-0.26}$ mm,平均单边间隙为 0.5 mm,机组

运行实际间隙均小于设计安装值,顶盖在水压和活动导叶轴承支反力下的变形使得径向间隙变小。对比各台机组导水结构接力器改造前后数据,#3 机组控制环径向间隙同比其他机组处于中间位置,如表 2、图 9 所示。#3 机组满负荷运行时控制环径向间隙不均匀,对称总间隙最小,为 0.05 mm,对比其他机组也有类似现象,#1、#2、#8 机组对称总间隙更小,如表 3、图 10~图 15 所示。由于本厂进水口库区水位常年基本无变化,蜗壳压力基本稳定在 3.0~3.2 MPa,报警时蜗壳进口压力 3.18 MPa,见图 16。判断顶盖变形量不会突然发生较大变化,因此压差报警不是控制环径向轴承间隙突然变小、摩擦力增加所致。

表 2　各机组接力器改造前后控制环径向轴承间隙对比(圆周 12 个测点平均值,单位:0.01 mm)

机组	#1	#2	#3	#4	#5	#6	#7	#8
改造前	0.42	0.42	0	0	0.84	0	0.42	0
改造后	14.2	19.6	16.7	25.4	—		13.75	5.5

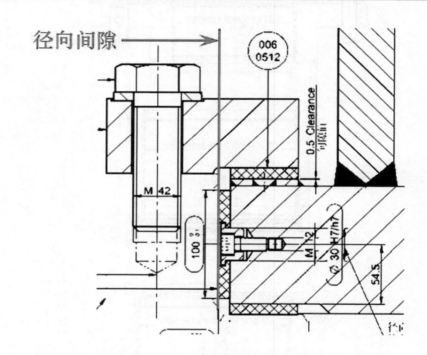

图 9　控制环径向轴承间隙测量示意

表 3　各机组接力器改造后控制环径向轴承对称最小总间隙数据　　　　(单位:0.01 mm)

机组	#1	#2	#3	#4	#5	#6	#7	#8
对称最小间隙	0	0	5	10	15	10	5	0

3.3　导水机构推拉杆及拐臂连杆轴承摩擦力增加分析

2019~2020 年度机组检修过程中随同接力器改造工作,将推拉杆两端轴承和连杆两端轴承均更换为质量更佳的 DEVA 轴承,且重新调整了导叶立面间隙后安装拐臂连杆柱

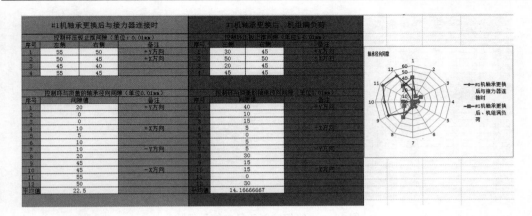

图 10　#1 机组控制环径向轴承间隙

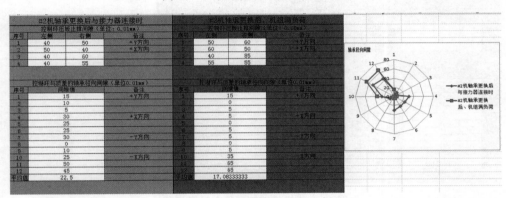

图 11　#2 机组控制环径向轴承间隙

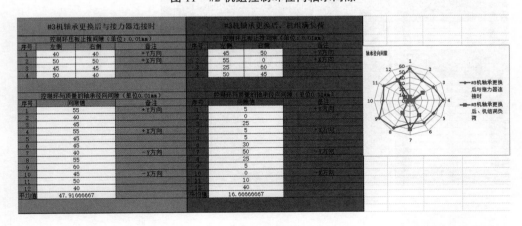

图 12　#3 机组控制环径向轴承间隙

销及偏心销,改造后试验及后续机组运行巡检过程中均未见接力器推拉杆及拐臂连杆运行有异常情况,且接力器推拉杆及拐臂连杆轴承摩擦力同样为渐变过程,不会出现突然增加现象[5]。判断压差报警不是导水机构推拉杆及连杆轴承摩擦力增加所致。

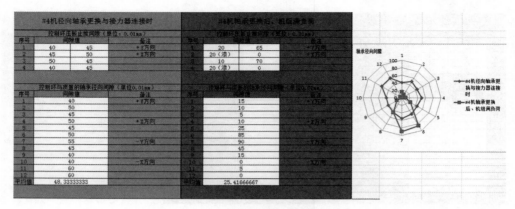

图 13　#4 机组控制环径向轴承间隙

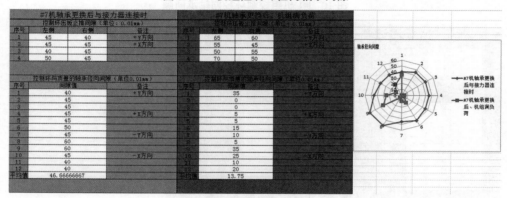

图 14　#7 机组控制环径向轴承间隙

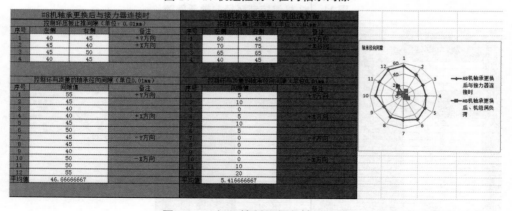

图 15　#8 机组控制环径向轴承间隙

4　后续措施

4.1　运行过程中相关措施

　　根据历次接力器开关腔压差报警时间,最长报警持续时间 10 s,后续运行中重点对持续 10 s 以上的报警事件进行持续关注,持续跟踪记录#3 机组导水机构接力器开关腔压差变化情况,同时跟踪报警过程中导叶的实际动作情况。

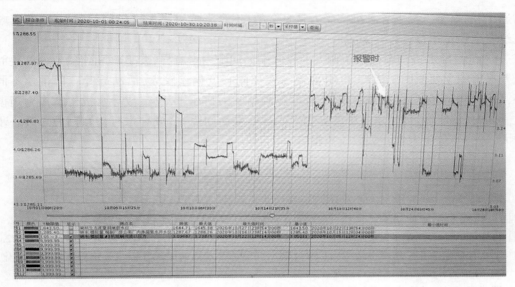

图 16 #3 机组蜗壳进口压力

可在监控系统设置压差 10 s 的延时报警,在枯水期运行期间,延时报警设置对机组状态无要求,可避免误操作等造成的影响。

4.2 本年度检修措施

为避免异物卡在活动导叶端面间隙内造成剪断销剪断、抗磨板刮伤等问题,在#3 机组年度检修压力钢管排水过程中,压力钢管排水至蜗壳进口压力 2.32 MPa 前,将导叶回关至 0.5%左右,以满足竖直段排水时速率控制在约 1 m/min 的要求,当蜗壳进口压力下降至 1.5 MPa 时,保持当前导叶开度不变,关闭圆筒阀,后全开导叶,保压无异常后全开蜗壳排水电动阀进行压力钢管排水。

在年度检修中,彻底清理活动导叶端面间隙内杂物,对顶盖、底环抗磨板表面高点进行修磨处理。按照导叶下部 40%~50%、上部 50%~60%的原则重新分配调整端面间隙。同时,检查调整#3 机组导叶止推间隙,按照设计下限调整至 0.10~0.15 mm(设计值 0.10~0.25 mm),限制机组运行过程中导叶上抬,降低导叶端面间隙进入异物的概率。

在机组启动试验变负荷过程中,记录和分析接力器开关腔压差曲线,便于后续监视分析。

4.3 长期措施

结合机组 A 修,重新调整顶盖、底环等固定部件同心度及方位,确保活动导叶垂直无倾斜,同时更换导叶各部位轴颈轴承,重新安装导叶并调整分配导叶端面间隙。

5 结 论

#3 机组导叶在 70%~80%开度动作时,导水机构接力器开关腔压差在 4.5~5.0 MPa 趋于稳定,偶发性到达 5.0 MPa 报警,为一次调频动作或者负荷调整过程中(导叶开)的短时间现象,未见持续增大的趋势,报警过程中导叶实际动作正常,调速器主环 PID 信号变化正常,主配跟随主环 PID 信号动作正常,调速器控制系统响应正常。经与设备厂家

沟通,当前报警工况下导水机构受力是安全的,不会影响机组导水机构正常运行,不影响机组安全稳定运行。

  #3 机组导水机构摩擦力矩偏大及导叶端面间隙内卡有异物,是#3 机组接力器开关腔压差报警的主要原因。因#3 机组顶盖与底环同心度偏差较大,活动导叶三部轴承不同心,活动导叶安装后存在倾斜现象,导叶的倾斜受力挤压轴承,造成导水机构摩擦力矩偏大。同时,机组运行时,水流中的异物卡入导叶端面间隙,造成导水机构摩擦力矩进一步增大,最终导致接力器开关腔压差报警。

参 考 文 献

[1] 哈尔滨大电机研究所. 水轮机设计手册[M]. 北京:机械工业出版社, 1975.

[2] 李萍,赖喜德,宁楠. 水泵水轮机导叶动态水力矩特性分析[J]. 热能动力工程,2020,35(2):87-92.

[3] 蒋璆,王琪. 惠州抽水蓄能电站导叶卡阻原因分析及故障处理[J]. 广东水利水电,2019(9):69-72.

[4] 王轩,白刚. 锦屏一级水电站水轮机导叶端面间隙调整及影响因素分析[J]. 中国水能及电气化,2015(12):37-41.

[5] 邵国辉,赵越. 混流式模型水轮机导叶水力矩试验[J]. 水利水电科技进展,2014,34(2):22-25.

锦屏二级水电站定子接地保护动作分析及处理

陈熙平

（雅砻江流域水电开发有限公司,四川 成都　610051）

摘　要　本文分析了 3 起典型的不同故障位置的定子接地保护动作案例,通过对故障现象的分析,初步判断保护动作的正确性、判断故障相别,若故障现象明显则可以初步判断出故障位置。对 3 起故障的查找处理方法进行了详细的讲解,为后续类似故障的分析、查找提供依据。同时,吸取该事故案例,对新建、在建电站的机电设备安装、后续的机组检修维护工作提出了相应的建议,以尽量不再发生类似的故障事故。

关键词　接地电阻;接地位置;MATLAB

1　引　言

　　锦屏二级水电站位于四川省凉山彝族自治州木里、盐源、冕宁三县交界处的雅砻江锦屏大河湾上,是雅砻江上水头最高、装机规模最大、重要的梯级电站,是锦苏直流上重要的电源点,同时也是世界上该水头段单机容量和装机规模最大的水电站之一。电站总装机容量 4 800 MW,单机容量 600 MW,最大净水头 318.8 m,额定水头 288 m,多年平均发电量 242.3 亿 kW·h,保证出力 1 972 MW,年利用小时 5 048 h。电站以 500 kV 电压等级接入电力系统,在系统中担任调峰、调频和事故备用。

2　锦屏二级水电站定子接地保护方案

2.1　定子接地保护组成情况

　　锦屏二级水电站发电机配置 2 套南瑞继保 RCS-985GW 型保护。A 套定子绕组单相接地保护使用保护方式为注入式,而 B 套使用的保护方式是基波加三次谐波电压型。前者需要使用辅助电源装置,即 RCS-985U,其装设在主变保护非电量 C 柜内。

　　RCS-985U 把 20 Hz 的方波电源,通过现场的二次电缆注入到负载电阻上面去,又将负载电阻上的电压及由此产生的 20 Hz 电流引入到发电机保护 A 柜的 RCS-985GW 保护装置中,利用该保护装置对定子接地电阻值进行计算,同时计算出在出现接地故障时所产生的零序电流。为减小二次电缆的分压作用,提高保护装置对低频电压测量的准确度,电压回路的输出线与负载电压返回线不共用[1]。

　　接地变压器负载电阻上 1/5 的电压通过二次电缆引入到 B 套保护装置中,引入的电压量对波零序电压型保护而言,其为动作量,而对三次谐波电压型保护,此电压为其制动量。

作者简介:陈熙平(1986—),男,学士学位,高级工程师,主要从事水电站继电保护检修维护管理工作。E-mail:chenxiping@ylhdc.com.cn。

2.2　基波零序电压型定子接地保护原理

假设 A 相在距中性点 α 处发生经过渡电阻 R_f 接地故障,如图 1[2] 所示,将发电机的三相绕组电动势依次表示为 E_A、E_B、E_C,可以计算出此时的零序电压 U_0。

依据基尔霍夫定律:

$$\frac{\dot{U}_0}{R_N} + \frac{\alpha \dot{E}_A + \dot{U}_0}{R_f} + (\dot{E}_A + \dot{U}_0)j\omega C_g + (\dot{E}_B + \dot{U}_0)j\omega C_g + (\dot{E}_C + \dot{U}_0)j\omega C_g = 0 \qquad (1)$$

所以,故障时零序电压为:

$$\dot{U}_0 = -\frac{\alpha \dot{E}_A}{1 + \dfrac{R_f}{R_N} + j3\omega C_g R_f} \qquad (2)$$

假若 A 相发生金属性接地故障($R_f = 0$),此时有针对性地处理故障点,由式(2)计算零序电压表达式为:

$$\dot{U}_0 = -\alpha \dot{E}_A \qquad (3)$$

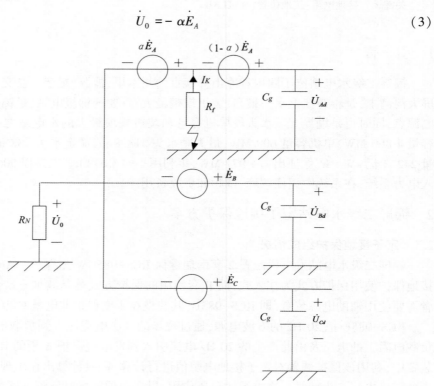

图 1　发电机 A 相接地故障电路

在该中性点经高阻接地运行方式下,单相接地故障电流较小,且定子绕组每相的阻抗比对地容抗小得多,因此此时在定子绕组阻抗上压降可以忽略[3],当某点出现单相接地的故障,基频零序电压 $U_0 = \alpha E_\Phi$(E_Φ 为发电机相电压)。

3 定子接地时电气量分析

尽管发电机中性点接地方式各异,但是当发电机发生单相定子绕组接地故障时,对应的故障特征量的变化却相差不是很大,本文结合该新建水电厂发电机具体参数,主要研究中性点经高阻方式接地的情况,分析出现单相接地时对应的电气量特征。

图 2 给出了发生单相接地故障时对应的电路图,在前文得出故障时零序电压的基础上,再分析故障点电流故障 $\dot{I}_K$ 和发电机机端三相对地电压 $\dot{U}_{Ad}$、$\dot{U}_{Bd}$、$\dot{U}_{Cd}$。

故障点的故障电流为:

$$\dot{I}_K = 3\dot{I}_0 = 3\dot{U}_0(\frac{1}{3R_N} + j\omega C_g) \tag{4}$$

可计算出接地故障时机端三相电压:

$$\dot{U}_{Ad} = \dot{E}_A + \dot{U}_0 \tag{5}$$

$$\dot{U}_{Bd} = \dot{E}_B + \dot{U}_0 \tag{6}$$

$$\dot{U}_{Cd} = \dot{E}_C + \dot{U}_0 \tag{7}$$

根据式(4)、(5)、(6)、(7),结合表 1 具体的发电机参数,对发电机的出口处,借助 MATLAB 仿真得出 R_f 变化时 $\dot{U}_0$ 的变化轨迹图[4]。

由图 2 可知,当接地电阻 R_f 从 0 到无穷大变化时,零序电压的变化轨迹呈现一段圆弧,该弧的弦长是故障相的模值(本文是 A 相)。且由相关文献可知,在发电机中性点不接地的方式下,用故障相的模值作为圆直径画圆,零序电压的轨迹是沿着该圆的半圆弧变化的。

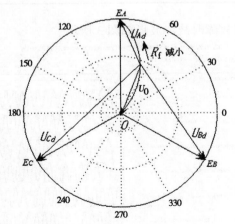

图 2 R_f 变化时 $\dot{U}_0$ 的变化轨迹

同样,可以分别得出发电机出口处和距机端 50% 位置处发生接地故障时 U_{Ad}、U_{Bd}、U_{Cd}、U_0 随接地电阻 R_f 变化曲线图。

由于当定子绕组发生接地经较大过渡电阻接地故障时,发电机三相对地电压变化不明显,只会产生数值不大的零序电压,因此通过对机端定子绕组单相接地量的分析,可得到故障时三相对地电压、零序电压对应的变化特点,可为机组发生单相接地故障时提供参考依据。

4　定子接地保护动作分析及故障查找

4.1　机端金属性接地案例分析

4.1.1　事故现象

2013 年某月某日,锦屏二级水电站监控报警:"二号机组发电机 A 套定子接地保护动作""二号机组发电机 B 套定子接地保护动作"。现场检查发现#2 发电机保护 A 套保护屏上有"定子接地零序过流、注入式定子接地"信号;#2 发电机保护 B 套保护屏上有"定子零序电压高段"信号。

4.1.2　保护动作分析

现场两套保护装置动作相关数据分别见表 1、表 2。

表 1　锦屏二级水电站#2 发电机保护 A 套动作相关数据

序号	参数名称	数值(mA)
1	零序电流	3 032

表 2　锦屏二级水电站#2 发电机保护 B 套动作相关数据

序号	参数名称	数值(V)
1	发电机机端零序电压	80.35
2	发电机中性点零序电压	66.68

故障录波装置上调取故障时故障波形如图 3 所示。

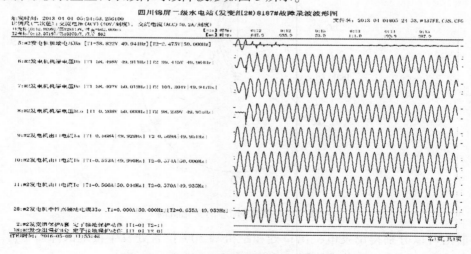

图 3　#2 发电机定子接地保护动作故障录波

由故障录波装置可读取到保护装置动作时零序电压为 98.23 V,保护装置显示动作时机端零序电压为 80.35 V,说明保护装置采样正确,故障时中性点零序电压大于动作定值,该套保护装置动作正确。

4.1.3 故障位置分析

从故障数据中不难发现,故障时 A 相电压下降,同时 B、C 相电压升高,这种特征十分符合单相接地故障特征[5]。发生故障前,A 相电压是 58.82 V,定子接地保护动作时刻,A 相电压为 2.47 V,B 相电压为 99.45 V,C 相电压为 101.3 V,机端零序电压为 98.24 V。根据故障时特征:故障相电压接近 0,故障相的超前相和滞后相电压都上升为线电压,且数值相等,结合图 2 R_f 变化时 $\dot{U}_0$ 的变化轨迹,可判定故障时接地电阻 R_f 很小,接近金属性接地,且故障点应该位于机端附近。

根据发电机机端基波零序电压计算故障点位置 α:

$$\alpha = \frac{98.24 \text{ V}}{100 \text{ V}} \times 100\% = 98.24\%$$

再根据故障相电压计算故障点:

$$\alpha = \frac{(58.82 - 2.47) \text{ V}}{58.82 \text{ V}} \times 100\% = 95.8\%$$

两者计算结果中取小值,因此可初步估算故障点的范围为距离发电机中性点 95.8%。对故障录波数据进行查看,当保护动作跳开#2 机出口断路器后,主变低压侧三相电压恢复正常,零序电压消失,而机端零序电压的衰减是缓慢的,由此可以断定,故障点应该位于发电机出口断路器和机端之间,在查找故障时应主要针对发电机出口 PT 一次侧、励磁变高压侧和封闭母线进行重点检查。

4.1.4 事故处理过程

事故发生后,待发电机停机后,检修人员现场检查#2 发电机各部位均未发现明显接地点。根据保护动作数据初步判断故障位置,检修人员进行如下检查处理[6]:

(1)将机组停机后,将中性点的接地闸刀断开,在其静触头上对发电机、封闭母线、PT柜、励磁变 A 相的绝缘进行测量,发现绝缘电阻值接近接地。

(2)将发电机出口处的软连接断开,按(1)中的测量方法对发电机、封闭母线 A 相的绝缘进行测量,绝缘良好。

(3)将励磁变上方存在的软连接断开,对励磁的高、低侧对应的绝缘电阻进行测量,绝缘良好。

(4)解开 A 相 PT 柜上方的软连接,测量 A 相 PT 绝缘电阻,结果不合格。后经检查PT 尾端星形接地电缆接头与高压母排上相接触,接触部位有放电痕迹。

(5)图 4 给出了 A 相出口 PT 接地情况。在对放电部位进行清洁后,检修人员发现除少许的屏蔽线被烧坏外,其绝缘完好。重新固定电缆后,确保 20 kV 母排距电缆约 15 cm。同时,检查 B、C 相,确保绝缘正常,无与 A 相 20 kV 高压母排相接触的明显现象,而且具有足够的绝缘距离。

4.1.5 事故后的经验教训

(1)保护专业人员能够对事故的类型进行准确而快速的判断,并且快速锁定故障位置,使检修人员可以在最短的时间内找到故障点,缩短了故障查找和事故处理时间,没有

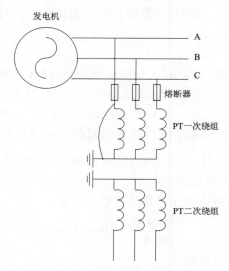

图 4　A 相出口 PT 接地示意

导致长时间的停机,避免了更多的损失。

（2）在机组正式发电,或者在结束检修后,按照规程要求,测量回路绝缘,并且将所测得的电阻值进行记录、存档,不能仅仅因为绝缘电阻比特定数值大就断定绝缘合格。

（3）该电站两台机出现的故障相同,这表明发电机的电压互感器存在一定的安装问题,在后续安装此互感器时应该重点注意、检查。

（4）安装人员应该掌握设备的安全距离,监理人员和验收人员应该对类似的隐患及时发现。电厂施工过程中,应对设备对应的安全距离进行仔细的检查,避免再次出现此类事故。

4.2　机端非金属性接地案例分析

2013 年某月某日,锦屏二级水电站#6 发电机定子接地保护动作。经分析#6 发电机保护装置、故障录波装置的数据,发现在发生故障时,电机出口电压 U_a、U_b、U_c、$3U_0$ 分别为 76.58 V、42.88 V、60.62 V、34.1 V,由此可以初步断定,发电机定子其 B 相和直接相连一次设备在某点出现了接地故障。

4.2.1　故障电压分析

在发生故障后,机端三相电压出现不平衡,初步分析可以断定该接地故障是通过过渡电阻接地的。通过故障录波数据可以发现,在保护动作时,A 相电压为 78.39 V,B 相电压为 42.9 V,C 相电压为 59.78 V,机端零序电压为 36.74 V。在定子接地保护动作跳开发电机出口断路器后,灭磁开关跳开前,机端三相电压恢复对称,零序电压接近 0。图 5 给出了其主变低压侧、机端所对应的三相电压波形。而此时主变低压侧电压仍是三相不平衡,且零序电压依旧存在。据此能够断定,此故障点必然是在发电机的机端,最可能出现的位置是主变低压侧和发电机出口断路器之间的某一点。

利用图 1 发电机单相接地故障电路图,根据 A 电站发电机相关参数,使用故障量 MATLAB 编程分析方法,得到#6 机组 B 相故障时 R_f 变化时 $\dot{U}_0$ 的变化轨迹图。

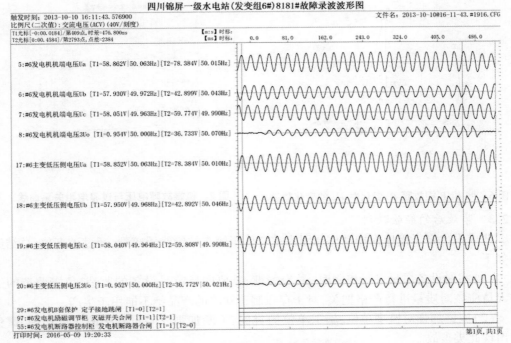

图5 定子接地保护动作故障波形

表3 #6发电机设备参数

序号	设备参数名称	数值
1	发电机额定功率(MW)	600
2	发电机额定电压(kV)	20
3	发电机单相对地总电容(μF)	2.78
4	中性点变压器变比	20/0.860 kV
5	中性点变压器负载电阻(Ω)	0.7
6	中性点CT变比(故障录波用)	50/1

MATLAB编程分析结果如图6所示。

根据该零序电压轨迹图,结合故障时刻三相故障电压,故障时B电压接近额定电压,在该圆弧轨迹上确实存在该点,所以此次故障是经过某一阻值的过渡电阻接地。

4.2.2 过渡电阻分析计算

发电机机端发生单相接地故障时,根据前文故障电气量分析,利用MATLAB编程分析此时发电机出口处经不同过渡电阻接地故的电压变化曲线,分析波形如图7所示。

从图7不难发现,B相在机端时通过600Ω过渡电阻的接地时,一次电压值为8.51 kV,二次电压值为42.6 kV;对于非故障相A相,它所具有的一次电压为14.99 kV,二次电压为74.9 V;对于非故障相C相一次电压为12.07 kV,二次电压为60.3 V,此现象和故障录波数据相吻合。

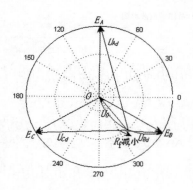 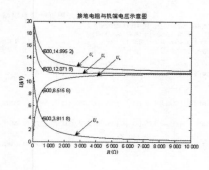

图 6　#6 机 B 相故障 R_f 变化时 $\dot{U}_0$ 的变化轨迹　　图 7　机端故障电压与过渡电阻关系曲线

4.2.3　事故后的经验教训

造成本次定子接地保护动作原因为主变低压侧支柱绝缘子碎裂,通过该事故,总结经验如下:

(1)在对设备质量进行控制时,最为关键、重要的环节是设备的监造,负责监造的工作人员应该对质量进行严格把关,对于存在制造缺陷的产品绝不能用于生产。

(2)应该加强对监理单位、施工单位的督促,不断加强安装过程中的质量管理,避免再出现此类事故。

(3)在完成设备的安装后,在进行验证试验时应该严格按照相应的规定和指标,应该认真地分析、研究异常试验数据,避免设备出现"带病运行"现象。

(4)对其他机组,在合适时机时对相同部位进行检查,并对其进行交流耐压试验。

(5)加强对继电保护装置和故障录波装置的日常维护,保证一次设备能够被实时监测和保护。

4.3　发电机内部金属性接地案例分析

2015 年某月某日锦屏二级水电站#7 机发生定子线棒绝缘击穿故障,导致定子接地保护动作。故障后 B 套保护装置报文显示机端零序电压为 18.02 V,中性点零序电压为 14.45 V。查询故障录波数据发现保护动作时刻 A 相电压为 63.65 V,B 相电压为 64.471 V,C 相电压为 48.147 V,机端零序电压为 17.607 V,据此初步判断故障相为 C 相。发电机内部金属性接地故障波形见图 8。

根据文献[7],利用故障时三相电压及机端零序电压,可以定位出故障位置及接地过渡电阻值。

据此计算出本次接地故障的 R_f 为 26.08 Ω,接地位置 α 为 0.186,对于该计算结果可认为在发电机内部发生了金属性接地故障,故障点距离中性点计算距离为 18.6%。

对定子线棒进行检查,结果发现 C 相第 180 槽上层的线棒绝缘发生击穿现象,出现接地故障。B 电站发电机定子共有 432 槽,每一相并联 6 个分支绕组,而每个绕组又有 24 匝线圈,在对定子绕组(见图 9)进行核对后发现,第 180 号槽的上层线棒是在 C 相第 2 分支的第 5.5 匝的位置,所以:

$$\alpha = \frac{5.5}{24} \times 100\% \approx 22.9\%$$

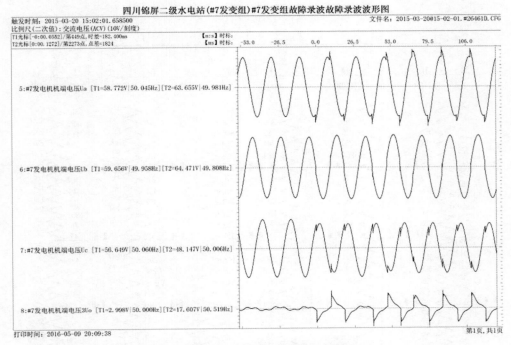

图8 发电机内部金属性接地故障波形

现场实际检查结果(22.9%)与故障数据计算结果(18.6%)误差不大,该故障点在发电机定子接地保护范围内,两套保护装置均可靠动作。

根据该方法可快速定位故障范围,缩短故障查找时间。该方法的故障查找步骤如下:

(1)判断定子接地保护正确动作性。

(2)正确判断出故障相。

(3)在故障录波装置中查询故障时刻发电机机端的三相电压和机端零序电压。

(4)注意判断故障波形,铁磁谐振区域电压波形对该计算会造成很大干扰,所取故障电压应为工频故障电压。

(5)计算接地电阻和接地位置。

(6)若判断出故障点位于发电机内部,根据发电机定子绕组接线图,定位到具体的故障槽位;若故障点在发电机外侧,应根据GCB跳开后的发电机机端电压波形和主变低压侧电压波形判断故障是发生在GCB内侧还是GCB外侧。

5 结 论

定子接地保护在新建电站投运初期动作较为频繁,由本文的3起事故案例可知,在新建水电厂发电机定子单相接地的主要隐患来源于设备的安装质量,其次是设备自身质量。且本文4.2中分析的事件,该主变低压侧电压互感器绝缘子碎裂脱除绝缘子本身质量缺陷外,还应与设备安装时工艺不到位有关,导致绝缘子所受应力不均,使得绝缘子在运行中发生接地故障。所以,为了避免类似事故,提高电力系统的稳定性,减小电厂的损失,后续在建电厂应严把质量安装关,为此现场施工单位、监管部门都应该认真履行自己的职责。

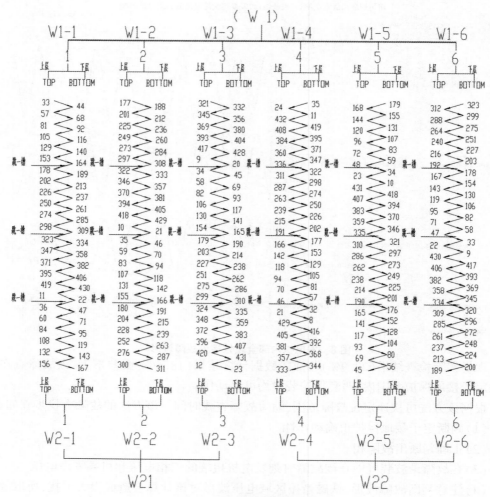

图9 发电机定子绕组接线

参 考 文 献

[1] 张琦雪,席康庆,陈佳胜,等.大型发电机注入式定子接地保护的现场应用级分析[J].电力系统自动化,2007,31(11):103-105.

[2] 毕大强.发电机定子绕组单相接地故障的定位方法[J].电力系统自动化,2004,28(22):55-57.

[3] 潘歆妤.发电机单相接地故障分析及保护的研究[D].南京:南京师范大学,2014.

[4] 陈熙平,季杰,马金涛,等.大型发电机中性点不同接地方式单相接地故障特征研究[J].大电机技术,2015,(2):29-33.

[5] 高赫,邵琴,王维俭.故障录波器在电力系统中的应用[J].江苏电机工程,2009,28(4):22-24.

[6] 陈熙平,季杰,陈强.PT故障引起定子接地保护动作的事故处理及分析[J].电工电气,2013,10:34-36,53.

[7] 陈俊,刘梓洪,王明溪,等.不依赖注入式原理的定子单相接地故障定位方法[J].电力系统自动化,2013(4):104-107.

水轮机顶盖排水控制系统在某巨型水电站的应用与优化

石从阳,高滨,吴高峰,陈纳强,周凯洋

(雅砻江流域水电开发有限公司,四川 成都 610051)

摘 要 本文介绍了国内某巨型水电站水轮机顶盖排水控制系统的硬件配置、工作逻辑等情况。针对顶盖排水系统在日常运行、检修维护期间发现的问题,对其采取硬件结构冗余、控制逻辑优化等措施,旨在提高水电站自动化管理与机组安全稳定运行的水平,满足改水电站"无人值守,少人值班"的运行模式需求。

关键词 顶盖排水控制;液位变送器;水淹厂房

1 引 言

顶盖排水系统是巨型水电站水轮发电机组的重要辅助设备,用于将顶盖积水排出,防止水淹厂房事故的发生。顶盖排水控制系统设计上基于PLC、单片机等可编程逻辑控制器,通过采集现场顶盖水位的开关量、模拟量信号,控制顶盖排水控制柜的启停,保证顶盖水位维持在正常范围内。

2 某巨型水电站顶盖排水系统概述

某巨型水电站配置有 8×600 MW 水轮发电机组,每台水轮机顶盖设置 3 台潜水泵和 2 根基坑自流排水管,潜水泵将主轴密封漏水排至机组技术供水排水总管,基坑自流排水管将基坑渗水排至全厂渗漏排水总管。顶盖排水控制系统设有自动、手动、切除三种工况,按需投入运行。手动控制的设置主要考虑 PLC 控制失灵时,人为控制切换把手直接控制驱动每台水泵的接触器实现启、停操作。在自动运行方式下,排水泵能根据顶盖的水位变化(信号)实现自动启、停控制。为了更好地观测顶盖水位情况,共设置两个水位监测信号:①机组 LCU 侧:通过 MB+方式上送至监控系统;②现地侧:通过主从站数据交换方式上送至监控系统。

3 某巨型水电站顶盖排水系统存在问题及优化

3.1 顶盖排水系统存在问题 1 及优化

某巨型水电站机组顶盖排水系统共设置 3 台潜水泵,用于排除顶盖内积水。2018～

作者简介:石从阳(1997—),男,本科,工程师,从事水电站计算机监控系统维护工作。E-mail:1250239578@qq.com。

2019 年度检修期,将#1~#8 机组顶盖排水#1 泵更换为高扬程泵(扬程 41 m)后,经运行两年评估发现,因顶盖排水#2 泵、#3 泵(低扬程泵,扬程 25.6 m)实际排水的最高水位为 1 341~1 342 m,当尾水水位超过 1 342 m 时,顶盖排水#2 泵、#3 泵将无法顺利排水。

结合实际数据分析,为保证尾水水位较高时顶盖排水系统可以顺利排水,把每台机组顶盖排水泵按照 2 台高扬程泵(扬程 41 m)+1 台低扬程泵(扬程 25.6 m)进行配置,即把原#2 泵更换为高扬程泵。

顶盖排水泵更换改造后,泵轮换方式按照以下逻辑进行修改:

(1)尾水水位低于 1 335 m 或者尾水水位上升过程中水位低于 1 338 m 时,泵轮换方式为#1 泵、#2 泵、#3 泵全部参与主备轮换,当排水系统连续排水两次后,轮换一次主用、备用、辅助关系。

(2)尾水水位高于 1 338 m 或者尾水水位下降过程中水位高于 1 335 m 时,泵轮换方式为#1 泵、#2 泵参与主备轮换,当排水系统连续排水两次后,轮换一次主用、备用关系;#3 泵作为辅助泵运行。

3.2 顶盖排水系统存在问题 2 及优化

(1)机组顶盖排水控制系统,在顶盖内安装有 3 个液位变送器,分别有以下作用:

①控制用液位变送器:信号送至顶盖排水控制柜,用于控制 3 台排水泵启停。

②监控系统监视用液位变送器:信号送至机组 LCU,用于监控系统画面显示顶盖液位。

③备用液位变送器:回路接至水轮机仪表/端子柜,未通电,无信号上送,用于上述两个变送器出现故障,快速更换、处理缺陷。2020 年 11 月 12 日,监控系统监视用变送器故障,更换至备用液位变送器,发现备用液位变送器已故障。经咨询变送器厂家,液位变送器长期浸泡在水里,变送器的压力感应膜片始终处于工作状态,长期未上电工作,影响元件的使用寿命。

(2)解决方法及主要步骤。

①将备用液位变送器接入顶盖排水控制系统,如图 1 所示。

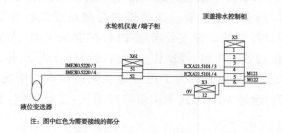

图 1　备用液位变送器接入顶盖排水控制系统接线图

②修改顶盖排水程序:

在顶盖排水程序中,程序→任务→MAST→lnitializSet,新增以下程序段:

(＊＊＊＊＊＊＊＊模拟量量程设置 ＊＊＊＊＊＊＊)　　　　　　　　AI_Range_Arr[2].
MIN:=0.0;(＊顶盖备用水位变送器＊)

AI_Range_Arr[2].MAX:=1.0;

修改说明：增加备用液位变送器量程。

在顶盖排水程序中，程序→任务→MAST→Data_Proces，修改以下程序段：

a. 修改前程序：

（＊＊＊＊＊＊模拟量故障标志＊＊＊＊＊＊）

　　IF I<2 THEN

AI_Fail_Arr[I]：＝GET_BIT(IN：＝AI_STA[1]，NO：＝INT_TO_UINT(IN：＝I))

　　OR IW_In_Arr[I]>IW_MAX1+500 OR IW_In_Arr[I]<-500；（＊模拟量模块1＊）

b. 修改后程序：

（＊＊＊＊＊＊模拟量故障标志＊＊＊＊＊＊）

　　IF I<3 THEN

AI_Fail_Arr[I]：＝GET_BIT(IN：＝AI_STA[1]，NO：＝ INT_TO_UINT(IN：＝I))

　　ORIW_In_Arr[I]>IW_MAX1+500 OR IW_In_Arr[I]<-500；（＊模拟量模块1＊）

修改说明：增加备用液位变送器故障标志处理。

（1）顶盖排水控制系统触摸屏画面修改及更新。

（2）调整备用液位变送器安装高度，使3个液位变送器测值一致。

3.3　顶盖排水系统存在问题3及优化

（1）机组顶盖排水控制系统、液位变送器和浮子开关同时参与排水泵的启停控制，控制逻辑如下：

①启泵逻辑：液位变送器和浮子开关，任一元件的启泵信号到达，即启动排水泵。

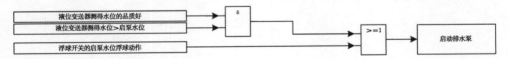

②停泵逻辑：液位变送器和浮子开关，任一元件的停泵信号到达，即停止排水泵。

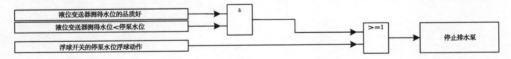

③启、停泵优先级：启泵水位信号与停泵水位信号同时到达时，优先停泵。

2020年12月3日，电厂#3机组开机过程中，因液位变送器故障，液位变送器测得水位由25 cm异常跳变至0 cm后不再变化，触发停泵水位信号到达。

随着顶盖实际水位上升，浮子开关的启泵水位信号到达。此时，启泵水位和停泵水位同时到达，PLC闭锁浮子开关的启泵信号，导致无法启动顶盖排水泵进行排水。

（2）解决方法及主要步骤：

① 新增水位跳变报警逻辑：连续两个扫描周期(10~20 ms)，水位模拟量信号变化超过3%满量程(30 mm)，即两个扫描周期内水位变化超30 mm时报警。

②新增水位无变化报警逻辑：经查询8台机组顶盖水位历史数据，最慢上涨速率为：5

min 上涨 10 mm，故增加 5 min 内水位无变化报警。

③缩小模拟量品质判断的上下限范围：

原程序中在最大、最小量程处，AI 品质偏移量为 500 码值，所测范围为 $-122 \sim 1\,122$ mm，对应码值为（$-500 \sim 4\,096+500$）；液位变送器的精度为 0.1%，在最大、最小量程处，所测范围不会超过 $-1 \sim 1\,001$ mm，对于码值为（$-5 \sim 4\,051$）；原程序在最大、最小量程处，品质处理的偏移较大，修改后水位偏移量为 ± 50 mm，所测范围为 $-50 \sim 1\,050$ mm，对应码值为（$-205 \sim 4\,096+205$）。

4 结 论

该巨型水电站通过对顶盖排水控制系统问题的优化，提升了水轮机顶盖排水系统的安全性和可靠性，在提高水电站的自动化程度的同时，也为水电站安全稳定运行提供了强有力的支撑。

参 考 文 献

［1］渠中权. 岩滩水电站顶盖排水控制系统优化［J］. 红水河，2016（6）：73-75.

［2］贾鳌，周帅帅，李林，等. 水轮机顶盖排水系统的优化运行［J］. 云南水力发电，2020，36（2）：162-165.

一起 500 kV 变压器绝缘油中痕量乙炔分析

郑仕满,朱一凡

(雅砻江流域水电开发有限公司,四川 成都 610051)

摘 要 变压器绝缘油不仅是变压器的重要绝缘组成部分,还有散热作用及变压器发生故障时能起到一定的消弧作用。对变压器绝缘油中溶解气体的分析是发现和判断变压器内部故障的最直接手段。绝缘油气相色谱分析法可对绝缘油中特征气体含量、组分及产气速率进行分析检测,并初步诊断变压器运行状况。本文主要介绍了某电站一起 500 kV 变压器在定期绝缘油色谱试验中发现痕量乙炔气体的现象,并针对此现象进行探讨分析。

关键词 色谱分析;绝缘油;乙炔

1 引 言

变压器绝缘油气相色谱分析法实质是通过物理分离技术,将溶解于绝缘油中的气体分离并计算其气体浓度。主要过程为:在变压器下部取样阀取 40 mL 油样至针管中,注入 10 mL 惰性气体氩气,将密封完好的油样放置在振荡仪内加热至 50 ℃ 并振荡 20 min,使样品中油、气两相达到动态平衡后,取气相中的气体,注入气相色谱仪进行分析,并计算出 H_2、CH_4、C_2H_6、C_2H_4、C_2H_2、CO_2、CO 共 7 种特征气体含量。特征气体反映了变压器某一部位发生异常变化的信息,通过对溶解油中的特征气体含量、产气速率等的分析,可判断出变压器内部存在的故障或隐患,并初步分析出变压器发生异常的部位。某电站 500 kV 变压器即通过绝缘油气相色谱分析法,在 3 个月一次的绝缘油色谱试验中发现痕量乙炔,通过分析判断,变压器可继续运行,但需持续跟踪变压器绝缘油色谱气体变化。

2 事件概述

某电站#1 变压器由三台单相变压器组成,型号为 DSP-223000/500,2012 年 12 月 27 日投运,油箱填充克拉玛依#25 变压器油,经历 6 次机组 C 修。在 2020 年 4 月 28 日变压器绝缘油定期色谱试验工作时,首次发现#1 主变 C 相绝缘油中溶解气体有痕量乙炔组分,含量为 0.047 μL/L。重复多次取样进行检测,乙炔组分含量均为 0.050 μL/L 左右。

3 变压器绝缘油色谱痕量乙炔产生现象分析及处理

3.1 色谱数据分析

(1)某电站#1 主变压器 C 相自 2012 年 12 月投运以来,仅在 2018 年 3 月开展了一次

作者简介:郑仕满(1994—),男,助理工程师,研究方向为电气一次方向。

热油循环,且热油循环后,绝缘油色谱检测油中溶解气体含量结果均正常。2019~2020 年机组 C 修期间,完成#1 主变压器 A、B、C 三相油枕补油工作,补充的绝缘油色谱检测结果正常。查询 2017 年至今绝缘油色谱检测数据,#1 变压器 C 相绝缘油中 H_2、CH_4、C_2H_6、C_2H_4、CO_2、CO 和总烃数据见表 1(4 月 28 日前 C_2H_2 未检出)。

表 1　色谱检测历史数据 　　　　　　　　　　　　　　　　　　（单位:μL/L）

时间(年-月-日)	C_2H_4	C_2H_6	H_2	CH_4	CO_2	CO	总烃
2017-03-25	0.69	0.67	27.50	6.30	2 933.30	514.20	7.66
2017-06-25	0.48	1.39	36.50	7.40	3 374.60	672.10	9.27
2017-09-30	0.53	1.78	38.40	9.10	3 789.00	806.20	11.41
2017-12-28	0.58	1.72	34.30	8.88	4 197.30	878.30	11.18
2018-03-17	0.58	1.77	35.30	9.42	3 621.00	957.30	11.77
2018-06-26	0.18	0.43	20.30	2.39	2 400.90	234.90	3.00
2018-10-21	0.22	0.62	29.90	3.42	2 408.82	343.33	4.27
2019-01-21	0.31	0.90	31.50	4.45	2 429.64	437.21	5.66
2019-04-01	0.41	1.11	33.90	5.87	3 515.78	472.90	7.39
2019-10-16	0.52	1.40	31.40	7.31	4 182.15	712.81	9.23
2020-01-15	0.57	1.53	32.70	8.33	4 791.17	863.38	10.53
2020-04-28	0.59	1.67	29.35	9.26	4 188.75	965.41	11.56

(2)分析历史数据可得以下结论:首先,2017 年 3 月至 2018 年 3 月 H_2、CH_4、C_2H_6、C_2H_2、CO_2、CO 均有缓慢增长趋势,但数据均在正常范围之内;其次,2018 年 3 月主变热油循环后,各气体变化趋势较为一致,各组分气体含量较为稳定,变压器运行工况良好。

(3)经查询#1 主变压器 C 相设备巡检数据,通过对比 2019 年至今变压器各部位红外谱图测温、铁芯接地电流等,各部位数据均在正常范围,无增长。

(4)自 2020 年 4 月 28 日首次发现#1 主变压器 C 相绝缘油中溶解气体有乙炔组分,即对#1 主变压器 C 相持续监测油色谱数据,如表 2 所示。

表 2　2020 年绝缘油色谱跟踪数据记录 　　　　　　　　　　　　　　　　（单位:μL/L）

时间	CH_4	C_2H_4	C_2H_6	C_2H_2	CO	CO_2	H_2
01-15	8.33	0.57	3.08	0.000	863.38	4 791.17	32.70
04-28	9.26	0.59	1.67	0.047	965.41	4 188.75	29.35
04-29	9.26	0.55	1.57	0.049	822.74	3 608.53	21.69
04-30	10.54	0.64	1.91	0.049	1 186.48	4 568.85	32.60
05-02	8.96	0.58	1.66	0.053	960.79	3 677.63	25.44
05-03	9.74	0.64	1.84	0.057	1 069.72	4 264.87	29.63
05-04	9.68	0.60	1.71	0.048	1 057.72	4 118.21	29.36
05-05	9.86	0.58	1.66	0.048	1 014.67	3 986.10	28.46
05-06	9.51	0.57	1.66	0.050	1 051.99	4 025.61	29.35
05-07	10.32	0.63	1.84	0.046	1 162.53	4 408.90	31.70
05-08	10.24	0.61	1.71	0.048	1 404.07	4 228.35	27.34

(5)分析表 2 数据,使用三比值法计算结果为 0/0/0,可供参考的典型故障为纸包绝缘导线过热。

(6)自 4 月 28 日至 5 月 8 日的色谱数据显示,乙炔痕量且含量稳定,其他烃类化合物气体含量趋势同样稳定。CO 含量有增长趋势,CO_2 有微小下降趋势。

3.2 原因分析

(1)根据三比值法计算的结果给出的参考典型故障为纸包绝缘导线过热。纸、层压纸板或木块等固体材料分子中含有大量的无水右旋糖环和若干的 C—O 键及葡萄糖苷键,热稳定性比变压器油中的碳氢键要弱,在 105 ℃ 以上时裂解产生大量 CO 和 CO_2,伴生少量烃类气体。对比数据发现虽然 CO 含量总体有增长趋势,但是 CO_2 含量并未同步增长,且总体有下降趋势。考虑到烃类化合物含量痕量,所以三比值法计算的结果与现场实际色谱结果不吻合,该三比值法不适用于绝缘油出现痕量乙炔时故障分析,无法判定变压器内部存在过热情况。

(2)冷却器潜油泵故障产生乙炔。冷却器油泵定子与转子相对位置发生偏移,定子与转子边缘存在摩擦,瞬间产生较大热能,引起变压器油分解。4 月 28 日至 5 月 8 日,通过手动控制方式分别启动各台冷却器潜油泵,跟踪观察潜油泵运行情况及潜油泵运行后绝缘油取样色谱数据,发现油色谱数据较为稳定,与潜油泵投入运行情况无明显联系,因此可判断该变压器 4 台潜油泵电机运行情况良好,排除冷却器潜油泵故障产生乙炔的可能。

(3)变压器内部个别夹件、铁芯接地位置可能存在油膜,在刚投运行过程中两点之间的瞬间电势差引起瞬时火花放电。考虑到该变压器已投运近 8 年,且在投运初期未检测到痕量乙炔,可以排除该因素。

(4)变压器油中的微小悬浮颗粒随油流移动到电势差较大的尖端之间,引起两者瞬间放电。若出现上述情况,发生放电反应微弱且时间较短,绝缘油中产生痕量乙炔,其他烃类化合物的含量较为稳定。结合绝缘油色谱数据中烃类化合物的含量变化,可基本判断乙炔产生原因为内部瞬间放电故障,而乙炔含量基本不变则表示放电现象已经消失。

3.3 处理措施

(1)分析判断内部瞬间放电现象已消失,鉴于目前变压器运行情况较好,因此可继续投入运行。当变压器首次检测出痕量乙炔时,可缩短绝缘油色谱取样检测周期,改为每天 1 次,持续 1 周。连续检测乙炔含量稳定无增长趋势后,取样周期改为 1 周 1 次,持续 1 个月。跟踪测量期间,乙炔含量稳定在 0.050 μL/L 左右,未超过运行注意值。

(2)持续进行铁芯、夹件接地电流测量及主变各部位红外测温等测量工作,每两天测量 1 次,持续 1 个月。在持续跟踪观察期间,各部位测量结果正常。

4 结 论

本文通过对某电站变压器绝缘油中痕量乙炔产生现象进行的绝缘油色谱数据分析及故障判断,最终判断出该变压器中痕量乙炔产生原因为变压器内部瞬间放电故障,放电时间极短且该故障已经消失,不影响变压器正常运行。当正常运行变压器绝缘油色谱数据中发现异常时,需多方面分析数据异常的原因,及时诊断变压器内部是否存在故障,及时消除隐患,保证变压器可靠运行。

参 考 文 献

[1] 杨奇岭. 变压器油中氢气含量异常情况的分析[J]. 变压器,2002,39(8):37-40.

[2] 孟祥煜,刘利刚. 油浸变压器存在痕量乙炔的分析与处理[J]. 山西化工,2019,39(4):18-21.

[3] 俞华,史红洁,常英. 一起 220 kV 变压器油色谱异常的判断及故障处理[J]. 变压器,2012,49(11): 68-70.

某水电站水轮机主轴密封故障处理与原因分析

陈卓，张冬生，任政策

（雅砻江流域水电开发有限公司，四川 成都　610051）

摘　要　水轮机主轴密封是水轮机一道重要的保护，其作用是在水轮机主轴和顶盖之间保持一个水压密封，防止转轮室内的水沿着主轴与顶盖之间的间隙进入机坑，从而淹没水导轴承，严重时会触发事故停机流程，造成机组非计划停运[1]。本文针对某水电站 1 号机组主轴密封故障处置过程，总结了主轴密封故障的现象、原因判断及处置方法。

关键词　主轴密封；流量异常；螺栓断裂；原因分析

1　引　言

某水电站 1 号机组为立轴轴流转桨式水轮发电机组，水轮机型号为 ZZA1093-LH-1010，额定出力 153.10 MW、最大出力 170.1 MW、额定转速 66.7 r/min，其主轴密封采用径向弹簧自补偿式结构，密封块为高分子聚合物耐腐蚀材料，采用水润滑和水冷却，主轴密封分为两层，每层包含 6 块高分子密封块、12 根自补偿预紧弹簧及对应的密封支架。

某水电站水力发电机组的主轴密封由工作密封、检修密封、L 型密封组成（见图 1）。工作密封采用水封原理，其主水源取自高位水池清洁水，备用水源取自机组技术供水，当主轴密封进水流量低于 1 m³/h 时，将自动切换至备用水源。机组正常运行时，主轴密封供水流量稳定在 4~5 m³/h，压力为 0.5 MPa。

2　主轴密封结构及原理

2.1　主轴密封结构

主轴密封位于水轮机顶盖上面，水导轴承下面。主轴密封分为检修密封和运行密封两部分。检修密封为空气围带，在机组停机时空气围带充气抱紧水轮机轴进行密封，机组运行时围带排气和水轮机大轴保持一定的间隙。

运行密封为双层碳金环密封，布置两层轴向高分子材料扇形密封块组成封闭圆环，环抱水轮机轴径，扇形密封块在水压作用下可以作轴向和径向移动，密封块外侧设周向螺旋拉伸弹簧，为密封块在安装、停机时提供初始"抱紧力"，使扇形密封块能够正确就位，从而使水能够有效建立起密封压力，在机组运行、停机时减小漏水至水机室。

作者简介：陈卓（1986—），男，工程师，主要研究方向为水电站运行。E-mail：chen_zhuo@ylhdc.com.cn。

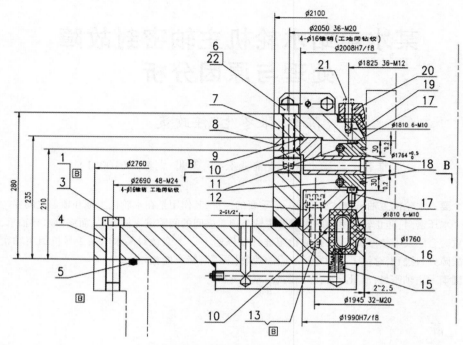

7—密封支架Ⅲ;8—密封支架Ⅱ;16—空气围带;
18—密封块;11—1 弹簧;19—L 型密封
图 1　主轴密封结构

2.2　密封原理

　　主轴密封水通过滤水器和节流孔板后经过中密封环上的多个通水孔进入上下扇形密封块所形成的空腔内,产生密封效果。同时,水在摩擦面间流动时对密封起到润滑与冷却的作用。空腔内水分两部分流出,一部分经过下扇形密封块与主轴密封保护套之间的间隙流到转轮室,另一部分经过上扇形密封块与主轴密封保护套之间的间隙流到顶盖内部经潜水泵排走[2]。

3　某水电站主轴密封故障处理

3.1　故障现象

　　2019 年 10 月,某水电站 1 号机组在运行期间,主轴密封水流量从往常的 4.25 m³/h突变至 20.02 m³/h(监控最大显示值),现场检查主轴密封水流量计显示为 24 m³/h,异常增大。同时,1 号机主轴密封水压力从往常的 0.5 MPa 降低至 0.3 MPa 以下,监控系统发现 1 号机主轴密封水压力低报警。现地检查其他机组的主轴密封水流量较以往降低约 2 m³/h,压力较往常降低约 0.15 MPa。

3.2　风险分析

　　故障发生前,1 号机顶盖水位由停泵水位(200 mm)上升至启泵水位(1 350 mm),用时约 2 h25 min,而故障后仅用时 20 min。如果按当前漏水量到达顶盖泵启动水位(1 350 mm)时顶盖排水泵无法启动,则由此刻至启动事故停机水位(1 800 mm)所用时间仅需 7

min，可见主轴密封装置故障对机组安全运行产生重大风险。

3.3　故障原因分析

（1）工作密封异常磨损。

电厂组织技术人员进行现场检查并分析原因：由于此类密封结构是国内普遍使用且技术成熟的产品，装置的结构设计合理；运行时的水压均是按照设计要求进行调整和控制的，也不存在水压过大造成磨损的问题，因此可排除此项影响因素。

（2）工作密封总管来水量异常增大。

假如主轴密封总管来水量发生异常增大，不仅会导致单机主轴密封水流量增大，也会导致压力增大，而实际情况是主轴密封水压力减小，因此可排除此项影响因素。

（3）工作密封管道存在大量漏水。

工作密封主水源取自高位水池清洁水，可能存在有较大坚硬的砂石或其他异物进入密封活塞圈工作面，导致工作密封大面积的撕裂状磨损，工作密封大量漏水。

通过比较 1 号机组工作密封水流量及压力在时间轴上的运行数据变化，如本次 1 号机主轴密封水流量在故障前后由 4.25 m³/h 短时突增至 20.02 m³/h，压力由 0.5 MPa 降至 0.3 MPa 以下，根据流量与压力的变化趋势可基本判断该机组工作密封管道出现大量漏水。1 号机组主轴密封水流量故障前后变化如图 2 所示。

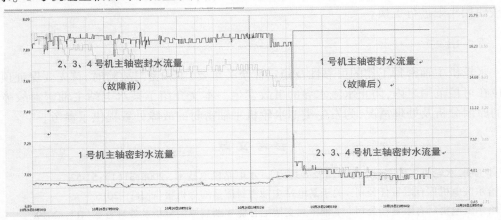

图 2　1 号机组主轴密封水流量故障前后变化

4 台机组工作密封清洁水通过同一管道供水，在总管供水量无异常的情况下，一台机组流量增加或密滤器排污，将导致其他机组主轴密封水压力、流量降低。在排除滤水器排污阀未动作后，进一步可以确定 1 号机工作密封管道存在大量漏水问题。

4　现场检查及故障分析

4.1　检查情况

1 号机组停机后，检查发现主轴密封支架螺栓断裂 10 颗（共 36 颗），其中 5 颗连续分布，断裂位置几乎都是螺栓颈部螺纹处。螺栓失去足够的把合力后，密封支架Ⅱ与支架Ⅲ之间出现松动，密封条被挤出，导致大量漏水。检查结果表明运行人员对故障原因判断准确。

4.2　螺栓断裂原因分析

机组运行时,密封支架螺栓承受向上拉应力,按最大供水压力 0.6 MPa 计算,螺栓所承受的拉应力约为 51.3 MPa,而螺栓材料为 A2-70,屈服极限为 450 MPa,螺栓拉应力远小于材料许用应力(屈服极限的 1/3)。按螺栓屈服极限的 70%预紧后,预紧力与工作载荷的比值为 6。因此,螺栓的断裂可以排除强度的原因。从螺栓断裂的位置初步分析应是疲劳破坏。检查发现:螺纹未涂抹锁固胶,检修安装时对螺栓的把紧力矩没有精确控制,导致部分螺栓安装时预紧力不足、螺栓受力不均。

另外,断裂螺栓的材料为奥氏体不锈钢,这种材料的性能不能达到 8.8 级要求,螺栓头部与光杆的过渡部分、螺纹与光杆交接处及螺纹本身等存在较大的应力集中,抗疲劳性能差,加快了疲劳破坏[3]。

4.3　建议

(1)目前该电站监控系统只有主轴密封供水流量越下限报警,无越上限报警,在类似故障时无法及时提醒运行人员,建议根据主轴密封水流量运行范围设置越上限报警。

(2)随着设备老化,主轴密封装置内部机械结构可能出现损坏且难以监测,运行人员为保证应急处置的及时性,应根据设备相关数据及运行情况,快速判断故障原因。

(3)采用满足标准要求的主轴密封把合螺栓,在机组检修期间对把合螺栓进行检查,并按使用年限进行更换。

5　结　语

水轮机主轴密封工作的可靠性及稳定性至关重要,主轴密封故障时,首先要保证顶盖水位在可控范围之内,防止水淹水导的事故发生。本文介绍了某水电站主轴密封故障事件的原因分析及处理情况,为发生类似水轮机主轴密封的故障处置提供了参考。

参 考 文 献

[1]孙玉明. 水轮机主轴密封故障分析及处理[J]. 水电站机电技术, 2008,31(1):51-52.

[2]哈尔滨电机厂有限责任公司. 关于某电站主轴密封流量的分析报告[R]. 2016.

[3]哈尔滨电机厂有限责任公司. 主轴密封支架把合螺栓断裂原因分析及处理方案[R]. 2019.

大型发电机定子槽楔问题浅析及工艺改进

张鑫,董小强

(雅砻江流域水电开发有限公司,四川 成都 610051)

摘 要 发电机单机容量的增大使线棒在定子槽内受到的电动力增大,线棒的固定受到考验。传统方法只用槽楔固定常引起槽楔松动导致发生事故,利用弹性波纹板与槽楔配合可以压紧线棒,很大程度上避免了由松动引发的事故隐患。本文通过对槽楔压紧工艺的探讨,提出对以往槽楔无法科学有效检测压紧效果的解决方法,结合实际机电安装过程中的经验,进而对槽楔安装工艺及质量把控关键点提出建议,为发电机定子线棒检修做出指导。

关键词 槽楔;波纹板;线棒;绝缘

1 引 言

发电机单机容量随着现代技术的更新发展也在同步扩大,大型水电站单机容量往往达到 500 MW 以上。容量的增加对发电机定子槽内线棒的直接影响就是增大了其所受的电动力,这又间接考验了槽内固定材料的性能。以往固定材料主要是槽楔,或者在槽楔下加入平板垫条,其可以填充槽楔与线棒之间的间隙,适当地提高压紧线棒的力。在技术的更新发展中,槽楔的压紧能力在加入波纹板之后又得到了进一步提升,槽楔松动得到了有效的抑制,由槽楔松动而引发的一系列安全问题很大程度上得到了避免。但在槽楔压紧程度的准确诊断方面还稍显不足。本文通过对定子线棒压紧工艺的探讨,提出可以有效检测压紧程度的工艺方法,并对安装中的关键点加以提醒,为机组检修做指导。

2 槽楔问题分析

2.1 槽楔压紧重要性

槽内线棒所受的力主要为电动力,它又包括两个力:一个是针对上下层线棒结构,下层线棒自身电流与上层或相邻线棒电流产生的横向槽漏磁通作用,线棒产生压向槽底的径向电动力;另一个则是线棒自身电流与部分主磁通穿过槽中线棒而作用产生的压向槽壁的切向力。

根据通电导线在磁场中受到的作用力公式 $F = BIL\sin\alpha$,以及通电导体磁感应强度分析公式 $B = \dfrac{\mu_0 I}{2\pi a}(\cos\theta_1 - \cos\theta_2)$,可以对线棒径向力做出分析计算。

针对线棒叠绕组方式,由于励磁电流远小于发电机额定电流,因而线棒所受到的径向力远远大于切向力,在分析时主要参考径向力。根据相关文献,大容量发电机上层线棒承受的径向电磁力可以达到 0.1 MPa,见表 1。

表1 发电机定子线棒径向电磁力

发电机容量	上层线棒承受的径向电磁力(MPa)
300	0.043
600	0.105
660	0.107

2.2 槽楔松动原因及危害

在机组长时间的运行条件下,线棒与槽楔之间很容易出现间隙,其缘由是来自长期的电磁力、机械振动及主绝缘材料的热胀冷缩等作用。槽楔发生松动,若不及时处理,将发展为事故,其危害主要有:

(1)损害定子线棒主绝缘。定子槽楔松动时,受振动影响槽楔会偏移甚至脱落,与定转子摩擦划伤主绝缘。同时,线棒不能严格压紧,振动环境使线棒产生机械磨损,主绝缘磨损致其变薄,绝缘电阻因此降低,短路事故发生的概率变大。

(2)影响发电机散热。槽楔松动导致楔下垫条位移,定子通风孔被堵塞,发电机定子线棒通风效果变差,无法及时散热,线棒温度异常升高,定子线棒绝缘被破坏。

(3)引起电腐蚀。槽楔松动时,定子线棒振动产生间隙引起电容性放电,放电在定子线棒表面上产生热作用,局部放电电离空气与空气中水分反应生成硝酸和亚硝酸。其中,硝酸会使线棒的主绝缘、防晕层及槽楔受到腐蚀。

3 槽楔工艺改进

3.1 槽楔安装结构

槽楔安装时,从上层线棒至槽外,应依次是保护垫条及调整垫条、反槽楔、波纹弹簧垫条、槽楔。安装时,先放置保护垫条及调整垫条,然后放置波纹板及槽楔。最后利用木方将反槽楔打入波纹板及调整垫条之间。利用楔下波纹板压缩形变所产生的弹性预应力就可以使其产生一个压向槽底的预紧力,对定子线棒起到固定作用,减小发电机在运行中由电磁力而引起的振动,提高电机运行的可靠性,从而延长发电机的使用寿命。槽楔安装结构如图1所示。

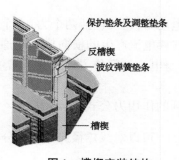

保护垫条及调整垫条
反槽楔
波纹弹簧垫条
槽楔

图1 槽楔安装结构

3.2 安装关键点

(1)每槽第一个槽楔安装时用压线工装固定其位置,一般从下端第二个槽楔开始,压线工装和线棒间必须有可靠的线棒保护垫,避免固定螺栓时损坏线棒绝缘。

（2）用测量工具确定调整垫片填充厚度。

（3）放置波纹板时，最好贴近槽楔并高凸出槽楔以方便反向楔安装。

（4）当压紧程度要求高时，反槽楔打入难度增加，打入过程中很容易出现将反槽楔打断的状况。这个时候可以适当涂抹凡士林增加润滑，不可以将反槽楔与波纹板位置调换。

（5）如果通过打入槽楔而不是反槽楔来进行固定，则由于槽楔宽度基本等于槽口宽，打入过程中势必由于振动及力的偏移而导致槽口损伤，影响到铁芯叠片绝缘。

3.3 测量槽楔的应用

针对以往通过敲击槽楔的方式来人工进行检测是否压紧的状况，在运用带有测量孔的槽楔后可以对其进行有效的定量分析。根据是否带有观察孔可以将槽楔分两类：无观察孔的槽楔（见图 2）、带观察孔的槽楔（见图 3），将带有观察孔的槽楔均匀布置于不同槽楔层数上以达到检测目的。例如，槽楔层数一共 15 层，则可以在槽楔的 2、8、14 层分别装设带有观察孔的槽楔，目的在于通过观察孔测量波纹板的压缩形变量。

图 2　无观察孔的槽楔

图 3　带观察孔的槽楔

通过观察孔对波纹板的峰谷进行测量可以判断槽楔压紧程度，注意安装时不可将反槽楔与波纹板位置调换，调换后设立观察孔进行抽样测量的初衷发生改变，对整体槽楔是否都已压紧不能做出正确评估，影响检修判断。正确安装顺序如图 4 所示、错误安装顺序如图 5 所示。

图 4　正确安装顺序

图 5　错误安装顺序

有经验的工作人员可以凭借敲击槽楔的回声及观察振动情况判断槽楔压紧程度。但是这个方法存在较大的主观性。通过槽楔上事先打好的测量孔测量槽楔下波纹板的波峰与波谷之间的高度差,以此判断槽楔的松动程度更加有效,测量弹性波纹板的残余变形量应为10%~30%。

波纹板示例如图6所示。

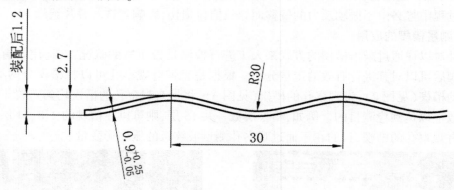

图6　波纹板示例

例如,图中波纹板厚度为0.9 mm,未紧固前波纹板峰谷差值为1.8 mm(减去厚度),根据要求残余变形量应为10%~30%,则紧固后测量峰谷差值为0.18~0.54 mm。图中装配后峰谷差值为0.3 mm(减去厚度),残余变形量为16.7%,满足要求。

3.4　改进工艺应用效果

波纹板的波峰值可以用工具百分表进行测量。根据实际机电安装情况,应用测量槽楔后,对槽楔压紧效果可以进行量化跟踪分析,及时更换松动槽楔,为检修工作提供支持。

表2　某大型发电机弹性波纹板残余变形量

槽号	残余变形量(mm)			槽号	残余变形量(mm)		
	上	中	下		上	中	下
1	52	46	39	244	48	53	53
28	43	45	54	271	44	50	49
55	54	54	39	298	53	35	33
82	34	45	41	325	49	51	41
109	53	54	49	352	48	39	53
136	54	44	41	379	32	53	54
163	50	54	40	406	52	53	48
190	44	44	45	433	50	35	53
217	54	35	53	460	40	54	53

4 结 论

本文通过对槽楔相关问题的研究,得到如下结论:

(1)发电机单机容量的增大反映到槽内线棒上就是径向电动力增大,槽楔的压紧尤为关键。

(2)电磁力、机械振动、热等因素引起的槽楔松动会导致一系列绝缘破坏、散热不良等影响,影响发电机安全运行。

(3)利用波纹板配合槽楔压紧可以有效解决槽楔松动问题,文中提出的安装过程建议可以为其他相关工程质量及工艺流程把控做出参考。

(4)利用装设带有观察孔的槽楔,可以检测波纹板压紧程度,为检修工作提供依据,避免对压紧程度不清楚而引发槽楔松动事故或者无需检修时退出槽楔进行检查,减少了无效工作。

参 考 文 献

[1] 戴树德. 大型电机定子线棒固定材料—波纹板[J]. 绝缘材料通讯,1983(2):18-24.

[2] 周芩芩,周松,陆银福. 大型汽轮发电机定子槽内固定材料-波纹板的国产化研究[J]. 绝缘材料,2010,43(6):16-21.

[3] 武顺. 发电机定子槽楔松动原因分析及处理[J]. 科技风,2019(36):163.

[4] 孙田,乔长帅,张建安. 牵引电机定子槽楔受力分析[J]. 电机技术,2018(6):33-35.

[5] 任东滨,梁智明,刘雁,等. 楔下波纹板的力学性能及测试方法探讨[J]. 绝缘材料,2015,48(7):52-55.

[6] 马小芹,蒲工,卢伟胜,等. 大型发电机定子槽楔松动的声检测研究[J]. 中国电力,2003(1):28-31.

[7] 任东滨,梁智明,刘雁,等. 楔下波纹板的力学性能及测试方法探讨[J]. 绝缘材料,2015,48(7):52-55.

某大型电站调速器回油箱油位
异常下降分析及处理

王继承,蔡文超,贾康,陈栋,刘松源

(雅砻江流域水电开发有限公司,四川 成都　610051)

摘　要　某大型电站#4机组正常运行中发现调速器回油箱油位异常下降,同时检查发现调速器及筒阀系统的集油箱油泵启动频繁。本文对调速器回油箱异常下降及集油箱油泵启动频繁的现象进行了全面的原因分析,并在处理过程中加以数据计算对原因进行逐一排除,处理完成后提出改进措施确保机组运行。原因分析及处理过程对同类型电站出现类似问题时提供了分析经验及问题解决方向。

关键词　油位;回油箱;漏油;油泵

1　引　言

　　某大型电站每台机组调速器均设有2个油压操作的双作用液压直缸接力器。操作接力器的压力油由调速系统的油压装置供给。调速器油压装置主要由立式压力油罐和回油箱组成。回油箱上设有2套主油泵组、1套辅助油泵组及仪器仪表和管路附件等。调速系统压油罐正常油位为610~700 mm,回油箱正常油位在280~570 mm。

　　由于机械过速相关阀组内渗漏,导致调速器液压系统的压力油通过机械过速保护装置控制阀组泄漏到圆筒阀液压系统,因此根据厂家的要求并结合现场实际情况,增设油泵自动将泄漏油从圆筒阀回油箱(启泵筒阀回油箱450 mm、停泵筒阀回油箱400 mm)输送回调速器回油箱。

　　调速器、筒阀接力器均设计了检修排油管,检修时可通过阀门排油至漏油箱,统一收集后通过油泵输送至#2运行油罐,再经滤油机过滤后再次使用。集油箱启泵油位定值为325 mm,停泵油位定值为100 mm。同时,调速器、筒阀接力器动密封处的漏油及发电机顶转子后管路中的剩油也通过配装的管路排至集油箱。

2　问题描述

　　2020年4月23日,#4机组正常带负荷运行中报出"机组调速器油压装置回油箱油位异常",现地查看#4调速器压力罐油压正常、回油箱油位约280 mm,已达到油位下限报警值。查询检修排油集油箱油泵启动间隔时间发现,2020年3月26~29日#4机组运行时,集油泵启动较以往频繁,约33 h启动1次;4月1~14日机组停机期间,此现象消失,集油泵未启动;4月15~23日,集油泵启动频率约为13 h启动1次(最短11 h启动1次,最长20 h启动1次)。

现场检查调速器及筒阀液压系统油管路及设备均无渗漏现象,立即将调速器回油箱油位补至 470 mm,此时筒阀回油箱油位约 380 mm(正常油位 250~500 mm)。

3 原因分析

3.1 调速器接力器开关腔排油管及动密封漏油管漏油

若调速器接力器开关腔排油管漏油或接力器动密封处渗漏较大,将直接导致调速器回油箱油位下降,检修集油箱油位上涨。

3.2 筒阀接力器上腔排油总管阀门关闭不严漏油

若筒阀接力器上腔排油总管漏油较大,将直接导致筒阀回油箱油位下降,检修集油箱油位上涨。同时,由于调速器系统一直向筒阀系统窜油,间接导致调速器回油箱油位下降。

3.3 筒阀接力器动密封处漏油

若筒阀接力器动密封处漏油较大,将直接导致筒阀回油箱油位下降,检修集油箱油位上涨,原因分析与 2.2 相同。

3.4 发电机顶转子排油管漏油

若发电机顶转子排油管漏油,将导致检修集油箱油位上涨。

4 检查处理及分析

4.1 调速器接力器开关腔排油管及动密封漏油管漏油

调速器回油箱油位异常下降,初步分析为调速器接力器开关腔排油阀未关严或活塞动密封处渗漏过大。现场检查发现#1 调速器接力器开腔排油阀关闭不到位(未达机械限位位置,见图 1),其余排油阀均关闭到位,动密封无漏油现象。

为检查调速器接力器开腔排油阀是否存在泄漏,检修人员未对#1 调速器接力器开腔排油阀进行调整,拆卸分解调速器接力器开关腔检修排油及动密封渗油漏油管与检修排油总管处接头,检查发现#1 接力器漏油管存在漏油,测得漏油速度约 3 L/h(见图 2),#2 接力器漏油管无明显漏油。将#1 调速器接力器开腔排油阀通过操作手柄调整至全关以后,#1 接力器漏油管漏油消失。

图 1 调速器接力器开腔排油　　　图 2 调速器接力器开关腔检修排油
　　　阀未关闭到位　　　　　　　　　　及动密封漏油管检查

4.2 筒阀接力器上腔排油总管关闭不严漏油

检修人员检查排油阀本体在全关位置,同时分解筒阀接力器上腔排油总管与检修排油总管接头,将管路残余油排尽后检查发现无明显渗漏。

4.3　筒阀接力器动密封处漏油

检修人员分解筒阀接力器动密封漏油管与检修排油总管处接头,检查发现6台筒阀接力器下腔动密封处均无明显漏油(见图3)。

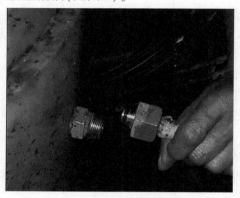

图3　调速器接力器开关腔检修排油及动密封漏油管检查

4.4　发电机顶转子排油管漏油

检修人员分解发电机顶转子排油管与检修排油总管接头,发现无明显漏油(见图4)。

图4　发电机顶转子排油管检查

4.5　集油泵排油量计算及分析

为排查确认调速器回油箱异常下降是否仅与#1调速器接力器开腔排油阀漏油有关,是否还存在其他漏点,特调取相关数据进行分析。

查询检修排油集油箱油泵启动间隔时间计算泄漏速度时发现,2019年6~11月集油泵一直未启动排油[单次排油量:(油位325 mm-100 mm)×0.776 m²=174 L]。#4机组检修后2019年12月至2020年3月25日未启动排油,2020年3月26~29日#4机组运行时,集油泵启动较以往频繁,约1次/33 h;4月1~14日机组停机期间,此现象消失,集油泵未启动;4月15~23日,集油泵启动频率约为1次/13 h(最短1次/11 h,最长1次/20 h)。

通过集油泵间隔13 h启动一次排油量174 L计算,调速器与筒阀液压系统总泄漏速度应为13.38 L/h,与#1调速器接力器开腔排油阀漏油速度3 L/h不一致。仍有10.38 L/h的泄漏量不知道从何而来。

检修排油集油箱,通过顶盖外围的检修排油总管收集6台筒阀接力器动密封渗油(6处接头)、2台调速器接力器开关腔检修排油及动密封渗油(2处接头)、发电机顶转子排油(1处接头)和筒阀接力器上腔排油总管排油(1处接头)。此时已对所有漏油点进行排查,除调速器#1接力器开腔排油阀外未发现其他明显漏点。

4.6 调速器及筒阀液压系统漏油量计算及分析

由于调速器及筒阀液压系统总泄漏量受机组运行情况、负荷调整、系统压力变化等原因影响,而通过漏油管路接头测量渗漏量均为瞬时测值,不能综合反映油位变化情况。查询各油箱CCS油位变化曲线,发现调速器油位下降为非线性趋势,在2020年3月19日左右存在突变点,3月12日、3月13日有过开停机,3月19日左右#4机组无相应工作,2019年12月1日检修后至2020年3月19日基本上无泄漏,通过调速器及筒阀液压系统CCS油位计算总油量基本无泄漏且集油箱油位基本无变化(见图5),2020年3月19日至4月23日报警时平均泄漏速度计算可得2.08 L/h(见图6),与23日#1调速器接力器开腔排油阀实测漏油速度3 L/h基本一致。由此可判断调速器、筒阀液压系统只有调速器#1接力器开腔排油阀1处漏点。

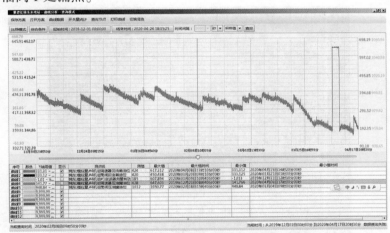

图5 调速器回油箱油位变化趋势

调速器及筒阀系统泄漏量统计表						
	底面积(dm²)	检修后(2019.12.1 0:00)		拐点(2020.03.19 0:00)		报警时(2020.04.23 22:00)	
		油位mm	油量L	油位mm	油量L	油位mm	油量L
调速器回油箱	580.00	479.25	2779.65	435.00	2523.00	294.20	1706.36
调速器压油罐	280.55	588.12	1649.97	604.86	1696.94	605.74	1699.40
筒阀回油箱	660.00	363.38	2398.28	443.94	2929.99	391.12	2581.39
筒阀压油罐	314.16	1024.19	3217.59	968.67	3043.17	1006.42	3161.76
总油量			10045.48		10193.10		9148.92
总泄漏量		回油箱面积与CCS油位有误差,总油量基本一致				1045L	
机组运行时长		1248h				502h	
总漏速度量		基本无泄漏				2.08L/h	

图6 调速器及筒阀液压系统泄漏量统计

#4机组检修后集油泵共启动18次,计算集油泵总排油量应为3 132 L,与通过调速器筒阀CCS油位计算总泄漏量1 045 L差距较大,分析认为集油泵出口逆止阀可能关闭不严,排出的漏油回流导致集油泵启泵频繁。

4.7 集油泵启泵频繁检查

分解检查集油泵出口逆止阀发现阀芯能关闭到位,并无回流。查询集油箱油位数据

曲线发现启泵定值异常(见图 7),停泵定值应该为 100 mm,但实际油位曲线显示停泵值

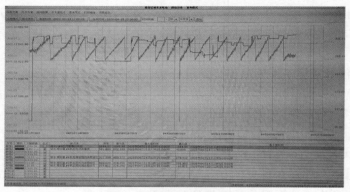

图 7　集油箱油位变化曲线

为 270 mm 左右。查询现地运行数据发现,集油箱油位停泵液位开关动作值为 274 mm,远大于设计定值 100 mm;集油箱油位启泵液位开关动作值为 320 mm,基本与设计定值 325 mm 一致(见图 8)。

图 8　集油箱启停泵液位开关动作值

计算集油箱实际排油量[单次排油量:(油位 325 mm−274 mm)×0.776 m² = 39.6 L],通过集油泵间隔 13 h 启动一次排油量 39.6 L 计算,集油箱内油位上涨速度为 3 L/h,与调速器、筒阀系统漏油量一致。

5　原因确认及改进措施

5.1　缺陷原因

综上处理过程可知#4 机调速器回油箱油位异常下降根本原因为:#1 接力器开腔排油阀手柄未关闭到位导致漏油。

集油泵频繁启动的主要原因为:集油泵运行停泵液位定值异常。

5.2 改进措施

检查各机组接力器排油阀手柄关闭到位后,对排油阀手柄进行拆除并在全开/关位置进行画线标记,防止存在人员误动风险。检查各机组集油泵启停泵液位定值,确保定值无误。

6 结 论

机组调速器油压装置负责给接力器提供动力,确保可以正常调整机组流量及负荷,若透平油泄漏较多导致压力油源不足,将会产生严重后果。本文对调速器回油箱油位异常下降的缺陷进行了逐步分析及处理,并提出了改进措施,为应对此类缺陷提供了分析思路及处理方法,具有一定的参考价值。

参 考 文 献

[1] 徐国华,朱佳. 调速器系统异常情况的分析及处理[J]. 水电站机电技术, 2015,38(11):51-54.

[2] 张起,郭佳伟,王健,等. 抽水蓄能电站机组调速器压油泵频繁启停原因分析[J]. 内蒙古电力技术, 2019,37(6):85-87.

[3] 段水航. 浅析水电站调速器液压系统内漏诊断与处理[J]. 水电与新能源, 2020,34(5):51-54.

[4] 袁宏. 跃洲电站轮毂油箱油位降低的分析与处理[J]. 江西电力职业技术学院学报,2017,30(3): 13-15.

西南电网异步运行对网内水电站
的影响及应对策略分析

刘元收,吕杰明,卢毅,檀晓龙

(雅砻江流域水电开发有限公司,四川 成都　610051)

摘　要　渝鄂背靠背柔性直流投运后,西南电网与华中电网实现了异步互联,解决了西南电网扰动及直流故障对华中—华北主网的冲击,提高了电网运行的灵活性和断面输电能力。但是,异步运行的西南电网具有水电占比高、直流外送规模大、网内负荷小等特点,频率稳定问题突出。本文分析了西南电网异步运行对网内水电站运行的影响及存在的风险,提出了针对性的应对策略,为水电站安全、稳定运行提供一定的技术参考。

关键词　西南电网;异步运行;安全稳定;风险分析;应对策略

1　引　言

　　西南电网水能资源丰富,水电站众多,但是与华中主网的电气距离较远,尤其是随着特高压直流的建设,电网强直弱交的特性越发明显。安全方面,华东交流故障等原因触发的三大直流(复奉、锦苏、宾金)故障可能导致渝鄂断面和特高压交流长南线低压解列,安全运行压力及风险大;经济方面,受"强直弱交"问题的制约,四川水电通道运行能力与网外开机、跨区断面功率紧密耦合,运行方式安排困难,丰水期水电外送与消纳面临严峻压力。

　　渝鄂背靠背柔性直流投运后,西南电网与华中电网实现了异步互联,电网格局发生了重大改变,研究西南电网异步运行特性,分析存在的安全风险,比较异步互联前后网内水电机组运行状况,探索相应的应对策略,对网内水电站安全、稳定运行具有十分重要的意义。

2　西南电网概况

2.1　渝鄂工程

　　渝鄂背靠背柔性直流工程(简称"渝鄂工程")竣工投运以前,川渝电网与华中主网通过张家坝—恩施(2回)、九盘—龙泉(2回)500 kV线路交流同步互联,与华东电网通过3回±800 kV(复奉、宾金、锦苏)特高压直流相联,形成交直流混联电网,区域特高压交直流混联电网示意如图1所示。

作者简介:刘元收(1983—),男,大学本科,高级工程师,研究方向为水电站运行管理。E-mail:liuyuanshou@ ylhdc. com. cn。

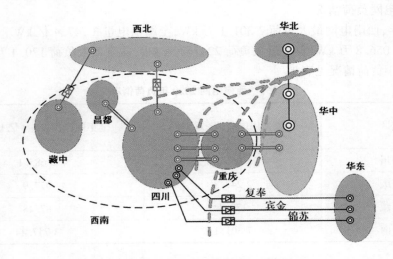

图 1   区域特高压交直流混联电网示意

2016 年 12 月,国家发展改革委正式印发《国家发展改革委关于渝鄂直流背靠背联网工程项目核准的批复》(发改能源〔2016〕2754 号),渝鄂工程核准建设。渝鄂工程是在原有交流输电通道,分别建设南、北通道 2 座容量为 2 500 MW(2×1 250 MW)的柔性直流背靠背换流站。南通道(施州)换流站 π 开张家坝—恩施双回线,于 2019 年 6 月投入运行。北通道(宜昌)换流站 π 开九盘—龙泉双回线,于 2019 年 7 月投入运行。

2.2   西南电网结构

2019 年 6 月,西南电网异步运行以后,与西北、华中、华东电网通过"两纵五横"(柴拉、德宝、渝鄂、复奉、宾金、锦苏)7 回直流互联,是我国清洁能源占比最大、外送比例最大、装机容量最小、用电负荷最小的区域电网。西南电网互联见图 2。

图 2   西南电网互联

2.3 西南电网负荷情况

2020 年,西南电网最大负荷 7 301.1 万 kW,全网供电量 3 747.4 亿 kW·h,其中四川最大负荷 5 056.8 万 kW,重庆最大负荷 2247.3 万 kW,西藏最大负荷 170.4 万 kW。西南电网 2020 年负荷情况见表 1。

表 1　西南电网 2020 年负荷情况

地区	日最大用电负荷(万 kW)	全年网供用电量(亿 kW·h)
四川	5 056.8	2 685.1
重庆	2 247.3	977.9
西藏	170.4	87.48
西南	7 301.1	3 747.44

3 西南电网异步运行特性及风险

3.1 大直流、大水电,频率稳定问题突出

高比例水电多直流弱送端电网转动惯量和本地负荷水平较小,异步联网下西南电网转动惯量约为原西南—华中—华北同步联网时期的 1/6,频率调节特性发生显著变化,电网抵御功率扰动能力大幅下降,尤其是雅湖直流及白鹤滩机组投运后,西南电网大直流、大水电特性更加凸显,频率失稳风险高。

3.1.1 高频风险

直流闭锁安控拒动、直流同时连续换向失败等会不同程度地引发系统高频风险。3 回特高压直流同时相继 2 次换相失败,频率将逼近高周切机动作门槛。

丰小方式,不同直流故障下系统频率情况见表 2。

表 2　丰小方式,不同直流故障下系统频率情况

故障类型	网内最高频率(Hz)			
	宾金	复奉	锦苏	雅湖
单直流再启动失败后闭锁	50.54	50.43	50.61	50.53
单直流双极连续换向失败时闭锁	50.66	50.55	50.76	50.51
单直流单极连续 12 次换向失败时闭锁	50.85	50.61	50.64	50.66
三大直流同时相继 2 次换相失败	50.85(超过 50.8 Hz 时间不足 500 ms)			—

3.1.2 低频风险

西南电网转动惯量小,损失大电源(如机组故障跳闸)发生大的功率缺额时,系统低频风险突出。丰大运行方式下,不考虑水电机组过负荷能力,功率缺额 1 400 MW 就会引起频率跌落 1 Hz,触发低频减载装置。不同运行方式下系统可承受最大功率缺额见表 3。

表3   不同运行方式下系统可承受最大功率缺额

方式	开机（MW）	功率缺额（MW）	最大频率跌落（Hz）	下降速率（Hz/s）
丰大	75 000	1 400	1	0.011
丰小	55 000	1 100		0.016
丰极小	34 000	800		0.02

3.1.3   超低频振荡风险

研究表明,水轮机组及其调速系统会向系统提供负阻尼转矩,当系统自身阻尼较弱时,将导致系统振荡。西南电网异步运行后,网内水电占比达到70%,水电机组"水锤效应"负阻尼会引发频率约0.05~0.08 Hz的超低频振荡。为了抑制超低频振荡,已对网内水电机组调速器进行了适应性优化改造,但是白鹤滩等大型水电机组投产,系统超低频振荡阻尼比将由4.8%降低到0.3%,超低频振荡阻尼恶化严重。

丰小方式向家坝跳机后,西南电网频率曲线如图3所示。

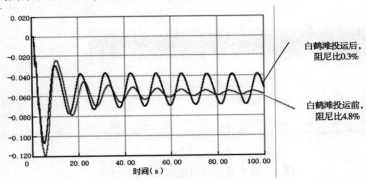

图3   丰小方式向家坝跳机后,西南电网频率曲线

3.2   负荷中心动态无功支撑能力不足,存在电压失稳的风险

成都、重庆是西南电网重要的负荷中心,其中成都负荷中心环网约占全川负荷的35%,重庆负荷中心环网约占重庆负荷的80%,成都、重庆500 kV环网所承载的潮流一直偏重,但缺乏足够的直接的大电源支撑,动态无功支撑能力不足,通道出现故障时存在电压失稳的风险。

3.3   水电送出需求增大,运行控制难度大

渝鄂工程投运后,渝鄂断面、川渝断面稳定限额得到有效提升,扩大了西南水电的外送规模,缓解了丰水期弃水压力。但随着白鹤滩、雅砻江流域新建电站的接入及负荷的快速增长,水电送出需求增大,二百、百普、黄万等线路潮流将显著加重(10%~20%),线路卡口问题依然严重,运行控制难度加重。

3.4   系统对AGC及安控装置依赖程度增大,系统风险加剧

西南电网异步运行后系统频率稳定、电压稳定问题突出,系统频率调节更加依赖AGC系统,系统稳定控制更加依赖安控装置,需要根据不同的运行方式及时调整频率/电压控制策略,系统运行风险进一步加剧。

4 对网内水电站运行影响

4.1 一次调频动作频繁

2019 年 6 月 19 日,西南电网正式转入异步运行,异步后系统频率波动的幅度明显增加(见图 4),与之对应的现象就是网内水电站母线频率波动的幅度增加,一次调频动作次数大幅增加,约增加了 10 倍(数据见表 4)。

频繁的一次调频动作信号出现在计算机监控系统简报窗口上,将严重影响监盘人员的监视,漏监视的风险增高。同时,频繁的小负荷调整,会加速机组机械部分的磨损,水轮机更加容易发生气蚀现象。

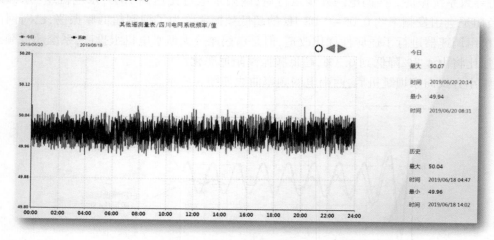

图 4 异步前后四川电网系统频率对比

异步前后某水电站 500 kV 母线频率对比如图 5 所示。

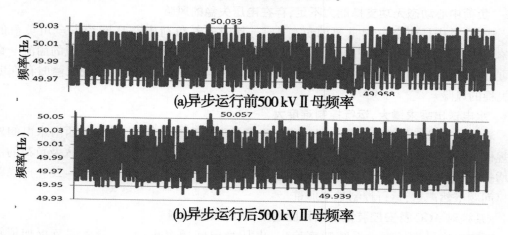

图 5 异步前后某水电站 500 kV 母线频率对比

表4 某水电站一次调频动作次数统计

时间(年-月-日)		#1机	#2机	#3机	#4机	合计
异步前	2018-06-26~2018-07-25	305	645	495	180	1 625
	2018-07-26~2018-08-25	1 287	1 392	1 030	1 333	5 042
	2018-08-26~2018-09-25	4 594	5 671	5 791	3 051	19 107
异步后	2019-06-26~2019-07-25	25 556	30 104	30 162	26 181	112 003
	2019-07-26~2019-08-25	20 302	22 304	22 550	21 007	86 163
	2019-08-26~2019-09-25	17 451	34 117	27 785	25 602	104 955

4.2 调速器运行模式发生改变,一次调频能力降低

一次调频是水电机调速系统的自身频率/功率特性随系统频率变化而自主进行开度/有功调节,由调速器的频率/功率静态特性通过调速器及其比例—积分—微分(Proportion Integration Differentiation,简称 PID)动态调节特性来实现。某水电站调速器参数见表5、调速器传递函数原理(开度反馈模式)见图6。

表5 某水电站调速器参数

模式	比例调节系数	积分调节系数	微分调节系数	调差系数(%)
大网模式	5	6	0	4
小网模式	2	2	0	4

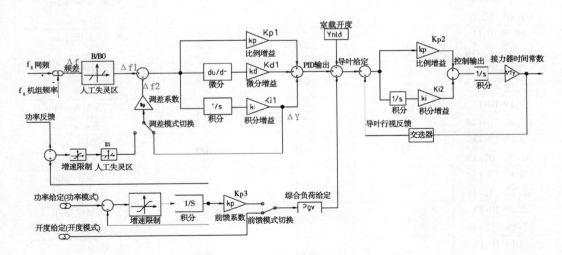

图6 调速器传递函数原理(开度反馈模式)

为了抑制超低频振荡,对网内水电机组调速器进行了优化改造,新增调速器"小网"模式,大幅度减小比例调节系数和积分调节系数等 PID 调节控制参数。由改进型 PID 控制结构传递函数 $G(s) = \dfrac{K_d s^2 + K_p s + K_i}{s + b_p K_i}$ 可以看出,参数改变后机组一次调频能力明显下降。正常情况下,调速器运行在"开度反馈+小网"模式,当系统频率偏差超过调速器动作死区(0.05 Hz)时,机组参与平息超低频振荡。

4.3 电站 AGC 及安控装置运行要求更加严格

根据前述分析,西南电网异步运行后对 AGC 及安控装置的依赖程度增大,所以电网调度机构对电站侧 AGC 及安控装置提出了更加严格的运行要求。

(1)正常情况下,电站 AGC 应投入调度侧控制,电站负荷调整灵活性降低。异步运行前电网调度机构对部分电站 AGC 管理较为宽松,电站可根据机组实际运行情况投退全站或单机 AGC,负荷调整方式灵活,可最大限度地调整、优化机组运行工况。异步运行后,电网调度机构加强了对电站 AGC 的管理,一般情况下电站 AGC 需要长期投入调度侧运行,库容较小的电站因负荷变幅大、负荷变化频繁造成水库拉空或漫坝的风险增大,下游河道水位快速变化也给附近居民生命和财产安全增加了安全隐患。

(2)为进一步提升西南电网的稳定性和水电外送能力,已完成西南电网内安控装置的升级改造工作,对安控装置运行方式及切机容量提出了明确的要求。电站在开停机操作前后,需及时调整安控装置运行方式,负荷调整时也应考虑切机容量要求,对安控装置检修维护质量也提出了更高的要求。

表 6　某电站投入 AGC 后负荷变化情况

日期(年-月-日)	调整前负荷(MW)	调整后负荷(MW)	负荷变幅(MW)	平均变幅速率及变化时间
2019-10-09 21:20～21:32	400	300	100	8.33 MW/min 12 min
2019-10-10 09:46～10:02	350	200	150	9.38 MW/min 16 min
2019-10-11 12:00～12:18	350	200	150	8.33 MW/min 18 min
2019-10-12 12:12～12:18	353	205	148	24 MW/min 6 min
2019-10-12 16:40～16:48	208	350	142	17.75 MW/min 8 min
2019-10-13 00:01～00:19	350	450	100	5.56 MW/min 18 min
2019-10-13 01:28～01:47	450	353	97	5.11 MW/min 19 min
2019-10-13 11:48～12:18	433	200	233	7.77 MW/min 30 min
2019-10-13 15:00～15:18	200	350	150	8.33 MW/min 18 min

4.4 对电站人员应急处置能力提出了更高的要求

西南电网异步运行后,直流故障或运行改变将对系统稳定产生重大的影响,电站人员的应急处置能力需进一步提高:

(1)电站运行人员需时刻保持对系统频率、电压足够的敏感度,掌握系统高频、低频及超低频振荡故障现象及应急处置方法。

(2)电站检修人员需提高设备故障排查和消缺能力,尤其是 AGC 及安控装置。

(3)电站人员应跟踪电网架构动态变化情况,例如大型水电站及重要输电线路的投运、对系统运行方式和控制策略的最新研究和应用等。

5 应对策略

针对以上分析的问题,特提出如下应对策略。

5.1 完善计算机监控系统信号

由于绝大多数一次调频信号均为正常动作信号,频繁报出并无实际意义,建议在电站计算机监控系统中对一次调频相关信号进行判断后再报送至简报窗口:

(1)频率偏差超过调节死区而一次调频未动作,延迟一定时间后报出相关信号。

(2)增加一次调频动作长时间未复归报警,用以提醒监盘人员关注系统频率问题。

5.2 提高业务能力

(1)熟悉电网结构及运行方式,加强新型电力系统稳定机制分析与研究,掌握调度有关规程。

(2)掌握 AGC、一次调频、PSS 基本原理、相互协同机制及西南电网 AGC 控制策略。

(3)掌握安控装置重要参数,合理安排运行方式,确保切机容量满足要求。

(4)高质量做好设备监视工作:

①加强系统电压、频率、功率等的监视,确保调速器一次调频和励磁系统 PSS 功能正常投入,如有异常应及时向上级调度汇报。

②密切关注 AGC 运行情况,监视调度下发设定值与曲线值的偏差情况,机组实发值是否跟踪设定值,AGC 最大负荷限制值设定情况等,尤其是人为退出单机 AGC 后最大负荷限制值的变化情况,避免因跟踪不到位和被限制导致出现长时间的负荷偏差,引起 AGC 运行异常。

③掌握人工手动调频方法,在手动调频过程中密切关注旋转备用容量变化情况,旋转备用容量不满足时要求时应及时向上级调度汇报。

(5)做好 AGC、安控装置日常巡检、消缺及维护工作,确保设备可靠运行。

5.3 提升应急处置能力

(1)掌握异步运行相关应急预案和事故预想,开展有针对性的应急演练。

(2)掌握系统高频、低频、超低频振荡时的应急处置方法。

(3)掌握机组调速器故障时的应急处置方法。

参 考 文 献

[1] 杨可,谈超,王民昆,等. 高比例水电多直流弱送端电网自动发电控制的优化方法[J]. 电力系统自动化,2019,43(11):166-175.

[2] 陈刚,丁理杰,李旻,等. 异步联网后西南电网安全稳定特性分析[J]. 电力系统保护与控制,2018,46(7):76-82.

[3] 何笠,兰强,谈超,等. 异步互联方式下西南电网 AGC 方案优化及工程应用[J]. 电力系统自动化,2021,45(4):155-163.

[4] 董昱,张鑫,余锐,等. 水电汇集多直流弱送端电网稳定控制及系统保护方案[J]. 电力系统自动化,2018,42(22):19-25.

[5] 杨朝磊,李大领,罗泽文,等. 西南电网异步联网试验中向家坝电厂调速器运行情况简析[J]. 水电与抽水蓄能,2019,5(3):59-61,37.

某水电站液压启闭机补油箱油位下降原因及处理措施

吴兴成,田志刚,王兴,裴硕

(雅砻江流域水电开发有限公司,四川 成都　610051)

摘　要　液压启闭机补油箱作为快速闸门闭门时给油缸供油的重要油源。补油箱油位下降严重影响液压启闭机的安全运行,如未及时处理,将引起液压系统报警,影响机组正常运行,同时闸门快速下落时将导致油缸发生损坏。某水电站机组进水口快速闸门液压启闭机在全开试验过程中补油箱油位持续下降,在安装期间对补油箱油位下降缺陷进行处理,以保障液压启闭机的安全运行。本文就液压启闭机补油箱油位下降原因进行详细分析,阐述了缺陷的处理措施,为其他电站液压启闭机液压原理设计、针对补油箱油位下降问题处理提供了借鉴。

关键词　进水口;液压系统;补油箱;溢流阀;温差

1　引　言

1.1　进水口快速闸门液压启闭机系统设备布置

　　该水电站进水口布置有 4 套快速闸门液压启闭机,液压启闭机容量为 3 200 kN(启门力)/4 000 kN(持住力),油缸全行程为 11.8 m,操作方式为动水闭门静水开启。4 套液压启闭机采用一机组一站一控的布置型式,启闭机可现地手动/电动或者远方控制。闸门平时由液压启闭机持住停放在孔口上方 0.95 m 处,为防止液压泄漏引起的闸门下落,液压系统设有自动回复回路。当机组调速系统发生故障无法关机或当引水隧洞发生事故时,可通过远方或现地控制方式在 2 min 内动水快速关闭孔口。液压启闭机液压缸和补油箱露天布置,液压泵站和电气控制设备安装启闭机房里。

1.2　液压系统液压原理

　　进水口快速闸门液压启闭机液压系统图如图 1 所示。

　　(1)开启闸门:泵出口压力油进入液压缸有杆腔,同时压力油打开补油箱充液阀,液压缸先提升 300 mm 打开闸门充水阀,此时闸门开度控制器自动指令停机,待接到闸门两侧平压信号后再开启闸门,液压缸无杆腔油液流向补油箱,当补油箱充油至液位控制器接点,补油箱充液阀关闭,液压缸无杆腔油液经溢流阀溢流回主油箱。

　　(2)快速关闭闸门:快速关闭门时,油泵电机不启动。液压缸有杆腔油液经缸体出口节流孔板节流后,再经插装阀进入液压缸无杆腔形成差动回路,同时补油箱油液向液压缸无杆腔补油,闸门快速关闭。

　　(3)补油箱油位电气控制:补油箱设置 3 套液位控制器,用于监测油位和输出控制信号。

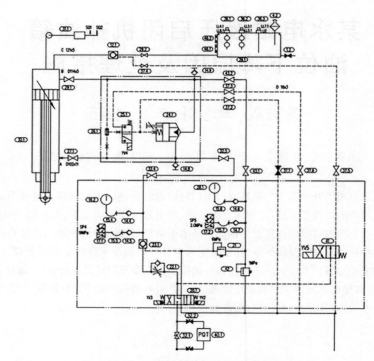

图 1　进水口快速闸门液压启闭机液压系统

2　补油箱油位下降缺陷现象及危害

2.1　现象

某水电站进水口快速闸门液压启闭机于 2021 年 2 月 20 日安装完成并具备现地手动和自动运行条件。2021 年 3 月检查发现:闸门在全开位静态工况时,电气柜显示屏上显示液压启闭机补油箱油位持续下降。

2.2　危害

机组运行期间,进水口快速闸门保持在全开状态,机组运行时无法执行启闭门流程。因补油箱油位补油方式为启门时,油缸无杆腔油液流向补油箱进行补油,因此全开状态下无法实现补油箱补油功能,补油箱油位持续下降将触发过低油位声光报警,同时快速闭门时补油箱将无油液向油缸无杆腔供油,导致该工况下油缸的损坏。

3　补油箱油位下降原因分析

经现场检查补油箱油位下降,而油缸行程无明显变化,液压系统管路无外泄漏,检查回油箱油位指示发现有持续上升的现象,经分析液压系统图,补油箱油液经充液阀—油缸无杆腔—无杆腔溢流阀(42)或活塞杆外伸溢流阀(21)至回油箱。为确定补油箱油液油流经过无杆腔溢流阀(42)还是活塞杆外伸控制溢流阀(21),现场进行了相关试验。

(1)将 4#快速闸门液压启闭机液压泵站上的活塞杆外伸控制溢流阀(21)拆除更换为闷板封堵油路后监测补油箱油位仍持续下降。

(2)将 4#快速闸门液压启闭机液压泵站上的无杆腔溢流阀(42)拆除更换为闷板封堵油路后监测补油箱油位无变化。

经以上相关试验确定补油箱油位下降油路为补油箱油液经充液阀—油缸无杆腔—无杆腔溢流阀(42)至回油箱。因此,无杆腔溢流阀(42)密闭不严或无杆腔压力变化并超过溢流阀整定压力(1 MPa)而导致补油箱油位下降。为进一步分析原因进行了以下试验。

(1)将 1#快速闸门液压启闭机液压泵站上的无杆腔溢流阀更换为另一品牌后,4 套液压启闭机在相同工况下对 1#~4#液压启闭机补油箱油位、回油箱油位进行了 24 h 监测,发现 1#~4#快速闸门液压启闭机的补油箱仍然存在油位下降(1#下降约 20 mm、2#下降约 38 mm、3#下降约 38 mm、4#下降约 40 mm),回油箱油位上升(1#上升约 10 mm、2#上升约 23 mm、3#上升约 23 mm、4#上升约 25 mm)的情况。对比发现,更换后补油箱油位下降速度变缓,说明原品牌溢流阀可能存在密闭不严的现象。

(2)将 4#进水口快速闸门无杆腔溢流阀(42)更换闷板封堵该油路后,分别对 4#进水口快速闸门液压启闭机室外温度、无杆腔压力、有杆腔压力、补油箱油位及回油箱油位进行了 24 h 监测,监测结果见表 1。通过表 1 数据发现无杆腔、有杆腔的压力随室外温度变化而有规律的变化,温度上升时有杆腔、无杆腔压力明显上升,经此试验分析正常工况下,温度上升造成了有杆腔、无杆腔的压力升高,无杆腔油液经溢流阀溢流至回油箱,同时温度下降后,无杆腔内形成负压,补油箱向无杆腔补油。因此,随着温度的昼夜变化,补油箱油位持续下降。

表 1 4#进水口快速闸门液压启闭机数据监测情况

时间	室外温度 (℃)	有杆腔压力 (MPa)	无杆腔压力 (MPa)	系统油位 (mm)	补油油位 (mm)
9:30	18.4	6.6	0.0	669	931
16:00	26.0	8.7	1.6	669	930
16:30	26.1	9.2	1.9	669	930
17:20	25.2	10.0	2.5	669	929
21:20	23.2	10.9	3.0	668	929
8:05	17.3	6.8	0.1	669	930

通过了解无杆腔溢流阀不同品牌产品结构及原理,当无杆腔压力接近于设定动作值压力时,原品牌溢流阀密闭性能较差,但泄漏后无杆腔压力远小于设定动作值压力时密封性能较好。该电站处于高海拔地区(海拔 2 100 m),太阳光照强,昼夜温差大,且油缸为露天布置,油液温度、压力受环境影响较大。因此,造成补油箱油位下降的主要原因是昼夜温差大。

4 处理措施

为确保进水口快速闸门液压启闭机的安全稳定运行,补油箱应增加单独的自动补油回路,当补油箱油位下降时,液压系统能在不启动闸门的情况下实现补油功能。为确保补油功能的可靠实现并减少改造工程量,经现场研究确定了整改后的进水口快速闸门液压启闭机液压原理,见图2。

具体施工处理措施如下:①对液压系统控制阀组及管路进行改造,将原补油箱充液阀控制电磁换向阀拆除并替换成闷板封堵该处油口,将充液阀和控制阀组上的端直通的管路接头拆除并使用内六角堵头进行封堵,如图2所示。同时,在控制阀组前增加一套补油电磁换向阀(通径为DN15),同时补油管路设计通径为DN15,管路流向如图3所示。②对液压控制系统逻辑进行整改,闸门全开状态允许液压系统补油箱自动补油。闸门全开时,补油箱的油位下降到低油位时,系统单独启动1台油泵机组,油泵出口压力稳定后,油泵出口溢流阀加载,补油电磁换向阀得电,油泵出口油液流至补油箱,补油箱油位满足设定值后电磁换向阀失电,油泵出口溢流阀溢流,油泵机组停机。同时,在液压控制系统电控柜触摸屏上增加了手动补油按钮以实现手动补油功能。

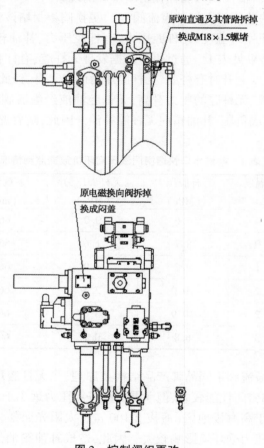

图2 控制阀组更改

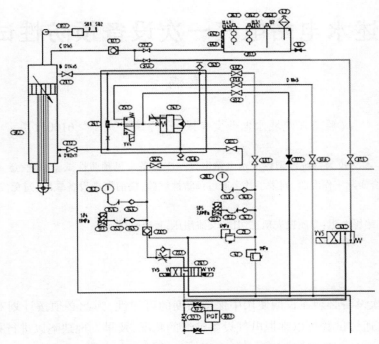

图3　进水口快速闸门液压启闭机整改后液压原理

5　结　语

　　昼夜温差大、太阳光照强、露天布置的液压启闭机油缸,在环境影响下会对油缸内部有杆腔、无杆腔压力产生影响,经过改变液压系统原设计原理,增加自动补油装置,有效解决了补油箱油位下降的问题,使得液压启闭机系统安全平稳地运行。本文主要从补油箱向回油箱溢流的现象、危害、原因分析及处理措施等几个方面进行了阐述,在总结工作经验的同时,也期望能为其他同类型水电站液压系统原理设计、液压系统补油箱油位下降的原因和处理措施,以及油缸其他异常问题提供参考、借鉴。

参 考 文 献

[1] 王功明. 水口电站机组进水口液压系统改造[J]. 水电站机电技术,2020,43(2):64-65.

[2] 袁云桥. 丹江口水电站进水口快速门液压启闭机改造[J]. 人民长江,2015,46(6):71-74.

[3] 李士哲. 锦屏一级水电站进水口闸门控制系统优化探讨[J]. 四川水力发电,2019,38(1):134-136.

浅述水电站电气一次设备预防性试验

袁满

(雅砻江流域水电开发有限公司,四川 成都 610051)

摘　要　本文较为系统地阐述了水电站电气一次设备常见预防性试验原理、意义、结果分析,并结合实际工作经验,列举了几个通过预防性试验,提前发现设备缺陷,避免发生事故的例子。

关键词　绝缘电阻;介质损失角正切值;交流耐压;直流耐压

1 引　言

电气一次设备必须在长期使用中保持高度的可靠性,为此必须按计划对其进行相关预防性试验,通过试验可以掌握电气设备绝缘的状况,及早发现缺陷以进行相应的检修与维护,保障设备的正常运行,在水电站运行维护中具有十分重要的意义[1]。

1.1 绝缘的缺陷分类与绝缘试验分类及其特性

电气设备的绝缘缺陷有一些是制造时留下的,另一些则是运行中在外界作用的影响下发展起来的,包括工作电压、过电压、潮湿、机械应力、热、化学作用等,当然这些外界作用的影响程度还和产品质量有关。绝缘的缺陷通常可以分为两大类:第一类是集中性的缺陷,例如绝缘子的瓷质开裂、发电机线棒绝缘局部破损、电缆由于局部气隙在工作电压下发生局部放电而损坏,以及其他机械损伤等。第二类是分布性的缺陷,指电气设备整体绝缘性能下降,例如电机、变压器、套管等绝缘中的有机材料受潮、劣化、变质。电气设备内部有了上述两类缺陷后,它的特性就会发生变化,因此通过试验就可以把这些内部的缺陷检查出来。

水电站电气一次设备预防性试验可以分为绝缘特性试验和绝缘耐压试验两大类。其中,绝缘特性试验也称非破坏性试验,是指在较低的电压下或是用其他不会损伤绝缘的办法来测量绝缘的各种特性,包括绝缘电阻试验、介质损失角正切值($\tan\delta$)试验、局部放电试验,此类试验简单快捷且有效,但不能一直只靠它来判断绝缘耐压水平。而绝缘耐压试验也称为破坏性试验,包括交流耐压试验、直流耐压试验,这类试验对于绝缘的考验是严格的,能揭露危险性较大的集中性缺陷,能保证绝缘有一定的水平或裕度,缺点是在耐压试验时会对设备造成一定的损伤[2]。因此,耐压试验是在非破坏性试验之后才进行的,若非破坏性试验已表明绝缘存在不正常情况,则必须查明原因予以消除后再进行耐压试验,以避免不应有的击穿。

2　典型试验介绍

2.1　绝缘电阻测量与吸收比、极化指数的含义原理

许多电气设备的绝缘都是多层的。例如,电机绝缘中的云母带,就是用胶把纸、绸或玻璃布和云母片粘合制成的;充油电缆和变压器等绝缘中用的是油和纸。多层介质的特性可以粗略地用双层介质模型来分析,如图1所示。

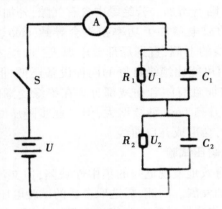

图1　双层介质模型

开始进行绝缘电阻测量时,可以看作开关 S 开始合闸,C_1 和 C_2 会在短时间内充上电压,此过程主要受电容影响,然后两层介质之间有一个电压重新分配的过程(最终电压分配受电阻控制),一个电容上的电荷要放掉,另一个电容要通过电阻继续充电。由欧姆定律 $R = U/I$ 可知,绝缘电阻的测量实际是测量对地泄漏电流。由以上分析可知,测量绝缘开始加压时电流很大,在电荷重新分配的过程中逐渐减小,当试品容量较大时,这种逐渐减小过程很慢,达数分钟甚至更长,因此引出吸收比与极化指数的概念,以评估电气设备的绝缘性能。

吸收比 K 是同一试品在绝缘电阻测试过程中,60 s 与 15 s 的绝缘电阻测试值之比,$K = R60/R15$,主要针对被试品电容较大和不均匀的试品绝缘,如果绝缘状况良好,则吸收现象会很明显,K 值将远大于 1。如果绝缘受潮严重或是内部有集中性的导电通道,K 值将接近于 1。对于大型设备,如大型发电机定子线棒,由于电容量大,吸收时间常数大,有时会出现电阻很大但吸收比比较小的矛盾,因此还采用 10 min 和 1 min 时的绝缘电阻之比,即极化指数 $P.I. = R_{10}'/R_1'$ 来判断,如超高压大容量变压器绝缘要求常温下吸收比不小于 1.3,或极化指数不小于 1.5。

例如,在四川地区某装机容量为 480 MW 大型水电站历年检修中,几次发现顶盖排水泵电机绝缘电阻从上年检修的大于 4 GΩ 下降为约 100 MΩ,吸收比接近于 1,结合顶盖排水泵运行环境,判断为受潮导致电机绝缘下降,利用检修及时对电机进行了更换处理,避免了运行中绝缘击穿故障。

2.2　介质损失角正切值 tanδ 测量的意义与结果分析

绝缘电阻通过测量泄漏电流及电流的变化过程来反映设备的绝缘状况,特别能揭示

设备中存在的集中性缺陷,尤其是电机、电缆这类电气设备。但对于套管这类运行故障多数为分布性缺陷发展所致的设备,常测量其介质损失角正切值 tanδ 来反映绝缘的全面情况,例如绝缘受潮、油的脏污或劣化变质、绝缘中有气隙发生放电等,而且有时可以检查出其中的集中性缺陷。在通过测 tanδ 值判断设备绝缘状况时,需要着重于该设备历年的 tanδ 相比较及和处于同样运行条件下的同类型设备相比较。

一般来讲,在设备绝缘良好的情况下,试验电压上升至额定工作电压前,tanδ 一直是恒定的,仅当电压很高时才略有增加。若绝缘中含有气隙,外加电压达到气隙局部放电的起始电压后,因为气隙中的放电增加了功率损失会导致 tanδ 急剧增加,而电压下降时 tanδ 曲线在电压上升时曲线的上侧,直到局部放电熄灭,曲线才又重合。在绝缘已老化的设备中,低电压下 tanδ 值可能比绝缘良好的同种设备还低,但当电压升高超过局部放电起始电压后,tanδ 急剧增加且有闭合曲线部分。在绝缘受潮的设备中,在较低电压下 tanδ 值就会偏大,随着电压升高 tanδ 继续增大,但当逐步降压时,因绝缘已发热、温度升高,tanδ 不能与原数值重合,会形成开口曲线。

2.3 交流耐压试验与直流耐压试验

工频交流耐压试验能有效地发现危险的集中性缺陷,但交流耐压试验也可能使固体有机绝缘中的一些弱点更加发展。因此,需选取合适的试验电压值,考虑到运行中绝缘的变化,预防性试验的工频交流耐压试验电压值均取得比出厂试验电压值低些。交流耐压试验中,加至试验标准的电压后,要求持续 1 min 的耐压时间。规定 1 min 是为了便于观察被试品的情况,同时也是为了使已经开始击穿的缺陷来得及暴露出来。耐压时间不应过长,以免引起不应有的绝缘损伤,甚至使本来合格的绝缘可能发生热击穿。

相对于交流耐压,直流耐压设备较为轻便,因为直流耐压设备只需提供绝缘泄漏电流,最高只达毫安级,所需容量小,而交流耐压试验还需提供电容电流,需要的容量相对较大。同时,通过测量绝缘泄漏电流,能更有效地反映绝缘内部的集中性缺陷,尤其是对发电机定子线棒的端部。这是由于直流下没有电容电流从线棒流出,因而没有电容电流在半导体防晕层上造成的压降,因此端部绝缘上电压较高,有利于发现绝缘缺陷。相对交流耐压,直流耐压对绝缘的损伤也较小,当直流电压较高以至于在气隙中发生局部放电后,放电所产生的电荷使在气隙里的场强减弱,从而抑制了气隙内的局部放电过程。如果是交流耐压试验,由于电压不断改变方向,因而每个半波都可能发生放电,甚至发生多次放电,这种放电往往促使有机绝缘材料分解、劣化、变质,降低绝缘性能甚至使局部缺陷逐渐扩大。因此,直流耐压试验在一定程度上还带有非破坏性试验的性质。但直流耐压也有缺点:由于交、直流下绝缘内部的电压分布不同,直流耐压试验对绝缘的考验不如交流下接近运行实际。因此,直流耐压试验电压值的选择就显得尤为重要,参考绝缘的工频交流耐压试验电压和交、直流下击穿强度之比,对发电机定子线棒,通常取 2~2.5 倍额定电压,对于电力电缆,3 kV、6 kV、10 kV 的电缆取 5~6 倍的额定电压;20 kV、35 kV 的电缆取 4~5 倍的额定电压;35 kV 以上的电缆取 3 倍的额定电压。直流耐压试验的时间可以比交流耐压试验长一些,所以发电机定子线棒直流耐压时是以每级 0.5 倍额定电压分阶段地升高,每阶段停留 1 min,以观察并读取泄漏电流值。电缆试验时,常在试验电压下持续 5 min,以观察并读取泄漏电流值。需要注意的是,对于已运行的交链聚乙烯(XLPE)绝缘电缆,不主张采用直流耐压试验的方法,因为如进行直流耐压,沿着 XLPE 电缆中的树枝放电的管壁将有离子注入,由于 XLPE 电阻率很高,试验后的短路放电又难以将它全部散逸,以至于再投入运行时,此空间电荷引起的电场使电场严重畸变,可能引起不必要的事故。

3 结 论

(1)绝缘试验可以提前发现绝缘缺陷,具有十分重要的意义。它分为绝缘特性试验与绝缘耐压试验,又分别称为非破坏性试验与破坏性试验。

(2)绝缘缺陷分为集中性缺陷与分布性缺陷,绝缘电阻测试以及吸收比与极化指数的计算可以很好地检测集中性缺陷,介质损失角正切 $\tan\delta$ 测量可以很好地检测分布性缺陷。

(3)耐压试验对绝缘的考验非常严格,特别能揭露危险性较大的集中性缺陷,能保证绝缘有一定的水平或裕度。但由于会对绝缘造成一定的损伤,因此需要根据情况选择耐压方式及选取合适的试验电压。

参 考 文 献

[1] 穆海涛. 浅析水电站电气设备预防性试验[J]. 河北水利, 2011(12):28.
[2] 严璋. 高压电气设备绝缘预防性试验方法的研究[J]. 高电压技术,1985(4):88-93.

杨房沟水电站设备运行风险及管控策略研究

陈翔，于文杰

（雅砻江流域水电开发有限公司，四川 成都　610051）

摘　要　通过研究高海拔环境对水电站机电设备运行的影响，总结了杨房沟电站作为高远水电站设备运行的风险，并提出了针对性的管控策略，可为国内其他同属高海拔、地理位置偏远的高远水电站提升设备管理水平提供参考借鉴。

关键词　高远；高海拔；水电站；管控策略

1　引　言

我国水电开发已进入新的阶段，地理位置优越的水电站已基本开发完毕，余下的大型水电站大部分位于高海拔、地理位置偏远的区域，如华电金沙江上游水电开发有限公司的叶巴滩水电站（装机容量 2 240 MW，正常蓄水位 2 889.00 m）、拉哇水电站（装机容量 2 000 MW，正常蓄水位 2 702.00 m）等也为高远地区水电站。做好杨房沟水电站设备运行风险管控策略研究，并进行实践，将为雅砻江中上游其他同类型水电站生产管理积累经验，也为国内其他流域同属高海拔、地理位置偏远的水电站提升生产管理水平提供参考借鉴，具有广阔研究前景和重要意义。

2　电站概述及高海拔环境特征

2.1　杨房沟水电站概述

杨房沟水电站位于木里藏族自治县境内的雅砻江中游河段上，电站装机容量 4×375 MW 混流式机组，总装机容量为 1 500 MW，是雅砻江中游河段 1 库 7 级的第 6 级，挡水建筑物采用混凝土双曲拱坝，最大坝高 155 m；坝顶高程 2 102 m，正常蓄水位 2 094 m，坝址距上游孟底沟电站 37 km，距下游卡拉电站 33 km，距下游的雅砻江镇约 6 km 处，距西昌的公路里程约 235 km。具有高海拔、地理位置偏远、社会欠发达等特点，为典型的"高远"地区。

2.2　高海拔环境特征

（1）低氧和低气压：通常情况下，海拔每升高 100 m，气压会下降 1 000 Pa，海拔越高，空气也会相对稀薄，同时空气中的氧含量会降低 1.17%。

（2）天气寒冷：当海拔越高，气温会下降，海拔每升高 100 m，气温下降 0.5~0.6 ℃。

（3）多风、干燥：由于高海拔地区气候干燥，并且多风、日照时间长、降水蒸发集中且

作者简介：陈翔（1974—），男，本科，正高级工程师，研究方向为水电站安全生产管理。E-mail：chen xiang@ ylhdc. com. cn。

快,导致高原气候多风、干燥、风沙大。

（4）光度强:高海拔地区由于海拔较高,并且空气稀薄、洁净度较高,雪反射光和太阳直射光都比较强。随着太阳辐射强度升高,紫外线强度也相对升高,海拔每升高 100 m,紫外线强度升高 1.4%。

（5）昼夜温差较大:高海拔地区海拔高,实际空气密度较小,太阳日照辐射的穿透力越强,白天地面吸收热量多,导致白天气温升温快;温度越高,晚上地面失去热量速度越快、越多,夜晚降温越快,温度越低,导致昼夜温差大。

3　设备运行风险分析

3.1　高海拔对外绝缘强度和电气间隙的影响

空气压力或空气密度降低,会引起电气间隙和外绝缘强度降低。

3.2　高海拔对电晕及放电电压的影响

空气压力降低使高压电气设备局部放电电压降低,电晕起始电压降低,电晕腐蚀严重。

3.3　高海拔对开关电器灭弧性能的影响

空气压力或空气密度的降低,使以空气介质灭弧的开关电器灭弧性能降低、通断能力下降和电寿命缩短。

3.4　高海拔对介质冷却效应(设备温升)的影响

随着海拔的升高,气压降低,空气密度减小,系统的散热性将会变差;对于以自然对流、强迫通风或空气散热器为主要散热方式的电气产品,由于散热能力降低,温升增加。

3.5　高海拔对机械结构和密封性能的影响

空气压力与空气密度的降低会引起低密度、低浓度、多空性材料(如电工绝缘材料、隔热材料、密封件等)的物理和化学性能的变化,会使这些材料性能有所降低,强烈的紫外线照射也会加速其老化变脆。

3.6　空气温度降低及温度变化(包括日温差)的影响

空气温度最高值与平均值随海拔的升高而降低。高原气温变化大,使产品密封结构容易破裂,外壳容易变形、破裂。温度降低将使线圈电阻值减小,动作安匝数增加,机械冲击增加,机械寿命与电寿命降低。气温的变化对润滑油影响很大,气温下降时润滑油由稀变稠,黏度增大,黏稠的润滑油流动性降低。另外,当温度降低至 0 ℃ 以下时,处于静止状态的水管道中的水可能会凝固结冰,可能影响其正常使用,严重时可能损坏设备。

3.7　空气绝对湿度减小的影响

绝对湿度降低时,电工产品的外绝缘强度也降低;换向器电机的整流火花增大,同时使碳刷磨损增加;湿度对静电的影响很大,湿度越大,电荷在潮湿的空气中得不到累积,自然就不会产生高压放电,所以湿度越大,静电越少;湿度越小,静电越大。

3.8　太阳辐射照度(包括紫外线)的影响

热辐射对物体起加热作用,引起户外电器产品表面温升增加,降低有机绝缘材料的性能,使材料变形、产生机械热应力;紫外线辐射照度随海拔增高而大大增加,海拔 3 000 m 为低海拔时的 2 倍。紫外线会加速有机绝缘材料老化,使空气容易电离,导致外绝缘强度降低、电晕起始电压降低。

3.9　高海拔对电机性能的影响

高海拔环境对电机的影响主要是额定功率的输出和绝缘材料的失效。随着海拔的升高,空气密度降低,电机转子和定子之间的导磁能力变差,从而使电机的转动力矩减小,造成电机的额定输出功率降低。另外,空气稀薄还影响电机的散热,使电机内绕组温度升高,电机效率降低;低温、干燥、温差大对电机的绝缘材料有较大影响,干燥的绝缘材料会在温度突然变化时出现裂纹而影响电机的绝缘效果。

4　风险管控策略

4.1　水轮发电机组运行风险管控

(1)加强监测定子铁芯温度、空冷器进口和出口温度并对其进行分析,发现因发电机通风冷却效果差导致定子铁芯温度异常时,对发电机通风冷却进行优化调整。

(2)加强监测油槽温度,特别是冬季且机组停运时各油槽的油温,若油温低于 10 ℃,应至少在机组带负荷运行前 1 h 将机组空转,让油温高于 10 ℃后再带负荷运行。

(3)加强监测空压机的工作效率,若空压机出现效率低且影响正常供气时,应及时分析原因并采取处理措施,保证空压机供气能够满足机组正常稳定运行。

4.2　高/低压电气设备运行风险管控

(1)加强高压并联电抗器运行期间绕组温度、上层油温、结构件温度监测,严格落实绝缘油定期色谱分析,复核电抗器运行情况与温度场验证计算偏差,防止高压并联电抗器运行结构件发热影响安全运行。

(2)重点监测电气一次大电流焊接、搭接部位温度,采取包括但不限于结构件红外测温、内部张贴测温蜡片、RTD 温度监测等方式,重点关注发电机出口与 IPB 连接、GCB 与 IPB 连接、IPB 焊接面、IPB 与主变压器低压套管连接、干式变压器高低压侧电气连接面、干式变压器分接开关连接面、400 V 配电系统大功率电气一次部分等,若发现温度异常情况,提前采取措施。

(3)充分利用杨房沟温湿度监测系统,关注杨房沟水电站开关站 GIS 大厅日夜温度变化,尤其是冬季,同时通过标记 GIS 膨胀节位置、监测管路焊缝和基础支架情况等手段,评估温差的影响,若变形超过膨胀节压缩量,采取增加空调等降低日夜温差的措施。

(4)做好电气设备清扫工作,根据电站投运时不同阶段环境的特点,合理制定、调整设备清扫周期,并通过分级验收制度加强清扫质量检查,确保电气设备保持良好状况运行,防止因油污、灰尘等其他异物成间隙和沿面放电情况或电晕加重的情况,充分挖掘设备绝缘裕度。

(5)重视高海拔、强日照对设备运行的影响,户外电缆等设备增加防护罩等隔离措施,避免因长期强日照使绝缘受损发生绝缘击穿或接地事件。

4.3　励磁系统运行风险管控

(1)励磁系统的绝缘耐压水平、温升极限水平、晶闸管元件选择、快速熔断器参数的选择、通风量计算、磁场断路器选择、灭磁电阻的选择、过电压保护装置计算等方面,厂家均采用了较大的裕度系数,理论上能够满足杨房沟电站高远环境的运行工况需求,设备投运后加强设备监视及巡检,加强对这部分元器件的运行分析,与理论计算值进行对比,发现问题及时进行处置。

(2)励磁系统过压系数等选择厂家的经验值进行了修正,缺少实际的运行数据支撑。特别对灭磁开关的弧压及脱扣电流值在高海拔下的变化情况,未进行充分试验验证。需要在设备投运时,进行大电流等试验项目,进一步验证开关动作的性能。

(3)设备投运后与流域电站等不同海拔环境下的系统运行数据进行对比分析,对过压保护回路的温升情况及元器件的性能变化情况进行对比分析。

4.4　直流系统运行风险管控

(1)充电模块容量理论上满足杨房沟高远环境需求,设备投运后加强设备监视及巡检和模块的运行分析,与理论计算值进行对比,发现问题及时进行处置。

(2)阀控式铅酸蓄电池阀控压力值理论上满足标准规范要求及杨房沟电站的实际需求,设备投运后加强设备监视及巡检模块的运行分析,发现问题及时进行处置。

(3)蓄电池室及直流系统室的温度环境可调节在较理想的范围,为电子元器件的可靠运行提供保障,需进一步科学控制蓄电池室的温度范围。做好蓄电池核容工作,将容量变化数据进行对比分析,把控蓄电池的性能变化趋势。

(4)空气压力和空气密度的降低,会对空气介质灭弧的开关电器灭弧性能造成影响。具备条件时,可以对断路器进行大电流的分断试验,确认实际的动作性能。另外,投运后重点关注各空开及断路器的运行性能变化情况。

4.5　消防系统运行风险管控

(1)消防系统细水雾灭火系统理论上能够满足杨房沟高远环境的灭火需求,设备投运后加强设备监视及巡检和模块的运行分析,发现问题及时进行处置。

(2)设备调试期间,需要根据现场实际情况,调整细水雾灭火系统的压力值,保证较好的灭火效果。

(3)冬季时,关注室外消防水是否存在结冰现象,若存在结冰现象应对消防管路采取保温措施,保证消防水能够随时有效投入使用。

(4)加强对消防系统的检修维护,确保消防设施处于良好的状态,出现火灾等事故时可有效投入使用。

4.6　泄洪预警系统运行风险管控

(1)泄洪预警系统由于在户外,温差较大直接影响蓄电池的性能,通过与设计、厂家技术人员的交流分析,已将蓄电池布置在地下,以减少温度对蓄电池的影响,并对电池提高了容量,进行了主备切换模式的设计,理论上能够满足工作需要。设备投运后,加强设备监视及巡检和模块的运行分析,发现问题及时进行处置。

(2)泄洪预警系统户外的控制箱中二次元器件的性能和寿命容易老化,通过提升模块项的构造、增加防护等相应措施,进一步提升元器件的使用寿命,理论上能够满足工作需要;设备投运后,加强设备监视及巡检和运行分析,对元器件的故障情况与下游电站进行对比分析。

(3)泄洪预警系统户外元器件的材质选择方面,考虑高远环境的特点,采用相关新技术和新材料,提升元器件的性能,理论上能够满足工作需要,设备投运后加强设备监视及巡检和运行分析。

4.7　其他运行风险管控

（1）考虑到高海拔对电气设备的影响,在设备的设计选型时,加强对高海拔因素影响的把控,重点把控设备外绝缘的耐受电压修正、熔断器的电压裕度、同步变的容量提升、开关电器灭弧性能改进、机械机构和密封性能加强等。通过对电气设备选型复核,确保设备选型满足高海拔环境对设备运行的要求。

（2）考虑设备运行中的人为风险,深入开展队伍建设,全方位开展培训,以授课、自学等方式,着力于员工专业技能、应用能力和综合素质的提高,在负责机电安装管理和生产准备工作中不断提升技能水平,养成良好习惯,传承流域精神,构建团队文化,为接机发电和运行维护工作做好人员准备。

（3）面对自然环境和社会环境影响等,要采取科学、有效的方法,深入开展风险分析与隐患排查治理,因地制宜地制定防控措施,并落实到实处,不断减少自然风险。需要处理好企业与当地的关系,在助推公司大力发展的同时,精准施策,帮助地方脱贫攻坚,与地方共建共享,建立和谐企地关系,实现企地共同的发展。

5　结　论

由于高海拔环境对电站的影响,设备安全稳定运行的不确定因素增多,本文针对设备运行的风险,提出了针对性的管控策略。通过研究表明,杨房沟水电站主要设备在设计选型之初已经考虑了高海拔环境对设备影响因素,满足高海拔环境对设备运行要求,但部分设备需要在后期的运行管理中予以重点关注,并采取相应的措施控制安全风险,进一步保障设备安全可靠运行。

参 考 文 献

[1] 唐延福.高海拔地区对电气设备的影响[J].电气工程应用,2002(1):36-37.

[2] 闫宾.高原环境条件对电梯主要电气性能的影响及对策研究[D].天津:天津大学,2017.

[3] 诸学鲁,李务平.由环境试验结果分析高原气候条件对低压电器可靠性的影响[J].环境技术,1992(4):38-41.

[4] 王迪敏.浅谈高低压成套开关设备在高海拔环境的应用[J].现代制造,2014(15):38-39.

[5] 侯婉秋,李海燕.高原环境对低压电器产品的影响及其对策[J].青海科技,2009,16(3):76-78.

流域生态环境保护与征地移民

雅砻江中游张氏鲹的年龄与生长研究

刘小帅[1]，宋以兴[1]，曾焱[2]，李天才[1]，马小龙[2]，曾如奎[1]

(1.雅砻江流域水电开发有限公司，四川 成都　610015；
2.四川二滩实业发展有限责任公司，四川 成都　610015)

摘　要　为了解雅砻江水文变化对分布其中鱼类的影响，并对鱼类资源保护利用提供理论依据，2019年10~11月，在雅砻江中游卡拉至麦地龙江段共采集张氏鲹(Hemiculler tchangi)278尾，对其年龄与生长特征进行了研究。结果表明，所采集样本年龄为2~5龄，3~4龄为主，占95.89%。全长(TL)、体重(BW)与年龄(t)关系为：$TL=1.397\,2t+7.193$($R^2=0.562\,5$，$n=278$)，$BW=0.867\,9t^2-1.364\,2t+6.417\,7$($R^2=0.568\,2$，$n=278$)。拟合得体重与全长的关系式为：$BW=0.009\,3TL^{2.874\,1}$($R^2=0.773\,2$，$n=278$)，其生长属匀速生长类型。生长规律用Logistic Equation方程表示，$TL_t=24.57/[1+e^{-0.229\,5(t-3.647)}]$，$BW_t=1\,286/[1+e^{-0.369(t-16.07)}]$。生长拐点年龄为3.65龄，拐点处的全长和体重分别为122.5 mm和12.88 g。

关键词　张氏鲹；耳石；年龄；生长

1 引　言

　　张氏鲹(Hemiculler tchangi)隶属于硬骨鱼纲(Osteichthyes)、鲤形目(Cypriniformes)、鲤科(Cyprinidae)、鲌亚科(Cultrinae)、鲹属(Hemiculler)，原名黑尾鲹，在四川广泛分布于长江、金沙江、嘉陵江、涪江、沱江、岷江等水系，地方名黑尾(丁瑞华，1994)。张氏鲹作为一种广布的小型鱼类，在产区的江河、湖泊和水库的种群数量较大，生长较快，食性较杂，生殖季节为5~7月，卵具黏性，常黏附在水草或者其他杂物上发育孵化(丁瑞华，1994)。目前，对张氏鲹的研究较少，只有年龄与生长(孙宝柱等，2010)、生物学(邓其祥，1993)和鱼类资源现状(杨青瑞，2011；董纯，2019)等基础研究。

　　水电站的修建运行，在带来巨大利益的同时，不可避免地改变了河流的水文状况和时空分布特征(杨德国，2007)。张氏鲹是长江上游特有鱼类，其作为分布于雅砻江中下游的常见鱼类，是典型的喜静水栖息的小型鱼类，因此在库区大量分布，是江段中大型肉食性鱼类的主要饵料，是水生生态系统中重要的一环，对水体的生态平衡具有一定作用(邓凤云，2013；王腾，2012)。本文以耳石作为雅砻江中游张氏鲹年龄鉴定材料，通过分析其年龄组成及生长特性。根据年龄与全长的关系，得到退算全长，通过研究其生长特征，为分析水文生境改变对鱼类生长研究提供理论基础，并为雅砻江鱼类资源保护及开发利用

基金项目：雅砻江科研创新项目(编号 KY-201921)。

作者简介：刘小帅(1990—)，男，农学硕士，工程师，研究方向为鱼类种质资源保护与利用研究。E-mail：414087828@qq.com。

提供理论依据。

2　材料和方法

2.1　样本采集

2019 年 10~12 月,渔民利用手撒网在雅砻江锦屏一级电站库尾至杨房沟电站坝下麦地龙江段(见图 1)共采集张氏鲹 278 尾。新鲜状态下测量全长和体长(精确到 1 mm),电子天平称重(精确到 0.1 g),常规解剖,剪取头部编号保存于 95%酒精中。摘取耳石,用中性树脂固定于载玻片,打磨、计数。

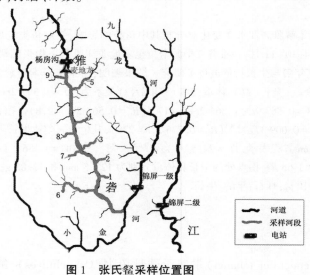

图 1　张氏鲹采样位置图

2.2　耳石年龄鉴定

用 1 000#砂纸打磨耳石玻片表面的树脂,耳石露出后用 3 000~10 000#砂纸剖光,其间边打磨边在光学显微镜下观察轮纹清晰度(用二甲苯进行透明),用 Nikon80i 显微镜拍照、统计轮纹数。本试验选用微耳石做年龄鉴定和生长退算的年龄鉴定材料。在未知样本体重、全长的情况下,以反射光下暗带向明带转变处为标准对耳石进行年轮观察判断 3 次并取平均值。

2.3　年龄组的划分

年龄组划分为:0 龄组,耳石尚无年轮形成;Ⅰ龄组,刚形成第 1 个年轮和轮纹外已有第 2 年生长环,但尚未形成第 2 个年轮的个体,即Ⅰ和Ⅰ+;Ⅱ龄组,刚形成第 2 个年轮和轮纹外已有第 3 年生长环,但尚未形成第 3 个年轮的个体,即Ⅱ和Ⅱ+,以此类推进行划分。

2.4　数据分析

对耳石年龄(t)与全长(Total length,简称 TL)、体重(Body weight,简称 BW)进行回归拟合,选取相关系数最大的方程式。

全长与体重的关系用幂函数 $BW = aTL^b$ 来描述。

采用 Von Bertalanffy(VB)和 Logistic Equation(LE)生长方程来描述张氏鲹全长和体

重的生长特征：

VB 公式为：$TL_t = TL_\infty[1-e^{-k(t-t_0)}]$，$BW_t = BW_\infty[1-e^{-k(t-t_0)}]^b$

其生长速度公式：$dTL/dt = -TL_\infty ke^{-k(t-t_0)})$，$dBW/dt = bBW_\infty ke^{-k(t-t_0)}[1-e^{-k(t-t_0)}]^{b-1}$；生长加速度公式：$d^2TL/dt^2 = -TL_\infty k^2 e^{-k(t-t_0)}$；$d^2BW/dt^2 = bBW_\infty k^2 e^{-k(t-t_0)}[1-e^{-k(t-t_0)}]^{b-2}[be^{-k(t-t_0)}-1]$

LE 公式为：$TL_t = TL_\infty/[1+e^{-k(t-t_0)}]$，$BW_t = BW_\infty/[1+e^{-k(t-t_0)}]$

生长速度公式：$dTL/dt = TL_\infty ke^{-k(t-t_0)}/[1+e^{-k(t-t_0)}]^2$，$dBW/dt = BW_\infty ke^{-k(t-t_0)}/[1+e^{-k(t-t_0)}]^2$

生长加速度公式：$d^2TL/dt^2 = TL_\infty[2k^2 e^{-2k(t-t_0)}/(1+e^{-k(t-t_0)})^3 - k^2 e^{-k(t-t_0)}/(1+e^{-k(t-t_0)})^2]$，$d^2BW/dt^2 = BW_\infty[2k^2 e^{-2k(t-t_0)}/(1+e^{-k(t-t_0)})^3 - k^2 e^{-k(t-t_0)}/(1+e^{-k(t-t_0)})^2]$

式中，TL_t 为 t 时的全长；BW_t 为 t 时的体重；TL_∞ 为渐进全长；BW_∞ 为渐进体重；t_0 为假设理论生长起点年龄；k 为生长系数。

数据的分析与处理采用 Excel 2007、Origin 9.1、Matlab R2019 和 SPSS 17.0 软件。

3 结果

3.1 年龄鉴定

张氏鳌微耳石为不规则肾形，在透射光下，可见颜色较浅的宽带和暗黑色的窄带交替相间排列，与耳石中心核与椎体成同心圆，一个宽带和一个窄带构成一个年轮。本试验共获得耳石磨片 274 份，年轮清晰可辨的有 258 份，辨别率为 94.16%。张氏鳌年龄、全长与体重组成见表 1。

表 1 张氏鳌年龄、全长与体重组成

年龄	比例(%)	平均体长(cm)	标准差(cm)	平均体重(g)	标准差(g)
2	2.61	9.785 7	0.106 9	7.071 4	1.304 8
3	80.97	11.395 5	0.595 1	10.144 4	1.708 3
4	14.93	12.767 5	0.430 5	14.800 0	2.730 7
5	1.49	14.075 0	0.170 8	21.450 0	2.955 8

3.2 全长、体重和年龄组成

对 278 尾张氏鳌进行统计(见图 2~图 4)，群体全长为 96~143 mm，主要分布在 105~124 mm，占 78.26%，125 mm 以上的占 13.05%，104 mm 以下的占 8.69%；体重为 5.9~23.6 g，主要分布在 7.0~14.7 g，占 89.78%，15.0 g 以上的占 8.03%，6.9 g 以下的占 2.19%；年龄为 2~5 龄，主要分布在 3~4 龄，占 95.89%，2 龄及以下占 2.61%，5 龄及以上仅占 1.5%(见表 1)。

3.3 全长与体长关系

拟合得张氏鳌体重与全长的关系式为：$BW = 0.009\ 3TL^{2.874\ 1}$（$R^2 = 0.773\ 2$，$n = 278$）(见图 5)。张氏鳌的 b 值为 2.874 1，经检验与 3 无显著差异，属匀速生长。

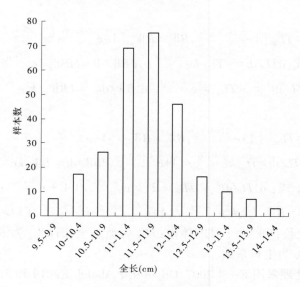

图 2　张氏鳌全长分布

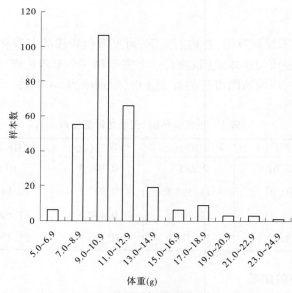

图 3　张氏鳌体重分布

3.4　年龄与全长的关系及生长退算

将张氏鳌样本的全长、体重和年龄进行回归,相关系数最大的拟合方程为(图 6、图 7):

全长与年龄关系为:$TL=1.397\ 2t+7.193$　($R^2=0.562\ 5, n=278$)

体重与年龄关系为:$BW=0.867\ 9t^2-1.364\ 2t+6.417\ 7$　($R^2=0.568\ 2, n=278$)

根据拟合方程,分别算出张氏鳌各龄的理论全长和体重(见表 2、表 3),退算值与实测值经检验均无明显差异。

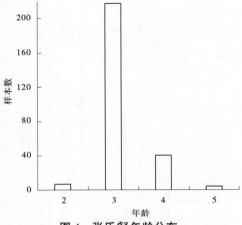

图 4　张氏鳌年龄分布

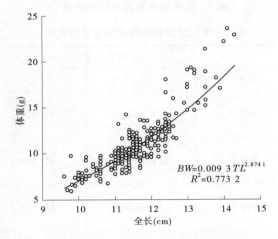

图 5　张氏鳌全长与体重的关系

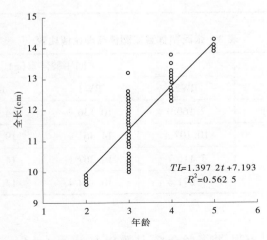

图 6　张氏鳌全长与年龄的关系

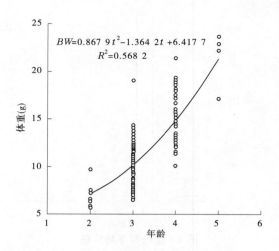

$$BW = 0.867\,9\,t^2 - 1.364\,2t + 6.417\,7$$
$$R^2 = 0.568\,2$$

图 7　张氏鳘体重与年龄的关系

表 2　张氏鳘全长实测值与理论值比较

生长方程	不同年龄全长（cm）			
	TL2	TL3	TL4	TL5
拟合方程理论全长（cm）	9.987 4	11.384 6	12.781 8	14.179 0
VB 方程理论全长（cm）	9.892 3	11.196 9	12.498 7	13.797 5
LE 方程理论全长（cm）	9.990 7	11.374 7	12.782 3	14.177 0
实测平均全长（cm）	9.785 7	11.395 5	12.767 5	14.075 0

表 3　张氏鳘体重实测值与理论值比较

生长方程	不同年龄体重（g）			
	BW2	BW3	BW4	BW5
拟合方程理论体重（g）	7.160 9	10.136 2	14.847 3	21.294 2
VB 方程理论体重（g）	10.107 4	14.461 9	19.800 9	26.183 3
LE 方程理论体重（g）	7.116 7	10.267 1	14.795 9	21.289 0
实测平均体重（g）	7.071 4	10.144 4	14.800 0	21.450 0

3.5　生长模型

根据 VB 方程和 LE 方程，将各龄全长、体重代入，求得 L_∞、k、t_0、W_∞ 各参数值，由此得出大鳍异鮂的全长和体重的生长方程、生长曲线(见图8、图9)：

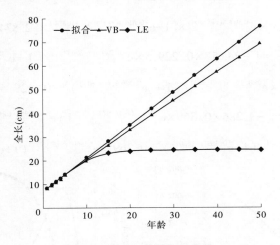

图8　张氏𩷕全长生长曲线

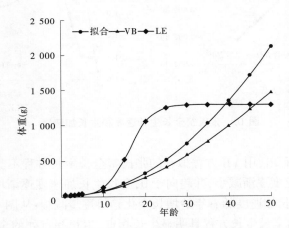

图9　张氏𩷕体重生长曲线

全长 VB 生长方程为：$TL_t = 603.6[1 - e^{-0.002\,2(t+5.512)}]$

体重 VB 生长方程为：$BW_t = 8\,351[1 - e^{-0.014\,3(t+5.106)}]^{2.874\,1}$

全长 LE 生长方程为：$TL_t = \dfrac{24.57}{[1 + e^{-0.229\,5(t-3.647)}]}$

体重 LE 生长方程为：$BW_t = \dfrac{1\,286}{[1 + e^{-0.369(t-16.07)}]}$

3.6　生长速度和生长加速度

将拟合的张氏𩷕 VB、LE 生长方程一阶、二阶求导，分别得到全长和体重的生长速度和生长加速度。

VB 生长方程为：$\dfrac{\mathrm{d}TL}{\mathrm{d}t} = 603.6 \times 0.002\,2 \times e^{-0.002\,2(t+5.512)}$，$\dfrac{\mathrm{d}^2 TL}{\mathrm{d}t^2} = -603.6 \times 0.002\,2^2 \times$

$e^{-0.002\,2(t+5.512)}$, $\dfrac{dBW}{dt}=2.874\,1\times8\,351\times0.014\,3\times e^{-0.014\,3(t+5.106)}\times\left[1-e^{-0.014\,3(t+5.106)}\right]^{1.874\,1}$, $\dfrac{d^2BW}{dt^2}=$

$2.874\,1\times8\,351\times0.014\,3^2\times e^{-0.014\,3(t+5.106)}\times\left[1-e^{-0.014\,3(t+5.106)}\right]^{0.874\,1}\times\left[2.874\,1\times e^{-0.014\,3(t+5.106)}-1\right]$

　　LE 生长方程：$\dfrac{dTL}{dt}=\left[-24.57\times0.229\,5\times e^{-0.229\,5(t-3.647)}\right]/\left[1+e^{-0.229\,5(t-3.647)}\right]^2$, $\dfrac{d^2TL}{dt^2}=$

$24.57\times\left[2\times0.229\,5^2\times e^{2\times0.229\,5(t-3.647)}/(1+e^{0.229\,5(t-3.647)})^3-0.229\,5^2\times e^{0.229\,5(t-3.647)}/(1+\right.$

$\left. e^{0.229\,5(t-3.647)})^2\right]$, $\dfrac{dBW}{dt}=\left[-1\,286\times0.369\times e^{-0.369(t-16.07)}\right]/\left[1+e^{-0.369(t-16.07)}\right]^2$, $\dfrac{d^2BW}{dt^2}=1\,286\times$

$\left[2\times0.369^2\times e^{2\times0.369(t-16.07)}/(1+e^{0.369(t-16.07)})^3-0.369^2\times e^{0.369(t-16.07)}/(1+e^{0.369(t-16.07)})^2\right]$

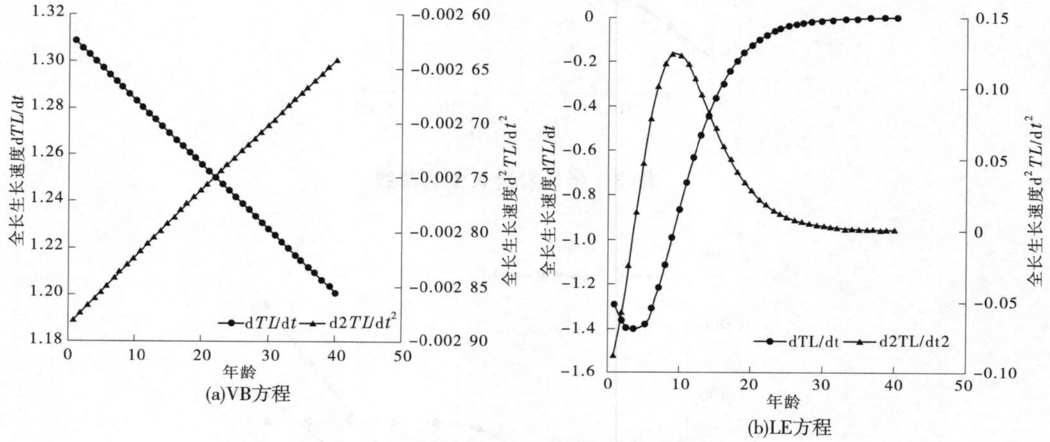

图 10　张氏鳘全长生长速度和生长加速度

　　从图 10(a)可以看出,用 VB 方程拟合的张氏鳘全长生长方程不具生长拐点,随着年龄的增长,全长生长速度逐渐减小,并趋向于 0,全长生长加速度逐渐增大,也无限接近于 0,全长生长速度和生长加速度随着年龄增长变化趋势逐步减缓;从图 10(b)可以看出,用 LE 方程拟合的张氏鳘全长生长方程具明显生长拐点,生长拐点处的全长生长加速度为 0 ($d^2TL/dt^2=0$),生长速度最大。

　　从图 11(a)可以看出,用 VB 方程拟合的张氏鳘体重生长方程,随着年龄增长,体重生长速度先增加后逐渐减小,体重生长速度先上升再下降,具生长拐点;从图 11(b)可以看出,用 LE 方程拟合的张氏鳘体重生长方程,体重生长速度先下降再上升,具明显生长拐点。

　　用 VB 方程推算张氏鳘的体重生长拐点年龄为 68.73 龄,拐点处的全长和体重分别为 90.95 cm 和 2 443.4 g,68.73 龄以后,张氏鳘体重生长速度逐步下降,生长加速度小于 0;用 LE 方程推算张氏鳘的全长生长拐点年龄为 3.62 龄,拐点处的全长和体重分别为 12.25 cm 和 12.88 g,体重生长拐点年龄为 16.07 龄,拐点处的全长和体重分别为 23.23 cm 和 643 g。

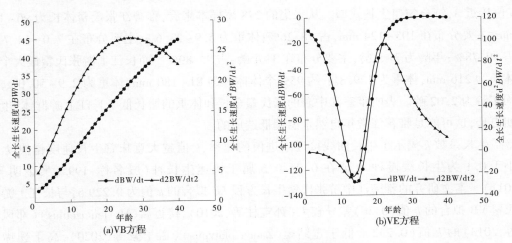

图 11　张氏𩽾体重生长速度和生长加速度

4　讨　论

4.1　生长模型的选择

在分析和评价鱼类的种群变动趋势时,鱼类年龄结构与生长特性是鱼类种群动力学研究的基础(Uckun J et al,2012)。研究鱼类的种群动力学需要具体量化,采用合适的数学方程来描述鱼体的生长特性。鱼类的生长式型是其主要的生活史属性之一,不同种鱼类、同种鱼类不同生活史阶段都可能存在不同的生长模式,需要使用不同的模型描述(周灿等,2010),一般采用 VB、Gompertz、LE 等生长方程对鱼类生长进行拟合。由于水生生物的生长存在明显季节性,当年龄组数据的时间跨度不足 1 年时,应采用修正的生长方程(Pauly DG et al,1979)。

关于鱼类生长方程研究中,大多采用 VB 方程进行拟合(吴金明等,2011;孟子豪等,2020;吕大伟等,2018;杨少荣等,2010;任文强等,2021;黄静等,2018)。本文使用的年龄组数据的时间跨度为 1 年,不必考虑其生长的季节性。采用 VB 和 LE 分别拟合时,样本2~5 龄实测的全长,与 VB 和 LE 生长方程的理论值接近;而实测的体重与 LE 生长方程的理论值接近,VB 方程 4 龄开始理论值与实测值偏差较大。利用实测值拟合的 VB 和 LE方程的 k、L_∞、W_∞ 及拐点年龄偏差较大,结合张氏𩽾性成熟年龄早、生长迅速、生命周期短等特性(邓其祥等,1993;孙宝柱等,2010),同时对比生活习性相近的其他种类的生长方程拟合,本文发现采用 LE 拟合更符合张氏𩽾的生长。

4.2　生长特性

张氏𩽾体侧扁,身体较其他𩽾肥厚,头背部平直,腹部略呈弧形,为𩽾属鱼类中个体最大的种类,长江鱼类记载长寿湖中有重达 500 g 的个体(湖北省水生生物研究所鱼类研究室)。本研究中张氏𩽾全长与体重的关系为:$BW = 0.009\ 3TL^{2.874\ 1}$($R^2 = 0.773\ 2$,$n = 278$),

b 值接近 3,符合匀速生长式型。从采集的 278 尾样本来看,雅砻江张氏鳘体长为 96~143 mm,主要分布在 105~124 mm,占 78.26%;体重为 5.9~23.6 g,主要分布在 7.0~14.7 g, 占 89.78%;年龄为 2~5 龄,主要分布在 3~4 龄,占 95.89%。而长江上游张氏鳘最大个体 体长为 216 mm,体重为 129.8 g,约 95% 个体体长为 81~180 mm,体重为 2.9~50.0 g,平 均年龄为 2.02 龄。表明雅砻江中游的张氏鳘全长和体重的增长低于长江上游群体,生长 期更长,这可能是雅砻江常年自然水温偏低造成的。

生长系数 k 揭示了生长曲线接近渐进值的速率,k 值越大意味着生长速度越快,k 值 小于 0.1 为生长缓慢种,k 值在 0.2~0.5 属于快速生长种(殷名称,1995;吴金明等, 2011)。本文研究的雅砻江中游张氏鳘生长方程 LE 拟合的 k 值为 0.229 5,与长江上游张 氏鳘 VB 拟合的 k 值(0.36)差异较大(孙宝柱等,2010),接近鳘(H. leucisculus)(邓凤云 等,2013)的 k 值(0.232),低于宽鳍鱲(Zacco platypus)(孟子豪等,2020),高于翘嘴鲌 (Culter alburnus)(吕大伟等,2018)、圆口铜鱼(Coreius guichenoti)(杨少荣等,2010)、司 氏鉠(Zacco platypus)(任文强等,2021)以及大鳍异鮡(Zacco platypus)(黄静等,2018)等 (见表 4)。表明雅砻江中游的张氏鳘,虽然所处江段常年水温较低,仍属于生长速度较快 的鱼类。

表 4　张氏鳘与相关研究中的生长参数比较

分类	种类	b	k	L_∞(mm)	W_∞(g)	拐点年龄	方程类型	参考文献
鲌亚科	张氏鳘	2.874 1	0.229 5	122.5	12.88	3.62	LE	本研究
	张氏鳘	2.874 1	0.002 2	909.5	2 443.4	16.07	VB	
	张氏鳘	3.145 0	0.36	133.5	29.13	1.92	VB	[2]
	鳘	3.190 1~3.260 8	0.232~2.2	145.6~241.1	—	—	VB	
	翘嘴鲌	2.921 1	0.135 7	655.4	3 471.79	7.27	VB	
鮈亚科	圆口铜鱼	3.030 2	0.16	694	4 072.7	—	VB	
雅罗鱼亚科	宽鳍鱲	2.742 1	0.397 3	183.1	81.62	1.67/1.86	VB(♀)	
钝头鮡科	司氏鉠	2.836 0	0.133	70.22	5.17	4.04	VB	
鮡科	大鳍异鮡	2.480 7	0.049 1	377.015	246.134	14.48	VB	

4.3　资源现状

已有的研究表明,嘉陵江中游张氏鳘年龄范围为 2~5 龄,主要分布在 2(44.7%)~3 龄(25.1%)(邓其祥等,1993);本文研究中雅砻江中游张氏鳘群体的年龄也为 2~5 龄,2 龄仅为 2.61%,主要分布在 3(80.97%)~4 龄(14.93%)。嘉陵江中游张氏鳘 1+龄前性 成熟个体占群体的 22.3%,1+龄鱼即全部达到性成熟,成熟最小雌鱼体长 91 mm,体重 13.5 g,雄鱼体长 96 mm,体重 14 g(邓其祥等,1993);雅砻江中游张氏鳘群体全长为 96~ 143 mm,体重为 5.9~23.6 g,其中 2 龄群体全长为(97.86±1.07)mm,高于嘉陵江群体;

体重为(7.071 4±1.304 8)g,低于嘉陵江群体,这可能是由于雅砻江中游所处纬度高于嘉陵江中游,水温常年较低。

张氏鳘属于水体中消耗天然饵料较高而利用价值较低的小杂鱼,通过增加部分肉食性鱼类,可以将其转化成经济价值、高口感好的鱼蛋白,以及开展控制性捕捞,对增加经济效益、维持湖泊种间平衡具有重要意义(曹文宣等,2008)。生长拐点年龄是生长速率的转折点,通常与性成熟年龄保持一致,在实际应用中常作为捕捞规格的参考(Pauly DG et al,1979)。根据推算,雅砻江中游张氏鳘群体生长拐点年龄为3.62龄,而长江上游群体生长拐点年龄为1.92龄(孙宝柱等,2010)。有学者认为对具有性成熟早、种群增殖更新快、自然死亡率大等特征的鱼类,如不及时利用,其资源则因自然死亡而损失,建议在保证持续渔获量的情况下,首捕年龄定在生长拐点之前;但多数学者提出在渔业利用上首捕年龄应限制在生长拐点之后。本文研究中雅砻江中游张氏鳘种群数量较大,具有繁殖能力的个体比例很高,且已处于体重增加速度下降的阶段,因可以开展一定程度的资源利用,但首捕年龄应在生长拐点年龄之后。

参 考 文 献

[1] 丁瑞华. 四川鱼类志[M]. 成都:四川科学技术出版社,1994.
[2] 孙宝柱,李晋,谭德清,等. 张氏鳘的年龄结构及生长特性[J]. 淡水渔业,2010,40(2):3-8.
[3] 邓其祥,郝功邵,曹发君,等. 黑尾鳘生物学的研究[J]. 水生生物学报,1993,17(1):88-90.
[4] 杨青瑞,陈求稳,马徐发. 雅砻江下游鱼类资源调查及保护措施[J]. 水生态学杂志,2011,32(3):94-98.
[5] 董纯,杨志,唐会元,等. 三峡库区干流鱼类资源现状与物种多样性保护[J]. 水生态学杂志,2019,40(1):15-21.
[6] 杨德国,危起伟,陈细华,等.葛洲坝下游中华鲟产卵场的水文状况及其鱼繁殖活动的关系[J]. 生态学报,2007(3):862-869.
[7] 袁喜,李丽萍,涂志英,等. 鱼类生理和生态行为对河流生态因子响应研究进展[J]. 长江流域资源与环境,2012,21(S1):24-29.
[8] 邓凤云. 东江源头区鱼类群落特征及 Hemiculter leucisculus 不同地理区域的比较生物学研究[D]. 桂林:广西师范大学,2013.
[9] 王腾. 洱海外来种鳘的年龄、生长和繁殖生物学[D]. 武汉:华中农业大学,2012.
[10] Uckun D,Taskavak E,Togulga M. A preliminary study on otolith-total length relationship of the Common Hake (Mer-luccius merluccius L,1758) inIzmir Bay,Aegean Sea[J]. Pakistan Journal of Biological Sciences,2006,9(9):1720-1725.
[11] 殷名称. 鱼类生态学[M]. 北京:中国农业出版社,1995.
[12] 吴金明,张福铁,刘飞,等. 赤水河大鳍鳠的年龄与生长[J]. 淡水渔业,2011,41(4):21-25.
[13] 孟子豪,李学梅,杨德国,等. 汉江上游支流堵河宽鳍鱲的年龄与生长特征研究[J].淡水渔业,2020,50(5):55-61.
[14] 吕大伟,周彦峰,尤洋,等. 淀山湖翘嘴鲌的年龄结构与生长特性[J]. 水生生物学报,2018,42(4):762-769.
[15] 杨少荣,马宝珊,刘焕章,等. 三峡库区木洞江段圆口铜鱼幼鱼的生长特征及资源保护[J]. 长江流域资源与环境,2010,19(2):52-57.

[16] 任文强,匡箴,徐东坡,等. 江苏南部溪流司氏觖央生长特性的初步研究[J]. 水生生物学报,2021,45(1):89-96.

[17] 黄静,黄自豪,王志坚,等. 大鳍异鳅年龄与生长[J]. 水生生物学报,2018,42(1):138-146.

[18] 湖北省水生生物研究所鱼类研究室. 长江鱼类[M]. 北京:科学出版社,1976.

[19] 周灿,祝茜,刘焕章. 长江上游圆口铜鱼生长方程的分析[J]. 四川动物,2010,29(4):510-516.

[20] Pauly D G Gaschütz. A simple method for fitting oscillation length growth data with a program for pocket calculators[J]. ICES CM,1979,6:24.

[21] 曹文宣. 有关长江流域鱼类资源保护的几个问题[J]. 长江流域资源与环境,2008,17(2):163-164.

雅砻江锦屏大河湾短须裂腹鱼年龄结构与生长特性研究

李天才[1]，邓龙君[1]，甘维熊[1]，曾如奎[1]，刘小帅[1]，秦云鑫[1,2]，姚代金[1,2]

（1. 雅砻江流域水电开发有限公司，四川 成都　610000；
2. 四川二滩实业发展有限责任公司，四川 成都　610000）

摘　要　对雅砻江锦屏大河湾短须裂腹鱼（*Schizothorax wangchiachii*）年龄结构与生长特性进行研究。2019 年 11 月初，在雅砻江锦屏大河湾使用地笼和粘网捕捞了 103 尾短须裂腹鱼样本，以鳞片为年龄鉴定材料，研究其年龄结构与生长特性。结果表明，样本年龄、体长和体质量分别为 0.5~6.5 龄、10.0~45.0 cm 和 11.5~1 576.1 g，肠道充塞度 4 级以上比例近 70%。体长与体质量的拟合方程为 $BW = 0.009\ 3BL^{3.143\ 4}$（$R^2 = 0.994$；$n = 103$）；年龄与体长、体质量 Von Bertalanffy 生长方程分别为 $BL = 73.2\left[1 - e^{-0.138\ 9(t+0.013)}\right]$、$BW = 6\ 758.2\left[1 - e^{-0.138\ 9(t+0.013)}\right]^{3.143\ 4}$（$R^2 = 0.997$；$n = 103$），极限体长、体质量分别为 73.2 cm、6 758.2 g，体质量生长拐点年龄及其对应体长和体质量为 8.2 龄、49.8 cm 和 2 014.3 g。雅砻江锦屏大河湾饵料丰富，短须裂腹鱼生长较快，体型也较大，雌雄性比较低。

关键词　短须裂腹鱼；年龄结构；生长特性；雅砻江锦屏大河湾

1 引　言

短须裂腹鱼（*Schizothorax wangchiachii*）俗称缅鱼、沙肚、雅鱼、细甲鱼等[1-2]，主要分布于金沙江、乌江和雅砻江[3-5]，隶属于鲤科（Cyprinidae）裂腹鱼亚科（Schizothoracinae）裂腹鱼属（Schizothorax），是长江上游特有冷水性鱼类。但随着近年来酷渔滥捕、环境污染、水利工程等的影响[6-7]，各水系中短须裂腹鱼资源量急剧降低[8]。得益于锦屏二级水电站截弯取直的设计，雅砻江下游保留了一段 150 余 km 近乎原始生境的减水河湾；同时，多年的增殖放流与栖息地保护、修复也使大河湾鱼类资源得到有效的恢复[9]，因此作为雅砻江下游主要、特色和重要经济鱼类[4-5]，该江段短须裂腹鱼既有独特性又有代表性，具有十分重要的研究价值。

短须裂腹鱼以着生藻类为食、生长缓慢、喜流水、善跳跃、对水质要求较高及营养丰富、味道鲜美、是优质蛋白质源[10]的基本特性已被熟知；同时，其人工驯养[11]和繁殖[1]也早已攻克。颜文斌等[12]通过观察短须裂腹鱼产卵行为发现，其产卵过程包括环境探索、领域争夺与防卫、配偶选择、产卵交配、亲本护卫等行为。甘维熊等[13]指出，雅砻江短须裂腹鱼胚胎孵化积温为 2 540 ℃·h。邓龙君[14]研究雅砻江锦屏官地鱼类增殖放流站仿生态养殖短须裂腹鱼母本群体指出，其极限体长、体质量分别为 80.5 cm 和 7 345.0 g，生长拐点为 9.2 龄；5 龄初次性成熟，绝对和相对繁殖力平均值为（17.1±8.4）×10³ 粒和

(8.7±3.0)粒/g。目前,关于短须裂腹鱼的研究多集中在人工驯养、繁殖、放流等方面[1, 2, 11, 13],而对于自然种群的调查和研究较为少见。本文调查研究雅砻江锦屏大河湾短须裂腹鱼,以期掌握其年龄结构与生长特性,既填补此空白,也为进一步保护提供理论依据。

2　材料与方法

2.1　样本采集

2019 年 11 月初,于雅砻江锦屏大河湾(E101°38′,N28°16′～E101°47′,N28°08′;见图 1)捕捞 103 尾不同规格短须裂腹鱼样本,其中粘网捕获 52 尾,地笼捕获 51 尾。采集的短须裂腹鱼样本立即冰袋暂存,并迅速转运至锦屏官地鱼类增殖放流站实验室冰柜-4 ℃低温冷藏。

图 1　雅砻江锦屏大河湾

2.2　数据收集

实验室测量全长(Total Length,简称 TL)、体长(Body Length,简称 BL)、体质量(Body Weight,简称 BW),长度、质量精确至 0.1 cm、0.1 g。解剖样本,摘除内脏,测量空壳质量(Carcass Weight,简称 CW);观察肠道饱食程度,鉴定充塞度等级(0～5 级)[15];根据性腺特征鉴定雌雄。

摘取臀鳍、背鳍、胸鳍基部及侧线上下鳞片各 5 枚以上,加水后分别短期保存。用卫生纸轻轻擦去鳞片表面大部分粘黏物,再将其浸泡于饱和 Na_2CO_3 溶液中 24 h,之后用清水清洗干净,擦干密封后保存。观察前,将鳞片取出放在饱和 NaOH 溶液中浸泡 3 min,之后取出在清水中洗净即可在解剖镜下观测鳞片年轮。每个部位鳞片至少观测 3 枚,每枚鳞片由 2 人分别观察并判定年龄。年龄(t)为"宽亮"与"窄暗"圈数量和的 1/2,以 2 人观测的统一值为准;若不能统一,则继续观测直至统一。

2.3 数据处理

数据用 Excel2016 进行统计并作图,通过 Matlab7.0 进行体长、体质量生长方程拟合,所有数据均以均值($E \pm SD$)为结果。

体长与体质量数量关系为:

$$BW = aBL^b$$

其中,a 为生长条件因子;b 为幂函数指数;

Von Bertalanffy 生长方程为:

$$BL = BL_\infty \left[1 - e^{-k(t-t_0)} \right] \text{、} BW = BW_\infty \left[1 - e^{-k(t-t_0)} \right]^b$$

其中,BL_∞、BW_∞ 为极限体长、体质量;k 为生长系数;t_0 为假设的理论生长起点年龄。

体长生长速度、加速度方程分别为:

$$dBL/dt = BL_\infty k e^{-k(t-t_0)}, d^2BL/dt^2 = -BL_\infty k^2 e^{-k(t-t_0)}$$

体质量生长速度、加速度方程分别为:

$$dBW/dt = bBW_\infty k e^{-k(t-t_0)} \left[1 - e^{-k(t-t_0)} \right]^{b-1}$$

$$d^2BW/dt^2 = bBW_\infty k^2 e^{-k(t-t_0)} \left[1 - e^{-k(t-t_0)} \right]^{b-2} \left[be^{-k(t-t_0)} - 1 \right]$$

生长特征指数为:

$$\varphi = \lg k + 2\lg BL_\infty$$

3 结果与分析

3.1 鳞片鉴定年龄

样本中短须裂腹鱼鳞片上"宽亮"和"窄暗"的年轮圈较为明显,比较容易辨识(见图 2),所有样本年龄均被鉴定。由于雅砻江锦屏大河湾短须裂腹鱼繁殖期为 2 月底至 4 月初[13],所以所有样本均经历了 n 个完整的年度和夏秋 2 季,年龄可计作 $n+0.5$ 龄。样本短须裂腹鱼"宽亮"和"窄暗"年轮圈数量和为 1~13 个不等,表明年龄为 0.5~6.5 龄。

图 2 鳞片年轮

3.2 渔获物组成

3.2.1 体长与体质量分布

样本短须裂腹鱼体长为 10.0~45.0 cm，平均体长为（23.6±11.3）cm，其中 10.0~17.0 cm 体长区间个体占比最高，为优势体长组；体质量为（11.5~1 576.1）g，平均体质量为 369.1±480.9 g，其中<200.0 g 和 200.0~500.0 g 个体占比明显较高，为优势体质量组，其它体质量区间个体占比相近（见图 3）。

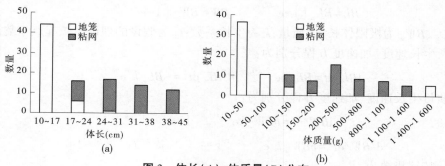

图 3　体长（A）、体质量（B）分布

3.2.2 年龄结构与性比

样本短须裂腹鱼年龄为 0.5~6.5 龄，平均年龄为（2.7±1.9）龄，其年龄结构如图 4（a）所示。其中 1.5 龄个体数量仅为 0.5 龄的 58.6%，而 3.5~6.5 龄个体数量则呈缓慢降低趋势。样本中雌鱼 28 尾，雄鱼 21 尾，未辨雌雄的 54 尾，总体性比为 1.33。如图 4（b）所示，短须裂腹鱼 2.5 龄以前几乎难以分辨雌雄，2.5 龄以后则基本可以分辨雌雄；雌雄性比呈现先升高后降低的趋势，但在 6.5 龄前雌雄性比均高于 1.00。

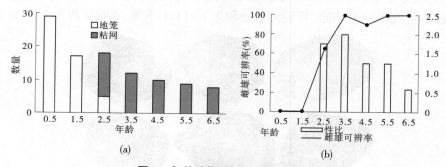

图 4　年龄结构、性比和性别可辨率

3.3 生长特征

3.3.1 体长与全长、体质量与空壳质量及体长与体质量

样本短须裂腹鱼体长与全长、体质量与空壳质量均分别呈线性关系，线性方程分别为

$$BL = 0.829\ 7TL + 0.271 \quad (R^2 = 0.997; n = 103)$$

$$CW = 0.881\ 2TW + 1.124\ 5 \quad (R^2 = 0.997; n = 103)$$

从方程中可知，体长基本为全长的 83%，空壳质量基本为体质量的 88%。体长与体质量则呈幂函数关系，幂函数为 $BW = 0.009\ 3BL^{3.143\ 4}(R^2 = 0.994; n = 103)$，生长条件因子

a 为 0.009 3,指数 b 为 3.143 4,见图 5。

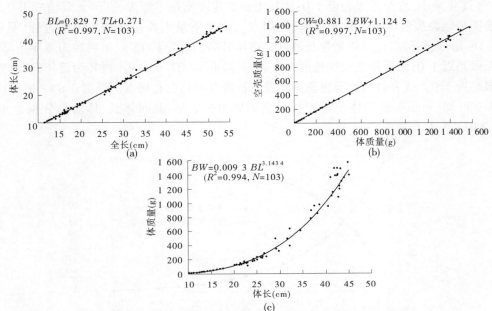

图 5　体长与体质量、体质量与空壳质量、体长与体质量关系

3.3.2　年龄与体长、体质量

根据样本数据拟合 Von Bertalanffy 方程可知,短须裂腹鱼年龄与体长、体质量关系方程为：

$$BL = 73.2 [1 - e^{-0.138\,9(t+0.013)}]$$

$$BW = 6\,758.2 [1 - e^{-0.138\,9(t+0.013)}]^{3.143\,4} \quad (R^2 = 0.997; n = 103)$$

极限体长、体质量为 73.2 cm、6 758.2 g,生长系数 k 为 0.138 9,理论生长起点年龄 t_0 为 -0.013。年龄与体长、体质量关系如图 6 所示。

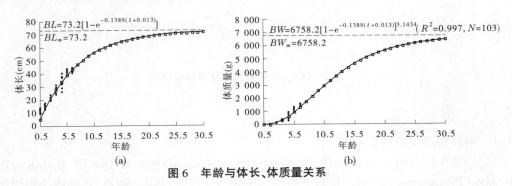

图 6　年龄与体长、体质量关系

3.3.3　生长速度和生长加速度

对年龄与体长、体质量拟合方程分别进行一阶、二阶求导,可知体长生长速度方程为 $\mathrm{d}BL/\mathrm{d}t = 10.17 e^{-0.138\,9(t+0.013)}$,体长生长加速度方程为 $\mathrm{d}^2 BL/\mathrm{d}t^2 = -1.41 e^{-0.138\,9(t+0.013)}$;体质量生长速度方程为 $\mathrm{d}BW/\mathrm{d}t = 2\,950.8 e^{-0.138\,9(t+0.013)} [1 - e^{-0.138\,9(t+0.013)}]^{2.143\,4}$,体质量生长加速度方程为 $\mathrm{d}^2 BW/\mathrm{d}t^2 = 409.9 e^{-0.138\,9(t+0.013)} [1 - e^{-0.138\,9(t+0.013)}]^{1.143\,4} [3.158\,4 e^{-0.138\,9(t+0.013)} -$

1]。由体长生长速度和加速度方程[见图7(a)]可知,短须裂腹鱼体长生长速度由9.5 cm/年逐年减小,直至无限趋近于0;体长生长加速度则逐年增大,直至无限趋近于0。这也表明短须裂腹鱼体长生长有极值、无拐点。由体质量生长速度和加速度方程[见图7(b)]可知,短须裂腹鱼体质量生长速度先逐年升高,升高至415 g/年后转为逐年下降,直至无限趋近于0;体质量生长加速度先升高,后降低至−27.0 g/年^{2}再转为逐年升高,直至无限趋近于0。这表明短须裂腹鱼体质量生长既有极值也有拐点。根据$d^2BW/dt^2=0$时、$t=8.2$可知,短须裂腹鱼体质量生长拐点年龄为8.2龄,此时体长、体质量分别为49.8 cm、2 014.3 g。

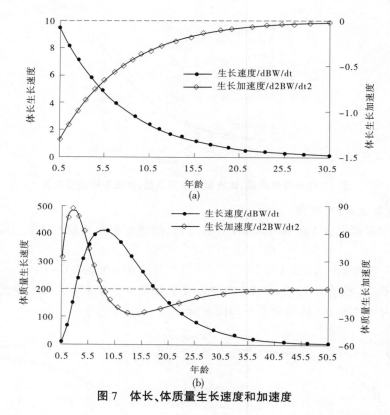

图7 体长、体质量生长速度和加速度

4 讨 论

4.1 鳞片鉴定年龄的优劣势

自1898年Hoffbauer利用鳞片鉴定鲤(*Cyprinus carpio*)年龄和1899年Reibsh首次在欧洲鲽(*Pleuronectes platessa*)耳石上观察到年轮结构以来,耳石、鳞片、骨等钙化组织被广泛应用于鱼类年龄研究和鉴定[16-19]。大量研究表明[18-23],利用耳石鉴定鱼类年龄具有比鳞片、骨等材料准确和精确的优势,因此常作为年龄鉴定的理想材料。微耳石、矢耳石、星耳石等相比较,微耳石具备更加准确的特性,特别是在高龄鱼年轮计数上显得尤为显著,所以微耳石经常被用作其他材料年龄鉴定准确度的参照[19, 22, 23]。除了"宽亮"和"窄暗"的年轮,鳞片上常出现副轮、生殖轮及幼轮等结构,形成干扰,导致高估实际年龄。鳞片裸露体表,容易受到自然的影响而磨损、脱落,使得在鉴定过程中低估实际年龄;同时,由于裂腹鱼类特殊的繁殖习性,其性成熟亲本臀鳞更易在繁殖过程中因为与底质摩擦而磨损、脱落[24]。高龄鱼类鳞片还存在重吸收现象,而且其外围年轮常挤在一起,难以判读[18-19]。尽管如此,实践证明利用鳞片鉴定快速生长和低龄鱼类的年龄与耳石鉴定吻合率无显著差异[19, 20, 25]。而本文观测到最大年龄短须裂腹鱼仅 6.5 龄,远未到高龄范畴[19,23];同时,本文采用多次观测短须裂腹鱼多个部位鳞片并以统一的年龄为准的方式以降低误判率,因此认为本文以鳞片为材料鉴定的短须裂腹鱼年龄可靠、可用。在生产和研究中,耳石存在取材较难、打磨步骤多且难度大、数量有限难以重复观察等问题,而鳞片因取材方便、材料量大可重复观测、处理步骤简单、对研究对象伤害轻微等优势逐渐成为鱼类年龄鉴定的首选材料。

4.2 年龄结构与存活率

粘网捕捞短须裂腹鱼样本体质量大于 200 g,年龄不低于 2.5 龄;而地笼捕捞样本体质量低于 200 g,年龄不大于 2.5 龄,这表明捕捞工具对研究鱼类种群结构有显著影响[26-27]。所以,不能将捕捞样本种群结构视作雅砻江锦屏大河湾短须裂腹鱼种群结构,应当依照捕捞方式区分比较。由于 2.5 龄短须裂腹鱼体高与粘网网目差异不大,容易漏捕,理应剔除进行比较,如此可知两种捕捞方式中年龄越低的短须裂腹鱼均占比越高。假设地笼和粘网对低于和大于 2.5 龄短须裂腹鱼捕捞概率分别相同[26],那么可从年龄结构中推算出 0.5~6.5 龄短须裂腹鱼每年存活率分别为 58.6%、/、/、83.3%、90.0%、88.9%,这表明相同生境里短须裂腹鱼存活率随年龄增长而升高,但低龄鱼存活率明显低得多。

4.3 生长速度与特性

样本短须裂腹鱼体长体质量幂函数中 b(3.14)值与 3 相近,表明在该江段中其符合均匀生长特性,这与仿生态养殖短须裂腹鱼[14]和大多裂腹鱼类相同[28-31]。但由于生长条件和统计年龄段的差异,不同研究中短须裂腹鱼体长体质量幂函数关系各不相同[28-29]。Branstetter[32]认为,生长系数 k 值为 0.05~0.10 的鱼类,为生长缓慢鱼类;0.10~0.20 的为均生长鱼类;0.20~0.50 的为快速生长鱼类。本文短须裂腹鱼生长系数 k 值为 0.138 9,属于匀生长特性;比较其他裂腹鱼类,双须叶须鱼(*Ptychobarbus dipogon*)[33]、高原裸鲤(*Gymnocypric waddelli*)[27]、光唇裂腹鱼(*S. lissolabiatus*)[34]、拉萨尖裸鲤(*Oxygymnocypris stewartii*)[35]、新疆裸重唇鱼(*Gymnodiptychus dybowskii*)[36],其生长系数为 0.10~0.20,而拉萨裂腹鱼(*S. waltoni*)[37]、巨须裂腹鱼(*S. macropogon*)[24]、裸腹叶须鱼(*P. kaznakovi*)[38]、青海湖裸鲤(*Gymnocy prisprzewalskii*)[39]、四川裂腹鱼(*S. kozlori*)[25]、异齿裂腹鱼(*S. o´connori*)[40]等更多裂腹鱼类生长系数为 0.05~0.10,这可能与裂腹鱼类主要栖息于冷水环境而生长缓慢有关。野生短须裂腹鱼极限体长、极限体质量和生长特征指数分别为 73.2 cm、6 758.2 g 和 2.87,与仿生态养殖[14](80.5 cm、7 345.0 g、2.78)的差异不大,但明显大于上述的裂腹鱼类,这表明短须裂腹鱼在裂腹鱼类群中属于体型较大、生长较快的。解剖发现,饱食短须裂腹鱼占比近 70%(见图 8)。由于此时已是秋末近冬,推测春夏季可能更高,这也或是野生短须裂腹鱼生长特性指数与仿生态养殖差异不大的原因。同时,这也可推断雅砻江锦屏大河湾饵料丰富,适宜短须裂腹鱼生长。

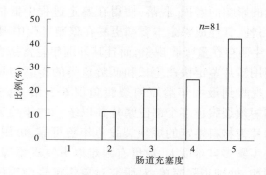

图8 肠道充塞度等级

参 考 文 献

[1] 刘跃天,冷云,徐伟毅,等. 短须裂腹鱼人工繁殖初探[J]. 水利渔业,2007,27(5):31-32.

[2] 黄俊,朱挺兵,杨德国,等. 短须裂腹鱼仔稚鱼发育及生长特性的初步研究[J]. 水生态学杂志,2019,40(6):99-105.

[3] 丁瑞华. 四川鱼类志[M]. 成都:四川科学技术出版社,1994.

[4] 段彪,邓其祥,叶林. 雅砻江下游渔获物研究[J]. 四川师范学院学报(自然科学版),1995,16(4):347-351.

[5] 杨青瑞,陈求稳,马徐发. 雅砻江下游鱼类资源调查及保护措施[J]. 水生态学杂志,2011,32(3):94-98.

[6] 谢平. 长江的生物多样性危机——水利工程是祸首,酷渔乱捕是帮凶[J]. 湖泊科学,2017,29(6):1279-1299.

[7] SU G, LOGEZ M, XU J, et al. Human impacts on global freshwater fish biodiversity[J]. Science (American Association for the Advancement of Science),2021,371(6531):835-838.

[8] 高少波,唐会元,乔晔,等. 金沙江下游干流鱼类资源现状研究[J]. 水生态学杂志,2013,34(1):44-49.

[9] 许勇. "一条江"水电开发模式下的鱼类保护实践[J]. 人民长江,2018,49(20):24-28.

[10] 王崇,梁银铨,张宇,等. 短须裂腹鱼营养成分分析与品质评价[J]. 水生态学杂志,2017,38(4):96-100.

[11] 徐伟毅,冷云,刘跃天,等. 短须裂腹鱼驯化养殖试验研究[J]. 水利渔业,2003,23(3):16-17.

[12] 颜文斌,朱挺兵,吴兴兵,等. 短须裂腹鱼产卵行为观察[J]. 淡水渔业,2017,47(3):9-15.

[13] 甘维熊,王红梅,邓龙君,等. 雅砻江短须裂腹鱼胚胎和卵黄囊仔鱼的形态发育[J]. 动物学杂志,2016,51(2):253-260.

[14] 邓龙君. 仿生态养殖短须裂腹鱼母本繁殖特性研究[J]. 水产科学,2020,39(5):752-759.

[15] 殷名称. 鱼类生态学[M]. 北京:中国农业出版社,1993.

[16] 李强,胡继飞,蓝昭军,等. 利用鱼类钙化组织鉴定年龄的方法[J]. 生物学教学,2010,35(6):51-52.

[17] 邓维德,赵亚辉,康斌,等. 耳石在鱼类年龄与生长研究中的应用[J]. 动物学杂志,2010,45

(2)：171-180.

[18] 朱国平, 魏联. 南极鱼类年龄与生长研究进展[J]. 水产学报, 2017,41(10)：1638-1647.

[19] 刘艳超, 刘书蕴, 刘海平. 西藏双须叶须鱼八种年龄鉴定材料的比较研究[J]. 水生生物学报, 2019,43(3)：579-588.

[20] 沈建忠, 曹文宣, 崔奕波. 用鳞片和耳石鉴定鲫年龄的比较研究[J]. 水生生物学报, 2001,25 (5)：462-466.

[21] MA B S, XIE C X, HUO B, et al. Age validation, and comparison of otolith, vertebra and opercular bone for estimating age of Schizothorax o'connori in the Yarlung Tsangpo River, Tibet[J]. Environmental Biology of Fishes, 2011,90(2)：159-169.

[22] MA B S, NIE Y Y, WEI K J, et al. Precision of age estimations from otolith, vertebra, and opercular bone of Gymnocypris firmispinatus (Actinopterygii: Cypriniformes: Cyprinidae) in the Anning River, China[J]. Acta Ichthyologica et Piscatoria, 2017,47(4)：321-329.

[23] 魏朝军, 申志新, 贾银涛, 等. 花斑裸鲤年龄鉴定材料的比较与年龄判别[J]. 生态学杂志, 2015, 34(9)：2537-2541.

[24] 朱秀芳, 陈毅峰. 巨须裂腹鱼年龄与生长的初步研究[J]. 动物学杂志, 2009,44(3)：76-82.

[25] 李忠利, 胡思玉, 陈永祥, 等. 乌江上游四川裂腹鱼的年龄结构与生长特性[J]. 水生态学杂志, 2015,36(2)：75-80.

[26] 黄洪亮, 唐峰华, 陈雪忠, 等. 夏季东海区带鱼的网具选择性试验研究[J]. 农业资源与环境学报, 2016,33(5)：433-442.

[27] 谭博真, 杨学芬, 杨瑞斌. 西藏哲古错高原裸鲤年龄结构与生长特性[J]. 中国水产科学, 2020, 27(8)：879-885.

[28] PAN L, LI W T, XIE J J, et al. Length-weight relationships of eleven fish species from the middle reaches of Jinsha River, southwes China[J]. Journal of Applied Ichthyology, 2015,31(3)：549-551.

[29] ZHU T B, YANG D G, LIU Y, et al. Length−weight relationships of six fish species from the Zengqu River and the Ouqu River, southwest China [J]. Journal of applied ichthyology, 2015, 31 (6)：1153-1154.

[30] ZHOU X J, XIE C X, HUO B, et al. Age and growth of Schizothorax waltoni (Cyprinidae: Schizothoracinae) in the Yarlung Tsangpo river, China[J]. Journal of Applied Animal Research, 2017,45(1)：346-354.

[31] RESHI Q M, AHMED I. Seasonal Variation in Length-weight Relationship, Condition Factor and Biological Indices of Snow Trout, Schizothorax esocinus (Heckel, 1838) Inhabiting River Jhelum of Kashmir Himalaya[J]. Journal of Ecophysiology and Occupational Health, 2020,20(3&4)：232-238.

[32] BRANSTETTER S. Age and Growth Estimates for Blacktip, Carcharhinus limbatus, and Spinner, C. brevipinna, Sharks from the Northwestern Gulf of Mexico[J]. Copeia, 1987(4)：964-974.

[33] 杨鑫, 霍斌, 段友健, 等. 西藏雅鲁藏布江双须叶须鱼的年龄结构与生长特征[J]. 中国水产科学, 2015,22(6)：1085-1094.

[34] 肖海, 代应贵. 北盘江光唇裂腹鱼年龄结构、生长特征和生活史类型[J]. 生态学杂志, 2011,30 (3)：539-546.

[35] HUO B, XIE C X, MA B S, et al. Age and Growth of Oxygymnocypris Stewartii (Cyprinidae: Schizotho-racinae) in the Yarlung Tsangpo River, Tibet, China[J]. Zoological studies, 2012,51(2): 185-194.

[36] 牛玉娟, 任道全, 陈生熬, 等. 伊犁河三支流新疆裸重唇鱼的生长特性研究[J]. 水生态学杂志, 2015,36(6): 59-65.

[37] QIU H, CHEN Y F. Age and growth of Schizothorax waltoni in the Yarlung Tsangpo River in Tibet, China[J]. Ichthyological research, 2009,56(3): 260-265.

[38] 李钊, 朱峰跃, 刘明典, 等. 怒江上游裸腹叶须鱼的年龄结构与生长特性[J]. 淡水渔业, 2019,49(4): 42-49.

[39] 朱奕龙. 青海湖裸鲤生长与繁殖的研究[D]. 重庆: 西南大学, 2018.

[40] 马宝珊, 王思博, 邵俭, 等. 雅鲁藏布江异齿裂腹鱼种群资源状况及其养护措施[J]. 中国水产科学, 2020,27(1): 106-118.

关于运用韧性乡村规划理念做好新时代水电移民安置工作的初步探讨

梁炎,刘映泉,席景华,余琳

（中国电建集团成都勘测设计研究院有限公司,四川 成都 611130）

摘 要 随着国家乡村振兴战略的实施及社会、经济、科技的不断发展,目前水电移民工作的不足逐渐凸显,为了解决水电移民日益增长的美好生活需要和不平衡不充分的发展之间的矛盾,实现库区域乡村振兴和"两个一百年"奋斗目标,积极创新移民工作思路,以韧性发展的理念,对水电移民工作建设韧性乡村思路进行了初步的探讨。本文从提升乡村社会、经济、生态、文化韧性等方面,研究提高水库移民乡村主动抵御冲击、影响和提升自身造血、适应的能力,以保障库区移民长期稳定与持续健康发展。

关键词 新时代;乡村振兴;水电移民;韧性乡村

1 新时代水电移民安置工作的新要求

新时代我国社会的主要矛盾已转化为人民日益增长的美好生活需要和不平衡不充分的发展之间的矛盾。当前,我国发展最大的不平衡是城乡发展不平衡,最大的不充分是农村发展不充分。党的十九大提出实施乡村振兴战略,就是为了从全局和战略高度来把握和处理工农关系、城乡关系。乡村振兴始终坚持农业农村优先发展的总体方针,最终实现"农业农村现代化"这一振兴目标。乡村振兴不仅仅是实现农业现代化,还包括农村现代化;不仅仅包括产业的振兴,而且也是文化的振兴、教育卫生事业的大力发展、乡村社会的有效治理、生活环境生态宜居等。明确乡村振兴战略目标的内涵和特征,首先需要把握乡村振兴20字方针与新农村建设时期"生产发展、生活宽裕、村容整洁、管理民主、乡风文明"之间变化的深刻内涵。与新农村建设时期的20字方针相比,"产业兴旺、生态宜居、乡风文明、治理有效、生活富裕"具有新的意义,是新农村建设的升级版、宏观版,体现了时代的历史进步和对群众更高的回应。其内涵更为丰富、部署更为明确、层次和要求更高。

我国水电移民工作的主要战场在农村,移民安置工作往往也是对农村生产资源、社会关系、经济体系的重组,不同程度地改变了农村原有的发展格局。因此,在实施乡村振兴战略对农业农村发展提出了新的要求的背景下,也是对移民安置工作完成后乡村能否实现全面振兴,对实现农业强、农村美、农民富提出了更高的要求。

2 韧性乡村的含义

《中华人民共和国国民经济和社会发展第十四个五年规划纲要》中首次将韧性城市

纳入作为国家发展战略,作为推进以人为核心的新型城镇化的重要举措。目的是应对目前我国发展面临的复杂环境变化,在面临新一轮科技革命和产业变革深入发展、国际力量对比深刻调整、国际环境日趋复杂、新冠肺炎疫情广泛影响、经济全球化遭遇逆流等的情况下仍能保持高质量发展。

2.1 韧性

韧性(resilience)一词在工程技术领域,其原意是指物体受外力作用影响下能够恢复至初始状态的复原能力[1]。近代的研究慢慢将韧性理论引入生态系统和社会系统研究,用来阐述生态、社会系统的稳定状态。在生态系统的应用中,韧性最早被定义为"衡量系统持久性及其吸收变化和干扰的能力",在社会系统领域,学者们提出了演进韧性的框架,关注系统的自我调整能力,认为韧性不仅仅强调社会生态系统恢复至原始状态,更强调在风险应对过程中实现变革和创新[2]。2011 年,联合国减灾署(UNISDR)提出建设"100 个韧性城市"计划,"韧性"逐渐被应用于市政管理领域。在城市建设中,韧性包括经济、社会、环境、组织、空间等多重维度,是在城市公共安全治理中通过总结、反思与学习所构建的自我调整能力、自我修复能力、自我发展能力。

2.2 韧性乡村

韧性是指一个系统遭遇外界干扰时,维持稳定的能力,或者在固有平衡被打破时适应、转型的能力,目前针对韧性理论的研究和应用主要集中在城市生态系统的建设和管理中,包括指引城市规划设计、应对气候变化、提升减灾防灾能力、激活城市内生动力、完善管理机制等方面,也在与城市可持续发展和海绵城市发展等理念融合发展。而对于在乡村建设领域中,韧性化发展的研究探索还处在刚起步阶段,相应的案例、经验和应用还相对较少。对于乡村来说,外界干扰及不确定冲击的因素的来源主要包括政策变化、经济环境、重大项目、极端气候、科技革命、冠状病毒、突发事件等。根据岳俞余、彭震伟的研究[3],乡村聚落韧性就是指乡村聚落能在社会、经济、政策、自然等各种外界干扰下,凭借自身的或者借助外界的力量,主动抵御、适应或者转化外界干扰,协调好其社会、经济和自然的发展,以维持令人满意的生活水准,并可持续发展的能力。

由此可知,韧性乡村是指有些乡村系统在受到内部和外部的冲击或扰动后,通过调动自身动力和借助外界力量,缓冲、适应各种影响作用,能够基本保持或快速通过自我组织恢复形成新的乡村社会、经济、文化、生态等系统,并通过动态平衡和良性更新保持长期高质量发展的乡村。

3 利用韧性发展规划理念做好水电移民安置工作的若干建议

3.1 韧性发展理念对新时代水电移民安置工作的意义

在水电移民项目建设过程中,由于工程建设征地、水库蓄水、移民安置项目实施、移民搬迁等因素,会不同程度地改变当地社会、经济、生态环境体系等,是一种综合的复杂的内外兼具的冲击,对项目所在地的乡村带来深刻的影响和复杂的环境变化,甚至有些项目已经是对库区社会、经济、文化、生态系统的重塑。为了应对水电工程项目建设及相关移民安置工程的干扰,保证在移民搬迁安置后实现乡村振兴,能够积极应对未来不可预见的压力和冲击,保证水库移民长期稳定与持续健康发展,提升水库建设征地涉及乡村的韧性是具有长远战略意义的,也是水库影响所涉乡村实现全面振兴并保持持续高质量发展的重要保障。

2006年国务院颁布国务院令第471号以来,我国移民安置政策逐步健全、移民安置方式逐步发展、移民工作管理逐步规范,移民工作以"服务移民群众,创新安置方式,促进工程建设,推动库区发展,确保社会稳定"为主线,创新开拓,完成了大量移民安置,移民工作取得显著成效,实质上也是从政策、实施、管理的层面不断在提高移民乡村抗冲击的韧性。但是,随着社会的不断发展变化,特别是乡村振兴战略提出后,有了新的农业、农村发展目标和导向,对于提高移民乡村韧性也提出了更高的要求。

在国家乡村振兴战略背景下,通过韧性发展理念提高水电移民安置工作质量,是要在水电工程建设、各项移民安置工作完成后使受影响的乡村能够尽快形成新的、健康的社会、经济、生态、文化系统;完成新的社会体系构建和身份认同,实现产业现代和可持续发展、建设成为生态宜居新农村;同时在新时代在高质量发展的要求下,能先于当地其他未受影响乡村或与其同步实现乡村的全面振兴;并且在实现全面振兴后仍可以继续保持持续稳定的发展,能够面对后移民时期其他的干扰和冲击。

3.2 提高水库乡村韧性的多个思路研究

韧性乡村的状态是一个动态的过程,在不断演变中达到平衡,乡村韧性发展包括物质系统、文化系统、社会系统三个方面,且是社会、经济、生态、文化多个要素叠加效果[4],因此提高水电站库区乡村韧性的研究也可以从提高其社会、经济、生态、文化韧性等多个方面开展。

3.2.1 提高社会韧性

水电移民安置工作完成后,由于水库蓄水和移民搬迁安置等因素,需要对安置区域的社会体系进行重新的构建,需要重点考虑与周边社会环境的衔接及新的社会保障体系的构建。因此,在移民安置规划中就首先要重视移民安置规划的引领作用,做好与其他相关规划的衔接。近年除了乡村振兴规划的提出,国土空间规划体系的建立等也对移民安置规划提出了新的要求。应始终坚持"规划先行、规划引领"的理念,加强水库移民安置规划与各级乡村振兴规划、国土空间规划等各类规划的衔接,严守生态保护红线、永久基本农田、城镇开发边界三条控制线,尤其在用地范围、规划目标、安置标准、安置方案等方面与地方规划、专项规划做好统筹;有条件的地区可逐步探索移民安置规划、后续产业规划等多规合一的规划体系建设,做好移民安置与后续发展的充分衔接。实现移民安置结合各行各业规划全面统筹,移民安置与当地经济实现"同水平、同标准、同发展"。

同时,针对乡村振兴战略提出的坚决破除体制机制弊端、推进体制机制创新等新要求,也要不断健全水库移民工作体制机制,提高乡村社会韧性,才有利于新形势下高质量、高效率、高品质地开展移民安置工作,保证乡村及移民后续发展。

3.2.2 提高经济韧性

近些年,随着新的移民政策的出台和移民安置规划思路的转变,移民生产安置规划中已经在不断融入发展的规划理念,不仅仅是只考虑恢复期农业农村的生产资料和生产能力,一定程度上提升了安置乡村抵抗经济冲击的能力,较传统的"三原"原则已经有了长足的进步。但是距离五大发展理念和乡村振兴战略提出的发展要求还有一定的差距。所以,要进一步创新生产安置思路,坚持高标准谋划,积极创新复合多元组合移民生产安置思路,探索移民安置的新途径、新方法,这是做好新形势下水库移民安置工作的重要抓手,也有利于移民在安置后可以应对复杂多变的经济环境压力。

移民安置中还需要进一步促进一二三产融合发展,加强乡村产业造血功能,提高应对经济风险的能力。要推进农业供给侧结构性改革,因地制宜发展移民受益大、辐射带动强的特色产业,引导传统农业向生态高效农业转变,促进农业功能从提供物质产品向提供精神产品拓展,推动主产业多业态发展。结合水利风景区建设,发展"两区"乡村休闲旅游产业,推进各类田园综合体、主题庄园、特色小镇、幸福美丽新村等建设,推进移民安置区及周边旅游、文化、康养等产业深度融合。

进一步做好做实水库移民后期扶持,充分发挥水电资源优势,推进库区经济社会发展、健全收益分配制度、发挥流域水电综合效益,建立健全移民、地方、企业共享水电开发利益的长效机制,构筑水电开发共建、共享、共赢的新局面,增强库区发展动力,稳步推进共同富裕。

3.2.3　提高生态韧性

移民安置规划一般重点解决聚居点规划区内基础设施建设的问题,对规划区范围外的生态环境、居住环境提升相对考虑较少。需要考虑乡村振兴战略提出持续推进宜居宜业的美丽乡村建设等新要求,要不断提升规划建设理念,做好统筹规划、强化资源整合,充分考虑生态宜居的大环境,在完善各项基础设施的同时,也要做好幸福美丽宜居乡村的建设,让移民望得见山、看得见水、记得住乡愁,让农村成为安居乐业的美丽家园。

同时,良好生态环境是农村的最大优势和宝贵财富。必须尊重自然、顺应自然、保护自然,统筹山水林田湖草系统治理,加快转变生产生活方式,以生态环境友好和资源永续利用为导向,推动形成农业绿色生产方式,实现生产清洁化、废弃物资源化、产业模式生态化,提高农业可持续发展能力,推进农业绿色发展。建设生活环境整洁优美、生态系统稳定健康、人与自然和谐共生的生态宜居美丽乡村。

3.2.4　提高文化韧性

文化韧性是提升乡村韧性的重要精神保障,水电移民乡村一般现有的物质基础条件相对比较薄弱,但是都具有浓重的农耕文化或者丰厚的民族文化基因,加上蓄水搬迁后的移民文化,都承载着社会变迁的重要信息和内涵,对后移民时期乡村社会、经济的发展具有十分重要的意义。移民安置规划中要注重作为内部精神支撑的文脉挖掘与重生,以此提升乡村文化韧性;也要在搬迁安置项目中除考虑村民活动室等配套设施,还要加强文化活动场所建设,留下传统文化记忆,为实现乡风文明提供硬件条件。

同时,要加强移民创业培训,充分培育挖掘乡土文化本土人才。乡村发展必须破解人才瓶颈制约,水库移民中的很大部分是农村移民,他们多处在高山峡谷和边远贫困地区,交通不便,信息闭塞,教育资源短缺,受教育程度不高,谋生手段和生产技能单一,增收致富能力不强,收入增长十分缓慢。要把人力资本开发放在首要位置,畅通智力、技术、管理下乡通道,造就更多乡土人才,聚天下人才而用之,提升农民致富能力。

4　结　语

　　截至 2018 年年底,2 486 余万水库移民分布在全国 2 500 多个县(市、区)17 万个村。当前,水库移民安置工作难度越来越大,水库移民整体生产生活水平也与当地农民仍有差距,并且在国家乡村振兴战略及"三农"政策不断推陈出新的背景下,农业、农村发展的标准不断提高,同时也对水库移民安置工作提出了更高的要求。

　　随着社会、经济、科技的不断发展,针对水电移民工作中存在的不足,为了解决水电移民日益增长的美好生活需要和不平衡不充分的发展之间的矛盾,实现库区乡村振兴和"两个一百年"奋斗目标,亟须创新移民工作思路,保障水库移民长期稳定与持续健康发展。本文通过过往移民工作经验的总结,结合移民安置工作的实际情况和工作特点,以韧性发展的理念,对关于运用韧性乡村规划理念做好新时代水电移民安置工作进行了初步探讨,旨在通过提高乡村韧性,提高乡村主动抵御冲击、影响和提升自身造血、适应能力,使得其能够在复杂多变的环境和新的发展要求下仍能具备不断高质量发展的能力。

参 考 文 献

[1] 邓位,于一平.英国弹性城市:实现防洪长期战略规划[J].风景园林,2016(1):39-44.

[2] 雷晓康,汪静.乡村振兴背景下农村贫困地区韧性治理的实现路径与推进策略[J].济南大学学报(社会科学版),2020,30(1):92-99.

[3] 岳俞余,彭震伟.乡村聚落社会生态系统的韧性发展研究[J].南方建筑,2018(5):4-9.

[4] 顾燕燕,孙攀,等.韧性乡村对乡村建设的意义探究[J].绿色科技,2019(4):205-208.

雅砻江下游梯级生态调度与发电调度优化方法研究

柏睿,周佳,李亮

(中国电建集团成都勘测设计研究院有限公司,四川 成都　610072)

摘　要　随着《中华人民共和国长江保护法》的正式实施,为探索电站运行期生态保护与发电并重的优化调度运行模式,以雅砻江下游为例开展生态调度优化研究,通过梳理生态调度目标、组合生态流量调度和水温调度约束,设计了不同生态调度方案,采用逐步优化算法构建了兼顾生态和发电目标的梯级联合优化调度模型,采用层次分析法构建了生态与发电效益综合评价指标体系,将生态调度方案应用于优化调度模型中,对结果进行综合指标评价,推荐出最优的生态调度方案,通过生态调度约束加优化调度,实现最大化的生态与发电综合效益。

关键词　生态调度;发电调度;综合评价;多目标优化;雅砻江下游

1　研究背景

2021 年,《中华人民共和国长江保护法》正式实施,代表着我国首部流域法律的实施,也是长江流域大保护的重要里程碑。近年来,随着河流生态需水量和水生生境保护越来越多地在水电开发工程实践中得到重视,如何实现防洪、发电、供水等所需要的水量与生态所需要的水量的合理配置,探索生态与经济效益并重的电站优化调度方案逐渐成为行业研究热点。

生态调度是一种水电工程运行过程中的重要河流生态修复措施,能弥补长期以来水库调度以防洪、发电等为主、忽略生态需求而产生的缺陷,减缓与补偿水库运行的生态环境影响,对维持河流健康、促进水资源可持续利用具有重要的意义,是发展绿色水电的需要。与工程措施相比,水库生态调度措施具有实施费用较低、对下游河流生态修复的作用范围较大、生态修复效果较明显等特点。多个梯级联合的生态调度优化方案有利于各梯级电站的发电效益总和实现最大化,也有利于生态环境的保护。

目前,梯级电站生态调度研究尚处于起步阶段,既能满足生态需求,又具备经济可行的调度方案仍在探索之中。本文结合《中华人民共和国长江保护法》实施的契机,以雅砻江下游两库五级电站为案例开展生态调度与发电调度优化方法研究,探索流域梯级电站运行期生态保护与发电并重的优化调度运行模式,对促进水电开发河流生态可持续发展具有重要的现实与理论意义。

2　生态与发电调度目标及评价指标体系研究

2.1　生态与发电调度目标确定

2.1.1　生态调度目标

立足于解决河流生态问题、维护河流健康,综合考虑水库在不显著降低发电、防洪和兴利效益的前提下,开展生态调度的潜力分析,确定雅砻江下游梯级电站生态调度研究重点生态保护目标。

生态基流:对于锦屏二级减水河段和桐子林坝下河段,首先应解决水库蓄水发电造成下游河道的减水问题,满足生态基流,为鱼类生存提供最小的水体空间;其次应模拟制造河流自然生态水文过程,为河流重要鱼类产卵、繁殖创造适宜的水文水动力条件,解决由于水库调节造成流量均化的问题。

水温:对于锦屏一级、官地和二滩等高坝大库,防止下泄低温水影响河流生态系统,应结合水库分层取水等减缓措施,通过优化调度方式,缓解低温水下泄对鱼类的影响。

鱼类栖息地:鱼类和鱼类生境是体现生态功能的两个重要方面,流水生境与多种鱼类对水的需求是需要重点考虑的环境保护问题,雅砻江下游梯级电站生态调度研究的典型鱼类包括长丝裂腹鱼、青石爬鮡、圆口铜鱼。此外,桐子林坝下的河口保留河段存在景观生态用水需求。

2.1.2　发电调度目标

雅砻江流域梯级电站的主要开发任务为发电、防洪,部分梯级还需要考虑排沙。锦屏一级、二滩电站承担系统调峰和备用任务,同时也在系统中承担一定的基荷出力,为缓解调峰运行造成的不稳定流影响,分别在其下游设置有锦屏二级和桐子林电站,按照联合调度运行。雅砻江下游调节水库具有承担长江流域综合防洪的任务,锦屏一级水库防洪库容 16 亿 m³,二滩水库防洪库容 9 亿 m³。考虑到水库排沙运行,日调节电站如桐子林电站在汛期一般设置低水位运行。

2.1.3　生态调度与发电调度目标统筹

水电开发与生态保护是协调统一的,生态调度需要结合当前的技术水平及调度的可操作性,充分考虑发电等其他目标,通过多目标的梯级联合调度,实现雅砻江下游电站梯级的经济、社会与生态效益。

生态目标难以通过定量化的数学公式参与优化调度计算,所以采用多个生态流量过程方案作为输入条件,同时考虑水温调度影响,在满足生态目标的前提下,以发电量最优作为优化调度目标,计算不同生态流量与发电量组合的生态调度方案,再通过生态与发电效益综合评价,选出满足生态调度和发电调度的最优方案。

2.2　生态与发电效益评价指标体系

综合效益评价是一个多因子高度综合的评价体系,在具体指标选择上,因评价的侧重点以及河流自身特点不同而有差异。雅砻江下游河段开发重点在于发电与生态保护,本书采用层次分析法(简称 AHP)建立河流生态与发电效益的综合评价指标体系,作为梯级联合调度最优方案的选择依据。

2.2.1 评价指标体系

评价指标体系共分为四个层次,第一层次为生态与发电效益评价最终目标——综合效益指数,然后分解为能体现该项指标的亚指标,即发电功能和栖息地功能,按此原则再次进行分解,直至最底层的单项评价指标,包括 11 个指标(见表 1)。

表 1　雅砻江生态与发电效益综合评价指标体系及各层次指标权重

目标层	准则层		子目标层		单项指标		
	准则	权重	子目标	权重	指标	权重	具体计算依据
综合效益指数(A)	发电功能(B1)	0.648	发电	1	年发电收益	0.581	年发电收益/基本方案
					平枯期电量	0.280	平枯期电量/基本方案
					单位电量耗水率	0.074	等效电量/基本方案
					水量利用率	0.065	水量利用率/基本方案
	栖息地功能(B2)	0.352	生态流量	0.306	一般用水期流量	0.104	流量/多年平均天然流量
					鱼类产卵期流量	0.370	流量/多年平均天然流量
					流速	0.277	平均流速
					水深	0.249	平均水深
			水温	0.200	水温	1	水温变化值
			关键栖息地(WUA)	0.494	适宜产卵鱼类种类	0.472	适宜鱼类多少
					适宜产卵场面积	0.528	WUA 曲线

2.2.2 指标权重分析

运用多专家综合判断与层次分析法对建立的评价指标体系进行权重分析,即邀请行业专家 30 人对同层次指标两两比较,给出相对重要性的数值,再综合专家打分结果计算,得到各指标的权重(见表 1)。从权重数值来看,发电与生态效益并重,基本能够反映雅砻江下游河段的实际情况,权重取值是合理的。

2.2.3 指标取值方法

根据评价的发电和生态效益优劣程度,将评价体系中指标分成 4 个级别(好、较好、一般、差,见表 2),分值采用定量或定性的评估方法获取。通过多指标加权计算可得到生态和发电的综合效益指数,根据评估等级而得出最终的评价结论,并用于选择最优的生态和发电调度方案。

表 2　雅砻江生态与发电效益综合评价各指标分级标准及取值

指标	分级及取值			
	很好(10~8)	较好(8~5)	一般(5~3)	差(3~0)
年发电收益	超出基本方案值2%	超出基本方案值1%	基本方案值	低于基本方案值1%
平枯期电量	超出基本方案值2%	超出基本方案值1%	基本方案值	低于基本方案值1%
单位电量耗水率	超出基本方案值2%	超出基本方案值1%	基本方案值	低于基本方案值1%
水量利用率	超出基本方案值2%	超出基本方案值1%	基本方案值	低于基本方案值1%

续表 2

指标	分级及取值			
	很好（10~8）	较好（8~5）	一般（5~3）	差（3~0）
一般用水期流量	多年平均流量 30%~40%	多年平均流量 20%~30%	多年平均流量 10%~20%	多年平均流量 10%以下
鱼类产卵期流量	多年平均流量 50%~60%	多年平均流量 40%~50%	多年平均流量 30%~40%	多年平均流量 30%以下
流速（平均）	1.2~2 m/s	0.8~1.2 m/s	0.3~0.8 m/s	0.3 m/s 以下
水深（平均）	1.0 m 以上	0.6~1.0 m/s	0.3~0.6 m/s	0.3 m/s 以下
水温	无温变	温变 0.5 ℃内	温变 1 ℃以内	变超过 2 ℃
适宜产卵鱼类	8 种鱼类以上	5~8 种鱼类	3~5 种鱼类	1~3 种鱼类
适宜产卵场面积	WUA 最佳	一半左右的 WUA 最佳	WUA 基本	不满足基本 WUA

3　生态流量调度及水温调度方案研究

3.1　生态流量调度及人造洪峰过程研究

对锦屏二级和桐子林下游河段生态需水及调度现状进行分析,设计不同生态效益下的生态流量调度方案。生态基流是电站调度运行的前提,鱼类一般用水期的流量计算仅考虑生态基流方案,鱼类产卵期(主要集中在 3~6 月)的生态流量重点是人造洪峰有所不同,需进行多方案设计。

锦屏二级减水河段:在设计不同生态流量方案过程中,考虑长丝裂腹鱼、青石爬鮡、圆口铜鱼等代表鱼类,综合研究多个鱼类产卵区的水力条件,得到 3 种代表鱼类的多个 WUA 曲线,并确定了最低流量为人造基本洪峰值(90 m³/s),高流量为人造最佳洪峰值(250 m³/s),满足 75%以上产卵水域的流量条件为人造较好洪峰值(200 m³/s)。

结合天然流量变化过程、水温过程,拟合了 4 种人造洪水过程,包括环评批复方案(3~6 月的 10 天内的天然洪峰单峰流量过程),设计方案 1(4 月 10 天基本洪峰单峰过程,5 月 14 天最佳洪峰双峰过程),设计方案 2(4 月 20 天基本洪峰叠加最佳洪峰单峰过程,5~6 月 14 天最佳洪峰双峰过程),设计方案 3(4 月 20 天基本洪峰叠加较好洪峰单峰过程,5~6 月 14 天较好洪峰双峰过程),分别代表了不同生态效益下的流量需求。

桐子林坝下河段:通过生态水力学法计算得到桐子林坝下保留河段的生态基流(190 m³/s),参照枯水年天然流量过程而拟定了桐子林坝下人造洪水过程,即以 95%枯水年的天然流量过程中的三个涨水过程作为鱼类繁殖期的流量需求,并以 190 m³/s 作为鱼类非产卵期的生态基流。

3.2　水温调度方案研究

对雅砻江下游河段水温影响主要受锦屏一级、二滩水电站大型调节水库的影响。二滩水电站建设时间较早,由于历史原因,未设置水温缓解措施,无法开展取水口水温调度;锦屏一级水电站设计并建成分层取水叠梁门工程(2×14 m+7 m),并自 2015 年起启用叠梁门用于缓解电站下泄低温水影响,2016 年的试验表明,3 层叠梁门可以提高 1.6 ℃,2 层叠梁门可以提高 0.7 ℃,1 层叠梁门可以提高 0.5 ℃。

本文研究重点锦屏一级电站的水温调度,重点研究时段确定为 3~6 月,采用分层取水叠梁门进行水温调度后,缓解了 3 月、4 月下泄低温水现象(减缓 1 ℃左右),使得 4 月月均下泄水温处于历史同期水温变幅范围内,基本满足长丝裂腹鱼等多数裂腹鱼的产卵水温要求,减小了工程对长丝裂腹鱼的影响。

叠梁门运行是一项重要的水温调度措施,拟将鱼类升温期的叠梁门操作引起的水头损失作为一项约束条件,通过锦屏一级的模型试验获得了不同流量下的水头损失系数,通过水头损失反映到多目标综合的优化调度计算中。

3.3 生态调度方案拟定

根据上述生态流量调度研究、水温调度研究等,初步拟定了以下 7 个生态调度方案。

方案一,不考虑生态流量要求,锦屏一级不考虑水温调度要求。

方案二,考虑最小生态流量要求(锦屏二级 45 m^3/s,桐子林 190 m^3/s),锦屏一级不考虑水温调度要求。

方案三,在最小生态流量要求外,3~6 月需人造生态洪峰(环评批复方案过程),锦屏一级不考虑水温调度要求。

方案四,在最小生态流量要求外,3~6 月需人造生态洪峰(环评批复方案过程),锦屏一级考虑水温调度要求。

方案五,在最小生态流量要求外,3~6 月需人造生态洪峰(设计方案 1 过程),锦屏一级考虑水温调度要求。

方案六,在最小生态流量要求外,3~6 月需人造生态洪峰(设计方案 2 过程),锦屏一级考虑水温调度要求。

方案七,在最小生态流量要求外,3~6 月需人造生态洪峰(设计方案 3 过程),锦屏一级考虑水温调度要求。

4 生态与发电调度优化模型及综合评价

统筹考虑雅砻江下游 5 个梯级的生态与发电需求,设计不同生态目标的调度方案,考虑常规调度和优化调度两种方式,开展生态基流、水温、防洪、发电、排沙等多目标的联合优化调度模型研究,采用逐步 POA 算法进行模型求解,结合优化调度计算结果,综合评价不同调度方案的生态和发电效益优劣,推荐雅砻江下游梯级电站生态调度的最优方案及对应运行方式(见图 1)。

4.1 生态与发电调度优化模型

4.1.1 优化调度模型的建立

统筹考虑生态约束和发电约束,以满足生态和发电约束下的发电量最大为目标函数,建立雅砻江下游 5 个梯级的联合调度优化模型。生态约束考虑生态流量和叠梁门运行,生态流量以多组包括人造洪峰过程的生态流量过程作为约束条件加入;叠梁门运行按照

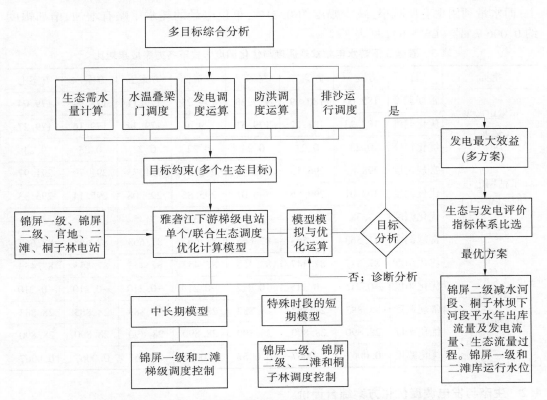

图1　雅砻江下游梯级联合生态与发电调度优化研究方法流程

是否启用判别,在启用时以产生的水头损失作为约束条件加入。模型中考虑水库运行的防洪、发电与排沙等基本限制条件,并反映到水量平衡约束、水库水位约束、下泄流量约束、电站出力约束等发电约束中。

调度计算以水文年为周期,全年计算时段为月,生态敏感期(出现人造洪峰的3~6月)计算时段细化到日,主要考虑锦屏一级和二滩两水库电站的径流调节,不考虑锦屏二级、官地、桐子林电站的径流调节。

4.1.2　优化调度模型求解

优化调度模型中包含锦屏一级和二滩两个季调节能力以上的水库电站,本书研究采用逐步优化算法(POA算法)求解梯级联合优化调度数学模型,以此来寻找两个水库电站不同时段内的目标函数最优的调度运行水位,确定合理的水库运行方式。求解过程中将多阶段的问题分解为多个两阶段问题,解决两阶段问题只是对所选的两阶段的决策变量进行搜索寻优,同时固定其他阶段的变量;在解决该阶段问题后再考虑下一个两阶段,将上次的结果作为下次优化的初始条件,进行寻优,如此反复循环,到收敛为止。

4.1.3　优化调度模型结果

对7个调度方案的模型结果统计梯级优化调度后发电指标的提升幅度,总体上各方案优化幅度均较为明显。方案一至方案七经过逐步POA优化后,发电收益、平枯期发电量相比常规调度均有所增加,发电收益增加约0.23亿元,平枯期发电量增加3.3亿元以上;而水量利用率有所减小,减少幅度约 0.21%,单位电量的耗水率略有增加,增加幅度约 0.006 7 m³/(kW·h)(见表3)。

表3　雅砻江下游水电站常规调度与优化调度方式下各方案成果对比

指标	项目	方案一	方案二	方案三	方案四	方案五	方案六	方案七
年发电收益 (亿元)	常规调度	182.00	180.99	179.28	179.23	179.11	178.94	179.04
	优化调度	182.23	181.22	179.51	179.46	179.34	179.16	179.27
	优化幅度	0.23	0.23	0.24	0.22	0.22	0.23	0.23
平枯期电量 (亿 kW·h)	常规调度	298.63	296.18	292.62	292.50	291.73	291.79	291.97
	优化调度	302.01	299.56	296.01	295.85	295.08	295.14	295.33
	优化幅度	3.38	3.38	3.39	3.35	3.35	3.36	3.36
水量利用率 (%)	常规调度	87.563	87.563	87.665	87.663	87.663	87.663	87.663
	优化调度	87.347	87.347	87.453	87.453	87.453	87.453	87.453
	优化幅度	−0.215	−0.215	−0.212	−0.210	−0.210	−0.210	−0.210
电量耗水率 [(m³/kW·h)]	常规调度	28.883	28.883	28.883	28.883	28.883	28.883	28.883
	优化调度	28.890	28.890	28.890	28.890	28.890	28.890	28.890
	优化幅度	0.0067	0.0067	0.0067	0.0067	0.0067	0.0067	0.0067

4.2　生态与发电调度优化方案综合评价

按照 7 个拟定生态调度方案的生态约束条件计算生态效益评价指标,按照优化调度方式下各方案与基本方案(方案四)的对比数值计算发电效益评价指标,根据生态与发电效益评价指标的对应权重,对 7 个方案进行综合得分加权计算,并划分评价等级(见表4)。

表4　生态与发电调度优化方案综合评价

指标(权重)		方案一	方案二	方案三	方案四	方案五	方案六	方案七
生态流量约束		无	最小基流	基流+环 评批复峰	基流+环 评批复峰	基流+ 人造峰1	基流+ 人造峰2	基流+ 人造峰3
水温调度		否	否	否	是	是	是	是
年发电收益	0.376	6.6	5.2	5.0	5.0	4.9	4.7	4.8
平枯期电量	0.181	8.1	5.3	5.1	5.0	4.6	4.6	4.7
单位电量耗水率	0.048	4.8	5.0	5.0	5.0	5.0	5.0	5.0
水量利用率	0.042	5.0	5.0	5.0	5.0	5.0	5.0	5.0
一般用水期流量	0.011	0.0	3.0	3.0	3.0	3.0	3.0	3.0

续表4

指标(权重)		方案一	方案二	方案三	方案四	方案五	方案六	方案七
鱼类产卵期流量	0.040	0.5	1.7	2.4	2.4	2.5	2.8	2.7
流速	0.030	0.0	3.5	4.0	4.0	3.5	5.0	4.7
水深	0.027	0.0	3.0	3.5	3.5	4.1	4.7	4.3
水温	0.070	3.0	3.0	3.0	3.5	4.5	4.5	4.5
适宜产卵鱼类	0.082	0.5	3.0	7.0	7.0	6.0	8.0	7.0
适宜产卵场面积	0.092	0.5	2.0	6.8	6.8	5.0	9.0	7.5
综合得分	1.00	4.72	4.30	5.02	5.10	4.75	5.30	5.11
对应等级		一般	一般	较好	较好	一般	较好	较好

按照等级划分标准,方案一、方案二、方案五属于一般,方案三、方案四、方案六、方案七较好,说明这些方案在充分考虑鱼类繁殖产卵期的生态需求上与发电效益取得了较好的协调效果,发电效益有一定程度的减少,同时生态效益增加,使得整体的效益相对较优。

7个方案中方案六的综合效益得分最高(5.30分),表明其为最优方案,作为推荐方案。方案六在7个方案中生态效益得分最高;从发电效益上看,采用优化调度方式提升了发电效益,发电效益得分减少并不明显。

5 结 论

本文从生态基流、水温和鱼类栖息地等方面综合梳理了雅砻江下游的生态调度目标,通过对锦屏二级减水河段、桐子林坝下河段的重点研究提出了生态基流量和人造洪水过程;通过锦屏一级叠梁门分层取水对水温变化和发电水头损失的影响分析提出了水温调度约束要求。在是否考虑生态基流,是否考虑水温调度的基础上,加入锦屏二级减水河段4种人造洪水过程,设计了7种生态约束条件的调度方案。

本文在考虑生态流量和水温两个主要生态约束的基础上,兼顾发电、防洪、排沙等调度运行要求,以年发电量最大作为目标函数,构建了雅砻江下游两库五级的梯级联合优化调度数学模型,采用逐步优化算法(POA算法)对模型进行求解,并将优化调度模型应用于拟定的7个生态调度方案中,结果表明优化调度模型通过提高平枯期水库运行水位提高了发电水头,增加了发电量和平枯期电量,优化幅度较为明显。

本文采用层次分析法(AHP)构建了生态与发电效益综合评价指标体系,包括发电功能和栖息地功能两个二级指标和11个单项指标,定量确定各项指标的取值和定性划分评价等级,并通过专家评分法获取各项指标的权重。将该综合评价指标体系应用于7个生态调度方案计算结果中,结果表明方案六综合评分最高,属于较好等级,可作为推荐方案。

本文构建了一种发电和生态调度综合目标优化的方法,在雅砻江这种需要协调水电开发与鱼类保护关系的河流上适应性良好。研究表明,在充分考虑人造洪水过程和生态基流、水温调度以满足生态目标需求,实现较优生态目标的同时,常规调度方式下将造成一定的发电量损失,而采用优化调度方式,所造成的发电损失量较小,可以实现最大化的生态与发电综合效益。

参 考 文 献

［1］姜森严,孙士博.大型水库生态调度效益量化方法及应用研究［J］.水利技术监督,2021(4):27-28,185.

［2］刘艳,李晓春,罗军刚.耦合多目标优化和多属性决策的水库生态调度方法研究［J］.西安理工大学学报,2021:1-10.

［3］李力,周建中,戴领,等.金沙江下游梯级水库蓄水期多目标生态调度研究［J］.水电能源科学,2020,38(11):62-66.

［4］杨婷,张代青,祖文翔.水库群生态价值联合调度研究综述［J］.中国水运(下半月),2020,20(10):114-115.

［5］杨华秋,张冬生,陈平,等.锦屏一二级梯级电站联合调度最优化分析［J］.陕西水利,2013(4):140-142.

［6］徐刚,李绍才,孙海龙.基于RIA和云计算的雅砻江流域梯级生态调度决策支持系统［J］.水电站机电技术,2011,34(3):70-73.

［7］张小刚.雅砻江水库群生态调度决策支持系统研究［J］.水电能源科学,2010,28(10):122-124,117.

［8］梅亚东,杨娜,翟丽妮.雅砻江下游梯级水库生态友好型优化调度［J］.水科学进展,2009,20(5):721-725.

［9］黄炜斌,马光文,王和康,等.雅砻江下游梯级电站群中长期优化调度模型及其算法研究［J］.水力发电学报,2009,28(1):1-4.

［10］董哲仁,孙东亚,赵进勇.水库多目标生态调度［J］.水利水电技术,2007,38(1):28-32.

长江流域上游梯级电站生态调度研究现状及有关问题探讨

吉小盼,王天野,傅嘉,刘园

(中国电建集团成都勘测设计研究院有限公司,四川 成都　611130)

摘　要　长江上游是我国水能资源最富集的区域,在长江上游干支流兴建电站合理开发水能对国民经济和社会发展具有重要作用,但同时也会对河流生态产生负面影响。生态调度是减轻梯级电站运行对河流生态影响的重要措施之一。随着《中华人民共和国长江保护法》的颁布实施,将长江流域水利水电工程生态调度提升至新高度,要求将生态用水调度纳入日常运行调度规程,建立常规生态调度机制,保证河湖生态流量。为此,本文对长江上游梯级电站生态调度研究现状进行分析和总结,探讨了现有研究存在的不足,并为后续研究提出了建议。

关键词　长江上游;梯级电站;生态调度

1　研究背景

　　长江是我国第一大河,水能资源十分丰富,主要分布在上游地区。据统计,长江干支流水能理论蕴藏量为2.68亿kW,可能开发量为1.97亿kW,占全国水能可开发量的53.4%;而宜昌以上的上游地区蕴藏量约占流域的80%,可开发的水能资源则占全流域的87%,是"西电东送"的主要产电区。一段时间以来,长江上游干支流水电梯级开发处于活跃期,陆续建成投产了多个梯级电站,其中不乏调节能力较强的控制性工程,它们主要通过蓄洪补枯的方式调节利用河流水资源,发挥防洪、发电等社会服务功能。

　　水能是我国的重要能源资源,兴建水利水电工程、合理开发水能对国民经济和社会发展具有重要作用,同时也会对河流生态产生影响。长江上游梯级水电开发在促进我国经济社会快速发展的同时,也产生了诸多生态环境问题,引起社会各界的广泛关注,同时也成为学术界热衷的研究焦点。如何减轻或消除梯级电站对河流生态的负面影响是一个复杂的系统问题,已有研究和实践表明,通过合理确定工程影响河段的生态用水需求,将生态用水调度纳入工程日常运行调度规程,与工程的防洪、发电等社会服务功能统筹协调,是减轻工程运行对河流生态影响的重要措施之一。这种试图通过梯级电站运行调度来改善河流生态的保护措施被称为"生态调度",其实质是兼顾河流生态用水需求的工程运行调度方式,从广义的角度来看,只要是旨在维护或改善河流生态的工程运行调度方式,都可以纳入生态调度的范畴。

作者简介:吉小盼(1984—),男,汉族,副高级工程师,主要从事水利水电工程环境影响评价。E-mail: gspanpan@foxmail.com。

我国从 20 世纪 80 年代开始出现生态调度的相关研究,早期的研究主要针对坝(闸)址下游河段生态需水及水库水温分层对河流生态的负面影响等。进入 21 世纪,研究主题开始逐渐转向水库生态调度和水体营养物削减之间的相互影响[1],针对黄河"中水河槽萎缩、过流量降低"等问题开展的"调水调沙"生态调度研究[2],围绕水生生态保护的三峡水库生态调度研究[3],水库生态调度模型和水库群生态调度模型的构建,以及多目标优化计算等方面,生态调度相关研究的广度和深度得以不断拓展。与此同时,有关水电建设环境保护的管理要求也不断提高,国家相继出台多项规范性文件强调生态调度,而国家生态环境保护主管部门在批复水电规划环评或项目环评时也开始明确提出生态调度研究及实施要求。

当前,随着我国生态文明建设的持续推进,长江经济带高质量发展要求不断明晰,长江流域经济社会发展进入新的历史时期。为了加强长江流域生态环境保护和修复,促进资源合理高效利用,保障生态安全,实现人与自然和谐共生、中华民族永续发展,我国首次针对某一流域专门制定了法律——《中华人民共和国长江保护法》。其中,在长江流域水资源保护方面,《中华人民共和国长江保护法》明确提出了"长江干流、重要支流和重要湖泊上游的水利水电、航运枢纽等工程应当将生态用水调度纳入日常运行调度规程,建立常规生态调度机制,保证河湖生态流量"和"对鱼类等水生生物洄游产生阻隔的涉水工程应当结合实际采取建设过鱼设施、河湖连通、生态调度、灌江纳苗、基因保存、增殖放流、人工繁育等多种措施,充分满足水生生物的生态需求"的要求。至此,"生态调度"一词首次在我国以法律规定的形式登上历史舞台。这一规定意味着今后在长江流域建立和实行生态调度机制有了法律保障,同时也对开展生态调度研究和制定生态调度方案提出了更高要求。

长江上游干流及其重要支流上的水利水电、航运枢纽等工程均具有重要的社会服务功能,但其开发任务当中大多不包括生态保护,因此兼顾生态需求的工程运行调度方式势必会影响其自身社会服务功能的发挥。生态调度作为保障长江流域生态用水的重要手段,需要在如何更好保护长江生态和发挥相关工程社会服务功能之间寻找最佳契合点,并且生态调度也具有一定的地域性和流域性,需要结合区域或流域实际情况开展研究与组织实施,这其中涉及一系列复杂的科学、技术和管理问题。为切实贯彻《中华人民共和国长江保护法》的有关要求,积极推进长江流域生态调度机制建设及运行,本文通过分析长江上游梯级电站生态调度研究现状,探讨了现有研究存在的不足及今后需要加强的研究重点,以期为后续更好开展长江流域上游生态调度工作提供有益的建议。

2　长江流域上游生态调度研究现状

根据文献检索和资料调研,截至目前,有关长江流域上游的生态调度研究主要集中在干流河段,其中绝大多数又是针对三峡工程开展的,其他少数研究则主要针对金沙江下游梯级电站开展。除此之外,长江上游干流的其他梯级电站均尚未开展生态调度研究。有关长江上游重要支流的生态调度研究较少,比较典型的有雅砻江下游梯级电站联合运行生态调度研究。

2.1　三峡工程生态调度研究

三峡工程生态调度研究开始于21世纪初,至今仍是广大研究者们重点关注的热点问题。近20年以来,相关研究和实践主要着眼于改善坝下江段鱼类产卵条件和防控库区支流水华等方面。

此外,也有少量关于减轻河口咸潮入侵影响的研究和实践。

有关三峡工程改善坝下江段鱼类产卵条件的生态调度研究较多,但大致可以分为生态调度模型构建及优化计算、生态调度试验研究两大类。在生态调度模型构建及优化计算方面,卢有麟等[4]通过分析发电效益与生态效益之间的制约竞争关系,以发电量最大和生态缺水量最小为目标建立了梯级电站多目标生态优化调度模型,并提出一种改进多目标差分进化算法对所构建模型进行高效求解,又以三峡梯级枢纽(指三峡工程和葛洲坝工程,下同)为例,采用 Tennant 法求得宜昌站生态需水,进而开展了三峡梯级枢纽多目标生态优化调度的实例应用。王学敏等[5]将基于逐月频率计算法及长江流域相关生态要素确定的宜昌站适宜生态流量作为生态效益的评价标准,构建了三峡梯级枢纽生态友好型多目标发电优化调度模型,同时提出一种包含外部种群的双种群多目标差分进化算法,并通过"精英选择"和"混沌迁移"机制实现两个种群间的信息交换,提高了算法的多目标优化性能,使模型能够在较短计算时间内获得多个符合生态效益评价标准、分布均匀、收敛性较好的非劣调度方案,从而为制定合理的调度方案提供了科学的决策依据。王煜等[6-7]针对三峡-葛洲坝运行对中华鲟产卵繁殖的影响提出优化中华鲟产卵期(10~11月)产卵生境的水库调度模型,经优化计算得出的生态调度方案可在葛洲坝水电站仅损失0.15%发电量的同时使坝下中华鲟产卵场适合度增加39%,在此基础上,进一步研究认为梯级水库联合生态调度可在满足三峡水库常规调度目标的基础上,同时满足中华鲟产卵所需的生态流量,配合葛洲坝电厂优化调度运行方式,可有效增加坝下中华鲟产卵场水动力环境产卵适合度,补偿梯级水库运行对中华鲟产卵生境造成的不利影响。在生态调度试验研究方面,纽新强等[8]最早于2006年对三峡工程生态调度若干问题进行了初步探索,在总结三峡工程前期有关研究的基础上,探讨了利用三峡水库汛前需腾空调节库容的调度方式改善长江中游"四大家鱼"产卵条件的可能,首次提出有利于"四大家鱼"产卵的调度设想。2008年,水利部中国科学院水工程生态研究所在针对四大家鱼自然繁殖需求的三峡工程生态调度方案前期研究的基础上,进一步研究提出促进"四大家鱼"自然繁殖的三峡工程生态调度方案建议:在5月中旬至6月下旬宜昌水温达到18 ℃以上时,适时开展生态调度试验,三峡水库通过加大下泄流量,使葛洲坝下游河道产生明显的涨水过程,将宜昌站流量11 000 m³/s 作为起始调度流量,在6天内增加8 000 m³/s,最终达到19 000 m³/s,调度时保持水位持续上涨,水位平均日涨率不低于0.4 m。此后,从2011年开始三峡工程启动促进长江中游四大家鱼产卵的生态调度试验,截至2018年,已先后开展生态调度试验12次,其间,于2017年5月首次启动溪洛渡、向家坝、三峡梯级水库联合生态调度试验。历次生态调度试验期间,有关单位按既定计划同步开展鱼类早期资源监测,并对生态调度试验效果进行评估。相关研究表明[9-11],三峡水库在2013~2017年的5~7月营造的涨水过程能够在一定程度上满足监利江段"四大家鱼"繁殖所需的水文需求,对减缓三峡水库运行引起的长江中游鱼类繁殖的不利影响和维持鱼类种群资源补充具有重要意义;三峡水库在 2011~2018 年连续实施生态调度对近年来长江中游"四大家鱼"的种群恢复起到了一定的作用。此外,还有研究认为三峡水库在 2018~2019 年 5~7月实施的生态调度对监利江段贝氏鳘、鳊、银鮈等鱼类的自然繁殖有明显的促进作用[11]。以上研究还同步研究了生态水文指标与产卵量的关系,其中,徐薇等[10]采用系统重构的方法分析了四大家鱼自然繁殖的关键生态水文要素,提出了宜昌江段涨水过程的生态调度优化条件,包括初始流量达到 14 000 m³/s,持续涨水 4 天以上,水位日涨幅平均大于0.5 m,流量日增幅平均大于 2 000,与前一次洪峰的间隔时间在 5 天以上。

除了针对三峡工程生态调度模型构建及优化计算和生态调度试验研究,也还有一些学者单纯开展了生态调度目标研究,其主要表现形式为生态水文目标。例如,郭文献等[12]采用生态水文学法中的逐月频率法量化了三峡水库下泄环境流调度目标,并根据Shelford 耐受性定律和 IHA-RVA 法基本原理量化分析了中华鲟产卵期和"四大家鱼"产卵期的生态水文目标;李翀等[13]基于其 1900~2004 年共 105 年的日径流资料,采用 IHA-RVA 法每年 5~6 月涨水过程数、总涨水日数、平均每次涨水过程日数等 3 项生态水文指标,得出将长江中游每年 5~6 月的总涨水日数维持在(22.1±7.2)内作为生态水文目标,可从生态流量方面补偿三峡工程对长江中游四大家鱼鱼苗发江量的影响。此外,也有学者研究了长江中游中华鲟产卵场的水流条件、水文状况及其与鱼类繁殖活动的关系,为进一步开展针对中华鲟产卵繁殖的生态调度提供了重要参考[14-18]。

三峡工程生态调度研究涉及的另一个主要方面为防控库区支流水华,刘德富等[19]在对深入研究三峡水库干支流水动力特征及其环境效应、支流库湾水华机制研究的基础上,从水华形成机制出发,结合"临界层理论"和"中度扰动理论",提出了防控支流水华的三峡水库"潮汐式"生态调度方法[20],即通过水库短时间的水位抬升和下降来实现对生境的适度扰动、增大干支流间的水体交换、破坏库湾水体分层状态、增大支流泥沙含量等机制来抑制藻类水华,包括春季"潮汐式"调度方法、夏季"潮汐式"调度方法和秋季"提前分期蓄水"调度方法。该调度方法提出后,三峡水库自 2009 年开始每年在预计水华发生期开展试验性调度,以尝试抑制支流水华的发生。根据试验性调度期间的监测结果来看,水华爆发程度明显低于 2007 年、2008 年等未开展试验性调度年份的同时期水华。刘晋高等[21]以水位、水位变频、水位变幅为水华预测模型的输入量,水体中的叶绿素浓度为预测输出量,采用 BP 神经网络(BNN)构建了水华预测模型;将水华预测模型嵌入到水库调度模型中,以水体中的叶绿素值为约束构建了防控支流水华的生态调度模型,并以离散型动态规划法(DDDP)对调度模型进行了求解,得出三峡水库开展生态调度在保证整体经济效益不亏损的情况下能有效地控制支流极端水华的暴发认识。

2.2　金沙江下游梯级电站生态调度研究

金沙江下游河段是长江流域水能资源最富集的河段,自上而下依次规划有乌东德、白鹤滩、溪洛渡、向家坝 4 座巨型梯级电站。溪洛渡和向家坝水电站是规划开发的第一期工程,装机容量分别为 1 260 万 kW 和 600 万 kW,已相继于 2013 年、2012 年蓄水发电。有关金沙江下游梯级电站的生态调度研究最早开始于 2012 年,由中国水利水电建设工程咨询有限公司联合中国电建集团成都勘测设计研究院有限公司组织开展。该研究前后历时4 年,研究人员在开展大量基础调查和研究的基础上,合理确定金沙江下游生态保护目标,采用包括生态水力学法、生境分析法、生态水文分析法在内的多种方法研究确定了生态保护目标需求,并结合彼时的开发情况及外部环境条件,重点确定了金沙江下游一期工程(溪洛渡和向家坝)生态调度与监测方案,制订了溪洛渡、向家坝水电站联合运行生态调度试验方案。在此基础上,中国长江三峡集团有限公司于2017年5月首次启动溪洛渡、向家坝联合生态调度试验,并同步开展了监测和评估。任玉峰等[22]针对此次生态调度试验,分析了生态调度对下游鱼类产卵、梯级电站调峰、库区航运、水库防洪等4个方面的影响,认为其对鱼类产卵作用明显,对向家坝调峰影响较大,对防洪有影响。

　　在生态调度模型构建与优化计算方面,也有一些关于金沙江下游梯级电站的研究。龙凡等[23]利用年内布展法和改进FDC法计算了最小生态流量和适宜生态流量,设置了4种约束方案:①工程规划约束;②年内布展法计算的最小生态流量约束;③改进FDC法计算的最小生态流量约束;④改进FDC法计算的适宜生态流量约束,并对建立的溪洛渡—向家坝生态调度模型进行求解,结果表明,当设置最小生态流量约束时,各典型年的发电量基本都能达到最大值;当设置适宜生态流量约束时,各典型年的发电量都有所减少。蔡卓森等[24]采用RVA法量化下游河道适宜生态流量,建立了以调度期内发电量最大和下游河道适宜生态流量改变度最小为目标的梯级水库群多目标优化调度模型,并以NSGA算法对模型进行求解,以典型丰水年、平水年、枯水年溪洛渡的入库流量进行优化调度计算,得出了适宜生态流量改变度与发电损耗的关系。李力等[25]基于逐月最小生态径流计算法确定河流最小生态流量,以河流生态需水满足度最大和梯级发电量最大为目标建立多目标优化调度模型,并采用改进NSGA-Ⅱ算法对模型进行求解;该研究认为乌东德、白鹤滩投产运行将会导致蓄水期下游河流生态缺水情况更加严峻,优化梯级水库运行方式、适当提前蓄水可提高下游河流生态蓄水满足度,缓解梯级发电效益与生态效益之间的竞争关系。

2.3　雅砻江下游梯级电站生态调度研究

　　雅砻江是长江上游重要的一级支流,水能资源丰富,是中国13大水电基地之一。据统计,雅砻江流域干支流水能资源理论蕴藏量3 840万kW(占长江流域总量的13.8%),技术可开发量3 466万kW。理论蕴藏量中,干流达到2 182万kW,占全水系的56.8%,而干流水能又主要处于中下游江段。

　　有关雅砻江下游的生态调度研究较少,见诸报道的研究最早开始于2009年,梅亚冬等[26]针对雅砻江下游梯级电站开展过生态友好型优化调度研究,该研究考虑锦屏二级减水河段和二滩水电站坝下河段生态流量方案,建立了以梯级电站发电量最大为目标的长期优化调度模型,定义并计算了生态需水电能损失指标,比较分析了考虑锦屏二级减水河段和二滩水电站生态流量方案对发电量的影响,认为二滩水电站下泄生态流量方案若维持天然径流模式,将限制水库调节能力和减水梯级电站发电效益。

　　2012年,随着雅砻江干流下游水电开发快速推进,为落实"在做好生态保护的前提下积极发展水电"科学发展理念,推动雅砻江流域尽快实施梯级电站生态调度,中国电建集团成都勘测设计研究院有限公司开展了雅砻江流域梯级电站联合运行生态调度研究。该研究前后历时5年,通过大量基础调查和研究,重点考虑水生生态及景观的需求,从满足水量、水文过程、水温的角度,确定了相关电站的下泄生态流量方案和叠梁门运行方案;构建了一种研究发电和生态综合目标优化调度的流程方法,并应用该流程方法建立了雅砻江下游包括锦屏一级和二滩水电站两库五级的梯级联合优化调度数学模型,采用逐步优化算法(POA算法)对模型进行求解,对多个考虑生态需水和水温需求的多目标调度方案进行优化计算和综合效益比选分析,最终推荐了雅砻江下游梯级电站联合运行综合效益最大的生态调度方案。

3 问题及讨论

长期以来,有关单位及广大研究人员针对长江流域上游梯级电站生态调度开展了大量研究,在寻求通过改善梯级电站运行调度方式减轻或消除水电开发对河流生态环境的影响方面进行了卓有成效的探索,为今后更好开展长江流域生态调度研究积累了大量理论基础和重要技术参考,但从贯彻落实《中华人民共和国长江保护法》有关要求,建立常规生态调度机制的角度来看,现有研究尚显不足,针对长江干流及其重要支流的梯级电站生态调度还有很大的研究空间。

第一,确定生态调度目标是生态调度研究的关键问题之一,这其中包括生态保护目标的选择及对其需求的确定,生态调度目标确定的合理与否,直接关系到生态调度方案的合理性及生态调度作用的发挥。结合长江上游生态调度研究现状来看,现有研究在确定生态调度目标方面存在单一化和偏经验化的问题。例如,多数研究仅选择个别的代表鱼类作为生态保护目标,并且在确定其需求时仅考虑了产卵期的需求,这对于长江流域丰富的生物多样性及鱼类资源来说,必然有一定的局限性,今后的研究在这点上有待进一步加强和完善。再如,多数研究在确定鱼类繁殖期所需的水文过程方面采用偏经验类的水文学法,对生态因素的考虑有所欠缺,缺乏对相关生态需求机制的认识,这在某种程度上会影响正确研究结论的得出,从而最终影响生态调度作用的有效发挥,在这点上,有关三峡水库防控支流水华生态调度方法的提出是一个值得借鉴的研究范例[19-20]。并且,除三峡工程外,现有研究均只重点关注了坝址下游河段,而缺少对库区生态环境问题及其调度需求的研究,这也是后续需要重点研究的方面。

第二,生态调度模型研究和生态调度试验研究属于两个可以相得益彰的研究手段,但从目前的研究来看,两者之间缺乏有效的互动,这对最终形成科学合理的多目标协同生态调度方案构成制约。目前的生态调度模型更多侧重于多目标优化计算,而在确定优化计算边界条件方面存在不足,包括对生态调度目标及其他各种约束条件的合理确定,这直接影响其研究成果在工程原型上验证的可能性。而目前的生态调度试验主要采用方案制定—监测实施—效果评价—信息反馈的模式,这种模式在某种特定条件下不失为一种寻求有效生态调度方案的选择,但当生态调度目标与工程的其他调度目标存在明显冲突时却很难被借鉴。因此,建议加强生态调度模型研究与生态调度试验的有效互动,构建生态调度模型研究—生态调度原型试验互馈模式,以促进形成更加科学合理的多目标协同生态调度方案。此外,生态调度模型研究的终极目标是能构建一套全方位快速支持决策系统,通过与水文预报系统的衔接,可将实时水情条件下若干种生态调度方案运用后的情景准确地展现出来,以便于决策者做出合理决定,为实现这一目标,今后需要在生态调度模型定量化、智能化及仿真技术方面加强研究[27]。

第三，现有生态调度研究主要集中在三峡工程，对同样位于长江上游干流的乌东德、白鹤滩、溪洛渡、向家坝等巨型工程及其他工程的研究偏少或者尚无研究；有关重要支流的生态调度研究也偏少，目前仅雅砻江下游开展了梯级电站联合运行生态调度研究，岷江的一级支流大渡河正在开展生态调度研究，岷江干流及其他重要支流（嘉陵江、乌江等）均尚未开展生态调度研究。从长江上游水电格局及开发河段生态环境特点来看，已有研究涉及的水电开发河段范围偏小，关注的梯级电站偏少，未能全部覆盖所有受工程影响的敏感河段，尚不足以支撑梯级电站生态调度在推动长江大保护方面做出应有贡献。今后需在长江上游干流及其重要支流进一步扩大生态调度研究范围，包括相关控制性工程和外环境敏感的其他梯级，以便为后续实现长江上游乃至全流域水库群联合生态调度提供必要支撑。

第四，有关研究显示气候变化对我国淮河及其以南的江河径流影响较大[28]，而江河水情的极端化分布将对梯级电站生态调度带来挑战。陈晓宏等[29]以澜沧江梯级电站为例研究了气候变化对发电和生态调度的影响，以及发电目标和生态目标间协调关系对气候变化的响应，认为气候变化导致的水文变率增强可加剧发电与生态效益间的冲突，导致保持现有发电效益的同时增大对河道生态的影响。秦鹏程等[30]预估了气候变化对长江上游径流的影响，结果显示，长江上游径流年内分布的均匀性有所增加，但年际变化明显增大，极端旱涝事件的频率和强度明显增加；金沙江和岷沱江流域年径流量、年际变化和年内分布变化小，对气候变化响应的敏感度较低，而嘉陵江流域、乌江流域和长江上游干流径流增加幅度大，同时极端丰枯出现的频率和程度增加显著，是气候变化响应的敏感区域。对此，为避免基于历史资料的确定性生态调度在指导未来的水库生态调度工作中出现谬误，有必要在后续研究中加强气候变化对长江上游梯级电站生态调度的影响研究。

第五，建立常规生态调度机制不可避免会产生利益冲突，尤其对于涉及不同建设单位的梯级电站联合生态调度，其管理问题具有很大的不确定性，因此后续也应加强包括生态补偿在内的调度管理制度研究。

4 结语

长江是我国第一大河，保护好长江利在千秋万代。《中华人民共和国长江保护法》的颁布实施，将有关长江流域水利水电工程生态调度提升至新高度，为推动建立长江流域水利水电工程常规生态调度机制，本文对长江流域水能开发最为集中的上游河段的生态调度研究现状进行了分析和总结，并为后续研究提出了建议。认为当前已有研究为今后更好开展长江流域生态调度研究积累了大量理论基础和重要技术参考，但距离推动建立构建行之有效的长江上游梯级电站常规生态调度机制尚有差距，主要体现在对相关生态需求的机制认识不足、生态调度目标选择单一化；生态调度模型研究与工程实际联系不紧密，缺乏与生态调度试验的互动，对梯级电站实际生态调度的指导作用不强；基于水文学法确定的单一生态调度目标的生态调度（原型）试验不具普适性；现有研究涉及开发河段及梯级电站的广度不足。为此，建议后续从以下几个方面加强长江上游梯级电站生态调度研究：

（1）从相关生态问题形成机制的角度，研究生态需求，确定生态调度目标。

（2）加强生态调度模型研究与工程实际的联系，构建生态调度模型研究—生态调度原型试验互馈模式，促进形成更加科学合理的多目标协同生态调度方案。

（3）在生态调度模型定量化、智能化及仿真技术方面加强研究，构建生态调度全方位快速支持决策系统。

（4）在长江上游干流及其重要支流进一步扩大生态调度研究范围，包括相关控制性工程和外环境敏感的其他梯级。

（5）开展气候变化对长江上游梯级电站生态调度的影响研究。

（6）开展生态调度管理制度研究。

参 考 文 献

［1］贾海峰，程声通，丁建华，等. 水库调度和营养物消减关系的探讨［J］. 环境科学，2001，22（4）：104-107.

［2］陈建国，胡春宏，董占地，等. 黄河下游河道平滩流量与造床流量的变化过程研究［J］. 泥沙研究，2006（5）：10-16.

［3］陈进，李清清. 三峡水库试验性运行期生态调度效果评价［J］. 长江科学院院报，2015（4）：1-6.

［4］卢有麟，周建中，王浩，等. 三峡梯级枢纽多目标生态优化调度模型及其求解方法［J］. 水科学进展，2011，22（6）：780-788.

［5］王学敏，周建中，欧阳硕，等. 三峡梯级生态友好型多目标发电优化调度模型及其求解算法［J］. 水利学报，2013（2）：154-163.

［6］王煜，戴会超，王冰伟，等. 优化中华鲟产卵生境的水库生态调度研究［J］. 水利学报，2013（3）：319-326.

［7］王煜，翟振男，戴凌全. 补偿中华鲟产卵场水动力环境的梯级水库联合生态调度研究［J］. 水利水电技术，2017，48（6）：91-97，127.

［8］钮新强，谭培伦. 三峡工程生态调度的若干探讨［J］. 中国水利，2006（14）：8-10，24.

［9］周雪，王珂，陈大庆，等. 三峡水库生态调度对长江监利江段四大家鱼早期资源的影响［J］. 水产学报，2019，43（8）：1781-1789.

［10］徐薇，杨志，陈小娟，等. 三峡水库生态调度试验对四大家鱼产卵的影响分析［J］. 环境科学研究，2020，33（5）：1129-1139.

［11］孟秋，高雷，汪登强，等. 长江中游监利江段鱼类早期资源及生态调度对鱼类繁殖的影响［J］. 中国水产科学，2020，27（7）：824-833.

［12］郭文献，夏自强，王远坤，等. 三峡水库生态调度目标研究［J］. 水科学进展，2009，20（4）：554-559.

［13］李翀，彭静，廖文根. 长江中游四大家鱼发江生态水文因子分析及生态水文目标确定［J］. 中国水利水电科学研究院学报，2006，4（3）：170-176.

［14］黄明海，郭辉，邢领航，等. 葛洲坝电厂调度对中华鲟产卵场水流条件的影响［J］. 长江科学院院报，2013，30（8）：102-107.

［15］英晓明，杨宇，贾后磊，等. 中华鲟产卵栖息地与流量关系的数值模拟研究［J］. 人民长江，2013，44（13）：84-89.

［16］陶洁，陈凯麒，王东胜. 中华鲟产卵场的三维水流特性分析［J］. 水利学报，2017，48（10）：1250-1259.

［17］王悦，杨宇，高勇，等. 葛洲坝下中华鲟产卵场卵苗输移过程的数值模拟［J］. 水生态学杂志，2012，33（1）：1-4.

[18] 杨德国,危起伟,陈细华,等. 葛洲坝下游中华鲟产卵场的水文状况及其与繁殖活动的关系[J]. 生态学报,2007,27(3):862-869.

[19] 刘德富,杨正健,纪道斌,等. 三峡水库支流水华机理及其调控技术研究进展[J]. 水利学报,2016,47(3):443-454.

[20] 三峡大学. 一种通过水位调节控制河道型水库支流水华发生的方法:CN201010532571.1[P]. 2011-03-02.

[21] 刘晋高,诸葛亦斯,刘德富,等. 防控三峡水库支流水华的生态约束型优化调度[J]. 长江流域资源与环境,2018,27(10):2379-2386.

[22] 任玉峰,赵良水,曹辉,等. 金沙江下游梯级水库生态调度影响研究[J]. 三峡生态环境监测,2020,5(1):8-13.

[23] 龙凡,梅亚东. 金沙江下游溪洛渡-向家坝梯级生态调度研究[J]. 中国农村水利水电,2017(3):81-84.

[24] 蔡卓森,戴凌全,刘海波,等. 兼顾下游生态流量的溪洛渡-向家坝梯级水库蓄水期联合优化调度研究[J]. 长江科学院院报,2020,37(9):31-38.

[25] 李力,周建中,戴领,等. 金沙江下游梯级水库蓄水期多目标生态调度研究[J]. 水电能源科学,2020,38(11):62-66.

[26] 梅亚东,杨娜,翟丽妮. 雅砻江下游梯级水库生态友好型优化调度[J]. 水科学进展,2009,20(5):721-725.

[27] 陈进. 长江流域水资源调控与水库群调度[J]. 水利学报,2018,49(1):2-8.

[28] 王国庆,张建云,管晓祥,等. 中国主要江河径流变化成因定量分析[J]. 水科学进展,2020,31(3):313-323.

[29] 陈晓宏,钟睿达. 气候变化对澜沧江下游梯级电站发电及生态调度的影响[J]. 水科学进展,2020,31(5):754-764.

[30] 秦鹏程,刘敏,杜良敏,等. 气候变化对长江上游径流影响预估[J]. 气候变化研究进展,2019,15(4):405-415.

高山峡谷过鱼设施设计

王旭航,吴开帅,魏海宁

(中国电建集团华东勘测设计研究院有限公司,浙江 杭州 311122)

摘 要 为了缓解水电工程建设对鱼类的阻隔,建设过鱼设施是最有效的方法之一。现以雅砻江杨房沟过鱼设施为例,介绍杨房沟水电站概况、鱼类资源概况、过鱼目标与工程等别、上行集鱼系统设计、上行运放鱼系统设计、下行集运鱼系统设计等 6 个方面内容,供高山峡谷型水电站过鱼设施设计参考。

关键词 雅砻江;杨房沟水电站;过鱼设施;设计

1 杨房沟水电站概况

杨房沟水电站坝址位于四川省凉山彝族自治州木里县境内的雅砻江中游河段麦地龙乡上游约 6 km 处,是中游河段规划"一库七级"开发的第六级,上距孟底沟水电站约 37 km,下距卡拉水电站约 40 km。电站装机容量为 1 500 MW,最大坝高 155 m。正常蓄水位 2 094 m,死水位 2 088 m,调节库容 0.538 亿 m^3,具有日调节性能。

根据《关于四川省雅砻江干流中下游河段水电开发环境影响回顾性评价研究报告有关意见》和《雅砻江杨房沟水电站鱼类增殖放流站环境影响报告书》及其批复意见,采取修建鱼道式集鱼系统组合形式过鱼。

2 鱼类资源概况

根据调查,调查区段共有鱼类 35 种,分属 2 目 5 科 26 属。其中列入《中国濒危动物红皮书》及《中国物种红色名录》的鱼类长薄鳅、青石爬鮡、长丝裂腹鱼、黄石爬鮡、中华鮡、鲈鲤等 6 种。江段无国家级重点保护鱼类,有裸体异鳔鳅鮀、鲈鲤、长丝裂腹鱼、细鳞裂腹鱼、松潘裸鲤、青石爬鮡及中华鮡等 7 种四川省级保护鱼类。

3 过鱼目标与工程等别

3.1 过鱼对象

杨房沟水电站过鱼目标主要是维持大坝上下游各种鱼类种群的基因交流,避免鱼种的单一化和退化。从鱼类的珍稀保护等级、鱼类天然分布区域、资源量等角度综合考虑,为保证坝上坝下鱼类交流,本工程主要过鱼对象调整为鲈鲤、长丝裂腹鱼、黄石爬鮡、青石爬鮡 4 种,兼顾过鱼对象为松潘裸鲤、长薄鳅、裸体异鳔鳅鮀、细鳞裂腹鱼、中华鮡。同时,兼顾长江上游特有鱼类。

作者简介:王旭航(1982—),高级工程师,研究方向为生态环境影响评价与保护技术。

3.2 过鱼时段

过鱼时段根据主要过鱼对象及其繁殖习性,鱼类主要生长季节均应保证鱼类的洄游通道畅通。因此,上行过鱼时段确定为每年的 3~7 月,其中 4~6 月为主要过鱼时段。下行过鱼时段确定为每年的 5~9 月,其中 6~8 月为主要过鱼时段。

3.3 过鱼规格

鱼类过坝规格主要按照鱼类最小性成熟个体体长予以确定,以提高上行过坝个体参加当年繁殖的可能性。在鱼类资源调查和鱼类上溯特征研究中均发现,坝下鱼类以体长 20~40 cm 的个体为主,游泳能力测试结果,过鱼设施上行过鱼规格确定为 20~40 cm。工程下行过坝对象主要为发育期较早、游泳能力较弱的幼鱼,考虑将 3~5 cm 的仔稚鱼作为下行过鱼的个体规格。

3.4 过鱼规模

杨房沟过鱼设施的过鱼目标在于满足鱼类遗传交流需求,长丝裂腹鱼、鲈鲤现状河道内的资源量相对多,且为鱼类增殖站近期放流对象,考虑上行最小过鱼规模各考虑为 500 尾/年,青石爬鮡、黄石爬鮡为增殖站远期放流对象,目前资源量很少,最小过鱼规模各考虑为 50 尾/年,最大过鱼规模暂取 0.5 万尾/年。不同过鱼对象种类按 5 000 尾/年作为下行鱼类的数量参考。

4 上行集鱼系统设计

4.1 集鱼方式选择

通过鱼道式集鱼系统、过鱼通道式集鱼系统、活动式集鱼平台等三种集鱼系统结构比选,鱼道运行较多,技术相对成熟,在集鱼效果方面也有一定的优势,且从安全性的角度考虑,选择该方式。鱼道式集鱼系统结构组成示意(侧视图)如图 1 所示。

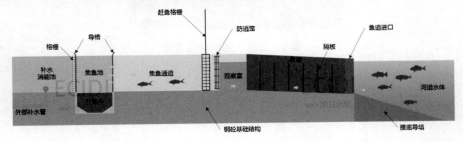

图 1 鱼道式集鱼系统结构组成示意(侧视图)

4.2 进鱼口位置选择

进鱼口位置选择是过鱼设施设计的重点,主要采用物理模型和数值模拟的方式进行分析。模型平面布置见图 2。

本工程泄洪期间不过鱼,因此不考虑泄洪工况。正常发电期间,主要为半台机、一台、两台、四台机发电。机组最小流量发电为 200.00 m³/s;1 台机发电流量为 424.70 m³/s;2 台机组满发流量为 849.40 m³/s;4 台机组满发流量为 1 698.80 m³/s。杨房沟电站设计为二洞四机的形式,根据研究经验,在四台机组未同时发电的情况下,优选出流更靠近河道左岸的机组。杨房沟水电站建成后,按两台机发电的工况 5 和工况 6 作为典型工况(2 台

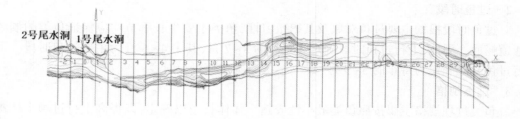

图 2　模型平面布置 （单位:m）

机发电流量接近江段多年平均流量 896 m³/s,为过鱼时段 3~7 月的典型工况),研究建议诱鱼进口流速为 0.41~1.00 m/s,工况 5 尾水下游主流流速为 2.50~7.00 m/s,最大流速为 7.00 m/s,坝下左岸避开回流区的合适进口布置范围为尾水口下游 620~680 m 内,平均横向宽度约为 15 m;工况 6 尾水下游主流流速为 1.00~3.00 m/s,最大流速为 3.00 m/s,坝下左岸避开回流区的合适进口布置范围为尾水口下游 620~700 m 内。因此,根据水力学模型试验和数值模拟分析成果,为避开回流区,推荐集鱼设施进口最适宜布置在坝下左岸尾水口下游 620~680 m 内。工况 5 结构优化布置见图 3、鱼道进口附近流场加密流速矢量如图 4 所示,不同工况集鱼设施进口布置建议如表 1 所示。

图 3　工况 5 结构优化布置

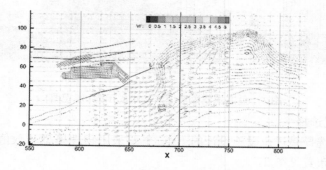

图 4　鱼道进口附近流场加密流速矢量

表 1   不同工况集鱼设施进口布置建议

工况	发电流量 （m³/s）	发电机组 （台）	是否考虑 卡拉	流速适宜 区域 （m/s）	回流区域范围	最适宜进口区域
2	200	0.5	是	210~300	下游左岸 0~350 m	下游右岸 80~300 m
3	424.7	1	否	50~660	下游左岸 0~420 m	下游左岸 580~660 m
4	424.7	1	是	130~660	下游左岸 0~380 m	下游左岸 440~660 m
5	849.4	2	否	50~680	下游左岸 0~600 m	下游左岸 620~680 m
6	849.4	2	是	210~700	下游左岸 0~600 m	下游左岸 620~700 m
7	1 698.8	4	否	50~700	下游左岸 0~610 m	下游左岸 620~700 m
8	1 698.8	4	是	50~700	下游左岸 0~600 m	下游左岸 620~700 m

4.3   鱼道进口数量、设计水位及进口高程

（1）鱼道进口数量。卡拉水电站建成前,杨房沟水电站一台机发电时鱼道进口处水位 1 981.8 m;卡拉水电站建成后（正常蓄水位运行）,杨房沟水电站四台机发电时鱼道进口处水位 1 988 m,水位相差 6.2 m,杨房沟水电站坝下集鱼鱼道设高低两个进口是必要的。

（2）设计水位。结合国内外其他已建鱼道工程,综合考虑,本工程设计最大运行水深为 3.5 m。

（3）进口高程。低高程进口（1 号进口）底板高程为设计运行低水位以下 0.3 m,即高程 1 981.5 m;高高程进口（2 号进口）底板高程为设计运行高水位以下 3.5 m,即高程 1 984.5 m。

4.4   关键流速参数

（1）过鱼设施内最小流速。过鱼设施内最小流速的确定主要采用感应流速,结合过鱼对象的游泳能力试验,考虑到尽可能兼顾绝大多数过鱼对象的感应流速需要,选取除黄石爬鳅以外的过鱼对象中感应流速最大值作为鱼道内最小流速的控制值,即选取 0.26 m/s 作为一般情况下的鱼道内最小流速;在鱼道内水深较大时或集鱼通道区域,逆流上溯通道最小流速控制不小于 0.08 m/s。

（2）过鱼设施主流流速。结合临界游泳速度试验结果,过鱼对象临界游泳速度为 0.68~1.25 m/s,过鱼设施内的主流流速宜考虑大于最小流速且小于临界游泳速度的大值,即为 0.26~1.25 m/s。

（3）过鱼设施进口流速。结合临界游泳速度试验结果,考虑以过鱼对象临界游泳速度的 0.6~0.8 作为过鱼设施进口流速,即进口流速控制为 0.41~1.00 m/s。

（4）鱼道竖缝处流速。鱼道是一个整体结构,如竖缝处流速过小,则存在整个鱼道,尤其是进口流速过缓的问题;如竖缝处流速过大,则会导致部分过鱼对象无法通过竖缝上溯。综合本工程主要过鱼对象（长丝裂腹鱼、鲈鲤、黄石爬鳅、青石爬鳅）的突进游泳速

度,考虑以突进游泳速度相对较小的长丝裂腹鱼的突进游泳速度 1.21 m/s 作为本工程的竖缝处流速的一般限值,以其突进游泳速度的上限值 1.46 m/s 作为本工程竖缝处流速的最大限值。

4.5　辅助诱鱼设施的选择

结合鱼类对声音、光、气泡幕的诱鱼效果试验,气泡幕的阻拦效果较差,不考虑作为进鱼口的拦鱼设施,鱼类对水滴滴下的声音具有正趋音反应,对蓝绿光具有明显的偏好。因此考虑在进鱼口设置喷水管制造水滴声诱鱼,并设置发绿光的防水灯进行诱鱼。此外,由于江段鱼类主要为底栖或中下层鱼类,洄游过程中主要沿两岸浅水区域上溯,因此,在进鱼口附近沿岸设置导墙,也将有助于鱼类找到进鱼口,也将导墙作为推荐的辅助诱鱼方式。

4.6　集鱼鱼道供水方案的选择

综合考虑运行期能耗、建设成本及水质等,过鱼设施水源推荐采用上游库区埋管取水方案。此外,考虑在卡拉水电站建成后,坝下水位将较现状抬升,在卡拉正常蓄水位附近运行时,具备通过河道引水的基本条件,因此考虑在集鱼鱼道末端设置进水口,在今后水流条件满足要求时,通过开启末端的出口补水工作闸门为集鱼鱼道进行补水。

4.7　鱼道式集鱼系统设计

上行集鱼采用鱼道式集鱼系统。根据坝下流场分析成果,在电站运行过程中,鱼类可通过电站尾水上溯至该处,且水流条件较好。上行集鱼系统主要包括鱼道进口、进口闸门、池室、观察室、防逃笼、集鱼通道、集鱼池、补水消能池、出口补水工作闸门、中部工作闸门等。升鱼装置由升鱼排架、升鱼斗、电动葫芦、转运平台组成。

5　上行转运鱼系统设计

5.1　转运鱼系统

上行转运鱼系统方案主要有有轨方案和无轨运输方案 2 种,通过综合比较采用无轨运鱼车系统进行转运,运鱼系统主要包括自持式运鱼车和配套运鱼箱两部分,运鱼箱与车体可通过限位和止锁装置相连,可通过车体向运鱼箱进行供电。

运鱼车车体采用卡车结构,要求牵引动力足,具备良好的爬坡性能,相对较低的底盘结构。运鱼箱初步尺寸考虑为 1.5 m×1.5 m×1.5 m,运鱼箱主要设备有鱼箱系统、维生系统(增氧系统、物理过滤系统)、水温监测系统、动力系统、电控系统及水循环泵等,给鱼类生存环境创造一个温度适宜、水质干净、含氧量适中的水环境。

5.2　放鱼方式选择

由于放鱼区域主要位于库尾和支流汇入口,上述区域在工程建成后无陆路运输通道,因此只能采用放鱼船将上游集鱼平台的鱼类运至库尾或支流区域进行放流。本工程的过鱼对象为急流性鱼类,杨房沟水电站蓄水后,库区水流变缓,不适宜急流性鱼类生存。库尾和支流仍保留河流形态,因此鱼类经上游停靠平台吊装至集运鱼船后,运送至库尾和支流三岩龙河进行放流。

5.3　上游停靠平台及配套设施

综合考虑自然条件、船舶安全靠离泊、装卸工艺等因素,本工程泊位前沿线的布置与水流方向大致平行,尽量减少开挖量,以及停靠平台运营期间对流态及航道的影响。

本停靠平台共设 4 个顺靠泊位和 1 个顶靠泊位。其中,装卸区的 2 个泊位用于装卸作业,另外 3 个泊位用于船舶停靠。该停靠平台采用并靠的方式共停靠 7 艘船舶,分别为 1 艘集运鱼船、1 艘捕鱼船、1 艘清污船、2 艘 20 座工作船和 2 艘 7 座快艇,其中集运鱼船用于过鱼设施,其他船只为整个主体工程其他用途所需。

同时,结合停靠平台的装卸工艺方案,在停靠平台前沿的装卸作业区和人行区域分别配置 2 艘趸船。装卸作业区的趸船的规格为长 38 m、宽 11 m。人行区域的趸船尺寸为长 51 m、宽 11 m。2 艘趸船之间采用长 5 m 的钢引桥连接,便于工作人员行走。

5.4 集运鱼船设计

该船与下行集鱼系统共用,即为下行集运鱼船。集运鱼船装载运鱼箱,同时配套放鱼溜槽。运鱼箱在上游停靠平台装载于集运鱼船后,由集运鱼船运至雅砻江库尾及支流三岩龙河,通过放鱼溜槽放流。

本工程配套集运鱼船 1 艘,集运鱼船运行时船上需配备驾驶员 1 人,具有鱼类保护专业知识的人员 1 人。在非过鱼时段,集运鱼船停泊于坝前库区上游停靠平台。

上游停靠平台已配套有起重机,因此集运鱼船上不再设置吊机。集运鱼船上需配套有空间用来存放运鱼箱。同时,集运鱼船上配套放鱼溜槽。集运鱼船到达合适的放流地点后,运鱼箱放鱼孔对准放鱼溜槽,打开放鱼孔,运鱼箱的水和鱼一起从放鱼孔进入放鱼溜槽,并依次进入放流水域。溜槽必须光滑,而且横截面为圆形或椭圆形。为防止鱼受伤或受惊吓,运鱼箱放鱼口与拟放流水面间的落差高度不宜超过 5 m。

6 下行集运鱼系统设计

6.1 方案简述

过鱼设施保护目标以加强遗传交流为主,下行过鱼设施主要为协助洪水期被动下行的鱼类过坝,因此设计应尽可能避免对下行种类的选择,下行集鱼系统应尽可能地收集所有被动下行的鱼类(主要为幼鱼),将其转运过坝。

下行过鱼系统与上行过鱼系统类似,分为集鱼、转运、放流三大系统。

通过水上集鱼设施对 3~5 cm 及以下幼鱼进行收集后,转移入运鱼箱。由集运鱼船装载运鱼箱运送至上游停靠平台,将运鱼箱吊装至自持式运鱼车,自持式运鱼车装载运鱼箱通过卡杨对外交通专用公路到达坝下放鱼平台的放鱼池内,最后通过放鱼滑道放流。

6.2 下行集鱼系统

考虑到杨房沟水电站下行过鱼对象主要是 3~5 cm 的幼鱼个体。综合集鱼效果、投资造价、运行操作的便利性等条件,推荐下行集鱼设施采用水下连续卵苗采集器在库尾附近及支流汇合口附近开展作业。水下连续卵苗采集器可与本工程的集运鱼船结合设计,鱼类可直接采集至集运鱼船上的运鱼箱。水下连续卵苗采集器工作时关闭集运鱼船动力,并通过船锚固定,方便集鱼。采集后还可通过集运鱼船前往不同地点集鱼,运行灵活方便。

6.3 下行转运鱼系统

下行转运鱼方式与上行转运鱼方式相同,采用"自持式运鱼车+综合定位系统"的组合方案。

6.4 下行放鱼系统

杨房沟水电站下行放鱼区域主要考虑放流至流水区域,结合杨房沟水电站的枢纽布置及集鱼系统布置,在杨房沟桥头集鱼区域,属于流水性河流区域,为便于对集放鱼过程的集中管理,考虑在集鱼进口的参观平台修建放鱼池,沿岸布设放鱼滑道进行放流。

7 结 语

高山峡谷区域工程建设条件相对恶劣,用地紧张,对于高水头的水利水电工程而言,过鱼设施的建设是工程的技术难点之一。杨房沟水电站巧妙地采用了鱼道式集鱼系统+自持式运鱼车+综合定位系统+集运鱼船的创新形式,有效地解决了鱼类上行过程中垂直高差大、工程布置难、工程投资高、建设干扰大等重大制约问题;工程结合仔(稚)鱼下行的需要,采用集运鱼船(含卵苗采集器)+自持式运鱼车+综合定位系统+放鱼滑道的形式,保障仔(稚)鱼资源及时补充进入下游河道。杨房沟过鱼设施的建设对有效缓解雅砻江中游水电开发对水生生态的影响,促进工程建设及流域水电开发与生态环境保护的协调、持续发展具有积极意义。

参 考 文 献

[1] 何伟,石远航,谭龙英.夹岩水利枢纽工程过鱼设施研究[J].水利水电快报,2020(9):97-101.
[2] 侯轶群,蔡露,陈小娟,等.过鱼设施设计要点及有效性评价[J].环境影响评价,2020(3):19-23.
[3] 卢冰华.严寒地区高坝过鱼设施布置方案设计研究[J].水利规划与设计,2019(3):52-56.
[4] 四川省雅砻江杨房沟水电站环境影响报告书[R].2013.
[5] 四川省雅砻江杨房沟水电站过鱼设施设计专题报告[R].2020.

西南土石山区线性工程弃渣场整治水土保持措施设计
——以卡拉·杨房沟水电站交通专用公路工程为例

刘健,陈东,应丰

(中国电建集团华东勘测设计研究院有限公司,浙江 杭州　311122)

摘　要　西南土石山区的开发建设项目,受地形地质条件的限制,具有弃渣量大、弃渣场地匮乏、水土流失严重等特点,尤其是位于山区的线性工程项目,桥梁、隧洞较多,建设过程中很难完全按照设计进行弃渣处理和弃渣场防护,项目结束后,往往需要进行弃渣场整治。本文结合西南土石山区线性工程建设特点,依据水土保持工程设计要求,以卡拉·杨房沟水电站交通专用公路弃渣场整治为例,分析介绍了西南土石山区线性工程弃渣场整治水土保持措施设计的体系、方法及创新点,供类似项目参考借鉴。

关键词　西南土石山区;线性工程;弃渣场整治;水土保持

1　引　言

西南土石山区的线性工程项目,受地形地质条件的限制,具有弃渣量大、弃渣场地匮乏、水土流失严重等特点。卡拉·杨房沟水电站交通专用公路(简称卡杨公路)工程位于四川省雅砻江中游河段凉山州木里藏族自治县境内,地理位置偏远,地广人稀,交通不便[1]。工程建设规模大,土石方开挖量大,在建设过程中要产生大量废渣[2]。项目在实施过程中没有按照设计进行弃渣处理和弃渣场防护,导致现场面貌较差,甚至影响工程验收,对弃渣场进行整治变得尤为重要。

2　工程概况

卡杨公路全长 92.6 km,位于四川省凉山州木里县和甘孜州九龙县境内。起点位于锦屏一级水电站左岸缆机平台交通洞进口附近,距锦屏一级水电站坝址约 400 m,终点位于杨房沟水电站金波石料场下游约 350 m 左右,距杨房沟水电站坝址约 1.2 km。全线共设隧道 33 座、总长约 48.1 km,桥梁共 14 座、总长 1.83 km。

工程采用公路三级标准,设计行车速度为 30 km/h,一般路段为单线双向双车道,特长隧道及其接线路段为双线单向单车道。

工程于 2010 年 4 月开工建设,2014 年 6 月全线贯通,建设总工期 51 个月。

作者简介:刘健(1989—),男,硕士研究生,工程师,研究方向为生态环境工程设计、咨询等工作。E-mail:1010307915@qq.com。

工程土石方开挖量 545.05 万 m³,填方量 105.12 万 m³,工程无借方,弃渣量 439.93 万 m³,弃渣折合松方 604.90 万 m³。

3 自然概况

工程地处青藏高原向四川盆地过渡的斜坡地带,属青藏高原东南部(川西高原)侵蚀山原区,属横断山系的东部中段,地势自西北向东南呈阶梯状递降,地貌上多属侵蚀山地,海拔 1 920~2 500 m。工程区受地质构造运动影响强烈,地质条件复杂[3]。气候属川西高原气候区,多年平均降水量 796.7 mm,多年平均气温 17.2 ℃,多年平均蒸发量 1 807.9 mm。植被类型属亚热带常绿阔叶林区。工程区主要分布有红壤、黄壤、棕壤和暗棕壤等土壤。工程区的地震基本烈度为Ⅶ度。工程区土地利用类型以林地、牧草地和未利用地为主,水土流失强度以轻度和中度为主。

4 弃渣场设置情况

工程弃渣总量 439.93 万 m³(松方 604.90 万 m³)。弃渣运至 16 处弃渣场堆置,其中自身设置 12 处,分别为五二湾弃渣场、麻地湾 1# 弃渣场、麻地湾 2# 弃渣场、矮子沟弃渣场、羌活沟弃渣场、羊窝子沟弃渣场、青岗坪沟弃渣场、面上湾沟弃渣场、骆驼沟弃渣场、一江弃渣场、立尔弃渣场、喇嘛寺沟弃渣场;利用其他工程的弃渣场或场地的 4 处,分别为锦屏一级水电站的三滩沟弃渣场、利用杨房沟水电站的中铺子弃渣场和上铺子沟弃渣场、利用卡拉水电站施工场地的羊奶沟弃渣场。弃渣场概况见表 1。

表 1 弃渣场概况

渣场名称	位置	行政区划分	占地面积(hm²)	堆渣量(万 m³)	渣场类型	备注
三滩沟弃渣场	K2+920	木里县	5.04	157.6	库内弃渣场	锦屏一级水电站弃渣场
五二湾弃渣场	K6+650	木里县	2.03	36.7	坡地型	
麻地湾 1# 弃渣场	K11+015	木里县	1.13	12	坡地型	
麻地湾 2# 弃渣场	K11+135	木里县	0.38	9.5	沟道型	
矮子沟弃渣场	K13+450	木里县	1.26	35.2	坡地型	
羌活沟弃渣场	K21+480	木里县	3.28	35.3	沟道型	
羊窝子沟弃渣场	K32+500	木里县	0.35	24.8	沟道型	
青岗坪沟弃渣场	K30+600	木里县	0.66	34.8	沟道型	
面上湾沟弃渣场	K36+500	木里县	2.63	55.3	临河型	淹没在水下
骆驼沟弃渣场	K45+000	木里县	1.83	22.1	沟道型	
羊奶沟弃渣场	K60+650	木里县	0.83	10.9	坡地型	后期用作卡拉水电站施工场地
一江弃渣场	K72+300	木里县	0.61	12.5	坡地型	

续表 1

渣场名称	位置	行政区划分	占地面积（hm²）	堆渣量（万 m³）	渣场类型	备注
立尔弃渣场	K77+450	木里县	1.2	30	沟道型	
喇嘛寺沟弃渣场	K78+900	木里县	2.11	17.1	坡地型	
中铺子弃渣场	K87+000	木里县	1.16	18.9	坡地型	杨房沟水电站弃渣场
上铺子沟弃渣场	杨房沟左岸坝址下游 2.6 km	木里县	22.5	92.2	沟道型	杨房沟水电站弃渣场
合计			47	604.9		

工程于 2014 年 6 月全线贯通,完工较早,由于地形地质条件较为恶劣,施工时未按照设计弃渣场的防护措施及时实施,2017 年 11 月至 2018 年 5 月对已堆完的弃渣场进行整治绿化。整治绿化的范围为卡杨公路自身设置的 11 处弃渣场,分别为五二湾弃渣场、麻地湾 1# 弃渣场、麻地湾 2# 弃渣场、矮子沟弃渣场、羌活沟弃渣场、羊窝子沟弃渣场、青岗坪沟弃渣场、骆驼沟弃渣场、一江弃渣场、立尔弃渣场、喇嘛寺沟弃渣场(由于面上湾沟弃渣场当时已淹没在水下,不纳入整治范围)。

5　弃渣场防护标准和原则

弃渣场防护以《开发建设项目水土保持技术规范》(GB 50433—2008)、《防洪标准》(GB 50201—2014)和《水土保持工程设计规范》(GB 51018—2014)等为主要设计依据。

渣场整治考虑的 11 处弃渣场中,有 6 处为沟道型弃渣场,其余为坡地型弃渣场。结合各弃渣场堆渣量、堆渣最大高度及渣场失事对主体工程或环境造成的危害程度等因素综合确定弃渣场级别、防护建筑物级别、防洪标准等。弃渣场等级、防护建筑物级别和防洪标准见表 2。

表 2　弃渣场等级、防护建筑物级别和防洪标准

序号	弃渣场名称	堆渣量（万 m³）	堆渣高度（m）	弃渣场失事造成的危害程度	弃渣场级别	拦渣工程建筑物级别	排洪工程建筑物级别	设计防洪标准	校核防洪标准
1	五二湾弃渣场	36.7	47	对环境影响较轻,对主体工程危害较轻	4	5	4	20	50
2	麻地湾 1# 弃渣场	12	105	对环境影响较严重,对主体工程危害较严重	2	3	2	50	100
3	麻地湾 2# 弃渣场	9.5	39	对环境影响较轻,对主体工程危害较轻	4	5	4	20	50

续表 2

序号	弃渣场名称	堆渣量（万 m³）	堆渣高度（m）	弃渣场失事造成的危害程度	弃渣场级别	拦渣工程建筑物级别	排洪工程建筑物级别	设计防洪标准	校核防洪标准
4	矮子沟弃渣场	35.2	30	对环境影响较轻，对主体工程危害较轻	4	5	4	20	50
5	羌活沟弃渣场	35.3	35.5	对环境影响较轻，对主体工程危害较轻	4	5	4	20	50
6	羊窝子沟弃渣场	24.8	30	对环境影响较轻，对主体工程危害较轻	4	5	4	20	50
7	青岗坪沟弃渣场	34.8	20	对环境影响较轻，对主体工程危害较轻	4	5	4	20	30
8	骆驼沟弃渣场	22.1	78	对环境影响不严重，对主体工程危害不严重	3	4	3	30	50
9	一江弃渣场	12.5	47	对环境影响较轻，对主体工程危害较轻	4	5	4	20	50
10	立尔弃渣场	30	20	对环境影响较轻，对主体工程危害较轻	4	5	4	20	50
11	喇嘛寺沟弃渣场	17.1	96	对环境影响不严重，对主体工程危害不严重	3	4	3	30	50

6　弃渣场整治措施设计

6.1　工程措施

6.1.1　拦挡措施

在弃渣场坡脚处、沿沟道侧设置 C20 混凝土挡渣墙，部分渣场坡脚处已设置浆砌石挡墙，但规格较低，为了防止削坡过程中，对其造成破坏或压埋，在已建浆砌石挡墙前方增设一道 C20 混凝土挡墙，级别较低、边坡较缓的弃渣场可采用浆砌石挡墙，挡墙形式和高度根据各弃渣场堆渣量、堆渣高度和地形条件等因素综合确定。

新建挡渣墙采用重力式结构，梯形断面，顶宽 1.0 m，背坡 1∶0.1，面坡 1∶0.5，挡渣墙基础埋深不小于 1 m，挡渣墙基础需确保坐落在基岩上或者处理后基础承载力不小于 150 kPa。

6.1.2　防洪排导工程

弃渣场汇水分渣场沟道来水、上坡面径流、堆渣边坡径流及渣体渗水等四部分。根据各弃渣场汇水面积和上游沟道来水情况，弃渣场排水措施设计分为以下三种类型：

羊窝子沟弃渣场、骆驼沟弃渣场等 2 处弃渣场已设置排水隧洞或涵管;喇嘛寺沟弃渣场汇水面积较小,且渣场上方即为卡杨公路,来水被卡杨公路自身排水沟截走,因此设计对上述 3 处弃渣场不采用截水沟拦截和排泄渣场汇水。

麻地湾 2# 弃渣场、羌活沟弃渣场、矮子沟弃渣场、一江弃渣场、立尔弃渣场周边设置截水沟,采用 M7.5 浆砌石砌筑,衬砌厚度 30 cm,梯形断面,尺寸 0.6 m×0.6 m(底宽×深),坡比 1:0.5。

五二湾弃渣场、麻地湾 1# 弃渣场、麻地湾 2# 弃渣场、羌活沟弃渣场、青岗坪弃渣场、立尔弃渣场等弃渣场上游沟道洪峰流量较大,沟道来水通过卡杨公路设置的过路涵洞,在渣场一侧或坡面设置排洪沟顺接涵洞排泄,末端与下游沟道相接。排洪沟采用矩形断面,重力式边墙,C20 钢筋混凝土结构,排洪沟尺寸根据设计洪峰流量计算确定,尺寸 2.0 m×2.0 m~2.5 m×2.5 m(宽×深);排洪沟比降根据地形条件确定,但不应小于 1.5%。

麻地湾 1# 弃渣场、麻地湾 2# 弃渣场、矮子沟弃渣场、羌活沟弃渣场、羊窝子沟弃渣场、一江弃渣场、立尔弃渣场削坡开级后,于马道内侧设置马道排水沟,矩形断面,底宽和深统一采用 0.4 m,M7.5 浆砌石砌筑,衬砌厚度 30 cm,其余弃渣场未设置马道,不涉及马道排水沟。

6.1.3　堆渣体护坡及平台整治工程

6.1.3.1　削坡措施

削坡前,根据场地地形、地质条件与周边环境修筑拦挡设施。对边坡较陡的弃渣场进行削坡,坡比控制在 1:1.5~1:2.0,堆渣体每隔 20 m 设置一条马道,马道宽 2 m。

6.1.3.2　堆渣平台整治工程

弃渣场削坡完毕后,对渣顶平台进行场地平整、覆土,栽植乔木、撒播灌草籽绿化。

6.1.3.3　框格护坡工程

矮子沟弃渣场、羌活沟弃渣场、羊窝子沟弃渣场、青岗坪弃渣场、一江弃渣场等 5 个弃渣场削坡完毕后,对边坡进行混凝土框格梁植草护坡。框格尺寸采用 3 m×3 m,混凝土框格梁宽 40 cm,厚 50 cm,框格布置好后,先铺设 5 cm 砂砾石反滤层,再覆 15 cm 厚的耕植土。

喇嘛寺沟弃渣场堆渣较薄、边坡较陡,不具备框格梁护坡的条件,对其采取挂网喷播植草护坡的措施。

6.2　植物措施

工程削坡结束后,对渣顶平台进行场地平整、覆土并实施植物措施;在实施混凝土框格的弃渣场坡面框格内进行覆土、撒播灌草籽绿化,在不具备实施框格条件的弃渣场坡面采取撒播灌草籽绿化,喇嘛寺沟弃渣场实施挂网喷播植草护坡。

6.2.1　立地条件分析及绿化方案

弃渣场分布高程 1 900~2 600 m,属雅砻江干热河谷区。本工程弃渣以石方为主,弃渣场削坡开级后,绿化立地条件较差,需对绿化区进行平整、覆土等立地改造。

6.2.2　树(草)种选择

结合渣场绿化区立体条件、当地生态环境和主要适宜性树种等,灌木选择车桑子,草本选择紫花苜蓿和苇状羊茅,乔木选择云南松和滇青冈,形成乔、灌、草立体绿化的复层林结构。

7 渣场堆置形式稳定性分析

弃渣场自 2010 年开始启用,至 2014 年完全形成。2017 年 11 月开始,对 11 处弃渣场(面上湾沟弃渣场位于水下淹没区,不在整治之列)开展了专项整治设计。设计时,弃渣已堆放完毕,未再弃渣;在现有堆渣基础上,设计了挡渣墙、防洪排水、削坡分级、景观绿化等防护措施,对弃渣场的正常运行和非常运行工况条件下的安全系数进行了测算,堆渣体和挡墙均是稳定的,满足规范要求。2017 年 11 月至 2018 年 5 月对弃渣场进行了整治绿化,实际施工过程中,堆渣方案和防护措施基本按照设计要求实施。

11 处弃渣场自 2018 年 5 月投入运行以来,渣体未发生滑塌等变形情况,目前总体稳定。

8 措施设计创新点

(1)结合当地自然条件,对边坡植物措施设计进行了优化,降低了投资。

对弃渣场边坡进行削坡,具备条件的削到坡比缓于 1:1.8,而后实施覆土、撒播灌草籽绿化的措施,避免对较陡的边坡实施框格梁等工程护坡措施,相应降低投资;工程位于干热河谷气候区,在绿化植物物种选择上,除了购买当地适生植物,同时采集周边植物种子,作为绿化的灌草籽,能更好地适应当地自然条件,也减少了草籽的购买量。

(2)因地制宜地考虑了植物措施的养护管理。

根据特殊的气候条件,考虑了植物的灌溉养护措施;撒播灌草初期,在大风、干旱时期采用薄膜进行覆盖,起到保水保温的作用;绿化初期考虑在弃渣场周边设置围栏,防止当地乡民饲养的马、羊等对植被幼苗造成破坏。

(3)水土保持措施全面立体。

西南地区公路项目弃渣场整治案例较少,紧密结合现场实际情况,充分考虑工程特点,做好实际地形测量工作、补充渣场地质勘查工作,再对弃渣场整治绿化进行详细设计,开创性采取了补建拦挡措施、削坡、修建截排水沟、覆土绿化养护等措施体系。水土保持措施布设全面立体,满足水土保持的要求。

(4)对工程措施设计进行了优化,注重资源最大化利用。

在开展整治设计过程中,充分结合现场实际情况,在不降低防护标准的前提下,对部分设计进行了优化。由于弃渣场大多为石渣,部分弃渣场的挡墙利用可用的石料设计成浆砌石挡墙,以减少混凝土用量;对部分已实施但破损的挡墙、截排水沟进行加固修缮,不进行拆除、另行修建,降低了投资,注重了资源的最大化利用。

9 结 语

工程弃渣场设计时,应考虑现场实际情况,尤其是西南土石山区的线性工程项目,更需要结合实际的地形地貌、施工时序、施工条件等进行弃渣场布置和措施设计;工程施工过程中,应严格按照弃渣处理和弃渣场防护措施设计进行施工,若有出现未按设计进行堆渣的,需及时做好弃渣场变更备案和弃渣场补充设计等手续,并及时按设计进行弃渣处理,尽量避免后期产生弃渣场整治的额外费用;工程施工结束后,应按照设计要求对弃渣场进行迹地恢复,若现场仍然存在未按设计要求堆放的弃渣,需对弃渣进行整治。

参 考 文 献

[1] 刘晓博,尚超华,王灵伟.渡江浮船在卡杨公路工程中的应用[J].四川水力发电,2014,33(S1):46-49.

[2] 吴军,高晓龙,孙源.沟道型弃渣场水土保持整治措施设计——以雅康高速 K10+510 弃渣场为例[J].四川水泥,2019(07):321-322.

[3] 闫兴田,顾鑫杰.卡杨公路面上湾段线路优化浅析[C]//中国地质学会工程地质专业委员会.2016年全国工程地质学术年会论文集,2016.

大中型水电工程建设用地报批
流程及重难点分析

薛永亮

(雅砻江流域水电开发有限公司,四川 成都　610051)

摘　要　大中型水电工程是国家重点扶持的基础设施建设项目,经济、社会和生态效益显著,但建设用地面积大、涉及实物指标多,建设用地审批程序复杂、审批时间长,特别是新《土地管理法》2020 年 1 月 1 日实施后,对建设用地报批工作提出了更高要求。从建设单位角度,根据当前建设用地报批政策,结合大中型水电工程项目特点,梳理大中型水电工程用地报批流程,分析其中的重点和难点,并提出建议。

关键词　大中型水电工程;用地预审;建设用地报批

1　引　言

　　大中型水电工程是国家重点扶持的基础设施建设项目,经济、社会和生态效益显著,建设用地手续是工程开工建设的必要条件,及时取得建设用地手续将直接关系到工程项目能否按期依法依规开工建设和尽早发挥效益。大中型水电工程建设用地报批既要切实落实国家土地管理制度,又要有效保障工程建设合理用地需求。现行建设用地报批程序烦琐,前置性要件多,审批时间长[1],特别是新《土地管理法》2020 年 1 月 1 日实施后对建设用地报批工作提出了更高的要求。本文从建设单位角度,根据当前建设用地审批制度,结合大中型水电工程项目特点,梳理大中型水电工程用地报批流程,分析其中的重点和难点,并提出相关建议。

2　现行建设用地审批制度

　　我国现行的建设用地审批制度是以土地用途管制为基础,以农用地转建设用地审批程序和土地征收审批程序为核心,以用地预审和用地审批为主要内容的管理制度[1]。国家编制土地利用总体规划,规定土地用途,将土地分为农用地、建设用地和未利用地,用地单位须严格按规定用途使用土地。我国土地实行社会主义公有制,土地所有权分为国有和集体,国家为了公共利益需要依法对集体土地实施征收。大中型水电工程建设用地为国家重点扶持的基础设施用地,属国家为公共利益需要征收土地,依法履行农用地转建设用地和集体土地征收为国有土地的审批程序,完成用地预审、用地审批两个阶段报批工作,最终通过划拨方式取得并使用国有建设用地。

3　建设用地报批流程

3.1　建设用地审批程序

按水电工程基本建设程序,项目完成可研阶段工作,编制项目申请报告,项目核准后开工建设。按审批时序划分,建设用地审批划分为用地预审、用地报批两个阶段,其中项目用地通过预审是项目核准的前提条件,用地通过审批是开工建设的前提条件。建设单位在可研阶段提出用地预审申请,政府自然资源部门根据土地利用总体规划、土地利用年度计划和建设用地标准,对项目建设用地事项进行审查,取得预审意见后具备项目申请条件。项目核准后,县级人民政府及自然资源部门完成土地征收启动公告、现状调查、社会稳定风险评估、征地补偿安置公告、听证、补偿登记、征地补偿协议等征地前期工作[2],完成各项程序性工作,取得各类报批要件,拟定用地请示文件,并附农用地转用、补充耕地、征收土地和供地方案,逐级组卷上报省级人民政府或国务院审批,建设用地获批后,建设单位完成有关税费缴纳,取得国有建设用地划拨决定书后才具备合法开工条件。

3.2　建设用地报批材料及工作要求

3.2.1　用地预审阶段

3.2.1.1　用地规划

审查项目是否符合土地利用总体规划、城乡规划或即将批准实施的国土空间规划,不符合规划的项目用地,需按要求进行选址论证等工作。

3.2.1.2　踏勘论证

项目确需占用永久基本农田或占用其他耕地规模较大,在用地预审阶段,需由自然资源部门组织开展用地踏勘论证。

3.2.1.3　永久基本农田

项目涉及占用永久基本农田的,在用地预审阶段,需编制规划修改暨永久基本农田补划方案。

3.2.1.4　生态保护红线

项目涉及占用生态保护红线的,在用地预审阶段,需编制不可避让性论证报告,有关主管部门组织专家评审,省人民政府出具论证意见。

3.2.1.5　自然保护地

项目涉及占用自然保护地的,在用地预审阶段,需开展影响评价工作,并由林草部门出具同意准入意见。

3.2.1.6　节地评价

水电工程属国家和地方未颁布土地使用标准的建设项目,在用地预审阶段,需开展节地评价,达到符合节约集约用地的要求,通过专家评审。按规定,水电工程项目淹没区用地可不列入评价范围。

3.2.2　用地报批阶段

3.2.2.1　征地前期工作

新《土地管理法》于2020年1月1日起施行,对土地征收程序作出了重大修改,改变了传统的"先报批后征收"模式,实行全新的"先签约后报批"模式[2],要求县级人民政府申请征收土地前依次完成土地征收启动公告(不少于 5 个工作日)、现状调查、社会稳定风险评估、征地补偿安置公告(不少于 30 日)、听证、补偿登记、征地补偿协议等征地前期工作。

3.2.2.2　用地预审

项目用地在项目核准前,由与批准项目立项政府部门层级一致的自然资源部门通过用地预审。项目核准后用地报批时,要落实预审意见,申请用地要与用地预审控制规模一致。预审时,未占用永久基本农田,或用地时报批时用地规模、位置等发生重大变化,需重新预审。

3.2.2.3　用地计划指标

大中型水电工程一般为国家重大项目或省级重点项目,用地指标由国家或省统筹解决,用地报批前需落实用地指标。

3.2.2.4　耕地占补平衡

建设单位补充或通过缴纳耕地开垦费委托自然资源部门补充,与所占用耕地的数量和质量相当的耕地,用地报批时应完成补充耕地任务,并在自然资源部耕地占补平衡动态监管系统中确认。

3.2.2.5　林地审核同意书

项目涉及占用林地的,需县取得国家或省林业和草原局核发的使用林地审核同意书。林地审核同意书有效期 2 年,有效期内未取得建设用地批准文件的,需办理延期。

3.2.2.6　勘测定界

建设单位委托具有专业资质的测量单位依据相关规程规范对该项目用地情况进行了实地勘测,形成的成果资料须符合规定要求,需将建设用地与最新的土地变更调查利用现状数据库进行比对,一般要求勘界耕地水田面积≥数据库耕地水田面积,勘界林地面积≤林地审核同意书面积,勘界建设用地面积≤数据库建设用地面积,不满足要求的需说明原因。

3.2.2.7　压覆矿产

压覆重要矿产的,需取得自然资源部门同意压覆重要矿产资源的批复、办理压覆矿资源登记手续、与矿业权人补偿协议等;未压覆重要矿产的,需自然资源部门出具未压覆矿产证明文件;用地报批时,用地范围内设有新矿,或用地范围调整,申请用地影响区范围与原压覆重要矿产资源审批影响区范围不一致的,需重新开展压覆矿相关工作。

3.2.2.8　地质灾害

项目位于地质灾害易发区,需按规定进行地质灾害危险性评估并取得专家评审意见。

3.2.2.9　永久基本农田

在用地报批阶段,需组织完成规划修改暨永久基本农田补划方案的听证、意见征求、踏勘论证、专家评审等工作。

3.2.2.10　土地复垦

项目涉及临时用地的,建设单位需委托具有专业资质单位编制土地复垦方案,并通过自然资源部门评审。

3.2.2.11 违法用地

项目涉及违法用地的,需提供违法用地查处资料。

4 重难点分析

4.1 做好征地前期工作与移民安置规划衔接

《大中型水电工程建设征地补偿和移民安置条例》规定,在规划阶段,项目核准前需按规定履行发布停建通告、开展实物指标调查、编制移民安置规划大纲和报告、开展社会稳定风险评估、听取被征地农民意见和听证、征求地方政府意见等工作程序,移民安置规划编制并批准后,申请项目核准;在实施阶段,项目核准后需根据批准的移民安置规划与被征地农民签订补偿安置协议,按照主管部门批准的移民安置计划和实施进度兑付征地补偿和移民安置资金。

新《土地管理法》规定的征地前期工作与大中型水电工程按现行征地移民政策开展的工作存在重复的问题,其中土地征收启动公告相当于水电工程的停建通告,现状调查相当于水电工程的实物指标调查,水电工程在编制移民安置规划时已按规定开展征地补偿与移民安置社会稳定风险评估,征地补偿安置公告(听证)相当于水电工程的移民安置规划征求意见和听证,征地补偿协议相当于水电工程在核准后签订的征地补偿安置协议。

大中型水电工程移民安置与土地征收政策性均较强,两者工作内容和程序虽近乎相同,但工作时序不同,目前也尚无明确的政策规定,大中型水电工程已完成移民安置相关程序工作的,用地报批前的调查、风评、公告、听证、登记、协议等工作可不再另行组织开展。大中型水电工程移民安置任务重,项目征地完成发布停建通告、编制规划、签订协议等工作往往需要历时数年,而征地前期工作需项目核准后才能开展,其间补偿安置标准及相关政策等可能发生较大变化,建设单位要重点关注两者的差异,做好衔接工作,既要保证移民安置规划的顺利实施,又要顺利推进用地报批工作。

4.2 积极主动开展跨部门协调工作

大中型水电工程建设用地报批涉及县、市、省、国家各级政府,自然资源、林草、环保、移民等多个行政部门,用地报批组卷时需取得各部门的行政许可,然而各部门审查时在各自领域的政策依据和技术标准不同,各类土地的认定标准也存在不一致的问题,甚至不同部门对同一宗地的地类认定不同,如林草部门主要依据森林资源管理"一张图"、草原利用规划对林业和草地进行审核,自然资源部门主要以土地变更调查利用现状库对土地进行审核。现行审批制度尚未建立有效的各部门协同审批和协调机制,各专业的数据库也尚未实现互通互联[3],这就需要建设单位积极主动开展跨部门、跨专业之间的协调工作,熟悉掌握各部门的政策要求和各专业的技术标准,提前做好各项技术准备工作,化解不同部门和专业之间的矛盾和分歧,避免因未及时取得某项行政许可而延误整体报批工作进程。

4.3 统筹安排用地报批各项工作

建设用地报批部分要件存在有效期限制,如林地审核同意书有效期2年,压覆矿审批文件有效期一般为1~2年,在有效期内未取得建设用地批准文件需进行延期或重新办理;部分要件之间在审查时存在一定的时序限制,如征地前期工作启动公告、社会稳定风险评估、征地补偿安置公告需依次开展，一书四方案时间不得早于用地请示时间等；部分工作需要统筹安排，如为实现基础数据统一，节约工作时间，移民规划报告阶段的建设征地实物指标调查、使用林地可行性报告编制所需的使用林地现场调查、土地勘测定界现场实勘等工作，建设单位需组织不同专业的技术单位同时进场开展[4]。建设用地报批程序烦琐、技术性审查要件多，审批前置条件复杂，涉及多个责任主体，建设单位需要建立项目管理思维，根据工程建设用地特点和适用的政策规定，保持与各主管部门的沟通，明确各项要件的目标要求、优先级和逻辑关系，找出关键线路，制订详细的用地报批工作计划，提升工作效率和工作质量，避免盲目无序造成返工和拖延建设用地报批周期。

4.4　严格控制用地规模和范围变化

大中型水电工程建设条件复杂，技术要求高，勘测设计过程中因地质条件变化，主体设计单位设计深度不足、节约用地意识不强等原因，设计方案和施工布置常因不满足现场需要而发生变化，用地范围则需进行相应调整，造成部分用地报批要件返工，甚至难以通过审查，对用地报批工作造成严重影响。建设单位要督促主体设计单位加强设计深度，增强节约用地意识，科学布置枢纽功能分区，避免出现不合理用地，严格控制用地规模和范围变化。

4.5　提前对接国土空间规划工作

用地规划审查是建设用地审批的把关源头，按照党中央、国务院作出的重大部署，主体功能区规划、土地利用规划、城乡规划等空间规划将融合统一，实现"多规合一"，建立国土空间规划体系，国土空间规划将作为实施用途管制、核发建设项目规划许可、进行各项建设的基本依据。建设单位需要提前与发改、自然资源等主管部门对接，跟踪项目纳入国土空间规划情况，掌握项目用地与生态保护红线、永久基本农田、城镇开发边界三条控制线的关系，根据需要采取避让或提前启动办理准入手续工作，避免影响项目开发建设和用地报批顺利实施。

5　结　论

大中型水电工程建设用地报批政策性强、程序复杂、时间跨度大、涉及范围广，随着新《土地管理法》的实施，土地征收程序将更加规范，用地报批要求将更加严格。建设单位应根据建设用地报批相关政策和项目特点，熟悉审批流程和要求，做好征地前期工作与移民安置规划衔接，严格控制用地规模和范围变化，提前对接国土空间规划，统筹协调建设用地报批工作，抓住重点，突破难点，紧盯目标，及时取得建设项目用地手续，为项目依法合规建设扫清障碍，早日发挥工程效益。

参 考 文 献

[1] 王兆丰,张林,王菁玉.建设用地审批"放管服"改革思考[J].中国土地,2018(7):30-32.
[2] 何晓伟.新《土地管理法》对集体土地房屋征收工作的影响分析[J].山西农经,2020(12):33,35.
[3] 林超,马智民,张毅.重点工程项目建设用地跨部门协调机制探析[J].国土资源科技管理,2011,28(6):77-81.
[4] 熊强,王春云,沈小鹏.水电工程项目建设用地调查创新管理实践[J].水力发电,2021,47(1):16-18,121.

杨房沟水电站移民工作实践与思考

邢东

（雅砻江流域水电开发有限公司，四川 成都 610051）

摘 要 杨房沟水电站建设征地涉及凉山州木里县、甘孜州九龙县，建设征地区是以藏族为主的藏汉杂居区，水库及周边地区为高山峡谷地貌，山峰林立，坡陡谷深，两岸居民零星分布，两岸无正式的交通道路，仅有简易的驿道和河溜索通行，交通极为不便。

关键词 水库移民；实践；思考

1 概 述

1.1 项目的基本情况

杨房沟水电站坝址位于四川省凉山彝族自治州木里县境内的雅砻江中游河段上，是规划中该河段的第 6 级水电站，上距孟底沟水电站 37 km，下距卡拉水电站 33 km。电站坝址位于雅砻江流域支流杨房沟的汇合口上游约 450 m 处。本工程开发任务为发电，采用河床式开发。电站坝型为混凝土双曲拱坝，最大坝高 155 m，厂房采用首部地下式，厂内安装 4 台水轮发电机，电站装机容量 1 500 MW。正常蓄水位 2 094 m，水库总库容5.124 8 亿 m³，调节库容 0.538 5 亿 m³，水库面积 9.3 km²，回水长度 38.62 km，与两河口水电站联合运行时，电站保证出力 523.3 MW，多年平均发电量为 68.557 亿 kW·h，年利用小时数 4 570 h。

1.2 建设征地影响情况

杨房沟水电站建设征地影响共涉及凉山州木里县和甘孜州九龙县两州两县的 4 个乡8 个行政村 14 个村民小组。调查基准年（2010 年）建设征地影响涉及搬迁人口 179 户612 人（含九龙县扩迁户 2 户 6 人），其中农业人口 609 人，非农业人口 3 人；影响各类房屋 68 972.27 m²；影响各类土地 19 132.116 亩（其中耕地 524.513 亩，园地 643.927 亩，林地 7 245.959 亩，草地 2 106.465 亩，住宅用地 81.315 亩，交通运输用地 28.065 亩，水域及水利设施用地 6 126.990 亩，其他土地 2374.883 亩）；影响涉及专业项目公路设施为汽车便道 6.11 km、机耕道 3.59 km、骡马驿道 91.16 km、人行便桥 44.50 m、河溜索 4 处，电力设施为 10 kV 输电线路 1.26 km、220 V 输电线 3.29 km，电信设施为架空光缆线路3.28 km、地埋光缆线路 1.75 km、中国移动基站 1 处，企事业单位为木里县林业局、木里林业局和九龙县林业局。涉及文物 1 处。

1.3 建设征地移民规划及实施情况

杨房沟水电站移民工作从规划设计到实施阶段，严格按照法律、法规及规程规范操作，电站自 2010 年 12 月 8 日，取得了四川省人民政府发布的《关于杨房沟水电站建设征地范围内禁止新增建设项目和迁入人口的通知》(川府函〔2010〕263号),开展了规划相关工作,于2013年2月27日取得了省扶贫和移民工作局对《雅砻江杨房沟水电站建设征地移民安置规划报告》的批复文件;电站于2013年启动了移民搬迁安置工作,于2016年10月完成了围堰区移民搬迁安置及截流阶段建设移民安置专项验收工作,于2020年4月完成全部移民搬迁安置工作,于2020年8月28日通过省局组织的蓄水阶段移民验收工作。截至2020年底,杨房沟水电站完成了全部移民搬迁安置及专项复建工作。

2 杨房沟水电站移民安置工作为移民带来的机遇

为移民走出大山,搬到交通便利、生活设施齐全的地方提供了机会,杨房沟水电站移民基本上都搬迁安置在乡镇及县城周边,极大地方便了学龄儿童读书及老人就医条件,极大地提高了移民生活质量。

开阔了移民生活眼界,由于电站建设为部分移民提供了就业机会,改善移民单一依靠土地收入方式;同时由于电站道路修建,改善了周边村民的交通条件,在没修电站前,村民去一次县城要几天时间,现在由于电站交通道路修建,村民去县进城只需要几个小时,极大地改善了村民的交通情况。

通过移民集中安置点的建设,改善了移民居住及生活条件,杨房沟水电站移民安置点按照新农村标准进行规划和实施,水电路配套设施齐全,生活、生产极为便利。

3 杨房沟水电站移民工作管理比较成功的经验

3.1 移民资金管理规范

杨房沟水电站自2011年开始拨付杨房沟水电站移民资金就严格按照《四川省大中型水利水电工程移民工作条例》《四川省〈大中型水利水电工程建设征地补偿和移民安置条例〉实施办法》有关规定执行,其中移民安置补偿补助等资金按移民安置协议支付到省扶贫开发局,国有林地补偿费直接支付给相关企事业单位,森林植被恢复费支付到原四川省林业厅,耕地开垦费支付到原四川省国土资源厅,耕地占用税分别缴纳到木里、九龙两县人民政府。目前,杨房沟水电站所有移民资金都是按照程序拨付到各相关单位,无违规支付现象。

3.2 规范控制移民变更

在处理移民变更过程中,坚持依法依规、实事求是的原则,妥善处理杨房沟水电站移民安置实施过程中出现的设计变更问题。截至目前,杨房沟水电站移民安置设计变更已按规定程序全部处理完成,累计完成重大设计变更2项、一般设计变更6项。

3.3 移民安置计划下达合理

移民计划及时下达及移民资金按时到位,是确保杨房沟水电站移民工作各节点目标实现的保障,杨房沟水电站移民搬迁安置计划下达充分考虑了地方政府做事效率及移民过程中可能遇到的困难。

3.4 业主全程参与,确保了移民工作顺利推进

杨房沟水电站从实物指标调查到移民搬迁安置工作过程中,业主全程参与,确保了各项工作依法依规有序推进,同时业主的全程参与也是各项移民工作按进度计划完成的

保障。

4　杨房沟水电站移民工作过程的不足

4.1　进一步加强设计成果管理

杨房沟水电站库区交通不便,设计人员未对库区部分专项现场做详细资料调查,部分小型专项设计深度不够,是导致实施阶段变更的主要原因。如杨房沟水电站 3 座码头由于设计院重视程度不够,规划阶段未考虑连接道路,未做地勘,导致施工时位置多次调整。

4.2　进一步加强全过程资料收集整理

特别是调查阶段政策宣传、移民签字过程及公示过程资料收集整理,由于各单位人员变动频繁,对各阶段情况不了解、不熟悉,为了便于推动工作,减少各参与单位分歧,解决移民上访等问题,要进一步加强移民资料的收集整理工作,做到所有移民问题都有依据可寻。

4.3　进一步加强移民设计、移民监理的管理

由于移民监理、移民设计单位管理主要是省扶贫开发局,现场移民部门没有对移民设计、移民监理的直接考核权,导致管理困难。建议增加现场管理的考核奖励,增强设计、监理的积极性、主动性。

4.4　应结合当地特点,因地制宜,实事求是做好移民安置规划

针对少数民族地区,规划移民安置点应慎重,杨房沟水电站中铺子移民安置地规划安置移民 204 人,实际到安置点移民 25 人,造成投资浪费。规划前,应扎实做好政策宣传,特别是对移民的安置补助费和基础设施费的补偿方式宣传到位,了解移民真正意愿,避免或减少投资浪费。

5　结　语

水电站建设移民工作至关重要,对建设当地的社会环境、治安稳定、工程进度等都有着至关重要的影响。杨房沟建设管理局在移民安置工作的推进中,在坚持原则、遵守法律法规及政府与公司制定的各项规章制度的前提下,坚持体现以人为本的发展理念,在对基层移民做好政策宣讲的同时,严格按照公司既定移民规划稳中有序地与地方政府配合开展工作。杨房沟水电站移民安置工作的顺利开展建立在良好的地企关系的基础上,做到开发一方资源,带动一地百姓富裕,充分体现了雅砻江水电开发有限公司的国企担当。

试论项目法人在两河口水电站建设征地移民安置工作实施阶段现场管理

陆山

（雅砻江流域水电开发有限公司，四川 成都　610051）

摘　要　四川省雅砻江两河口水电站作为目前藏区内淹没损失最多、移民安置难度最大、可研审定移民安置补偿费用最高的水电工程，本文对项目业主如何加强现场管理，配合地方政府科学有序、依法依规开展征地移民现场安置工作做了分析，并提出了措施和建议。

关键词　水电移民；征地移民安置；现场管理

1　引　言

　　四川省雅砻江两河口水电站作为甘孜州目前装机最大、淹没损失最多、移民安置难度最大、可研审定移民安置补偿费用最高的水电工程，征地移民工作跟以往的同类工程在外部环境和管理方式上存在诸多不同。针对移民工作的复杂性并结合两河口水电站的重要性，项目业主在现场设立征地移民管理部门，加强对现场征地移民工作的管理，实行两级管理，全面参与实施阶段的管理，配合地方政府做好过程管理。本文对项目业主如何加强现场管理，配合地方政府科学有序、依法依规开展征地移民现场安置工作做了分析，并提出了一些思考和建议。

2　概　况

2.1　工程概况

　　两河口水电站是雅砻江中下游控制性龙头电站，位于雅砻江干流与支流鲜水河汇合口下游约 2 km 处，坝前庆大河汇入，一坝锁三江，下游距雅江县城约 25 km。最大坝高 295 m，是目前国内已建或在建的第二高土石坝，水库正常蓄水位 2 865 m，总库容 107.67 亿 m^3，调节库容 65.6 亿 m^3，具有多年调节能力，装机容量 300 万 kW，多年平均年发电量 110.00 亿 kW·h，核准批复总投资约 664.57 亿元。

2.2　库区征地移民情况

　　电站建设征地移民涉及甘孜州四县（雅江县、道孚县、理塘县、新龙县）20 个乡 82 个行政村。建设征地主要实物指标包括：基准年（2009 年）移民调查人口 6 287 人，各类房屋面积 125 万 m^2，耕地 4 947.9 亩，园地 737.9 亩，林地 135 085.8 亩，草地 19 596.8 亩，其他土地 26 721.83 亩；集镇 6 座，寺庙 4 座，三级公路 1.28 km，四级公路 190.19 km。两河口水电站建设征地移民安置规划总补偿费用为 1 463 274.45 万元（其中，静态投资 1 359 967.29 万元）。

2.3　征地移民安置进展情况

2020 年 8 月,两河口电站在高质量通过蓄水阶段移民安置验收的同时,也实现了"1 个杜绝,2 个满足、3 个没有、4 个百分之百"的目标(杜绝了"水赶人";满足脱贫攻坚要求、满足移民生产生活需要;没有过渡安置、没有强行拆迁、没有群体性事件;分散安置百分之百完成、集中安置百分之百完成、生产安置百分之百完成、寺庙迁建百分之百完成)。

3　现场管理主要工作措施

3.1　坚持把依法依规前提和实事求是原则紧密结合起来,不断提升藏区水电开发征地移民工作能力

移民工作的政策性、程序性很强,协调各方利益、处理各类矛盾、推进各项工作,都必须依法合规。一是严格执行国务院《移民安置条例》和四川省《移民工作条例》等重要法律规定,在具体工作中坚决落实国家和四川省制定的移民工作各项规章制度,将政策法规作为征地移民工作的准绳和底线。二是对于一些在实施过程中出现的特殊问题,特别是涉及民族地区、宗教事务等问题,通过对甘孜州境内水电开发流域进行调研,与各方加强对一些带有较大范围共同利益诉求的共性问题的研究,本着尽可能解决合理诉求,但又不突破、不影响省级层面和国家层面的政策规定的原则,形成的处理方案。三是注重程序,维护项目法人和省扶贫开发局建立的工作关系。针对在实施阶段中出现的各类问题,按照程序通过省扶贫开发局审批或备案,始终按照程序规定维护与各方的法律关系、工作关系、利益关系和监督关系。三是实事求是地对待移民诉求。高度重视移民诉求反映的问题,强化不稳定因素排查化解,密切关注动态,把问题解决在基层一线,把矛盾处理在萌芽状态,确保不发生影响工程建设的群体性事件。

3.2　坚持把建立健全工作机制与加强督促落实工作任务紧密结合起来,不断提升工作目标完成率

完善的工作机制是有效推动工作的重要保障。征地移民工作参与方较多,需要系统地建立和健全工作机制才能形成各司其职,各负其责,推动工作的局面。在建立健全各项机制的基础上,通过向上级汇报、考核打分、通报完成情况等方式加强对各方工作进行有效督促,使各方力量形成合力,共同推进征地移民工作。

一是建立移民协调机制。州级相关职能部门通过召开双月例会和不定期召开移民安置专题会议。县人民政府和项目业主每月召开一次协调会,研究解决本县征地移民及工程建设中遇到的需要协调的问题。二是建立移民工作机制。凡遇移民具体事务,项目业主和各方组成联合工作组,共同开展外业查勘和内业分析统计工作,并研究讨论上报有关材料。三是建立设代监理管理机制。通过定期召开例会检查工作落实情况,并提出下步工作计划,协调综合监理、设代单位组织一般变更和重大变更的审查与上报工作。同时,对综合设代和综合监理的主要负责人进行考勤管理,对照合同要求,对不满足考勤要求的单位和个人进行通报。另外,还将综合设代和综合监理纳入到工程综合奖励机制范围内,提高了综合监理单位的工作积极性。

3.3　坚持把移民工作创新与服务工程宗旨紧密结合起来,不断提升重点工程前期保障率

水电移民因水电工程而产生,移民搬迁是工程建设的前提,移民工作是工程建设的保

障。吸取雅砻江流域其他电站移民搬迁安置的经验和教训,两河口的移民搬迁安置工作应立足于"移民早搬迁、库区早稳定"的原则开展相关工作。为此,项目业主与地方政府和综合监理、设代认真研究,提出了整合兑付 2014 年调增计划第三笔和第四笔资金的方案,原则上不突破省扶贫移民局制定的"3:3:3:1"资金兑付比例,而采取鼓励移民加快搬迁的原则,在完成旧房拆除后,提前兑付剩余 10% 的补偿补助资金,作为促进移民加快搬迁、提前搬离的鼓励,有利于避免移民返迁,避免旧房不拆迁带来的后遗症。同时要求移民综合监理必须严格把控提前兑付剩余 10% 的补偿补助资金的前置条件,移民旧房拆除后并经过各方现场查验后才能兑付第三个 30% 和剩余 10% 的补偿补助资金。另外,还将库底清理构建筑物拆除的费用分解到移民户,由移民户自行拆房。

3.4 坚持把统一目标和有效沟通紧密结合起来,不断提升征地移民工作各方的融合度

移民工作是一项复杂的社会系统工程,涉及"三个主体、五个方面"及其"四个关系",需要经过有效沟通和友好协商才能达成共识,才能把参与各方协同联动起来,形成移民工作的动力。一是形成统一的目标。在工作中通过沟通交流,要让参与各方认识到两河口电站征地移民工作的总体目标是一致的,具有共同的根本利益,关键需要在统筹协调、总体平衡、形成合力上下功夫。二是把各方的认识和工作方式统一到依法依规的前提上来。通过正式场合的发言与非正式场合的激烈思想碰撞来指出工作中部分主观随意不规范操作的问题。通过碰撞、沟通到融合的过程让各方认识到《规划报告》是开展移民工作的唯一依据和标准。三是与地方基层党组织进行交流沟通,加强移民搬迁安置政策及水电开发对地方经济发展做出贡献的宣传,获得乡村移民和寺院信众的理解与支持。

3.5 坚持把移民资金管控与风险评估紧密结合起来,不断提升征地移民投资控制水平

近年来,水电移民已成为水电开发的主要矛盾之一,特别是水电移民投资的不断攀升,已引起建设管理单位的高度重视。控制投资是项目业主的天职,控制移民投资是项目管理的一项重要职责。在实际工作中,一是通过认真核对前期地方政府开展的移民补偿补助资金建档建卡工作,核查是否有突破标准或超出概算的情况,及时发现问题并进行整改。二是全面参与并配合地方政府开展耕园地、退耕还林地分解到户基础工作,按照《规划报告》标准及原始调查底表成果要求各技术单位配合地方政府开展分解到户复核检查工作。三是定期进行资金清理。针对已拨付的资金建立台账,定期更新,与《规划报告》各项目分解概算进行对比,避免资金拨付超出规划报告概算。四是对于各县的存量资金使用提出结转使用的建议,及时回扣,保证移民资金受控。五是在细致开展资金控制的同时,认真分析政策影响、税费提升等影响对投资控制带来的风险,通过形成专题报告、召开专题会的形式研究措施规避投资风险,控制移民投资成本。

3.6 坚持把移民工作人员培训与夯实工作基础紧密结合起来,不断提升后续人才业务能力

项目业主人力资源多以工程管理人员为主,征地移民安置专业人员不足。为此在日常工作中采取"以赛代练"的方式让员工在实践中不断提高工作能力。一是要求员工加强对国家有关政策法规的学习和掌握,对两河口移民安置规划报告进行详细的研究。组织员工共同探讨交流,深入领会国家政策法规的精神,牢记规划报告的原则标准,在实践中灵活运用,有效推动工作开展。二是让员工全面参与征地移民规划化管理工作。通过

对收集整理移民搬迁安置协议、编制移民档案和移民工作手册等工作,让员工充分认识到"移民工作更需要规范化管理"。三是让员工全面参与基础技术工作。通过配合地方政府和综合设代的具体工作,熟悉并运用退耕还林地补偿标准、人口界定等较为复杂工作的政策依据、法律法规来解决实际问题,让员工深刻感悟"纸上得来终觉浅,绝知此事要躬行"的道理。

4 体会与思考

4.1 两河口水电站是藏区腹地开发的大型项目,在现场建设管理局机构成立征地移民部门对现场工作的推动是有较大裨益的

一是形成了推进现场工作的强力推手。二级单位征地移民部负责协调州县移民部门,能及时沟通交流,解决实际工作中的问题。同时,可以与现场设代、综合监理一道,商定方案、完善程序、推动工作、解决问题,有力推动现场的移民搬迁安置实施工作。二是形成了收集反应情况的现场耳目。深入掌握现场实际情况,及时反映、提出处理意见是二级单位征地移民部发挥耳目及参谋助手作用的主要工作手段。三是形成了工程建设的前期保障。工程要施工,完成搬迁、提供用地是前提。实施两级管理可以及时协调代建项目建设用地、兑现施工影响补偿、提前搬迁受影响移民,为工程建设提供有力的前期保障。

4.2 建立健全并不断完善移民工作机制和体系,是推动大型水电项目征地移民安置工作的重要手段

自2014年实施以来,省州县三级逐步形成了较为全面和完善的两河口水电站移民工作指挥体系。地企双方也不断建立完善协调推进机制,通过省局统筹、州级协调、县级推进的形式解决问题、推进工作。为了实现2020年如期下闸蓄水的目标,相关各方又进一步完善了攻坚协调机制,就有关遗留问题、移民安置和蓄水验收的重点难点工作经常性地沟通协调,有力有序有效推进工作。在具体工作中,移民工作参与各方以精准为着力点、创新为驱动力,形成合力,全面推动各项工作。

4.3 为响应国家脱贫攻坚相关政策要求,在省州领导下,在依法依规的前提下,雅砻江公司积极按照利益共享机制支持地方发展

一是全面提升集镇建设质量,全面提升移民生活品质,对库区6座集镇的公建设施及公益性设施的处理方案进行调整,有效解决资金缺口问题;二是对部分供水、等级公路、库周交通、电力复建工程进行了变更优化设计,在规划基础上进一步促进地方基础设施提质升级;三是积极组织引导移民群众及电站周边村民参与工程建设过程中的运输务工,有效提升了移民群众及村民的收入。四是全省第一批率先试点"逐年补偿安置方式",库区移民群众无须从事农业生产便可具有稳定的收入来源,使其能够投入更多的时间和精力开展其他经济活动,拓宽了移民群众的增收渠道和致富空间,维护了电站库区社会稳定,实现了发展成果移民共享的良好结果。

以上宝贵成果的取得,让两河口电站成为工程下闸蓄水前无移民临时过渡的示范项目;成为四川省首批、甘孜州首座试点"逐年补偿安置方式"并全面顺利实施的大型水电项目;成为四川民族地区首座对移民安置方式、补偿补助体系、宗教寺庙迁建补偿、民族文化保护进行专题研究,且成果转化后取得实质性成效的大型水电项目;成为探索移民工程

代建+施工总承包的水电移民工作示范工程。

5　建　议

5.1　建议引进更多先进技术用于征地移民工作

建议开发实物指标调查采集系统,运用遥感、地理信息、数据库等技术,全程辅助人口、房屋、土地、专业项目等指标的现场采集处理和成果的统计汇总、入库工作。达到现场调查、现场录入、现场打印、现场签字的效果,全面提高实物指标调查工作效率和数据计算准确性。同时,还可以运用无人机等技术,在实物指标调查或蓄水发电前对电站库区进行航拍,留下原始地貌影像材料,避免抢修抢建、抢栽抢种等行为。

5.2　建议对征地移民有关税费缴纳时间进行研究

土地年产值、耕地占用税等费率、税率受宏观政策影响将有所调整,建议项目业主要结合目前信贷利率、国家政策、金融环境等外部因素,对有关征地移民的税费进行提前测算,确定最有利于财务成本的时间节点,以便做好投资控制工作。

参 考 文 献

[1] 四川省雅砻江两河口水电站建设征地移民安置规划报告(审定本)[R].

雅砻江流域水风光互补绿色清洁可再生能源示范基地技术研究与深地基础科学进展

雅砻江虚拟研究中心 2021 年度学术年会论文集

祁宁春　主编

上册

黄河水利出版社

·郑州·

图书在版编目(CIP)数据

雅砻江流域水风光互补绿色清洁可再生能源示范基地技术研究与深地基础科学进展：雅砻江虚拟研究中心2021年度学术年会论文集：上、下册/祁宁春主编. —郑州：黄河水利出版社，2021.7

ISBN 978-7-5509-3043-8

Ⅰ.①雅… Ⅱ.①祁… Ⅲ.①再生能源-学术会议-文集 Ⅳ.①TK01-53

中国版本图书馆 CIP 数据核字(2021)第 138630 号

组稿编辑：母建茹 电话：0371-66025355 E-mail：273261852@qq.com

出 版 社：黄河水利出版社 网址：www.yrcp.com
地址：河南省郑州市顺河路黄委会综合楼14层 邮政编码：450003
发行单位：黄河水利出版社
发行部电话：0371-66026940、66020550、66028024、66022620(传真)
E-mail：hhslcbs@126.com
承印单位：河南匠心印刷有限公司
开本：787 mm×1 092 mm 1/16
印张：66.75
字数：1530 千字 印数：1—1 000
版次：2021 年 7 月第 1 版 印次：2021 年 7 月第 1 次印刷
定价(上下册)：320.00 元

前　言

习近平总书记强调："我们更要大力提升自主创新能力，尽快突破关键核心技术。这是关系我国发展全局的重大问题。"

《中华人民共和国国民经济和社会发展第十四个五年规划和2035年远景目标纲要》中明确了国家重大科技基础设施"极深地下极低辐射本底前沿物理实验设施"和"建设雅砻江流域大型清洁能源基地"等工作任务。

2021年是我国"十四五"规划的开局之年，为贯彻落实国家创新驱动发展战略，总结近年来围绕雅砻江流域开展的重大科技创新成果，助力我国绿色清洁可再生能源行业自主科技创新和核心技术提升，雅砻江虚拟研究中心决定于2021年8月在四川省成都市召开2021年度学术交流年会。本次学术交流年会的主题是"雅砻江流域水风光互补绿色清洁可再生能源示范基地技术研究与深地基础科学进展"。在有关院士、专家、学者大力支持下，经评审，筛选出140余篇论文收录在此论文集中正式出版。论文集主要涉及以下几个方面：

（1）近年来各有关成员单位围绕雅砻江流域绿色清洁可再生能源开发开展的科研工作进展及研究成果。

（2）战略规划与企业管理；水风光互补绿色清洁可再生能源开发技术；智能化技术与应用；深地科学研究；水电站建设；电站长期安全经济运行；流域生态环境保护与征地移民。

（3）雅砻江流域绿色清洁可再生能源开发进展、科技创新进展、科技发展规划。

（4）新科学技术问题及研究选题建议。

本次会议由雅砻江流域水电开发有限公司主办，同时得到了国家自然科学基金委员会、四川省发改委、四川省能源局、四川省科学技术厅、四川省水利厅、国家开发投资集团有限公司、四川省投资集团有限责任公司以及雅砻江虚拟研究中心各成员单位、雅砻江联合基金承担单位、雅砻江公司合作研究单位等的大力支持，在此一并表示感谢。随着雅砻江流域水风光互补绿色清洁可再生能源示范基地和中国锦屏地下实验室的建设和运行，未来仍将面临一系列新的科学技术问题，希望得到您一如既往的关注、支持和帮助。

编者

2021年7月于成都

目　录

战略规划与企业管理

水风光互补绿色清洁可再生能源开发技术

智能化技术与应用

深地科学研究

电站长期安全经济运行

流域生态环境保护与征地移民

战略规划与企业管理

流域水风光一体化开发模式探索与研究

——以雅砻江为例

郭绪元

(雅砻江流域水电开发有限公司,四川 成都 610051)

摘 要 在"碳达峰、碳中和"背景下,风光新能源成为新型电力系统的主体。由于风光电力出力具有波动性、随机性和间歇性等特点,大规模开发并网将对电网产生不利影响,需要灵活性强、规模大的电源平抑其出力波动性,进而输出稳定、高质量的清洁电力。雅砻江流域水电、风电、光伏资源丰富,且水风光出力具有天然互补特性,同时具备建设抽水蓄能的优良条件,是天然的清洁能源宝库。本文在分析雅砻江流域水风光资源分布和出力特性基础上,重点针对雅砻江中下游梯级水电站研究其互补能力,并结合实际条件提出汇集方案,最后以雅砻江下游官地水电站为例分析了水风光一体化运行的出力情况和通道利用率改善情况,为风光能源大规模集中开发提供有益参考。

关键词 水风光一体化;多能互补;雅砻江流域;清洁能源基地

1 引 言

2020 年,我国提出了"二氧化碳排放力争于 2030 年前达到峰值,努力争取 2060 年前实现碳中和"[1]的目标,为实现这一目标,进一步明确"到 2030 年,风电、太阳能发电总装机容量将达到 12 亿千瓦以上"[2],进而构建以新能源为主体的新型电力系统[3]。可以预见,未来风光新能源将进一步提速发展,风电、光伏的大规模开发、接入、消纳、运营将面临新的考验,特别是由于风电、光伏出力的随机性、波动性和间歇性,大规模风光新能源的并网将对电网产生较大冲击,难以确保全额消纳[4-6]。新形势下,《中华人民共和国国民经济和社会发展第十四个五年规划和二○三五年远景目标纲要》中提出"建设一批多能互补的清洁能源基地"[7],其中包括风光储一体化、风光水(储)一体化、风光火(储)一体化等多种类型[8]。

水电作为我国第二大电源,集中分布于西南和长江上中游地区,依托大型流域水电基地开展水风光一体化开发对风光大规模开发和集中消纳有重要意义[9]。雅砻江流域地处四川西部高原风电、光伏资源最富集区域,沿江两岸 60 km 范围内可开发风光资源超 40 GW,同时水能资源丰富,可开发量约 30 GW,流域内还具备建设抽水蓄能电站条件,初步规划开发规模约 10 GW,清洁能源总规模超 80 GW,具备建设风光水(储)一体化清洁能源基地的资源优势,是天然的清洁能源宝库。2003 年,国家发展改革委正式授权雅砻江流域水电开发有限公司(简称雅砻江公司)全面负责实施雅砻江水能资源开发和水电站建设与管理,是我国唯一一个由国家授权完整开发一条江的流域公司[10],"一个主体开发一条江"的模式进一步为建设水风光蓄一体化清洁能源基地创造了优良条件。雅砻江公司紧跟国家能源发展战略,在国家能源局指导下开展了雅砻江流域水风光一体化可再生能源综合开发基地专题研究,以期为其他流域开展水风光一体化开发提供参考和借鉴。

2　雅砻江流域水风光资源概况及互补特性

2.1　资源概况

　　雅砻江流域在全国规划的十三大水电基地中装机规模排名第三[11],干流全长 1 571 km,天然落差 3 830 m,技术可开发装机容量 30 GW。雅砻江干流水力资源主要集中在两河口以下的中下游河段,其中下游五座梯级水电站已建成投产,总装机 14.7 GW,中游龙头水库电站两河口(调节库容 65.6 亿 m³,装机 3 GW)和杨房沟水电站(装机 1.5 GW)计划 2021 年投产发电,两河口、锦屏一级(调节库容 49.1 亿 m³)、二滩水电站(调节库容 33.7 亿 m³)三大控制性水库调节库容高达 148 亿 m³,联合运行可使雅砻江干流梯级水电站群实现多年调节。

　　受四川省地形及环流特点影响,雅砻江流经的甘孜州、凉山州、攀枝花三个行政区为四川风能资源主要集中分布区域,风能资源主要位于河谷区域和海拔 2 500 m 以上的高海拔山区,平均风速大多在 6 m/s 以上,风能资源等级多为 2 级,具备较大开发价值。根据风资源实测数据和中尺度风资源软件分析,雅砻江流域沿岸经济可开发范围内,风能资源技术可开发量超过 12 GW,考虑生态红线、自然保护区等敏感因素,可开发规模约 6.4 GW。根据流域内气象站太阳能辐射实测数据及 NASA 数据分析,雅砻江流域范围绝大部分地区太阳能总辐射均超过 5 500 MJ/m²,日照时数 2 000~2 500 h,大部分地区超过 6 000 MJ/m²,属于太阳能资源二类或三类地区,具有较大的开发价值。初步估算,雅砻江流域沿岸经济可开发范围内,太阳能资源技术可开发量超过 40 GW。考虑生态红线、自然保护区等敏感因素,可开发规模约 37 GW。

2.2　互补特性

　　结合雅砻江流域降雨汇流特性和梯级水库联合作用,水电的出力特点是存在季节性波动,但在日内具有强大且灵活的调节能力。根据流域范围内风能资源和太阳能资源观测情况,风资源分布有明显的季节性差异,呈冬春季大、夏秋季小的特点,同时日内波动性较大,风电各月日内出力变化曲线见图1;太阳能资源同样具有冬春季大,夏秋季小的特点,且夏季出力最低,日变化特性较为稳定,但随机性较强,光伏各月日内出力变化曲线见图2。

　　结合水风光出力特点,联合运行时,可分为年内互补和日内互补两种情况分析。年内互补:水电站的出力根据来水情况分为汛期、枯期,6~10 月为汛期,来水量大,相应的发电量多,11月至次年5月为平枯期,来水量小,相应的发电量少。如前所述,风光电力出力同样具有明显的季节性,且与水电有较为明显的互补关系,水风光联合运行可在年内形成互补,互补运行后的可减小年内出力波动。日内互补:雅砻江干流梯级水电站均具有一定的调节库容,水库的调蓄可以平抑来水的短期波动,水风光联合运行时,利用水电站调节作用平抑风电和光电的短期波动,提高系统整体出力的平稳性。

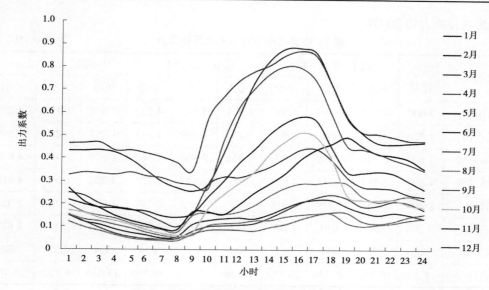

图1 雅砻江流域风电各月日内出力变化曲线

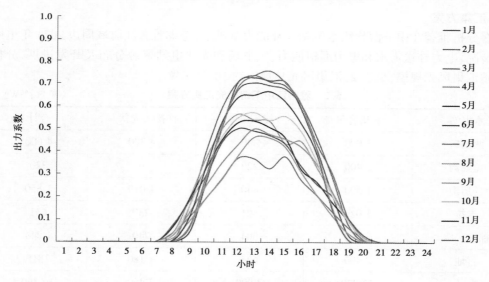

图2 雅砻江流域光伏各月日内出力变化曲线

3 互补能力及汇集方案

3.1 互补能力

雅砻江流域水风光互补依托水电开发,结合水电建设情况,雅砻江中下游为重点研究区域,其中风电4.4 GW,光伏23 GW。在不改变水库运行方式、不增加水电站弃水、弃风弃光率不超过5%的前提下,以水风光日内互补平衡为主要原则,按照风电:光伏=1:1、风电:光伏=2:1、风电:光伏=1:2三种情况分析雅砻江中下游梯级水电站互补能力,见表1。分析可知,雅砻江中游两河口、杨房沟水电站和下游5座梯级水电站总规模19.2 GW,具备风光互补能力约 20 GW。

表 1　雅砻江中下游水电站互补能力　　　　（单位：MW）

水电站	装机容量	风电：光伏＝1:1			风电：光伏＝1:2			风电：光伏＝2:1		
		风电	光伏	小计	风电	光伏	小计	风电	光伏	小计
两河口	3 000	2 303	2 303	4 606	1 571	3 142	4 713	2 834	1 417	4 251
杨房沟	1 500	951	951	1 902	604	1 209	1 813	1 257	628	1 885
锦屏一级	3 600	2 145	2 145	4 290	1 454	2 908	4 362	2 679	1 340	4 019
锦屏二级	4 800	2 314	2 314	4 628	908	1 817	2 725	3 320	1 660	4 980
官地	2 400	1 459	1 459	2 918	932	1 865	2 797	1 951	975	2 926
二滩	3 300	630	630	1 260	347	693	1 040	1 078	539	1 617
桐子林	600	433	433	866	308	616	924	524	262	786
合计	19 200	10 230	10 230	20 470	6 120	12 250	18 370	13 640	6 820	20 460

3.2　汇集方案

在分析雅砻江中下游梯级水电站互补能力基础上，考虑雅砻江流域周边 2025 年电网规划情况、电力外送需求和电力通道能力、风电场和光伏电站资源分布及开发进展，分析各电站汇集风光规模，见表 2，汇集风光总规模约 10.36 GW。

表 2　雅砻江中下游风光汇集方案　　　　（单位：MW）

水电站	装机容量	接入风电	接入光伏	合计
两河口	3 000	300	4 300	4 600
孟底沟	2 400	220	0	220
杨房沟	1 500	840	1 010	1 850
卡拉	1 020	401	230	631
锦屏一级	3 600	504	740	1 244
官地	2 400	635	1 180	1815
合计	13 920	2 900	7 460	10 360

4　一体化开发优势及运行分析

4.1　一体化开发优势

雅砻江流域水风光一体化开发在风光资源大规模开发，推进新能源跨省跨区集中消纳[9]方面具有难以替代的优势。①流域化协调统筹管理。流域内新能源场址位置偏远、条件复杂，工程建设物资运输、施工面临难度大，进一步推高了建设成本。依托流域水电开发，可统筹管理项目间施工辅助设施、交通、建设营地以及人力等资源，节约管理成本，提高管理效率和项目经济性。②强大且灵活的调节能力。雅砻江流域两河口水电站联合下游锦屏一级、二滩水电站可使雅砻江干流梯级水电站群实现多年调节,中下游水电总规模26.4 GW,理论可接入约24 GW,远超实际可开发量,输出稳定、高质量清洁电力的同时可保持一定的调频调峰能力,保障电网安全稳定运行。③便捷且充裕的送出通道。随着雅砻江流域水电开发已建成了锦屏—苏南800 kV和雅中—江西800 kV特高压直流线路,送电能力达15.2 GW,同时正在规划的川渝1 000 kV特高压交流环网将进一步提高流域电力消纳能力,流域水风光一体化开发既能确保新能源跨省跨区集中消纳,又能提高特高压线路利用率,实现综合效益提升。

4.2 运行状态及效益分析

流域水风光一体化运行依托水电灵活的调节能力,平抑风光电力的随机性和波动性,输出高质量清洁电力。以雅砻江流域下游官地水电站为例,研究水风光一体化运行状态及效益。结合官地水电站周边风能、太阳能资源分布情况,初拟接入官地水电站规划风电590 MW,光伏1 180 MW,如图3所示。

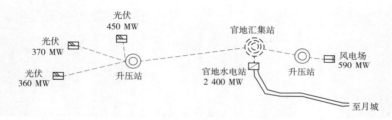

图3 官地水电站水风光开发布局

按官地水电站装机容量(2 400 MW)控制其送出能力,进行官地水电站接入风电、光伏的水风光互补运行,电站接入周边风电590 MW,光伏1 180 MW时,在优先保证原有官地的水电输送前提下,总弃风弃光率为4.25%,弃风发生在丰水年水电几乎满发的7~10月,逐月平均输电过程如图4所示。日内调节方面,在风光出力最大月(2月)和系统负荷最大月(8月)出力过程分别见图5。

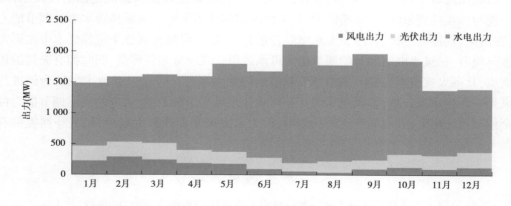

图4 官地水电站2025年水平逐月平均输电过程

此外,接入风光前,官地水电站平水年输电通道利用小时数为4 872 h,水风光一体化运行后,通道输电利用小时数约5 693 h,通道利用率由55.6%提高至65.0%。

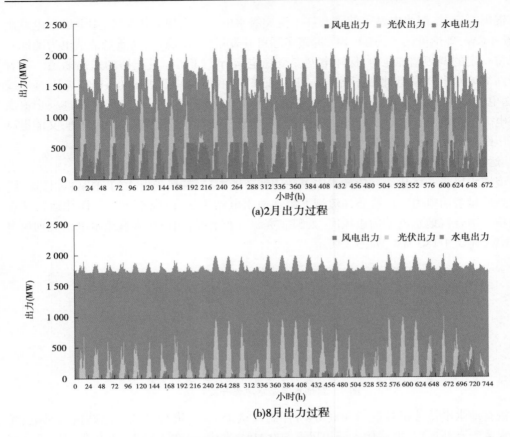

(a)2月出力过程

(b)8月出力过程

图 5　官地水电站水风光日内互补出力过程

5　结　论

　　雅砻江流域水风光资源丰富,互补特性明显,且具备建设抽水蓄能电站的优良条件,清洁能源总规模超 80 GW,规模巨大,是天然的清洁能源宝库。流域梯级水电站调节能力强,在两河口、锦屏一级、二滩三大水库联合运行情况下,可使雅砻江干流梯级水电站群实现多年调节,梯级水电站拥有的调节能力可承载风光规模远超资源量,同时拥有充裕的送出通道,具备大规模风光能源集中开发和消纳的优良条件。通过以官地水电站为例进行水风光一体化运行分析,水风光年内互补可确保水风光全额消纳,水电站灵活调节能力可完全调节风光出力,同时提升通道利用率,可为未来风光新能源大规模开发、并网提供有益参考。

参 考 文 献

[1] 习近平.在第七十五届联合国大会一般性辩论上的讲话[EB/OL].[2020-09-22]. http://www. gov. cn/xinwen/2020-09/22/content_5546168. htm.

[2] 习近平.在气候雄心峰会上的讲话[EB/OL].[2020-12-13]. http://www. gov. cn/xinwen/2020-12/13/content_5569138. htm.

［3］习近平主持召开中央财经委员会第九次会议［EB/OL］.［2021-3-15］. http://www.gov.cn/xinwen/ 2021-03/15/content_5593154.htm.

［4］丁立,乔颖,鲁宗相,等.高比例风电对电力系统调频指标影响的定量分析［J］.电力系统自动化, 2014,38(14):1-8.

［5］丁明,王伟胜,王秀丽,等.大规模光伏发电对电力系统影响综述［J］.中国电机工程学报,2014,34 (1):1-14.

［6］李明节,于钊,许涛,等.新能源并网系统引发的复杂振荡问题及其对策研究［J］.电网技术,2017,41 (4):1035-1042.

［7］中华人民共和国国民经济和社会发展第十四个五年规划和二〇三五年远景目标纲要［EB/OL］. ［2021-3-13］. http://www.gov.cn/xinwen/2021-03/13/content_5592681.htm.

［8］国家发展改革委,国家能源局.关于推进电力源网荷储一体化和多能互补发展的指导意见［EB/ OL］.［2021-2-25］. http://www.gov.cn/zhengce/zhengceku/2021-03/06/content_5590895.htm.

［9］程春田.碳中和下的水电角色重塑及其关键问题［J/OL］.电力系统自动化,1-10.

［10］陈云华.“一条江”的水电开发新模式［J］.求是,2011(5):32-33.

［11］周建平,钱钢粮.十三大水电基地的规划及其开发现状［J］.水利水电施工,2011(1):1-7.

雅砻江流域清洁能源示范基地建设主要科技创新及进展

孙文良

(雅砻江流域水电开发有限公司,四川 成都　610051)

摘　要　科技创新是我国现代化建设全局中的核心,是国家发展的战略支撑,是建设世界一流企业的战略支撑。雅砻江公司采取多种措施不断完善科技创新体系、提升科技创新能力,解决流域绿色清洁可再生能源开发现实难题。通过建立健全科研管理制度、制定公司中长期科技发展规划,统筹开展企业重大科研专项研究;设立博士后科研工作站、雅砻江虚拟研究中心及企业技术中心等科技创新平台,积极申请并承担国家和省部级纵向项目,开展产学研工作,提高公司内部研发能力和水平。与国家自然科学基金会两次设立雅砻江联合基金,推进雅砻江流域水能开发"四阶段"战略和水风光互补绿色清洁可再生能源示范基地建设及深地基础科学研究。与国内外 10 多家知名单位建立了战略合作伙伴关系,并成立了以院士、设计大师为主的特别咨询团,为解决工程建设中的重大技术问题提供了有力保障。与清华大学共建中国锦屏地下实验室,共同承担国家重大科技基础设施"极深地下极低辐射本底前沿物理实验设施"建设,推进我国深地基础科学研究。研究成果共获得 4 项国际奖、7 项国家奖、160余项省部级奖,雅砻江流域清洁能源开发的一系列关键技术难题不断突破,科技创新成果不断涌现。

关键词　雅砻江流域;科技创新;清洁能源基地;水风光互补;深地基础科学

1　引　言

雅砻江流域水电开发有限公司(简称雅砻江公司)根据国家发展改革委授权,负责实施雅砻江水能资源的开发,全面负责雅砻江梯级水电站的建设与管理。雅砻江公司践行"贡献清洁能源、服务国家发展"的使命,充分发挥"一个主体开发一条江"的独特优势,制定水能资源开发"四阶段"战略、新能源及抽水蓄能开发"四阶段"战略,坚定不移推进雅砻江流域水风光蓄绿色清洁可再生能源开发,以"流域化、集团化、科学化"发展与管理理念,科学有序推进流域各项目建设,努力实现世界一流绿色清洁可再生能源企业的目标,服务国家发展战略,保障国家能源安全。目前,雅砻江公司水电装机规模达到 1 545 万kW、新能源装机 43.95 万 kW,拥有优质资产超过 1 400 亿元。在建杨房沟水电站已于2021 年实现两台机组投产发电,两河口水电站也朝着 2021 年 9 月发电目标稳步迈进,卡拉和孟底沟水电站已于 2020 年和 2021 年先后获得核准开工建设。

从党的十八大提出实施创新驱动发展战略,到十八届五中全会提出"把创新发展作

基金项目:国家自然科学基金(U1965205)。

为五大发展理念之首",到十九大强调"创新是引领发展的第一动力",再到十九届五中全会"战略部署"的演变过程,深刻反映出党和国家对科技创新和现代化国家建设发展规律认识的与时俱进和不断深入,也反映出科技创新在经济社会发展及企业发展中的作用日益凸显。近年来,围绕雅砻江流域大型水风光互补绿色清洁能源基地重大技术问题和深地基础科学研究,雅砻江公司继续加强科技创新力度,加大科研投入,规范科技创新及管理工作,促进科技成果转化和应用,多措并举,不断完善公司科技创新体系、提升科技创新能力和管理水平,解决了雅砻江流域绿色清洁可再生能源开发的一系列现实难题。

2　多措并举,建立健全科学、完善的科技创新体系

2.1　不断完善科技管理制度体系

雅砻江公司成立了由公司主要领导任组长的科研工作领导小组,作为公司科研工作的领导和决策机构,指导公司科技创新工作的开展。科研工作领导小组下设办公室,办公室是科研工作领导小组的日常办事机构,由战略发展部代管。

近年来,通过对科技管理制度不断修订和完善,建立了包括《科研管理办法》《科研项目专项经费财务管理暂行办法》《科技奖励实施细则》《博士后科研工作站管理办法》《专利管理办法》《自主研发项目激励办法》等制度。强有力的组织体系和完善的制度为科技创新奠定了一个好的基础。

2.2　继续制定中长期科技发展规划

公司在 2004 年制定了公司中长期科技发展规划(2005—2020),明确了围绕公司核心业务开展技术创新工作的重大研究领域,包括企业发展战略和企业管理研究、流域综合规划开发和水能利用的研究、水电站设计施工关键技术的研究、水电站生产和运行优化关键技术研究。

随后先后开展了"十一五""十二五""十三五"发展规划(科技创新部分)的编制工作,过程中结合公司风光水战略转型发展需求及时进行调整。2020 年,启动了新一轮中长期科技发展规划(2021—2035)和"十四五"科技创新规划的编制工作,以指导未来一段时间公司科技创新工作的开展。

2.3　构建企业为主体的产学研用一体化科技创新平台

(1)依托博士后科研工作站,积极开展自主研发。

2003 年 12 月,国家人事部正式批准公司设立博士后科研工作站,公司通过严格评审程序引入尖端人才。首批博士后于 2005 年进站、2007 年出站,第二批博士后于 2010 年进站、2012 年出站,两批博士后相继开展了锦屏一级水电站特高拱坝混凝土浇筑实时仿真与分析系统、施工期混凝土防裂性能研究,对锦屏一级水电站大坝施工起到了很好的指导作用;第三批博士后于 2013 年进站、2015 年出站,第四批博士后于 2015 年进站、2018 年出站,两批博士后围绕"数字雅砻江"工程建设开展了水电工程全生命周期可视化辅助管理、施工物资全过程跟踪管理研究,为雅砻江流域数字化平台建成和投入运行发挥了重要作用;目前第五批博士后正在围绕在建两河口工程关键技术问题开展高心墙堆石坝填筑施工仿真与进度协调控制研究。

(2)再次设立雅砻江联合基金,拓展"雅砻江虚拟研究中心"合作平台。

作为雅砻江水电开发联合研究基金(第一期雅砻江联合基金)合作模式的延续,2011年1月,雅砻江公司构建了我国水电行业首家"产""学""研"结合的雅砻江虚拟研究中心,首批成员包括雅砻江公司和20家在我国水电科技领域具有重要地位的高校和科研院所。雅砻江虚拟研究中心依托网络平台实现信息交流和资源共享,利用网络平台丰富的科技信息资源和流域开发中提炼的科研课题来吸引国内高端科研机构始终关注雅砻江流域开发,参与有关科研和咨询活动,通过组织开展科研项目、学术交流、技术咨询等多种形式的科技活动,在不改变中心成员主体地位和实体组织的条件下联合国内水电科技领域优势科研力量组成一个柔性的研发组织,开展产学研合作的研发活动。

2016年,雅砻江公司与国家自然科学基金委员会再次合作共同设立第二期雅砻江联合基金,共同出资9 000万元2017~2019年分三年资助一批基金项目的研究,内容涵盖水风光互补绿色清洁可再生能源开发技术、高坝工程建设和流域梯级电站长期安全经济运行、深地基础科学等三大领域(2019年项目指南中增加一项"大型水电工程建设与运行智能化技术"研究领域)。

2019年,雅砻江联合基金第二期全部基金项目申报及评审工作圆满完成,共资助项目46个(重点支持项目22个、培育项目24个),承担单位涵盖数十家国内知名高校和研究机构,进入全面实施阶段,为雅砻江流域风光水互补清洁能源基地及深地相关科学技术问题的解决提供强有力支撑。

雅砻江虚拟研究中心自成立以来,已于2013年1月、2014年4月和2018年11月召开3次年度大型学术交流会议,出版2部会议论文集《流域水电开发重大技术问题及主要进展——雅砻江虚拟研究中心2014年度学术年会论文集》《大型流域风光水互补清洁能源基地重大技术问题研究与深地基础科学进展——雅砻江虚拟研究中心2018年度学术年会论文集》。为加强各单位之间的学术交流,于2021年再次召开年度学术交流会议。雅砻江虚拟研究中心作为产学研结合的科技创新平台,在解决流域清洁能源开发和深地基础科学面临的关键科学技术问题的同时,促进清洁能源和深地基础科学科技水平提升。

(3)四川省企业技术中心运行良好。

2014年,雅砻江公司在整合已有科技创新资源的基础上成立了企业技术中心,全面负责公司科技战略规划制定,科技创新体系的建立与完善,重大、关键、前瞻性技术项目的决策、研发及推广应用,公司内外科技资源的整合与互动,高端技术人才吸引和培养等工作。技术中心下设专家委员会决策咨询机构、特别咨询团咨询机构,设立了技术中心办公室为中心的管理机构,以及博士后科研工作站、雅砻江虚拟研究中心等创新研发机构,并根据科研立项需要和专业技术类型设立各专业研究小组(研究室),共同构成了企业的技术创新组织管理体系,按职责、制度推进中心各项工作的科学高效运行。

2017年,雅砻江公司经过长期实践构建起的科技创新体系及取得的科技创新成果得到政府部门的认可,申请并获得四川省企业技术中心认定,为公司获得的首个省级技术研究平台。

2.4 积极承担国家和省级科技计划项目,提高公司自主创新能力

为提高公司自主创新能力,雅砻江公司积极争取国家科技支撑计划及国家重点研发计划等国家科技计划项目和四川省重点研发项目。目前,已承担了1项"十二五"国家科

技支撑计划课题"雅砻江流域数字化平台建设及示范应用",4项"十三五"国家重点研发计划课题:"深部围岩长期稳定性分析与控制""特高拱坝及近坝库岸长期安全稳定运行""引水隧洞水下机器人系统集成与示范应用"和"基于时空大数据的梯级水电站智能调度与优化运行",还承担了6项"十三五"国家重点研发计划专题,以及1项四川省重点研发项目。

　　承担和参与国家和省级科技计划项目,为公司赢得了国家级科研项目研究平台,培养了一大批科技创新人才,提高了公司自主创新能力。

2.5　积极开展战略合作,搭建战略合作平台

　　雅砻江公司深入推进与重点科研单位的战略合作,与清华大学、北京师范大学、上海交通大学、四川大学、四川大学华西医院、电子科技大学、中国原子能科学研究院、中国科学院武汉岩土力学研究所、中国水利水电科学研究院、中国水电顾问集团、中国电力顾问集团、南瑞集团、华为集团、金风科技,以及 Norconsult AS、美华等10多家世界著名的高校、研究咨询机构和企业签订了战略合作协议,建立了战略合作伙伴关系,全方位开展科技开发和人才培养合作。同高校共建"研究生就业实践雅砻江公司基地",并开办清华大学、天津大学、四川大学工程硕士班,推进人才交流。

2.6　借力高端咨询平台,成立工程特别咨询团

　　2008年1月,雅砻江公司成立了由国内院士、顶级专家组成的锦屏水电工程特别咨询团,特别咨询团组长由中国工程院院士马洪琪担任,特别咨询团顾问由两院院士潘家铮、中国工程院院士谭靖夷担任,为锦屏一级水电站大坝基础处理、大坝温控及防裂、左岸坝肩边坡安全监测及稳定、地下厂房洞室群安全监测及稳定研究,锦屏二级水电站深埋长大隧洞群安全快速施工技术、地下厂房围岩稳定及支护方案等开展了重大技术咨询,为锦屏一级、二级两座世界级工程的成功建成发挥了重要作用。

　　2014年10月,雅砻江公司成立了由土石坝设计、施工、建设管理领域具有丰富理论和实践经验的顶级专家、学者组成的两河口水电工程特别咨询团,特别咨询团组长由中国电建集团昆明院勘察设计大师张宗亮担任,特别咨询团顾问由中国工程院院士马洪琪担任,特别咨询团成员包括中国工程院院士钟登华,中国电建集团成都院勘察设计大师李文纲,长江设计院勘察设计大师杨启贵,水利部水利水电规划设计总院勘察设计大师杨泽艳,武警水电一总队副总工程师黄宗营。两河口特别咨询团多次到两河口工程现场开展重大技术咨询,对包括两河口水电站大坝结构设计优化及料源使用规划、大坝填筑控制标准及施工参数、大坝基础处理、抗冲磨混凝土配合比设计、大坝无人智能碾压填筑、高海拔高寒地区冬季施工、特高堆石坝抗震安全等重大技术问题进行了咨询,为推动工程建设的顺利进行起到了非常重要的作用。

3　近年来科技创新主要进展

3.1　高坝工程建设和流域梯级电站长期安全经济运行研究进展

　　雅砻江流域正在建设的两河口水电站拥有300 m级高砾石土心墙堆石坝,海拔近3 000 m。围绕高寒高海拔地区土石坝建设面临的关键技术问题,雅砻江公司近年来主持开展了"冬季土料冻融机理与防控体系深化研究""复杂土料场智能化开采系统、坝料级

配及土料含水快速检测分析及反馈""堆石料填筑指标及应力路径现场试验复核研究""防渗土料黏附机理及防控体系研究"等一系列企业重大专项,破解了高寒高海拔地区大坝心墙土料冬季施工难题,建立了大坝心墙雨季施工成套技术,保证了大坝填筑的质量和进度,推动了国内土石坝筑坝技术从 200 m 级向 300 m 级跨越。此外,雅砻江公司还联合国内知名高校和科研机构成功申请"特高土心墙堆石坝筑坝材料工程特性与坝体变形和渗流安全控制""特高土心墙堆石坝变形协调与施工质量控制理论与方法研究""特高土心墙堆石坝长期变形特性和开裂机理研究""强震区 300 m 级特高心墙堆石坝地震破坏演化机制、抗震性能及工程措施研究""基于无人机技术的高陡自然边坡危险源勘测与安全评价技术研究""沟谷堆积体与微型抗滑桩群协同工作的宏细观机理及设计理论""碎块石堆积体边坡热—气—液固—耦合灾变机理及控制研究""考虑颗粒破碎影响的堆石料临界状态理论及本构模型""高海拔、高流速条件下泄水构筑物抗冲磨混凝土裂缝控制研究"等多项雅砻江联合基金项目,从基础理论和方法方面推动特高心墙堆石坝建设技术的进步。

随着锦屏一级水电站的建成投产运行,电站的长期安全稳定运行相关理论方法和技术问题成为创新研究的重点。为此,公司承担了国家"十三五"重点研发计划"特高拱坝及近坝库岸长期安全稳定运行"课题,并联合国内知名高校和科研机构成功申请了"复杂环境下高坝枢纽泄流雾化机理与遥测—预测—危害防治技术研究""水电工程高边坡施工运行全过程稳定性演化机制与安全调控"等多项雅砻江联合基金项目,推进特高坝工程长期安全运行的研究创新。

雅砻江公司集控中心既是流域梯级电站群联合调度和管控机构,又是流域梯级水电联合优化调度的研究中心,近年来立项并启动了"面向水电需求的月尺度降水预报技术研究""雅砻江中下游梯级水库联合调度方案编制及软件开发项目""雅砻江流域防洪抗旱补水发电联合优化调度方案研究""雅砻江中下游梯级水电站多年平均发电量复核研究""雅砻江流域水情站网优化及水情测报技术研究"等企业重大专项,并联合国内知名高校成功申请了"雅砻江流域流量传播规律和来水预报及梯级电站优化调控与风险决策研究"雅砻江联合基金项目,不断探索流域降雨、径流预报精度提高,梯级电站集中控制、联合优化调度运行等先进技术方法,为公司每年增发电量发挥了重要作用。

3.2 水风光互补清洁可再生能源开发技术研究进展

目前,雅砻江公司正积极推进雅砻江流域水风光互补绿色清洁能源示范基地建设,着力打造雅砻江清洁能源品牌。为实现这一战略目标,第二期雅砻江联合基金指南中专门设置了"风光水互补清洁可再生能源开发"这一研究领域。公司与国内知名高校和科研机构成功申请了"雅砻江流域风光水多能互补运行的优化调度方式研究""流域风光水智能互补的全生命周期设计、运行及维护研究""雅砻江流域大规模风光水互补清洁能源基地的开发、运行、管理关键问题研究""流域梯级风光水多能互补捆绑容量与调控策略研究""流域风光水多能互补运行中风光出力不确定性研究""用于风机叶片高湿低温环境下防覆冰除尘的材料制备及除冰机制研究""基于数值模拟的雅砻江流域风能资源多尺度耦合评估方法研究""基于系留气艇力学模型的复杂山地风能测量理论研究""雅砻江流域千万千瓦级风、光、水多能互补多级协同智能调度模式与关键技术研究""含巨型梯级水电的风光水互补发电系统短期调度模式与增益分配机制"共 10 项雅砻江联合基金项目,重点针对流域风光水多能互补联合优化调度相关基础理论和技术方法开展创新研究。

目前,"雅砻江流域风光水多能互补运行的优化调度方式研究""流域风光水智能互补的全生命周期设计、运行及维护研究"2 项重点支持项目已通过中期检查。前者从流域风光水能资源预测及其不确定性分析入手,研究风光水互补运行系统的复杂耦合约束识别及多维效益评价方法,建立考虑多重不确定性和电力市场影响的流域风光水中长期和短期优化调度模型,进而构建流域风光水多能多尺度序贯决策模式,并提出一套针对复杂随机约束优化问题的理论解析与高效求解技术,从而提炼出流域风光水多能互补运行的优化调度方式,并结合雅砻江风光水多能互补基地,开展关键技术的应用研究。后者基于四川省盐源县、德昌县测风塔实测数据,开展了风电场多步风速预报研究,构建了基于WRF 和误差校正策略的风电场多步风速预报模型;考虑日前发电计划编制与经济运行的关联性,建立了耦合厂内经济运行模块的双层规划数学模型,构建了三层嵌套优化算法有效求解发电计划编制模型;引入鲁棒优化构建互补电站实时经济运行调度模型,研制耦合智能算法和动态规划的双层嵌套优化算法;采用长—短嵌套调度模型模拟不同光伏装机规模下互补电站的长期和短期调度决策,基于成本效益分析模型确定在装机容量阈值内寻求最优装机容量。

"流域梯级风光水多能互补捆绑容量与调控策略研究""流域风光水多能互补运行中风光出力不确定性研究""用于风机叶片高湿低温环境下防覆冰除尘的材料制备及除冰机制研究"3 项培育项目已顺利结题。"流域梯级风光水多能互补捆绑容量与调控策略研究"项目以风光水多能互补运行系统为研究对象,在流域进行时空协调分析的基础上,建立风光水多能互补容量匹配优化模型,揭示风光水多能互补关系在不同目标偏好和多维约束下的表现形式,并据此研究不同水电开发规模、不同电网工作位置下风电、光伏合理捆绑容量及其调控策略。"流域风光水多能互补运行中风光出力不确定性研究"项目围绕"流域内风光出力预测不确定性的聚合特性及其时空耦合规律"这一科学问题,从多个时空尺度出发,按照"模拟→预测→耦合"的思路展开研究。"用于风机叶片高湿低温环境下防覆冰除尘的材料制备及除冰机制研究"项目主要致力于探究氧化硅纳米薄膜作为良好防覆冰材料制备粗糙结构的最佳孔径尺寸、分布规律和制备工艺,通过对氧化硅层孔径尺寸、周期、PMMA 层膜厚及氟化程度等方面调控,获得具有明显降低冰核钉扎的超疏水防覆冰涂层。

3.3 水电站建设与运行智能化技术研究进展

两河口水电站是我国藏区综合规模最大的水电站工程,具有"四高"特点,即高坝、高寒、高海拔、高地震烈度,建设难度居世界前列,如何做到复杂条件下大坝填筑质量高标准控制是人们最为关心的问题。目前,高心墙堆石坝建设逐渐由数字化施工向智能化建设推进,人工智能、无人驾驶等新一代智能技术与大坝建设深度融合是高坝建设领域的研究热点,为高寒、高海拔、高心墙堆石坝填筑质量控制提供重要的技术支撑。然而,在高寒高海拔高地震烈度地区,高心墙堆石坝填筑面临三大关键技术难题:①难以实现全过程智能监控;②难以实现无人碾压机群协同控制;③难以实现大规模高效智能施工。因此,迫切需要突破高心墙堆石坝智能填筑关键技术瓶颈,为大力推动高心墙堆石坝智能化建设提供理论基础与技术支撑。项目组依托人工智能、物联网、大数据、云计算等智能化手段,结合雅砻江联合基金、企业重大研究专项等,开展高心墙堆石坝智能填筑关键技术研究,并在两河口水电站实现了坝料从掺拌、运输、加水到摊铺碾压填筑全过程的智能监控,以及无人碾压机群的大规模碾压填筑。

锦屏二级水电站工程由建设期投入运行阶段,工程涉及的"大、长、深"隧洞在服役期经受高速夹砂水流长期冲刷、冲蚀作用,以及隧洞所处高地应力问题、高外水压问题的影响,及时对其运行健康状况进行水下检查一直是国内外的一大难题。项目组在引进国外海洋及军事领域先进的传感器探测设备的基础上,自主研制了适用于内陆河流域中水利水电工程的水下检测成套装备,突破了无光、浑水环境下,针对结构布置复杂、检测通道受限的大断面、长距离、高水头、多弯段水工隧洞的检测技术难题,实现了国内外首次完成 2 km 的水工隧洞全覆盖水下检测技术,填补了国内大断面、长距离、高水头、多弯段、浑水状态水工隧洞水下无人检测的技术空白。

为充分利用物联网、大数据、云计算、人工智能等新兴技术,推动已投运电站的智能化建设,雅砻江公司完成了"智能电站规划及关键技术研究"企业重大专项,编制了智能电站建设规划,明确了智能电站建设路径。

3.4　深埋地下工程研究进展

锦屏二级水电站 4 条引水隧洞组成的世界埋深最大、规模最大的水工隧洞群,长距离穿越地质条件异常复杂的雅砻江锦屏大河湾,目前工程已进入运行期。雅砻江公司联合国内知名高校和科研机构成功申请了"深埋内压隧洞运行期工作机制与安全诊断""深埋引水隧洞围岩—支护系统长时力学特性及安全性评价与控制研究""深部断层活化规律与洞室群稳定性和环境安全性评价""不同深度岩体工程力学特性与渗流长期稳定性研究""极深洞室裂隙围岩渗流稳定性及动态力学响应研究""岩体三维扰动应力长期动态测量光纤光栅传感器研发及观测研究""基于瞬态卸载诱发振动的深部硬岩工程原位三维扰动应力测试技术"等多项雅砻江联合基金项目,将围绕锦屏二级水电站推进深部地下工程长期安全运行研究。

"深埋内压隧洞运行期工作机制与安全诊断""深埋引水隧洞围岩—支护系统长时力学特性及安全性评价与控制研究""深部断层活化规律与洞室群稳定性和环境安全性评价" 3 项重点支持项目已通过中期检查。"深埋内压隧洞运行期工作机制与安全诊断"项目对不同围压作用下锦屏二级隧洞大理岩裂隙重激活机制及渗流滑移特性、基于实测数据的隧洞围岩—支护结构健康状态分析、隧洞混凝土结构微损伤测试技术及基于 BIM 技术的引水隧洞结构安全评价等方面开展了深入研究。"深埋引水隧洞围岩—支护系统长时力学特性及安全性评价与控制研究"项目开展了深部岩石流变试验及围岩—锚杆—衬砌组合承载系统的时效力学模型试验,研究了组合承载系统不同构元在不同运行条件下的承载作用、荷载比例及其演化规律,开展了隧洞长期变形、锚杆应力、衬砌开裂、钢筋应力、接触缝宽等原位监测工作及隧洞安全性分析,推进了检测机器人质量平衡仓、检测器密封舱、模板集成化结构、集成采集硬软件系统研发。"深部断层活化规律与洞室群稳定性和环境安全性评价"项目围绕深部断层活化模式,研发了高频扰动及冲击作用下断层错动试验系统,提出了动载扰动及水压作用下断层活化模拟及试验方法,采用研发的三向应力多类型断层蠕滑错动物理模拟试验系统揭示了断层蠕滑活动下断层带位移分布模式;围绕围岩破裂过程中氡释放规律,提出了岩石破裂过程中氡释放试验测试方法,揭示了单/三轴条件下完整岩石破裂过程中氡释放特征及裂隙岩体中氡迁移特征;围绕断层活化和洞室围岩破裂灾变耦联机制,模拟分析了断层对洞室群位移场及应力场的影响效应,揭示了跨断层地质体蠕滑错动位移分布模式及隧道结构变形破坏特征;研发了一种断层活化错动及岩体/结构面剪切变形现场监测装置;在锦屏二级地下厂房现场布置安装了高精度微震监测系统及声音监测系统。

"岩体三维扰动应力长期动态测量光纤光栅传感器研发及观测研究""基于瞬态卸载诱发振动的深部硬岩工程原位三维扰动应力测试技术"2项培育项目已顺利结题。前者成功实现了三维应力光纤光栅传感器研发、参数标定,并将研发的传感器应用于工程现场进行了长期监测验证。后者从能量瞬态释放速率的角度揭示了爆破过程中地应力瞬态卸载过程,研究了爆破过程中深部硬岩地应力瞬态卸载诱发岩体振动幅值、频谱及空间分布特性,建立了基于诱发振动峰值和主频率的地应力场反演模型,构建了基于盲源、小波分析等信号处理技术的地应力瞬态释放诱发振动信号的识别和分离方法,推演三维扰动下的围岩应力时空分布特性,提出三维初始/扰动地应力场测试方法。

3.5　流域生态环境保护研究进展

雅砻江公司长期以来秉持清洁能源开发与流域生态环境协调发展的理念,近年来围绕中游两河口、杨房沟水电站工程建设及中下游电站运行,开展了"两河口水电站分层取水水工物理模型试验""鱼道水工模型实验研究""水利水电工程过鱼设施效果评估研究""杨房沟水电站鱼道式诱鱼设施水工物理模型试验""雅砻江流域水生生态现状评估""石爬鮡人工驯养技术研究""锦屏一级、二级、官地电站河段鱼类增殖放流效果研究""雅砻江锦屏大河湾减水河段生境修复研究""雅砻江锦屏大河湾减水河段水生生物栖息地生态保护效果评估研究""雅砻江锦屏、官地河段主要经济及保护鱼类种群动态研究",既包含对新建电站的鱼类保护设施型式的研究创新,又涵盖了对已建电站的生态环境保护效果的研究评估,同时雅砻江公司还深入开展了多种珍稀鱼类人工繁殖技术的自主研究并取得重大突破,目前已掌握了短须裂腹鱼、鲈鲤、细鳞裂腹鱼、长丝裂腹鱼、四川裂腹鱼、长薄鳅、石爬鮡、柳根鱼、松潘裸鲤等的人工繁殖技术,相关技术成果已获得4项发明专利、2项实用新型专利。

3.6　大型水电工程建设管理模式研究进展

面对DBB建设管理模式下逐渐显现的弊端,为适应新的发展形势,促进行业健康可持续发展,雅砻江公司开展了大型水电项目EPC管理模式研究和实践,对传统DBB模式的优势、劣势及水电开发新形势进行分析,并结合国内水电开发建设实际,以及杨房沟水电项目自身的特点,最终在杨房沟这个一百五十万千瓦装机规模的项目上采用EPC建设管理模式,开创了我国百万千瓦级大型水电项目采用EPC建设管理模式进行建设的先河,开启了项目建设管理的又一次创新,对水电行业可持续健康发展提供了重要的借鉴意义。

项目组首次系统地创建了一套基于BIM的大型水电工程EPC项目的智能管理体系,

通过三维正向设计、智能建造、数字化移交等先进的技术手段实现了以设计施工一体化为核心的大型水电工程EPC项目全过程数字化建设管理创新;基于三维协同设计平台实现了水电工程全专业三维正向设计,并且实现了BIM模型的精细化、属性化和轻量化及基于BIM模型的工程建设管理;研发了可模块化配置的设计施工BIM管理系统,有机集成了工程安全监测、智能灌浆、大坝混凝土温控等智能系统,实现大型水电工程EPC项目的设计施工一体化管控;首次提出了有效解决大型水电工程EPC项目从"物理实体电厂"到"数字孪生电厂"的数字化整体移交方案,打通了工程全生命周期管理的"最后一公里",为实现基于BIM技术的大型水电工程EPC项目全生命周期数字化管理和智能电厂运维管理奠定了基础。

3.7　中国锦屏地下实验室建设进展

雅砻江公司与清华大学共建的中国锦屏地下实验室二期土建工程于2016年11月完工,形成了4组8个实验洞室、约30万 m^3 的实验空间。在此基础上,公司与清华大学于2017年共同启动了"十三五"国家重大科技基础设施"极深地下极低辐射本底前沿物理实验设施"项目的申报并成功获批,设施项目已于2020年正式开工建设。

中国锦屏地下实验室二期建成后未来将能够容纳包括深地暗物质探测、深地中微子、深地核天体物理、深部岩体力学、深地医学等在内的基础科学领域的实验项目同时开展实验研究,有望成为世界深地物理实验的中心,推动我国开展国际级大科学合作,吸引国内外顶尖学者前往开展前沿物理实验,为取得重大物理突破提供基础设施保障,将对我国乃至世界前沿基础科学领域的研究发展产生巨大的推动作用。

4　未来主要科技创新趋势

雅砻江公司将在已立项的雅砻江联合基金、国家重点研发计划等国家科技计划项目和企业重大专项的支持下,积极开展水风光储等的联合优化调度、智能化建设和运行、打捆送出和消纳等相关理论和技术的创新研究,同时积极申请"十四五"国家科技计划项目,设立第三期雅砻江联合基金;依托进入运行期的锦屏一级300 m级高混凝土坝和锦屏二级深埋水工隧洞群工程,继续开展300级高混凝土坝和深埋地下工程长期安全运行重大技术问题研究;依托在建的两河口水电站,进一步深入开展高寒、高海拔地区特高土心墙堆石坝无人智能碾压和冬雨季施工等技术研究和规模化实践;依托已核准开工的卡拉水电站开展混凝土坝智能建造技术和平台研究;依托在建的杨房沟水电站,继续完善总承包建设管理模式并结合信息、智能技术进一步挖掘该模式在工程建设中的优势;依托已投产运行电站和在建电站,开展智能电站试点项目研究与实践;依托在建的中国锦屏地下实验室二期工程,开展吨级暗物质探测、深地医学、深地核天体物理等深地科学实验关键技术问题研究。

5　结论与展望

雅砻江公司建立起由公司科研工作领导小组领导下的,包含企业技术中心、专家委员会、特别咨询团、科研归口管理部门、博士后科研工作站、雅砻江虚拟研究中心以及各专业研究室(课题组)等的科技创新组织体系,近年来依托国家自然科学基金、国家科技支撑计划、国家重点研发计划等国家科技计划项目及企业重大专项的研究,不断加强与国内外知名高等院校、科研院所的交流合作,开展了以企业为主体的全方位产学研合作和自主研发,在"高坝工程建设和流域梯级电站长期安全经济运行""水风光互补清洁可再生能源开发""水电站建设与运行智能化""深埋地下工程""流域生态环境保护""大型水电工程建设管理模式""极深地下实验室建设"等领域取得了一系列重要的研究成果和进展。目前,雅砻江公司共获得4项国际级奖项、7项国家科技进步奖、160余项省部级科技奖等。

"十四五"期间,雅砻江公司将结合企业发展战略和实际需求,继续发展完善科技创新体系,深化与外部科研力量的合作,重点围绕雅砻江流域风光水互补清洁能源基地建设中涉及的水风光互补清洁可再生能源开发、水电工程智能建设和运行及深地基础科学等领域开展科技攻关,力争取得一系列高水平科技成果,基本实现智能建设、智能电站、智能集控,建成中国锦屏地下实验室二期工程,支撑公司可持续发展。

参 考 文 献

[1] 陈云华. 雅砻江流域数字化平台建设规划及关键技术问题[C]//流域水电开发重大技术问题及主要进展——雅砻江虚拟研究中心2014年度学术年会论文集. 郑州:黄河水利出版社,2014.

[2] 吴世勇,周济芳,申满斌,等. 雅砻江流域水电开发重大科技创新及主要进展[C]//流域水电开发重大技术问题及主要进展——雅砻江虚拟研究中心2014年度学术年会论文集. 郑州:黄河水利出版社,2014.

[3] 吴世勇,杜成波,周济芳,等. 雅砻江流域清洁能源开发重大科技创新及主要进展[C]//大型流域风光水互补清洁能源基地重大技术问题研究与深地基础科学进展——雅砻江虚拟研究中心2018年学术交流会论文集. 郑州:黄河水利出版社,2018.

[4] 陈云华. 大型水电工程建设管理模式创新[J]. 水电与抽水蓄能,2018,4(1):5-10,79.

[5] 陈云华,吴世勇,马光文. 中国水电发展形势与展望[J]. 水力发电学报,2013,32(6):1-4.

[6] 陈云华. "一条江"的水电开发新模式[J]. 求是,2011(5):32-33.

储能政策及应用发展研究综述

肖稀,左幸,王瑞

(雅砻江流域水电开发有限公司,四川 成都　610051)

摘　要　在能源转型阶段,储能技术要保障大量可再生能源电力的消纳,还要与相关基础设施充分结合,将工业、建筑行业和交通行业整合,以方便能源供应减少碳排放。因此,在电力系统中的传统发电侧、可再生能源并网、辅助功能、电网和电力用户各部分,储能都必不可少。随着可再生能源份额的不断上升,整个储能系统的趋势是从一个高度集中的能源系统向分散、灵活和可再生的分布式能源系统进行转变,这也使得储能技术有了更多、更广泛的应用场景。本文对目前国内的储能政策、主要储能技术成熟度及应用场景进行综述,为挖掘储能的效益价值提供一定参考。

关键词　储能;可再生能源;抽水蓄能;新型电力系统

1　引　言

　　3 月 15 日召开的中央财经委员会第九次会议,对碳达峰、碳中和工作作出部署,明确了实现碳达峰、碳中和的基本思路和主要举措,强调要构建以新能源为主体的新型电力系统。同时,国家"十四五"规划和 2035 年远景目标纲要指出,要构建现代能源体系,提升清洁能源消纳和存储能力。随着能源体系向清洁低碳安全高效转型,电力系统运行特性将发生显著变化,储能刚需属性愈发增强。

2　国内储能政策分析

2.1　电源侧

　　2016 年 6 月,国家能源局发布《关于促进电储能参与"三北"地区电力辅助服务补偿(市场)机制点工作的通知》,促进发电侧的电储能设施参与调峰调频辅助服务。2017 年 10 月,国家发展改革委等五部委联合发布《关于促进储能技术与产业发展的指导意见》,作为我国储能产业第一个指导性政策[1],提出"集中式可再生能源发电储能应用,赋予了能源更丰富的应用形式"。2019 年 6 月,五部委联合下发《贯彻落实〈关于促进储能技术与产业发展的指导意见〉2019—2020 年行动计划》(简称《指导意见》),明确提出"推进储能与分布式发电、集中式新能源发电联合应用",以及提出"探索建立储能容量电费机制,推动储能参与电力市场交易获得合理补偿",价格机制可按照"准许成本+合理收益"的方式对储能电站进行容量电费核算,参与可再生能源消纳、电源侧辅助服务的储能电站有望获取多重收益,缩短投资回报期。

2.2　电网侧

　　《指导意见》中明确提出,"规范电网侧储能发展,会同能源主管部门,组织相关评估机构,研究项目投资回收机制"。同时,容量电费机制的提出也为新时期电网侧储能发展注入了新的可能性。2021 年,国家发展改革委发布《关于进一步完善抽水蓄能价格形成机制的意见》,明确以竞争性方式形成电量电价,将容量电价纳入输配电价回收,同时强化与电力市场建设发展的衔接,逐步推动抽水蓄能电站进入市场,着力提升电价形成机制的科学性、操作性和有效性,国家正式给抽水蓄能进行了定位,并让抽水蓄能投资方有利可图。

2.3 用户侧

在电力现货市场和辅助服务市场建立完善之前,用户侧储能领域的发展主要依靠峰谷电价差(结合需求侧响应)或北方地区供暖方面的电能替代。《指导意见》提出"引导地方根据《国家发改委关于创新和完善促进绿色发展价格机制的意见》,进一步建立完善峰谷电价政策,为储能行业和产业的发展创造条件"。行动计划有关用户侧储能的相关政策信号非常明确,目标是充分激发储能对电力系统安全高质量运行的价值作用,极有可能根据电网实际负荷特性和调节需求,对峰谷价差幅度和时段进行滚动调整,释放合理价格信号引导用户侧储能有序发展,并积极推动需求侧响应机制以及电力辅助服务市场机制的完善与落实,保证用户侧储能市场实现多重收益叠加。

3　储能技术成熟度比较

按照储能原理分类,储能技术可划分为机械储能(主要包括抽水蓄能、压缩空气、飞轮储能)、电化学储能(主要包括铅蓄电池、锂离子电池、液流电池、钠硫电池、超级电容器)、氢储能(制氢、储氢、氢燃料电池)及蓄热/蓄冷储能(主要包括显热储热、潜热储热、储冷)四大类[2]。各类技术配置灵活性、放电时长、启动及响应速度、安全性、环境友好性及最优适用场景分析如表 1 所示。

表 1　储能技术综合特性对比

技术参数	配置灵活性	放电时间	启动时间	响应速度	技术水平	安全性	环境友好性	最优适用场景
抽水蓄能	☆☆☆☆☆	2 h～周级	3～5 min	3～5 min	商用	☆☆☆☆☆	☆☆☆☆	大规模调峰、长时调频
压缩空气	☆☆	1 h～天级	约 6 min	约 1 min	传统:商用 超临界:示范	☆☆☆☆	☆☆☆☆☆	可再生能源并网、辅助服务
飞轮储能	☆☆☆	秒～小时级	<2 ms	<2 ms	示范-商用	☆☆☆☆☆	☆☆☆☆	快速调频
电池储能	☆☆☆☆☆	秒～10 h	秒级	毫秒级	示范-商用	☆☆☆	☆☆☆	综合(细分技术略有差异)
氢能	☆☆☆	小时～周级	3～5 min	<1 s	示范	☆☆	☆☆☆	天～周级长时供电
蓄热/蓄冷	☆☆☆	0.5～10 h	—	—	商用	☆☆☆	☆☆☆	光热电站及电-热转换

注:☆表示性能的优劣,☆越多代表性能越强,☆越少代表性能越差。

4　储能应用场景概述

电网发电、输电、配电、用电各个环节对储能技术都有极大的需求,导致储能技术应用场景复杂、多样,每个应用场景对储能技术能量密度、功率特性、成本、寿命、启动及响应时间等特性要求不同,充分分析各类应用场景的实际特点及其对储能技术的要求,有利于发展针对性的储能技术并将其应用至合适的场景中[3]。针对电网对储能的需求,可将储能技术应用场景划分 5 大类,包含可再生能源并网(集中式)、辅助服务、电网输配、分布式及微网、用户侧,具体见表 2。

表 2　储能各应用场景类型及对储能特性需求

应用场景	细分	储能规模		放电时间	
		低值(kW)	高值(万 kW)	低值	高值
可再生能源并网	平滑输出	1	50	3 h	5 h
	多余电能存储	1	50	2 h	4 h
	即时并网(短时)	0.2	50	10 s	15 min
	即时并网(长时)	0.2	50	1 h	6 h
辅助服务	电网调峰	1 000	50	1 h	8 h
	调频辅助	1 000	10	毫秒级	30 min
	加载跟随	1 000	50	2 h	4 h
	电压支持	1 000	10	15 min	1 h
	黑启动	1 000	50	1 h	2 h
电网输配	缓解输电阻塞	1 000	10	3 h	6 h
	延缓输配电升级	250	0.5	3 h	6 h
	变电站备用电源	1.5	0.000 5	8 h	16 h
分布式及微网	基于分布式电源的储能	1	5	1 h	6 h
用户侧	工商业削峰填谷	100	5	1 h	8 h
	需求侧响应	50	1	5 h	11 h
	能源成本管理	1	0.1	4 h	6 h
	电力服务可靠性	0.2	1	5 min	1 h

我国现阶段储能市场基本以集中式新能源+储能(风光等新能源配套储能)、电源侧调频(火储联合调频)、电网侧储能、分布式及微网、用户侧[工商业削峰填谷(电或热)]等几类应用场景为主。

5 储能发展趋势及必要性分析

5.1 发展趋势

近年来,国内储能产业在项目规划、政策支持和产能布局等方面均加快了发展脚步,行业发展更加规范,但是与发达国家的产业化进程相比还有一定的差距。以抽水蓄能为例,发达国家,在水能、风能的利用和蓄能配套方面已有一定的成功经验,其中日本、美国和欧洲等国的抽水蓄能电站装机容量占全世界抽水蓄能电站总和的 80% 以上。2004~2020 年国内抽水蓄能装机变化如图 1 所示。

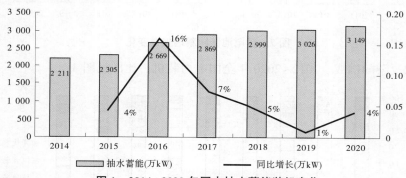

图 1 　2014~2020 年国内抽水蓄能装机变化

我国抽水储能装机规模在 2016 年经历了相对快速的增长后,增速呈现逐年下降的态势,增长率从 2016 年的 16% 下滑至 2019 年的 1%,但从 2019 年以来增长率有所回升。抽水储能是目前应用最为广泛的储能电站,在所有储能形式中占比超过 90%,也是最为成熟的大规模储能技术之一,大部分抽水蓄能电站和水电站一起结合应用。基于国家"十四五"快速发展风光新能源,建设九大水风光清洁能源基地等背景,考虑抽水蓄能在经济性、稳定性、安全性方面的优点,预计装机将进一步增长。

我国锂电池储能同样发展迅速,2020 年新增总装机量 258 万 kW·h,相比 2010 年 0.9 万 kW·h 增长 287 倍,相比 2019 年 84.9 万 kW·h 同比增长 204%。锂电池储能规模增速显著高于全球,随着技术的进步和成本的降低,发展空间巨大。锂电池储能新增规模变化见图 2。

5.2 必要性分析

电网系统正在经历着从传统能源向新能源转型,高比例可再生能源是必然趋势,其中风光发电量占比,已由 2012 年的 2% 提升至 2020 年的 9.3%。根据《国家能源局关于 2021 年风电、光伏发电开发建设有关事项的通知》,2021 年风光发电比例还将提升至 11%。随着大规模新能源的接入,新能源随机性、间歇性、低转动惯量特点将给电力系统带来较大冲击,随机扰动冲击、暂态、频率、电压等多种稳定性问题耦合交织,电力电量平衡问题突出。同时,我国整体用电量逐年增长,电力消费结构也在不断变化,随着服务业、消费业快速发展及未来城市化、产业转型等趋势,第三产业、居民用电比例将持续提升,电网也需要从适应工业负荷过渡到适应民用负荷,而居民用电具有规模小且零散,运行极其不规律的特点,负荷预测难度较大。此外,由于夏季酷暑、冬季极寒等极端天气影响,电网

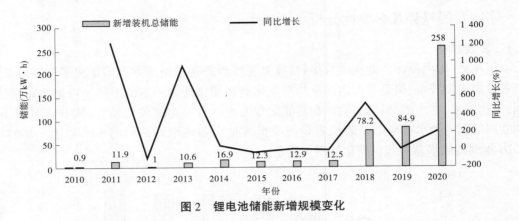

图 2　锂电池储能新增规模变化

将面临更加复杂的挑战。2012~2020 年全国电力装机占比图见图 3。

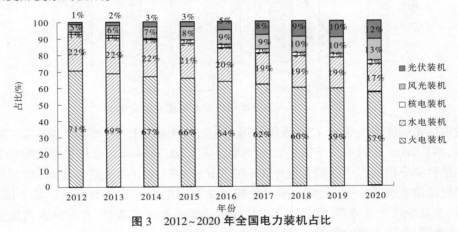

图 3　2012~2020 年全国电力装机占比

基于高比例新能源电力系统和用电负荷的变化特点,我国电力系统急需储能的支撑。储能可向电力系统提供调频、备用、黑启动、调峰、需求响应等多种服务,能够参与发电侧的平抑波动,从源头降低可再生能源发电并网功率的波动性,大幅提升可再生能源并网消纳能力;而出色的响应速率,可以在电网频率波动时提升电网惯量支撑,并且及时响应进行一次调频、二次调频。储能能够灵活应用于发、输、配、用各个环节,所以非常有必要推动经济性好、稳定性强、技术成熟的储能产业发展。

6　结　论

拥有足够多的储能设施,才能构建以新能源为主体的新型电力系统,实现碳达峰、碳中和战略目标。随着储能技术快速发展、单位造价逐步下降、相关配套政策日趋完善,储能在电力系统中的广泛应用,将进一步提升"源网荷储"的协调互动能力,实现多能流系统的互联互补和协同优化,提高电网运行的安全性、灵活性和经济性,推动形成"清洁低碳、安全可靠、泛在互联、高效互动、智能开放"的能源互联网。

参 考 文 献

[1] 杨乐新,侯炜,鞠常荣,等.以储能为例分析电力大用户发展综合能源的可行性[J].农电管理,2018 (6):38-39.

[2] 廖强强,陈建宏,师雅斐.储能技术的现状、趋势及对上海储能发展的建议[J].上海电力学院学报, 2020(1):93-98.

[3] 曾鸣.推进我国储能商业化的难点与建议[J].中国电力企业管理,2019(31):28-31.

公司法人人格否认及防范建议

曾勇

(雅砻江流域水电开发有限公司,四川 成都　610051)

摘　要　公司法人人格否认制度是公司独立法人制度和股东有限责任制度的特殊安排和重要补充,是保护公司债权人、社会公共利益的重要手段。我国《公司法》对公司法人人格否认也作出了相关规制,结合相关理论研究和司法案例正确理解公司法人人格否认制度的含义、特征和适用情形,有利于人们采取措施有效防范,并进一步完善公司的法人治理结构。

关键词　公司法人人格否认;解开公司面纱;财产混同;组织机构混同;业务混同

1　公司法人人格否认制度的概念和特征

1.1　公司法人人格否认的概念

公司法人人格否认,也叫揭开公司面纱,是指在公司依法成立后,在特定事件中(如子公司与母公司之间或股东与公司之间)因有滥用公司法人人格之情事时,若在该事件中仍完全承认该公司具有形式上的独立人格,将违反公平正义原则或侵害第三人的交易安全,则暂时性否认在该特定事件中公司与其背后的股东各自独立的人格及股东的有限责任,责令公司的股东(包括自然人股东和法人股东)对公司债券人或公共利益直接负责的一种法律措施。公司是企业法人,具有独立的法人财产,以其全部财产对公司的债务承担责任,是具有独立地位的权利主体并拥有独立的法律人格,这是现代公司参与市场经济的基本要求,也是公司治理体系建设中应保持的基本特征,而公司法人人格否认的目的在于防止或制裁滥用公司独立法人人格,以保护社会公共利益、维护公平交易及保护公司债权人。在完善公司法人治理体系时应特别注意,避免被否认法人人格。

《中华人民共和国公司法》有关公司法人人格的否认也经历了一个从无到有的过程。现行《中华人民共和国公司法》第二十条规定,公司股东应当遵守法律、行政法规和公司章程,依法行使股东权利,不得滥用股东权利损害公司或者其他股东的利益;不得滥用公司法人独立地位和股东有限责任损害公司债权人的利益。公司股东滥用股东权利给公司或者其他股东造成损失的,应当依法承担赔偿责任。公司股东滥用公司法人独立地位和股东有限责任,逃避债务,严重损害公司债权人利益的,应当对公司债务承担连带责任。第六十三条规定,一人有限责任公司的股东不能证明公司财产独立于股东自己的财产的,应当对公司债务承担连带责任。

作者简介:曾勇(1989—),男,硕士研究生,公司律师,研究方向为民商法学。

1.2 我国公司法人人格否认制度的特征

（1）公司已合法取得法人资格，具有独立的法人主体。这是适用公司法人人格否认制度的前提。只有依法设立的公司法人才能成为法人人格否认制度的作用对象，也是法人人格否认制度与法人瑕疵设立的责任制度相区别的基本依据。因此，公司法人人格否认制度既不是对公司法律人格独立原则的否认，也不是对公司独立责任的否认，而是对公司法律人格独立与责任独立原则的恪守，是对实际上已经丧失独立人格的公司的一种揭示和确认。

（2）公司人格否认只存在于个案中，不具有普遍适用的效力。公司法人人格否认制度只是一定情形下的特别处理方式，不是对公司法人人格全盘性的否定。当导致法人人格被否定的相关条件、情形消失时，该公司仍然具有完全的独立法人资格，承担独立的责任。

（3）公司的股东滥用了公司人格，侵害了公司、债权人的合法权益或者社会公共利益。股东和公司是两个独立的主体，应尊重各自的主体地位，但股东尤其是控股股东可能会滥用在公司中的一些权利（权力），导致公司法人人格丧失的同时，进一步损害了公司本身、公司债权人的合法权益，甚者危害社会公共利益。如果股东无视公司的独立法人规范，危害公司、债权人利益及社会公共利益，则可能导致公司人格否认的适用。

（4）公司法人人格否认的后果是责任者承担赔偿责任或者连带责任。当公司的股东滥用公司人格导致相关方合法权益受损失时，使责任者承担责任体现了法律对受损方的一种救济。因此，使滥用公司人格者承担赔偿责任或者对公司债务承担连带责任，以体现法律所要求的公平、合理。

2 公司法人人格否认制度的一般适用情形

由于在何种情形下适用公司法人人格否认，各国无论是理论还是司法实践都存在较大争议。由相关国家规定及各国实践，可知公司法人人格否认制度主要适用于以下情形。

2.1 公司资本显著不足

公司拥有独立的财产，这是公司具有独立法人资格的基本要素之一，是开展相关生产经营活动及对外独立承担责任的最低保障，与债权人的利益息息相关。如果以资本作为公司法人人格否认的依据，则资本需要达到"显著不足"，即公司的资本与公司经营的事业、规模或经营风险明显不符，体现出显著不足的状态。因我国现实行注册资本认缴制、有限责任公司及发起设立的股份有限公司不要求最低注册资本，因此资本显著不足不能片面地以公司的注册资本来予以判断，需要结合其他相关因素进行综合判断。

2.2 利用公司独立人格逃避合同义务

这种情况在司法案例中确认的较多，大致可分为以下三种情形：

（1）为回避协议中特定的不作为义务而设立新公司或利用其原有的公司，假借公司名义而掩盖其真实行为。

（2）"脱壳经营"，即控股股东为逃避原公司巨额债务而抽逃资金或解散该公司或宣告该公司破产，再以原设备、场所、人员及相同经营目的而另设一公司的行为。

（3）当事人利用公司名义转移财产以逃避合同义务的行为。

2.3 滥用公司法人人格规避法律义务或骗取非法利益的行为

该情形适用的前提是规避或违反法律的规定,即股东利用公司(现有或原有)的独立法人人格,人为改变强制性法律规范适用的前提,从而达到规避法律义务目的的行为。

另外,还有股东与公司人格混同。

3 人格混同的风险及防范

人格混同是常见的构成公司法人人格否认的依据,是司法实践中法院重点审查的情形。在完善公司法人治理结构的过程中,应重点理解人格混同的相关含义及表现形式,积极作出调整,防止公司法人人格被否认。人格混同主要表现在财产混同、组织机构(人员)混同、业务混同三个方面。

3.1 财产混同

财产混同,即公司的财产和股东的财产无法严格区分或者没有真正分开。公司法人成立后股东的投入(财产)转化为公司的财产,即公司财产与股东财产相互独立,财产混同违背公司财产和股东财产分立原则,将导致公司财产的不独立。主要表现在公司利益与股东利益的一体化,公司的利益或盈利可以随意转化为股东的个人财产。具体表现在:①没有区分公司和股东的财务、会计管理或者制度不健全,账户混用,代收代付款项不进行结算;②直接干预或者过度控制公司的财务管理;③不加区分地使用、管理不同主体的重要资金、资产;④通过关联交易转移资产,影响公司的偿债能力。

为避免财产混同的认定,一是要建立健全股东、公司及关联公司间的财务、会计等管理制度,明晰各自账户,及时结算并账归各位;二是尊重公司的独立财务管理,严格按照法律、章程规定的程序行使股东对公司的财务管理相关权利;三是认清并理清不同主体间的资产权属,避免交叉使用、挪用;四是根据相关法律法规、规定制定规范关联交易的相关制度。

3.2 组织机构(人员)混同

最常见的就是"一套人马,多块牌子"。多个公司如果为"一套人马",即多个公司的意思表示都为同一个人或者同一批人作出,那么必然导致公司独立意思无法形成,从而会让公司丧失法律人格的独立性。最高人民法院在(2013)民二终字第 66 号案例中指出,公司组织机构混同的外在表征主要有,公司的股东、董事、经理、负责人与其他公司的同类人员相混同,其本质则是组织机构混同情形导致公司不能形成独立的完全基于本公司利益而产生的意志,致使公司的独立性丧失,独立承担责任的基础丧失。具体表现为:①相互关联的公司间法定代表人、经营层为一套人马或者高度重合;②直接委派或任命下级企业的董事、经营层或者重要关键岗位的人员,未经法定程序;③在一些案例中,已将在诉讼中上下级企业之间或关联企业之间委托同一职员参加诉讼作为认定人格否认的依据。

为避免组织机构(人员)混同的认定,一是要避免多个关联公司的主要负责人为同一套人马或者高度相同;二是对下级企业的人事任命或委派应遵守法律和章程等法定程序要求,尽量避免虽按照法定程序要求但被任命、委派的公司主要负责人多数或全部是上级企业的劳动合同制员工;三是在关联交易诉讼案中,避免委托同一工作人员参加作为诉讼代理人参加诉讼。

3.3 业务混同

业务混同是指一个公司完全以另一个公司或者股东的利益需要为准而进行商业行为或交易,使对方或者第三方无法分清是该公司还是其他公司或是股东方的行为,使公司形式上的独立性无法获得保证。最高人民法院在(2013)民二终字第66号案例中指出,公司业务混同的外在表征主要有,公司之间的经营业务、经营行为、交易方式、价格确定等持续混同,其本质则是业务混同情形导致公司失去了经营自主和独立人格。具体表现为:①不区分公司主体(名称)使用同一上级企业名称或商号宣传,造成交易对象无法区分交易主体;②在具体的商事交易中,上下级企业或者关联企业之间同时履行合同,造成交易相对人无法区分谁是债务人;③上下级企业或者关联企业间共用同一业务联系人参与同一交易;④上下级企业或者关联企业间使用同一经营场所或者同一经营联系电话。

为避免业务混同的认定,一是在企业宣传中要突出主体、"强调自我",使一般人能够清晰交易对象;二是严格规范合同中本方履行主体,取得自己的经营资质和许可,若对外开展业务时确需使用上级或关联企业的相关资质或资源,取得相关授权许可手续;三是在开展对外业务时,尽量避免使用同一联系人;四是尽量避免共用同一经营场所,尤其避免将注册地或者实际经营场所登记在同一栋楼的同一楼层。

4 特定关联企业人格混同风险分析和建议

为增强实力、创造品牌、拓展市场,越来越多的公司采取集团化的思维和管理模式,同时,为满足地方政府税收本地缴纳的需要,越来越多未实体化运作企业的存在也不可避免。在这些情况下,有意无意也会触发"公司法人人格否认制度"。所以,这里就集团化管理和未实体化运作类型的关联企业进行分析。

4.1 集团化管理下人格混同风险分析及建议

集团化管理可以实现资源共享和协调分配、扩大规模经营、减少成本、增强品牌影响力等,对于企业的好处是显而易见的;但在实现集团化管理的过程中,也很容易导致集团成员间资产和业务的混同、"一套人马、两块牌子"、过度控制和越权干预等情况。能实现集团化管理,说明集团成员企业的众多,如被认定为人格混同,对整个集团的(负面)影响也是重大的,甚至是"一损俱损"。因此,集团化管理的企业更应该重视对法人人格否认(人格混同)的研究,从公司治理出发,全面梳理分析集团财产、机构人员、业务经营等,明确权责、合理配置、规范行权。

4.2 未实体化运作公司人格混同风险分析及建议

"空壳公司"更多的是一种"负面"表述,而时常成立无实体公司是为了满足地方政府税收本地缴纳的需要,因此我们更倾向于统称作"未实体化运作公司"。未实体化运作公司很多时候无机构、无人员,公司相关经营、管理、决策都由母公司相关机构、人员行使。未实体化运作公司出现侵害债权人权益时,很容易会被刺破公司面纱,母公司承担连带责任。

法人人格的否认成立不是说只要满足了财产混同、机构(人员)混同和业务混同就会被认定,根据前述概念和特征,法人人格否认还需要结果因素,即一方面债权人的利益因为人格混同而受到了严重的侵害,另一方面如果不是用法人人格否认,将无从保障债权人的利益。站在企业的角度无必要专门为未实体化运作公司作出配备和安排,但同时违背了法人人格独立性的要求。因此,尽量使未实体化运作公司避免结果因素虽无法从根本上解决问题,但却是避免人格否认最可行的方式。当然,当未实体化运作公司达到一定规模时,结果因素的可控性难度将增加,建议进行集团化改革和管理。

5　结　语

　　公司法人人格否认虽有理论上的概念和特征,但结合实际要具体作出认定并不容易。一方面,加强研究公司法人人格否认相关理论和案例,吃透公司法人人格否认的本质;另一方面,更需结合公司实际有针对性地提出建议甚至是治理结构的改革。随着公司业务规模的扩大和未实体化运作公司的增加,可考虑实行集团化的改革和管理。

参 考 文 献

[1] 范健,王建文.商法学[M].4 版.北京:法律出版社,2015.

[2] 朱慈蕴.公司法人格否认法理研究[M].北京:法律出版社,1998.

[3] 赵旭东.法人人格的构成要件分析[J].人民司法(应用),2011(17):108.

水电工程合规管理难点问题探讨

王稀

(雅砻江流域水电开发有限公司法律审计部,四川 成都 610051)

摘 要 水电工程建设期和运行期的合规管理是水电企业合规管理的重点,但由于目前水电工程立法缺乏综合性规定,现有规定较为原则和零散,给水电工程合规管理带来较大困扰,本文通过整理水电工程合规基本要求,分析现有立法、行政、司法中存在的问题,指出水电工程特点造就的合规管理难题,对水电工程合规管理提出了建议。

关键词 水电工程;合规义务;合规风险;合规管理

2018 年被称为"合规管理元年",一系列外因和内因掀起了中国企业合规管理建设的热潮。各大中央企业以《中央企业合规管理指引(试行)》为样板,在全面推进合规管理的基础上,突出各企业重点领域、重点环节和重点人员合规风险的管控。对水电企业而言,水电工程建设期和运行期的合规管理无疑是合规管理的重点。

根据《中央企业合规管理指引(试行)》,合规是指企业及其员工的经营管理行为符合法律法规、监管规定、行业准则和企业章程、规章制度及国际条约、规则等要求。合规风险是指企业及其员工因不合规行为,引发法律责任、受到相关处罚、造成经济或声誉损失及其他负面影响的可能性。合规管理是指以有效防控合规风险为目的,以企业和员工经营管理行为为对象,开展包括制度制定、风险识别、合规审查、风险应对、责任追究、考核评价、合规培训等有组织、有计划的管理活动。

由此可见,水电工程合规管理的首要工作在于有效识别水电工程合规风险,而根据《中央企业合规管理指引(试行)》对合规风险的定义,合规风险核心是指违反合规义务导致合规责任承担的可能性,因此对合规义务的梳理和分析就显得尤为重要。通常认为,合规义务来源于法律法规、监管规定、行业准则和企业章程、规章制度等要求,当前水电工程合规管理的一大难点在于外部法律规定存在较大完善空间,导致合规管理工作存在较大不确定性和障碍。以下对水电工程建设期和运行期的合规要求(合规义务)进行梳理,具体如下。

1 水电工程合规基本要求

1.1 水电工程建设项目管理合规基本要求

水利部是国务院水行政主管部门,对全国水利工程建设实行宏观管理。水利部出台的《水利工程建设项目管理规定(试行)》与《水利工程建设程序管理暂行规定》确立了国

作者简介:王稀(1987—),女,法学博士,中级经济师,主要从事企业法律合规事务管理工作。E-mail: wangxi42@163.com。

家对水电工程建设的基本要求,按照水电工程建设的顺序,上述规定从项目建议书、可行性研究报告、施工准备、初步设计、建设实施、生产准备、竣工验收、后评价等方面列明审批备案事项并提出了具体的管理要求。

1.2　水电工程防洪防汛法律合规基本要求

根据我国《防洪法》《防汛条例》《河道管理条例》等规定,水电工程防洪防汛法律合规基本要求主要包括:

(1)水电工程建设应当符合防洪规划的要求。

(2)水库应当按照防洪规划的要求留足防洪库容。

(3)取得有关水行政主管部门签署的符合防洪规划要求的规划同意书。

(4)加强对所辖水工程设施的管理维护,保证其安全正常运行,组织和参加防汛抗洪工作。

(5)制订汛期调度运用计划,经上级主管部门审查批准后,报有管辖权的人民政府防汛指挥部备案。

(6)按照规定对水工程进行巡查,发现险情,必须立即采取抢护措施,并及时向防汛指挥部和上级主管部门报告。

1.3　水电工程环境保护法律合规基本要求

根据《环境保护法》《建设项目环境保护管理条例》《环境影响评价法》等规定,当建设项目对环境可能造成重大影响时,应当编制环境影响报告书。依据"三同时"制度,建设项目需要配套建设的环境保护设施必须与主体工程同时设计、同时施工、同时投产使用。建设项目的初步设计中应有环境保护篇章,落实环境保护投资概算,后续通过施工合同保证环境保护设施建设进度和资金,在项目建设开展过程中落实报审文件中提出的环境保护对策措施。

水土保持是水电工程环境保护的一个重要方面,根据我国《水土保持法》《水土保持法实施条例》《环境保护法》《土地管理法》《水法》等规定,水电工程水土保持法律水土保持合规基本要求包括以下内容:

(1)项目选址、选线应当避让水土流失重点预防区和重点治理区;无法避让的,应当提高防治标准,优化施工工艺,减少地表扰动和植被损坏范围,有效控制可能造成的水土流失。

(2)在容易发生水土流失的区域开办建设项目,应当编制水土保持方案,报县级以上人民政府水行政主管部门审批,并按照经批准的水土保持方案,采取水土流失预防和治理措施。

(3)项目中的水土保持设施应当与主体工程同时设计、同时施工、同时投产使用;生产建设项目竣工验收,应当验收水土保持设施;水土保持设施未经验收或者验收不合格的,生产建设项目不得投产使用。

(4)编制水土保持方案的项目,其生产建设活动中排弃的砂、石、土等应当综合利用;不能综合利用,确需废弃的,应当堆放在水土保持方案确定的专门存放地,并采取措施保证不产生新的危害。

(5)对可能造成严重水土流失的大中型生产建设项目,应当自行或者委托具备水土保持监测资质的机构,对生产建设活动造成的水土流失进行监测,并将监测情况定期上报当地水行政主管部门。

1.4　水电工程征地补偿和移民安置法律合规基本要求

根据我国《土地管理法》《水法》《大中型水利水电工程建设征地补偿和移民安置条例》等规定;水电工程征地补偿和移民安置法律合规基本要求至少包括以下内容:

(1)编制移民安置规划大纲,按照审批权限报省、自治区、直辖市人民政府或者国务院移民管理机构审批。

(2)根据经批准的移民安置规划大纲编制移民安置规划。

(3)依法申请项目用地并办理审批手续,实行一次报批、分期征收,按期支付征地补偿费。

(4)占用耕地的执行占补平衡的规定。

(5)开工前与地方政府签订移民安置协议。

1.5　水电工程安全与质量合规基本要求

安全与质量要求贯穿于水电工程建设期和运行期。在安全管理方面,水电企业需遵循我国《刑法》《安全生产法》《消防法》《突发事件应对法》《应急管理办法》《建设工程安全生产管理条例》《建设项目安全设施"三同时"监督管理办法》《生产安全事故应急条例》《安全生产事故隐患排查治理暂行规定》《生产安全事故报告和调查处理条例》《电力安全事故应急处置和调查处理条例》等提出的合规要求,包括但不限于:

(1)不得将项目、场所、设备发包或者出租给不具备安全生产条件或者相应资质的单位或者个人。

(2)建设项目安全设施必须与主体工程同时设计、同时施工、同时投入生产和使用。安全设施投资应当纳入建设项目概算。

(3)应当加强生产安全事故应急工作,建立、健全生产安全事故应急工作责任制,制定生产安全事故应急救援预案。

(4)建立健全事故隐患排查治理制度,定期开展安全事故隐患,排除并采取措施消除事故隐患。

此外,根据《水库大坝安全管理条例》《水电站大坝运行安全监督管理规定》《水电站大坝安全监测工作管理办法》《水电站大坝运行安全信息报送办法》《水电站大坝安全定期检查监督管理办法》等有关大坝安全管理的专项规定,合规要求还包括:

(1)按照批准的设计,提请县级以上人民政府依照国家规定划定管理和保护范围,树立标志。

(2)配备具有相应业务水平的大坝安全管理人员。

(3)建立、健全安全管理规章制度。

(4)按照有关技术标准,对大坝进行安全监测和检查。

(5)做好大坝的养护修理工作,保证大坝和闸门启闭设备完好。

(6)建立大坝定期安全检查、鉴定制度。汛前、汛后,以及暴风、暴雨、特大洪水或者强烈地震发生后,组织对大坝的安全进行检查。

(7)在规定期限内申请办理大坝安全注册登记。

（8）建立健全大坝运行安全组织体系和应急工作机制,加强大坝运行全过程安全管理,确保大坝运行安全。

在质量方面,根据《建设工程质量管理条例》《水电建设工程质量管理暂行办法》《水利工程质量管理规定》《水利工程建设质量与安全生产监督检查办法（试行）》和《水利工程合同监督检查办法（试行）》等规定,合规基本要求包括但不限于:

（1）按照水利部有关规定,通过资质审查招标选择勘测设计、施工、监理单位并实行合同管理。在合同文件中,必须有工程质量条款,明确图纸、资料、工程、材料、设备等的质量标准及合同双方的质量责任。

（2）要加强工程质量管理,建立健全施工质量检查体系,根据工程特点建立质量管理机构和质量管理制度。

（3）在工程开工前,应按规定向水利工程质量监督机构办理工程质量监督手续。在工程施工过程中,应主动接受质量监督机构对工程质量的监督检查。

（4）应组织设计和施工单位进行设计交底;施工中应对工程质量进行检查,工程完工后,应及时组织有关单位进行工程质量验收、签证。

2　水电工程合规管理困境

2.1　水电工程管理立法尚不完备

从水电工程管理立法体系上看,完整的水电工程管理应当包括管理体制、权属管理、安全管理、运行维护、设施保护、经营管理、监督管理、法律责任等环节,但目前尚无针对水电工程管理的综合性立法,对水电企业工程的管理要求散见于《水法》《防洪法》《环境保护法》《水土保持法》《河道管理条例》《水库大坝安全管理条例》《防汛条例》《水土保持法实施条例》等法律文件,已有的立法规定都较为概括,部分领域和环节存在空白。

从规则的内容上看,目前有关水电工程管理的立法规定过于原则,《水法》的规定侧重于水资源开发利用和保护,对水电工程管理有所涉及,但内容不多。《防洪法》《水土保持法》中含有涉及水利工程运行管理的规定,但主要是从防洪管理和水土保持管理的角度对相关工程的运行管理提出要求。《河道管理条例》《水库大坝安全管理条例》等提及河道保护和大坝保护,但并未明确水电企业和政府相关行政机构管理的范围和责任。

2.2　水电工程管理责任边界尚不清晰

《水法》第四十三条规定,国家所有的水工程应当按照国务院的规定划定工程管理和保护范围。国务院水行政主管部门或者流域管理机构管理的水工程,由主管部门或者流域管理机构商有关省、自治区、直辖市人民政府划定工程管理和保护范围。前款规定以外的其他水工程,应当按照省、自治区、直辖市人民政府的规定,划定工程保护范围和保护职责。《水库大坝安全管理条例》规定,兴建大坝时,建设单位应当按照批准的设计,提请县级以上人民政府依照国家规定划定管理和保护范围,树立标志。已建大坝尚未划定管理和保护范围的,大坝主管部门应当根据安全管理的需要,提请县级以上人民政府划定。由以上规定来看,水电工程管理范围和保护范围的划定都应由政府主导。

但事实上,从《水利部关于开展河湖管理范围和水利工程管理与保护范围划定工作的通知》（水建管〔2014〕285号）和《水利部关于加快推进水利工程管理与保护范围划定工作的通知》(水运管〔2018〕339号)的内容来看,国家层面推进此项工作尚存在较大难度,地方政府在推动此项工作面临划界标准难以统一、经费投入不足,面广量大,规模不一、情况复杂等问题,势必造成大量水电工程的管理范围和保护范围界限不清晰,加之未有配套制度明确具体责任内容,极易导致争议发生。

2.3 水电工程特点导致合规管理难度大

除了前述外部原因造成的水电工程合规管理难题,水电工程涉及面广、建设期长、涉及主体多(例如,建设单位、勘察单位、设计单位、施工单位、工程监理单位)等行业特点也使合规管理落实难度大。

众所周知,合规管理的一项重要工作是"外规内化",即把外部法律法规、监管要求等内化到企业制度、合同等一系列文件中,在落实外部规则过程中,作为业主的水电开发企业,需要统筹勘察、设计、施工、监理等一系列主体的各类合规监管要求,并适时或定期开展专项检查,以保证合规要求持续地落地到各主体身上,特别是在环保、安全和质量领域,因为引发水电企业责任承担的不仅有可能是合同责任,也有可能是侵权责任,甚至是行政责任,这无疑加大了水电企业承担责任的可能性。水电工程投运后,附近村民因取水、垂钓、游泳出现溺亡或受伤事件时,也常常以各种理由向水电企业提出各类诉求,从此角度讲,水电工程面广、期长、涉及主体多,导致合规管理要求落实难,合规摩擦多,合规风险大。

3 水电工程合规管理思路探讨

3.1 深入研究水电工程管理现行法律规范逻辑及机制,提高合规风险预判能力,适时提出立法建议

在水电工程领域,国家职能部委牵头制定了一系列行政规章及相关规范性文件,但由于各部委管理侧重点不同,要求存在差异甚至不同,导致出现企业适用上的困难。水电站投产发电后,日常管理中通常会与地方政府、周边民众更频繁地发生交往,由于国家关于库区和下游河道管理中政府与水电站责任划分较为模糊,易发生财产权和人身权的纠纷。在电力销售领域,仍保留较重的计划色彩,在电力销售市场化改革以后,还面临很多新的问题。因此,对水电企业的合规管理人员来讲,必须认真分析水电站建设、营运及电力销售的现行法律规范,深刻理解其内在逻辑和机制,准确判断法律规范的适用顺序,对于法律规范规定得尚不清晰的内容,深入领会法律的立法原则或精神,实现预研预判,有效指导相关业务的开展。

同时,加大对水电工程立法的参与,在相关法律法规向社会征求意见时,有理有据提出立法完善建议,助力水电工程立法发展完善。

3.2 有效运用各类管理手段对事前、事中、事后合规风险实施管控,化解水电工程管理重大合规风险

对水电企业而言,合规风险防范措施包括但不限于:建立健全与水电企业主营业务相关的规章制度,通过流程和范本等,将合规风险防范的意识融入管理并固化,梳理制定合规风险清单,定期排查相关风险,运用风险规避、转移、控制策略,制定水电企业合规风险的事前、事中、事后应对办法,针对极端风险事件制定应急预案,定期对系统和共性的合规

风险进行提醒、预警。对制度、经济合同、重大决策开展合规审核，防范重大合规风险产生。

针对水电工程面多、期长、涉及主体多的特点，宜注意对上下游商业伙伴提出合规管理要求和建立合规管理约束，通过要求对方作出合规承诺等方式，充分告知对方合规风险，持续表明水电企业合规态度，均有利于隔离合规风险，有效阻止合规风险传导。在与地方政府交往过程中，宜通过会议纪要、签订备忘录等方式确定双方权责，以弥补立法不明或空白可能导致的合规风险。

3.3 为合规管理提供强有力的制度依据、组织保障及专业培训

明确的制度能确保合规部门的工作有规可依，也有利于让业务部门知晓在何阶段需履行何种合规相关程序，实现企业日常业务和合规管理工作的有效衔接，因此水电企业应特别注意"外规内化"，确保业务部门做好"合规第一道防线"的各项合规日常管理工作，合规部门做好"合规第二道防线"的监督审查工作，全体员工及时知晓和掌握外部合规要求。

专业的合规队伍才能保证合规工作的质量，目前水电企业合规管理人员多为兼职人员，合规管理能力和素养还有较大进步空间，亟待加强合规专业人才队伍建设，一方面，需改善合规人才短缺的状况，及时引进相关人才；另一方面，需提高现有在岗合规人员的综合能力和素质，依托信息化建设，运用信息化手段提高合规管理水平。

同时，弘扬法治合规精神，创新普法宣传方式，大力开展法治合规宣传教育，有利于全员合规意识的提升，更有利于培育和构建企业合规文化，形成企业软实力。

3.4 依托其他监督手段取得的成果，提高合规管理工作的前瞻性

2019年，国务院国资委进一步推动构建国资监管大格局，提出构建业务监督、综合监督、责任追究三位一体的监督工作闭环。考虑到大型水电企业多为国有企业，为顺应这一趋势，宜在开展合规管理时，借鉴审计、纪检监察、巡视等外部监督力量取得的成果，聚焦共通问题，加强重点领域合规风险防范，做好风险事先介入和管控，有效提升合规风险管控能力和水平，为水电企业的健康持续发展保驾护航。

参 考 文 献

[1] 黄胜忠，健君. 公司法务管理概论[M]. 北京：知识产权出版社，2016.
[2] 王俊杰，李政，陈金木. 现行水利工程运行管理法规评估情况与建议[J]. 中国水利，2020(16)：49-51.
[3] 王思如，刘米雪，王琰，等. 水生态空间概念及其划界确权研究[J]. 中国水利，2020，899(17)：55-57.
[4] 合规管理体系 指南：GB/T 35770—2017[S].

水风光互补绿色清洁
可再生能源开发技术

雅砻江水风光互补与梯级水库协调运行研究

何思聪，柏睿

（中国电建集团成都勘测设计研究院有限公司,四川 成都　610072）

摘　要　雅砻江流域水能、风能和太阳能资源富集,流域将建设成为水风光一体化可再生能源综合开发基地。水风光互补运行可以充分利用雅砻江水电站群的调节性能,平抑风电、光伏发电的不稳定性,提高新能源的电能品质,保障新能源规模化开发。水风光互补运行以后,雅砻江干流各梯级水电站水库调度运行方式将发生较大改变。在开展水风光互补运行及系统电力电量平衡计算的基础上,研究水风光互补运行特性,分析水库是否能够协调运行,并明确梯级之间如何协调运行。研究表明,可制定上下游同步运行、控制上游梯级调峰的规则,对梯级调度运行加以约束,使水电站能充分利用调节库容。

关键词　雅砻江;水风光互补;水库协调运行

1　引　言

减少化石能源消耗、大力发展清洁能源已成为世界能源发展的潮流和方向。2020 年 9 月,习近平总书记在第七十五届联合国大会上发表重要讲话,提出"全国二氧化碳排放力争于 2030 年前达到峰值,努力争取 2060 年前实现碳中和"。为达到该目标,迫切需要大力开发以水电、风电和太阳能为主的可再生能源,建立以高比例可再生能源为主的电力系统,进一步改善能源结构。未来四川省新增剩余水电有限,且严控火电开发,为满足远期系统电力电量需求,需大量接入新能源以提供电量,电网格局和电源结构将发生重大改变。

雅砻江流域水能、风能和太阳能资源富集,风光资源的总规划规模 5 692 万 kW,两河口及以下总规模为 2 116 万 kW(风电 978 万 kW,光伏 1 138 万 kW)。雅砻江干流中下游有两河口、锦屏一级、二滩三大控制性水库,孟底沟、官地等日调节电站调节库容也较大,水电整体调节性能强,是优质的储能电站。水风光互补运行可发挥水电的调节能力和储能作用,平抑风光波动,有效减少弃风弃光,提高新能源电能品质,保障新能源规模化开发。

当前,国内外对于水风光互补运行对多个梯级水库协调运行的研究还相对较少,也缺乏系统性的论证与研究。水风光互补运行以后,水电站日内水库调度运行方式将发生较大改变,而雅砻江干流各梯级相互衔接,水力联系紧密,各梯级日内调度运行所需的调节库容也有所影响。本研究在开展水风光互补运行及系统电力电量平衡计算的基础上,研究水风光互补运行对梯级水库运行特性,分析干流梯级水库是否能够协调运行,明确梯级水库之间如何协调运行。

2　水风光互补运行特性分析

2.1　水风光互补接入方案

水风光互补包括新能源接入水电站和接入电网这两种接入方式。对于风光接入水电站互补,即水风光一体化,可通过水电灵活调节风光出力,形成优质稳定的打捆出力后接入电网,送出高质量的电能;对于风光直接接入电网互补,需通过电网中的水电等电源的调节,平抑风光出力波动,需要电网具有较强的调峰能力。本文重点研究第一种互补方式。

结合流域水风光资源情况,参与水风光互补的水电站为两河口、孟底沟、杨房沟、卡拉、官地、二滩和锦屏一级,并在雅砻江流域水风光互补清洁能源基地规划、雅砻江流域水风光一体化可再生能源综合开发基地研究、四川电网发展规划等相关研究的基础上,提出了初步可行的风光接入方案,见表1。

水风光互补的7个水电站共计1 722万 kW,可接入1 266万 kW 的新能源,包括584万 kW 的风电和682万 kW 的光伏,水:风:光规模比例为1:0.34:0.4。同时流域还有1 051万 kW 的新能源接入电网。

表1　雅砻江水风光互补接入方案

电站/电网	风电规模	光伏规模
接入水电站部分(万 kW)		
两河口	200	220
孟底沟	35	0
杨房沟	50.4	45
卡拉	25	45
锦屏一级	104.9	109
官地	116	135
二滩	52.2	128
合计	583.5	682
接入电网部分(万 kW)		
川西南电网	314.65	106.5
甘孜特高压	80	350
两河口以上	50	150
合计	444.65	606.5

2.2　水风光互补计算基础

基于上述方案,需开展电力电量平衡计算,分析整体互补电源的日内运行特性。电力电量平衡计算基础如下。

2.2.1 规划水平年

结合雅砻江水电开发进展及四川省电力系统发展需求等综合分析,并于国民经济和社会发展2035远景年契合,拟订本次研究规划水平年为2035年。

2.2.2 负荷预测

结合四川省区域经济及电力系统发展现状,参考"十四五"电力能源发展规划相关研究成果,预测2025年、2030年和2035年的最大负荷分别达到6 550 kW、7 700 kW和8 800万kW。四川省电力系统负荷预测见表2。

表2 四川省电力系统负荷预测

时间	2025年	2030年	2035年	2021~2025增速(%)	2026~2030增速(%)	2031~2035增速(%)
全社会需电量(亿kWh)	3 400	4 000	4 500	4.7	3.3	2.4
最大发电负荷(万kW)	6 550	7 700	8 800	5.1	3.3	2.7
最大负荷利用小时(h)	5 203	5 139	5 059			

2.2.3 电源规划

全面梳理规划水电的开发建设条件,合理拟定2021~2035年水电电源安排时序。到2025年全省水电装机达到1.05亿kW,2030年达到1.19亿kW,2035年达到1.26亿kW。其中各水平年供电四川电网的规模分别约为7 930万kW、9 100万kW和9 730万kW。

根据四川省现有风能、太阳能发展规划,梳理风电、光伏开发时序,规划2035年四川省风电装机规模1 800万kW,其中雅砻江流域风电装机1 028万kW;规划2035年四川省太阳能发电装机规模2 700万kW,其中雅砻江流域太阳能发电装机1 289万kW。

2020年年底全省火电装机容量1 570万kW。结合国家清洁能源发展要求,预计2030年、2035年燃煤火电装机容量可控制在1 700万kW左右。

四川省电源规划见表3。

表3 四川省电源规划

水平年	2025年	2030年	2035年
四川省水电(万kW)	10 529	11 900	12 591
其中:供电四川电网(万kW)	7 929	9 093	9 728
四川省风电(万kW)	897	1 426	1 800
四川省光伏(万kW)	918	1 724	2 700
四川省火电(万kW)	1 650	1 700	1 700
全省合计装机(万kW)	13 994	16 750	18 791

2.2.4 外送规划

随着雅中直流的建成投运,四川电网与区外电网呈"5直+8交"的外送格局,至2035

年,送电能力最高达到 3 850 万 kW,扣除金沙江界河直送省外后的川电外送规模为 2 320 万 kW。四川省电力外送规划见表4。

表4 四川省电力外送规划

项目	2025 年	2030 年	2035 年
四川外送规模合计(万 kW)	4 920	5 128	5 183
1.金沙江界河直送省外消纳(万 kW)	2 600	2 808	2 863
2.四川规划外送(万 kW)	2 320	2 320	2 320

2.2.5 水风光互补运行原则

风光电站接入水电作为整体接受系统调度,按水电站装机容量作为控制互补的最大送出功率,水风光共同利用水电站的送出线路。

利用水电启停迅速、运行灵活、跟踪负荷能力强的特点,通过水电站的调节能力平抑风光波动,对风电光伏的日内波动进行互补,在风电光伏出力大时减少水电出力,风电光伏出力小时增加水电出力,共同满足电力系统需求及保持整体送出出力稳定。水风光互补运行需遵循水量平衡的原则。

当水风光打捆电源的月平均出力超过水电装机容量时,以不影响水电出力为原则,适当弃风弃光,初步按照相同比例弃风和弃光考虑。当水风光互补电源月平均出力高于系统负荷需求时,按照同比例原则弃风弃光弃水。

2.3 水风光互补运行特性

基于上述方案,开展电力系统电力电量平衡计算,分析雅砻江水风光互补整体电源(7 个水电站、1 266 万 kW 新能源)的日内运行特性。

从日内出力过程来看,风电较均匀、晚上出力较高;光伏晚上不发电、下午发电峰值高;水电可在日内灵活调节。水风光互补运行,可充分利用雅砻江水电的调蓄能力平抑风光日内波动,根据风光出力特性进行调节,满足日内负荷高峰和低估时段的不同需求。

选择枯水年的 8 月和 12 月进行日内互补计算分析,雅砻江水风光互补的整体出力如图 1、图 2 所示。

分析表明,水风光互补日内出力与负荷需求特性表现出较好的一致性,对系统的适应性良好。风光出力在 10～17 时相对较高,水电出力略有降低,以实现水风光互补。在负荷高峰 18～19 时,水电出力增加,以满足系统的高峰期负荷需求。

3 水风光互补对梯级水库协调运行影响研究

3.1 梯级水库协调运行分析基础

水风光互补运行以后,水电站日内水库调度运行将发生较大改变。雅砻江各梯级相互衔接,水力联系紧密,上下游出库流量的变化,对各电站所需的调节库容也有所影响。从上下游梯级流量匹配、水库水位变化、日调节库容要求等方面出发,分析水风光互补运行对水库日内调度运行的影响及各梯级电站的适应性。

3.1.1 基础资料

系统枯水年(1959～1960 年)、平水年(1964 ～1965 年)雅砻江各梯级电站坝址天然

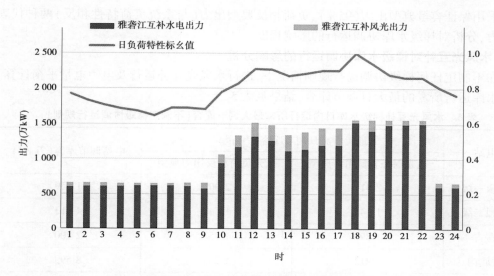

图1 雅砻江水风光互补电源日内出力过程(枯水年8月)

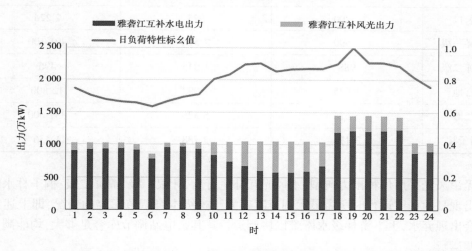

图2 雅砻江水风光互补电源日内出力过程(枯水年12月)

流量;系统枯水年、平水年梯级电站水利动能计算基本参数及调节计算成果,主要包括特征水位、调节库容、水位库容曲线、入库流量、出库流量、月平均水头、月平均出力等;系统枯水年、平水年电力电量平衡及水风光互补运行成果。

3.1.2 计算原则与方法

根据电力电量平衡及水风光互补运行成果,提取电站各月典型日出力过程,进行日内径流调节计算,分析各电站所需的日调节库容,判断水库是否能够协调运行,研究水风光互补运行对水库日内调度运行的影响。由于龙头水库两河口电站具有多年调节能力,调节库容巨大,水库适应性强,因此主要分析两河口以下的梯级水库。

3.1.3 分析方案

风光出力特性变化较大,不同的风光出力典型会影响水风光互补结果,考虑风光出力分别采用保证容量典型出力(95%)、负荷相反典型出力(与系统负荷特性相反)两种代表性出力,分析对梯级水库协调运行的影响程度。

3.2 水风光互补对梯级水库协调运行的影响分析

在不制定任何梯级协调运行规则情况下,进行水风光互补运行及电力电量平衡计算。分析水库运行所需的最大日调节库容,结果见表5。

表5 水风光互补梯级水库日内运行所需最大调节库容(不制定梯级协调运行规则)

电站	最大所需日调节库容(万 m³)		电站调节库容(万 m³)
	风光保证容量出力典型	风光负荷相反出力典型	
牙根一级	2 411	2 009	1 659
牙根二级	1 345	1 643	4 013
楞古	1 899	1 952	2 700
孟底沟	1 212	1 236	8 599
杨房沟	1 304	1 213	5 385
卡拉	1 200	925	2 226
锦屏一级	7 590	7 590	491 100
锦屏二级	988	1 045	496
官地	1 625	2 093	12 800
二滩	5 526	5 526	337 000
桐子林	3 174	2 738	1 456

无论风光采用何种出力典型,水风光互补运行后,牙根一级、锦屏二级、桐子林水电站均会出现日内调度运行时所需最大调节库容大于梯级本身调节库容的情况,即上述几个电站会出现弃水,上下游梯级水库难以协调运行。其余电站调节库容足够大,均能满足水库协调运行。

在不制定梯级协调运行规则时,风电、光伏采用不同出力典型,对各梯级电站所需的最大日调节库容有一定的影响,但未表现出较为一致的规律。

分析原因可知,未接入风光情况下,各梯级电站的设计引用流量与调节库容是匹配的。但接入风光进行互补之后,水电站需适应风光出力波动的变化,改变自身的出力过程,日内下泄水量分配发生变化,上游出库流量变化,会改变下游的入库流量,对水库运行所需的日调节库容也有所影响。

当水电站接入风光规模较大,或者风光出力波动较大时,可能导致水电站出力变化波动变大,发电流量相应波动变化增大,从而出现所需调节库容大于本身调节库容的情况,使得梯级之间难以协调运行。

4 梯级水库协调运行规则研究

4.1 梯级水库协调运行规则

考虑风光出力分别采用两种代表性的出力情况,并考虑不制定任何协调运行规则、制定相应的协调运行规则两种情景,分别进行计算,分析水电站所需的最大日调节库容,见表6。

表6 水风光互补梯级水库日内运行所需最大调节库容

电站	无梯级协调运行规则所需调节库容(万 m³)		有梯级协调运行规则所需调节库容(万 m³)		电站调节库容(万 m³)
	风光保证容量出力典型	风光负荷相反出力典型	风光保证容量出力典型	风光负荷相反出力典型	
牙根一级	2 411	2 009	1 650	1 650	1 659
牙根二级	1 345	1 643	1 322	1 666	4 013
楞古	1 899	1 952	1 892	1 865	2 700
孟底沟	1 212	1 236	1 213	1 236	8 599
杨房沟	1 304	1 213	1 318	1 189	5 385
卡拉	1 200	925	1 153	925	2 226
锦屏一级	7 590	7 590	7 590	7 590	491 100
锦屏二级	988	1 045	496	496	496
官地	1 625	2 093	2 104	2 036	12 800
二滩	5 526	5 526	5 526	5 526	337 000
桐子林	3 174	2 738	1 454	1 445	1 456

若不制定协调运行规则,无论风光采用何种出力典型,互补之后,牙根一级、锦屏二级、桐子林电站均会出现所需最大日调节库容大于梯级本身调节库容的情况。而其他水电站自身调节库容相对较大,即使水风光互补,所需日调节库容均小于本身调节库容。

上下游梯级共同调度运行决定了调节库容需求,因此分别对两河口—牙根一级、锦屏一级—锦屏二级、二滩—桐子林这3组电站,以日内水库运行所需的库容小于等于电站本身的调节库容,且水库不弃水为目标,在电力电量平衡中,设置相应的约束条件,制定协调运行规则,如上下游梯级同步发电运行、控制上游梯级调峰时间等规则,使得各梯级电站充分利用调节库容,梯级之间协调运行。

在制定协调运行规则之后,牙根一级、锦屏二级、桐子林所需最大日调节库容均小于梯级本身调节库容,均能满足协调运行要求。

综上,由于水风光互补运行影响,个别上下游梯级组合之间会出现水库无法协调运行而导致弃水的情况。但研究表明,可以通过制定相应的协调运行规则,包括上下游梯级同步发电运行、控制上游梯级调峰时间等,对梯级电站水库调度运行加以一定的约束,使得电站能充分利用调节库容,做到梯级之间协调运行不弃水。

　　两种约束规则分别用两河口与牙根一级、锦屏一级与锦屏二级为例加以说明。

4.2　上下游梯级同步发电运行规则

　　以两河口、牙根一级这组梯级为代表。在没有水风光互补时,两河口是电力系统中重要的调峰电源。牙根一级与之联合运行,进行反调节,下泄基荷流量满足生态要求前提下,可与两河口联合参与调峰运行。

　　两河口电站接入大量风电、光伏后,日内出力过程发生了较大变化。为平抑风光波动,两河口在风光出力较小时段(0至7时)加大出力,在风光出力较大时段(11~19时)减小出力。当不对牙根一级的同步运行进行约束时,牙根一级个别月份(以风光保证容量出力典型、平水年3月为例)所需日调节库容大于梯级本身的调节库容。牙根一级出库入库流量、牙根一级调节库容变化过程、两河口风光水互补出力过程、牙根一级出力过程见图3。

　　牙根一级没有与风光进行互补,在无同步运行规则,低谷时段(0至7时)仅维持35%单机出力基荷,以满足下泄流量生态流量要求,在高峰时段根据系统要求调峰,发挥容量作用。牙根一级的入出库流量过程差异较大,水库调节所需要的日调节库容约2 411万m³,超出了本身的调节库容(1 659万m³)。

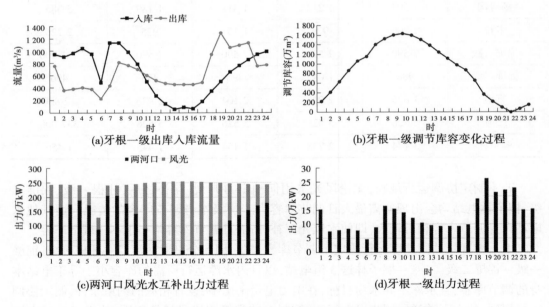

(a)牙根一级出库入库流量　　　(b)牙根一级调节库容变化过程

(c)两河口风光水互补出力过程　　　(d)牙根一级出力过程

图3　两河口—牙根一级水库协调运行分析(无协调运行规则)

　　为了使得牙根一级水库能够协调运行,需对牙根一级制定相应的规则,使其与两河口尽量同步运行。具体方法为:在电力电量平衡计算中,参照两河口的出力过程,对牙根一级切负荷平衡出力进行逐步调整,并满足牙根一级日内平均出力、工作容量等边界约束。

　　在对牙根一级制定同步运行规则之后,牙根一级水库所需要的日调节库容约1 633万m³,小于本身的调节库容(1 659万m³)。牙根一级出库入库流量、牙根一级调节库容变化过程、两河口风光水互补出力过程、牙根一级出力过程见图4。

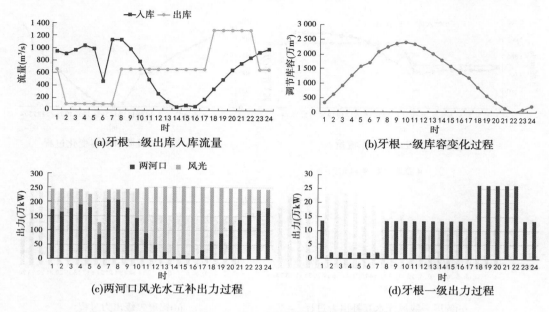

图4　两河口—牙根一级水库协调运行分析（有协调运行规则）

将图3、图4对比分析，在遵循协调运行规则之后，牙根一级与两河口电站可基本同步运行。

对其他上下游衔接紧密的梯级组合，同样可通过制定相应的同步运行规则，使下游梯级与上游梯级同步运行，水库能够协调运行。

4.3　控制上游梯级调峰时间规则

以锦屏一级、锦屏二级这组梯级为例。无梯级协调运行规则时，锦屏二级出库入库流量、锦屏二级调节库容变化过程、锦屏一级风光水互补出力过程（以风光负荷相反出力典型、平水年7月为例）、锦屏二级出力过程见图5。

锦屏一级为适应风光出力波动，在1~13时时段，出力较小且波动变化大。与此同时，锦屏二级在该时段出力过程变化不大。而在17~23时，锦屏一级出力较大且平稳，连续调峰时间长。锦屏二级需要936万 m³ 日调节库容，超出本身的调节库容（496万 m³）。

对于这种情况，可适当控制锦屏一级电站调峰时长，提高锦屏一级低谷时段的出力，使锦屏二级电站满足调节库容限制要求。具体方法为：缩短锦屏一级调峰时长，并提高非调峰时段的出力。

调整后，锦屏二级出库入库流量、锦屏二级调节库容变化过程、锦屏一级风光水互补出力过程（风光负荷相反出力典型、平水年7月）、锦屏二级出力过程见图6。

对比图5和图6，在控制调峰运行时间这一协调运行规则约束下，锦屏一级和锦屏二级运行更加协调，锦屏二级需要日调节库容493万 m³，略小于本身调节库容（496万 m³），水库能够正常运行。

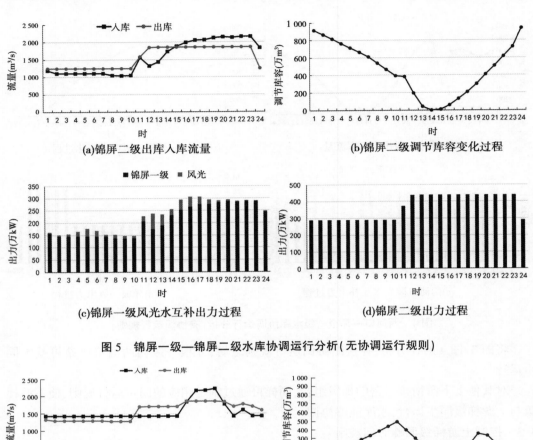

(a)锦屏二级出库入库流量

(b)锦屏二级调节库容变化过程

(c)锦屏一级风光水互补出力过程

(d)锦屏二级出力过程

图5 锦屏一级—锦屏二级水库协调运行分析(无协调运行规则)

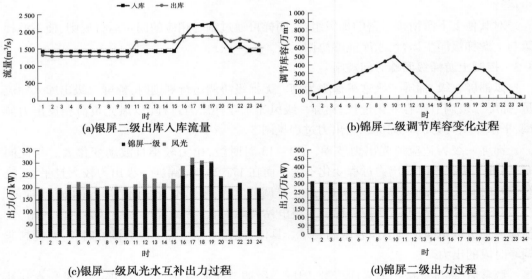

(a)银屏二级出库入库流量

(b)锦屏二级调节库容变化过程

(c)银屏一级风光水互补出力过程

(d)锦屏二级出力过程

图6 锦屏一级—锦屏二级水库协调运行分析(有协调运行规则)

5 结 语

雅砻江流域水能、风能和太阳能资源丰富,区位优势突出,有利于建设全流域的"水风光互补"清洁能源示范基地,充分利用水电站群调节性能,平抑风电、光伏的不稳定性,实现三种清洁能源的优化利用。水风光互补电源的日内出力与负荷需求特性表现出较好的一致性,对系统的适应性良好。

雅砻江各梯级电站相互衔接,水力联系紧密,水风光互补运行后会改变上下游梯级的入库、出库流量过程,对各梯级电站和水库日内调度运行产生较大影响。各个梯级组合之间可能会出现水库无法协调运行而导致弃水的情况。

研究表明,无论在何种风光出力典型下,均可以制定相应的协调运行规则,如下游梯级与上游梯级同步发电运行、控制上游梯级调峰时间等,对梯级之间调度运行加以一定的约束,使得各梯级电站能够充分利用本身的调节库容,做到水风光互补之后,水库协调运行不弃水。

参 考 文 献

[1] 郭怿. 黄河上游水风光储多能互补短期优化调度研究[D]. 西安:西安理工大学,2020.

[2] 孙艺轩. 基于多能源互补特性的水风光短期优化调度[D]. 大连:大连理工大学,2020.

[3] 毛骁. 水—风—光—储微电网调峰模式与动态控制策略[D]. 广州:广东工业大学,2020.

[4] 戚永志,黄越辉,王伟胜,等. 高比例清洁能源下水风光消纳能力分析方法研究[J]. 电网与清洁能源,2020,36(1):55-63.

[5] 陈金保,王亚猛. 水风光储能源联合利用系统研究[J]. 技术与市场,2020,27(1):62-63.

[6] 徐键. 水风光互补发电控制策略与并网控制研究[D]. 南昌:南昌工程学院,2019.

[7] 胡贵良. 金沙江上游川藏段可再生能源基地能源利用模式探索[J]. 华电技术,2019,41(11):62-65,84.

[8] 李永红,赵宇,徐麟,等. 基于水风光互补优化的清洁能源运行管控系统研究[J]. 水电与抽水蓄能,2019,5(4):56-60.

[9] 李伟楠,王现勋,梅亚东,等. 基于趋势场景缩减的水风光协同运行随机模型[J]. 华中科技大学学报(自然科学版),2019,47(8):120-127.

[10] 叶希,张熙,欧阳雪彤,等. 考虑多直流运行模式的水风光打捆送端系统配套电源容量优化方法[J]. 可再生能源,2019,37(5):707-713.

[11] 李亮,周云,徐文. 四川省后续水电中长期发展规划思考[J]. 水力发电,2019,45(4):102-105.

[12] 何亚森. 某地区水风光电源出力特性及相关性分析[J]. 机电信息,2019(5):57-58.

[13] 刘晓,董峰. 湖北能源水、风、光发电联合补偿调度初步分析[J]. 水电与新能源,2017(9):74-78.

[14] 熊铜林. 流域水风光互补特性分析及联合发电随机优化协调调度研究[D]. 长沙:长沙理工大学,2017.

氢能产业链和技术发展研究综述

肖稀，刘立强

（雅砻江流域水电开发有限公司，四川 成都　610051）

摘　要　氢能作为一种清洁、高效、安全、可持续的新能源，具有来源广、燃烧热值高、能量密度大、可储存、可再生、可发电、可燃烧、零污染、零碳排等优点，被视为 21 世纪最具发展潜力的清洁能源，是人类的能源战略发展方向之一。本文综述了氢能产业的特点及优势，分析了氢能产业链，并将国内和国外氢能应用进行了对比，为深入研究氢能发展提供了一定参考。

关键词　氢能；产业链；可再生能源

1　引　言

当前国家能源体系主要由电网、热网、油气管网共同构成。不同能源网络依赖不同种类的一次能源且彼此之间转化效率低下，能源优化也往往在各自网络独立进行。凭借燃料电池技术，氢能可以在不同能源网络之间进行转化，可以同时将可再生能源与化石燃料转化成电力和热力，也可通过逆反应产生氢燃料以替代化石燃料或进行能源存储，从而实现了不同能源网络之间的协同优化。此外，氢能更可通过合成气的方式将能源及化工产业进行整合，实现更大尺度的优化运行。因此，氢能是实现电力、热力、液体燃料等各种能源品种之间转化的媒介，是在可预见的未来实现跨能源网络协同优化的唯一途径。

2　氢能特点及优势

2.1　来源广

氢的储量和来源丰富，是自然界存在最普遍的元素，据估计它构成了宇宙质量的 75%。可以通过空气、水、各种一次能源（如化石燃料、天然气、煤、煤层气）、可再生能源（如太阳能、风能、生物质能、海洋能、地热）或二次能源（如电力）来制取。目前，制备氢气的几种主要方式包括工业副产氢、化石燃料制氢（石油裂解、水煤气法、天然气重整等）、化工原料制氢（甲醇裂解、乙醇裂解、液氨裂解等）、电解水制氢等[1]。

2.2　燃值高

氢气是单位质量热值最高的燃料，按质量折算，1 kg 氢气的热值为 142.32 kJ（1 m³ 氢气的热值为 12.666 kJ），每千克氢燃烧后的热量约为汽油的 3 倍、酒精的 3.9 倍、焦炭的 4.5 倍、柴油的 2.6 倍，甲烷的 2.4 倍。氢气转化为电能的效率最高可达 60%，热电联产的效率可达 90% 以上，远高于目前的火电效率。传统燃油汽车的能效一般在 30% 左右，目前氢燃料电池能效可达 50%，同样质量的氢气和汽油为汽车做功，氢气是汽油的 5.5 倍。

氢气燃值与其他可燃气体、燃煤、燃油的对比如表 1 所示。

表 1 氢气燃值与其他可燃气体、燃煤、燃油的对比

燃料名称	计量单位(kg)	燃烧值(kJ)	燃烧值(kW·h)
标煤	1	29 307	8.14
汽油	1	43 070	11.96
柴油	1	42 552	11.82
天然气	1	50 827	14.12
液化石油气	1	50 179	13.94
氢气	1	142 500	39.58

2.3 应用广

氢能的应用场景丰富,作为最为普遍的二次能源之一,可广泛应用于工业、商业、住宅等固定用能场景。在工业领域,氢气用于石油精炼、冶炼金属、制取半导体材料高纯硅、制取甲醇、合成氨和航空航天等领域。在能源领域,氢能可用于燃料电池汽车、天然气掺氢、分布式储能等领域。

2.4 优势多

根据上述氢能特点可以看出,氢能对于能源产业的发展将产生重大的影响,发展氢能主要有以下几点优势。

(1)应对减排与环境压力。氢能由于其清洁环保的特性,可极大地降低大气污染,促进现行大气污染防治体系的发展,减少温室气体及氮氧化物的排放。

(2)优化能源结构。氢能发展能实现产能端的清洁替代,特别是电解制氢方法可大大降低能源生产中的污染;实现用能端的电能替代,结合燃料电池技术,通过电能—化学能—电能的转化过程,促进终端电能使用;实现从化石能源向可再生能源的过渡,大大降低化石能源在今后能源结构中的占比;应对能源安全问题,降低能源对外依存度,建立起自产自销、自给自足的能源生产结构,在掌握核心技术的前提下,可以使得能源产业全产业独立。

(3)促进可再生能源消纳。氢气制备可大量通过与可再生能源结合的方式,使用弃风、弃光、弃水,建立电力消纳新模式,探索富余电力消纳新渠道,推动可再生能源发展。

3 氢能产业链分析

氢能产业链主要包括四个环节,氢气的制取、储存、运输及应用,如图 1 所示[2]。

3.1 氢气制取

氢气的制取位于整个氢能源产业的上游,是整个氢能产业的基础。按照制氢技术所耗费能源分类,包括重整制氢、电解水制氢、工业副产氢、化工燃料制氢及各种前沿的制氢技术(生物质制氢、光解水制氢、热解水制氢等)等多种方式。目前全球氢产量约为 7 000万 t/a,其中绝大部分是通过煤、石油、天然气等化工燃料制取而来的(其中 76%来自天然气,其余的几乎全部来自煤炭)。我国煤炭资源丰富且较为廉价,在制氢方面有较大的潜

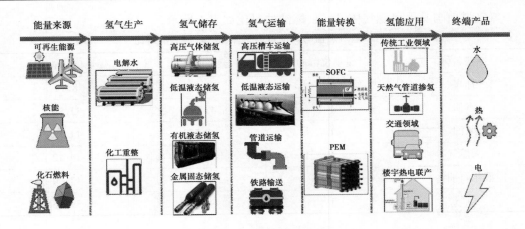

图 1　氢能产业链

力,累计可达 1 900 万亿 Nm³,同时可再生能源及冗余火电、核电也为制氢提供了有力的保障。目前,SMR、煤气化和水电解法是最普遍的方法。生产氢和氢基产品的潜在途径见图 2。

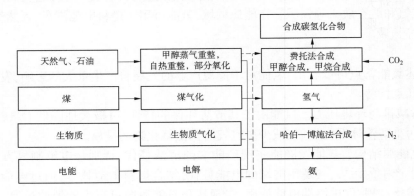

注:V₂ 为氮气,虚线表示从碳氢化合物中提取出含氢合成气(氢和一氧化碳的混合物,然后进行其他碳氢化合物合成的过程,如煤制油或气制油。这种从碳氢化合物到碳氢化合物的直接转换路线相比于从碳氢化合物生产纯氢气,然后结合二氧化碳制备碳氢化合物而言论而更有利于降低成本、减少气体排放(尤其是从 CCUS),对于二氧化碳在碳循环过程中再次进入化石能源产地有很好的促进作用。

图 2　生产氢和氢基产品的潜在途径

3.2　氢气储存

储氢是氢能产业发展的关键和瓶颈,但是由于氢气的密度较低,而且其液化临界温度为 -239.9 ℃,在标准大气压下其液化温度低至 -252.77 ℃、固化温度低至 -259.2 ℃,使得氢气的高密度储存成为大难题,使得氢能无法广泛应用。氢的储存按状态可以分为三大类,即气态高压储存、低温液态储存及固态吸附储存,如图 3 所示。目前最为成熟且广泛使用的是气态高压储存、低温液化储存。

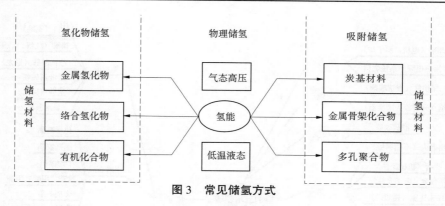

图3 常见储氢方式

3.3 氢气运输

运氢也是氢能利用的重要环节,其运输和配送成本直接关系到氢能的大规模应用。按照氢在运输过程中所处状态的不同,可将其分为高压气态输氢、液态输氢及固态输氢三种方式,选择何种输氢方式,取决于制氢地点、交通状况、运输量、运输距离及市场价格等情况。目前,针对大规模用氢的企业常采用管网来运输气态氢,而面对距离较近且用户分散的用氢情况时,则通过长管拖车等载具实现氢气的运输。液态氢和固态氢则一般通过车船来实现运输。不同运氢方式应用优缺点比较见表2。

表2 不同运氢方式应用优缺点比较

运输方式	运输量范围	应用情况	优缺点
长管拖车(气氢)	每车 250~720 kg	广泛用于商品氢运输	运输量小, 不适宜远距离运输
管道(气氢)	3 330~148 000 kg/h	主要用于化工厂,未普及	一次性投资成本高, 运输效率高
槽车(液氢)	每车 1 750~7 000 kg	国外应用广泛,国内仍 仅用于航天液氢输送	液化投资大,能耗高, 设备要求高
管道(液氢)	国外较少,国内没有	国外较少,国内没有	运输量大,液化 能耗高,投资大
铁路(液氢)	每车 8 400~14 000 kg	国外非常少,国内没有	运输量大

3.4 氢气应用

氢气应用是氢能产业下游的关键环节,目前氢气主要应用于两个领域:作为一种重要的石油化工原料或作为生产合成氨、甲醇的原料气。此两类氢能消耗占到了现阶段氢气工业使用量的70%以上。此外,氢气还作为保护气、还原气、反应气,广泛应用于电子工业、冶金工业、食品工业、浮法玻璃、精细有机合成、航空航天工业等领域。氢气除作为化工原料气在传统领域广泛应用外,还可以作为一种清洁高效的二次能源,直接应用于燃料电池及固定式发电站,同时可掺入天然气管道用于交通、民用及工业,氢的应用领域如图4所示。

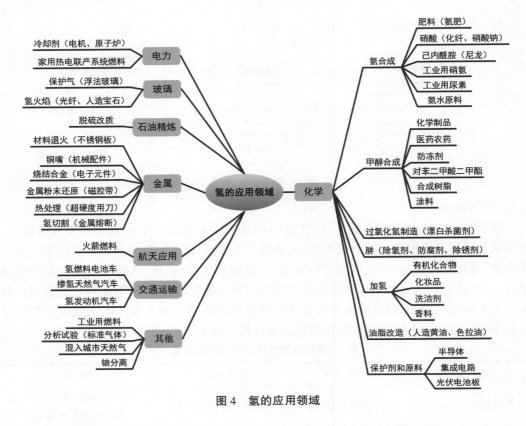

图 4　氢的应用领域

4　国内外氢能技术发展

在氢能整个产业链中,我国氢气的来源是占有一定的优势的,氢气的产量占据全球第一。但产业链中下游,包括储运氢、加氢站及燃料电池车等方面均与国际发达国家有一定的差距,如储运氢、加氢压力,电堆功率密度、寿命,相关 BOP 设备等需要更进一步的探索发展。此外,由于我国的电网设施比较完备,造成国内在燃料电池固定式发电领域基本属于空白,而国外已经有了比较成熟的商业化应用。国内外氢能技术发展对比如表 3 所示。

5　结　论

本文对氢能的特点、优势、产业链进行了较为全面的论述,对国内外氢能技术在产业链上的应用进行了对比分析,氢能在电力领域可有效弥补电能储存性差的短板,有力支撑高比例可再生能源发展,在交通领域可降低长距离、高负荷交通对燃油的依赖,彻底实现交通终端用能清洁化,在能源领域可与电力、热力、油气、煤炭等能源品种大范围互联互补,优化能源结构。虽然目前氢能的技术、国家体系还不是很完备,但可以预见,未来氢能仍将高效开发和利用,尤其是以低成本的富余可再生电力制取氢气,再以其替代化石燃料供热、驱动汽车用于传统化工。同时,以氢为媒介,连通电网、气网和热网是能源互联网多能协同、能源系统效能提升方式之一,将有效助力国家实现"碳达峰""碳中和"目标。

表3　国内外氢能技术发展对比

产业链		核心指标	国内	国外
产业链上游		氢气制取	化石燃料制氢、工业副产氢、水电解制氢等	化石燃料制氢、水电解制氢、生物制氢等
产业链中游	燃料电池动力系统	氢气储运	基本为20 MPa长管拖车运输,燃料电池汽车车载储氢瓶35 MPa Ⅲ型钢瓶	气氢和液氢技术 气氢储氢70 MPa Ⅳ型碳纤维瓶
		电堆体积功率、密度	体积功率2.2~2.7 kW/L 成本6 000元/kW	体积功率3.1 kW/L 成本1 000元/kW
		电堆质量功率、密度	约2.2 kW/kg	约2.5 kW/kg
		燃料电池系统功率	30~60 kW	92~114 kW
		电堆催化剂	铂载量0.6 g/kW	铂载量0.19 g/kW
		客车车载工况寿命	3 000~5 000 h	12 000~18 000 h
		轿车车载工况寿命	2 000 h	>5 000 h
		低温启动性能	−20~−10 ℃	−30 ℃
		氢气循环泵	依赖进口	较为成熟
		空气压缩机	不稳定、故障率高	较为成熟
产业链下游		化工领域	合成氨、合成甲醇、石油精炼	合成氨、合成甲醇、石油精炼
		交通领域	1 873辆(主要为客车)	美国6 000多辆,日本3 000多辆
		建筑领域	国内尚无应用	日本ENE-FARM系统较为成熟、欧洲管道掺氢示范
		发电领域	国内小型发电样机	韩国浦项能源累计装机超过300 MW,日本积极开展IGFC研究
		加氢站	均为气氢站且数量较少	加氢站数量较多,部分为液氢站

参 考 文 献

[1] 刘金朋. 氢储能技术及其电力行业应用研究综述及展望[J]. 电力与能源,2020,44(2):230-233.

[2] 王恒. 氢能发展模式应用[J]. 清洁能源,2021,408(5):65-69.

含地源热泵精细化建模的综合
能源系统日前优化调度

胡振亚，袁诚

（中国电建集团成都勘测设计研究院有限公司 四川 成都　641000）

摘　要　针对含地源热泵精细化建模的冷热电三联供系统优化调度，对其中的多种能源流供给和转化设备进行精细化建模，考虑设备效率值与负荷率的关系曲线，尤其是对地源热泵进行制冷制热分档位处理，引入蓄冷蓄热装置，建立了包含多种供能、储能及能源转化设备和相关冷热电负荷的数学模型，优化目标为园区典型日经济运行总成本最低，包括外购燃气费用、与外电网交互电量费用及蓄电池折算寿命损失成本；约束条件包括供能设备出力约束、储能设备的运行约束、能源转化设备的耦合关系约束、燃气轮机和燃气锅炉的启停约束及各个设备效率值与负荷率的耦合约束等。通过 MATLAB 软件调用 CPLEX 对所建立的数学模型进行优化求解，算例仿真验证了三联供系统精细化建模，能在提高能源利用效率带来经济优势的基础上，得出更符合实际的优化调度最优结果，保证经济运行的准确性。

关键词　三联供；精细化建模；地源热泵；优化调度

1　引　言

由于煤炭、石油等传统化石能源不可再生，提高能源利用效率、开发新能源、加强可再生能源综合利用是能源发展的必然选择。在这样的背景下，综合能源系统应运而生。综合能源系统是以电力系统为核心，打破供电、供气、供冷、供热等各种能源供应系统单独规划、单独设计和独立运行的既有模式，在规划、设计、建设和运行的过程中，对各类能源的分配、转化、存储、消费等环节进行有机协调与优化，充分利用可再生能源的新型区域能源供应系统。

首先，通过电、气、冷/热等多种不同形式能源的供应系统在生产和消费等环节的协调规划和运行，综合能源系统可以实现能源的梯级利用，有效提高能源综合利用效率。其次，综合能源系统可以充分利用多种能源的时空耦合特性和互补替代性，弥补可再生能源具有明显的间歇性和随机波动性等问题，促进可再生能源的开发利用。另外，以供电为核心，电、气、冷/热等供能系统本身存在紧密的耦合关联，电能供应的终端可能导致其他供能系统停运，因此通过多个供能系统的协调规划和运行，可以避免单纯加大某一供能系统投入提高其安全系与自愈能力带来的弊端，从而有效提高多种能源供应的安全和可靠性。

以节能、经济、环保等效益为目标优化冷热电三联供系统的设备选型、容量配置及运行策略，已取得一系列研究成果。文献[1]具体介绍了冷热电联供微网优化调度通用建模方法。文献[2]～[9]对综合能源系统的容量配置和运行调度问题进行了相应的研究，建立了以提高综合能源系统经济性、环保性和可靠性等多种优化目标的优化模型。在传统模型基础上,很多文献基于现实考虑,对模型元件多样性进行了改进。例如,文献[10]引入了相变储能,用以松弛机组自身的热电比约束,在满足系统综合能源需求的前提下,提高各机组的运行经济性。文献[11]在综合能源系统中同时引入了地源热泵模型和蓄冷蓄热模型,地源热泵制冷制热可以相互切换以提高一次能源的利用效率。文献[12]在引入地源热泵和蓄冷蓄热模型的基础上同时考虑了冷热电负荷的需求侧相应。另外,相关文献在模型的精细化方面进行了考虑。例如,文献[13]考虑了燃气轮机精细化建模下综合能源系统下的优化运行,但未引入地源热泵设备。文献[14]详细综述了综合能源系统中各个能源流供给和转化设备包括地源热泵的效率值与负荷率的非线性关系,但未将其引入实际模型中进行优化求解。文献[15]对地源热泵进行了深入研究,通过实测参数详细总结了地源热泵运行能效的相关影响因素,同样还未将其引入实际模型。通过对上述文献的分析可以看出,目前的冷热电三联供系统,在系统模型上进行了改进,加入了类似于光伏光热一体机、地源热泵、电锅炉、燃气锅炉、蓄能设备等装置,丰富了能源流模型图。但是,目前的优化模型只是通过固定值能效比将能源流设备,类似于燃气轮机、余热锅炉、吸收式制冷机还有地源热泵等引入能量平衡方程中,没有考虑系统设备自身的运行约束。

综合能源系统优化调度是一个非线性优化问题。对于该问题的求解,可以采用智能优化算法[16-18]、非线性规划[19]等方法直接进行求解,也可以将模型进行线性化处理后应用混合整数线性规划法(Mixed-Integer Linear Programming,简称 MILP)进行求解[20]。受线性模型的影响,上述研究在应用 MILP 算法求解综合能源系统优化调度问题时,往往对可控能源流供给设备的运行约束采取简化处理的方式,例如仅考虑最大出力的约束,而忽略其他运行约束如最小出力、最小运行时间和最小停机时间等。文献[21]、[22]提出了一种考虑多种约束的机组线性化建模方法并将其应用在综合能源系统优化调度问题中,研究结果表明该方法在有效提高 MILP 计算速度的同时能保证其计算误差在可接受范围之内,从而验证了该方法的有效性和可行性。

实际的综合能源系统设备运行中,除最大最小输出能量约束外,还存在着自身的运行约束影响整个三联供系统的能量平衡,例如燃气轮机、燃气锅炉的启停约束,设备效率值和负荷率的耦合关系约束,还有地源热泵、电锅炉分档位调节约束等,本文仔细甄别提炼这些设备的运行约束,完善了优化模型。通过算例仿真计算,总结分析了地源热泵的引入和地源热泵的精细化分档式建模对综合能源系统优化调度结果的影响,并在此基础上得出更符合实际的优化调度策略,保证经济运行的准确性。

2 优化模型

综合能源系统中的能源流设备包括光伏电池、风电机组、CCHP 系统、电制冷机、电锅炉、燃气锅炉、地源热泵和蓄电蓄热蓄冷装置。系统结构如图 1 所示。

本文根据综合能源系统精细化建模的需要,在文献[11]所建立的优化模型基础上进行补充和调整。文中给出了调整后的公式,未调整的公式(包括蓄能装置运行约束,与外网交互电功率上下限约束,可控机组出力上下限约束,最小开机和最小停机时间约束)均参考文献[11],此处不再赘述。

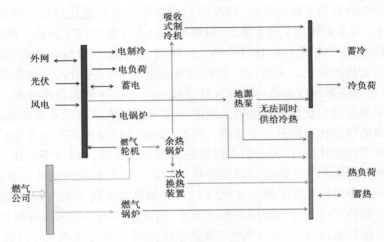

图 1　系统结构图

2.1　优化目标

日前优化调度的目标为总运行成本最小,如下式所示:

$$F_{\text{total}} = F_{\text{gas}} + F_{\text{grid}} + F_{\text{th}} \tag{1}$$

式中,F_{total} 为总运行成本;F_{gas} 为燃气成本;F_{grid} 为购售电成本;F_{th} 为蓄电池寿命损失成本。

2.1.1　燃气成本 F_{gas}

燃气成本由燃气轮机和燃气锅炉的燃气费用构成,如下式所示:

$$F_{\text{gas}} = \sum_{t=1}^{24} r_{\text{gas}} \left[V_{\text{gt}}(t) + V_{\text{gb}}(t) \right] \tag{2}$$

式中,r_{gas} 为单位体积的燃气价格;$V_{\text{gt}}(t)$、$V_{\text{gb}}(t)$ 分别为第 t 时刻燃气轮机和燃气锅炉的耗气量。

2.1.2　购售电成本 F_{grid}

购售电成本为购电成本与售电收益的差值,如下式所示:

$$F_{\text{grid}} = \sum_{t=1}^{24} \max \left[0, P_{\text{grid}}(t) \right] * r_{\text{grid}}^{\text{in}}(t) + $$
$$\sum_{t=1}^{24} \min \left\{ 0, P_{\text{grid}}(t) \right\} * r_{\text{grid}}^{\text{out}}(t) \tag{3}$$

式中,$r_{\text{grid}}^{\text{in}}(t)$、$r_{\text{grid}}^{\text{out}}(t)$ 分别为第 t 时刻的购电电价和售电电价;$P_{\text{grid}}(t)$ 为第 t 时刻与外网的交互电功率,$P_{\text{grid}}(t) \geqslant 0$ 表示从外网购电,$P_{\text{grid}}(t) \leqslant 0$ 表示向外网售电。

2.1.3　蓄电池寿命损失成本 F_{th}

蓄电池的使用寿命受其累积充放电电量的影响,由于蓄电池的投资成本较高,因而蓄电池的充放电行为对蓄电池寿命造成的损失不可忽略:

$$F_{\text{th}} = r_{\text{es}} \sum_{t=1}^{24} \left\{ \max \left[0, P_{\text{es}}(t) \right] / \eta_{\text{es}} \right\} - $$
$$r_{\text{es}} \sum_{t=1}^{24} \left\{ \min \left[0, P_{\text{es}}(t) \right] * \eta_{\text{es}} \right\} \tag{4}$$

式中，$P_{es}(t)$ 为第 t 时刻蓄电池的充放电功率；$P_{es}(t)>0$ 为放电，$P_{es}(t)<0$ 为蓄电池充电；η_{es} 为蓄电池的充放电效率；r_{es} 为蓄电池单位充放电电量的折算寿命损失成本。

2.2 约束条件

2.2.1 冷热电负荷平衡约束

$$\sum_{i \in N_c} C_i(t) = C_{load}(t) \tag{5}$$

$$\sum_{i \in N_q} Q_i(t) = Q_{load}(t) \tag{6}$$

$$\sum_{i \in N_p} P_i(t) = P_{load}(t) + \sum_{i \in E_p} P_{eq,i}(t) \tag{7}$$

式中，N_c、N_q 和 N_p 分别为供给冷负荷、热负荷和电负荷的设备集合；$C_i(t)$、$Q_i(t)$ 和 $P_i(t)$ 为第 i 个设备在第 t 时刻供给的冷、热、电负荷；$C_{load}(t)$、$Q_{load}(t)$、$P_{load}(t)$ 分别为第 t 时刻系统的冷、热、电负荷需求；E_p 为供能设备中的用电设备集合；$P_{eq,i}(t)$ 为第 i 个设备在第 t 时刻的用电功率。

2.2.2 CCHP 系统能量耦合约束

CCHP 系统中，燃气轮机发电余热经余热锅炉回收，一部分通过二次换热装置转换为热能供给热负荷，另一部分通过吸收式制冷机转换为冷能供给冷负荷。

$$P_{gt}(t) = V_{gt}(t) * Q_{lng} * \eta_{gt} \tag{8}$$

$$Q_{wh\_in}(t) = V_{gt}(t) * Q_{lng} * (1 - \eta_{gt} - \eta_{gt\_loss}) \tag{9}$$

$$C_{gt}(t) = Q_{wh\_in}(t) * \eta_{wh} * K_c(t) * \eta_{ac} \tag{10}$$

$$Q_{gt}(t) = Q_{wh\_in}(t) * \eta_{wh} * [1 - K_c(t)] * \eta_{hx} \tag{11}$$

式中，$C_{gt}(t)$、$Q_{gt}(t)$、$P_{gt}(t)$、$Q_{wh\_in}(t)$ 分别为第 t 时刻 CCHP 系统输出的冷热电功率及余热功率值；Q_{lng} 为单位体积的燃气热值；η_{gt}、η_{gt_loss}、η_{wh}、η_{ac}、η_{hx} 分别为燃气轮机发电效率值、自损耗效率值、余热锅炉效率值、吸收式制冷机效率值、二次换热装置效率值；$K_c(t)$ 为第 t 时刻的燃气轮机余热制冷分配比。

2.2.3 地源热泵能量耦合约束

$$C_{hp}(t) = P_{hp}(t) * copc * Z_{hp}$$
$$Q_{hp}(t) = P_{hp}(t) * coph * (1 - Z_{hp}) \tag{12}$$

式中，$P_{hp}(t)$、$C_{hp}(t)$、$Q_{hp}(t)$ 为第 t 时刻地源热泵的输入电功率、输出冷功率、输出热功率；$copc$ 和 $coph$ 为地源热泵的制冷制热能效比，传统模型中一般取固定值；Z_{hp} 为 01 变量，表示典型日地源热泵的制冷制热状态选择，$Z_{hp}=1$ 表示该典型日地源热泵处于制冷状态，$Z_{hp}=0$ 表示该典型日地源热泵处于制热状态，不能切换。

2.2.4 电制冷机、电锅炉和燃气锅炉能量耦合约束

$$C_{ec}(t) = P_{ec}(t) * \eta_{ec} \tag{13}$$

$$Q_{eb}(t) = P_{eb}(t) * \eta_{eb} \tag{14}$$

$$Q_{gb}(t) = V_{gb}(t) * Q_{lng} * \eta_{gb} \tag{15}$$

式中，$C_{ec}(t)$ 为第 t 时刻电制冷机的输出冷功率；$Q_{eb}(t)$、$Q_{gb}(t)$ 为第 t 时刻电锅炉和燃气锅炉的输出热功率；$P_{ec}(t)$、$P_{eb}(t)$ 为第 t 时刻电制冷机和电锅炉的输入电功率；$V_{gb}(t)$ 为第 t 时刻燃气锅炉的输入燃气量；η_{ec}、η_{eb}、η_{gb} 为电制冷机、电锅炉和燃气锅炉效率值。

2.2.5 综合能源系统日用燃气量上下限约束

$$V_{min} \leqslant \sum_{t=1}^{24} V_{gt}(t) + V_{gb}(t) \leqslant V_{max} \qquad (16)$$

式中，V_{min} 和 V_{max} 分别为日用燃气量下限值和上限值。

2.3 精细化建模

2.3.1 转换效率值和负荷率的关系

文献[15]详细介绍了燃气轮机、燃气/余热锅炉和吸收式制冷机在变工况运行下的效率函数。例如，燃气轮机在不同负荷率下的效率标幺值为：

$$\overline{\eta} = 3.18\overline{N} - 4.69\overline{N}^2 + 3.69\overline{N}^3 - 1.18\overline{N}^4 \qquad (17)$$

为了便于线性化，本文基于式(17)及式(8)和式(9)，通过抽样计算和曲线拟合，得到发电余热功率标幺值和发电功率标幺值(以燃气轮机额定功率为基准值)的关系式如下：

$$\begin{cases} Q_{wh\_in}^* = 0.478\ 6P_{gt}^* + 0.844\ 3 & (0 < P_{gt}^* \leqslant 0.25) \\ Q_{wh\_in}^* = 0.856\ 5P_{gt}^* + 0.752\ 2 & (0.25 < P_{gt}^* \leqslant 0.50) \\ Q_{wh\_in}^* = 1.012\ 5P_{gt}^* + 0.678\ 5 & (0.50 < P_{gt}^* \leqslant 0.75) \\ Q_{wh\_in}^* = 1.091\ 5P_{gt}^* + 0.615\ 8 & (0.75 < P_{gt}^* \leqslant 1.00) \end{cases} \qquad (18)$$

同理，可以得到燃气轮机燃气量标幺值(以燃气轮机额定功率与单位体积燃气热值的比值作为基准值)与发电功率标幺值的关系式如下：

$$\begin{cases} V_{gt}^* = 1.564\ 7P_{gt}^* + 0.887\ 3 & (0 < P_{gt}^* \leqslant 0.25) \\ V_{gt}^* = 1.954\ 2P_{gt}^* + 0.791\ 8 & (0.25 < P_{gt}^* \leqslant 0.50) \\ V_{gt}^* = 2.118\ 4P_{gt}^* + 0.714\ 2 & (0.50 < P_{gt}^* \leqslant 0.75) \\ V_{gt}^* = 2.201\ 6P_{gt}^* + 0.648\ 2 & (0.75 < P_{gt}^* \leqslant 1.00) \end{cases} \qquad (19)$$

燃气锅炉燃气量标幺值(以燃气锅炉额定功率与单位体积燃气热值的比值作为基准值)与热功率标幺值关系式如下：

$$\begin{cases} V_{gb}^* = 1.355\ 0Q_{gb}^* + 0.006\ 1 & (0.05 < Q_{gb}^* \leqslant 0.25) \\ V_{gb}^* = 1.227\ 0Q_{gb}^* + 0.038\ 9 & (0.25 < Q_{gb}^* \leqslant 0.50) \\ V_{gb}^* = 1.104\ 7Q_{gb}^* + 0.099\ 7 & (0.50 < Q_{gb}^* \leqslant 0.75) \\ V_{gb}^* = 0.999\ 8Q_{gb}^* + 0.178\ 1 & (0.75 < Q_{gb}^* \leqslant 1.00) \end{cases} \qquad (20)$$

余热锅炉输入输出关系式如下：

$$\begin{cases} Q_{wh\_in}^* = 1.439\ 7Q_{wh}^* + 0.006\ 4 & (0.05 < Q_{wh}^* \leqslant 0.25) \\ Q_{wh\_in}^* = 1.303\ 7Q_{wh}^* + 0.041\ 3 & (0.25 < Q_{wh}^* \leqslant 0.50) \\ Q_{wh\_in}^* = 1.173\ 7Q_{wh}^* + 0.105\ 9 & (0.50 < Q_{wh}^* \leqslant 0.75) \\ Q_{wh\_in}^* = 1.062\ 3Q_{wh}^* + 0.189\ 2 & (0.75 < Q_{wh}^* \leqslant 1.00) \end{cases} \qquad (21)$$

吸收式制冷机输入输出关系式如下：

$$\begin{cases} Q_{ac\_in}^* = 1.950\ 9Q_{ac}^* + 0.065\ 7 & (0.05 < Q_{ac}^* \leqslant 0.25) \\ Q_{ac\_in}^* = 1.117\ 7Q_{ac}^* + 0.270\ 6 & (0.25 < Q_{ac}^* \leqslant 0.50) \\ Q_{ac\_in}^* = 0.964\ 3Q_{ac}^* + 0.323\ 2 & (0.50 < Q_{ac}^* \leqslant 0.75) \\ Q_{ac\_in}^* = 1.428\ 6Q_{ac}^* & (0.75 < Q_{ac}^* \leqslant 1.00) \end{cases} \tag{22}$$

2.3.2 地源热泵改进模型

现场调研结果表明,目前我国主流地源热泵设备的功率调节一般采用分档方式,针对这一特点,本文建立了更符合实际情况的地源热泵的四档式功率调节约束,线性化后的表达式如下:

$$\begin{aligned} &0 \leqslant Z_{hpc}(t) \leqslant 4U_{hp}(t) \\ &0 \leqslant Z_{hph}(t) \leqslant 4[1 - U_{hp}(t)] \\ &C_{hp}(t) = Z_{hpc}(t)(C_{hp}^{nom}/4) \\ &Q_{hp}(t) = Z_{hph}(t)(Q_{hp}^{nom}/4) \\ &P_{hpc}(t) = C_{hp}(t)/copc \\ &P_{hph}(t) = Q_{hp}(t)/coph \end{aligned} \tag{23}$$

式中,$U_{hp}(t)$ 为 0/1 变量,表示第 t 时刻地源热泵的工况,$U_{hp}(t)=1$ 表示制冷状态,$U_{hp}(t)=0$ 为制热状态;$Z_{hpc}(t)$、$Z_{hph}(t)$ 为整型变量,表示第 t 时刻地源热泵的制冷、制热档位;C_{hp}^{nom}、Q_{hp}^{nom} 为地源热泵额定制冷、制热功率;$C_{hp}(t)$、$Q_{hp}(t)$、$P_{hpc}(t)$、$P_{hph}(t)$ 为第 t 时刻地源热泵的输出冷热功率及相应的用电功率。根据工程实际数据,计算得到地源热泵在不同档位下的制冷制热能效比如表 1 所示。

表 1 地源热泵不同负荷率下能效比

档位	1 档	2 档	3 档	4 档
COPc	3.3	4	4.7	4.2
COPh	4.1	5	5.7	4.9

2.3.3 电锅炉改进模型

目前,我国用于采暖的电锅炉大都也采取分档调节方式,因而本文采用更符合实际的分档位调节模型,进行四档式处理:

$$\begin{aligned} &0 \leqslant Z_{eb}(t) \leqslant 4 \\ &Q_{eb}(t) = Z_{eb}(t)(Q_{eb}^{nom}/4) \\ &P_{eb}(t) = Q_{eb}(t)/\eta_{eb} \end{aligned} \tag{24}$$

式中,$Z_{eb}(t)$ 为整型变量,表示第 t 时刻的电锅炉档位;Q_{eb}^{nom} 为电锅炉额定热功率。

3 优化求解

本文所建立的综合能源系统日前优化调度模型为混合整数非线性规划问题,优化变量包括与外网交互的电功率、各个能量供给设备启停状态变量及出力、储能设备的充放功率等;等式约束包括系统冷热电平衡约束、燃气轮机系统余热平衡约束及储能设备始末状态约束;不等式约束包括与外网交互电功率约束、日用燃气量上下限约束及各类设备的运行约束等。

针对上述模型,通过分段线性化等方法对非线性方程进行线性化处理,最终将其转化为混合整数线性规划问题(MILP),调用 Yalmip 工具箱和商业软件 Cplex 在 MATLAB 中进行求解。

4　算例分析

4.1　基础数据

本文选取了某个虚拟工商业园区系统作为研究对象,算例具体结构如图 1 所示。针对园区的冷热电负荷需求,本文选用春秋季节典型日进行分析,冷热电风光曲线如图 2 所示。

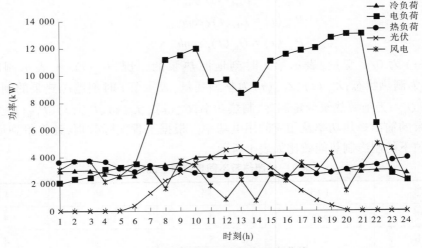

图 2　过渡季典型日冷热电风光曲线

从负荷曲线可以看出,电负荷具有明显峰谷特性;热负荷曲线较为平稳,白天相对较低,晚上较高;冷负荷变化趋势与热负荷相反,白天相对较高,晚上较低。

综合能源系统向外网售电电价为 0.45 元/(kW·h),但从外网购电的电价则实行分时电价,如表 2 所示。

表 2　电价表

时段	购电电价[元/(kW·h)]
尖峰(19~21 时)	1.45
高峰(8~10 时、15~18 时)	1.35
平段(7 时、11 时~14 时、22 时)	0.85
谷段(1~6 时、23~24 时)	0.30

系统内各个设备装机容量如表3所示。

表3　设备装机容量

设备	符号	含义	设备容量
源设备	WG	风电	总装机容量6 000 kW
	PV	光伏	总装机容量6 000 kW
	CCHP	燃气轮机系统	一套1 000 kW、一套2 000 kW、一套3 000 kW
	GB	燃气锅炉	一台1 000 kW、一台2 000 kW、一台3 000 kW
	EC	电制冷机	总装机容量4 000 kW
	EB	电锅炉	一台500 kW、一台1 000 kW、一台1 500 kW
	HP	地源热泵	一台500 kW、一台1 000 kW、一台2 000 kW
储能设备	ES	蓄电	总容量3 000 kW·h
	HS	蓄热	总容量3 000 kW·h
	CS	蓄冷	总容量3 000 kW·h

其中,燃气轮机系统由燃气轮机(GT)、余热锅炉(WH)、吸收式制冷机(AC)和二次换热装置(HX)组成,燃气轮机发电余热经余热锅炉回收,一部分经二次换热装置转化供给热负荷平衡,另一部分经吸收式制冷机转化供给冷负荷平衡;按照燃气轮机系统容量,燃气轮机容量、余热锅炉容量、二次换热装置容量、吸收式制冷机容量1:1:3:3:3进行设置;整套系统同时启停。

各个设备最小出力系数及额定效率值如表4所示。

表4　最小出力系数及额定效率值

元件	GT	GB	WH	AC	HX	EB	EC	ES	HS	CS
最小出力系数	0.25	0.05	0	0	0	0	0			
额定效率值	0.35	0.85	0.8	0.7	0.85	0.95	2.8	0.95	0.9	0.9

储能设备相关参数如表5所示。

表5　储能设备相关参数

储能装置SOC上限	储能装置SOC下限	储能装置最大充电率	储能装置最大放电率	蓄电装置自损耗效率值	蓄热装置自损耗效率值	蓄冷装置自损耗效率值	蓄电池折算寿命损失成本[元/(kW·h)]
0.2	0.9	0.2	0.4	0.008 5	0.007 5	0.007 5	0.45

燃气设备相关参数如表6所示。

表6　燃气设备相关参数

购气价格 （元/m³）	单位体积燃气热值 （kW·h/m³）	燃气设备最小 运行时间(h)	燃气设备最小 停机时间(h)	燃气轮机 自损耗效率值
3.16	10	3	2	0.05

4.2　典型日调度结果分析

基于本文所建立的模型,经优化计算后,冷热电负荷平衡的结果如图3~图5所示。

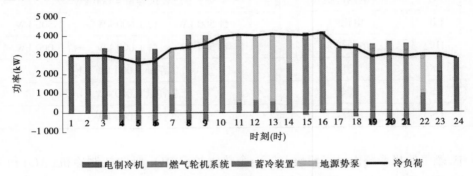

图3　春秋季典型日冷平衡曲线

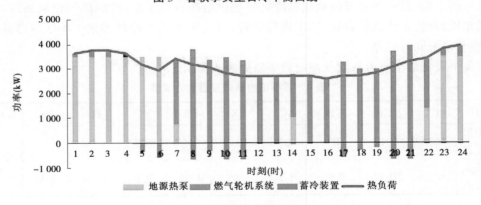

图4　春秋季典型日热平衡曲线

购电电价与冷热电储能设备调度结果的关系如图6所示。

燃气轮机系统的详细调度结果如图7~图9所示。

地源热泵调度结果如图10、图11所示。

从以上结果可以看出:

低谷时段:由于CCHP系统发电成本高于此时的购电电价,因而在低谷时段燃气轮机不发电,基本通过风电机组发电和外网购电的方式实现电负荷平衡;3台地源热泵均满负荷运行在制热状态,与蓄热装置共同实现热负荷平衡;通过电制冷机和蓄冷装置实现冷负荷平衡。同时,由于该时段购电电价低,因此蓄冷和蓄电装置均按其最大能力蓄能。

平时段:由燃气轮机组和从外网购电满足电负荷需求。用外网购电的方式替代开启

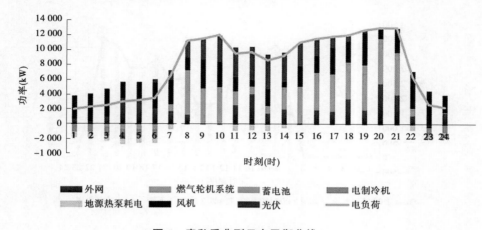

图 5　春秋季典型日电平衡曲线

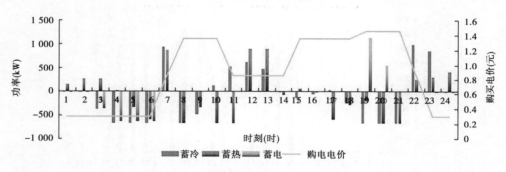

图 6　春秋季储能装置出力和分时电价曲线

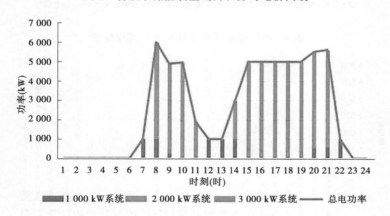

图 7　燃气轮机系统电功率优化调度结果

更多容量的燃气轮机组发电的原因在于：受系统热负荷需求和 CCHP 系统热电耦合关系的限制,如果开启更多容量的燃气轮机组,燃气轮机的负荷率将降低,造成 CCHP 系统供能成本增加。由于本文算例中 CCHP 系统制热效率值高于制冷效率值,所以 CCHP 系统余热回收优先供给热负荷,导致冷负荷供给差额较大,热负荷供给差额较小。由于地源热泵制冷成本低于电制冷机,在平时段通过调度地源热泵机组制冷来满足大部分冷负荷需

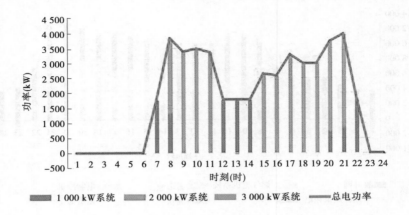

图 8　燃气轮机系统热功率优化调度结果

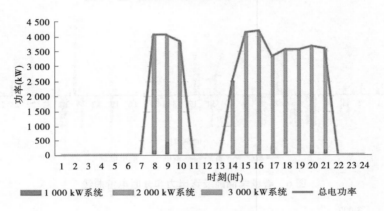

图 9　燃气轮机系统冷功率优化调度结果

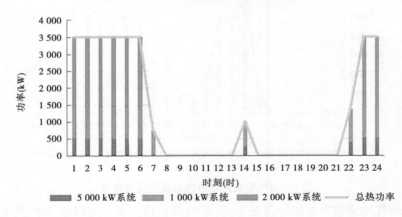

图 10　地源热泵制热出力优化调度结果

求,蓄冷设备放冷以弥补不平衡量。同时,由于地源热泵的制热成本低于燃气锅炉和电锅炉,因而在部分时段通过调度地源热泵制热,与蓄热设备一起弥补热负荷的不平衡量。

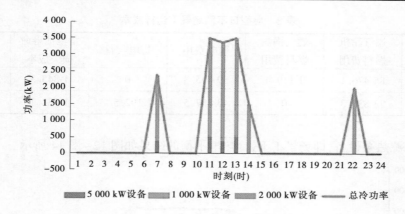

图 11　地源热泵制冷出力优化调度结果

高峰和尖峰时段：CCHP 系统供电成本明显低于从外网购电成本。因此，在这些时段冷热电负荷均优先选择 CCHP 系统供给。同时，受热电耦合关系限制，CCHP 系统无法完全满足电力需求，电负荷缺口部分主要通过外网购电方式满足，而冷和热负荷不平衡的部分由蓄冷和蓄热设备通过蓄冷和蓄热的方式进行调节。

综上，受购电电价的分时特性及 CCHP 系统技术经济特性的影响，在春秋季节不同时段的负荷平衡的特点如表 7 所示。

表 7　负荷平衡占比

时刻	电负荷	热负荷	冷负荷
低谷时段	外购电 33.8%+风光 72.5%+蓄电 6.3%	地源热泵 97.9%+放热 2.1%	电制冷机 106.7%+蓄冷 6.7%
平时段	外购电 24.3%+燃气轮机 16.3%+风光 59.4%	燃气轮机 69.5%+地源热泵 17.8%+放热 12.6%	电制冷机 0.4%+燃气轮机 11.3%+地源热泵 72.3%+放冷 16.0%
高峰和尖峰时段	外购电 16.8%+燃气轮机 43.4%+风光 38.3%+放电 1.4%	燃气轮机 113.9%+蓄热 13.9%	燃气轮机 109.9%+蓄冷 9.9%

4.3　地源热泵经济性分析

为了分析综合能源系统引入地源热泵的经济性，本文设计了两个场景进行对比分析。

场景 1：不含地源热泵设备。

场景 2：含地源热泵设备。

典型日不同场景下运行成本如表 8 所示。

表 8 典型日不同场景下运行成本

场景	燃气轮机燃料费用	燃气锅炉燃料费用	购电费用	售电收益	蓄电池寿命损失成本	系统运行总成本
1	85 476.1	1 119.4	39 495.3	0	1 845.3	127 936.1
2	73 839.3	0	43 387.5	192.5	1 782.1	118 816.4

不含地源热泵设备,即场景 1 下,冷热电平衡的结果如图 12~图 14 所示。

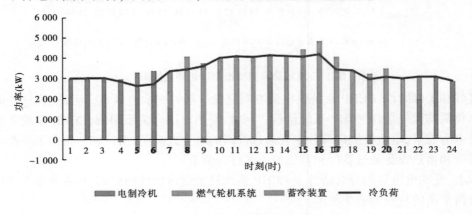

图 12 春秋季典型日冷平衡曲线

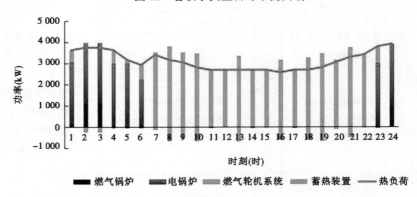

图 13 春秋季典型日热平衡曲线

从以上结果可以看出:

低谷时段:由于 CCHP 系统发电成本高于此时的购电电价,因而在低谷时段燃气轮机不发电,基本通过风电机组发电和外网购电的方式实现电负荷平衡,电制冷机和蓄冷装置实现冷负荷平衡,电锅炉、燃气锅炉和蓄热装置实现热负荷平衡。由于电锅炉在电价低谷时经济性高于燃气锅炉,所以由电锅炉优先供给热负荷平衡,当电锅炉达到最大输出功率后,热负荷差额由燃气锅炉补足。

平时段:同样为了满足更大的经济性,优化结果选择尽量使燃气轮机机组组合处于满负荷或者高负荷率运行状态,并从外网购电补充电负荷的供给不足。CCHP 系统余热回

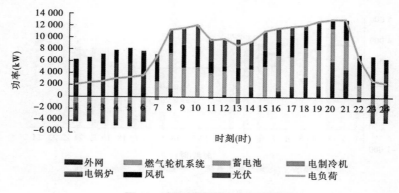

图 14　春秋季典型日电平衡曲线

收优先供给热负荷,在满足热负荷供给的前提下,冷负荷供给的不足部分由电制冷机补足。

尖高峰时段:同之前类似,尖高峰时段冷热电负荷均优先选择 CCHP 系统供给。受热电比限制,CCHP 系统无法完全满足电力需求,电负荷缺口部分从外网购电,而冷和热负荷不平衡的部分由蓄冷和蓄热设备进行调节,此时基本处于蓄冷和蓄热状态。

由于地源热泵较高的一次能源利用率,因此引入地源热泵装置后,冷热负荷均由地源热泵优先供给,电制冷机出力减少,电锅炉和燃气锅炉不再出力,燃气轮机系统需要供给的冷热负荷减少,耗气量减少,受到以热定电限制,发电功率减少,同时地源热泵耗电量增加,因此导致燃料费用减少,购电费用增加,最终导致调度总成本减少。

4.4　地源热泵精细化模型和传统模型对比分析

在以往的研究中,地源热泵一般很少考虑其分档调节的实际情况、忽略其制冷制热状态的切换,且制冷制热能效比取固定值。因此,设计的对比算例中假设地源热泵的工况不可改变,但输出功率可以在额定功率下自由调节,制冷制热能效比均取固定值 4.5。经过优化计算,对比算例中冷热电负荷平衡的结果如图 15～图 17 所示。

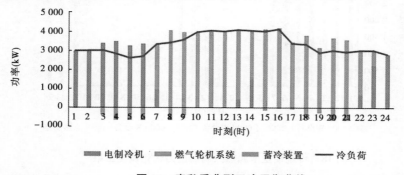

图 15　春秋季典型日冷平衡曲线

由于传统模型地源热泵的工况不可改变,3 台地源热泵优化选择下均处于制热状态,没有制冷出力,优化调度结果如图 18 所示。

低谷时段:同精细化模型相同,3 台地源热泵均工作在满负荷制热状态,没有制冷出力,其他类型源设备的出力也相同。

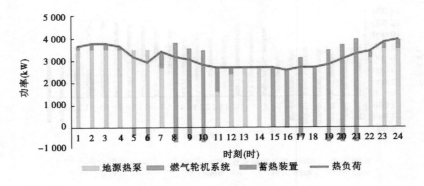

图 16　春秋季典型日热平衡曲线

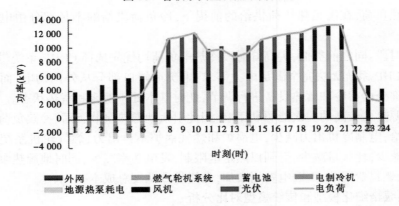

图 17　春秋季典型日电平衡曲线

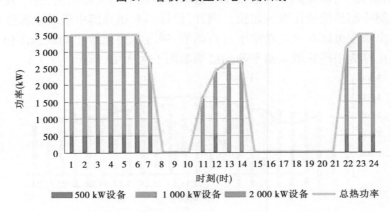

图 18　传统模型地源热泵制热出力优化调度结果

　　平时段:此时和精细化模型有了很大区别,精细化模型中 CCHP 系统余热优先供给热负荷,地源热泵主要供给冷负荷,少量供给热负荷。而在传统模型中,由于电制冷机的供能经济性高于电锅炉和燃气锅炉,优化选择下,地源热泵替代了经济性较差的电锅炉和燃气锅炉,处于制热状态,没有了制冷出力,此时热负荷基于由地源热泵提供,蓄热装置进行调节,冷负荷由燃气轮机系统主要提供,电制冷机进行补充,蓄冷装置进行调节。

受到冷热切换限制和热负荷大小限制,地源热泵在这一时段制热始终没有达到满负荷运行状态,只能充分补足热负荷需求。整个平时段传统模型地源热泵制热总出力15 130 kW,精细化模型地源热泵制冷制热总出力 19 375 kW,这一部分差额由其他源设备补足,供能经济性不如地源热泵。并且,精细化模型在冷热自由切换的前提下,可以优化调度使地源热泵机组处于制冷制热高 COP 档位,平时段的精细化模型平均供能 COP 值 4.562,也优于传统模型的固定 COP 值 4.5。

高峰和尖峰时段:同精细化模型相同,地源热泵没有制冷制热出力。

采用地源热泵精细化模型和传统模型的典型日运行成本如表 9 所示。

表 9　不同模型下的运行成本

地源热泵模型	燃气轮机燃料费用	燃气锅炉燃料费用	购电费用	售电收益	蓄电池寿命损失成本	系统运行总成本
传统模型	77 571.1	0	40 988.9	151.2	1 864.2	120 272.9
精细化模型	73 839.3	0	43 387.5	192.5	1 782.1	118 816.4

可以看出,精细化模型和传统模型相比,不能实现功率自由调节,但是精细化模型可以通过机组的不同档位自由组合扩大冷热负荷的供给范围,引入了更符合实际的不同负荷率下制冷制热能效比,可以优化调度使地源热泵机组处于高 COP 档位,另外,精细化模型实现了制冷制热档位的自由切换,可以灵活地进行优化选择,最大程度地利用地源热泵制冷制热出力。所以,精细化模型相比传统模型地源热泵装置出力更多,购电费用增加,燃气轮机系统出力减少,燃料费用降低,提高了综合能源系统运行的整体经济性。

5　结　论

本文建立了含地源热泵精细化建模的冷热电三联供系统优化调度模型,应用 MILP 算法进行了仿真计算,得到的主要结论如下:

(1)地源热泵的引入可以提高一次能源的利用效率,实现了机组供能成本和调度灵活性的均衡,显著提高了综合能源系统运行的整体经济性。

(2)地源热泵精细化建模相比传统模型冷热负荷供给所受的限制较少,调度更为自由,冷热灵活切换,可以最大程度地利用地源热泵制冷制热出力,通过优化选择处于最优档位,一次能源利用率更高,可以带来更佳的经济效益。

参 考 文 献

[1] 王成山,洪博文,郭力,等.冷热电联供微网优化调度通用建模方法[J].中国电机工程学报,2013,33(31):26-33,3.

[2] 苏永新,聂伟棋,谭貌.考虑风电接入和气电转换的综合能源系统日前区间优化[J/OL].电力系统自动化:2019,48(17):63-71.

[3] 张涛,章佳莹,王凌云,等.计及用户行为的电—气—热综合能源系统日前经济调度[J].电力系统自动化,2019,43(11):86-97.

［4］徐青山,李淋,蔡霁霖,等.考虑电能交互的冷热电多微网系统日前优化经济调度[J].电力系统自动化,2018,42(21):36-46.

［5］白凯峰,顾洁,彭虹桥,等.融合风光出力场景生成的多能互补微网系统优化配置[J].电力系统自动化,2018,42(15):133-141,206-208.

［6］刘泽健,杨苹,许志荣.考虑典型日经济运行的综合能源系统容量配置[J].电力建设,2017,38(12):51-59.

［7］杨永标,于建成,李奕杰,等.含光伏和蓄能的冷热电联供系统调峰调蓄优化调度[J].电力系统自动化,2017,41(6):6-12,29.

［8］李正茂,张峰,梁军,等.计及附加机会收益的冷热电联供型微电网动态调度[J].电力系统自动化,2015,39(14):8-15.

［9］赵峰,张承慧,孙波,等.冷热电联供系统的三级协同整体优化设计方法[J].中国电机工程学报,2015,35(15):3785-3793.

［10］林湘宁,孙士茴,汪致洵,等.含热电联供型光热电站与建筑相变储能的离网型综合能源系统[J].中国电机工程学报,2019,39(20):5926-5937,6173.

［11］杨志鹏,张峰,梁军,等.含热泵和储能的冷热电联供型微网经济运行[J].电网技术,2018,42(6):1735-1743.

［12］张峰,杨志鹏,张利,等.计及多类型需求响应的孤岛型微能源网经济运行[J].电网技术:2020,44(2):547-557.

［13］刘涤尘,马恒瑞,王波,等.含冷热电联供及储能的区域综合能源系统运行优化[J].电力系统自动化,2018,42(4):113-120,141.

［14］程浩忠,胡枭,王莉,等.区域综合能源系统规划研究综述[J].电力系统自动化,2019,43(7):2-13.

［15］马勇.地源热泵系统运行能效测评与能效影响因素的研究[D].武汉:武汉科技大学,2013.

［16］熊焰,吴杰康,王强,等.风光气储互补发电的冷热电联供优化协调模型及求解方法[J].中国电机工程学报,2015,35(14):3616-3625.

［17］郭力,刘文建,焦冰琦,等.独立微网系统的多目标优化规划设计方法[J].中国电机工程学报,2014,34(4):524-536.

［18］杨佳霖.基于粒子群算法的分布式能源系统容量优化配置[J].分布式能源,2017,2(6):46-51.

［19］朱兰,严正,杨秀,等.计及需求侧响应的微网综合资源规划方法[J].中国电机工程学报,2014,34(16):2621-2628.

［20］黄弦超.计及可控负荷的独立微网分布式电源容量优化[J].中国电机工程学报,2018,38(7):1962-1970.

［21］Palmintier B S, Webster M D. Heterogeneous Unit Clustering for Efficient Operational Flexibility Modeling [J]. IEEE Transactions on Power Systems, 2014, 29(3):1089-1098.

［22］Jelle Meus, Kris Poncelet, Erik Delarue. Applicability of a Clustered Unit Commitment Model in Power System Modeling[J]. IEEE TRANSACTIONS ON POWER SYSTEMS, 2018, 33(2): 2195-2204.

一种测风塔代表性的后评估分析方法

郁永静,熊万能,刘志远

(中国电建集团成都勘测设计研究院有限公司,四川 成都　610072)

摘　要　测风塔的代表性直接影响风电场风能资源评估的结果,进而影响整个风电场投产运行后的经济效益。本文通过采用断面设置和相关性分析方法对某峡口风电场测风塔的代表性进行分析,给出了风电场后评估过程中测风塔代表性的分析方法,验证了该方法的合理性,本风电场 5 km 范围内各风电机组机舱测风仪的有功功率与测风塔 V3 的相关性系数均大于0.75。

关键词　测风塔;代表性;测风方案;断面设置

1　引　言

目前,风电场风能资源评估普遍采用的做法是:在场址区域设立测风塔,以测风塔数据及地形信息为基础,通过风能资源评估软件(WT、Windsim、wasp 等)推算整个风电场区域的风能资源分布,并进行发电量计算。测风塔数据作为基础数据,测风塔的代表性直接影响整个风电场风能资源评估的精度,进而影响风电项目发电量计算的精度。

测风塔代表性一般从范围代表性、海拔代表性、粗糙度代表性、高度配置代表性四个方面来考虑,特殊地形则单独设置功能性测风塔,以控制整个风电场的风能资源。

针对复杂地形风电场的测风塔代表的范围的研究,国内外的研究较少。

刘昌华对内蒙古某一平坦地形风电场的测风塔数据和机舱测风仪数据进行相关性分析,结果证明平坦地形条件下风力发电机组与风电场内测风塔风速数据具有极强的相关性。该研究仅针对平坦地形,且未对测风塔的代表范围进行定义。

王蕊等提出,风电场中山脊明显且相对平坦、开阔,测风塔代表范围:2~5 km;风电场中山脊明显、狭长,测风塔代表范围:狭长 5 km;风电场山脊不明显、山顶浑圆,测风塔代表范围:5 km²。但并未提出该数据的计算方法。

在现有技术方法中,测风方案的制定多凭借设计者经验初步确立测风塔覆盖范围,尤其对于地形复杂的区域,缺乏定量参数来评估测风塔的代表性。该类做法会造成设计结果不精确,不能正确反映该区域的实际风能资源状况,造成各风电机组发电量的设计值与项目投产后的实测值存在明显差异。

针对以上问题,本文主要提出一种基于相关性统计和显著性差异检验的测风塔代表

基金项目:四川省科技支撑项目(2016GZ0148)。

作者简介:郁永静(1987—),女,硕士,工程师,主要从事风电设计工作。E-mail:1102484979@ qq. com。

性定量分析方法,根据场址地形在场址区域内设置不同断面,分别将所选用测风塔与机组实测数据进行距离因素、地形因素、发电量计算方法因素对比,确定测风塔的代表性范围。并以实际复杂地形风电场工程测风塔实测数据为基础资料,以解决风电场工程投产后的风资源后评估问题,也可为相邻相似地形区域内的拟开发风电场提供测风塔代表性的分析依据,提供设立测风塔位置的参照。

2　计算原理

测风塔代表性的定量分析方法,主要包括基础数据收集、分析方案设置、相关性分析、显著性差异检验、代表范围总结共 5 个环节,其主要特征为:充分考虑场址区域的地形特性,以测风塔为中心,将风电场区域划分为多个断面,分析不同断面上各机位的有功功率与测风塔风速的三次方之间的相关性,分析相关性随距离的变化,并进行差异性检验。

该方法属于风电场后评估的范畴,创新点在于:①结合地形条件设置多断面分析方案;②建立测风塔风速的三次方与各风电机组有功功率的相关性,并分析相关性在各断面上的变化,识别主要影响因素;③采用风电行业主流软件 WT 对具备代表性的各机组进行发电量计算,验证采用的计算方法的合理性。

3　工程实例

3.1　工程概况

为了能够验证本文提出的分析方法的工程实用性,选取我国西南地区某峡口风电场测风塔实测 10 min 数据和机舱测风仪数据作为基础资料,进行测风塔代表性的定量分析。并将测风塔代表范围内的机组用 WT 软件计算发电量,与实测发电量进行对比,验证方法的科学性。

该风电场 A 位于我国西南峡口地区,场址区域内已建立一座编号为 72# 的测风塔,海拔约为 1 553 m,地理位置示意见图 1。本文选取该测风塔 70 m 高度 2014 年全年实测风速、风向 10 min 数据进行统计分析,测风塔与风电场各机位均具有同期数据。

图 1　72#测风塔地理位置示意

3.2　分析方案设置

以选定测风塔的位置为中心,在上风向和下风向分别按照距离设置多个断面,选取每个断面上的多个风电机组构成评估用风电机组群。并将选取的所有风电机组的机舱测风仪记录有功功率与测风塔同期实测风速的三次方(V^3)进行相关性分析。

发电量与测风塔 V^3 的相关性与多个因素有关,不同断面之间的对比,是以距离为变量,分析测风塔代表的距离范围;同一断面上,不同机组之间的对比,是分析同一距离情况下,地形对测风塔代表性的影响。多断面分析方案设置见表 1。

表 1 多断面分析方案设置

断面	风电机组	与测风塔的距离(km)	主要识别因素	备注
断面 1	E3-8	1.1	距离	
断面 2	E3-13	1.2	距离	
断面 3	E3-15	2.3	距离	
断面 4	E2-5、E2-6、E3-17	4.9	地形、距离	同一断面
断面 5	E1-1、E1-3、E3-19	6.4	地形、距离	同一断面

注:采用 EX-X 来表示风电机组的期数和编号,例如,E3-8 表示 3 期 8 号风电机组。

　　限于机组布置及机组台数的影响,本次分析共设置 5 个断面,包含 9 台风电机组,其中断面 1 位于 72#测风塔的上风向,断面 2~断面 5 均位于测风塔的下风向。测风塔及各断面相对位置示意见图 2、图 3。

图 2 参与分析的风电机组及测风塔相对位置示意　　图 3 距 72#测风塔 5 km 范围内机位分布

3.3 代表范围分析

　　本文选取的 E3-8#、E3-13#、E3-15#、E3-17#及 E3-19#风电机组,与 72#测风塔基本位于同一条轴线上,E3-8#风电机组位于测风塔的上风向,其余风电机组均位于测风塔下风向,从 13#机组到 19#机组与 72#测风塔的距离逐渐增大,且为同一机型,考虑机组性能不存在本质上的差异。

　　经计算,得到 E3-8#、E3-13#、E3-15#、E3-17#及 E3-19#机组功率 P 与 72#测风塔 V^3 相关性系数见表 2。

表 2　方案一相关性系数

项目	各机组对应相关性系数 R				
	E3-8	E3-13#	E3-15#	E3-17#	E3-19#
机组 P—测风塔 V^3	0.845	0.840	0.819	0.749	0.718

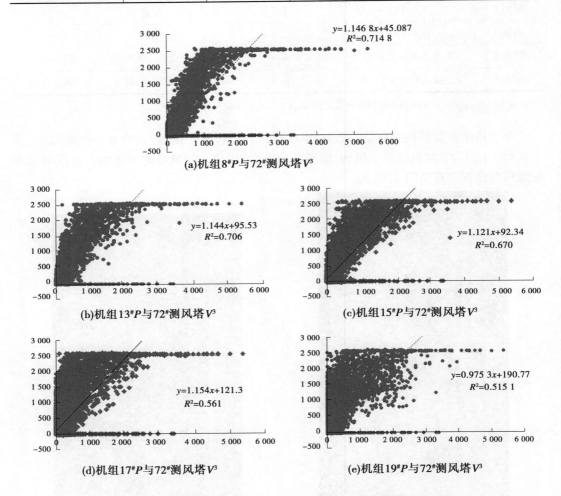

图 4　E3-8#、13#、15#、17# 及 19# 机组功率 P 与 72# 测风塔 V^3 相关性分析

分析以上数据可知,从 E3-8# 机组到 E3-19# 机组,随着与测风塔距离的增大,机组功率 P 与 72# 测风塔 V^3 的相关性系数降低。当距离增加到 4.9 km 时,E3-17# 机组的功率 P 与 72# 测风塔 V^3 的相关性系数降到 0.75,到距离 72# 测风塔 6.4 km 的 E3-19# 机组时,相关性系数降到 0.718。

由以上分析可知,风电机组功率 P 与测风塔风速的三次方(V^3)基本满足正相关的关系,且随着与测风塔的距离的增大,相关性逐渐降低;当机舱测风仪的有功功率与测风塔 V^3 的相关性系数以 0.75 为临界值时,则 72# 测风塔在本风电场可代表的距离范围为 5 km。

3.4　发电量计算验证

为验证分析结论,使用 WT 软件,计算 72# 测风塔上风向和下风向各 5 km 范围内风电机组的发电量,并与实际发电量做对比。上风向 5 km 范围内的机组为三期 1#、2#、3#、6#、7#、8#、9# 机组;下风向 5 km 范围内为三期 13#、15#、16#、17#、18#。

在计算中,风电场的实际发电量是在理论发电量的基础上,考虑空气密度、尾流影响、风电机组利用率、叶片污染、气候影响、控制和湍流及风电场内能量损耗等因素的影响,对其进行修正得到的上网电量,综合折减系数取 0.713。软件计算发电量与实际发电量对比见表 3。

表 3　软件计算发电量与实际发电量

风电机组	发电量(万 kW · h)	WT 软件计算发电量 (万 kW · h)	相对误差(%)
t3-1	535.77	545.40	1.80
t3-2	520.41	501.00	3.73
t3-3	417.64	452.55	8.36
t3-6	416.95	424.73	1.86
t3-7	448.44	468.08	4.38
t3-8	474.27	476.48	0.46
t3-9	459.35	478.58	4.19
t3-13	503.20	478.65	4.88
t3-15	525.09	515.33	1.86
t3-16	540.41	527.25	2.44
t3-17	582.70	581.33	0.24
t3-18	555.01	566.85	2.13
均值	498.27	501.35	3.03

由表 3 可知,72# 测风塔主风向 5 km 的范围内,各风电机组软件计算发电量和实际发电量的误差最大为 3# 机组,8.36%,其他机组误差均小于 5%。由此验证,72# 测风塔用于计算 5 km 范围内的机组的发电量是合理的,即 72# 测风塔对该风电机组具备代表性。

3.5　测风塔布置方案

在项目测风阶段,应初步判断主风向,在风电场范围内主风向和垂直主风向上设置多个断面,初步估计在主风向轴向断面上测风塔代表的距离范围,作为主风向上的测风塔距离间隔,同时各测风塔应设立在不同的垂直断面上并兼顾地形。本风电场区域主风向为南,测风塔可布置在蓝色点的位置,见图 5。

4　结　论

本文通过采用断面设置和相关性分析方法对某峡口风电场测风塔的代表性进行分析,给出了风电场后评估过程中测风塔代表性的分析方法,验证了该方法的合理性,并为后续风电项目测风方案设置提出参考,主要得到以下结论:

(1)风电机组功率 P 与测风塔风速的三次方(V^3)基本满足正相关的关系,且随着与测风塔的距离的增大,相关性逐渐降低。

(2)当机舱测风仪的有功功率与测风塔 V^3 的相关性系数以 0.75 为临界值时,72#测风塔在本风电场可代表的距离范围为 5 km。

(3)在项目测风阶段,应初步判断主风向,在风电场范围内主风向和垂直主风向上设置多个断面,初步估计在主风向轴向断面上测风塔代表的距离范围,作为主风向上的测风塔距离间隔,同时各测风塔应设立在不同的垂直断面上并兼顾地形,布置测风塔。

(4)本文研究的地形条件为狭长的峡口风电场,且整个风电场海拔高差较小,采用横纵断面设置。对于地形开阔的风电场,可考虑采用圆形断面设置;海拔高差大的山地风电场还应考虑海拔断面设置。

图 5　本风电场推荐测风塔位置示意

参 考 文 献

[1] 张华,刘志远. 风力机沿主导风向单列优化布置的研究[J].可再生能源,2013,31(9):52-57.

[2] 刘志远,彭秀芳.风电场测风塔测风数据浅析[J].水力发电,2015,41(11):110-113.

[3] 刘志远,李良县,任腊春.插补测风塔缺测数据的相关性计算方法讨论[J].可再生能源,2016,34(9):1342-1347.

[4] 张华,郁永静,冯志军,等.基于小波分解与支持向量机的风速预测模型[J].水力发电学报,2012,31(1):208-212.

[5] 刘昌华.测风塔与风力发电机组风速数据相关性分析[J].内蒙古电力技术,2012,30(3):16-20.

[6] 黎发贵,巫卿.浅谈风电场测风[J].水力发电,2008,34(7):82-84.

[7] 贺德馨,陈坤,张德亮,等.风工程与空气动力学[M].北京:科学出版社,2007.

[8] 任腊春,钟滔,李良县.高原峡谷风电场微观选址方法研究[J].水力发电,2015,41(1):82-86.

考虑时空相关性的流域型新能源出力场景生成与削减方法

崔国伟[1,2]，李更丰[1,2]，陈叶[1,2]，唐顺雨[1,2]

(1. 西安交通大学，陕西 西安　710049；
2. 陕西省智能电网重点实验室(西安交通大学)，陕西 西安　710049)

摘　要　研究新能源场站之间的时间相关性和空间相关性，并生成考虑时空相关性的新能源出力场景可为雅砻江等流域型风、光、水多能互补基地的中长期规划和优化调度运行提供理论依据和基础数据。通过密度函数判别、秩相关系数判别及欧式距离判别选定二元 t-Copula 函数来拟合所给风电场出力数据之间的空间相关性，基于马尔科夫链对新能源出力进行时间相关性建模，在传统马尔科夫蒙特卡洛模拟法(MCMC)的基础上分析状态数对风电功率生成序列的影响，并提出状态数的优选原则。利用改进的 MCMC 方法生成大量新能源时间出力序列，并使用 K-means 削减方法生成典型的新能源出力序列，使得最终获得的出力场景较好地保留原始出力序列的时空相关性。以某区域相邻的两个风电场为例，生成并削减风电场出力场景，结果表明所提出的方法能很好地复现原始风电序列的时空相关性。

关键词　时空相关性；Copula 函数；马尔科夫蒙特卡洛；场景削减

1　引　言

近年来，能源危机和化石能源带来的环境问题成为世界关注的焦点，全球以风电、光伏为代表的可再生能源得到了快速发展[1]。雅砻江等流域型风、光、水多能互补基地中的可再生能源具有极强的沿流域广泛分布的特点，这种流域型分布形式给可再生能源大规模消纳带来了良好的契机，是可再生能源高比例消纳的新模式[2-4]。针对这些千万千瓦级高不确定性的可再生能源，如何更加准确地考虑可再生能源之间的时空相关性来建立风电、光伏的出力模型，是多能互补基地协同优化调度的基础和有效运行的保障。

目前，对新能源空间相关性的分析主要采用相关系数矩阵法和基于 Copula 函数的分析方法。文献[5]基于相关系数矩阵对多维风电功率相关性建模，但只能描述相关性测度的一部分；文献[6]证明了阿基米德 Copula 函数对风电场联合出力建模的优越性，文献[7]、[8]建立了风电联合出力的 Copula 函数动态模型和风光联合出力概率分布模型，文献[9]用动态相关系数描述风电出力的相关性，并运用拟合优度检验方法验证了动态 Copula 模型的优点，但是文献[6]～[9]均未考虑风光分布的时间相关性。

风光出力具有随机性和波动性，无法像传统电源一样假设出力不变，因而采用适当的方法对风光出力的时间相关性建模，对含新能源的电力系统仿真有着重要的作用。文献

基金项目：国家自然科学基金项目(U1965103)。

[10]直接用高斯白噪声代替风电出力,并没有考虑风电出力的实际特性,该方法的误差较大;文献[11]、[12]分别利用自回归滑动平均模型和马尔科夫链蒙特卡洛法(MCMC)生成风电功率序列,可较好地分别模拟风电功率序列的自相关性和分布特性;在此基础上,文献[13]、[14]同时考虑风电功率的时间特性和波动特性,提出考虑风电功率持续时间特性和波动特性的 MCMC 法,但是以上研究都难以同时考虑原始风电功率序列的自相关特性和分布特性。

国内外相关研究人员对场景生成和场景削减方法已经做了大量的研究,文献[15]、[16]根据自回归滑动平均模型和拉丁超立方抽样法,对风电场出力的预测误差进行估计和抽样,生成了风电出力预测场景集,但并没有考虑多个风电场出力的时空相关性,具有局限性;文献[17]、[18]在分析多风电场出力时空相关性的基础上利用蒙特卡洛抽样生成大量风电场景,但没有考虑风电功率的波动性,而且实际生成的是静态场景,文献[19]研究通过构建协方差参数保证多风电场时间相关性的动态场景方法,但是用 t location-scale 分布拟合风电功率波动量会产生较大的误差。

针对上述问题,本文基于 Copula 理论和马尔科夫理论构建新能源出力的时空相关性模型,生成考虑时空相关性的新能源出力序列,利用 K-means 削减方法生成典型新能源出力场景,解决了生成的出力序列难以同时具有原始出力序列的自相关特性和分布特性的难题,为雅砻江多能互补基地的协同优化调度奠定了理论基础。

2　基于 Copula 理论的新能源出力空间相关性建模

2.1　Copula 理论

地理位置较近的新能源电站具有相似的风力和光照条件,因此新能源出力在空间上具有一定的相似性,而这种空间相似性会加大新能源出力不稳定对电力系统安全运行的影响,因此对新能源场站之间的空间相似性进行分析具有重要的意义。对随机变量的相关性分析常常采用相关系数指标法,其中线性相关系数只适用于分析变量之间线性相关的情况,秩相关系数虽能描述变量变化是否具有相同的趋势,但不能刻画变量之间的相关结构。除此之外,还有非相关系数的 Grangre 因果分析法,但它只能进行定性分析变量之间的关系,不能定量刻画变量之间的结构。而具有广泛适用范围的 Copula 函数可解决随机变量之间非线性相关性难以刻画的难题,其优越性主要体现在以下几点:

(1)Copula 函数可看作一种连续函数,将变量间的联合分布函数和它们各自的边缘分布函数联系在一起,且允许边缘分布为不同的类型,可以灵活地构造多元分布。

(2)Copula 函数可分为不同的类型,将不同类型的 Copula 函数组合成混合 Copula 函数可以更加准确地描述随机变量之间的非线性、非对称性及尾部相关性。

(3)Copula 函数的参数可以分阶段估计,而且可以分开研究随机变量的边缘分布函数和它们之间的相关结构函数,能够降低参数估计的难度,使建模问题得到简化。

因此,本文选用 Copula 函数来刻画新能源场站出力之间的空间相关性。下面给出 Copula 函数的定义和相关定理。

Copula 函数定义[20]:同时满足以下三个性质的函数 $C(u_1, u_2, \cdots, u_n)$ 统称为 N 元 Copula 函数:

（1）定义域为 $[0,1]^N$，值域为 $[0,1]$。

（2）$C(u_1,u_2,\cdots,u_n)$ 对每一个变量都是递增的。

（3）$C(u_1,u_2,\cdots,u_n)$ 函数的边缘分布函数 $C_i(u_i)$ 满足 $C_i(u_i) = C(1,\cdots,u_i,\cdots1) = u_i$，$u_i \in [0,1](i=1,2,\cdots,n)$。

令 $u_i = F_i(x_i)(i=1,2,\cdots,n)$，其中 $F_i(x_i)$ 为一元分布函数，则 $C(u_1,u_2,\cdots,u_n)$ 是在 $[0,1]$ 上均匀分布的多元分布函数。

Sklar 定理：n 维随机变量的联合分布函数为 $F(x_1,x_2,\cdots,x_n)$，且 n 维随机变量对应的边缘分布函数为 $F_i(x_i)(i=1,2,\cdots,n)$，则一定存在一个 Copula 函数 C，使得

$$F(x_1,x_2,\cdots,x_n) = C[F_1(x_1),F_2(x_2),\cdots,F_n(x_n)] \tag{1}$$

对式（1）进行求导，得

$$f(x_1,x_2,\cdots,x_n) = C(u_1,u_2,\cdots,u_n)\prod_{i=1}^{n}f_i(x_i) \tag{2}$$

其中，$f(x_1,x_2,\cdots,x_n)$ 为联合密度函数，$C(u_1,u_2,\cdots,u_n)$ 为 Copula 密度函数，$f_i(x_i)$ 为边缘密度函数，$u_i = F_i(x_i)$。

假如用二元 Copula 函数来建立两个风电场之间的空间相关性，X,Y 分别代表两个风电场的随机出力，其分布函数分别为 $F(X)$、$F(Y)$，并令 $u = F(X)$、$v = F(Y)$，如果 X,Y 均服从 $[0,1]$ 上的均匀分布，则其概率密度 $f(X) = f(Y) = 1$，由式（2）可知：

$$f(X,Y) = C(u,v) \tag{3}$$

由此可知，如果将风电场的随机出力序列通过某种方式将其变换为 $[0,1]$ 上的均匀分布序列，则可以通过构造合适的 Copula 函数求得两风电场之间的联合分布函数。

Copula 函数包括正态 Copula 函数、t-Copula 函数、Gumbel-Copula 函数、Clayton-Copula 函数和 Frank-Copula 函数等类型，不同类型的 Copula 函数具有不同的结构和尾部特征，不同的尾部特征能刻画不同类型数据的相依关系，其具体特性见表1。

表1　不同类型 Copula 函数尾部相关特性

Copula 类型	下尾相关系数	上尾相关系数	尾部特性
正态	0	0	对称的尾部，尾部逐渐独立
t	$2-2t_{k+1}\left(\dfrac{\sqrt{k+1}\,\sqrt{1-\rho}}{\sqrt{1+\rho}}\right)$	$2-2t_{k+1}\left(\dfrac{\sqrt{k+1}\,\sqrt{1-\rho}}{\sqrt{1+\rho}}\right)$	对称的尾部，对随机变量之间尾部相关的变化较敏感
Gumbel	0	$2^{-\frac{1}{\alpha}}$	不对称的尾部，上尾高下尾低
Clayton	$2^{-\frac{1}{\alpha}}$	0	不对称的尾部，下尾高上尾低
Frank	0	0	对称的尾部，尾部逐渐独立

2.2　新能源出力空间相关性建模

由前述可知，分析新能源场站之间的空间相关性首先要求得新能源随机出力的分布密度函数，分布密度函数的求取可以采用参数估计法和非参数估计法，参数估计法假定随机变量服从线性、指数等某种已知的分布，在目标函数族中寻找最优解，但该方法需要的基本假定条件往往与实际的物理模型之间存在较大的差距，得到的结果也差强人意，而本

文采用的非参数估计法[21],即核密度估计法,求解分布密度函数及相应的分布函数时不需要提前制定假设条件,完全从随机变量本身出发来研究其分布特征,且其任意一点的估计值均取决于样本数据,克服了参数估计法存在的缺陷。

假设某个风电场的随机出力为 X_i ,其中 $i = 1,2,\cdots,n$,则其密度函数对应的核密度估计函数为:

$$\hat{f}(x) = \frac{1}{nh}\sum_{i=1}^{n} K(\frac{x-x_i}{h}) \tag{4}$$

式中, n 为随机变量的数量; h 为窗宽; $K(\cdot)$ 为核函数。核函数分为均匀核函数、三角核函数、伽马核函数及高斯核函数,当窗宽一定时,核函数的类型对核密度估计函数的影响并不大,但就函数图形的光滑程度而言,高斯核函数所求得的核密度估计函数具有较好的光滑性,故本文选用高斯核函数,即

$$K(x) = \frac{1}{\sqrt{2\pi}}\exp(-\frac{x^2}{2}) \tag{5}$$

则其对应的核分布函数可以表示为:

$$F(x) = \int_{-\infty}^{x}\hat{f}(x)\,\mathrm{d}x = \frac{1}{n}\sum_{i=1}^{n}\Phi(\frac{x-x_i}{h}) \tag{6}$$

其中, Φ 标准正态分布,将新能源随机出力序列变换成 $[0,1]$ 上均匀分布的序列。

综上,可以得到基于 Copula 函数的新能源出力空间相关性分析步骤如图 1 所示。

2.3　参数求解

选定 Copula 函数的类型之后,需要对其进行参数求解,常用的参数求解方法有极大似然法、分布估计法和半参数估计法,本文采用极大似然法对其参数进行估计。

上述风电场随机风速变量 X、Y,假设它们的边缘分布分别为 $F(x;\theta_1)$、$F(y;\theta_2)$, θ_1、θ_2 是边缘分布函数中的未知参数,其边缘密度函数为 $f(x;\theta_1)$、$f(y;\theta_2)$,选取的 Copula 函数为 $C(u,v;\theta)$,其中 θ 为 Copula 函数的未知参数,则根据 Sklar 定理可知 (X,Y) 的联合分布函数可以表示为:

$$F(x,y;\theta_1,\theta_2,\theta) = C[F(x;\theta_1),F(y;\theta_2);\theta] \tag{7}$$

对式(7)求导可得 X、Y 的联合密度函数为:

$$f(x,y;\theta_1,\theta_2,\theta) = C[F(x;\theta_1),F(y;\theta_2);\theta]f(x;\theta_1)f(y;\theta_2) \tag{8}$$

因此,可构建样本的似然函数如下:

$$L(\theta_1,\theta_2,\theta) = \prod_{i=1}^{n}f(x_i,y_i;\theta_1,\theta_2,\theta)$$
$$= \prod_{i=1}^{n}C[F(x_i;\theta_1),F(y_i;\theta_2);\theta]\,f(x_i;\theta_1)f(y_i;\theta_2) \tag{9}$$

对式(9)等式两边同时取对数,可得其对数似然函数为:

$$\ln L(\theta_1,\theta_2,\theta) = \sum_{i=1}^{n}\ln C[F(x_i;\theta_1),F(y_i;\theta_2);\theta] +$$
$$\sum_{i=1}^{n}f(x_i;\theta_1) + \sum_{i=1}^{n}f(y_i;\theta_2) \tag{10}$$

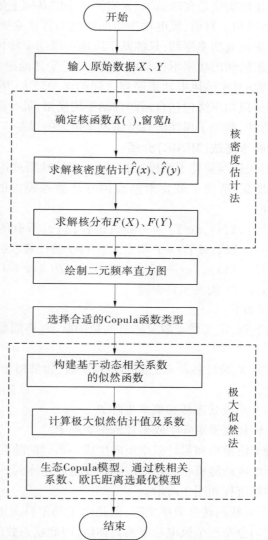

图1 基于 Copula 函数的新能源出力空间相关性分析步骤

求对数似然函数的最大值点,可得到未知参数的最大似然估计值,即

$$\hat{\theta}_1,\hat{\theta}_2,\hat{\theta} = \arg \max \ln L(\theta_1,\theta_2,\theta) \tag{11}$$

3 基于马尔科夫链的新能源出力时间相关性建模

不同时刻风、光出力分布函数具有差异性,根据所有时刻的出力数据建立基于 Copula 函数的联合出力模型会增大场景生成的误差。因此,本文在考虑新能源出力空间相关性的基础上,将基于马尔科夫过程建立考虑时间相关性的新能源出力时序模型,并根据所建立的考虑时空相关性的模型进行新能源出力场景生成和场景削减,生成典型的新能源出力场景。

　　风、光时间相关性建模实质是在原始风、光实测功率的基础上生成大量与原始序列在时域特征上相吻合的新序列。目前,风电功率生成序列的方法主要分为风速法和风功率法,风速法不能直接生成风电功率序列,只能基于风速—风功率转化模型来生成所需要的风速序列,而且风电机组的输出功率不仅与风速有关,还受其他很多因素的影响,这使得风速法生成的风电序列与真实的风电功率序列之间的误差较大;风功率法则可以直接生成风电功率序列,常用的风功率法包括自回归移动平均模型、贝叶斯马尔科夫模型和马尔科夫链蒙特卡洛法等方法,避免了风速法只考虑风速带来的误差。

3.1　传统马尔科夫蒙特卡洛法(MCMC)介绍

　　MCMC 法将马尔科夫链与蒙特卡洛模拟相结合,在贝叶斯理论框架下利用计算机模拟使得抽样分布实时改变,解决了蒙特卡洛模拟方法静态模拟的缺陷,下面对传统的MCMC 法进行相关介绍。

　　马尔科夫链定义[22]:$\{X(t), t \in T\}$ 为一随机过程,$X(t)$ 所有的取值状态集合为离散状态集 $I = \{i_0, i_1, i_2, i_3 \cdots\}$,如果对于 $t \in T$ 和 $i_0, i_1, \cdots \in I$ 的任意取值,其条件概率都满足:

$$P(X(t+1) \mid X(t), X(t-1), \cdots, X(0)) = P(X(t+1) \mid X(t)) \tag{12}$$

则称随机过程 $\{X(t), t \in T\}$ 为马尔科夫链。

　　MCMC 法一般步骤如下:

　　步骤一,输入原始数据,定义状态数及随机变量的状态,将原始数据转变成离散的状态点。

　　步骤二,建立零矩阵 $\boldsymbol{S}$,统计各状态之间的转移次数,如果初始状态为 m,下一状态为 n,则 S_{mn} 加 1。

　　步骤三,根据矩阵 $\boldsymbol{S}$ 生成状态转移概率矩阵 $\boldsymbol{P}_r$。

　　步骤四,根据状态转移概率矩阵生成累计概率矩阵 $\boldsymbol{P}_{cum}$。

　　步骤五,利用蒙特卡洛模拟和累计概率矩阵生成一系列的随机状态。

　　步骤六,将步骤五生成的随机状态点形成随机变量时间序列。

　　其中,步骤五的详细流程如图 2 所示。

　　MCMC 的核心是生成状态转移概率矩阵,但是由于马尔科夫链实际得到的是一系列的状态点,然后按照均匀分布产生风电功率的具体值,因此状态数的选取会严重影响风光时间序列的生成效果。状态数较少会导致生成时间序列的概率密度分布与原始数据的差别较大,状态数过多会导致数据陷入某种状态无法跳转,导致生成时间序列的均值方差偏离原始数据。

3.2　状态数对生成风电功率序列的影响

3.2.1　状态数对风电功率序列自相关性的影响

　　风电功率序列的自相关性可以用自相关函数(Autocorrelation function,简称 ACF)反映,ACF 是评价风光时序建模好坏的一项重要的指标。针对某一风电场,利用 MCMC 方法生成不同状态数的风电功率序列并计算其 ACF 曲线,与原始数据的 ACF 对比如图 3 所示。

　　从图 3 中可以看出,不同的状态数下利用 MCMC 生成的 ACF 曲线差异较大,生成序列的 ACF 曲线与原始数据的 ACF 曲线之间的距离先增大后减小,可见状态数的取值并非

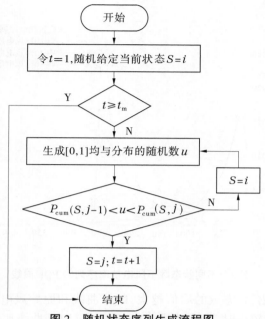

图 2　随机状态序列生成流程图

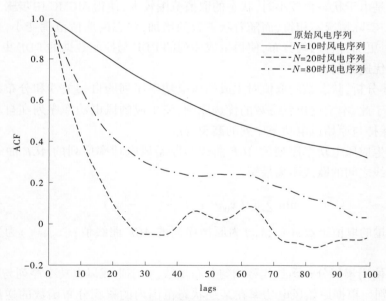

图 3　不同状态数下风电功率序列的 ACF 曲线

越大越好。

3.2.2　状态数对风电功率序列分布特性的影响

风电功率序列的分布特性可用概率密度函数(Probability Density Function,简称 PDF)来衡量,利用 PDF 来描述随机变量的概率分布特性可以清晰地展现随机变量在取值范围内的分布情况。绘制上述风电功率序列和原始风电功率序列的 PDF 曲线,其对比如图 4 所示。

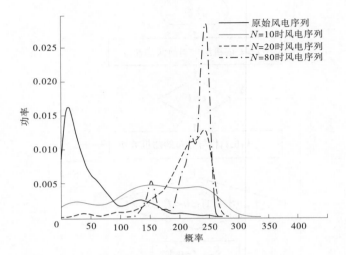

图 4 不同状态数下风电功率序列的 PDF 曲线

从图 4 中可以看出,状态数的取值越大,PDF 曲线和原始风电功率 PDF 曲线的形状越接近,而当状态数比较小时,生成的风电功率序列的 PDF 曲线比较平缓,和原始 PDF 的差别较大,这是由于状态数较小时,状态的取值范围较大,使得 MCMC 中步骤五采用均匀抽样的数据与实际情况不相符,而随着状态数的增加,状态的取值范围变小,采用均匀抽样的随机变量更加符合均匀分布,使得生成序列的 PDF 与原始数据的 PDF 更加接近。

3.3 状态数优选原则

根据上述分析,状态数的取值对生成的风电功率序列的自相关性和分布特性有着很大的影响,基于此,本文提出状态数的优选原则,使生成的风电功率序列在自相关性和分布特性上均保持与原始风电功率序列的高契合度。

原则一,生成风电功率序列的 ACF 曲线与原始风电功率序列的 ACF 曲线的距离最小,即两条曲线之间的欧式距离最短:

$$\min \sum_{i=1}^{N} \sqrt{(x_{1i} - x_{2i})^2 + (y_{1i} - y_{2i})^2} \tag{13}$$

式中,N 为变量的取值个数;(x_{1i}, y_{1i}) 为原始序列的 ACF 曲线值;(x_{2i}, y_{2i}) 为生成序列的 ACF 曲线值。

原则二,使用累积分布函数代替均匀分布函数,缩小生成风电功率序列与原始风电序列的 PDF 差别。根据原始风电功率在某一状态范围内的累积分布函数的逆运算得到随机状态,对传统 MCMC 采样进行改进。

4 场景生成和场景削减

基于 Copula 函数模型和马尔科夫蒙特卡洛法构建考虑时空相关性的风光出力模型,并根据抽样产生的大量模拟场景削减生成典型的出力场景,考虑时空相关性的风光出力场景在解决电力系统优化调度、电力系统规划、风光水联合优化调度等问题中具有重要的意义。本文以多风电场为例,在考虑风电场时空相关性的基础上提出一种风电出力场景生成和削减方法。

4.1 场景生成

用一组离散的样本去近似刻画分布函数的过程称为场景化,在建立考虑时空相关性的新能源出力模型之后,对其进行概率抽样生产大量的联合出力场景。

场景生成主要步骤如下:

(1)构建考虑风电空间相关性的 Copula 函数模型。

(2)将 Copula 函数模型离散化,得到大量 Copula 函数离散初始场景集。

(3)构造考虑风电空间相关性的马尔科夫模型。

(4)将第二步产生的初始场景作为马尔科夫链的初始状态。

(5)利用改进的 MCMC 生成大量的风电出力场景。

4.2 场景削减

在得到大量联合出力场景之后,为了提高计算效率,本文采用 K-means 算法对生成的大量离散场景进行削减得到风电联合出力典型场景。

K-means 算法[23]是经典的聚类算法,其核心思想是选定 K 个聚类中心,通过算法不断迭代移动中心位置以极小化聚类集群内部的方差总和,是一种在一群未标注的数据中寻找聚类和聚类中心的方法,属于聚类算法中最为简洁、高效的一种。其算法流程如图 5 所示。

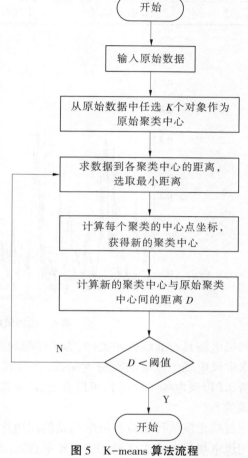

图 5 K-means 算法流程

为了验证削减后的典型场景具有准确性和有效性,本文引入均方根误差来衡量典型场景的优劣。

$$R_{\mathrm{mse}} = \sqrt{\frac{1}{T}\sum_{t=1}^{T}(P_{d,t} - P_{s,t})^2} \qquad (14)$$

式中,R_{mse} 为典型场景功率与实际功率的均方根误差;T 为总时间长度;$P_{d,t}$ 为第 t 时刻的典型场景功率;$P_{s,t}$ 为第 t 时刻的实际功率。

5 算例分析

以比利时两个相邻风电场 2020 年 4 月的实测出力数据为例,根据上述方法构造两个风电场之间的联合 Copula 分布函数,分析它们之间的空间相关性。两相邻风电场的信息如表 2 所示,风电功率数据如图 6 所示,调用 MATLAB 工具箱中的 corrcoef 函数拟合 2 个风电场的数据,得到线性相关系数 $\rho = 0.991$,可以看出两者具有极强的相关性。

表 2　实测风电数据说明

风电场编号	风电场名称	额定功率（MW）	数据长度	测量间隔（min）
1	Elio 风电场	339.75	2 880	15
2	DSO 风电场	1 908.33	2 880	15

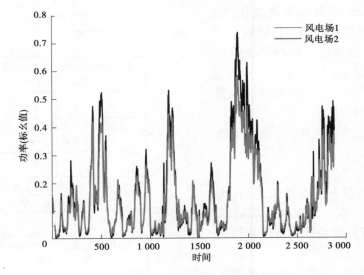

图 6　相邻风电场功率

两风电场具有非线性相关性,为了详细刻画两者的非线性相关性,本文采用核密度估计法求取风电场的风电功率密度函数,并将其与经验分布函数进行比较,两者的图形如图 7 所示(以风电场 1 为例),可以看出,两条曲线几乎重合,因此认为得到的核分布估计是准确的。

通过核密度估计法将各风电场站的风电序列变换为 $[0,1]$ 上的均匀分布序列,然后绘制两风电场风电出力序列的二元频率直方图,如图 8 所示。从图 8 中可以看出,二元频率直方图具有对称的尾部,即两风电场出力的联合密度函数(Copula 密度函数)具有对称的尾部,因此根据各 Copula 函数的特点可以选取二元正态 Copula 函数或者二元 t-Copula 函数来描述原始风电场风速数据的相关性。

对于选取的二元正态 Copula 函数和二元 t-Copula 函数,利用上述极大似然法求得其参数和相关性系数如表 3 所示。

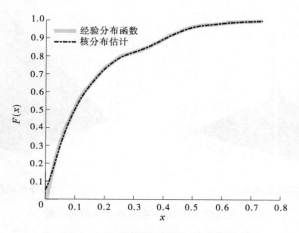

图 7　风电场经验分布与核分布估计

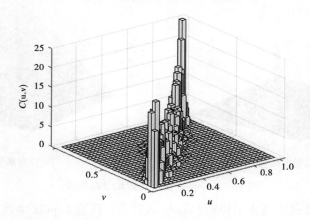

图 8　二元频率直方图

表 3　极大似然法所求参数表

函数	Kendall	Spearman	自由度	平方欧式距离
二元正态 Copula 函数	$\begin{bmatrix} 1 & 0.908\ 3 \\ 0.908\ 3 & 1 \end{bmatrix}$	$\begin{bmatrix} 1 & 0.988\ 6 \\ 0.988\ 6 & 1 \end{bmatrix}$	—	0.012 5
二元 t-Copula 函数	$\begin{bmatrix} 1 & 0.915\ 6 \\ 0.915\ 6 & 1 \end{bmatrix}$	$\begin{bmatrix} 1 & 0.989\ 9 \\ 0.989\ 9 & 1 \end{bmatrix}$	8.092 5	0.010 0

二元正态 Copula 函数和 t-Copula 函数的密度函数和分布函数图如图 9、图 10 所示。

从图 9、图 10 中可以看出，与二元正态 Copula 函数相比，二元 t-Copula 的密度函数具有更明显的尾部相关性，再将与图 8 进行比较，可以看出二元 t-Copula 能更好地反映两风电场风电出力之间的尾部相关性，且其尾部相关系数为：

$$\lambda = 2 - 2t_{k+1}\left(\frac{\sqrt{k+1}\sqrt{1-\rho}}{\sqrt{1+\rho}}\right) = 0.909\ 7 \tag{15}$$

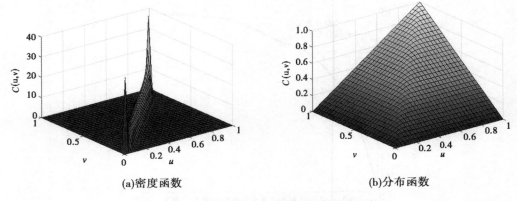

(a)密度函数　　　　　　　　　**(b)分布函数**

图9　二元正态 copula 密度函数和分布函数

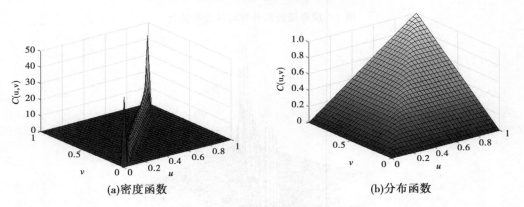

(a)密度函数　　　　　　　　　**(b)分布函数**

图10　t-Copula 密度函数和分布函数

表3中的平方欧式距离表示经验 Copula 函数值与所选 Copula 函数值之间的距离,分别反映二元正态 Copula 和二元 t-Copula 对原始数据的拟合度,平方欧式距离越小,拟合程度越高,二元 t-Copula 的平方欧式距离更小,说明 t-Copula 模型更能拟合原始数据。

经验 Copula 函数[24-25]的定义如下:

取总体样本(X,Y)的 n 组数据(x_i,y_i),且 X、Y 的经验分布函数分别为 $F(x)$、$F(y)$,则定义样本的经验 Copula 函数如下:

$$C_n(u,v) = \frac{1}{n}\sum_{i=1}^{n} I_{[F_n(x_i)\leq u]} I_{[F_n(y_i)\leq v]} \tag{16}$$

式中,$I_{[\cdot]}$ 为示性函数,当 $F_n(x_i)\leq u$ 时,$I_{[F_n(x_i)\leq u]}=1$;反之为 0,经验 Copula 分布函数如图11所示。

测量随机变量相关性最常用的指标是积矩相关系数,即 Pearson 相关系数,积矩相关系数虽然能描述符合正态分布的数据间的相关性,但是不能较好地描述非正态分布变量间的相关性。为此,本文引入秩相关系数,即 Kendall 秩相关系数和 Spearman 秩相关系数,Kendall 秩相关系数可以衡量固定相关结构变量的相关性,Spearman 秩相关系数可以衡量变向量结构变化的相关性,不是直接测量随机变量真实值之间的相关性,而是通过计算由低到高排列的随机变量的秩以得到随机变量之间的单调关系,且它不受边缘分布类

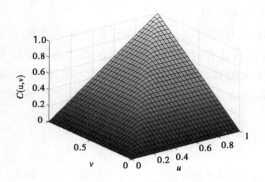

图 11　经验 Copula 函数

型的影响。

综上,通过密度函数判别、秩相关系数判别以及欧式距离判别,二元 t-Copula 函数更能拟合所给风电场风速数据之间的空间相关性。

根据状态优选原则确定最佳状态数 $N=60$,按照场景生成步骤生成 100 个考虑风电场时空相关性的出力场景,将生成的 100 个出力场景根据所提的场景削减方法进行削减,取缩减后的场景个数为 $N_1=6$,缩减后的场景如图 12 所示,可知生成的典型场景与原始风电出力数据具有相同的变化趋势,可以直观地反映原始数据的变化特点,能够较好地保持原始数据的时序性和空间性,说明所采用的场景生成和场景削减的方法具有较好的聚类效果。

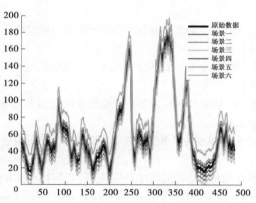

图 12　削减后的场景

6　结　语

本文对流域型多能互补基地的风电功率序列的时空相关性进行了全面的研究,基于 Copula 理论和马尔科夫理论建立了风电出力的时间相关性模型和空间相关性模型,在分析状态数对风电功率时间序列影响的基础上,提出了状态数优选原则,保证了生成的风电功率序列在自相关性和分布特性上与原始风电功率序列的高契合度。提出了场景生成的方法步骤,并基于 K-means 聚类法对生成的场景进行聚类削减,使得削减后的典型场景较好地保持原有数据的时空相关性。

本文仅研究了新能源出力的时空分布特性和新能源出力的场景生成和场景削减方法，并没有进一步将所得到的具有时空相关性的新能源出力场景应用到实际问题当中，因此下一步的研究可以将生成的典型场景应用到流域型多能源互补基地的优化调度当中，克服现有能源基地集中调度无法计及不同时空分布、不同类型清洁能源的多能互补特性、调度效率低下等问题。

参 考 文 献

[1] 程蕾. 新时代中国能源安全分析及政策建议[J]. 中国能源, 2018, 40(2): 10-15.

[2] 吴世勇, 周永, 王瑞, 等. 雅砻江流域建设风光水互补千万千瓦级清洁能源示范基地的探讨[J]. 四川水力发电, 2016, 35(3): 105-108.

[3] 陈刚, 曹雪娟, 王钰睫. 多能互补在大渡河水电基地的实践与探索[J]. 四川水力发电, 2018, 37(2): 85-88.

[4] Tan Z, Ju L, Reed B, et al. The optimization model for multi-type customers assisting wind power consumptive considering uncertainty and demand response based on robust stochastic theory[J]. Energy Conversion and Management, 2015, 105: 1070-1081.

[5] 吴巍, 汪可友, 李国杰, 等. 基于 Pair Copula 的多维风电功率相关性分析及建模[J]. 电力系统自动化, 2015, 39(16): 37-42.

[6] HAGHI H V, BINA M T, GOLKAR M A, et al. Using copulas for analysis of large datasets in renewable distributed generation: PV and wind power integration in Iran[J]. Renewable Energy, 2010, 35(9): 1991-2000.

[7] 王小红, 周步祥, 张乐, 等. 基于时变 Copula 函数的风电出力相关性分析[J]. 电力系统及其自动化学报, 2015, 27(1): 43-48.

[8] 赵继超, 袁越, 傅质馨, 等. 基于 Copula 理论的风光互补发电系统可靠性评估[J]. 电力自动化设备, 2013, 33(1): 124-129.

[9] 汤向华, 李秋实, 侯丽钢, 等. 基于 Copula 函数的风电时序联合出力典型场景生成[J]. 电力工程技术, 2020, 39(05): 152-161, 168.

[10] 杨茂, 董骏城. 基于混合分布模型的风电功率波动特性研究[J]. 中国电机工程学报, 2016, 36(S1): 69-78.

[11] 邹金, 赖旭, 汪宁渤. 风电随机出力的时间序列模型[J]. 电网技术, 2014, 38(9): 2416-2421.

[12] LASLETT D, CREAGH C, JENNINGS P. A simple hourly wind power simulation for the south-west region of western Australia using MERRA data[J]. Renewable Energy, 2016, 96: 1003-1014.

[13] 吴桐. 风电功率的特性分析及其时间序列生成方法研究[D]. 武汉: 华中科技大学, 2013.

[14] 于鹏, 黎静华, 文劲宇, 等. 含风电功率时域特性的风电功率序列建模方法[J]. 中国电机工程学报, 2014, 34(22): 3715-3723.

[15] 邵尤国, 赵杰, 方俊钧, 等. 基于运行层面相关性场景的含风机配电网多目标无功优化[J]. 电网技术, 2018, 42(8): 2528-2535.

[16] 王玲玲, 王昕, 郑益慧, 等. 计及多个风电机组出力相关性的配电网无功优化[J]. 电网技术, 2017, 41(11): 3463-3469.

[17] 赵书强, 金天然, 李志伟, 等. 考虑时空相关性的多风电场出力场景生成方法[J]. 电网技术, 2019, 43(11): 3997-4004.

［18］Ma X Y, Sun Y Z, Fang H L. Scenario generation of wind power based on statistical uncertainty and variability［J］. IEEE Transactions on Sustainable Energy, 2013, 4(4):894-904.

［19］马溪原. 含风电电力系统的场景分析方法及其在随机优化中的应用［D］. 武汉:武汉大学,2014.

［20］NELSEN R B. An introduction to copulas［M］New York: Springer, 2006.

［21］HE Yaoyao, LI Haiyan. Probability density forecasting of wind power using quantile regression neural network and kernel density estimation［J］. Energy Conversion and Management, 2018, 164: 374-384.

［22］Papaefthymiou G, Klockl B. MCMC for wind power simulation［J］. IEEE Transactions on Energy Conversion, 2008, 23(1): 234-240.

［23］王群,董文略,杨莉. 基于 Wasserstein 距离和改进 K-medoids 聚类的风电\光伏经典场景集生成算法［J］. 中国电机工程学报,2015,35(11):2654-2661.

［24］Strelen J C, Nassaj F. Analysis and generation of random vectors with Copulas［C］//Winter Simulation Conference. Washington, USA, 2007.

［25］谢中华. MATLAB 统计分析与应用:40 个案例分析［M］. 北京:北京航空航天大学出版社,2010.

德昌风电场经济运行分析与优化措施

王洪阳

(德昌风电开发有限公司, 四川 德昌　615500)

摘　要　四川省风电资源属Ⅲ类地区, 随着风电行业的发展, 新的制造工艺、新的技术不断地研发与应用, 使低风速条件下的风力发电得到了大力发展。但是, 随着风光电站平价上网等政策的落地, 风电电价开始参与市场化交易。在当下形势下如何保证经济效益成为每个发电企业思考的重要问题。本文结合德昌风电场实际运行情况, 深入分析风电场运行管理、设备管理存在的问题并提出对策, 为风力发电企业的经济运行提供思路。

关键词　风力发电; 市场化交易; 运行管理; 设备管理; 经济运行

1　引　言

发电厂的主要收益来源于所发的电能, 风力发电场与水电、火电比较, 特殊之处在于风能资源的不可存储及不可控制, 只有实时地将风能转化为电能, 才能实现经济效益的最大化。风电场每年风能资源几乎都在变化, 年平均风速的大小直接影响年发电量, 所以影响风电场经济效益最直接的因素就是风能资源。在风能资源无法掌控的情况下如何提高风电场的经济效益, 成为各风力发电企业思考的问题。

2　风电场经济运行现状分析

2.1　德昌风电场简介

德昌风电场总装机容量 20.2 万 kW, 共 87 台风力发电机组, 年设计发电量 3.84 亿 kW·h, 每年可节约标煤 15 万 t, 减少 CO_2 排放 38 万 t。整个项目共分五期建设, 其中德昌风电场一期示范工程是四川省的第一个风力发电项目, 也是首座建成的真正意义上的高山峡谷风电场, 于 2011 年 5 月并网发电。

2.2　风电场经济运行传统做法

目前, 各风力发电场经济运行主要采取的手段有以下几方面:

一是加强运维人员培训。通过培训, 使运维人员更加全面系统地借鉴国内外先进的运行维护经验, 提高其故障处理效率, 有效降低运维成本。

二是优化组织机构。推行远程集中监控、区域集中检修的模式, 可以很大程度上减少运维人员配置, 达到减员增效的目的。

三是引进新技术、高科技。新技术、高科技的引进可以大大提高作业人员的工作效率, 提高故障处理效率, 降低人员劳动强度。

四是倡导节能减排。倡导合理使用取暖、制冷设备, 节约生产生活用电, 从而降低厂用电量, 达到提质增效的目的。

3 德昌风电场经济运行分析与优化措施

传统的经济运行手段对于日新月异的风力发电企业,能起到的效果相对有限;如果不改变思路,创新方法,风电场常规的经济运行方式所取得的效益也会逐渐被设备老化带来的高额维护成本抵消。结合德昌风电场运维经验,提出经济运行经验如下。

3.1 合理安排年检定修工作,降低停机损失

3.1.1 升压站检修策略优化

德昌风电场升压站每年都要进行一次 5~10 天的全站停电检修,主要工作是处理日常无法处理的设备缺陷,进行预防性试验,开展除锈防腐、紧固接线、清扫等定期保养工作。在开展年度停电检修期间,所有风机都将处于停机状态,势必会造成较大的停电损失,所以选择合理的时间开展年度检修,可以最大程度地减少停电损失。可以根据风电场所处的地理位置,结合多年气象数据及历年来的经验,选择风速最小的时间段开展年检定修。以德昌风电场为例,每年 8 月是一年中风速最小的时段(见表1),所以德昌风电场每年 8 月开展全站停电检修,能将停电损失降到最低。

表1 德昌风电场近 3 年月平均风速统计

年份	年月平均风速统计(m/s)											
	1月	2月	3月	4月	5月	6月	7月	8月	9月	10月	11月	12月
2018 年	5.68	6.41	5.98	5.13	5.45	5.14	3.7	3.2	4.01	4.0	4.2	5.0
2019 年	5.62	5.66	5.42	5.63	5.57	3.9	3.42	2.48	3.85	4.47	4.85	4.56
2020 年	5.41	4.88	5.43	5.98	5.27	4.49	4.43	3.23	3.86	4.09	4.67	4.45

3.1.2 风力发电机组检修策略优化

风力发电机组年度定期工作包括 4 次季度巡检,1 次半年定检,1 次全年定检,每台机组完成定期巡视大概需要 3 h,完成半年检 8 h,全年检需要 16 h,每年开展风机定期工作所造成的停机时间较长。结合德昌风电场多年的运行经验,可以从以下几方面进行优化:

(1)将全年定检安排在小风期(7~9月)开展,因为全年定检所花时间较长,集中在小风期可以降低停电损失。

(2)半年定检与全年定检需要间隔 5~7 个月,将半年定检安排在 2~4 月开展,则可以保证全年定检开展的时间在 7~9 月,虽然 2~4 月的平均风速仍然较高,但 2~4 月每天的风速有明显的规律可循,上午基本没风,中午 11 时至下午 1 时开始起风,到次日凌晨 2~3 时停风(见图1),所以半年定检可以利用这个规律,在每天风速最低的时段开展,以大大降低损失电量。

(3)风机季度巡检所用的时间不长,运维人员通过风功率预测可以知道近期的风速情况,选择在风速较小的情况下开展巡检工作,如图2所示,11 时至 16 时风速较低,利用该时段开展风机季度巡检减少了停机损失。

3.2 推行状态检修,减小故障损失

德昌风电场一期工程于 2011 年 5 月投产,至今已运行 10 年,出质保 6 年多,三期东

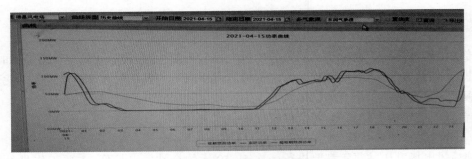

图 1　2021 年 4 月 15 日风速功率曲线

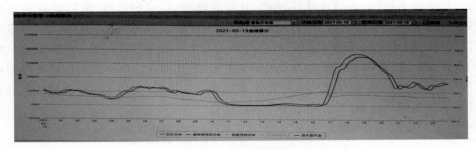

图 2　2021 年 5 月 19 日风功率曲线

电风机出质保已经 2 年多,风机逐渐暴露出许多在质保期或短时间内没有出现过的问题,故障停机损失电量大。德昌风电场经过多年的数据积累,通过故障统计和维护台账分析总结出频发故障、故障周期、故障原因,有针对性地制定了风机关键部件的状态检修策略,大大提高了风机的经济运行效益。这里需要注意的是,要根据多年的运维情况,寻找到设备维护成本与状态检修带来的经济效益的平衡点,才能保障风场效益的最大化。德昌风电场制定的状态检修内容如表 2 所示。

表 2　德昌风电场制定的状态检修内容

序号	主机厂家	设备所属系统	状态检修内容	更换周期
1	湘电风能	水冷系统	清洗一次变流器散热器	每季度
2	湘电风能	水冷系统	添加冷却液	每季度
3	湘电风能	偏航系统	过滤液压油	1 年
4	湘电风能	变桨系统	更换变桨后备电池	3 年
5	湘电风能	控制系统	更换控制柜风扇	3 年
6	湘电风能	偏航系统	更换液压油	3 年
7	东方风电	偏航系统	更换偏航刹车片	3 年
8	湘电风能、东方风电	偏航系统	更换偏航电机轴承及电机抱闸	4 年
9	湘电风能、东方风电	变桨系统	更换变桨减速器齿轮油	5 年
10	湘电风能、东方风电	偏航系统	更换偏航减速器齿轮油	5 年
11	湘电风能	水冷系统	更换变流器、散热器、冷却风扇电机轴承	6 年
12	湘电风能、东方风电	变流器	更换滤波电容	7 年
13	禾望、阳光	变流器	更换水冷管	10 年

3.3 优化控制策略,减少能耗指标

根据目前风机变流器的控制策略,风机在低风切出进入待风状态后变流器仍然会联网运行,4 h 后才会脱网停机,这样设置的目的是减少断路器的动作次数,延长其使用寿命,同时也是保证风速达到启动条件时能快速地进入发电状态,这种控制策略待机状态下变流器消耗的功率约为 8 kW。据了解,目前变流器厂家新产品已对待风状态下变流器的工作策略进行了优化,优化后低风切出后变流器网侧断路器不动作,但是功率模块停止调制,在这样的待机状态下功率消耗降低至 0.5 kW。德昌风电场近 3 年单台风机平均待风时间见表 3,如对变流器控制策略进行优化,初步估算每年至少能节约 100 万 kW·h 电。从长期运行考虑,优化后的经济效益是比较可观的。

表 3 德昌风电场近三年单台风机平均待风时间

年份	单台风机平均待风时间(h)											
	1 月	2 月	3 月	4 月	5 月	6 月	7 月	8 月	9 月	10 月	11 月	12 月
2018 年	162	225	191	172	205	316	488	488	336	269	254	133
2019 年	152	152	150	192	210	215	328	441	482	257	340	363
2020 年	151	222	130	244	329	357	401	401	474	364	361	390

3.4 智能运维建设,提高风场效益

随着智能运维技术的不断研究和发展,通过分析风场多年积累的运行数据,可以实现故障提前预警,及时进行消缺,可以避免大部件损坏,降低故障影响范围,从而提高风场经济效益;通过智能风功率预测系统对风场天气情况数据的分析,提前预测未来的天气情况,合理地安排检修工作,也可以提高风电场的经济效益。利用大数据、物联网技术建立智能运维系统,也是提高风电场经济运行的有效手段。

4 结 语

2020 年 9 月,习近平总书记在联合国大会上表示,我国二氧化碳排放力争于 2030 年前达到峰值,争取在 2060 年前实现碳中和。12 月 12 日,习近平总书记在气候雄心峰会上进一步提出 2030 年风电、太阳能发电总装机容量将达到 12 亿 kW·h 以上的总体目标。预计到 2030 年,风电装机将由 2020 年的 2.8 亿 kW·h 增长到 8 亿 kW·h,风力发电发展潜力巨大。同时,风力发电已基本步入平价上网时代,风电市场竞争越来越激烈,市场化经营模式也越来越成熟,风电企业只有及时创新管理方法和管理理念,充分利用专业技术,大胆突破,努力提升发电经济效益,才能顺应社会发展,与时代接轨,在日益激烈的竞争中脱颖而出。当然,从能源角度来看,风力发电企业具有客观的发展动力和潜能,科学的管理是激发潜能的根本保障,这更加需要企业管理者及员工齐心协力,共同进步,开创风电企业未来的新发展。

参 考 文 献

[1] 杨海峰. 浅谈风电场运行管理分析及面临问题 [J]. 现代工业经济和信息化,2016(23):113-114.

[2] 李大明. 风电场运行管理及面临的问题 [J]. 科技创新与应用,2015(14):154.

[3] 邵金云. 风电场运行管理及面临的问题 [J]. 科技展望,2015(2):175.

[4] 中国产业信息网. 2018 年中国风力发电行业发展趋势及市场前景预测 [DB/OL]. http://www.chyxx.com,2017-12-26.

[5] 宋巍. 论风力发电项目的经济效益与环境效益[J]. 中国市场,2019(2):72-73.

风水互补系统的联合调频控制策略

张海川，杨浩，杨武，黄鑫，徐迪，万顺

（雅砻江流域水电开发有限公司，四川 成都　610051）

摘　要　常规的风水互补系统联合调频控制策略，稳态偏差影响因素的调节程度较低，导致系统频率稳定性较差。针对这一问题，研究风水互补系统的联合调频控制策略。计算水电、风电、储能调频单元的传递函数，判定频率偏差影响因素为备用容量。调节弃风比例系数，令偏差随最大可发电功率变化而变化，最小化稳态频率偏差。结合传递函数和发电功率，使各单元按照自身发电功率提供调频服务。构建风水互补系统的联合调频控制模型，风水机组按照模型出力，保证系统频率稳态。分配频率偏差调节量给风电机组和水电机组，设置对比实验，分析系统频率特性曲线可知，设计策略相比两组常规策略，稳态频率偏差降低了 0.082 Hz、0.101 Hz，频率变化率降低了 0.079 Hz/s、0.083 Hz/s，频率最低点提高了 0.19 Hz、0.28 Hz。频率偏差得到了有效控制，充分保证了风水互补系统的频率稳定性。

关键词　风水互补系统；联合调频；频率偏差；传递函数；控制模型

1　引　言

我国风能资源和水能资源较为充足，能够充分应对能源消耗和环保问题，但风、水作为清洁能源都具有很大的随机性，能源使用效率较低。为此，在电网安全稳定运行的前提下，对风水互补系统的联合调频控制进行研究，以消除风、水随机性对电网质量的不良影响，其对风能和水能的并网具有重要意义[1]。

文献[2]根据电力系统的一次调频原理，分析系统频率响应特性，在风水电机组中加入调频控制器，同时在发电过程中加入储能环节，使系统具有一次调频能力，对风能和水能的利用率进行有效控制，但该方法在联合调频控制过程中，对调峰需求较大，导致系统频率不稳定[2]。文献[3]通过控制机组的运行状态，减少系统故障时需要切除的负荷数量，优化机组组合，调整风电机组和水电机组纳入电网的发电容量，转变机组运行时的工作状态，降低系统的火电机组出力，并将抽水蓄能机组作为辅助调节手段，实现系统联合调频，但该方法能源结构不可控，系统频率稳定性同样较低[3]。

针对上述问题，提出风水互补系统的联合调频控制策略，改善风水互补系统的频率控制能力，提升水能和风能的利用率。

2　风水互补系统的联合调频控制策略研究

2.1　频率特性传递函数构建

分析风水互补系统频率单元，计算频率单元频率特性传递函数。将水电、风电、火电、储能作为系统的调频单元，在功率扰动下降的情况下，分析系统频率响应特性[4]。假设

风水同比例取代火电机组,系统等效惯性常数 A 计算公式为:

$$A = (1 - 2\xi)2C \tag{1}$$

式中,C 为惯性常数;ξ 为风水渗透率。

当无风水接入时,判定系统调频单元仅为火电,计算火电频率特性传递函数 B_1,B_1 计算公式为:

$$B_1 = \frac{1}{A + \beta} \tag{2}$$

式中,β 为阻尼常数[5]。

当风水接入,采取一阶滞后传递函数表示系统调频方式,包括转子惯性和变桨距控制。通过转子惯性,吸收储存风电机组和水电机组的动能,使系统在转速限制的条件下,能够控制转子速度变化,实现系统频率变化的快速响应[6]。惯性响应频率特性的传递函数 B_2 的计算公式为:

$$B_2 = \frac{a_1 k_1}{1 + \alpha A} \tag{3}$$

式中,a_1 为转子惯性响应时间常数;α 为惯性响应系数;k_1 为转子惯性提供功率。

利用变桨距控制,调控风力机和水力机,使其处于系统最大功率下的运行点,扩大频率调节范围[7]。变桨距控制频率特性的传递函数 B_3 计算公式为:

$$B_3 = \frac{a_2 k_2}{1 + bA} \tag{4}$$

式中,a_2 为变桨距响应时间常数;b 为一次调频系数;k_2 为变桨距控制提供功率。

结合转子惯性和变桨距控制,使惯性响应系数 a 和一次调频系数 b,与风水调频相应参数保持一致。

在风水电场配置适量的储能单元,采用一阶传递函数对其进行表示,使系统满足风水电场的调频需求[8]。储能频率特性的传递函数 B_4 计算公式为:

$$B_4 = \frac{a_3 k_3}{\alpha + b} \tag{5}$$

式中,a_3 为储能响应时间常数;k_3 为采用储能时提供功率。

利用储能单元运行稳定和响应快速的技术特性,对风电场和水电场调频功率的不足进行弥补。确定不同调频方式下水电、风电、储能的参与度,使各调频单元按照自身发电功率提供调频服务[9]。至此完成系统调频单元频率特性传递函数的确定。

2.2 稳态频率偏差消除

计算风水参与系统调频时的稳态频率偏差,获取稳态偏差的影响因素,并对其进行调节。分析无风水接入情况下,火电参与调频的稳态频率偏差 D_1,计算公式为:

$$D_1 = \frac{sF(P_1 B_1 + P_4 B_4)}{1 + \beta s} \tag{6}$$

式中,F 为系统受到的扰动负荷;s 为下垂特性;P_1 为火电机组发电功率;P_4 为储能功率[10]。

当风电和水电高渗透下,计算风水联合调频的稳态频率偏差 D_2,公式为:

$$D_2 = \frac{sF(P_1B_1 + P_2B_2 + P_3B_3 + B_4)}{(1 + G - \xi G) + \beta s} \tag{7}$$

式中,P_2、P_3 分别为风电机组发电功率、水电机组发电功率;N 为系统风水容量[11]。

由式(6)和式(7)可知,风水联合调频的稳态偏差与火电调频基本相同,且由于下垂特性、阻尼常数、扰动大小、风水渗透率为固定常数,可判定风水调频限制因素为容量,容量过多,导致风电和水电浪费;容量过少,则稳态频率偏差较大。利用储能分担部分风水容量,考虑风水电机参与调频时处于减载运行,通过调差参数,计算风水电机组参与调节时需要的备用容量[12]。

假设风水电机组与常规机组具有类似性质,结合常规发电机的调差系数,定义风电和水电减载水平[12],计算公式为:

$$\phi = \frac{R}{if} \tag{8}$$

式中,R 为风水电机组减载功率;f 为风水电机最大可发功率;j 为发电机调差系数[13]。

将调差系数 j 最小值对应减载水平最大值,将最大值对应减载水平最小值,考虑电力系统不允许频率跌落 0.5 Hz,控制调节参数为 3%~5%,得到减载水平对应的风水备用容量范围。结合四分位法和比例弃风法,对备用容量进行调节,根据一定的弃风比例,通过弃风,为风水提供一定比例的备用容量,使风水电机组处于减载运行状态。弃风容量 H 计算公式为:

$$H = (1 - \mu)M \tag{9}$$

式中,$\mu \in (0,1)$ 为弃风比例系数,可以根据备用容量调度确定;M 为瞬时最大可发功率。

利用 Logistic 函数建立一个调节系数,对弃风比例系数进行调节,使其值始终小于等于 1,确保备用容量随风水最大可发电功率变化而变化,控制风水容量在合理范围内,最小化风水联合调频的稳态频率偏差。至此完成风水调频稳态频率偏差的消除。

2.3 联合调频控制模型建立

建立联合调频控制模型,使风电机组、水电机组按照调频模型进行出力,且出力符合备用容量这一限制因素,保持系统频率稳态。构建风水互补系统调频模型,如图 1 所示。

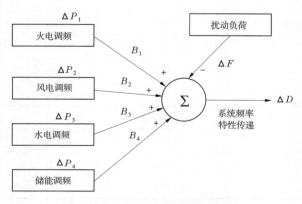

图 1 风水互补系统调频模型

图 1 中，ΔP_1、ΔP_2、ΔP_3、ΔP_4，分别为机组发电功率 P_1、P_2、P_3，以及储能功率 P_4 的实时增量，ΔF 为扰动负荷 F 的变化量，ΔD 为风水互补系统频率变化量。当系统用电量和发电量不平衡，频率发生偏差时，就发出频率变化信号，令调频单元风电、水电、火电、储能接收信号，自行改变出力进行调频[14]。ΔD 计算公式为：

$$\Delta D = D_1 + D_2 + D_3 \tag{10}$$

式中，D_3 为储能的稳态频率偏差；D_1、D_2 分别为火电和风水的稳态偏差，均可利用机组的最大可发功率进行调节。

针对储能稳态频率偏差，需考虑充电和放电两个方面，当储能放电时，使储能单元按照传递函数 B_4 进行出力，并控制其不超过调频备用容量，当储能充电时，则利用 Logistic 函数，对储能进行反馈控制，减小充电功率避免过度充电[15]。在系统整个调频周期内，根据实际功率提供总的备用容量，实时调节 4 个调频单元的稳态频率偏差，确保系统频率稳定。至此实现系统联合调频控制模型的建立，完成风水互补系统的联合调频控制策略研究。

3 实验论证分析

将此次设计策略，与两组常规风水互补系统的联合调频控制策略，进行对比实验，常规策略 1 为文献[2]策略，常规策略 2 为文献[3]策略。比较三组控制策略作用下，风水互补系统的频率稳定性。

3.1 实验准备

实验数据来源于某地的火力发电站、风力发电站、水力发电站，选取 5 台风电机组和 5 台水电机组作为主要实验设备。根据机组功率参数，确定负荷调节量，如表 1 所示。

表 1   风水电机组参数   （单位:MW）

	机组	最小功率	最大功率	负荷调节量
风电机组	1	110	310	310
	2	55	400	260
	3	70	360	235
	4	85	435	260
	5	60	460	245
	6	90	550	310
水电机组	1	110	610	290
	2	110	550	150
	3	160	550	110
	4	150	450	200
	5	100	500	350
	6	150	600	300

表 1 所示的负荷调节量，即为各机组分配的频率偏差调节量。风水互补系统结构如

图 2 所示。

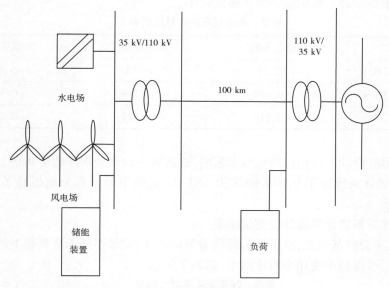

图 2　风水互补系统结构

　　该系统给定负荷为 1 050 MW,额定功率为 190 MW,总的发电最大出力为 2 890 MW,最小出力为 1 020 MW,风水功率渗透率为 25%。

3.2　系统频率稳定性测试结果

　　使风电机组和水电机组都参与到系统调频的运行过程中,应用三组联合调频控制策略,记录系统频率特性变化曲线,该系统额定频率为 50 Hz,实验结果如图 3 所示。

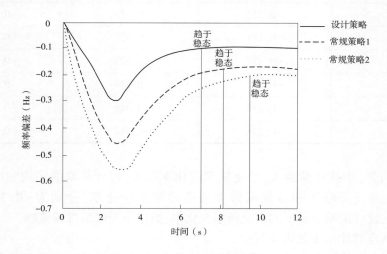

图 3　系统频率特性曲线

　　由图 3 可知,设计策略在 7.1 s 左右,系统频率趋于稳态,常规策略 1 和常规策略 2 分别在 8.0 s 左右、9.3 s 左右,系统频率趋于稳态。

进一步统计频率特性曲线的频率变化率、稳态频率偏差、频率最低点,实验结果如表 2 所示,其中负号表示系统频率低于额定频率。

表 2 系统频率特性对比结果

	设计策略	常规策略 1	常规策略 2
频率最低点(Hz)	49.72	49.53	49.44
频率变化率(Hz/s)	−0.219	−0.298	−0.302
稳态频率偏差(Hz)	−0.110	−0.192	−0.211

由表 2 可知,设计策略相比两组常规策略,稳态频率偏差分别降低了 0.082 Hz、0.101 Hz,频率变化率分别降低了 0.079 Hz/s、0.083 Hz/s,频率最低点分别提高了 0.19 Hz、0.28 Hz。

3.3 负荷干扰下系统频率稳定性测试结果

在第一组实验的基础上,将干扰负荷作为测试条件,记录不同干扰负荷下的系统频率特性变化曲线,可得频率变化率对比结果,如表 3 所示。

表 3 频率变化率对比结果 (单位:Hz/s)

干扰负荷大小(MW)	设计策略变化率	常规策略 1 变化率	常规策略 2 变化率
50	−0.201	−0.293	−0.305
70	−0.209	−0.299	−0.309
90	−0.213	−0.302	−0.317
110	−0.215	−0.309	−0.322
130	−0.221	−0.318	−0.334
150	−0.227	−0.326	−0.338
170	−0.231	−0.329	−0.342
190	−0.237	−0.337	−0.351
210	−0.239	−0.348	−0.367
230	−0.238	−0.342	−0.369

由表 3 可知,干扰负荷越大,系统频率变化率越大,设计策略的平均频率变化率为 −0.223 Hz/s,常规策略 1 和常规策略 2 的平均频率变化率,分别为 −0.320 Hz/s 和 −0.335 Hz/s,设计策略控制下的系统频率变化率,始终小于两组常规策略。

频率最低点对比结果如表 4 所示。

由表 4 可知,干扰负荷越大,系统频率最低点越小,设计策略最低频率的平均值为 49.61 Hz,常规策略 1 和常规策略 2 最低频率的平均值分别为 49.30 Hz 和 49.13 Hz,设计策略控制下的系统频率最低点,在三组策略中仍为极大值点。

稳态频率偏差对比结果如表 5 所示。

表 4   频率最低点对比结果   （单位：Hz）

干扰负荷大小（MW）	设计策略频率最低点	常规策略 1 频率最低点	常规策略 2 频率最低点
50	49.78	49.51	49.39
70	49.71	49.48	49.32
90	49.67	49.43	49.27
110	49.65	49.38	49.20
130	49.59	49.33	49.16
150	49.55	49.27	49.11
170	49.54	49.24	49.05
190	49.51	49.19	48.96
210	49.54	49.10	48.93
230	49.52	49.11	48.95

表 5   稳态频率偏差对比结果   （单位：Hz）

干扰负荷大小（MW）	设计策略稳态频率偏差	常规策略 1 稳态频率偏差	常规策略 2 稳态频率偏差
50	−0.119	−0.192	−0.211
70	−0.124	−0.198	−0.220
90	−0.129	−0.201	−0.231
110	−0.131	−0.204	−0.243
130	−0.135	−0.216	−0.249
150	−0.139	−0.224	−0.252
170	−0.142	−0.237	−0.254
190	−0.147	−0.239	−0.263
210	−0.151	−0.241	−0.265
230	−0.152	−0.243	−0.269

由表 5 可知，干扰负荷越大，系统稳态频率偏差越大，设计策略的平均稳态频率偏差为 −0.137 Hz，常规策略 1 和常规策略 2 的平均稳态频率偏差分别为 −0.220 Hz 和 −0.246 Hz，设计策略控制下的系统稳态频率偏差小于两组常规策略。

综上所述，此次设计策略相比两组常规策略，降低了稳态频率偏差和频率变化率，提升了系统频率最低点，系统惯性响应更加快速，频率偏差得到有效控制，充分保证了风水互补系统的频率稳定性。

4   结　论

此次研究设计了一种新的风水互补系统的联合调频控制策略，从理论与实验两方面对控制策略的性能进行了验证。该控制策略可以有效控制系统频率偏差,并提高系统频率的稳定性。但此次研究仍存在一定的不足,在今后的研究中,会对风电机组和水电机组的负荷分配进行灵活调整,缓解机组控制压力,进一步降低系统频率的上下波动。

参 考 文 献

[1] 印佳敏,郑赟,杨劲. 储能火电联合调频的容量优化配置研究[J]. 南方能源建设,2020,7(4):11-17.

[2] 胡程斌,陈海文,黄月丽,等. 基于二拖一燃气蒸汽联合循环发电机组一次调频系统的分析及改进[J]. 自动化博览,2020,37(12):78-81.

[3] 刘明华,刘文霞,刘晨苗,等. 电极式锅炉参与电网调频服务下供热系统日前优化调度[J]. 电力建设,2020,41(1):1-12.

[4] 刘强. 储能系统在火力发电厂联合调频应用[J]. 通信电源技术,2020,37(3):120-122,125.

[5] 李少林,秦世耀,王瑞明,等. 一种双馈风电机组一次调频协调控制策略研究[J]. 太阳能学报,2020,41(2):101-109.

[6] 匡生,王蓓蓓. 考虑储能寿命和参与调频服务的风储联合运行优化策略[J]. 发电技术,2020,41(1):73-78.

[7] 李卫国,焦盘龙,刘新宇,等. 基于变分模态分解的储能辅助传统机组调频的容量优化配置[J]. 电力系统保护与控制,2020,48(6):43-52.

[8] 王兴兴,孙建桥,陈明. 储能火电联合调频系统设计与研究[J]. 华电技术,2020,42(4):72-76.

[9] 刁云鹏,王忠言,张来星,等. 储能系统在火力发电厂联合调频中的应用[J]. 吉林电力,2020,48(5):30-32.

[10] 孔剑虹,李平,黄末,等. 基于分布式储能的光伏并网系统调频策略研究[J]. 电力电子技术,2020,54(4):80-83,96.

[11] 陈节涛,曾海波,张林,等. 超超临界1 000 MW机组一次调频控制策略研究与优化[J]. 湖北电力,2020,44(1):96-102.

[12] 王霞,应黎明,卢少平. 考虑动态频率约束的一次调频和二次调频联合优化模型[J]. 电网技术,2020,44(8):2858-2867.

[13] 王伟,陈钢,常东锋,等. 超级电容辅助燃煤机组快速调频技术研究[J]. 热力发电,2020,49(8):111-116.

[14] 孙丽萍,孙浩宸,周宏威,等. TDOA/FDOA移动目标无源定位的线性化求解算法研究[J]. 计算机仿真,2020,37(5):5-10.

[15] 马成龙,隋云任. 飞轮储能系统辅助调频的参数配置和经济性分析[J]. 节能,2020,39(10):25-29.

浅析雅砻江流域上游河段水风光能源互补开发

戚翔宇,王金兆

(雅砻江流域水电开发有限公司,四川 成都 610051)

摘　要　将碳达峰、碳中和纳入生态文明建设整体布局,以清洁能源等为重点率先突破,预示着我国水风光等资源将迎来重大发展机遇。基于雅砻江上游河段丰富的风能、太阳能资源,结合水电勘测设计规划成果,通过分析水风光能源物理特性及出力特性,阐述了上游河段水风光互补能源开发的可行性及意义,为将来上游水风光资源的开发利用提供了参考。

关键词　碳达峰;碳中和;雅砻江流域上游河段;资源概况;水风光能源互补

1　引　言

2020 年 9 月 22 日,在第 75 届联合国大会一般性辩论上,习总书记向世界郑重宣告"二氧化碳排放力争于 2030 年前达到峰值,努力争取 2060 年前实现碳中和"。随后我国积极践行承诺,宣布到 2030 年,风电、光电总装机容量将达到 12 亿 kW 以上,意味着平均每年将新增装机不低于 6 700 万 kW。另外,积极出台跟进政策及措施,推动能源体系绿色低碳转型,提升可再生能源利用比例,大力推动风电、太阳能发电发展,因地制宜发展水能等清洁能源,加快大容量储能技术研发推广,提升电网汇集和外送能力,把碳达峰、碳中和纳入生态文明建设整体布局。雅砻江流域上游河段是公司捍卫一条江完整开发战略任务不可分割的一部分,水风光等绿色清洁能源蕴藏丰富,根据相应水电规划及风光资源发电利用规划报告,水电装机容量约 230 万 kW,风光装机容量 3 282 万 kW,且具有一定的开发价值。随着我国经济的稳步发展,伴随新能源汽车、煤改电取暖等进程,电力需求将再次迎来增长阶段,上游河段水风光等清洁能源开发,对缓解地方电力增长需求矛盾,调整我国能源结构、促进生态文明建设均具有重要意义。

2　雅砻江流域上游河段水风光资源概况

2.1　水能资源

雅砻江是金沙江最大的支流,发源于青海省的巴颜喀拉山南麓,雅砻江上游河段上端从青海省称多县清水河镇开始,下端至两河口水电站库尾新龙县和平乡,全长 743 km,天然落差 1 555 m,流域面积达 4.12 万 km^2,水能资源较丰富。根据水电规划设计成果,采用"1 库 10 级"梯级开发方案,电站总利用落差 637 m,正常蓄水位以下总库容 35.98 亿 m^3,调节库容 15.86 亿 m^3,总装机容量 228.3 万 kW,电站联合运行时,年发电量 111.40

作者简介:戚翔宇(1987—),男,工学硕士,工程师,研究方向为水电工程建设管理。E-mail:1007466861@qq.com。

亿 kW·h。雅砻江流域上游水电规划梯级开发方案纵剖面如图1所示。

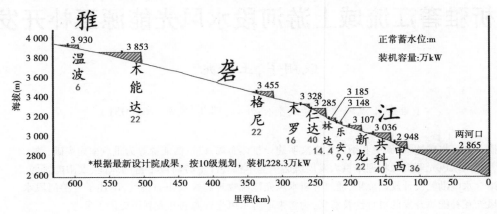

图1　雅砻江流域上游水电规划梯级开发方案纵剖面图

2.2　风能资源

雅砻江流域上游河段所涉及行政区域主要包括甘孜州石渠县、德格县、炉霍县、甘孜县及新龙县,根据 MERRA2 中尺度数据模拟结果[1],规划区域90 m 高度处年平均风速5.17~9.2 m/s,年平均风功率密度79~375 W/m²,尤其炉霍县西南部、甘孜县北部以及新龙县大部区域风能资源较好。综合考虑风能资源、道路交通、电网系统、地质以及其他敏感性因素,初步规划风电场址6个,合计规模283万 kW。各场址风功率密度、风速年内变化趋势基本一致,呈夏秋两季较小、冬春两季较大的显著特点,区域内盛行风向稳定,主风向均基本一致,以西西南—西南方向风速最大、频次最高。初步判断规划区域内风能资源等级为1~2级,属风能资源可利用区,具备一定的开发价值。雅砻江流域上游河段规划场址代表年时段内风能资源情况见表1。

表1　雅砻江流域上游河段规划场址代表年时段内风能资源情况

位置	场址名称	90 m 高度处平均风速(m/s)	年平均风功率密度(W/m²)
石渠县	真达	9.20	375
石渠县	起坞	7.87	257
炉霍县	下罗柯	6.04	100
炉霍县	洛秋	7.33	184
新龙县	拉日马	5.64	86
新龙县	银多	5.17	79

2.3　太阳能资源

甘孜州太阳能资源蕴藏丰富,大部分地区属于太阳能资源 B 级及以上等级,具备较好的开发价值。据2010年10月编制完成的《甘孜州太阳能发电利用规划》,州域内各地全年日照为1 900~2 600 h,绝大部分区域在2 000 h日照时数以上,甘孜州太阳能理论可开发量巨大,约5 600万 kW。根据最新的雅砻江流域上游河段太阳能资源普查成果[2],

德格县和新龙县大部分地区超过 2 000 h 日照时数,太阳能辐射量值在 6 000 MJ/m² 以上,石渠县、炉霍县和甘孜县大部分地区日照时数均超过 2 400 h,太阳能辐射量值在 6 500 MJ/m² 以上,属于全国太阳能资源最丰富的地区之一,太阳能资源具有较大的开发价值。结合规划的资源条件、工程地质、交通运输等影响因素分析,初步确定上游河段太阳能发电总体规划规模 3 666 万 kW,剔除生态红线和基本草场等敏感因素影响后,总规模为 2 999 万 kW,约占规划场址总规模的 82%。雅砻江流域上游河段光伏场址规划容量见表 2。

表 2　雅砻江流域上游河段光伏场址规划容量

位置	场址数	容量(万 kW)	考虑生态红线和基本草场影响后容量(万 kW)
石渠县	5	2 210	2 170
德格县	3	450	40
甘孜县	5	315	302.5
炉霍县	3	355	150.5
新龙县	6	336	336
合计	22	3 666	2 999

3　水风光能源互补开发可行性

3.1　水风光能源出力特性

作为清洁能源的风电和太阳能发电,近期越来越受到公众的关注,由于风能、太阳能资源在时空上客观存在着间歇性、波动性和随机性的劣势,其风电、光电出力频繁波动,增加了电网调频、调峰压力,给电网系统的稳定运行带来了较大挑战,从而限制了电网对风电、光电的接入消纳能力[3]。同样作为清洁能源的水电,具有技术成熟、可存储、运行灵活、调节速度快等优点,能极大缓解风电、光电出力波动给电网带来的不利影响[4]。雅砻江流域上游河段风能、太阳能均呈现冬春季大、夏秋季小的特点,而来水量呈现冬春季小、夏秋季大的特点,从图 2 可以看出,水电与风电年内出力有明显峰谷特征,水电处于峰谷时,风电恰好处于谷峰,光电年内出力变化不大,但与水电仍有一定的互补关系,因此区域内水能、风能与太阳能资源具有客观互补性。当水电与风电、光伏发电联合外送时,充分利用了水风光三种异质能源峰谷段的互补特性,在汛期,是风能、太阳能的少发电时段,水电可充分利用汛期来水进而多发、满发;在非汛期,是风能、太阳能多发电时段,可充分利用水能的可存储、启动调节快的优点,保证风电、光电的优先送出。基于水风光等多种异质能源的物理特性及出力特性,构成了多种能源耦合并网的发电系统,能有效低风电、光电出力波动性不利影响,对提高电网系统的能源利用率和稳定性具有一定的意义[5-7]。

3.2　水风光能源互补开发技术

我国多能互补技术研究起于 20 世纪末,经历了概念初探、深化发展、规模化实践 3 阶段发展。针对水风光等多种能源互补发电系统的研究理论体系较为完备,目前,主要侧重

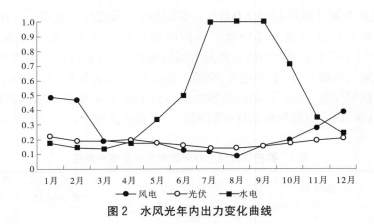

图2 水风光年内出力变化曲线

于优化调度、容量配比和系统评估3个方面的研究。FU Yiwei等[8]利用水能、风能、太阳能等资源之间的互补特性,在实现经济效益、可靠性和可再生能源消纳等目标的前提下,提出了水风光火等互补发电系统优化调度模型;李湃等[9]提出了基于时序生产模拟风能、太阳能发电并网容量配比优化方法,充分利用风能、太阳能、抽蓄电站等资源的互补作用,综合考虑电网与抽蓄电站运行限制、新能源弃电率及负荷调峰需求等边界条件,得到最优的风电、光伏发电接入容量配比,实现大规模的风光能源的平稳送出及消纳;王凯等[10]基于well-being模型的蒙特卡罗模拟法,综合评估了不同风光配置比例的风、光、柴、储发电系统的可靠性与经济性。

2017年1月,国家首批多能互补集成优化示范工程共确定了23个项目,其中水风光火储多能互补系统6个,体现了国家对多能互补能源的大力支持;为探索适应新能源发展的微电网技术及运营管理体制,国家能源局联合印发了新能源微网示范项目名单,共规划了28个示范项目。目前,我国已建成的水光互补项目有新疆新华和田波波娜水光互补电站、黄河上游龙羊峡水光互补电站等,将来会有更多的多能互补项目进入投运及运行,充分证明了多种能源互补运行的经济性、可靠性以及技术可行性。

3.3 上游河段水风光能源互补开发的重要意义

2020年8月28日,国家发改委、能源局共同印发《关于开展"风光水火储一体化""源网荷储一体化"的指导意见(征求意见稿)》,旨在提升我国电力系统综合效率,进一步解决源网荷等环节协调不够、各类电源互补互济不足等深层矛盾。为积极响应国家号召,在短短4个月的时间内,截至2020年12月底,在内蒙古、新疆、辽宁、广西等省已有6个"一体化"项目顺利落地。多为市州级政府与大型企业签订战略合作协议的方式获取项目开发权。已落地风光水火储一体化项目信息见表3。

雅砻江流域绿色清洁可再生能源示范基地是公司转型升级高质量发展的必然选择,目前已纳入国家"十四五"规划,上游河段在公司水风光互补的战略上,有着一定的特殊性。上游河段水能、风能、太阳能资源蕴藏丰富,作为绿色清洁低碳可再生能源,在四川能源资源建设中具有重要的战略地位,是保障我国能源安全、满足国家能源增长需要的重要举措,具有较高的开发价值。目前,雅砻江流域综合规划已经批复,正积极推进上游水电规划及规划环评报批,上游河段风光资源普查及测风测光工作已完成。因此,上游河段水风光能源互补开发既具有符合时代特点和形势要求的现实意义,也具备建设的基础条件。

表3 已落地风光水火储一体化项目信息

项目名称	参建企业	项目进度	项目披露信息
辽宁铁岭清河区"风光火储一体化示范项目	国家电投清河发电公司	11月6日签订战略合作协议	铁岭市清河区人民政府与国家电投清河发电公司签订"风光火储一体化"示范项目战略合作协议。项目旨在综合利用区内废弃场地、曹家沟灰场、荒山荒坡荒地等条件,深挖风光能资源,积极开拓新能源市场
内蒙古通辽"火风光储制研一体化"示范项目	明阳智慧能源集团股份公司	11月9日正式开工	项目计划建设170万kW风电、30万kW光伏,同步配套建设32万kW储能(时长3h,容量96万kW·h),其中项目一期投资约70亿元,建设风电90万kW,储能17万kW,分别在开鲁县布局风电60万kW,奈曼旗布局风电30万kW,预计2021年整体并网发电运行
新疆昌吉州风光火储一体化项目	协鑫(集团)控股有限公司	11月23日签约	新疆昌吉自治州人民政府与协鑫(集团)控股有限公司签订了合作框架协议
广西崇左风光水火储一体化能源基地	中国能建规划设计集团	11月27日签约	崇左市人民政府与中国能建规划设计集团签订"风光水火储一体化能源基地"投资开发框架协议。项目涉及崇左市"风光水火储一体化能源基地"建设和环境治理、矿区修复、智慧城市以及水利交通、土地整治、片区开发等领域,总计投资额820亿元
内蒙古鄂尔多斯风光火储一体化项目	大唐集团、中国电建集团成都院	12月7日,发布总体规划中标公示	大唐集团日前发售了内蒙古鄂尔多斯区域风光火储输综合能源基地总体规划编制采购文件,成都院以67.8万元投标报价中标
内蒙古鄂尔多斯"风光火储"大型综合能源基地	中国能建规划设计集团	12月8日签约	中能建在鄂尔多斯市东胜区已规划建设4座2台100万kW火电的基础上,补充开发风光储等能源

4　结　论

雅砻江流域上游河段水能、风能及太阳能资源富集,水能采用"1 库 10 级"梯级开发,具有一定的调节能力,区域内风能资源等级为 1~2 级,属风能资源可利用区,太阳能辐射量值普遍在 6 000 MJ/m² 以上,日照时数超过 2 400 h,为全国太阳能资源最丰富的地区之一,具备国家大力倡导"一体化"开发建设模式的资源条件,具有较大的开发价值;上游河段水风光能源互补开发模式,能充分利用水能、风能与太阳能资源客观互补性,有效平抑风电、光电出力的波动性,既符合新时代下国家绿色发展新理念,也契合公司水风光互补绿色清洁可再生能源示范基地战略。同时为打破目前上游资源开发困局提供了有益借鉴定。但是,上游河段水能装机容量较风光比例悬殊,且风光资源区域分布不均匀等问题,均给水风光能源互补开发带来了较大挑战,仍有待继续研究。

参 考 文 献

[1] 中国电建集团成都勘测设计研究院有限公司.雅砻江流域上游河段风能资源发电利用规划报告[R].成都,2019.

[2] 中国电建集团成都勘测设计研究院有限公司.雅砻江流域上游河段太阳能资源发电利用规划报告[R].成都,2019.

[3] 蒋平,严栋,吴熙.考虑风光互补的间歇性能源准入功率极限研究[J].电网技术,2013,37(7):1965-1970.

[4] 陈丽媛.新能源的互补运行与储能优化调度[D].杭州:浙江大学,2014.

[5] 夏永洪,吴虹剑,辛建波,等.考虑风/光/水/储多源互补特性的微网经济运行评价方法[J].电力自动化设备,2017,37(7):63-69.

[6] 李升,卫志农,孙国强,等.大规模光伏发电并网系统电压稳定分岔研究[J].电力自动化设备,2016,36(1):17-23.

[7] 叶林,屈晓旭,么艳香,等.风光水多能互补发电系统日内时间尺度运行特性分析[J].电力系统自动化,2018,42(4):158-164.

[8] FU Yiwei,LU Zongxiang,HU Wei,et al. Research on joint optimal dispatching method for hybrid power system considering system security[J]. Applied Energy,2019,238:147-163.

[9] 李湃,黄越辉,王跃峰,等.含抽蓄电站的多端柔性直流电网风光接入容量配比优化方法[J].中国电力,2019,52(4):32-40.

[10] 王凯,栗文义,李龙,等.含风/光互补发电系统可靠性与经济性评估[J].电工电能新技术,2015,34(6):52-56.

智能化技术与应用

复杂水利水电工程智能建管关键技术及平台

王继敏[1]，侯靖[2]，徐建军[2]，曾新华[1]

（1. 雅砻江流域水电开发有限公司，四川 成都　610051；
2. 中国电建集团华东勘测设计研究院有限公司，浙江 杭州　311122）

摘　要　大型水利水电工程具有建设规模大、周期长、投资多、施工条件和地质条件复杂、涉及影响因素众多等特点，给工程建设全面质量管理、进度与投资控制、安全动态管控等均带来巨大挑战。为解决大型水利水电工程建设期所面临的构建标准化业务流程、各参建方协同管理、实现工程全生命周期数据治理等问题，文章介绍了国内首个采用 EPC 建设管理模式的百万千瓦级大型水电工程——杨房沟水电站智能建管创新与实践，通过深入研究复杂水利水电工程建设管理的内容及特点，从数字化设计、可视化决策、智能化建设、透明化管理入手，构建了覆盖全工程、全要素、全过程和全参建方、多层级的复杂水利水电工程智能建管平台和关键技术体系。基于工程动态数据，建立精细化全信息模型，打造数字化"透明工程"，全面提升复杂水利水电工程建设及后续全生命周期管理水平。杨房沟水电站智能建管关键技术及平台的成功实践，经济和社会效益显著，推广应用前景广阔，可为类似大型水电水利工程项目建设管理提供参考与借鉴。

关键词　智能建管；关键技术；工程动态数据；精细化全信息模型；水利水电工程

1　引　言

大型水利水电工程具有建设规模大、周期长、投资多、施工条件和地质条件复杂、涉及影响因素众多等特点，给工程建设全面质量管理、进度与投资控制、安全动态管控等均带来巨大挑战。从管理范围的角度，广义的工程项目管理在时间上覆盖勘测、设计、采购、建造、移交等多个阶段，在空间上包括土建、机电、施工辅助工程等多项建设内容，同时水利水电工程常会涉及开挖支护、基础处理、混凝土浇筑或碾压、金属结构及机电设备安装等诸多工序，工艺流程极为复杂；从工程协同的角度，大型水利水电工程建设管理边界复杂、接口众多，建设单位、监理单位、设计单位、施工单位等各参建方的管理需求各有侧重，业务全景涉及较多管理层级；从数据治理的角度，随着工程建设的推进，各类施工工程数据呈指数增长，包括工情、水情采集信息，视频数据、管理数据等海量多源异构数据，数据传输顺畅、存储明确及共享机制合适就显得尤为重要。

为解决大型水利水电工程建设期所面临的构建标准化业务流程、各参建方协同管理、实现工程全生命周期数据治理等问题，借助 BIM 技术应用，搭建统一平台，实现数据共享；通过数字化手段再造业务流程，促进高效沟通；开发移动应用，使管控重心前移，提升精细化管理水平；采用电子归档，减轻档案管理、档案移交工作量，打通数字化成果移交"最后一公里"，提升大型水利水电工程项目建设管理水平，实现虚拟化设计、可视化决策、协同化建造、透明化管理。BIM 作为信息交流载体,能集成大型水利水电工程全生命周期数据资源,支持多方、多人协作,实现及时沟通、紧密协作、有效管理。在建设过程中,以基于 BIM 技术的智能建管平台为基础,与现代互联网技术建立各式集成应用,重构工程建设全流程,达到建设全过程的无缝对接、有效管理、精准控制。通过引入先进的数字化技术,依托 BIM 三维数字化技术优势,创新工程规划、设计、施工、运维等建设管理模式。基于工程动态数据,建立全信息模型,打造数字化"透明工程",全面提升大型水利水电工程建设及后续全生命周期管理水平。

通过复杂水利水电工程智能建管关键技术及平台的研发与应用,形成"设计—施工—管理"深度融合的高效技术与创新体系,打造国内水利水电行业首个覆盖工程全体、全生命周期的智能建管统一平台,并经进一步完善、改进后,作为行业标准范本推广,提升大型水利水电工程建设的创新能力与建设水平。

2 项目概况

杨房沟水电站位于四川省凉山州木里县境内,是雅砻江中游河段"一库七级"中的第六级水电站。水库正常蓄水位 2 094 m,死水位 2 088 m,水库总库容 5.12 亿 m^3,电站总装机容量 1 500 MW(4×375 MW),多年平均发电量为 68.557 亿 kW·h。工程枢纽由混凝土双曲拱坝、泄洪消能建筑物和引水发电系统等主要建筑物组成。混凝土双曲拱坝坝高 155 m,泄洪消能建筑物由"坝身 4 个表孔、3 个中孔+坝后水垫塘及二道坝"组成;引水发电系统布置在河道左岸,地下厂房采用首部开发方式。工程位于高山峡谷区,具有"工程规模大、高拱坝、高陡边坡(高位危岩体发育)、大规模地下洞室群、工程建筑物布置紧凑、施工交通布置困难"等特点。

经过长期的调研、分析和筹划,雅砻江公司在杨房沟水电工程启动并采用了 EPC 建设管理模式[1]。水电七局与华东院秉持科学高效的总承包理念,按 6∶4 的比例成立杨房沟水电站设计施工总承包联合体,按照电建集团"一家人、一体化"的总体要求,确定以施工为主体、以设计为龙头、设计施工高度融合的总承包形式[2]。

在高海拔、高边坡地区修建高拱坝和大规模地下洞室群,其技术难题是固有的。更加复杂的是,杨房沟水电站是国内首个以设计施工总承包模式建设的百万千瓦级大型水电工程,国内没有可以参考借鉴的经验。因此,在工程全生命周期管理的过程中,如何实现参建各方的协同管理?如何实现工程全生命周期的数据治理?如何构建标准化业务流程和工程全信息三维模型?均是亟须研究解决的问题。

为满足 EPC 模式下杨房沟水电站的建设管理需求,利用云计算、大数据、物联网、移动端等先进技术,基于工程大数据和 BIM 技术,推行数字化、网络化、智能化关键技术研究与创新应用,立足实现杨房沟全生命周期工程安全、质量、进度、施工过程、合同、投资、安全监测、工程地质、设计资料、组织协调等的可视化、在线、智能管理[2],切实提升工程质量,发挥经济和社会效益。杨房沟水电站建设管理痛点及数字化应对措施如图 1 所示。

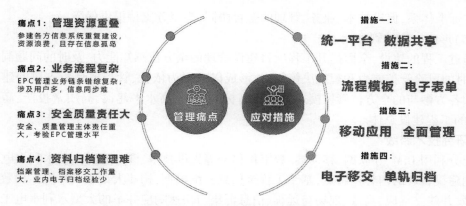

图1　杨房沟水电站建设管理痛点及数字化应对措施

3　智能建管关键技术及平台研究

3.1　研究目的与内容

研究以国内大型水利水电工程项目建设管理模式为基础,充分利用先进的现代测控、网络通信、工程三维数字化、虚拟现实技术和现代坝工理论,深入研究工程施工期信息管理的内容及特点,基于工程全信息三维模型(BIM)构建工程数据中心,研发并建立集成、高效、现场与远程、信息汇集与快速响应并举的大型水电站EPC智能建管平台,总结形成水电工程EPC全过程数字化建设管理创新模式,全面提升工程的数字化、信息化运维能力,为工程施工质量、进度、投资、合同等工程建设信息的综合管理与决策支持,全面建设“数字工程”“工程”。基于工程数据中心的大数据平台,旨在提供从顶层到基层的个性化的软件视角,为大型水利水电工程项目提供个性化服务,实现管理扁平化。主要研究目的如下。

(1)建立科学的运作体系。

提升项目精细化管理水平,构建科学、合理的工程建设项目全过程管控模型,验证完整、规范、实时、高效的信息采集、传输、管理、服务、应用体系,完成以高效、协同的应用为导向的分析、评估、决策、反馈体系。

(2)打造统一的技术架构。

以工程建设实际为需求,充分利用统一通信技术、BIM、云计算、物联网、大数据等先进技术,建立感知层、洞察层、决策层的整体技术体系,打造统一的支撑工程建设项目全过程管控的技术平台架构。

(3)建设先进的应用单元。

结合工程建设实际,根据工程建设内容划分管控目标,以自动化、精细化、智能化为应用目标,以工程全信息三维模型(BIM)为载体,将计算机技术、通信技术、控制技术、识别技术和工程建造过程有机结合,建设先进的应用单元,并以各个应用单元为基础构建完整一体化管控平台,实现对工程建设各个环节的高效管控。

(4)制定统一的标准体系。

结合工程的建设现状和当前存在的问题,充分借鉴、吸收国内外现有同类标准,制定统一的标准体系,促进技术、业务、管理的融合协同,为服务支持提供保障。

(5)形成一流的管理能力。

通过工程的建设,全面提升工程项目建设管理的全方位感知能力、及时的问题洞察能力、实时的风险管控能力和智能决策能力,形成以工程为依托、管控模型为支撑的建设方主控和各方参与的全方位管控模式,实现"高标准开工、高水平建设、高质量投产、高效率收尾"的工程建设总体。

3.2　研究技术路线

充分利用 BIM、互联网、移动端、数字化移交等先进技术,深入研究大型水利水电工程施工期建设管理的内容及特点,基于工程全信息三维模型,构建大型水利水电工程数据中心,研发并建立集成、高效、现场与远程、信息汇集与快速响应并举的大型水利水电工程智能建管平台,总结形成大型水利水电工程全员、全要素、全过程数字化建设管理创新模式,重点提升工程的数字化、信息化管理能力,为工程建设者提供有效管理抓手与决策支持,全面建设数字工程、工程。研究技术路线如下:

(1)根据建设目标,收集国内外同类项目开展情况,吸收借鉴相关建设经验,开展项目实地调研,编制项目建设技术方案报告。

(2)对杨房沟水电站进行实地调研,并对大型水利水电工程建设管理体系进行深入研究。同时,参考国内外类似企业及工程项目建设开展情况,构建科学、合理的数字化工程建设管理模型。

(3)研究 ISO 15926、GB/T 18975、ISO 14224 等相应的工程数字化标准,在现有三维设计环境基础上,结合各专业特点,对模型的业务属性、设计环境进行扩充和定制,从设计生产环节规范全信息模型的组织形式和设计过程,进一步规范并优化三维协同设计环境,从源头上保障数据的质量。

(4)开展三维数字化协同设计研究工作,建立工程全信息三维模型。基于 BIM 模型建立工程数据中心,根据区域、专业等多条主线对工程数据中心的内容进行管理,为工程数据的导入、与三维模型的融合、数据的发布创造条件。

(5)对各类专业应用数据接口进行研究,研究大型水利水电工程建设管理信息数据提取、导入等相关技术,将规范化的设计环境与工程数据中心无缝对接,实现工程信息数据提取、数据导入的自动化。

(6)以工程数据中心为基础研究建立工程智能建管平台,实现统一的公共服务框架,实现三维模型(在保障数据不丢失前提下,实现模型的轻量化)结构化与非结构化数据的多通道发布,按需满足不同终端用户的数据请求。

(7)基于工程数据中心,结合大型水利水电工程实际建设管理需求,研究包括 RESTful 架构风格的 SOA、OAUTH 认证机制、企业服务总线、编码服务等在内的系统公共服务框架,研究基于网络通信基础设施、基于 BIM 三维模型展示平台等基础通用技术模块,形成基础的工程一体化管控平台。

(8)开展具体应用单元建设,进行一体化三维协同设计平台、基于 BIM 的设计施工管理系统、基于移动设备的项目动态管理等深化研究和系统接入。

(9)待各应用系统开发完成后,对基于 BIM 的智能建管平台进行集成测试,以便于及时发现并纠正体系及各应用系统中存在的各种潜在缺陷或错误,集成测试工作结束后,进行管理体系各应用系统实地部署。

(10)基于杨房沟水电站智能建管平台研发与应用成果,完善大型水利水电工程建设管理技术标准体系建设。开展总结、培训、技术支持及专利策划、软件著作权申请、论文撰写等一系列知识产权保护工作。

智能建管平台建设目标与技术路线如图2所示。

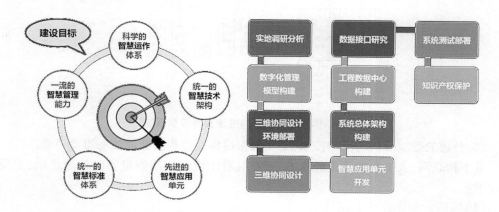

图2 智能建管平台建设目标与技术路线

3.3 智能建管关键技术

3.3.1 拱坝建设仿真与进度实时控制系统

高拱坝施工是一个非常复杂的随机动态过程,是一个半结构化问题,施工过程受自然环境、结构形式、防洪度汛、机械配套及组织方式等众多因素影响,具有很强的随机性和不确定性,难以通过构建简单的数学解析模型来分析研究,传统的方法凭经验用类比的手段及常规的依靠人工记录方式分析判断各种混凝土浇筑参数来控制施工质量,不仅耗时、费力,而且缺乏系统的定量计算分析,难以达到工程建设管理水平创新的高要求。

开展类似高拱坝工程广泛的调研和总结,剖析所要解决的问题,采用计算机仿真技术、三维建模技术、数据库技术、控制论等,通过对高拱坝混凝土施工系统进行分解协调分析,建立高拱坝施工进度智能仿真模型,对高拱坝施工仿真参数输入及仿真内部逻辑进行动态更新,研发拱坝建设仿真与进度实时控制分析系统,实现对大坝施工进度的实时监测和反馈控制,实现大坝施工进度信息的动态更新与维护,对进度偏差进行分级预报警,并提出合理的进度控制措施,为水利水电工程中拱坝建设过程的进度控制与决策提供技术支撑和分析平台。

拱坝建设仿真与进度实时控制系统如图3所示。

3.3.2 大坝混凝土浇筑振捣质量实时控制系统

振捣作业过程是保证混凝土坝施工质量的核心,传统混凝土振捣作业过程主要依靠人工现场旁站的方式控制振捣质量,难以满足振捣施工高标准、高质量的机械化快速施工需求。混凝土振捣作业环境及过程非常复杂,如何实现高山峡谷地区复杂环境下振捣作业设备高精度定位、振捣作业参数的高精度智能感知、振捣作业参数的高频高保证率传

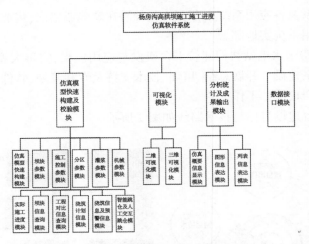

图3 拱坝建设仿真与进度实时控制系统

输、振捣参数的智能分析与反馈控制,是实现振捣作业过程智能监控的重要考验。

基于物联网、人工智能等先进技术,研发混凝土浇筑振捣质量实时控制系统,主要内容如下:

(1)振捣台车作业状态监测。

在振捣台车上安装防振型高精度 GPS 接收机、倾角传感器、电子罗盘、振动开关状态传感器、超声波测距传感器、红外线测距传感器,实时采集振捣台车动态坐标,振捣棒插入深度、振捣时间等指标,作为计算振捣状态参数计算的依据。

(2)振捣台车监测数据传输。

在振捣台车上安装防振型数据传输装置,将振捣台车作业状态监测信息经自主通信传输网络传输至远程数据库服务器中,作为振捣状态参数计算分析的源数据。定位数据由定位装置交由数传装置,振捣数据由振动传感器、测距传感器等交由数传装置,数传装置将两路数据进行时钟同步后合并,在进行加密后统一输出,传输至数据库服务器后由应用程序进行解析,存入数据库后由权限控制不得修改。数据无线传输过程中均为加密状态,确保了数据传输安全。

(3)振捣过程可视化监控。

在分控站配置监控终端,分别通过有线或无线通信网络,读取作业状态数据,进行进一步的实时计算和分析,包括坝面振捣质量参数的实时计算和分析。并可以在以大坝施工高程截面为底图的可视化界面上进行展示。

(4)反馈控制、计算分析与可视化处理。

根据预先设定的控制标准,服务器端的应用程序实时分析判断振捣时间、插入深度等是否不达标,并可以通过图像可视化显示现场实时振捣状况,如出现偏差,系统向不同权限的施工管理人员发出相应提醒,第一时间进行现场处理。采用高精度快速图形算法实时分析计算每一振捣监控仓面的振捣位置、振捣时间、插入深度等振捣过程参数;在每仓施工结束后,以不同颜色值生成等图形报告,作为仓面质量验收的支撑材料。

大坝混凝土振捣质量实时监控系统如图4所示。

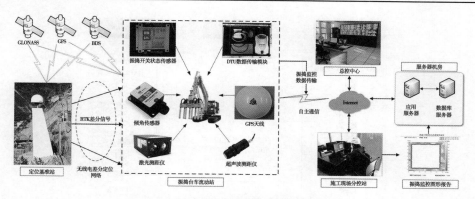

图4 大坝混凝土振捣质量实时监控系统

3.3.3 大坝混凝土智能温控系统

混凝土裂缝控制一直是大体积混凝土施工的难点之一。温控防裂的理论研究与工程实践,最早自20世纪30年代,经过数十年的发展,工程界已逐步建立了一整套相对完善的温控防裂理论体系,形成了较为系统的混凝土温控防裂措施,包括改善混凝土抗裂性能、分缝分块、降低浇筑温度、通水冷却、表面保温等。混凝土裂缝产生的原因复杂,主要为结构、材料、施工等方面,其中一个重要原因是信息不畅导致措施与管理不到位,即信息获取的"四不"——不及时、不准确、不真实、不系统。此外,设计阶段的基本资料参数有时同实际相差较大,需要不断地对设计进行优化调整;同时,在施工阶段,施工质量往往受现场工程人员的素质影响较大,产生与设计状态较大的偏差,导致温控施工的"四大"问题,即温差大、降温幅度大、降温速率大、温度梯度大,最终导致混凝土裂缝的产生。

信息化、数字化、数值模拟仿真、大数据等技术的迅速发展为大坝温控防裂的智能化提供了机遇。采取温控跟踪反馈仿真分析可以对设计和施工进行实时跟踪、优化、调整和反馈,从根本上达到混凝土温控防裂的目的。

结合类似高拱坝工程已建立的智能温控指标体系及其温控效果,综合考虑全时空联动的温控要求,研究建立了适用于全时空联动的以分区温差指标、温差梯度指标、相邻坝段坝块温差指标、动态降温速率为主的防裂控制体系和措施。基于考虑全时空关联动态控制的理想温控曲线和智能通水调控策略,对智能通水调控模型进行了优化升级,提出了大坝混凝土不同分区和级配温差、温度梯度、相邻坝段坝块温差等控制标准和措施,从而实现高拱坝混凝土全时空防裂精细化控制。

大坝混凝土智能温控系统如图5所示。

3.3.4 智能灌浆系统

运用岩体结构力学、地下水动力学等岩土工程技术理论,解析大型水电站防渗工程地质特性及渗流分布规律和影响因素,结合数值模拟、人工智能技术理论,研究基于多尺度裂隙模型的精细灌浆控制理论与仿真技术,建立基于改进聚类算法的灌浆过程时序预测模型,从而为灌浆科学性试验和生产性试验提供个性化的参数建议,并为动态优化灌浆过程提供决策支撑,通过对系统的软硬件结构设计、业务对象模型创建、数据库建设、数据采集实现、通信接口建设、安全防护措施设置及联动智能决策等重要内容设计,建立集"钻—制—输—配—灌"全流程自动操作为一体的系统,"模拟—采集—测评—反馈"全过

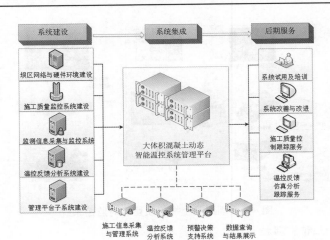

图5　大坝混凝土智能温控系统

程的数据分析系统,构建智能管控平台,从而解决防渗工程全流程业务整合问题及业务中的处理措施。

多维仿真渗控工程智能灌浆系统如图6所示。

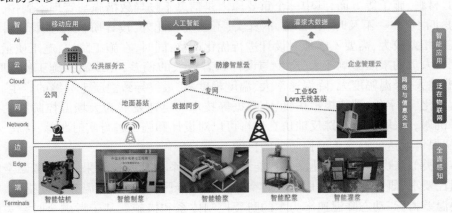

图6　多维仿真渗控工程智能灌浆系统

4　智能建管关键技术与平台应用成效

杨房沟水电站设计施工 BIM 管理系统于 2016 年 1 月 1 日与主体工程同步开发建设,并于 2016 年 12 月正式上线,现有 16 个功能模块:主页、综合展示、设计管理、质量管理、进度管理、投资管理、安全监测、监控视频、水情测报、混凝土温控、智能灌浆、施工工艺、危岩体防控、基础数据、系统管理、个人中心等。截至 2021 年 5 月底,BIM 系统用户共计1 225 人,权限角色共计 59 种,全面覆盖杨房沟建设管理局、总承包项目部、总承包监理部、厂家代表等多个参建方。

设计管理模块,通过研发流程配置引擎,实现设计、监理、业主等各参建方跨地域、跨单位的协同办公,无论在工地现场、成都、武汉、杭州,各类设计图纸、报告、修改通知等全部实现线上流转和审批,共记录了 2 581 条设计文件报审流程,设计图纸自动关联 BIM 模型。通过这样全范围的设计管理方式创新大大提升了设计审查效率,设计文件平均审查时间减少约56%,节省人力投入约70%。

质量管理模块,截至目前共归集了13 804个单元工程的质量评定资料。基于全过程管理理念,针对工程质量创建了贯穿设计—采购—施工—验收—归档全过程的数字化管理体系。建立了工程质量三检验评信息化流程,首次实现了大型水电站全专业数字化质量验评,改变了传统纸质质量验评方式,优化了大型水电站质量验评方法,将工作时间缩短至原来的25%,取得了良好的应用价值,极大地节省了工程资料归档需要的人力资源。在智能建管平台中产生的工程资料,采用"电子签名+XML封装+PDF+四性检测"方案,以电子归档形式自动移交至建设单位档案管理系统,此举为水电行业首创,真正实现无纸化办公和数字化移交。

设计施工BIM管理系统的综合展示如图7所示。

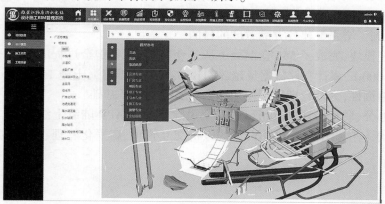

(a)设计模型

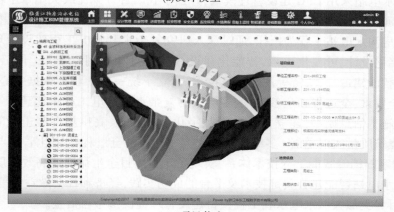

(b)项目信息

图7　设计施工BIM管理系统的综合展示

拱坝建设仿真与进度实施控制系统于2018年6月投入使用,拱坝混凝土浇筑前,通过仿真分析,确定拱坝混凝土总体浇筑进度计划;拱坝混凝土开始浇筑后,根据月浇筑进度信息,每月进行一次进度仿真分析,累计进行动态仿真分析40余次,共提出悬臂高差预警4次,相邻坝段高差预警7次,最大坝段高差预警5次。

　　大坝混凝土浇筑振捣质量实时控制系统于 2018 年 10 月投入使用,对拱坝所有坝段共 555 仓混凝土振捣全过程进行监控,共检测 125 630 次。

　　大坝混凝土智能温控系统于 2018 年 10 月投入使用,对原材料、混凝土拌和、运输、浇筑、养护、通水冷却、温湿度、太阳辐射热等影响温度的所有要素进行全过程系统控制。累计进行大坝混凝土骨料测量 18 642 次,出机口温度测量 7 960 次,入仓温度测量 13 530 次,浇筑温度测量 9 895 次,混凝土内部温度测量 284 万次。已存储 557 余万条温控数据,进行了 25 万次智能调控。各项温控指标均满足设计要求,符合率达到 94.6% ~ 99.8%,满足设计要求。

　　智能灌浆系统于 2016 年 1 月 1 日与主体工程同步开发建设,并于 2018 年 12 月投入使用,已在尾水洞固结灌浆、枢纽区帷幕灌浆、拱坝接缝灌浆中使用。累计进行固结灌浆、帷幕灌浆 24 000 m,接缝灌浆 4 500 m^2。灌浆合格率达 100%、单元工程优良率相较传统施工提高 2.3%,达到 99.2%,解决了日常质量管理难点和质量控制痛点,提升了单元工程优良率,达到了增强参建各方满意度的目的。

　　视频监控模块,完成了 555 仓混凝土从备仓、浇筑到养护全过程的影像采集,累计录制视频月 11 000 h,累计存储数据量超 30 TB,实现了拱坝混凝土施工关键环节全过程质量监管和可追溯性,为运行期拱坝使用和安全监测奠定了基础。

　　移动云办公、质量验评、质量管理、安全风险管控等 APP 陆续上线,实现了大型水利水电 EPC 总承包项目中基于移动设备的人机交互管理、扁平化管理、数据感知和共享管理。

5　结　语

　　杨房沟水电站采用 EPC 建设管理模式,开创了我国百万千瓦级大型水电项目建设管理的时代先河,是对我国新常态下水电开发理念与方式、传统建设体制和管理模式的重大创新。以杨房沟水电站工程为依托,通过深入研究复杂水利水电工程建设管理的内容及特点,从数字化设计、可视化决策、智能化建设、透明化管理入手,综合运用云计算、大数据、物联网、智能建造、区块链等现代信息技术,建立了统一的工程云数据中心,构建了覆盖全工程、全要素、全过程和全参建方、多层级的复杂水利水电工程智能建管平台。基于动态精细化施工信息模型,建立了全范围数字化设计管理、高拱坝混凝土全时空防裂控制、全过程浇筑质量实时管控、多维仿真立体渗控、质量全过程数字化管理与电子文件"单轨制"数字归档等智能工程技术体系,实现了工程项目全生命周期高效优质建设。

　　杨房沟水电站智能建管关键技术及平台的成功实践,经济和社会效益显著,推广应用前景广阔,可为类似大型水电水利工程项目建设管理提供参考与借鉴。

参 考 文 献

[1] 陈云华.大型水电工程建设管理模式创新[J].水电与抽水蓄能,2018,4(9):5-10,79.

[2] 陈雁高,徐建军,唐孝林,等.杨房沟水电站 EPC 总承包管理实践[J].人民长江,2018,49(24):12-16.

[3] 曾新华,谢国权.大型水电工程总承包跨越式发展浅论[J].人民长江,2018,49(24):1-6.

我国工程智能建造的发展现状及展望

熊开智[1]，吴向前[2]，申满斌[1]

（1.雅砻江流域水电开发有限公司，四川 成都 610051；

2.南京莱斯信息技术股份有限公司，江苏 南京 210014）

摘 要 智能建造作为工程建造的高级阶段，依托数据的互联共享，实现了"BIM+大数据+云计算"集成，通过开发智能建造平台，使整个工程建造过程形成了一个智能化整体。本文主要针对智能建造关键技术发展和应用现状做了综述，对未来推动我国智能建造发展进行了展望，并提出了相关建议。

关键词 智能建造；关键技术；应用现状；发展展望

1 引 言

长期以来，工程建造行业是我国国民经济的优势产业，涉及路桥施工、线路管道、设备安装等多项建设内容，对国民经济的发展和人民生活的改善提供重要的物质技术基础，并对上下游产业的振兴起着促进作用，它在经济发展中占有相当重要的地位。随着中国制造业的发展，工程建设的工业化水平显著提升。新一轮科技革命，为产业变革与升级提供了历史性机遇，我国建造行业也迫切需要制定工业化与信息化相融合的智能建造发展战略，彻底改变碎片化、粗放式的工程建造模式。随着建造行业内的信息化水平的提升，双循环发展和"一带一路"建设，给我国推进智能建造发展提供了广阔空间。

2 我国智能建造的发展现状

2.1 智能建造的概念

智能建造是信息技术与工程建造融合形成的工程建造创新模式，智能建造的本质是对设计、施工和管理实现动态配置的生产方式，以数字化、网络化和智能化为依托，应用算据、算力、算法等新一代信息技术，在实现工程建造要素资源数字化的基础上，通过规范化建模、网络化交互、可视化认知、高性能计算及智能化决策支持，将数字链驱动下的工程立项策划、规划设计、施(加)工生产、运维服务一体化集成与高效率协同，拓展工程建造价值、改造产业结构形态，提供智能化工程产品与服务。

智能建造不是一个面向单一生产环节的技术，而是一个高度集成多个环节的互联的建造系统，可以根据需求而实时调整，既融合了设计、生产、物流、施工和客户要求等关键环节，同时实现了数据实时共享和业务相互协同。对各环节的需求变化，如设计变更、供应变化等快速响应，从而实现建造过程的弹性和效率。

智能建造技术的产生使各相关技术之间急速融合发展，应用在建造工程行业中，使设

作者简介：熊开智（1978—），男，博士，正高级工程师，研究方向为流域水电企业信息化、智能建造。E-mail：xiongkaizhi@ ylhdc.com.cn。

计、生产、施工、管理等环节更加信息化、智能化,智能建造正引领新一轮的建造行业革命。

智能建造由以下四部分组成:一是基于 BIM(建筑信息模型化)技术、云计算技术的数字化策划;二是机器人操作全部或者部分建设任务;三是基于大数据技术的系统化管理;四是网络化控制[1]。智能建造涵盖建造工程全生命周期,包括智能规划与设计、智能装备与施工、智能设施和智能运维与服务 4 个模块。智能建造技术包括 BIM 技术、物联网技术、3D 打印技术、人工智能技术等。

2.2　我国智能建造发展的特点

智能建造依赖于计算机、网络技术的发展,我国智能建造起步较晚,近年来技术水平和产业化发展迅速,并取得了较为显著的成效。在国家层面,政府一直大力推动智能建造产业发展。

时间(年)	文件名称	主要内容
2016	《建筑信息模型应用统一标准》	第一部建筑信息模型应用的工程建设标准;填补了我国 BIM 技术应用标准的空白
2016	《信息通信行业发展规划物联网分册(2016-2020 年)》	在物联网产业生态布局、技术创新体系、标准建设、物联网的规模应用以及公共服务体系的建设上确定了具体的思路和发展目标
2017	《增强制造业核心竞争力三年行动计划(2018-2020 年)》	提出要对高分子材料进行改造,适配工业化 3D 打印技术;明确由骨干企业牵头,联合相关单位,研制工业化 3D 打印设备
2018	《政府工作报告》	人工智能再次被列入政府工作报告,明确提出加强新一代人工智能研发应用,发展智能产业,拓展智能生活
2018	《大数据白皮书(2018 年)》	建立一体化的大数据平台;形成良好的数据管理体系,打造平民化数据应用,组建强有力的数据管理部门
2020	《关于推动智能建造与建筑工业化协同发展的指导意见》	提出到 2025 年,我国智能建造与建筑业工业化协同发展的政策体系和产业体系要基本确立,推动形成一批智能建造龙头企业,引领并带领广大中小企业向智能建造转型升级,打造中国建造升级版

当前我国建造行业生产方式仍然比较粗放,与高质量发展要求相比还有很大差距,工程质量安全、效益和品质有待提升,我们与发达国家还存在一定的差距,主要表现在五个方面:一是基础理论和技术体系尚未完善,我国基础科研能力不强,引进技术的消化吸收力度不够,没有形成自己的技术体系,缺乏研发能力。二是中长期发展战略不明晰,各级政府发布了相关技术规划,但总体发展战略尚待明确,技术路线不够清晰,国家层面对智能建造发展的协调和管理待完善。三是制造智能建造装备基础薄弱,对引进的先进设备依赖度高,平均 50%以上的智能建造装备需要进口。四是关键智能建造技术严重依赖进

口,软件和硬件双向发展,重硬件轻软件现象突出,缺少拥有自主产权的智能化高端软件产品。五是智能产业人才储备不足,缺乏一批领军人才、专业技术人员、经营管理人员和产业工人队伍。

2.3 我国智能建造技术的发展状况

（1）BIM 技术。

我国的 BIM 技术应用虽然刚起步,交叉学科领域研究较少,多以施工阶段应用为主,但发展迅速,大多数企业都逐渐重视 BIM 技术在工程各阶段的应用价值。政府逐步明确了 BIM 技术的发展目标,颁布优惠政策调动各方主动、积极参与 BIM 的研发和应用,在推广上更细致也更具操作性,应用领域更专业化。提出以 2020 年为目标期限,达到 90% 普及 BIM 技术的应用率。

目前,设计企业应用 BIM 主要包括方案设计、施工图、设计协同及设计工作重心前移等方面,使设计初期方案更具有科学性,协调各专业人员并将主要工作放到方案阶段,使设计人员能将更多的精力放在创造性劳动上。施工企业应用 BIM 主要是查缺补漏检查、模拟施工方案、三维模型渲染及进行知识管理,做到直观解决工程模型构件之间的碰撞、优化施工方案,在时间维度上结合 BIM 以缩短施工周期,并通过三维模型渲染为客户提供虚拟体验,最终达到提升施工质量,提高施工效率,提升施工管理水平的目的。运维阶段 BIM 应用主要有空间管理、设施管理和隐蔽工程管理,为后期的运营维护提供直观的查找手段,降低设施管理的成本损失,通过模型还可了解隐蔽工程中的安全隐患,达到提高运维管理效率目的[2]。近年来 BIM 技术在我国应用的案例也有很多,在深化设计、辅助施工及可视化控制等方面发挥了巨大的作用。

（2）物联网技术。

物联网是新一代信息技术的重要组成部分,区块链、边缘计算、人工智能等新技术题材不断注入物联网,为物联网带来新的创新活力。受技术和产业成熟度的综合驱动,物联网呈现"边缘的智能化、连接的泛在化、服务的平台化、数据的延伸化"等特点。我国物联网技术虽起步较早,但许多关键技术仍然落后,因此增强核心技术开发能力是关键。截至 2020 年,我国物联网市场规模预计发展到 1.6 万亿元。

2012 年,我国开始将物联网技术引入建筑行业,以实现建筑物与部品构件、人与物、物与物之间的信息交互,在建筑行业应用物联网技术可大幅提高企业的经济效益,例如采用 RFID 技术对材料进行编码可实现对预制构件的智能化管理,结合网络还可做到精准定位。此外,基于物联网搭建施工管理系统,可及时发现工程进度问题并快速采取措施避免经济损失,国内已有多家企业利用物联网与信息化技术在工业化住宅建造阶段中进行研发与应用并取得了成果。

（3）3D 打印技术。

3D 打印运用所需物品的原材料如金属、粉末、水泥等进行逐层、快速的生产工作,3D 打印技术被认为是"第三次工业革命"。国家对 3D 打印技术的推进速度在 2016 年和 2017 年两年迅速加快,仅 2017 年就出台了 3 个专项政策,弥补了近年 3D 打印技术路线不清晰的缺陷,从产业规模到专业设备研发再到示范项目的数量均有明确的目标规划。我国 3D 打印技术发展与发达国家相比,虽然在技术标准、技术水平、产业规模和产业链方面还存在大量有待改进和发展的地方,但经过多年的发展,已形成以高校为主体的技术研发力量布局,若干关键技术取得重要突破,产业发展开始起步,形成了小规模产业市场,并在多个领域成功应用,为下一步发展奠定了良好基础。

将 3D 打印技术广泛用于工程行业的设计、施工、管理等方面,其自动化、高效率、材料丰富,给工程建造带来了更加丰富的建筑结构,颠覆了传统的土木工程建造技术。中国从 20 世纪 90 年代初开始涉足 3D 打印技术,过去 20 多年,中国在 3D 打印领域取得了丰硕的科研成果。3D 打印技术解决了现有工程物体形状单一的问题,可以打造出多种多样的物件,设计师也可先将设计的模型打印出来,再面对实物进行分析和优化,显示不同物件类型的可行性,可对工程施工产生较好的指导作用。一些科技公司利用 3D 打印技术已为许多工程打造了各类物件,例如苏州工业园区别墅和当年世界最高的 3D 打印建筑,这些都意味着我国向 3D 打印技术世界领先水平迈出了一大步,未来随着 3D 打印技术的发展,各领域将逐渐深化对该技术的应用与拓展。

(4)人工智能技术。

人工智能是计算机学科的一个分支,主要研究内容包括知识表示、自动推理和搜索方法、机器学习和知识获取、知识处理系统、自然语言理解、计算机视觉、智能机器人、自动程序设计等。我国人工智能研究已上升为国家战略,并明确了阶段性发展目标:2018 年国务院颁布了《新一代人工智能规划》,提出了面向 2030 年我国新一代人工智能发展的指导思想、战略目标、重点任务和保障措施,部署构筑我国人工智能发展的先发优势,加快建设创新型国家和世界科技强国。

2017 年,全球人工智能核心产业规模已超过 370 亿美元,中国人工智能核心产业规模占比超过 15%。随着可收集数据质量和数量的不断提升,人工智能加快了技术的革新和商业运营模式的发展。预计到 2020 年,全球人工智能核心产业将达到 1 300 亿美元,我国人工智能核心产业也将突破 220 亿美元的规模。

目前,人工智能技术在各工程建造的应用已相当广泛,在工程规划中结合运筹学和逻辑数学进行施工现场管理;在工程结构中利用人工网络神经进行结构健康检测;在施工过程中应用人工智能机械手臂进行结构安装;在工程管理中利用人工智能系统对项目全周期进行管理。人与机器的协同建造,作为技术发展中的重要环节,可在一定程度上推动建筑建造的产业化升级。在国家政策引领下,全国已有 16 个省市发布了人工智能技术的专项政策,尽管主要集中在沿海及工业化程度高的城市,在众多政策的催化下,国家会将更多的资金、优惠措施投入人工智能产业。

(5)云计算和大数据技术。

云计算是一种可供用户共享软件、硬件、服务器、网络等资源的模式,这些资源储存在云端服务器中,通过很少的交互和管理快速提供给用户,同时根据用户需求进行动态的部署、分配和监控。"十三五"期间在国家重点研发计划中实施了"云计算和大数据"重点专项。当前科技创新 2030 大数据重大项目正在紧锣密鼓地筹划、部署中。我国在大数据内存计算、协处理芯片、分析方法等方面突破了一些关键技术,特别是打破"信息孤岛"的数据互操作技术和互联网大数据应用技术已处于国际领先水平;在大数据存储、处理方面,研发了一些重要产品,有效地支撑了大数据应用;国内互联网公司推出的大数据平台和服务,处理能力跻身世界前列。

我国 2016 年私有云计算整体规模达 344.8 亿元,增长率为 25.1%;2020 年私有云计算整体规模将达到 976.8 亿元。大数据是采集、处理、分析、管理大规模数据的数据整合方式,其能力远高于传统数据库软件,且有海量的数据规模、快速的数据流转、多样的数据类型和价值密度低四大特征。大数据技术在国内得到了政府在各应用领域的大力支持,因此得到了快速发展。

云计算技术在我国的发展相对较晚,2012 年首个关于云计算的专项政策才得以出台,随后 2015 年和 2017 年提出到 2020 年云计算将成为我国信息化重要形态和建设网络强国的重要支撑。"三年行动计划"更具体强调了在技术增强、产业发展、应用促进、安全保障、环境优化等方面的提升,推动云计算技术健康快速发展。

3 我国智能建造应用的主要领域

传统建筑建造行业往往存在生产方式落后、效率低下,缺乏科学、有效、适合我国国情的工程项目管理理论,无法实现建设项目全周期管理等问题,一直是制约我国建筑业发展的瓶颈。推动建筑行业又好又快发展,智能建造有广阔的市场和空间。

运用物联网、云计算、大数据及新一代互联网技术构建了智能建造平台,开发了各种智能控制系统,扩展人们的感知能力、预测能力、控制能力及作业能力,使工程建设诸多技术难题变为力所能及;实现对工程的可视、可知、可测、可控;高难作业的自动化、无人化,提高施工精细化、标准化管理水平;有效控制了工程风险,安全、高效地实现了工程建设目标。借助物联网、大数据、BIM 等先进的信息技术,实现全产业链数据集成,可以解决建筑行业低效率、高污染、高能耗等问题,目前,智能建造已在一些重点工程领域付诸实践。

3.1 铁路建造

智能技术在铁路建造中的应用依托卫星、雷达等载体,借助三维图形技术、互联网技术、物联网技术等,深化优化既有技术,不断突破技术极限,具化简化传统作业方式,促进工程建造信息资源的整合共享和统一服务管理。

(1)基于雷达的深层地质探测。在地形条件差和地质构造复杂的地区,探索基于雷达的复杂地质地貌地区下自动化提取,记录沿线环境信息。

(2)大数据智能分析。基于天地一体化的空间信息网络,对海量、多源、异构数据进行大数据模型驱动和大数据智能分析。通过获取的多层次、多角度、多谱段、多时相的遥感观测数据,快速检测提取,融合深度学习算法,实现勘察区域自动数据分类。在海量数据中快速、准确地提取出地质、水文信息等,为勘察设计提供基础参考数据,为施工等提供数据依据。

(3)智能化工程勘测设计数据库。通过建立"工程勘测设计数据库",完善铁路勘测设计"一体化、智能化"的应用模式;将钻探成果数字化,实现数据共享;建立知识数据库、钻井分析中心数据库等;节约人力物力成本,减少勘测风险。

(4)自动化智能勘察选线。综合应用线路设计、人工智能、最优化、地理信息系统等理论方法,通过模拟人类自动完成状态感知(地形、地质等环境信息的自动提取)、实时分析(空间线位的自动搜索、分析、计算)、自主决策(方案比选评价)、精准执行(输出设计成果),实现计算机自动进行铁路三维空间线路搜索和结构物协调布设,生成满足各种约束条件且目标函数最优的线路方案,以代替人为勘察选线工作。

(5)基于 BIM 的协同设计。依托网络实现铁路工程多专业间协同设计,实现施工过程模拟仿真,使设计过程更加立体化、形象化,及时发现施工进程中的相互链接以及管理中的质量、安全等方面存在的隐患,优化工艺布置,可极大提高设计质量和水平、减少设计返工、提高工作效率。

(6)基于 BIM 的数字化施工。通过将信息封装在 BIM 模型,随着施工过程推进,实时增减信息量,在信息产生源头采集—传输—分析—应用—反馈这一信息流的大闭环过程中,依托 BIM 模型的流转,使施工过程可视化、信息透明化。数字化施工将拓展管理维度,从二维到三维、四维、五维,是智能建造发展的必然方向。

(7)可视化运维。运维领域的 BIM 技术运用成为重要方向和趋势,可视化运维将围绕设备管理、安防管理、健康监测、应急管理、能耗管理等方面开展[3]。

3.2　隧道建造施工

我国港珠澳大桥岛隧工程通过构建智能建造平台,开发了各种智能控制系统,扩展了人们的感知能力、预测能力、控制能力及作业能力,实现了对工程的可视、可知、可测、可控;水下作业的自动化、无人化,提高了施工精细化、标准化管理水平;工程风险得到有效控制,保障了工程品质与建设效率。

项目建设方以大数据为基础,通过智能技术获取数据,运用计算机与处理模型相匹配的智能系统,进行大量系统训练,并借助新一代通信信息技术,构建起"机智—人智"协同的智能建造平台。

智能建造平台由感知层、网络层、数据层、应用支撑层及应用层组成。感知层感知施工现场的基础数据信息,数据信息由网络层传输到数据层,通过应用支撑层的相关技术进行数据处理,最终在应用层形成各种智能控制系统,辅助工程建设者进行决策。

(1)感知层。感知是实现智能的前提,感知层是智能建造平台的基础,借助卫星、GPS/GIS、测量塔/声呐等物联网技术、传感技术,全过程、全方位感知周边环境,采集施工现场中的位置、距离、温度、湿度等各类数据信息,类似人的眼睛等感官。

(2)网络层。网络层利用光纤通信网、WIFI 等技术将感知层采集的各类数据信息传输至数据层,是感知层与数据层的信息传输通道,类似人体神经系统,实现系统内部各要素之间,以及系统内部与外部之间的交互。

(3)数据层。数据层中存储着大量的数据信息资源,借助数据库、云存储等智能存储手段,实现信息资源的有效存储和共享。数据层由基础数据信息整合构成基础数据库、业务数据库以及云存储等,是进一步数据分析的基础。

(4)应用支撑层。应用支撑层是智能建造平台的运算中心,类似于大脑,包含数据挖掘、人工神经网络、超算等数据处理技术及设备,实现数据融合、应用融合。数据融合即数据处理整合过程,实现大数据的汇聚、存储、挖掘分析并以数字化形式展现;应用融合即应用支撑层为应用层提供一体化支撑平台,进行应用开发、管理、协同、集成等操作。

(5)应用层。应用层是在感知层、网络层、数据层、应用支撑层基础上形成的一系列智能化应用系统,为项目建设提供可交互智能服务,如作业窗口管理系统、沉管对接保障系统等[4]。

3.3 复杂地形运动场馆建造

智能化建造可以根据项目建设需求,对项目施工过程中人力、物力、财力等进行高效、合理安排。根据场馆建设工作的复杂性,通过智能化建造来实现工程项目的统筹安排,以及精细化管理,寻求科学合理的组织方法。利用传感器、物联网,结合 BIM、GIS,可实现"一张图"下的智能建造。智能化建造云平台利用 BIM 技术、GIS 技术、大数据、智能化、移动通讯、云计算、物联网等手段,对工程进行精细化管理,对施工现场安全、质量、进度进行监控,实现了工程设施设备节能,安全的智能化管控和精细化、可视化管理,通过物联感知手段实时或准实时获取各类工程设施设备的运行信息,通过分析、识别三维可视化方式综合展示工程设施设备的运行状态,第一时间发现,第一时间预警,第一时间处理,防患于未然。

基于 BIM 模型,根据区域空间的大小将复杂地形的场馆信息划分为宏观、中观、微观三个尺度。通过 GIS 技术建立区域信息数据库,将 BIM 数据库与 GIS 数据库融合,并结合过程耦合研究成果,建立多元异构数据库,从而实现工程信息与区域信息的协调统一管理,为智能化建造平台建立提供数据基础。实现复杂山地条件下运动场馆智能化建造平台的层级划分与管理应用,实现施工仿真,安全与质量控制,场地场馆形变监测,有效辅助施工及后期运维管理[5]。

3.4 水电站建造

水电工程建设面临环境复杂、条件变化、资源流动、结构转换、性态调整等技术与管理挑战。通过开发工程建设全过程数字化、智能化技术,构建大型水电工程智能建造管理平台,大大降低了工程建设过程中人的不安全行为、物的不安全状态、环境的不安全因素及管理缺陷,使数据传递更加广泛快捷,工程决策更加科学及时,项目管理水平和效率显著提升,实现工程规划—建设—运行的全生命期价值创造。

以"全面感知、真实分析、实时控制"的智能控制理论为基础,通过构建大坝全景信息模型 DIM(Dam Information Model),开发智能建造管理平台 iDam(Intelligent Dam Analysis Management),在剖析工程结构和建造过程的基础上,构建以单元工程及其工序与流程为基础的建设过程实时管理和调控系统,形成了面向工程建设全过程的资源要素数字化管理、业务流程数字化管控、工艺过程智能化控制、实物成本精准化分析以及工程建设施工进度与温控防裂及结构安全的耦合仿真分析的智能建造技术体系,依托工程项目管理体系中规划与计划、技术与科研、投资与资金、利益相关者管理、组织机构与人力资源、信息系统、诚信文化、沟通协调及审计巡视的保障支持,最终实现水电工程全生命期真实工作性态的可知可控和管理绩效增值[6]。

4 我国智能建造的未来展望

目前,全球的工程建造领域发展均呈现智能化、信息化、工业化态势,数字化的发展模式是各国重点研究的内容,工程领域应用智能建造技术势在必行,将会促进国内建设业的升级转型。智能建造发展主要体现在以下几个方面:

一是设计过程的建模与仿真智能化。可把设计过程中的不确定因素加以模型化,规律化,优化产品设计的外形、性能,缩短了工程设计周期,降低了设计成本,避免了设计偏差导致的大量资源浪费和工期延误。

二是施工过程中利用基于人工智能技术的机器人代替传统施工方式。智能机器人在施工作业中更为便捷、迅速,能节省施工周期,在计算、处理方面都较为精准,提高了施工的效率,特别是适用于施工环境的不确定、施工强度较大、作业条件危险艰苦情况,不仅降低成本,材料的使用成本也会随之减少。

三是管理过程中通过物联网技术日趋智能化。物联网技术以感知层、传输层、应用层为平台实现建设工程管理智能化。基于物联网技术的信息化管理可以很好地处理建设工程中的大量信息,将施工阶段信息资料联系起来;解决不同组织、不同专业、不同过程之间的信息壁垒等问题。

四是运维过程中结合云计算和大数据技术的服务模式日渐形成。全周期管理过程存在海量的大数据,通过搜索、处理、分析、归纳、总结其深层次的规律,进而反过来指导建设工程项目管理工作,向业主单位提供工程相关信息的全数据,且源数据及相关责任问题亦可追溯、审核。

智能建造技术的发展在我国尚处于起步状态,多为通过引进国外关键核心技术,学习国外先进企业的创新建造技术来加快国内智能建造技术的发展,但缺少基础技术的理论支持及理论上更深层次的探讨。因此,未来会有更多企业寻求核心关键技术的突破和各技术之间融合发展,开拓全新的智能建造技术领域,打造符合我国发展的智能建造技术体系。为推进智能建造,应开展以下重点工作:

第一,应加快工程项目管理体制、机制的变革,加快推进工程项目总承包模式。按照总承包负总责的原则,落实工程总承包单位在工程质量安全、进度控制、成本管理等方面的责任。发挥工程总承包统筹设计、施工优势,实现建筑、结构、机电、装修一体化建造,设计、生产、施工一体化管理。

第二,加快创建工程项目智能建造的信息流、物资流、资金流和各种资源实时管控和运行的系统化工作平台。建设工程项目的系统化管控和运行平台是实现智能建造高质量发展的基本要求,创建系统化工作平台,实现工程项目的系统化管控,对于提升建筑业管理水平具有举足轻重的作用。

第三,加速机器人的研制。在 EIM 管控平台和建筑信息模型技术的驱动下,机器人代替人完成工程量大、重复作业多、危险环境、繁重体力消耗等情况下的施工作业。机器人代替人进行现场施工,从而改善建筑业作业形态,逐渐实现施工现场少人化,直至无人化施工。

第四,强化数字化的集成设计。积极应用自主可控的 BIM 技术,加快构建数字设计基础平台和集成系统,实现设计、工艺、制造协同推进标准化与个性化相结合,推进数字化设计体系建设,统筹建筑结构、机电设备、部品部件、工程施工、装饰装修,推行一体化集成设计。

第五,强化"中国智能建造"技术的研发和融合应用。加强技术攻关,推动智能建造基础共性技术和关键核心技术研发、转移扩散和商业化应用,加快突破智能控制和优化、新型传感感知、工程施工、工程质量检测监测等一批核心技术研发,并以新技术融合应用带动智能建造更快创新变革发展。

实现智能建造与工程工业化协同发展,离不开国家的政策支持与人才培养。因此,各地各行业要制定智能建造人才培育相关政策措施,明确目标任务,建立智能建造人才培养和发展的长效机制,打造多种形式的高层次人才培养平台。鼓励骨干企业和科研单位依托重大科研项目和示范应用工程,培养一批领军人才、专业技术人员、经营管理人员和产业工人队伍。

参 考 文 献

[1] 肖绪文.实现智能建造须满足四个条件[J].环境与生活,2019(4):79.

[2] 刘占省,刘诗楠,赵玉红,等.智能建造技术发展现状与未来趋势[J],建筑技术,2019(7):772-779.

[3] 王可飞,郝蕊,卢文龙,等.智能建造技术在铁路工程建设中的研究与应用[J],中国铁路,2019(11):45-50.

[4] 林鸣,王青娥,王孟钧,等.港珠澳大桥岛隧工程智能建造探索与实践[J],科技进步与对策,2018(12):81-85.

[5] 李书平,李长洲,韩小炎.基于BIM+GIS的复杂山地场馆智能化建造平台研发[J],居业,2020(1):88-89,92.

[6] 樊启祥,陆佑楣,周绍武,等.金沙江水电工程智能建造技术体系研究与实践[J],水利学报,2019(3):294-304.

雅砻江流域智能建设规划与实施

朱华林，翟海峰

（雅砻江流域水电开发有限公司，四川 成都 610051）

摘 要 在充分认识大数据、物联网、人工智能等新一代信息技术和智能建造技术的基础上，结合杨房沟水电站、双江口水电站、两河口水电站等在建大型水电站工程，以及北京大兴国际机场、港珠澳大桥、京张高铁等超大规模工程的实地调研和深入研究基础上，从顶层进行规划设计，探索如何建设敏捷高效可复用的智能建设平台。本文首先明晰智能建设平台特征、内涵和定位，阐述规划原则和设计思路；其次，介绍智能建设平台的总体蓝图和应用架构，以及规划的重点任务；最后，分析了建设难点、实施路径和预期成效。

关键词 雅砻江；智能化；智能建造；智能建造技术体系；智能建设平台

1 引 言

近年来，雅砻江流域水电开发有限公司（简称雅砻江公司）积极推动企业的数字化转型，在重点环节实现突破，建设了工程管理系统、流域大坝安全信息管理系统、两河口水电站智能大坝系统、杨房沟水电站设计施工 BIM 管理系统、大坝混凝土智能温控系统、企业级数据中心等信息化系统，为全面构建智能建设平台打下坚实基础。为加速实现水电站工程建设全面的智能化，雅砻江公司以卡拉水电站为试点，启动智能建设平台规划设计，成果作为公司水电项目智能建设的指导依据。

2 规划设计理念

2.1 平台的内涵、特征和定位

随着新一代信息技术在工程领域应用场景的不断丰富，水电站工程建设正加速迈向智能化时代。钟登华[1]认为，大坝建设管理已逐步从数字化建设向智能化建设方向发展，形成了以智能仿真、智能碾压、智能灌浆、智能交通、智能振捣、智能温控和智能管理集成平台等为核心技术的水利水电工程智能建设管理体系。针对智能技术的重要性，樊启祥[2]认为，利用智能技术进行水电工程建设是实现中国水电技术和管理跨越式发展，从而引领世界水电发展方向的需要。智能建设平台规划设计，正是在智能技术不断进步和行业智能化发展趋势的背景下展开。水电站发展阶段如图 1 所示。

2.1.1 平台内涵

水电站工程智能建设平台的内涵是通过传感、数据、软件、硬件、网络等，与人员、机器、物料、环境、供应链等建造要素融合，构建数字工程（数字孪生）与物理工程间数据自动流动的闭环赋能体系。智能建设平台是深度融合新技术、建造要素与管理规范的能够动态适应、自主学习、自主决策的人机协同系统，面向智能建造施工全过程，具备环境感知

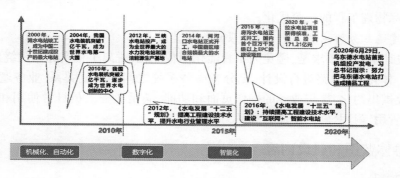

图1　水电站发展阶段

智能性、状态监测智能性、机器集群控制智能性、数据资源共享智能性和指挥调度任务处置智能性等智能特点。

2.1.2　平台特征

中国电子技术标准化研究院在《信息物理系统建设指南》中提出,通过对分析与决策能力的评估,体现智能化水平的"认知决策"能力从低到高分别为"人智、辅智、混智和机智"。其中,机智使系统变成"智能体",具备自认知、自学习、自决策能力,并且随着认知水平的不断提升,系统整体能力可以得到不断优化和提升。目前,国内代表性水电站工程的智能建设已经具备辅智能力并初步达到混智阶段。智能建设平台立足辅智能力基础,巩固现有混智能力,并向多方位、多角度实现混智能力发展,推动整体能力向机智阶段前进。

2.1.3　平台定位

智能建设平台是水电站建设管理中综合分析的"决策大脑"和调度处置的"信息协同中枢",其定位应是卡拉水电站工程的"工程管理中心""指挥决策中心""数据资产中心""创新示范中心"。

2.2　智能建设平台的设计思路

智能建设平台规划设计思路主要包括以下三个方面。

2.2.1　以新技术为驱动,推进工程建设的创新应用

规划设计以新技术为驱动,通过对行业内外先进技术进行调研分析归纳,对两河口、双江口、杨房沟等工程进行实地考察,并进行总结借鉴,在此基础上探索各类新技术在水电站工程建设过程中的新结合点、应用点,从顶层视角对新技术应用进行规划、设计,全面推进工程建设创新。

2.2.2　以数字孪生为技术目标导向,深化各类应用的智能化能力

基于数字孪生技术(包括但不限于BIM、GIS、高分遥感、视频监控、物联感知、航空摄影、模拟仿真等关键技术),对卡拉水电站的工程进行数字孪生设计,以数字孪生体为纽带,实现物理工程与数字工程相映射,形成物理工程指导数字工程建设,数字工程反馈物理工程优化升级的机制,进而以数字孪生为支撑,推进各类应用的智能化能力和水平提升。例如,构建流域全景孪生体可展现流域的实时天气水文和工程建设状况、展现流域天气水文和工程建设的演化发展过程;构建大坝、厂房、泄洪工程等孪生体,可展现各物理实体建筑物的建筑进度、工艺、参数等;构建仿真孪生体,可对进度、质量、成本等进行仿真分

析,反馈实际物理工程的决策优化。

2.2.3 以建造业务为主线,"一体化"设计智能建设平台

规划设计坚持实事求是,避免为了智能化而智能化,脱离工程实际。围绕建造业务主线,按照"一体化"的思路进行设计,充分考虑各系统之间的集成关系、业务逻辑关系,为各类用户提供集约化、聚焦业务的操作页面和功能,满足业务人员日常使用和管理需要,达到好用、管用、耐用,确保生命力和活力。

3 平台总体蓝图和建设内容

3.1 总体蓝图

按照"内容全面,技术先进,设计合理,适度超前"的理念,规划遵循"系统性、创新性、实用性、演进性"四大原则,统筹考虑雅砻江流域水电站建设的实际需求,通过新技术推动新建造。总体建设蓝图可以概括为"1+2+3+N"的总体架构体系,如图2所示。

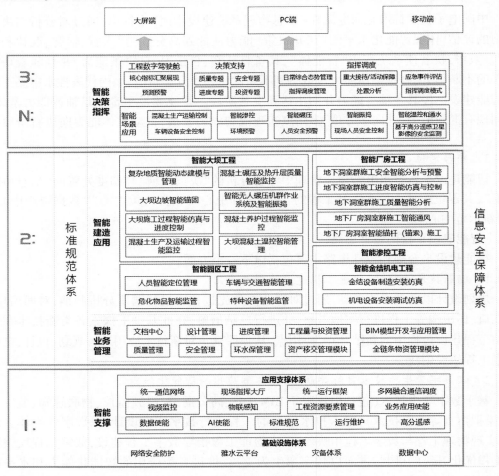

图2 智能建设平台总体蓝图

3.1.1 总体架构体系

"1"指1个智能支撑体系;"2"指2个智能建造应用和智能业务管理两类面向工程的应用平台;"3"指3个指挥决策类的应用,包括工程数字驾驶舱、决策支持和指挥调度; "N"指N个智能场景应用。

3.1.2 总体架构逻辑关系

智能支撑主要提出对相关技术和管理标准规范的要求,通过智能支撑,实现整体平台技术体系统一;智能建造应用和智能业务管理两大板块应该遵循智能支撑对相关技术的统一规划和要求,如对网络传感、对通信标准的要求等。

智能业务管理板块与智能建造应用板块,按照雅砻江公司及卡拉管理局对具体项目实施过程对质量、安全等方面要求提出,落实对相关信息采集和相关管理制度办法执行。

智能决策指挥板块,管理局是核心用户,通过该板块,为雅砻江公司的管理提供具体的数据和服务支撑,为客观评估总承包方工作绩效提供依据。智能决策指挥板块在功能层面是供给端,对采集数据进行实时展现、分析,支撑决策;同时也是需求端,自上而下促进智能建造应用、智能业务管理、智能支撑三大板块间业务协同和数据协同;对智能决策指挥的需求,将反馈在智能建造应用、智能业务管理、智能支撑三大板块的数据采集和业务管理上,在设计层面整体上实现了四个板块之间由需求引导供给,又由供给创造需求的闭环统一。

3.2 建设内容

根据总体蓝图,从工程设计、施工建造管理、运行维护三个层面出发,规划智能决策指挥、智能建造应用、智能业务管理、智能支撑等四大类智能化应用。如图3所示。

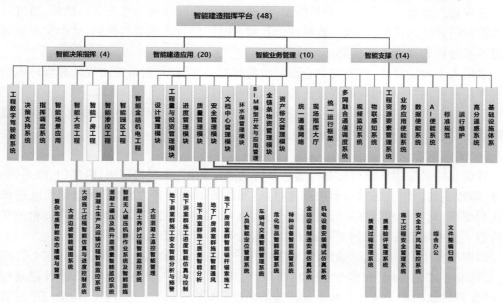

图3 规划设计重点建设内容

3.2.1 重点建设任务

智能建设平台规划了23项重点任务及48项子任务。

智能支撑规划4项重点建设任务:基础设施体系、应用支撑体系、标准规范体系和运行维护设计;智能建造应用规划了5项重点任务:智能大坝工程、智能厂房工程、智能金结机电工程、智能渗控工程和智能园区工程;智能业务管理规划了10项重点任务:设计管理、工程量与投资管理、进度管理、质量管理、安全管理、资产移交管理、BIM模型开发及应用管理、文档中心管理、环水保管理和全链条物资管理;智能决策指挥规划了4项重点任务:工程数字驾驶舱系统、决策支持系统、指挥调度系统和智能场景应用。

3.2.2　重点建设内容

智能建造应用子平台和智能业务管理子平台两大版块是规划的重点建设内容,决定着智能建设平台使用的实效。

智能建造应用子平台中,按照大坝、厂房、渗控、金结机电、园区5个分项共有20项子任务,重点建设混凝土养护过程智能监控系统等18项。智能业务管理子平台中,规划了10项子任务,重点建设其中的8项。

以混凝土养护过程智能监控系统建设为例,其主要是结合仓面小气候环境信息的智能分析,对洒水养护参数进行智能调控,有效保证混凝土养护效果,提高混凝土养护质量。其主要建设内容包括以下几个方面:

基于物联网、人工智能、自动控制等技术,研究碾压混凝土坝混凝土智能养护关键技术,实现混凝土养护质量的闭环控制。

在碾压混凝土坝仓面上布设仓面小气候采集设备,实时智能感知仓面温度、风速、湿度等信息,并通过仓面小气候采集设备自带的4G/5G通信模块,实现小气候信息的实时传输。

研究建立混凝土智能养护分析模型,根据采集的仓面环境信息及分析结果,通过对养护水管阀门开度的控制,实现水管喷淋量和喷淋时间的自动调节与控制,从而实现混凝土保湿养护过程的智能闭环控制。

采用人工智能算法,研究建立仓面环境的智能预测模型,对可能出现的异常环境信息进行智能预警,并提出相应的混凝土养护措施和建议。

研究基于图像识别技术的混凝土浇筑养护后的裂缝智能识别分析技术,实现对混凝土裂缝的动态检测,并智能反馈混凝土养护方案和参数。

3.2.3　重要场景设计

智能化场景应用构建目标是打通各系统功能和数据,实现跨层级、跨部门、跨系统、跨业务、跨数据的协同。场景以解决业务难点、问题或事项任务为导向,通过创新或连贯业务流程逻辑,对功能和数据进行重新组合,从而充分发挥出已建设各系统的功能价值和数据价值。重要场景方面规划了混凝土生产运输等10个场景,如图4所示。

以混凝土生产、施工、运输为例,通常在生产、施工、运输三个环节至少有三个管理系统(实际施工工艺不同,有多个系统),将生产、施工、运输三个环节的信息进行记录和管理,并支撑后续的相关统计。从系统构建的角度,其体现了在生产、施工、运输三个环节的管理制度和管理业务点,是以管理需求为导向,因此三个系统在功能逻辑上是彼此独立的、不协同的。而对于生产、施工、运输三个环节,从业务目标价值角度,价值体现在对材料质量的控制、追溯和支撑核销,尤其是支撑核销,生产、施工、运输三个环节任何一个单

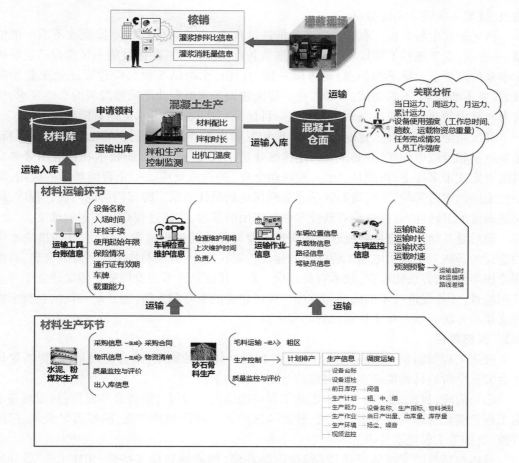

图 4　混凝土生产运输控制

独的系统都无法解决,单独构建一个材料核销管理系统与生产、施工、运输三个系统的边界难以划分清晰。因此,在以智能化为发展目标的系统设计思路中,提出了以智能化场景为手段解决功能孤岛问题,重塑业务价值。

　　智能化场景通过对功能重组和复用(而不是推翻重做),既保证了对现有管理制度的贯彻,也从保护投资角度进一步放大了已有投资的价值。此外,智能化场景还发挥着促进流程改进、效率提升和潜在问题发现的作用,是智能建设平台智能化建设成效的核心体现之一。

4　实施难点及实施路径

4.1　实施难点

　　水电站工程的智能建造是一个伴随着共生、融合、互动的长期过程,其发展取决于建造者对"智能"的认识和推进的意志,取决于建造的传统与创新的融合,取决于技术与实践的友好互动。

　　智能建造的目标实现和发展程度,需要克服建造与人共生的难点、传统与创新融合的难点、技术与实践互动的难点。

首先是共生与共识。在智能建造的推进过程中,有人可能存在不接受或不适应的情绪,一方面,安于现状不愿接受新技术带来的新改变;另一方面,因技能不足难以适应新技术带来的新要求。缺乏共识,行动难以一致。目前,水电站工程智能建设还处于起始阶段,需要不断探索,不断尝试,不断改进。智能建设是水电行业高质量发展的必然要求,所有参与其中的建设者要有强烈共识和统一目标,勠力同心,提升水电站智能建设水平。

其次是融合与互补。智能建设的实现和发展离不开传统与创新的融合。坚持创新,是在继承和延续中创新,并非全盘否定传统建造的技术与方法。新技术和新应用势必会对既有定式带来冲击,可能是"牵一发而动全身"的链式反应。一个智能场景的应用,需要组织结构中跨部门、跨层级的联动才能确保达到最佳效果。跨部门协同的配合程度、跨层级调度的灵活性,直接影响着新技术和新应用的落地,实施过程存在一定的难度。

最后是互动与改进。智能建造的实现需要与传统建造形成友好活动,共同推进水电站建设的升级。实现水电站工程的智能建设仍需在理论、方法与技术上实现新突破,目前理论还不全面,方法比较少,技术有待适应。新一代信息技术的发展要在传统建造中寻求应用场景,才能促进技术的成熟和改进。传统建造的革新和升级,需要新一代信息技术提供支撑和方法。难点在于找到二者的契合点。

4.2 实施路径

按照工程"设计—建造—运行—经营"四段一体化的原则,结合建设目标,智能建设平台分三个阶段目标推进实施,对应的分期目标如下:

第一阶段,目标是完成卡拉水电站工程智能建设平台包含的各系统建设,初步具备水电工程智能化管理和决策指挥能力,智能园区的各项功能初步实现,能够满足大坝、厂房开挖、支护等工程建造要求。

具体包括智能支撑体系建设(包括网络环境、物联感知设备搭建、BIM、GIS、高分遥感、视频监控等)、相关智能化建造系统建设、相关智能化管理系统建设(包括进度管理、质量管理等),并在此基础上初步搭建起智能决策指挥应用(包括决策支持系统、指挥调度系统等)。建设并完成人员、车辆、危化品、特种设备、物资等智能园区各管理系统。

第二阶段,目标是完善各体系建设,以工程管控为目标,推进智能化能力建设,支撑混凝土生产运输、智能灌浆等建造过程的需要。

具体包括两方面:一是基于第一阶段建设的各类应用,对已建信息系统平台中工程管理的关键基础数据进行收集,深化智能指挥决策类应用,实现现场施工、进度、环境、监测等数据的实时监测和数据融合分析;二是完善智能化场景的建设,以智能化场景为牵引,打通各系统之间的能力接口、数据接口,推动跨部门、跨系统之间的协同管理,充分发挥出数据价值和系统价值。

第三阶段,目标是重点针对机电设备等进行优化提升。

具体包括:综合利用 BIM、GIS、高分遥感、视频监控、物联感知、航空摄影、模拟仿真等关键技术和前期平台运行累积的各数据指标,构建数字孪生体,实现物理工程与数字工程的映射。利用数字孪生体开展针对工程建筑物(如大坝、厂房)、工程管理过程(如进度、质量、安全等)的试验仿真和分析,进一步提升整体平台的预测预警、模拟仿真和演化推演能力,达到最终的智能化预期目标。

5 预期成效与结论

智能建设平台的规划和建设,将通过各类先进技术的综合应用,在国内率先构建起水电站工程领域的数字孪生特色应用,具备感知、仿真、预测、协同和决策能力,为工程智能建造提供源源不断的发展新动力,推动水电站工程建造从混智向机智发展,成为国内水电行业智能化发展的践行者和引领者。

智能建设平台实现了以下几个方面的创新:

全面构建智能建设应用体系,全面梳理水电站智能建设全过程,体系化构建智能建设应用架构;实现水电站建设数据资产化,运用大数据和数字孪生技术,建立数据资产环境,形成智能建设数据资产;打造自由生长的智能建设生态,构建智能建设的坚实基座,形成一个不断演进、不断迭代、不断生长的智能建设生态;打造水电行业领域创新标杆工程,卡拉水电站采用物联网、人工智能、大数据、5G 等新一代信息技术和智能建造技术,拓展新技术在水电站工程中的应用场景,打造水电站智能建设的创新性标杆工程;打造全流域可复制的示范性工程,系统、全面、完整地构建水电站智能建设蓝图,为流域的开发建设提供可复制的示范。

拥抱新技术是水电站智能建设发展的源动力。未来,人工智能、数字孪生等新一代信息技术将释放巨大能量,推进各个行业滚动升级,甚至给行业带来颠覆性改变,水电站工程智能建设也将在新技术的浪潮中不断发展,从而具备强大的感知、仿真、预测、协同和决策能力,带动水电工程建设由数字化加速迈向智能化。

参 考 文 献

[1] 钟登华,时梦楠,崔博,等.大坝智能建设研究进展[J].水利学报,2019(1):38-61.
[2] 樊启祥,张超然,陈文斌,等.乌东德及白鹤滩特高拱坝智能建造关键技术[J].水力发电学报,2019,38(2):22-35.

电力生产实时数据服务应用研究

周律,周胜伟

(雅砻江流域水电开发有限公司,四川 成都 610000)

摘 要 随着大数据技术快速发展,海量电力生产实时数据应用分析的需求日益迫切。数据处理能力弱、应用区域有限的实时数据服务制约着电力企业的数字化转型和智能化发展。本文对计算机监控系统实时数据接入数据中心及打造实时数据共享服务平台进行了分析,对监控系 IEC104 规约报文通信、实时数据接入与存储、海量实时数据服务应用等方面的研究和应用成果进行了总结。

关键词 数据中心;大数据平台;时序数据库

1 引 言

雅砻江流域水电开发有限公司(简称公司)企业级数据中心 2017 年初步建成,目前已接入了包括生产管理、工程管理、人力资源、财务管理等 30 多个管理信息系统业务数据,以及集控中心数据交换平台、流域 5 座电站计算机监控系统电力生产实时数据,实现全业务数据的统一存储、管理和共享。公司集控中心电力生产数据中心建成后,其向企业级数据中心提供全量生产实时数据。基于数据中心业务数据及生产实时数据,公司建设了企业运营监控与决策支持系统。数据中心还为电力生产管理系统、售电管理平台、国投集团人力资源共享平台、国家可再生能源数据中心等系统提供数据共享服务。

随着海量数据实时应用需求的不断扩展,打造生产实时数据共享服务平台的需求也更加急迫。如官地水电站运维综合管控平台和运维辅助决策系统需要提供高实时性的海量开关量实时数据,企业运营监控与决策支持中心也提出生产业务指标实时监测的要求。企业级数据中心目前已接入的计算机监控测点数据达到 17 万余个。如何实现更稳定、高效的生产实时数据接入,如何构建更强大的实时数据共享能力并开展电力生产实时数据应用,成为企业级数据中心服务能力提升的重要方向。

2 数据中心网络架构

2.1 网路架构

按照电力监控系统安全防护的相关规定进行网络建设和管理,按照"安全分区、网络专用、横向隔离、纵向加密"的要求,公司网络设置管理信息区和生产信息区。管理信息区分为数据交换区、办公内网和 DMZ 区。其中,企业级数据中心部署在数据交换区,是公司统一的数据仓库平台;办公内网承载公司各信息系统、办公用户、各二级单位的核心网络数据交换,是公司信息系统的网络核心;DMZ 区主要承载公司办公网络与互联网的交付业务。安全 I 区和安全 II 区之间配置专业防火墙,生产信息区和管理信息区配置专业隔离装置。网络架构如图 1 所示。

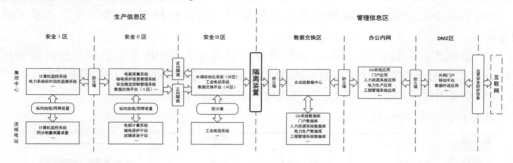

图 1　网络架构

2.2　技术架构

雅砻江公司企业级数据中心分为存储结构化数据的数据仓库平台、存储非结构化数据的分布式数据平台、存储实时数据的流数据平台、存储计算机监控系统实时数据的电力生产实时数据服务平台。涉及了 HTML、SVG、JSP、Storm、Kafka、Sqoop、Kettle、Redis、TDengine 等产品或技术。技术架构如图 2 所示。

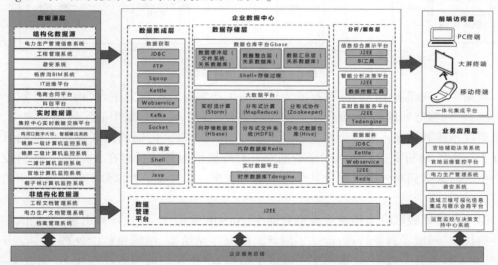

图 2　技术架构图

3　实时数据接入实现

为了实现海量实时数据接入企业级数据中心,集控中心数据交换平台通过 IEC104 规约通信方式,向企业级数据中心发送计算机监控实时数据报文;数据中心实时解析 IEC104 规约报文,并将解析结果发送至大数据平台 Kafka 消息队列,经过 Storm 实时计算处理后存储至时序数据库。目前,已用该方式实现流域 5 座电站计算机监控系统的实时数据接入和存储。其数据的流转过程如下:

(1)数据中心向集控中心数据交换平台实时数据提供接口发送请求建立 socket 连接。

（2）由实时数据提供接口向数据中心实时连接通道发送 104 报文。

（3）数据中心搭建 IEC104 规约报文解析程序实时解析报文,并将结果发送至 Kafka 消息队列。

（4）数据中心大数据平台 Storm 流计算程序对消息队列中的实时数据进行处理解析,并将处理结果分发存储至 Redis 数据库和 TDengine 时序数据库集群中进行存储。

（5）数据中心每 30 min 将 Redis 数据库的数据定时转存至 HBase。

数据接入流转架构见图 3。

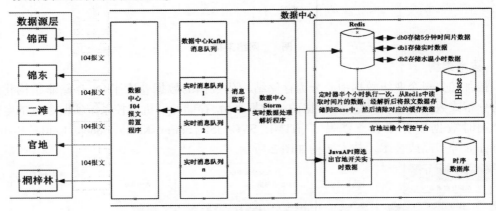

图 3　数据接入流转架构

数据中心侧部署了以时序数据库为核心的生产实时数据服务平台,构建生产数据的实时解析、计算与处理能力,强化了数据实时服务能力。经过数据中心实际场景测试,计算机监控系统数据接入数据交换平台延时在 1 s 以内,报文传输到报文解析过程的延时在 0.5 s 以内,解析完成后进入时序数据库并对外提供服务的延时在 2 s 以内,从监控系统产生实时数据到对外提供服务其延时不超过 3.5 s,能够满足大部分实时数据应用的需求。

时序数据库吸取众多传统关系型数据库、NoSQL 数据库、流式计算引擎、消息队列等软件的优点,形成了自身特点:定义了创新的数据存储结构,单核每秒能处理至少 2 万次请求,插入数百万个数据点,读出 1 千万以上数据点,比现有通用数据库快 10 倍以上;计算资源不到通用大数据方案的 1/5,通过列式存储和先进的压缩算法使存储空间不到通用数据库的 1/10;将数据库、消息队列、缓存、流式计算等功能融为一体,应用无需再集成 Redis、HBase、Spark、HDFS 等软件,大幅降低应用维护的成本;与多种第三方工具无缝连接,支持即席查询。基于时序数据库构建的生产实时数据服务平台有以下几点优势:

（1）实时解析,连续查询。

经 Storm 分布实时解析的电力生产 104 报文存储至实时数据服务平台时序数据库。时序数据库采用时间序列的方式按照实时数据服务传输标准与规范存储电力生产数据,取消删除和修改操作,提升了海量实时数据处理能力。

实时数据服务平台提供连续查询功能,利用简化的时间驱动进行流式计算;应用系统通过定义时间区域大小和向前增量时间,即可进行连续查询。针对服务平台中的表和超级表,平台配置自动执行的连续查询,可根据电力生产实时数据需求推送,也可回写平台数据库,提升实时数据应用服务能力。

(2)数据订阅,实时推送。

实时数据服务平台根据实时数据服务管理标准确保电力生产的实时数据与 API 服务的数据发布逻辑一致,并严格按照数据时间序列单调递增的方式保存数据。从本质而言,实时数据服务平台是标准的消息队列集。

通过以上特性,实时数据服务平台提供轻量级的数据订阅服务。电力生产实时数据需求方通过调用服务平台的 API 接口配置数据查询的业务逻辑和维护订阅服务的状态;需求方维护数据消息获取起始时间和操作状态,实时数据服务平台根据配置的业务逻辑和实时数据解析情况实时推送至需求方。

(3)多节点缓存,快速响应。

实时数据服务平台采用多个物理节点和多个虚拟节点搭建时序数据库集群。时序数据库集群中每个虚拟节点创建时分配独立的缓存池:每个虚拟节点管理自己的缓存池,不同虚拟节点间不共享缓存池;每个虚拟节点内部所属的全部表共享该虚拟节点的缓存池。服务平台将缓存池按块划分进行管理,采用时间驱动缓存管理策略(FIFO),将最近到达的(当前状态)数据保存在缓存中。实时数据服务平台通过多节点缓存的方式,快速响应电力生产数据应用方针对最近一条或一批数据的查询分析需求;通过查询函数向用户提供毫秒级的数据获取能力,强化电力生产数据实时服务能力。

4 实时数据服务方式

数据中心经过单向隔离装置与计算机监控系统建立 socket 连接,实时获取监控系统变位、总召报文数据,利用 Storm 技术实时解析计算,运用 TDengine 时序数据库进行数据规范化存储,采用 SpringBoot 技术优化数据共享接口开展数据实时共享服务,实现多源异构数据计算与检索,形成海量生产数据实时服务能力。生产实时数据服务流程如图 4 所示。

根据不同的数据共享应用需求,生产实时数据提供以下多种供数方式:

(1)Restful 接口供数。

数据中心发布 Restful 接口,提供最新测点数据,取数系统按照双方约定的数据范围、频率通过 Restful 接口获取数据。对应数据要求是实时数据、数据量小、数据时效性要求高。优点是提供符合 REST 设计标准的 API,支持各种不同类型平台的取数需求,便于后期维护;缺点是单个接口,并发量太大,服务器压力大容易卡死、宕机。

(2)中间库供数。

数据中心搭建电力生产实时数据服务平台时序中间数据库,数据需求系统通过 JDBC 接口直连数据中心中间数据库,由取数系统通过直连数据中心中间库获取实时数据,数据中心电力生产实时数据服务平台生产数据库实时向中间数据库同步实时数据。对应的数据需求是历史数据、数据量大、数据时效性要求不高。优点是支持各种不同类型开发语言通过 JDBC 的方式开发获取存储数据,供数系统可定制程序实时同步至内部数据库中直接使用;对电力生产实时数据服务平台时序数据库服务器集群不产生影响;缺点是数据中

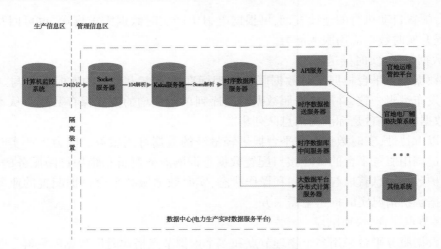

图4　生产实时数据服务流程

心开发程序将实时及历史数据同步至中间库会产生一定的时延。

（3）数据中心主动推送数据。

取数系统发布数据需求接口（数据库、API）两种方式二选一，数据中心通过主动推送方式，将实时数据推送至需求系统发布的数据库或API。对应的数据需求是实时数据、数据量小、数据时效性要求高。优点是数据中心无数据取数压力，实现及时增量同步数据到目标端系统；缺点是需为每一个目标端系统开发一套数据接口调用程序，不方便后期维护。

为满足各专业应用系统数据共享需求，数据仓库平台进行存储扩容，并与原有共享区数据库服务器组建高可用集群，以避免服务器因内存、磁盘空间、数据库 chunk 物理存储实体空间等因素导致的数据丢失等问题，提升数据读写效率和安全性。

5　实时数据应用情况

数据中心实时数据服务平台为公司运营监控与决策支持系统提供实时数据应用支撑，实现公司电力生产状况、水位气象和市场营销等生产核心业务的实时监控；机组负荷等实时动态更新，为公司经营决策提供辅助支撑。为官地运维辅助决策系统提供海量实时数据应用，实现了包括水电站设备运行监视、设备状态监测、设备劣化预警、设备故障预测和水轮发电机组状态监测等功能，为指导机组安全稳定运行发挥了巨大作用。为官地运维综合管控平台提供海量开关量实时状态数据，实现智能操作票、智能工作票和智能防误管控，保障作业过程中安全，防范安全事故的发生。基于生产实时数据平台开发了水电站设备实时数据趋势分析应用系统，提供自助式可视化工具，提高了在管理信息大区进行运行趋势分析的便利性，提高了水电站设备可靠性分析能力。

6　结　　论

海量电力生产实时数据服务和共享应用能力一直是电力行业的一大难题和困扰。为解决数据资源不全、数据实时性较低、海量数据处理能力不够等系列问题，公司开展了数据中心优化,利用 104 规约报文解析的 Kafka 消息队列等技术方式,实现了监控系统实时数据的接入。通过部署时序数据库提升了数据应用的实时性。经过此次优化,基本实现了全业务数据实时共享应用支撑能力。本项目工作可以为其他企业开展海量生产实时数据应用提供借鉴。

参 考 文 献

[1] 杨锐.大数据环境下动态数据仓库的应用研究[J].电子技术与软件工程,2015(2):215.
[2] 杨婕.时序数据库发展研究[J].广东通信技术,2020(3):46-48.

夯实业务基础，助推智能电站建设

裴志康，席光庆

（雅砻江流域水电开发有限公司，四川 成都　610051）

摘　要　随着云、大、物、移、智等新兴技术的发展，智能电站建设的内容和范围在不断丰富。各种智能化应用的落地极度依赖于电厂设备编码体系、信息模型、设备运行样本库、故障处置专家库、两票标准库、安全风险标准库等电站基础业务数据，智能电站建设过程中必须处理好以上水电业务基础不足的问题。夯实智能电站建设业务基础仍是电力生产工作人员必须面对的艰巨任务。

关键词　智能电站；编码体系；信息模型；设备运行样本库；故障处置专家库；两票标准库；安全风险标准库

1　引　言

当前，世界科技创新呈现新趋势，不同领域科技创新加速融合，全球科技创新深度融合。以云计算、大数据、物联网、移动互联网、人工智能为代表的新兴技术快速发展，并开始应用于不同的产业领域，正在催生新经济、新产业、新业态、新模式。水电领域也不例外，尤其是水电行业刚好处于从重工程建设向重运维管理的水电时代转型窗口期，新兴技术革命与水电时代转型相逢，将给水电产业格局转变以及技术革新带来深远的影响。

随着经验的积累和技术的发展，智能化建设和智慧化发展内容与范围在不断丰富，其落地过程绝不是一步到位。无论是在通用领域还是聚焦到电力行业，均存在基础不足的问题，补短板、打基础仍是一个必然的过程。各种智能化应用的落地极度依赖于电厂基础业务数据。企业自身普遍缺乏智能化建设基础的问题，有必要增加基础投入，不能只计较短期产出，需要坚定信念、做好长期投入的准备。

2　智能电站基础业务体系

智能电站建设必须利用智能化技术，以电站设备为主线，优化电站业务流程，完善电站基本的业务能力，为后续各业务条线智能化应用、分析及决策提供基础支撑。基础业务能力建设任务主要包括统一设备编码体系、信息模型、设备运行样本库、故障处置专家库、两票标准库、安全风险标准库等任务。

3　建立统一设备编码体系

设备编码体系应满足工程设计、设备制造、基建施工、安装调试和运行维护各阶段的要求，解决企业普遍存在的一物多码、物码不符等问题，以统一设备编码为纽带，实现统一设备编码在设备台账、备品备件采购、物资仓储管理、工器具管理等不同业务系统的数据共享，最终实现以统一设备编码为纽带的大数据共享应用。

3.1 建立电厂编码规范及编码动态管理制度

研究电厂统一设备编码技术，建立编码规范或体系文件。基于对公司现有业务系统和编码管理现状的分析，进一步规范和完善现有编码体系，建立统一的企业资产设备全生命周期管理体系，涵盖设备的生产制造、运输调拨、库房管理、安装调试、运行检查、维护维修及闲置报废等全业务链条的状态信息跟踪管理。开展现有设备编码的梳理和清理，研究建立规范化的设备编码动态管理机制，借助信息化手段实现编码新增或修订的全自动化检验和快速审核流程，提升编码的实用性。

3.2 基于统一设备编码的数据共享研究

研究设备编码在各业务系统的应用方式，研究基于设备编码进行数据归集和信息共享的通信接口，先期实现统一设备编码在设备台账、备品备件采购、物资仓储管理、工器具管理等方面的数据共享研究，逐步实现统一设备编码为纽带的大数据共享应用。

4 建立全业务统一信息模型企业标准

基于水电站常用的国际通用标准 IEC 61850/IEC 61970/IEC 61968/OPC-UA 等，提出适用于发电企业的全业务统一信息模型企业标准或规范要求，对水电厂机电设备、水工设施等设备及逻辑控制功能等资源进行统一模型定义，以提高设备及业务系统的互操作性，实现"一次采集、多处应用"的数据贯通和共享利用，确保了业务之间的信息共享与互动，增强了系统的灵活性，减少了智能电站生命周期内的整体成本。

4.1 IEC 61850/IEC 61970/IEC 61968/OPC-UA 的应用研究

研究 IEC 61850 信息模型在电站自动化系统、智能电子装置 IED 中的应用，制定智能电子设备之间的信息交换和互操作的标准，将 IEC 61850 在厂站层生产信息区业务系统之间进行应用。

研究 IEC 61970 和 IEC 61968 信息模型在集控层业务系统中的应用，以及在厂站层生产管理大区业务系统中的应用。

研究电站业务系统与外部业务系统基于 OPC-UA 信息模型的集成，研究基于 OPC-UA 信息模型的巡检机器人、无人船、无人机的集成途径。

4.2 企业全业务统一信息模型企业标准编制

基于国际标准的应用研究内容，提出适用于企业的全业务统一信息模型企业标准，明确智能电站的智能设备、自动化系统、信息化系统及外部业务系统集成应遵循的信息模型、通信协议、通信接口等内容，以及现有业务系统改造的技术要求。

5 建立企业设备运行样本库

结合公司智能电站设备异常预警、故障诊断和状态评价智能应用组件的开发需求，立足公司水电大数据中心，利用其积累的设备全工况海量生产运行和状态监测历史数据，充分运用大数据挖掘和人工智能技术，梳理并建立公司各类设备正常运行样本库、状态评价健康样本库和设备故障诊断样本库，以支撑后续智能化故障分析及水电机组状态检修等智能应用的测值异常预警、故障诊断预警、健康状态评价、性能退化预测和状态检修综合决策功能,并促进公司各电站间设备故障、缺陷信息统一收集共享的实现。

5.1 设备正常运行特征指标量梳理及其样本库的建立

研究设备运行过程中特征参数变化规律,根据设备状态分析模型梳理设备运行工况及设备正常运行关键特征指标参数,以大数据分析方法与模型为核心,以设备海量历史数据为基础,开发机器自学习功能,采用多维正态分布、回归分析、支持向量机、邻近算法、相关分析、人工神经网络算法等大数据分析挖掘方法,结合功率、水头等多维度工况信息对设备关键特征数据进行自动分析计算,得出设备特征数据所服从的随机分布过程及特征数据间的相关系数,得到设备在不同运行工况和运行条件下的正常运行特征参数阈值范围及设备特征参数曲线,从而确定不同工况下的设备正常运行标准值基线及其变化区间范围,形成设备正常运行样本库;设备正常运行样本库应具备优化管理功能,能够随着设备实际运行数据及全工况样本数据的积累而不断优化。

5.2 设备状态评价健康特征指标量梳理及其样本库建立

根据设备状态评价模型梳理设备健康状态关键特征指标参数,依据国内外现行相关标准值、设备制造单位设计值、机组运行前期统计值及国内外同类机组运行经验值确定设备稳态工况健康状态特征量标准值,从而形成基本的设备状态评价健康样本库。同时,采用上述大数据分析挖掘方法对设备健康状态关键特征量数据进行自动分析计算,得到设备在不同运行工况和运行条件下健康状态关键特征量标准值及其界限值,从而形成实际的设备状态评价健康样本库;设备健康样本库应具备优化管理功能,能够随着设备实际状态评价工作的展开及全工况样本数据的完善而不断优化。

5.3 设备故障诊断特征指标量梳理及其案例库、样本库的建立

建立公司各电站间设备故障、缺陷信息统一收集共享的设备故障诊断样本库,研究各类设备具体故障树梳理、分级、分类和判别的方法,研究各电站设备故障案例及其历史数据的提取、分析、统计和脱敏共享的方法,根据设备故障诊断模型及故障诊断专家知识库梳理设备故障诊断关键特征指标参数,设计设备故障诊断样本库数据结构,对各电站机电设备过去发生的故障案例及其数据进行收集整理,根据设备类型、故障性质、故障类别、严重程度等对其进行分级分类后,采用人工标记的方法从历史库中提取该设备该类具体故障所对应的运行数据样本,确定故障样本并拷贝入故障诊断样本库,从而生成不同设备不同故障的故障诊断样本库,作为设备故障诊断专家知识库、模型自学习和特征向量匹配的依据;系统故障样本库应涵盖诸如转子质量不平衡、磁拉力不平衡等水轮发电机组共性故障数据样本;设备故障诊断样本库应具备优化管理功能,能够随着设备实际故障诊断工作的展开及故障数据的积累而不断补充优化。

6 建立故障处置专家库

研究各电站机电设备故障处理、水电工程异常状况处置修复方法,建立公司统一的电子化、流程化机电设备故障和水工异常的应急预案,在梳理公司各类故障案例库的基础上建立机电设备故障处置专家库和水工管理异常管控专家库,以支撑后续智能化故障分析及水电机组状态检修、水工管理等智能应用的状态异常预警、故障诊断预警、状态检修综合决策及水工运维管理等功能,促进公司各电站间设备故障、缺陷及水工异常状况统一处

理流程和处置预案的实现。

6.1　公司统一机电设备故障和水工异常处置应急预案的建立

调研和收集公司各电站各类机电设备故障及水工异常处置流程和方法,形成公司统一的电子化、流程化机电设备故障及水工异常处理标准程序和处置应急预案。

6.2　设备故障处置专家库的建立

收集和整理各电站机电设备过去发生的故障案例,根据公司建立起的设备故障诊断案例库,结合其诊断模型、专家知识库及故障特征向量设计专门的设备故障处置专家库,并按照设备类型、故障性质、故障类别、处置方法等对其进行分类,从而建立涵盖各类设备、各种故障处理流程及处理建议的故障处置专家库,并具备优化管理功能,能够随着设备实际故障诊断处理工作的积累而不断补充优化。

6.3　水工管理异常管控专家库的建立

研究整理雅砻江各电站在水工管理方面出现的异常状况及异常处理措施,整理汇编成水工异常处理案例库,并结合水工异常诊断模型、专家知识库等方法,按照水工部位、异常性质、异常类别、处置方法等分类,建立涵盖水工管理各种异常处理流程及相应对策的异常管控专家库。

7　建立企业典型两票、安全风险标准库

7.1　典型两票标准库

在各电站现有典型工作票的基础上,优化完善电站典型工作票,涵盖电站电气第一种工作票、第二种工作票、水力机械工作票、二次作业安全措施票、一级动火工作票和二级动火工作票,进一步明确各工作票的工作范围、工作内容、安全措施等技术内容,支撑智能两票等业务。

依据电力安全工作规程、电业安全工作规程和电站"两票三制"管理办法,对各电站现有的典型工作票进行汇总分析,根据业务需求确定需要补充完善的典型工作票,结合业务专家的经验,明确各工作票的工作范围、工作内容、安全措施等技术内容,进一步完善并扩充典型工作票库。统一使用标准化术语,实现两票标准化、规范化。标准化范围包括设备编码、执行方式、标示牌类型、安全措施、危险点、有限空间、交代事项等要素。

7.2　安全风险标准库

持续完善形成公司统一的安全风险数据库,建立安全风险库的动态更新机制,提升安全风险评估质量。完善安全风险评估的输出应用,将安全风险控制措施有效应用到作业指导书、作业安全交代和作业管控监督工作中,同时具备收集安全风险管控最佳实践和检查项目的输出功能,提升安全风险管控能力。

8　结　论

"基础不牢,地动山摇"。智能电站的建设不但要做好统一通信网络、超融合云平台、物联网智能装备、一体化管控和大数据平台、人工智能服务平台、全方位网络安全防护体系等基础设施平台搭建和智能梯级调度、智能发电运行、智能设备维护等相关智能应用建设,同时也必须在智能电站基础业务上持续发力,不断优化基础工作。智能基础业务的完

善与持续优化也是智能电站建设的主要任务与挑战。智能电站建设必须以基础业务为起点进行业务相关数据整理、优化,也必须以现场各项业务为落脚点,最终才能发挥智能电站的优势,促进电站相关业务及管理提升。

参 考 文 献

[1] 黄其励. 对智能化水电厂的认识与实践[J]. 能源技术经济,2011,23(6):1-8.

[2] 潘家才,纪浩. 智能水电站建设思路[J]. 水电与抽水蓄能,2012,36(1):1-4.

[3] 刘吉臻,胡勇,曾德良,等. 智能发电厂的架构及特征[J]. 中国电机工程学报,2017,37(22):6463-6470.

两河口水电站智能监控及
辅助决策系统建设实践

段贵金,刘正国,李政,程文,王博宇,张方虎

(雅砻江流域水电开发有限公司,四川 成都　610051)

摘　要　传统水电站计算机监控系统基本以单个测点信号作为设备监视信息,报警信息分散杂乱、需要运行监盘人员进行人为分析和决策,当出现大量信号刷屏时,监盘人员无法快速获取有用信息,运行人员监盘工作压力大。本文介绍了两河口水电站智能监控及辅助决策系统如何利用大数据和人工智能技术帮助运维人员提高工作效率。

关键词　水电站;智能监控;辅助决策;趋势预警

1　引　言

　　传统计算机监控系统存在报警信息多而杂,发生故障时需要运行监盘人员人为筛选信息分析故障原因,运行人员监盘工作压力大,容易出现人员漏看报警信息造成事故处置不及时等情况。随着后续可开发的水电站地理位置越来越偏远,海拔越来越高,人员工作环境愈发恶劣,为减少监盘人员工作负担,提高工作效率,两河口水电站以计算机监控系统为基础,引入大数据分析、人工智能等技术建设了一套智能监控及辅助决策系统。

2　两河口水电站智能监控及辅助决策系统

2.1　系统结构

　　为不影响电站计算机监控系统的功能,智能监控及辅助决策系统部署在安全Ⅲ区,通过安全隔离装置从控制区(安全Ⅰ区)实时获取计算机监控系统数据,从非控制区(安全Ⅱ区)获取在线监测、故障录波、电能量采集和继电保护信息管理系统等系统数据,并将数据存储于安全Ⅲ区,通过防火墙获取工业电视系统和消防监控系统数据信息,系统结构如图1所示。

2.2　系统功能

2.2.1　数据采集、处理和存储

　　水电站业务系统多,数据类型复杂,容易形成"信息孤岛"。本系统将各业务系统数据汇聚至安全Ⅲ区数据中心,打破不同系统之间的壁垒,将业务数据统一存储、管理和处理,按照不同应用系统中的数据访问频率、数据用途、数据格式将数据分为实时数据、历史

作者简介:段贵金(1991—),男,学士学位,助理工程师,研究方向为自动控制与保护设备管理。
E-mail:1635972120@ qq.com。

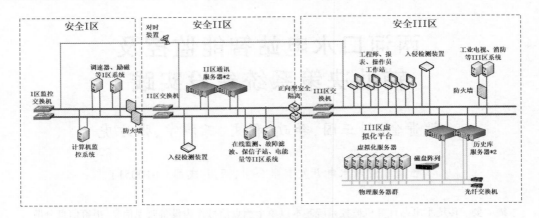

图 1　两河口水电站智能监控及辅助决策系统结构

数据和非机构化文件数据库等。然后使用汇总、清洗、转换、分析全部业务数据的方法,构建统一数据分析服务,实现跨专业数据的高效计算、智能分析和深度挖掘,为进一步的智能应用提供数据支撑。

2.2.2　设备智能监视

系统通过从设备运行数据、试验数据和检修记录数据提取能准确表征设备状态的特征参数,对机电设备进行全面监视,提取设备特征信息,实时掌握设备运行状态,形成庞大的数据库,再结合设备运行管理经验制定智能监视策略,设备根据设定的策略实现自动监视、运行趋势的自动分析及异常情况的自动报警。

系统监视界面通过图标显示全厂分系统,通过颜色与角标显示系统下设备故障等级与数量,对于重要设备出现异常时,系统自动调用并展示该设备附近的工业电视画面,为运维人员提供更直观、更准确、更可靠的设备状态信息,运维人员可快速判断设备状态,根据故障等级进行处理,监视界面如图 2 所示。

系统故障报警功能分为三部分,一是报警逻辑推导图,显示报警的逻辑组态情况、故障动作逻辑;二是报警信息文字描述展示,显示故障动作时相关重要测点的测值;三是运行数据曲线展示,用于展示故障或预警发生前后一定时间段内设备运行曲线。设备故障展示界面如图 3 所示。

2.2.3　设备趋势预警

系统通过深度学习算法,挖掘历史数据中的设备运行规律,并充分利用神经网络的自学习能力,无需人为干预,动态地从历史数据中找到设备相关物理量合适的运行区间,掌握物理量变化的缓变与突变趋势,以实现对设备运行状态变化趋势、变化率实时监视和异常自动识别,并及时发出告警。趋势预警主要分为对某个设备在不同时间同样工况下的运行数据进行纵向环比分析;对不同机组的同一类设备在相同工况下进行横向数据对比分析;对设备长期运行特征参量值进行趋势分析,当发生与预测趋势的突变或超出预测运行区间时进行预警。

2.2.4　设备故障处置辅助决策

系统以设备作为一个报警对象,对象包含了设备的所有监测点数据信息。当发生故

全厂	1号机组	2号机组	3号机组	4号机组
开关站	调速器系统 ²	调速器系统	调速器系统	调速器系统
水淹厂房系统 ¹	励磁系统	励磁系统	励磁系统	励磁系统
公用系统	发电电动机	发电电动机	发电电动机	发电电动机
闸门系统	水泵水轮机	水泵水轮机	水泵水轮机 ²	水泵水轮机
临时	主进水阀	主进水阀	主进水阀	主进水阀

序号	动作时间	复归时间	一级对象 ▼	二级对象	报警类型	报警信息	确认情况
1	2019—12—29 17:30:11	2019—12—29 17:31:11	1号机组	调速器	故障	调速器油压过低	已确认
2	2019—12—29 17:20:11	…	全厂	水淹厂房	事故	水淹厂房	已确认
3	2019—12—29 17:10:11	…	3号机组	水泵水轮	预警	水导瓦温度变化异常	未确认
4	2019—12—29 17:00:11	…	4号机组	调速器 +②	故障		待处理
5	2019—12—29 16:50:11	…	1号机组	发电电动 +②	故障		待处理
6	2019—12—29 16:50:11	…	2号机组	水泵水轮 +②	故障		待处理
7	2019—12—29 16:50:11	2019—12—29 16:50:11	4号机组	主进水阀	预警	球阀开机速率异常	待处理

图2　全厂设备系统监视界面

障报警时,系统结合设备运行工况及历史数据,快速辅助故障定位,在人机交互界面上提出若干条故障报警原因,以便辅助运行人员分析判断,根据运行人员判断出的故障原因,结合历史故障处理方法,提出若干条处理措施。

当机电设备发生紧急故障时,第一时间推送故障信息,监视画面可自动跳转至故障设备界面,并推送相关的故障应急预案,辅助运行人员快速、正确地处理紧急异常事件。紧急故障可触发联动系统,如联动工业摄像头、广播系统、门禁系统等,联动系统需经人工确认再出口,防止误报误动。

2.2.5　设备状态评估与智能报表

系统能自动提取设备运行特征曲线,建立设备健康图谱,并定期生成设备健康状态评估报告,可对所有机电设备的任意指定时间段内进行状态评估并生成分析报告。

系统具备完善的报表生成功能,且报表可编辑修改,报表数据能通过丰富的图形控件实现可视化,通过关联数据绘制柱状图、折线图、饼图等常规图形。

3　结　语

两河口水电站智能监控及辅助决策系统的研发凝聚了大量现场运维人员的技术经验,系统后续随两河口电站机组投运后将投入使用,随着系统的不断优化完善,最终完全替代计算机监控系统,将充分发挥智能化优势,促进电厂运维管理模式优化提升,减员增效,助力高原电站最终实现"无人值班"和"状态检修"。

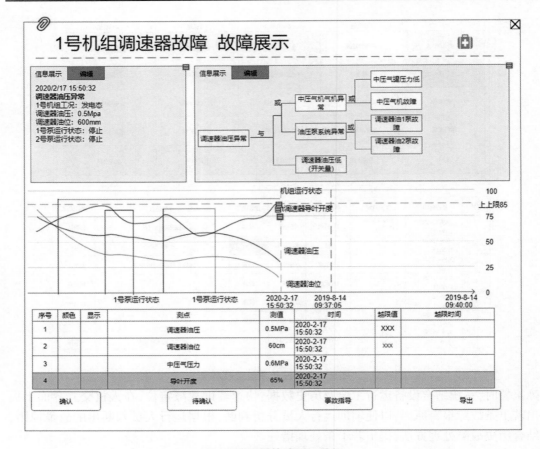

图 3　调速器故障展示界面

参 考 文 献

[1] 雷元金,李世豪,刘毅非,等.基于人工智能算法的大型水电站智能监盘系统研究[J].轻工科技, 2021,37(4):95-96,119.

[2] 刘海滨,董海洋,秦晓康,等.水电站智能监控服务支持系统研究与应用[J].水电能源科学,2018,36 (8):162-165,213.

[3] 张志强,黄佳胤,罗琨.电网智能运维管理系统[J].云南电力技术,2018,46(4):19-22.

锦屏一级特高拱坝及近坝库岸长期运行安全管理调控平台研究与应用

钟桂良[1]，李伟[1]，李啸啸[2]，张晨[2]，周钟[1]，邱向东[1]

（1. 中国电建集团成都勘测设计研究院有限公司，四川 成都　610072；
2. 雅砻江流域水电开发有限公司，四川 成都　610051）

摘　要　锦屏一级水电站已投产运行多年，确保大坝安全是电站长期正常运行的重要基础，加强特高拱坝及近坝库岸长期运行的安全监控和预警调控可提供有效支撑。在研究了特高拱坝长期运行下的结构病变诊断、预警和调控保障体系基础上，运用GIS+BIM等信息技术，研发了锦屏一级特高拱坝及近坝库岸长期运行安全管理调控平台。该平台服务于电站运行维护，为锦屏一级电站长期安全运行提供了有力支持。

关键词　特高拱坝；近坝库岸；安全监控；预警调控；平台

1　引　言

雅砻江锦屏一级水电站已投产运行多年，大坝安全事关人民群众生命财产安全，确保大坝安全是工程正常运行的重要基础。为了尽可能避免工程安全事故的发生，亟须加强特高拱坝长期运行的安全监控和预警，建立特高拱坝长期运行下的结构病变诊断、预警和调控保障体系，建设相应长期运行安全管理调控平台系统。

随着GIS技术与BIM技术的快速发展，BIM与GIS数据融合方面的研究[1]以及基于BIM+GIS大坝安全监测方面的研究逐步兴起[2-3]，基本解决水电工程监测系统三维可视化程度低等问题。围绕大坝安全预警及模型的研究工作方兴未艾[4-6]。而结合大坝安全预警模型，基于GIS+BIM集成大坝结构病变诊断、预警和调控的技术研究较少。

在研究建立特高拱坝长期运行下的结构病变诊断、预警和调控保障体系基础上，结合工程管理实际，采用GIS+BIM技术，依托数字雅砻江系统，建设锦屏一级特高拱坝及近坝库岸长期运行安全管理调控平台系统，以服务锦屏电站运行维护。

2　运行安全管理调控关键技术

2.1　监测有效信息提取方法

2.1.1　数据过程线识别原理

根据连续性假定，结合大坝变形监测时间序列数据的特点，组成最优主趋势线的连续

基金项目：国家重点研发计划项目（2016YFC0401908），雅砻江锦屏一级水电站施工期专题科研补充协议（JPIA-201702）。

作者简介：钟桂良（1985—），男，博士，高级工程师，研究方向为工程数字化。E-mail：zgltj215@qq.com。

点集合应拥有最长的横坐标范围和最少的纵坐标突跳。通过运用分组枚举法,提取出组成突跳情况最少、时间与长度覆盖度最广的数据过程线的连续点集合。

2.1.2 监测有效信息提取步骤

使用高斯模糊、图像二值化原理及数据过程线识别原理进行监测有效信息提取,其中高斯模糊强度设为 2,二值化阈值设为 150,步骤如下:

(1)将监测数据导入自动化粗差识别程序中,并根据监测数据绘制出数据散点图。

(2)对数据散点图进行高斯模糊和图像二值化处理,识别出连续点集合。

(3)根据评价函数提取数据过程线。

(4)依据识别出的数据过程线,偏离过程线的便识别为粗差。

2.2 安全监控和预测模型研究

考虑到特高拱坝环境因素和监测效应量的复杂性,主要建立水压分量确定性的混合预测模型,即水压分量的构造形式由有限元计算结果来确定,温度分量和时效分量的构造形式由统计理论及经验来确定。

在外荷载(水压、温度等)作用下,大坝和坝基任一点产生的变形按照其成因可分为水压分量、温度分量和时效分量。考虑初始值的影响,提出利用空间多个测点的测值序列,引入测点的空间坐标变量,建立空间位移场的时空混合模型,即:

$$\delta = f(H, T, \theta, x, y, z)$$

式中,H 为水压因子;θ 为时效因子;T 为温度因子;x, y, z 为空间坐标变量。

2.3 重点监控点选取方法

根据前期蓄水期计算成果,顾及特高拱坝测点的关联性和整体性,选取坝顶水平拱圈、9#坝段、13#坝段和16#坝段的23个正倒垂测点作为重点变形监控点(见图1),其余坝段的18个正倒垂测点为一般监控点。

根据渗压计测值,采用规范法分析计算排水帷幕后渗压计测点的测值,选取计算水头值较大的测点作为重点监控点(6个)(见图2),一般监控点13个。

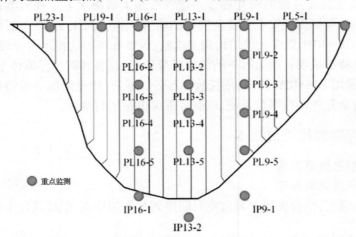

图 1 重点变形监控点示意

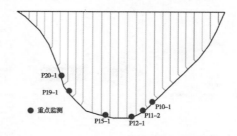

图 2　重点渗压监控点示意

2.4　监控指标拟定方法

2.4.1　置信区间法

置信区间法拟定监控指标的基本思路是根据以往监测资料,用时空混合模型建立变形与荷载之间的数学模型,利用这些模型计算在各种荷载作用下的变形 $\hat{y}$ 与实测值 y 的差值 $(\hat{y}-y)$。该值有 $100(1-\alpha)\%$ 的概率落在置信带 $\Delta=\beta\sigma$ 范围之内,而且过程线无明显趋势性变化,则认为大坝运行是正常的,反之是异常的。此时,相应的变形监控指标 δ_m 为:

$$\delta_m = \hat{y} \pm \Delta$$

鉴于锦屏一级大坝的重要性,在采用混合模型的置信区间法时,采用 $3s$ 控制区间($\alpha=0.01$,即 99.7% 的保证率)拟定锦屏一级大坝变形监控指标。

2.4.2　典型小概率法

采用典型小概率法时,取 $\alpha=1\%$ 的概率水平计算变形监控指标 $X_m = F^{-1}(\overline{X},\sigma_x,\alpha)$。

针对锦屏一级水电站运行情况,结合监控指标评判准则,采用规范法、置信区间法和典型小概率法拟定渗压监测值的监控指标。

2.5　安全预警等级划分

锦屏一级特高拱坝安全预警等级划分流程见图 3 和图 4,其中警戒值采用规范规定值、监测序列历史极值、典型小概率法拟定研判阈值、监测值与监控模型估计插值的绝对值超过 3 倍标准差等。

2.5.1　安全运行

处于安全运行状态,所有安全预警项目监测值未超过规范规定值,或监测序列历史极值,或典型小概率法拟定研判阈值,或监测值与监控模型估计插值的绝对值超过 3 倍标准差,且巡视检查未发现有影响安全的隐患病变。

2.5.2　三级预警

当一般监控测点监测值超过规范规定值,或监测序列历史极值,或典型小概率法拟定研判阈值,或监测值与监控模型估计插值的绝对值超过 3 倍标准差,但巡视检查发现有影响安全的隐患病变。

2.5.3　二级预警

当重要监控测点监测值超过规范规定值,或监测序列历史极值,或典型小概率法拟定研判阈值,或监测值与监控模型估计插值的绝对值超过 3 倍标准差,但巡视检查未发现有

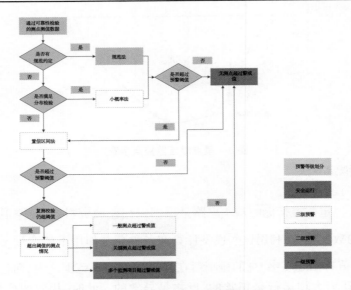

图3 锦屏一级特高拱坝安全预警等级划分流程

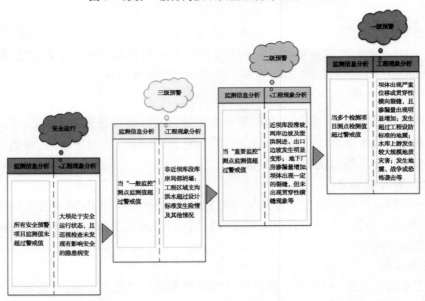

图4 锦屏一级特高拱坝安全预警等级划分标准

影响安全的隐患病变;且巡视检查发现有影响安全的隐患病变。

2.5.4 一级预警

当多个监测项目测点监测值超过规范规定值,或监测序列历史极值,或典型小概率法拟定研判阈值,或监测值与监控模型估计插值的绝对值超过3倍标准差,且巡视检查发现有影响安全的隐患病变。

2.6 安全预警分级调控流程

针对不同的预警级别和相应层级下大坝安全管理模式、应急调度预案,编制形成预警调控机制,绘制调控响应流程,如图 5 所示。

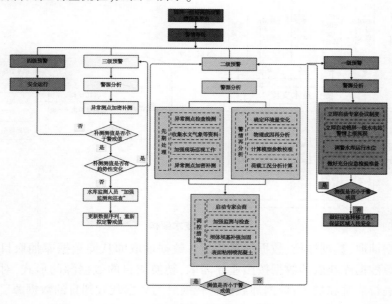

图 5　安全预警分级调控流程

3　调控平台研究

3.1　技术架构

特高拱坝及近坝库岸长期运行安全管理调控平台,基于特高拱坝及近坝库岸长期运行安全监控与预警理论和方法,建立预测预警模型算法,构建特高坝长期运行多层次安全监控与预警体系,拟定分级预警标准和调控机制,为平台预警调控提供技术支撑。结合特高拱坝及近坝库岸安全监测的特点,通过 ETL 工具对原始监测数据进行抽取、清洗、监测数据粗差处理,建立平台的数据仓库,为平台提供数据支撑。

平台采用如图 6 所示技术架构,其中 Prism 技术框架为客户端实现 MVVM 设计模式、基于 OpenGL 的三维绘图技术实现客户端结构仿真结果的三维绘图。

3.2　海量 GIS+BIM 数据融合技术

平台基于成熟稳定的图形平台,针对流域海量数据构建空间数据库,实现海量 GIS 数据的并行计算与实时绘制,结合 GIS 与 BIM 无缝融合技术将大坝等精细 BIM 模型融合在 GIS 场景中,通过场景维护、参数驱动演示、多模式交互实现对流域特高拱坝及近坝库岸长期运行相关的空间对象与管理信息进行集成展示、分析应用,加强特高拱坝长期运行的安全监控和预警,及时发现工程异常或安全隐患状况,建立特高拱坝长期运行下的结构病变诊断、预警和调控保障体系。

3.3　ETL 数据集成处理技术

通过 kettle 实现 ETL 数据集成技术。ETL 是 Extract(抽取)、Transform(转换)、Load(加载)首字母的缩写。ETL 早期作为数据仓库的关键环节逐渐演化成数据集成的独立解决方案。ETL 数据集成技术提供包括数据清洗过滤、数据验证、高可靠性等重要特性,

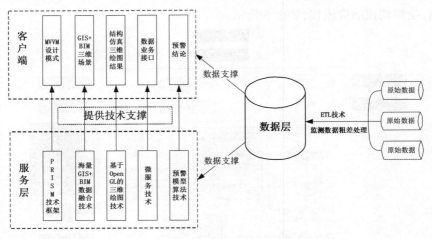

图6 平台技术架构

主要提供数据抽取、数据转换、数据加载功能。数据抽取即从源数据库抽取目的数据;数据转换即从源数据库获取的数据按照业务需求,转换成目的数据源的形式,对比错误、不一致的数据进行清洗和加工;数据加载即将转换后的数据装载到目的数据源。

3.4 微服务技术

为了应对传统软件系统部署成本高,效率低,改动风险大等问题,提高平台的稳定性、可扩展性,降低系统的部署与维护成本,平台开发采用"微服务"架构的理念,按照功能模块将系统拆分成可独立部署和使用的应用服务,这些应用服务解耦部署之后,再统一发布数据服务,向上支撑不同的业务应用。微服务技术是一项在云中部署、应用和服务的新技术。它是指开发一个单个小型的但有业务功能的服务,每个服务都有自己的处理和轻量通信机制,可以部署在单个或多个服务器上。微服务也指一种松耦合的、有一定的有界上下文的面向服务架构。在微服务架构中,只需要在特定的某种服务中增加所需功能,而不影响整体进程的架构。

3.5 基于 OpenGL 的三维绘图技术

平台使用基于 OpenGL 的三维绘图技术,对结构仿真结果进行三维模型绘图,直观真实地反映大坝变形、应力等工作性态。确定性模型具有严格的物理基础,通过反馈分析,可以得到比较准确的变形预测结果,但限于计算能力和计算速度,目前实时监控中应用较少,但随着计算能力和精度的快速提高,基于监测资料仿真方法能够真实模拟大坝历史过程、运行环境条件及未来无法预见的特殊情况,得到反映真实情况的大坝工作性态,是制定大坝结构变形控制标准的良好切入点,也符合由常规单测点模型向多测点分布模型、整个面的分布模型到点、线、面时空监控模型的发展规律,如图7所示。

3.6 软件框架

平台由数据层、服务层、应用层组成,架构如图8所示:

(1)数据层:构建基础数据层,为平台提供数据支撑。使用 ETL 工具抽取整合现有监测数据,并通过程序自动化提取有效监测信息。其包括大坝工程的建设运行数据、大坝及近坝库岸 BIM 模型、流域 GIS 数据等。

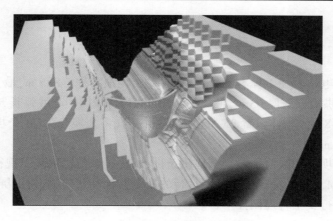

图7 锦屏一级大坝三维仿真图

（2）服务层：服务层包括模型计算、分级预警、评估报告、安全调控、GIS 应用、数据接口等应用服务。

（3）应用层：依托海量地理信息 3D GIS 与精细化 BIM 模型的高效融合技术，建立 GIS+BIM 底层平台及三维场景数据，将水电站各种模型及地形影像统一发布三维场景服务，便于前端应用访问与调用。按照功能模块分为工程概况、安全监测、模型查看、安全预警、评估报告、安全调控等功能模块。

图8 平台架构

4. 工程应用

4.1　工程概况

　　锦屏一级水电站大坝工程为混凝土双曲拱坝,坝顶高程 1 885 m,最大坝高 305 m,拱冠梁顶厚 16 m,拱冠梁底厚 63 m,最大中心角 93.12°,顶拱中心线弧长 552.23 m,厚高比 0.207,弧高比 1.811。坝体设置 25 条横缝不设纵缝,将大坝分为 26 个坝段,坝体混凝土总方量约 480 万 m^3。

　　锦屏一级大坝及库区面临着复杂地质条件,工程技术指标突破了现行技术规范,亟须以工程安全为中心,加强特高拱坝长期运行的安全监控和预警,构建锦屏一级特高拱坝及近坝库岸长期运行安全管理调控平台。

4.2　平台功能

4.2.1　工程概况

　　实时更新工程项目的基本情况,可在三维场景中直观展示水电站当前入库流量、发电流量、坝前水位等信息,并集成工业电视等功能。

　　具体包括当前状态、大坝结构、建设运行三个子功能。主要展示大坝重点指标实时数据,如最高水位、坝前水位、入库流量、出库流量、弃水流量、全厂有功等数据;展示大坝结构基本信息,包括坝顶高程、坝高、弧长、坝顶厚度、弧高比、柔度系数、混凝土方量、正常水位、死水位、库容等大坝结构基本信息;展示建设运行信息,包括开挖时间、浇筑时间、蓄水时间、封顶时间、正常蓄水时间等建设运行基本信息。

4.2.2　安全监测

　　主要对重点工程建立监测结构树,并实现在三维地图场景中直观展示测点的分布图,展示监测点的过程线、测点属性、测值等数据,并集成巡视报告查看功能,实现对重点工程部位的日常监测。

　　具体包括重点工程部位监测、环境监测两个子功能。对大坝、边坡、滑坡体等重点关注部位,建立工程监测结构树,在三维地图场景中直观展示测点的分布图,通过条件查询快速检索测点;对测点的不同分量进行查询,以图表的形式展示监测过程线、测点属性、测值等数据;对上游水位、下游水位、坝址温度等环境变量的变化曲线进行监测。

4.2.3　模型查看

　　主要实现对结构仿真模型、混合时空模型等预警模型的参数、计算结果进行管理。

　　具体包括模型查看、仿真计算、计算日志三个子功能。可查看混合时空模型的模型概况、模型公式、模型参数,查看结构仿真模型的网格模型、材料分区、约束施加等模型相关信息;实现对结构仿真模型计算参数的设置,查看模型的计算成果,可通过三维模型的方式展示变形、应力、温度的三维仿真结果;对结构仿真模型、混合时空模型、动态时序模型等各类模型,可通过模型分类、时间选择等条件,查询仿真计算的日志,并可查看对应的计算结果和计算参数等信息。

4.2.4　安全预警

　　主要实现对重点部位进行安全预警,并从单个测点、工程部位两个维度实现预警上报。

　　从测点维度看,在原始监测数据进行粗差处理后,根据监控分级预警指标,对测点状态进行实时评判,分别统计出正常、异常、危险的测点数量,在三维地图场景中标注出异常和危险测点,点击异常和危险测点查询对应的过程线,包括预警预测值与实测值的对比曲线,直观展示测点预警情况。从工程部位维度看,通过结构仿真模型或混合时空模型对工程情况进行在线计算,实现对重点部位进行安全预警,包括安全、三级预警、二级预警、一级预警等预警等级,并在三维地图场景中直观标注预警的工程部位。

4.2.5 评估报告

主要对重点工程部位进行安全评估,并生成评估报告。

具体包括计算条件、评估报告两个子功能。计算条件重点查看模型的相关计算条件,包括垂线变形、大坝弦长、谷幅变形、应力、渗压、边坡的分级标准及阈值等基本信息。在评估报告子功能中,可通过条件查询评估报告,查看各个工程部位的评估报告,或者同一个工程部位不同模型出具的评估报告,并且可以导出评估报告。

4.2.6 安全调控

结合已有的设计、试验和数值模拟的研究成果,构建安全管理与预警体系,拟定安全分级预警标准,据此提出相应的分级调控机制,为软件系统提供技术依据和支持。

集成展示总体预警调控机制,绘制调控响应流程图;通过开展安全预警预报,针对一级预警、二级预警、三级预警级别,分别进入相应级别的调控机制。

4.3 平台应用

平台应用于锦屏一级电站运行,提供一整套拱坝及近坝库岸长期安全稳定运行集成展示与融合平台,供运行维护使用,为锦屏一级电站安全运行提供了有力的技术支持。

依托海量地理信息 3D GIS 与精细化 BIM 模型的高效融合技术,建立 GIS+BIM 底层平台及三维场景数据,搭建特高拱坝及近坝库岸长期运行安全平台的空间三维地图,如图 9 所示。病变点空间位置标注,如图 10 所示。

图 9 GIS+BIM 空间三维地图

实测值与预警阈值对比,如图 11 所示。分级预警调控,如图 12 所示。

5 结 论

特高拱坝及近坝库岸长期运行安全管理调控研究是一项具有现实意义的工作,建立采用集成可视化方式的特高拱坝长期运行结构病变诊断、预警和调控保障体系,有利于调动和整合资源、提升工程安全。基于 GIS+BIM 技术的锦屏一级特高拱坝及近坝库岸长期运行安全管理调控平台,充分利用强大的空间数据管理能力及三维可视化技术,具有多层

图 10　病变点空间位置标注

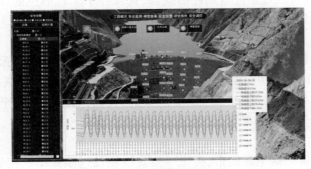

图 11　实测值与预警阈值对比

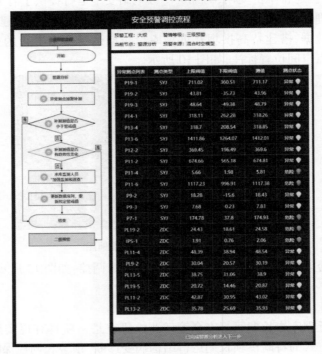

图 12　分级预警调控

次分级预警及调控功能,为安全应急事件提供辅助工具和决策支持服务,在电站运行维护中发挥了重要作用,具有良好应用推广前景。

参 考 文 献

[1] 赵杏英,陈沉,杨礼国. BIM 与 GIS 数据融合关键技术研究[J]. 大坝与安全,2019(2):7-10.

[2] 文富勇. 基于 BIM+GIS 的大坝安全监测信息可视化展示技术研究[J]. 水力发电,2021(3):94-97.

[3] 贾玉豪,万艳. 基于 BIM+3D GIS 的大坝安全监测管理系统设计与实现[J]. 陕西水利,2020(5):149-151,158.

[4] 高平,周小文,徐梦华. 大坝安全评价模型与预警系统试验研究[J]. 广东水利水电,2010(12):63-64,67.

[5] 吴世勇,杨弘. 雅砻江流域工程安全关键技术与风险管理[J]. 大坝与安全,2018(1):4-10.

[6] 朱凯,陈晨,袁昊,等. 云模型在大坝裂缝宽度安全监控指标拟定中应用[J]. 三峡大学学报(自然科学版),2012,34(5):10-13.

绿色、智能化设计在砂石加工生产线的应用

刘成英，潘勇

（中国电建集团成都勘测设计研究院有限公司，四川 成都 610072）

摘　要　砂石骨料是基础项目建设中用量最大、不可或缺的原材料。为践行"绿水青山就是金山银山"的号召，政府职能部门针对砂石加工生产线陆续出台了诸多管理办法，要求在砂石骨料的开采、加工、运输中做到绿色环保。同时，随着计算机技术、5G 通信技术的高度发展，砂石骨料生产线推行"智能化、自动化"管理的程度也越来越高。

关键词　砂石加工生产线；绿色；智能

1　引　言

砂石骨料是世界各国建筑、道路、桥梁等基础设施建设用量最大、不可或缺的原材料。作为基建大国，我国每年用于混凝土的砂石骨料约 200 亿 t，占全世界的 50% 左右。

近几年，随着全球基础设施建设高峰的到来，砂石骨料生产线掀起建设高潮，同时其环境问题也颇受各方关注。为践行"绿水青山就是金山银山"的号召，我国政府陆续出台了《绿色建材生产与应用行动方案》《砂石行业绿色矿山建设规范》《砂石骨料绿色生产和运输评价标准》等规范、标准，要求传统砂石加工生产线向绿色、自动化和智能化转变。

作者以 WC 砂石加工系统为例，详细介绍了绿色环保、智能控制系统设计理念在生产线中的应用，供大家在设计工作中借鉴。

2　工程概况

WC 砂石加工系统设计生产能力 1 000 t/h，年生产能力约 500 万 t/a。主要生产产品有：16~31.5 mm 石子、9.75~16 mm 石子、4.75~9.75 mm 米石以及机制砂、天然砂。料源为当地河道疏浚清淤弃渣，岩性以花岗岩为主。

本系统由粗碎车间、预筛分车间、中细碎车间、立轴制砂车间、主筛分车间、洗砂车间、成品砂堆存场、成品料筒仓储存、供水系统、废水处理系统以及供配电系统等组成。由 34 条胶带机连接各个生产车间。本系统工艺特点如下：

（1）系统采用半干法加工工艺。

（2）破碎：采用粗碎→半成品料堆→中碎→细碎→超细碎（制砂）破碎流程。粗碎解决毛料初破；中细碎以调整粗骨料级配为主；制砂车间则主要承担机制砂生产和中小石整形任务。

（3）筛分：采用预筛分、一次筛分、二次筛分、三次筛分的流程。预筛分出天然砂，三次筛分出成品料。

（4）粗碎车间采用开路生产，第一、第二筛分车间与中、细碎车间闭路生产。第三筛

分车间与超细碎车间闭路生产。

（5）生产用水采用沟水，节约能耗。生产废水全部循环利用，实现零排放。

砂石加工生产线主要设备配置见表1。

表1　砂石加工生产线主要设备

序号	设备名称	型号规格	单位	数量	说明
一	破碎设备				
1	颚式破碎机	PE1316	台	1	
2	圆锥破碎机	H600B	台	1	
3	圆锥破碎机	H600D	台	1	
4	圆锥破碎机	HPY500	台	2	
5	立轴破碎机	LM10000	台	3	
二	筛分及脱水设备				
1	圆振动筛	3YKJ3075	台	9	聚氨酯筛网
3	螺旋洗砂机	LSX1580	台	15	
4	细砂回收一体机	LMTX2445	台	5	控制含水率，回收细砂
三	给料设备、加料设备				
1	振动给料机	ZW1760、ZW1220、ZW1430	台	8	
2	加料机			9	成品料下料
四	其他设备				
1	布袋式脉冲除尘器	DMCA	台	9	中细碎、主筛分车间
2	板框式压滤机		台	8	废水处理再利用
3	自动洗车设备		台	2	洗车，除泥

3　绿色技术应用

为改变传统砂石生产的脏、乱、差现象，生产线全面考虑节能、降耗、绿色环保的设计理念，在工艺设计、平面布置、设备选型、废水处理等方面着手，打造了一条规范、环保、智能的砂石加工生产线。

3.1　采用绿色环保的半干法制砂工艺

3.1.1　以破代磨，多破少磨

本加工系统配备3台高效环保LM10000立轴冲击式制砂机，以破代磨，摒弃了高能耗的棒磨制砂机。LM10000采用石打石腔型，在制砂同时，兼顾整形，获得高品质成品骨料。立轴冲击式制砂机单机处理能力300~700 t/h，允许最大进料粒度100 mm，最大出料粒度25 mm。立轴制砂车间处理量为1 450 t/h，车间负荷率为80%。

3.1.2　前湿后干,干湿混合

工艺流程上,在预筛分车间用高压水冲洗,冲洗毛料中的泥土和其他杂质。在中碎、细碎车间生产过程中不加水,中、细碎车间生产的机制砂进入主筛分楼,在第一和第二筛分车间用 5 台 3YKJ3075 筛分,筛面喷雾降尘,小于 4.75 mm 成品干砂直接进入成品料堆。

LM10000 破碎后的碎石利用第三筛分车间 3 台 3YKJ3075 振动筛筛分分级,并用高压水冲洗,<4.75 mm 的砂经螺旋洗砂机清洗,溢流污水流入 3 台 LMTX2445 细砂回收一体机进行砂水分离,成品水洗砂经胶带机运至成品砂堆,与前面中细碎车间生产的干砂一起堆存。环保高效的 LMTX2445 一体机可以回收部分细砂,回收的的细砂也经脱水筛脱水后由胶带输送机送至机制砂成品料堆,生产过程中废水流入污水收集池等待处理再利用。

3.1.3　生产废水的循环利用,实现零排放

废水处理系统设置污水收集池、污水浓缩罐、压滤车间及清水池。生产废水利用管道自流送入废水收集池,然后通过污水泵泵送至 4 个污水浓缩罐,经加药絮凝沉淀,沉淀后上层清水回流至清水池,底层泥浆利用渣浆泵泵送至压滤车间的 8 台板框式压滤机进行干化,干化后泥饼运送至指定渣场,车间清水再次回流至清水池供再生产。废水处理过程,不排放一滴污水。

3.2　采取新型降尘、降噪措施及设备

3.2.1　降尘措施

(1)在所有破碎机进料口、出料口、振动筛上下出料点均设置雾化洒水喷头,减少扬尘的飞逸。

(2)所有车间、胶带机长廊均用新型轻钢结构进行全封闭,防止加工运输时扬尘向厂外飞散。中、细碎车间,筛分车间出料口配备 9 台布袋式脉冲降尘器,有效降尘,达标后排放。

(3)成品堆料区设置 3 个直径 17 m,高度 20 m 的新型环保储料筒仓,筒仓下料口设有除尘器和雾化洒水喷头降尘,筒仓总储量 1.7 万 t。采用圆形筒仓利于环保,节约占地。

(4)在厂区外围四周围墙顶设置雾化洒水喷头,二次降低厂区扬尘。

3.2.2　降噪措施

(1)选用绿色环保的设备。在满足工艺确定的破碎比前提下,同类破碎设备尽量选择重心低、转子或辐板运动幅度小,从源头将噪声控制在最小程度。

(2)减震降噪,对破碎机、筛分机、给料机、水泵等设备进行基础减震。

(3)振动筛在保证筛分效率的基础上,筛网尽量选择减震效果好的聚氨酯筛网。

(4)在所有的给料仓、溜槽处增加橡胶软垫,有效减少骨料与钢板摩擦发出的噪声。

采取以上措施后,经检测,厂区粉尘排放≤10 mg/m³,废水排放为 0,噪声厂房外≤60 dB,实现绿色、环保要求。

3.3　绿化植树,打造花园式工厂

(1)对厂区外上料道路、厂内运行通道全面实行硬化,采用沥青混凝土路面,达到了降尘、减噪的目的,同时每天路面洒水降尘不少于 3 次。

（2）对厂区内空地,全部种植草坪,辅以乔木、灌木进行点缀,全厂绿化面积达 3 000 m²,空地绿化率 100%。

4　智能化控制技术应用

早期的砂石生产线一般无智能化控制功能,仅简单地在设备周围固定现场控制箱来启停设备,导致生产线的胶带输送机易出现打滑、撕裂;喂料机口易出现喂料不均匀、堵料现象;振动筛易出现振动量忽大忽小,下料不均匀;成品料存量不清楚及售料系统效率低下等问题,严重制约了生产线的机动性和生产产量的提高。

4.1　DCS 控制系统是砂石骨料生产线中关键技术

相对于传统的 PLC 控制技术,DCS 是一个由过程控制级和过程监控级组成的以通信网络为纽带的多级计算机系统,综合了计算机(Computer)、通信(Communication)、显示(CRT)和控制(Control)等 4C 技术,其基本思想是分散控制、集中操作、分级管理、配置灵活、组态方便。通过标准化、模块化和系列化设计,以通信网络为纽带,全部信息通过通信网络由上位管理计算机监控,可实现在管理、操作和显示三方面集中,又可实现功能、负荷等方面的分散。

WC 砂石加工生产线结合现阶段 DCS 自动化控制技术、IT 技术、监控设备,实现了智能、高效、可视化,并集中控制的生产管理模式。全厂集中设一个中控室,在中控室各类生产运行数据一目了然,各类报警跳停信息清晰可见,各类保护项目设置齐全,利于生产人员对全局的把控,实现了对产能、质量、能耗的完全控制和各种生产参数的存储记录。

4.2　DCS 智能化控制方案

通过 DCS 的“4C 技术”实现了生产线设备及流程生产全过程监控、设备故障自动警报功能、设备电机温度自动保护、料仓库存自动检测,自动化的装车系统,使中控室真正成为监控设备运转和故障排除、管理生产调度、智能控制生产线、接收和发布生产情况信息的控制中心。

4.2.1　设备及流程生产过程监控功能

在 DCS 系统中,通过两台计算机屏幕可以观测到组态操作画面,可以根据画面对整个生产线设备进行启停及添加物料、运送成品料等操作,中控室成为整个运转系统监控设备及操控设备、管理生产调度、接受和发布生产信息的“大脑”。

4.2.2　设备故障自动警报功能

在本条智能化生产线上,主要的破碎设备上都添加了自动警报模块,针对设备上出现问题的情况,可以及时发出故障警报,并及时关停对应的生产设备和生产流程。设备发生故障时,中控实验室电脑会显示故障位置和原因(包含电流过载、电压缺相等)。消除故障电脑复位后,可继续生产。

4.2.3　料仓库存自动检测功能

在生产线稳定的情况下,如果不能随时检测到成品料仓库存,有可能会造成料仓爆仓,酿成安全事故。

在料仓库存临界点上方设置检测雷达或料位计,可以随时查看库存情况。当仓内物料达到一定高度值时,通过信号 DCS 系统会自动停止给料设备,停止上游系统进料,将皮带上剩余物料下到料仓。等料仓料位降到安全高度后,信号反馈到中控室,系统启动设备和给料机,开始正常生产。减少人为设备停机次数,提高设备运转率,更不会造成料仓爆仓的安全事故。

4.2.4　下料口自动防堵功能

在 DCS 程序中完善相应的控制逻辑联锁,当下游胶带机因故障或其他原因停机时,在电脑程序中将下游胶带机的运行信号反馈到上游胶带机控制程序的运行联锁中,此时,下游胶带机将停机,运行信号丢失,上游皮带立即停机,停上进料,便不会堵塞下料口。同理,当下游胶带机未启动时,上游胶带机不会开启,不会进料,防止堵塞下料口。

4.3　自动装车、智能化售料系统

自动装车、无人值守售料系统是结合多个生产线管理经验,创新改进的一套无人值守自动过磅系统,可以实现成品料出厂计重的自动记录。电脑系统内置详细的报表统计功能,可以查询每趟过磅记录,方便统计。

5　结　语

通过 DCS 技术,在中控室实现了从加工破碎到产品出料、销料的全过程智能控制。通过"一键启动"按钮,生产线开机仅要 10 min,生产线产量得到有效保证,有利于生产管理,提高了生产效率,减少了生产人员;更重要的是提高了产品质量,减少了污染排放,实现了"既要金山银山,也要绿水青山",实现了对产能、能耗的完全控制和生产销售的准确统计。

参 考 文 献

[1] 姜新桥.电机电气控制与 PLC 技术[M].西安:西安电子科技大学出版社,2016.
[2] 江丹玲.DCS 技术现状及发展[R].2011.
[3] 河南新乡市中誉鼎力软件科技股份有限公司.智能矿山管理系统[CP].

双平台缆机群高效安全智能管控技术研究

朱永亮,张竣朝,黄翠,瞿振寰,张志豪,刘涛

(中国电建集团成都勘测设计研究院有限公司,四川 成都 610072)

摘 要 本文从双平台缆机群运行精细化管控需求点出发,以缆机高效、安全为关键控制条件,研究缆机运行智能管控技术。重点从监控设备、环节识别、综合分析、评价标准、智能管控五个方面开展深入研究,研制了缆机运行状态监控设备,构建了缆机各环节识别模型,实现了缆机运行状态的识别;提出了缆机三级效率评价指标体系与缆机多维三级安全预警指标体系,实现了缆机高效安全运行实时分析预警;构建了缆机效率、安全消息推送与评价机制,实现了缆机运行的事前规划、事中预警、事后评价,进而实现多平台缆机群运行的精细化管控。

关键词 多平台;缆机群;智能设备;效率管控;安全管控

1 引 言

缆机是混凝土拱坝施工的重要设备,尤其是特高拱坝多处于高山峡谷,运输车无法直接进行混凝土入仓作业,缆机作为运输中转设备,其运行效率为影响大坝浇筑进度的关键因素,同时缆机多数为高空作业,其安全运行是保证作业人员安全与进度的重要条件。传统缆机运行管控以人为控制为主,一方面,施工人员旁站观察缆机运行情况,若效率下降则提醒相关方;另一方面,施工人员根据后方提供的河谷风级,进行缆机间距与运行速度调整,因而无法有效对效率安全进行及时有效的识别与监控。因此,本文依托智能建造理论[1-2]、网络通信技术、物联网技术、高精度定位、跨平台复杂信息管理[3]等,开展智能监控设备、环节识别模型、综合分析与分级预警反馈机制等研究,实现缆机运输的事前规划、事中管控与事后分析。

2 研究现状

目前,国内针对土石坝、碾压混凝土坝、拱坝等坝型的研究多数是针对质量控制,或对混凝土生产、运输中单环节的效率监控与分析。

马洪琪、钟登华等[4]提出了针对高心墙堆石坝的填筑碾压质量监控、坝料上坝运输过程实时监控技术和施工质量动态信息 PDA 实时采集技术,实现了大坝填筑碾压全过程的全天候、精细化、在线实时监控。

王飞、钟桂良等基于智慧大坝的高拱坝混凝土水平运输监控系统及其应用[5],构建

基金项目:集团科研项目(基于仓面混凝土质量控制驱动的大坝混凝土全过程高效安全施工智能控制系统)。

作者简介:朱永亮(1993—),男,学士,研究方向为工程施工智能建造技术。E-mail:709652360@qq.com。

了拱坝混凝土水平运输监控框架,提出了拱坝混凝土水平运输监控方法,研发系统软件硬件,实现了水平运输过程的数据采集与环节效率分析。

钟桂良、尹习双等研究了高拱坝混凝土运输过程智能控制技术及方案[6],并将方案运用到某 300 m 级高拱坝施工中进行生产性试验,通过试验验证了混凝土运输过程智能控制技术的可行性,为高拱坝施工混凝土运输过程精细化控制提供了有效技术手段。在高海拔重力坝施工过程中,建立了大坝混凝土施工质量监控系统,全面监控管理大坝混凝土施工质量。在系统使用过程中,结合实际情况,提出了系统应用的配套管理模式,有效地提升了大坝施工质量控制水平,确保了大坝混凝土施工质量实时受控。

3　缆机运行状态监控与识别技术研究

3.1　智能监控设备研究

基于卫星差分定位、物联网通信等技术,通过集成卫星定位、数据缓存、大容量供电、Wi-Fi 或者 4G 通信,研制了缆机监控设备,对缆机位置、速度等信息进行实时采集(秒级),将监控到的信息进行缓存并以 Wi-Fi 或者 4G 通信方式实时发送给服务器。缆机智能监控设备集成示意如图 1 所示。

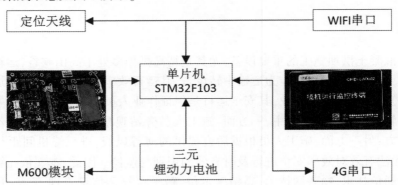

图 1　缆机智能监控设备集成示意

3.2　环节识别模型研究

缆机从转运平台出发后全过程监控(每 1 s 发送一次状态数据)缆机的时空位置 $d(x_{nt}, y_{nt}, z_{nt})$,分析各环节效率。单循环各特征时空值如图 2 所示,其中 $A—B—C—D—E—F—G$ 表示各个阶段的位置(含时间节点)。

各特征值识别如下:

(1)装料开始时刻($G-T_1$):缆机自仓面至缆机平台后,以缆机高程在缆机平台以上,且缆机空间坐标(x,y,z)持续 1.5 min 浮动在 1 m 范围内的开始时刻,即为缆机装料开始时刻(T_1)。

(2)装料结束时刻($A-T_2$):缆机自缆机平台开始离开后,以缆机高程在缆机平台以上,且缆机空间坐标(x,y,z)持续 1.5 min 浮动在 1 m 范围以外的开始时刻,即为缆机装料结束时刻(T_2)。

(3)吊运开始时刻($B-T_3$):缆机装料结束离开缆机平台时刻,即为缆机吊运开始时刻(T_3)。

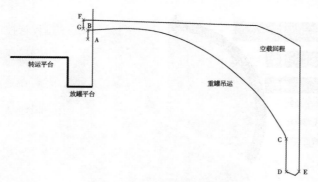

图2　缆机运料过程示意

（4）对位开始时刻（$C-T_4$）：缆机自缆机平台至仓面后，以缆机高程低于缆机平台，高于浇筑仓收仓高程30 m的时刻，即为缆机对位开始时刻（T_4）。

（5）下料开始时刻（$D-T_5$）：缆机自缆机平台至仓面后，达到缆机高程低于本次循环缆机高程最低点上浮2.5 m的开始时刻，即为缆机下料开始时刻（T_5）。

（6）下料结束时刻（$E-T_6$）：缆机自缆机平台至仓面后，达到缆机高程低于本次循环缆机高程最低点上浮2.5 m的结束时刻，即为缆机下料结束时刻（T_6）。

（7）放罐开始时刻（$F-T_7$）：缆机卸料完成回到缆机平台范围，即为放罐开始时刻（T_7）。

各环节识别如下：

（1）稳罐环节：$\Delta T_1 = T_1 - T_7$。

（2）装料环节：$\Delta T_2 = T_2 - T_1$。

（3）起罐环节：$\Delta T_3 = T_3 - T_2$。

（4）吊运环节：$\Delta T_4 = T_4 - T_3$。

（5）对位环节：$\Delta T_5 = T_5 - T_4$。

（6）下料环节：$\Delta T_6 = T_6 - T_5$。

（7）回程环节：$\Delta T_7 = T_7 - T_6$。

4　缆机群高效安全运行分析模型研究

4.1　效率分析模型研究

以效率评价指标为基础，结合缆机运料环节实时识别模型，构建"过程管控为核心、综合分析为结论、指标率定为基础"的事前、事中、事后缆机效率综合分析模型，如图3所示。从事前标准、事中报送、事后总结三个方面进行研发。

4.1.1　事前规划分析

基于缆机吊运环节划分，构建浇筑单元三级七环节效率指标体系，结合当前浇筑仓工程特点、资源投入情况、浇筑时段及相似仓浇筑水平等因素，依据多因子效率指标动态率定模型，设置当前仓过程控制指标阀值。

4.1.2　事中监管分析

基于浇筑单元评价指标体系，结合缆机运输实时分析数据，对缆机运行效率进行分

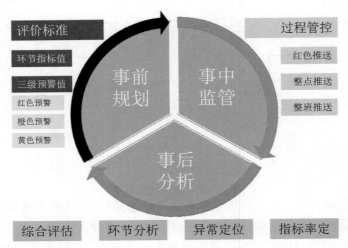

图 3　缆机效率分析示意

析,当发生重大异常数据时(红色预警),不良趋势性指标变化,推送给既定的大坝管理领导人员,施工过程中正常数据以整点汇总形式推送给大坝施工管理人员。

4.1.3　事后综合分析

对浇筑过程进行综合分析,从整体浇筑效率、环节耗时对比、异常定位三级进行分析,并依据本仓浇筑效率对相似坝段或单元的评价指标进行率定,以便为后续浇筑仓提供指标支撑。

4.2　安全分析模型研究

通过智能监控设备,监控缆机主副塔及吊钩的实时位置信息,实时分析缆机—缆机、缆机—边坡、缆机—高坝块、缆机—仓面设备的间距,如图 4 所示。

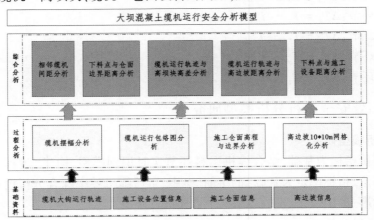

图 4　缆机安全分析示意

分析步骤如下:

第一步,缆机摆幅值分析。

缆机主塔实时坐标点 $Z_t(xZ_t, yZ_t, zZ_t)$,副塔实时坐标点 $F_t(xF_t, yF_t, zF_t)$ 的 xy 平面的直线为:

$$KX - Y + (xF_t yZ_t - xZ_t yF_t) / (xF_t - xZ_t) = 0$$

直线斜率：
$$K = (yF_t - yZ_t) / (xF_t - xZ_t)$$

直线常量：
$$C = (xF_t yZ_t - xZ_t yF_t) / (xF_t - xZ_t)$$

在 xy 平面上，缆机吊钩实时坐标 PD_1 到主索直线的距离为：
$$D = | K \times xD_1 - yD_1 + C | / (K \times K + 1)1/2$$

则缆机最大摆幅值为：$f = D$。

第二步，缆机最大运行区域分析。

根据摆幅值 f，计算缆机在 xy 平面上的运行范围，计算公式如下：

缆机主塔实时坐标点 $Z_t(xZ_t, yZ_t, zZ_t)$，副塔实时坐标点 $F_t(xF_t, yF_t, zF_t)$ 的 xy 平面的直线，与 y 轴的夹角正弦余弦值为：

$$\sin = (yF_t - yZ_t) / [(xF_t - xZ_t) \times (xF_t - xZ_t) + (yF_t - yZ_t) \times (yF_t - yZ_t)]1/2$$
$$\cos = (xF_t - xZ_t) / [(xF_t - xZ_t) \times (xF_t - xZ_t) + (yF_t - yZ_t) \times (yF_t - yZ_t)]1/2$$

当前缆机实时坐标点为 PD_1，设缆机最大摆幅值对应的拟合坐标点为 PD_2，判断 PD_1 在 Z_t、F_t 直线的左右侧：

$$S = | Z_t F_t PD_1 | = (xZ_t - xD_2) \times (yZ_t - yF_t) - (yZ_t - yF_t) \times (xZ_t - xD_2)$$

如果 S 为正数，则 PD_1 在矢量 $Z_t F_t$ 的左侧，$l = 1$；

如果 S 为负数，则 PD_1 在矢量 $Z_t F_t$ 的右侧，$l = -1$；

如果 S 为 0，则 PD_1 在直线 $Z_t F_t$ 上，$l = 0$。

则拟合坐标点 PD_2 的坐标值为：
$$xD_2 = xD_1 + l \times f \times \sin$$
$$yD_2 = yD_1 + l \times f \times \cos$$
$$zD_2 = zD_1$$

第三步，绘制缆机运行区域包络图。

当前缆机实时坐标点为 PD_1，最大摆幅值对应的拟合坐标点为 PD_2，上一时刻缆机真实坐标与拟合坐标为 Ps_1、Ps_2，利用 4 个坐标点形成一个四边形，填充图形绘制缆机实时运行包络图。按照时间顺序依次绘制缆机实时运行包络图，最终形成缆机最近 30 min（或 10 min）的缆机运行包络图。

第四步，计算相邻缆机运行包络图最小间距。

获取相邻缆机包络图相邻边坐标点为 $P_1(xp_1, yp_1, zp_1)$、$P_2(xp_2, yp_2, zp_2)$，设对应桩号为 Zp_1、Zp_2，计算缆机桩号：

计算 P_1 在缆机主塔轨道直线 $D_1 D_2$ 的垂足 (xz_1, yz_1)，

则直线 $D_1 D_2$ 的斜率为：
$$A = (yD_1 - yD_2) / (xD_1 - xD_2)$$

直线 $D_1 D_2$ 的直线方程为
$$Y = k \times (X - xD_1) + yD_1$$

其垂线的斜率为 $-1/k$，垂直线方程为：
$$Y = (-1/k) \times (X - xp_1) + yp_1$$

联立两直线方程解得垂足坐标为：
$$xz_1 = [k^2 \times xD_1 + k \times (yp_1 - yD_1) + xp_1] / (k^2 + 1)$$

$$yz_1 = k \times (x - xD_1) + yD_1$$

缆机实时位置 P_1 的桩号为：

$$L_1 = [(xz_1 - xD_1) \times (xz_1 - xD_1) + (yz_1 - yD_1) \times (yz_1 - yD_1)]1/2$$

$$L_2 = [(xz_1 - xD_2) \times (xz_1 - xD_2) + (yz_1 - yD_2) \times (yz_1 - yD_2)]1/2$$

$$ZP_1 = L_1 \times (Z_2 - Z_1) / L_2 + Z_1$$

同理，P_2 对应的桩号为 ZP_2。

则缆机运行包络图的最小间距为 $D = |ZP_2 - ZP_1|$。

（1）缆机与高坝块的距离实时分析。

根据大坝浇筑实际进度信息，获取缆机运行区域内大坝最高坝段的高程为 H_c，对应坝段边界点坐标组为 $B(P_{b_1}, P_{b_2}, \cdots, P_{b_n})$，其中 P_{b_i} 为 (x_{b_i}, y_{b_i})。

则缆机与高坝块实时高差值为：

$$H = |zD_1 - H_c|$$

则缆机与高坝段边界在 xy 平面上的距离为：

$$L_{xy} = \mathrm{Min}\{[(xD_1 - xb_1) \times (xD_1 - xb_1) + (yD_1 - yb_1) \times (yD_1 - yb_1)]1/2, \cdots,$$
$$[(xD_1 - xb_n) \times (xD_1 - xb_n) + (yD_1 - yb_n) \times (yD_1 - yb_n)]1/2\} + D$$

当缆机与高坝段边界在 xy 平面上的距离 L_{xy} 在一定距离内，实时推送缆机与高坝块的高差值 H，若高差值小于预警值，则推送预警信息至现场施工管理人员，以达到预警预报的作用。

（2）缆机与边坡的距离实时分析。

综合考虑缆机运行区域在一段时间内基本一致，为提高计算效率，将边坡延缆机平台方向，划分为 15 m 宽的条带 T，设置条带左右最大最小桩号 $(Z_{\min}, Z_{\max})$，在各条带内，构建 3 m×3 m 的边坡坐标网格图，$M(m_1, m_2, m_3, \cdots, m_n)$，其中 m_i 为 3 m×3 m 的正方形区域，$m_i(P_{m_1}, P_{m_2}, P_{m_3}, P_{m_4})$，其中 P_{m_i} 为三维坐标点 (xm_i, ym_i, zm_i)。

①计算缆机实时桩号。

P_1 在缆机主塔轨道直线的垂足 $C(xz_1, yz_1)$，则轨道直线 D_1D_2 的斜率为：

$$A = (yD_1 - yD_2) / (xD_1 - xD_2)$$

直线 D_1D_2 的直线方程为：

$$Y = k \times (X - xD_1) + yD_1$$

其垂线的斜率为 $-1/k$，垂直线方程为：

$$Y = (-1/k) \times (X - xp_1) + yp_1$$

联立两直线方程解得垂足坐标为：

$$xz_1 = [k^2 \times xD_1 + k \times (yp_1 - yD_1) + xp_1] / (k^2 + 1)$$

$$yz_1 = k \times (x - xD_1) + yD_1$$

则缆机位置 P_1 的垂足点与缆机主塔轨道测量坐标 D_1 的距离为：

$$L_1 = [(xz_1 - xD_1) \times (xz_1 - xD_1) + (yz_1 - yD_1) \times (yz_1 - yD_1)]1/2$$

则缆机位置 P_1 的垂足点与缆机主塔轨道测量坐标 D_2 的距离为：

$$L_2 = [(xz_1 - xD_2) \times (xz_1 - xD_2) + (yz_1 - yD_2) \times (yz_1 - yD_2)]1/2$$

则缆机位置 P_1 对应的桩号为：

$$ZP_1 = L_1 \times (Z_2 - Z_1) / L_2 + Z_1$$

②判断缆机运行区域间边坡条带。

通过边坡条带 T 的最大、最小桩号(Z_{min}，Z_{max})，则缆机实时位置桩号与条带桩号的最小距离为 $LT = \mathrm{Min}(|ZP_1 - Z_{min}|, |ZP_1 - Z_{max}|)$，设置距离判断阈值为 L_{min}，若 $LT < L_{min}$，则进行缆机间距计算。

③缆机与边坡间距计算。

缆机距离 m_i 平面的高差与距离，其中高差为：

$$H_P = \mathrm{Min}(|zm_1 - zD_1|, |zm_2 - zD_1|, |zm_3 - zD_1|, |zm_4 - zD_1|)$$

则缆机与高坝段边界在 mi 平面上的距离为：

$$L_p = \mathrm{Min}\{[(xD_1 - xm_1) \times (xD_1 - xm_1) + (yD_1 - ym_1) \times (yD_1 - ym_1)]1/2, \cdots,$$
$$[(xD_1 - xm_4) \times (xD_1 - xm_4) + (yD_1 - ym_4) \times (yD_1 - ym_4)]1/2\} + D$$

依次计算边坡坐标网格图中所有正方向区域的 H_p 与 L_p 的数据集合，对比获取最小高差 H_{min} 与最小距离 L_{min}。

5 缆机群高效安全运行预警模型研究

5.1 指标率定模型研究

随着大坝工程施工逐步推进，项目管理水平、施工组织能力、施工人员素质等方面都有较大提升，大坝施工效率呈现整体效率提升的趋势，若以历史数据最优值或平均值设置效率质量指标，均存在以偏概全、指标偏大或偏小等问题，无法真实反映施工水平。因此，效率指标率定采用历史数据分段权重法、相似坝段类比分析法、指标动态反演分析法实现效率指标动态率定，如图 5 所示。

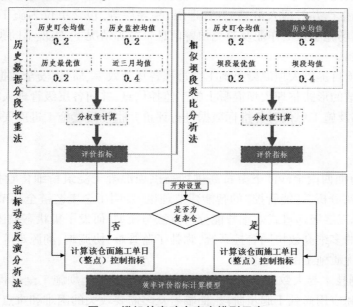

图 5　缆机效率动态率定模型示意

5.1.1　历史数据分段权重法

在设置效率质量指标时,采用历史数据分段权重法进行计算,公式如下:

指标值 = 盯仓均值 × 0.2 + 历史均值 × 0.2 + 历史最优值 × 0.2 + 近3月均值 × 0.4

注:盯仓均值即现场盯仓记录各类设备的实施过程,按照相同划分方式,对各段时长进行分析。

5.1.2　相似坝段类比分析法

大坝施工不仅仅与坝高、施工人员水平、施工设备是否正常等因素有关。一方面,底孔、中孔、表孔、首仓、廊道等坝段的仓面结构复杂,缆机、平仓机、振捣机等设备施工干扰较大;另一方面,缆机受水平运距与垂直运距影响,吊运耗时也有差异性。因此,此类仓面施工水平采用单一历史数据分段权重法进行评价,会造成指标失真无法有效进行效率判定,综合考虑历史效率与相似坝段效率,提出相似坝段类比分析法。指标值计算公式为:

指标值 = 盯仓均值 × 0.2 + 历史均值 × 0.2 + 相似仓面最优值 × 0.2 + 相似仓面均值 × 0.4

盯仓均值:对特定仓面的施工过程中各类设备进行现场盯仓记录。

历史均值:为采用历史数据分段权重法计算的指标值。

5.1.3　指标动态反演分析法

综合大坝混凝土施工周期长、仓面结构多样性、坝高逐步升高、施工人员更替频繁、早晚班等特点,若采用固定指标则无法真实反映当前真实施工水平。因此,进行指标设置时,系统提供一套合理的指标动态反演分析方法,及时对各类指标值进行动态校核复核,以更加趋近当前真实施工水平。

5.2　预警反馈模型研究

大坝混凝土浇筑全过程高效安全数字化监控系统,应用方包含现场施工员、现场旁站管理人员、现场生产办管理人员、后方管理层、领导层等,包含单位为施工、监理、建设部等,在不影响现场施工人员作业及避免预警信息雍容等情况下,实现不同预警等级划分预警消息推送机制。

智能监控项目提供大坝混凝土施工全过程各环节效率、质量、安全数据信息,以整点、单日及单仓总结的形式整理大坝混凝土施工监控信息,并向各层级管理人员推送,由大坝建设部、监理部及施工单位对各指标数据进行评价并指导后续施工进度安排。

6　小　结

(1)本文直面西南金沙江下游特高拱坝高拱坝混凝土浇筑精细化管控的难题,采用"全面感知、真实分析、智能管控"的智能建造理论,发明了全工艺链全环节智能监控方法和设备,提出了三层级递进式效率智能分析方法与模型,研发了集状态描述、异常诊断、层级预警为一体的多维高效协同管控系统,弥补了监管难、协调难、溯源难等不足,实现了大坝混凝土高效优质施工的目标。

(2)物联网技术与大数据技术在水电行业尤其是混凝土坝施工全过程智能分析与控制方面的研究和应用尚处于起步阶段,面临着众多需要攻关的困难和难点,需要紧密结合工程建设需求不断探索和创新[7-8]。相信随着物联网、大数据技术及新基建的不断成熟完善和水电行业智能分析与控制技术研究的不断深入,必将推动我国乃至世界智能筑坝技

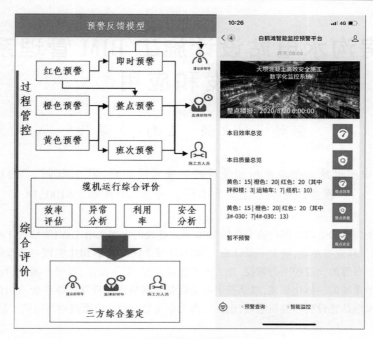

图 6 缆机预警反馈模型示意

术的持续发展。

参 考 文 献

[1] 樊启祥,洪文浩,汪志林,等.溪洛渡特高拱坝建设项目管理模式创新与实践[J].水力发电学报, 2012,31(6):288-293.

[2] 樊启祥,陆佑楣,周绍武.金沙江水电工程智能建造技术体系研究与实践[J].水利学报,2019(3): 16-26.

[3] 陆佑楣,樊启祥,周绍武.金沙江溪洛渡高拱坝建设的关键技术[J].水力发电学报,2013,32(1): 187-195.

[4] 马洪琪,钟登华,张宗亮.重大水利水电工程施工实时控制关键技术及其工程应用[J].中国工程科 学,2011,13(12):20-27.

[5] 王飞,钟桂良,周绍武.基于智慧大坝的高拱坝混凝土水平运输监控系统及其应用[C]//四川省水 力发电工程学会2018年学术交流会暨"川云桂湘粤青"六省(区)施工技术交流会论文集,2018.

[6] 钟桂良,尹习双,邱向东.高海拔地区混凝土坝施工质量实时监控管理研究[J].四川水力发电, 2014,33(S1):101-103.

[7] 洪学,海蔡迪.面向"互联网+"的OT与IT融合发展研究[J]中国工程科学杂志,2020(7):1-6.

[8] 樊启祥,张超然,陈文斌.乌东德及白鹤滩特高拱坝智能建造关键技术[J].水力发电学报,2019 (2):24-37.

杨房沟水电站设计施工 BIM 管理系统研发和应用

张帅[1],刘立强[2],王雨婷[1],吴飞[1]

(1. 中国电建集团华东勘测设计研究院有限公司,浙江 杭州　311122;
2. 雅砻江流域水电开发有限公司,四川 成都　610051)

摘　要　杨房沟水电站是国内首个采用 EPC 模式建设的大型水电工程,为解决工程管理、信息共享、成果移交等难题,研发了设计施工 BIM 管理系统。基于 BIM 实现对建设期质量、安全、进度、投资等的全过程动态管控,并实现了视频监控、安全监测、混凝土温控、智能灌浆等智能建造子系统的一体化集成,以及基于移动设备的项目现场管理。该系统应用效果良好,为杨房沟水电站建设管理提质增效,也为国内大型水电工程建设管理创新提供了良好的借鉴思路。

关键词　BIM;EPC;大型水电工程;数字化;工程管理

1　引　言

杨房沟水电站位于凉山州木里县境内的雅砻江流域中游河段上,是规划中该河段的第 6 级水电站。水库正常蓄水位为 2 094 m,相应库容 4.558 亿 m³,总装机 150 万 kW,多年平均年发电量 68.74 亿 kW·h。工程枢纽主要由最大坝高 155 m 的混凝土双曲拱坝、泄洪消能建筑物和引水发电系统等组成,电站总投资达 200 亿元。杨房沟水电站计划 2021 年 11 月投产发电,2022 年工程竣工。作为大型水电工程,本工程建设规模大、投资大,施工条件和地质条件复杂,涉及影响因素众多,这给施工质量与进度控制、工程建设管理带来了相当的难度。

杨房沟水电站作为国内首个百万千瓦级 EPC 模式大型水电工程,被业内誉为“第二次鲁布革冲击波”,开创了全国大型水电站建设模式的时代先河,是我国新常态下水电开发理念与方式的重大创新,传统水电站建设体制和管理模式不再适用。为满足 EPC 模式下杨房沟水电站的建设管理需求,亟须利用 BIM、云计算、大数据、物联网、移动端等先进技术,基于工程大数据,利用 BIM 技术和数字化手段对工程建设质量、安全、进度、投资等信息进行全面管控,通过设计施工 BIM 管理系统(简称 BIM 系统)研发和应用,实现工程的可视化、扁平化、智慧化管理,切实提升工程质量,发挥经济和社会效益。

杨房沟水电站枢纽三维效果见图 1。

2　BIM 系统研发设计与实现

杨房沟水电站 BIM 系统自 2016 年 1 月开始研发,与主体工程同步建设,2016 年 12

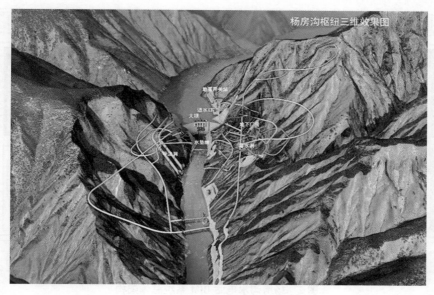

图 1　杨房沟水电站枢纽三维效果

月系统正式上线。历时 4 年运行,历经 5 次迭代,现有 16 个功能模块。在水电站设计施工全过程,服务于总承包方、监理方、业主方的工程管理需求。

2.1　总体架构

杨房沟水电站创建了大型水电工程 EPC 项目的工程数据中心,工程数据中心采用"微服务"架构,完成了多属性数据的有机融合,消除了传统管理模式下的"数据孤岛",通过对工程全生命周期海量数据的存储、处理与挖掘,真正实现了工程数据的流动、共享与增值,使得设计、施工一体化的水平更加提升,参建各方的沟通更加协同、有效。

基于工程数据中心,系统创建了基于 BIM 的设计施工一体化管控体系,打通设计管理、质量管理、进度管理、投资管理、安全管理等业务数据,实现了大型水电工程 EPC 项目的设计施工一体化管控。除上述基础模块外,还通过接口开发方式,集成工程安全监测系统、施工期视频监控系统、水情测报系统、投资管理系统、灌浆监控系统、混凝土温控系统等一系列智能建造系统数据,并在统一界面进行展示,使一体化管控更具成效。

杨房沟水电站 BIM 系统总体架构见图 2。

BIM 系统支持 WEB 端、移动端等多种终端使用,丰富了用户的使用场景,满足不同终端用户的数据请求。

2.2　工程全信息三维模型(BIM)技术

杨房沟水电工程综合性高,涉及多个专业,技术接口众多。基于一体化三维协同设计平台进行三维协同设计,各专业设计人员在统一部署下,创建工程的设计信息模型、施工信息模型,并开展基于 BIM 的大型水利水电工程设计施工一体化应用。加强协同设计、加快设计进程。最终实现工程 BIM 模型的精细化、属性化、轻量化,并实现基于 BIM 模型的数据交互。

2.2.1　杨房沟水电站三维协同设计成果

杨房沟水电站设计边界条件复杂、专业接口众多,涉及测绘、地质、坝工、厂房、引水、

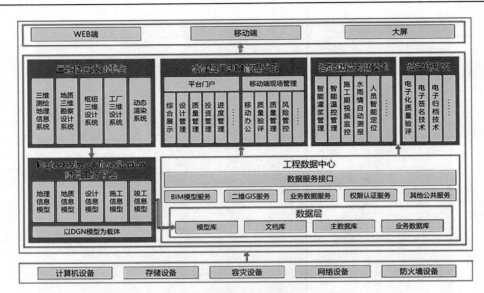

图 2　杨房沟水电站 BIM 系统总体架构

建筑、电一、电二、水机、暖通、给排水、金结、施工、交通等 20 余个专业。为加强设计管理，从工程可行性研究阶段便开始组织全专业开展三维协同设计，自 2016 年至今，杨房沟水电站的三维协同设计先后应用于可行性研究设计、招标设计、技施设计 3 个工程设计阶段，应用范围包括地质三维设计、枢纽三维设计和工厂三维设计三个方面，实现了全专业三维协同设计。

通过 Bentley 公司 Project Wise 协同设计平台，各专业设计人员在统一的部署环境下创建工程的设计信息模型与施工信息模型，并且开展工程 BIM 设计施工一体化应用，极大简化了大型水电工程 EPC 项目设计方案比选、设计优化、碰撞检查、三维可视化等工作，减少了各设计专业人员之间的沟通时间，提升了专业间配合效率，有效减少了设计返工现象，提高了出图效率，为全生命周期管理提供了基础模型，对并行设计、精细设计、方案比选、结构优化等进行全盘考虑与动态管控，起到了良好的协同效益。

杨房沟水电站部分三维协同设计成果见图 3。

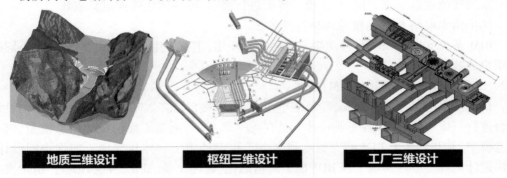

图 3　杨房沟水电站部分三维协同设计成果

2.2.2 BIM 模型多要素管理信息融合技术

为实现从设计模型到施工模型的无缝衔接,基于一体化三维协同设计平台,自主研发 BIM 模型自动化发布、构件统一编码、全信息三维模型展示等关键技术组件,实现底层技术创新。在杨房沟水电站实现了施工模型动态切分处理与工程全信息融合,模型颗粒度精细至单元工程。研发轻量化、自动编码、数据清洗等技术,实现 BIM 模型动态集成基本信息、进度信息、质量信息、设计信息、投资信息、安全信息等多要素管理信息,使"BIM+"成为现实。

杨房沟水电站施工期动态三维全信息模型如图 4 所示。

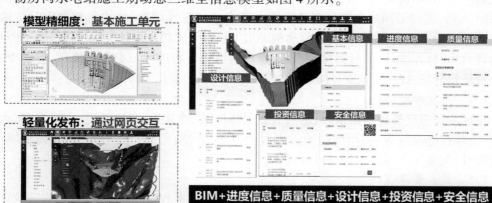

图 4　杨房沟水电站施工期动态三维全信息模型

该技术将施工信息与 BIM 模型紧密联系,以信息和模型深度融合的方式,向工程管理者提供直观、全面的数据分析成果。随着工程建设,各类施工信息以 BIM 模型为载体动态更新,为电站全生命周期管理提供多维信息"超模型"。

2.3 "BIM+"设计施工应用集成

杨房沟水电站 BIM 系统 WEB 端共有 16 个功能模块:主页、综合展示、设计管理、质量管理、进度管理、投资管理、安全监测、监控视频、水情测报、混凝土温控、智能灌浆、施工工艺、危岩体防控、基础数据、系统管理、个人中心等。同时,构建基于移动设备的项目现场管理体系,包括移动云办公、质量验评 APP、质量管理 APP、安全风险管控 APP 等多个终端,共同支撑 EPC 项目精益化履约。

深入开展"BIM+"设计施工一体化应用集成,基于 BIM 模型,实现施工过程信息可视化、各类归档资料的一体化集成管控,真正实现数据共享,并为数字化成果移交奠定技术基础。

2.3.1 BIM 系统核心功能模块

2.3.1.1 综合展示模块

综合展示模块分为设计模型展示与施工模型展示两部分。其中,施工模型与各业务系统相关联,通过点击模型构建或相应的关联节点列表,方便信息查询,包括施工进度、设计图纸、质量表单、工程量、安全风险等业务信息。

2.3.1.2 设计管理模块

设计管理模块实现对图纸、修改通知、报告等设计文件的线上流程报审,审批流程痕迹记录,提高了设计管理效率。过程中实现报审流程的全程监控、文件过程归集,以及工程设计数据的分项划分,为后期成本核算对比打下基础。

2.3.1.3　质量管理模块

以单元工程为单位全面归集质量验评资料,实现从单元工程划分、工序/单元工程质量验收评定、单元工程质量验评申请,到单元工程电子文件组件、组卷、归档的全过程线上业务流程。构建符合水电行业标准规范的单元工程质量验收评定电子表单库,覆盖大型水电工程开挖工程、锚喷支护、预应力锚索、混凝土工程、机电金结安装等施工全过程的结构化表单应用,结构化表单共计 523 张。开发质量验评 APP,并加载电子表单库。质量"三检"人员、监理等用户在项目现场完成电子表单的在线填报,结构化数据实时传输至工程数据中心。同时,用户可通过移动端采集工程影像资料。此外,质量管理模块还对质量验评台账、验评统计、原材料检验台账、原材料历史资料进行归类收集展示,方便查看,并通过质量管理 APP 实现质量问题动态管控。

2.3.1.4　进度管理模块

根据现场进度管理的需求,对不同的施工部位(边坡开挖、洞室开挖、支护工程、大坝浇筑、大坝接缝灌浆等)采用不同的进度展示方式,并结合三维展示基础功能模块,对工程进度计划、施工实际进度等进行可视化。

2.3.1.5　投资管理模块

投资管理模块实现结算统计、投资对比、节点台账、工程量统计,并通过与设计管理模块、质量管理模块的数据交互,实现对合同工程量、设计变更及相应的工程投资量进行统计、分析。

2.3.1.6　安全监测模块

通过与雅砻江公司数据中心的数据接口开发,接入雅砻江流域大坝安全信息管理系统,能够对工程安全监测信息进行整合,并实现基于三维导航方式进行安全监测信息查询。

2.3.1.7　监控视频模块

通过接入现场施工期视频监控系统,实现以 B/S 方式进行访问和交互,并对参建各方开放相应查看、控制权限,方便项目管理人员及时了解现场施工信息。

2.3.1.8　混凝土温控模块

通过接入中国水科院开发的混凝土智能温控系统,实现以 B/S 方式进行访问和交互,将出机口温度、入仓温度、浇筑温度、内部温度、通水信息等五类数据在 BIM 系统上展示。

2.3.1.9　智能灌浆模块

接入由天津大学开发的"高拱坝建设仿真与质量实时控制系统"中的工程地质三维建模与灌浆监控分析这一子系统。通过研发相关接口程序,实现该系统与 BIM 系统的集成,在 BIM 系统中实时获取仿真计算分析、振捣监控、灌浆分析等所需的各类施工指标参数。

2.3.1.10　施工工艺模块

施工工艺模块是基于可视化、多媒体技术,将 BIM 模型与工法库集成,打造施工工艺仿真培训模块,以 BIM 模型为载体实现了标准化工艺的固化与可视化。

2.3.1.11　危岩体防控模块

枢纽区有 127 处危岩体,防控管理过程涉及勘察、评价分级、稳定性分析、防治措施、监测、预警等各方面,防控过程中会产生大量的数据和文件,危岩体防控模块实现防控成果统计、危岩体信息查询、危岩体三维展示、危岩体监测预警等,对于保障工程施工安全及后期运营安全,具有较大的工程实践意义。

2.3.1.12　安全风险管控 APP

定制化构建本工程风险管控措施库,实时调取当前现场安全风险,量化评估安全风险指数,智能分析风险在控情况及管控趋势,实现安全风险动态管控,在循环累积中不断提高项目管理水平。

2.3.2　系统基础数据共享

基于统一的数据标准体系和通信标准,消除信息孤岛,提高工程建设期各类数据的集成及信息共享性能。对于 BIM 模型的施工属性信息,结合工程建设业务需求,实现业务数据来源唯一、可靠、真实,实现系统内基础数据的统筹共享,避免数据重复录入,多头数据来源等情况。

各功能模块数据交互示意见图 5。

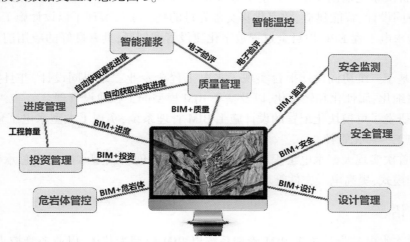

图 5　各功能模块数据交互示意

2.4　电子文件在线归档

开展电子文件在线归档技术应用,行业内首次实现质量验评待归档文件的自动实时组件、组卷、封装、检测与归档。采用"电子签名+XML 封装+PDF+四性检测"方案,电子文件形成合规,满足法律、法规规定的原件形式要求,归档满足国家现行有关标准要求。引入电子签名、电子签章技术,BIM 系统共采集了项目参建各方 1 224 名用户的电子签名,以及 8 家参建单位的电子签章。确保单元工程全部质量验评资料均为原件,电子签名、电子签章合法合规,具备线上归档条件。制定"元数据"方案,完成 BIM 系统与建设单位档案管理系统之间的接口开发,实现电子文件在线归档。

3　BIM 系统应用成效

3.1　应用成效

杨房沟水电站 BIM 系统于 2016 年 1 月 1 日与主体工程同步开发建设,并于 2016 年 11 月试运行。自 2016 年 12 月正式上线至今,已运行 50 个月,截至 2021 年 2 月 28 日, BIM 系统用户共计 1 224 人,权限角色共计 59 种,全面覆盖建管局、总承包部、长委监理、厂家代表等多个参建方。设计管理模块共记录了 2 429 条设计报审流程,质量管理模块共归集了 13 774 个单元工程的质量评定资料。

杨房沟水电站作为国内首个百万千瓦级 EPC 水电工程,被赋予了极高的社会关注度,行业内外已有 30 余家单位到杨房沟现场开展 EPC+BIM 模式的调研学习,社会效益显著。各调研单位一致认为杨房沟水电站 EPC 全过程数字化建设管理成果达到业内一流水平,具有很强的可操作性和推广价值,对水电行业 EPC 项目管理及"两化"深度融合具有示范效应。

3.2　创新点

杨房沟水电站 BIM 系统主要创新点如下:

(1)首次系统地创建了一套基于 BIM 的大型水电工程 EPC 项目的智慧管理体系,通过三维协同设计、智能建造、数字化移交等先进的技术手段实现了以设计施工一体化为核心的大型水电工程 EPC 项目全过程数字化建设管理创新,具有良好的应用前景和推广价值。

(2)基于三维协同设计平台实现了水电工程全专业三维协同设计,并且实现了 BIM 模型的精细化、属性化和轻量化,以及基于 BIM 模型的工程建设管理。

(3)研发了可模块化配置的设计施工 BIM 管理系统,实现了大型水电工程 EPC 项目的设计施工一体化管控。

(4)首次实现大型水电工程电子文件在线归档,创新大型水电工程总承包项目电子文件管理模式,提高电子文件管理和归档管理效率。

4　结　语

杨房沟水电站设计施工 BIM 管理系统以 BIM 模型为载体、以业务管控为中心、以移动化应用为抓手,实现了单项目、全要素管理的工程建造智能化。借助先进的技术方法和手段,对传统水电工程的建设管理进行了创新,提升了 EPC 模式下水电站建设的管理水平,为大型水电工程 EPC 项目管理升级、优化生产组织提供了新思路、新方法,实现了杨房沟水电站的数字化管理和智慧化管控,为国内同类工程建设创新管理思路提供了良好的借鉴。

参 考 文 献

[1] 田继荣,张帅,熊保锋,等.基于数字化技术的工程质量管理模式在大型水电工程 EPC 项目中的应用研究[J].四川水利,2019,40(4):36-41.

［2］熊保锋,张帅.数字化水电站设计施工运营应用平台建设[J].人民长江,2019,50(6):130-135.

［3］翟海峰,郑世伟,章环境,等.总承包模式下工程建设信息化创新探索与应用[J].人民长江,2018,49(24):90-93.

［4］鄢江平,翟海峰.杨房沟水电站建设质量智慧管理系统的研发及应用[J].长江科学院院报,2020,37(12):169-175.

［5］张贵忠.沪通长江大桥 BIM 建设管理平台研发及应用[J].桥梁建设,2018,48(5):6-10.

［6］俞辉,宋媛媛.杨房沟水电站 BIM 系统施工验收电子文件在线归档合规性研究[J].大坝与安全,2019(6):11-16.

IMC 一体化平台中智能报表的设计与开发

戴臣超，陈意，向南

（南京南瑞水利水电科技有限公司，江苏 南京 211106）

摘 要 本文主要介绍了 IMC 一体化平台中智能报表的设计与开发，详细地论述了智能报表后台服务的原理、结构和功能，并在此基础上提出了若干种基于智能报表的数据分析工具，同时分析了这些工具的特点、运行步骤，为 IMC 一体化平台提供了若干种更加智能、高效和便捷的智能报表工具。

关键词 IMC；智能报表；数据分析；便捷

1 IMC 一体化平台状况

随着国家电力体制改革的深入推进以及清洁能源发展战略的逐步实施，一体化智能建设已成为引领技术创新、实施清洁能源优化调度的重要发展方向。通过建立智能一体化平台，可对发电站、电厂管辖内的风电场、光伏电站等清洁能源发电量进行联合优化调度，从而提升清洁能源优化调度水平，形成一系列技术上有创新、实践上有成效的高质量工作成果。在此背景下 IMC 一体化平台应运而生，并成为一大热点[1-3]。

IMC 一体化平台是指将云计算、人工智能等新兴技术，与传统水电生产运行、生产管理中面临的业务需求有效融合，以安全、实用和效益为导向，以数字化、信息化、智能化、智慧化为主线，利用专业优势开展关键技术研究、工程实施等工作的系统一体化平台及相关功能组件，切实解决长期困扰水力发电企业的一体化程度低、通信标准不统一、信息共享困难、业务协调工作量大、网源协调能力差、决策能力低等问题，实现智能运行、智能调度、智能维护等应用，建设本质安全、高效可靠、绿色环保、和谐友好的现代化电站，实现从传统电力生产模式向智能化生产模式转变[4-6]。

同时，IMC 一体化平台严格遵循智能水电厂标准体系要求，充分考虑了各个水电厂生产运行管理全过程、全范围的应用需求，合理规划一体化平台体系架构，建立健全一体化平台软硬件支撑环境，以平台数据存储、传输、处理的完整性为基础，以平台服务功能、种类、接口的完整性为核心，以安全为原则，以智能为动力，实现覆盖水电厂生产运行管理各个环节的一体化平台，具有完整的体系结构、完整的软硬件环境、完整的数据支撑和完整的功能平台。

2 智能报表概述

在 IMC 一体化平台中，智能报表部分作为人机界面编辑器的组成部分，通过报表系统函数库提供时间函数、算术计算、各种专业计算等函数，能满足多种常规报表计算需要。用户可按照自己的要求，使用人机界面编辑器编辑报表，设计制作新的报表，无需编程，方便进行各种类型的函数扩充。通过函数调用和单元格逻辑组合，报表框架可以动态生成各类电力生产报表、水情预报报表、各类统计报表等。从时段上划分，自动生成报表，报表分为日报表、周报表、旬报表、月报表、季报表、年报表。此外，系统可根据不同要求临时定制并对外发布，如截流期间的报表等。图1展示了编辑态下智能报表的图形界面。

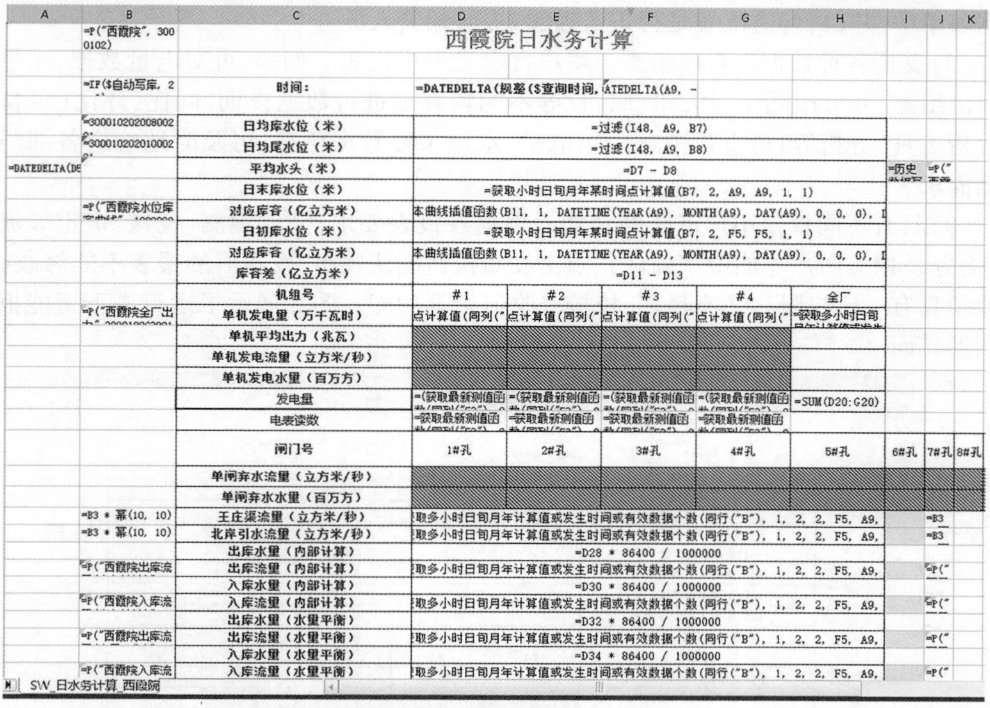

图1　编辑态下智能报表的图形界面

报表运行由人机界面运行器通过菜单调用、按钮切换、直接打开等方式动态进行。报表具有良好的交互性，具有设置显示格式、文本对齐方式、合并单元格、设置重复行、插入图元、设置报表运行方式（如打开报表就自动运行、打开报表需手动运行）等功能。图2展示了运行态下智能报表的图形界面。

报表的数据来源于实时数据、历史数据、应用数据、人工输入及其他报表输出，与实时数据库、历史数据库连接。数据库中数据的改变自动反映在报表中，生成新的报表，每次生成的报表均可以保存。报表能够全面支持主流的 B/S 架构及传统的 C/S 架构，部署方式简单灵活。

具体功能包括：

（1）支持用户自编辑报表，无需编程。

（2）提供时间函数、算术计算、字符串运算、水位计算、水头计算、闸门计算、机组计算等函数，能满足各种常规报表计算需要。

（3）报表中可嵌入简单图元，如直线、曲线、矩形、椭圆、位图、文本等。

（4）多窗口多文档方式，支持多张报表同时显示调用或打印。

（5）具有定时、手动打印功能，支持报表与报告两种分析结果展现形式。

（6）编辑界面灵活友好，除普通算术运算外，还能支持面向业务的计算和统计能力。

（7）支持校核功能。一是缺失值、异常值提醒，二是重新计算校核报表数据，三是自动统计分析功能（自动识别最大、最小值等）。例如，能自动识别各电站，二若电源组、锦官组当月、当日的发电量、流量等关键性指标是否为投产以来最大、最小，自动推送至相应数据表单中，并（可勾选配置是否短信提醒）提醒相关人员。

（8）支持各种数据可自由组态。用户自定义形成报表。例如，可对电量数据、水量数据自由组态，并可按照年、月、旬、周、日等不同颗粒度进行数据查询，同比、环比（可自定义分析工具）分析等；可直观浏览历年电量、水量主要数据信息，可及时地响应各部门的数据需求。

（9）具有不同权限用户审核的功能。根据各报表要求，完成编制、校核、审定等流程后（需登录相关用户才能签字确认），点击发布按钮确认发布，发布后的报表不能修改（或修改须具有一定权限），还有撤回、校核修改记录等功能。图2展示了运行态下智能报表的图形界面。

西霞院日水务计算

	时间:	2019-04-17				
3000102						
2						
	日均库水位（米）	132.96				
	日均尾水位（米）	121.18				
2019-04-18	平均水头（米）	11.78				西霞
	日末库水位（米）	132.96				
1002000001	对应库容（亿立方米）	0.842				
	日初库水位（米）	132.96				
	对应库容（亿立方米）	0.842				
	库容差（亿立方米）	0.000				

	机组号	#1	#2	#3	#4	全厂
西霞院全厂出力	单机发电量（万千瓦时）	73.395	75.285	79.065	77.175	126.81
	单机平均出力（兆瓦）					
	单机发电流量（立方米/秒）					
	单机发电水量（百万方）					
	发电量	2.33	2.39	2.51	2.45	9.680
	电表读数	1380.74	1599.89	1473.04	1699.43	

	闸门号	1#孔	2#孔	3#孔	4#孔	5#孔	6#孔	7#孔	8#孔
	单闸弃水流量（立方米/秒）								
	单闸弃水水量（百万方）								
3000102310310060	王庄渠流量（立方米/秒）	0.000				3000			
3000102310360060	北岸引水流量（立方米/秒）	0.000				3000			
	出库水量（内部计算）	123.240							
	出库流量（内部计算）	1426.395							
	入库水量（内部计算）	123.240							
	入库流量（内部计算）	1426.395							
	出库水量（水量平衡）	103.884							
西霞院出库流量（	出库流量（水量平衡）	1202.366				西霞			
	入库水量（水量平衡）	103.857							
西霞院入库流量（	入库流量（水量平衡）	1202.050				西霞			
	发电水量（NHQ）	103.884							
西霞院发电流量（	发电流量（NHQ）（立方米/秒）	1202.366				西霞			

图2　运行态下智能报表的图形界面

除此以外，报表工具预留与检修计划、发电计划、MAXIMO电力生产信息管理系统交互接口，可与上述系统互联互通，实现检修工作开展情况、主要送出线路运行情况、机组运行情况（解并列、备用）、发电计划情况等信息自动录入，减少人工重复录入，提升制表工作效率，避免人工抄录错误。

3 报表校核

报表校核是基于智能报表专门定制的一种校核分析工具,旨在利用多个不同的算法来同时计算智能报表中某个属性,进而减少运算出错的概率。图 3 展示了报表校核的编辑面板。

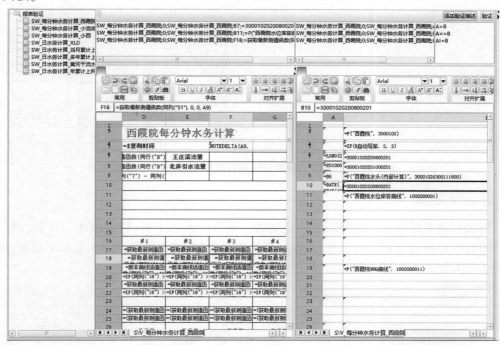

图 3 报表校核编辑面板示意

报表校核图形面板主要由左部的报表验证树,上部的左验证列表域、右验证列表域、条件列表域,中间部分的两块待验证报表域组成。其中,左部的报表验证树用于挂载待校核的报表;上部的左验证列表域用于存放挂载报表中待校核的属性,上部的右验证列表域用于存放打开报表中待校核属性,上部的条件列表域用于存放校核条件;中间部分的左侧验证报表域用于存放左侧挂载树中选中的报表,中间部分的右侧报表域用于打开与待校核报表一一对应的报表。除此之外,还对左右验证域中添加的待校核属性添加了一个验证描述,当两种不同算法计算待校核属性的结果不一致时,将悬浮显示出待校核属性已添加的验证描述(可以理解为待校核属性的详细计算过程)。

当切换至运行态时,将会隐藏原先中间部分的右侧待验证报表域,上部的左验证列表域、右验证列表域及条件列表域。从左部的报表验证树中选中任意一个待校核报表节点,将仍然会在中间部分的验证报表域中展示相应的报表内容,此时点击验证按钮,首先会判断之前左验证列表域中是否添加了已选中节点,其次将会依次运算报表树中已选中报表与相应的验证报表,最后通过比较两张报表最后的运算结果来判断是否满足校核条件(当不满足验证条件时,将会标红显示并弹出提示框)。图 4 展示了报表校核的运行面板。

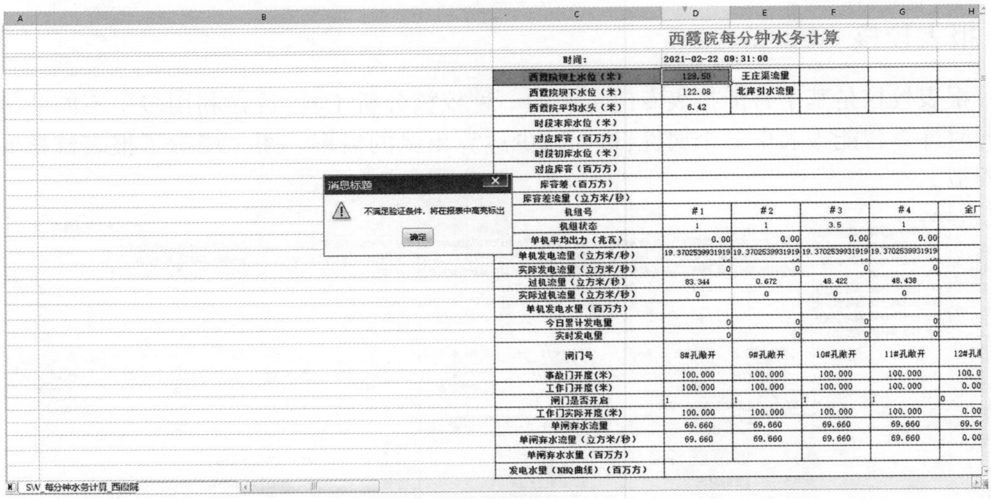

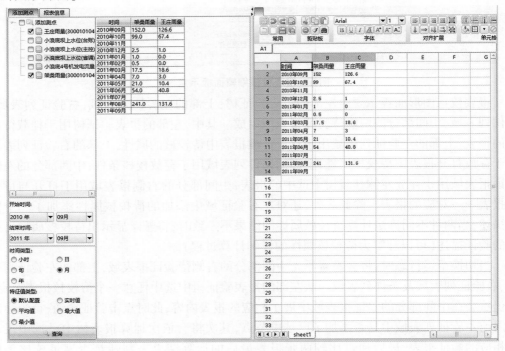

图 4　报表校核运行面板示意

4　报表自定义

报表自定义是基于智能报表专门定制的一种自由组态工具,旨在以年、月、旬、周、日等不同粒度对报表数据进行组合,进而减少工作量,提高工作效率。图 5 展示了报表自定义的图形界面。

图 5　报表自定义图形界面示意

报表自定义图形面板由数据查询面板和报表展示面板组成,数据查询面板由左部上侧的添加测点树、左部下侧的查询条件面板与左部右侧的数据查询表格组成。其中,左部上侧的添加测点树用于挂载待查询的测点;左部下侧的查询条件面板用于选择查询的粒度(例如开始时间、结束时间、时间类型和特征值类型等参数);左部右侧的数据查询表格用于存放查询结果(按照选择的时间间隔依次排放)。报表展示面板默认会新建一个空白报表,当点击查询且在右部的新建空白报表中选中任意一个单元格时,会将左部右侧的数据查询表格中展示的查询结果,完整地复制到右部的新建空白报表中。

5　报表发布

报表发布是以智能报表为基础,专门为不同权限用户审核报表而定制的一种工具,旨在为待处理报表设置编制、校核、审定和发布等流程。图6展示了报表发布的图形界面。

图6　报表发布图形界面示意

报表发布图形面板由左部的报表发布树、中间部分上侧的报表状态信息面板与中间部分下侧的报表展示面板组成。其中,左部的报表发布树用于挂载事先编制好的报表模板(一个报表模板可生成多张固化报表);中间部分上侧的报表状态信息面板用于存放生成好的固化报表与固化报表对应的处理流程;中间部分下侧的报表展示面板用于存放选中的固化报表或者报表模板。除此之外,在左部的报表发布树中还添加了一个右键响应事件,该事件用于配置校核人、审定人与发布人等信息,通过这种方式来控制不同用户的审核权限。

保存为固化报表按钮则会根据当前打开的报表模板及选择的时间,生成相应的固化报表且向数据库中写入当前固化报表的审核状态;提交报表状态信息按钮首先会判断当前用户是否有操作权限,其次将会重写数据库中固化报表的审核状态。

6　结　语

　　智能报表旨在以统一模型为基础,通过统一数据服务实现 IMC 一体化平台监控、水情等业务数据的综合报表展示、调度、打印和管理,具有极为便捷的人机界面编辑器,能够调用多种专业计算函数,满足多种报表计算需要。本文以智能报表为基础,设计了若干报表分析工具,例如报表校核、报表自定义与报表发布,并分析了其中的组织结构原理,相信对于以后此领域做进一步发展有一定的借鉴价值。

参 考 文 献

[1] 陈意,赵柯,花胜强,等. PRV 负载均衡方法在小浪底新型水调平台系统中的应用[J]. 西北水电,2020(5):92-96.

[2] 陈意,赵柯,董泽亮. 新一代水调自动化系统 WDS9200 在小浪底的应用[J]. 内蒙古水利,2020(1):31-33.

[3] 陈意,花胜强,杨宁. 智能水电厂的统一短信平台设计[J]. 水电自动化与大坝监测,2015,39(2):1-4.

[4] 花胜强,顾晓峰,高磊,等. 大坝安全监测中的自动化比测方法[J]. 水力发电,2017,43(3):120-122.

[5] 王聪,张毅,文正国. 基于 IEC 61850 标准的水电厂监控系统信息建模[J]. 水电自动化与大坝监测,2012,36(6):1-4.

[6] 常康,薛峰,杨卫东. 中国智能电网基本特征及其技术进展评述[J]. 电力系统自动化,2009,33(17):10-15.

消息总线在水电站智能报警中的应用

陆健雄

（南瑞集团有限公司（国网电力科学研究院有限公司），江苏 南京 211106）

摘 要 随着水电站报警信息系统的发展，电力数据资源不断增加，系统处理的报警事件和类型也不断增加，这对消息与数据总线的可靠性、低延迟要求也不断提高。同时，水电站信息系统中有多种消息总线需求，包括基本事件信息总线、基本属性数据总线和报警信息发布、接收总线，不同用途总线报文结构、长度均不相同，这对数据总线特异性要求较高。本文测试了观察者、总线组播、handler 三种总线模式在刷新界面、传输数据时的效果，结果表明，三种方式均能快速响应且没有丢包问题，可以满足水电站集控系统建设中的数据实时通信需求。

关键词 观察者；总线组播；handler

0 引 言

智能化是目前很多行业的大趋势，水电站也不例外，智能报警可以减少值班人员，提高工作效率，而消息总线作为常见的消息传输机制在电力行业有很大适用性。智能报警相对综合告警而言短时间接收到的数据量更大，更加需要解耦、快速的消息总线，但是传统数据总线容易导致数据重复、丢失，本文主要探讨三种类型消息总线在智能报警系统中数据传输的作用及各自优势，并重点阐述总线组播的实现方式。

1 消息总线应用场景

当前水电站集控系统中，智能报警系统会使用多条消息总线，总线中数据传播方式主要为组播传递和内部传递两种，其中报警事件和测值通过组播传递，而内部传递一般有观察者模式和 handler 两种方式更新 UI 界面和响应内部事件。组播传递利用的是局域网进行报文发送，不同进程的通信方需要通过总线交换机进行信息传递时，只需注册相应端口号，接收方通过对报文结构的解析获取报文信息，而内部传递先确定订阅—接收机制，只要进程注册到总线，观察者模式[1]和 handler[2] 可以迅速通知界面响应。

1.1 观察者模式

观察者模式［又被称为发布—订阅（Publish/Subscribe）模式］，属于行为型设计模式，它定义了一种一对多的依赖关系，让多个观察者对象同时监听某一个主题对象。这个主题对象在状态变化时，会通知所有的观察者对象，使他们能够自动更新自己。

水电站增加新的报警策略或者切换设备树节点时，需要信息展示界面快速切换为对应界面。如图 1 所示，报警组态界面作为观察者，将自己注册到总线中，后台产生报警事件的进程作为被观察者，当被观察者属性变化时，通知报警界面，组态界面更新测点、测值，刷新对应节点。在 Java 中消息的通知一般是顺序执行，如果一个观察者卡顿，就会影响系统整体的执行效率,从而造成页面长时间未响应。在这种情况下,应采用异步实现方式,将耗时较多的任务作为单独的线程,任务处理结束后再返回主线程,避免主线程阻塞。

1.2　handler 模型

Handler 可以将子线程的数据发送给主线程,在子线程把需要在另一个线程执行的操作加入到消息队列中去。在水电站系统中,主线程创建一个 Handler,然后重写该 Handler 的 handlerMessage 方法,该方法能够传入一个参数 Message,该参数就是从其他线程传递过来的信息。子线程通过 Handler 的 obtainMessage 方法获取一个 Message 实例,通过 sendMessage 将 Message 发送出去,Handler 所在的主线程通过 handlerMessage 方法就能收到具体的信息。Message 在 MessageQueue 不是通过一个列表来存储的,而是将传入的 Message 存入上一个 Message 的 next 中,在取出的时候通过顶部的 Message 就能按放入的顺序依次取出 Message。

相较于观察者模式,Handler 结构较为复杂,它不仅仅可以将子线程的数据发送给主线程,它还适用于任意两个线程之间的通信,通过 Handler + Message 来实现,实现消息的异步处理。handler 线程通信机制见图 2。

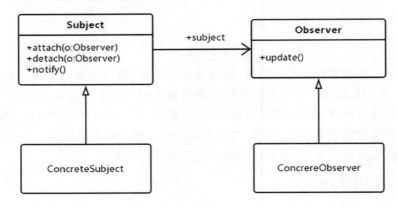

图 1　观察者发布—订阅流程

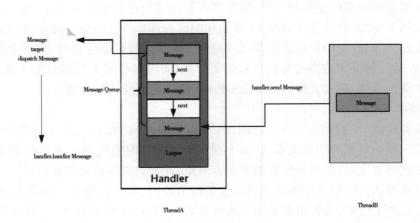

图 2　handler 线程通信机制

1.3 总线组播

图 3 展示的是智能报警系统使用的数据通信总线,主要包括基本事件总线、基本属性总线和告警总线,事件总线用于传输开关、报警等事件,属性总线用于传输测值、测点状态等属性,告警总线传递产生报警的告警点。它们都是通过本地组播传输数据,基于 UDP/TCP 协议在局域网中发送报文,局域网内一台主机通过网卡端口向组播组其他主机指定端口发送数据包。

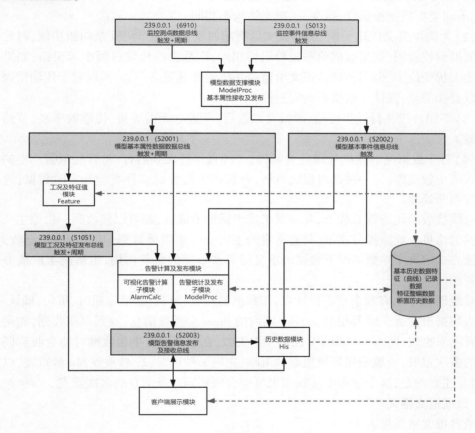

图 3 报警系统三种总线

与观察者模式和 handler 不同,在水电站智能报警系统中,组播总线用于不同进程之间传递数据,一般用来处理水电站数据资源,存储、调用历史数据库的数据,分析报警数据。组播处理的数据量往往比较大且不同类型数据长度不同,总线需要规范化整个智能报警中的数据报,使得所有数据以相同格式发送、解析,后续子系统可以利用总线提供的数据,以便于持续集成和业务扩展。

2 总线组播实现策略

2.1 总线组播设计特点

智能报警为提高数据报传输准确性和速度,增加了纠错和异步传输[3],组播有以下几种特点:

(1)由于总线数据类型不一样,数据报也分为三种类型,为每种类型数据包分配一个端口,不同类型数据报长度、报文头、报文体均不相同。

(2)为确保报文传递无误,组播报文具有超时重传和字节码冗余纠错功能,对比报文特征值得到校验码,如果数据值和校验码均相同,则数据报传输过程中未出错;如果一个数据受干扰变位了,会回传确认报文给监控系统通知其重新发送,所以对于传输错误的报文可以直接丢弃,保证了数据报的完整性。

(3)不同总线并行异步传输,即报文发送后,发送方无需等待,传输效率高,节约了线程资源。

(4)对于数据报后续的处理分为两种,一种直接转发到后台,将智能报警产生的工况值写入历史数据库,另一种是对报文解析,分析产生报警的事件类型和实时数据,进行后续报警判断处理。

总线接收端注册到总线上,凡是属于该组播组的成员,都可以接收到一份原主机发送的数据的拷贝。此组播方式下,只有指定的主机会收到组播数据,其他主机不会收到,因此组播方式解决了单播情况下数据的重复拷贝及带宽的重复占用,也解决了广播方式下带宽资源的浪费。

总线架构[4]上有两个核心设计点:①数据的接收、解析;②消息超时、重传、确认。

当数据报文丢失或者超时,sender 端内的 timer 会重发消息,直到期望收到,如果重传 N 次后还未收到,则 SendCallback 回调发送失败,在这个过程中接收端可能会收到同一条消息的多次重发,一般采用指数退避的策略,先隔 x 秒重发,$2x$ 秒重发,$4x$ 秒重发,以此类推,需要注意的是,这个过程中接收端也可能会收到同一条消息的多次重发。

2.2 数据报文格式

消息报文格式见表 1。

表 1 消息报文格式

报文起始	报文长度 (short)	Hostname (String)	Procname (String)	序号 (short)	事件类型 (short)	附属信息
FAFAFA	2byte	24byte	24byte	2byte	2byte	依不同类型而定

组播组和端口号:组播组地址范围为 224.0.0.0~239.255.255.255,端口号根据总线不同用途设值不同。

报文长度:short 值,表示本条报文除"报文起始""报文长度"域外的所有字节长度,一般报文最大长度设为 8 192 字节。

主机名:24 字节长度的字符串,表示本机的节点名。

模块名:24字节长度的字符串,表示发布消息的模块名称(模块注册到总线上时使用的名称)。

序号:short值,报文自加序号,每一次发出时自加,从1-->30000循环变化,用于识别报文的有效性(比如多网卡时,去除冗余信息)。

事件类型:short值,主要有报警触发事件和开出事件。

附属信息:一般是数据体信息,包含一条或多条报文体。

在以上三种总线上传输报文时,测值类型有以下几种:

(1)整型,值域的长度为4byte(int)。

(2)长整型,值域的长度为8byte(long)。

(3)浮点型,值域的长度为4byte(float)。

(4)双精度浮点型,值域的长度为8byte(double)。

(5)数组,特征值域为组合结构,具体定义方式为:数组长度(2byte),子数据类型1(2byte),子数据值1(依不同类型而定),子数据类型2(2byte),子数据值2,依次类推。

2.3　环境测试

现场用于测试的有两台windows服务器,一台运行监控系统,另一台运行消息总线modelproc程序,其中监控系统中的报文接收程序实时接收并发送数据报文,配置文件中配有端口号和IP地址,写入以下内容并保存。

```xml
<realData>
    <sourcePort port = "6910" ></sourcePort>
    <destPort port = "52001" ></destPort>
    <sourceIp ip = "192. 168. 100. 1" ></sourceIp>
    <destIp ip = "192. 168. 71. 97" ></destIp>
</realData>
<alarmMsg>
    <sourcePort port = "5013" ></sourcePort>
    <destPort port = "52002" ></destPort>
    <sourceIp ip = "192. 168. 100. 1" ></sourceIp>
    <destIp ip = "192. 168. 71. 97" ></destIp>
</alarmMsg>
```

发送方发送数据:

```
[BusManager]: Get ips.size=1 ,port=52001
BusManager socket created : /172.28.187.35 ,busPort=52001
send message:  this is send message!
发送数组:74 68 69 73 20 69 73 20 73 65 6E 64 20 6D 65 73 73 61 67 65 21
```

接收方接收数据:

通过实验分析可知,在大量数据传输过程中,总线中数据报文发送与解析均没有问题。

[BusManager]: Get ips.size=1 ,port=52001
BusManager socket created : /172.28.187.35 ,busPort=52001
recv: this is send message!
收到数组:74 68 69 73 20 69 73 20 73 65 6E 64 20 6D 65 73 73 61 67 65 21

3　小　结

　　本文分析了智能报警系统使用三种类型的消息总线,分别为观察者模式、handler 模型和总线组播。其中,观察者模式和 handler 模型都是基于订阅—发布模式,主要用于报警组态界面的更新和内部事件的响应,而总线组播可以连接数据库和后台程序,传递工况、特征值等数据,之后介绍了总线组播的数据结构、实现方式,提供一种解耦和有较高数据完整性的数据传输方案。

参 考 文 献

[1] 刘凌云.观察者模式在面向抽象编程中的作用[J].计算机与数字工程,2016,44(8):1474-1477.

[2] 陆鑫,翟桂锋,孙超.一种轻量级消息总线的设计与实现[J].工业控制计算机,2019,32(8):4-6.

[3] 张潇男,石湘.任意源组播下的丢包分析与避免[J].计算机与网络,2020,46(9):57-59.

[4] 王成.移动 IP 网络组播技术的研究[J].数字技术与应用,2020(8):16-17.

一种基于跨区通信的水情自动
测报系统设计与实现

李冰[1],何国春[2],丁仁山[2],邹皓[2]

(1.南瑞水利水电技术有限公司,江苏 南京 210003;
2.雅砻江流域水电开发有限公司,四川 成都 610051)

摘 要 本文基于水情野外测站远程通信规约标准化及跨区数据安全传输等问题,设计和实现了一种水情自动测报系统,其主要应用于高海拔、人烟稀少、野外通信条件恶劣地区,利用短信或者北斗信道进行水情数据传输,系统采用前后台分离的技术方案,将采集系统部署在不同的安全区域,数据通过正反向隔离装置进行传输,重点介绍了跨区通信技术方案及远程通信协议。基于跨区通信的水情自动测报系统已在实际工程中得到成功应用,其稳定性、安全性和广泛地域适应性为各类监测预警平台提供了准确的实时数据。

关键词 跨区通信;水情自动测报系统

0 引 言

随着国家电力体制改革的深入推进及清洁能源发展战略的逐步实施,风光水清洁能源优化调度成为国家重要发展方向。通过对全流域梯级水库及集控中心管辖内的风电场、光伏电站等清洁能源发电量进行联合优化调度,可以有效提升风光水清洁能源优化调度水平,而这其中水情自动测报系统的重要性凸显出来。

针对大型流域遥测站点分布广、野外通信条件恶劣、不同厂家通信规约不一致的特点,本文设计的水情自动测报系统利用短信或者北斗信道进行水情数据的传输;根据国家电力监控系统安全防护的总体要求,电力调度系统安全Ⅰ/Ⅱ区与安全Ⅲ区之间加装了安全隔离设备,因此水情数据的跨区传输问题成为重中之重。本文设计的水情测报系统通过采用前后台分离的技术方案,实现Ⅰ/Ⅱ区和Ⅲ区之间的数据传输及远程控制,完成中心站对流域自动测报系统的远程传输、召测、遥测站远程管理,解决不同遥测站设备传输数据接入中心站和远程设备管理问题,提高了自动测报系统的自动化水平,显著降低运行维护成本,提高管理效率。

1 水情自动测报系统概述

水情自动测报是采用现代科技对水文信息进行实时遥测、传送和处理的专门技术,是

作者简介:李冰(1984—),男,工程师,主要从事水电厂自动化研究。E-mail:libing@ sgepri. sgcc. com. cn。

有效解决江河流域及水库洪水预报、防洪调度及水资源合理利用的先进手段。它综合了水文、电子、电信、传感器和计算机等多学科的有关最新成果,用于水文测量和计算,提高了水情测报速度和洪水预报精度,改变了以往仅靠人工测量水情数据的落后状况,扩大了水情测报范围,在江河流域及水库安全度汛和电厂经济运行以及水资源合理利用等方面都能发挥重大作用,达到对水害事故的早发现、早预报、早防治,对保障人民生命财产安全具有十分重要的意义。

水情测报系统主要由监测中心、通信网络、遥测站组成,其总体架构如图 1 所示。

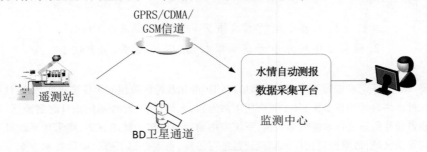

图 1　水情自动测报系统总体架构

1.1　监测中心

监测中心设备主要由服务器、工作站、无线通信模块和公网专线组成,服务器上安装操作系统软件、数据库软件和水情系统软件。水情系统软件具有操作权限的管理人员,安装访问客户端后才可远程登入该系统,保证了系统的安全性。

1.2　通信网络

通信网络指的是遥测数据传输网络,包括 VHF、GPRS、短消息、北斗卫星、Internet 公网/移动专线等,根据不同的通信条件选择合适的通信网络。

1.3　遥测站

遥测站包括遥测采集装置、测量设备及辅助设备。

遥测采集装置是为满足水情行业遥测对多通信信道、大容量数据存储的要求而设计的新型遥测终端设备。它以高性能、低功耗微控制器为核心,具有多个传感器接口和多个通信接口,是集数据采集、显示、存储、通信和远程管理等功能于一体的智能遥测数字终端设备。

测量设备由水位计、流量计、雨量计和工业摄像机等组成,负责测量水位、流量、降雨量等数据,并对现场进行拍摄。

辅助设备包括太阳能电池板、蓄电池组、防雷设施等,为遥测站提供电源和保护。

2　电力监控系统分区简介

为了贯彻落实《电力监控系统安全防护规定》(国家发展和改革委员会令第 14 号)、《电力监控系统安全防护总体方案》(国能安全〔2015〕36 号),加强电力监控系统的信息安全管理,防范黑客及恶意代码等对电力监控系统的工具及侵害,保证电力系统的安全稳定[1],电力系统分区成为最为重要和紧迫的事情。

调度系统安全防护总体结构示意如图 2 所示。

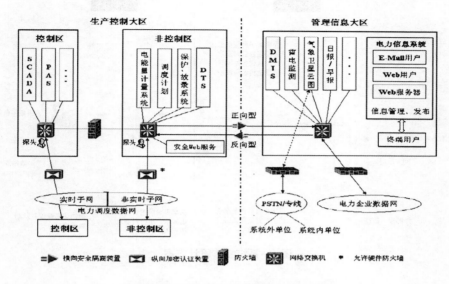

图2　调度系统安全防护总体结构示意

国家信息安全等级保护的原则是"安全分期、网络专用、横向隔离、纵向认证",在生产控制大全与管理信息大区之间设置经国家制定部门检测认证的电力专用横向单向安全隔离装置。安全隔离设备也称为"网闸",是安全Ⅰ/Ⅱ区与安全Ⅲ区的必备边界,具备最高的安全防护强度,包括两种,一种是正向隔离,用于安全Ⅰ/Ⅱ区到安全Ⅲ区的单向数据传递;另一种是反向隔离,反向隔离用于安全Ⅲ区到安全Ⅰ/Ⅱ区的单向数据传递。

隔离设备部署如图3所示。

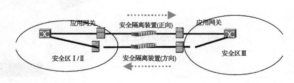

图3　隔离设备部署

3　系统总体设计方案

3.1　系统总体架构

水情自动测报系统专门对遥测站进行数据综合管理,具备数据查询、设置、命令的下发和数据处理等功能,基于跨区通信的需要,本系统的整体设计方案如图4所示。

3.2　采集器终端部分

本系统采用ACS500数据采集终端,ACS500是南京南瑞集团公司新开发的ACS系列微功耗数据采集器,具有强大的数学处理能力,能满足现场数据处理的各种复杂需求,可广泛应用于山洪灾害监测预警系统、水情自动测报系统、水利信息化监测系统、水文监测系统,其外观如图5所示。

采集终端常规功能电气连接如图6所示。

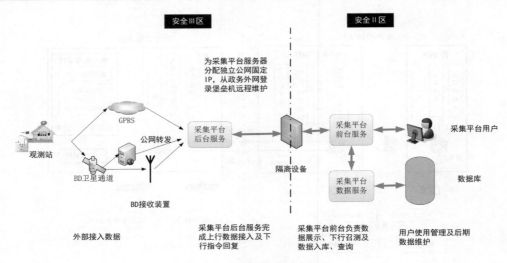

图 4　系统整体设计方案

图 5　ACS500 数据采集器

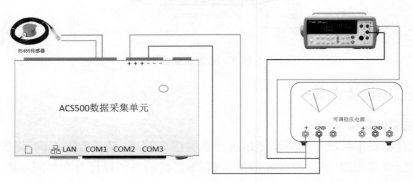

图 6　常规功能电气连接图

3.3　数据采集软件部分

水情自动测报系统采集平台软件集成了多种通信信道和多种 RTU 通信协议的通用遥测数据采集、查询分析与数据处理的平台,软件可独立运行并在线配置通信信道及遥测站。

平台采用前后台程序分离的方案,后台程序负责数据采集,前台程序负责界面展示及控制令下发。后台程序采用标准 C++实现,而前台程序采用 JAVA 实现,前后台通过基于安全隔离装置的通信方案进行交互。采用这种方案主要是考虑到底层通信用 C++实现更为稳定可靠,高并发的处理能力也较 JAVA 要强;而前台用 JAVA 实现主要是考虑到在 Linux 平台上 JAVA 实现界面相对 C++更方便快速,并且也易于后期集成。

系统跨区通信总体架构如图 7 所示。

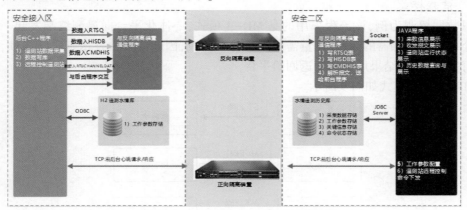

图 7　系统跨区通信总体架构

(1)后台 C++程序负责遥测数据采集/控制功能,启动时从本地读取遥测配置参数,采集的数据通过调用与反向隔离装置通信程序接口分别入 RTSQ/HISDB/CMDHIS/RTUCHANNELDATA 表。

(2)前台程序负责遥测运行数据查询,展示与遥测站工作参数设置。通过 JDBC 或 Server 接口和历史库(需要建遥测水情相关的表)交互,并通过正向隔离装置与前台程序交互,进行链路心跳维护及工作参数下发。前台程序通过调用与反向隔离装置通信程序的接口(JAVA)获取后台程序上送的通信报文。

(3)安全Ⅲ区的反向隔离装置通信程序负责将写库数据(RTSQ/HISDB/CMDHIS)和前台通信报文转换为 ETF 文件并写入隔离装置。

(4)安全Ⅱ区侧的反向隔离装置通信程序负责解析从装置接收的 ETF 文件,进行数据写库(RTSQ/HISDB/CMDHIS/RTUCHANNELDATA),并将后台程序上送的通信报文通过 Socket 接口传递给前台程序。

3.4　远程通信协议部分

为规范流域水情遥测系统建设标准,远程数据通信协议选用了《雅砻江流域水情遥测数据通信标准》,本标准设计的所有报文帧采用 HEX 编码,所有报文帧基于异步方式传输,对图片、视频远程传输制定了报文格式和传输方式。

3.4.1　报文帧基本构成单元

报文帧的基本构成单元为字节,每一帧报文由若干字节构成,每个字节由 1 位起始位、8 位数据位、1 位停止位组成,无校验。

单个字节的传输顺序如图 8 所示。

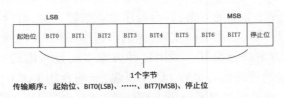

图 8　报文帧基本构成单元

3.4.2　流程模式

以数据招测为例,该流程采用的是 MD-3 模式,一体化平台向遥测终端发起一次针对单个或所有传感器的测量,测量需要较长时间完成,因此向平台发送延时请求帧,等指令执行完毕后,将结果用确认帧返回给平台。

MD-3 流程模式如图 9 所示。

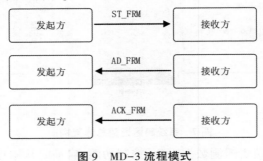

图 9　MD-3 流程模式

3.4.3　数据处理流程

根据水情自动测报系统的要求,数据采集平台软件架构包括但不限于"信道通信数据流程架构""数据包分解架构""协议解析架构",其数据处理流程如图 10 所示。

4　系统实现与展示

本文设计的数据采集平台软件实现了密码管理、时钟功能、数据采集、数据查询、运行状态、报警功能、地址管理、校零校满、初始化、即时采样等功能,图 11 显示了系统后台运行界面,展示了数据的实时接收情况。

前台客户端界面可以显示当前的数据报文及处理后的数据,同时完成数据的入库操作,见图 12。

前台软件也可以对数据进行简单的分析及图形化展示(见图 13),提高可视化程度,为用户提供更加直接有效的数据支撑和管理依据。

5　小　结

本文提出了一种基于跨区通信的水情自动测报系统设计方案,将目前无线通信领域传输范围较广的短信及北斗卫星导航系统应用到水情监测方面,并针对不同厂家通信规约不一致的问题进行了标准规约设计,解决了现有水情自动测报系统存在的系统复杂、工作量大、监测范围小、不同厂家因通信规约不一致引起的接入困难等问题,实现了水情信息快速、准确、安全的监测和跨区传输,系统成本低、功耗小,同时覆盖面积广,特别适用于

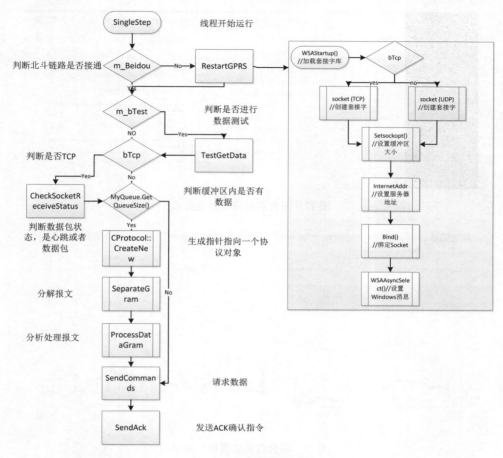

图 10 数据处理流程

```
  ▦ ▦ ▦ ▦ : 1
  ▦ ▦ ▦ ▦ : 2021-03-09 10:59:40
  ▦ (411610101): 34.180; ▦ ▦ ID: 08
  ▦ ▦ ▦ ▦ : 1
  ▦ ▦ ▦ ▦ : 2021-03-09 11:00:00
  ▦ ▦ (420308101): 9.700; ▦ ▦ (420208101): 1025.800; ▦ 10▦ ▦ ▦
  (420908101): 3.700; ▦ 10▦ ▦ ▦ ▦ (421008101): 33.700; ▦ ▦ ▦ ▦ (4211081
  01): 4.500;
  ▦ (421208101): 46.000; ▦ ▦ ▦ ▦ (420408101): 86.000; ▦ ▦ ID: 01
  ▦ ▦ ▦ ▦ : 1
  ▦ ▦ ▦ ▦ : 2021-03-09 11:00:00
  ▦ ▦ ▦ (411501101): 0.000; ▦ ▦ (410101101): 10.557; ▦ ▦ (411401101): 22.590; ▦
  (410201101): 25.990; ▦ ▦ (410501101): 0.700;
  ▦ (410401101): 229.800; ▦ ▦ ID: 08
  ▦ ▦ ▦ ▦ : 1
  ▦ ▦ ▦ ▦ : 2021-03-09 11:00:00
  ▦ ▦ (420308101): 9.700; ▦ ▦ (420208101): 1025.800; ▦ 10▦ ▦ ▦
  (420908101): 3.700; ▦ 10▦ ▦ ▦ ▦ (421008101): 33.700; ▦ ▦ ▦ ▦ (4211081
  01): 4.500;
  ▦ (421208101): 46.000; ▦ ▦ ▦ ▦ (420408101): 86.000; ▦ ▦ ID: 01
  ▦ ▦ ▦ ▦ : 1
  ▦ ▦ ▦ ▦ : 2021-03-09 11:00:00
  ▦ ▦ ▦ (411501101): 0.000; ▦ ▦ (410101101): 10.557; ▦ ▦ (411401101): 22.590; ▦
  (410201101): 25.990; ▦ ▦ (410501101): 0.700;
  _
```

图 11 系统后台运行界面

监测点分散、距离较远及 GPRS 信号不好地区的监测工作,具有广阔的应用前景,对远程

图 12　前台实时通信数据展示

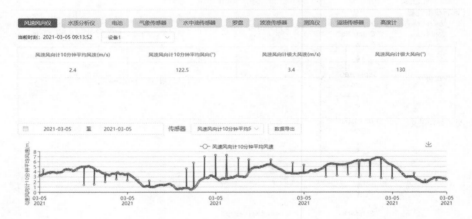

图 13　前台数据库图形化展示

监测工作具有重要的参考价值。

参 考 文 献

[1] 国家电力监管委员会. 电力监控系统安全防护规定[M]. 北京:中国电力出版社, 2014.

二滩水电站 500 kV 开关控制系统智能化研究与应用

周杰,吴松,王付金

(雅砻江流域水电开发有限公司,四川 攀枝花 617000)

摘 要 本文介绍了二滩水电站在智能水电站建设过程中 500 kV 高压开关控制系统建设的思路与工作实践。通过智能控制装置将二次测控与 GIS 监控系统结合在一起,构成智能开关功能,实现面向间隔的保护、测控和智能控制一体化[1]。该智能控制装置对 GIS 汇控柜及开关间隔进行监控,通过稳定可靠的有线接入网与 GIS 监控系统连接,满足了高压开关智能控制需求。

关键词 水电站;500 kV 开关;智能;汇控柜;测控

1 引 言

在国家能源局发布的《水电发展"十四五"规划》以及智能电网建设的背景下,随着智能技术的发展,智能水电站建设已成为水电站建设的方向。开关智能汇控柜作为开关间隔与监控系统的连接桥梁,是接受监盘操作人远程发令的重要环节,同时开关智能汇控柜在智能水电站的成熟运用,对开关控制系统智能化的研究与应用提供了有益参考。

本文以二滩水电站 500 kV 开关控制系统技术改造为例,对设备总体配置、设备通信组网方式进行介绍,并针对技术改造中发现的问题进行了探讨。

2 开关智能控制系统总体方案介绍

此次技术改造取缔了继电器、报警光字牌、指示灯测试、断路器计数器及部分传统硬接线,优化了控制功能,汇控配置采用共享星型双网模式,同时接入 A 网和 B 网,共用双套网络。开关汇控柜是开关站的重要组成部分,配置智能测控装置、三相不一致保护、防跳功能,有现地、远方操作切换方式,后台通信配有 RS485、以太网通信方式,支持 61850、103 通信规约,可实现对 500 kV 高压开关的监测、控制及保护。

3 传统汇控柜与智能汇控柜比较

传统汇控柜将 GIS 设备二次控制回路,报警回路,位置接点,温湿度加热,CT、PT 二次接线集中汇总,实现控制、闭锁、报警等功能,远方操作方式由监控系统 LCU 控制开出。

作者简介:周杰(1955—),男,研究方向为水电厂继电保护及通信自动化。E-mail: zhoujie001@ sdic. com. cn。

智能汇控柜在传统汇控柜的基础上,简化了控制回路,取消了报警光字牌、指示灯测试功能、断路器计数器等,通过智能控制装置将二次测控与 GIS 监控系统结合在一起,构成智能开关功能,实现面向间隔的保护、测控和智能控制一体化。在操作方式上增加了61850 通信规约,可实现现地、监控 LCU、网络信号三种控制方式,在跳闸回路上,增加跳闸 Ⅱ 回路三相不一致功能,实现双重化配置要求。

4 开关智能控制系统配置及调试

4.1 通信网络结构

二滩水电站根据开关间隔配置开关智能汇控柜,所有开关智能汇控柜采用 A 网、B 网双通信模式,通过网络通信柜与中控室后台监控系统通信,实现开关远程操作,在双网工作模式下,保证了设备操作的可靠性、设备运行状态信息上送的实时性和有效性。通信网络结构如图 1 所示。

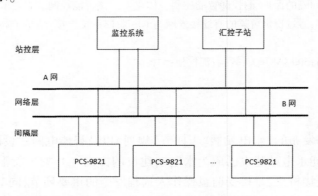

图 1 通信网络结构

4.2 开关间隔功能

断路器具有现地、远方控制功能;刀闸具有现地、远方控制功能;地刀具有现地控制功能。

4.3 控制方式

在控制方式处于远方位置时,当辅助条件满足,后台监控系统可通过 LCU 发遥控命令,经断路器操作箱出口分合开关;在控制方式处于远方位置时,当辅助条件满足,后台监控系统可通过网络信号 61850 发遥控命令至开关智能测控装置,经过远方分合闸出口压板,再经断路器操作箱出口分合开关;在就地位控制方式时,可以在装置 LCD 上进行本地操作[1]。

4.4 联锁方式

开关智能汇控柜联锁方式分为硬接点联锁、软件联锁、解除连锁;在现地操作方式上时,硬接点联锁条件满足,即可正常分合开关、隔刀、地刀;在远方操作方式上时,硬接点联锁条件和软件闭锁条件满足,即可正常分合开关、隔刀;在解除联锁方式上时,隔刀、地刀不经闭锁进行分合闸。

4.5 断路器合闸方式

二滩水电站电气主接线采用 3/2、4/3 接线方式,因此断路器合闸方式存在多样性,主要有检同期合闸、检无压电压判据合闸、检无压纯开关判据合闸等方式。

断路器网络方式同期合闸逻辑如图 2 所示。

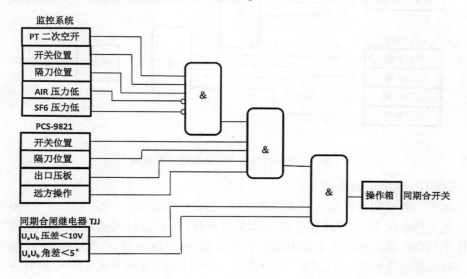

图 2　断路器网络方式同期合闸逻辑

断路器网络方式无压合闸电压逻辑如图 3 所示。

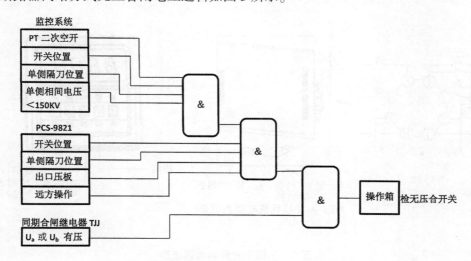

图 3　断路器网络方式无压合闸电压逻辑

断路器网络无压合闸纯开关逻辑如图 4 所示。

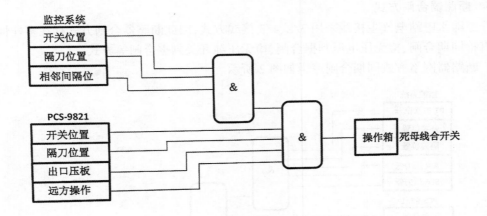

图4 断路器网络无压合闸纯开关逻辑

4.6 三相不一致时间继电器

三相不一致时间继电器属于通电延时型,适用于交流 50/60 Hz,工作电压 380 V 及以下或直流工作电压 24 V 的控制电路中作延时元件,按预定时间接通或分断电路[4]。注意工作中根据断路器功能选定继电器是否带延时,选择继电器 A、B 档位,三相不一致继电器延时根据定值整定,S 代表秒,1S50 即为 1.5 s,M、H 分别表示 min、h,设置方法与秒单位设置相同,继电器根据显示功能,面板上半部液晶显示区表示动作保持时间,面板下半部表示延时时间。

三相不一致继电器原理见图5。

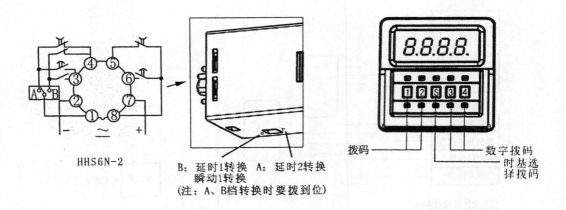

图5 三相不一致继电器原理

4.7　断路器功能试验

4.7.1　断路器本体三相不一致功能试验

二滩水电站开关保护定检与开关汇控柜技术改造同时开展,但安全措施不一致,安全边界条件不同,因此开关汇控柜本体三相不一致功能试验单独进行。实验条件:三相不一致压板投入,模拟断路器本体部分三相不一致开入了源自操作箱内部断路器的三相不一致所在触点[2]。(5D:4、5D:21 或 5D:8、5D:29)

三相不一致功能原理见图 6。

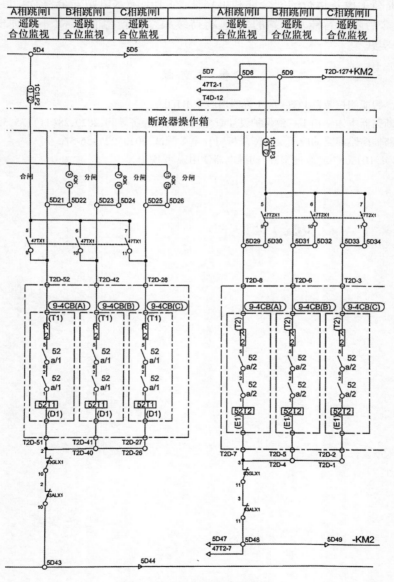

图 6　三相不一致功能原理

4.7.2 断路器防跳功能试验

断路器处于合闸状态,先持续加入合闸命令,再持续加入分闸命令,断路器正确跳闸,且不再合闸,保持分闸位置[3]。持续加入合闸令,需要运行维护人员将操作把手持续打到合闸位置,模拟持续加入合闸令。

5 结 论

开关智能汇控柜的使用,在一定程度上简化了传统汇控柜的控制功能,提升了智能化水平,同时提高了设备运行的安全性和可靠性,对于保障水电站安全、稳定、可靠运行有积极的作用。今后随着智能水电站的发展,将持续跟踪创新智能技术,不断进步和完善,将技术应用于实践。

参 考 文 献

[1] 南瑞继保.智能测控装置 PCS-9821 说明书[P].R1.03.

[2] 罗志恒.断路器本体三相不一致保护设计研究[J].科技经济导刊,2020,28(11):35,5.

[3] 孙滨.断路器防跳回路的应用及故障分析[J].电子测试,2020(22):56-57.

[4] C-Lin 欣灵.HHS6N-2(改进型)时间继电器使用说明书[P].

基于 IEC 61850 通信规约的智能化励磁信息管理系统在水电站的应用

郑德芳

（雅砻江流域水电开发有限公司,四川 攀枝花　617000）

摘　要　本文主要介绍了基于 IEC 61850 通信规约技术的智能化励磁系统综合信息管理系统建设,包括智能化系统的结构组成和功能特点,并结合在水电站的实际应用,为国内智能化水电站的建设提供参考。

关键词　IEC 61850;智能水电站;励磁系统综合信息管理系统

1　引　言

随着自动化、信息化、互联网、大数据、人工智能等技术的快速发展,以及两化融合深度实施,在能源互联网、智能制造等工业技术创新政策引导下,在企业集约化、高效管理需求的驱动下,发电企业对智能化电厂的建设有了更高的需求。智能水电站指广泛采用"云大物移智"技术,集成智能传感、执行、控制和管理,实现更安全、高效、环保运行,与智能电网相互协调的水电站。同时,为适应网源协调要求,提供可靠的电能质量,建设以信息数字化、通信网络化、集成标准化、决策智能化为特征的励磁信息管理系统,对智能化水电站的建设有较大的意义。

统一的信息模型和信息交换模型是实现电站各系统设备无缝接入和即插即用的基本条件。传统的远动通信协议如 IEC 101/104 等只解决了数据传输的问题,将明确意义的物理量转化为单纯的数据量,缺少数据之间的必要联系和说明,增加了信息从站信息处理的工作量。随着网络通信与信息技术的发展,国际电工委员会制定了 IEC 61850 标准,为水电站自动化通信系统提供了统一的标准,支持不同智能电子设备之间的互联互通与互操作。

2　IEC 61850 通信规约应用模型

IEC 61850 标准是变电站通信系统的国际标准。该标准从 1994 年开始启动制定,至 2004 年全部完成并出版,我国与之配套的标准是 DL/T 860 系列标准。IEC 61850 由 10 个部分组成,是一个完整的技术体系。它采用分层的体系结构、面向对象的数据建模技术、抽象的通信服务接口与面向设备的数据自描述,为实现不同厂家的智能电子设备的互联互通、无缝集成创造了条件。随着 IEC 61850 应用范围的扩大,IEC 61850 标准第 2 版的内容已经扩展到变电站之外,涉及水电厂、分布式能源、变电站与变电站之间、变电站与调度中心之间的数据通信。

水电站自动化控制系统,当前都是相互独立的系统,通过硬接线与计算机监控系统相连,交互数据,为运行操作人员提供人机接口(HMI),受信息交换的点数限制,并未实现所有信息上送,因此在日常维护工作中,常常出现需要编制施工方案,对上行、下行信号进行补充完善的情况。采用统一的 IEC 61850 规约,可以很好地解决这个问题。根据 IEC 61850 定义的水电站公共信息模型(HCIM),对各自动化系统进行建模,形成 *.CID 建模文件,与每个自动化系统交互数据。

3 智能化励磁信息系统结构组成

基于 IEC 61850 规约,水电站励磁信息管理系统建设,应实现对水电站励磁系统进行更有效的控制、更全面的信息采集,结合数据进行设备运行分析,及时反映励磁系统的运行状态,对励磁系统设备的维护提供可靠的数据支持,保障水电站的发电质量。

励磁信息管理系统结构现地控制单元由励磁系统调节器、功率柜智能检测装置、灭磁柜智能检测装置等组成,各装置之间通过 CAN 总线实现数据传输,与励磁智能管理单元通过交换机连接完成数据交换,励磁智能管理单元、工控机通过网线连接至现地交换机,通过交换机与现地相对应的计算机监控系统(LCU)连接,通过交换机与智能信息管理系统主机相连,如图 1 所示。计算机监控系统用于为运行操作人员提供人机交互界面,包括实时报警事件、画面展示,历史数据查询等。励磁现地控制单元连接励磁信息管理系统间使用防火墙进行隔离,确保各个自动化业务系统之间相互隔离,当出现异常时,不相互影响。励磁信息管理系统进行单独组网,对所有特征参数、实时数据、高频采样数据、定值参数等进行集中采集、存储、展示、生成报告,并提供专业性分析软件。

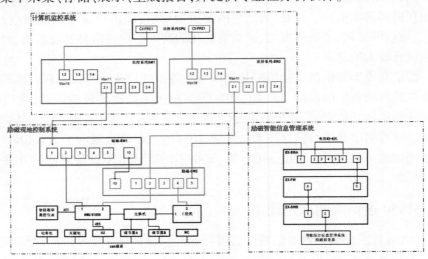

图 1 智能化励磁信息管理系统网络拓扑

4 智能化励磁信息管理系统功能应用

智能化励磁信息管理系统功能具备数据信息采集、存储统计、生成报表、状态趋势分析、故障预警判断等功能。

（1）励磁信息管理系统可以通过 IEC 61850 通信协议的方式从励磁智能管理单元上获得各个机组励磁运行的模拟量、开关量，系统根据固定周期采集数据，信息监控更全面。各机组励磁的有关数据并存入数据库，用于显示励磁系统运行的波形与数据。实时采集显示机组励磁各个调节器的运行状态与操作指令，并可观察到各调节器的报警状态。实时显示励磁系统每个时间操作命令简报及各数据的实时简报，可直观地看到励磁系统当前状态。如图 2 所示，当前显示励磁系统 A 套调节器主用，自动方式，采用残压起励方式等信息。

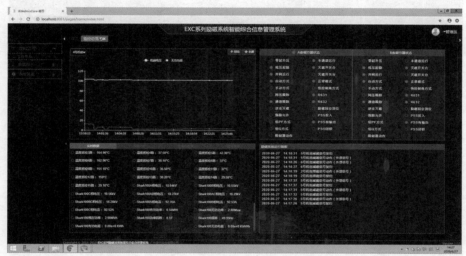

图 2　数据信息采集功能展示

（2）数据信息分析功能。根据励磁系统运行状态实时分析计算，形成事件与曲线图，可以提高对励磁系统运行状态的深度监控。励磁信息系统能够对励磁系统运行中发生的起励、逆变、阶跃、限制器动作、功率波动等状态进行分析，并能根据各功率柜的励磁电流实时计算均流系数，以体现功率柜的智能均流能力。

①起励过程分析。

智能化励磁信息管理系统根据采集到的起励动作事件、机端电压、机端电压给定、励磁电压、频率等数据，对起励过程进行分析，将起励过程前后一段时间内的相关数据以波形曲线显示出来，通过移动鼠标至曲线上可显示该点相关数据。对其进行分析计算后，将起励方式、信号来源、起励时间、起励峰值、稳态值、超调量等信息显示于曲线右侧，并根据有关规程规范要求对比本次起励的振荡次数、超调量等指标，给出分析结果。如图 3 所示，起励过程分析可以得出机组正常起励的结论。

②逆变过程分析。

智能化励磁信息管理系统根据采集到的逆变动作事件、机端电压、机端电压给定、励磁电压、频率等数据，对逆变过程进行分析，将逆变过程前后一段时间内的相关数据以波形曲线显示出来，通过移动鼠标至曲线上可显示该点相关数据。对其进行分析计算后，将逆变方式、信号来源、逆变时间等信息显示于曲线右侧，并根据参数设置的定值给出分析

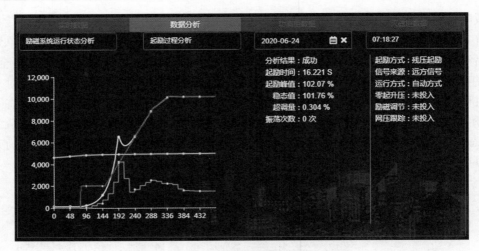

图3 起励分析显示界面

结果。如图4所示,逆变过程分析可以得出机组正常逆变的结论。

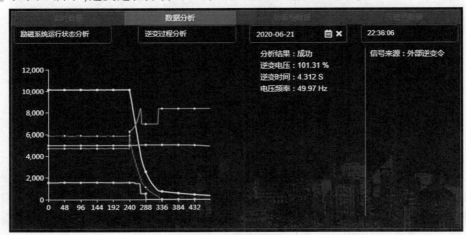

图4 逆变分析显示界面

③欠励限制分析。

智能化励磁信息管理系统根据采集到的 A、B 套调节器有功功率、无功功率及调节器的工作状态,结合设定的 P—Q 限制曲线值,分析励磁系统在发生欠励限制时调节器的动作情况。由图5可直观看出,在当前有功功率下,无功功率值超出限制值时,调节器正确动作,将无功功率及时限制在 P—Q 限制范围内,调节器欠励限制动作正确。

④功率柜运行状态显示。

如图6所示,智能化励磁信息管理系统实时采集并记录励磁系统 1#~4# 功率柜的全部数据和状态,通过 4 个功率柜的输出电流值计算出当前均流系数为 95.82%,并显示于功率柜数据界面。

(3)智能化励磁信息管理系统的数据信息统计功能可根据励磁智能管理单元上获得开关量数据进行统计操作,可统计开关量信号以分别以日、月、年为周期内的发生次数,并

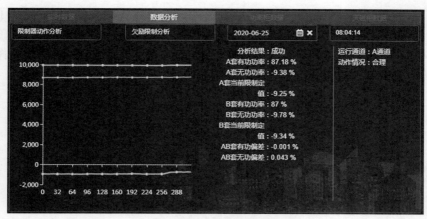

图 5　欠励限制分析显示界面

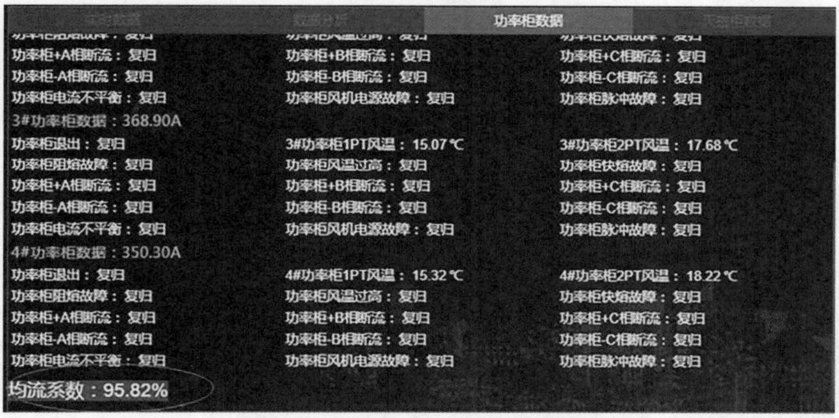

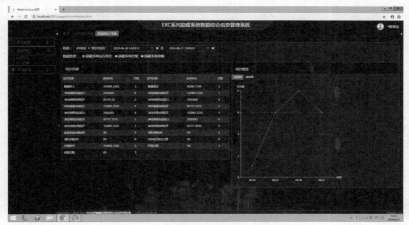

图 6　励磁功率柜数据分析显示界面

且统计信息可以根据统计结果绘制曲线图,有利于纵向比对掌握励磁的运行趋势。如图 7 所示,设定所需查询的时间段为 2020 年 6 月 24~27 日后,每日报警和故障统计结果即以曲线图或柱状图的形式显示出来,可以看出 6 月 26 日报警次数为 8 次。

图 7　数据信息统计功能展示

(4)自动生成运行分析简报功能,对励磁系统发生的重要事件形成信息并以录波方式形成报表且可导出 word 文档,一定程度上提高了人工制作图表的效率,提升了自动化水平。报表内容主要包括欠励、过励事件录波,励磁系统温度运行趋势曲线,励磁系统均流情况分析曲线,励磁系统开停机情况统计记录,起励逆变波形曲线,限制器动作情况统计;有功波动分析等。运行分析报表展示如图 8 所示。

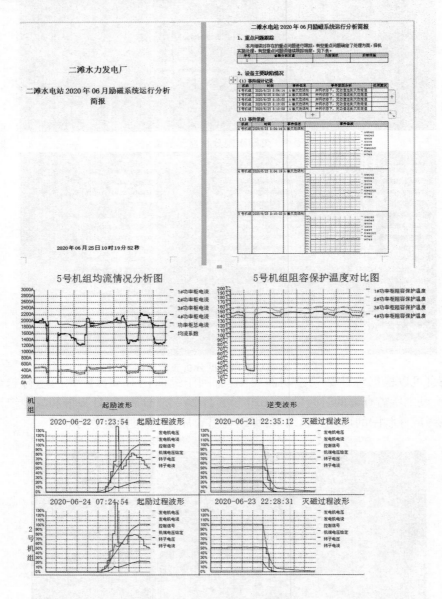

图 8 运行分析报表展示

5 结 论

水电站自动化向智能化转型升级是必然选择,中国水电站已处于较高的自动化水平,但全面达到决策智能化的程度还存在一定困难,基于 IEC 61850 通信规约智能化励磁信息管理系统在水电站的应用上有效提高了水电站智能化水平。智能化励磁信息管理系统通过全面采集励磁系统信息,及时反映励磁系统的运行状态,对励磁系统设备的维护提供可靠的数据支持,更好地保障了水电站的发电质量。利用关联分析工具,进行特征量分析和处理,形成事件记录告警、状态曲线趋势分析,给出维护决策建议,实现了励磁系统智能高效调控和精益化控制,也为水电站实现"远程集控、现场值守"奠定了一定的基础。

基于 OCR 图像识别技术的智能巡检系统在水电站的研究与应用

刘峰,杨桂然,薛万军,刘彦阳

(雅砻江流域水电开发有限公司,四川 攀枝花 617000)

摘　要　本文介绍了 OCR 技术,以及基于 OCR 图像识别技术的智能巡检系统的功能设计和实际应用,采用该技术能选择性地将所需数据直接录入系统,并将上传至系统数据库中提供查询。新巡检系统实现了巡检工作电子化、信息化,最大程度地提高了工作效率,保证了电力设备的低故障率安全运行。

关键词　OCR 图像识别;智能巡检;NFC;测温测振传感器

1　引　言

二滩水电站位于雅砻江下游四川省攀枝花市境内,装有 6 台单机容量 550 MW 的水轮发电机组,总装机容量 3 300 MW。二滩水电站旧巡检系统容易造成巡检不到位,巡检质量和效率也相对低下,同时无法满足现场使用需求和运行管理的要求。随着移动互联网技术的高速发展,电厂对安全生产和巡检工作要求规范化、标准化、智能化。不仅如此,巡检系统还作为智能水电站重要辅助系统之一,需要运用新理念、新技术对系统进行更新改造。

2　智能巡检系统功能研究

为了更加高效化、标准化地执行巡回检查工作计划,及时发现并消除设备存在的安全隐患和缺陷,保证机组安全平稳运行,二滩水电站巡检系统改造是十分必要的。对此,我们对市面上各类巡检系统进行了调查、研究,发现多数的巡检系统优点在于其系统基础功能较成熟,但是巡检系统普遍不具有图像识别功能,没有无线传感器(测量设备振动和温度)相关应用,测温和测振动功能也只是集成在巡检终端上,导致体型较大,巡检中不方便携带,系统智能化程度不够。

二滩水电站与相关厂家合作开发了基于 OCR 图像识别技术、移动 APP 应用架构的智能巡检系统。该系统不仅使用了行业内领先的计算机软硬件技术,还包括云服务架构、蓝牙低功耗 BLE 等其他技术。智能巡检系统可基于二维码和 NFC 定位两种方式实现对巡检定位,智能巡检系统在电厂的应用有效减轻了运行人员的工作强度,提高了运行人员的巡检效率,规范运行巡检操作,为实现创国际一流水电厂提供技术保障。传统巡检系统与智能巡检系统的对比见表 1。

表 1　传统巡检系统与智能巡检系统的对比

项目	传统巡检系统	智能巡检系统
人员监督	巡检不到位、漏检、误检	采用 Wi-Fi 实时定位技术,实时监督巡检人员工作情况,加强了巡检工作管理
记录方式	手工录入、巡检效率低、易漏项出错	采用 OCR 图像识别技术,针对设备运行数据录入应实现图像识别功能
基础功能	无法满足现场实际需求	(1)自定义巡检项目; (2)制定相应巡检任务,形成巡检标准化; (3)运行设备趋势分析、健康评估报告、设备状态监测; (4)设备缺陷现场录入,并可对现场故障现象进行拍照或者对设备异常音响进行录音记录,丰富和完善缺陷信息记录
打点方式	RFID 打点方式在含有金属和潮湿的环境下,会其对产生干扰,不利于在潮湿的巡检地点进行打点	NFC 打点方式安全性高,成本低廉、功耗低,能保证通信时数据传输保密性与安全性,另外 NFC 便携性也较好

3　OCR 技术及应用场景

3.1　OCR 工作原理

光学字符识别技术,是指电子设备(例如扫描仪或数码相机)检查纸上打印的字符,通过检测暗、亮的模式确定其形状,然后用字符识别方法将形状翻译成计算机文字的过程;即对文本资料进行扫描,然后对图像文件进行分析处理,获取文字及版面信息的过程。

3.2　实际应用

3.2.1　数据自动录入

巡检时,面对数据复杂、参数众多、类型不一致,需花费大量的时间精力去识别设备特征值(比如最大值、最小值),系统采用 OCR 图片文字识别技术能选择性地将所需数据自动录入系统,并将其上传至系统数据库中以供查询。

3.2.2　保护压板状态智能识别

利用 AI 的模型库,预先大规模对保护屏柜压板图像就行训练学习。使用过程中,将当前压板图像与预先确定的模板图像进行匹配,利用预先训练得到的模型对比,实现视频画面实时智能分析,通过深度学习算法实时检测各种压板的状态,从而及时有效的提醒巡检人员设备压板状态是否正常。

4　系统架构

智能巡检系统硬件主要由云服务器、巡检系统管理终端、巡检手持终端、测温测振传感器、NFC 标签等组成。巡检系统管理终端具备集中管理、存储巡检数据等。巡检系统手持终端可通过 WIFI/4G/5G 方式下载、回传巡检任务等。测温测振传感器可将设备温度、振动通过蓝牙与巡检手持终端连接,巡检手持终端再通过 WIFI/4G/5G 方式实时上传温度、振动监测数据至服务器。NFC 标签具备点对点通信模式、读写器模式和 NFC 卡模拟模式,无需电源、抗腐蚀、抗油污。智能巡检系统拓扑结构如图 1 所示。

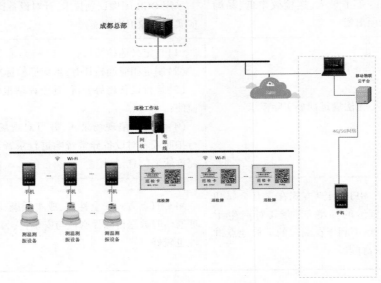

图 1　智能巡检系统拓扑

5　智能巡检系统应用效果

5.1　巡检任务的标准化

　　当前,水电站智能巡检系统已在二滩水电站取得全面运用。相比于传统的巡检模式,该系统基于手持终端,通过二维码和 NFC 定位的智能巡检模式不仅做到了巡检无遗漏,同时将巡检过程中发现的缺陷进行闭环管理,做到了高质量、全方位。智能巡检系统基础数据库中对每个巡检点位包含的设备、巡检项巡检标准、巡检方法、拍照识别的控制屏类型、回填值、巡检班组、周期都进行了明确制定,如表 2 所示。

5.2　巡检路线智能化

　　智能巡检系统自上线运行以来,切实提高了二滩水电站巡检人员的工作效率,同时未发生任何一次漏巡视。建立全面准确的巡检系统数据库,对巡检数据分类归纳、统计分析,进行多点比较,并对设备状态作出预测,根据状态判定标准推测、预估该设备,何时达到某种状态或某时发展为何种状态。当设备的状态预测劣化时,预测故障前工作时间,有利于科学合理地安排检修和提高设备的可用率,避免发生重大故障。特殊情况下需要进行临时巡检可由当班值长调用系统中的巡检计划,生成相应的巡检任务,相比于传统的巡检模式而言更加智能、灵活。该智能巡检系统的应用充分降低了工作强度,提高了工作效率。

表 2　水车室区域巡检标准

巡检点	设备	巡检项目	巡检标准	巡检标准	拍照识别的控制屏类型	回填值	巡检班组	周期
水车室区域	顶盖排水	顶盖排水控制屏	顶盖排水控制屏内部或外部无异味、异音	目测	顶盖排水系统控制屏	（water Level：水位）	运行二滩组	2次/日
			顶盖排水控制屏电源及指示灯显示正常	目测			运行二滩组	2次/日
			顶盖排水控制屏上无异常报警信号，且数据正常刷新	目测			运行二滩组	2次/日
		顶盖水位	顶盖水位正常	智能拍照识别			运行二滩组	2次/日
	空气围带	管路、阀门、压力表	管路、阀门无渗漏	耳听			运行二滩组	2次/日
			压力表指示正常	目测			运行二滩组	2次/日
	主轴密封	管路、阀门	管路、阀门无渗漏、压力表及流量计指示正常	目测			运行二滩组	2次/日
		主轴密封滤水器	管路、阀门无渗漏、压力表指示正常	目测			运行二滩组	2次/日
			油压装置控制屏内部或外部无异音	目测			运行二滩组	2次/日
	导水机构及其辅助设备	管路、阀门、压力表	管路、阀门无渗漏、压力表指示正常	目测			运行二滩组	2次/日
		水导油位及油色	水导油位、油色正常	目测			运行二滩组	2次/日
		设备声音	无异音	耳听			运行二滩组	2次/日

5.3　提升巡检管理水平

对工作人员进行实时数据统计，记录所有工作人员的巡检情况、出勤情况及工作状态，包括工作计划完成情况。同时，以 Wi-Fi 实时定位方式确保巡检人员真实到位，原始数据的保存和备份，提供历史轨迹回放、工作情况的重现和可追溯，能够随时调阅历史工作资料。管理人员对巡检人员不可控的管理盲点得到了改善，它跟踪巡检人员的每一个时刻，列出每次巡检记录的异常信息，对巡检整个过程进行分析，用于对巡检人员的奖惩考核，加强了巡检工作管理。

6　结束语

本文利用 OCR 技术，阐述了基于 OCR 图像识别技术的智能巡检系统。该系统在电厂的应用减轻运行人员的工作强度，提高运行人员的巡检效率，规范了运行巡检操作，对巡检过程进行强制性、智能化管控，保证电厂在巡检作业过程中高效、标准地执行巡回检查工作计划，确保各项工作计划按时、按质、按量完成，及时发现消除设备存在的安全隐患和缺陷，提高电站设备的安全管理水平，保证机组安全平稳运行，助力二滩水电站提升现代化管理水平，为推动智能水电站建设提供技术支持。

参 考 文 献

［1］刘鹤,杨朝政. 瀑布沟电站综合数据平台设计［J］. 四川水力发电,2018(1):115-117.

［2］鲍友革,黄宗碧,姬晓辉. 基于强人工智能的水电厂智能巡检机器人研究与应用［J］. 水电与抽水蓄能,2017(1):39-43.

［3］杨冬锋,刘迎迎,金山. 基于标准化作业的计算机辅助巡检系统［J］. 华东电力,2012(11):29-32.

面向智能水电站的厂用电综合信息管理系统研究与应用

刘凯，张印，张雨龙

（雅砻江流域水电开发有限公司二滩水力发电厂，四川 攀枝花 617000）

摘 要 为解决老旧电站智能化水平低，设备运行监测手段不足等问题，以厂用电系统改造为契机，采用华自科技股份有限公司设备，完成厂用电智能综合信息管理平台建立与应用，提出有利于现场设备运行的监测手段，丰富分析方法，为设备营造良好运行环境，保障设备安全稳定运行。并以此平台为始，稳步迈向智能化电站。

关键词 测控装置；IEC 61850；智能综合管理系统；双重控制方式；系统组网；智能水电站

1 引 言

二滩水电站总装机容量为 6×550 MW，厂用电系统包括 6 kV 以及 400 V，电站设备投运 20 年有余，监测控制手段较为滞后，无法充分保障设备安全稳定运行。

近年来，水电产业更是日新月异。与此同时，以计算机、自动化技术为代表的智能技术也在飞速发展，部分现有电厂逐渐显露出智能化程度低、标准差异性大等问题，难以实现电厂生产效率及效益的最大化，一定程度上制约着本产业的发展。

目前，老旧电厂设备改造或者在建电厂均已"与新技术接轨，跟上智能化"为导向，逐步构建智能化水电站，实现发电厂可靠、经济、高效、安全的目标。

该文结合二滩水电站 400 V 厂用电改造，论述智能化技术在水电站中的初步应用。

2 厂用电综合信息系统设计原则

智能综合信息管理系统采用以计算机监控为主，常规控制为辅的监控方式，与微机保护、微机测控等组成微机综合自动化系统，实现控制、保护、测量、远动等功能。

系统采用分层分布式模块化结构，由间隔层控制保护测控单元和站控层上位监控系统两部分组成。系统的运行监控主要在控制室完成，通过计算机组网，实现站内控制、保护、测量、显示。

智能综合信息管理系统应用自动控制技术、计算机数字信号技术和数字化信息通信技术，将 400 V 配电系统相互有关联的各部分连接为一个有机的整体，完成电站继电保护、安全监视、开关操作、生产过程控制、数据存储和处理等全部功能。

作者简介：刘凯（1993—），男，助理工程师，研究方向为水电站继电保护与安全自动化技术。E-mail：liukai2@ sdic. com. cn。

整个系统采用微机控制,实现就地(就地单元控制)、远方(站内控制室微机)两种控制方式,用微机实现模拟操作,待确认后再执行控制命令。

所有保护测控单元相互独立,不相互影响,并能独立完成其保护功能,通过通信接口向后台监控系统传送保护信息。

3　厂用电智能综合管理平台组成

3.1　DMP315C 多功能测控装置

二滩水电站 400 V 厂用电系统所使用的测控装置为华自科技股份有限公司生产的 DMP315C 型多功能测控装置。在各 400 V 进线及分段断路器盘上和重要负荷回路上装设 1 台多功能测控装置,该表能实时测量并显示 3 个相电压、3 个线电压、三相电流、有功/无功功率、视在功率、功率因数、频率、有功/无功电度等测量值。包含电力品质测量及分析功能(包括三相电压/电流不平衡度、电压/电流谐波含量等参数测量)。装置通过以太网接入以太网交换机且支持 IEC 61850 协议。

3.2　智能综合信息管理系统

二滩水电站 6 kV、400 V 厂用电系统共设置一套智能综合信息管理系统。该系统基于多功能测控装置、电子脱扣器和断路器本身,通过以太网交换机组网形成。该系统配置一套后台服务器,所有 400 V、6 kV 系统的主要回路如进线、分段断路器和重要回路的重要信息如电流、电压、功率、电量、断路器位置和动作次数、电子脱扣器的动作信息及测控装置的运行状态等信息通过网络进入智能综合信息管理系统后台服务器管理和应用。

3.3　系统组网

二滩水电站厂用电 400 V 分为站内及站外 400 V,其中站内 400 V 包括机旁、公用、照明系统,站外 400 V 包括第二副厂房、表孔、中孔、坝体、右岸泄洪洞、水垫塘及进水口等。

3.3.1　现地单元网络

每台机组电动机控制中心测控装置通过网口接入机组单元二层交换机,形成机组电动机控制中心现地单元网络。

其他配电系统以同样的方式接入单元二层交换机,形成各自的电动机控制中心或 400 V 配电系统现地单元网络。

3.3.2　主干网络

主干网络由 3 台 1 000 M 三层以太网主干网交换机 A、B、C 组成。

主干网交换机 A 布置在地下厂房,6 台机组电动机控制中心、1#及 2#公用电动机控制中心、主变及竖井风机室 400 V 配电系统现地单元网络通过单模光缆接入三层交换机 A,形成地下厂房主干网络。

主干网交换机 B 布置在第二副厂房,第二副厂房公用电动机控制中心、智能决策分析平台防火墙、数据服务器接入三层交换机 B,并与坝区交换机 C 及地下厂房交换机 A 级联,形成地面厂房主干网络。

主干网交换机 C 布置在坝区,表孔、中孔、坝体、右岸泄洪洞、水垫塘及进水口 400 V 配电系统现地单元网络通过单模光缆接入坝区三层交换机 C,形成地坝区主干网络。二滩输电站厂用电系统主干网络建设示意见图 1。

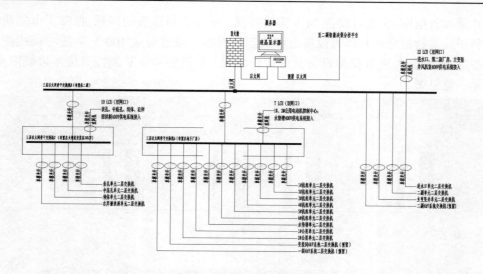

图1　二滩输电站厂用电系统主干网络建设示意

3.4　智能综合信息管理平台功能配置

（1）智能综合信息管理平台具备可视性操作画面，能展示电站 400 V 系统主接线图，实时显示所选系统中断路器的测量电压、电流、有功/无功功率、视在功率、功率因数、频率、有功/无功电度等测量值、断路器运行状态信息等在线监测数据。

（2）智能综合信息管理平台可分类存储所采集的各种信息，具备分类查询、分析、统计、诊断和综合评估功能。可根据所选监测参数、查询时间段调阅监测数据，自动生成趋势图，同时可导出、可编辑 Excel 数据表、CSV 等格式，并具备打印功能。

（3）智能综合信息管理平台具备电力品质测量及分析功能（包括三相电压/电流不平衡度、电压/电流谐波含量等参数测量），可根据需要实时显示，也可根据所选监测量、监测周期、监测时间段自动生成趋势图、可编辑 Excel 数据表等。

（4）智能综合信息管理平台具备电动机负荷启动过程中记录启动电流功能并自动生成趋势图。

（5）系统内各网段设备应具有 NTP 对时功能。根据检测数据，实时显示断路器的运行状态并采集框架断路器电子脱扣器的动作信息。

（6）可以查询断路器的运行状态历史数据，查询断路器动作时间记录，统计断路器动作次数。

（7）智能综合信息管理平台统一使用 IEC 61850 协议。

（8）智能综合信息管理平台系统能长期存储检测数据。

4　系统应用实践

4.1　数据自动采集

建立 400 V 系统主接线图，完善数据采集。之前设备巡查，耗时耗力，人工巡查也会存在数据记录不完全、遗漏等现象。而智能综合信息管理系统可以自动采集设备电压、电流、有功/无功功率、视在功率、功率因数、频率、有功/无功电度等测量值、断路器运行状态信息并录入数据库,实现对设备 24 h 实时监视。减少人员巡查的问题,保障了电能质量,更有利于后期数据分析及作为设备运行状态的判据。通过对应 400 V 装置主接线图,方便设备巡查的同时,更好保障设备良好运行状况。1# 机旁 400 V 测控系统主接线图及上送采样一览见图 2。

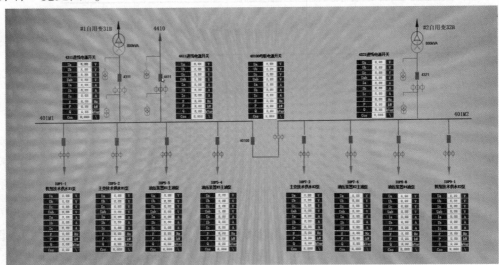

图 2　1# 机旁 400 V 测控系统主接线图及上送采样一览

4.2　双重控制方式的应用

目前,改造后的 400 V 设备基于 ICE 61850 通信协议,测控装置采用双以太网冗余结构完成对整个设备数据采集、显示、监视等功能[2],电站 400 V 系统通过硬接线方式实现对电气设备控制,在此基础之上增加 ICE 61850 通信功能,增加了此控制功能,使同一设备同时具有双套控制方式,保障设备可靠动作。

2# 机旁 400 V 61850 通信控制模式如图 3 所示。

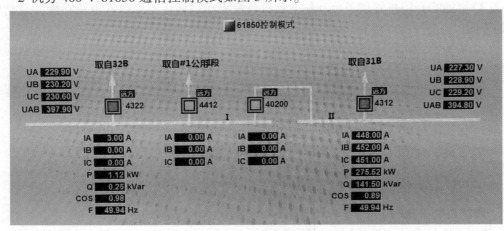

图 3　2# 机旁 400 V 61850 通信控制模式

通过使用 ICE 61850 作为电力系统通信基础,大幅度改善信息技术和自动化技术的设备数据集成,减少了设备运维成本,增加了设备使用期间的灵活性。

4.3 设备运行状态监控

系统可准确统计接入设备运行时间、启动次数、重要负荷启动电流等数据,尤其是针对技术供水泵类频繁启动的重要设备。通过对设备运行数据进行趋势分析,掌握设备健康状态,可有效指导设备的精准检修维护,有力推动状态检修,使设备始终运行在良好环境下,进一步降低设备故障率,保障机组的安全稳定运行[1]。3#机旁400 V其中一重要负荷监视状态见图4所示。

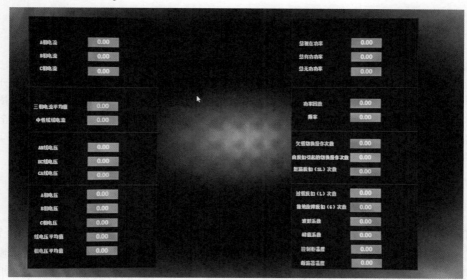

图4 3#机旁400 V其中一重要负荷监视状态

5 结 论

该系统的设计与建立,大幅度减少了水电站二次设备的重复配置,解决了不同系统之间通信连接问题,有效保障了设备安全稳定运行,整体提高了二滩水电站智能化水平。智能综合管理平台功能还不局限于此,后续工作中可结合实际工作,探索平台功能的使用,使其最大化服务于现场设备,保障设备安全,促进电站安全、效益。

参 考 文 献

[1] 韩新. 厂用电采集系统的开发与应用[J]. 电气工程与自动化,2020(18):36-37.

[2] 张永刚,赵春先,李忠杰,等. IEC 61850标准在发电厂项目的应用[J]. 中国电业技术,2016(1):71-73.

[3] 桂远乾,周强,熊曼妮. 金沙水电站数字化开关站设计研究及应用[J]. 人民长江,2020(2):119-124.

[4] 吕强,李华东. 厂用电综合自动化系统的关键技术探讨[J]. 电气时代,2011(1):92-93.

[5] 袁志强. 6 kV厂用电系统微机综合保护测控装置改造及应用[C]//全国火电100-200MW级机组技术协作会2008年年会论文集,2008.

水电站工业电视系统智能化辅助监测技术应用

李茂

（雅砻江流域水电开发有限公司，四川 成都　610051）

摘　要　水电站具有生产设备多、作业场所环境复杂等特点，仅仅依靠人工巡检或监管往往会存在覆盖不全面且效率低下的问题。随着工业电视系统智能化辅助监测技术的发展，充分利用该系统的视频智能行为分析技术、红外热成像技术、人脸识别技术、设备智能运维管理技术及视频智能浓缩技术等新技术可以全面且高效地完成设备巡检和安全监控等方面的安全监管任务。

关键词　监控；智能行为分析；红外热成像；人脸识别；智能运维；视频浓缩

1　引　言

工业电视系统作为水电站安防管理的重要辅助系统，对于水电站现场设备安全管理、人员作业安全管理及电站安防管理具有重要意义。随着智能化技术和工业电视领域的不断发展，在传统的视频监控与存储功能基础上，新开发出的智能行为分析技术、红外热成像技术、人脸识别技术、设备智能运维管理技术及视频智能浓缩技术等智能化技术手段可以更好地服务生产、减轻现场监管压力及更加便捷高效地查询相关生产视频信息。本文以水电站工业电视系统智能化建设为例，介绍工业电视系统新技术在水电站智能化建设中的应用情况，旨在为同行提供借鉴和参考。

2　工业电视系统整体结构

工业电视系统由前端设备、传输设备和后端设备组成。前端设备由安装于地下厂房、一副厂房、二副厂房、GIS楼、大坝、进水口、交通洞等各重要部位的各类智能网络摄像机构成。传输设备由核心交换机、区域交换机、光纤收发器及各类网络线缆组成。后端设备包括中心管理服务器、视频存储服务器、智能业务服务器和显示终端设备。通过布防的各类摄像机点位对主、副厂房，大坝、GIS楼等区域各部位主要机电设备、防汛设备、公用系统设备和重要部位进行全天候实时监控和录像，便于生产管理人员及时准确了解设备运行状况、人员安全状况、现场作业秩序等。此外，依托智能网络摄像机的智能行为分析，以及智能业务服务器的热成像管理、前端设备智能运维管理、人脸识别授权管理及视频浓缩与检索管理功能，充分提升了工业电视系统安防管理水平。工业电视系统结构见图1。

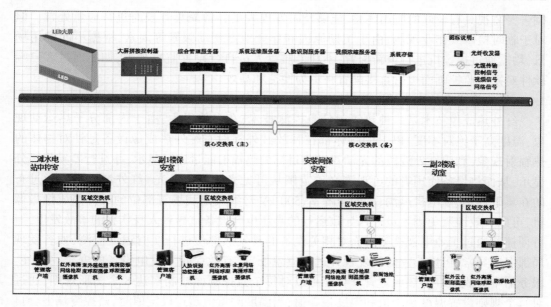

图 1　工业电视系统结构

3　工业电视系统智能化辅助监测技术应用

3.1　智能行为分析技术应用

　　智能行为分析技术是基于先进的目标检测和目标跟踪技术,依托前端的智能网络摄像机对监控画面进行分析,分析内容包括绊线入侵、区域入侵、穿越围栏、物品遗留、物品搬移、人员聚集、快速移动、停车检测、徘徊检测等。当在摄像机上配置了相应的监测规则后,监盘人员便能够在监控终端上实时发现监控画面中的异常行为,以便及时对厂区安全和现场作业进行干预和管理。对于水电站而言,主要的应用价值体现在厂区出入口存在的可疑人员聚集和徘徊告警、工作人员进入设备运行区域的告警提示(用于检修区和非检修区进行隔离)、检修作业现场工器具遗留告警、检修作业现场物品遗失监测等。智能行为分析应用示例如图 2 所示。

(a)区域入侵　　　　(b)绊线检测　　　　(c)穿越围栏　　　　(d)徘徊检测

(e)快速移动　　　　(f)物品遗留　　　　(g)物品搬移　　　　(h)聚集检测

图 2　智能行为分析应用示例

　　应用情况评价:智能行为分析技术对于固定的人员出入场所进行人员聚集和人员徘

徊告警监视具有较好的应用体验,能够及时发现人员异常聚集并及时进行应急处置。但对于临时检修或作业现场,由于工期原因和作业地点变动频繁等因素,根据不同应用场景,均需通过摄像机进行重新配置,不利于监盘人员自行设置监视规则,如能通过客户端软件对视频监控画面进行直接配置将更为便捷和高效。

3.2　红外热成像技术应用

红外热成像技术是一种热辐射信息探测技术,在自然界中,由于内部分子热运动现象,温度高于绝对零度)以上的物体都在释放红外辐射。红外热成像设备是针对物体的热辐射现象,利用红外波段的光学对被测目标的热辐射能量进行显示,并进行差异化区分显示,从而将设备使用者的可观测光谱范围从可见光波为可见光+红外波段[1]。通过布防在集电环室、发电机风洞、主变压器室、500 kV 母线及出线场等部位的红外热成像摄像机,可以有效地避免因人员进入导致运行的高压电气设备室导致人身伤害的事故发生,但可便捷地通过工业电视视频画面对相关设备的易发热部位进行实时温度监测,如若发现局部温度异常,可以第一时间发现并进行应急处置,有效保障了发电设备的安全。此外,服务器中集成的红外热成像管理功能可以对每个监控画面绘制多达 8 个图形规则,通过对每个规则设置温度预警值和温度报警值,当温度测量值超过设定值时,监控终端上会自动推送温度超温报警信息弹窗并发出报警语音提示,提醒运行人员第一时间进行关注。在进行设备故障分析时,也可以有针对性地对某一画面近期的温度趋势图进行一键导出,查看过去一段时间该设备的实时温度趋势。红外热成像监控画面如图 3 所示。

图 3　红外热成像监控画面

应用情况评价:红外热成像摄像机的安装位置要特别注意两点,一是应尽量做到覆盖被监视电气设备的发热部位;二是画面应避开热光源干扰,否则测值将不准确。另外,温度报警值的设定应充分参考相关规程规范和电气设备说明书,温度报警值设置过低将导致频繁误报警,干扰运行人员正常监盘,温度报警值设置过高可能导致设备异常发热而发现过晚。

3.3　人脸识别技术应用

人脸识别就是一种使用较多的生物识别技术,它具有非接触性、独特性、识别率高等特点。人脸识别的过程主要是通过人脸检测和人脸特征提取及人脸对比共同构成的[2]。水电站建设的智能人脸识别道闸系统就是在高速电梯入口和厂房安装间入口等两个人员进出口各安装 1 套人行通道闸机和信息发布屏。经后台对人员(人脸)信息进行录入并授权后,可通过刷卡或人脸识别方式出入厂房,后台自动记录出入人员身份信息、进出入时间和地点等形成后台统计数据。信息发布屏具有双机实时通信能力,实时显示进厂人员数量、离厂人员数量,在厂人员数量,以及当前进出人员详情,信息发布屏自动计算人员进入时间,当人员进入时长超过系统设置的超时报警时长(可根据实际调整)后,信息发布屏将进行超时报警提示,安保值班人员立即通过信息发布屏上显示的联系方式致电并询问相关人员安全状况。该系统对于现场人员进出权限管理、人员滞留安全管理提供了智能化管理方案。

应用情况评价:通过双机联合计数实现对出入厂人员进行实时信息统计并显示,并在人员进入超时后实现自动弹窗报警,提醒安保值班人员关注进入人员状况。目前已对电厂员工和常驻承包商人员 1 000 余人进行人员信息录入并授权,便于人员出入智能化管理。

3.4　设备智能运维管理技术应用

设备智能运维管理技术是指通过智能运维服务器对所有前端摄像机进行实时视频质量诊断,诊断事项包括视频模糊、视频抖动、视频丢失、场景变化、亮度和对比度异常、视频条纹干扰等。可通过一键运维、实时运维功能自动诊断设备监控状况并将检查情况生成统计报表,用以分析评估设备健康度,也为工业电视系统的运行维护工作重点提供指导性意见及方向。通过智能运维管理技术,运行人员和维护人员不必每次都到现场进行设备巡检,通过运维管理平台便可以有效发现人眼难以直观判断的视频质量问题,暴露设备缺陷及突出了运维管理重点,指导维护人员有针对性地开展设备维护工作,并对设备运行的全寿命周期进行统计管理与记录。

应用情况评价:通过将智慧能源平台所辖设备添加至智能运维服务器进行统一管理,可以高效便捷地对设备健康状况进行评估,维护人员开展定期维护工作的针对性也更强。

3.5　视频智能浓缩技术应用

近年来,通过摄像机获取的监控视频以其直观且具体的信息表达形式得到了广泛的认可,大量的视频摄像机安装也带来了视频监控数据的爆炸式增长,为视频监控数据的存储、检索带来了巨大的挑战[3]。视频浓缩技术作为解决上述问题的有效方法应运而生。通过在水电站各交通要道布防的智能网络摄像机,在视频浓缩服务器上配置相应的视频通道后,可自动对画面中经过的所有人员和车辆进行智能识别,自动分析提取相关视频片段且保存至服务器硬盘上,运维人员通过登录视频浓缩服务器管理平台可进行人脸检索、以图搜图、机动车检索和非机动车检索等方式进行智能检索并查看搜索结果中经浓缩后的视频信息。视频浓缩技术可以自动分析非关键信息并将其剔除,仅保留视频监控场所中的有用信息,从而方便运维人员快速定位、查找相关人员和车辆,大幅提高水电站安全管理效率。

应用情况评价:视频智能浓缩服务器支持 16 通道视频智能浓缩,基本可以覆盖水电站主要的车辆和人员通信路口,服务器自带的 8 个硬盘槽位也给浓缩后的视频存储提供了大容量的存储空间扩展提供了技术支持,视频智能浓缩技术为发生紧急事件后的事件追溯提供了更加高效便捷的智能化搜索方案。

4 结　论

综上所述,在水电站工业电视系统建设中,充分利用和发掘智能化辅助监测技术的应用功能,可以有效提高现场作业安全管控水平,提高设备巡检和应急处置效率、增强现场人员安防管理。工业电视系统智能化辅助监测技术的应用在智能水电站建设过程中起到了良好的示范作用。

参 考 文 献

[1] 张济国,刘琦,井冰. 红外热成像技术在智慧社区中的应用[J]. 中国安全防范技术与应用,2021(2):19-22.
[2] 吴伟. 基于人脸识别技术安防智慧化应用[J]. 数字技术与应用,2021(4):146-148.
[3] 于杨. 视频浓缩技术在安防监控系统中的应用研究[D]. 邯郸:河北工程大学,2020.

智能水电站泄洪预警系统通信技术研究

雷宏胤

（雅砻江流域水电开发有限公司，四川 攀枝花 617000）

摘　要　中国水库众多，在汛期时洪涝灾害防控要求日益严峻，水库泄洪时，泄洪预警信息发布不及时会对下游人民群众的生命财产安全带来严重的危害。通过分析 A 水电站的智能水电站泄洪预警系统升级项目实施案例，结合 4G、5G 等通信技术原理，讲述新型通信技术在水库泄洪预警系统中的设计原理、传输优势及存在的不足，希望对提升水库泄洪预警系统的及时性与可靠性有所帮助。

关键词　泄洪预警；灾害防控；通信技术；智能水电站

1 引　言

电站除发电外，其大坝作为重要的水力枢纽工程，在防汛抗洪方面发挥着巨大作用。现介绍 A 水电站在探索智能化生产的同时，不断加强防汛抗洪设备设施的可靠性与智能化，保障下游人民群众的生命财产安全。

A 水电站大坝位于雅砻江流域末端，总库容 58 亿 m³，调节库容 33.7 亿 m³，属不完全年调节水库。为保证下游人民群众的生命财产安全，在江畔沿岸设置了泄洪预警广播系统，用于在泄洪前发出警报和语音提示，提醒停留在电站枢纽附近的上游水库区域、下游河道区域及驻留在电站枢纽周边相关区域内的人员和船只注意安全并及时撤离至安全区域。

2 泄洪预警系统无线通信现状

A 水电站与下游水电站的泄洪预警系统采取两站联动预警方式，预警范围总长度 35 km，覆盖整个雅砻江流域末端，止于雅砻江与金沙江交界处。沿江预警区域共设置 35 个泄洪广播站点，因两电站联动，因此设立两个控制中心，另外还在电站各安装 1 台大功率泄洪风动警报器，用作电站周边预警。

A 水电站泄洪预警系统 2015 年建设，由预警中心管理平台、泄洪警报器、泄洪广播设备及相关中继设备组成。泄洪广播设备等具有防盗报警和播报语音现地录制存储功能，泄洪广播设备电源采用太阳能自供电方式，泄洪警报器则采用市电供电方式。

A 水电站泄洪预警系统采用 GPRS、短信、电话进行实时预警播报，短信预警支持短信转语音功能，播报短信重复播放次数可配置 1～99 遍，播报短信内容可监控。当在 GPRS、短信无法直接通信的地方，可在有 GPRS 信号的地方安装 433 无线传输模块进行通信中转，其通信系统总体结构如图 1 所示。

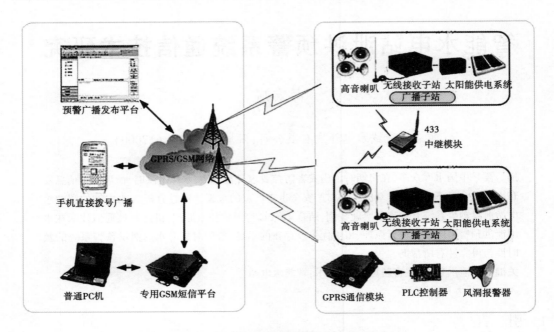

图1　A水电站泄洪预警通信系统总体结构

3　泄洪预警系统无线通信存在的问题

我国《防洪法》明确规定,泄洪要在确保安全的情况下进行,紧急泄洪时,确保泄洪预警的及时性与可靠性至关重要。A水电站泄洪预警系统现阶段运行主要采用GPRS通信技术,这是一种在2G网络环境下运行的无线传输通信方式。

GPRS网络以GSM网络为基础,通过新增的GGSN、SGSN主要节点,为用户提供端到端分组方式的数据发送和接收。GPRS网络在山区部分区域的传输可靠性低,在部分信号不稳定区域,电站泄洪预警通信需要借助433无线传输模块进行通信,对泄洪信息传递的可靠性与及时性有较大的影响。同时,GPRS理论上报文数据交换速度大约为170 k/s,而实际速度是30~70 k/s,虽然传递小信息量的泄洪预警信息的带宽已经足够,但整个泄洪预警系统的整体扩展性受到网络传输速率的制约。

A水电站将泄洪预警广播系统纳入网络安全保护重点部位,如果网络遭到入侵,不法分子利用无线广播系统散布不法信息,会严重影响社会稳定。从表1的GPRS核心网络危险源的分析表中可以看出,GPRS网络可能会遇到来自各种途径的网络攻击,包括常见的非法访问、洪水攻击及模拟信令攻击,给网络安全环境带来威胁。

A水电站现有的泄洪预警机与设备终端,受建设时技术水平限制,兼容性有所欠缺,使用的网络环境受限,如果发生区域性的GPRS网络故障,将无法切换至其他网络连接方式。电站需要将泄洪预警的通信系统向更可靠、更智能、更及时的方向升级改进。GPRS核心网络危险源分析如表1所示。

表1 GPRS核心网络危险源分析

胁源编号	威胁源名称	威胁对象	威胁方式	威胁描述
GPRS-T1	来自因特网的 Gn/Gp 接口业务：ACL 隔离策略的不完整	Gom 接口	Gn/Gp 对网管段的非法访问，对 DNS 的非法访问和漏洞攻击	可能性能小，危害性很大
GPRS-T2	来自因特网的 Gn/Gp 接口业务：GTP 攻击	Gn/Gp 接口	洪水攻击、模拟信令攻击；GTP 漏洞攻击	潜在可能性大，危害性很大
GPRS-T3	Gi 接口业务	Gom 接口；Gn/Gp 接口	DoS 的攻击；手机非法访问和攻击	可能性大，危害性很大
	来自因特网的 Gn/Gp 接口业务；GTP 攻击	Gn/Gp 接口	洪水攻击、模拟信令攻击；GTP 漏洞攻击	潜在可能性大，危害性很大
	来自因特网的 Gn/Gp 接口业务；ACL 隔离策略的不完整	Gom 接口	Gn/Gp 对网管网段的非法访问，对 DNS 的非法访问和漏洞攻击	可能性很小，危害性很大
GPRS-T4	手机	核心网后门	普通因特网的攻击方式，对核心网主机漏洞的利用	可能性大，危害性极大
	企业接入用户	核心网后门	普通因特网的攻击方式	可能性较大，危害性大

4 泄洪预警通信系统升级方案比较

为解决 A 水电站泄洪预警通信系统存在的问题，结合智能化水电站建设要求，电站计划升级通信网络，并提出三套设计方案，分别为"5G 通信技术加北斗卫星通信"升级方案、"4G 通信技术加北斗卫星通信"升级方案、无线调频通信升级方案。

4.1 "5G 通信技术加北斗卫星通信"升级方案

将原本的 GPRS 通信网络升级为 5G 网络通信，但保留 GPRS 通信方式，在发生 GPRS 网络和 5G 网络故障情况下启用北斗通信卫星进行通信。利用 5G 网络的高速传输特性，泄洪预警可配套加入广播周边视频采集、音频采集、流域流量监视等功能。

5G 网络是最新一代蜂窝移动通信技术，具有高网速、低延迟、低能耗、大容量等优点，网速最高可达 10 Gbit/s，网络延迟低于 1 ms，满足各种视频、音频的传输要求。

现阶段 A 水电站未覆盖 5G 网络，若要在 A 水电站泄洪预警区域建立 5G 网络，需要部署 5G 基站。由于 5G 基站受地形与频段影响导致覆盖范围较小，若要完成 35 km 泄洪警报区域覆盖成本过高。同时，与 5G 网络兼容的泄洪预警机以及交换机等设备技术不成熟，采购与维护难度大。

4.2 "4G 通信技术加北斗卫星通信"升级方案

"4G 通信技术加北斗卫星通信"升级方案的升级方向也是将 GPRS 网络进行升级,辅以北斗卫星通信。受 4G 带宽影响,为避免影响传输效果,仅配套音频采集功能及泄洪时图片采集功能。

4G 网络是第四代通信网络,它采用无线环境下的高速传输技术,在频域内将给定信道分成许多正交子信道,在每个子信道上使用一个子载波进行调制,各子载波并行传输,它的下行速度可以达到 100~150 Mbps,上传速度也能达到 20~40 Mbps。

相比较于 5G 网络延时略高、网速较慢、容量较少,但基本满足图片与音频的传输,4G 网络现具有较为成熟的运营方式,泄洪区域基本覆盖 4G 网络,但部分区域的 4G 信号强度较弱。同时,现在市场上应用 4G 技术的泄洪预警机与交换机技术成熟,采购与维护便捷。

4.3 无线调频通信

无线调频通信是通过建立 A 型站、B 型站、C 型站进行基站通信。这种方式改变了原有借助运营商网络通信的模式,电站自备通信基站进行无线调频超短波通信。

无线调频通信技术是一种不需要第三方运营商参与的通信方式,电站自备基站进行通信,一般由中心站、中继站和通信终端组成,利用特定频率的信号进行超短波通信。

无线调频通信技术有安全性好、建成后无运营商费用等优点,但也存在很多的缺点。首先,是建设成本高,A 水电站泄洪预警区域面积广,如果使用调频通信,建立的基站数目庞大,花费成本过高,维护难度大。其次,无线调频通信技术采取中继通信方式,由基站进行收发,一方面受地形影响大,另一方面如果中继站发生通信故障,会导致后续广播受到影响。同时,企业使用无线频段需要管理部门审批,不如使用第三方通信商的网络便捷。

4.4 北斗卫星通信系统

为保证泄洪预警信息发布的可靠性,在泄洪预警通信系统升级时考虑加入北斗卫星通信系统作为备用通道,在发生网络异常中断等极端情况下,采用北斗卫星进行信息传输。

北斗卫星通信系统包括用户指挥机与通信终端两个部分,分别用于信息管理与信息传输,系统最高可以实时管理 100 个通信终端进行信息传输,可在应用软件的军标地图上实时显示各个终端的位置信息与运行情况。北斗卫星通信系统能适应各种极端情况,一次最多可发送 120 个汉字或 420 个 BCD 代码,有 10 条传输通道,能确保泄洪信息在各种突发情况下按时准确地传输到广播系统。

5 泄洪预警通信系统升级技术介绍

5.1 5G 通信技术

5G 网络是最新一代蜂窝移动通信技术,具有高网速、低延迟、低能耗、大容量等优点,网速最高可达 10 Gbit/s,网络延迟低于 1 ms,满足各种视频、音频的传输要求。

现阶段 A 水电站未覆盖 5G 网络,若要在 A 水电站泄洪预警区域建立 5G 网络,需要部署 5G 基站。由于 5G 基站受地形与频段影响导致覆盖范围较小,若要完成 35 km 泄洪警报区域覆盖成本过高。同时,与 5G 网络兼容的泄洪预警机及交换机等设备技术不成熟,采购与维护难度大。

5.2 4G 通信技术

4G 网络是第四代通信网络,它采用无线环境下的高速传输技术,在频域内将给定信道分成许多正交子信道,在每个子信道上使用一个子载波进行调制,各子载波并行传输,它的下行速度可以达到 100~150 Mbps,上传速度也能达到 20~40 Mbps。

相较于 5G 网络,4G 延时略高、网速较慢、容量较少,但基本满足图片与音频的传输。4G 网络现具有较为成熟的运营方式,泄洪区域基本覆盖 4G 网络,但部分区域的 4G 信号强度较弱。同时,现在市场上应用 4G 技术的泄洪预警机与交换机技术成熟,采购与维护便捷。

5.3 无线调频通信技术

无线调频通信技术是一种不需要第三方运营商参与的通信方式,电站自备基站进行通信,一般由中心站、中继站和通信终端组成,利用特定频率的信号进行超短波通信。

无线调频通信技术有安全性好、建成后无运营商费用等优点,但也存在很多缺点。首先是建设成本高,A 水电站泄洪预警区域面积广,如果使用调频通信,建立的基站数目庞大,花费成本过高,维护难度大。其次无线调频通信技术采取中继通信方式,由基站进行收发,一方面是受地形影响大,另一方面如果中继站发生通信故障,会导致后续广播受到影响。同时,企业使用无线频段需要管理部门审批,不如使用第三方通信商的网络便捷。

5.4 北斗卫星通信系统

为保证泄洪预警信息发布的可靠性,在泄洪预警通信系统升级时考虑加入北斗卫星通信系统作为备用通道,在发生网络异常中断等极端情况下,采用北斗卫星进行信息传输。

北斗卫星通信系统包括用户指挥机与通信终端两个部分,分别用于信息管理与信息传输,系统最高可以实时管理 100 个通信终端进行信息传输,可在应用软件的军标地图上实时显示各个终端的位置信息与运行情况。北斗卫星通信系统能适应各种极端情况,一次最多可发送 120 个汉字或 420 个 BCD 代码,有 10 条传输通道,能确保泄洪信息在各种突发情况下按时,准确地传输到广播系统。

6 泄洪预警通信系统升级方案选取

结合 A 水电站泄洪环境,虽然 5G 网络与无线调频通信各具优势,但综合考虑建设成本与运维成本,A 水电站泄洪预警通信系统现阶段最合适的升级方案是"4G 通信技术加北斗卫星通信"。

这套系统能满足智能化水电站对泄洪区域的泄洪图片、音频的采集功能,也具备良好的可靠性、及时性与经济实用性,现有成熟的 4G 预警机设备与完善的第三方网络运维商,同时兼具极端情况下的信息保障功能。其网络拓扑图如图 2 所示。

7 结 论

A 水电站新一代泄洪预警通信系统升级方案,结合各方面因素选取的"4G 通信技术加北斗卫星通信"方式,是水电站智能化建设的一个重要环节,利用现代化的技术手段保

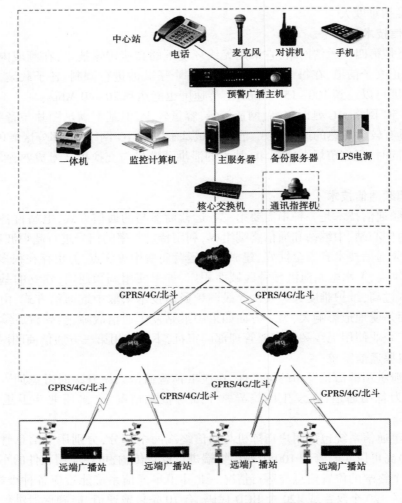

图 2 "4G 通信技术加北斗卫星通信"网络拓扑图

证了泄洪预警信息的可靠性,值得借鉴。

现阶段 4G 通信网络已基本满足泄洪预警智能化化建设需要,但随着通信技术的不断提升,5G 技术实现全面商用与民用的脚步也越来越近,随着延迟的降低,网速的提升,泄洪预警能扩展的模块与功能也会更加广泛,智能化水平也会有长足进步。

参 考 文 献

[1] 邬学农,冯涛,王维东. GPRS 网络组网安全分析[C]∥中国通信学会无线及移动通信委员会. 中国通信学会无线及移动通信委员会学术年会论文集,2004.

[2] 陈兴.4G 移动通信技术要点和发展趋势研究[J].信息通信,2020(4):238-239.

[3] 杜亭,吴国栋,赵传啸,等.泄洪警报系统在官地水电站的应用[J].自动化应用,2019(11):148-149.

[4] 娄勇.5G 移动网络中关键通信技术的演进探讨[J].网络安全技术与应用,2020(7):81-82.

[5] 孙晓玥.5G 移动通信发展趋势与关键技术分析[J].冶金管理,2020(13):138-139.

智能钥匙管理系统在水电站的应用

邢尔鑫,宋训利,刘彦阳

(雅砻江流域水电开发有限公司,四川 成都　610051)

摘　要　传统的钥匙管理采用系统管理台账,人工维护运行的模式,钥匙种类繁多,钥匙的台账维护、申请借用、审批查找和归还等程序复杂,智能化程度低,钥匙管理大大制约了现场工作效率。智能钥匙管理系统的应用和实践,实现了全厂人员的统一管理,钥匙状态与操作日志的快捷查询、远程遥控、使用申请、审批授权、自助归还等功能,操作方便快捷,管理精细智能,大大提升了现场工作效率。

关键词　智能钥匙;管理系统;效率

1　前　言

　　水电站内开关室、设备室、通道门、机构箱、汇控柜、控制屏、端子箱众多,所对应的钥匙数量也较多,工作繁忙时漏拿、误拿、错拿等情况时有发生,不利于快速应急处置,存在走错间隔误操作安全风险。各类钥匙的使用由运行人员统一管理和审批,钥匙借用和归还时需履行借用、归还手续,为确保钥匙库中的钥匙完整,保证借出或归还的钥匙记录完整,运行班组特地设置1名钥匙管理员,负责及时更新钥匙库中的钥匙,并做好台账记录和维护管理,纷繁复杂的钥匙管理流程大大降低了现场工作效率。智能钥匙管理系统融合了钥匙管理的新理念和计算机技术,钥匙借用、归还流程简便,钥匙维护可视化,便捷详细地记录了全厂钥匙的使用维护情况,实现对全厂钥匙科学化、流程化、智能化的集中管理,有效解决了传统钥匙管理所面临的困难,尽最大可能地降低因钥匙管理不当引发的电力安全生产风险[1]。

2　传统钥匙管理现状

2.1　钥匙种类、数量多,台账维护难度大

　　当前水电站各类通道门、设备室、机构箱等钥匙众多,每一把钥匙都需要进行编号命名,分类存放在运行钥匙柜和检修钥匙柜内,同时还在库房中储存足够的备用钥匙,钥匙总量超过500把,每一把钥匙均需要管理员进行管理和维护,如钥匙的分类摆放、标签打印、备用保存、台账记录、维护更换等。钥匙管理员在每轮运行倒班结束前进行一次全面钥匙台账的维护工作,工作任务量较为繁重,还增加了管理成本。

2.2　钥匙使用流程复杂,现场工作效率低

　　传统的钥匙柜分为运行专用、检修专用和巡检专用。检修人员借用钥匙开展工作时,需在系统中提交钥匙借用申请,经运行审批通过后,由运行人员提供对应钥匙并做好台账记录,归还钥匙时也需运行人员在存放钥匙后在系统中结束流程。传统的钥匙使用流程

较复杂,智能化程度低,大大降低了现场工作效率。传统钥匙借用流程如图 1 所示。

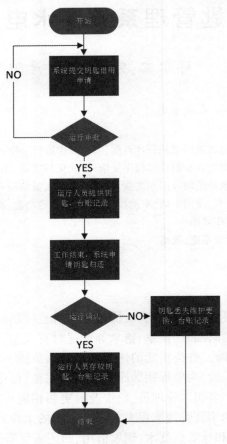

图 1　传统钥匙借用流程

2.3　系统关联差,安全风险突出

水电站电力生产始终坚持"安全第一"的原则,传统的钥匙管理和使用无法做到科学有效,存在着钥匙未全部归还,未经审批即取走钥匙和已归还钥匙但未审批记录等问题,没有与系统实现有效关联,借用时找不到该钥匙,既降低了工作效率,又为后续的钥匙管理增加了难度,出现问题无法做到有据可查。另外,钥匙使用者拿错钥匙,便会增加走错间隔误操作的风险,或因管理不当钥匙丢失,便会存在安全隐患,甚至造成严重后果。

2.4　可视化程度低,不直观显示

现场工作存在很多交叉作业面,往往会出现钥匙被他人借走的情况,但传统钥匙管理系统无法做到钥匙状态和使用者信息的可视化显示,查询相关钥匙信息极不便捷。此外,钥匙管理员对实际钥匙的借用情况与钥匙系统中的借用情况进行统计时,需逐个查询,费时费力。

3　智能钥匙管理系统结构

智能钥匙管理系统采用 RFID 技术、生物识别技术、网络传输技术、数据库等技术,并结合钥匙管理的核心价值而设计研发[2]。该系统分为三大部分,分别为智能钥匙柜、服务器端和应用端,服务器端与应用端以软件为主。这 3 个部分的关系如图 2 所示。

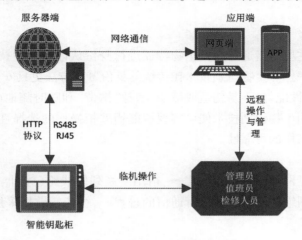

图 2 智能钥匙管理系统结构

3.1 智能钥匙柜

智能钥匙柜由柜体、钥匙卡扣和智能控制模块组成。柜内配置有 1 套主机和 14 套从机,每套从机有 15 个钥匙闭锁单元,用于闭锁钥匙,可触摸屏操作,通过终端软件、数据库、IC 卡读写器及指纹识别器实现钥匙领取、归还、事件查询等操作,可与智能防误系统中的数据保持同步通信。钥匙卡扣内安装有 RFID 射频感应智能芯片[3],相当于钥匙的编码,钥匙卡扣与钥匙串在一起,具有唯一的识别码,这样就相当于每把钥匙有了一个电子标签。智能控制模块由中央处理器、存储器、RFID 射频感应线圈及电插锁等元器件组成。当使用者的权限得到系统确认后,系统将电插锁打开,使用者才能取到钥匙,否则系统会发出报警信息[4]。

3.2 服务器端

服务器端是本系统的枢纽,它是整个钥匙库监控和管理系统的核心。它可作为人机交互的窗口,完成各种显示、系统维护、人员权限管理维护、设备管理、与其他系统信息的交换功能,并具有对可控设备的控制调节。

3.3 应用端

应用端分为网页端和手机 APP 端,使用者在钥匙柜上的所有操作均可上传到服务器端,通过应用端进行查询和管理,同时也可通过应用端实现远程操控智能钥匙柜,实现远程解锁钥匙。

4 智能钥匙管理系统关键技术

4.1 RFID 技术

无线射频识别即射频识别技术(Radio Frequency Identification,简称 RFID)是自动识别技术的一种,利用无线射频方式对记录媒体(电子标签或射频卡)进行读写,通过无线通信结合数据访问技术,然后连接数据库系统,从而达到识别目标和数据交换的目的[5]。

智能钥匙管理系统通过 RFID 技术取消了传统钥匙借用流程中的"运行人员提供钥匙、台账记录"和"运行人员存放钥匙、台账记录"两个环节,节约了人工成本,提高了现场工作效率。

4.2　生物识别技术

生物识别技术主要是指通过人类生物特征进行身份认证的一种技术,智能钥匙管理系统采用的是指纹识别。生物识别技术比传统的身份鉴定方法更具安全、保密和方便性,具有不易遗忘、防伪性能好、不易伪造或被盗、随身"携带"和随时随地可用等优点[6]。智能钥匙管理系统利用生物识别技术便可实现智能钥匙柜操作的选择性和多样性,更有效地保障了现场钥匙借用的可靠性。

4.3　网络传输技术

网络传输技术是网络的核心技术之一,指用一系列的线路(光纤、双绞线等)经过电路的调整变化依据网络传输协议来进行通信的过程[7],智能钥匙柜采用无线传输媒介实现与服务器端的通信。

4.4　数据库技术

数据库技术是现代信息科学与技术的重要组成部分,是计算机数据处理与信息管理系统的核心[8]。数据库实现了智能钥匙柜、应用端和服务器端大量数据的有效组织和存储,保障了数据的共享安全性和检索高效性。

5　智能钥匙管理系统功能

5.1　身份自动认证,自助借还钥匙

智能钥匙柜具有信息采集、记忆、识别功能,能够对全厂人员的相关资料进行管理,包括人员姓名,员工卡卡号,所借钥匙编号、名称等,具备"员工卡认证+指纹认证+账号密码认证"多重识别功能,使用者在系统应用端填写钥匙借用申请后,便可自行到智能钥匙柜上刷卡或指纹识别领取对应钥匙,或者可在应用端选择遥控解锁后让他人代领;归还钥匙时,只需把钥匙卡扣插入对应的卡槽内,系统提示已成功归还后整个钥匙使用流程便自动结束,实现了借还钥匙"自助"模式,操作便携,节省了人力成本。智能钥匙管理系统钥匙借用流程如图 3 所示。

5.2　智能集中管理,过程自动记录

智能钥匙管理系统可分别在钥匙柜主机端、网页应用端和手机 APP 进行维护和管理,使用者不仅可以在柜体操作终端上解锁领取钥匙,还能远程通过网页应用端和 APP 实现一键解锁领取钥匙功能。同时,在任一平台上可方便快捷地对全厂人员权限配置、钥匙信息进行集中统一管理,节省时间和空间。使用者在智能钥匙柜和应用端上的所有操作和使用情况都会自动记录在服务器端的数据库中,以备后续钥匙管理和工作查询评估。由于钥匙卡扣中的 RFID 射频感应智能芯片编码具有唯一性,可识别钥匙归还的错误情况,增加了钥匙的安全性和唯一性。此外,智能钥匙管理系统具备紧急解锁钥匙的功能,在运行人员遇到突发情况时,如火警、紧急事故处理等,可直接点击"一键解锁"按钮便可释放所有钥匙,节约了珍贵时间,有效保障了事故应急处理的快速性和有效性。

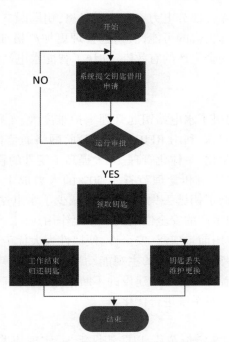

图3 智能钥匙管理系统钥匙借用流程

5.3 操作日志便捷查询

智能钥匙管理系统自动记录借用和归还钥匙的整个操作流程。可通过网页应用端和APP查看每一把钥匙的操作日志,包括使用者的借用时间、原因和当前钥匙状态。同时,也可针对性地查询每一位使用者的借用情况,如借用原因、审批人员、时间节点和归还情况。为后续钥匙的管理维护和事件调查提供了极大的便捷。

5.4 智能化人机交互

通过智能钥匙柜主机液晶显示屏,可直观查看钥匙柜运行情况、柜内的钥匙存放及借用情况,如柜体通信情况、钥匙编码、钥匙名称、钥匙在线或离线状态、钥匙解/闭锁状态、钥匙是否正确放回,钥匙卡位及使用者的姓名、借用原因和使用时间。同时,柜内安装有智能语音提示系统,使用者可根据语音提示进行钥匙领取、归还和管理员维护等操作,钥匙领取或归还时出现错误也有语音提示功能。此外,柜内还安装有LED灯定置显示功能,当使用者确认好要领取的钥匙时,柜内对应要领取的钥匙所放置的钥匙卡扣上方LED灯亮起,提示使用者领取,避免因找钥匙而浪费大量的时间。

6 智能钥匙管理系统应用效果

对比传统钥匙管理,智能钥匙管理系统改进了钥匙的借用、归还流程,对比图1和图3可看出,使用者可自助完成钥匙的领取和归还,系统自动记录使用者的姓名、使用原因及钥匙领取、归还时间,节省了50%的人力成本和时间成本。在钥匙维护和管理方面,智能钥匙管理系统查找操作日志更加方便,可视化程度高,可追溯性强,远程便可通过应用端在线查看钥匙的存放和使用情况,至少提高了现场30%的工作效率。智能钥匙管理系统的投入使用,有效消除了部分电力安全生产隐患,钥匙漏拿、误拿、错拿等问题得到了完全解决,有效降低了钥匙丢失的可能性,钥匙管理更加严格细致,积极促进了运行管理工作的开展,保障了电力安全生产的有效性,加快了智能水电站的建设进程。

7　结语与展望

智能钥匙管理系统解决了水电站钥匙管理维护难度大、工作效率低、安全风险高、可追溯性差、查询不便捷等问题,利用 RFID、生物识别、网络通信传输、数据库等技术,实现了水电站钥匙智能化、科学化、一体化管理,大大提高了钥匙的管理效能和使用效率,相比原钥匙管理模式,钥匙的使用和管理节省了 50% 的人力成本和时间成本,提高了现场30% 的工作效率,大大降低了钥匙丢失的可能性,减少了水电站安全生产隐患,对保障钥匙的正确使用和提高电力生产的安全性起到了重要作用。

智能钥匙管理技术应用前景广泛,安全性、便捷性大大优于人工,系统安全可靠,运行稳定,操作简单易学,能够充分调动人的主观能动性、积极性,实现人性化管理,真正做到主动管理、严格管理。随着智能水电站建设的不断推进,为更好地促进改善水电站的智能化管理,可以从以下几方面对系统进行优化。

7.1　钥匙 GPS 定位

在钥匙卡扣中增加 GPS 定位芯片,以防钥匙丢失,实现钥匙的实时定位,严格管控作业过程。

7.2　智能钥匙管理系统关联工作票

在工作开始前,系统自动识别工作地点和相关屏柜、设备,自动提交相关钥匙借用申请,方便运行人员审批时查看相关工作票,丰富钥匙管理智能化内容。

7.3　门禁系统智能管理

随着钥匙智能化、科学化管理的不断发展,为进一步推进智能水电站的建设,可对门禁系统进行智能化改造,在门锁上增加钥匙识别芯片,门锁和钥匙一一对应,防止走错间隔,降低水电站安全生产风险。

参 考 文 献

[1] 张书浩,贾继刚,王哲,等.基于 RFID 技术的智能钥匙柜在电厂中的应用与探索[J].电力设备管理,2020(9):114,129.

[2] 江能明.供电所钥匙库智能化管理系统[J].农村电气化,2013(10):48-49.

[3] 王玉丽.基于物联网技术的电力安全工器具系统研究[J].电脑知识与技术,2018,14(6):36-37.

[4] 李伟.智能钥匙管理系统[J].中国新通信,2018,20(4):222.

[5] 李成渊.射频识别技术的应用与发展研究[J].无线互联科技,2016(20):146-148.

[6] 杨强,谭礼俊.生物识别技术对比浅析[J].大众科技,2005(2):50-51.

[7] 李海英.通信传输网络的维护与设计探究[J].科技创新导报,2013(32):36.

[8] 孙颖.基于 B/S 结构的软件项目管理系统设计与实现[D].大连:大连理工大学,2008.

两河口质量评定信息化应用研究与实践

张帅[1]，张超锋[1]，王立军[2]，周剑[2]

(1. 雅砻江流域水电开发有限公司，四川 成都　610051；

2. 长江勘测规划设计研究有限责任公司，湖北 武汉　430010)

摘　要　质量评定工作是水利水电工程建设过程中质量管控的重要环节，质量评定工作开展过程中形成的质量评定资料在工程完工后将作为具有参考价值和凭证价值的工程档案长期保存。当今，以计算机技术和网络技术为依托的现代信息技术，已渗入到工程管理日常工作的各个方面，以纸质载体、手工填报为主的质量评定，在信息化大环境中暴露出诸多不足。本文以两河口质量评定信息化应用为例，概述了水电工程建设质量验评工作的特点，对两河口质量评定信息化应用研究及实践进行介绍，让信息化应用在工程质量评定开展中发挥其应有的作用。

关键词　质量评定；信息化；水电工程

1　引　言

为了加强水利水电工程的质量管理，工程建设过程中实行施工质量评定制度，使有关规程、规范和有关技术标准得到有效的贯彻落实。为了使评定结果具有可比性，做到统一检验项目、统一检验工具、统一检验方法和评定办法，行业内制定了相关的工程质量评定标准。参照质量评定标准，工程实践过程通过质量评定表的填报与审签开展质量评定工作，评定表由三部分组成：①包含工程基本信息的表头；②记录工程施工质量的表身；③具有审签凭证的表尾。传统的质量评定工作依赖于纸质评定表，其在水电工程施工应用中表现出内容重复填报、流转效率低、保管易污损、查询利用统计不便等弊端。因此，在现有背景下，如何将信息化技术融入水电工程建设质量评定工作中，实现更高效、科学、合理地建设工程质量评定工作，成为工程管理者们的关注点。两河口水电站采取信息化手段研发了两河口质量评定信息系统，系统的应用有效解决了传统纸质载体的诸多弊端，为两河口水电站施工质量评定工作提速增效。

2　水电工程建设质量评定工作特点

2.1　评定项目多

随着我国科学技术、施工技术、工程管理技术的不断进步，水电工程逐步演化为系统性和综合性很强的综合体。大型水电工程建设涉及水电工程、公路工程、桥隧工程、房屋建筑工程等；其中，水电工程枢纽内建筑物依据其建成后发挥功效的不同又可以分为挡水、泄洪、引水、发电、过坝通航、放空、冲砂建筑物等；不同的建筑物在修筑过程中又会涉及土建施工、金结安装、电气设备安装等专业，其中土建施工依据施工工艺的不同又可划分为开挖工程、支护工程、混凝土工程、灌浆工程等，混凝土工程又包含基础面或施工缝、模板、钢筋、预埋件、浇筑等工序。水电工程质量评定工作需从点到线到面反映出整个水电工程建设的施工质量，因此包含了不同建筑物、施工内容、施工工艺、施工工序的评定项目。

2.2　评定周期长

水电工程建设因为规模大、费用高、制约因素多等特点，其建设周期通常比较长。二滩水电站 1991 年 9 月开工建设，1998 年 7 月第一台机组发电，至 2000 年年底竣工；锦屏水电站 2005 年 11 月开工建设，至 2014 年 11 月竣工；官地水电站于 2009 年 7 月筹建，2012 年 3 月开始投产发电；两河口水电站 2014 年 10 月开工建设，计划 2021 年首台机组发电，2023 年工程竣工；水电工程自身建设施工周期长的特点决定了伴随工程施工同步开展的质量评定工作具有相对较长的周期。同时，受施工工艺与工序自身特点的影响，质量评定工作也需经历一个较长的周期，如混凝土养护龄期分 28 d、90 d、180 d，质量评定工作也需跨越同样的周期。

2.3　评定要求严

水电工程建设过程中在河流上修建的建筑物，关系着下游人民生命财产的安全。工程的施工质量，不但会影响建筑物的寿命和效益，而且会影响改建和维修的费用；更严重的是一旦失事，对国民经济及生命财产会带来不可弥补的损失，水电工程施工必须保证施工安全与工程质量。因此，质量评定工作应严格按照评定规范规程的要求开展，在施工过程中真实、完整、及时地反映工程施工质量，其不仅利于施工过程中施工质量的管控及质量缺陷的修补，在工程竣工后也将成为可靠可信地反映工程质量的凭证，对后续建设工程的质量管控起到指导、参考作用。

3　两河口质量评定信息系统研究

3.1　系统设计

两河口水电站为雅砻江中游的龙头梯级水库电站，电站位于四川省甘孜州雅江县境内，是雅砻江干流中游规划建设的 7 座梯级电站中装机规模最大的水电站；两河口水电站总装机容量 300 万 kW，概算总投资约 664 亿元；两河口水电站采用"拦河砾石土心墙堆石坝+右岸引水发电系统+左岸泄洪、放空系统+左、右岸导流洞"的工程枢纽总体布置格局。为保证两河口质量评定工作在多项目、长周期、严要求的背景下科学、高效地开展，同时消除掉纸质文件内容重复填报、流转效率低、保管易污损、查询利用统计不便等弊端，两河口建设管理局联同长江勘测规划设计研究有限责任公司研究开发了两河口质量评定信息系统。

系统设计遵循平台化、通用化、标准化、合规稳定原则。系统采用分层架构设计，分成展现层、服务交互层、业务逻辑层和持久层。展现层提供平台展现框架和业务页面，服务交互层提供用户请求数据的格式化、传输、封包与解包、URL 处理的派发等功能，业务逻辑层包含业务逻辑组件、公共服务代理，持久层通过集成 Hibernate 提供数据持久化、数据访问能力。公司在两河口水电站部署超融合服务器集群，实现计算、存储及网络配置的虚拟化，系统应用运行在集群服务器上的虚拟机环境中，支持宕机自动迁移、双副本存储、定时备份、负载均衡等服务。根据两河口现场实际，在工区建成的局域专网基础上，通过公网映射方案，将局域专网内的服务映射到公网。

3.2 系统功能

两河口质量评定信息系统包含系统管理、基础配置、评定管理、查询统计、个人中心五个模块：

（1）系统管理模块：主要包括机构管理、用户管理、角色管理、系统日志等功能，实现工程项目参建各方组织结构的管理，用户账户开通、停用、更新和权限的管理及菜单样式和日志的管理。

（2）基础配置模块：主要包括评定表管理、基础信息管理、工程划分、单元工程管理等功能，实现标准评定表模板的配置，单位、分部、分项、单元工程的划分关联及与工序评定表间的精确挂接。

（3）评定管理模块：主要包括质量评定、评定清单、评定样表等功能，是本系统的核心模块，用户在该模块内完成评定单元的启动、评定表的循环配置及评定表的在线填报流转，系统实时调用合法电子签章，保护文档不被篡改，同时支持评定资料的一键下载。

（4）查询统计模块：主要包括质量统计、评定台账等功能，实现了从不同维度实时统计当前评定数、优良率，可按角色统计工序评定情况，按用户统计其评定完成情况，同时为用户提供单元工程评定结果的查询和评定台账的导出。

（5）个人中心模块：主要包括个人待办、个人已办、修改密码等功能，实现用户快速处理质量评定工作，查看个人评定单元及修改密码等。

系统登录界面、个人中心界面、查询统计界面、评定管理界面、基础配置界面、系统管理界面如图1~图6所示。

图1 系统登录界面

4 两河口质量评定信息化实践

4.1 两河口应用情况

两河口水电站质量评定信息系统于2018年年底正式上线使用，目前已在两河口水电站主体工程大坝标、泄水标、引水标、消能雾化标及机电安装标推广使用，截至2021年3月25日，质量评定信息系统完成工序评定135 303余项，完成单元工程评定9 231个，在保证评定文件形成质量的前提下，大大提升了单元评定工作效率，实现了单元工程质量评定信息化管理。

图 2 个人中心界面

图 3 查询统计界面

图 4 评定管理界面

4.2 两河口实践经验

两河口水电站施工过程中,借助信息化手段有效提升了两河口质量评定工作,为同类工程提供了可借鉴经验。同时,在实践过程中发现,信息化系统的成功推广离不开以下两方面的工作:

(1)合同商务:信息化应用应提前规划,同时可将信息化应用配合工作相关条款加入到与之相关的合同中。两河口工程在土建施工招标过程中,将信息化应用配合工作内容加入土建施工合同,明确了与之相关的权利、责任、费用,为后续两河口质量评定系统的推

图5　基础配置界面

图6　系统管理界面

广提供了合理合法的保障。

（2）管理办法：信息化应用的落地离不开与之配套且行之有效的管理办法。为保证两河口质量评定系统有序运行，两河口建设管理局制定了《两河口水电站工程质量评定信息系统运行管理制度汇编》，内容包括系统运行、用户账号及权限、电子签章、数据安全备份、需求及开发、运行维护等管理办法，同时在过程中组织召开阶段会议，检查各项管理办法落实情况，推进系统的使用。

参 考 文 献

[1] 卞小草,雷畅,丁高俊,等.基于GIS+BIM的水电项目群建设管理系统研发[J].人民长江,2018,49 (7):72-76.

[2] 俞运煌,陈立民.三峡二期工程质量管理系统的应用与探索[J].人民长江,2002(10):61-63.

[3] 郑雯雯.水利水电工程施工质量评定工作中应注意的问题[J].农业科技与信息,2017(18): 119-121.

[4] 《水利水电工程施工质量检验及评定验收规程标准应用指南》编写组.水利水电工程施工质量检验 及评定验收规程标准应用指南[M].北京:中国水利水电出版社,2012.

[5] 王立权.水利工程建设项目施工监理实用手册[M].北京:中国水利水电出版社,2010.

杨房沟水电站 EPC 工程数字化技术综合应用

翟海峰

（雅砻江流域水电开发有限公司,四川 成都　610051）

摘　要　杨房沟水电站作为国内首个百万千瓦级 EPC 模式大型水电工程,通过基于工程大数据构建数字化整体方案,利用 BIM 技术和数字化手段对工程建设质量、安全、进度、投资、档案等信息进行全面管控,实现工程数字化技术综合应用,切实提升工程质量,发挥经济和社会效益。

关键词　EPC;工程数字化;杨房沟水电站

1　引　言

　　杨房沟水电站作为国内首个百万千瓦级 EPC 模式大型水电工程,被业内誉为"第二次鲁布革冲击波",开创了全国大型水电站建设模式的时代先河,是我国新常态下水电开发理念与方式的重大创新[1]。作为大型水电工程,工程建设规模大、投资大、施工条件和地质条件复杂,影响因素众多,这都给施工质量与进度控制、工程建设管理带来了相当的难度。

　　为满足 EPC 模式下杨房沟水电站的建设管理需求,亟须利用 BIM、云计算、大数据、物联网、移动端等先进技术,基于工程大数据,利用 BIM 技术和数字化手段对工程建设质量、安全、进度、投资等信息进行全面管控,通过工程数字化技术综合应用,实现工程的可视化、扁平化、智慧化管理,切实提升工程质量,发挥经济和社会效益。

　　在高海拔、高边坡地区修建高拱坝和大规模地下洞室群,其技术难题是固有的。更加复杂的是,杨房沟水电站是国内首座以设计施工总承包模式建设的百万千瓦级水电工程,国内没有可以参考借鉴的经验。因此,在工程全生命周期管理的过程中,如何实现参建各方的协同管理? 如何实现工程全生命周期的数据治理? 如何构建标准化业务流程和工程全信息三维模型? 均是需要研究解决的问题。

2　数字化整体方案的构建

　　首创了一套适用于水电 EPC 工程的数字化整体解决方案,包括"组织体系—制度体系—技术体系—业务体系—功能体系"的"五位一体"应用框架,提供了一种"开箱即用式"的"交钥匙型"数字化整体解决方案,具有很强的可复制性与推广应用价值。水电 EPC 工程数字化"五位一体"应用框架如图 1 所示。

　　组织体系:建立 EPC 数字化组织架构,理顺参建各方关系,将专业数字化团队整合为重要有机组成部分。

　　制度体系:有《电子文件归档》《电子签章管理》《BIM 系统运行》等三大管理办法,还

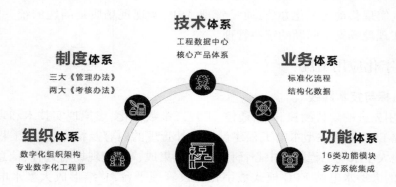

图 1　水电 EPC 工程数字化"五位一体"应用框架

有配套考核办法,考核采用每月打分、每季度评级,并引入奖惩机制。

技术体系:基于工程数据中心,系统创建一体化管控体系,多属性数据有机融合,消除"数据孤岛",实现设计施工一体化。系统采用"微服务"架构,产品采用模块化设计,从而使产品更具有行业推广性。

业务体系:根据工程管理业务框架梳理模型,全面梳理业务,细化数据颗粒度,并对业务表单进行结构化,打通数据壁垒。

功能体系:一个 BIM 系统集成了 16 大功能模块,打通核心功能模块数据流,实现数据自动采集、实时分析和基于 BIM 的可视化。

建立"1+1+N"核心产品体系,包括"1"个一体化三维协同设计平台、"1"个设计施工 BIM 管理系统和"N"个移动应用模块。

水电 EPC 工程数字化"1+1+N"核心产品体系如图 2 所示。

图 2　水电 EPC 工程数字化"1+1+N"核心产品体系

一体化三维协同设计平台:提供三维协同设计环境,提高设计出图效率,并为 BIM 建设管理系统、设计施工一体化深度应用提供基础模型。

基于 BIM 的设计施工管理系统:实现基于 BIM 的设计施工一体化深度应用,实现工程建设实时动态管控、智慧工地管理、施工标准化等业务场景。

基于移动设备的项目动态管理:质量验评 APP,实现质量验评实时化、电子化;移动云办公 APP,实现移动无纸化办公;质量管理 APP,实现现场质量问题的统一管理;安全管理 APP,实现现场安全问题的统一管理。

3　工程数字化应用情况

3.1　建设目标与技术路线

充分利用先进的现代测控、网络通信、工程三维数字化、虚拟现实技术和现代坝工理论,深入研究 EPC 模式大型水电工程建设期设计管理的内容及特点,基于工程全信息三维模型,构建大型水电工程数据中心,研发并建立集成、高效、现场与远程、信息汇集与快速响应并举的大型水电站 EPC 模式数字化建设管理平台,总结形成大型水电工程 EPC 全过程数字化建设管理创新模式[2-3],重点提升工程的数字化、信息化管理能力,为工程建设者提供有效管理抓手与决策支持,全面建设数字工程、智慧工程。

3.2　工程协同组织保障

3.2.1　组织体系

在组织体系方面,建设管理信息化由建设方主导、总承包方执行、监理方监督,参建各方均是一体化管控平台框架和集成的有机组分。

传统大型水电工程建设管理的信息化工作往往是碎片化的,例如,建设单位做一个工程管理系统、设计单位做一套三维设计、施工单位做一套智慧工地,其数据互不相通。在这种情况下,信息化反而加重了建设管理负担。

通过一体化管控平台框架和集成方法研究,根据 EPC 模式特点,由业主方主导、总承包方一体化实施,保证统一平台和数据生成与使用;反之,数字化手段又促进了项目管理,由串联式工作方式变革为网络式工作方式。

杨房沟水电站一体化管控平台组织体系如图 3 所示。

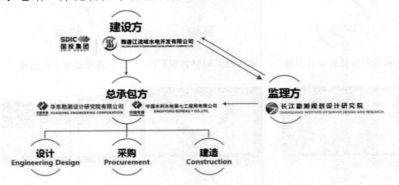

图 3　杨房沟水电站一体化管控平台组织体系

2016 年 1 月 1 日,杨房沟水电站正式开工,BIM 项目部与主体工程同步进场,同步开展需求分析和 BIM 应用体系建设。将 BIM 经理纳入领导班子,共同决策重大事项;BIM 项目部由专职的数字化工程师组建,全力投入 BIM 研发应用;参建各方均配有专职的 BIM 联络人员。

基于 EPC+BIM 的建设管理组织体系,有利于在现场经营层、生产管理部门、生产实施部门等各个层级均融入信息化管理理念。通过信息化,加强各个层级之间的联系,为大型水电工程建设管理提质增效。

3.2.2　制度体系

将 BIM 开发应用团队融入组织架构和考核体系,制定一系列管理办法和考核办法,确保 BIM 应用具有政策导向,自上而下精准发力,以点带面形成氛围,最终以 BIM 为媒介创新大型 EPC 水电工程管理模式。杨房沟水电站 BIM 应用相关管理办法如图 4 所示。

图 4　杨房沟水电站 BIM 应用相关管理办法

为推进对杨房沟水电站主体工程的数字化管理,保证设计施工 BIM 管理系统在本工程应用顺利推进,明确 BIM 系统应用及运行管理过程中负责实施的组织机构、人员构成及各部门的工作内容、承担的职责和考核制度,确保各实施部门深度参与、精细管理,监理机构联合建设单位及总承包部,结合工程实际制定了《雅砻江杨房沟水电站设计施工 BIM 管理考核实施细则》,按季度对总承包部进行 BIM 应用考核。

在此基础上,总承包部制定了《雅砻江杨房沟水电站设计施工 BIM 管理应用考核管理办法》,对各单位进行月考季评。

参建各方按月召开 BIM 应用协调会,及时沟通了解 BIM 系统运行、维护及使用情况,当前存在的问题,对系统当前存在的问题以及后续完善的要求、计划等事宜进行讨论并及时跟进解决。BIM 项目部定期以问卷形式调查用户需求,并作为方案迭代重要依据。

3.3　工程数据平台建设

3.3.1　技术体系

在技术体系层面,基于工程数据中心,系统创建了基于 BIM 的大型水电工程 EPC 项目一体化管控体系,打通设计管理、质量管理、进度管理、投资管理、安全管理等业务数据,实现了大型水电工程 EPC 项目的设计施工一体化管控。

杨房沟水电站一体化管控平台技术体系如图 5 所示。

杨房沟水电站创建了大型水电工程 EPC 项目 BIM 工程数据中心,完成了多属性数据的有机融合,消除了传统管理模式下的"数据孤岛",通过对工程全生命周期海量数据的存储、处理与挖掘,真正实现了工程数据的流动、共享与增值,使得设计、施工一体化的水平更加提升,参建各方的沟通更加协同、有效。

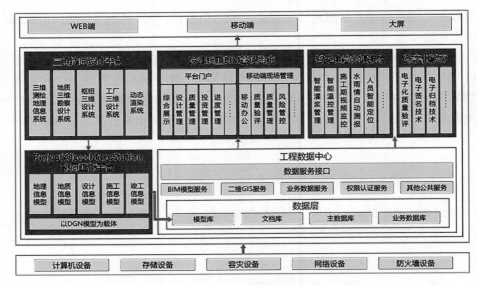

图5　杨房沟水电站一体化管控平台技术体系

3.3.1.1　工程数据中心

工程数据中心采用微服务架构,内部由多个数据微服务构成,不同的微服务面向不同的业务数据,每个微服务均是独立的、业务完整的,服务间是松耦合的。各数据微服务均结合自身业务,将数据切割为原子级的业务数据单元(工程数据中心的资源),提供资源最基本的 CRUD(创建、读取、更新和删除)操作。

3.3.1.2　系统技术架构

基于微服务架构,工程数据中心内部的每个数据微服务,都可以独立开发实现,彼此间的依赖性低,使工程数据中心易于扩展,稳定性高。微服务架构风格的接口以 RESTful API 的形式提供,以满足各平台、各终端上的各种业务系统对资源的使用,即以任何技术实现的业务系统,均可以无缝使用数据工程中心的数据,支持 WEB 端业务系统和移动端业务系统的集成。

3.3.1.3　产品模块化设计

杨房沟水电站 BIM 建设管理系统目前有 16 个子模块,每一个子模块均具有独立功能,可以相对独立地进行使用和展示。各模块具有一致的数据接口和一致的输入、输出接口的单元,相同种类的模块在产品族中可以重用和互换,相关模块的排列组合就可以形成最终的产品。相似性的重用,可以实现整个平台的设计、开发、运维资源简化。

系统中除设置常规的设计管理、质量管理、进度管理等基础模块外,还通过接口开发方式,集成工程安全监测系统、施工期视频监控系统、水情测报系统、投资管理系统、灌浆监控系统、混凝土温控系统等其他模块数据,并在统一界面进行展示,使一体化管控更具成效。可模块化配置的设计施工一体化管控平台,可以更快速地满足项目个性化需求,从而使产品更具有推广性。

3.3.2　业务体系

为更好地规范业务流程,保障工程建设质量,提升业务流转效率,亟须建立标准化的

建设管理业务流程。通过信息化、数字化的管控流程,提高管理效率,节能降耗,节约成本。数字化业务体系主要包括:

(1)理顺业务流转过程:根据现场实际管理需求,为工程建设管理业务流程制定流程模板,每一步流程均可定制短信提醒,中间过程及审批意见均记录在案,并有可追溯性,是高效沟通的有效、必要手段。

(2)一键导出业务表单:业务流程记录支持一键导出,可用于资料归档。将业务单据进行结构化开发,并引入电子签章,全面避免用户线下行为,真正实现无纸化办公。

(3)动态跟踪多方监管:在实现流程标准化后,各方均可在同一平台上查询和操作,也更加明确了各方的责任界限。同时,流程时间节点均有记录,也督促了各方对报审流程的推进,大大地提高了效率。

(4)避免低效沟通方式:在传统建设模式下,参建各方通过QQ、邮件等工具进行文件传输和意见表达,这种方式的弊端是各方的沟通不方便、操作不规范,经常会发生文件遗漏、意见遗忘等情况,沟通成本较大,甚至影响工程进度。而通过流程标准化,可规范业务流程,降低沟通成本,全面提高沟通效率。

(5)合法在线电子签章:业务流程均具有有效电子签章信息,符合档案文控相关规范标准,确保流程数据具备电子归档的技术基础。

3.3.3 功能体系

雅砻江杨房沟水电站设计施工BIM管理系统(简称BIM系统)于2016年1月1日与主体工程同步开发建设,并于2016年11月试运行。自2016年12月正式上线至今,已运行50余个月,现有16个功能模块,即主页、综合展示、设计管理、质量管理、进度管理、投资管理、安全监测、监控视频、水情测报、混凝土温控、智能灌浆、施工工艺、危岩体防控、基础数据、系统管理、个人中心等。其中,安全监测、监控视频、水情测报、混凝土温控、智能灌浆、施工工艺等模块集成了第三方系统,数据同步于工程数据中心。杨房沟水电站设计施工BIM管理系统部分界面如图6所示。

截至2021年5月底,BIM系统用户共计1 224人,权限角色共计59种,全面覆盖建管局、总承包部、长委监理、厂家代表等多个参建方。设计管理模块共记录了2 581条设计报审流程,质量管理模块共归集了13 804个单元工程的质量评定资料。

随着移动互联的深度发展,在大型水利水电EPC总承包项目管理中,基于移动设备的人机交互管理成为日益重要的技术手段和管理抓手。基于移动设备搭建人机交互平台,研制一库多平台共享算法,建立符合大型水利水电EPC工程总承包管理的移动端人机交互平台,有助于实现从顶层到基层的管理扁平化。

基于移动互联的智慧管理信息系统在大型水利水电EPC项目施工过程中发挥了重要作用,为工程建设设计、质量、安全、进度管理提供了重要技术支撑,充分体现了设计施工总承包项目管理的巨大优势。移动互联系统的成功研发和应用,为水电工程总承包信息化管理创新和提升提供了良好借鉴。

为进一步服务于大型水利水电EPC项目施工过程管理,提高工程管理效率和管理水平,减少建设管理成本,杨房沟水电站开发建设了"基于移动设备的项目动态管理系统"。该移动系统与一体化三维协同设计平台、设计施工BIM管理系统共同构成杨房沟水电站

图6　杨房沟水电站设计施工 BIM 管理系统部分界面

智慧管理信息系统,包括移动云办公 APP、质量验评 APP、质量管理 APP、安全风险管控 APP 等多个专业管理 APP,构成移动互联系统。

3.4　工程信息模型应用

3.4.1　基于 BIM 的综合展示

为解决在用户不安装庞大的三维设计软件平台的情况下,直接利用 WEB 页面对三维模型进行交互操作的问题,研究并实现了全信息模型轻量化处理技术。该技术通过将工程设计信息"一键式"压入模型中并剔除模型冗余数据,仅保留最终设计成果信息的方式,实现了以标准 HEIM 模型(i-model 数据格式)统一管理几何尺寸信息、空间拓扑信息及工程属性信息。通过将杨房沟水电站原生设计模型进行轻量化发布,并且基于 B/S 架构实现了模型浏览、双向查询、定位、漫游等功能,有效解决了三维模型轻量化发布时信息损失的问题,支撑设计信息到施工管理信息的无缝对接。

杨房沟水电站基于 BIM 模型的综合展示如图7所示。

3.4.2　基于 BIM 的设计管理

设计管理模块实现了总承包单位、监理单位和业主单位的集约化、全流程同平台办公,现场各类设计图纸、报告、修改通知等全部依靠 BIM 系统进行线上流转和审批,借助信息化手段梳理规范了设计文件报审流程,有效提高了总承包部与设计监理方的沟通效

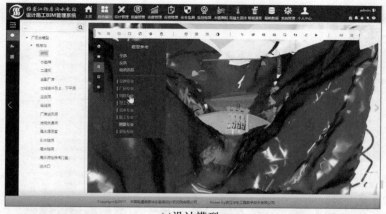

(a)设计模型

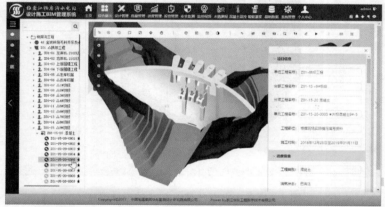

(b)项目信息

图7 杨房沟水电站基于 BIM 模型的综合展示

率,为杨房沟水电工程建设管理提质增效。目前,系统共记录了 2 429 条设计报审流程,全面实现了杨房沟水电工程设计管理"从线下到线上"的创新管理。通过无纸化报审,设计文件平均审查时间减少了 56%,节省人力投入 70%。总承包单位在设计报审时选择分部工程,系统自动根据编码信息将对应的设计文件挂接在相应的 BIM 模型上,方便参建各方基于 BIM 模型进行设计文件的报审与查阅。通过设计文件与 BIM 模型的对照,参建各方可以更加深刻地理解设计意图。杨房沟水电站基于 BIM 的设计管理见图8。

3.4.3 基于 BIM 的质量管理

首次实现水电工程从开挖支护、预应力锚索、混凝土到机电金结的全过程电子质量验收评定和电子归档。目前,已完成 523 张质量评定表单的电子化,提高了现场工程资料的验评效率,保证了工程质量数据的真实性。同时,结构化数据与 BIM 模型自动挂接。研发移动端质量管理功能,实现现场质量问题的跟踪处理及统计分析。集成大坝混凝土智能温控、智能振捣、智能灌浆等子系统,通过一系列智能化手段管控工程实体质量,本工程荣获全国质量创新大赛最高奖。杨房沟水电站基于 BIM 的质量管理见图9。

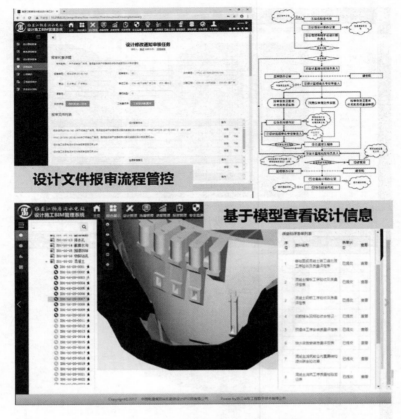

图 8 杨房沟水电站基于 BIM 的设计管理

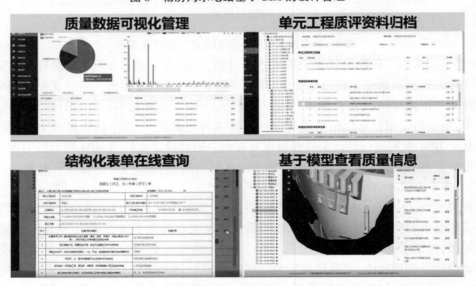

图 9 杨房沟水电站基于 BIM 的质量管理

3.4.4　基于 BIM 的进度管理

开展基于 BIM 的进度管理,实现工程进度信息、三维可视化模型综合一体化展示。基于多维信息模型,从单元工程开展进度管控,实现施工过程可视化模拟仿真与对比分析,EPC 各方用户可定制进度预警。通过良好的进度管控,提前完成厂房开挖、大坝开挖、厂房混凝土浇筑等关键节点,提前 5 个月完成首台机组发电。杨房沟水电站基于 BIM 的进度管理见图 10。

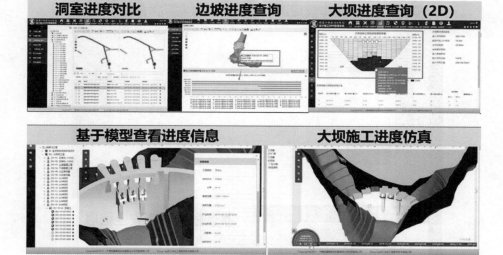

图 10　杨房沟水电站基于 BIM 的进度管理

3.4.5　基于 BIM 的投资管理

投资管理模块整合了总承包部和业主之间的各季度投资、结算信息,实时更新节点台账与实际工程量数据。杨房沟水电站基于 BIM 的投资管理见图 11。

图 11　杨房沟水电站基于 BIM 的投资管理

3.4.6　基于 BIM 的安全管理

研发安全风险双控功能,并将安全信息挂接至 BIM 模型。定制化构建风险管控措施库,支持实时调取当前现场安全风险,量化评估安全风险指数,智能分析风险在控情况及管控趋势,实现安全风险闭环管理,在循环累积中不断提高项目管理水平。保障了高风险工程的零事故安全施工,连续 5 年完成电力安全生产标准化一级达标。杨房沟水电站基于 BIM 的安全风险管理见图 12。

图 12　杨房沟水电站基于 BIM 的安全风险管理

3.4.7　基于 BIM 的施工标准化

基于可视化、多媒体技术,将 BIM 模型与工法库集成,打造施工工艺仿真培训模块,以 BIM 模型为载体实现了标准化工艺的固化与可视化。杨房沟水电站基于 BIM 的施工标准化见图 13。

3.4.8　基于 BIM 的危岩体防控

枢纽区有 127 处危岩体,防控管理过程涉及勘察、评价分级、稳定性分析、防治措施、监测、预警等各方面,防控过程中会产生大量的数据和文件,危岩体防控模块实现防控成果统计、危岩体信息查询、危岩体三维展示、危岩体监测预警等,对于保障工程施工安全及后期运营安全,具有较大的工程实践意义。杨房沟水电站基于 BIM 的危岩体防控见图 14。

基于BIM的施工工艺标准化教学视频

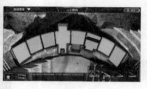

基于BIM的施工标准化培训考核模块

图 13　杨房沟水电站基于 BIM 的施工标准化

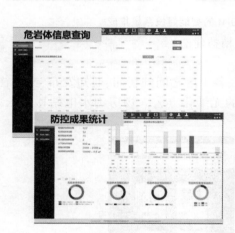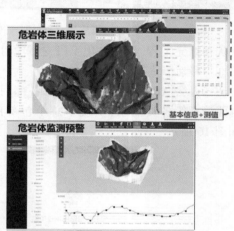

图 14　杨房沟水电站基于 BIM 的危岩体防控

3.4.9　基于 BIM 的智能建设系统集成

　　BIM 系统还集成了智能温控、智能灌浆、安全监测、视频监控等智能建造子系统,全面提升工程项目建设管理的全方位感知能力、实时的风险管控能力和智能决策能力,安全监测集成测点 200 余个,并与 BIM 模型数据联动。监控视频模块共接入 16 组摄像头,实现施工现场无死角全覆盖,完成了 292 仓混凝土影像采集,累计录制视频 5 200 h,实现拱坝混凝土全过程视频监控。全面提升了工程项目建设管理的全方位感知能力、及时的问题洞察能力、实时的风险管控能力和智能决策能力,形成以智慧工程为依托、管控模型为支撑的建设方主控和各方参与的全方位管控模式,实现了工程建设的扁平化管理与智慧化管控,为实现杨房沟水电站"高标准开工、高水平建设、高质量投产、高效率收尾"的工程建设总体目标奠定了坚实的基础。杨房沟水电站基于 BIM 的智能建设系统集成如图 15所示。

3.4.10　基于 BIM 的移动终端管理

　　通过移动云办公、质量管理、安全风险管控、质量验评等多个 APP,将项目管理延伸

图15　杨房沟水电站基于 BIM 的智能建设系统集成

至作业队和单元工程,用信息化手段支撑项目精益建造。

3.4.10.1　移动云办公 APP

移动云办公 APP 涵盖了总承包部各部门、各工区之间的新闻、通知发布、文件往来、部门内部管理等各类需求,实现了总承包部的无纸化办公。杨房沟水电站移动云办公 APP 如图 16 所示。

图16　杨房沟水电站移动云办公 APP

3.4.10.2　质量管理 APP

质量管理 APP 包括质量问题跟踪处理、单元验评申请、质量信息统计、质量标准化、制度文件、质量考核与奖惩、工程质量亮点、达标投产与达标创优、质量管理新闻等九大基础功能,实现了大型水利水电 EPC 工程总承包项目现场质量问题的统一管理。杨房沟水电站质量管理 APP 如图 17 所示。

3.4.10.3　安全风险管控 APP

杨房沟水电站推行"双控"机制建立,开发了安全风险在线管控平台 APP,实现信息

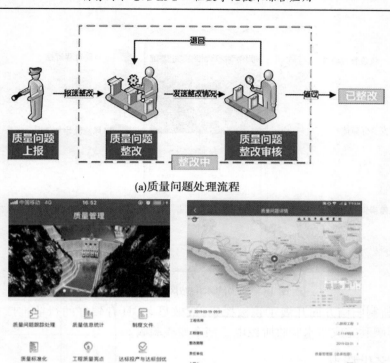

(a)质量问题处理流程

(b)质量管理APP页面

图 17　杨房沟水电站质量管理 APP

化安全管理,极大地减少了现场安全事故的发生率。安全风险管控 APP 作为现场安全管理的主要信息化工具,紧紧围绕"四大核心"打造,即安全生产风险的动态辨识、评估与管控;安全生产风险"双控"机制的实现与管控;安全生产风险的分级管控;安全生产风险的预测与预警机制。该工具的使用,实现了风险动态辨识与评估、安全生产风险作业前的预控、作业过程中的动态管控、清晰的风险管理层级及风险预测、预警功能等。杨房沟水电站风险管控 APP 如图 18 所示。

3.4.11　电子文件在线归档方案

各功能模块中产生的工程资料,均以电子文件归档形式自动移交至建设单位档案管理系统,此举为水电行业首创,真正实现无纸化办公和数字化移交。

2019 年 10 月,归档方案通过了国家档案局,四川省档案局,知名档案、法律专家等组成的专家评审,评审意见认为,杨房沟水电站 BIM 系统电子文件采用"电子签名+XML 封装+PDF +四性检测"方案[4],电子文件形成合规,满足法律、法规规定的原件形式要求;归档满足国家现行有关标准要求。方案总体具备合规性、可行性和先进性,在工程建设领域

图 18　杨房沟水电站风险管控 APP

电子文件单轨制归档方面开展了积极探索,成效显著,具有较好的行业推广价值。2020年 9 月,工程顺利完成蓄水验收阶段电子档案专项验收。

4　工程数字化特点

(1)杨房沟水电站是国内第一个以 EPC 模式建设的大型水电工程,因此本项目是第一次将 BIM 应用与大型 EPC 水电工程建设管理相结合,具有首创意义。探索出一套适用于 EPC 模式的 BIM 应用体系,提升项目管理水平。

(2)紧抓设计这一 BIM 应用源头,基于 Bentley 平台开发了面向水电站全生命周期应用的数字化勘测设计系统。投入全专业设计人员开展三维协同设计,创建了精细化 BIM 模型,夯实 BIM 深度应用的数据基础。

(3)深入开展 BIM 设计施工一体化应用集成,整合"BIM+"综合展示、设计管理、质量管理、进度管理、安全管理、投资管理、智慧工地管理等一系列应用点。基于 WEB 端、APP、大屏等丰富产品,横向覆盖到 60 余个参建部门,纵向延伸至一线作业人员,真正实现数据共享。

(4)立足水电行业现状,基于 BIM 开展电子文件在线归档、数字化成果移交、数字孪生电厂等前沿研究,为大型 EPC 水电工程全生命周期管理建立基础数据平台和服务框架,构建多维信息"超模型"。

(5)将 BIM 开发应用团队融入组织架构和考核体系,制定一系列规章制度和考核办法,确保 BIM 应用具有政策导向,自上而下精准发力,以点带面形成氛围,最终以 BIM 为媒介创新大型 EPC 水电工程管理模式。

5　结　论

杨房沟水电站设计施工 BIM 管理系统自 2016 年 1 月 1 日开始启动。2016 年 12 月正式上线至今,系统已平稳运行 50 个月。通过项目建设单位、监理、总承包单位共同努力,明确项目管理信息系统建设需求,并开发建设和现场推广应用工作,取得了良好效果。通过项目建设过程中设计、质量、投资、安全等工程施工信息的深度融合,与工程施工紧密结合,为 EPC 项目参建各方提供统一的沟通管理平台,加强了项目建设过程管控,提高了工程建设的管理水平。杨房沟水电站设计施工 BIM 管理系统紧贴 EPC 建设模式,充分体现了设计施工一体化优势,有以下特色:

(1)建立了三维协同设计平台和工作流程体系,依托杨房沟水电站进行了包括勘测地质三维、枢纽三维、工厂三维在内的全专业三维协同设计,利用先进的基于 Bentley 公司产品的水电水利工程三维数字化设计平台,进行了多次三维设计集中,采用三维正向设计与出图,并创新了设计图纸审查方式,效果良好。

(2)杨房沟水电站设计施工 BIM 管理系统功能全面,除具备质量管理、进度管理、投资管理等设计施工建设管理平台常见模块外,还基于 EPC 管理模式特点增加设计管理模块,整合流域化公司优势研发水情信息模块,集成现场施工期视频监控系统、灌浆监控系统和大坝混凝土温控系统关键信息,形成一个功能完备的"多维 BIM"设计施工管理平台。

(3)系统推广范围大,应用程度深。EPC 项目管理信息系统在杨房沟管理局各部门、总承包部各部门及各工区、长江委监理各部门下全面推广使用,系统活跃用户数量多达1 151 位。现场各类设计图纸、报告、修改通知等全部依靠 BIM 系统进行线上流转和审批;大坝和地下厂房等主体工程验收全部采用无纸化电子质量验评。杨房沟 BIM 系统是水电行业落地应用效果最好的 BIM 系统之一,受到了现场各方用户和各调研单位的一致称赞。

(4)杨房沟水电站 BIM 系统是国内第一个将大坝工程从开挖支护到混凝土浇筑做到全过程电子质量验评的系统,该系统将土建工程、机电工程表单结构化,大大提高了质量验评环节的规范性、准确性和效率。质量三检验评信息化流程在杨房沟水电站得到了全面、深入的应用。目前,杨房沟主体工程施工部位的验评资料已全部采用电子验评,监理机构不再接受纸质版验评资料,真正实现无纸化办公和精细化管理,减少环境污染和资源浪费。

(5)系统涵盖的工程建设时期更长,从开挖阶段即开始投入使用,转入混凝土浇筑阶段,还集成了大坝混凝土温控、大坝智能灌浆等信息。

(6)创建 BIM 工程数据中心。本项目采用 SOA 服务、OAuth 授权、企业数据总线(ESB)等技术,多级授权、模型格式、编码服务、数据加密等方案,建立了跨地域、跨系统的工程数据中心。在国内百万千瓦 EPC 模式下,通过系统功能模块的应用,将施工过程信息录入工程数据中心,形成大数据基础。如进度模块通过收集录入现场施工形象面貌,反映工程进度形象;质量模块通过现场验评,收集反映现场质量图片、影像、测量、试验等信息;安全监测模块基于物联网技术实现现场监测数据自动采集与报送。BIM 工程数据中心既为各业务系统提供信息服务,又为后期电站全生命周期管理提供了数据基础。

(7)对于质量验评系统中生成的电子文件,为了满足电子文件归档的要求,根据《建设电子文件与电子档案管理规范》(CJJ/T 117—2017),开发了质量验评电子文件归档功能,探索了在线归档方案,真正打通工程全生命周期管理电子文件归档的"最后一公里"。

参 考 文 献

［1］曾新华,谢国权.杨房沟水电站总承包建设模式探讨[J].人民长江,2016,47(20):1-4,18.

［2］王继敏,程晓攀.雅砻江流域水电工程智能建设探索与创新[J].四川水力发电,2020,39(6):1-7.

［3］翟海峰,郑世伟,章环境,等.总承包模式下工程建设信息化创新探索与应用[J].人民长江,2018,49(24):90-93.

［4］俞辉,宋媛媛.杨房沟水电站 BIM 系统施工验收电子文件在线归档合规性研究[J].大坝与安全,2019(6):11-16.

集电环碳刷在线监测系统在某巨型水电站的建设应用

吴高峰，崔城波，涂治东，石从阳

（雅砻江流域水电开发有限公司，四川 成都 615050）

摘　要　本文介绍了某巨型水电站针对发电机集电环碳刷频繁打火造成集电环超温报警的安全隐患，增加集电环碳刷在线监测系统，实时监测每个碳刷磨损量、温度、电流等数据，提前做出状态报警，降低故障发生率，提高水电站自动化管理与机组安全稳定运行的水平。

关键词　集电环；碳刷电流；在线监测

1　引　言

某巨型水电站采用自并励磁方式，多年运行后开展碳刷更换工作。运行一段时间后，集电环与碳刷出现打火现象，CCS频报机组集电环温度超限。任其恶化发展，碳刷与集电环滑动接触耗损加剧，随着热量不断的积累，可能导致环火，进而导致发电机转子接地、发电机滑环烧毁等触发机组事故停机流程。

目前，国内电厂运行的在线监测系统主要集中在发电机振动、摆度、轴向位移等方面，很少涉及对碳刷磨损、碳刷电流和集电环温度的实时监测。为保证发电机碳刷能够正常运行，对于碳刷磨损和集电环温度的监测主要采用人工定期巡检，定期测量碳刷和集电环的运行温度，依靠个人经验判断是否需要更换。此种工作模式不仅存在维护工作量大、效率低下等缺点，可能会因分析不到位导致机组异常停机，给电力生产带来极大的安全隐患。

因此，该巨型水电站引进集电环在线监测系统实时监测碳刷电流、温度和磨损状态，并将报警信号上送至计算机监控系统，提高了集电环与碳刷运行的安全性和稳定性。

2　某巨型水电站集电环在线监测系统概述

某巨型水电站集电环在线监测系统，主要分为刷握、碳刷、前端数据采集装置、数据接收装置、现地显示储存装置，可监测所有碳刷温度、碳刷电流、刷握温度及刷握电池电压情况。

集电环在线监测系统的计算机监控部分由主站、从站和通信模块组成，从站将获取的碳刷磨损、电流、温度、电池电压等数据通过无线传输至通信管理机，当碳刷磨损过高、单

作者简介：吴高峰（1995—），男，本科，工程师，从事水电站计算机监控系统维护工作。E-mail：915550907@qq.com。

个碳刷电流过大、电池电压偏低或温度超限触发报警,提示维护人员及时检查处理。

系统架构如图 1 所示。

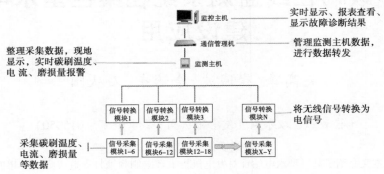

图 1　系统构架

3　集电环碳刷在线监测系统的应用

3.1　集电环碳刷在线监测系统功能

3.1.1　集电环优化后碳刷

集电环在线监测装置的刷握采用新型可带电拆卸刷握,手柄处集成前端数据采集装置,采集碳刷电流、磨损量等数据,不间断监测碳刷的实时数据,使用无线传输的方式送数据至安装于刷架支撑的内壁上的 10 个数据接收装置,每 8 个刷握传输至距离最近的 1 个数据接收装置。手柄处安装 1 节 5 号电池,电压为 4 100 mV,正常情况下可使用 3~5 年。刷握结构原理见图 2。

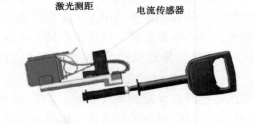

图 2　刷握结构原理

碳刷采用摩腾 E468 电化石墨碳刷,碳刷规格 38 mm×34 mm×60 mm,内置测温 RTD,可采集碳刷温度数据。碳刷示意如图 3 所示。

3.1.2　集电环优化后碳刷

现地显示储存装置安装在集电环在线监测柜,接收数据接收装置的传输信号,采样频率 200 ms 1 次,数据更新频率 1 min 1 次,现地显示储存装置设有数据存储功能。日常情况下,U 盘插入后面板下方 USB 口,按照设定频率持续将数据存入 U 盘,数据提取方便,便于维护人员分析。集电环在线监测电气原理如图 4 所示。

图 3　碳刷示意

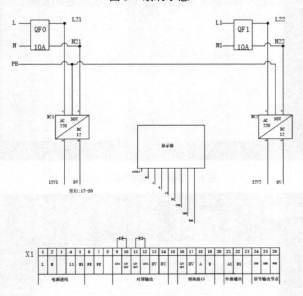

图 4　集电环在线监测电气原理

3.1.3　集电环碳刷在线监测人机界面

本站集电环碳刷在线监测界面主菜单分为三个子选项,可查询相应的数据,分别为实时数据、警告查询、系统设置。集电环碳刷在线监测主界面如图 5 所示。

实时数据界面,左右两侧分别为上下环碳刷的相应参数,每列对应的数据分别为碳刷编号、碳刷温度、碳刷电流、碳刷剩余百分比、电池电压,可实时查看对应数据。在对应的表格内拖动可以翻页查看数据。集电环碳刷实时数据如图 6 所示。

当系统报警被触发后,此界面会生成对应的数据,报警碳刷的编号、时间、报警类型、报警值等信息,并会生成列表,右侧可上下翻页。工作人员现场检查处理,可点击报警复位,清除设备报警发讯。报警最大存储 128 条。如果超出条目可循环覆盖,也可点击清除警告,根据实际情况清除数据或者保存报警记录。集电环碳刷警告查询如图 7 所示。

图 5　集电环碳刷在线监测主界面

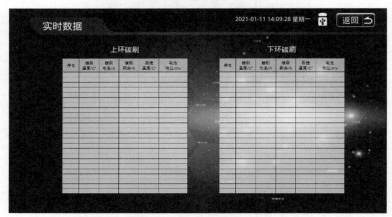

图 6　集电环碳刷实时数据

图 7　集电环碳刷警告查询

　　此界面展示了距离运算的参数初始距离和末端距离，校准方法为把刷握全插上滑环等待 10 min 左右按下初始校准，把碳刷的长度放到最大磨损量等待 10 min 左右按下末端校准。也可单个校准，电机校准 ID 的输入框输入对应的碳刷编号可实行单独校准。

3.2 集电环碳刷在线监测系统维护问题及改进建议

集电环碳刷在线监测系统投运后,检修维护人员可通过人机交互界面查看碳刷运行信息,达到预期目的,在6台机组投运2个月内,还是发现其存在不足。

(1)电流超限报警频繁,缺乏综合信号分析能力。

电厂集电环电磁环境复杂,碳刷在机组运行过程中,因集电环表面粗糙、上机架摆度超标、碳刷压簧压力变化等原因造成碳刷电流不均,现场部分碳刷频繁报单个碳刷电流超限报警,软件未进行进一步原因分析。

后续考虑将机组在线监测系统摆度信号、GCB状态信号、励磁系统信号等接入,综合不同系统信号判断电流超限报警是否属于正常现象,减少运行监盘人员判断压力。

(2)智能化水平有待进一步提升。

集电环碳刷在线监测系统缺乏辅助决策功能,对采集到的碳刷电流、磨损量、温度等数据未进行数据挖掘和分析,造成维护人员因工作经验不足而不能提前发现碳刷问题,影响设备运行的安全性。

后续考虑结合智能化电厂建设,收集集电环、碳刷领域专家的知识和经验,构建碳刷诊断专家系统。采用人工智能和计算机数据库信息,开展碳刷状态运行分析、故障诊断、人员培训、辅助决策等功能建设完善,持续提升电厂智能化管理水平。

4 结 论

在该巨型水电站增加集电环碳刷在线监测系统后,不仅减少了检修维护的工作量,提高了水电站管理的智能化管理水平,而且通过对单个碳刷状态的实时监视,有助于运行人员及时发现碳刷异常和组织开展状态分析,为水电站安全稳定运行提供强有力的支撑。

参 考 文 献

[1] 梁英,万庆,曹光伟,等.水轮发电机集电环及碳刷热成像在线监测系统研究[J].中国设备工程,2019(23):84-86.

[2] 孙鹏涛.660MW发电机碳刷运行风险及引入在线监测装置的必要性分析[J].今日制造与升级,2020(10):52-53.

[3] 李伟伟,田征前,王志宝,等.大中型水轮发电机集电环及碳刷热成像在线监测系统成果报告[C]//《中国电力企业管理创新实践(2019年)》编委会.中国电力企业管理创新实践(2019年),2020.

[4] 胡成文,龙建立.某水电站发电机组碳刷的分布式无线测温系统设计[J].云南水力发电,2019(3):145-148.

[5] 马铭远,徐越,郑建涛,等.发电机电刷电流在线监测方法及监测系统[Z]..鉴定单位:华能巢湖电厂.鉴定日期:2015-05-18.

[6] 陈碧辉,曾旭.发电机组滑环温度的红外在线监测[J].云南水力发电,2006(5):80-82.

基于 PLC 的油压装置运行数据智能分析方法研究

高闯,杨维平,韩冠涛,杨浩泽

(雅砻江流域水电开发有限公司锦屏水力发电厂,四川 西昌　615000)

摘　要　本文提出了一种居于 PLC 的油压装置全过程、全方位运行数据智能分析及预警方法,对油压装置的启泵状态、泵运行状态、泵停止状态全过程中所有元件的运行数据进行分析评估,并介绍各种具体分析功能的实现方法。

关键词　油压装置;智能分析;方法

1　引　言

水电站油压装置一般为调速器、筒阀等设备动作提供动力,锦屏一级筒阀油压装置控制器由 PLC、1 个电源模块(CPS 21400)、1 个处理器(CPU 31110)、两个 DI 模块(DDI35300、DDI84100)、1 个 DO 模块(DRA84000)、1 个 AI 模块(ACI03000)组成。外部自动化元件包括 1 个压油罐压力变送器、1 套压油罐压力开关、1 套压油罐磁翻板液位计、1 个压油罐差压油位变送器、1 套回油箱磁翻板液位计、1 个回油箱油位变送器等。

随着智能电站建设工作的推进,对油压装置也新增一些智能分析功能需求,比如系统级的运行数据分析,以全面反映、评估油压装置运行趋势,全面提升油压装置的智能化水平。

2　运行数据分析体系及方法

2.1　分析体系

将油压装置的生产运行的不同过程分开,针对每个过程中涉及的设备运行数据进行动作值、变化率、运行周期等数据全方位进行分析,最终建立一种全过程、全方位运行数据智能分析及预警方法。

油压装置生产的全过程包括启泵状态、泵运行状态、泵停止状态。在泵启动状态中,对油泵的启动控制环节响应情况进行分析。在泵运行状态中,对油泵、补气阀的运行效率进行分析。在泵停运状态,对油压装置用油、用气速率进行分析。由此形成油压装置的生产全过程的运行分析。

对油压装置中涉及的元器件包括油泵、补气装置、油压变送器、油位变送器、压力开关、油位开关等,运行数据分析应涵盖系统中的所有元件,形成油压装置全方位的元件状

作者简介:高闯(1998—),男,本科,工程师,从事大型水电站自动化控制设备检修维护工作。E-mail: gaochuang@ ylhdc. com. cn。

态分析。

2.2 分析方法

针对测量环节,进行动作值偏差分析、异常跳变检测、异常变化预警等分析。针对执行环节,进行油泵启动响应时间、油泵打油速率、补气阀补气速率等响应及效率方面的分析。在系统层面,进行油泵启动间隔、油位下降速率等用油量(泄漏量)方面的分析。由此,在元件级、系统级均有针对性的评估分析。系统体系及方法系统框图见图1。

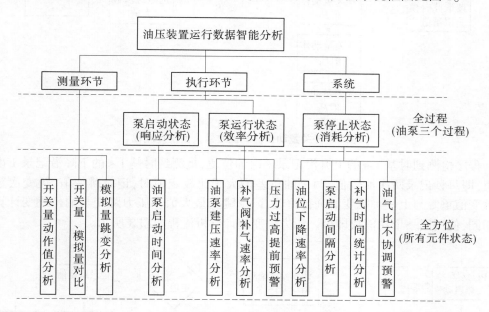

图1 系统体系及方法系统框图

3 测量环节数据分析功能

3.1 开关量动作值分析

记录压力开关、油位开关的动作值,记录5次历史值,同时记录动作值与开关量定值偏差的最大值。该记录可以直观地看出压力开关及油位开关是否存在漂移,同时可通过历史值的变化趋势来观察压力开关及油位开关的漂移趋势,由偏差最大值可以看出压力开关及油位开关漂移的最大程度,能够提前判断是否需要处理。

程序检测到相应开关量动作信号的上升沿时,记录此时的模拟量值,循环赋值到数组中用于显示开关量动作值,动作值同时与开关量动作定值进行比较做差,计算出偏差值,找出偏差最大值输出。油位开关量动作值及偏差最大值统计与压力统计功能相同,使用同一个功能块。开关量动作值及偏差最大值统计流程如图2所示。

3.2 油位、压力跳变统计分析

记录油压装置控制系统运行过程中出现的压力,油位的跳变次数、跳变值及跳变最大值,可通过此记录分析附近是否存在电磁等干扰、变送器装置、模拟量分配隔离器等元器件是否存在异常。同时,可直观区别压力油位是突变还是跳变。

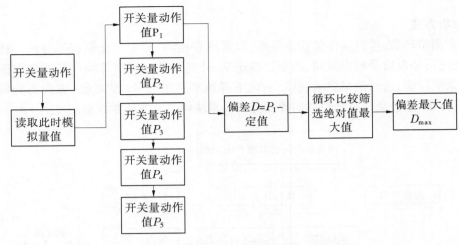

图2　开关量动作值及偏差最大值统计流程

程序检测到时基1 s的上升沿记录一次油位值,检测到时基1 s的下降沿记录1次油位值,即每秒记录两次油位值,两个油位差值大于比较定值时,记录跳变值,跳变次数加1,跳变值重复与上一个跳变值进行比较,记录跳变最大值。压力跳变与油位跳变计算功能相同,使用同一个功能块即可。压力跳变统计分析流程如图3所示。

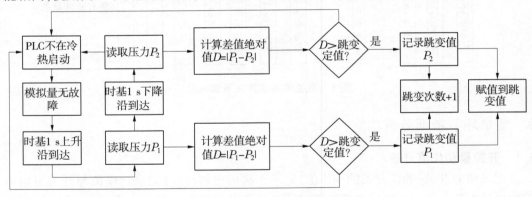

图3　压力跳变统计分析流程

3.3　筒阀动作时最低压力、油位分析

记录在筒阀动作时,油位的最低值、压力最低值。通过此记录值可以判断油路是否存在内漏或油泵效率是否正常,若筒阀启闭时最低压力及油位变低,则可能存在用油量变大或油泵效率低的问题,可通过油泵建压速率来分析具体原因。

在筒阀启闭过程中,每秒读取1次油位及压力,若下一秒油位或压力值小于上1秒值,则记录最小值,重复比较刷新,筒阀启闭结束后,输出该最小值。记录最小值后,下次筒阀启闭结束后,覆盖上次记录值。由于压力与油位计算功能相同,使用同一个功能块。筒阀动作时最低压力计算流程如图4所示。

3.4　差压油位与磁翻板油位最大偏差统计分析

锦屏一级水电站压油罐油位上送有差压油位和磁翻板油位两个油位,记录两个油位

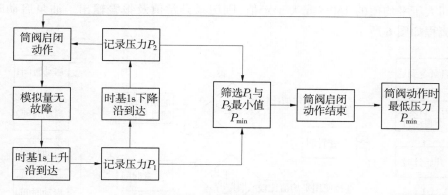

图 4 筒阀动作时最低压力计算流程

偏差的最大值,来判断某个油位值是否存在漂移,一般以差压油位为准,磁翻板油位漂移后需要重新进行标定,由于压力与油位存在线性关系,所以同时记录偏差值最大时的压力,以便于问题分析。

程序持续计算差压油位与磁翻板油位的差值,差值持续与上一差值进行比较刷新,输出最大差值,同时记录差值最大时的压力模拟量,上送触摸屏。差压油位与磁翻板油位偏差最大值及最大时压力计算流程图如图 5 所示。

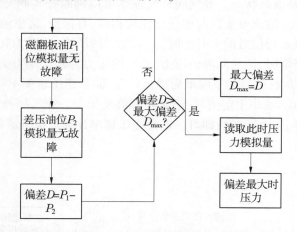

图 5 差压油位与磁翻板油位偏差最大值及最大时压力计算流程

4 执行环节数据分析功能

4.1 泵启动状态(响应分析)

油泵启动时间变长,则说明油泵本体性能衰减或软启存在问题。

记录油泵从启泵令发出到油泵运行信号到达的时间,记录 5 组历史时间、1 组平均时间、1 组异常时间,通过油泵的启动时间来判断油泵状态的变化趋势。

程序内检测启泵令且没有其他大泵在运行时开始计时,运行反馈信号到达停止计时,若当前时间没有达到异常时间条件,则将启动时间循环赋值到数组中,检测到 5 次启动时间后,计算平均时间,同样有与平均值比较和与定值比较两种比较方式来检测是否异常,启动时间大于平均值的150%或大于定值,则记录异常值及报警输出。油泵启动时间分析计算流程如图6所示。

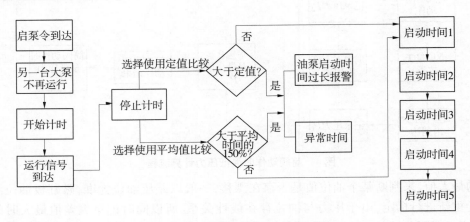

图6 油泵启动时间分析计算流程

4.2 泵运行状态(效率分析)

记录油泵建压速率及补气阀补气速率,通过油泵建压速率判断油泵效率、管路是否漏油,通过变化趋势判断油泵状态。补气阀补气速率可以判断补气阀开启、关闭是否到位,管路是否存在漏气等。输出及上送与前述功能块相同,有报警、历史值、平均值、异常值。

程序检测到油泵运行信号的上升沿时,记录此时的压力,此时为初始压力 P_1,检测到油泵运行信号的下降沿时,记录此时的压力,此时的压力为停止压力 P_2,记录油泵运行的时间 T。检测到油泵运行信号的下降沿后进行计算,油泵建压速率 $V=(P_2-P_1)/T$。建压速率小于平均值的50%或小于定值时,记录异常值及报警。补气阀补气速率与油泵建压速率功能相同,使用同一个功能块即可。油泵建压速率计算及报警流程如图7所示。

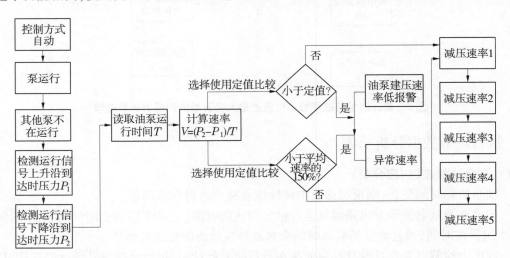

图7 油泵建压速率计算及报警流程

5　系统级数据分析功能

5.1　油位下降速率分析

记录在筒阀静止(没有用油)时、油泵及补气阀均不动作(没有补油和建压)时,油位的下降速率,通过此记录判断油位下降是否正常。若油位下降速率变快,则说明可能存在漏油或其他问题。

在筒阀静止、油泵及补气阀都不再运行时,每隔 1 h 记录 1 次油位值,油位差值除以 1 h 即计算出油位每小时的下降速率,若记录过程中启泵或启补气阀,则复位当前记录时间,油泵及补气阀全停后重新开始记录。当油位下降速率大于平均值的 150% 或大于定值时,记录异常值并报警。压油罐油位下降速率计算及报警流程如图 8 所示。

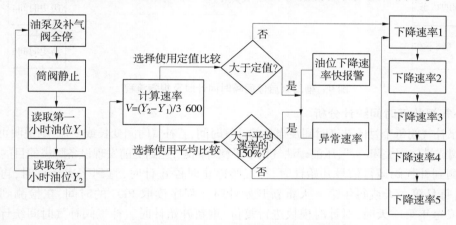

图 8　压油罐油位下降速率计算及报警流程

5.2　辅助泵启停间隔时间统计功能

辅助泵启停间隔变长,则说明压力下降速率变快,可能存在液压回路漏油或气管路漏气,可结合补气阀补气时间、油位下降速率功能综合进行分析。

记录辅助泵的启停间隔时间,分别记录 5 组辅助泵启停间隔历史时间、1 组平均时间、1 组异常时间,通过程序排除其他影响因素,在此期间均不计时。通过辅助泵的启动时间间隔,判断压油罐的压力下降情况,从而达到提前发现设备隐患的目的。

历史值通过计时模块在辅助泵运行下降沿信号到达时开始计时,并将时间循环赋值到数组中进行记录;平均值通过前 5 个历史值进行计算;异常方式判断通过选择比较方式进行不同条件的判断,方式一为与平均值进行比较,若当前监测到的间隔时间小于平均值的 75%,则判断为异常值,方式二为与定值比较,定值可人为输入,可根据经验或历史数据进行比较定值设定,若当前计算的间隔时间小于该定值,则判断为异常值,异常值单独进行记录,不赋值到历史值数组中,为避免影响平均值的计算,其他功能块均具备此功能。

程序内使用计次模块通过时基 1 s 来计时,记录辅助泵运行时间。筒阀静止状态,辅助泵停止计时,计算前 5 次运行时间平均值,通过触摸屏切换选择使用平均值或定值进行报警判断。若当前运行时间小于平均值的 75% 或小于设定值,输出报警信号并记录当前异常值。当前值未达到报警时,则将该值记录在数组中,用于显示历史值和平均值计算。

复归按钮只进行报警复归与异常值清零,冷热启动时则全部清零。辅助泵启停间隔时间计时及报警流程如图9所示。

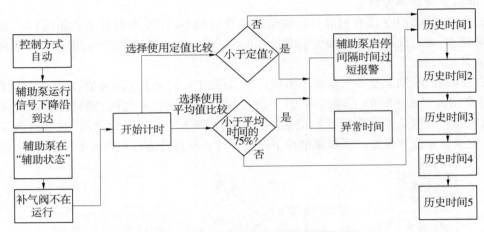

图9　辅助泵启停间隔时间计时及报警流程

5.3　补气阀补气时间统计分析

记录补气阀每个月的补气时间及当月的补气时间,若补气时间变长或变短,则说明可能存在补气阀或排气阀关闭不严、压油罐油气比不平衡等问题,达到提前发现设备隐患的目的。

检测到补气阀运行信号开始计时,补气阀停止时停止计时,直到下次运行时,再次累计计时,每月第一天或每年第一天重新开始计时。程序读取PLC的时间,在检测到每月第一天或每年第一天时,对计时模块进行复位,重新开始计时。补气阀补气时间统计分析流程如图10所示。

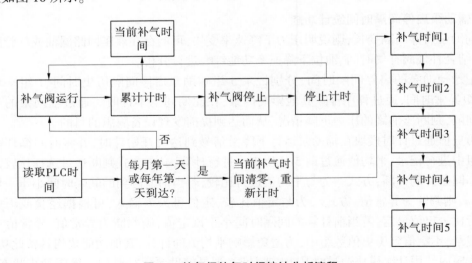

图10　补气阀补气时间统计分析流程

6 功能块使用

6.1 增加主程序

在主程序断中新建一个智能分析统计程序段,插入上述功能块,只需编辑输入输出引脚,即可实现上述全部功能。

6.2 上送触摸屏

将输出引脚上需要上送触摸屏的变量地址关联到触摸屏程序内,在触摸屏程序制作智能分析统计及报警画面,即可实现触摸屏上送及显示。

7 结 论

目前,油压装置运行数据智能分析方法已在锦屏一级水电站筒阀油压装置上应用,可以有效解决人工设备运行分析时不能及时发现设备异常、不能直观地判断设备运行趋势变化等一系列问题,可以提前发现设备隐患,指导了设备消缺及维护工作。同时,通过油压装置运行数据智能分析方法应用,也大大减少了人工巡检的成本,提升了电站智能化水平,并为电站其他辅助设备基于现有 PLC 且不改动硬件配置的情况下实现智能化改造提供了一种系统性的思路。

参 考 文 献

[1] 李政. PLC 自动控制系统在污水处理中的运用分析[J]. 科技创新与应用,2019(1):171-172.

[2] 汤雅楠. PLC 技术在电气工程及其自动化控制中的运用分析[J]. 南方农机,2019(1):161.

[3] 于福华. 基于 PLC 技术的智能立体停车场控制系统的设计分析[J]. 自动化与仪器仪表,2019(1):80-82,86.

[4] 姚昊洋. 试析 PLC 控制的水轮机电气制动系统设计[J]. 内燃机与配件,2019(2):218-219.

[5] 梅明敏. PLC 技术在工业自动化中的应用[J]. 通信电源技术,2019,36(1):175-176.

[6] 李雷涛. 冗余 PLC 控制的全自动矿井提升机交流调速系统设计[J/OL]. 机电工程技术,2019,48(1):84-87.

某大型水电站圆筒阀控制系统智能控制策略研究和应用

芦伟，刘钦

（雅砻江流域水电开发有限公司，四川 成都　615050）

摘　要　本文通过对水电厂圆筒阀控制系统硬件组成、功能逻辑、设备改造并结合作者的工作实践，对水电厂机组圆筒阀控制系统的控制策略方面进行探讨、研究及应用，对设备改造硬件和功能优化进行介绍，并对后续圆筒阀控制系统智能化探索进行设想。

关键词　圆筒阀控制系统；控制策略；智能化

1　引　言

某水电厂机组自圆筒阀控制系统投产以来，设备运行情况良好，各项技术指标基本能满足要求。但随着筒阀控制系统运行年限的增加及市场上备品备件的减少，虽然未造成严重后果，但是对机组及电网系统还是产生了一定的影响。为了保证机组及系统的安全稳定运行，结合控制系统硬件的市场化减少并根据现场实际运行情况对筒阀控制系统进行控制策略的优化和改造，对筒阀控制系统的智能化改造进行设想，形成一套筒阀控制系统智能化改造的思路。不断完善设备功能，降低检修维护人员的维护量，提高筒阀控制系统的可靠性、可维护性及智能化水平。

筒阀控制系统主要由可编程控制器 PLC 及其配套的 A/D 模块、圆筒阀接力器位移传感器、压力变送器、位置开关、操作开关、按钮以及信号灯、人机界面等组成；通过查阅筒阀控制系统报警逻辑、图纸以及其他大型水电机组筒阀控制系统硬件组成，分析现场筒阀控制系统逻辑存在潜在风险和不足，在筒阀控制系统改造时进行功能完善、硬件更新以及对智能化建设进行探索。

2　筒阀故障关机逻辑存在问题及处理策略

2.1　筒阀故障关机逻辑

（1）筒阀全开判断逻辑：

①1/3/5 接力器位移传感器开度均大于 99%。

②2/4/6 接力器位移传感器开度均大于 99%。

③1/3/5 接力器位移传感器全开位置开关信号均到达。

作者简介：芦伟（1989—），男，大学本科，中级工程师，研究方向为水电站自动化系统。E-mail：452914868@ qq. com。

④2/4/6 接力器位移传感器全开位置开关信号均到达。

以上 4 个条件任一条件满足,筒阀控制系统均会判断筒阀处于全开位置。当以上 4 个条件均不满足时,筒阀控制系统判断全开退出,送监控的全开信号消失。

(2)筒阀故障关机信号判断逻辑:没有关机令的情况下,筒阀全开信号消失 120 s,则控制系统开出筒阀故障关机信号至监控系统。

(3)原理解读:

①筒阀控制系统开出故障关机信号至监控系统。

②监控系统在接收到筒阀关机故障信号。

③筒阀全开信号未到达。

④筒阀开度模拟量小于 99%(延时 5 s)。

以上条件均满足,则监控系统启动机组机械事故停机流程,机组停机。

(4)存在问题:

在圆筒阀控制系统 PLC 失电情况下,筒阀接力器会下滑,从而离开全开位置,120 s 后满足监控系统启动机组事故停机流程,机组会停机甚至甩负荷,会影响电站电网安全稳定运行。

2.2　应对策略

2.2.1　处理思路

为增加现场应急处置人员应急处置时间,提升设备运行可靠性,可采取以下措施:①新增筒阀故障关机,在筒阀控制系统故障时,运行人员手动分开此压板,筒阀正常运行时,此压板在闭合状态;②延长故障关机时间,由 120 s 增加至 3 600 s,给现场应急处置人员留有足够充裕的时间消除设备缺陷,避免机组事故停机。

2.2.2　处理策略

2.2.2.1　增加故障关机压板回路

如图 1 所示,红色框内为新增故障关机压板回路。

原理说明:筒阀控制系统故障时,运行人员手动分开此压板,筒阀正常运行时,此压板在闭合状态。

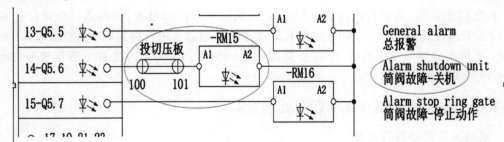

图 1　故障关机压板回路

2.2.2.2　延长故障关机时间逻辑

如图 2 所示,红色框内为延长故障关机时间逻辑。

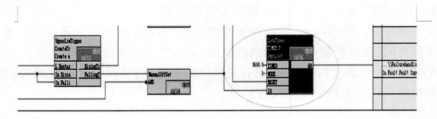

图 2 延长故障关机时间逻辑

3 筒阀下滑存在问题及处理策略

3.1 筒阀下滑存在问题

当筒阀 PLC 故障或者失电停止工作,比例阀无控制信号时,阀芯恢复至中位附近,由于比例阀在长时间运行后两侧弹簧拉力不完全相等,此时阀芯可能处于偏开位、偏关位、中间位任一位置。液控单向阀先导阀 AA040 失电,接通#1～#6 接力器下腔液控单向阀控制油,使得接力器下腔压力油可以反向流出。在此种特殊情况下,如果比例阀阀芯处于偏关位置,筒阀接力器下腔接通回油管路,筒阀接力器上腔接通压力油管路,筒阀就会出现下滑现象。

如果筒阀存在下滑时控制系统无相关报警信号,则不能及时提醒运维人员检查处理,不利于设备安全稳定运行和事故应急处置。

3.2 处理思路

筒阀接力器如果由于上述原因存在下滑时,筒阀控制系统不会发出报警信号,运维人员不清楚筒阀接力器实际状态位置,当筒阀接力器逐步下滑至故障关机开度时会加快事故的发生,因此需要在筒阀控制系统中增加筒阀下滑报警逻辑和下滑提升功能。

3.3 筒阀下滑处理策略

筒阀接力器正常情况下只有全开和全关两个位置,当机组在停机状态时筒阀在全关位置,机组在运行状态时筒阀在全开位置,因此下滑报警和下滑提升功能只需满足筒阀全开位置即可。

根据以上分析,为提高设备安全稳定运行,筒阀下滑逻辑报警:筒阀离开全开位置 60 s 内没有下滑报警复归命令;90 s 内没有下滑报警复归命令进行提筒阀操作(此时走开机流程,不再需要导叶全关条件,但需要筒阀开度>85%);3 600 s 内没有下滑报警复归命令,有故障关机信号输出。

4 紧急关闭筒阀逻辑存在问题及处理策略

4.1 紧急关闭筒阀存在问题

筒阀控制系统有现地/远方操作方式。当筒阀控制柜把手在现地时,只能现地紧急关闭筒阀;当筒阀控制柜把手在远方时,只能远方紧急关闭筒阀。紧急关闭筒阀受现地/远方控制方式的限制,当机组由于某种原因需要现地筒阀紧急动水关闭时,需要运行人员到筒阀现地控制柜,将控制方式把手切至现地,才能操作按下筒阀紧急关闭按钮。这不利于运行人员事故处理,不符合智能电厂设计规范。

4.2 紧急关闭筒阀处理策略

通过修改筒阀程序段,取消紧急关闭筒阀受远方和现地方式的限制,并进行以下试验进行验证:

(1)筒阀控制把手切至"远方",按下筒阀控制柜上"紧急停机"按钮,筒阀开始关闭。

(2)筒阀控制把手切至"远方",在监控系统侧进行紧急关闭筒阀操作,筒阀开始关闭。

(3)筒阀控制把手切至"现地",按下筒阀控制柜上"紧急停机"按钮,筒阀开始关闭。

(4)筒阀控制把手切至"现地",按下筒阀控制柜上"紧急停机"按钮,筒阀开始关闭。

验证后,筒阀控制系统紧急关闭不受控制方式的限制。

5 筒阀改造过程中智能优化策略

5.1 硬件配置优化

原筒阀控制系统 PLC 为 DI、DO、AI、AO、CPU 一体集成式产品,更换此产品的模块较为烦琐,产品相关部件故障率较高且市场上相关产品已停产,对现场设备安全稳定运行造成一定影响。根据市场调研采用其他品牌 PLC,此 PLC 应用广泛、编程方便、通信总线功能强大,为后续智能化留有足够余量。

原筒阀控制系统触摸屏为按键式且都是英文界面,查看筒阀状态参数和定值操作困难,改造后的筒阀触摸屏人机交换界面清晰、美观,方便运维人员实施查看 DI、DO 等状态,故障记录完善。

原筒阀控制系统控制柜内硬件布置不合格,继电器和端子交叉布置,风扇和加热器对盘柜扇热和除湿效果不明显,电源模块和 PLC 布置紧凑,人员在控制柜内工作不方便,易损坏柜内元器件。新的筒阀控制柜布局合理,继电器单独布置成两排,端子排布置在盘柜正下方,方便运维人员维护和检修。

5.2 功能参数优化

在触摸屏界面增加筒阀接力器率定界面,便于筒阀接力器改造或大修后筒阀接力器零满点率定工作,简化筒阀控制系统定值数量由 147 个定值减少为 30 个,减少运维人员核对定值工作。增加与监控系统网络对时功能,监控系统和现地触摸屏事件和报警记录更加准确,便于故障查找和处理。

6 筒阀控制系统智能化设想

筒阀控制系统状态监测信息是基础,同时要建立足够的设备故障案例和专家知识,以此来综合评估设备健康状态。还需要各个水电厂进行故障案例库的收集和整理工作,在遇到故障或事故时,后台状态监测能提供有效的处理方法。在设备巡检方面,主要面临部分数据需要人工抄表、及时性不足、巡检工作量大等问题,难以满足设备运行可靠性的要求,后台数据应自动将采集的筒阀相关数据信息通过无线网络传递给生产管理系统,生产管理系统进行数据分析,出现异常时及时发出报警信号,提醒运维人员关注和处理。

7 结 论

本文主要阐述筒阀控制故障逻辑、下滑报警、紧急关闭筒阀、硬件配置方面的潜在风险和策略优化,对筒阀控制系统改造时如何布置盘柜元器件和主要硬件选型进行了简单介绍,也对智能化筒阀控制进行了相关设想,为其余电厂同类设备分析提供了一定的借鉴。

参 考 文 献

[1] 王忠海,吴云波,肖瑞怀.水电站筒阀的故障原因分析及其处理对策[J].水电站机电技术,2015,38（1）:46-47.

[2] 陈丽丽.乐昌峡水电站筒阀故障原因分析[J].广东水利发电,2015(7):60-64.

5G 在水电站的应用

田金

（雅砻江流域水电开发有限公司,四川 成都　615050）

摘　要　5G 商用已经开始逐步展开,目前在电力系统中也获得广泛应用。5G 技术具有超低时延、超高带宽的特点,可以在水电站的智能管理方面提供很多帮助。本文简要分析了 5G 技术的优点,列举出在水电站中的应用,提出建立智能电站的参考建议,提高电站的智能化水平,希望水电站朝着智能化、自动化、高效化的方向发展。

关键词　5G;水电站;智能电站

1　引　言

　　目前水力发电厂都需要进行库区水位调节,定期巡检、检修维护等工作,5G 的特点是高数据速率、低延迟、可实现大容量和大规模设备连接,如果通过远程实时监控、远程专家指导、智能机器人等方式,可极大提高水电站的智能化和自动化,达到更好的管理效果。

2　5G 技术的概述和发展前景

2.1　5G 技术的概述

　　5G 指的是第五代移动通信技术,5G 移动网络与早期的 2G、3G 和 4G 移动网络一样,5G 网络是数字蜂窝网络。与前四代不同的是,5G 并不是一个单一的无线技术,而是现有的无线通信技术的一个融合。现有的 4G 网络处理自发能力有限,无法支持部分高清视频、高质量语音、增强现实、虚拟现实等业务。5G 将引入更加先进的技术,通过更加高的频谱效率、更多的频谱资源及更加密集的小区等共同满足移动业务流量增长的需求,解决4G 网络面临的问题,构建一个高速的传输速率、高容量、低时延、高可靠性、优秀的用户体验的网络社会[1]。

2.2　5G 发展前景

　　5G 网络的主要优势在于,数据传输速率远远高于以前的蜂窝网络,最高可达 10 Gbit/s,比当前的有线互联网要快,比先前的 4G LTE 蜂窝网络快 100 倍。另一个优点是较低的网络延迟(更快的响应时间),低于 1 ms,而 4G 为 30~70 ms。基于 5G 的优点,可以将其利用在 3D 超高清视频远程呈现、可感知的互联网、超高清视频流传输及虚拟现实领域。5G 技术可以让生产操作变得更加灵活和高效,同时提高安全性并降低维护成本。这将使各行各业能够增强利用自动化、人工智能,发展成增强现实和物联网的“智能工厂”。可以通过 5G 移动网络远程控制,监控和重新配置受人控制和不受人控制的机器人。这将使机械和设备通过自我优化、简化生产。比如 5G 的发展给了智能机器人更多的赋能,能够在更多的场景中应用,如执勤机器人,那利用 5G 能够实时地接收收集到不同的数据,并以此做出及时的判断。

3 5G 技术在水电站的应用

3.1 5G 技术在水电站运行维护中的应用

5G 传输速率快、延迟低、大宽带的优点,可用于水电站设备检修工作中。如 5G 可以用在引水隧洞水下机器人上,用于水下探测和巡检作业。利用 5G 大带宽的优势,可以实时回传水下机器人采集的高清图像;利用 5G 低时延特性,可以对机器人实施远程精准控制。通过 5G 可以解决传统作业效率低、反复下水作业等问题,可以达到更大的巡检范围,提升了巡检效率,增强操作便利性及安全性。同时,得到的数据更准确、可靠,以此制定更精准的检修计划。

5G 可以用于与水电站设备厂商实时沟通,进行远程技术指导。目前,大多水电站距离市区较远,多分布于偏远山区,如果水电站中设备发生异常,且短时无法发现故障原因和解决方法,就可以利用 5G 延迟低的特性,进行远程指导检修消缺工作,通过厂家专业人员和专家进行实时现场远程检修指导,可以更加快速地完成检修消缺工作中的技术难题。在日常的巡检维护中,也可以通过 5G 通信达到与厂家和专家更好的沟通、交流。

5G 可用于升级水电站工业电视系统,提升智能图像识别和高清视频数据服务。传统4G 通信带宽已不能满足视频监测需求,在视频回传质量、数据传输安全等方面均得不到有效保障。采用 5G 网络可有效提升运维检修效率,降低人力投入。将 5G 技术用于工业电视,可以在一些距离电厂较远,较为危险的地点,安装高清摄像头,实现工业电视巡检。以此类推,同样可以用于提升水电站的泄洪预警系统,提升系统的稳定性和即时性。

5G 可用于水电站日常巡检工作。由于 5G 网络实现了低延迟,提供了很多以前无法达到的无线传输技术难题,它可用于无人驾驶技术,同样可用于智能巡检设备。通过智能巡检工业电视、机器人、无人机等设备,利用 5G 无线传输随时处理的大量即时信息,规划巡检路线,传输设备即时运行数据,进入计算机监控系统进行智能分析,达到更精确、更即时的设备巡检。如大坝坝体表面和库区的日常巡检,目前大多采用人工巡检方式,受环境影响因素,巡检风险高、成本高、效率低。利用 5G 无人机巡检系统,包括对坝面巡检路径规划和自主安全巡检控制、坝面表观缺陷识别、健康诊断体系构建等。可以实时传回巡检高清画面,实时进行巡检分析。这同样适用于水电站的河道巡查,能提供更便利、更安全高效的巡查监控功能。

同时,可利用 5G 与 UWB(超宽带技术)相结合实现实时定位系统,满足实时定位系统对数据延时的严格要求,可以实现电厂人员巡检实时定位。也可实现电子围栏、电子锁具、电子地线、门禁系统实时精准定位等,甚至可以实现将电厂两票变成电子化的两票,同时赋予时间和空间的信息,电子化执行流程。通过人为和电子智能化双重确认保障,提升整个电厂人员及安全管理效率,实现全厂人员安全的管控。

3.2 5G 技术在水电站智能化中的应用

要实现智能水电站就要实现"无人值班"(少人值守)模式,并且具备监控、保护、监测等自动化系统,站内部分自动化系统(如工业电视、水情测报、枢纽观测等系统)要实现信息化和数字化信息采集,水电站计算机监控系统进行实时历史数据库、智能诊断等。这些都需要将水电站设备数字化,再将数字传输集中管理分析。要实现真正的智能化还需要通过采用先进的传感技术,使用可靠的智能化电力设备、智能仪表和现场总线技术,将设备状态信息和控制信息数字化,以此作为智能水电站的信息源,实现设备数字化管理。建设标准统一的数据信息网络平台,实现各自动化系统之间、系统与数据采集之间的互联,实现全厂跨安全分区的生产自动化系统、管理信息化系统等应用系统之间的数据统一交换与存储共享[2]。

实现水电站的智能化,要解决设备数据即时传输,尤其是一些需要无线传输的设备信息,还有多个设备之间的互联互通,这些都可以利用 5G 网络技术得到一个解决方案,5G 可以完成多终端移动通信及控制服务。5G 可以解决布线困难场景,摆脱传统的有线方式下的弊端,可以达到对水电站中更多设备的监测,运行数据上送,同时还可以将站内的多设备即时数据同时上送进行对比分析,实现设备之间的互联互通,达到多设备监控的目的。

4 结 论

综上所述,5G 在水电站的应用可以提高水电站运行的质量及效率,还可以对水电站的运行维护和智能化提供强有力的保障,从而促进水电站智能化的发展。

参 考 文 献

[1] 秦飞,康绍丽.融合、演进与创新的 5G 技术路线[J].电信网技术,2013(9):11-15.
[2] 潘家才,纪浩.智能水电站建设思路[J].水电自动化与大坝监测,2012,36(1):1-4.

智能巡检机器人在水电厂的应用探讨

王洵，陈宇，程文，李华南

（雅砻江流域水电开发有限公司，四川 成都　610051）

摘　要　巡检是有效保证水电厂设备安全稳定运行、提高发电可靠性的一项重要基础性工作。人工巡检普遍存在劳动强度大、重复性高、耗时长、人为判断因素多等特点。随着智能化装备制造的日趋成熟，数字化、智能型水电厂的转型升级迫切需要引进更加先进和实用的智能巡检技术。本文探讨了智能巡检机器人在水电厂的应用区域、应用功能、应用条件、应用实例及效益分析，并提出了在水电厂智能化建设中的应用展望。

关键词　水电厂；智能巡检机器人；功能应用；效益分析

0　引　言

当代社会正在逐步进入智能化时代，智能化装备的制造和发展可谓日新月异，机器人技术作为智能装备制造业的典型代表，是一项涉及多学科的综合技术，如自动控制、自动识别检测报警、融合大数据、人工智能、云计算等。以机器代替人工、精益生产为目标，巡检机器人技术近年来在我国许多行业得到了很大程度的发展和应用。

部分电网企业为满足变电站"无人值守"智能化改造升级和管理提升的要求，均已规模化配备了巡检机器人，以代替原有的人工巡检。为适应智能化建设发展需求，水电厂在具备条件的情况下，通过探讨引进智能巡检机器人技术，将大力提高电厂生产现场的巡检效率和巡检质量。

1　水电厂智能巡检机器人应用区域

水电厂主要由进水口、压力管道、地下主厂房、主变室、尾水调压室、尾水洞、通风洞、出线竖井、地面开关站、电气类设备室等组成。其中，电气类设备室又包括高、低压配电室，风机室，二次控制、保护、监控设备室等。水电厂机电设备数量庞大，分布区域广，与单一变电站相比，巡检区域与巡检项目都有较大区别。因此，需要研究智能巡检机器人的应用区域，并定制相应的巡检标准。

1.1　应用区域分析与机器人类型选择

由于水电厂各机电设备布置的位置环境不同，而巡检机器人要能够准确地到达设备位置区域进行巡检，对移动范围内的环境提出了更高要求，比如巡检区域内采光充足、地面干净平整、无障碍物等。由此，综合分析适用于巡检机器人的区域主要包括地下主厂房

作者简介：王洵（1984—），男，本科，高级工程师，从事水电站运行工作。E-mail：wangxun@ylhdc.com.cn。

区域、500 kV GIS 设备区域及各电气一、二次设备室。

因智能巡检机器人巡检区域及路线上需通过自身定向导航装置固定路径或设计专用的巡检轨迹轨道,所以可以选择布置轮式行走或吊轨式巡检机器人。轮式行走巡检机器人主要用于设备布置分散、空间较开阔的巡检区域,比如地下主厂房各楼层、500kV GIS 各楼层;吊轨式巡检机器人主要用于设备布置密集、空间较狭小的巡检区域,比如各高、低压配电室,二次设备室等。

1.2 智能巡检机器人巡检标准应用示例

保障设备的巡检质量,主要取决于设备巡检标准制定的完善程度。巡检标准主要由巡检区域、巡检项目、巡检频次三部分内容组成。智能巡检机器人巡检标准应用示例,如表1所示。

表1 智能巡检机器人巡检标准应用示例

应用区域	巡检项目	巡检频次
地下主厂房	1. 发电机层励磁控制屏、调速器电气柜、机组状态监测柜各指示信号,各切换开关位置检查识别。 2. 水轮机层机组各阀门、管道状态,各压力表、流量、温度指示检查识别。 3. 尾水管进人门、蜗壳进人门、各放空阀状态检查识别。 4. 水轮机层调速器压油罐控制系统、机组技术供水系统、机组推力系统、高压油系统状态指示信号检查识别。 5. 各廊道照明、通风,排水沟排水情况检查识别	每8 h至少巡回检查1次
高、低压配电室	1. 高、低压开关运行状态检查识别。 2. 母线电压、电流仪表显示检查识别。 3. 厂用变压器运行温度仪表显示、变压器调压装置运行状态检查识别。 4. 保护装置、消谐装置、接地装置等运行状态检查识别。 5. 配电室室内防火、通风和照明设备的检查识别	每8 h至少巡回检查1次
500 kV 系统 GIS	1. GIS 间隔内的 SF6 压力表、断路器弹簧储能指示、断路器分合状态、接地刀闸分合状态、隔离开关分合状态、避雷器泄漏电流、避雷器动作次数、汇控柜信号检查识别。 2. 500 kV 高压电缆头红外测温。 3. 二次设备室内的盘柜表计、指示信号、开关状态及面板信息显示检查识别。 4. 设备室内空调、灯具及风机等运行状态检查识别	每8 h至少巡回检查1次

2 水电厂智能巡检机器人功能应用

水电厂巡检具有巡检对象相对固定、巡检任务重复性和规律性强等特点,而处理重复量大且有规律的工作恰恰是计算机的强项,智能巡检机器人至少具备以下七大基本功能

（见图1），能够极大地提高工作效率，标准、准确可靠地完成巡检区域各项巡检任务。

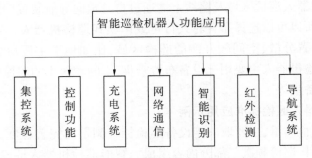

图1 智能巡检机器人功能应用示意

2.1 集控系统

为满足水电厂日常巡检功能，需要为智能巡检机器人建立一套集控系统，能够随时连接至智能巡检机器人，方便远程监视控制。每个巡检区域的智能巡检机器人可配置1台现地操作工作站，全厂在中控室可配置1台集中管控工作站，现地操作工作站与集中管控工作站之间通过交换机和光纤连接，以实现数据传输和集中控制管理，见图2。

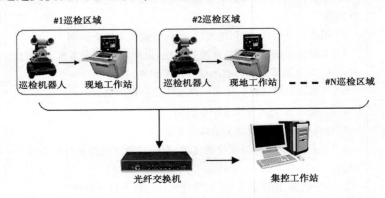

图2 智能巡检机器人集控系统示意图

集控系统应可实现多项控制管理功能，如机器人本体管理、控制功能设置、巡检任务管理、电源分析、红外检测、导航系统、图像智能分析算法等，以满足电厂对巡检工作任务个性化的需求，有利用对巡检机器人的管理与监控。

2.2 控制功能

智能巡检机器人控制方式可分为两种，分别是遥控控制和自动控制。遥控控制是由操作人在上位机或现地工作站对机器人进行移动控制操作，对设备完成巡视；自动控制是由计算机内设定好的程序路线进行工作，从而完成巡检任务。

2.3 充电系统

充电系统是智能巡检机器人的动力来源，通过从各机电设备室内检修动力箱电源接引作为充电供给端而建立智能充电桩。当机器人检测到自身电量达到充电定值后，自动回归至充电桩进行电量补给，快速使用充电桩进行充电，以保障机器人的持续稳定运行。

2.4　网络通信

在巡检工作过程中,保障智能巡检机器人网络通信的畅通、稳定是至关重要的,水电厂可结合目前广泛使用的 WIFI 无线通信和 5G 通信两种方式,使智能巡检机器人通信更加可靠稳定。

2.4.1　WIFI 无线通信

WIFI 无线通信网络技术是目前应用很普遍的一种通信技术。这种通信技术的特点是覆盖范围广,可以支持数据远距离传输,通过建起通信链路,连接到电厂局域网内就能实现高传输速度。

2.4.2　5G 通信

5G 通信技术具有数据速率高、延迟小、节省能源、成本低、系统容量大和设备连接规模大的特点,契合现代社会对无线通信网络技术的要求。随着通信技术的飞速发展,目前5G 通信技术已在国内部分地区成功试点应用,其在智能巡检领域应用前景十分可观。

2.5　智能识别

智能识别基于图像识别技术。每个图像都有它的特征,比如断路器、隔离开关的分合状态,电气仪表的电压、电流显示,带电显示装置的信号指示等,利用计算机算法对图像进行处理、分析和理解,使智能巡检机器人能够像人一样去识别、认识设备表计和状态,能够实时、快速地发现设备异常状况,后台自动统计分析,并形成简报文本,实现机器人代替人巡检的目的。

2.6　红外检测

智能巡检机器人红外检测功能主要用于设备温度测量。通过对巡检控制范围内的设备进行温度红外扫描检查,自动记忆各温度数据,并且与历史数据库数据进行比对诊断,使巡检范围内的设备因缺陷或隐患导致的温度变化能够被及时发现、预警,可以及时检查发现设备带病运行状态并采取相应的处理措施,防止事故扩大。

2.7　导航系统

智能巡检机器人导航系统可采用机器视觉传感器,利用激光点的发射进行自身距离的测量和判断,对测量的数据进行实时处理,反应速度快且适应能力强,可有效提升巡检机器人的精确定位,从而智能地躲避各种障碍物。

3　水电厂智能巡检机器人应用条件与典型实例

因智能巡检机器人集成了大量高科技含量仪器装备,它的各项功能只有在水电厂充分满足其应用条件后,才能发挥最大的工作效益。

3.1　应用条件分析

为使智能巡检机器人在水电厂巡检工作中充分发挥效能,水电厂除设备区域环境满足应用要求外,还应能提供巡检机器人可靠的功能技术支持。电厂应具备智能巡检机器人完善的集中控制系统、冗余配置的充电系统、精准的图像识别系统和良好的通信导航系统。完善的集中控制系统可以保证机器人各项动作指令能够集中控制与正确响应;冗余配置的充电系统,可以保障巡检机器人在电量偏低时,可以随时进行充电补给;图像识别系统作为巡检机器人的"眼睛"和"大脑",精准度越高,越容易发现、识别设备缺陷与异常;良好的通信导航系统可以保证巡检机器人正确执行巡检路线,并将采集的设备信息实时反馈给上位机或控制站,方便电厂值班人员的管理与查看。

3.2 典型应用实例

（1）江苏省某电站在2016年通过巡检机器人智能识别功能,发现500 kV东台变#2联变500 kV侧避雷器C相泄漏电流表读数异常,经运维人员比对在线监测装置泄漏电流数值后,确认为一起500 kV电气一次仪表类缺陷,并及时进行了停电消缺处理,有效保障了主设备的健康水平。

（2）内蒙古某电站在2018年通过巡检机器人红外检测功能,发现厂用10 kV高压开关柜及电缆头温度上升较快,通过人工红外热像仪对其进行数据分析,判断为高压断路器出现过载运行情况,运维人员及时对该异常情况进行了处理,避免了厂用设备故障损失。同时,该电站自2017年应用智能巡检机器人后,改变了传统人工巡检方式,机器人每日可以高频次、高质量地对设备进行全方位巡查,累计自动生成巡检报告千余份,检测数据万余条,极大减少了运行值班人员的工作量,也为电站制定设备定期检修维护计划提供了重要参考依据。

4 水电厂智能巡检机器人应用效益分析

通过上述典型实例,可以分析出智能巡检机器人在水电厂的应用,具有较高的安全效益与经济效益。智能巡检机器人以其不直接接触带电设备、续航时间长、智能化检测手段多等优点,能够及时发现设备运行中的早期发热、外观异常、带压管路渗漏等缺陷,能有效减少人工巡检中存在的劳动强度大、重复性高、耗时长、人为判断因素多的弊端。同时可以减少巡检工作的人工工时投入,有效降低发电成本,避免巡检人员因疏忽、漏检等带来的设备损失。对于保障水电厂设备安全经济运行,降低事故发生率,提高发电可靠性,提升电厂安全管理水平和智能化水平将发挥重要作用。

5 结 语

智能巡检机器人是电力行业智能化发展的一个分支,在人工智能和互联网技术不断发展的今天,智能机器人将更加完善,通过智能巡检机器人在水电厂的应用,对现场设备进行灵活、高效的巡检工作,可有效减少电厂巡检人员数量,提高工作效率和巡检质量,杜绝人为错误,大幅度地提高水电厂安全技术水平,对水电厂安全经济运行提供强有力的技术保障。水电厂智能巡检机器人的应用必将是未来发展的一个大趋势,具有广阔的应用前景和发展空间。

参 考 文 献

[1] 刘介玮,刘婕.变电站巡检机器人应用技术及实施要点[J].电子元器件与信息技术,2019,3(11)：96-97.

[2] 石易,袁新让,史超,等.探索变电站智能巡检机器人在运维工作中的应用[J].科学创导报,2019(7)：112-113.

[3] 林英,李占彬.变电站智能巡检机器人在运维工作中的应用[J].电子技术与软件工程,2018,23

（15）:29.

［4］鲍友革,黄宗碧,姬晓辉. 基于强人工智能的水电厂智能巡检机器人研究与应用[J]. 水电与抽水蓄能,2019,23（5）:41.

［5］朱齐. 智能巡检机器人系统在 500 kV 东台变电站的应用研究[D]. 福州:福州大学,2017.

［6］白利军,燕伯峰,郭东东,等. 室内电力巡检机器人在智能配电站的应用[J]. 内蒙古电力技术,2020,38（3）:69.

水电厂新型智能巡检技术发展与
应用趋势分析

张冬生,吕杰明,刘振邦

(雅砻江流域水电开发有限公司,四川 成都　610051)

摘　要　本文首先介绍了水电厂传统巡检模式及存在的不足,其次介绍了水电厂新型智能巡检技术应用优势及具备的主要功能,最后指明了水电厂以新型智能巡检方式为主、以传统人工巡检模式为辅,二者有机相结合能够更好地确保水电厂设备长期安全稳定运行。

关键词　传统巡检方式;新型智能巡检技术

1　引　言

设备巡检作为水电站电力生产日常工作中一项极其重要的工作,也是巡检人员发现电站设备缺陷或安全隐患最重要、最有效的方式,有效保障了水电站安全、稳定运行。传统现场巡检方式要求巡检人员按照"六到"执行,即"走到、看到、听到、闻到、摸到、分析到"。

2　水电厂传统巡检模式的不足

传统人工巡检方式经过多年的发展与应用,虽然发挥了重要的作用,但是也存在一些不足之处,主要体现在:受限于当前传感技术,尚不能检测水电站现场常见的油水气管路及阀门漏水、漏气、漏油、机械表计示数异常、放电等深层次缺陷信息,同时上位机也无法采集该类缺陷信息。另外,传统人工巡检方式还存在以下不足。

2.1　巡检质量得不到保障

巡检人员的经验、责任心、身心状态、技能水平、个人情绪等因素往往对传统人工巡检的工作质量带来很大影响,其结果是巡检质量忽高忽低,无法得到长期的、稳定的保证,甚至可能发生漏检的情况。

2.2　巡检过程无法做到时时全覆盖

水电站传统人工巡检方式,往往设置一个巡检周期,即每隔几小时巡检 1 次厂内设备,对于厂外设备每周巡检 1 次或两周巡检 1 次等。巡检人员上一秒巡检设备、盘柜、管路等未发现异常情况,下一秒过后上述设备可能突发异常情况,此时巡检人员可能已经离开故障设备区域,直到设备故障演变得更加厉害或者发展为事故后,才有可能被值班人员

作者简介:张冬生(1984—),男,学士,高级工程师,研究方向为智能水电站建设。E-mail:zhangdongsheng@ sdic. com. cn。

发现。因此,水电站传统人工巡检方式最大的缺点就是不能保证巡检过程、巡检周期、巡检时段做到时时全覆盖。

2.3　可分析性差

水电站传统人工巡检方式,有的依靠手工抄录数据和记录故障现象,不能形成标准的状态描述,对巡检数据也无法高效分析,不利于缺陷的判断;有的水电站,采用点检巡检系统,巡检人员每到一个设备区域,完成定点、定区域打卡、记录数据,巡检完成后将巡检数据上传相应系统,点检巡检系统更多的是强制巡检人员定点、定区域打卡,怕巡检人员遗漏巡检设备,该方式最大的缺点就是巡检人员在巡检过程中把过多甚至主要精力用于打卡、记录数据,而巡检过程中最主要的工作即应关注设备状态是否正常极易忽略,是本末倒置。

2.4　巡检人员自身容易受到人身伤害

发电机风洞内巡检时,风洞内地面比较湿滑,甚至伴有油污,极易发生巡检人员因滑倒引发的人身伤害事件;如果发电机并网运行,突然发生短路或接地故障甚至突发火灾时,巡检人员在风洞内极易受到短路故障或火灾带来的人员生命安全威胁。另外,巡检电动机、配电盘柜时,如果每次按照传统方式摸外壳、摸柜门方式,极易发生因电动机、配电盘柜等外壳接地线松脱而引发触电伤害事件。巡检 500 kV 高压电缆时,如果 500 kV 高压电缆突然发生短路或接地故障甚至突发火灾时,巡检人员的生命安全必然受到严重威胁。

2.5　传统巡检模式费时费力、工作量大

目前,大多数新建或新投产电站运行维护人员数量配置普遍精简,而现场巡视工作量大,尤其对于高海拔地区,单纯依靠传统人工巡检方式对运行维护人员体力强度、工作强度考验非常大。因此,传统人工巡检方式费时费力、工作量大。

2.6　传统巡检方式无法感知细微变化

设备初期异常或初期带病运行状态细微变化,仅仅依靠巡检人员视觉、听觉、嗅觉等传统方式无法快速、准确判断,如电动机初期振动异常、设备温度缓慢上升、设备运行声音初期异常等。巡检人员能够通过视觉、听觉、嗅觉判断出设备异常情况往往是异常或缺陷发展的中期、后期,而不是初期。

3　水电厂新型智能巡检技术具备的主要功能

3.1　千里眼,具备更明亮的"眼睛"

巡检机器人和工业电视高清摄像机,根据需要增加摄像机和红外热成像仪,完善视觉功能,具备视频图像识别功能。利用高清摄像机,结合视频图像识别技术、视觉伺服追踪技术,实现目标搜索、目标识别锁定、目标读数的智能分析,对发电生产区域的表计,包括压力表、温度表、数显表、液位计、轴承油位、避雷器泄漏电流和动作次数、电气开关和阀门状态等示值和位置进行数据读取,对罐体、容器、管道进行外观对比判别。红外热成像仪用于测量设备温度,自动记录并生成报表,并经计算、判断后发出报警,同时,实时拍照和录像至后台,满足运行人员随时调用查看及自动存档的功能。

3.2　具备更敏感的"触觉"

利用高精度的红外测温手段,让智能巡检系统具有更敏感的温度感知能力。自动巡检测温方式,通过搭载的载红外热成像仪,可对转机轴承温度、电机外壳和接线盒温度、管道、罐体温度(可识别罐内液位)、变压器各接头温度等设备进行温度测量和识别。可进行红外普测(面测温)及设备精确测温(点测温),通过机器人的智能分析识别系统,实现人机互动。

3.3　顺风耳,具备更敏锐的"耳朵"

在发电机风洞、水轮机水车室、水轮机人孔门等部位增加声音采集传感器,记录感知特殊工况下设备产生的异常声音。利用搭载的激光测振仪可实现生产区域转机轴系管道等振动测量和声音拾取,具有声音高保真重现功能,可以替代传统的听针实现非接触式监听轴承等设备内部声音,且不受周边设备噪声干扰。

3.4　能够实现跑冒滴漏动态缺陷监测

根据不同的介质及工况采用泄漏电缆、变色涂料技术、声音拾取及分析、视频图像识别、红外测温等多种技术,综合分析,自动判断现场跑冒滴漏故障的出现。再如,可以应用于压缩空气检漏。压缩空气是发电厂气动执行机构的动力源,发生漏气时容易造成气动执行机构误动或拒动。在日常巡视过程中,巡视人员通常依靠人的耳朵判断压缩空气是否存在泄漏。根据压缩空气泄漏所产生的声音的分贝和音色(频率)特点,通过在机器人身上搭载高分辨率的声压计来实现对压缩空气泄漏声音的采集,从而判断出具体发生压缩空气泄漏的位置。

3.5　具备更灵敏的"鼻子"

利用感烟传感器或者判断发电机内部着火的空气采样装置捕捉设备着火情况。传统人工巡检方式由于无法做到巡检过程、巡检周期、巡检时段时时全覆盖,存在很大的时间盲区。利用新型感烟传感器或者空气采样装置,能够快速识别初期火灾,并上送监控系统通知值班人员采取灭火措施。该技术的应用,能够最大程度地识别初期火灾,避免火灾事故的扩大,避免传统人工巡检方式存在的盲区。

3.6　具备"最强大脑"

具备更聪明、更强的"大脑"。通过开发视觉识别算法模型、设备故障分析诊断模型、智能联动告警模型等,实现对采集数据、图像等信息的分析和识别,智能判别设备缺陷并及时发出预警信息通知生产人员处理。系统对设备进行图像识别结果、温度、声音等数据综合分析,判断出设备异常状态,并提醒生产人员,提高故障的分析和处理效率。系统接收到综合数据平台的设备报警信息或者内部报警,能联动设备及其相关区域内的巡检机器人、智能监测设备切换到现场识别确认并保存现场画面。系统巡检发现设备异常,发出设备异常告警信息,通知生产人员进行处理。事故跳闸事件发生后,事故设备及其相关区域内巡检机器人、智能监测设备切换到现场,进行事故确认并启动录像。

4　水电厂新型智能巡检技术应用优势

为了解决传统巡检质量得不到保障,巡检过程、巡检周期、巡检时段无法做到时时全覆盖,巡检过程可分析性差,传统巡检方式无法感知设备初期异常或初期带病运行状态细微变化等缺点,减少巡检人员受到的人身伤害概率,同时解放生产力、解放劳动力,水电厂新型智能巡检技术应用而生,很好地解决了上述存在问题,更好地保障了设备安全、稳定运行。智能巡检技术相比人工传统巡检具有如下优势。

4.1 智能巡检独立、高效

智能巡检设备可全天候在复杂环境下独立自主高质量完成巡检工作,不受人工巡检客观环境限制和主观情绪的影响,不会出现漏巡、错巡等问题,巡检质量有保障,可极大地降低运维人员劳动强度。

4.2 智能巡检全方位、全天候覆盖

智能巡检设备能够替代人进行诸如高温高压管道泄漏、地下封闭管沟等危险或事故区域的巡检工作,能够提升生产现场的本质安全水平,避免巡检人员在复杂环境下受到的人身伤害。

智能巡检设备具备视频图像识别、红外测温、激光测振及拾音、跑冒滴漏实时检测等功能,丰富了巡检手段,增强了巡检效果。同时,智能巡检设备可以让巡检过程、巡检周期、巡检时段做到时时全覆盖。

4.3 智能巡检及时率、准确率更高

智能巡检设备后台专家系统具备图像、声音、视频记录及设备劣化趋势分析功能,能够提前发现设备的异常状态,大大提高了主要巡检指标的过程管控和数据上报的速度及准确率,为设备状态检修提供了依据,为管理决策提供了基础数据,保障监控范围内设备的长周期安全稳定运行。

5 结 语

随着科技的不断进步与新技术的应用,大中型水电站普遍开始实行"远程集控(少人值守)"的生产值班模式,建立以智能巡检技术为主,外加少量传统人工巡检的方式,既能保证水电厂设备长期安全稳定运行,也能达到解放生产力、降低值班人员劳动强度的目的,是水电厂转变、创新巡检模式的必然选择,也是各水电站积极探索建设智能电厂、智慧电厂的必然选择。

参 考 文 献

[1] 吴月超,郑南轩,苏华佳,等.面向智能水电站的在线监测状态实时自动巡检方法与应用[J].电力系统自动化,2017(5):123-129.
[2] 田方.智能化水电站设计思路浅析[J].西北水电,2020(6):26-32,38.

水轮发电机故障预测与智能诊断
在水电站的应用探索

吴阳,张继良,张钊凡,袁彬

(雅砻江流域水电开发有限公司,四川 成都　610051)

摘　要　近年来,随着大数据、云计算等技术的发展,国内基于模糊神经网络、遗传算法和大数据深度学习等重点研发和推动建立数字流域和数字水电,促进了智能水电站的发展。当前,新建水电站的智能化建设及老旧水电站的智能化升级改造已在行业内如火如荼地展开。但随着电网规模的不断扩大,电力系统运行设备及装机容量的不断增加,系统安全稳定运行的复杂性也随之增加, 特别是水轮发电机组作为水电站的核心设备,运行时一旦因质量缺陷发生故障,将带给水电站巨大的经济损失。因此,对大型水轮发电机运行状况进行实时监测、故障预测与快速智能诊断愈发显得必要和紧迫。本文根据目前智能水电站水轮发电机故障预测与智能诊断发展现状,进行一种切实可行、安全可靠的应用思路探索。

关键词　水轮发电机;故障预测;智能诊断;智能水电站

1　引　言

现如今我国水电行业发展突飞猛进,但当前国内水轮发电机技术故障预测还存在局限,水轮发电机在实际运行时很容易因故障导致水能发电效益遭受影响,给水电站及相关企业带来经济损失。为避免水轮发电机故障,提高水轮发电机运行效率,达到人机增效、稳发满发目的,基于"大云物移智"等现代信息新技术的不断发展和广泛应用,探索建立水轮发电机组故障预测与智能诊断系统,有效指导电站机组的运行和维护工作;将机组的智能化运维服务技术由"状态监测"提升至"智能化故障诊断",从而提升机组的运行质量,保障机组安全可靠运行,推动机组由传统的"定期检修"进步到"智能检修",从而大大降低机组运维成本,提高机组运行的经济性,延长机组寿命。

2　传统运维检修及智能化故障诊断发展

2.1　传统运维检修模式

传统的"状态监测"和"计划检修"运维检修模式对水电站的生产管理在安全、人员、物资等方面提出了很多风险和困难,该模式下故障检修维护技术具有诸多不足之处,如过分依赖人员技术经验,检修周期不同步,运维质量不佳,检修范围盲目扩大,而不进行检修则容易导致水轮发电机组无法正常运转。基于此,本文对智能水电站中水轮发电机组故

作者简介:吴阳(1994—),男,学士,研究方向为水电站机电设备运行与维护。E-mail:wuyang@ ylhdc. com. cn。

障预测与智能诊断技术的应用展开分析[1]。

2.2　智能化故障诊断的发展

国家能源局公布的《水电发展"十三五"规划》提出，我国将进行水电科技、装备和生态技术研发，建设"互联网+"智能水电站。当前智能概念已逐步渗透到智能水电站建设的各个方面，水电站的运维检修模式也发生着巨大变革。为此，基于"大云物移智"等智能化技术，解决目前水电站工作中面临的重点问题，提升水电站机电设备安全稳定运行水平，将是智能水电站建设升级和创新发展的必经之路。

水轮发电机故障预测与智能诊断系统（简称预测与诊断系统）在确保不会影响水电站现有机电设备安全稳定运行，保证系统功能的完备性、可靠性和稳定性的前提下，预测与诊断系统具有以下功能：①通过机组智能诊断系统整合水电站机组制造和检修专家知识库，实现对机组运行状态的实时监测；②通过对机组历史运行数据进行实时分析和判断，从而预测水轮机的运行变化趋势，实现对设备异常变化状态提前预测，提前报警并提示运行人员进行干预，从而提高设备设施的可靠性；③对已发生的故障进行快速诊断并提供处理方案，辅助运行维护人员快速、准确地定位设备故障部位及原因，并且在最短的时间内做出正确的处理。④系统具备机组健康状态实时评估，智能分析机组在最优负荷下的开机策略，并实现各并网机组间最优负荷的分配，保证机组运行效率最高，同时分析机组检修范围和检修时间优化建议等[2]。

3　预测与诊断系统理想构架

3.1　预测与诊断系统设计思路

预测与诊断系统基于水电站运行的海量数据，通过对机组运行数据清洗、存储和处理，结合专家知识库，开发集成内核，构建发电设备智能运维及健康评估模型，实现诊断、预测、评估和优化建议功能，最终为用户提供优化运行建议，指导电站经济、安全、可靠运行。系统工作流程如图1所示。

预测与诊断系统应有完整架构，除具有高效、稳定、操作简便、易于维护等特点外，还具有良好的兼容性、可扩展性等特性，满足数据采集、存储、分析、呈现、用户管理及安全5大类基本功能要求。数据采集接口可以高效地从水电站现有的监控测点数据源系统采集数据，并进行安全传输和实时存储。实时数据库采用混合存储系统对数据进行存储管理，不同类型的数据采用不同的数据库和存储策略，历史数据库存储从水电站采集各种数据，通过接口提供对历史数据的增、查服务，为数据的进一步处理提供支撑，缓存数据库提供数据缓存、中间结果，提高系统的响应速度。样本规则库通过接口对数据进行初步分析，存入缓存数据库。诊断平台提供诊断服务、故障预警服务、数据查询服务、角色权限管理服务、配置服务，以WEB图形化页面呈现并与用户交互，基于诊断与预测结果为用户提供一揽子解决方案，通过邮件或其他方式发送到服务报告指定接收端[3]。系统架构见图2。

3.2　预测与诊断系统专家知识库

吸收高校及科研院所的最新基础理论研究及模型测试实验相关知识，并融合水电站中机组现场运行知识及故障案例信息进行分析、梳理、结构化，按照主题、子题及故障因子

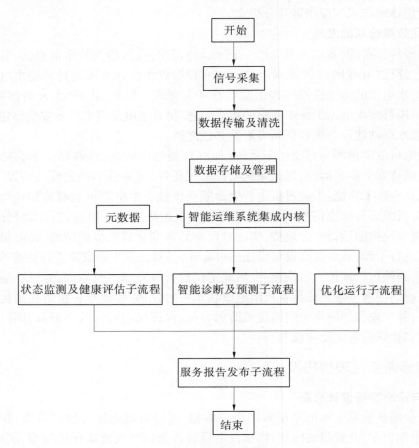

图 1　系统工作流程

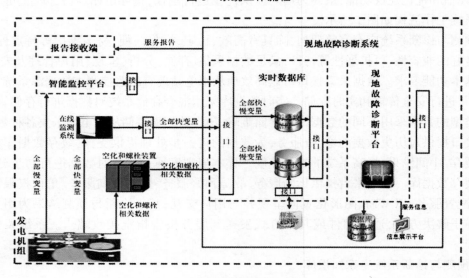

图 2　系统架构

关系的方式进行建模和逻辑运算,形成水轮发电机组故障诊断专家知识库。

专家系统结果的正确性,在很大程度上取决于知识库的可用性、完整性和正确性,因此对知识库的管理与维护十分重要。知识管理根据主导方不同,可分为两个部分:用户知识管理和系统自检。用户知识管理当专家知识库需要更新或修正时,可由用户或研发人员提出修改意见,由系统研发维护人员对知识库进行升级操作,在保证系统能够稳定运行的前提下,提高专家系统的正确性。系统自检是知识库的自检,以避免冗余和冲突项,最终可形成专家知识故障库。专家知识库见图3。

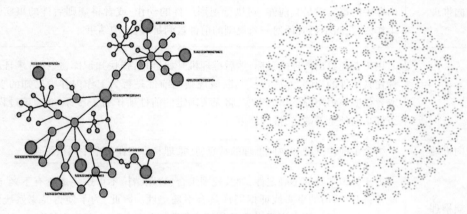

图3 专家知识库

4 预测与诊断系统推理机制

4.1 预测与诊断系统推理模块功能

推理诊断是专家系统中的核心功能。采用实时诊断推理的方式对已发生的故障进行快速诊断,准确地定位设备故障部位及原因,为现场维护人员提供运维建议,并针对具体原因提供检修方案,在最短的时间内做出准确的处理。根据不同水电站的机组特点,可为水电站提供相应的故障诊断模块,如表1所示。

表1 诊断模块

序号	名称	序号	名称
1	水力系统故障诊断模块	11	发电机冷却诊断模块
2	顶盖振动诊断模块	12	气隙故障诊断模块
3	机组主轴密封故障诊断模块	13	定子绕组故障诊断模块
4	水导轴承故障诊断模块	14	轴心轨迹诊断模块
5	导水机构故障诊断模块	15	振摆诊断模块
6	定子铁芯温升诊断模块	16	机组运行趋势预测模块
7	转子质量不平衡故障诊断模块	17	机组油、气、水诊断模块
8	上导轴承故障诊断模块	18	机组性能评价模块
9	下导轴承故障诊断模块	19	水轮机空化检测模块
10	轴承温度诊断模块	20	螺栓受力监测模块

　　根据推理过程的策略不同,推理诊断模块功能一般分为前向推理、逆向推理、双向推理和模糊推理,如表 2 所示。

表 2　推理模块功能

功能点	描述
前向推理	根据用户给出的初始事实进行推理;对于知识库中的任意一条规则,只要工作内存中的事实满足其前件,则执行规则后件的动作,或者将规则后件的事实加入工作内存,当不再有任何一条规则的前件被满足时,推理结束
逆向推理	用户首先给出推理的目标,然后推理机开始推理;查找知识库,选择待求证的目标在其后件的规则,然后逐一判断该规则的前件是否为工作内存中已知的事实,或者是应该由用户给出的事实,将无法确定的前件项作为子目标,继续该过程,直至规则前件全部确定,推理结束
双向推理	结合了前向推理和逆向推理的特点,让推理和事实在某个中间层汇合
模糊推理	由于知识本身的不确定性,导致规则组合、规则结论不可避免地具有不确定性。此外,用户给出的事实或证据同样具有不确定性。因此,为了使得专家系统给出的结果尽可能地符合客观世界的规律,需要在推理中加入不确定性技术,力求给出推理结果的不确定性度量

4.2　预测与诊断系统推理机原理

　　故障诊断推理层有两个核心的部分,一是推理引擎,其运用一定的算法进行推理,从而得出结果;二是学习模块,其运用模糊神经网络和大数据深度学习等人工智能技术,提高专家系统推理机的能力,使得推理得出的结果更加可靠[4]。推理机工作原理见图 4。

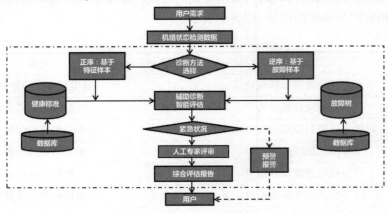

图 4　推理机工作原理

4.3　预测与诊断系统在水电站的应用

　　根据水电站实际情况,考虑到不同水力发电设备的结构和运行特点,故障诊断应涵盖水轮机及其附属设备、发电机及其附属设备等主要设备大部分故障模型,并结合水轮发电机组主要设备实际生产运行中故障特点、故障诊断理论成果和实践处理经验,可为水电站提供可行的解决方案。

如水轮机顶盖振动故障诊断,可通过采集顶盖区域压力、压力脉动以及振动等相关信号,对顶盖运行状态进行性能诊断评价。当发生顶盖振动超标等异常时,系统能够及时报警并分析故障现象发生的可能原因,提供可行的解决方案。针对顶盖振动数值,建立诊断分析模型,实现波形分析、频谱分析等,通过实时监测,对运行状态进行分析并提出诊断报告。

如发电机气隙故障诊断,可通过采集空气间隙、定子圆度、转子圆度等相关信号,具体根据现场实际测点确定。对气隙状态进行性能诊断评价。当发生异常时,系统能够及时报警并分析故障现象发生的可能原因,提供可行的解决方案。同时,模块功能能够区分是转子安装偏心还是定子安装偏心问题。通过趋势判断防止定、转子发生碰撞。诊断运行气隙偏离设计气隙,导致的短路比超标问题,为后续检修提供依据。

为水轮发电机组实行智能运维打下坚实基础,预测与诊断系统还应具备故障预测与健康管理功能,对水轮发电机健康状态进行评估,以健康评估报告的形式定期给出机组健康状态、预警状态和故障状态综合健康度评分,对关键部件发生故障可能性进行评估,对主要部件衰退进行评估,对机组状态检修决策给出建议,为水轮发电机的运行、检修与管理决策提供支持。

5 结 论

水轮发电机故障预测与智能诊断系统在水电站的应用推进,必将加快水电站智能化建设,提高机组健康状态实时评估水平,优化机组检修范围和检修时间,从而提升水电站水轮发电机组的运行质量,保障机组安全可靠运行,推动机组由传统的"定期检修"进步到"智能检修",从而大大降低机组运维成本,延长机组寿命,提升水电行业的整体经济效益。

参 考 文 献

[1] 刘长丽.水轮机故障智能诊断及振动数字化预测研究[J].民营科技,2014(4):51.
[2] 倪先锋.基于大数据挖掘技术的发电机故障诊断与预测性维护[J].化工管理,2020(30).
[3] 田方.智能化水电站设计思路浅析[J].西北水电,2020(6):26-32,38.
[4] 沈艳霞,纪志成,姜建国.电机故障诊断的人工智能方法综述[J].微特电机,2004(2):39-42.

基于虚拟仪器平台的创新项目研究与探索

吕国涛,顾和鹏,李政柯,张家平,杨华秋

(雅砻江流域水电开发有限公司,四川 成都　615000)

摘　要　本文基于便携式 24VDC 继电器智能校验仪项目实施过程中发现的问题,探讨虚拟仪器平台在设备智能校验方面的应用。通过对项目实施过程中出现的测量测控技术储备不足问题的研究分析,提出一种测量测控解决思路,目的在于促进电厂一线职工创新项目推进。

关键词　虚拟仪器;智能检测;便携式 24VDC 继电器智能校验仪

0　引　言

继电器广泛应用于二次设备的控制回路中,用于电源监视、安全保护、转换电路、自动调节等方面。发电厂水轮发电机组检修期间有大量的继电器校验工作,传统的继电器校验方法采用继电保护仪加万用表组合进行校验,但是该校验方法存在诸多缺点。若不采用继电保护仪进行继电器校验,而采用专用继电器校验仪进行校验,则需要购买继电器校验仪专用仪器,市面上继电器综合参数智能校验仪的价格约在 18 万元/台,采购成本相对较高。

本便携式 24VDC 继电器智能校验仪项目于 2017 年 1 月开始收集项目资料,并于 2017 年 5 月完成项目理论分析与设计方案总体规划,2017 年 6 月着手进行项目推进。2017 年年底完成初稿设计方案的理论验证,并完成原型验证机制作,2021 年完成项目最终版本。项目团队经过设计方案论证、方案分析比较和实际设备制作,成功研制出便携式 24VDC 继电器智能校验仪。由于本项目完全由项目团队完成,因此在实施过程中遇到了测量测控技术储备不足的问题,本文针对项目实施中出现的测量测控技术储备不足的问题进行了一些有益探索和实践。

1　项目实施过程中遇到的问题

1.1　方案设计不足

在项目立项阶段,针对设计方案,对项目设计的仪器功能定位不准确,存在贪大求全的想法。对项目所需技术手段定位不准确,导致项目在执行时走弯路、推进慢。对项目推进过程中技术难点问题认识不足,未认识到本项目中技术难点为:校验加压电路设计、小信号放大电路设计。

作者简介:吕国涛(1993—),男,本科,工程师,研究方向为水电站运行智能化技术与应用。E-mail: lvguotao@ ylhdc. com. cn。

1.2 项目成员技术储备不足

本项目在实施过程中主要技术难点如下：

（1）本项目所需电压调节模块无成品可用，需团队自行设计或利用市场上成熟模块进行改造，但改造有一定的技术难度。

（2）由于所需的电路板模块无成品可借鉴，需自行设计电路，在设计电路时遇到电路设计经验少、电路板设计和绘制无技术储备的问题。

（3）项目所用控制模块选型困难，在最初阶段，选择 STM32 微处理器作为系统控制模块，但是在实施过程中发现自行编写的 STM32 程序存在一定的不足之处，而要将程序完全完善需要耗费相当大的精力去学习 STM32 微处理器相关知识。

1.3 仪器抗干扰性设计能力不足

项目立项之初，未考虑到项目成果的使用环境，轻视仪器所需抗干扰能力，机械地认为只要能够达到相应的效果即可。由于轻视信号调理和处理模块电磁屏蔽的问题，导致初版成品抗电磁干扰、噪声干扰能力差。

1.4 项目成果定位不准确

在项目立项之初，项目团队围绕该项目成果"达到验证即可"和"满足生产中使用"两个定位进行了讨论。定位为"达到验证即可"则导致项目推进中，团队成员执行力不足；定位为"满足生产中使用"，又存在无领导决策支撑，无验收标准支撑。最终出现成品制作完成后因无标准进行验收对比，导致设计的产品仅作为摆设放置于创新实验室用于展示而无法真正用于现场生产实际。

2 项目团队的技术解决方法

2.1 方案设计思路

设计原理参考了电厂继电器校验方法及其原理，参考《继电器及装置基本试验方法》（GB/T 7261—2000）、《电气继电器》等标准，以标准作为切入点，确保项目成果在功能、性能方面满足标准要求。收集成熟产品的说明书，作为项目技术方案的指导。本项目设计方案原理见图 1。

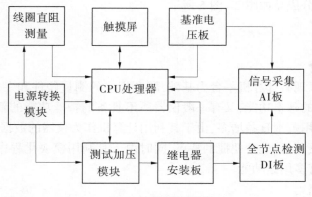

图 1　项目设计方案

2.2 元器件采购

本项目立项时,公司尚无明确的项目管理办法及经费使用管理办法,项目在实施最初阶段由项目成员自费购买相关元器件。本项目所需元器件采购于淘宝、京东。在购买前,确认元器件性能及使用方法满足项目需求,利用元器件采购商技术支持作为项目技术团队后备支持,有效地保障了项目技术支撑。

2.3 电路设计解决方案

项目团队在分工时明确软硬件负责人,由硬件负责人学习电路设计相关知识,包括电路原理图设计和电路板设计,设计好的电路板经工厂加工后进行验证、使用。本项目电路采用 protel 99SE 软件进行设计。

2.4 软件设计及处理器选型

项目最初设计时选择 STM32 微处理器作为系统控制核心,并利用该处理器制作了初版、近阶段成品,但是该方案存在需要硬件电路配置显示模块的问题,并且显示模块的配置需要软件设计人员自行编写相关通信协议方能进行系统整合,增加成本的同时又增加了工作量,性价比较低。最终改用电脑作为控制核心,利用虚拟仪器平台搭建控制系统,有效减少了设计工作量,提高了仪器设计的可行性。

2.5 仪器抗干扰解决方案

本项目设计的产品,需要采集多路模拟量小信号进行信号处理,最小的信号仅 0.01 mV,信号幅值小,放大难度高,同时如周围存在电磁干扰、噪声干扰,则整个仪器将无法正常工作。在经过多次网上搜寻后,找到一款可以用于本系统的高精度、高抗干扰性仪用放大器模块,能有效地将 0.01 mV 信号放大 10 000 多倍无失真;对成品仪器采用铝合金作为仪器外壳进一步增强仪器抗干扰性。

2.6 项目定位

项目定位随项目进展进行了修改,由于本项目实施无外部公司提供技术支持,因此在项目最初阶段,项目定位为"达到验证即可"。但随着项目进展,项目成员技术储备和动手能力提升,项目团队将项目定位由"达到验证即可"进阶为"满足生产中使用"。

2.7 项目成品

本项目成果部分成品如图 2～图 5 所示。

3 虚拟仪器

3.1 虚拟仪器简介

虚拟仪器,是以现有计算机平台为基础,配合相应的测量硬件和专用转件,通过编程形成既有普通仪器的基本功能,又有一般仪器所不具备的特殊功能的新型仪器。虚拟仪器在实际工作中应用范围日益增多,由于其利用计算机作为仪器的数据处理和控制中心,因此具有数据保存、分析、处理便捷的特点,同时由于其利用模块化程序块和硬件板卡进行搭设,因此还具有多用途功能。

3.2 虚拟仪器特点

虚拟仪器即"软件就是仪器",将计算机技术和网络技术与仪器结合起来。虚拟仪器的突出特征为"硬件功能软件化",虚拟仪器是在计算机上显示仪器面板,将硬件电路完

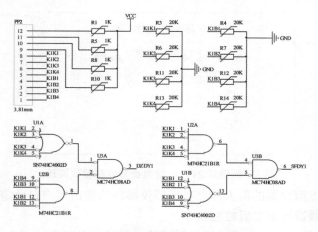

图 2　全接点检测 DI 板设计原理

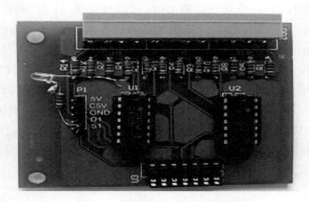

图 3　全接点检测 DI 板实物图

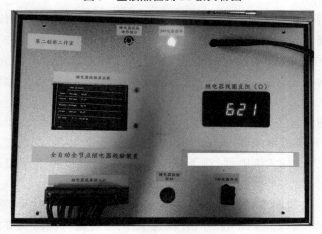

图 4　初级成品实物图

成的信号调理和处理功能由计算机程序完成,这种硬件功能软件化是虚拟仪器的一大特征。在虚拟仪器系统中,硬件仅仅是为了解决信号的输入输出,软件才是整个仪器系统的关键。任何使用者都可通过修改软件的方法方便地改变、增减仪器系统的功能和规模。

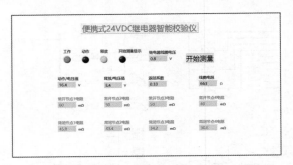

图 5　便携式 24VDC 继电器智能校验仪面板

相对于传统仪器,虚拟仪器的最大特点是虚拟仪器的功能由用户自己定义。

3.3　基于虚拟仪器设计继电器校验仪

在探索利用虚拟仪器平台进行继电器校验平台搭建的过程中,硬件部分保留了之前传统版本进阶版的加压电路、全接点检测 DI 板和信号采集 AI 板、电源电路,在此基础上采购了一块可以与电脑虚拟仪器平台连接的数据采集控制板卡。该控制板卡具有 8 路 DO 控制输出、8 路 DI 输入检测、2 路 PWM 波输出、16 路模拟量输入,板卡可以通过 USB 接口与电脑连接,通过编写上位机程序,对板卡进行控制。利用虚拟仪器平台制作的便携式 24VDC 继电器智能校验仪装置在实现传统仪器的基础上增加了打印功能、储存功能。目前,项目成员正在考虑在方案中建立数据库,通过实际校验数据,对继电器寿命进行预判,分析其更换时间节点,利于检修工作;同时由于具备打印功能,通过电脑外接微型打印机可以直接将检测校验结果打印后粘贴于继电器上,方便现场作业人员进行数据比对。

4　项目成果

4.1　完成成品制作

本项目实施后,项目团队设计制作了初版成品、进阶版成品、虚拟仪器版成品。最终设计的基于虚拟仪器品台的装置能够自动检验多种类型的继电器,自动完成测量继电器线圈直阻、继电器全部接点静态/动态过程检测、动作电压值、返回电压值、返回系数,并自动给出合格与否的结论,使用本装置校验继电器检验可以一键完成,无需人为接线和调整电压。

本项目制作的装置主要有以下优点:

(1)可校验多种类型继电器。

(2)仅需操作人员插入继电器,按下校验按钮,继电器校验工作即可一键完成,无需人为干预。

(3)校验效率高,使用本装置可 15 s 内完成一个继电器所有常开、常闭接点的校验任务。相比人工 3 min 完成一个继电器所有校验工作,本装置可提高 92% 的工作效率;简化工序工艺流程,节省大量的设备资源和人力资源,提高电厂检修维护工作的自动化和智能化水平。

(4)因其具有专用性的特点,设备体积较继电保护测试仪有极大地降低。

(5)装置采用统一的插把接口,不同类型继电器校验切换变得简易方便,只需将多种继电器基座与标准规格的插把按照标准接线方式接线即可，一次接线永久使用，无需频繁改接线。

4.2 测量精度对比

在实际应用中，仪器要求具有高可靠性、高精度，因此利用本项目制作的虚拟仪器、继电保护仪加万用表组合分别对相同继电器进行测试，测试结果见表1。由表1可知，本项目制作的便携式24VDC继电器智能校验仪测量结果与专业仪器检测结果差距不大，分析其误差原因可能为本装置制作为手工打造，通过电缆线路接线连接，工艺与专业设备采用全电路板设计的工艺存在差距。

表1 测量精度比对

测量仪器	继电器	动作值	返回值	返回系数	常开1电阻	常开2电阻	常开3电阻	常开4电阻	常闭1电阻	常闭2电阻	常闭3电阻	常闭4电阻
继保仪+万用表测试结果	1	18.1	5.5	0.30	0.060	0.050	0.051	0.053	0.054	0.052	0.053	0.054
	2	17.8	5.5	0.31	0.070	0.080	0.082	0.097	0.082	0.096	0.108	0.100
	3	17.8	5.5	0.31	0.030	0.040	0.081	0.093	0.084	0.092	0.103	0.104
	4	17.7	5.5	0.31	0.044	0.054	0.076	0.088	0.065	0.035	0.070	0.056
本项目装置测试结果	1	18.0	5.3	0.30	0.052	0.053	0.056	0.058	0.06	0.07	0.045	0.040
	2	17.8	5.3	0.30	0.080	0.090	0.101	0.103	0.104	0.105	0.115	0.120
	3	17.8	5.3	0.30	0.035	0.050	0.101	0.102	0.092	0.104	0.130	0.110
	4	17.8	5.4	0.30	0.052	0.061	0.068	0.083	0.074	0.042	0.085	0.070

4.3 取得专利授权

本项目设计思路由项目团队原创，最终新型继电器校验仪成品具有完全的知识产权，并且于2019年3月取得国家知识产权局颁发的专利证书《一种直流继电器全接点自动检验装置》(ZL 2018 2 1340253.3)。

5 结 语

虚拟仪器利用电脑对数据处理的优势，将多次测试测量数据进行存储、建模分析，在复杂系统设计上比传统仅利用单片机处理器优势更明显；同时也因其利用电脑作为控制平台，可以更方便地接入各种外设，系统集成度更高。以本文所述便携式24VDC继电器智能校验仪为例，团队成员正在探讨将多次继电器测试结果录入数据库，对一个继电器全生命周期过程进行跟踪研究，通过检修期测量数据积累，对各个型号继电器在不同系统中的使用寿命进行分类统计，从而做到检修期提前准备，精准更换，提高电站设备运行的可靠性。

本文通过职工创新项目《便携式24VDC继电器智能校验仪》抛砖引玉，针对电厂继电器校验简单、重复性高的作业，设计了可以应用于实际工作的继电器专用校验仪器。本项目实施过程中，在将控制器由STM32处理器更换为利用电脑基于虚拟仪器平台进行控制后，仅用1天时间即完成所有软件设计工作，充分体现出虚拟仪器在测控平台搭建方面的优势。同时，由于采用虚拟仪器平台，无需花费时间专门编写打印机驱动程序和存储程序,轻松增加了打印和存储功能。同时,因为虚拟仪器平台自带的多种信号分析功能和大数据分析功能,在简单进行程序更改后使得仪器更智能化。利用虚拟仪器进行职工创新项目优点主要有:可操作性高、精度高、费用低、员工耗费精力低、无需专业编程知识即可开展相关研究。该优点也使虚拟仪器在工程控制和测控领域得到广泛应用,建议一线员工在创新工作中可以考虑利用虚拟仪器平台进行相关方案设计研究,以缩短研究时间、减少精力耗费。

参 考 文 献

[1] 俞立凡. 虚拟仪器在电厂中的试用[J]. 华电技术,2011,33(3):62-63.

[2] 郑茂江. 虚拟仪器在电子测量领域的应用[J]. 电子制作,2020(1):55-56,5.

[3] 徐成智,安娜. 虚拟仪器在计量测试检定中的应用分析[J]. 中国标准化,2019,546(10):175-176.

某大型水电站工业电视系统智能化设计

王清萍,陆帅,朱斌,李冲,孟万里

(雅砻江流域水电开发有限公司,四川 成都　610051)

摘　要　结合当前水电站工业电视系统的实际业务需求,本文阐述了工业电视系统设计的主要原则、系统组成及系统将要实现的智能巡检、红外测温、安全帽识别、作业区域管控、智能联动等功能。

关键词　水电站;工业电视;智能化;作业区域管控

1　引　言

当前大部分水电站的工业电视系统主要用于对厂房各个区域进行视频监控,运行人员通过调取各个区域的视频监控来掌握现场实际情况。近年来,随着视频成像及图像识别处理技术的飞速发展,为适应水电站"无人值班(少人值班)"的运行模式,提高运行、检修人员的设备感知能力、缺陷发现能力、状态管控能力、主动预警能力和应急处置能力,建设一套能够主动预警、智能决策、自动巡检、智能管控的工业电视系统是非常有必要的。

2　工业电视系统设计方案

2.1　设计的主要原则

(1)系统采用数字式视频监控方式。系统必须是性能可靠、技术成熟、功能完善的分布式结构,系统配置灵活、操作方便、布局合理,能够满足长时间工作的要求。

(2)系统的各装置应具有工作可靠,易于调试、维护、更换和日后扩展等特点。

(3)系统应具备很强的兼容性,并为计算机监控、消防监控系统、门禁系统、电梯控制、安防和雅砻江集控中心工业电视系统等提供接口。

(4)系统可利用智能算法判断人员的着装是否规范、作业是否合规、是否按照规定佩戴安全帽。

(5)系统可利用热成像摄像机及部分重点区域普通摄像机进行烟点检测、缺陷诊断。

(6)系统可利用计算机视觉识别、机器学习、深度学习等技术,使系统具备代替人员巡检的能力。

2.2　系统组成

系统主要由前端设备、网络传输设备和后端设备组成,系统建立在自建的工业电视局域网络平台上,该平台采用高速以太网传输,为星型结构,采用 TCP/IP 协议。中心网络交换机与区域网络交换机之间采用光缆连接,区域网络交换机与前端设备之间将根据实际传输距离采用光缆或网线连接。

2.2.1 前端设备

前端设备主要由各种类型网络摄像机、光纤收发器、防雷器等组成,其功能为采集现场图像,将现场图像转换为电信号,并接收来自中控室的控制信号。

电站工业电视系统主要划分为地下主副厂房、地下主变洞和地面开关站三大监控区域。摄像机主要分布于电站的主厂房、副厂房、主变洞、开关站、大坝、溢洪道等区域,全厂工业电视监控测点大约 336 个。其中,地下主副厂房区域摄像机主要布置在各个设备间、配电室、中控室、机组上下风洞、集电环室、母线洞等区域;主变洞区域摄像机主要布置在主变室、电缆室等区域;开关站区域摄像机主要布置在 GIS 室、电抗器室、继电保护室、出线构架等区域。摄像机配置见表 1。

表 1　摄像机配置

项目	B 型	C 型	D 型	E 型	F 型	G 型	H 型	I 型	J 型	K 型	L 型
摄像机型式	30 倍星光级高清网络快球摄像机	20 倍防爆高清网络快球摄像机	高清网络枪式摄像机	电梯轿厢专用网络摄像机	红外枪型测温摄像机	热成像测温+可见光双目摄像机	激光网络快球摄像机	180° 全景跟踪摄像机	360° 全景跟踪摄像机	人脸识别摄像机	水尺读取摄像机	手持移动终端
安装数量	226	18	21	5	16	27	4	2	2	13	2	5
主要安装区域	各设备室、廊道、隧洞口、发电机层机旁盘、安装场、溢洪道、尾水出口平台、鱼道	蓄电池室、柴油发电机房、油罐室、油库	蜗壳进入门、电梯机房、溢洪道观测房	电梯轿厢	集电环室	出线构架主变、上下风洞	进水口上下游、左岸上坝交通洞口、进厂交通洞口	发电机层厂左、厂右	溢洪道大坝上下游	进厂交通洞口、1# 楼梯口、2# 楼梯口、溢洪道电梯机入口	坝前水位标尺、坝后水位标尺	

2.2.2 网络传输设备

网络传输由工业交换机组成,包括区域交换机、中心交换机、光纤收发器;距离较远的设备通过光纤收发器接入就近的区域交换机,距离较近的设备通过超六类网线直接接入就近的区域交换机,由各个区域的区域交换机再通过光纤直接接入中心交换机,由中心交换机构建起一个主干的传输网络,工业电视网络结构见图 1。

2.2.3 后端设备

后端设备主要由视频管理服务器、图像存储服务器(含磁盘阵列)、流媒体服务器、人脸识别服务器、作业安全和区域智能监管—可视化操作和缺陷诊断—视频分析实时告警服务器、安全帽识别服务器、视频快速检索和视频浓缩服务器、硬件防火墙、视频监控终端、视频监控客户端、LED 显示屏及控制器等组成。为保证工业电视系统电源可靠性,对于后端设备采用 UPS 供电。

2.2.4 主要设备布置

(1)视频监控终端、LED 显示屏及控制器设于地下副厂房中控室。

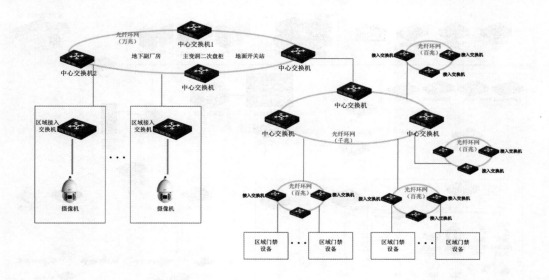

图1 工业电视网络结构

（2）视频监控客户端设于地下副厂房办公室。

（3）视频管理服务器、流媒体服务器、多台智能监控服务器、图像存储服务器（含磁盘阵列）、中心网络交换机、电源装置和光纤配线架等设备布置在地下副厂房通信设备室的工业电视设备柜内。

（4）图像存储服务器（含磁盘阵列）、中心网络交换机、电源装置和光纤配线架等设备布置在地下主变洞二次盘柜室的工业电视设备柜内。

（5）图像存储服务器（含磁盘阵列）、中心网络交换机、电源装置和光纤配线架等设备布置在地面开关站通信设备室的工业电视设备柜内。

（6）区域网络交换机、电源装置和光纤配线架等设备的工业电视设备箱设于摄像机较集中处，负责现场摄像机信号接入。

（7）摄像机分布于电站的主厂房、副厂房、主变洞、出线场、大坝、溢洪道等处。

工业电视总体框架见图2。

2.3 系统功能

系统应具有强大的录像功能,在本地端录像的同时,还可以实时同步地将视频信号通过网络进行传输,在网络上进行实时监视、录像回放、备份等操作;可根据权限划分等级按时间、日期、摄像机编号等方式对录像数据进行检索;可以按照设定好的规则,在指定的操作终端上自动轮流显示监控图像;可用鼠标拖曳的方式控制摄像机的监控方位、视角,实现快速拉近、推远、定焦被监控对象的功能。系统除具备以上基础功能外,还应具备以下功能才能达到减少人员现场维护的工作量,提高工作效率的目的。

2.3.1 智能巡检

在设定的时间间隔内对监控点进行图像巡检,参与轮巡的对象可以任意设定,根据预标定的检测设备与路线实现自动巡检。巡检过程中可对设备进行红外测温;表记标牌识别,如表记读取、箱门闭合、异物搭挂、金属锈蚀、标牌污损;地面积油积水情况检测;巡检

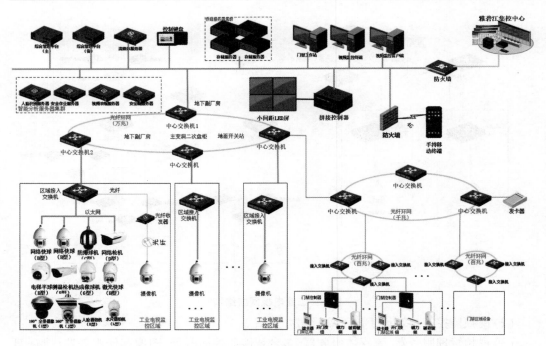

图2　工业电视总体框架

区域内烟点检测。每次巡检完成后自动生成告警事件列表和巡检报表,同时操作人员还可以手动在巡检报表上补充巡检信息。

2.3.2　可视化操作

以电站主接线图为基础,在主接线图上进行机组、开关站等区域摄像机点位标注,标注后操作人员在主接线图上点标注点即可查看相应区域设备状态。操作过程全监控,全记录、可回溯。

2.3.3　人脸识别

在电站进厂交通洞、中控室、厂房内主要走道、出线场、坝顶等出入口处设置具备人脸识别功能的摄像机来进行人脸比对检测。将前端摄像机中出现的人脸图片与人脸库中的人脸进行实时比对。同时,还可通过抓拍的人脸图片进行搜索,播放人脸关联的视频。

2.3.4　安全帽识别

通过对安全帽佩戴情况的检测和颜色识别分析模型算法相结合,对电站施工人员、管理人员和运维人员是否佩戴安全帽及人员身份进行识别,及时发现未佩戴安全帽人员。此外,还可通过安全帽颜色对现场人员作业区域进行划分,发现人员越限在监控端上进行弹窗报警。

2.3.5　作业安全、区域监管

利用智能算法技术跟踪人员作业过程,判断人员在作业区的作业过程是否合规,及时发现违规情况并在监控端上进行弹窗报警。系统可分工作时间和非工作时间,对厂房内各区域进行重点布控,实现区域入侵侦测、越界侦测、进入区域侦测、离开区域侦测、徘徊侦测、物品遗留侦测和人员快速移动侦测等功能。对于特定高危险区域,对其进行重点虚拟布控管理,在正常情况下高危险特定区域内闯入人员,则触发告警。

2.3.6 红外测温

利用热成像双光谱摄像机对集电环室、上风洞、主变室、出线构架等区域温度进行监视分析,当某一点位温度越限、温差变化过大时,系统报警。同时,在监控端可通过点/线/框等操作获取画面内任意点位的实时温度。系统支持历史温度曲线呈现,当有需要时,可从数据库中读取某一热成像摄像机在不同时间段的各测温点/线/框温度变化曲线,自动组合成一个完整的曲线。

2.3.7 智能联动

2.3.7.1 与计算机监控系统联动

工业电视系统可通过读取计算机监控系统外部中转服务器上 Mysql 数据库,接收来自计算机监控系统的报警信号(如上下游水位过高、集水井水位过高、水淹厂房事故、主变油温过高、紧急停机按钮动作、发电机相关保护动作等信号),系统接收到报警信号后,迅速将现场相关摄像机转向指定区域。

2.3.7.2 与消防系统联动

工业电视系统与消防系统通信主要采用 MODBUS-RTU 协议,接收来自消防系统的重要火警信号。系统接收到火警信号后,自动打开该区域所有受控门,使各受控门内人员可以安全逃离火灾现场,同时迅速将现场摄像机转向火灾区域,供值守人员进行确认。

2.3.7.3 与门禁系统联动

工业电视系统可对区域内的所有门禁实现远程开门,实时监控区域内所有门刷卡情况和进出情况(如正常开、关门,异常开门、超时关门等),当发现异常开门、超时关门等异常行为时,系统可自动将附近摄像机转向刷卡区域,监视该区域人员的活动状况。

3 结 论

工业电视系统的智能化建设能够大大减轻人员的劳动强度,增强对设备、人员状态的监视力度,增加厂区安全防护力度,方便各级人员对现场的管控,满足无人值班(少人值班)的管理要求,能够及时发现厂区的安全隐患,提升全厂的安全水平。

参 考 文 献

[1] 周延虎.安康水电厂工业电视系统设计与应用[J].水电厂自动化,2013(3):25-28.
[2] 杨利彪.工业电视系统在核电厂中的应用与设计方案[J].建筑电气,2017(2):47-53.
[3] 刘鹤.水电站智能巡检系统设计[J].水电站机电技术,2019(12):24-27.
[4] 韩超,马欣欣,沈维春.智慧安全系统在火电厂中的应用研究[J].中国电力,2019(1):127-132.

水电站智能园区规划探讨

李金明，王思良

（雅砻江公司杨房沟水力发电厂，四川 成都　610051）

摘　要　本文陈述了水电站智能园区建设的重要意义，介绍了整体规划原则，并结合某大型水电站智能园区的规划实践，就封闭区周界防护、人员定位及管控、有限空间在线监测、火灾监测及预警、边坡状态监测及预警等内容，探讨了智能园区的具体场景规划，为同类水电站智能园区规划提供了借鉴。

关键词　水电站；智能；园区；规划

1　引　言

当前，智能传感器、图像识别、定位技术、火灾探测器等先进的信息化手段越发成熟，5G、WIFI 等信息载体也得到越来越广泛的应用[1-2]。作为智能水电站的重要分支，智能园区通过大数据、可视化展示等信息化手段，有效地拓展了水电站的智能应用场景，如封闭区周界防护、人员定位及管控、有限空间在线监测、火灾监测及预警、边坡状态监测及预警等，使水电站的生活更加便捷、园区更加安全、管理更加高效，也显著地提高了员工对智能园区的体验感知[3]。

2　规划原则

智能园区规划宜结合水电站实际，充分考虑功能定位和使用需求，在此基础上遵循"降本增效、辅助决策、智能安全、实用可靠"的理念，整体规划应用场景和实现方案。具体规则原则如下。

2.1　先进性和成熟性

以适度超前为指导原则，采用国内外通行的先进技术，总体设计上一步到位，确保系统建成后若干年内不落后。设计中采用先进的系统设备、开发平台和应用软件，以集成化、数字化的主流产品为核心，确保建成的系统成熟稳定并符合日后发展趋势。

2.2　实用性和经济性

充分挖掘智能园区建设的内在需求，使系统满足水电站当前的主要业务需要，并适当考虑未来发展。系统简单可靠，设备实用方便，人机交互友好，联机帮助健全。设备选型注重性价比，关键部件性能优先，非关键部件实用优先，实现高投入产出比。

2.3　集成性和扩展性

充分考虑各子系统的集成和信息共享，可采用集中管理、分散控制的模式，分层实现各板块功能。系统结构包容不同厂商主流产品，便于升级迭代，同时应与水电站已有工业电视、门禁、安防等系统对接并交互信息。随着技术发展与进步，系统能不断完善、改进和提高,在预埋、接口和主干敷设上留有冗余,便于未来扩展。

2.4 安全性和可靠性

信息技术与运营技术安全并重。数据传递、交换、存储和访问应有有效安全措施,防止数据被破坏、窃取和勒索。安全分级控制体系健全,有效审计用户操作,便于事后追溯。软硬件设备运行稳定,故障率低,容错性强,采取有效措施保障系统无故障连续运行。

2.5 服务性和便利性

以人为本,适应多功能、外向型需求,对于来自项目内外的各种信息进行收集、处理、存储、传输、检索和查询,为项目的使用者和管理者提供有效的信息服务和充分的决策依据,为园区人员提供安全舒适、快捷高效的生产、生活环境。

3 应用场景

结合园区周边自然环境、社会环境及水电站生产需要,总结当前园区建设存在的欠缺或薄弱点,分析园区智能建设的潜在应用场景。以某水电站智能园区规划为例,分析应用场景的规划。

3.1 人员管控

对园区各出入岗哨实行人脸识别管理,在办公楼、地下厂房、开关站等关键区域出入口设置智能道闸、人员点数装置、人脸识别摄像机等,实施电子刷卡、人脸刷卡登记进出。自动管控条件包括三级安全教育、安全交底、持证、健康体检等。系统具备基于图像识别的各区域人员分类统计功能,记录安全管理等各类人员进场次数、在场时间等信息,并提供历史查询功能。

通过智能摄像机实现特定高危区域闯入、烟点检测、未佩戴安全帽、跨越电子围栏、设备温度异常等预警,并自动将信息推送给园区安保人员。

3.2 人员定位

以生产生活区域布设的 Wi-Fi 网络及 AP 接入设备为基础,利用人员佩戴的带有蓝牙标签的智能安全帽,辅以各区域布设的人脸识别摄像机,实现人员的综合定位。系统可绘制人员活动轨迹,并具备追踪和回放功能。

非授信人员在关键区域出现时,现地声光报警并向值班人员推送信息。系统根据定位信息联动水电站工业电视系统,可实时查看现场状况。自动分类统计和显示各区域检修、运行、管理、外委、来访等人员数量信息。

3.3 边坡安全监测

在水电站两岸边坡及危岩体上布设 MEMS 姿态传感器阵列,自动采集监测对象的三轴加速度、角速度、角度、时间轴等数据,并上送分析平台。

平台专家及预警系统对数据进行归集、清洗和分析后,发布边坡及危岩体的实时状态信息,如位移、应力等,对异常状态进行实时预警。利用数据分析及解算系统的数据成果,进行边坡和危岩体的可视化展示,直观呈现边坡变形趋势。

3.4 火灾监测预警

水电站一般地处深山峡谷的森林地带,森林火险等级高。在园区范围内布设光学和热成像双目相机,通过火灾视频监控系统完成自动识别、定位、报警和追踪功能。当系统识别到森林火灾时,系统自动启动录像功能,将事件信息推送给相关人员,并按照预案流程,联动应急消防系统、应急指挥系统,实现园区森林火灾的监测预警联动一体化功能。

3.5 有限空间管控

在水电站各集水井、污水处理池、压力容器等密闭空间内布设智能传感器、图像采集系统,实时采集有限空间内的相关安全数据,如有毒有害、易燃易爆气体、温湿度、液位值,密闭空间人员进出情况等。建立分布式在线监测物联网系统及安全预警平台,包括智能传感器、通信系统、数据接收及边缘计算系统、平台分析系统、图像展现及专家预警系统[4]。

实时展现各项环境参数及设备设施运行状态信息,提供可视化数据分析依据,实现有限空间的信息化和智能化管理。

3.6 封闭区管理

通过园区周界布设的摄像机,对非法进入园区周界的人员进行识别并提醒安保人员,自动发出驱离告警和图像记录留存。以车牌信息为基础,建立车辆基础信息库,基于图像智能识别技术,实现园区车辆的快速通过,同时提供外部车辆的线上审批功能。基于数字地图,直观呈现各区域车辆停放数量及主要通道的车流信息。基于园区布设的摄像机,智能追溯车辆在园区内的行驶轨迹,对车辆徘徊等异常行为进行抓拍和预警。

3.7 信息化展示

在园区人员集中的办公楼大厅、地下厂房出入口设置 LED 显示大屏,用以实时直观显示智能园区的各项监测数据和分析结果,显示各项预警信息。当发生人员误闯入、森林火灾、有限空间监测异常等情况时,自动显示报警并切换至现场监视画面。

4 实现技术

以现有资源为基础,建设传感器通信网络,丰富监测手段,优化数据存储计算、完善报警监视功能,发挥预警提示作用,建设和谐、友好、安全的智能园区。

4.1 MEMS 传感器

MEMS 传感器具有体积小、自重轻、安装方便、功耗小、成本低、一机多能等集成应用能力,数据采集密度及精度可调,将其按需求灵活组合成固定模块,可供不同场景使用,如用以测量温湿度、噪声、有毒有害气体、位移、角速度等。

4.2 智能安全帽

在常规安全帽上集成摄像头、定位芯片、拾音器、扬声器、通信芯片等,实现定位、影像采集、报警提示等功能,可结合水电站两票管理,应用在人员定位、误入间隔报警、取得班组长远程技术支持等场景[5]。

4.3 Wi-Fi 网络及蓝牙定位标签

园区和厂房布设 Wi-Fi 网络及 AP 热点,既可用为分布式智能设备的通信载体,也可以基于 Wi-Fi 实现蓝牙标签定位功能,精度一般为 3~5 m,可实现存在性定位场景。

4.4 双光谱摄像机

基于红外热成像温度监测原理,识别环境温度异常,结合可见光机器视觉对烟雾静动态特性进行分析,加之 AI 图像自动识别技术,实现森林火点识别,可应用于森林火灾监测场景。

4.5 人脸识别摄像机

同时对多张人脸进行检测、识别、跟踪、抓拍,实现人脸识别和人员点数功能。结合后台图像识别技术,实现人员行为检测功能。可应用于人员管控、人员定位等场景。

4.6 智能道闸

集成人脸识别和身份验证识别终端,实现人员的快速通行。与访客业务相结合,实现访客的快速登记放行和重要客户的智能放行,可应用于人员管控、人员定位等场景。

5 结 语

水电站智能园区建设工作,还可在智能车队管理、智能会议、智能超市、智能餐厅等场景方面拓展,重在根据自身实际情况,以提高工作效率、提升员工舒适度为原则,深入挖掘可应用智能场景,为智能水电站建设提供支撑。

参 考 文 献

[1] 郭玉恒,郭锡瑾. 工业电视智能元素在二滩水电站的应用[J]. 水电与抽水蓄能,2021(2):48.
[2] 白梅,孟欣. 高科技园区智能环境设计方式研究[J]. 智能建筑与智慧城市,2020(11):94.
[3] 田方. 智能化水电站设计思路浅析[J]. 西北水电,2020(6):26.
[4] 路振刚,王润鹏. 基于知识图谱的电站专家知识管理系统开发研究[J]. 大电机技术,2021(1):89.
[5] 高国. 水电站计算机监控系统智能报警研究与应用[J]. 机电信息,2020(6):46.

流域发电企业隐患管理系统的研究与实践

赵森林,赵海峰

(雅砻江流域水电开发有限公司,四川 成都 610051)

摘 要 建立安全隐患排查治理体系,构建隐患管理信息化系统,落实隐患全过程管控是发电企业提高安全管理水平和事故防范能力的必由之路。针对流域发电企业安全生产特点,提出了隐患管理系统五项建设原则,详细阐述了安全隐患、安全检查、超时提醒、先进评比、数据展现等功能和系统硬件组成。从责任落实、决策支撑、规范流程、活动效果等方面进一步介绍了隐患管理系统在雅砻江流域的应用和安全成绩,强调企业要抓住机遇,积极开展安全技术和管理创新,切实把安全生产责任落到实处,预防事故发生,为企业稳健发展创造良好环境。
关键词 隐患排查;信息化;全过程;管理创新

1 引 言

安全生产是企业赖以生存的根本,是企业稳健发展的前提。一直以来,党和国家高度重视安全生产工作,习总书记针对安全生产工作多次作出重要指示批示,国务院安全生产委员会办公室布置了全国安全生产专项整治三年行动,旨在建立健全公共安全隐患排查和安全预防控制体系,推进安全生产治理体系和治理能力现代化。

流域发电企业兼有电力生产和施工建设双重性质,所属的二级单位(企业)——在运、在建水电站大多分散于高山峡谷之中,地域环境和自然条件复杂,在运水电站对人员素质和设备可靠性要求高,在建水电站建设条件差,施工难度高,危大工程和高风险作业多,面临着巨大的安全压力。对于水电企业来说,隐患排查治理工作牵涉到设备、人员、自然环境、管理制度等各个方面[1]。建立健全安全生产隐患排查体系,把安全生产重点放在事故预防体系上,对杜绝和减少企业事故具有重要意义。当前随着互联网和人工智能技术的发展,"互联网+安全"应用越来越广泛,借助先进信息技术和互联网理念,构建隐患信息化管理系统,落实隐患全过程管控[2],将成为提高发电企业安全管理水平和事故防范能力的必由之路。

2 隐患管理系统建设原则

2.1 基于落实三级管理、五级责任原则

按照"承包商、二级单位、企业总部"三级管理原则,以落实企业主体责任和承包商自主管理责任为目标,以狠抓"岗位、班组、部门、二级单位、企业总部"五级隐患排查治理责

作者简介:赵森林(1986—),男,本科,工程师,从事水电站综合管理工作。E-mail:zhaosenlin@ sdic. com. cn。

任落实为手段,做好系统顶层设计。在落实承包商内部隐患排查责任的同时,承包商纳入二级单位班组层级或者部门层级管理,作为隐患上报者或者隐患治理者角色融入安全管理链条。隐患排查治理流程自动挂钩安全管理履职记录,作为落实安全责任制的重要依据之一。企业总部、二级单位、承包商隐患排查管理层级典型关系如图1所示。

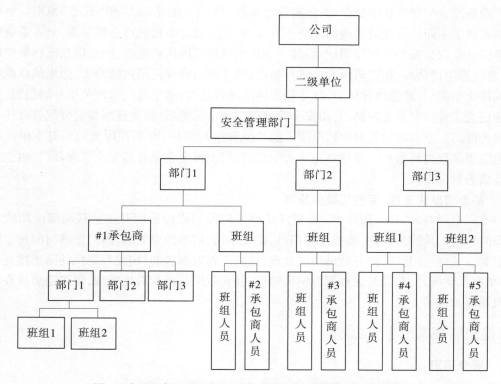

图1　企业总部、二级单位、承包商隐患排查管理层级典型关系

2.2　基于全方位覆盖、全过程管控原则

本着"安全第一、预防为主、综合治理"的安全生产方针,从人、机、物、法、环五大生产要素出发,针对生产工艺、设备设施、作业环境、人员行为和管理体系等方面辨识风险,排查隐患[3],确保全覆盖。借助信息化手段实现隐患排查、隐患记录、隐患评估、隐患整改、隐患验收全环节流程管控,依靠信息技术"硬约束"作用和现场核查相结合的方式,确保闭环管理。

2.3　基于全员发动、全员参与原则

现场员工往往是现场危险源和隐患的最直接接触者。落实隐患排查治理责任,不仅仅是安全管理人员和安全员的责任,更要充分依靠和发动广大职工[4]。将隐患排查主体扩展到最小管理单元和最小管理单位,充分发挥全员参与隐患排查优势,从隐患排查、安全检查两个层面满足隐患排查要求,构建隐患排查一线岗位、班组、部门自下而上及安全检查自上而下的隐患处理机制。

2.4　基于谁主管、谁负责原则

根据安全生产网格化管理要求,按照安全生产责任制规定划分和认领"责任田"。按照业务管理部门、班组和岗位人员管理职责、管理区域分配整改任务,并督促落实隐患整改闭环要求。对于职责不清、管理模糊区域,将由安全管理部门协调后指定整改部门。

2.5　基于分级审批、分级管控原则

隐患排查治理应在事故前面,落实隐患治理应坚持"立行立改"和"五定"原则。所填报隐患属于本岗位管理范围内的安全不符合项,无需经过审批就可立即整改,录入系统的隐患信息仅仅为安全工作履职记录;属于本班组管理范围内的隐患,隐患信息流程提交班组,并经隐患评估后,指定班组人员进行整改;属于部门管理范围内的隐患,隐患信息流程继续提交至部门,经隐患评估后,指定相关班组进行整改;属于部门管理范围外的隐患,则继续提交流程至安全管理部门,由安全管理部门评估隐患后,按责任制规定分配整改任务至相关部门。业务部门可对管辖范围内隐患流程进行监控,安全管理部门可对本单位范围内隐患流程进行监控。经评估为重大隐患的,将上报至企业总部安全管理部门,由企业总部负责督促整改。

2.6　基于信息化支撑、智能化赋能原则

适应灵活办公需求,按照 PC 端和移动端方向分别进行系统开发。移动端应用应实现即时拍照上传隐患图片,填报隐患信息,提交审核,启动隐患处理流程,突破时间和空间的限制。这样可以保持随时随地协同处理,提高工作效率,同时构建智能化的隐患排查系统,增加自动统计、自动智能提醒等辅助功能,强化数据分析和对比展现,促进隐患排查治理机制高效运转。

3　隐患管理系统主要功能

3.1　安全隐患

3.1.1　隐患记录

隐患发现人填报隐患信息,主要包括隐患类别、隐患位置、隐患描述、隐患图片或视频等信息,初步建立隐患档案。

3.1.2　隐患审核评估

审核填报的隐患信息。对于经判断为隐患,进行隐患评级和选择责任单位等进行处理,对于无法在本管理层级完成整改的隐患,按照班组(承包商)、部门、安全管理部门、二级单位领导的顺序,逐层审批,至能够确定整改部门为止;涉及设备类隐患,安全管理部门可会签业务部门进行评级。经判定不为隐患时,可直接终止流程。

3.1.3　分发整改

经审核后的隐患分发给相应管理层级人员进行整改,管理人员可根据分工对隐患继续进行分发。

3.1.4　接收整改

流程接收人员接收到隐患后,在整改期限内落实隐患整改措施。如不能按期整改完成,可申请延期整改。整改阶段,上级部门可将隐患作为督办事项进行管理。

3.1.5　结果送审和确认

整改人员整改完成,上传整改照片或视频,进行逐级送审操作,至首次分发整改人员确认并关闭隐患流程。

3.2　安全检查

日常安全检查、专项安全检查或者综合安全检查后,在系统安全检查模块中录入检查人员、检查时间、检查内容等信息,逐条输入系统所发现问题隐患,批量启动隐患整改流程。安全检查问题整改流程仍然按照班组(承包商)、部门、安全管理部门、二级单位领导的顺序,根据实际情况逐级审批,落实整改闭环。外请专家安全检查问题可通过安全管理部门录入系统,也可通过建立临时账号的形式参与整改闭环流程,整改闭环任务直接由安全管理部门分配。隐患排查治理流程如图2所示。

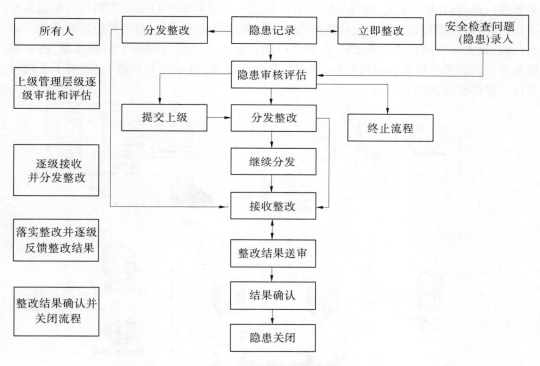

图2　隐患排查治理流程

3.3　超时预警

以待办任务形式自动提醒隐患流程接收人员,自动对每个层级审批和落实环节进行监控。按照多级预警管控原则进行提醒任务待办,当超过设定时间未审批,通知当前管理层级管理人员;超过一定时间未审批,将通知上级管理层级人员。安全管理部门可根据权限查看超时审批的隐患流程,根据结果督促相关部门及时落实整改闭环。

3.4　先进评比

以现有隐患排查数据库为基础,分别以推荐班组、推荐人员发现同样数量的典型隐患作为评比项目,组织专家通过隐患排查系统按照危险性、隐蔽性、突发性等评分依据标准进行评分,作为班组和人员隐患类先进评比的重要依据。

3.5　数据展现

以现有隐患排查数据库为基础,科学选取年度内隐患排查数量、排查治理完成率、隐患类别、隐患处理阶段、隐患超时统计、安全检查数量等项目进行统计,并以饼形图、柱形图等图表形式进行展现隐患排查治理趋势和规律,以及二级单位间的横向激励对比,达到分析问题,查找不足,补齐差距的目的。

4　硬件架构

采用集中部署模式,按照双应用系统设计,使用 JAVA 语言和 Html5 技术进行功能开发,采用 webservice 技术手段实现对外提供服务接口或集成外部数据接口,应用 F5 硬负载均衡技术,确保多链路负载均衡和冗余,服务器、防火墙负载均衡。数据库采用两台服务器并行运行(RAC)方式,通过不同的节点使用一个或者多个 Oracle 实例与共享数据库连接,利用高速缓存合并技术促使集群高效同步其内存高速缓存,自动并行处理及均匀分布负载,最大限度地减低磁盘 IO。用户通过浏览器输入地址访问到中间服务器,由中间服务器再转到系统服务器进行访问,利用负载均衡技术,减少服务器压力,提高了系统可靠性。硬件架构如图 3 所示。

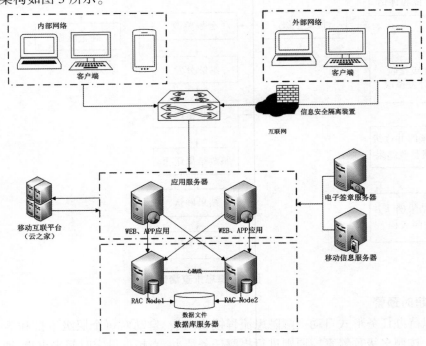

图 3　硬件架构

5　隐患管理系统在雅砻江流域的应用

从 2017 年开始,雅砻江流域开发企业探索建立了以个人安全履职行为数据为核心的安全管理信息平台,其核心应用就是隐患排查治理系统,经多次系统完善和升级,在企业范围内推广使用,取得了较好的应用效果。

（1）促进安全责任落实。

发挥信息系统"强支撑、硬约束"作用，强化企业安全管理执行力，实现隐患排查履职尽责痕迹化管理[5]。体现分级管理、分级负责原则，各级管理人员能够对管辖范围内的隐患情况和人员履职情况进行动态监督，做到心里有数。

（2）规范隐患排查治理流程。

落实法律法规要求，规范隐患排查治理流程，提高隐患工作效率和准确性，强化了本单位不同部门间的沟通协调机制，改善了沟通效率低下，信息传递不及时的弊病。

（3）统计分析为决策提供依据。

积累大量真实、有效、规范的数据资料，形成隐患数据库。通过隐患数据集中展示和统计分析，准确掌握隐患趋势方向，有的放矢开展安全管控，进行安全决策，并在一定程度上对安全生产事故进行预警。各二级单位间的数据对比激励，增强了安全管理激励，助力提高各单位隐患排查治理管理积极性。

（4）提升隐患整治活动效果。

创新隐患排查模式，抓牢安全生产重点难点，激发全员安全生产能动性，推进全员安全隐患"随手拍"活动，深化企业安全隐患排查治理力度。借助手机移动端的便利，随时随地发现和填报隐患，及时启动隐患排查治理流程，并得到了广泛的认可和应用，隐患管理系统使用率呈逐年上升的态势，截至2020年年底，隐患排查系统共排查安全隐患54 677条，整改闭环53 068条，整改完成率97%，企业未发生责任事故。

6 结 语

借助信息化技术实现安全隐患排查治理闭环管理，是落实安全责任的重要手段，也是实践"互联网+安全"创新管理模式的重要体现。利用信息化手段不断拓宽隐患排查广度和深度，深挖安全隐患数据价值，强化风险预研预警预控工作，这是未来安全管理的重要方向。流域发电企业要抓住新一轮工业革命和能源革命的历史机遇，积极开展安全技术和管理创新，将实践成果转化为制度成果，形成长效机制，切实把安全生产责任落到实处，预防事故发生，为企业稳健发展创造良好环境。

参 考 文 献

[1] 宋四新,赵明华,任庆祝,等.大型水电企业隐患排查工作机制的构建[J].中国安全生产科学技术,2017,13(S2):53-56.

[2] 孙志春,王红武,肖海平.安全隐患管理平台建设与应用[J].电力设备管理,2020(7):86-87.

[3] 范天庆,丁彩凤.全员参与在双重预防机制中的重要性及应用[J].安全,2020,41(5):73-76.

[4] 黄再树.坚持六性原则 做实隐患排查[J].中外企业家,2019(18):137.

[5] 吴立活,王智杰.安全生产隐患排查系统设计与实现[J].中国矿业,2017,26(S2):428-432.

先进数学算法在两河口爆破块度
智能优化中的应用

余良松[1]，练新军[1]，胡英国[2]

(1. 中国水利水电第十二工程局有限公司，浙江 杭州　310004；
2. 长江水利委员会长江科学院，湖北 武汉　430010)

摘　要　现阶段先进的数学算法与工程爆破设计的交叉融合并不多见，然而数学算法在爆破参数与效果这种多变量影响下的分析优化有得天独厚的优势。本文为实现爆破块度的准确预测，借助细菌觅食算法(BFO)及最小二乘支持向量机(LS-SVM)理论构建基于 BFO 算法的 LS-SVM 优化模型(BFO-LSSVM)。使用 35 组爆破数据作为训练样本对模型预测精度进行检验，选取孔排距、堵塞、孔深等因素作为输入因子，爆破料级配作为预测模型输出因子。结果表明，BFO-LSSVM 预测模型的预测结果精度高于相同样本容量下 LS-SVM 模型。以两河口水电站两河口料场开挖爆破数据为例，BFO-LSSVM 模型预测结果平均误差为 1.47%，验证了该预测模型的可行性及实用性，该模型作为主要算法之一，融入两河口坝壳料爆破智能设计系统，已用于工程现场并持续发挥作用。

关键词　爆破级配；块度预测；最小二乘支持向量机；细菌觅食算法

1　引　言

随着我国经济的不断发展，基础建设也随之不断扩大，越来越多的不同尺寸的石料被广泛地运用于水利工程(堆石坝、防洪堤)、建筑等工程[1]。钻孔爆破是石料开采的主要手段之一，其中爆破块度及其大小分布是评价石料开采爆破优劣的主要参数之一，爆破块度过大会导致二次破碎成本增加及运输难度增大。另外，在堆石坝填筑时，爆破块度的级配也会对坝体的密实度产生直接影响[2-3]。

目前，国内外科研工作者针对爆破块度分布进行了大量研究，提出了众多计算理论及预测模型。如武仁杰和李海波等[4]基于多元回归分析方法建立了块度预测模型，并通过对比实测爆破跨度统计数据，验证了该预测模型的正确性；蔡建德等[5]在 Kuz-Ram 数学模型的基础上建立了爆破设计参数与爆破级配关系式。李瑞泽等[6]利用三维激光扫描技术对爆破碎石颗粒形状及表面积开展了详细研究。Cunninghan[7]在综合考虑爆破参数、岩体性质及炸药单耗等因数条件下，利用 Kuznetsov 方程与 R-R 方程相结合的方法对 X_{50} 展开了研究。吴新霞等[8-9]结合实际工程背景，在 Kuz-Ram 模型基础上研究并提出了适用于天生桥及水电站筑坝级配料预测模型。吴发名、陈世海等[10-11]从实际工程应用出发开展了爆破参数对爆破块度的影响，并提出了爆破块度预测模型。

传统预测方法由于输入参数较少，且依赖于特定条件下爆破实测数据，因此建立的爆破块度预测模型通用性较差。随着计算机科学的发展,利用计算机处理能力分析预测爆破块度也得到了广泛运用,如遗传算法、支持向量机法、神经网络法等[12-13]。王泽文等[14]综合考虑装药工艺、岩体性质及爆破参数等影响因素,建立了基于 PSO-ELM 的爆破块度预测模型。史秀志等[15]基于最小二乘支持向量机思想,构建了适用于小样本条件下的预测模型。汪学清、Monjezi 等[16-17]也研究了人工神经网络在爆破块度预测领域中的运用。

综上所述,综合考虑岩体性质、炸药类型、爆破参数等因素,实现岩体爆破后块度的预测已成为岩体爆炸力学领域热点问题之一,并取得了一定的进展。但现有基于经验公式法建立的预测模型考虑因素较少,且人工神经网络法预测结果受隐含层节点数影响较大,学习效果较差。

基于此,本文依托实测爆破数据,将细菌觅食算法(BFO)引入到最小二乘支持向量机(LSSVM)中,利用细菌觅食算法全局搜索能力强等特点优化最小二乘支持向量机参数,构造 BFO-LSSVM 爆破块度预测模型,进而实现爆后级配曲线的准确预测。

2 最小二乘支持向量机算法

2.1 支持向量机

支持向量机(Support Vector Machine)是由 Vapnik 等提出的一种二级分类模型。SVM 具有模型精度较高,适应能力优良,并且有着优秀的鲁棒性及泛化能力等特点。在爆破块度的结果预测中,因为影响块度分布的因素众多,利用 SVM 方法通过选择映射函数(核函数)将块度分布的结果与岩体性质、炸药类型、爆破参数等多影响因素之间的非线性关系映射成为高维空间的线性关系,进而实现爆破块度的准确预测。

2.2 最小二乘支持向量机

最小二乘支持向量机(Least Squares Support Vector Machine)是一种针对 SVM 的改进算法,通过将比较目标函数误差的平方项结果作为算法的优化评判标准,并将计算过程中的约束条件变为等式约束达到降低求解难度、提高求解效率等目的。基本原理如下。

对于样本 (x_i, y_i),采用与支持向量机相同的算法理论,构造出最小二乘支持向量机的目标函数为:

$$\min J = \frac{1}{2} \parallel \omega \parallel^2 + \frac{1}{2} \gamma \sum e_i^2 \tag{1}$$

式中,e_i 为误差;γ 为正则化参数,可控制误差精度;通过引入 Lagrange 算子,则式(1)可转化为:

$$\min J = \frac{1}{2} \parallel \omega \parallel^2 + \frac{1}{2} \gamma \sum e_i^2 - \\ \sum \lambda_i [\omega^{\mathrm{T}} \varphi(x_i) + b + e_i - y_i] \tag{2}$$

进一步求解可得:

$$
\begin{cases}
\dfrac{\partial J}{\partial \omega} = 0 \rightarrow \omega = \sum \lambda_i \varphi(x_i) \\[2mm]
\dfrac{\partial J}{\partial b} = 0 \rightarrow \omega = \sum \lambda_i = 0 \\[2mm]
\dfrac{\partial J}{\partial e_i} = 0 \rightarrow \lambda_i = \gamma e_i \\[2mm]
\dfrac{\partial J}{\partial \lambda_i} = 0 \rightarrow \omega^{\mathrm{T}} \varphi(x_i) + b + e_i - y_i = 0
\end{cases} \tag{3}
$$

求解线性方程组得:

$$
\begin{bmatrix} b \\ \lambda \end{bmatrix} =
\begin{bmatrix} 0 & E^{\mathrm{T}} \\ E & K + \dfrac{1}{\gamma} \end{bmatrix}
\begin{bmatrix} 0 \\ \gamma \end{bmatrix} \tag{4}
$$

式中, $\lambda = [\lambda_1, \lambda_1, \cdots, \lambda_n]^{\mathrm{T}}$; E^{T} 为单位列向量, $E^{\mathrm{T}} = [1,1,\cdots,1]^{\mathrm{T}}$; K 为核函数; E 为单位矩阵, $E = [1,1,\cdots,1]$。依据该方程可计算出 λ_i 和 b 的值, 进而可算出 LS-SVM 的预测模型, 表达式如下:

$$
y = \sum \lambda_i K(x_i, x_j) + b \tag{5}
$$

3 BFO-LSSVM 爆破块度预测模型的建立

3.1 细菌觅食优化算法 (Bacteria Foraging Optimization)

细菌觅食优化算法是 2002 年由 Passion 基于大肠杆菌的觅食行为提出的一种智能优化算法, 大量数据分析表明, 该算法具有全局搜索能力强、鲁棒性强等优点。该算法根据觅食的四个基本行为(趋向性、聚集性、复制性和迁徙性)求解工程问题。

(1)趋向性:大肠杆菌的觅食过程中有旋转和游动两个动作。旋转是为了找到一个新的方向运动, 而游动则是继续按照之前的方向运动。趋向性操作的本质就是对这两个动作的模拟。

$$
\theta^i(j+1, k, l) = \theta^i(j, k, l) + C(i) \frac{\Delta(i)}{\sqrt{\Delta^{\mathrm{T}}(i)\Delta(i)}} \tag{6}
$$

式中, $\theta^i(j, k, l)$ 为细菌 i 在第 j 次趋化第 k 次复制第 l 次驱散后的位置。

(2)聚集:细菌觅食过程中, 不同个体存在斥力与引力两种作用力, 其中斥力使细菌在一定区域内单独觅食, 引力则使细菌向特定区域聚集。其聚集的数学表达式为:

$$
J_{cc}[\theta, P(j, k, l)] = \sum J_{cc}[\theta, \theta^i(j, k, l)] \tag{7}
$$

(3)复制:细菌进化过程服从优胜劣汰原则, 其中觅食能力强的细菌进行复制。表达式为:

$$
J^i = \sum J(i, j, k, l) \tag{8}
$$

(4)迁徙:当细菌所处坏境发生突变时, 算法给定一定概率模拟细菌迁徙过程, 使细菌个体在概率死亡条件下产生一个新个体, 该行为有利于算法跳出局部最优解。

3.2　基于 BFO 优化的 LSSVM 模型

采取基于 BFO 算法优化 LS-SVM 参数,运用经过优化后的 LS-SVM 来对爆破块度的分布进行预测。首先读取爆破块度的数据,把数据分为训练样本和预测样本,然后利用 BFO 算法计算出 LS-SVM 的最优参数,再将获得的最优参数 C,g 的值代入 LS-SVM 中对训练样本进行训练,最后对预测样本进行分析,计算出相应的结果。

BFO-LSSVM 模型预测流程如图 1 所示。

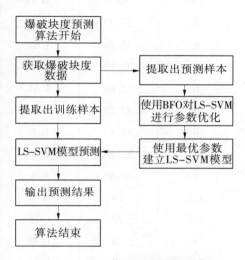

图 1　BFO-LSSVM 模型预测流程

3.3　不同预测模型对比分析

取 40 组文献中的露天矿山爆破块度统计数据,其中前 35 组数据为训练样本,后 5 组为模型预测精度验证测试样本,取相对误差及平均绝对误差作为计算指标,用来评估 LS-SVM、BFO-LSSVM 预测模型的预测精度。爆破块度统计数据见表 1。各模型预测结果见表 2 及图 2。

表 1　爆破块度统计数据

NO	a/b	l/b	b/D	ld/b	$q(\text{kg/m}^3)$	$X_{50}(\text{m})$
1	1.24	1.33	27.27	0.78	0.48	0.37
2	1.24	1.33	27.27	0.78	0.48	0.37
3	1.24	1.33	27.27	0.78	0.48	0.33
4	1.24	1.33	27.27	0.78	0.48	0.42
5	1.17	1.5	26.2	1.12	0.3	0.48
6	1.17	1.58	26.2	1.22	0.28	0.48
7	1.17	1.96	26.2	1.3	0.34	0.75
8	1.17	1.75	26.2	1.31	0.29	0.96

续表 1

NO	a/b	l/b	b/D	ld/b	$q(kg/m^3)$	$X_{50}(m)$
9	1	2.67	27.27	0.89	0.75	0.23
10	1	2.67	27.27	0.89	0.75	0.25
11	1	2.4	30.3	0.8	0.61	0.27
12	1	2.4	30.3	0.8	0.61	0.3
13	1.13	5	39.47	1.93	0.31	0.64
14	1.2	6	32.89	3.67	0.3	0.54
15	1.2	6	32.89	3.7	0.3	0.51
16	1.2	6	32.89	4.67	0.22	0.64
17	1.2	6	32.89	0.8	0.49	0.17
18	1.2	6	32.89	0.8	0.51	0.17
19	1.2	6	32.89	0.8	0.49	0.13
20	1.2	6	32.89	0.8	0.52	0.17
21	1.25	3.5	20	1.75	0.73	0.44
22	1.25	5.1	20	1.75	0.7	0.76
23	1.38	3	20	1.75	0.62	0.35
24	1.5	5.5	20	1.75	0.56	0.55
25	1.25	2.5	28.57	0.83	0.42	0.15
26	1.25	2.5	28.57	0.83	0.42	0.19
27	1.25	2.5	28.57	0.83	0.42	0.23
28	1.2	4.4	28.09	1.2	0.58	0.15
29	1.2	4.8	28.09	1.2	0.66	0.17
30	1.2	4.8	28.09	1.2	0.72	0.14
31	1.2	4	28.09	1.6	0.49	0.16
32	1	2.83	33.71	1	0.48	0.27
33	1.2	2.4	28.09	1	0.53	0.14
34	1.2	2.4	28.09	1	0.53	0.14
35	1.25	4.5	22.47	1.5	0.76	0.2
36	1.24	1.33	27.27	0.78	0.48	0.47
37	1.13	5	39.47	3.11	0.31	0.64
38	1	2.67	27.27	0.89	0.75	0.25
39	1.25	2.5	28.57	0.83	0.42	0.18
40	1.28	3.61	18.95	1.67	0.89	0.2

表2 各模型的预测结果对比

序号	实测值	LS-SVM		BFO-LSSVM	
		预测值	相对误差（%）	预测值	相对误差（%）
36	0.47	0.382 7	−18.57	0.398 9	−15.13
37	0.64	0.673 3	−5.2	0.634 5	−0.86
38	0.25	0.244 3	−2.28	0.245 3	−1.88
39	0.18	0.190 8	6	0.190 6	5.89
40	0.2	0.096 9	−51.55	0.195 3	−2.35

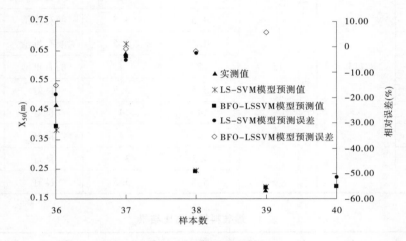

图2 各模型预测结果

从表2中可以看出，两种不同预测方法的平均绝对、相对误差分别为16.72%和5.22%。由图2可知，BFO-LSSVM模型的拟合度较高，除第一组的预测值相对误差稍大，另外四组预测结果相当好;反观LS-SVM模型，预测的稳定性不高，存在个别预测样本值误差过大的问题。综上可知，由BFO优化后的LSSVM模型比原模型有更高的预测精度，且数据拟合能力更强。

4 工程案例分析

4.1 工程概况

两河口水电站位于四川省甘孜洲雅江县境内雅砻江干流与支流庆大河的汇河口下游，是雅砻江中下游的"龙头"水库，是雅砻江干流中游规划建设的7座梯级电站中装机规模最大的水电站，也是我国藏区开工建设综合规模最大的水电站工程。两河口水电站拦河大坝为砾石土心墙堆石坝，坝顶高程2 875.00 m，坝顶宽度16.0 m，最大坝高295.0 m。大坝坝体共分为防渗体、反滤层、过渡层和坝壳四大区。本工程坝体堆石料、过渡料和围堰堆石料、人工骨料毛料、砌石护坡所需石料、心墙掺和石料及部分反滤料掺配料毛料均需从石料场开采。

为满足工程大坝浇筑过程中用料需求,现场需进行爆破试验。通过爆破试验对参数进行调整,以保证料场开挖所提供的石料级配满足设计要求。根据现场交通及岩体出露状态,选取两河口料场开挖区 11 组实测爆破料筛分数据,爆破参数如表 3 所示,各次爆破料筛分占比结果见表 4。选取前 10 组作为训练样本,剩余 1 组作为预测样本。

表 3 爆破参数

样本序列	孔径(mm)	孔深	炮孔孔距(m)	排距(m)	堆渣情况	堵塞长度(m)
1			4.5	3.5	良好	3.5
2			5	4	良好	5
3			4	4	良好	4
4			4.5	3.5	前有堆渣	5
5			4.5	3.5	前有堆渣	4
6	115	15	5	4	前有堆渣	4.5
7			5.5	3.5	良好	5
8			4	4	良好	4
9			4	4	良好	4.5
10			4.5	3.5	良好	4
11			5.5	3.5	良好	3.7

表 4 爆破料筛分占比结果 (%)

样本序列	<5	<10	<20	<40	<60	<80	<100	<200	<400	<600
1	7.1	12.6	22.2	36.5	46	53.9	59	76.6	87.6	99.9
2	11.39	19.54	34.33	58.54	71.55	79.82	84.97	90.26	96.55	100
3	10.39	19.54	34.33	58.54	71.55	79.82	84.97	91.26	96.55	99.99
4	11.01	20.5	32.89	51.17	62.1	70.44	74.76	85.71	93.19	100
5	10.07	15.96	29.06	48.86	60.6	66.46	70.66	79.98	86.58	100
6	9.54	19.74	29.74	40.74	46.74	51.93	57.27	72.15	87.81	99.89
7	12.35	16.72	24.8	39.12	50.7	59.72	66.11	81.27	88.63	100
8	10.71	18.73	28.01	41.34	49.5	57.09	63.44	77.98	88.87	100
9	9.99	15.18	22.01	33.76	45.98	56.01	63.91	78.95	84.34	99.99
10	10.68	15.15	24.48	41.15	50.17	56.04	59.92	68.02	86.33	99.99
11	9.77	16.81	25.81	40.81	50.03	56.98	61.78	79.22	91.34	100

4.2 预测结果分析

通过爆破试验,获取石料开挖爆破料粒径筛分结果,结合现场各次爆破试验相应爆破设计参数,通过建立的 BFO-LSSVM 预测模型,进行爆破料块度级配预测,并与实测值分析比较。

(1)根据前 10 组训练样本爆破料筛分结果,结合对应爆破试验参数,用 BFO-LSSVM 进行训练,确定 BFO 算法的参数值,如表 5 所示。通过对训练样本数据的爆破料粒径与爆破参数分析可知,爆破料粒径大小与爆破孔网参数成正相关,即爆破料大小随孔网参数增加而增大。

(2)根据所建立的 BFO-LSSVM 预测模型,在基于前 10 组训练样本进行训练的基础上,对第 11 次爆破料级配进行预测,预测结果如表 5 所示。

表 5 爆破料占比预测结果分析

粒径 (mm)	<5	<10	<20	<40	<60	<80	<100	<200	<400	<600
实际值	11.77	16.81	25.81	40.81	50.03	56.98	61.78	79.22	91.34	100
预测值	10.9	16.89	28.13	42.54	52.8	54.82	59.86	78.88	88.82	99.97
绝对误差	0.87	0.08	2.32	1.73	2.77	2.16	1.92	0.34	2.52	0.03

从表 5 中可以看出,爆破料级配的预测结果依次为 10.9、16.89、28.13、42.54、52.8、54.82、59.86、78.88、88.82、99.97。将预测结果与实际结果进行对比分析可以看出,BFO-LSSVM 模型预测结果最大误差仅为 2.52%,平均误差为 1.47%,预测结果误差控制得相当小,能满足工程实际的需求。

5 结 语

(1)基于最小二乘支持向量机构理论,构造了基于 BFO-LSSVM 的爆破块度预测模型。通过 LS-SVM 模型和 BFO-LSSVM 模型的预测结果对比,结果表明,BFO 算法可在一定程度上对 LS-SVM 模型的性能进行优化,使误差从 16.72% 降低到 5.22%,即 BFO-LSSVM 模型在爆破料级配的预测中具有比 LS-SVM 模型更高的预测精度。

(2)基于 BFO-LSSVM 块度预测模型对阿尔塔什水利枢纽工程堆石料开采过程中收集的爆破料级配数据进行了级配曲线的预测,其预测平均误差为 1.47%,进一步证明了在确定的爆破参数和现场岩体条件下,爆破料级配预测的可行性,对坝料的控制开采具有重大的意义。

(3)基于小样本对爆破料级配预测时,训练样本数据的准确性对模型预测结果的精度有较大的影响。同时,BFO-LSSVM 模型应用过程中没有考虑结构面对爆破块度的影响,使得文中模型的预测结果只适用于岩性相同或相近的料场。

参 考 文 献

[1] 梁向前,傅海峰. 面板堆石坝坝料爆破开采技术研究进展[J]. 水利规划与设计, 2007(5):71-73.
[2] Norazirah A, Fuad S, Hazizan M. The Effect of Size and Shape on Breakage Characteristic of Mineral[J]. Procedia Chemistry, 2016(19):702-708.
[3] 朱晟,宁志远,钟春欣,等. 考虑级配效应的堆石料颗粒破碎与变形特性研究[J]. 水利学报,

2018, 49(7):849-857.

[4] 武仁杰, 李海波, 于崇, 等. 基于统计分级判别的爆破块度预测模型[J]. 岩石力学与工程学报, 2018, 37(1):141-147.

[5] 蔡建德, 郑炳旭, 汪旭光, 等. 多种规格石料开采块度预测与爆破控制技术研究[J]. 岩石力学与工程学报, 2012, 31(7):1462-1468.

[6] 李瑞泽, 卢文波, 尹岳降, 等. 白鹤滩旱谷地灰岩爆破碎石颗粒形状及比表面积特征研究[J]. 岩石力学与工程学报, 2019(7).

[7] Cunningham C. 预估爆破破碎的 KUZ-RAM 模型[C]//长沙岩石力学工程技术咨询公司编译. 第一届爆破破岩国际会议论文集, 1985.

[8] 吴新霞, 彭朝辉, 张正宇, 等. Kuz-Ram 模型在堆石坝级配料开采爆破中的应用[J]. 长江科学院院报, 1998(4):40-42, 46.

[9] 吴新霞, 彭朝晖, 张正宇. 面板堆石坝级配料开采爆破块度预报模型及爆破设计参数优化研究[J]. 工程爆破, 1996(4):95-100.

[10] 吴发名, 刘勇林, 李洪涛, 等. 基于原生节理统计和爆破裂纹模拟的堆石料块度分布预测[J]. 岩石力学与工程学报, 2017, 36(6):1341-1352.

[11] 张宪堂, 陈士海. 考虑碰撞作用的节理裂隙岩体爆破块度预测研究[J]. 岩石力学与工程学报, 2002(8):1141-1146.

[12] 祝文化, 朱瑞赓, 夏元友. 爆破块度预测的神经网络方法研究[J]. 武汉理工大学学报, 2001(1):60-62.

[13] 郝全明, 杨振增. BP 神经网络在岩层爆破参数优化中的应用[J]. 煤炭技术, 2014, 33(12):20-22.

[14] 王泽文, 左宇军, 赵明生, 等. 基于 PSO-ELM 的爆破块度预测研究[J]. 矿业研究与开发, 2019, 39(6):136-139.

[15] 史秀志, 王洋, 黄丹, 等. 基于 LS-SVR 岩石爆破块度预测[J]. 爆破, 2016, 33(3):36-40.

[16] 汪学清, 单仁亮. 人工神经网络在爆破块度预测中的应用研究[J]. 岩土力学, 2008(11):529-531.

[17] Monjezi M, Ahmadi Z, Varjani Y, et al. Back break prediction in the Chadormalu iron mine using artificial neural network[J]. Neural Computing and Applications, 2013, 23(3/4):1101-1107.

深地科学研究

国内外双 β 衰变实验研究进展

刘奇泽，曾志，马豪

（清华大学工程物理系，北京　100084）

摘　要　双 β 衰变作为揭示中微子性质的关键过程在过去的 80 余年来得到了广泛的实验研究，从早期的化学方法到现今的低本底探测，随着辐射探测技术的发展，一部分双 β 衰变核素的 $T^{2\nu}_{1/2}$ 得到了精确测定，更高的 $T^{0\nu}_{1/2}$ 下限随实验数据的积累和分析给出，一些衰变至子核激发态的衰变模式和一些不同于常见衰变核的核素也得到了研究。随着诸多双 β 衰变实验最终结果的发表，下一代双 β 衰变实验正在积极地筹备和建造之中，在未来的双 β 衰变实验研究中，中国锦屏地下实验室将扮演更为关键的角色。
关键词　双 β 衰变；中微子；地下实验室

1 引　言

根据物理学的标准模型，在宇宙产生初期，物质与反物质的量应当是相同的，但在现今宇宙中，物质却远远多于反物质，这个问题始终困扰着物理学家们，成为宇宙学和物理学前沿最为重要的问题之一。粒子物理学的标准模型并不能解释这样的非对称性，必须有标准模型外的"新物理"来揭示正反物质对称性破缺的根源。其中一种可能的假设是中微子为马约拉纳粒子（中微子的反粒子为其自身），这样的轻子数守恒破缺可以在轻子创生过程中影响物质与反物质的对称性。

双 β 衰变是由 (A, Z) 的初始核素放出两个电子转变为 $(A, Z+2)$ 核素的过程，常见的双 β 衰变过程往往伴随着两个中微子的释放（$2\nu\beta\beta$），但如果上述有关中微子性质的假设成立，可能存在另一种不释放出中微子的双 β 衰变（$0\nu\beta\beta$）。如果 $0\nu\beta\beta$ 的存在被证实，则中微子的马约拉纳性质即可被验证，人们通过轻子创生过程来理解物质、反物质非对称性的步伐就向前迈出了一大步，这对于物理学和宇宙学的影响是极其深远的。关于 $0\nu\beta\beta$ 的研究一直受到广泛的关注和探索，但是 $0\nu\beta\beta$ 的存在至今仍未被确认，现有的技术手段还未达到搜寻此类极稀有事件的灵敏度。但即使 $0\nu\beta\beta$ 未被发现，已被发现和确认的 $2\nu\beta\beta$ 仍然可以为理论物理学提供额外的实验信息来改进核矩阵元的计算，这对于通过理论手段计算双 β 衰变的各种属性提供了数据支持[1]。

下文将从双 β 衰变实验的发展历程、研究现状和中国锦屏地下实验室开展双 β 衰变研究所具备的优势三个方面介绍国内外双 β 衰变实验研究的概况。

基金项目：国家自然科学联合基金项目重点支持项目（U1865205）。
作者简介：刘奇泽（1998—），男，博士生，研究方向为辐射防护与环境保护。E-mail：lqz20@ mails. tsinghua. edu. cn。

2　发展历程

　　早在 1935 年,M. Goeppert-Mayer 就提出了双 β 衰变的理论过程并给出该过程中电子能谱的状况及半衰期的可能数量级,按照该理论的假设,双 β 衰变会伴随两个中微子的释放(2νββ)[2];1939 年,W. H. Furry 给出了无中微子双 β 衰变(0νββ)的理论过程及其电子谱和半衰期的实验预期[3]。随着理论预言的提出,探索双 β 衰变的实验开始进行。为了捕捉到潜在的双 β 衰变的发生,需要选择易于发生双 β 衰变的核素进行研究,在早期实验中,常用的实验核素为 ^{124}Sn、^{48}Ca、^{96}Zr 等,这些核素通常具有较高的双 β 衰变 Q 值并且易于分离、富集,这些特性能够在一定程度上消除本底干扰和提升探测效率。在 20 世纪四五十年代,使用上述核素进行的双 β 衰变实验得到实现,这些实验通常使用盖格计数器、正比计数器和闪烁探测器及威尔逊云室和核乳胶等来寻找双 β 衰变产生的电子,并在当时所能达到的最优探测条件和环境条件下进行。John. A. McCathy 分别在 1953 年和 1955 年对上述三种核素的双 β 衰变进行了实验测量[4-5],在该实验中使用了高富集度的双 β 衰变样本,并用对向的闪烁体探测器进行符合测量,得到的测量结果同使用无衰变稳定样本的情况相对比来研究它们在双 β 衰变能区的差异,由于实验环境的本底及探测仪器的精度,并没有显著的结论来证实 0νββ 的存在。1956 年,M. Awschalom 在地下环境下用类似的方法验证了 McCathy 的实验结论,并给出了 ^{48}Ca 和 ^{96}Zr 的半衰期下限[6]。

　　除了直接探索电子能谱的方法,化学方法也在同一时期被用来寻找可能的双 β 衰变。化学方法所使用的衰变核素通常在化学上具有易于分离的特性,这有利于通过定量测量双 β 衰变前后核素的质量变化来估算双 β 衰变的半衰期。1949 年,Mark G. Inghram 和 John H. Reynolds 利用质谱仪定量分析了从碲矿中提取出的氙的质量并据此推断了从 ^{130}Te 衰变到 ^{130}Xe 的半衰期下限[7]。1950 年,C. A. Levine 等对 ^{238}Pu 的 α 衰变进行放射化学分析来研究从 ^{238}U 到 ^{238}Pu 的双 β 衰变[8]。这类化学方法的分析在同时期对双 β 衰变半衰期的推断要好于对电子的直接测量,因为对于这类稀有事件中电子的捕捉受到测量的准确程度和环境本底的干扰,而对于质量的化学或者放射化学的分析不会受到或者受到很小的本底干扰,测量的准确程度更高。

　　在 20 世纪六七十年代,新的双 β 衰变核素(^{76}Ge 和 ^{82}Se)和新的探测器[Ge(Li)半导体探测器]在双 β 衰变的研究中得到使用。半导体探测器的使用很快达到了在当时探测双 β 衰变实验所能达到的最高灵敏度[9]。与此同时,化学实验对多种可能发生双 β 衰变的核素(^{128}Te、^{82}Se 等)进行了测量[10]。在 20 世纪八九十年代,新的探测方法和探测手段引入到双 β 衰变的实验中来,并且开始有较大规模的双 β 衰变探测实验投入运行。1987 年,S. R. Elliott 等在加州大学尔湾分校构建了一套时间投影室(TPC)来研究 ^{82}Se 的双 β 衰变,并首次给出以实验探测的方式得到 2νββ 的半衰期值[11]。从 1987 年开始,ITEP/YePI 合作组使用富集度达 85% 的 ^{76}Ge 制作的半导体探测器研究其双 β 衰变,并于 1990 年给出 ^{76}Ge 的 2νββ 半衰期值和 0νββ 的半衰期下限[12]。使用 ^{76}Ge 进行双 β 衰变实验具有得天独厚的优势:^{76}Ge 易于提纯富集且本身即为性能优秀的半导体材料和适于研究的双 β 衰变核素,这为后来使用锗开展高灵敏度的"源即探测器"(需要探测的源物质本身就是探测器的组成部分)实验提供了启发。H. Ejiri 等使用神冈地下实验室的 ELEGANT V 探测装置(见图 1)

对^{100}Mo 和^{116}Cd 进行了双 β 衰变的测量,并分别于 1990 年和 1995 年给出二者各自的 $2\nu\beta\beta$ 半衰期值以及 $0\nu\beta\beta$ 的半衰期下限[13-14]。ELEGANT V 的核心部分由内而外为漂移室、塑料闪烁体和 NaI 探测器,产生双 β 衰变的面源放置于中间,通过漂移室里重建出的 β 径迹和闪烁信号的一致性筛选出双 β 衰变事件。NEMO 合作组也在同一时期使用 NEMO-2 探测器(见图 2)开展双 β 衰变实验,NEMO-2 使用 10 组 2×32 的盖格管对产生的 β 粒子进行径迹追踪,并使用两组闪烁体阵列分别在面源的两侧进行粒子能量和飞行时间测量。IGEX 和 Heidelberg-Moscow 实验分别使用高富集度(约 86%)的^{76}Ge 开展双 β 衰变测量[16-17],达到了在当时(20 世纪 90 年代)最高的探测灵敏度。

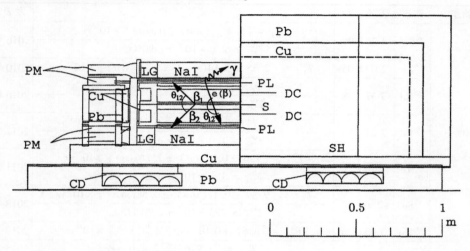

S—源平面;DC—漂移室;PL—塑料闪烁体;NaI—NaI 闪烁体探测器

图 1　ELEGANT V 探测器示意

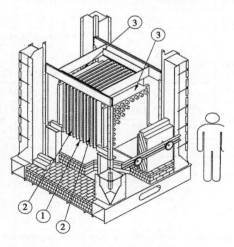

1—源平面;2—盖格管阵列;3—闪烁体阵列

图 2　NEMO-2 探测器示意

3　研究现状

近 10 年来,双 β 衰变尤其是 $0\nu\beta\beta$ 受到了更为广泛的关注和研究,作为揭示中微子性质的直接实验手段,双 β 衰变的实验进展受到物理学界的积极关注,在世界各地有多个合作组在针对不同的核素开展双 β 衰变实验,并在国际范围内通过新的合作来构建下一代双 β 衰变实验装置。与此同时,能够用于开展双 β 衰变实验的新核素和新的探测手段也得到了积极探索。近 10 年来活跃于双 β 衰变领域的合作组及其成果见表 1。

表 1　近 10 年来活跃于双 β 衰变领域的合作组及其成果

实验组	核素	$Q_{\beta\beta}$(keV)	实验结果	发表时间
NEMO-3	^{48}Ca	4 267.98	$T_{1/2}^{2v} = \left[6.4^{+0.7}_{-0.6}(stat)^{+1.2}_{-0.9}(syst)\right] \times 10^{19} yr$	2016 年[18]
			$T_{1/2}^{0v} > 2.0 \times 10^{22} yr\ at 90\% C.L.$	
	^{96}Zr	2 039.06	$T_{1/2}^{2v} = \left[2.35 \pm 0.14(stat) \pm 0.16(syst)\right] \times 10^{19} yr$	2010 年[19]
	^{150}Nd	3 371.38	$T_{1/2}^{2v} = \left[9.34 \pm 0.22(stat)^{+0.62}_{-0.60}(syst)\right] \times 10^{18} yr$	2016 年[20]
			$T_{1/2}^{0v} > 2.0 \times 10^{22} yr\ at 90\% C.L.$	
	^{116}Cd	2 813.50	$T_{1/2}^{2v} = \left[2.74 \pm 0.04(stat) \pm 0.18(syst)\right] \times 10^{19} yr$	2017 年[21]
			$T_{1/2}^{0v} > 1.0 \times 10^{23} yr\ at 90\% C.L.$	
	^{130}Te	2 527.5	$T_{1/2}^{2v} = \left[7.0 \pm 0.9(stat) \pm 1.1(syst)\right] \times 10^{20} yr$	2011 年[22]
			$T_{1/2}^{0v} > 1.3 \times 10^{23} yr\ at 90\% C.L.$	
	^{82}Se	2 997.9	$T_{1/2}^{2v} = \left[9.39 \pm 0.17(stat) \pm 0.58(syst)\right] \times 10^{19} yr$	2018 年[23]
			$T_{1/2}^{0v} > 2.5 \times 10^{23} yr\ at 90\% C.L.$	
	^{100}Mo	3 034.36	$T_{1/2}^{2v} = \left[6.81 \pm 0.01(stat)^{+0.38}_{-0.40}(syst)\right] \times 10^{18} yr$	2019 年[24]
GERDA	^{76}Ge	2 039.06	$T_{1/2}^{2v} = \left[1.926^{+0.025}_{-0.022}\right] \times 10^{21} yr$	2015 年[25]
			$T_{1/2}^{0v} > 1.8 \times 10^{26} yr\ at 90\% C.L.$	2020 年[26]
MAJORANA	^{76}Ge	2 039.04	$T_{1/2}^{0v} > 2.7 \times 10^{25} yr\ at 90\% C.L.$	2019 年[27]
CUORE	^{130}Te	2 527.518	$T_{1/2}^{2v} = \left[7.9 \pm 0.1(stat) \pm 0.2(syst)\right] \times 10^{20} yr$	2019 年[28]
			$T_{1/2}^{0v} > 3.2 \times 10^{25} yr\ at 90\% C.L.$	2020 年[29]
CUORE-0	^{130}Te	2 527.518	$T_{1/2}^{2v} = \left[8.2 \pm 0.2(stat) \pm 0.6(syst)\right] \times 10^{20} yr$	2017 年[30]
			$T_{1/2}^{0v} > 2.7 \times 10^{24} yr\ at 90\% C.L.$	2015 年[31]
CUORICINO	^{130}Te	2 527.518	$T_{1/2}^{0v} > 2.8 \times 10^{24} yr\ at 90\% C.L.$	2011 年[32]
EXO-200	^{136}Xe	2 457.83	$T_{1/2}^{2v} = \left[2.165 \pm 0.016(stat) \pm 0.059(syst)\right] \times 10^{21} yr$	2014 年[33]
			$T_{1/2}^{0v} > 3.5 \times 10^{25} yr\ at 90\% C.L.$	2019 年[34]
KamLAND-Zen	^{136}Xe	2 458	$T_{1/2}^{0v} > 1.07 \times 10^{26} yr\ at 90\% C.L.$	2016 年[35]
CUPID-0	^{82}Se	2 997.9	$T_{1/2}^{2v} = \left[8.60 \pm 0.03(stat)^{+0.19}_{-0.13}(syst)\right] \times 10^{19} yr$	2019 年[36]
			$T_{1/2}^{0v} > 3.5 \times 10^{24} yr\ at 90\% C.L.$	2019 年[37]
CUPID-Mo	^{100}Mo	3 034.36	$T_{1/2}^{2v} = \left[7.12^{+0.18}_{-0.14}(stat) \pm 0.10(syst)\right] \times 10^{18} yr$	2020 年[38]
			$T_{1/2}^{0v} > 1.5 \times 10^{24} yr\ at 90\% C.L.$	2020 年[39]
Aurora	^{116}Cd	2 813.49	$T_{1/2}^{0v} > 2.2 \times 10^{23} yr\ at 90\% C.L.$	2018 年[40]

表 1 中有一部分实验[41]已经完成并已发表实验数据分析的最终结果。这些实验基本都采用了"源即探测器"的直接探测模式,即发生双 β 衰变的源要么是探测介质本身的材料,要么就在探测装置内,直接测量双 β 衰变事件的两个电子信号。下文将以典型的

实验组及其实验方法为例介绍当前双 β 衰变的研究现状。

NEMO-3 实验[41]是由 NEMO-2 实验改进而来，具有比 NEMO-2 更低的本底和更高的核素容量，以径迹追踪和能量测量的方式来直接探测双 β 衰变产生的两个电子。在 NEMO-3 中源的设置同 NEMO-2 类似，将富集有核素的源平面放置在探测装置的中心，这样的配置使得它能够对多种核素进行测量(装配有不同种类核素的源平面)。在源的两侧分别放置有"盖格管—闪烁体—盖格管—闪烁体—盖格管"配置的探测器阵列，工作于盖格模式的漂移管用来进行径迹探测，塑料闪烁体用来测量粒子能量和飞行时间。

GERDA 实验[42-43]和 MAJORANA 实验均利用^{76}Ge 的优秀性质，构建高富集度的^{76}Ge 半导体探测器来探测本身即为探测器材料的^{76}Ge 所发生的双 β 衰变。这种实验方式大大提高了事件的探测效率，进而提升了实验测量的灵敏度。这两组实验在降低本底放射性上进行了大量的前期工作，GERDA 将高纯锗探测器阵列淹没在液氩中，液氩一方面提供低温的工作环境，另一方面作为 γ 线的屏蔽材料，在液氩之外是一个装满水的大水箱，水箱中的水用来慢化和吸收中子、降低外部 γ 线通量，同时也作为探测宇宙线缪子的切伦科夫介质；MAJORANA 将高纯锗探测器放置在铜制的分离式真空低温保持器中，在低温保持器外是内外层的铜屏蔽，铜屏蔽外是大体积的铅屏蔽，在实验装置的顶部有聚乙烯材料的屏蔽层和宇宙线判弃系统。除去实验装置的屏蔽设计外，GERDA 和 MAJORANA 均对构建实验装置的材料进行了严格的放射性筛选，以 MAJORANA 为例，低温保持器及其支撑材料和最内层屏蔽材料的铜通过地下电铸的方式制成，低本底的前端电子学同探测器相连，装载有屏蔽材料的容器内连接有液氮蒸气用以去除氡，这些设计要求保证了最靠近探测器的材料本底对实验产生最低的影响，将外部本底对实验测量的干扰降至最低限度。GERDA 实验概念见图 3。

图 3　GERDA 实验概念

CUORE 实验[45-46]是由 CUORE-0 和 Cuoricino 的先行实验发展而来的，使用吨量级的 TeO$_2$ 低温量热器对^{130}Te 进行双 β 衰变的研究，TeO$_2$ 晶体连接到中子嬗变掺杂的锗热传感器上记录热脉冲信号，同时为了保证热增益的稳定性，晶体还连接到能够产生参考脉冲的硅热板上。整套探测元件置于屏蔽热与辐射的低温保持器中，使用液氦保持其温度在 7~10 mK。在放置低温保持器的容器内，同样有类似 MAJORANA 实验一样的液氮除氡设计。到目前为止，CUORE 是全世界在运行的最大量级辐射量热探测器阵列。

EXO-200 实验[33,47]的核心是由液氙(L$_{Xe}$)构建的时间投影室(TPC)，EXO-200 充分

利用了 Xe 能够同时产生电离和闪烁光的物理性质,将富集后的 ^{136}Xe 作为辐射探测的介质,双 β 事件所沉积的能量在液氙中转化为电子和闪烁光,通过对电子漂移的测量能够重建 β 粒子的径迹,闪烁光信号则被雪崩二极管阵列所测量,通过对这两种特征检出的结合能够以更高的分辨率识别出可能的双 β 事件并抑制本底事件对双 β 能区的干扰。

KamLAND-Zen 实验[48] 使用质量达 13 t 的含氙(300 kg)液体闪烁体(Xe-LS)作为探测器,在盛放 Xe-LS 的气球外是 1 000 t 的液体闪烁体,这些闪烁体被盛放在一个更大的气球中,外部的闪烁体一方面作为外来 γ 射线的主动屏蔽,另一方面作为 Xe-LS 的探测器,所产生的闪烁光最终被包围在气球外的光电倍增管所捕捉。来自 ^{138}Xe 双 β 衰变事件的两个电子在闪烁体内产生的闪烁光并不能区分,所以通过二者的总能量来判断是否符合双 β 衰变的条件。

上述实验中所采用的实验模式是当前双 β 衰变研究中主流的工作模式,但是除这些依托于复杂实验装置的双 β 衰变实验,使用简单探测器进行的新型实验方式探索及对更多种类的双 β 衰变核素探究也在同时进行,低本底环境、利用更高量级实验核素、使用更先进的探测和甄别手段的下一代实验正在投入建造之中。

表 1 中所给出的结果均为从母核衰变至子核基态所得出的半衰期值,但依托于各类已有的双 β 衰变实验装置,从母核到子核激发态的双 β 衰变也得到了研究[49-52]。这样的衰变模式比起到基态的衰变而言具备其独特的优势,在发生双 β 衰变的同时会伴随一个或者多个 γ 射线的发射,如果是多个 γ 射线的级联过程,这些 γ 射线之间还存在着角关联。有了 γ 信号特征的辅助,能够通过符合测量等多种手段更好地抑制本底,从而更有效地挑选出双 β 衰变事件。还有一些间接探测实验("源非探测器"模式,这种实验通常无法直接测量到双 β 衰变事件产生的电子信号),直接对从母核衰变到子核各个能级的激发态所放出的 γ 线能量进行探测,并以相应 γ 事件的计数来得到双 β 衰变各个模式的半衰期下限。类似的,双 β 衰变的其他形式如 β⁻β⁺、β⁺β⁺、β⁺ε 等也会给出不同于 β⁻β⁻的特征:正电子会同负电子发生湮灭反应,产生两个 511 keV 的光子信号;电子俘获会伴随着特征 X 射线的发射或者俄歇电子的释放……这些不同于单纯 β 信号的特征同样有助于对双 β 衰变事件的提取。

表 1 中所列举的双 β 衰变核素通常具有比较高的双 β 衰变 Q 值,同时其自身的 β 衰变一般不会自然发生或者由于母核与子核间自旋的差异而受到强烈抑制,在对这些核素的双 β 事件进行寻找时受到低能本底及因 β 衰变产生的 β 粒子的干扰能够降到最低,这也是这些核素成为直接探测实验目标核素的主要原因。除这些传统的双 β 衰变核素,其他核素开展双 β 衰变研究的可能性也开始被考虑[53]。一些 β 或 α 不稳定的核素虽然没有像传统核素一样低 β 本底的特征,但具有远高于传统核素的双 β 衰变 Q 值,更高的 Q 值意味着更快的衰变率,能够给出中微子更严格的质量限制。天然 U/Th 放射系中的 ^{232}Th、^{234}Th 和 ^{238}U、^{226}Ra 以及反应堆或加速器产生的 ^{244}Pu 等不稳定核素的双 β 衰变半衰期下限已有实验给出,对于这类核素实验而言,若要达到更高的灵敏度,核素本身必须具有足够高的双 β 衰变 Q 值和足够长的 α 或 β 半衰期,显然上述列举的不稳定核素还远未达到这样的要求。^{126}Sn 被认为是更具潜力的不稳定核素,其 β 衰变的半衰期约为 10^5 年,$Q_{\beta\beta}$ 为 4 050 keV,同传统核素中唯一满足 $Q_{\beta\beta}>4$ MeV 的 ^{48}Ca 相比,^{48}Ca 需要花费大量

的成本从自然界中富集,但⁴⁸Ca 的双 β 衰变对中微子质量的灵敏度仍然小于¹²⁶Sn。

到目前为止,表 1 中所列举的一部分实验已经开始了下一代更高灵敏度的实验设施构建。GERDA 和 MAJORANA DEMONSTRATOR 两个进行⁷⁶Ge 双 β 衰变研究的实验组正在合作推动下一代锗探测器阵列 LEGEND-200 的建设,LEGEND-200 将使用 200 kg 的锗探测器在更低本底的环境下开展实验。为了实现本底的控制,LEGEND 的屏蔽采用了 MAJORANA 的电铸铜和 GERDA 的液氩,MAJORANA 生产的超净电铸铜可以控制 U/Th 衰变链的本底在 0.1 μBq/kg 以下,比当前 MAJORANA DEMONSTRATOR 实验中的铜还要至少低 1 个数量级,把 GERDA 当前所使用的 L_{Ar} 作为标记外部本底的主动屏蔽,通过光纤收集外来射线在 L_{Ar} 中沉积能量产生的闪烁光,在进行数据分析时剔除掉这部分本底。LEGEND 所使用的锗探测器采用了在 GERDA 实验的升级中采用的反向同轴型点接触(ICPC)探测器,前端电子学则采用了 MAJORANA 实验中使用的 LMFE。总的来说,LEGEND 实验汇集了 GERDA 和 MAJORANA 各自的优势,推动锗探测器开展双 β 衰变研究的灵敏度向 10^{28} 年的半衰期迈进。EXO-200 的下一代实验 nEXO(见图 4)也已进入筹备阶段,nEXO 将采用吨量级的液氙构建出更大的 TPC,关于 nEXO 的本底模型及其灵敏度也已得到了初步的估算。KamLAND-Zen 的下一代实验 KamLAND-Zen 800 已经在 2019 年开始了数据采集,近 750 kg 氙使用在了液体闪烁体中,这也是目前在运行的最大、最灵敏的无中微子双 β 衰变实验。

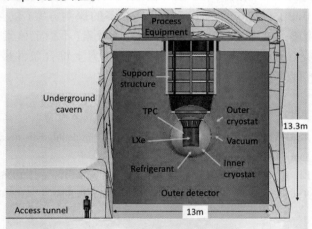

图 4 nEXO 探测器概念

4 中国锦屏地下实验室在开展双 β 衰变研究中的优势

由于双 β 衰变对于低本底环境的苛刻要求,高深度的地下实验环境成为近些年来双 β 衰变实验的基本配置。NEMO-3 运行在法国摩丹(Modane)地下实验室,简称为 LSM,LSM 在垂直方向上的岩石厚度约 1 700 m;GERDA 运行在意大利格兰萨索(Gran Sasso)地下实验室,简称为 LNGS,它是目前世界上最大的地下实验室,在垂直方向上岩石厚度达 1 400 m;MAJORANA 运行在美国桑福德(Sanford)地下实验室,桑福德实验室是由霍姆斯塔克(Homestake)金矿改造而来,MAJORANA DEMONSTRATOR 就运行在其地下 4 850 英尺(约 1 478 m)的工作面上。

于 2010 年投入使用的中国锦屏地下实验室(CJPL)[55]是目前世界上岩石覆盖深度最深的地下实验室,岩石覆盖厚度达 2 400 m,比起其他的地下实验室,宇宙线的通量控制在了每年每平米小于 100 个的水平,其周围岩石的放射性也远低于一般的本底水平,这为未来开展双 β 衰变实验提供了得天独厚的优越条件。目前,锦屏实验室的二期工程正在建设中,相关的宇宙线测量也正在进行中,在完工后锦屏地下实验室将超越格兰萨索实验室成为全世界最大的地下实验室,同时根据初步测量的结果,锦屏实验室仍将保持世界最低宇宙线通量地下实验室的纪录。

5 结 论

双 β 衰变从理论预言发展到今天广泛的实验研究已过去 80 余年,在物理学高度发展的今天,要想揭示宇宙的秘密,进一步发展理论物理的框架来解释当前还无法解释的问题,暗物质和中微子是最为关键的一环,而无中微子双 β 衰变作为揭示中微子性质最为直接的探针,对它的搜寻成为物理学界最为重要的课题。锗半导体探测器阵列、液氙投影室、氧化碲低温量热器等直接探测方案从材料的准备到探测器的构造再到实验数据的处理和分析在过去的 10 余年中经过了有效的验证并得出了丰富的实验成果。这些实验将在下一代实验中通过降低本底的技术手段和高效的数据处理方式进一步提升其灵敏度,有希望在未来给出 $0\nu\beta\beta$ 存在与否的最终判断。更多的探测方案(包含更多探测特征值的衰变模式及非直接探测的实验方法)和更多的探测核素(不稳定核素)也需要在未来进行更广泛深入的研究。在未来的 $0\nu\beta\beta$ 研究中,作为世界上综合条件最优的地下实验室,CJPL 将会扮演十分重要的角色。

参 考 文 献

[1] LAUBENSTEIN M, LEHNERT B, NAGORNY S S. First limits on double beta decays in 232Th [J]. The European Physical Journal C, 2020, 80(8): 759.

[2] GOEPPERT-MAYER M. Double Beta-Disintegration [J]. Physical Review, 1935, 48(6): 512-516.

[3] FURRY W H. On Transition Probabilities in Double Beta-Disintegration [J]. Physical Review, 1939, 56 (12): 1184-1193.

[4] MCCARTHY J A. Search for Double Beta-Decay in Sn^{124} and Zr^{96}[J]. Physical Review, 1953, 90(5): 853-857.

[5] MCCARTHY J A. Search for Double Beta Decay in Ca^{48} [J]. Physical Review, 1955, 97(5): 1234-1236.

[6] AWSCHALOM M. Search for Double Beta Decay in Ca^{48} and Zr^{96}[J]. Physical Review, 1956, 101(3): 1041.

[7] INGHRAM M G, REYNOLDS J H. On the Double Beta-Process [J]. Physical Review, 1949, 76(8): 1265-1266.

[8] LEVINE C A, GHIORSO A, SEABORG G T. Half-Life for Double Beta-Decay [J]. Physical Review, 1950, 77(2): 296.

[9] FIORINI E, PULLIA A, BERTOLINI G, et al. Neutrinoless double-beta decay of ^{76}Ge [J]. Il Nuovo Ci-

mento A (1965-1970), 1973, 13(3): 747-763.

[10] KIRSTEN T, GENTNER W, SCHAEFFER O. Massenspektrometrischer Nachweis von ββ-Zerfall-sprodukten [J]. Zeitschrift für Physik, 1967, 202(1): 273-292.

[11] ELLIOTT S R, HAHN A A, MOE M K. Direct evidence for two-neutrino double-beta decay in 82Se [J]. Physical Review Letters, 1987, 59(18): 2020-2023.

[12] VASENKO A A, KIRPICHNIKOV I V, KUZNETSOV V A, et al. NEW RESULTS IN THE ITEP/YePI DOUBLE BETA-DECAY EXPERIMENT WITH ENRICHED GERMANIUM DETECTORS [J]. Modern Physics Letters A, 1990, 5(17): 1299-1306.

[13] EJIRI H, FUSHIMI K, KAMADA T, et al. Double beta decays of 100Mo [J]. Physics Letters B, 1991, 258(1): 17-23.

[14] EJIRI H, FUSHIMI K, NDASH, et al. Double Beta Decays of 116Cd [J]. Journal of the Physical Society of Japan, 1995, 64(2): 339-343.

[15] DASSIÉ D, ESCHBACH R, HUBERT F, et al. Two-neutrino double-beta decay measurement of 100Mo [J]. Physical Review D, 1995, 51(5): 2090-2100.

[16] COLLABORATION I, AALSETH C E, AVIGNONE F T, et al. IGEX 76Ge neutrinoless double-beta decay experiment: Prospects for next generation experiments [J]. Physical Review D, 2002, 65 (9): 092007.

[17] KLAPDOR-KLEINGROTHAUS H V, DIETZ A, BAUDIS L, et al. Latest results from the HEIDEL-BERG-MOSCOW double beta decay experiment [J]. The European Physical Journal A - Hadrons and Nuclei, 2001, 12(2): 147-154.

[18] COLLABORATION N, ARNOLD R, AUGIER C, et al. Measurement of the double-beta decay half-life and search for the neutrinoless double-beta decay of 48Ca with the NEMO-3 detector [J]. Physical Review D, 2016, 93(11): 112008.

[19] ARGYRIADES J, ARNOLD R, AUGIER C, et al. Measurement of the two neutrino double beta decay half-life of Zr-96 with the NEMO-3 detector [J]. Nuclear Physics A, 2010, 847(3): 168-79.

[20] COLLABORATION N-, ARNOLD R, AUGIER C, et al. Measurement of the $2\nu\beta\beta$ decay half-life of 150Nd and a search for $0\nu\beta\beta$ decay processes with the full exposure from the NEMO-3 detector [J]. Physical Review D, 2016, 94(7): 072003.

[21] COLLABORATION N-, ARNOLD R, AUGIER C, et al. Measurement of the $2\nu\beta\beta$ decay half-life and search for the $0\nu\beta\beta$ decay of 116Cd with the NEMO-3 detector [J]. Physical Review D, 2017, 95(1): 012007.

[22] COLLABORATION N-, ARNOLD R, AUGIER C, et al. Measurement of the $\beta\beta$ Decay Half-Life of 130Te with the NEMO-3 Detector [J]. Physical Review Letters, 2011, 107(6): 062504.

[23] ARNOLD R, AUGIER C, BARABASH A S, et al. Final results on 82Se double beta decay to the ground state of 82Kr from the NEMO-3 experiment [J]. The European Physical Journal C, 2018, 78 (10): 821.

[24] ARNOLD R, AUGIER C, BARABASH A S, et al. Detailed studies of 100Mo two-neutrino double beta decay in NEMO-3 [J]. The European Physical Journal C, 2019, 79(5): 440.

[25] AGOSTINI M, ALLARDT M, BAKALYAROV A M, et al. Results on $\beta\beta$ decay with emission of two neutrinos or Majorons in 76Ge from GERDA Phase I [J]. The European Physical Journal C, 2015, 75 (9): 416.

[26] COLLABORATION G, AGOSTINI M, ARAUJO G R, et al. Final Results of GERDA on the Search for

Neutrinoless Double-beta Decay [J]. Physical Review Letters, 2020, 125(25): 252502.

[27] MAJORANA C, ALVIS S I, ARNQUIST I J, et al. Search for neutrinoless double-beta decay in 76Ge with 26 kg yr of exposure from the Majorana Demonstrator [J]. Physical Review C, 2019, 100 (2): 025501.

[28] CAMINATA A, ADAMS D, ALDUINO C, et al. Results from the Cuore Experiment [J]. Universe, 2019, 5(1): 10.

[29] COLLABORATION C, ADAMS D Q, ALDUINO C, et al. Improved Limit on Neutrinoless Double-Beta Decay in 130Te with CUORE [J]. Physical Review Letters, 2020, 124(12): 122501.

[30] ALDUINO C, ALFONSO K, ARTUSA D R, et al. Measurement of the two-neutrino double-beta decay half-life of 130Te with the CUORE-0 experiment [J]. The European Physical Journal C, 2017, 77(1): 13.

[31] COLLABORATION C, ALFONSO K, ARTUSA D R, et al. Search for Neutrinoless Double-Beta Decay of 130Te with CUORE-0 [J]. Physical Review Letters, 2015, 115(10): 102502.

[32] ANDREOTTI E, ARNABOLDI C, AVIGNONE F T, et al. 130Te neutrinoless double-beta decay with CUORICINO [J]. Astroparticle Physics, 2011, 34(11): 822-831.

[33] COLLABORATION E X O, ALBERT J B, AUGER M, et al. Improved measurement of the 2νββ half-life of 136Xe with the EXO-200 detector [J]. Physical Review C, 2014, 89(1): 015502.

[34] COLLABORATION E X O, ANTON G, BADHREES I, et al. Search for Neutrinoless Double-beta Decay with the Complete EXO-200 Dataset [J]. Physical Review Letters, 2019, 123(16): 161802.

[35] KAM L-Z C, GANDO A, GANDO Y, et al. Search for Majorana Neutrinos Near the Inverted Mass Hierarchy Region with KamLAND-Zen [J]. Physical Review Letters, 2016, 117(8): 082503.

[36] AZZOLINI O, BEEMAN J W, BELLINI F, et al. Evidence of Single State Dominance in the Two-Neutrino Double-beta Decay of 82Se with CUPID-0 [J]. Physical Review Letters, 2019, 123(26): 262501.

[37] AZZOLINI O, BEEMAN J W, BELLINI F, et al. Final Result of CUPID-0 Phase-I in the Search for the 82Se Neutrinoless Double-beta Decay [J]. Physical Review Letters, 2019, 123(3): 032501.

[38] ARMENGAUD E, AUGIER C, BARABASH A S, et al. Precise measurement of 2νββ decay of 100Mo with the CUPID-Mo detection technology [J]. The European Physical Journal C, 2020, 80(7): 674.

[39] ARMENGAUD E, AUGIER C, BARABASH A S, et al. A new limit for neutrinoless double-beta decay of 100Mo from the CUPID-Mo experiment [J/OL]. 2020.

[40] BARABASH A S, BELLI P, BERNABEI R, et al. Final results of the Aurora experiment to study ββ decay of 116Cd with enriched 116CdWO4 crystal scintillators [J]. Physical Review D, 2018, 98 (9): 092007.

[41] ARNOLD R, AUGIER C, BAKALYAROV A M, et al. Technical design and performance of the NEMO 3 detector [J]. Nuclear Instruments and Methods in Physics Research Section A: Accelerators, Spectrometers, Detectors and Associated Equipment, 2005, 536(1): 79-122.

[42] ACKERMANN K H, AGOSTINI M, ALLARDT M, et al. The Gerda experiment for the search of 0νββ decay in 76Ge [J]. The European Physical Journal C, 2013, 73(3): 2330.

[43] AGOSTINI M, BAKALYAROV A M, BALATA M, et al. Upgrade for Phase II of the Gerda experiment [J]. The European Physical Journal C, 2018, 78(5): 388.

[44] ABGRALL N, ARNQUIST I J, AVIGNONE F T, et al. The Majorana Demonstrator radioassay program [J]. Nuclear Instruments and Methods in Physics Research Section A: Accelerators, Spectrometers, Detectors and Associated Equipment, 2016, 828: 22-36.

［45］ ARNABOLDI C, AVIGNONE III F T, BEEMAN J, et al. CUORE: a cryogenic underground observatory for rare events ［J］. Nuclear Instruments and Methods in Physics Research Section A: Accelerators, Spectrometers, Detectors and Associated Equipment, 2004, 518(3): 775-798.

［46］ BROFFERIO C, CREMONESI O, DELL´ORO S. Neutrinoless Double Beta Decay Experiments With TeO2 Low-Temperature Detectors ［J］. Frontiers in Physics, 2019, 7(86).

［47］ AUGER M, AUTY D J, BARBEAU P S, et al. The EXO-200 detector, part I: detector design and construction ［J］. Journal of Instrumentation, 2012, 7(5): 05010.

［48］ KAM L-Z C, GANDO A, GANDO Y, et al. Measurement of the double-beta decay half-life of 136Xe with the KamLAND-Zen experiment ［J］. Physical Review C, 2012, 85(4): 045504.

［49］ MAJORANA C, ARNQUIST I J, AVIGNONE F T, et al. Search for double-beta decay of 76Ge to excited states of 76Se with the majorana demonstrator ［J］. Physical Review C, 2021, 103(1): 015501.

［50］ COLLABORATION E X O, ALBERT J B, AUTY D J, et al. Search for $2\nu\beta\beta$ decay of 136Xe to the first 0+ excited state of 136Ba with the EXO-200 liquid xenon detector ［J］. Physical Review C, 2016, 93(3): 035501.

［51］ ALDUINO C, ALFONSO K, ARTUSA D R, et al. Double-beta decay of 130Te to the first 0+ excited state of 130Xe with CUORE-0 ［J］. The European Physical Journal C, 2019, 79(9): 795.

［52］ COLLABORATION G, AGOSTINI M, ALLARDT M, et al. $2\nu\beta\beta$ decay of 76Ge into excited states with GERDA phase I ［J］. Journal of Physics G: Nuclear and Particle Physics, 2015, 42(11): 115201.

［53］ TRETYAK V I, DANEVICH F A, NAGORNY S S, et al. On the possibility to search for 2β decay of initially unstable (α/β radioactive) nuclei ［J］. Europhysics Letters (EPL), 2005, 69(1): 41-47.

［54］ N E X O C, ALBERT J B, ANTON G, et al. Sensitivity and discovery potential of the proposed nEXO experiment to neutrinoless double-beta decay ［J］. Physical Review C, 2018, 97(6): 065503.

［55］ 程建平, 吴世勇, 岳骞, 等. 国际地下实验室发展综述 ［J］. 物理, 2011(3): 149-154.

基于锗探测技术在锦屏地下实验室
开展轴子探测实验

刘书魁[1],岳骞[2]

(1.四川大学物理学院,四川 成都　610064;2.清华大学工程物理系,北京　430071)

摘　要　轴子找寻具有重要的双重物理意义,一是轴子的引入解决了强相互作用中的 CP 破坏问题。此外,它也是暗物质热门的候选者之一。中国暗物质实验(China Dark matter Experiment, 简称 CDEX)是国内首个自主暗物质直接探测试验,依托国际最深的锦屏地下试验室,旨在利用吨量级高纯锗探测技术直接探测暗物质及无中微子双贝塔衰变试验。CDEX 合作组利用国际上最灵敏、阈值最低的点电极高纯锗探测器,在国内率先开展太阳轴子和暗物质轴子的探测实验。对低于 1 keV/c^2 的轴子暗物质,CDEX 实验达到当时国际上最灵敏的实验结果。

关键词　轴子;高纯锗探测器;锦屏地下实验室

1　引　言

宇宙总质量约 85% 由不发光、没有电磁相互作用、没用强相互作用、只有引力贡献的暗物质构成[1]。对如此多的主导宇宙物质运动和演化过程的暗物质,人类目前还不清楚它的身份,对暗物质的构成、分布、运动状态和性质也是知之甚少。目前国际上最热门的暗物质候选者为 WIMP(弱相互作用重粒子)。随着数十年间 WIMP 探测实验的深入开展,尤其是氙探测器的质量已经达到吨量级以上,WIMP 粒子仍未被发现,WIMP 存在的空间[2-4]被大大压缩。虽然现在对 WIMP 盖棺定论还为时尚早,但物理学家们开始转向非 WIMP 粒子候选的可能性,轴子就是其中热门的候选者。

轴子是理论预言的一种非标准模型粒子,它由解决强相互作用 CP(charge-parity)破坏而引入。宇宙诞生之初可以产生大量的轴子,构成暗物质。此外,离人类最近的太阳也是重要的可能轴子来源。2020 年 6 月,XENON 1T 的实验在 7 keV 以下,尤其在 2~3 keV 观测到未知事例超出,经过分析这些事例最可能的来源是太阳轴子,其置信水平达到 3.5σ[5]。该实验结果迅速引起国际、国内关注,引用次数超过 250 次。由于轴子具有上述两个重大的物理意义,轴子是否存在、人们是否已经追踪到轴子的蛛丝马迹,引起了物理界的广泛讨论,需要进一步的实验对其结果进行交叉验证。

基金项目:国家重点研发计划项目(2017YFA0402200)。

作者简介:刘书魁(1986—),男,博士,副教授,研究方向为暗物质探测。E-mail:liusk@scu.edu.cn。

2　轴子提出

从 20 世纪 70 年代以来,在夸克模型假设下,物理学家用规范场论在描写强相互作用方面做出了巨大的努力,建立了量子色动力学(QCD)。量子色动力学在应用于强相互作用时虽然能够比较完美地解释一些现象,但也存在一些困难,其中之一就是强 CP 的宇称破坏问题。该问题是粒子物理学悬而未决的重大疑难之一。对于弱相互作用,1956 年杨振宁、李政道与吴健雄等提出并在实验上证实了弱相互作用宇称 P 不守恒。后来物理学家发现弱相互作用中正反粒子共轭(C)与宇称(P)的联合变换 CP 也不守恒。Kobayashi 和 Maskawa 提出的机制在理论上成功解释了弱相互作用的 CP 破坏。而对于强相互作用,QCD 理论同样自然地导出强相互作用 CP 易发生破坏,QCD 中存在 Chern-Simons$\theta G\widetilde{G}$ 项,其中 G 是 QCD 规范场的场强,$\widetilde{G}$ 是相应的对偶场强,θ 表征强作用 CP 破坏大小,这一项在 CP 变换下不守恒。然而至今为止没有任何显示量子色动力学破坏 CP 的实验迹象。假如强相互作用广泛破坏 CP 的话,实验将能测得中子电偶极矩在 10^{-18} em。然而目前最精密的中子电偶极矩实验仍测不出中子电偶极矩,只能给出上限[6],且这个上限很强,要求 θ 必须小于 10^{-10}。为什么 θ 如此之小,便是著名"强 CP 问题"。另外,从解释宇宙中物质和反物质不对称来看,有一种流行的假设就是在宇宙早期,明显存在强 CP 破坏。

为了解决强 CP 问题,Peccei 和 Quinn 提出了一种新的机制,即 PQ(Peccei-Quinn)机制,是解决强 CP 问题的理想方案[7-8]。该机制假设 QCD 拉氏量存在一种整体的 $U(1)$ 对称性,该对称性会产生自发破缺,即对 QCD 中 Chern-Simons 项中的参数 θ 扩展为常数加上一个变化场:$\theta \rightarrow \theta + a/f_a$,其中 a 是轴子场,f_a 为对称性破缺的标度。Weinberg[9] 和 Wilczek[10] 指出这种自发破缺的机制将不可避免地产生一种新的电中性、无自旋的赝标量(pseudoscalar)玻色子——轴子(axion)。最初,轴子模型被称为 Peccei-Quinn-Weinberg-Wilczek(PQWW)模型,该模型认为在弱相互作用能标 PQ 对称性发生破缺,并且标准模型中的费米子可以直接耦合到轴子。由于该模型预言实验上观测到的粒子性质会发生较大变化,因此它很快被实验排除了。为了避免对该模型做大的修正,一种方案是,人们在模型中提高了对称性破缺的能标,使其远高于弱相互作用能标,这样轴子的质量就变得很轻,此类模型的代表是 Dine-Fischler-Srednicki-Zhitnitsky(DFSZ)[11-12],又称为强子模型。另一种方案是假设标准模型中的费米子不参与 Peccei-Quinn 相互作用,即不直接与轴子耦合,而是引进新的未知费米子,是他们作为"中间人",让轴子和强相互作用的胶子场间接耦合。这类模型称为 Kim-Shifman-Vainshtein-Zakharov(KSVZ)轴子[13-14]。

轴子不一定是暗物质粒子,但满足适当的条件后也是非常好的暗物质粒子候选者。很多理论模型提出类轴子粒子(Axion Like Particles,简称 ALPs),此类粒子与 QCD 轴子有类似的性质,它也可能与电子(g_{Ae})、核子(g_{AN})及光子($g_{A\gamma}$)有相互作用,但是这些耦合参数与轴子的质量 m_A 或 f_A 没有像 QCD 轴子那种的确定关系,这将更大地扩展可能存在的空间参数区域。keV 量级的类轴子暗物质是非常好的暗物质候选。

3　轴子的直接探测

3.1　轴子的来源

对地球来说,轴子的主要来源是太阳轴子和暗物质轴子。

3.1.1　太阳轴子

太阳是可能的轴子工厂,它主要通过以下可能的效应产生轴子。

(1)Primakeoff 效应:在外磁场的作用下,光子转化为轴子 $\gamma \longrightarrow A$;

(2)Fe-57 原子核的 M1 跃迁(Fe-57):$Fe^* \longrightarrow Fe+A$;

(3)类康普顿散射(C):$e^- + \gamma \longrightarrow e^- + A$;

(4)类轫致辐射(B):$e^- \longrightarrow e^- + A$;

(5)类复合(R):$e^- + I \longrightarrow I^- + A$,其中 A 是离子;

(6)类退激(D):$I^* \longrightarrow I+A$,其中 I^* 是离子 I 的激发态。

从实验测量轴子与物质发生相互作用的耦合参数角度来说,总体将以上 6 类太阳轴子分为 3 大类:

(1)Primakeoff 效应。在太阳等离子体强的电磁场作用下通过反 Primakeoff 效应,光子可转化为轴子。这一效应产生的通量和轴子与光子发生相互作用的耦合参数 $g_{A\gamma}$ 有关。

(2)14.4 keV 单能的轴子。该轴子由 Fe-57 原子核 M1 跃迁产生。因为 Fe-57 在太阳的重核中有足够的丰度,且 Fe-57 是稳定核,另外 14.4 keV 能量又足够低,能够靠太阳内部的热能激发到该能级。这一效应产生的通量和轴子与原子核发生相互作用的耦合参数 g_{AN} 有关。

(3)康普顿、轫致辐射和轴子复合退激过程,又称为 CBRD 过程。类似于光子的康普顿、轫致辐射,电子的复合和退激发。这一效应产生的通量和轴子与核外电子发生相互作用的耦合参数 g_{Ae} 有关。

各种太阳轴子理论预期通量的比较见图 1。

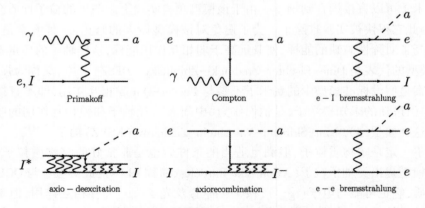

图 1　文中提到的与产生太阳轴子相关过程的费曼图

由图 2 可知,黑色粗实线代表康普顿、轫致辐射及复合、退激发的通量和;红色代表 Primakoff 效应产生的轴子通量;蓝色代表 ^{57}Fe M1 跃迁得到的轴子通量。其中计算使用

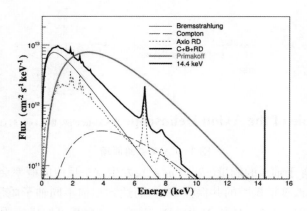

图 2　各种太阳轴子来源的通量比较

$g_{A\gamma} = 10^{-9} \ \mathrm{GeV}^{-1}$。

3.1.2　暗物质轴子

暗物质粒子大量存在于宇宙当中,占宇宙物理总质量的 3/4 以上,对如此多的暗物质,人们仍然不清楚它的属性。暗物质有几个假说模型,包括目前最流行的弱相互作用重粒子(WIMPs)以及轴子、类轴子暗物质(Axion-Like Particle,简称 ALPs)。类轴子暗物质有与能够解决 QCD 轴子类似的性质,keV 量级的类轴子暗物质是非常好的暗物质候选。

假设银河系当中的暗物质全部由类轴子暗物质构成,地球所在的暗物质密度为 $\rho_{DM} = 0.3 \ \mathrm{GeV}(\mathrm{cm}^3)$,这样地球所处的类轴子暗物质通量为:

$$\Phi_{DM} = \rho_{DM} \cdot v_A / m_A = 9.0 \times 10^{15} \frac{\mathrm{keV}}{m_A} \cdot \beta \quad \mathrm{cm}^{-2}\mathrm{s}^{-1}$$

式中,m_A 为轴子的质量;v_A 为地球所处位置轴子速度分布的平均值;β 为轴子与光速的比值,$\beta \approx 10^{-3}$,该通量与轴子的任何耦合参数无关。

3.2　直接探测方法

目前,国际上按照实验探测原理主要分为两大类。一类利用 Primakoff 效应探测;另一类利用类似光电效应的轴电效应进行探测,即轴子与原子核外电子反应将能量全部沉积并产生电子反冲信号,该信号的能量即为轴子的能量。

3.2.1　太阳望远镜法

CAST 实验原理见图 3,探测器跟踪太阳,而太阳中产生的轴子,到达探测器后经过一段强磁场,假如轴子的 Primakoff 效应存在,那么轴子将有概率转变为光子,因此后方的 X 射线探测器将会探测到对应 Axion 能量的 X 射线。典型的是 CAST(The CERN Axion Solar Telescope)实验,目前该实验在轴子质量小于 1 eV 给出了 $g_{A\gamma}$ 排除线领先的结果[15]。

3.2.2　微波谐振腔法

微波谐振腔法利用 Primakoff 效应探测轴子暗物质的存在。其原理如图 4 所示,实验探测器是一个圆柱腔体,内部存在磁场。除了在空间中假想的无处不在的轴子,任何东西都不能进入该腔体。当轴子暗物质穿过浸没在强磁场的微波共振腔时,利用轴子共振吸收转化成微波光子来探测轴子暗物质。如果该腔体的共振频率与轴子转换出光子的频率相同时,

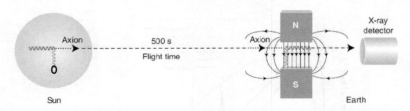

图 3　CAST 实验原理

即共振吸收的频率等于轴子的能量($h\nu = m_a c^2$),发生这一反应的概率会更高。通过调节谐振腔中的电解质棒,改变谐振腔的共振频率,从而达到扫描不同轴子质量的目的。目前,典型的实验是 ADMX(The Axion Dark Matter Experiment),在其可扫描的质量区间有最高的实验灵敏度,尤其灵敏度为 1.9~3.3 μeV 质量区间,已经达到理论 KSVZ 轴子区域[16]。

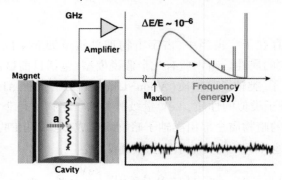

图 4　ADMX 实验原理

由图 4 可知,暗物质轴子穿过有强磁场的共振腔,轴子共振吸收转化成电子。图中给出了转换成电子的预期信号,由于维里分布预期信号在高频率处有所展宽。

3.2.3　人造激光法

人造激光法原理如图 5 所示,实验利用人工产生的强激光,使激光束穿过强磁场,在 Primakoff 效应下,部分光子转换为轴子,会使原始的激光发生极化或偏转,通过测量这微小的极化或偏转来判断是否有轴子产生。或者在第一个磁场后加入光子的吸收层,使干净的轴子打入后一个磁场,使轴子再转换成光子,探测是否有轴子转化的光子存在。前者的代表是 PVLAS 实验[17-18],后者的代表是 OSQAR 实验[19]。

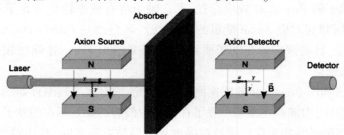

图 5　OSQAR 实验原理

3.2.4　晶体布拉格衍射增强效应

还有一类实验利用高纯锗晶体的强电磁场和布拉格衍射条件来探测太阳产生的轴子。如图 6(a)所示,太阳轴子进入高纯锗晶体后,在晶体的磁场作用下,通过 Primakoff 效应转换成光子,当入射角和出射角满足布拉格衍射条件时,出射的光子得到增强。由于探测器的位置、晶格的方位、测量时间和所取的能量区间每个实验均不一样,所以布拉格衍射条件的实验结果对每个实验都是独一无二的,如图 6(b)所示。这一太阳轴子的"指纹"可以给出不随轴子质量变化的 $g_{A\gamma}$ 排除线结果。各种利用高纯锗探测暗物质的实验组可以利用这一原理给出太阳轴子的物理结果,如 CDMS、DAMA、COSME、SOLAX 等,这类实验的优势在于给出的排除线没有轴子质量上限的限制。

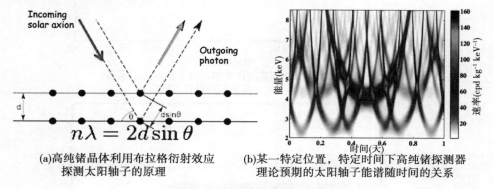

(a)高纯锗晶体利用布拉格衍射效应
探测太阳轴子的原理

(b)某一特定位置,特定时间下高纯锗探测器
理论预期的太阳轴子能谱随时间的关系

图 6　探测太阳轴子

3.2.5　轴电效应

轴子与探测器核外电子发生相互作用,我们通过类似光电效应的轴电效应探测轴子:A+e⁻+Z ⟶ e⁻+Z。也就是说,轴子将自身所有能量交给原子核的核外电子,核外电子再通过电子反冲产生电离或者光或者热信号,这样便可以通过常规探测电子的方法来探寻暗物质轴子存在的迹象。通过理论计算[20-22],可以得到轴子与核外电子的反应截面:

$$\sigma_{Ae}(E_A) = \sigma_{pe}(E_A)\frac{g_{Ae}^2}{\beta}\frac{3E_A^2}{16\pi\alpha m_e^2}(1 - \frac{\beta^{\frac{2}{3}}}{3})$$

式中,σ_{pe} 为锗的光电效应截面;β 为轴子与光速的比例;α 为精细结构常数;m_e 为电子的质量。

此类方法多用于常规的 WIMP 暗物质实验和无中微子双贝塔衰变实验,例如使用液氙的 PandaX、XENON、LUX 实验,使用高纯锗的 CDEX、TEXONO、Majorana、EDELWEISS、CDMS 实验等。

3.2.6　轴子到光子反应通道的间接测量

在非重子轴子理论模型 DFSZ 中,太阳轴子一部分可来源于 Primakoff 效应(与耦合参数 $g_{A\gamma}$ 有关)。在这种模型下,轴子的探测利用轴电效应(与耦合参数 g_{Ae} 有关),即轴子在探测器中变成电子。因为轴子的产生和探测联合利用了 Primakoff 效应和轴电效应,所以只能间接测量耦合参数的乘积 $g_{A\gamma} \cdot g_{Ae}$,无法直接测量耦合参数 $g_{A\gamma}$[5,23]。其中,XENON 1T 实验在 7 keV 以下观测到未知事例超出,最可能的来源是太阳轴子,从而引起物理

界广泛讨论,见图 7。

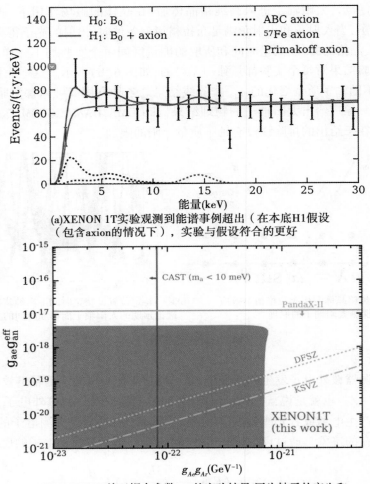

(a)XENON 1T实验观测到能谱事例超出（在本底H1假设
（包含axion的情况下），实验与假设符合的更好

(b)XENON 1T关于耦合参数 $g_{A\gamma}$ 的实验结果(因为轴子的产生和
探测分别利用了Primakoff效应和轴电效应，所以只能测量耦合参数
乘积 $g_{A\gamma} \cdot g_{Ae}$，无法直接测量耦合参数 $g_{A\gamma}$)

图 7　轴子到光子反应通道的间接测量

　　综上,国际主流测量轴子与光子耦合参数 $g_{A\gamma}$ 实验中,具有竞争力的是太阳望远镜实验(CAST)和微波谐振腔法实验(ADMX),ADMX 在其测量范围内拥有最高灵敏度,而在 1 eV 以下其他区域 CAST 实验最灵敏。而人造激光法本底较难控制,液氙探测无法直接测量 $g_{A\gamma}$,因此这两者在 $g_{A\gamma}$ 的参数测量中稍欠竞争力。对于晶体布拉格衍射增强效应实验,它的优势在于排除线结果与轴子质量无关,虽然其灵敏度较低,但可填补在 1 eV 以上区域直接测量 $g_{A\gamma}$ 耦合参数的空白。

　　国际上一些测量轴子与光子耦合参数 $g_{A\gamma}$ 的排除线结果如图 8 所示。

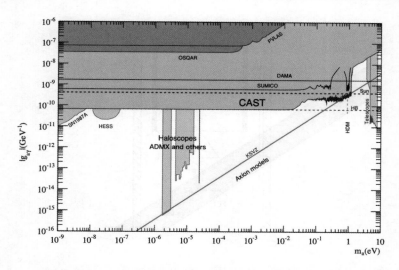

图 8　国际上一些测量轴子与光子耦合参数 $g_{A\gamma}$ 的排除线结果

4　CDEX 实验轴子探测

4.1　CDEX 实验

　　CDEX 合作组于 2009 年成立,是国内首个完全自主的暗物质探测实验。CDEX 于 2010 年在中国锦屏地下实验室(CJPL)率先开展实验。中国锦屏地下实验室是国际上最深、容积最大的极深地下实验室,位于四川省凉山州锦屏山下,岩石覆盖厚度达 2 400 m, 为暗物质直接探测提供了绝佳的极低宇宙线通量环境[24]。CDEX 合作组使用点电极高纯锗探测技术,该技术具有阈值低、能量分辨率好等优点,在探测轻质量暗物质 WIMP(弱相互作用重粒子)粒子方面及无中微子双贝塔衰变实验方面具有独特优势。

　　锗是人类可以提纯的最纯的元素,CDEX 实验使用的高纯锗探测器(见图 9)以 P 型高纯锗晶体为基底,通过锂扩散和硼离子注入法形成 N+和 P+电极。在 N+和 P+电极上加载反向偏压,使探测器耗尽层扩展到整个晶体,探测器像电离室一样可进行辐射探测。高纯锗探测器的噪声水平和它自身的电容有关,电容越大噪声越大。CDEX 为了降低探测器能量阈值,采用了点电极高纯锗探测器技术。P+点电极尺寸为 1 mm 左右,电容达到 pF 量级,阈值达到 100 eV 的水平。

　　利用高纯锗低阈值及高能量分辨率的特点。CDEX 于 2013 年利用 1kg 的点电极高纯锗探测器 CDEX-1A 实验发表了我国第一个暗物质直接探测实验的物理结果[25-26],很快在 2014 年 CDEX-1A 实验基于 335.6 kg·d 的有效数据,发表了配置碘化钠主动反符合探测器的高纯锗探测器本底测量结果,得到了约 400 eV 当时国际点电极高纯锗探测器暗物质实验最低能量阈值,并且把 DAMA 实验组、CoGeNT 实验组给出的暗物质可能区域全部排出[27]。

　　2018 年 1 月,CDEX-1B 公布了 737.1 kg·d 的本底数据分析结果,能量阈值达到了 160 eVee 的国际同类探测器最低阈值,将采用单体千克级的点电极高纯锗探测器进行暗物质直接探测的探测限下推至 2 GeV[28]。CDEX-1B 实验稳定运行了 4 年以上,获得了

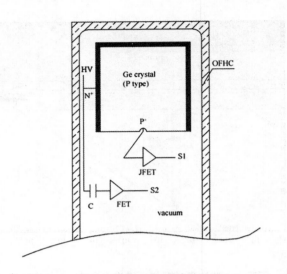

图9 P型点电极高纯锗结构示意

1 500 多天的有效本底数据,累计曝光量达到约 1 100 kg·d。利用这些稳定数据进行了暗物质年度调制分析,实验结果没有表现出明显的年度调制效应,排除了 DAMA 和 Co-GeNT 合作组声称发现暗物质的质量区域。对质量小于 6 GeV/c² 的 WIMP 粒子的年度调制灵敏度限制达到国际最好水平[29]。

为了进一步降低本底,发展几十千克乃至吨量级的高纯锗实验技术,CDEX 提出使用高纯锗阵列探测器加液氮屏蔽方案。国际上首个用于暗物质直接探测的 10 kg 级点电极高纯锗阵列探测器加液氮屏蔽系统 CDEX-10 于 2014 年在地下实验室调试运行,实现160 eVee 超低阈值,并于 2018 年发表首个暗物质物理结果[30],结果表明在 4~5 GeV/c² 质量区间有国际最灵敏,见图10。

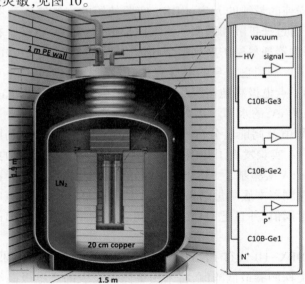

图10 CDEX-10 探测系统剖面(3 串点电极高纯锗阵列直接浸泡在液氮)

4.2 轴子探测

CDEX 实验目前已关注的是轴子与电子耦合参数的直接测量,包括太阳轴子中的 Fe-57 退激发产生的 14.4 keV 单能轴子;太阳中发生的类康普顿散射、轫致辐射及原子的结合与退激等过程,统称为 CBRD 轴子,宇宙中的轴子、类轴子暗物质。利用轴子与锗原子核外电子发生的轴电效应,找寻轴子存在的痕迹。太阳轴子和轴子暗物质在高纯锗探测器中的响应各有不同,预期能谱如图 11 所示,^{57}Fe 太阳轴子及轴子暗物质在高纯锗探测中的谱形为单能的高斯峰,而 CBRD 过程产生的太阳轴子则为连续能谱。由于高纯锗有高能量分辨率及低阈值的特点对低质量轴子暗物质有一定优势。

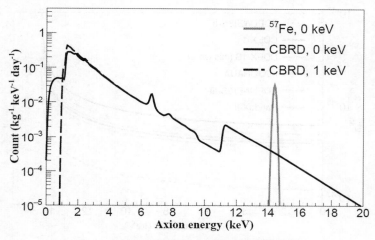

(a)^{57}Fe以及CBRD太阳轴子的预期能谱

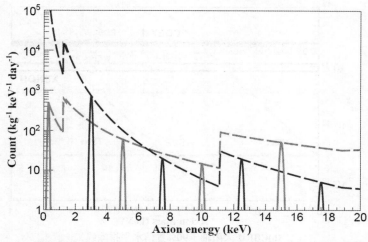

(b)赝标量轴子暗物质（红）以及矢量玻色子暗物质（蓝）预期能谱

图 11　预期能谱

2017 年,CDEX 利用 CDEX-1A 探测系统约 1 年的有效数据,发表了国内首个类轴子暗物质及太阳轴子的物理结果,得到了在 1 keV 以下,国际最灵敏的轴子暗物质实验结果[31]。在 CDEX-1A 基础上设计的 CDEX-1B 实验,探测器的阈值和本底水平都有了较大的进步,因此在探测轴子上更具优势。在统计方法上,基于 CDEX-1B 特殊的体表事例甄别方法[28],开发了 profile likelihood ratio 方法,将效率修正及体表事例甄别产生的系统误差包含到构造的似然函数中,不仅可以给出更好的排除线结果,还可以自然地给出实验灵敏度。由于 CDEX-1B 的低阈值特性,因此对于轴子暗物质的探测质量下限达到了 185 eV,并且各个通道的排除线结果相较于 CDEX-1A 均得到了改善,如图 12、图 13 所示。2020 年,基于 CDEX-1B 737.1 kg·d 的数据分析,得到了国际上相同锗探测技术下轴子暗物质实验最领先的物理结果[32]。

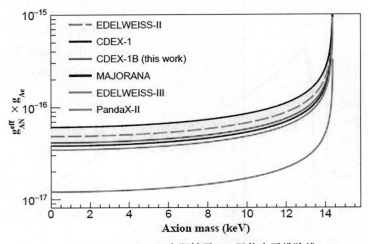

(a)^{57}Fe 14.4 keV 太阳轴子90%置信水平排除线

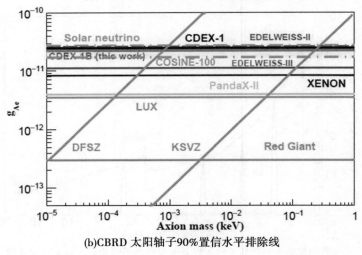

(b)CBRD 太阳轴子90%置信水平排除线

图 12　太阳轴子 90%置信水平排除线

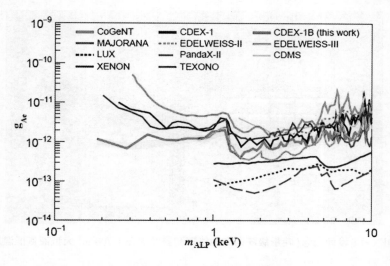

图 13　轴子暗物质 90% 置信水平排除线

5　结　论

轴子是为了解决标准模型中强 CP 破坏问题时自然得到的标准模型外的粒子,理论指出在合适的质量假设下,轴子或类轴子也是理想的冷暗物质候选者。近年来,随着 WIMP 粒子实验探索的深入而无果,除了 WIMP 的候选者获得越来越多的关注和讨论。尤其在 2020 年 XENON 1T 实验发现电子反冲能谱的超出,太阳轴子是最可能的解释之一后,轴子这种有双重重要物理目标的假想粒子,引起了广泛和热烈的讨论。

CDEX 合作组是国内最早开展太阳轴子和暗物质轴子、类轴子探测的实验组,在低质量轴子暗物质探测方面达到了国际领先水平。

CDEX 实验目前已经完成了两个阶段的实验:第一阶段,利用单体约 1 kg 的高纯锗探测系统(CDEX-1)实现高纯锗探测器对低质量 WIMP 探测以及轴子探测的实验预言,目前多个实验结果达到国际领先水平。第二阶段,开展高纯锗阵列探测系统的自主技术研究,实现 10 kg 量级的锗阵列系统的成功运行。CDEX-10,即三串总质量约 10 kg 的点电极高纯锗阵列探测系统已在小型液氮系统下稳定运行 200 天以上,得到 WIMP 在 4 ～ 5 GeV/c2 区域国际领先结果。

在暗物质探测实验方面,CDEX 正在开展第三阶段的工作,即 CDEX-50 实验。实验计划在锦屏地下实验室二期进行。目前,二期已经建成直径约 16 m、高约 17 m、容积约 1 700 m³ 的大型恒温液氮系统,如图 14 所示。液氮作为高纯锗的被动屏蔽体,同时可提供极低本底及高纯锗液氮低温工作双重优势。因此,CDEX 合作组在国际上首次提出将高纯锗阵列探测器直接浸泡在大型液氮屏蔽中开展暗物质及无中微子双贝塔衰变实验。在技术方面,着力解决自主高纯锗长晶、高纯锗探测器制作、低温低噪声低本底前端电子学和极低本底环境等卡脖子技术难题。实现国内自主的 50 kg、至百公斤量级,最终实现吨量级点电极高纯锗探测系统的运行。

图 14 CDEX-1T 设计概念(吨量级阵列高纯锗探测器浸泡在 1 700 m³ 大型液氮低温屏蔽罐中)

参 考 文 献

[1] Ade P A R, et al. (Planck Collaboration), arXiv: 1311. 1657(2013)

[2] Akerib D S, et al. (LUX Collaboration), Phys. Rev. Lett. 118, 261301 (2017);

[3] Aprile E, et al. (XENON Collaboration), Nature 568, 532 (2019);

[4] Fu C, et al. (PandaX-II Collaboration), Phys. Rev. Lett. 119, 181806 (2017).

[5] Aprile E, et al. (XENON Collaboration), Phys. Rev. D 102, 072004 (2020)

[6] Bake C A, et al. Phys. Rev. Lett. 97 131801 (2006)

[7] Peccei, R D, Quinn H R. Phys. Rev. Lett. 38, 1440 (1977);

[8] Peccei R D, Quinn H R. Phys. Rev. D 16, 1791 (1977)

[9] Weinberg S. Phys. Rev. Lett. 40, 223 (1978)

[10] Wilczek F. Phys. Rev. Lett. 40, 279 (1978)

[11] Dine M, Fischler W, Srednicki M. Phys. Lett. B 104, 199 (1981).

[12] Zhitniskiy A R. Yad. Fiz. 31, 497 (1980).

[13] Kim J E. Phys. Rev. Lett. 43, 103 (1979).

[14] Shifman M A, Vainshtein A I, Zakharov V I. Nucl. Phys. B166, 493 (1980).

[15] Anastassopoulos V, et al. (CAST collaboration), Nature Phys. 13, 584 (2017)

[16] Boutan C, el al. (ADMX Collaboration), Phys. Rev. Lett. 121, 261302 (2018)

[17] Della Valle F, et al. (The PVLAS Collaboration), Eur. Phys. J. C 76, 24 (2016);

[18] Ejlli A, et al. arXiv: 2005. 12913

[19] Ballou R, et al. (OSQAR Collaboration), Phys. Rev. D 92, 092002 (2015).

[20] Alessandria F, et al. J. Cosmol. Astropart. Phys. 05 (2013) 007

[21] Derevianko A, Dzuba V A, Flambaum V V, et al. Phys. Rev. D 82, 065006 (2010).

[22] Pospelov M, Ritz A, Voloshin M. Phys. Rev. D 78, 115012 (2008).

[23] Xiaopeng Zhou, et al. (PandaX Collaboration), Chin. Phys. Lett. 2021, Vol. 38 Issue (1): 011301

[24] Wu Y C, et al. Chin. Phys. C 37, 086001 (2013).

[25] Zhao W, et al. Phys. Rev. D 88, 052004 (2013);

[26] Liu S K, et al. Phys. Rev. D 90, 032003 (2014)

［27］Yue Q,et al. Phys. Rev. D 90, 091701(R) (2014)

［28］Yang Li-Tao,el al. Chin. Phys. C Vol. 42, No. 2, 023002 (2018)

［29］Yang L T, et al. Phys. Rev. Lett. 123, 221301 (2019)

［30］Jiang H,et al. Phys. Rev. Lett. 120, 241301 (2018)

［31］Liu S K,et al. Phys. Rev. D 95, 052006 (2017)

［32］Wang Y,Yue Q, Liu S K,et al. Physical Review D 101, 052003 (2020)

CDEX 实验基于有效场理论的暗物质分析

王轶[1,2]，岳骞[1]，杨丽桃[1]

（1. 清华大学工程物理系，北京　100084；2. 清华大学物理系，北京　100084）

摘　要　暗物质作为困扰物理学家多年的物理疑难，近年来备受实验关注，而实验研究最多的暗物质候选粒子为弱作用大质量粒子（Weakly Interacting Massive Particle，简称 WIMP）。位于四川省锦屏地下实验室的中国暗物质实验（CDEX）是中国第一个暗物质直接探测实验，采用的探测技术是高纯锗探测器。近日，CDEX 实验组公布了基于非相对论有效场论和手征有效场论的暗物质分析结果[1]，相关排除线在暗物质的低质量区间内达到了世界领先的水平。

关键词　暗物质；有效场论；高纯锗探测器；暗物质直接探测

1　引　言

自 20 世纪 30 年代暗物质的概念诞生以来，越来越多的天文观测证明，宇宙中的绝大部分物质是神秘莫测的暗物质，因此对于暗物质的探测一直是前沿物理的热门研究方向。在这近百年的时间里，理论物理学家提出了许多物理模型来解释暗物质，并提出了很多暗物质候选粒子，如 WIMP、轴子、惰性中微子等，而其中 WIMP 作为一种可能与普通物质发生弱相互作用的粒子，受到格外的青睐。为了研究 WIMP，近年来理论物理学家利用非相对论有效场论（Nonrelativistic Effective Field Theory，简称 NREFT）[2-4]和手征有效场理论（Chiral Effective Field Theory，简称 ChEFT）[5-8]对各种可能的暗物质粒子与普通粒子的弹性散射过程进行了研究，这些过程中不仅包含过去暗物质直接探测实验关注的自旋无关（Spin-Independent，简称 SI）和自旋相关（Spin-Dependent，简称 SD）两种散射，还包含了很多新的相互作用类型，而直接探测实验可以对这些相互作用的耦合常数进行限制。

为了避免宇宙射线对暗物质直接探测实验的影响，这些实验通常都选择在地下实验室进行。中国锦屏地下实验室（China Jinping Underground Laboratory，简称 CJPL），由清华大学和雅砻江流域水电开发公司合作开发，位于四川省凉山州的锦屏山交通隧道内，岩石埋深超过 2 400 m，相当于约 6 700 m 的水深度，是目前世界上最深的地下实验室[9-10]。图 1（a）展示了目前世界上主要的地下实验室，以及其容积和宇宙线通量等信息，可见锦屏地下实验室的实验条件达到了世界先进水平。实验室的建设分为两个阶段，即锦屏实验室一期工程（CJPL-I）和二期工程（CJPL-II），CJPL-II 的规划如图 1（b）所示。

CDEX 实验组于 2009 年正式成立，以清华大学为主导，是中国首个采用点电极高纯锗探测器（P-type Point Contact Germanium detector，PPCGe）简称进行暗物质直接探测的

基金项目：国家自然科学基金资助项目（11725522，11675088，11475099）；国家重点研发计划项目（2017YFA0402201）。

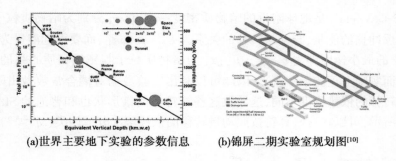

(a)世界主要地下实验的参数信息　　　**(b)锦屏二期实验室规划图[10]**

图 1　世界主要地下实验的参数信息和锦屏二期实验室规划图[10]

实验。经过 CDEX-1(A,B) 和 CDEX-10 两个阶段的实验,CDEX 依靠点电极探测器低阈值的优势,在低质量 WIMP 探测方面取得了多项世界领先的成果。利用 NREFT 和 ChEFT 两种有效场理论,CDEX 于 2021 年公布了新的 WIMP 研究成果[1],对于多种相互作用的耦合常数做出了限制。

2　WIMP 的有效场理论研究

2.1　非相对论有效场理论

在利用 NREFT 研究暗物质与核子的弹性散射,相关的有效场算符均为四场相互作用算符,相应的拉氏量为[3]:

$$L_{int} = \bar{\chi} O_\chi \chi \overline{N} O_N N = O \bar{\chi} \chi \overline{N} N$$

相互作用算符的具体形式受到各种对称性的限制,在 NREFT 分析中,作者通常只考虑最基础的对称性限制,例如伽利略不变性和算符的厄米性。因此,NREFT 可以给出更多与暗物质速度和动量转移相关的算符 $O_{i=1-15, i \neq 2}$,其中 $O_1 = 1_\chi 1_N$ 和 $O_4 = \vec{S}_\chi \cdot \vec{S}_N$ 则对应于普通的 SI 和 SD 相互作用。这些算符对应的相互作用虽然相对较小,甚至比 SI 和 SD 相互作用低多个量级,但是在一些新的物理模型中,WIMP 与普通物质散射的主要贡献项 SI 相互作用是缺失的,因此这些由于动量或速度依赖而被压低的相互作用类型也可能成为直接探测实验中的重要贡献来源。

通过这些算符,WIMP 可以分别与质子和中子耦合,因此本工作讨论的作用形式可以表示为:

$$\sum_{i=1}^{15} c^p_i O^p_i + c^n_i O^n_i, c_2 = 0$$

通过引入同位旋,并在只考虑同位旋标量的情况下,可以将式(2)改写为:

$$\sum_{i=1}^{15} c^0_i O_i, c_2 = 0$$

其中, $c^0_i = 1/2(c^p_i + c^n_i)$。

假设 WMIP 粒子与靶核发生的是弹性散射,相应的微分散射能谱可以表示为如下形式:

$$\frac{dR}{dE_R} = \frac{\rho}{m_\chi m_{A_v}} \int_{v_{min}} v f(v) \frac{d\sigma}{dE_R} d^3 v$$

其中,$\rho = 0.3$ GeV/cm^3,是地球附近的暗物质密度;m_χ 和 m_A 分别为暗物质粒子和靶核的质量;E_R 为反冲核的能量,与动量转移的关系为 $E_R = q^2/2m_A$,而要引起能量为 E_R 的核反冲,入射粒子的最小速度即为 $v_{min} = q/\mu_A$;μ_A 为暗物质粒子与靶核在质心系的约化质量。由于散射截面实际上正比于 $(c^0_i)^2$,因此可以利用实验数据对耦合常数做出限制。这些算符对动量转移的依赖程度不同,这导致这些算符的能谱形状也和普通的 SI/SD 散射不同。如图 2 所示,可以将这些算符按照动量转移的依赖幂次分成四类($q^{0,2,4,6}$)。

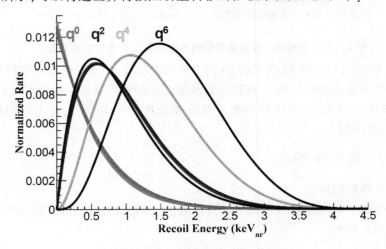

图 2　不同有效算符对应的归一化能谱

2.2　手征有效场理论

NREFT 研究了 WIMP 与单个核子的散射,在这种情况下,自旋无关的散射是占据主要地位的核反应。但是随着 QCD 理论的发展,人们对于强相互作用的计算越发精确。为了更准确地研究 WIMP 与探测器靶核的相互作用,除了 NREFT 方法,理论学家还利用了另外一种方法,即手征有效场理论(ChEFT)。ChEFT 利用手征微扰和 π 介子在强相互作用中的特性来构造相互作用的拉氏量。ChEFT 预言了 WIMP 借助 π 介子与两个核子发生弹性散射的过程,如图 3 所示。

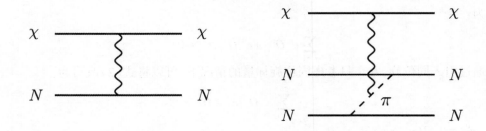

图 3　WIMP 与核子散射的费曼图

利用 ChEFT 计算 SI 散射,WMIP 与两个核子散射的过程必须采用新的形状因子和耦合常数来进行描述,该耦合常数对应于 WIMP 与两个核子间交换的 π 介子的散射。通过计算可以发现,虽然 WIMP 与 π 介子的散射对总截面的贡献低于普通的 SI 散射,但是却比 SD 散射的贡献大得多。假设只存在 WIMP 与 π 介子的散射,相应的 WIMP 与整个原子核的散射截面则可以由 WIMP 与 π 介子的散射截面 $\sigma^{\text{scalar}}_{\chi\pi}$ 表示为[11]:

$$\frac{\mathrm{d}\sigma_{\chi N}}{\mathrm{d}q^2} = \frac{\sigma^{\text{scalar}}_{\chi\pi}}{\mu^2_N v^2} | F(q^2) |^2, \sigma^{\text{scalar}}_{\chi\pi} = \frac{\mu^2_\pi}{4\pi} | c_\pi |^2$$

其中,μ_N 为 WIMP 与核子的约化质量;μ_π 为 WIMP 与 π 介子的约化质量。手征有效场理论的对称性破缺能标为 $\Lambda_\chi \sim 600\ \text{MeV}$,可以估计 $| F(q^2) |^2 \sim (M_\pi/\Lambda_\chi)^6 A^2$。根据式(5),在只考虑 WIMP 与 π 介子标量类型的散射的情况下,可以得到 WMIP 粒子与原子核散射的能谱:

$$\frac{\mathrm{d}R}{\mathrm{d}E_R} = \frac{\rho\sigma^{\text{scalar}}_{\chi\pi}}{m_\chi\mu^2_\pi} \times | F(q^2) |^2 \times \int_{v_{\min}} \frac{f(v)}{v}\mathrm{d}^3 v$$

可以看到 WIMP 与原子核的散射可以由参数 $\sigma^{\text{scalar}}_{\chi\pi}$ 来表示,而该参数表示的是 WIMP 与 π 介子的散射截面。通过研究核反冲的实验能谱,可以对参数 $\sigma^{\text{scalar}}_{\chi\pi}$ 进行限定。图 4 中的红线分别为 5 GeV/c² 和 10 GeV/c² 的 WIMP 与 π 介子散射造成的核反冲能谱,可以看到其事例率相比于普通的 SI 散射(蓝线)小了一个量级,其中假设 WIMP 与核子、WIMP 与 π 介子的散射截面均为 1×10^{-46} cm²。

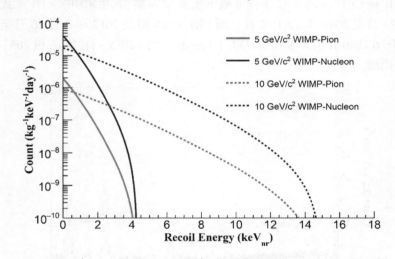

红线为 WIMP 与 π 介子散射的预期能谱,蓝色为 WIMP 与核子的 SI 散射能谱[1]

图 4　核反冲的实验能谱

3　CDEX 暗物质探测实验

CDEX 目前的发展,主要经过了 CDEX-1(A/B)和 CDEX-10 两个阶段。CDEX-1 是利用冷指制冷的 1 kg 点电极探测器进行的暗物质直接探测实验,CDEX-1B 是 CDEX-1 实验的第二阶段,极大地降低了探测阈值,到达了 160 eV 的超低水平,并且实现了长时间的连续稳定运行[9]。而 CDEX-10 则是 CDEX 合作组第一次使用真空封装和液氮直接冷却的技术手段,进行的阵列化高纯锗暗物质直接探测实验[12]。CDEX-10 由三串高纯锗探测器组成,每串有三个探测器单元,因此其总体为一个 3×3 的探测器阵列,具备了符合探测的能力。在实际运行过程中,CDEX-10 的九个探测器单元由于电子学干扰等未全部运行,但是 CDEX-10 首次实现了 C10-B1 和 C10-C1 两个探测器同时稳定运行,并且 C10-B1 达到了和 CDEX-1B 一样的 160eV 的阈值水平。图 5 展示了 CDEX-1B 和 CDEX-10 的实验装置和相应的屏蔽措施。

(a) CDEX-1B实验系统示意

(b) CDEX-10实验系统示意[9,12]

图 5　CDEX-1B 和 CDEX-10 实验系统示意

　　CDEX-1B 和 CDEX-10 均位于锦屏地下实验室一期,其中 CDEX-1B 正式采数是从 2014 年 5 月 24 日至 2018 年 12 月 2 日。而 CDEX-10 则是 2017 年 2 月 26 日至 2018 年 8 月 14 日。如图 6 所示分别为曝光量 737.1 kg-days 的 CDEX-1B 能谱和 205.4 kg-days 的 CDEX-10 能谱。

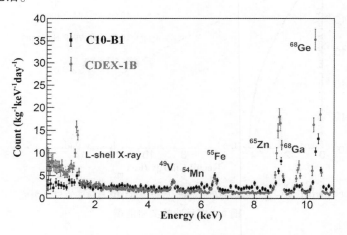

图 6　CDEX-1B 和 C10-B1 的本底能谱[1]

4　基于有效场论的分析结果

　　通过对宇生放射性核素的研究,可以利用高能的 KX 射线,来对低能区的 LX 射线贡献进行扣除,并得到物理分析所使用的剩余能谱,如图 7 所示。

　　从图 7 中可以看出,CDEX-1B 的能谱在 2 keV 以下存在计数率上升的趋势,而这部分本底的来源尚未得到确认。要在这种情况下得到 WIMP 的排除结果,通常使用的统计

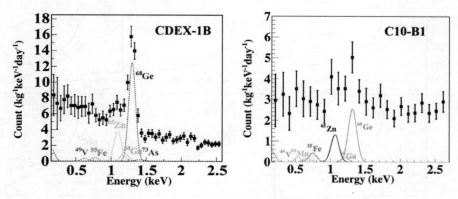

图7 CDEX-1B 和 C10-B1 的低能区 LX 射线的拟合结果[9,12]

学方法为分区间泊松方法[13],将每个能量区间中的计数全部视为暗物质的贡献,给出比较保守的排除线。而当对本底来源有比较充分的理解的时候,通常使用最小二乘法来进行参数估计[14],如 C10-B1 的剩余能谱。利用这两种统计学方法,可以基于 CDEX-1B 和 CDEX-10 的数据给出 NREFT 中耦合常数 c_i^0 的排除线,如图 8 所示。可以看到 CDEX-10 给出了目前低质量区 WIMP 的最灵敏的排除结果。而 CDEX-1B 由于能谱中存在尚未完全理解的本底成分,因此得到的排除线灵敏度较差,但是由于 CDEX-1B 连续稳定运行的时间最长,因此可以利用年度调制效应进行暗物质分析,相应的结果也展示在图 8 中。

除了 NREFT 中的耦合常数,CDEX 实验还可以对手征有效场理论中的 WMP 与 π 介子散射截面进行限制。利用 CDEX 合作组目前最灵敏的探测器 C10-B1 的数据,基于最小二乘法的能谱分析,CDEX-10 给出 WIMP 与 π 介子散射截面的 90% C. L. 的排除结果,如图 9 所示。在 6 GeV/c² 以下的质量区间,CDEX-10 给出了目前世界上 WIMP 与 π 介子散射截面最灵敏的排除结果。

5 总结

经过暗物质直接探测实验的多年发展,自旋无关和自旋相关两种散射截面已经被限制在一个很小的参数空间内了,并且下一代实验的灵敏度直逼"中微子地板"。因此,对于新物理通道的研究,例如 NREFT 和 ChEFT,激励并引导着暗物质直接探测实验向新的方向迈进。CDEX 合作组利用现有的实验数据,对在 2. 5 ~ 20 GeV/c² 质量范围内的 NREFT 耦常数进行了限制,并达到了世界先进水平。另外,在手征有效场论的框架下,CDEX-10 给出了 6 GeV/c² 以下 WIMP 与 π 介子散射截面最灵敏的排除结果。随着将来 CDEX 实验的探测技术的进步及实验条件的优化,对于暗物质的探索也将越来越深入,相信终有一天人们可以解开暗物质的神秘面纱。

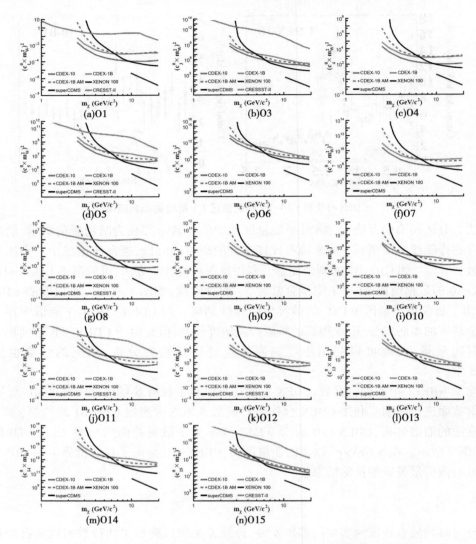

图 8 CDEX-10 与 CDEX-1B 的 NREFT 耦合常数的排除结果[1]

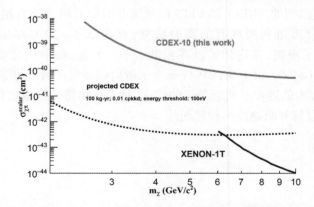

图 9 基于 CDEX-10 的 WIMP 与 π 介子散射面的排除结果[1]

参 考 文 献

[1] Wang Y, Yue Q, Yang L T, et al. (CDEX Collaboration) First experimental constraints on WIMP couplings in the effective field theory framework from CDEX[J]. Sci. Chin. Phys. Mech. Astron., 2021 (64): 281011.

[2] Fitzpatrick A L, Haxton W C, Katz E, et al. The effective field theory of dark matter direct detection[J]. Cosmol. Astropart. Phys., 2013(2): 004.

[3] Anand N, Fitzpatrick A L, Haxton W C. Weakly interacting massive particle-nucleus elastic scattering response[J]. Phys. Rev. C, 2014(89): 065501.

[4] Fan J J, Reece M, Wang L T. Non-relativistic effective theory of dark matter direct detection[J]. Cosmol. Astropart. Phys., 2010(11):42.

[5] Epelbaum E, Hammer H W, Meißner U G. Modern Theory of Nuclear Forces[J]. Rev. Mod. Phys., 2009(81): 1773.

[6] Machleidt R, Entem D R. Chiral effective field theory and nuclear forces[J]. Phys. Rept., 2011(503): 1.

[7] Hammer H W, Nogga A, Schwenk A. Three-body forces: From cold atoms to nuclei[J]. Rev. Mod. Phys., 2013(85): 197.

[8] Hoferichter M, et al. Nuclear structure factors for general spin-independent WIMP-nucleus scattering. arXiv:1811.01843.

[9] 杨丽桃. 基于 CDEX-1B 点电极高纯锗探测器的暗物质直接探测[D]. 北京:清华大学,2017.

[10] Cheng J P, Kang K J, Li J M, et al. The China Jinping Underground Laboratory and Its Early Science [J]. Annual Review of Nuclear and Particle Science, 2017, 67(1):231-251.

[11] Aprile E, et al. First results on the scalar WIMP-pion coupling, using the XENON1T experiment[J]. Phys. Rev. Lett., 2019(122): 071301.

[12] 江灏. 基于液氮直冷点电极高纯锗探器的暗物质直接探测[D]. 北京: 清华大学, 2018.

[13] Savage C, Gelmini G, Gondolo P, et al. Compatibility of DAMA/LIBRA dark matter detection with other searches[J]. Journal of Cosmology and Astroparticle Physics,2009(4):10.

[14] Feldman G J, Cousins R D. Unified approach to the classical statistical analysis of small signals[J]. Phys. Rev. D, 1998(57): 3873.

锦屏大设施多电极高纯锗探测器读出电子学系统"Wukong"的研制

姜林[1,2]，文敬君[1,2]，杨璟喆[1,2]，朱劲夫[1,2]，王天浩[1,2]，郭晓伟[1,2]，
曾志[1,2]，曾鸣[1,2]，田阳[1,2]，周建锋[1,3]，薛涛[1,2]，李荐民[1,2]

（1. 粒子技术与辐射成像教育部重点实验室（清华大学），北京　100084；
2. 清华大学工程物理系，北京　100084；
3. 清华大学工程物理系天体物理中心，北京　100084）

摘　要　面向 CIGAR（ChIna Gamma trAcking aRray）单点电极和多电极高纯锗探测器多通道、高触发率采样需求，研制了基于 Xilinx ZYNQ XC7Z100 的高速高精度专用读出电子学系统"Wukong"，包括系统底板和基于 125MSPS，16-bit AD9653 和 1GSPS，13-bit ADC13B1G 的高速、高精度 ADC 子卡。系统底板可搭载 9 个 ADC 子卡，其中 4 个 JESD204B ADC 子卡和 5 个 LVDS/LVCMOS ADC 子卡。根据实际需求，系统最多支持 20 通道 125MSPS，16-bit 高速高精度数据采集、处理和约 175 MB/s 的双千兆以太网读出。使用 R&S © SMA100B 作信号源对两块 ADC 子卡进行测试，测得 AD9653 的 ENOB 为 12.25@ 10 MHz，ADC13B1G 的 ENOB 为 10.45@10MHz，满足 CIGAR 项目高纯锗探测器波形数字化需求。本文介绍了基于 Xilinx ZYNQ XC7Z100 的专用读出电子学系统研制和性能测试细节，包括系统的硬件设计特点、时钟分发设计细节、ADC 子卡设计细节及 ADC 性能测试及优化原则等；分析了 ADC 驱动电路噪声、时钟抖动对 ADC 的 ENOB 的影响，为波形采样系统设计提供参考。

关键词　ZYNQ；高纯锗探测器；读出电子学；PLL；ADC；ENOB；时钟抖动

1　引　言

中国锦屏地下实验室（China Jinping Underground Laboratory，简称 CJPL）位于成都市西南方向的锦屏山下，其垂直岩石覆盖厚度达 2 400 m，是由清华大学与雅砻江公司合作建立的中国首个、世界最深的地下实验室。实验室一期工程于 2009 年开工建设，并于 2010 年 12 月 12 日正式启用，空间总容积约为 4 000 m³。为了开展进一步的研究工作，规模更大的实验室二期工程于 2014 年开工且岩体开挖与支护工程已于 2017 年初进行了工程验收工作。锦屏二期工程共建成 4 个 14 m×14 m×130 m 的主实验洞室，其中可利用的极深地下实验空间超过 30 万 m³。得益于垂直厚达 2 400 m 的得天独厚的岩石覆盖条件，中国锦屏地下实验室拥有全世界目前正在运行的地下实验室中最低的宇宙射线辐射本底

基金项目：国家自然科学基金资助项目（U1865205）；国家重点研发计划项目（2017YFA0402202）。
作者简介：姜林（1994—），男，清华大学工程物理系，博士研究生，研究方向为核电子学与系统控制。
E-mail：l-jiang18@ mails. tsinghua. edu. cn。

环境(小于每年每平方米 100 个)以及极低的氚含量辐射本底环境,为国内外暗物质直接探测实验[1]、无中微子双贝塔衰变($0\nu\beta\beta$)[2-3]实验和核天体物理实验等提供开放共享、极深地下极低辐射本底的实验平台,推动我国粒子物理和核物理领域的重大基础前沿研究率先取得重大突破。目前,基于中国锦屏地下实验室的由国内清华大学领导的中国暗物质实验 CDEX(China Dark matter EXperiment)已取得了国际先进水平的研究成果。

按照作用过程的不同,暗物质探测一般可分为间接探测、对撞机研究和直接探测。其中,直接探测是利用暗物质粒子与靶核发生弹性碰撞,并将部分能量转移给靶核,通过测量靶核的反冲信号来研究暗物质质量、作用截面等性质。由于高纯锗(High Purity Germanium,简称 HPGe)探测器在暗物质直接探测中的低阈值、高灵敏度的优势,目前,CDEX 实验、美国的 CoGeNT 实验和 SuperCMDS 实验以及欧洲的 Edelweiss 实验[4]等均采用高纯锗作为靶材料来进行暗物质候选粒子 WIMPs(Weakly Interacting Massive Particles)的直接测量。针对极深地下实验室极低本底的特点和优势,针对高纯锗探测器低本底、低阈值和高灵敏度的特点和优势,需设计专用读出电子学系统以满足高纯锗探测器信号的前端放大、成形放大、波形数字化、触发判选和数据读出的需要。

一般地,高纯锗探测器信号经由电荷灵敏前置放大器(Charge Sensitive Amplifier,简称 CSA)放大后多路输出至成形放大器(Shaping Amplifier,简称 SA)和高低增益快放大器(Timing Amplifier,简称 TA)进行高斯成形、高低增益放大后由 ADC 进行数字化;或是经过高低增益快放大后由模数转换器(Analog-to-Digital Converters,简称 ADCs)进行直接数字化,并在大规模可编程逻辑阵列(Field-Programmable Gate Array,简称 FPGA)中进行 CR-RC 成形、数字滤波、数字波形处理和波形甄别等。同时,将实时波形数据通过千兆以太网接口高速读出存储到计算机,供后续重建算法进行粒子甄别和射线寻迹。

本文面向多电极 HPGe 探测器信号的多通道、高精度和高触发率/带宽的需求,在课题组已研制完成的基于 ZYNQ XC7Z100 的千兆以太网数据读出模块 ZYNQBee5 的基础上,研制了 HPGe 探测器专用读出电子学系统"Wukong",包括系统底板及 2 块高速、高精度波形采样 ADC 子卡,为阵列 HPGe 探测器信号分析、前端电子学噪声测量和波形甄别提供了重要的技术手段。

ADC 的采样率和有效位(Effective Number of Bits,简称 ENOB)作为波形数字化系统的关键指标,将直接影响探测器的能量分辨率和波形甄别品质因子(Figure of Merit,简称 FoM)。已有相关文献[5-7]分别基于 LaBr$_3$(Ce)、CLYC 和 HPGe 探测器研究了 ADC 采样率及 ENOB 和探测器能量分辨率及波形甄别 FoM 之间的关系,并给出了一些结论。因此,本文基于研制的读出电子学系统"Wukong",详细测试并总结了影响 ENOB 的因素:ADC 总噪声和 ADC 采样时钟抖动。此外,也详细介绍了电子学系统研制细节,为优化的读出电子学系统设计提供方案参考。

2　读出电子学系统 Wukong 的研制

高速高精度专用读出电子学是包括高速、高精度波形采样及千兆以太网数据读出的电子学系统。本文采用高效率的模块化设计方法,在已研制完成的基于 Xilinx ZYNQ XC7Z100 的千兆以太网数据读出模块 ZYNQBee5 的基础上,分别设计了包括基于高速、高精度 125 MSPS，16 bit 和 1 GSPS，13 bit 的 ADC 子卡和用于连接数据读出模块 ZYN-QBee5 和 ADC 子卡的系统底板。"Wukong"系统共可搭载 9 块 ADC 子卡，其中 5 块为 LVDS/LVCMOS 标准 ADC 子卡，4 块为 JESD204 标准的 ADC 子卡。根据采样需求可灵活配置采样系统通道数、采样率和垂直分辨率，最大可支持 20 通道 125MSPS，16 bit 的采样需求。研制的两块 ADC 子卡的主要指标如表 1 所示。

表 1　ADC 子卡动态指标

ADC name	Channel	Analog Input（Full−Scale）	ADC ENOB Measurement（@10MHz）
ADC13B1G	1	2 Vpp	10.45
AD9653	4	1.4 Vpp	12.25

2.1　千兆以太网数据读出模块 ZYNQBee5

千兆以太网数据读出模块基于 Xilinx 公司 ZYNQ−7000 系列的 ZYNQ XC7Z100−2FFG900−2，其中包含了 ZYNQ 处理器，2 片 512MBytes 的 DDR3 SDRAM，QSPI 接口的 flash 以及千兆以太网 PHY。ZYNQ 集成了功能丰富的双核 ARM Cortex−A9 处理器的 PS 部分和 28 nm Xilinx Kintex−7 FPGA 的 PL 部分，极大地提高了 FPGA 和处理器之间的有效带宽。

ZYNQBee5 数据读出核心板模块的尺寸为 95.2 mm×65.2 mm，可提供的 IO 多达 172 对 LVDS 或 344 个单端 LVCMOS 引脚，这些 IO 数量足够支持某些密集型应用。此外，支持 PCIE Gen2×8 的 16 路传输带宽达到 12.5 Gbps 的 16 个高速串行 GTX 收发器和两个千兆以太网接口（数据传输率为 175 MB/s）为高触发率的物理信号处理、传输方式提供了保障。图 1 为千兆以太网读出模块 ZYNQBee5 实物照片。

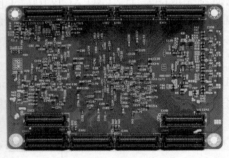

图 1　千兆以太网读出模块 ZYNQBee5 实物照片

2.2　专用读出电子学 Wukong 系统底板

系统底板作为连接波形采样 ADC 子卡和千兆以太网读出模块之间的"桥梁"，需要具备一个小的"时钟树"，为 ADC 子卡、FPGA 提供同步的采样时钟和参考时钟；具备为 ADC 子卡和底板载 VCO、PLL 等提供正常工作的独立的模拟和数字电源；具备数据传输和调试所必备的以太网、USB 和 JTEG 等接口。在具体进行电源轨、IO 和时钟分配设计之前，对课题组使用过的将近 20 种 ADC 和 DAC 进行供电电压、功耗、慢控制引脚、时钟输入电平标准和数字输出电平标准进行了总结。

2.2.1 FPGA IO 资源分配及 ADC 子卡连接

ZYNQ XC7Z100 共提供5 个 HR（High Range）I/O bank，bank10～bank13 和只有6 对 I/O 的 bank9，I/O 电压 1.2～3.3；3 个 HP（High Performance）I/O bank，bank33～bank35；I/O 电压 1.2～1.8；4 个 GTX I/O bank，bank109～bank111。为了 FPGA IO 分配和控制的简洁，采用每一 bank 对应一 ADC 子卡的"一对一"方式进行分配。此外，分别选择一个 HR bank B10 和一个 HP bank B33 作为专用的慢控制 bank，不参与 ADC 数据读出，分配给系统底板的触发输入、VCO、PLL、LED、button 和 JESD204B ADC 子卡等部分所需的慢控制信号线。其他的 HR bank 和 HP bank 对应分配到 5 个 LVDS ADC 子卡，兼容 LVDS 和 LVCMOS 输出标准的 ADC。4 个高速串行收发器 GTX 对应引出 4 个 JESD204B ADC 子卡，支持 JESD204B 标准的射频 ADC。ZYNQ XC7Z100 IO 分配见表 2。

表 2　ZYNQ XC7Z100 IO 分配

FPGA Bank	IO 数量	IO 分配
9 HR（1.8 固定）	6 对 LVDS 或 12 个单端 LVCMOS	—
10 HR（1.2～3.3 V）	24 对 LVDS 或 48 个单端 LVCMOS	慢控制
11～13 HR（1.2～3.3 V）	24 对 LVDS 或 48 个单端 LVCMOS	3 个 LVDS 子卡
33 HR（1.2～1.8 V）	24 对 LVDS 或 48 个单端 LVCMOS	慢控制
34～35 HP（1.2～1.8 V）	24 对 LVDS 或 48 个单端 LVCMOS	2 个 LVDS 子卡
109～111 GTX	TX 和 RX 各 4 对，2 对 GTX 参考时钟	4 个 JESD 子卡

按照这样的方案，系统底板将共有 9 个子卡位置，包括 5 个 LVDS/LVCMOS ADC 子卡和 4 个 JESD ADC 子卡，具体 IO 数量和分配方式如表 2 所示，图 2 和图 3 则分别为 LVDS ADC 和 JESD ADC 子卡 IO 分配示意图。

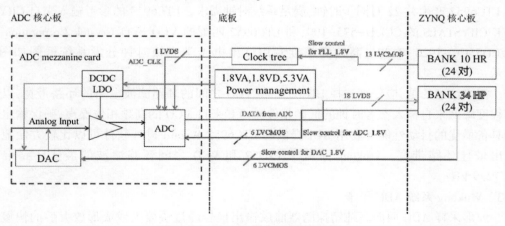

图 2　LVDS ADC 子卡 IO 分配示意

2.2.2 Wukong 系统底板电源管理

系统采用底板供电方式，由底板给 9 个 ADC 子卡接口提供彼此独立的 3 路 5.3 VA、

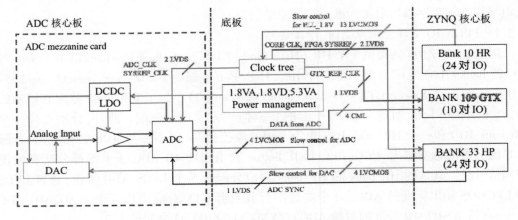

图3　JESD ADC 子卡 IO 分配示意

1.8 VA 和 1.8 VD 模拟和数字电源,以降低 ADC 子卡电源拓扑复杂度、减少电源器件的重复使用并且节省子卡空间、降低 PCB 布局难度。每一子卡的独立的 3 路电源,分别用于产生 ADC、DAC、OPA 和差分 ADC 驱动所需的供电电压。此外,底板还设有给 PLL、VCO、LED,以太网等接口所必备的电源。

2.2.3　Wukong 系统底板时钟分发

系统底板时钟系统将为所有 9 个 ADC 子卡提供同步的采样时钟,特别地,4 个 JESD204 ADC 子卡还需要 4 路 SYSREF 时钟、与 ZYNQ XC7Z100 互连所需 4 路 GTX 参考时钟、1 路 CORE 时钟和 1 路 FPGA 参考时钟。因此,时钟系统需要提供 19 路同步时钟,且单路均可设置为支持 JESD204B/C 标准。

本文采用 ADI 公司的超低抖动的单片时钟分配器 LTC6953 和两片 PLL LTC6952 为 9 个 ADC 子卡接口提供同步时钟。LTC6953 和两片 LTC6952 之间采用具有更出色抖动性能的 ParallelSync 模式进行硬件连接,第一级 LTC6953 的 4 路输出同步两片 LTC6952,两片 LTC6952 产生共 22 对同步时钟,满足系统时钟需求。LTC6953 的参考输入来自 CRYS-TEK CRYSTALS 的 CCHD-575-100,和 LTC6952 匹配的 VCO 来自 Crystek Corporation 的 CVCO55CC-1920-2120。高速高精度专用读出电子学底板时钟分发系统框图如图 4 所示。

需要注意的是,应仔细选择 LTC6952 和 VCO 之间的环路滤波电路的环路带宽,以最大程度降低来自输入参考时钟的低频相位噪声和来自 VCO 的高频相位噪声,确保输出时钟具备最优的抖动性能。利用 ADI 提供的 LTC6952 Wizard 设计软件可以比较方便地仿真出最佳环路带宽。Wukong 系统 LTC6952 和 VCO 之间环路滤波的最佳环路带宽是 72.9 kHz。

2.3　Wukong 系统 ADC 子卡

波形采样 ADC 面向高纯锗探测器前放输出信号经过快放大或成形放大后的快慢信号。对快信号的高速采样可用于分辨单一事件和符合事件,也可以用于粒子甄别;对慢信号的采样可用于能谱的测量[8]。

针对高纯锗探测器的快、慢信号的采样,分别基于 4 通道 125MSPS,16-bit AD9653 和

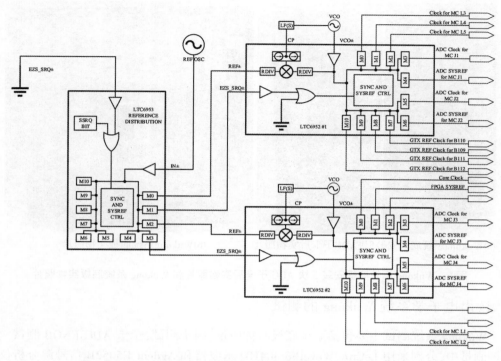

图 4　高速高精度专用读出电子学底板时钟分发系统框图

单通道 1GSPS,13-bit ADC13B1G 高速、高精度 ADC 设计了两块 ADC 子卡。图 5(a)和
(b)分别为 AD9653 ADC 子卡和 ADC13B1G ADC 子卡实物照片,ADC 子卡尺寸为 65.9
mm×57.2 mm。安装上 5 块子卡的 Wukong 系统和系统底板的实物照片分别如图 6(a)、
(b)所示。

(a)高速、高精度单通道ADC
ADC13B1G子卡实物照片

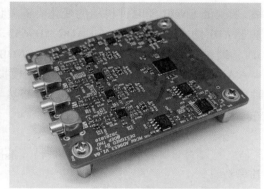

(b)高速、高精度4通道ADC
AD9653子卡实物照片

图 5　高速、高精度单通道 ADC ADC13B1G 子卡实物照片和
高速、高精度 4 通道 ADC AD9653 子卡实物照片

(a)Wukong系统底板安装5块ADC子卡后实物照片　　(b)Wukong系统底板实物照片

图6　Wukong 系统底板安装 5 块 ADC 子卡后实物照片和 Wukong 系统底板实物照片

3　读出电子学系统 Wukong 的测试

　　Wukong 系统测试主要包括系统底板时钟质量、同步测试,子卡 ADC ENOB 测试。在时钟测量中,分别采用 LeCroy WavePro 404HD 示波器和 Agilent E5052B 信号源分析仪对 ADC 采样时钟进行 clock jitter(时钟抖动)测量;在 ENOB 测量中,用 R&S ® SMA100B 作信号源,对两款 ADC 进行 ENOB 测量。一般地,影响数据采集系统 ENOB 的因素有 ADC 量化噪声、ADC 自身和 ADC 驱动电路电子学噪声及采样时钟抖动。为了研究时钟质量对 ENOB 的影响,本文通过改变 LTC6952 的输入参考时钟频率,来达到实际输入参考频率与"最优"环路带宽所需参考频率之间的不匹配,并产生 5 组不同抖动的 ADC 采样时钟,来验证 ENOB 随时钟抖动的变化。需要说明的是,时钟抖动对 ENOB 的影响测试主要基于 ADI 的 125MSPS,16-bit ADC AD9653。

3.1　时钟抖动及 ADC 总噪声对 ADC ENOB 的影响

　　ADC 的主要作用是定期采样并产生模拟信号,因此采样时钟的稳定性尤为重要。这种稳定性即为时钟抖动,不稳定的时钟必然导致采样点的不确定性,且这种影响在高频采样时会变得更加明显。

　　考虑一个正弦波,

$$v(t) = A\sin(2\pi f \cdot t) \tag{1}$$

其导数是:

$$\frac{\mathrm{d}v(t)}{\mathrm{d}t} = A2\pi f \cdot \cos(2\pi f \cdot t) \tag{2}$$

　　在 $t = 0$ 时,导数最大,也就是由时钟不确定造成的采样点的不确定达到最大。从 ADC 的角度考虑,则是:

$$V_{\mathrm{err}} = A2\pi t_j \tag{3}$$

式中, V_{err} 为采样电压 RMS 不确定度; t_j 为采样时钟 RMS 抖动。

以上述正弦信号输入 ADC,根据 SNR(Signal-to-noise,信噪比)计算公式,由时钟抖动带来的 ADC SNR 为:

$$SNR = 20\lg \frac{A}{A_{err}} = -20\lg(2\pi f t_j) \tag{4}$$

ADC 总噪声由 ADC 输入参考噪声(input-referred noise)和 ADC 驱动电路噪声组成。其中,ADC 驱动电路噪声一般由差分放大电路、DAC 和驱动放大器等部分产生的电子学噪声组成。ADC 的总噪声会降低系统 SNR,也就是降低 ENOB。一般情况下,ADC 总噪声和 ENOB 的关系如式(5)所示,注意,这并未考虑采样时钟抖动所带来的影响。

$$V_n \approx \frac{Fullscale}{2^{ENOB}} = \sqrt{12} \tag{5}$$

3.2 ADC 采样时钟抖动及 ADC 总噪声的测量

采用 LeCroy WavePro 404HD 示波器自带的 Jitter Kit 抖动测量软件直接测量时钟的时间间隔误差(Time Interval Error,简称 TIE),图 7 显示了用示波器测量 125MHz 采样时钟抖动的结果,RMS 抖动为(645.71±2.63)fs。

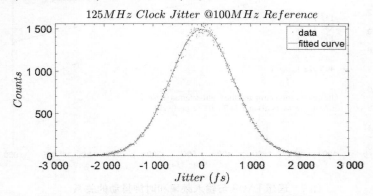

图 7 用示波器测量的 125 MHz 采样时钟抖动

作为对比,作者也通过 Agilent E5052B 信号源分析仪测量时钟信号的单边相位噪声谱,通过积分计算得到 RMS 抖动,计算方法如式(6)所示,其中 A 为积分相位噪声功率(dBc),f_o 为载波频率,测量结果如图 8 所示。

$$RMSjitter \approx \frac{\sqrt{2 \cdot 10^{A/10}}}{2\pi f_0} \tag{6}$$

3.3 采样时钟抖动对 ADC ENOB 的影响

AD9653 是一款 16-bit 高精度 ADC,其量化噪声 SNR_q 为 98.08 dB,可表示为式(7):

$$SNR_q = 6.02N + 1.76 \tag{7}$$

ADC 自身输入参考噪声芯片手册已给出,为 2.7LSB RMS,SNR 为 78.67 dB。实测的 AD9653 子卡 A 通道基线噪声为 4.24 LSB,对应 ADC 总噪声 SNR_t 为 74.75。ADC 的总 SNR 可由式(8)计算:

$$SNR_{ADC} = -10\lg(10^{-SNB_q/10} + 10^{-SNR_t/10} + 10^{-SNR_t/10}) \tag{8}$$

通过实测的 ADC 噪声计算得到实际 ENOB 随时钟抖动的变化,如图 9 所示。可以看

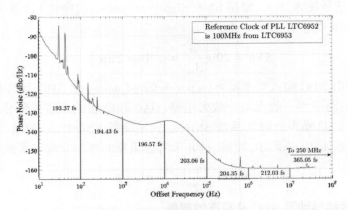

图 8　单边相位噪声计算的 125 MHz 采样时钟抖动

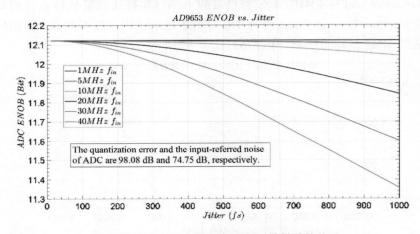

图 9　理想 ENOB 与输入频率和时钟抖动的关系

出,ENOB 与输入信号频率相关。在输入频率较低(<10 MHz)时,时钟质量的好坏(RMS 抖动 10 fs~1 ps)对 ENOB 影响不大(0.1-bit 内),且理想情况下,也只能测到 12.1 左右 的 ENOB。实测 AD9653 通道 A 的 ENOB 为 12.013 1±0.069 8@ 10 MHz。

4　结　论

本文研制并初步测试了高纯锗探测器专用读出电子学系统。分析了 ADC 总噪声和 ADC 采样时钟对系统 ENOB 的影响,为下一版读出电子学系统设计提供参考。

参 考 文 献

[1] Baudis, Laura. WIMP dark matter direct-detection searches in noble gases[J]. Physics of the Dark Universe, 2014(4): 50-59.

[2] Ackermann, K-H. et al. The Gerda experiment for the search of 0νββ decay in 76Ge[J]. The European Physical Journal C, 2013, 73(3): 2330.

[3] Zhu J, Xue T, Wei L , et al. Pulse Shape Discrimination of Bulk and Very Bulk Events within HPGe Detectors[J]. 2020.

[4] 杨丽桃. 基于 CDEX-1B 点电极高纯锗探测器的暗物质直接探测[D]. 北京:清华大学,2017.

[5] Cang Jirong,et al. Optimal Design of Waveform Digitisers for Both Energy Resolution and Pulse Shape Discrimination[J]. Nuclear Instruments & Methods in Physics Research, 2018, 888:96-102.

[6] Zhu J , Wang T, Xue T, et al. Analysis and Verification of Relation between Digitizer's Sampling Properties and Energy Resolution of HPGe Detectors. 2020.

[7] Xue T, Zhu J, Wen J, et al. Optimization of Energy Resolution and Pulse Shape Discrimination for a CLYC Detector with Integrated Digitizers[J]. 2019.

[8] Xue T, Zeng M,Gong G,et al. FADC electronics design for HPGe detector. IEEE, 2013.

Whole transcriptome analysis revealed a stress response to deep underground environment conditions in Chinese hamster V79 lung fibroblast cells

Liju Duan[1], Hongying Jiang[2], Jifeng Liu[3,4],
Yilin Liu[5], Tengfei Ma[3,4], Yike Xie[4], Ling Wang[4],
Juan Cheng[4], Jian Zou[3,4], Jiang Wu[4], Shixi Liu[3],
Mingzhong Gao[6,7], Weimin Li[3], Heping Xie[4,6,7]

（1. Wangjiang Hospital of Sichuan University, Sichuan University, Sichuan Chengdu 610041; 2. Department of Rehabilitation Medicine Center, West China Hospital, Sichuan University, Sichuan Chengdu　610041; 3. Department of Otolaryngology Head and Neck Surgery, West China Hospital, Sichuan University, Sichuan Chengdu　610041; 4. Deep Underground Space Medical Center, West China Hospital, Sichuan University, Sichuan Chengdu　610041; 5. Department of Ophthalmology, West China Hospital, Sichuan University, Sichuan Chengdu　610041; 6. College of Water Resources & Hydropower, Sichuan University, Sichuan Chengdu　610041; 7. Institute of Deep Earth Science and Green Energy, Shenzhen University, Guangdong Shenzhen　518000）

Abstract　Prior studies have shown that the proliferation of V79 lung fibroblast cells could be inhibited by low background radiation (LBR) found in deep underground laboratories (DUGLs). In the current study, we revealed further molecular changes by performing whole transcriptome analysis, including RNA sequencing, on the expression profiles of long non-coding RNA (lncRNA), messenger RNA (mRNA), circular RNA (circRNA) and microRNA (miRNA) in V79 cells cultured for two days in a DUGL.

Methods：Whole transcriptome analysis including Long non-coding RNA (lncRNA), messenger RNA (mRNAs), circular RNA (circ RNA) and micro RNA (miRNA) was performed in V79 cells cultured for two days in DUGL and above ground laboratory (AGL), respectively The differentially expressed (DE) lncRNA, mRNA, circRNA and microRNA in V79 cells were identified by

基金项目：四川大学华西医院深地医学专项基金（YB2018002）及 1. 3. 5 卓越交叉学科基金（ZYJC18016）；四川省国际合作创新基金（2018HH0159）；国家自然科学基金（51822403）；四川省卫健委重点项目（20PJ029）。

the comparison between DUGL and AGL groups. Quantitative real-time polymerase chain reaction (qRT-PCR) was conducted to verify the selected RNA sequencings. Then, Gene Ontology (GO) and Kyoto Encyclopedia of Genes and Genomes (KEGG) pathway was analysed for the DE mRNAs which enabled to predict target genes of lncRNA and host genes of circRNA.

Results: These two groups were compared to identify the differentially expressed (DE) lncRNAs, mRNAs, circRNAs and miRNAs. Quantitative real-time polymerase chain reaction (RT-qPCR) was conducted to verify the RNA sequencing data. Next, Gene Ontology (GO) and Kyoto Encyclopedia of Genes and Genomes (KEGG) pathways were analyzed for the DE mRNAs, which enabled the prediction of target genes of lncRNA and host genes of circRNA. With |fold change| ⩾ 2. 0 and $p < 0.05$, a total of 1257 mRNAs (353 mRNAs up-regulated, 904 mRNAs down-regulated), 866 lncRNAs (145 lncRNAs up-regulated, 721 lncRNAs down-regulated), and 474 circRNAs (247 circRNAs up-regulated, 227 circRNAs down-regulated) were significantly altered between the two groups. There was no significant difference in miRNA between the two groups.

Conclusion: Taken together, these results suggest that the LBR in the DUGL could induce transcriptional repression, thus reducing metabolic process and reprograming the overall gene expression profile in V79 cells.

Key words Deep underground environment; V79 cells; mRNA; lncRNA; circRNA

1 INTRODUCTION

An increasing number of countries have begun to develop deep Earth in order to cope with the space and resources of shallow Earth being gradually consumed in the future . In China, it has become a national priority to explore deep underground space and resources since 2016 [2]. Evidence has shown that an increasing number of people could live and/or work in the underground space in the near future [3]. Currently in South Africa, gold miners are able to work 4 000 meters underground [4]. However, little is still known about the biological effects of the deep underground environment [5]. The limited knowledge may result from the shortage of deep underground laboratories (DUGLs) such as the Gran Sasso National Laboratory (LNGS) in Italy, and the Waste Isolation Pilot Plant (WIPP) in the United States. Researchers who have historically focused on the growth of cultures in DUGLs have observed some interesting changes in living organisms exposed to low levels of radiation [6-7]. However, with limited publicatons it is challenging to know the reliability of the results.

To understand the biological effects of the deep underground environment on humans and servicing for the development of deep underground space and resources, a DUGL in a cave with a rocky cover of 1 470 m was set up in our previous research in China, in Erdaogou Mine, with Jiapigou Minerals Limited Corporation of China National Gold Group Corporation (CJEM) [5]. Similar to the 4 000 m water equivalent (WE) of LNGS, the flux of the cosmic rays in the DUGL of CJEM could be considered negligible compared to the cosmic rays at the above ground surface [8]. The radon concentration in the DUGL of CJEM was 3. 7 ~ 5. 5 pCi/L, which is slightly higher than LNGS [8]. However, the total gamma (γ) radiation dose rate of terrestrial radiation was 0.03 ~ 0.05 μSv/h, which was consistent with the levels at LNGS [8]. Meanwhile, the relative humidity was approximately same as LNGS at 99%. Except for oxygen (O_2), the concentration of carbon dioxide (CO_2) and air pressure of the DUGL were slightly higher than an above ground laboratory (AGL) [8].

Prior studies have investigated biological changes of Chinese hamster V79 cells in LNGS[9]. Published research also demonstrated that V79 cells were able to be cultured in the DUGL of CJEM and the proliferation of these V79 cells could be inhibited by low background radiation (LBR) in this deep underground environment [5]. Furthermore, our prior study found that V79 cells cultured in the DUGL of CJEM presented an altered protein profile related to the ribosome, RNA transport, translation, energy metabolism, and DNA repair [8]. Recent evidence revealed that non-coding RNAs participate in modulating numerous biological functions by regulating gene expression at transcriptional and post-transcriptional levels [10]. In the current study, we revealed further molecular changes by performing whole transcriptome analysis, including RNA sequencing, on the expression profiles of long non-coding RNA (lncRNA), messenger RNA (mRNA), circular RNA (circRNA) and microRNA (miRNA) in V79 cells cultured for two days in a DUGL. These data will be helpful to further understand the biological effects of the deep underground environment.

2 MATERIALS AND METHODS

2.1 Cell culture

The detailed cell culture methods are described in our previous research [8]. Briefly, frozen Chinese hamster V79 lung fibroblast cells were purchased from Shanghai Enzyme-linked Biotechnology (China) and cultured in Dulbecco's modified eagle medium (DMEM; Gibco, USA) with 10 % fetal calf serum (Gemini, USA), and 50 U dm -3 penicillin and streptomycin (Gibco, USA). At more than 80% confluency, cells were passaged and divided into four T 25 flasks, and randomly assigned to either the DUGL or AGL of CJEM. All cells were maintained in incubators at 37 ℃ with 5% CO_2. After passaging, three flasks from each location were collected for the following experiments.

2.2 RNA preparation and quality control

After the cells were cultured for two days in either the AGL or DUGL, the total RNA per sample was extracted using Trizol reagent (Invitrogen, NY, USA) and was then used for RNA sequencing. The purity and integrity of RNA were examined by 1% agarose gel electrophoresis (Sigma-Aldrich, USA). Subsequently, further RNA integrity was verified using the Agilent 2 100 Bioanalyzer (Agilent Technologies, CA, USA), The RNA integrity number (RIN) of all samples were more than 7.0, which were considered to meet the sequencing requirement. The RNA quantity was measured using the NanoDrop-2000 (NanoDrop Technologies, DE, USA). The ribosomal RNA (rRNA) was removed with the Ribo-Zero GoldKits (Epicentre,

WI, USA).

2.3　LncRNA and mRNA sequencing and data processing

RNA (3 μg) from each sample was used for cDNA library construction. After the removal of rRNA, the rRNA-depleted RNAs were fragmented and used as templates to construct the cDNA library. First strand cDNA was synthesized using random hexamer primers. Next, second strand cDNA synthesis was performed using DNA polymerase I and RNase H. Libraries were amplified by polymerase chain reaction (PCR).

NovaSeq 6 000 Illumina sequencing system (Illumina, San Diego, CA, USA) was used for RNA sequencing. The sequencing data was analyzed using CASAVA software 3 for base calling. Raw data were transformed into FASTQ stored documents. To obtain clear reads for further analysis, reads containing adapters and ploy-N as well as low-quality reads were removed from the raw data. HiSAT2 software was used to align sequencing data according to the reference hamster genome (GCA_003668045. 1[11], GenBank assembly accession).

The Coding-Non-Coding Index (CNCI), Coding Potential Calculator (CPC), Pfamscan, and Coding Potential Assessment Tool (CPAT) were used to analyze the coding potential of transcripts. The assembled transcripts without coding potential of their overlap became the candidate set of lncRNAs.

The read count for each gene in each sample was counted by HTSeq, and Fragments Per Kilobase of transcript, per Million mapped reads (FPKM) were then calculated to represent the expression level of mRNA and lncRNA in each sample. The DE mRNAs and lncRNAs between the two groups were identified using DEseq. The DE cut-off criteria included $q < 0.05$ (adjusted p value) and $|fold\ change| \geqslant 2.0$.

2.4　circRNA sequencing and data processing

The other cDNA library construction method was similar to that for the lncRNAs, except RNase R was used to remove linear RNAs. Clean reads were obtained by removing the following fragments: 1) low quality data, 2) reads containing an N ratio greater than 5%, 3) reads containing jointed-sequence and rRNAs. BWA-MEM was used for mapping clean reads to the reference genome. circRNA Identifier (CIRI) [12], a highly efficient and fast circRNA recognition tool, was used for circRNA recognition. The BWA-MEM algorithm was used for sequence splitting, and then the resulting SAM file was scanned to detect paired chiastic clipping (PCC) and paired-end mapping (PEM) sites, as well as GT-AG splicing signals. Next, the sequence of junction sites was re-aligned using a dynamic programming algorithm to ensure the reliability of the identified circRNA. Spliced Reads per Billion Mapping (SRPBM) were used to determine the expression level of circRNA. The DE circRNAs between the two groups were identified using DEseq [13]. The cut-off criteria included $p < 0.05$ and $|fold\ change| \geqslant 2.0$. circRNA · miRNA interactions were predicted using the miRanda (3.3a) prediction algorithm.

2.5　miRNA sequencing and data processing

18-30 nucleotide (nt) or 15-35 nt RNA fragments were obtained through gel separation technology. Next, those RNAs were reverse transcribed to synthesize cDNA. Clean reads were obtained by removing the following fragments: ①low quality data, ②reads containing an N ratio greater than 10%, ③reads without a 3′ linker sequence, ④reads with polyA/T, ⑤reads without sequences. Bowtie1 [14] was used to map the clean reads to the reference genome. Reads were mapped to mature miRNA and hairpin RNA that were recorded in miRBase (release 21) [15] to identify known miRNAs. After excluding the reads mapped to known miRNA/ncRNA/repeat regions/mRNA regions, the remaining reads were used to predict novel miRNAs based on their hairpin structure and stability. The miRDeep2 [16] software was applied for the identification and prediction of miRNAs. Transcripts per Million (TPM) was adopted to determine the expression levels of miRNAs. With a cut-off of q < 0.05 and $|fold\ change| \geqslant 2.0$, the DESeq2 package in R software was employed to identify the DE miRNAs.

2.6 Verification by RT-qPCR

To verify the RNA-Seq results, 10 DE mRNAs were randomly selected for RT-qPCR analysis (Table 5). Primer-BLAST of NCBI (https://www.ncbi.nlm.nih.gov/tools/primer-blast/index.cgi) was used for primer design. Total RNA was reverse transcribed into cDNA using a PrimeScript RT Reagent Kit with gDNA Eraser according to the manufacturer's instructions (RR047A, Takara, Japan). A 7 500 Real-time PCR system (Applied Biosystems, CA, USA) was used to perform RT-qPCR. Actin was selected as the reference gene. The forward primer sequence was GATCTGGCACCACACCTTCT, and the reverse was GGGGTGTTGAAG-GTCTCAAA. Three repeats were performed for each group. qPCR data were analyzed using a t-test with SPSS 13.0 software. A p value $\leqslant 0.05$ was considered statistically significant.

2.7 Biological information analysis

Hierarchical clustering was conducted using R software (v3.5.1, 2018). Since the functional annotation of most lncRNAs has not been obtained, the functions of lncRNAs were predicted according to the annotations of the co-expressed mRNA function [17] In this study, the function of DE lncRNAs were predicted based on position relationship (within 50 kb of lncRNA) and the Pearson correlation coefficient (the value of correlation $\geqslant 0.9$, and $p < 0.01$) between lncRNA and mRNA.

The lncRNAs/circRNAs/miRNAs and mRNAs that shared expression levels with significant correlations were used to conduct co-expression analyses. To further reveal the biological functions of the DE RNAs, GO and KEGG pathway enrichment (performed using GeneCodis3 bioinformatics resources) were applied to the DE mRNAs, predicted targets for DE lncRNAs and miRNAs, and host genes of circRNAs. Both GO terms and KEGG pathways with q values < 0.05 were considered significantly enriched.

3 RESULTS

3.1 Overview of transcriptomic analyses

Sequencing was performed on the cDNA and sRNA libraries of cell samples from the groups of DUGL and AGL cells grown for two days. Furthermore, total read counts and the ratio of mapped reads of the sequencing data are shown in Table 1.

Using a $|fold\ change|$ cut-off $\geqslant 2.0$ and $q < 0.05$, a total of 1257 mRNAs and 866 lncRNAs were identified as being differentially expressed (DE) between the two groups. Using a $|fold\ change| \geqslant 2.0$ and $p < 0.05$, 474 DE circRNAs were identified. However, only nine novel miRNAs were found to be down-regulated in DUGL cells, but these changes were not statistically significant. Among the DE RNAs in the DUGL cells, there were 353 up-regulated mRNAs, 904 down-regulated mRNAs, 145 up-regulated lncRNAs, 721 down-regulated lncRNAs, 247 up-regulated circRNAs, and 227 down-regulated circRNAs (Figure 1). The top 10 dysregulated lncRNAs, circRNAs and mRNAs are shown in Tables 2, 3 and 4, respectively. For interest, the nine down-regulated miRNAs are listed in Table 5 as well.

Hierarchical clustering of the lncRNA, mRNA and circRNA expression suggested obvious discrimination in V79 cells between the DUGL and AGL growth conditions (Figure 1).

3.2 The functional analysis of DE mRNAs

According to GO analyses, in the biological process (BP) category, the down-regulated mRNAs in the DUGL group were enriched in 28 terms. The top three enriched terms were response to external stimulus, defense response and response to stimulus (Figure 2a and Table 1). The up-regulated mRNAs in the DUGL group were enriched in 102 terms (Figure 2d and Table 2). Among those BP terms, 19 terms were negative regulation terms, which covered gene and metabolic processes. Moreover, seven negative regulation terms ranked in the top 10 enriched terms (Figure 2d and Table 2). In the cellular content (CC) category, the down-regulated mRNAs were mainly enriched in terms of membrane part (e.g. plasma membrane, extracellular region part and extracellular space; Figure 2b and Table 1), whereas the up-regulated mRNAs were only enriched in terms of the nucleolus (Table 2). As to the molecular function (MF) category, the down-regulated mRNAs were mainly enriched in terms of oxidoreductase activity, transmembrane signaling receptor activity and metalloendopeptidase activity (Figure 2c and Table 1), whereas the up-regulated mRNAs were mainly enriched in terms of binding (e.g. transcription factor, nucleic acid, regulatory region nucleic acid; Figure 2e and Table 2).

The KEGG analysis showed that the down-regulated mRNAs were enriched in six pathways including extracellular matrix-receptor interaction (ECM-RI), arachidonic acid metabolism, linoleic acid metabolism, NOD-like receptor signaling pathway, glutamatergic synapse and PI3 kinase-Akt signaling pathway (Figure 2f and Table 3). There was no significant enrichment for up-regulated mRNAs in any pathway.

3.3   The functional analysis of DE lncRNAs

To investigate the DE lncRNAs under the LBR stress of the deep underground environment, a functional analysis was performed for the predicted target mRNA of the DE lncRNAs (145 up-regulated lncRNAs, 721 down-regulated lncRNAs; Figure 1c, d). Of those DE lncRNA, 497 lncRNAs were novel lncRNAs. The predicted target mRNAs of down-regulated lncRNAs were mainly enriched in 173 BP terms, 85 CC terms and 39 MF terms (Table S4). The BP terms were mainly related to several steps of the metabolic process (Figure 3a), the CC terms were related to organelle (Figure 3b) and the MF terms were related to binding (Figure 3c). In contrast, the predicted target mRNAs of the up-regulated lncRNAs were mainly enriched in 214 BP terms, 101 CC terms and 53 MF terms (Table 5). In the BP category, the main enriched terms were related to metabolic processes, such as single-organism, primary, organic substance and macromolecule metabolic (Figure 3e). Part of those terms were enriched in the cellular response to stress, and regulation of cellular response to stress (Table 5). In the CC category, the target mRNAs of DE lncRNAs mainly related to organelle part, organelle and nuclear part (Figure 3f). As for the MF category, most of the identified terms related to binding, catalytic, and protein binding functions (Figure 3g).

In the KEGG analysis, the target mRNAs of down-regulated lncRNAs were significantly enriched in four pathways (spliceosome, RNA degradation, proteasome and protein processing in the endoplasmic reticulum) (Figure 3d). Interestingly, the target mRNAs of up-regulated lncRNAs were enriched in these same three pathways and one other pathway (spliceosome, RNA degradation, proteasome and cell cycle; Figure 3h).

3.4   The functional analysis of DE circRNAs

circRNAs exert their functions through host genes, and 474 DE circRNAs (247 up-regulated, 227 down-regulated) were detected in this study. Function analyses were then performed to identify the host genes of these DE circRNAs. GO analyses showed that host genes of the down-regulated circRNAs were enriched in four BP terms (cellular macromolecule metabolic process, regulation of macromolecule metabolic process, macromolecule metabolic process and regulation of metabolic process), eight CC terms (including intracellular, intracellular part and organelle) and nine MF terms (including Rab GTPase binding, protein kinase activity and phosphotransferase activity; Figure 4a, b, c). The host genes of the up-regulated circRNA were enriched in 31 CC terms (including intracellular, intracellular part and organelle) and three MF terms (GTPase activator and regulator activity, transferase activity; Figure 4d, e). Several terms surrounding metabolic processes were enriched, which was similar to the target mRNAs of the DE lncRNAs. KEGG pathway analyses showed that the host genes of down-regulated circRNA were enriched in protein processing in the endoplasmic reticulum.

3.5   Construction of the circRNA-miRNA co-expression network

A circRNA-miRNA co-expression network was constructed based on the RNA-Seq results, and when comparing DUGL to AGL cells, 286 miRNA-circRNA interaction pairs were obtained

(Figure 4f).

3.6 **Verification of DE RNA by RT-qPCR**

To verify the RNA-Seq results, 10 DE mRNAs were selected for RT- qPCR analysis. Among them, nine mRNAs had comparable expression patterns between the RNA-Seq and RT-qPCR results (Figure 5).

4 DISCUSSION

Several researchers have found that the deep underground environment, where cosmic radiation is shielded, can reduce the growth rates of paramecia, bacteria and some mammalian cells[18]. Indeed, cell translational repression and gene expression profiles induced by stress can inhibit proliferation [19]. However, as an environmental stress, little is known about the genetic profile changes that occur under the stress of LBR in a deep underground environment. In this study, whole transcriptomic analyses were conducted in V79 cells grown for two days in a DUGL with LBR and compared to cells grown in an AGL. The results showed a distinct genetic profile change with the down-regulation of 904 mRNAs, 721 lncRNAs and 227 circRNAs, and the up-regulation of only 353mRNAs, 145 lncRANs and 247 circRNAs. Although there was no significant difference in miRNA between the two groups, nine DE novel miRNAs were identified. Ten DE mRNAs found by RNA-Seq were selected for qRT-PCR validation, and a similar expression level in nine of the ten mRNAs confirmed the accuracy of the RNA-seq findings to some extent. Taken together, the changes in the gene profile suggested that LBR stress could cause a delay in growth through the inhibition gene transcription. Therefore, the genetic down-regulation induced by LBR stress might be the main molecular basis of the inhibition of proliferation in V79 cells cultured in DUGL.

The GO term annotation is helpful to reveal physiological and functional changes related to genes and protein expression in cells. To further explore the effect of the genetic changes in V79 cells cultured in DUGL, GO analyses were performed for the DE mRNAs. Under LBR environmental stress, the top three BP terms of the down-regulated mRNAs were related to responses to stimulus and defense, and the down-regulated mRNA mainly enriched in CC terms of plasma membrane. The down-regulated mRNAs of plasma membrane related to stress function might help to explain the hypothesis that normal environmental radiation contributes to maintaining the defense systems of living organisms[21]. Contrast to γ irradiation could induce the expression of the interleukin-1(IL-1) gene[22], our study showed that the LBR could decrease the IL-1 gene production, which presented with the down-regulate mRNAs enriched in ten GO terms involving IL-1 production. On the other hand, the up-regulated DE mRNAs were significantly enriched in BP categories involved in negative regulation terms, such as gene expression, metabolic process, and biosynthetic process. These up-regulated mRNAs related to negative metabolic and biosynthetic functions could be the main causative factors of proliferative inhibition.

The KEGG pathway analysis is useful for the systematic understanding of large-scale gene functions. In this study, KEGG pathway analysis of DE mRNAs showed significant enrichment in ECM-RI, arachidonic acid metabolism, linoleic acid metabolism, NOD-like receptor signaling pathway, glutamatergic synapse and PI3K-Akt signaling pathway. As a biological regulation network, both the ECM-RI and PI3K-Akt signaling pathways were comprehensive net and played an essential role in cell proliferation and survival [23]. Twelve down-regulated were mRNAs shared in the two pathways. Most of the down-regulated genes had the function of promoting proliferation, such as collagen alpha 1 (Col1a1) [21], integrin alpha 7 (Itga7) [22], laminin beta 3 (Lamb3) [23] and secreted phosphoprotein 1 (Spp1) [24]. Furthermore, other down-regulated genes were detected with similar functions [e. g. Rab40b [24], S100 calcium-binding protein A4 (S100A4) [25] and collagen prolyl-4-hydroxylase α subunit 2 (P4HA2)]. These key down-regulated genes might play crucial roles in the inhibition of growth found in DUGL cultures. Moreover, arachidonic and linoleic acid metabolism, as well as NOD-like receptor signaling and the glutamatergic synapse might also be involved in the stress response of LBR.

Besides the DE mRNAs enriched in GO terms and KEGG pathways, several top DE mRNAs function in the regulation of cell proliferation. Matrix metallopeptidase 9 (MMP9) has been shown to be involved in promoting proliferation [26]. Human concentrative nucleoside transporter-1 (hCNT1, SLC28A1), Ccl20 [27], Sema4d [28] and Arhgap36 [29] have been shown to influence cellular growth and proliferation, and were the top down-regulated mRNAs in V79 cells cultured in a DUGL. Nuclear receptor 4A3 (NR4A3) has been shown to have the ability to suppress cell growth [30-31]. Importantly, NR4A3 was significantly up-regulated in cells cultured in a DUGL. Therefore, it can be inferred that the down-regulation of genes that promote growth and the up-regulation of genes that function to suppress growth also contribute to the inhibition of proliferation in cells cultured in a DUGL.

Non-coding RNAs, by definition, do not code for protein. However, they have crucial roles in various cellular activities [32]. Therefore, the lncRNA, circRNA, and miRNA in V79 cells with altered expression profiles between those cultured in a DUGL and AGL were comprehensively investigated. lncRNA is a class of non-coding transcripts longer than 200 nucleotides [33]. In the present study, 866 lncRNAs were found to be differentially expressed between the two groups. The number of down-regulated lncRNAs was much higher than those that were up-regulated, suggesting that the expression of lncRNAs transcripts is repressed by LBR stress. Compared to other studies in this field, more than half of the DE lncRNAs were newly identified in this study.

To further reveal the functions of the identified DE lncRNAs, GO and KEGG analyses were performed. In the BP category, both up- and down- regulated target mRNAs of lncRNAs were mainly enriched in many terms related to metabolic processes. This finding strongly suggested that lncRNAs, similar to mRNAs, might also play a crucial role by altering metabolic processes during LBR stress in a deep underground environment. In the KEGG analyses, the target mRNAs of dysregulated lncRNAs shared three pathways including spliceosome, RNA degradation and proteasome. Spliceosomes are known to precisely and efficiently perform mRNA processing, which is a critical step in organ development. Consistent with proteomic result of our previous research [8], the target mRNAs of lncRNAs enriched in these pathways indicated that the spliceosome played an important role in the LBR stress response of V79 cells. Additionally, the involvement of the RNA degradation and proteasome pathways might suggest that these pathways also function in the stress response in a LBR environment.

Regarding another class of non-coding RNA, accumulating evidence has highlighted that circRNAs can affect mRNA splicing and transcription[34]. Therefore, we analyzed the DE circRNAs between DUGL and AGL groups of V79 cells and identified 474 DE circRNAs. GO analyses showed that the host genes of down-regulated DE circRNAs were enriched in metabolic processes, which was similar to the results found in both DE mRNAs and target genes of DE lncRNAs. This finding indicated that circRNAs are also involved in the LBR stress of V79 cells by interacting with lncRNAs and mRNAs. The endoplasmic reticulum (ER) is a vital organelle that can perceive environmental changes[35]. ER stress could induce changes in key mediators for cell survival[36]. KEGG analyses revealed that the host genes of down-regulated DE circRNAs were enriched in the pathway of protein processing in the ER. This result was consistent with our previous studies, which have revealed that several proteins of the ER were down-regulated in cells cultured in a DUGL. However, further confirmation is required to verify the functional role of the ER in LBR stress.

miRNAs, as a class of small non-coding RNAs (approximately 22 nucleotides), are essential elements to regulate gene expressions through partial base-pairing with target mRNAs[37]. circRNAs may function similarly to regulate the activity of other miRNAs[38]. Due to little research in this area, and since the majority of the miRNA functions were annotated, we failed to detect significance difference in the DE miRNAs between the two groups. However, we identified several circRNAs that contained one or more miRNA binding sites and obtained 286 miRNA-circRNA interaction pairs between the DUGL and AGL groups. These interactions and their functions involved in LBR stress are worthy of being investigated further.

Nucleic acid binding plays an important role in translation regulation[8] In our present study, the up-regulated mRNA and target mRNAs of dysregulated lncRNAs enriched in many GO terms which were related to nucleic acid binding. The change of gene expression was consistent with the proteomic result of V 79 cells conducted in our previous research[8]. Those molecular change from RNAs to proteins further indicated that these nucleic acid binding was affected when V 79 cells under the stress of reduced background radiation.

Environmental stress can trigger an increase in reactive oxygen species[39]. Castillo and colleagues[40] have shown that oxidative stress and the SOS response (katB and recA) as well as metal efflux activity (SOA0154) were elevated in cells grow under LBR conditions. Although we did not detect the differential expression of these specific genes between the two groups, down-regulated DE mRNAs in DUGL cells were found to be enriched in two terms involving oxidoreductase activity. Similar to DE RNAs, the predicted target genes of DE lncRNAs were observed to be enriched in cellular responses to oxygen-containing compounds and mitochondrial terms. These findings were also consistent with our previous research, which showed that cells grown in a DUGL presented a change in energy metabolism, morphologic changes of mitochondrion and oxidative phosphorylation[8]. Taken together, the results of this study suggest that the oxidative response could be involved in the LBR stress response in the deep underground environment.

The limitations of our study included the short growth time of V79 cultured cells (two days) in the DUGL for the analysis of lncRNAs, circRNAs and miRNA. Also, we did not verify the sequencing results for DE lncRNAs and circRNAs by RT-qPCR. Additionally, we failed to construct a competing endogenous network and verify an interactive relationship. Therefore, additional in-depth research is required to reveal the biological specifics of the LBR stress response in a deep underground environment.

5 Conclusion

In conclusion, our study investigated the transcription patterns of lncRNAs, mRNAs, circRNAs and miRNAs of V79 cells cultured in a DUGL and an AGL by whole-transcriptome sequencing and integrated analysis. We confirmed that the LBR of a deep underground environment could induce V79 cell transcription repression, metabolic process delaying and overall gene expression profile reprogramming. The altered RNA profiles were mainly discovered in lncRNAs, mRNAs and circRNAs. DE RNAs were involved in many pathways including ECM-RI, PI3K-Akt signaling, RNA transport and the cell cycle under the LBR stress of the deep underground environment. These profile changes might be the molecular basis of the inhibition of cell proliferation. This study provided a systematic perspective on the potential effects of the deep underground environment on V79 cells.

References

[1] Xie H P, Liu J F, Gao M Z, et al. The Research Advancement and Conception of the Deep-underground Medicine[J]. *Sichuan Da Xue Xue Bao Yi Xue Ban* (2018) 49(2):163-8. Epub 2018/05/08. PubMed PMID: 29737053.

[2] Xie H, Gao F, Yang J U, et al. Novel Idea and Disruptive Technologies for the Exploration and Research of Deep Earth[J]. *Advanced Engineering Sciences* (2017) 49(2):1-8.

[3] Liu J, Ma T, Liu Y, et al. History, advancements, and perspective of biological research in deep-underground laboratories: A brief review[J]. *Environ Int* (2018) 120:207-14. Epub 2018/08/12. doi: 10.1016/j. envint. 2018. 07. 031. PubMed PMID: 30098554.

[4] Ranjith PG, Zhao J, Ju M, De Silva RVS, Rathnaweera TD, Bandara AKMS. Opportunities and Challenges in Deep Mining: A Brief Review[J]. *Engineering* (2017) 3(4):546-51. doi: https://doi. org/10.1016/J. ENG. 2017. 04. 024.

[5] Castillo H, Smith GB. Below-Background Ionizing Radiation as an Environmental Cue for Bacteria[J]. *Frontiers in Microbiology* (2017) 8(e1602). doi: https://doi.org/10.1080/10256010410001678053.

[6] Belli P. Guest Editor's Preface to the Special Issue on low background techniques[J]. *International Journal of Modern Physics A* (2017) 32(30):1702001. doi: 10.1142/s0217751x17020018.

[7] Liu J, Ma T, Gao M, Liu Y, et al. Proteomics provides insights into the inhibition of Chinese hamster V79 cell proliferation in the deep underground environment[J]. *Scientific Reports* (2020) 10(1):14921. doi: 10.1038/s41598-020-71154-z.

[8] Satta L, Antonelli F, Belli M, et al. Influence of a low background radiation environment on biochemical and biological responses in V79 cells[J]. *Radiat Environ Biophys* (2002) 41(3):217-24. Epub 2002/10/10. doi: 10.1007/s00411-002-0159-2. PubMed PMID: 12373331.

[9] Antonelli F, Belli M, Sapora O, et al. Radiation biophysics at the Gran Sasso laboratory: influence of a low background radiation environment on the adaptive response of living cells[J]. *Nuclear Physics B (Proceedings Supplements)* (2000) 87(1):508-509.

[10] Carbone MC, Pinto M, Antonelli F, et al. The Cosmic Silence experiment: on the putative adaptive role of environmental ionizing radiation[J]. *Radiation and Environmental Biophysics* (2009) 48(2):189-96. doi: 10.1007/s00411-008-0208-6.

[11] Fratini E, Carbone C, Capece D, et al. Low-radiation environment affects the development of protection mechanisms in V79 cells[J]. *Radiation and Environmental Biophysics* (2015) 54(2):183-94. doi: 10.1007/s00411-015-0587-4.

[12] Beermann J, Piccoli M T, Viereck J, et al. Non-coding RNAs in Development and Disease: Background, Mechanisms, and Therapeutic Approaches[J]. *Physiological reviews* (2016) 96(4):1297-325. Epub 2016/08/19. doi: 10.1152/physrev. 00041. 2015. PubMed PMID: 27535639.

[13] Rupp O, Macdonald M L, Li S, et al. A reference genome of the Chinese hamster based on a hybrid assembly strategy[J]. *Biotechnology & Bioengineering* (2018) 115(1).

[14] Gao Y, Wang J, Zhao F. CIRI: an efficient and unbiased algorithm for de novo circular RNA identification. *Genome Biology* (2015) 16(1):4.

[15] Love MI, Huber W, Anders S. Moderated estimation of fold change and dispersion for RNA-seq data with DESeq2[J]. *Genome Biology* (2014) 15(12):550.

[16] Langmead B. Aligning Short Sequencing Reads with Bowtie[J]. *Current protocols in bioinformatics / editoral board, Andreas D Baxevanis [et al]* (2010) Chapter 11(Unit 11. 17):Unit 11. 7.

[17] Griffiths-Jones S, H K S, S vD, et al. miRBase: tools for microRNA genomics[J]. *Nucleic acids research* (2008) 36(Database issue):D154.

[18] Friedländer MR, Mackowiak S D, Na L, et al. miRDeep2 accurately identifies known and hundreds of novel microRNA genes in seven animal clades[J]. *Nucleic Acids Research* (2011) (1):1.

[19] Han Y, Hong Y, Li L, et al. A Transcriptome-Level Study Identifies Changing Expression Profiles for Ossification of the Ligamentum Flavum of the Spine[J]. *Molecular therapy Nucleic acids* (2018) 12: 872-83. Epub 2018/08/31. doi: 10.1016/j. omtn. 2018. 07. 018. PubMed PMID: 30161026; PubMed Central PMCID: PMCPmc6120750.

[20] Castillo H, Schoderbek D, Dulal S, et al. Stress induction in the bacteria Shewanella oneidensisandDeinococcus radioduransin response to below-background ionizing radiation[J]. *International Journal of Radiation Biology* (2015) 91(9):749-56. doi: 10. 3109/09553002. 2015. 1062571.

[21] Smith G B, Grof Y, Navarrette A, et al. Exploring biological effects of low level radiation from the other

side of background［J］. *Health Phys*（2011）100（3）:263-5. Epub 2011/05/20. PubMed PMID:21595063.

［22］Planel H, Soleilhavoup J P, Tixador R, et al. Influence on cell proliferation of background radiation or exposure to very low, chronic gamma radiation［J］. *Health Phys*（1987）52（5）:571-8. Epub 1987/05/ 01. PubMed PMID:3106264.

［23］Wang X, Longchao X, Hongliang L, et al. The Role of HMGB1 Signaling Pathway in the Development and Progression of Hepatocellular Carcinoma: A Review［J］. *International Journal of Molecular Sciences* （2015）16（9）:22527-40. doi: 10. 3390/ijms160922527.

［24］Camon E, Magrane M, Barrell D, et al. The Gene Ontology Annotation（GOA）Database: sharing knowledge in Uniprot with Gene Ontology［J］. *Nucleic Acids Res*（2004）32（Database issue）:D262-6. Epub 2003/12/19. doi: 10. 1093/nar/gkh021. PubMed PMID: 14681408; PubMed Central PMCID: PMCPmc308756.

［25］Bigildeev A E, Zhironkina O A, Lubkova O N, et al. Interleukin-1 beta is an irradiation-induced stromal growth factor［J］. *Cytokine*（2013）64（1）:131-7. Epub 2013/08/22. doi: 10. 1016/j. cyto. 2013. 07. 003. PubMed PMID:23962752.

［26］Zhang G, Bi M, Li S, et al. Determination of core pathways for oral squamous cell carcinoma via the method of attract［J］. *Journal of cancer research and therapeutics*（2018）14（Supplement）:S1029-s34. Epub 2018/12/13. doi: 10. 4103/0973-1482. 206868. PubMed PMID: 30539841.

［27］Landgren H, Curtis M A. Locating and labeling neural stem cells in the brain［J］. *J Cell Physio*（2011） 226（1）:1-7. doi: 10. 1002/jcp. 22319.

［28］Jacob A, Linklater E, Bayless B A, et al. The role and regulation of Rab40b-Tks5 complex during invadopodia formation and cancer cell invasion［J］. *Journal of cell science*（2016）129（23）:4341-53. doi: 10. 1242/jcs. 193904. PubMed PMID: 27789576.

［29］Forman H J, Maiorino M, Ursini F. Signaling Functions of Reactive Oxygen Species［J］. *Biochemistry* （2010）49（5）:835-842.

［30］Lan S, Zheng X, Hu P, et al. Moesin facilitates metastasis of hepatocellular carcinoma cells by improving invadopodia formation and activating β-catenin/MMP9 axis［J］. *Biochem Biophys Res Commun*（2020） 524（4）:861-8. doi: 10. 1016/j. bbrc. 2020. 01. 157.

［31］Qiu Z Q, Tan W F, Zhang B H, et al. Chemokine CCL20 and malignant tumors［J］. *Tumor*（2011）31 （10）:961-963.

［32］Bhutia Y D, Hung S W, Patel B, et al. CNT1 Expression Influences Proliferation and Chemosensitivity in Drug-Resistant Pancreatic Cancer Cells［J］. *Cancer Research*（2011）.

［33］Rack P G, Ni J, Payumo A Y, et al. Arhgap36-dependent activation of Gli transcription factors［J］. *Proceedings of the National Academy of Sciences of the United States of America*（2014）111（30）:11061- 11066.

［34］Zhang B, Bie Q, Wu P, et al. PGD2/PTGDR2 Signaling Restricts the Self - Renewal and Tumorigenesis of Gastric Cancer［J］. *Stem Cells*（2018）36.

［35］Somayeh Parsa, Sedigheh Sharifzadeh, Ahmad Monabati, et al. Overexpression of Semaphorin-3A and Semaphorin-4D in the Peripheral Blood from Newly Diagnosed Patients with Chronic Lymphocytic Leukemia［J］. *Int J Hematol Oncol Stem Cell Res*（2019）13（1）:25-34.

［36］Kukleva L M, Shavina N Y, Odinokov G N, et al. Analysis of diversity and identification of the genovariants of plague agent strains from Mongolian foci［J］. *Russian Journal of Genetics*（2015）51（3）:238-

244.

[37] Yanan C, Xiaowei G, Yue Y, et al. Changing expression profiles of long non-coding RNAs, mRNAs and circular RNAs in ethylene glycol-induced kidney calculi rats[J]. *BMC Genomics* (2018) 19(1):660. doi: 10.1186/s12864-018-5052-8.

[38] Zhang Z, Li B, Xu P, et al. Integrated Whole Transcriptome Profiling and Bioinformatics Analysis for Revealing Regulatory Pathways Associated With Quercetin-Induced Apoptosis in HCT-116 Cells[J]. *Frontiers in pharmacology* (2019) 10:798. Epub 2019/08/06. doi: 10.3389/fphar.2019.00798. PubMed PMID: 31379573; PubMed Central PMCID: PMCPmc6651514.

[39] Wang Z, Feng Y, Li J, et al. Integrative microRNA and mRNA analysis reveals regulation of ER stress in the Pacific white shrimp Litopenaeus vannamei under acute cold stress[J]. *Comparative biochemistry and physiology Part D, Genomics & proteomics* (2019) 33:100645. Epub 2019/12/04. doi: 10.1016/j.cbd.2019.100645. PubMed PMID: 31794884.

[40] Chien C Y, Hung Y J, Shieh Y S, et al. A novel potential biomarker for metabolic syndrome in Chinese adults: Circulating protein disulfide isomerase family A, member 4[J]. *PloS one* (2017) 12(6): e0179963. doi: 10.1371/journal.pone.0179963.

[41] Lin X, Zhihong Y, Ya Z, et al. Deep RNA sequencing reveals the dynamic regulation of miRNA, lncRNAs, and mRNAs in osteosarcoma tumorigenesis and pulmonary metastasis[J]. *Cell Death & Disease* (2018) 9(7):772. doi: 10.1038/s41419-018-0813-5.

[42] Wilusz J E, Sharp P A. A Circuitous Route to Noncoding RNA[J]. *Science* (2013) 340(6131):440-441. doi: 10.1126/science.1238522.

[43] Fan N J, Gao J L, Liu Y, et al. Label-free quantitative mass spectrometry reveals a panel of differentially expressed proteins in colorectal cancer[J]. *BioMed research international* (2015) 14:365068. Epub 2015/02/24. doi: 10.1155/2015/365068. PubMed PMID: 25699276; PubMed Central PMCID: PMCPmc4324820.

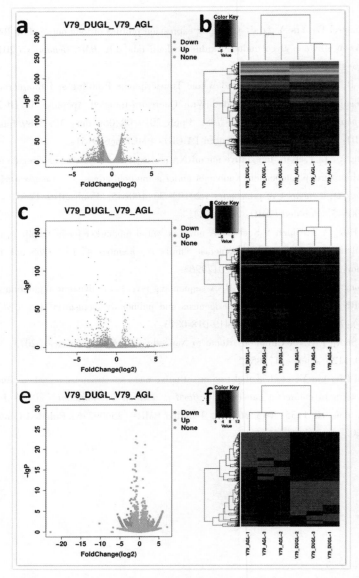

Figure 1　Summary of the differentially expressed（DE）RNAs between V79 cells cultured in either DUGL or AGL conditions.（a）Volcano plot of DE mRNAs；（b）hierarchical cluster analysis of DE mRNAs；（c）volcano plot of DE lncRNAs；（d）hierarchical cluster analysis of DE mRNAs；（e）volcano plot of DE circRNAs；（f）hierarchical cluster analysis of DE circRNAs. DUGL, deep underground laboratory；AGL, above ground laboratory. In the volcano plots, red and green dots correspond to RNAs that are significantly up-regulated or down-regulated between the two groups（｜*fold change*｜ ≥ 2.0 and q < 0.05 or ［ p < 0.05 for circRNAs］）. The X-axis shows the lg2 of the fold changes of expression and the Y-axis shows the adjusted p value（-lg10）for each gene. In the hierarchical cluster analyses, blue represents downregulated, black represents no change, and yellow represents upregulated.

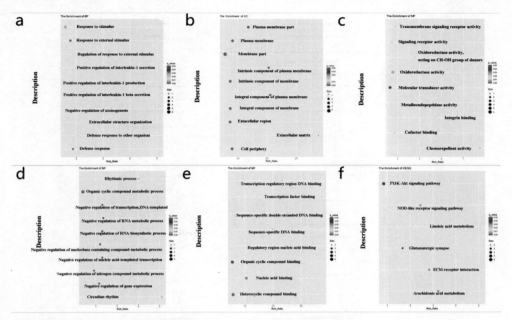

Figure 2　Functional annotation of the differentially expressed (DE) messenger RNAs (mRNA) with the top ten rich ration of biological processes (BP), cellular content (CC), molecular function (MF) and KEGG pathways. (a), (b), (c), GO enrichment analyses result of DE down-regulated mRNAs; (d), (e), GO enrichment analyses for DE up-regulated mRNAs; (f) KEGG pathways related to down-regulated DE RNAs. The abscissa is the rich ration. A higher rich ration correlates with lower *p* values, which indicates that the enrichment of DE genes in a given pathway is significant. Circus size represents the number of enriched genes, and the color indicates the degree of enrichment, with red representing the highest degree of enrichment.

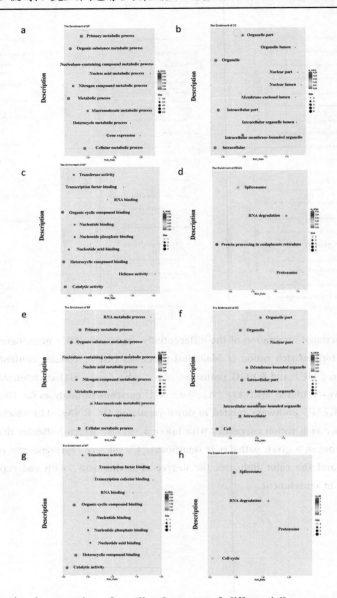

Figure 3 Functional annotation of predicted targets of differentially expressed （DE） long non-coding RNAs （lncRNA） with the top ten enrichment scores of biological processes （BP）, cellular content （CC）, molecular function （MF） and KEGG pathways. （a）, （b）, （c）, （d）, GO and KEGG enrichment analyses for predicted targets genes of DE down-regulated lncRNAs; （e）, （f）, （g）, （h）, GO and KEGG enrichment analyses for predicted targets genes of DE up-regulated lncRNAs. The abscissa is the rich ration. A higher rich ration correlates with lower *p* values, which indicates that the enrichment of DE genes in a given pathway is significant. Circus size represents the number of enriched genes, and the color indicates the degree of enrichment, with red representing the highest degree of enrichment.

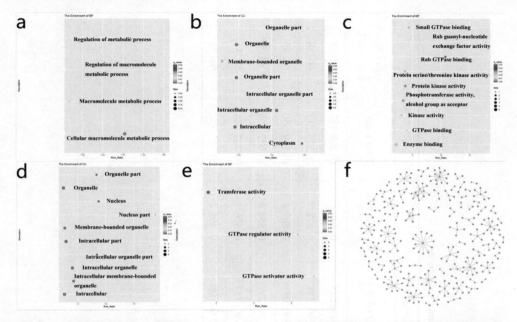

Figure 4　Functional annotation of host genes of differentially expressed（DE）circular RNAs（circRNA）with the top ten rich ration of biological processes（BP）, cellular content（CC）, and molecular function（MF）. （a）, （b）, （c）GO enrichment analyses for host genes of DE down-regulated circRNAs; （d）, （e）GO enrichment analyses for host genes of DE up-regulated circRNAs. The abscissa is the rich ration. A higher rich ration correlates with lower *p* values, which indicates that the enrichment of DE genes in a given pathway is significant. Circles represent circRNAs and green triangles represent miRNAs. （f）circRNA-miRNA co-expression network based on the RNA sequencing results. Circus size represents the number of enriched genes, and the color indicates the degree of enrichment, with red representing the highest degree of enrichment.

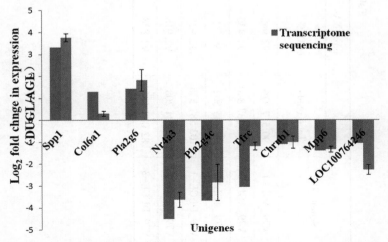

Figure 5　Expression relationship of nine differentially expressed genes validated by RT-qPCR and RNA sequencing.

Table1　Summary of sequence after Illumina sequencing

Sample ID	circRNA			lnc+mRNA			miRNA	
	Total reads	Q30(%)	Mapping Rate	Total reads	Q30(%)	Mapping Rate	Total reads	Perfect Match Rate (%)
V79_AGL-1	90 517 876	92.942	0.999	93 212 510	89.648	0.849 6	10 298 183	60.14
V79_AGL-2	100 037 840	93.436	0.999 2	70 764 158	90.731	0.878 7	10 525 217	60.36
V79_AGL-3	97 145 502	93.31	0.999 2	80 015 756	90.031	0.867 1	10 119 350	60.45
V79_DUGL-1	103 587 538	92.925	0.998 9	81 711 876	89.297	0.858 4	10 022 116	64.5
V79_DUGL-2	92 804 208	92.918	0.998 8	83 057 204	90.757	0.876 1	10 727 785	67.31
V79_DUGL-3	82 089 486	92.828	0.998 7	90 595 060	90.708	0.861 2	10 153 452	64.28

Table 2 The top ten differently expressed long non-coding RNAs（lncRNA）when comparing cells grown in either deep underground lab（DUGL）or above ground lab（AGL）conditions.

Gene name	Fold Change	q value	Up/Down
lncRNAs（known）			
LOC100758509_2	0. 019 770 989	9. 70E-04	down
LOC103164300_1	0. 020 919 017	3. 51E-15	down
LOC113832378	0. 026 844 262	8. 21E-11	down
LOC103161061_1	0. 026 943 239	6. 48E-08	down
LOC103161316_1	0. 028 662 199	3. 98E-04	down
LOC113831664_1	0. 032 479 645	0. 000 58	down
LOC113832854	0. 032 944 343	0. 000 751	down
LOC113831251_1	0. 040 918 909	0. 007 984	down
LOC103159255_1	0. 043 932 696	6. 00E-03	down
LOC113836383_1	0. 045 215 735	0. 000 226	down
LOC103159465_1	4. 911 042 584	0. 002 938	up
LOC113835467_1	5. 388 217 447	0. 010 64	up
LOC113833966_1	5. 655 593 4	8. 84E-07	up
LOC107978529_1	7. 488 948 236	0. 004 687	up
LOC113831863_1	8. 717 476 009	0. 000 136	up
LOC113831747_1	8. 944 071 994	1. 45E-05	up
LOC107978696_1	9. 573 067 171	0. 000 472	up
LOC103163348_1	10. 112 207 05	0. 003 938	up
LOC107979141_1	10. 212 058 58	0. 000 255	up
LOC103159184_1	19. 164 008 78	0. 049 749	up
lncRNAs（novel）			
MSTRG. 59509	0. 010 483 359	1. 78E-10	down
MSTRG. 99600	0. 016 258 718	1. 22E-06	down
MSTRG. 21797	0. 016 359 653	5. 52E-07	down
MSTRG. 59508	0. 016 563 502	2. 43E-07	down
MSTRG. 44365	0. 016 805 861	5. 71E-07	down
MSTRG. 73727	0. 027 373 836	0. 000 524	down
MSTRG. 47206	0. 027 769 099	0. 000 402	down
MSTRG. 43863	0. 031 322 15	0. 000 764	down

Continued Table 2

Gene name	Fold Change	q value	Up/Down
MSTRG. 50794	0. 031 685 021	9. 33E-07	down
MSTRG. 58014	0. 033 731 735	0. 002 297	down
MSTRG. 91028	15. 271 498 4	0. 006 013	up
MSTRG. 112540	15. 598 070 39	0. 039 54	up
MSTRG. 68271	15. 663 543 26	0. 034 379	up
MSTRG. 59078	17. 085 231 73	0. 039 2	up
MSTRG. 83322	17. 528 924 24	0. 048 776	up
MSTRG. 104440	18. 570 669 73	0. 001 559	up
MSTRG. 110568	22. 615 767 73	0. 017 883	up
MSTRG. 91073	27. 942 332 28	0. 002 157	up
MSTRG. 47671	28. 074 576 45	0. 002 935	up
MSTRG. 62292	32. 010 711 85	0. 005 257	up

Table 3   The top ten differently expressed circular RNAs（circRNA）when comparing cells grown in either deep underground lab（DUGL）or above ground lab（AGL）conditions

Genes name	lg2FoldChange	p value	Up/Down
cgr_circ_0012006	-10. 243 7	8. 75E-03	down
cgr_circ_0030911	-5. 642 45	5. 56E-05	down
cgr_circ_0015443	-5. 399 12	2. 69E-04	down
cgr_circ_0027306	-5. 267 27	3. 62E-04	down
cgr_circ_0009739	-5. 234 71	3. 96E-04	down
cgr_circ_0032228	-5. 221 67	0. 000 516	down
cgr_circ_0007598	-5. 153 13	0. 000 61	down
cgr_circ_0036359	-5. 151 01	0. 000 685	down
cgr_circ_0016103	-5. 114 37	7. 32E-04	down
cgr_circ_0009519	-5. 049 4	0. 001 122	down
cgr_circ_0024319	5. 334 614	0. 000 445	up
cgr_circ_0014079	5. 341 966	0. 000 356	up
cgr_circ_0004800	5. 369 736	0. 000 291	up
cgr_circ_0003425	5. 393 138	0. 000 379	up
cgr_circ_0000430	5. 475 466	0. 000 191	up

Continued Table 3

Genes name	lg2FoldChange	p value	Up/Down
cgr_circ_0036104	5. 518 788	0. 000 166	up
cgr_circ_0005384	5. 575 185	0. 000 104	up
cgr_circ_0036410	5. 702 05	5. 18E-05	up
cgr_circ_0038333	5. 883 023	1. 92E-05	up
cgr_circ_0009354	5. 960 931	1. 1E-05	up

Table 4　The top ten differently expression messenger RNAs（mRNA）and nine down-regulated microRNAs（miRNA）when comparing cells grown in either deep underground lab（DUGL）or above ground lab（AGL）conditions

Genes name	FoldChange	q value	Up/Down
mRNA			
LOC113835720	0. 004 513	3. 93E-21	down
Nckap5	0. 005 396	1. 93E-20	down
Slc28a1	0. 013 35	4. 23E-08	down
LOC100769133	0. 021 037	9. 85E-04	down
Ccl20	0. 025 001	4. 00E-05	down
Sema4d	0. 026 369	5. 26E-16	down
LOC103160046	0. 029 398	7. 44E-07	down
Adgra2	0. 030 495	2. 58E-09	down
Mmp9	0. 030 858	1. 27E-19	down
Arhgap36	0. 030 984	1. 74E-76	down
LOC113835065	11. 622 72	2. 37E-32	up
LOC113838100	13. 156 1	5. 6E-125	up
Ptgdr2	14. 528 85	0. 049 366	up
LOC100763630	15. 692 85	0. 040 251	up
Myo7b	17. 306 65	0. 001 768	up
Trnag-ccc	18. 668 77	0. 044 225	up
Adcy3	19. 672 53	3. 85E-05	up
LOC113837896	25. 987 59	0. 009 909	up
Nr4a3	26. 778 52	7. 7E-124	up
Cd160	48. 923 83	1. 72E-05	up

Continued Table 4

Genes name	FoldChange	q value	Up/Down
miRNAs			
Novel_191	#NAME?	0.001 461	down
Novel_241	#NAME?	0.034 822	down
Novel_242	#NAME?	0.034 822	down
Novel_243	#NAME?	0.034 822	down
Novel_267	#NAME?	0.022 762	down
Novel_268	#NAME?	0.022 762	down
Novel_269	#NAME?	0.022 762	down
Novel_324	#NAME?	0.000 714	down
Novel_332	#NAME?	0.022 762	down

Table 5   Primer sequences used in quantitative reverse-transcription polymerase chain reaction （RT-qPCR）-based verification of RNA sequencing results

Gene name	F-primer	R-primer
Spp1	TCCACATTTCTGATGACCAGGAT	GGGCATGTTCAGACGATGGA
Col6a1	GCAGTCTTGGAAGGCAATAGG	CGAAGGCCAGCCAGAAACAT
Pla2g6	GTTGGCGCAGCTGATGATG	ATGCCCTGGTGAACTTCCAG
Pla2g4c	CTGCAAGTAGTGTAAGGGCT	GGGACAAATAAAGACTGCTGGA
Nr4a3	TTTAACCCATGTCGCTCTGTGA	ATCGACTTCAGTGCCTTCGT
Smad7	GGGGCTTTCAGATTCCCAAC	ATTGAGCTGTCCGAGGCAAA
Tfrc	TGAAAGTGGAATATCACTTCCTGTC	GCTAGGGCCAACTGGTTTCT
Chrnb1	GTCCTCCTTCAGTGCGTCGT	CCTGAATTATCTGCCCCGGAC
LOC100764246	AAGTCTCTCTCCATATCCTTCCTT	GTCCCAGTTAATGCAAAGCCC
Mpp6	CCACCAAGCTTTTGACGGAC	CCCAGCTAATAGGGACCCAC

中国深地医学实验室科学规划和建设进展

王领[1]，陈锐[2]，成娟[1]，谢一科[1]，刘吉峰[1]，邹剑[1]，孙晓茹[1]，文巧[1]，周菁[1]，刘依琳[1]，马腾飞[1]，高明忠[3]，罗聪[4]，吴江[1]，万学红[5]，步宏[1]，李为民[1]

(1. 四川大学华西医院深地医学研究中心，四川 成都　610041；
2. 四川大学华西医院基建运行部，四川 成都　610041；
3. 四川大学水利水电学院，四川 成都　610065；
4. 四川诚实首位建设工程有限公司，四川 成都　610000；
5. 四川大学研究生学院，四川 成都　610065)

摘　要　深地医学研究旨在解决深地空间利用过程中及深地环境下特殊作业有关人体健康促进和疾病防治的基本科学规律问题，阐明深地环境诸因素与健康和疾病的关系，以及运用这种关系和规律达到防治疾病、保护和促进人体健康的目的。本文在借鉴国际地下实验室规划和建设经验的基础上，重点介绍我国深地医学实验室(夹皮沟和锦屏)建设的现状，梳理实验室搭建的要点和难点，为深地医学及天体生物学、生物物理学、辐射生物学等相关研究设施的建设和运行提供可行性参考与依据。

关键词　地下实验室；深地医学；本底辐射；基础设施；建设

1　引　言

　　开发深地的终极目标是服务于人类，解决当前人类发展过程中所凸显的空间资源困境。2016年，美国地球物理联合会和美国地质学会联合发表的《21世纪的大地构造：一个宜居行星的动力学》白皮书[1]中指出，"深地"过程及其与生物圈和大气圈的相互作用在维持地球宜居性方面发挥了极其重要的作用。2016年5月30日，习近平总书记在全国科技创新大会上指出"向地球深部进军是我们必须解决的战略科技问题！"[2]。充分利用深地空间优势，可使其成为优于太空定居、应对未来地球灾害、突发公共卫生事件的最佳人类移居、宜居方式。然而，深地环境对人体生理、心理及病理的影响规律及其机制研究尚属空白。深地资源开发和空间利用如何实现健康安全保障？深地生命体(人)的生理、心理承受能力和极限深度如何？深地环境未知生命与疾病发生发展规律所涉及的重大科学问题，亟待研究！探索深地特殊环境对人体健康的影响程度及其机制，是目前亟待解决的世界性公共卫生健康问题。因此，搭建中国标准、世界领先、在国际上拥有话语权的深地医学研究平台，为服务国家"深地"战略、推进健康中国建设、促进人民健康提供

基金项目：四川大学华西医院深部医学研究专项基金(YB2018002)；四川大学华西医院学科卓越发展1·3·5工程重点项目(ZYJC18016)；四川大学华西医院院士工作站合作项目(HX-Academician-2019-06)。

作者简介：王领(1990—)，男，硕士，初级实验师，研究方向为深地医学。E-mail:1192479741@qq.com。

技术支撑和理论依据。

本文简要回顾国际上开展生物学研究的地下实验室概况,重点介绍我国深地医学实验室(Deep Underground Space Medical Laboratory)建设现状,梳理建设和运行过程中所面临的困难、解决方法及优化实验设施的相关策略,为今后开展深地医学及相关生物学、生命科学研究平台的建设提供参考。

2 开展生物学研究的国际地下实验室概况

目前,国际上开展生物学实验的地下实验室主要有意大利格兰萨索(Laboratory National Gran Sasso,简称 LNGS)、加拿大斯诺(Sudbury Neutrino Observatory,简称 SNOLAB)、美国核废料储存工厂(Waste Isolation Pilot Plant,简称 WIPP)、英国伯比(Boulby Underground Laboratory,Boulby)等。

意大利格兰萨索国家实验室位于拉奎拉(L'Aquila)和泰拉莫(Teramo)之间 10 km 长的高速公路隧道中,埋深 1 400 m,由三个实验大厅(每个实验大厅长 100 m,大 20 m,高 18 m)和旁路隧道组成,总容积约为 180 000 m³[3]。LNGS 的研究领域包括中微子物理学、暗物质研究、核天体物理学、地球物理学、生物学和基础物理学等。

LNGS 开展的生物学研究项目/设施主要包括:①PULEX 项目设施,空间大小为 700 cm(长)×240 cm(宽)×260 cm(高),主要用于细胞培养;②COSMIC SILENCE 项目设施,空间大小为 635 cm(长)×230 cm(宽)×260 cm(高),主要用于果蝇等模式生物的培养(见图 1、表 1)。设施内部的温度全年保持在 25 ℃、相对湿度在 45% ~ 54%,氡浓度 10 ~ 20 Bq/m³,γ 射线 20 ngy/h,清洁度分别是 ISO6 和 ISO8(千级和十万级)[4]。从 1990 年开始,LNGS 陆续开展了 PULEX 项目以观察环境辐射对各种来源(酵母、啮齿动物和人类)细胞的影响[5-7];COSMIC SILENCE 项目则侧重研究在不同辐射条件下体内和体外模式生物的分子响应机制[8-9];FLYINGLOW 项目进一步探究低本底辐射对果蝇生长、发育和繁殖能力的影响[10-12]。LNGS 研究结果发现,环境辐射可触发一些生物学机制,从而提高

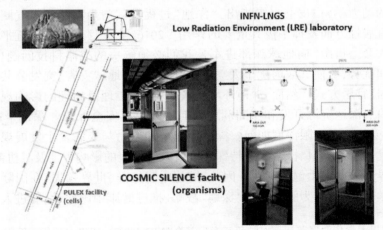

图 1　意大利格兰萨索国家实验室 PULEX 设施和 COSMIC SILENCE 设施

(注:图片引自 http://www.lngs.infn.it)

应激能力[12]。但是,环境辐射中的单一品质辐射的生物学机制尚不清楚,目前尚无法解释究竟是哪种单一品质辐射会触发生物效应。据此,RENOIR 项目设计了一种 Marinelli 设备(见图2),以增加地下实验室伽马组分,设施内部装满天然伽马辐射源建筑材料(凝灰岩和火山灰),密封以避免氡暴露。同时设计了 10 cm 厚的空心铅圆筒,配备通风系统,防止氡的积聚,并加装温度和光照控制系统,以便进行果蝇培养。这些措施为深地生物学实验室的温度、湿度、氡含量、γ 射线以及其他组分射线等条件的设施控制措施提供了宝贵的经验和借鉴。

表1　地下实验室生物学研究设施及环境主要控制因素

地下实验室	生物学项目/实验	实验对象	设施	环境特点
格兰萨索	PULEX	细胞	PULEX 细胞房	低本底辐射
	COSMIC SILENCE	模式生物	COSMIC SILENCE 动物房	低本底辐射
	FLYINGLOW	果蝇	COSMIC SILENCE 动物房	低本底辐射
	RENOIR	果蝇	COSMIC SILENCE 动物房和 Marinelli 设施	伽马组分
斯诺	FLIME	果蝇	Chemistry Lab	大气压力
	REPAIR	湖白鲑鱼	Chemistry Lab	低本底辐射
WIPP	N	耐辐奇球菌	LBRE 和钢制穹隆	低本底辐射
	N	希瓦氏菌	LBRE 和钢制穹隆	低本底辐射
	N	秀丽隐杆线虫	LBRE 和钢制穹隆	低本底辐射
伯比	SELLR	枯草芽孢杆菌和大肠杆菌	BISAL	低本底辐射

注:N 代表未查到。

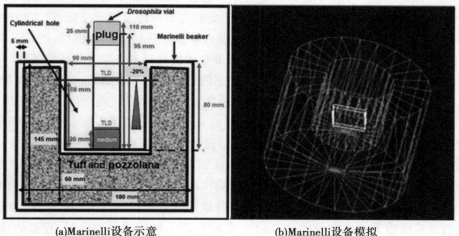

(a)Marinelli设备示意　　　　　　(b)Marinelli设备模拟

图2　意大利格兰萨索国家实验室 Marinelli 设备

(图片引自 Underground Radiobiology:A Perspective at Gran Sasso National Laboratory)

　　加拿大斯诺地下实验室位于加拿大安大略省萨德伯里附近的 Vale Creighton 矿山中,深度 2 070 m,总容积 30 000 m³[13]。SNOLAB 的研究领域包括粒子物理、亚原子物理学、中微子、暗物质物理学及生物学研究等。SNOLAB 生物学实验主要在 Chemistry Lab 进行（见图 3）。设施内部氡含量 130 Bq/m^3 [14]，清洁度达到千级[12]（见表 1）。SNOLAB 开展了 FLIME 项目，以研究地下低本底辐射和大气压力对果蝇遗传学和新陈代谢的影响，RE-PAIR 项目侧重探究低本底辐射对湖白鲑鱼生长、发育和繁殖的影响[15-16]。

图 3　加拿大斯诺地下实验室的 Chemistry Lab

（注：图片引自 www. snolab. ca）

美国核废料储存工厂（Waste Isolation Pilot Plant，简称 WIPP）位于卡尔斯巴德核废料储存工厂地下 650 m 深度，WIPP 生物学实验主要在低本底辐射生物学实验室（LBRE）进行。WIPP 开展了一系列低本底辐射生物学研究[17]，发现低本底辐射可减缓耐辐射球菌[18-19]和希瓦氏菌的生长速度，诱导秀丽隐杆线虫表型和转录组学变化[20]。WIPP 开展生物学研究的设施是使用第二次世界大战前没有经过任何核尘埃的钢材，搭建了一个厚 15 cm 的钢制穹隆（2.2 m×1.8 m×1.2 m），以屏蔽建筑材料本身带来的环境辐射。

英国 Boulby 地下实验室位于英格兰东北部伯比矿山地下 1 100 m 处，空间面积 4 000 m^3 [21]。Boulby 的研究范围包括暗物质搜索、超低背景材料筛选、地质学、地球物理学、气候与环境、天体生物学和极端环境中的生命研究及行星探测技术发展。Boulby 生物学实验主要在国际地下天体生物学实验室（BISAL）进行。到目前为止，Boulby 实验室开展了低辐射生命地下实验（SELLR）项目研究低本底辐射对枯草芽孢杆菌和大肠杆菌生长的影响[22]（见表 1）。Boulby 地下实验室所在的伯比盐矿山，自然本底辐射、γ 射线和中子发射水平低，且该盐区氡的生成率较低，空气中背景辐射水平仅为 2.4 Bq/m^3，这为地下实验室的选址提供借鉴。更重要的是 Boulby 实验室用无氡的铅作为内衬，建造铅堡（castle）。为了减少系统误差，用 10 cm 厚的低放射性铅砖将铅堡平均分成两部分。一部分提供超低辐射环境，另一部分设置137铯源提供地面自然辐射环境。

加拿大 SNOLAB、美国 WIPP 和英国 Boulby 地下实验室都是建设在矿井中，矿井相对于隧道，交通和人员进出不便利，通风、水电气供应、防汛、防热害等后勤安全保障措施不足，更重要的是应着重考虑如何控制氡浓度、温度、湿度、气体、光线、围岩性质和本底辐射等环境因素的条件措施,这些对矿井类地下实验室的长期运行和维护至关重要。

3 中国深地医学实验室概况

3.1 华西深地医学中心实验室的建设

深地环境具有低宇宙辐射、增重、恒温、幽闭、不同深度气压变化等环境特征,必然对人体生理及心理产生相应的影响。然而,目前有关深地特殊环境对人和其他生命体的了解甚少。随着地下空间开发和利用的规模逐渐扩大,可以预见进行地下空间活动的人类数量将大幅增加,人类在地下空间活动的时间也将大幅提高。因此,研究深地原位生命体的生物学特征及其代谢规律,以及地面人或其他生命体在深地特殊环境下的生物学特征及适应机制,尤其是深地环境对人体及其疾病的影响,将越来越受到人们的重视。

2015 年,四川大学谢和平院士率先在世界上首次提出在地下空间开展医学研究,并于 2017 年 6 月发表学术论文论证深地医学研究的可行性及当下迫切的研究方向[23]。为全面、系统地进行地下不同深度的深地医学试验探索研究,并寻找其规律和机制,2018 年1 月 12 日,四川大学以华西医院/临床医学院为依托,整合多个学院的资源优势成立专门实体研究机构——四川大学深地医学中心(Deep Underground Space Medical Center, Sichuan university),并牵头开展深地医学实验室(Deep Underground Space Medical Laboratory)的建设[24]。建设实验设施由夹皮沟深地医学实验室和锦屏深地医学研究基地组成(见图 4)。

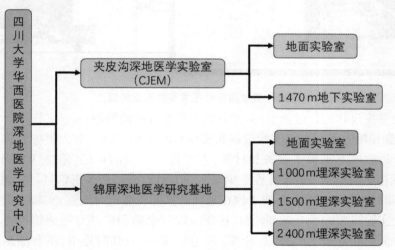

图 4 四川大学华西医院深地医学实验设施选址规划

3.2 夹皮沟深地医学实验室

参考以矿井为代表的加拿大 SNOLAB,开展深地医学研究,需要合适的深地环境。虽然我国矿井选址资源丰富,但能满足不同深度需求且具备安全保障的深井矿、能够长期开展医学实验的场地并不多见。因此,寻找一个合适的实验场地是深地医学研究的巨大挑战之一。2017 年 6 月,在调研了国内不同深度不同类型矿井(包括平煤集团、京西煤矿、安徽淮南煤矿和铜陵有色金属矿、中国黄金集团夹皮沟矿业有限公司二道沟矿、云南大姚铜矿等)的基础上,考虑到两个因素:①煤矿内有瓦斯等易燃易爆气体,同时地质构造没有金属矿坚固,安全上很难有效保障;②铜陵、大姚等金属矿的开矿深度在千米左右,而夹皮沟金矿开采深度已达 1 500 m。综合研判后,于 2017 年 8 月决定在吉林省吉林市中国黄金集团夹皮沟矿业有限公司二道沟矿地下 1 470 m 建设夹皮沟深地医学实验室(China Gold Jiapigou Mineral Company Erdaogou Mine,简称 CJEM),并与中国黄金集团签订战略合作协议。同年 12 月世界上首个深地医学实验室 CJEM 建成并投入使用(见图 5)。CJEM可满足基本的细胞培养需求,目前主要开展深地环境下细胞生长、代谢及能量交换规律、应答反应、生长响应、衰老和适应机制等研究[24-26]。

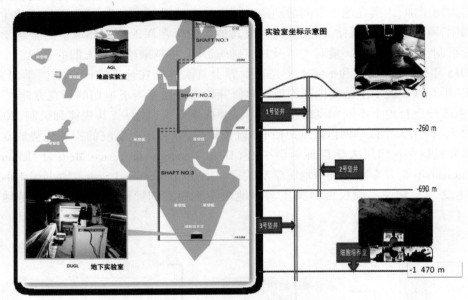

图 5　夹皮沟深地医学实验室设施概览

在实验室建设和运行过程中,主要有以下几个方面的问题:

(1)后勤保障方面。包括实验设备和实验材料运输,通信,电力供应和作业状态下的人员安全。运输地下实验室设备和材料,需要经过 4 段的矿道,乘坐 3 次升降机(运输罐),才能抵达实验室[27],整个行程至少要 3~4 h 且没有任何手机信号。考虑到每次地下实验室操作时间需 3 h 左右,不便于像在地面开展实验能随时往返,实验人员每次下井前不仅要带上实验需要的所有试剂耗材,还要佩戴安全帽和矿井专用通信设备以保障自身安全。冬季低温和夏季汛期,矿上定期会停电检修,一旦临时停电,所有细胞培养标本都需要重新制备,这将影响实验对象的动态观察和数据的稳定性。此外,夹皮沟金矿开采处于正常生产作业状态,目前在 1 500 m 作业面需爆破开矿,尽管地下实验室距离矿井作业面较远,但仍会感觉到地面偶有震动,考虑到安全问题,实验就需暂停。

(2)环境方面。主要是高温、高湿及霉菌污染的问题。受地热影响,地下实验室环境温度常年在 38 ℃左右,在地下实验室配备大功率空调,可将温度降至 29~32 ℃。地下1 400 m 环境湿度为 99%,配备除湿机后,湿度可降至 50% 左右,然而考虑到降温,空调运行后室温会随之升高至 45 ℃,实验室内的细胞培养箱就会高温警报,不得不放弃除湿。在高温高湿交互作用下,实验环境和设备极易生长霉菌,采取酒精、聚维酮碘、新洁尔灭和紫外灯长时间照射等物理化学消毒措施后,霉菌抑制效果仍欠佳。

(3)实验人员主观感受方面。由于长时间处于湿热、幽闭、噪声环境,实验人员偶尔出现睡眠不佳的情况,需要注意实验人员的心理和生物节律问题。

综合夹皮沟深地医学实验室建设和运行过程中的经验教训,在进行实验室选址时不仅要考虑温度、湿度、氡含量、伽马辐射、低本底辐射、大气压力等实验环境因素,还要考虑交通、水、电和通风等后勤保障条件,实验环境对实验人员的影响也需纳入选址考量。

3.3 锦屏深地医学研究基地

参考以隧道(隧洞)为代表的意大利 LNGS 设施条件,我们优选了中国锦屏地下实验室(CJPL)。2019 年 1 月,四川大学华西医院和雅砻江流域水电开发有限公司签订战略合作协议,着手建设锦屏深地医学研究基地。四川锦屏山隧道岩石覆盖高度达 2 400 m,宇宙线通量相当于地面的亿分之一甚至更小,比 LNGS 低约 100 倍[28]。温度在 16~18 ℃、相对湿度在 97%~99%,氡浓度 4~4.5 pCi/L,氧浓度 20.8%,二氧化碳浓度 951.9 ppi。锦屏山 AB 洞之间包括数十个横通道,可以满足不同岩层覆盖深度的实验选址需求。

根据埋深不同,选择 44# 横通道(埋深 1 000 m)、6# 横通道(埋深 1 500 m)和辅引 2# 洞(埋深 2 400 m)规划建设深地医学地下实验室(见图 6),并在锦屏 1# 营地规划建设深地医学地面实验室。地下实验室中规划细胞房(总面积 125.97 m²)、斑马鱼养殖区(总面积 68.78 m²)、功能扩展区(总面积 71.75 m²),以满足细胞和模式生物培养需求(见表 2)。地面实验室规划办公区用于实验室环境控制、实验数据存储、通信、设备维护、材料准备和实验人员办公。地面实验室采用专用的光纤网络与地下实验室相联,采集并存储地下实验室研究数据,并与四川大学华西医院远程数据中心建立数据通信网络,记录、存储和管理实验数据。隧道中可直接乘车至不同深度的实验室地点,便于设备和人员进出。尽管环境湿度会因雨季波动,但隧道内通风良好,可通过配备除湿装置,解决这一问题。此外,电力供应方面,各深度地下实验室设有两路电源,并配备双电源自动切换装置,保证实验室的电力供应。

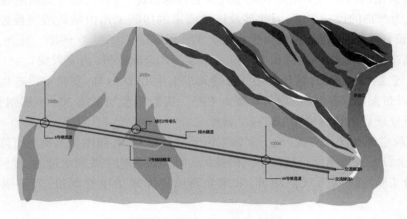

图 6 锦屏深地医学地下实验室概览

表2　锦屏深地医学研究基地各实验室面积　　　　（单位：m²）

功能分区	细胞房	斑马鱼养殖区	功能扩展区	公共实验区
地面实验室	20			88.28
1 500 m 埋深实验室	24.05	14.62	20.23	
1 000 m 埋深实验室	38.5	26.66	51.52	
2 400 m 埋深实验室	43.42	27.5		
总面积	125.97	68.78	71.75	88.28

3.4　设计

根据《生物安全实验室建筑技术规范》（GB 53046—2011）要求[29]，锦屏开展医学研究的对象为细胞和斑马鱼等模式生物，人体、动植物及环境危害较低，不具备对健康成人、动植物的致病因子。综合考虑到地下实验室的地理位置，按照 BSL-2 级生物安全实验室标准以及《医学生物安全二级实验室建筑技术标准》（T-CECS662-2020）、《病原微生物实验室生物安全通用准则》（WS 233—2017）中相关建设要求[30-31]，进行了实验室深化设计。设计基本要点如下：

（1）实验室工艺流程设计方面：实验室主要分为主实验室、缓冲间、实验室辅助工作区。各区根据实验室工艺流程分为清洁区、半污染区、污染区。在工作人员工作区域利用生物安全柜等设备建立一级屏障，在清洁区、半污染区、污染区通过独立房间及设置高强度气密门建立二级屏障。实验室入口区域设置更衣室及淋浴间，进入实验室必须更衣、换鞋，离开实验室必须淋浴、更衣。

（2）建筑、装修和结构方面：因锦屏深地医学实验室分布于地上、地下区域，且各区域在医学实验功能需求上均有所差别。地下实验室为避免人为因素对部分实验的干扰，所用材料放射性核素的活度需小于实验室围岩的天然放射性核素活度，因此地下实验室主体加固及砌筑用的水泥均采用定制低本底辐射特殊水泥。同时，部分实验室对 X 射线和 γ 射线有较为严格的控制要求，因此涉及该类需求的房间采用内贴硫酸钡板进行射线防护，可获得较好的防护效果，这相对铅板也更加环保健康，避免二次污染。此外，还有部分实验室有洁净度要求，因此在建设中考虑采用装配式金属壁板（内夹岩棉）。

（3）电气、给排水方面：灯具采用气密性无尘卫生 LED 灯具；实验室设备均单独设置配电回路，并带漏电保护，关键设备均接入 UPS。实验用水均采用 304 不锈钢管道，末端经高纯水机处理后电导率≤10 μS/cm。

（4）通风空调及净化方面：地下实验室因地理位置原因，新风从人员通行隧洞入口上风侧取风，至设备或货物通行隧洞下风向排风。新风设置初中效两级过滤，排风设置高效过滤。部分实验室配置万级洁净度，采用全新风直膨式洁净空调机，气流组织为上送上排。

（5）弱电及智慧化系统方面：各实验室均配置专用摄像及 IBMS 系统，通过地面实验室服务器实现各实验室无人值守、远程值守。

（6）消毒及污废控制方面：各实验室、缓冲间等实验室工作区均设置紫外线灯。通过对紫外线灯的时控管理,可实现远程消毒。实验室设置污废暂存间,所有实验室污废品均打包密闭后,交由专业环保公司处理。

锦屏深地医学实验室设计图概览见图7。

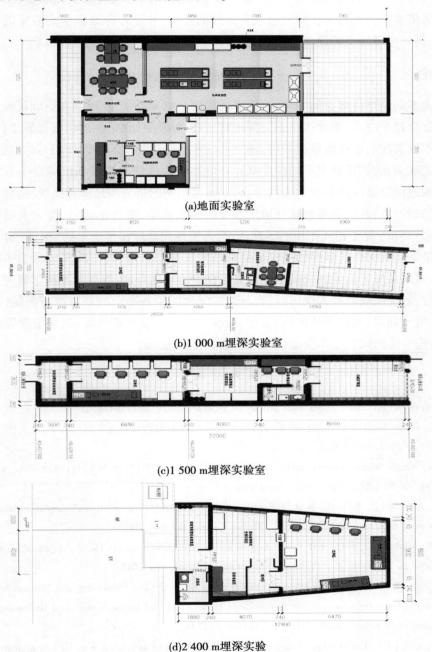

(a)地面实验室

(b)1 000 m埋深实验室

(c)1 500 m埋深实验室

(d)2 400 m埋深实验

图7 锦屏深地医学实验室设计图概览

目前,华西深地医学实验室处于建设施工阶段,预计 2021 年 9 月中旬竣工。需要特别说明:尽管锦屏深地医学研究基地满足基本实验要求,可以开展低本底辐射环境下的医学相关实验,但还达不到极低(零)本底辐射实验条件。在深地实验室二期建设规划时,我们将参考借鉴国内外地下实验室建设和运行的经验,并结合深地医学实验室的建设经验和教训,进一步升级实验设备、优化实验条件。

4 结 论

随着人类向地球深部空间的进发,掘进的深度会越来越深,在时间和空间尺度上的综合利用程度会越来越高,深地医学正是深地宜居地球战略计划衍生的超前部署学科体系。深地医学不仅关注地质环境健康效应,还更加注重地球生物圈的协同作用与生命起源、生物进化的关联关系,侧重研究不同深度赋存环境影响人体健康程度和疾病发生发展的基本规律。深地医学是深地科学和生物学、医学研究范畴的进一步延伸和拓展,搭建深地医学研究的基础设施,开展深地特殊环境所涉及的相关医学、生物学研究,将大大提高我们对地球生命–环境–资源相互作用的客观认识,为实现向地球深部进军的"深地"科技战略和类地行星空间宜居性计划提供理论依据和技术支撑。目前,夹皮沟深地医学实验室已投入使用,深地环境下细胞响应机制的研究工作逐步有序开展,锦屏深地医学研究基地已经开工建设,建设完成并投入使用后,将对锦屏深地医学各平台的环境进行测量,获取宇宙射线、环境 γ 通量、氡及子体浓度、湿度、温度、气压、二氧化碳浓度、氧气浓度等环境数据,为今后进一步的研究工作奠定良好的基础。

参 考 文 献

[1] 中华网官网. https://tech. china. com/article/20201012/20201012621384. html.

[2] 谢和平, 高峰, 鞠杨, 等. 深地科学领域的若干颠覆性技术构想和研究方向[J]. 四川大学学报(工程科学版), 2017(1):1-8.

[3] Nosengo, Nicola. Gran Sasso: Chamber of physics[J]. Nature, 2012, 485(7399):435-438.

[4] 意大利格兰萨索实验室官网. http://www. lngs. infn. it.

[5] Satta L, Antonelli F, Belli M, et al. Influence of a low background radiation environment on biochemical and biological responses in V79 cells[J]. Radiat Environ Biophys,2002.

[6] Fratini E, Carbone C, Capece D, et al. Low radiation environment affects the development of protection mechanisms in V79 cells[J]. Radiation Environmental Biophysics,2015.

[7] Van Voorhies Wayne A, Castillo Hugo A,Thawng Cung N, et al. The Phenotypic and Transcriptomic Response of the Caenorhabditis elegans Nematode to Background and Below-Background Radiation Levels. [J]. Frontiers in public health, 2020(8):581796-581796.

[8] Vernì F, Cenci G . The Drosophila histone variant H2A. V works in concert with HP1 to promote kinetochore-driven microtubule formation[J]. Cell cycle (Georgetown, Tex.), 2015, 14(4):577-588.

[9] Di ML , Morciano P , Bucciarelli E , et al. The Drosophila Citrate Lyase Is Required for Cell Division during Spermatogenesis[J]. Cells, 2020, 9(1).

[10] Morciano P , Iorio R , Iovino D , et al. Effects of Reduced Natural Background Radiation on Drosophila melanogaster Growth and Development as Revealed by the FLYINGLOW Program[J]. Journal of Cellular Physiology, 2017, 233(1):23-29.

[11] Patrizia, Morciano, Francesca, et al. Fruit Flies Provide New Insights in Low-Radiation Background Biology at the INFN Underground Gran Sasso National Laboratory (LNGS)[J]. Radiation Research Official Organ of the Radiation Research Society, 2018.

[12] Esposito G, Anello P , Ampollini M , et al. Underground Radiobiology:A Perspective at Gran Sasso National Laboratory[J]. Frontiers in Public Health, 2020(8).

[13] Smith N. The SNOLAB deep underground facility[J]. The European Physical Journal Plus, 2012, 127 (9):108.

[14] 加拿大斯诺实验室官网. www. snolab. ca.

[15] Pirkkanen J, Zarnke A M, Laframboise T, et al. A research environment 2 km deep-underground impacts embryonic development in lake whitefish (Coregonus clupeaformis)[J]. Front Earth Sci, 2020 (8):327.

[16] Thome C, Tharmalingam S, Pirkkanen J,et al. The REPAIR project:Examining the biological impacts of sub-background radiation exposure within SNOLAB, a deep underground laboratory(2017). Radiat Res, 2017,188 (4. 2) 470-474.

[17] Smith G B,Grof Y, Navarrette A, et al. Exploring biological effects of low level radiation from the other side of background[J]. Health Phys, 2011(100):263-265.

[18] Castillo H,Schoderbek D, Dulal S, et al. Stress induction in the bacteria Shewanella oneidensis and Deinococcus radiodurans in response to below-background ionizing radiation[J]. Int. J. Radiat. Biol, 2015 (91):749-756.

[19] Castillo H, Smith G B. Below-background ionizing radiation as an environmental cue for bacteria[J]. Front. Microbiol, 2017(8).

[20] Van Voorhies Wayne A, Castillo Hugo A,Thawng Cung N, et al. The Phenotypic and Transcriptomic Response of the Caenorhabditis elegans Nematode to Background and Below-Background Radiation Levels [J]. Frontiers in public health, 2020, 8, 581796-581796.

[21] 英国伯比地下实验室官网. https://www. boulby. stfc. ac. uk/Pages/home. aspx[EB/OL].

[22] Wadsworth Jennifer,Cockell Charles S, Murphy Alexander StJ, et al. There′s Plenty of Room at the Bottom:Low Radiation as a Biological Extreme[J]. Frontiers in Astronomy and Space Sciences,2020(7).

[23] 谢和平, 高明忠, 张茹, 等. 地下生态城市与深地生态圈战略构想及其关键技术展望[J]. 岩石力学与工程学报, 2017, 36(6):1301-1313.

[24] LiuJifeng, Ma Tengfei, Liu Yilin, et al. History, advancements, and perspective of biological research in deep-underground laboratories:A brief review[J]. Environment international, 2018, 120.

[25] LiuJifeng, Ma Tengfei, Gao Mingzhong, et al. Proteomics provides insights into the inhibition of Chinese hamster V79 cell proliferation in the deep underground environment[J]. Scientific reports,2020,10(1), 14921-14921.

[26] LiuJifeng, Ma Tengfei, Gao Mingzhong, et al. Proteomic Characterization of Proliferation Inhibition of

Well-Differentiated Laryngeal Squamous Cell Carcinoma Cells Under Below-Background Radiation in a Deep Underground Environment[J]. Frontiers in public health, 2020, 8, 584964-584964.

[27] 研究生 vlog. 被导师送去地下 1 400 m 做实验, 哔哩哔哩: https://www.bilibili.com/video/BV1d7411Z7kc? p=1&share_medium=android&share_plat=android&share_source=WEIXIN&share_tag=s_i&timestamp=1622276014&unique_k=Wfvgmp[OL].

[28] 程建平, 吴世勇, 岳骞, 等. 国际地下实验室发展综述[J]. 物理, 2011(3):149-154.

[29] 张明.《生物安全实验室建筑技术规范》GB 50346—2011 强制性条文解析[J]. 江苏建筑, 2012 (1):107-109.

[30] 中国工程建设标准化协会. 医学生物安全二级实验室建筑技术标准: T/CECS 662—2020[S]. 北京: 中国计划出版社, 2020.

[31] 中华人民共和国卫生部. 微生物和生物医学实验室生物安全通用准则: WS 233—2002[S]. 北京: 中国标准出版社, 2002.

PandaX-4T 暗物质探测器用超高纯氙去除氪/氡低温精馏系统

王舟[1,4]，巨永林[2]，崔祥仪[3,4]，严锐[2]，李帅杰[3]，沙海东[2]
刘江来[1,3,4]，季向东[1,3,5]，周济芳[6]，刘立强[6]，商长松[6]

（1. 上海交通大学物理与天文学院，上海　200240；
2. 上海交通大学机械与动力工程学院，上海　200240；
3. 上海交通大学李政道研究所，上海　200240；
4. 上海交通大学四川研究院，四川　成都　610000；
5. Department of Physics, University of Maryland, College Park, Maryland 20742, USA；
6. 雅砻江流域水电开发有限公司，四川　成都　610000）

摘　要　针对如何降低暗物质探测器的探测介质液氙中放射性氪-85和氡-222含量，从而获得高纯度氙的问题，研制出一种将氪和氡从氙中提取出来以获得超高纯度氙气的高效低温精馏系统。该精馏系统中的主要结构精馏塔采用填料塔形式，塔高6 m，直径125 mm，其中精馏段4 m，提馏段2 m。氪精馏回流比为145，氡精馏回流比为0.15。根据设计，该精馏系统可以在回收率为99%的情况下，以10 kg/h(30SLPM)的速率将氙中氪的含量从$5×10^{-7}$ mol/mol(0.5 ppm)降至低于10^{-14} mol/mol(0.01 ppt)，以56.5 kg/h(160SLPM)的循环速率将暗物质探测器氙中氡的含量降低65%。这对要求高精度、高灵敏度、低本底的大型暗物质探测器的研制至关重要。PandaX-4T超高纯氙去除氪低温精馏系统稳定运行1.5月，共提纯5.75 t氙。提纯运行期间的实验数据表明，系统在各运行阶段状态稳定。经过测量，精馏得到的产品氙中氪含量小于8 ppt(受限于氪测量系统精度)。

关键词　低温精馏；氪去除；高纯度氙；暗物质探测器

1　引　言

氙(Xe)具有极高的发光强度、低能量阈和高能分辨率的特点，因此液氙常被用作航空航天及粒子物理探测器中的介质材料[1-4]。Xe的原子序数较高($Z=54$)且液氙的密度较高(约3 g/cm³)，没有长期存在的放射性同位素，这有助于减少环境污染如铀和钍污染中的γ射线和β射线，因此其是暗物质探测实验中的优质探测介质。

氙是通过空气提取获取的。在空气中，Xe的浓度为10^{-7} mol/mol，氪(Kr)的浓度约

基金项目：四川省重点研发项目（省院省校科技合作）2020YFSY0057。
作者简介：王舟（1987—），女，助理研究员，研究方向为低温精馏。E-mail：wangzhou0303@ sjtu. edu. cn 。

为 10^{-6} mol/mol。用蒸馏或吸附方法生产的氙气可满足一般的应用要求,其 Xe 中 Kr 的含量为 $10^{-9} \sim 10^{-6}$ mol/mol。^{85}Kr 是一种放射性原子核,会放射出 β 射线,且其在空气中的浓度测量值大约是 1 Bq/m$^{3[5]}$,相当于 ^{85}Kr/Kr $= 10^{-11}$ 左右。而在暗物质探测器中,在 ^{85}Kr 的含量低于约 10^{-23} mol/mol 的情况下,才可探知暗物质信号[1]。这说明其中 Kr/Xe 的比率不应超过约 10^{-12} mol/mol。

蒸馏和吸附是去除氙中氪的常用方法。在现有技术中,可将氙中氪的浓度从 10^{-9} 降低到 10^{-12} 的设备有美国 A. I. Bolozdynya 等研制的色谱分析吸附系统[6];日本 K. Abe 等研制的低温精馏系统[1],德国 M. Mecheal 等研制的低温精馏系统[7],中国王舟等研制的 Panda X 低温精馏系统[8-9]。

国际上大型液氙暗物质探测器实验有:中国 PandaX、欧洲 Xenon 和美国 LUX。为更清晰地探测到暗物质粒子,提高暗物质探测器的灵敏度是技术要点:一是提高氙介质纯度;二是探测器中液氙的质量也将由 500 kg 升级为 4 T,根据 PandaX-4T 暗物质探测器对液氙更大质量及更高纯度的要求,需建设更大型超高纯氙低温精馏系统,以确保暗物质探测器的更高精度。

不同于中国首台可获得高纯氙(Kr/Xe $= 10^{-12}$)的 PandaX-4T 暗物质探测器用超高纯去除氪低温精馏系统(在回收率为 99% 的情况下以 5 kg/h 的速率将氙中氪含量从 10^{-9} mol/mol 降低到 10^{-12} mol/mol),PandaX-4T 暗物质探测器用超高纯氙去除氪/氢低温精馏系统可在回收率为 99% 的情况下以 10 kg/h 的速率将氙中氪含量从 10^{-6} mol/mol 降低到 10^{-13} mol/mol,并且该系统可以与暗物质探测器的循环系统耦合,达到在线提纯的目的。同时,通过在线反向运行及操作参数的改变,该精馏系统可以在 99% 回收率的情况下以 160SLPM 的速率在线去除氢,使探测器中氢本底的含量降低 65%。目前,PandaX-4T 精馏塔在未与探测器耦合的情况下,独立运行完成氙提纯工作,实际提纯氙 5.75 t。经过测量,精馏得到的产品氙中氪含量小于 8 ppt(受限于氪测量系统精度)。本文将对精馏塔的设计原理和主要参数进行简单介绍,对精馏过程中精馏塔的状态、实验数据及测量结果进行较为详细的分析。

2　设计原理及参数

在 0.1 MPa(1 个大气压)下,氙的沸点为 165 K,氪的沸点为 120 K,氢的沸点为 211 K,在原理上可以通过精馏实现氪和氙的分离,并通过反向运行实现氢和氙的分离。本文采用 Mc Cabe-Thiele(M-T)方法[10-11]设计了精馏系统。

2.1　设计参数

为了达到暗物质探测器对氙纯度的要求,所设计的精馏塔需满足以下条件:

(1)产品氙中氪的浓度应当小于原料氙中的氪的浓度六个数量级,即 $x_w = \dfrac{1}{1\,000\,000} \times x_F$,其中 $x_F = 0.1 \times 10^{-6}$ molKr/molXe 为原料氙中氪的浓度,故 $x_w = 0.1 \times 10^{-12}$ molKr/molXe 为产品氙中氪的浓度。

(2)氙的回收率应为 99%,即 $W/F = 0.99$,$D/F = 0.01$。其中 W 为产品氙流量(kg/h),F 为原理氙流量(kg/h),D 为废品氙流量(kg/h)。

（3）该系统的提纯速率应为每小时 10 kg 氙气。

（4）该系统的回流率应为 $R = 145$，说明再沸器中所需加热量为 118 W。

（5）因氙进入系统时为气相，故 $q = 0$，q 是原料氙中液体所占百分数。

2.2 氙去除氪精馏塔塔高

基于以上要求，精馏塔的气液平衡方程为：

$$y_{Kr} = \frac{10.4x_{Kr}}{1 + 9.4x_{Kr}} \tag{1}$$

Kr 的精馏段操作方程为：

$$y_{n+1} = 0.993\,15x_n + 2 \times 10^{-9} \tag{2}$$

Kr 的提馏段操作方程为：

$$y_{m+1} = 2.076\,1x_m - 1.076\,1 \times 10^{-13} \tag{3}$$

根据气液平衡方程（1），Kr 的精馏段操作方程（2）和 Kr 的提馏段操作方程（3）绘制出的 $M—T$ 图如图 1 所示，其中设原料氙中氪的浓度（x_F）为 1×10^{-7} mol/mol，产品氙的浓度（x_W）为 1×10^{-13} mol/mol。根据 $M—T$ 图，所设计精馏塔需要的理论塔板数 $n = 17$。

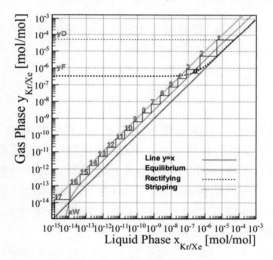

图 1 氙去除氪精馏塔 $M—T$ 图

所设计精馏塔内的填料 $HETP = 35$ cm，故精馏塔高 $H = n \cdot HETP = 5.95$ m，根据图 1 可知，进料口大概在第三块板位置上，因此进料口距塔顶约 $h = 3HETP = 1.05$ m。

2.3 氙去除氪精馏塔塔径

精馏塔塔径计算公式为：

$$d = \sqrt{\frac{4V_s}{\pi u}} \tag{4}$$

式中，V_s 为精馏塔内气体流量；u 空塔速度为 50 mm/s。

因此，精馏塔的精馏段塔径为 107 mm，提馏段塔径为 76 mm。综合考虑精馏段和提馏段塔径，结合工程实际采用 CF130 的标准不锈钢管作为内塔，最后得出该精馏塔塔径 $d = 125$ mm。

2.4 氙去除氡精馏设计

氙去除氡的精馏是基于氙去除氮精馏塔的结构通过反向运行,达到去除探测器中氡的效果。不同于氡的去除,探测器中的氡会通过材料放气源源不断地产生,又会通过3.8天的半衰期进行衰减。暗物质探测器中氡去除的精馏效率公式[12]为:

$$N_{equi} \overset{t \to \infty}{\Longleftrightarrow} \frac{k_1 + \dfrac{k_2}{Re_{Rn}}}{\lambda_{Rn} + f \cdot (1 - \dfrac{1}{Re_{Rn}})} \tag{5}$$

其中,k_1 为探测器内释放的 Rn 含量;k_2 为精馏塔之前的管路释放的 Rn 含量;λ_{Rn} 为 ^{222}Rn 的衰变常数 2.1×10^{-6} s^{-1};f 为循环速率与总氙量的比例;Re_{Rn} 为氡衰减系数。通过公式可知对于暗物质探测器循环系统精馏速率对于氡去除占主要影响。

假设探测器内释放的 Rn 含量远远大于管路放 Rn 率,则探测器的氡衰减系数为:

$$Re_{Detector} = \frac{\lambda_{Rn}}{\lambda_{Rn} + f(1 - \dfrac{1}{Re_{Rn}})} \tag{6}$$

基于现有精馏塔的结构尺寸,即直径为 125 mm,氡精馏运行的最大精馏速率为 56.5 kg/h,此时根据式(6)探测器中氡含量为原来的 35%。

3 结构设计与操作流程

3.1 结构设计

根据以上设计计算参数,氙去除氡精馏塔高 6 m。其中精馏段 1.05 m,提馏段 4.95 m,塔内径为 125 mm。精馏塔的材质是 304 不锈钢,精馏塔内管外有外管,内管与外管间抽真空以防止热对流和热传导,内管外壁包裹多层绝热纸以减少热辐射。

塔顶的冷凝器是漏斗形的不锈钢结构,它由 GM 制冷机提供冷量。为提高换热效率,制冷机冷头焊接一紫铜扩展翅片以增大换热面积。GM 制冷机冷头上贴有加热片以平衡温度,将冷凝器中的温度保持在 178 K。

塔底再沸器采用电加热式,加热器功率为 120 W,将再沸器中的温度控制在 180 K。再沸器有电容式液中装位计,用以查看再沸器中液氙的多少。

精馏系统的关键部分是精馏塔中的填料,填料的传质效率直接关系到填料塔的操作性能[13]。本系统选用的是上海化工研究院开发的高效新型规整填料 PACK-13C[14]。这种填料是双层不锈钢金属丝网波纹填料,比表面积高达 1 135 m^2/m^3,如图 2 所示。

图 3 为研制完成后的精馏塔及测控系统照片。

3.2 操作流程

精馏塔系统的流程如图 4 所示。操作流程分为氙去除氮运行与氙去除氡运行。

(1)氙去除氮运行:在进入精馏塔前,原料氙先通过减压阀将其压力调节为 215 kPa,系统中的压力由安装在原料进口管路、产品出口管路和废品氙出口管路上的三个压力传感器监控。其流量由该管路上的流量控制器控制,然后原料氙进入过滤器。若进行探测器在线运行,则原料氙的压力由在线运行管路上的压力传感器监控,流量由探测器循环管

图 2　新型低温精馏试验用波纹填料

图 3　精馏塔及测控系统照片

路上的流量控制器控制。此后原料氙流经换热器与从再沸器中流出的低温产品氙进行换热预冷。预冷后的氙气被脉管制冷机 PT60 继续冷却至 192 K，经过制冷机冷却后的氙气通过上部进料口进入精馏塔，氙气上升经过填料与从冷凝器中流下的液氙进行气液平衡交换。冷凝器上部安置另一个 GM 制冷机 AL300，用于提供冷量将通过精馏塔填料上升至塔顶的氙气冷凝为液氙。该制冷机的冷头上安装有加热棒和硅二极管温度传感器，用于平衡制冷机提供的冷量，加热棒的加热功率由温度控制器控制，使冷凝器的温度保持在 178 K。上升至塔顶冷凝器时氙气成为 178 K 的饱和气氙，冷凝器中的气体是含氪量较高的氙气(称作废品氙)，废品氙由精馏塔顶引出后进入废品氙储罐，其流量由该管路上的

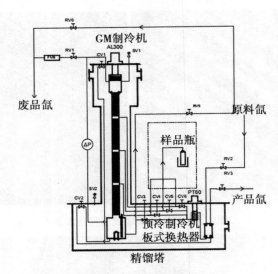

图 4　精馏塔系统的流程

流量控制器控制。在冷凝器中被制冷机冷凝的液氙回流进入精馏塔,经过填料与上升的气氙进行气液交换后流入精馏塔底的再沸器。再沸器中的加热器加热功率最大为 120 W,具体加热量根据再沸器上安装的 pt100 温度传感器确定。再沸器中的温度应保持在 183 K,使得部分液氙汽化后进入精馏塔继续循环,部分液氙作为产品氙从再沸器底部引出后经换热器进入产品氙储罐中储存。产品氙的流量通过该管路上的流量控制器控制。产品氙和废品氙均由被液氮冷却的不锈钢储罐收集。在线运行时,产品氙直接进入探测器循环管路。

（2）氙去除氪运行:与氙去除氪运行操作不同的是,氙去除氪为反向运行。即原料氙通过在线运行进料管路由底部进料口进入精馏塔,氙气上升经过填料与从冷凝器中流下的液氙进行气液平衡交换。上升至塔顶冷凝器时氙气成为 178 K 的饱和气氙,冷凝器中的气体是含氪量较低的氙气(称为氪产品氙),氪产品氙由精馏塔顶引出后经换热器进入暗物质探测器循环管路,其流量由该管路上的流量控制器控制。在冷凝器中被制冷机冷凝的液氙回流进入精馏塔,经过填料与上升的气氙进行气液交换后流入精馏塔底的再沸器。再沸器中的加热器加热功率最大为 250 W,具体加热量根据再沸器上安装的 pt100温度传感器确定。再沸器中的温度应保持在 183 K,使得部分液氙汽化后进入精馏塔继续循环,部分液氙作为氪废品氙从再沸器底部引出后进入氪废品氙储罐中储存。氪废品氙的流量通过废品氙管路上的流量控制器控制。

氙去除氪运行精馏和氙去除氪运行精馏的正、反向运行操作由精馏塔内设计的管路切换阀进行切换。

4　精馏系统提纯氙的实验结果与分析

精馏塔运行分为预冷阶段、进料阶段、全回流阶段、提纯阶段与停机回收阶段[11]。

预冷阶段是充入精馏塔一定量的原料氙,开启制冷机使精馏塔内塔及所充氙气冷却至预先设定的工作温度(178 K),并在塔底出现液氙的过程。预冷阶段后,精馏塔达到预先设定的工作温度,但压力不断下降为获得预先设定的工作压力,需继续补充入原料氙直至在 178 K 的工作温度下精馏塔内的工作压力达到 215 kPa。预冷阶段的温度变化如图 5 所示。由图 5 的温度变化曲线可以看出,冷凝器在 6 h 内迅速由室温 293 K 降至 179.5 K,随后逐渐稳定至 178 K。第 14 h 后,再沸器底部因为液氙的出现,温度快速下降,18 h 后基本稳定至 179.5 K。而上、中、下三个进料点的温度是在 5 h 后开始缓慢下降,并在 270 K 附近波动,最下方的进料点因为离冷凝器最远,温度降低最缓慢。

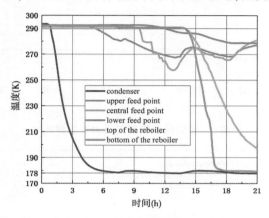

图 5　预冷阶段的温度变化

进料阶段需要向塔内补充原料氙,将冷凝器处的压力维持在 200 kPa 左右,使再沸器液位积累到 15 cm。塔顶冷凝器中氙气不断被液化,最终流至塔底的再沸器,为避免塔压持续下降,使得设定制冷温度 178 K 高于塔压对应的饱和温度,导致氙气无法被液化,需要持续补充氙。该阶段中,温度和压力的变化都趋于平缓,对应的趋势曲线如图 6 所示。冷凝器和再沸器底部的温度几乎没有变化,分别维持在 178 K 和 179.5 K,再沸器顶部因为充满气氙,所以温度稍高。该阶段以 15 sl/min 的速率给系统充入压力为 210 kPa 的原料氙,塔内的压力并没有因为进料速率的增加而发生剧烈的变化,整体状态较稳定,冷凝器的压力保持在 190 kPa 左右。

停止进料后,通过设定精馏塔底再沸器的加热量 118 W(再沸器中温度为 181 K,压力为 196 kPa),使得精馏塔下部的液氙持续汽化,同时由于精馏塔顶冷凝器的不断冷却使得气氙不断液化(冷凝器中温度为 178.3 K,压力为 188 kPa),最终精馏塔内达到气液平衡和热量平衡,保持该平衡状态为全回流阶段。全回流阶段时,精馏塔底部再沸器中的液氙为提纯过的产品氙,塔顶冷凝器中的气氙为废品氙,全回流阶段的温度及压力变化如图 7 所示。

此后从精馏塔中段不断进原料氙,同时从塔底和塔顶不断提取出产品氙和废品氙的过程为提纯阶段。原料氙、产品氙与废品氙的流量比严格控制为 100:99:1。氙去除氪提纯阶段的温度压力变化如图 8 所示,由图 8 可知,提纯阶段精馏系统内状态稳定。

提纯结束后将全部回收塔内的氙。此时会关闭原料氙管道的阀门,只保留产品氙和 offgas 管道的阀门开启,并按照 100:1 的流速回收,再沸器中的加热量将由 120 W 逐渐调至 0,随后关闭 AL300 制冷机和 PT60 制冷机。当再沸器中液位降至 0.1 cm 时,为保证产

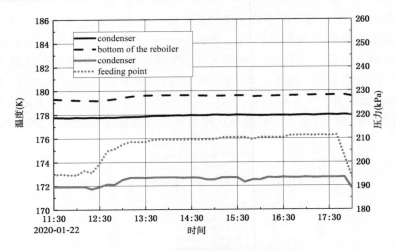

图 6　进料阶段温度与压力变化曲线

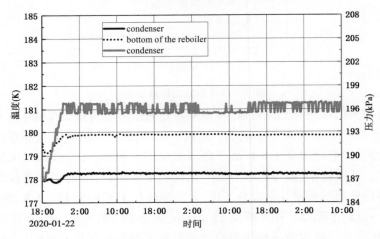

图 7　全回流阶段温度与压力变化曲线

品氙纯度,停止回收产品氙,塔内剩余氙都由塔顶 offgas 管路回收,并留少量氙气在精馏塔内作为保护气,之后精馏塔复温。

5　产品氙气测量结果

PandaX 实验组搭建了一台氪测量系统,可以配套测量氙的纯度[15],目前的测量精度在 ppt 级别,测量结果中产品氙的纯度是氪含量<8 ppt(置信度为 90%)。通过配制不同氪含量的标定样品用该系统进行测量,对氪测量系统进行标定。^{84}Kr 与 ^{132}Xe 气体分压的比值大小是反映 Kr 含量多少非常关键的参数,其中一个样品(含 Kr 为 39.24 ppt)和产品氙该参数的变化曲线如图 9 所示,通过与样品信号的对比和计算,最终可求出产品氙中的氪含量<7.99 ppt(置信度为 90%)。

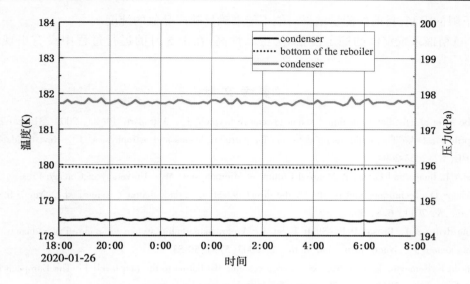

图 8　提纯阶段压力及温度变化

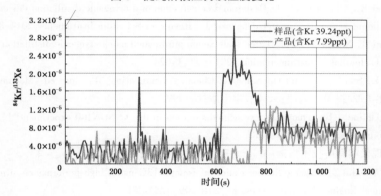

图 9　$^{84}Kr/^{132}Xe$ 测量曲线

6　结　论

设计与研制出可用于暗物质探测器研制(PandaX-4T 项目)中的探测介质液氙提纯的低温精馏塔系统,阐明了低温精馏塔的设计原理、设计参数、结构尺寸、工艺操作流程及实验结果。根据设计,该精馏系统可以在回收率为 99% 的情况下,以 10 kg/h(30SLPM)的速率将氙中氪的含量从 $5×10^{-7}$ mol/mol(0.5 ppm)降至低于 10^{-14} mol/mol(0.01 ppt),以 56.5 kg/h(160SLPM)的循环速率将暗物质探测器氙中氪的含量降低 65%。该精馏系统历时 1.5 月,成功完成了离线除氪运行,共提纯 5.7 t 氙。针对系统的离线运行状态,进行了较深入的分析,主要结论如下:

(1)全回流阶段系统稳定后,再沸器中的温度为 181.3 K,压力为 217 kPa,冷凝器中的温度为 179.6 K,压力为 210.8 kPa,这两个设备中的氙在误差范围内处于饱和状态。

(2)提纯阶段,系统处于动态进出料中,运行状态也非常稳定。

(3)氪测量系统对产品氙的纯度进行了测量,最好的测量结果是氪含量<8 ppt,由于

测量下限的限制,目前的测量结果可能不能准确反映产品氙的纯度。

(4)精馏系统整体的稳定性很好,可靠性高,在1.5月的运行过程中没有出现液泛现象。

参 考 文 献

[1] Abe K,et al. Distillation of liquid xenon to remove krypton[J]. Astropart. Phys. , 2009, 31:290-296.

[2] Aprile E, Doke T. Liquid xenon detectors for particle physics and astrophysics[J]. Rev. Mod. Phys. 2010, 82:2053-2094.

[3] Peter L. Image and Logic: A Material Culture of Microphysics[M]. University of Chicago Press. , 1997.

[4] Akimov D. Techniques and results for the direct detection of dark matter (review)[J]. Nucl. Instrum. Meth. A, 2011, 628, 50.

[5] Bolozdynya A I, Brusov P P, Shutt T, et al, A chromatographic system for removal of radioactive ^{85}Kr from xenon[J]. Nucl. Instr. and Meth. A, 2007(579):50-53.

[6] Aprile E. Removing krypton from xenon by cryogenic distillation to the ppq level[J]. The European Physical Journal C. , 2017(77):275.

[7] Zhou W, Lei B, Xihuan H,et al. Design and construction of a cryogenic distillation device for removal of krypton for liquid xenon dark matter detectors[J]. Review of Scientific Instruments,2014,85, 015116.

[8] Zhou W, Lei B, Xihuan H,et al. Large scale xenon purification using cryogenic distillation for dark matter detectors[J]. Journal of Instrumentation, 2014(9):11024.

[9] McCabe W L, Smith J C. Unit Operations of Chemical Engineering[M]. third ed. McGraw-Hill, 1976.

[10] 姚玉英,化工原理[M]. 天津:天津大学出版社,1999.

[11] Aprile E, Online ^{222}Rn removal by cryogenicdistillation in the XENON100 experiment[J]. The European Physical Journal C. , 2017(77):358.

[12] 王树楹. 现代填料塔技术指南[M]. 北京:中国石化出版社,1998.

[13] Hulin L, Yonglin J, Dagang X. Separation of isotope 13C using high-performance structured packing [J]. Chemical Engineering and Processing,2010(49):255-261.

[14] Wu M,et al. Control and Measurement of Krypton for the PandaX-4T Experiment, in the National Seminar on Low Level Radioactivity Measurements and Techniques[R]. 2019,8.

辐射探测器级高纯锗晶体
为什么需要 12 N 的纯度

赵书清

（同方威视技术股份有限公司,北京　100084）

摘　要　高纯锗晶体是制造高纯锗半导体电离辐射探测器的核心部件。晶体材料中的电活性杂质浓度对探测器的性能有重大影响,只有超高纯度的晶体材料才能制造出高质量的高纯锗探测器。

关键词　高纯锗晶体;电离辐射;半导体探测器;载流子;杂质;能级

1　引　言

高纯锗晶体的主要应用是制造高纯锗探测器,纯度要求达到 12 N。具体是电活性杂质浓度要小于 2×10^{10} cm^{-3}（每立方厘米晶体中电活性杂质的个数小于 2×10^{10}）。锗的原子浓度是 4.416×10^{22} cm^{-3},杂质浓度换算成化学浓度就是 2×10^{10} cm^{-3}/4.416×10^{22} cm^{-3} = 4.5×10^{-13}, 或者 4.5×10^{-7} ppm。高纯锗探测器对晶体的电活性杂质纯度要求达到 $(1-4.5 \times 10^{-13}) \times 100\%$ = 99.999 999 999 96%,通俗讲就是 12 个 9 的纯度。这个要求已经超出了绝大多数分析仪器的检测极限。因此,高纯锗晶体也被称为世界上最纯的材料。

为什么制造高纯锗探测器需要这么高纯的材料？本文就从探测器的原理出发,简单介绍一下高纯锗晶体 12 N 纯度要求背后的原因。

2　电离辐射探测器

高纯锗探测器是一种半导体电离辐射探测器,电离辐射在半导体材料高纯锗晶体中损失能量产生电荷信号输出。

电离辐射一般是指能量在 10 eV 量级以上的辐射。这是辐射或辐射与物质相互作用的次级产物能使空气等典型材料发生电离所需要的最低能量。电离辐射包括带电粒子辐射和非带电粒子辐射。前者包括快电子和重带电粒子,后者包括电磁辐射（X 射线、伽马射线）和中子。将电离辐射信息转换成电信号的探测器就是电离辐射探测器。

高纯锗电离辐射探测器主要是用来测量伽马射线。伽马射线和物质的相互作用主要包括光电吸收、康普顿散射和电子对产生等。

基金项目:国家自然科学基金资助项目（U1867220）。

作者简介:赵书清（1965—）,男,硕士,高级工程师,研究方向为高纯锗晶体生长。E-mail:zhaoshuqing@nuctech.com。

在光电吸收过程中,伽马射线光子和探测器材料的原子相互作用,射线光子完全消失,同时产生一个有相当能量的光电子。对小于 150 keV 的伽马射线,光电吸收是最主要的作用机制。

康普顿散射发生在伽马射线和探测器材料的电子之间。伽马射线光子相对原来的方向偏转一个角度,射线光子将其中一部分能量传递给电子,使这个电子成为反冲电子。

当伽马射线光子能量大于 1.02 MeV 时,伽马射线光子和探测器材料的原子核发生电磁相互作用。伽马射线光子消失的同时产生一个负电子和一个正电子,简称电子对。随后正电子在探测器材料中慢化湮灭,释放出两个能量均为 0.511 MeV 的伽马射线光子。

以上是伽马射线和探测器材料相互作用的主要机制,其结果是产生不同能量的高能电子。这些高能电子在探测器材料内部继续运动,沿着它们的运动轨迹在材料内部损失能量,产生电离、激发和轫致辐射(X 射线)。如果探测器材料是半导体材料,电离过程会产生大量的电子空穴对,能量一般小于 1 eV。从电场中收集这些电子或空穴,最后产生探测器的输出信号。这些信号反映了入射伽马射线的能量信息。伽马射线在高纯锗晶体中各种相互作用对能量的依赖关系,见图 1[1]。

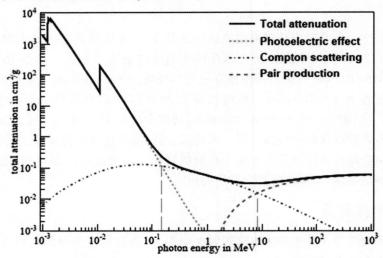

图 1　伽马射线在高纯锗晶体中各种相互作用对能量的依赖关系

电离辐射探测器的主要性能指标是电离辐射光子的能量分辨率和探测效率。

能量分辨率是对能量相近的入射伽马射线能量分辨本领的量。能量分辨率与探测器采集到的信息载流子的数量和探测器的随机噪声相关。信息载流子数量越大,随机噪声越小,探测器的能量分辨率越好。

探测效率和探测器材料的尺寸、质量密度及原子序数有关。探测器材料的灵敏体积越大,密度越高;材料的原子序数越高,探测器的探测效率越高。

3　半导体探测器

锗单晶属于金刚石型面心立方结构。每个锗原子通过共价键和 4 个相邻的锗原子结合(见图 2)。锗是最早研究的半导体材料之一。

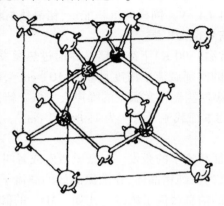

图 2　金刚石、硅、锗的晶格结构

半导体材料中电子的能量是量子化的,当 N 个原子聚集成晶体时,原本孤立的原子能级会分裂成 N 个能级,这些间隙很小的能级所形成的能量相近的区域称为能带。允许电子出现的能带称为允带;电子不可能出现的区域称为禁带。在允带中比较特殊的两个是价带和导带。在绝对零度时,最上面有电子存在的能带是价带,价带上面空白的能带为导带。导带底与价带顶之间的能量差称为禁带宽度 E_g。

价带上的电子吸收能量激发到导带上生成自由电子,同时在价带上形成一个带正电的空穴。自由电子和空穴形成一个电子空穴对。电子和空穴分别带负电荷和正电荷,在晶体内可以自由移动,是半导体导电的基础。因此,电子和空穴也称作电荷载流子。在没有杂质和缺陷的半导体材料中,电子和空穴的激发必须跨过整个禁带宽度。这种电荷载流子的激发一般称作本征激发,由此产生的电荷载流子称作本征载流子。只有本征载流子的半导体材料称为本征半导体。

纯粹的本征半导体并不存在。杂质和缺陷会在半导体材料的禁带中形成电子能级。如果杂质在禁带中的能级是带有电子的,这种杂质称为施主杂质(donor),电子由施主能级激发到导带不需要跨越整个禁带宽度,因此比本征激发容易得多,这种杂质称为 n 型杂质。在 n 型杂质主导的材料中,电子的浓度高于空穴的浓度,称为 n 型半导体。如果杂质在禁带中提供的是空的能级,这种杂质称为受主杂质(acceptor),电子由价带激发到受主能级同样比本征激发容易,这种杂质称为 p 型杂质。在 p 型杂质主导的材料中,空穴的浓度高于电子的浓度,称为 p 型半导体。

半导体材料中的电荷载流子是半导体探测器信号和噪声产生的根本原因。电离辐射在半导体材料中沉积能量,通过本征激发产生电荷载流子,形成探测器的输出信号。通过热激发产生的电荷载流子,无论是本征激发还是杂质激发,都是噪声来源。

本征载流子浓度和半导体材料的禁带宽及材料的温度有关。禁带宽度越小,载流子浓度越高。锗的禁带宽度是 0.67 eV,对比硅的禁带宽度是 1.12 eV,碲锌镉(CZT)的禁带宽度是 1.57 eV。从信号产生的角度,电离辐射在锗晶体中生成的高能电子每激发一个电子空穴对需要 2.96 eV 的能量。这是产生一个电子空穴对所消耗的平均能量,也称为锗晶体材料的电离能。半导体材料的电离能和材料的禁带宽度 E_g(Band gap)有关。理

论值为 $2.67E_g+0.87$ eV。相对于其他半导体材料,锗晶体材料的这个值是非常低的:比如硅是 3.6 eV,碲锌镉是 4.64 eV。同样的沉积能量,锗晶体材料内生成的载流子个数要比硅和碲锌镉多,探测器信号也会更强。

从噪声来源的角度,常温(300 K)下高纯锗晶体通过热激发会产生 $2.5×10^{13}$ cm^{-3} 的本征载流子浓度。同样硅的本征载流子浓度是 $6.7×10^{10}$ cm^{-3},碲锌镉的本征载流子浓度为 $2×10^5$ cm^{-3}。显然碲锌镉探测器在常温下的噪声会更低。锗探测器只能工作在液氮温度(77 K)附近温区,此时的本征载流子浓度为 $1.9×10^{-6}$ cm^{-3}。这也充分说明高纯锗探测器液氮冷却的必要性。

低温能够充分抑制本征载流子的激发。但杂质激发或者叫非本征激发的载流子还依然存在。即使是 12 N 纯度的高纯锗晶体,在液氮温区的载流子浓度也高达 $2×10^{10}$ cm^{-3}。这个远高于电离辐射导致的信息载流子浓度。比如 1 MeV 的伽马射线在 1 cm^3 晶体内产生的载流子浓度只有 $10^6/2.86 = 3.4×10^5 (cm^{-3})$,更何况高纯锗探测器期望的晶体材料体积在几百立方厘米量级。

在电场的作用下,载流子的平均漂移速度 v 与电场强度 E 成正比,即 $v=\mu E$。式中,μ 为载流子的漂移迁移率,简称迁移率,表示单位电场下载流子的平均漂移速度。电导率和迁移率之间的关系为 $\sigma=Ne\mu$,电阻率 $R=1/\sigma$。在一定载流子浓度 N 和电荷量的情况下,迁移率和电导率成正比。电荷载流子在运动中会不断受到散射,碰撞,通过复合而消失(电子与空穴复合),有一定的生存时间。载流子的平均生存时间称为载流子的寿命 τ。载流子的寿命取决于载流子的复合概率和载流子的浓度。几种半导体材料在工作温度的迁移率和载流子寿命见表 1[2]。

表 1　几种半导体材料的迁移率和载流子寿命

材料	μ_h [$cm^2/(V·s)$]	μ_e [$cm^2/(V·s)$]	τ_h (s)	τ_e (s)	$\mu_h\tau_h$ (cm^2/V)	$\mu_e\tau_e$ (cm^2/V)
Ge(77 K)	42 000	36 000	$2×10^{-4}$	$2×10^{-4}$	>1	>1
Si(300 K)	450	1 350	$2×10^{-3}$	$>10^{-3}$	>1	>1
CZT(300 K)	30	1 100	$1×10^{-5}$	$3×10^{-5}$	$5×10^{-5}$	$5×10^{-5}$

载流子迁移率和平均寿命结合起来是衡量一个半导体材料质量的重要指标。更大的迁移率意味着载流子有更快的漂移速度,更高的平均寿命说明载流子有足够的时间到达信号收集电极。电荷载流子的漂移长度为 $\mu\tau E$。为了高效收集电荷,$\mu\tau E$ 最好远远超过探测器厚度 d。

半导体材料的禁带宽度、杂质和缺陷是影响载流子迁移率与寿命的重要因素。一般禁带宽度窄的晶体迁移率会更高。杂质和缺陷多的晶体载流子寿命更短,同时杂质和缺陷的分布也会影响实际晶体迁移率的大小。

在高纯锗晶体中,杂质一般分为电活性杂质和电中性杂质。电活性杂质根据它们在能带中所处的位置又分为浅能级杂质和深能级杂质。在探测器工作的温度下,浅能级杂质是本底电荷载流子的主要来源,而深能级杂质一般是产生载流子陷阱的主要原因。高纯锗晶体中的浅能级杂质主要是 p 型的硼、铝、镓和 n 型的磷和锂,深能级杂质主要是铜及铜氢络合物。电中性杂质对高纯锗探测器性能影响较小,除非它们之间或者它们和晶体缺陷之间形成电活性的络合物。部分高纯锗晶体中电活性杂质的能级见图 3。

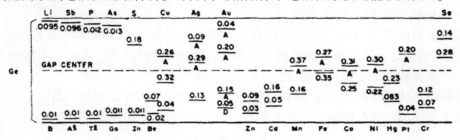

图 3　高纯锗晶体中的电活性杂质在禁带中的能级水平
(单位是 eV,代表杂质能级和最近允带的能量差)

在液氮温度下,一般杂质和缺陷的能级小于 3 kT(约 0.02 eV,这里 k 是玻尔兹曼常数、T 是绝对温度)的为浅能级,大于 3 kT 的为深能级。

4　高纯锗探测器

实际的高纯锗探测器是一个 PN 结构造。电荷载流子在结区内全耗尽,形成一个完全没有载流子的灵敏空间。PN 结形成的具体过程见图 4。

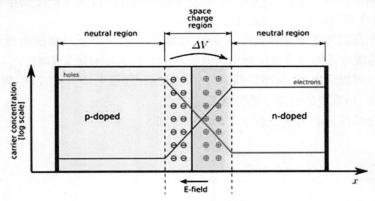

图 4　PN 结原理示意

这种 PN 结和通常的二极管原理是相同的。结区的电荷载流子被内建电场扫向结区的两边,结区中间不再有任何电荷载流子,只剩下空间电荷,称为耗尽区。这种 PN 结的耗尽区非常适合用作电离辐射探测的灵敏区。简单 PN 结型的探测器耗尽区只有微米量级的厚度。将上述 P 区或 N 区换成高纯锗晶体,同时在这种不对称 PN 结上加上反向偏置电压,耗尽区的厚度就会迅速增加。

以 P 型高纯锗为例,具体的做法是:在高纯材料的一端通过锂扩散形成一个高掺杂的 N 层,也叫 n+ 层。另一端通过离子注入硼形成一个高掺杂的 P 层,也叫 p+ 层。这样就构建了一个 n+-p- p+ 类型的二极管。通过对二极管 n+ 层施加反向偏置电压,在高纯锗所在的 p 区就会形成一个耗尽区。这个耗尽区的厚度和反向偏压的幅度有关,也和高纯锗晶体材料的电活性杂质的浓度有关。耗尽区实际上从中心 p 区的 n⁺边缘开始,随着偏置电压的升高逐步延伸到 p 区内部。当偏置电压足够高时,探测器 p 区的电荷载流子会完全耗尽,整个 p 区都变成耗尽区,也就是整个 p 区都成了探测器的灵敏区。这样 p 区就相当于 PIN 探测器的 I 区,即本征区。

在液氮温度下,为了电荷载流子以饱和漂移速度收集,一般需要在全耗尽区加 1 000 V/cm 左右的偏置电压。更高的偏压会增加探测器的表面漏电流,同时也会影响其他构型如同轴型探测器的电场均匀性,增加探测器的噪声。

平面型高纯锗探测器全耗尽时结区的电场分布和普通 PN 结探测器类似。

耗尽层厚度 d 和反向偏置电的关系为:

$$V_d = \rho e d^2 / 2\varepsilon$$

式中,ρ 为净电活性杂质浓度;ε 为锗的介电常数,$\varepsilon = 16 \times 8.854 \times 10^{-12}$ C²/Jm;e 为电子电荷,$e = 1.602 \times 10^{-19}$ C。

如果耗尽层厚度 $d = 1$ cm,反向偏置电压 $V_d = 1\,000$ V,那么就需要 P 型高纯锗的净电活性杂质浓度 $\rho = 1.8 \times 10^{10}$ cm⁻³。

这就是前面提到的辐射探测器级高纯锗晶体需要 12 N 纯度的原因之一:必要的净电活性杂质浓度是为了满足高纯锗探测器实现在合理的偏压下灵敏区最大的要求。

12 N 纯度的高纯锗晶体材料是高纯锗探测器制造的基本条件。

好的探测器除需要灵敏区最大,还要求由电离辐射在灵敏区产生的电荷载流子能够准确、及时地收集到信号采集电路中。

前述的电荷载流子的漂移长度为 $\mu\tau E$,漂移长度的大小会影响探测器总的电荷收集效率 η。深能级电活性杂质浓度对电荷载流子的漂移长度有重要影响。

从图 3 也可以看出,在高纯锗晶体内有大量的深能级杂质种类,这些杂质的电子能级远离禁带边缘,是重要的载流子陷阱和复合中心。

深能级杂质俘获和再发射载流子的过程见图 5。

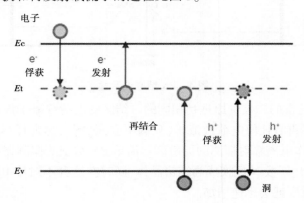

图 5　深能级杂质俘获和再发射载流子的过程

电荷载流子可以在深能级杂质上俘获后再发射,再发射的时间间隔会影响电荷载流子收集效率和收集质量。如果这个时间间隔和探测器前放电路的时间常数接近,电荷载流子俘获再发射的过程会严重损害探测器的能量分辨率。

如果深能级杂质,尤其是铜相关能级的浓度大于 $4.5×10^9 \, cm^{-3}$,高纯锗探测器的能量分辨率就会变差[3]。

文献相关数据见表 2。

表 2　实测探测器能量分辨和铜相关深能级杂质浓度的关系

$\Sigma_{c_V} (cm^{-3})$	探测器数量		
	总数	with$L \leqslant 2$ keV	with$L > 2$ keV
$\leqslant 4.5×10^9$	144	141	3
$> 4.5×10^9$	14	8	6

在探测器工作的液氮温度下,深能级杂质有可能完全电离,也有可能是部分电离。因此,前面提到的净电活性杂质浓度小于 $2×10^{10} \, cm^{-3}$,不完全包括深能级杂质。

所以,对深能级杂质纯度的要求应该是独立于对净电活性杂质的要求。高纯锗晶体中深能级杂质的纯度也要高于 12 N。

实际操作中,高纯锗晶体的净电活性杂质纯度数据是用霍尔效应测试仪检测,深能级杂质的纯度是用深能级瞬态谱仪(DLTS)检测的。

5　结　论

影响高纯锗探测器能量分辨率的主要因素有三个:一是电离辐射产生电荷载流子数量的统计涨落,二是载流子陷阱引起的电荷收集问题,三是信号采集电路的噪声。

三个问题中前两个都和高纯锗晶体材料的纯度密切相关。为了实现高纯锗探测器超高的能量分辨率要求,需要高纯锗晶体材料具备 12 N 的净电活性杂质纯度和 12 N 的深能级杂质纯度。

12 N 的净电活性杂质纯度是为了满足高纯锗探测器灵敏体积的要求,更大灵敏体积的探测器可以产生更多的电荷载流子,减少统计涨落。

12 N 的深能级杂质纯度是为了满足高纯锗探测器减少载流子陷阱的要求,更少的载流子陷阱有助于探测器实现更高的电荷收集效率。

参 考 文 献

[1] Knoll G F. Radiation Detection and Measurement[M]. 3 ed. John Wiley &Sons, 2000.

[2] Looker Q. Fabrication Process Development for High-Purity Germanium Radiation Detectors with Amorphous semiconductor Contacts[D]. University of California, Berkeley,2014.

[3] Simoen E, Clouws P, Huylebroeck G[J]. Nuclear Instruments and Methods in Physics Research A251, 1986:519-526.

低本底实验中氡本底的形成及控制

郭聪[1], 杨长根[1], 张永鹏[1], 刘金昌[1], 陈妍宇[2]

(1. 中国科学院高能物理研究所, 北京　100049; 2. 南华大学, 湖南　衡阳　421000)

摘　要　中微子研究与暗物质实验是当今粒子物理研究的两个重要方向, 此类实验均对探测器本底有很高的要求, 氡衰变是重要的本底来源。本论文介绍了基于液闪的中微子实验以及基于液态惰性元素的暗物质直接探测实验中氡本底的主要形成方式以及其控制手段。在氡浓度测量方面, 本论文介绍了气体氡浓度测量及水中氡含量检测装置; 在氡本底控制方面, 本论文介绍了探测器建造材料筛选所必须的氡析出率测量装置以及在线的气体除氡装置和超纯水中氡去除的装置。现有装置可以实现 mBq/m^3 量级的气体氡浓度检测, 进行 1 atom/h 材料氡析出率的测定, 以及 mBq/m^3 的低氡超纯水的生产及测量。

关键词　中微子; 暗物质; 氡

1　引　言

过去的数十年, 粒子物理经历了前所未有的发展, 随着上帝粒子(Higgs)的发现, 粒子物理标准模型取得了巨大的成功。然而粒子物理并没有实现真正的"包罗万象", 比如标准模型并不能解释中微子的质量问题, 也不能给暗物质一个完美的存在方式。

在粒子物理领域, 中微子探测实验以及暗物质直接探测实验统称为低本底实验, 顾名思义, 此两类实验均对探测器的本底具有很高的要求。宇宙射线是低本底实验中一种重要的本底来源, 为减小其影响, 低本底实验均运行在地表之下的深地实验室之中。除宇宙射线带来的本底, 周围环境中的天然放射性是另一个主要来源, 其中氡气是最为难以控制的本底之一。^{226}Ra 及其子体的主要衰变链见图 1。

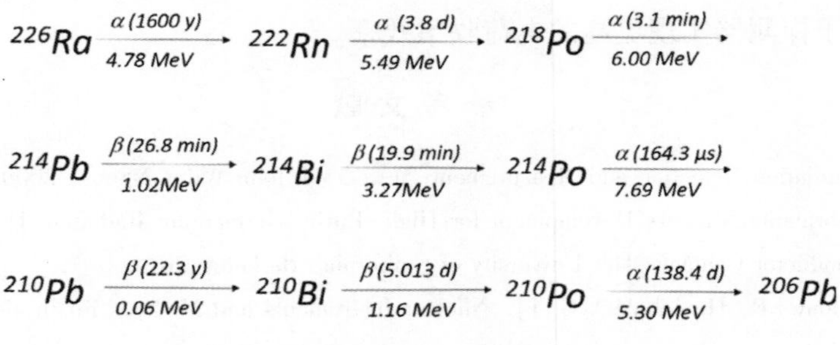

$$^{226}Ra \xrightarrow[\text{4.78 MeV}]{\alpha\,(1600\,y)} {}^{222}Rn \xrightarrow[\text{5.49 MeV}]{\alpha\,(3.8\,d)} {}^{218}Po \xrightarrow[\text{6.00 MeV}]{\alpha\,(3.1\,min)}$$

$$^{214}Pb \xrightarrow[\text{1.02MeV}]{\beta\,(26.8\,min)} {}^{214}Bi \xrightarrow[\text{3.27MeV}]{\beta\,(19.9\,min)} {}^{214}Po \xrightarrow[\text{7.69 MeV}]{\alpha\,(164.3\,\mu s)}$$

$$^{210}Pb \xrightarrow[\text{0.06 MeV}]{\beta\,(22.3\,y)} {}^{210}Bi \xrightarrow[\text{1.16 MeV}]{\beta\,(5.013\,d)} {}^{210}Po \xrightarrow[\text{5.30 MeV}]{\alpha\,(138.4\,d)} {}^{206}Pb$$

图 1　^{226}Ra 及其子体的主要衰变链

氡是一种无色无味的惰性气体, 可溶于水, 易溶于液闪、液氙、液氩等。氡的同位素主要有 ^{222}Rn、^{220}Rn 及 ^{219}Rn, 此三种均为不稳定核素, 其中 ^{220}Rn 与 ^{219}Rn 半衰期仅为秒量级, 无法长期存在, 半衰期为 3.8 天的 ^{222}Rn 是自然界中氡气的主要成分。^{222}Rn 是 ^{238}U 经

由 ^{226}Ra 的衰变产物，^{226}Ra 和 ^{238}U 普遍存在于土壤、岩石之中，因此 ^{222}Rn 是无处不在的。图 1 为 ^{226}Ra 及其子体的主要衰变链[1]，^{222}Rn 产生后会进一步衰变成 ^{218}Po，并最终衰变成稳定的 ^{206}Pb，在衰变过程中会发出数个 α、β 粒子及大量的 γ 射线，这些粒子射线与探测器相互作用沉积能量便构成了探测器的本底。氡不仅可以通过容器、管道泄漏扩散进入探测器之中，而且还会从不锈钢、玻璃等探测器组件的表面析出，氡气一旦产生，它便会扩散至整个探测器之中，对基于液闪的中微子实验及基于液态惰性元素的暗物质直接探测实验而言，这种效应更加明显，因为 ^{222}Rn 会溶解到液闪、液氩或者液氙之中而近乎均匀地分布于探测器之中，并且很难通过增加判选条件将其引起的事例完全去除，因此对氡本底的控制将直接关系到低本底实验的成败。

2 氡对低本底实验的影响

中微子的概念最早是由奥地利物理学家沃夫冈·泡利在 1930 年为解释 β 衰变中电子的连续谱而引入的，并在 1956 年由美国物理学家莱茵斯和柯温在实验中首次观测到[2]。中微子与普通物质的作用截面非常小，可以轻松地穿过地球。因为在实验中非常难以探测，所以中微子往往被称为"幽灵粒子"。

与中微子相比，暗物质更加扑朔迷离，目前还没有人知道暗物质究竟是什么，关于暗物质存在的所有证据均来自于天文观测，目前被物理学家所普遍接受的暗物质候选者是弱相互作用大质量粒子，英文简称 WIMP。这种粒子在多种超出粒子物理标准模型的理论中都存在。暗物质与中微子类似，其与物质的作用截面也非常小，理论预言，在 1 t 的探测器靶物质中暗物质每年产生的信号不超过 1 个。

暗物质直接探测实验与中微子实验都是稀有事例的寻找，他们对探测器的本底都具有极高的要求。那么，氡作为一种放射性气体是怎么影响到探测器构成实验本底的呢，下面将以液体闪烁体作为靶物质的江门中微子实验和以液态惰性元素作为靶物质的暗物质直接探测实验为例进行简单的介绍。

2.1 氡对江门中微子探测器的影响

江门中微子实验将设计、研制并运行一个国际领先的中微子实验站，其主要物理目标是通过对反应堆中微子的探测来确定中微子的质量顺序。除此之外，江门中微子实验还可以精确测量中微子混合参数，并进行太阳中微子、大气中微子及地球中微子的探测[3]。江门中微子实验观测站坐落于广东省开平市金鸡镇的打石山下，700 m 的岩石覆盖可以对宇宙线进行很好的屏蔽。图 2 为江门中微子实验探测器设计，主要包括中心探测器和反符合探测器两部分。其中，中心探测器由 2 万 t 的液体闪烁体，17 600 支 20 英寸的光电倍增管及 25 600 支 3 英寸的光电倍增管组成，可对台山核电站和阳江核电站放出的电子型反中微子进行探测，预期有效事例率为每天 60 个[3]。中心探测器的设计能量分辨率将达到 3%@1MeV，运行寿命超过 20 年。反符合探测器主要包括外围的水切伦科夫探测器及顶部的径迹探测器两部分，其主要作用是屏蔽周围环境的天然放射性及对穿过探测器的宇宙射线进行标记。

江门中微子实验利用液体闪烁体对反应堆放出的电子型反中微子进行探测来确定中微子的质量顺序。当反应堆产生的电子型反中微子穿过液闪探测器时，其中极少量的电

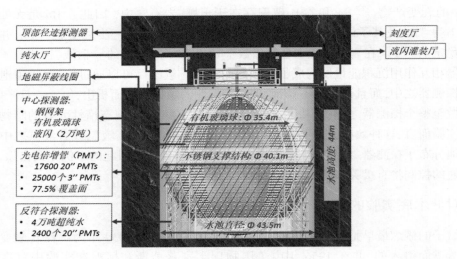

图 2　江门中微子实验探测器设计

子型反中微子会与液闪中的质子发生如式（1）所示的反 β 衰变反应，产生一个正电子和一个中子。液闪中存在大量的电子，所以正电子会很快地湮灭并放出两个能量为 0.511 MeV 的 γ。因为正电子在产生后很短的时间内就会湮灭产生信号，所以正电子的信号被称为快信号。产生的中子必须要经过散射、慢化后才能被俘获，且中子慢化的平均时间长达 200 μS，所以中子产生的信号被称为慢信号。通过快慢信号的符合可在很大程度上地压低探测的本底。在中微子事例的挑选中，由于正电子携带了大部分的中微子动能，所以快信号的能量为 0.7~12 MeV；中子被氢俘获之后会放出能量为 2.2 MeV 的 γ，所以慢信号的能量为 1.9~2.5 MeV；为尽可能地不丢掉中微子事例，快慢信号之间的时间间隔设置为不大于 1 ms[3]。

$$\bar{\nu}_e + p \longrightarrow e^+ + n \qquad\qquad (1)$$

对于液闪中的 ^{222}Rn，其构成探测器本底最主要的方式是偶然符合。^{222}Rn 及其子体在衰变过程中会放出多个 α、β 及 γ 粒子，这些粒子的沉积能量凡是可以通过中微子快慢信号判选条件的即可构成探测器的本底。除此之外，^{222}Rn 及其衰变子体 ^{218}Po、^{214}Po 以及 ^{210}Po 均可发生 α 衰变，液闪中存在大量的 ^{13}C 原子核，二者可以发生 ^{13}C(α,n)^{16}O 反应，产生的中子具有 MeV 量级的动能，其在液闪中会首先散射、慢化沉积能量，之后再被俘获。中子的动能沉积与俘获放出的能量可以形成关联信号，构成假的反贝塔衰变事例。另外，由于氡在液闪中有着较大的溶解度，所以其可以近乎均匀地分布在液闪之中，实验中常用的有效体积的筛选条件很难将 ^{222}Rn 产生的本底排除，江门中微子实验通过模拟计算要求液闪中的氡浓度必须要降低至 μBq/kg 量级。

对于超纯水的 ^{222}Rn，由于其在有机玻璃球的外侧，12 cm 厚的有机玻璃可阻挡 ^{222}Rn 衰变链上所有的 α 及 β，然而衰变链上的大能量 γ 却仍然可以穿过有机玻璃进入液闪，因此水中的 ^{222}Rn 主要贡献的是单事例，即通过偶然符合的方式成为符合信号中的快信号或者慢信号，进而构成探测器的本底。根据 JUNO 蒙特卡罗模拟的结果，水中的 ^{222}Rn 含量需降低至 10 mBq/m³ 以下[4]。

2.2　氡对液态惰性元素暗物质探测器的影响

在暗物质探测领域,直接探测是最早开始探测暗物质的实验,其实验结果备受物理学家瞩目。目前,世界上正在运行、规划的暗物质直接探测实验达十数家之多[5]。WIMP 不参与电磁相互作用和强相互作用,其与探测器靶物质相互作用产生的信号类似于中子与核子散射产生的信号。所有 WIMP 直接探测的实验都将探测器放置在深地实验室之中以减小宇宙射线及其次级粒子所带来的环境本底。暗物质直接探测实验探测技术多种多样,比如 DAMA/LIBRA[6]、KIMS[7] 等实验利用晶体进行闪烁信号测量,CDEX[8]、Co-Gent[9] 等实验利用低温半导体进行电离信号测量,PandaX – II[10]、LUX[11]、XENON[12]、DarkSide[13] 等实验利用液氙或者液氩进行闪烁、电离信号测量。在各种探测器技术优缺点的竞争比较过程之中,以液氩或液氙为靶物质的液态惰性元素探测器所扮演的角色越来越重要。

液态惰性元素探测器的优势在于其本身的纯净,易于扩大探测器靶物质质量,同时也因为它们是很好的闪烁发光物质,还是很好的量能器(容易电离),加上漂移电场构成时间投影室(TPC)之后,它还具有很好的位置分辨能力。图 3 为一个典型的气液两相惰性元素探测器的工作原理。当 WIMP 与液态惰性元素相互作用时,惰性元素激发后产生闪烁信号与电离电子,闪烁信号立即被上下两面的光电倍增管探测到输出 S1 信号,而电离电子会在漂移电场的作用下由液相进入气相,在气相电场的作用下场致发光产生放大后的闪烁信号 S2。因此,任何在液相之中产生能量沉积的粒子都可能构成此类探测器的本底。

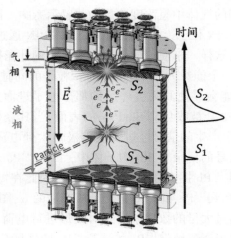

图 3　双相惰性元素探测器工作原理

^{222}Rn 对液态惰性元素探测器的本底构成也可以分成两种,一种是在探测器安装或者建造时附着在探测器表面的 ^{222}Rn 或者其子体,因为探测器的安装不可能在无氡的环境中进行,所以探测器表面一定会或多或少地附着一定的氡气,而且氡或者其子体在发生 α 衰变时,产生的子核会有较大的动能,在大的反冲能下子核可能会进入到探测器内部 μm 量级,这样氡及其子体便随着探测器的安装而进入到了探测器内部。在氡的子体中,^{210}Pb 拥有 22.3 年的半衰期,在探测器运行周期内其不可能完全衰变。另外,^{210}Pb 的

后续子体^{210}Po 可以发生 α 衰变,产生的 α 粒子可以与构成探测器的材料(如 TPC 的主体材料 PTFE 等)中的核子发生(α,n)反应,产生中子,单次散射的中子信号与暗物质在探测器中的信号是几乎一样的,是探测器的重要本底,因为这种事例一般集中在探测器的内表面,所以实验中只能以牺牲探测器靶物质质量为代价来将其中的大部分排除掉。除了在探测器安装阶段氡会进入到探测器内部,在探测器运行阶段氡也会源源不断地从探测器材料中释放,这是因为构成探测器的材料中会或多或少地含有^{222}Rn 的母体^{226}Ra。^{222}Rn 一旦产生便会近乎均匀地分布在探测器内部,其后续衰变产生的 α、β 及 γ 均有一定的概率被误判成暗物质事例而成为探测器的本底。因此,^{222}Rn 是液态惰性元素暗物质探测器最难以控制的本底来源之一。

3　氡的探测

氡气作为一种日常生活中常见的放射性气体,对其的研究测量可追溯到 20 世纪 60 年代,氡气的测量方法也多种多样,比如静电收集法、活性炭浓缩法、闪烁室法等[14]。各类测量方法各有优劣,但是就灵敏度而言,基于静电收集的氡测量装置独领风骚,下详细介绍基于静电收集的氡浓度测量方法。

3.1　气体氡浓度测量

静电收集氡测量装置一般只针对气体中的氡含量进行测量,其基本原理为首先通过外加电场将^{222}Rn 的衰变子体收集到 Si-PIN 探测器的表面,之后利用 Si-PIN 探测子体^{218}Po 和^{214}Po 衰变过程中产生的 α,进而得出腔室内部^{222}Rn 的含量。

图 4 为本项目组研制的气体中氡浓度测量的装置示意图。待测气体盛放于一个不锈钢的圆柱形容器之中,Si-PIN 位于上盖的中间部位,Si-PIN 通过外接分压电路使其处于负电位,不锈钢外壳接地,这样一来便形成了一个从不锈钢外壳指向 Si-PIN 的外加电场。在^{222}Rn 发生 α 衰变放出一个能量为 5.49 MeV 的 α 粒子的同时,衰变产生的子核^{218}Po 会获得较大的动能,大的动能会促使其失去外层的部分电子进而成为一个带正电的核子。在外加电场的作用下,^{218}Po 会被收集到 Si-PIN 的表面,当其衰变时,衰变产生 α 便可被Si-PIN 探测到。Si-PIN 中产生的信号经过真空电极输入到电荷放大器上被进一步放大之后送入示波器中进行信号的记录。^{222}Rn 的子体中,^{218}Po、^{214}Po 及^{210}Po 可以发生 α 衰变,但是由于^{210}Po 母体的母体^{210}Pb 拥有 22.3 年的半衰期,因此在短期的测试过程中^{210}Po 事例率非常低,实验中只能测到^{214}Po 和^{218}Po 两个子核产生的 α,图 5 为^{214}Po 和^{218}Po 在示波器上记录的典型波形。通过大量的数据累计并对波形进行电荷积分便可得到其能谱,如图 6 所示。在能谱中可以很清楚地将^{214}Po 的峰与^{218}Po 的峰区分开来。由于^{222}Rn 的衰变子体在^{210}Pb 之前均为短寿命的子体,最长的为半衰期为 26.8 min 的^{214}Pb。因此,氡气在腔室内部封闭大约 2 h 便可达到平衡态。由于^{214}Po 衰变产生的子体能量相对较高,且在其能量范围内无其他干扰信号[15],所以一般选用^{214}Po 的计数率来计算腔室内部的氡浓度。

由于^{222}Rn 的衰变子核均为带正电的粒子,且 α 粒子在空气中的穿透能力很弱,无法直接探测,因此探测器的探测效率主要取决于探测器对氡子体的收集效率。影响收集效率的一个主要因素便是外加电场的强度。在实验过程中,通过改变 Si-PIN 上的负电位

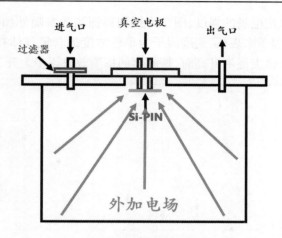

图 4　静电收集氡浓度测量装置示意

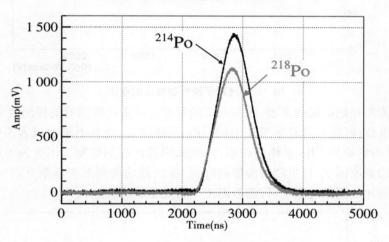

图 5　^{214}Po 与 ^{218}Po 事例波形

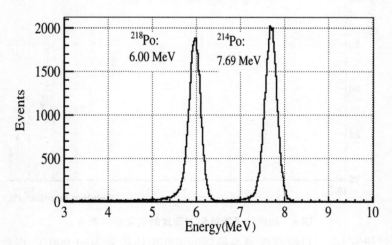

图 6　氡能谱（放射源刻度数据）

值,调节了腔室内部收集电场的强度,图7为探测器探测效率随外加电场强度的变化,其中探测效率利用刻度因子来表征,刻度因子为单位浓度的含氡气体在探测器上每小时所测到的事例数,当电场强度逐渐升高时,探测器的探测效率逐步上升。

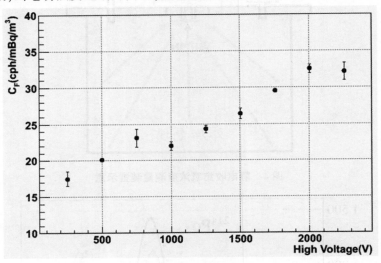

图 7　刻度因子随外加电压的变化

除了探测器外加电场的强度,腔室内部的湿度也可影响探测器的探测效率,这主要是因为水汽为电负性气体,其易于带正电的^{222}Rn子体结合,使其不带电或者所带的正电荷显著减小,进而影响到^{222}Rn子体的收集,降低探测器的探测效率。图8为不同相对湿度下的探测器的刻度因子,可见随着湿度的降低,探测器的探测效率逐渐升高,在探测效率随相对湿度变化的测试过程中,探测器温度一直处于25 ℃左右。

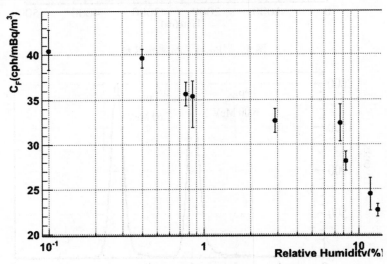

图 8　刻度因子随外相对湿度的变化相对湿度

通过测试研究,本项目组将探测器最终的工作电压设置为-1 900 V,探测器内部相对湿度控制在1%左右,根据本底数据的测量结果,目前该氡浓度测量装置的单日测量灵敏度约为 5 mBq/m³[16]。

3.2　水中的氡含量测量

水中的氡含量是无法直接测量的,目前对水中氡浓度的测量基本上均是将其转移到气体之中,进而通过测量气体中的氡浓度来反算出水中的氡浓度。在平衡状态下,水中的氡浓度与气体中的氡浓度可用式(2)来计算[17]:

$$R = 0.105 + 0.405e^{-0.0502T} \tag{2}$$

式中,R 为水中的氡浓度与气体中的氡浓度的比值;T 为温度(℃)。

比如在 20 ℃的温度下,$R \approx 0.25$,这意味着在平衡状态下,水中的氡浓度约为气体中氡浓度的 1/4。

基于静电收集的氡浓度测量以及喷雾式的水中氡气转移装置,本项目组已建立起一套水氡测量装置,其详细结构如图 9 所示,从左到右依次是雾化装置、除湿装置(干燥塔)、质量流量计、循环泵、传感器腔室以及氡浓度测量装置[18]。雾化装置通过喷雾的方式将水中的氡气转移到气体之中,由于雾化后的气体中含有大量的水汽,而位于最右侧的氡浓度测量装置只有在相对湿度降低至 1%以下时才有比较高的探测效率,除湿装置的主要作用便是将待测气体的相对湿度控制在 1%以内,质量流量计的主要作用是控制气路的循环速率,循环泵的主要作用是为气体循环提供动力,将雾化装置中的气体转移至氡探测器之中,传感器腔室内装有温度和湿度探头,用于记录测试过程中气体的温度和湿度,目前该系统对水中氡浓度的测量灵敏度约为 3 mBq/m³。

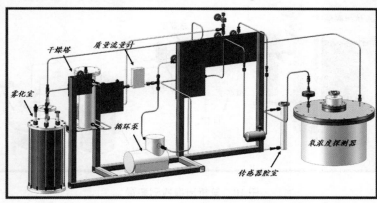

图9　水中氡浓度的测量系统

4　氡本底控制

氡是低本底实验中重要的本底来源,对探测器中氡本底的控制将直接影响到探测器的物理结果,在实验中氡本底的控制可以简单分为两类:一类开始于探测建造之前,另一类是探测器建成之后。关于探测器建造之前的氡本底控制主要通过材料的筛选来完成,即选择氡析出率较低的材料来进行探测器的建造。这就需要建造氡析出率测量装置。是探测器建成之后再增加在线的氡去除装置,这一类针对不同的介质需要利用不同的手段,本文中主要讨论气体及超纯水中氡气的去除。

4.1 氡析出率测量

氡析出率是指在单位时间内穿过单位面积的介质表面析出到空气中的氡的活度,对于大面积均匀介质,常以单位面积或单位质量的氡析出来衡量,即使用 Bq/(m² · s)或 atom/(m² · s)作为其单位;而对具体器件,如低本底实验中常用的 PMT、不锈钢部件等则更关心的是实际部件的析出率,即使用 Bq/件或者 atom/件作为其单位。

材料的氡析出率除与材料本身的放射性本底含量、材料的致密程度及表面粗糙度等材料的本身性质有关外,还与材料所处环境的温度、湿度、压强等因素相关,因此在对材料的氡析出率进行测量时必须要仔细考虑相关的环境因素[19]。

图 10 为本项目组在中国科学院高能物理研究所搭建的一套氡析出率检测装置,主要是针对探测器组件的取样测量。该装置从左到右依次是大体积取样腔体、小体积取样腔室、循环泵、传感器腔室、质量流量计、湿度控制系统及氡探测器。大体积取样腔体主要用于大体积样品的氡析出率测量,比如江门中微子实验所使用的 20 in 光电倍增管等,小体积取样腔室在进、出气口处装有孔径为 50 μm 的不锈钢烧结网,主要用于活性炭等小颗粒样品的测量,循环泵和质量流量计组成气路循环系统来控制装置内部的气体循环,湿度控制装置配以气体循环装置可以实现取样腔室和氡探测器内部湿度的调节,以便在氡积累阶段和氡浓度测量阶段获得不同的湿度,从而实现对氡析出率及氡浓度的准确测量。目前,该系统已经服务于低本底实验之中,其测量灵敏度约为 1 atom/h。

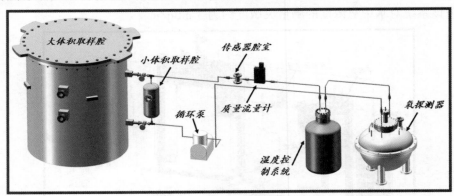

图 10 氡析出率检测装置

4.2 气体中氡气的去除

低本底实验中常用的气体除作为探测器靶物质的氙气和氩气外,高纯的氮气作为一种常见的、便宜的气体也有很多的应用,比如江门中微子实验为降低液闪中的氡含量而利用氮气进行气体剥离实验等,这就需要氡含量在 μBq/m³ 的高纯氮气。

目前,本项目组在气体中氡的去除方面主要利用的是活性炭对氡气的吸附能力。活性炭是一种多孔结构的材料,具有极大的表面积体积比,其对氡气有着很强的吸附能力。在常温下,1 g 的活性炭大约可以吸附 4 L 气体中的氡气,而随着温度的降低,活性炭对氡气的吸附能力还会显著增强,当温度降低至−196 ℃的液氮温度时,1 g 的活性炭大约可以吸附 6 m³ 空气中的氡[20]。除此之外,活性炭还有一个很好的特性,其在 200 ℃的高温下还可以将吸附的气体解吸出来,从而实现活性炭的重复利用。图 11 为本项目组设计的一个利用活性炭除氡装置,可以实现活性炭对氡气的低温吸附及高温解吸。

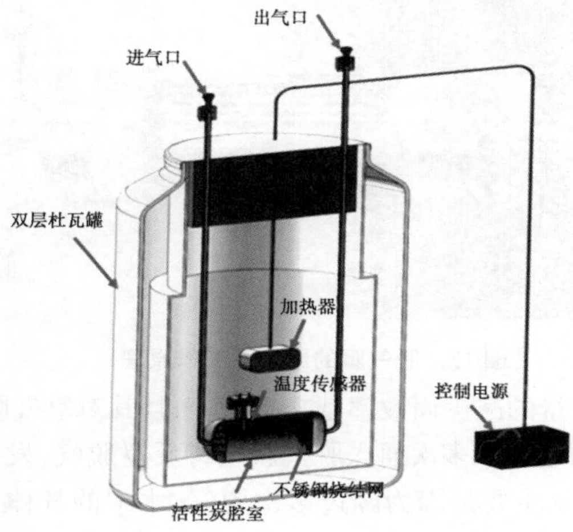

图 11　活性碳除氡装置

除了氮气,氩气作为一种常用的探测器靶物质也需要考虑内部氡气的去除。由于氩气和氡气同属惰性元素,有着相似的化学性质,也正是因为这种原因,液氩中的氡含量也较高,在 mBq/kg 量级。但是由于氩的原子核尺寸相对于氡而言要小很多,活性炭对氩中氡的吸附效率接近 100%[21],因此活性炭也可以用来去除氩气中的氡气。而对于另外一种常用的惰性元素氙,活性炭对其与氡均表现出很强的吸附效果,所以在以液氙为靶物质的低本底实验中常常使用低温蒸馏的方法来去除其中的氡气。

4.3　超纯水中氡气的去除

超纯水以其低廉的价格、优异的性能广泛应用于世界各大低本底实验之中。一方面,超纯水可以作为探测器的靶物质进行中微子的探测,比如 SuperK 实验使用了 5 万 t 的超纯水来进行中微子的探测[22];另一方面,超纯水可以作为反符合探测器,在屏蔽周围天然放射性的同时,兼具标记宇宙线事例的能力,比如 JUNO 将使用 4 万 t 的超出水来组成外围的水切伦科夫探测器[23]。各大实验对水中的氡含量都有比较明确的要求,江门中微子实验中使用的超纯水需要将其中的氡含量降低至 10 mBq/m³ 以下,而一般的地表水或者地下水中的氡含量都在 Bq/m³ 量级,无法直接应用在低本底实验之中。因此,实验中必须进行水中氡气的去除。

本项目组用来去除超纯水中氡气的主要设备是脱气膜。脱气膜是利用扩散原理将液体中的气体进行去除的膜分离设备,商业上主要用来去除水中的氧气、氮气、二氧化碳等。脱气膜的结构及工作原理如图 12 所示,其内装有大量的中空纤维,纤维的壁上有微小的孔,水分子不能通过这种小孔而气体分子却可以。在进行工作时,具有一定压力的水流从中空纤维里面通过,而中空纤维管外面在真空泵的作用下将气体不断地抽走,并形成一定的负压,这样水中的气体便不断地从中空纤维管向外排除,从而达到去除水中气体的目的。

在江门中微子实验模型探测器水系统的实验研究中,研究人员发现脱气膜对水中氡

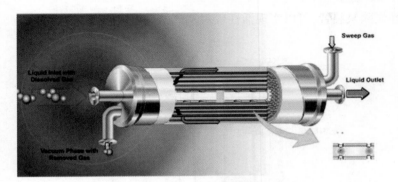

图 12　脱气膜的结构及工作原理

气的脱除随着内部气体含量的减少而效率越来越低,而且其对氡气脱除存在极限,实验人员将氡含量为 1 Bq/m³ 的超纯水多次通入脱气膜进行反复脱气,发现水中的氡含量最终稳定在了约 0.25 Bq/m³,这主要是因为经过多次脱气,水中的气体总含量已降低至 ppm 以下,气体含量非常低。为了提高其极限脱氡能力,研究人员添加了气体加载系统,实验中首先使用了在水中具有较大溶解度的二氧化碳从原理上验证了可行性,在实验后期,研究人员还将微气泡发生装置引入实验之中用于水中气体的加载,大幅提高了气体的加载效率,目前已成功生产出氡含量小于 6 mBq/m³ 的超纯水。

5　结　论

　　氡是低本底实验中探测器本底的主要来源之一,世界上各大低本底实验均对探测器中的氡含量提出明确的要求。本文主要讨论了以液闪为靶物质的江门中微子实验及基于惰性元素的暗物质直接探测实验中氡本底的形成及控制方法。本项目组已建立了较为完整的氡本底控制系统,可对气体及水中的氡含量进行检测,灵敏度在 mBq/m³ 量级。为控制探测器的氡本底,本项目组还建立起氡析出率测量装置、气体活性炭除氡装置及超纯水中氡脱除装置,其中氡析出率测量装置灵敏度约为 1 atom/h,超纯水氡脱除装置已可以生产出氡含量小于 6 mBq/m³ 的超纯水。

参 考 文 献

[1] Nuclear Data Center. Korea Atomic Energy research Institute. http://atom. kaeri. re. kr:8080/ton/index. html[EB/OL].

[2] Cowan C L Jr, Reines F, Harrison F B, et al. Detection of the Free Neutrino: a Confirmation[J]. Science 20 Jul 1956: Vol. 124, Issue 3212, pp. 103-104, DOI: 10.1126/science.124.3212.103.

[3] JUNO collaboration. Neutrino physics with JUNO[J]. J. Phys. GNucl. Part. Phys. 43, 030401 (2016).

[4] JUNO collaboration. JUNO Physics and Detector, arXiv:2104.02565v2.

[5] Dark Side collaboration. DarkSide-20k: A 20 Tonne Two-Phase LAr TPC for Direct Dark Matter Detection at LNGS, arXiv:1707.08145v1.

[6] Bernabei R[J]. EPJ Web Conf. 136, 05001 (2017).

[7] The KIMS Collaboration. New Limits on Interactions between Weakly Interacting Massive Particles and Nucleons Obtained with CsI(Tl) Crystal Detectors[J]. Phys. Rev. Lett. 108, 181301 (2012).

[8] CDEX Collaboration. Limits on Light Weakly Interacting Massive Particles from the First 102. 8 kg × day Data of the CDEX-10 Experiment[J]. Phys. Rev. Lett. 120, 241301(2018).

[9] Aalseth C E, Barbeau P S,Colaresi J, et al. Search for An Annual Modulation in Three Years of CoGeNT Dark Matter Detector Data, arXiv:1401. 3295v1 (2014).

[10] Ji X. presentation at IDM2016 (2016).

[11] The LUX Collaboration. Results from a Search for Dark Matter in the Complete LUX Exposure[J]. Phys. Rev. Lett. 118, 021303 (2017).

[12] The XENON Collaboration. Dark Matter Search Results from a One Ton-Year Exposure of XENON1T [J]. Phys. Rev. Lett. 121, 111302 (2018).

[13] TheDarkSide Collaboration. Results from the first use of low radioactivity argon in a dark matter search [J]. Phys. Rev. D 93, 081101 (2016).

[14] 张智慧. 空气中氡及其子体的测量方法[M]. 北京:中国原子能出版社,1994.

[15] Nakano Y,et al. Measurement of Radon Concentration in Super-Kamiokande's Buffer Gas NIM A 867, 108-114 (2017).

[16] Xie L F, Liu J C, Qiu S K, et al. Developing the radium measurement system for the water Cherenkov detector of the Jiangmen Underground Neutrino Observatory, NIM A 976 (2020) 164266.

[17] https://durridge. com/documentation[EB/OL].

[18] Guo C, Liu J C, Zhang Y P. Study on the radon removal for the water system of Jiangmen Underground Neutrino Observatory[J]. RDTM,2018(2):48.

[19] Akihiro Sakoda,Yuu Ishimori, Kiyonori Yamaoka. A comprehensive review of radon emanation measurements for mineral, rock, soil, mill tailing and fly ash[J]. Applied Radiation and Isotopes 2011,69:1422-1435.

[20] LuGuo,et al. Applied Radiation and Isotopes[J]. 2017(125):185-187.

[21] Nakano Y,Ichimura K,Ito H, et al. Evaluation of radon adsorption efficiency values in xenon with activated carbon fibers[J]. Pro. Theor. Exp. Phys. , 2020 113H01, DOI: 10. 1093/ptep/ptaa119.

[22] The Super-Kamiokanda Collaboration. Neutron-Antineutron Oscillation Search using a 0. 37 Megaton · Year Exposure of Super-Kamiokande[J]. Phys. Rev. D 103, 012008 (2021), arXiv:2012. 02607.

[23] The JUNO Collaboration. JUNO Conceptual Design Report,arXiv:1508. 07166v2,2015.

锦屏深地核天体物理实验

连钢[1]，李云居[1]，颜胜权[1]，陈立华[1]，武启[2]，张龙[1]，曹富强[1]，苏俊[3]

(1. 中国原子能科学研究院核物理研究所，北京 102413；
2. 中国科学院近代物理研究所，甘肃 兰州 730000；
3. 北京师范大学核科学与技术学院，北京 100875)

摘　要　利用深地实验室开展关键核反应的精确测量已成为国际公认的核天体物理前沿方向之一。依托中国锦屏实验室(二期)建立了我国首个也是世界上束流强度最高的深地加速器实验平台，并同时发展了加速器深地运行条件和深地实验测量技术。随后开展了若干核天体物理若干反应的直接测量工作，取得了创新性的实验成果。

关键词　核天体物理；深地实验室；强流加速器；核反应截面

1 引　言

核天体物理是核物理和天体物理的交叉学科[1]，始终位于基础科学研究的前沿领域。经过近 1 个世纪的发展，使人类对于元素起源和恒星演化复杂过程的认知取得了显著进展，但目前仍存在许多亟待破解的重大科学问题和难题。尤其是对于恒星平稳演化阶段发生在相对低温物理环境下的热核反应，由于带电粒子热核反应的有效能区(Gamow窗口)远低于库仑势垒，反应截面甚小，直接测量十分困难而缺少大量的实验数据。

深地实验室能够极大地屏蔽宇宙射线造成的背景，提供本底极低的测量环境，有利于稀有反应事件的精确测量和研究[2]。利用深地实验室开展核天体物理的实验研究将使一些核天体物理关键反应在 Gamow 窗口的直接测量成为可能。

随着利用深地实验室开展核天体物理重要反应在伽莫夫窗口的实验研究日益受到关注，意大利格兰萨索的 LUNA(Laboratory for Underground Nuclear Astrophysics) 提出了建设新一代加速器的升级计划[3]，而同时欧美及亚洲提出众多深地核天体物理计划。得益于中国锦屏地下实验室(China Jinping Underground Laboratory，简称 CJPL)二期的建设[4]，建设了我国首个深地核天体物理实验平台，并随后开展了天体演化若干关键反应的直接测量工作。

2 深地核天体物理

2.1 核天体物理

核过程是宇宙演化的进程中恒星抗衡引力收缩的能量来源，也是宇宙中除氢外所有化学元素赖以合成的唯一机制，在原初大爆炸之后几分钟至恒星寿命终结之前的宇宙和天体演化过程中起着极为重要的作用。核天体物理是核物理与天体物理相融合形成的交叉学科,主要研究目标是:①宇宙中各种化学元素核合成的过程和天体场所;②作为恒星能源的核过程如何控制恒星的演化和命运。欧美国家长期以来一直把核天体物理作为最重要的发展领域之一,他们的中长期核科学发展规划的前沿领域中都包括核天体物理。例如,美国国家科学院设立的关于宇宙物理学的委员会在 2003 年总结了新世纪的 11 个重大科学问题,其中之一就与这项研究密切相关:从铁到铀这些重元素是怎样制造出来的[5]。我国自然科学基金委员会也将恒星的形成、演化与太阳活动、极端条件下的核物理和核天体物理列为数理科学 13 个优先资助的领域之一。2012 年发布的《未来 10 年中国学科发展战略·物理学》和目前已完成第一稿的《中国核物理与等离子体物理发展战略》中,均把核天体物理作为重点发展的领域之一。

核天体物理自 20 世纪 30 年代开创以来,经过近 1 个世纪的发展,人类对于元素起源和恒星演化复杂过程的认知取得了显著进展,但目前仍存在许多亟待破解的重大科学问题和难题。例如,被誉为核天体物理圣杯的最重要核反应——决定 C 元素与 O 元素丰度比的 $^{12}C(\alpha,\gamma)^{16}O$ 反应(见图 1),其 Gamow 窗口的典型值为 0.3 MeV,天体物理模型计算要求的测量精度要好于 10%,现有测量局限在 0.9 MeV 以上能区,而且精度远未达到模型要求[6]。

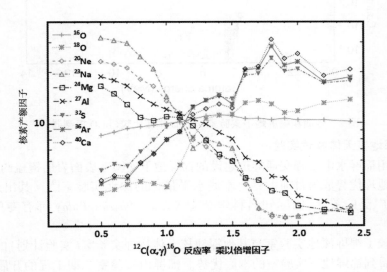

图 1 $^{12}C(\alpha,\gamma)^{16}O$ 反应率对若干元素丰度的影响

图 1 清楚表明了 $^{12}C(\alpha,\gamma)^{16}O$ 反应率对其他元素的产生有着决定性的影响,该反应速率的微小改变即引起其他元素丰度的剧烈变化。

2.2 深地核天体物理测量

对于恒星平稳演化阶段发生在相对低温天体物理环境下的热核反应,由于带电粒子热核反应的有效能区(Gamow 窗口)远低于库仑势垒,反应截面甚小(通常为 $10^{-18} \sim 10^{-13}$ barn),直接测量十分困难[7]。目前绝大部分带电粒子热核反应截面是利用高能区实验数据向天体物理感兴趣的低能区外推的方法间接确定的,而由于核结构效应和可能存在的共振影响使得这种外推带有很大的不确定性,达不到核天体物理研究所需的精度,甚至可能引入量级的偏差。

利用深地实验室开展核天体物理的实验研究极大地改善了这一状况,使一些核天体物理关键反应的直接测量成为可能。深地实验室能够极大地屏蔽宇宙射线造成的背景,提供本底极低的测量环境(见图2),有利于稀有反应事件的精确测量和研究。正是由于深地实验室独特的环境优势,深地科学已成为诸多交叉学科前沿领域的一个重要组成部分,日益受到学术界的关注。至今,深地实验室在物理学与天体物理学领域已获得三项诺贝尔奖[2]。

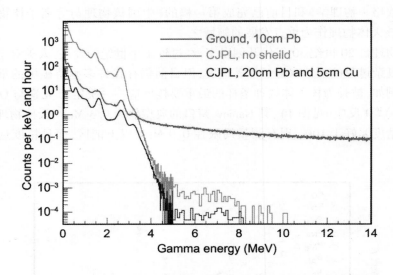

图2　地面和锦屏地下实验室 gamma 本底比较(BGO 探测器)[8]

2.3　锦屏深地核天体物理实验

我国利用锦屏水电工程交通隧道建设的锦屏地下实验室表面岩层覆盖约 2 400 m,凭借其独特的地理优势成为目前世界上本底水平最低的深地实验室[9]。其出众的条件引起了国际上广泛的关注,国际知名科学杂志 *Science*、*Physics Today* 都有专门文章予以报道[10-11]。

图3比较了锦屏深地实验室与其他深地核天体物理实验室(实验计划)的本底水平,可以清楚地看到锦屏地下实验室的本底优势。锦屏山实验室二期工程的开展,为人们在深地开展核天体物理最前沿领域的原创性研究提供了绝佳机会。2015 年在国家自然基金重大项目、中核集团集中研发项目和中科院科研装备研制项目的支持下,中国原子能科学研究院主导国内核天体物理的优势力量依托锦屏地下实验室,开始了我国首个深地核天体物理实验项目(Jinping Underground Nuclear Astrophysics experiment,简称 JUNA)[12]的建设。

3　深地核天体物理实验

3.1　400 kV 强流加速器平台

3.1.1　JUNA 强流加速器实验装置

核天体物理关键反应在伽莫夫窗口附近反应截面非常小,深地的超低本底环境使直

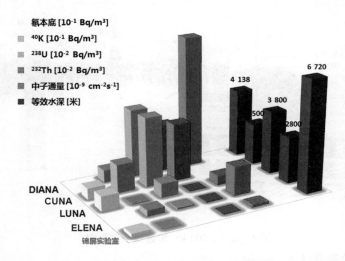

图 3　锦屏深地实验室与其他深地核天体物理实验室本底比较

接测量成为可能。但是要减小误差提升测量精度,还需提高单位时间探测到的真实反应事例数。在核物理实验中对于某一确定反应,该数值是由加速器束流强度、反应靶物质多少和探测效率共同决定的。

即使尽可能地提高了单位时间的有效探测事例数,对于某些截面极低的核反应来说仍然需要长时间的测量才能积累到一定的统计以保证测量精度。这就要求实验平台在深地环境中能够保持长期稳定的运行,同时把维护量降低到最小,尤其是要保证束流能量也就是加速器高压的长期稳定性和加速器长期运行的可靠性。

深地实验室通过上方覆盖的岩层挡住了大部分宇宙线引起的本底,但实验室内周围岩石、空气及装修材料仍然会带来环境本底。另外,加速器束流会引起束流本底,探测器的材料也会带来本底。这就需要逐一采取相应的措施降低本底以保持深地环境的本底优势。

因此,要实现深地极低截面的核反应测量,一方面,需要强流高稳定的加速器装置;另一方面,要发展相适应的屏蔽、测量靶和探测系统等测量技术。

图 4 为 JUNA 自主研制的 400 kV 强流高稳定加速器平台,主要由离子源及低能传输端、高压加速部分、束流传输段和反应测量终端四部分组成。加速器提供的束流能量稳定性好于 0.05%,对于质子束和 He+ 束流强度可达到 10 emA,对于质子束和 He2+ 束流强度可达到 2 emA[13]。这是目前世界上束流强度最大的深地加速器实验平台,表 1 就主要参数和意大利 Gran Sasso 实验室 LUNA 加速器[14]进行了比较。

表 1　JUNA 加速器和意大利 Gran Sasso 实验室 LUNA 加速器参数比较

加速器	JUNA			LUNA		
Beam	能量	电流(mA)		Beam	能量(keV)	电流(mA)
H+	50~400	10		H+	50~400	1
He+	50~400	10		He+	50~400	0.5
He2+	100~800	2		—		

图 4　JUNA 400 kV 加速器平台示意

3.1.2　深地实验测量技术

根据深地实验超低本底环境的特点以及强流束实验的要求,JUNA 还发展了高功率靶、高效探测阵列和屏蔽系统等深地实验测量技术。

图 5 为高功率水冷靶和 BGO 探测器阵列示意。其中,高功率水冷靶能够承受靶上 2 kW/cm^2 的功率密度,满足了强流束实验的要求。BGO 探测器阵列在保持高效率(60% @ 7 MeV)的同时,实现了世界上最高的分辨率(13% @ 662 keV)。

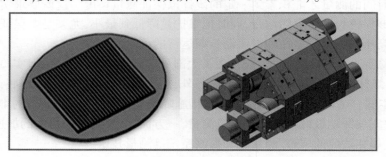

图 5　高功率水冷靶和 BGO 探测器阵列示意

3.2　锦屏深地实验室建设

3.2.1　实验室基础条件

因锦屏实验室二期实验室内部基础条件还未正式开工建设,实验室二期各实验大厅包括 JUNA 所在的 A1 厅内暂无供电、供水、照明等相关公用设备设施,地面和墙面也没有进行防水处理。图 6 为 A1 厅墙面和地面的情况,总体而言,锦屏二期实验室 8 个实验厅中 A1 厅内渗水情况相对良好,周围洞壁结构也较为稳定。A1 厅建设水电等加速器运行所需的基础后,具备开展实验测量的条件。

表 2 列出来 JUNA 实验平台和相关辅助设备的用电需求,考虑到时间成本和工程难度,确定了 A1 厅单回路供电方案。自辅助洞箱变高压侧并接敷设一路 10 kV 电缆到 A1 厅,在 A1 厅内设置 1 台 10 kV/0.4 kV 的变压器,在变压器低压侧设置 400 V 配电柜,供 A1 厅实验设备及照明等公用负荷接用。锦屏二期实验室开挖和加固工程中在 A 厅中已

 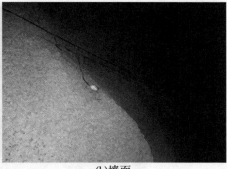

(a)地面　　　　　　　　　　　　　　(b)墙面

图 6　锦屏二期实验室 A1 厅地面和墙面情况

经埋入了接地装置,可以满足 JUNA 实验的要求。

表 2　JUNA 实验平台用电功率一览

项目	总功率(kW)	水冷功率(kW)	风冷功率(kW)
离子源	54	33	21
加速段	121	110	11
实验终端及照明	20	0	20
水冷设备	35	35	0
起重机	15	0	15
空调	35	0	35
除湿机	32	32	0
合计	312	210	102

由表 2 可以看出,JUNA 实验平台中有大量的设备需要水冷,水冷功率 210 kW。JU-NA 将用 2 台水冷机提供设备冷却,水冷机需要流量 300~500 L/min 的初级冷却水,要求水温小于 20 ℃,压力 0.6 MPa。冷却水方案选择了距离 A1 厅最近的取水点:1km 外的排水隧道,与 A1 厅的垂直高差约 75 m。在排水隧道中设置 2 台足够扬程的潜水泵,并敷设排水隧道至 A1 厅的临时送水管路(长约 1 km),将水送到 A1 厅内使用。在 A1 厅内设置潜水泵动力柜及控制柜,柜内电源取自 A1 厅 400 V 配电柜。

3.2.2　加速器运行环境建设

JUNA 加速器属于高压设备,对环境温度、湿度有着非常严格的要求,一般要求环境温度 25 ℃左右并在长时间内保持稳定,环境湿度保持在 60% 以下的水平。尽管在锦屏二期实验大厅中,A1 厅的渗水条件相对最好但平均湿度仍保持在 90% 以上,这就给加速器运行带来了很大的挑战。

考虑到 A1 厅容积为 14 m×14 m×60 m,要在这么大的空间内保持环境温度、湿度非常困难。因此,为实现加速器运行的环境要求,在加速器设备局部设置了 15 m×10 m×6.5 m 的密封空间(见图 7),经过计算在此空间内布置两台除湿量 20.8 kg/h 的升温型除湿机,可实现空间内的环境湿度要求。同时,加装 1 台制冷量为 25.8 kW 的恒温恒湿空调机组保证空间内的温度要求。

图 7　JUNA 加速器实验平台局部密闭空间

　　对于加速器安装地面平整度要求,通过对上述密封空间内局部区域地面的打磨,实现了加速器安装地面水平度的误差在 5 mm 之内。

3.3　JUNA 首批实验测量

　　自 2020 年 9 月底开始实验室基础建设,历经 3 个月的努力,2020 年 12 月 26 日,JU-NA 加速器在锦屏地下实验室安装调试成功并正式出束。图 8 为 JUNA 加速器安装过程中离子源平台、加速管部分和束流传输段正式联通时的照片。JUNA 加速器质子束流强可稳定工作在 2 mA 以上,达到意大利 LUNA 实验室的 10 倍水平,成为世界上流强最大的深地加速器实验平台。JUNA 加速器成功出束后,首批开展了 $^{25}Mg(p,\gamma)^{26}Al$, $^{19}F(p,\alpha\gamma)^{16}O$,$^{13}C(\alpha,n)^{16}O$ 和 $^{12}C(\alpha,\gamma)^{16}O$ 等核天体物理关键反应的直接测量。

图 8　JUNA 加速器离子源平台、加速管部分和束流传输段正式联通

　　其中,$^{25}Mg(p,\gamma)^{26}Al$ 是天体环境中生产 ^{26}Al 最重要的反应;$^{19}F(p,\alpha\gamma)^{16}O$ 反应是恒星 AGB 演化阶段中关键的核反应;$^{13}C(\alpha,n)^{16}O$ 反应是天体演化过程中 S-过程重要的中子源反应;$^{12}C(\alpha,\gamma)^{16}O$ 是实验核天体物理中最重要的反应,对所有 M>0.55 M⊙恒星的演化中都起着关键作用,其截面对上至铁的中等质量核素的合成和大质量恒星后期的演化进程有决定性的影响。该反应被誉为核天体物理的"圣杯"。

在 JUNA 首批实验测量中,加速器平台运行稳定,保证了实验的顺利进行。表 3 列出了 JUNA 首批 4 个实验的束流参数。目前 4 个实验均已完成测量,实验数据正在分析中,有望取得一批创新性的研究成果。

表 3 JUNA 首批实验束流条件

实验	束流	能量(keV)	流强(emA)	曝光量(库仑)
$^{25}Mg(p,\gamma)$	H^+	110	2	1 400
$^{19}F(p,\gamma)$	H^+	88−375	1−2	475
$^{13}C(\alpha,n)$	He^{2+}	400~785	0.4	12.4
	He^+	250~400	0.5~2.5	363
$^{12}C(\alpha,\gamma)$	He^{2+}	780	1	>400

4 结 论

依托中国锦屏地下实验室,成功建立了我国首个地下核天体实验项目 JUNA。2020 年 12 月 26 日 JUNA 400 kV 加速器在锦屏深地实验室成功出束,其束流强度达到意大利 Gran Sasso 实验室 LUNA 项目流强的 10 倍,并且能提供 LUNA 无法产生的 He^{2+} 束流,成为当前世界上束流强度最高的深地低能加速器实验平台。JUNA 同时发展了探测器、大功率靶和屏蔽系统等深地测量技术,保证了强流束条件下稳定的实验测量。

JUNA 加速器成功出束后,开展了首批 4 个核天体物理关键反应的直接测量工作。4 个实验全部顺利完成,有望取得创新性的研究成果。

JUNA 项目的成功实施,为后续的深地实验提供了可资借鉴的宝贵经验。同时,项目组凝聚了以中国原子能科学研究院、中国科学院近代物理研究所、北京师范大学为核心的国内加速器和核天体物理实验的中坚力量,并通过广泛的国际合作交流与国际核天体物理研究的前沿保持着紧密联系,为后续在锦屏深地实验室建设世界先进的 MV 级强流高稳定加速平台并开展更为广泛的研究奠定了坚实的基础。

在 JUNA 实验室建设过程中获得了中国锦屏地下实验室、雅砻江流域水电开发有限公司的全力支持。JUNA 加速器安装调试及实验测量过程中得到了上海交通大学 PandaX 项目组和清华大学 CDEX 项目组的及时帮助。同时实验室建设和加速器安装的施工方云南鸿康机电设备安装有限公司和创杰光电科技有限公司在此过程中也付出了巨大的努力。这里一并表示感谢。

参 考 文 献

[1] Rolfs C E, Rodney W S. Cauldrons in the Cosmos[M]. The University Chicago Press, 1988.
[2] 陈和生. 深地科学和技术实验的发展及战略思考[J]. 科学, 2010, 62(4):4-7.
[3] Sen A, et al. A high intensity, high stability 3.5 MV Singletron™ accelerator[J]. Nuclear Instruments and Methods B, 2019, 450(7):290-395.
[4] Cheng J P, Kang K J, Li J M, et al. The China Jinping Underground Laboratory and Its Early Science [J]. Annual Review of Nuclear and Particle Science, 2017, 67(1):231-251.

［5］Haseltine E. The 11 Greatest Unanswered Questions of Physics［J］. Discover Magazine,2002,23(2).

［6］Weaver T A,Woosley S E. Nucleosynthesis in massive stars and the $^{12}C(\alpha,\gamma)^{16}O$ reaction rate［J］. PHYSICS REPORTS,1993,227(65).

［7］Iliadis C. Nuclear Physics of Stars［M］. Wiley-VCH Verlag GmbH,2007.

［8］YangPing Shen,et al. Measurement of γ detector backgrounds in the energy range of 3-8 MeV at Jinping underground laboratory for nuclear astrophysics［J］. SCIENCE CHINA Physics, Mechanics & Astronomy, 2017,60(10):102022.

［9］程建平,吴世勇,岳骞,等. 国际地下实验室发展综述［J］. 物理,2011,40(3).

［10］Dennis Normile, Chinese Scientists Hope to Make Deepest, Darkest Dreams Come True［J］. Science, 324 (5932): 1246-1247.

［11］Toni Feder. China, others dig more and deeper underground labs［J］. Phys. Today,2010,63(9):25.

［12］Liu WeiPing,et al. Progress of Jinping Underground laboratory for Nuclear Astrophysics (JUNA)［J］. SCIENCE CHINA Physics, Mechanics & Astronomy,2015, 58(3)3: 1-7.

［13］Wu Q,et al. Status of high intensity low energy injector for Jinping underground nuclear astrophysics experiments［C］// AIP Conference Proceedings,2011, 080009 (2018).

［14］Formicola A,et al. The LUNA Ⅱ 400 kV accelerator［J］. Nuclear Instruments and Methods,A2003,507: 609-616.